ISBN 978-1-332-43891-4
PIBN 10329201

This book is a reproduction of an important historical work. Forgotten Books uses
state-of-the-art technology to digitally reconstruct the work, preserving the original format
whilst repairing imperfections present in the aged copy. In rare cases, an imperfection in
the original, such as a blemish or missing page, may be replicated in our edition. We do,
however, repair the vast majority of imperfections successfully; any imperfections that
remain are intentionally left to preserve the state of such historical works.

LEHRBUCH

der

Mitteleuropäischen Forstinsektenkunde

mit einem Anhange:

Die forstschädlichen Wirbelthiere.

———

Als achte Auflage von

Dᴿ. J. T. C. RATZEBURG

Die Waldverderber und ihre Feinde

in vollständiger Umarbeitung herausgegeben von

Dr. J. F. Judeich   und   **Dr. H. Nitsche**
königl. sächs. Geh. Oberforstrath und
Director der Forst-Akademie zu Tharand.

Professor der Zoologie an der Forst-
Akademie zu Tharand.

(I. ABTHEILUNG.)

Ratzeburg's Leben. Einleitung. Allgemeiner Theil.

Mit einem Porträt Ratzeburg's, 3 colorirten Tafeln und 106 Holzschnitten.

———

Uebersetzungsrecht vorbehalten.

WIEN.

Eduard Hölzel.

1885.

Inhaltsverzeichniss.

Seite

Ratzeburg's Leben 1

Einleitung.

Kapitel I. Die Gliederfüssler im Allgemeinen   7
Der Typus der Arthropoden S. 7. — Die Klassen der Arthropoden
S. 12. — Die spinnenartigen Thiere S. 17. — Die Gallmilben S. 19. —
Die Tausendfüsse S. 25.

Allgemeiner Theil.

Kapitel II. Die äussere Erscheinung der erwachsenen
Insekten 26
Der Kopf S. 27. — Die Fühler S. 29. — Die Mundwerkzeuge S. 30. —
Die Brust S. 32. — Die Beine S. 33. — Die Flügel S. 35. — Der
Hinterleib S. 38. — Die Chitincuticula S. 40. — Färbungen des In-
sektenkörpers S. 41. — Secundäre Geschlechtscharaktere S. 42.

Kapitel III. Der innere Bau der erwachsenen Insekten
und die Lebensverrichtungen der Einzelthiere 47
Allgemeine Orientirung S. 47. — Die Leibeswand S. 49. — Der
Darmcanal und seine Anhänge. Der Darm S. 50. — Die Harn-
gefässe S. 54. — Die Athmungs- und Kreislauforgane. Das
Tracheensystem S. 55. — Der Fettkörper S. 58. — Das Blut S. 58. —
Das Herz S. 58. — Die Leuchtorgane S. 60. — Das Muskelsystem
und seine Thätigkeit. Die Musculatur S. 61. — Die Ortsbewegun-
gen S. 61. — Die Lautäusserungen S. 64. — Das Nervensystem.
Das Centralorgan desselben S. 66. — Das peripherische Nervensystem
S. 69. — Das Eingeweidenervensystem S. 69. — Die Sinnesorgane.
Tastorgane S. 70. — Geruchsorgane S. 70. — Geschmacksorgane S. 71.
— Gehörorgane S. 71. — Gesichtsorgane S. 72. — Die Fortpflan-
zungsorgane. Die weiblichen Fortpflanzungsorgane S. 76. — Die
männlichen Fortpflanzungsorgane S. 79.

Kapitel IV. Die Fortpflanzung und die Jugendzustände
der Insekten 81
Ei und Samen. Entwicklung im Ei S. 81. — Das Ei S. 82. — Der
Samen S. 84. — Die Begattung S. 86. — Die Befruchtung S. 86. —
Die Ablage der Eier S. 87. — Die Verwandlung der Eizelle in den
Embryo S. 90. — Die Larve und ihre Verwandlung in die
Imago; Metamorphose und Puppenruhe. Die Larve S. 91. —
Einige Einzelheiten über den Bau und das Leben der Larven S. 94. —
Metamorphose der Larven im Allgemeinen S. 98. — Die unvollkommene
Metamorphose S. 99. — Die vollkommene Metamorphose S. 100. — Die
Puppe S. 102. — Hypermetamorphose und verwandte Erscheinungen
S. 105. — Die Verwandlung der Puppe zur Imago S. 108. —
Zeitlicher Ablauf der Entwicklung. Flugzeit S. 109. — Generation
S. 112. — Ueberwinterungsstadium S. 119. — Lebensdauer S. 121. —
Literaturnachweise S. 121. — Parthenogenesis und mit ihr zu-
sammenhängende Erscheinungen S. 122. — Parthenogenesis im
engeren Sinne S. 123. — Pädogenesis S. 124. — Einfacher und zu-
sammengesetzter Entwicklungscyklus S. 125. — Heterogonie S. 127.

Kapitel V. Die Insekten als natürliche und wirthschaftliche
Macht 130
Die Bedeutung der Insekten für den allgemeinen Naturhaushalt
S. 130. — Die Insekten als Zerstörer S. 132. — Die Insekten als
Nahrungsquelle für andere Thiere S. 132. — Die Insekten als Befruchter
S. 133. — Die Insekten als wirthschaftliche Macht überhaupt
S. 134. — Die nützlichen Insekten S. 134. — Die schädlichen Insekten
S. 135. — Die forstwirthschaftliche Bedeutung der Insekten.
Die nützlichen und schädlichen Forstinsekten im Allgemeinen S. 136. —
Die verschiedenen Arten der durch Insekten verübten Be-
schädigungen an Holzpflanzen S. · 137. — Gallen S. 138. —
Wurzelbeschädigungen S. 139. — Blattbeschädigungen S. 140. —
Rindenbeschädigungen S. 140. — Verletzungen des Holzkörpers S. 141.
— Störungen in der normalen Ausbildung der Pflanzenform S. 142. —
Heilungsvorgänge S. 143. — Die Grade der Schädlichkeit und die
sie bedingenden Ursachen S. 146. — Unmerklich, merklich und
sehr schädliche Insekten S. 147. — Physiologisch und technisch schädliche Insekten S. 151. — Die durch Insekten hervorgerufenen
Störungen des forstlichen Wirthschaftsbetriebes S. 152. — Kultur-
und Bestandsverderber S. 153. — Verschiebungen des Wirthschaftsplanes S. 154.

Kapitel VI. Entstehung, Abwehr und wirthschaftliche
Ausgleichung grösserer Insektenschäden 156
Die Entstehung grösserer Insektenverheerungen. Einwanderung von
aussen S. 157. — Massenvermehrung bereits angesiedelter Schädlinge
S. 158. — Die Beschränkung der Insektenschäden durch natür-
liche Einflüsse S. 162. — Insektentödtende Witterungseinflüsse S. 163.
— Insektentödtende Pilze S. 164. Literaturnachweise . S. 181. —
Insektentödtende thierische Parasiten S. 182. — Die insektenfressenden
Thiere S. 187. — Die wirthschaftlichen Vorbeugungsmassregeln
gegen Insektenschäden S. 195. — Massregeln der Bestandsgründung
S. 196. — Massregeln der Bestandspflege S. 197. — Massregeln der

Ernte S. 199. — Massregeln der Forsteinrichtung S. 200. — Standorts-
pflege S. 201. — Beobachtung des Insektenlebens im Walde S. 202. —
Schonung, Hegung und Aussetzung nützlicher Thiere S. 203. —
Die Bekämpfung von forstschädlichen Insekten durch Ver-
tilgungsmittel S. 206. — Allgemeine Gesichtspunkte S. 207. — Die
Aufsuchung und Vertilgung der Schädlinge an ihren Aufenthaltsorten
S. 209. — Vertilgung der Schädlinge mit Hilfe von künstlich auf ihren
Wegen angebrachten Hindernissen S. 213. — Vertilgung der Schädlinge
nach vorhergegangener künstlicher Anlockung S. 216. — Die Ausführung
der Vertilgungsmassregeln S. 218. — Verwerthung der gesammelten
Schädlinge S. 219. — Die Beurtheilung der Nothwendigkeit und
Möglichkeit der Durchführung von Bekämpfungsmassregeln
S. 221. — Untersuchungen über die Menge der Schädlinge S. 221. —
Die Untersuchung des Gesundheitszustandes der Forstschädlinge S. 223.
— Die Beobachtung der Witterungsverhältnisse S. 226. — Untersuchung
des befallenen Bestandes S. 226. — Die Möglichkeit der Durchführung
der Bekämpfungsmassregeln S. 231. — Werth und Behandlung
der von Insekten befallenen oder getödteten Bäume und Bestände.
Werth des von Insekten befallenen oder getödteten Holzes S. 231. —
Behandlung der befallenen oder getödteten Bäume und Bestände S. 233.
— Rücksichten beim Einschlag S. 235. — Die gesetzliche Regelung
der Bekämpfung der Forstschädlinge S. 236. — Gesetzliche Vorschriften über die Schonung nützlicher Vögel S. 237. — Gesetzliche
Vorschriften bezüglich der Bekämpfung von Insektenschäden S. 240.

Kapitel VII. Allgemeine Einführung in die systematische
und praktische Entomologie   245

Die wissenschaftliche Eintheilung und Benennung der Insekten.
Allgemeine Systematik S. 245. — Nomenclatur S. 249. — Das Bestimmen der Forstschädlinge und die Anlegung von forstentomologischen Sammlungen. Die Bestimmung des Urhebers eines
forstlichen Insektenschadens S. 253. — Die Anlage von forstlichen
Insektensammlungen S. 254. — Allgemeine Literatur S. 261.

K. k. Hofbuchdruckerei Carl Fromme in Wien.

LEHRBUCH

der

Mitteleuropäischen Forstinsektenkunde

mit einem Anhange:

Die forstschädlichen Wirbelthiere.

Als achte Auflage von

Dᵐ· J. T. C. RATZEBURG

Die Waldverderber und ihre Feinde

in vollständiger Umarbeitung herausgegeben von

Dr. J. F. Judeich   und   Dr. H. Nitsche

königl. Sächs. Geh. Oberforstrath und
Director der Forst-Akademie zu Tharand

Professor der Zoologie an der Forst-
Akademie zu Tharand.

II. ABTHEILUNG.

SpeciellerTheil, I. Hälfte: Geradflügler, Netzflügler und Käfer.

Mit 3 colorirten Tafeln, 77 Textfiguren und 3 illustrirten Bestimmungstafeln.

Uebersetzungsrecht vorbehalten.

WIEN.

Eduard Hölzel.

1889.

Die III. Abtheilung wird den Schluss des Werkes bringen.

Specieller Theil.

Seite

Kapitel VIII. Die Gerad- und Netzflügler.

Die Geradflügler 265
Thysanura S. 266. — Orthoptera genuina S. 267. — Die Maulwurfs-
grille, Gryllotalpa S. 268. — Die Wanderheuschrecken S. 273. —
Orthoptera Pseudoneuroptera S. 274. — Literaturnachweise S. 277.

Die Netzflügler 278

Kapitel IX. Die Käfer 281
Allgemeines S. 282. — Systematik S. 286.

Die forstlich nützlichen und gleichgiltigen Käfer . . . 288

Die Blatthornkäfer 294
Allgemeines; Lucaniden S. 294. — Scarabaeïden S. 295. — Maikäfer
Melolontha S. 296. — Walker, Polyphylla S. 310. — Sonnwendkäfer,
Rhizotrogus S. 311. — Literaturnachweise S. 312.

Die Pracht und Schnellkäfer 313
Allgemeines über die Buprestiden S. 313. — Systematik S. 316. —
Forstliche Bedeutung der Buprestiden S. 317. — Minderwichtige
Schädlinge S. 318. — Die in jüngeren Stämmen, Heistern und
Stangen brütenden Buprestiden, Agrilus und Chrysobothrys S. 319. —
Buprestiden, welche durch innere Ringelung gesunde Eichen-
zweige zum Absterben bringen, Agrilus bifasciatus S. 323. —
Eucnemidae S. 325. — Allgemeines über die Elateriden S. 325. —
Die forstschädlichen Elateriden und ihre Larvenformen S. 328. —
Forstliche Bedeutung der Elateriden S. 330. — Käferschaden
S. 330. — Larvenschaden S. 330. — Literaturnachweise S. 332.

Die forstschädlichen Käfer aus den übrigen Familien
der Pentameren und Heteromeren 333
Die Weichkäfer, Malacodermata S. 333. — Cantharis S. 333. —
Lymexylonidae S. 324. — Anmerkung über holzzerstörende
Seethiere S. 336. — Bohrkrebse S. 337. — Bohrwürmer, Teredo
S. 339. — Die Nagekäfer, Anobiidae S. 341. — Ihre forstliche
Bedeutung S. 343. — Die Pflasterkäfer, Meloidae S. 347. —
Die spanische Fliege, Lytta vesicatoria S. 348. — Literaturnachweise
S. 350.

Rüsselkäfer und Verwandte 351
Die Familie der Bruchidae im weiteren Sinne S. 353. — Bruchidae
im engeren Sinne S. 353. — Anthribidae S. 354. — Die Familie
der Attelabidae im weiteren Sinne S. 354. — Forstliche Be-
deutung der Attelabiden S. 356. — Blattwickler ohne Blattschnitt
S. 357. — Blattwickler mit Blattschnitt S. 357. — Die Familie der
Rüsselkäfer, Curculionidae im engeren Sinne; Allgemeines
S. 359. — Systematik S. 362. — Die forstliche Bedeutung der
Rüsselkäfer S. 369. — Rüsselkäfer, deren Larven die Wurzeln
junger Nadelholzpflanzen befressen; Otiorrhynchus niger und Genossen S. 370. — Rüsselkäfer, deren Larven die saftleitenden
Rindenschichten an Nadelholzstämmen zerstören S. 373. —

Gattung Magdalis S. 374. — Gattung Pissodes S. 375. — Der braune Kiefernkultur-Rüsselkäfer, P. notatus S. 377. — Der Kiefernstangen-Rüsselkäfer, P. piniphilus S. 380. — Der Harz-Rüsselkäfer, P. Harcyniae S. 383. — Der braune Kiefernbestands-Rüsselkäfer, P. Pini und der Tannen-Rüsselkäfer P. Piceae S. 388. — Rüsselkäfer, deren Larven die tieferen Rindenschichten und den Holzkörper junger Laubholzstämme und -Aeste bewohnen S. 391. — Erlen-Rüsselkäfer, Cryptorrhynchus Lapathi S. 391. — Rüsselkäfer, deren Larven die Blattorgane von Holzgewächsen beschädigen S. 394. — Der Buchen-Springrüssler, Orchestes Fagi S. 394. — Der Eschen-Rüsselkäfer, Cionus Fraxini S. 397. — Der Kiefernscheiden-Rüssler, Brachonyx pineti S. 397. — Rüsselkäfer, deren Larven den Samenertrag forstlich wichtiger Holzgewächse schädigen S. 398. — Balaninus S. 398. — Anthonomus varians als Anhang S. 400. — Pissodes validirostris S. 400. — Als Imagines schädliche Rüsselkäfer; Allgemeines S. 401. — Im Boden brütende, flugunfähige Kurzrüssler, welche als Käfer schaden, Otiorrhynchus, Cneorrhinus, Strophosomus, Brachyderes S. 402. — Im Boden brütende, flugfähige Kurzrüssler, welche als Käfer schaden S. 407. — Metallites, Sitones, Polydrusus, Scytropus, Phyllobius S. 408. — Anhang, Der grosse weisse Rüsselkäfer, Cleonus turbatus S. 411. — In Nadelholzwurzeln brütende und namentlich die Nadelholzkulturen als Käfer schädigende Langrüssler S. 412. — Der grosse braune Rüsselkäfer, Hylobius Abietis S. 412. — Abwehr desselben S. 422. — Literaturnachweise S. 431.

Die Borkenkäfer 435
Allgemeines S. 435. — Systematik und Bestimmungstabellen S. 441. — Gattung Platypus S. 442. — Gattung Scolytus S. 443. — Gattung Hylesinus S. 444. — Gattung Tomions S. 448. — Forstliche Bedeutung der Borkenkäfer S. 452. — Wurzelbewohnende Rindenbrüter, welche als Käfer die Rinde junger Nadelholzpflanzen am Wurzelknoten plätzend benagen S. 452. — Die schwarzen Kiefern- und Fichten-Bastkäfer, Hylesinus ater und H. cunicularius nebst Verwandten, sowie H. ligniperda und Tomicus autographus S. 452. — Wurzel- und auch stammbewohnende Rindenbrüter, welche als Larven ältere Nadelholzbestände beschädigen. — Der Riesen-Bastkäfer, Hylesinus micans S. 458. — Stammbewohnende Rindenbrüter, welche als Larven die Bastschicht der Nadelhölzer zerstören, als Käfer Triebe aushöhlen. — Die Kiefern-Markkäfer, Hylesinus piniperda und H. minor S. 462. — Stamm und Aeste bewohnende Rindenbrüter, welche als Larven den Laubhölzern schaden. — Rüstern-Borkenkäfer, Scolytus Geoffroyi, Sc. multistriatus und Hylesinus vittatus S. 472. — Eschen-Borkenkäfer, Hylesinus Fraxini und H. crenatus S. 476. — Der Eichen-Splintkäfer, Scolytus intricatus S. 481. — Der Birken-Splintkäfer, Sc. Ratzeburgii S. 483. — Obstbaum-Splintkäfer, Sc. Pruni und Sc. rugulosus S. 485. — Minderwichtige, Laubhölzer und krautartige Pflanzen bewohnende Borkenkäfer S. 487. — Rindenbrütende Borkenkäfer, welche Nadelholzstämme und Aeste bewohnen und

S. 501. — Hylesinus minimus S. 505. — Fichten-Borkenkäfer S. 505. — Die achtzähnigen Fichten-Borkenkäfer Tomicus typographus, T. amitinus und T. Cembrae S. 506. — Schaden derselben in neuer und alter Zeit S. 512. — Der sechszähnige Fichten-Borkenkäfer, T. chalcographus S. 516. — Der doppeläugige Fichten-Bastkäfer, Hylesinus poligraphus S. 518. — Der braune Fichten-Bastkäfer, H. palliatus S. 521. — H. glabratus S. 523. — Der furchenflüglige Fichten-Borkenkäfer, Tomicus micrographus und seine Verwandten S. 524. — Minderwichtige, rindenbrütende Fichten-Borkenkäfer S. 526. — **Abwehr der unter Nadelholzrinde brütenden Borkenkäfer im Allgemeinen** S. 529. — **Im Holze selbst brütende Borkenkäfer S. 538.** — Die Nutzholz-Borkenkäfer, Tomicus lineatus und T. domesticus S. 539. — T. Saxesenii S. 544. — Die Eichen-Bohrkäfer, T. monographus und Verwandte. Der Eichen-Kernkäfer, Platypus cylindrus. Der Kiefern-Bohrkäfer, Tomicus eurygraphus S. 546. — Der ungleiche Holzbohrer, T. dispar S. 549. — Literaturnachweise S. 552.

Die Bockkäfer **557**

Systematik S. 559. — Bestimmungstafeln S. 560. — **Die forstliche Bedeutung der Bockkäfer** S. 563. — Physiologisch schädliche Nadelholz-Bockkäfer S. 563. — Callidium luridum und Cal. fuscum S. 564. — Schuster- und Schneiderbock, Lamia sartor und L. sutor S. 568. — Der Kiefernzweigbock, L. fasciculata S. 569. — Minderwichtige Nadelholzböcke S. 570. — Physiologisch schädliche **Laubholzböcke** S. 572. — Der grosse Pappelbock, Saperda carcharias S. 572. — Der Aspenbock, S. populnea S. 574. — Der rothhalsige Weiden- und der Haselbock, S. oculata und S. linearis S. 576. — Der Weberbock, Lamia textor S. 578. — Minderwichtige Laubholzböcke S. 579. — **Das stehende Holz** technisch schädigende Bockkäfer, der grosse Eichenbock, Cerambyx cerdo S. 580. — Ahornbock, Callidium Hungaricum S. 582. — Alpenbock, Cerambyx alpinus S. 583. — **Geschlagenes und verarbeitetes Holz** technisch **schädigende** Bockkäfer S. 583. — Callidium variabile S. 583.— Der Hausbock, Cal. bajulus S. 585. — Fassreifen zerstörende Böcke, Cal. pygmaeum und Cal. lividum S. 586.—Literaturnachweise S. 587.

Die Blattkäfer **588**

Systematik S. 588. — Bestimmungstafel S. 591. — Diagnosen S. 592. — **Forstliche Bedeutung der Chrysomeliden** S. 595. — Die Weiden- und Pappelschädlinge; Chrysomela Tremulae und Verwandte S. 596. — Der Sahlweiden-Blattkäfer und Verwandte, Galeruca Capreae S. 598. — Die kleinen, dunkel-metallischen Weidenblattkäfer, Chr. Vitellinae und Verwandte S. 600. — **Abwehr der Weiden-Blattkäfer im Allgemeinen** S. 603. — Eichenfeinde; der Eichen-Erdfloh, Haltica erucae S. 605. — Erlenfeinde, Galeruca Alni und Chrysomela aenea S. 607. — Rüsternfeinde; Galeruca xanthomelaena S. 608. — Der Schneeball-Blattkäfer, Galeruca Viburni S. 609. — Kiefern beschädigende Blattkäfer; der schwarzbraune und der gelbe Kiefernblattkäfer, Galeruca pinicola und Cryptocephalus Pini S. 610. — Anmerkung über den Coloradokäfer, Chrysomela decemlineata S. 612. — Literaturnachweise S. 615.

Nachtrag **617**

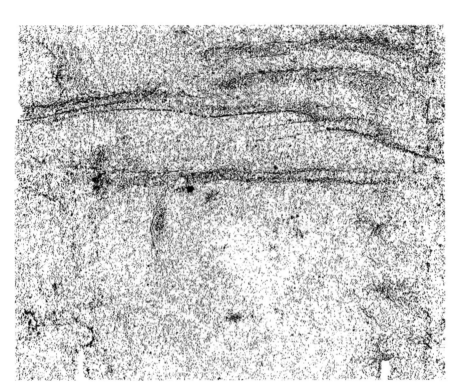

Druck v F. Kargl. Wien.

Ratzeburg's Leben.

Einige biographische Notizen über den Verfasser der 15... ter Auflage erschienen... "Forst... Ins..." sollen nicht ... Neues ... Leben dieses ...

... ische... Lexikon ... ...logische... zusammen... ... heiten aus seinem wissenschaftlichen Leben, dass kaum etw... hinzufügen bleibt. Wenn wir trotzdem auch hier besonders dieses Mann... gedenken, so geschieht dies in dem Gefühle der Dankbarkeit gegen ih... Diejenigen, welche einst zum Zwecke des Studiums oder des Nachschl... die das Buch in die Hand nehmen, sollen nicht blos aus dem bei...gten Bilde, sondern auch aus einer kurzen Lebensbeschreibung Ra...tzburg's, ohne ... in anderen Büchern suchen zu müssen, den Mann... was kennen ... auf dessen Schultern alle ohne Au... ...il mit ...licher Entomolog... des künftige...

... Julius... Theodor Ratzeburg wurde am 16. Februar ... zu Ber... geboren. Seit ... in der Harze...... bereits am 3. Januar ... ... dieser in dem Knaben ... der Naturwissenschaften ... kleine Periode seines Lebens ... Wie ... ...der Mutter wieder verheirathete und ihn einer Mutter... ... er im 12. Jahre zu seinem Onkel Wurzer nach Mar... ... besuchte er das Coll... gin... Fridericianum. Familienverhältnisse... ...ten schon Abgle...

Ratzeburg's Leben.

Einige biographische Notizen über den Verfasser des 1841 in erster Auflage erschienenen Buches: „Die Waldverderber und ihre Feinde" sollen nicht zu dem Zwecke hier Platz finden, Neues aus dem Leben dieses unzweifelhaft bedeutenden Mannes zu bringen. Seine von Danckelmann vortrefflich geschriebene Biographie in der „Zeitschrift für Forst- und Jagdwesen" (1872) macht dies unnöthig, ebenso bringt bereits die im „Forstwissenschaftlichen Schriftsteller-Lexikon" (1872) veröffentlichte Selbstbiographie Ratzeburg's so viel werthvolle, interessante Einzelheiten aus seinem wissenschaftlichen Leben, dass kaum etwas zuzufügen bleibt. Wenn wir trotzdem auch hier besonders dieses Mannes gedenken, so geschieht dies in dem Gefühle der Dankbarkeit gegen ihn. Diejenigen, welche einst zum Zwecke des Studiums oder des Nachschlagens das Buch in die Hand nehmen, sollen nicht blos aus dem beigefügten Bilde, sondern auch aus einer kurzen Lebensbeschreibung Ratzeburg's, ohne erst in anderen Büchern suchen zu müssen, den Mann etwas kennen lernen, auf dessen Schultern alle ohne Ausnahme stehen, welche sich heute mit forstlicher Entomologie beschäftigen.

Julius Theodor Ratzeburg wurde am 16. Februar 1801 zu Berlin geboren. Sein Vater, Professor an der Thierarzneischule daselbst, starb bereits am 3. Januar 1808. Durch Unterricht in der Botanik hatte dieser in dem Knaben schon frühzeitig eine grosse Liebe zum Studium der Naturwissenschaften erweckt. Ratzeburg legte selbst auf diese erste kleine Periode seines Lebens grosses Gewicht. Da sich seine Mutter wieder verheirathete und in eine kleine Stadt zog, kam er im 12. Jahre zu seinem Onkel Wutzke nach Königsberg. Dort besuchte er das Collegium Fridericianum. Familienverhältnisse veranlassten seinen Abgang

von Königsberg und von der ihm liebgewordenen Schule, als er bereits
Primus von Untersecunda war. Zunächst kam er auf das Lyceum in
Posen, dann auf das Gymnasium „Zum grauen Kloster” in Berlin. Noch
vor Beendigung des Schulbesuches bestimmte man ihn wegen seiner
grossen Fertigkeit im Zeichnen für das Baufach. Die Neigung zu den
Naturwissenschaften reifte in ihm aber plötzlich den Entschluss, Apo-
theker zu werden. Eine Zeit lang beschäftigte er sich praktisch als
Apothekerlehrling in dem Laboratorium WENDLAND'S zu Berlin, ohne
jedoch in seinem weiteren wissenschaftlichen Streben nachzulassen. Seine
freie Zeit benutzte er zum Besuche verschiedener wissenschaftlicher
Anstalten, studirte und sammelte fleissig in den grossen Gärten Berlins.
Bald sah er jedoch ein, dass ihm dieser Lebensberuf auf die Dauer
nicht zusagen würde, weil ihm dabei ein sehr wesentlicher Theil der
Naturwissenschaften, namentlich Zoologie mit Anatomie und Physiologie, fremd blieb. Er widmete sich deshalb dem Studium der Medicin,
welches ihm die Beschäftigung mit den Naturwissenschaften in viel-
seitigerer Weise gestattete. 1821 wurde er von LICHTENSTEIN an der
Universität Berlin inscribirt und studirte mit grossem Fleiss. Das ver-
säumte Maturitätsexamen legte er nachträglich während seiner Studienzeit
ab. 1825 promovirte er und seine Dissertationsschrift: „Observationes
ad peloriarum indolem definiendam spectantes”, welche die Umbildung unregelmässiger Blüthen in regelmässige Blüthenformen behandelte, zeigte den tüchtigen Forscher. Am 17. März 1826 erwarb er sich
die Qualification zum ärztlichen Berufe, hat diesen aber nie ausgeübt,
sondern habilitirte sich an der Universität.

Ratzeburg hatte das grosse Glück, den näheren Umgang bedeutender
Männer zu geniessen. Seinen Studienfreunden BRANDT, GOEPPERT und
PHOEBUS blieb er während seines ganzen Lebens eng verbunden. Als
Privatdocent kam er in das Haus WILHELM VON HUMBOLDT'S, dessen
Sohn er unterrichtete, und dadurch auch in Verbindung mit ALEXANDER
VON HUMBOLDT. Diese Beziehungen scheinen nicht ohne Bedeutung für
die Gründung der Forstakademie Neustadt-Eberswalde gewesen zu sein,
welche PFEIL erstrebte, denn beide HUMBOLDT interessirten sich in ein-
flussreicher Weise dafür. Am 1. Mai 1830 wurde die neue Akademie
eröffnet, und RATZEBURG übernahm an ihr die Vorträge über das ganze
Gebiet der Naturwissenschaften. Nur der rastloseste Fleiss, unermüdliches
Forschen, gestützt auf eine sehr vielseitige naturwissenschaftliche Vor-
bildung, machten es ihm möglich, dieser grossen Aufgabe gerecht zu
werden, welche eigentlich schon vor 50 Jahren über die Kraft eines

Einzelnen hinausging. Dazu kam die sehr richtige Erkenntniss, dass er als Lehrer an einer Forstakademie das Hauptziel seines Strebens in der Ausbildung der Naturwissenschaften in forstlicher Richtung zu suchen habe. Hieraus erklärt es sich auch, weshalb er sich vorzugsweise der Entomologie zuwendete, obgleich er von Haus aus mehr Neigung für Botanik hatte und dieser auch für den forstlichen Unterricht eine hervorragend wichtige Stellung unter den Naturwissenschaften einräumte. Mit richtigem Blick erkannte er, dass gerade die Entomologie am meisten der weiteren Bearbeitung bedurfte, um forstlich praktischen Nutzen für die Bekämpfung der Waldfeinde aus der Insektenwelt zu bringen. Seit den nicht mehr genügenden Arbeiten BECHSTEIN's war gerade in dieser Richtung nur wenig geleistet worden. Vorzugsweise der biologischen Forschung widmete er sich deshalb mit grösstem Eifer, die Systematik war ihm nur Mittel zum Zweck. Schon 1832 schrieb er „Ueber Entwicklung der fusslosen Hymenopteren-Larven" und 1834 „Entomologische Beiträge". Beide Abhandlungen überreichte er der Akademie der Wissenschaften zu Berlin. Wenige Jahre später, 1835, begann er seine bedeutendste literarische Arbeit: „Die Forstinsekten". Der I. Theil (Käfer) erschien 1837, der II. Theil (Falter) 1840, der III. Theil (Ader-, Zwei-, Netz- und Geradflügler) 1845. Dieses Werk war epochemachend. Es zeigte, dass der Verfasser rastlos im Walde selbst studirt, dass er mit eisernem Fleisse nicht blos die in der Literatur vielfach zerstreuten forstentomologischen Notizen gesammelt hatte, sondern dass er auch unausgesetzt bemüht gewesen war, durch persönlichen und brieflichen Verkehr mit Forstleuten selbst zu lernen.

In den Jahren 1844, 1848 und 1852 erschienen: „Die Ichnenmonen der Forstinsekten" in drei Bänden. Diese äusserst schwierige Arbeit war weniger von forstlicher, als von rein entomologischer Bedeutung und hat deshalb auch bei den Entomologen mehr Anerkennung gefunden, als „Die Forstinsekten". Beide kostspielige Werke sind auf Staatskosten für alle Oberförstereien und höheren Verwaltungsstellen Preussens angeschafft worden.

RATZEBURG sah sehr bald ein, dass sein grosses Werk für die kleinen Privatbibliotheken der Studirenden und der meisten Forstwirthe zu theuer war. Um aber gerade in diesen Kreisen möglichst ausgedehnt belehrend und anregend zu wirken, verfasste er 1841 das kleinere Buch „Die Waldverderber und ihre Feinde", welches von ihm selbst 1869 in sechster Auflage herausgegeben wurde. Jede neue Auflage brachte reichlich neue Beobachtungen und Erfahrungen.

Durch RATZEBURG war die Forstinsektenkunde zu einem gewissen
Abschlusse gelangt. Er versuchte nun die Folgen der Baum- und Wald-
beschädigungen in physiologischer und pathologischer Hinsicht zu er-
forschen. In diesem Sinne schrieb er 1862 „Die Nachkrankheiten
und die Reproduction der Kiefer nach dem Frasse der Forleule", bald darauf sein grosses, abermals mit zahlreichen guten Abbildungen ausgestattetes Werk: „Die Waldverderbniss oder dauernder
Schade, welcher durch Insektenfrass, Schälen, Schlagen und
Verbeissen an lebenden Waldbäumen entsteht". Der I. Theil
(Kiefer und Fichte) erschien 1866, der II. Theil (Tanne, Lärche, Laubhölzer und entomologischer Anhang) 1868.

Eine reiche Menge neuer eigener und fremder Beobachtungen ist
darin mitgetheilt, sie bekundet den riesenhaften Fleiss des Verfassers.
Bei den grossen Fortschritten, welche jedoch in neuerer Zeit Physiologie
und Pathologie gemacht hatten, war es ihm leider nicht mehr möglich,
den ganzen Stoff genügend zu beherrschen. Es geht dies jetzt eben über
die Kraft des Einzelnen hinaus.

Ausser seinen entomologischen Arbeiten veröffentlichte RATZE-
BURG noch:

In Verbindung mit BRANDT: „Medicinische Zoologie oder
getreue Darstellung und Beschreibung der Thiere, die in der
Arzneimittellehre in Betracht kommen", 2 Bände mit 69 Kupfertafeln, Berlin 1827—34; ein Werk, welches noch heute, namentlich
wegen der vortrefflichen Original-Abbildungen, von grosser Bedeutung ist.

In Verbindung mit BRANDT und PHOEBUS: „Abbildung und
Beschreibung der in Deutschland wild wachsenden und in
Gärten im Freien ausdauernden Giftgewächse", 2 Bände mit
56 Kupfertafeln, Berlin 1838.

„Untersuchungen über Formen und Zahlenverhältnisse
der Naturkörper", mit einer Kupfertafel. Berlin 1829.

„Forstnaturwissenschaftliche Reisen durch verschiedene
Gegenden Deutschlands", Berlin 1842.

„Die Naturwissenschaften als Gegenstand des Unter-
richtes, des Studiums und der Prüfung", Berlin 1849.

„Die Standortsgewächse und Unkräuter Deutschlands und
der Schweiz", Berlin 1859.

Am 1. Mai 1869 nach 39jähriger, segensreicher und aufopfernder
Lehrerthätigkeit trat RATZEBURG in den wohlverdienten Ruhestand. Sein

Gesundheitszustand machte dies unbedingt nöthig. Schon vorher hatte er noch eine grössere literarische Arbeit begonnen, welcher er nunmehr fast seine ganze Thätigkeit widmete. Es war ihm vergönnt, dieselbe im Manuscripte ganz, im Drucke grösstentheils zu vollenden. Aber erst nach seinem am 24. October 1871 erfolgten Tode, im Jahre 1872, erschien sein „Forstwissenschaftliches Schriftsteller-Lexikon" mit einem Vorworte seines alten Freundes PH. PHOEBUS.

Etwa im Jahre 1866 hatte er nämlich die Idee gefasst, kurze Biographien aller für seine forstwissenschaftlichen Schriften, ja für die Forstwissenschaft überhaupt, wichtig gewordenen lebenden und verstorbenen Persönlichkeiten zu schreiben. Dieser Gedanke charakterisirt den trefflichen Mann in doppelter Hinsicht; einmal zeigt er, wie sehr RATZEBURG bis an sein Lebensende ein Naturforscher mit forstlicher Richtung blieb, und dann wie dankbar er Allen war, welche ihn in seinem Forschen, sei es auch nur durch die kleinsten mündlichen oder schriftlichen Mittheilungen, unterstützten. Diese Dankbarkeit geht schon aus der grossen Menge gewissenhaftester Citate hervor, welche seine Werke, namentlich die „Waldverderbniss", enthalten, noch mehr aber aus dem Schriftsteller-Lexikon. In der Vorrede zu letzterem sagt PHOEBUS sehr richtig, RATZEBURG habe sich dadurch „ein grossartiges Denkmal gesetzt; ein „monumentum aere perennius" seines seltenen Fleisses, seines über mehrere grosse Fächer ausgebreiteten und doch auch tiefen Wissens, seiner reichen und wichtigen Naturstudien, die ihn zu einem der fruchtbarsten Naturhistoriker und zum kräftigsten Beschützer unserer Waldungen machten; — ein Denkmal auch seiner Humanität; denn auch diese spricht sich hier, wie in seinen früheren Arbeiten, aus in der freudigen Anerkennung fremder Leistungen, und, wo Wissenschaftlichkeit und Gerechtigkeit einen Tadel auszusprechen nöthigen, in der milden Form".

RATZEBURG's forstentomologische Arbeiten schufen in dieser Wissenschaft eine neue Basis für alle weiteren Forschungen; auch in später, künftiger Zeit wird man immer und immer wieder auf dieselben als bleibend werthvolle Quellen zurückgreifen. Sein Verdienst in dieser Richtung lag nicht blos in der eigenen Arbeit, sondern wesentlich auch mit darin, dass er durch seine Schriften, wie durch den persönlichen, brieflichen oder mündlichen Verkehr, Anregung zu Forschungen im Walde gab und Interesse an dem Insektenleben in weiten Kreisen weckte. Gerade die grosse Liebenswürdigkeit, mit welcher er jede Frage beantwortete, jede, auch die kleinste Mittheilung dankbar entgegennahm, hat

so Manchen ermuthigt, auf dem interessanten Gebiete selbst weiter zu
arbeiten.

Der Fortschritt der Wissenschaft ist ein unendlicher, neue Forschungen und Beobachtungen haben neue Belehrung gebracht, daher
stehen wir bereits heute bezüglich mancher wichtigen und schwierigen
Frage nicht blos in systematischer, sondern auch in biologischer Hinsicht
auf einem richtigeren Standpunkte, als RATZEBURG. Dass wir aber in der
Forstentomologie während der letzten Jahrzehnte bedeutende Fortschritte
gemacht haben, verdanken wir nicht zum kleinen Theil, sondern ganz
wesentlich der fruchtbringenden, verständnissvollen Anregung unseres

alten Meisters RATZEBURG.

EINLEITUNG.

KAPITEL I.

Die Gliederfüssler im Allgemeinen.

Das Thierreich wird gewöhnlich eingetheilt in sieben Typen. Man unterscheidet den Typus der Protozoa oder Urthiere, der Coelenterata oder Pflanzenthiere, der Vermes oder Würmer, der Echinodermata oder Stachelhäuter, der Arthropoda oder Gliederfüssler, der Mollusca oder Weichthiere und der Vertebrata oder Wirbelthiere. Wir haben es hier mit dem fünften, dem Typus der Arthropoden (abgeleitet von ἄρθρον, das Glied; ποῦς, Genitiv ποδός, der Fuss) oder Gliederfüssler zu thun.

Der Typus der Arthropoden oder Gliederfüssler.

Die Arthropoden sind bilateral symmetrische Thiere mit heteronom segmentirtem Körper und paarig angeordneten, bauchständigen, gegliederten Segmentanhängen oder Gliedmassen, deren äussere Körperoberfläche gebildet wird von einer mehr weniger starren, ein Hautskelet darstellenden Chitinhülle.

Die rechte Hälfte des Körpers eines jeden Gliederfüsslers ist spiegelbildlich, symmetrisch, gleich der linken Hälfte, während die gliedmassentragende Bauchseite von der gliedmassenlosen Rückenseite verschieden ist. Der Körper zerfällt der Länge nach in eine grössere bei den verschiedenen Gruppen sehr wechselnde Anzahl gegen einander beweglicher Segmente, auch Ringel, Folgestücken, Metameren genannt. Am besten erkennt man dies bei einem Tausendfuss (Fig. 1). Jedes Segment selbst wird aber durch den seiner Oberfläche auflagernden, weiter unten genauer zu besprechenden Chitinpanzer zu einem starren, keine ausgiebigen Formveränderungen gestattenden Körper. Man bezeichnet die Segmentirung — im Gegensatze zu der

bei den gegliederten Würmern vorkommenden — als heteronom
oder verschiedenwerthig, weil nicht jedes Segment jedem folgenden oder
vorhergehenden gleich ist, vielmehr die einzelnen Segmente oder
Segmentgruppen verschiedenen Bau und verschiedene Verrichtungen
haben. So sind z. B. die die Gliedmassen und Flügel tragenden drei
Brustsegmente der Insekten (Fig. 7, B) verschieden von den im Wesent-

Fig. 1. Ein Tausendfuss, Scolopendra morsitans L.

lichen gliedmassenlosen des Hinterleibes (Fig. 7, H). Auch sind nicht
alle Segmente während der ganzen Lebensdauer von einander getrennt,
sondern sie verschmelzen an manchen Stellen gruppenweise. So besteht der Kopf eines Tausendfusses oder Insektes (Fig. 1 und 7 K) aus
vier, das Kopfbruststück, die „Nase", unseres Flusskrebses aus dreizehn
in der Embryonalanlage getrennt angelegten, späterhin verschmelzenden
Segmenten (Fig. 2 KB).

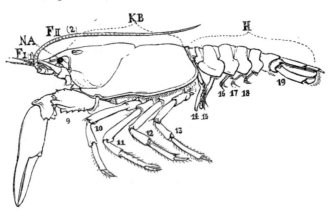

Fig. 2. Der Flusskrebs, Astacus fluviatilis Fabr.

Jedes Segment kann auf seiner Bauchseite ein — bei manchen
Tausendfüssen auch zwei — Paar Gliedmassen tragen. Es kommen
aber auch besonders bei den Insekten und den spinnenartigen Thieren
gliedmassenlose Segmente oder Segmentgruppen vor, z. B. der Hinterleib der Spinnen und Insekten. Auch können auf verschiedenen
Stufen der Entwicklung dieselben Segmente desselben Thieres glied-
massentragend oder gliedmassenlos sein. So trägt z. B. der Hinterleib der Schmetterlingsraupen an mehreren Segmenten Gliedmassen,

sogenannte „Afterfüsse", während der Hinterleib der Puppe und des Schmetterlinges deren entbehrt. Die Gliedmassen sind selbst wieder gegliedert, d. h. sie sind eingetheilt in der Länge nach an einander gereihte, starre Abschnitte, welche durch weichere Gelenke mit einander verbunden sind und daher gegen einander gebeugt werden können. Diese Gliederung unterscheidet die Gliedmassen von den bei den höheren Würmern vorkommenden, paarigen Fussstummeln.

Sowohl die Aussenfläche des Rumpfes als der Gliedmassen ist bedeckt mit einer aus Chitin bestehenden Hülle. Chitin ist eine stickstoffhaltige, sehr widerstandsfähige, nur durch Kochen in concentrirten Mineralsäuren lösliche Substanz, welche von den Aussenflächen der Grenzzellen des Arthropodenkörpers abgesondert wird, und der die Formel $C_9 H_{15} NO_6$ oder ein Mehrfaches davon zukommt. Dieses Secret erhärtet allmälig — ein frisch ausgekrochener Käfer, ein eben erst gehäuteter Krebs „Butterkrebs" ist noch weich — an der Luft und bildet so eine äussere, feste Schicht, welche den gesammten Arthropodenkörper überzieht. Sie ist kein Gewebe, besteht nicht aus einzelnen Zellen, ist vielmehr eine Cuticula, eine erhärtete Absonderung. Ist die Chitinschicht dünn, z. B. an Brust und Hinterleib einer Raupe oder an den Grenzen der einzelnen unverschmolzenen Segmente jedes Arthropoden, so ist sie biegsam. Ist sie dick oder gar wie bei vielen Krebsen mit Kalksalzen incrustirt, so stellt sie einen starren Panzer dar. Es ist diese Schicht aber stets das relativ festeste und starrste Gebilde jedes Arthropodenkörpers, das Skelet. Die Arthropoden haben also ein äusseres Chitinskelet, welches sowohl die Ansatzpunkte für die Musculatur darbietet, als auch die Gestalt des Thieres bestimmt. Die Krümmung eines mit festem Chitinpanzer versehenen Thieres geschieht lediglich durch Verschiebung der einzelnen starren Segmente gegen einander, eine Verschiebung, welche durch die an den Segmentgrenzen biegsam gebliebene Cuticula, also durch Gelenke ermöglicht wird. Besonders ist die Cuticula nur wenig elastisch, und kann als erhärtetes Secret auch nicht durch Wachsthum weiter werden. Daher muss beim Wachsthum jeder Arthropodenkörper den alten Panzer von Zeit zu Zeit sprengen und sich mit einem neuen, geräumigeren, unter dem alten Panzer angelegten versehen. Das Wachsthum eines Arthropods ist mit Häutung verbunden: Ein Arthropod, das sich nicht mehr häutet, z. B. ein ausgeschlüpfter Käfer oder Schmetterling, wächst nicht mehr.

Die Leibeswand der Arthropoden besteht nach innen von der Chitinhülle aus einer Zellschicht, Hypodermis, deren Aussenfläche den Chitinpanzer absondert und der unter dieser liegenden quergestreiften Musculatur. Sie umschliesst eine wesentlich einfache Leibeshöhle, welche durchsetzt wird von dem Darmcanal, über dem, also dorsal, das Centralorgan des Kreislaufsystems, unter dem, also ventral, das vorn einen Schlundring bildende Bauchmark, das Centralnervensystem liegt.

Die ursprünglich aus gesonderten, mitunter stark veränderten
Zellen bestehende Hypodermis entspricht der Epidermis der übrigen
höheren Thiere; über ihr wie über einer Form legt sich das Chitin-
secret auf, so dass jeder Auswuchs, respective jede Sculptur der
Oberfläche der Cuticula einem gleichen Gebilde der Hypodermis
entspricht. Jedes Chitinhaar einer Raupe ist z. B. hohl und ursprünglich über einem weichen, haarähnlichen Fortsatze einer Hypodermis-
zelle geformt. Es wird daher die Hypodermis in Bezug auf die Chitincuticula als deren Matrix oder Mutterboden bezeichnet. Die Quer-
streifung der an die Matrix, respective an das äussere Chitinskelet
sich ansetzenden Musculatur nähert diesen dem Willen des Arthropoden unterworfenen Bewegungsapparat dem der Wirbelthiere. Aber
auch die dem Willen der Arthropoden entzogenen Muskelfasern sind
quergestreift.

Fig. 3. Querschnitt durch ein Arthropod,   Fig. 4. Querschnitt durch ein Wirbel-
die Wasserassel, Asellus aquaticus.   thier, Neunauge, Petromyzon fluviatile.

d Darm, *l* Leber, *h* Herz, *n* Nervensystem, *g* Geschlechtsorgane.

Die Lagerung der Hauptorgane in der Leibeshöhle ist derartig, dass der Darmcanal in der Mitte liegt zwischen Centralnervensystem und Centralorgan des Kreislaufes. Insofern ist dieselbe Anordnung vorhanden, wie bei den Wirbelthieren. Aber das Centralnervensystem ist bei den Arthropoden an der Seite angebracht, auf welcher
zugleich die Gliedmassen sich befinden, auf der in der natürlichen
Stellung des Thieres dem Boden zugekehrten Bauchseite, während
dies bei den Wirbelthieren gerade umgekehrt ist; man kann daher
sagen, dass die Arthropoden in einer der Haltung der Wirbelthiere
gerade entgegengesetzten Lage laufen.

Die Leibeshöhle ist stets mit Blutflüssigkeit, welche alle
Organe bespült, angefüllt, und diese wird im einfachsten Falle durch
Bewegungen des Thieres, meist aber durch ein bei den verschiedenen
Gruppen sehr verschieden gebautes Herz in Circulation erhalten. An
das Herz schliesst sich bei vielen Formen ein mehr weniger complicirtes, übrigens aber niemals vollkommen gegen die Leibeshöhle ab-
geschlossenes Gefässsystem an. Der sehr verschieden gegliederte,
bald mit Leber, bald mit Ausscheidungsorganen versehene Darm-

canal, der nur in sehr seltenen Fällen, bei einigen schmarotzenden Krebsen oder als reine Begattungsmaschine dienenden Blattlausmännchen, verkümmert, ist zwischen dem vorn auf der Bauchseite gelegenen Mund und der Afteröffnung ausgespannt. Er ist, wie überhaupt alle auf der Aussenfläche mündenden inneren Organe des Arthropodenkörpers, mit einer feinen Chitincuticula, die an den Mündungsstellen in die Cuticula der Körperoberfläche übergeht, ausgekleidet. Als Organe der Nahrungsaufnahme dienen diesem Zwecke angepasste, die Mundöffnung seitlich umstehende Gliedmassenpaare.

Das centrale Nervensystem oder Bauchmark besteht der Anlage nach in jedem Segmente aus je zwei rechts und links von der Medianlinie gelegenen Nervenknoten, also einem Ganglienpaar. Es sind dieselben unter sich durch eine kurze Querbrücke und mit den Ganglienpaaren der anstossenden Segmente durch je ein paar Längsstämme verbunden. Das Nervensystem kann also im Ganzen als ein strickleiterförmiges Gebilde bezeichnet werden. Das erste Nervenknotenpaar liegt oberhalb, das zweite unterhalb des Schlundes, und beide bilden mit den sie verbindenden Längsstämmen den Schlundring. Die Anzahl der Nervenknoten ist meist — durch Verschmelzung mehrerer zu gemeinsamen Massen — verringert und es kann daher das Bauchmark mitunter sehr verkürzt erscheinen, z. B. bei den Taschenkrebsen.

Die Fortpflanzung der Arthropoden geschieht ausschliesslich durch Eier; niemals kommt Knospung oder Theilung vor. Beinahe alle Arthropoden sind getrennten Geschlechtes. Die Bauchseite des Embryos wird im Ei zuerst angelegt. Beiweitem die meisten Formen durchlaufen nach ihrem Ausschlüpfen aus dem Ei eine Metamorphose.

Eier, gebildet in den paarigen Eierstöcken der Weibchen, sind die einzigen bei den Arthropoden vorkommenden Fortpflanzungskörper. Da dieselben sich aber mitunter bereits in noch nicht völlig ausgebildeten Thieren — Larven — entwickeln und dann — ebenso wie in manchen anderen Fällen, wenn sie auch von entwickelten Weibchen erzeugt werden — keiner Befruchtung durch den männlichen Samen bedürfen, so sah man diese jungfräulich, parthenogenetisch, oder in unreifen Geschöpfen, paedogenetisch, sich entwickelnden Eier fälschlich als etwas Besonderes, als „Sporen" oder „Keime", an. Daher die entgegenstehenden Ansichten mancher älterer Lehrbücher. Nur die Bärthierchen und die niedrigsten Krebse, die „Entenmuscheln und Seepocken", sind Zwitter oder Hermaphroditen, d. h. haben beiderlei Geschlechtsorgane in einem Individuum vereinigt. Alle anderen sind getrennten Geschlechtes, haben Männchen und Weibchen. In dem Ei wird zunächst als segmentirter „Keimstreif" die Bauchseite des jungen Thieres mit dem Nervensystem und mit den Gliedmassenpaaren angelegt. Zuletzt wird der Rücken ausgebildet. Hierdurch unterscheiden sich die Arthropoden wesentlich von den Wirbelthieren, bei denen stets zuerst die Rückenfläche mit dem dort befindlichen Rückenmarke

angelegt, dagegen der Bauch zuletzt ausgebildet wird und sich zuletzt schliesst, wie die Stellung des Nabels bei ihnen zeigt. — Am
besten kann man dies an gekochten Krebseiern, respective an jungen
eben ausgeschlüpften Forellen beobachten. — Nur wenige Arthropoden
verlassen das Ei in der dem erwachsenen Thiere eigenthümlichen Form.
Sie durchlaufen vielmehr während ihres freien Lebens unter mannigfachen
Häutungen — siehe oben — eine Reihe von Formwandlungen, deren
Gesammtheit man als Metamorphose bezeichnet. Das bekannteste
Beispiel ist die Entwicklung des Schmetterlings, welcher vor seiner
definitiven Ausbildung das Raupen- und Puppenstadium durchläuft.

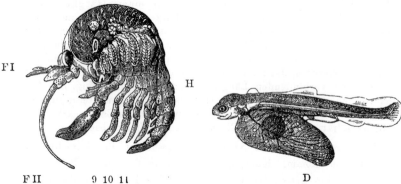

Fig. 5. Aus dem Ei genommener Embryo
des Flusskrebses, bei welchem schon die
ganzen Gliedmassen und die Bauchseite
ausgebildet sind, während bei *D* der
rückenständige Dottersack noch sichtbar
ist. *F I* vorderer, *F II* hinterer Fühler.
9—11 die drei ersten Gangbeine,
H Hinterleib. $^{10}/_1$.

Fig. 6. Eben ausgeschlüpfte junge Bach-
forelle mit anhängendem bauchständigen
Dottersack bei *D*. $^2/_1$.

Die Klassen der Arthropoden.

Der Typus der Arthropoden zerfällt in vier natürliche Gruppen,
Klassen genannt. Es sind dies die Krebsthiere oder Crustacea, die
Spinnenthiere oder Arachnoïdea, die Tausendfüsse oder Myrio-
poda und die Kerfe oder Insekten, Insecta. Zur kurzen Definition dieser
Klassen verwendet man Kennzeichen, welche entnommen sind:

a) der Gruppirung der Segmente zu grösseren Abschnitten;

b) der Besetzung dieser Segmentgruppen mit verschiedenartigen Gliedmassen und der Beschaffenheit und Zahl der letzteren;

c) der Beschaffenheit der Athmungsorgane;

d) dem Fehlen oder Vorhandensein von Flügeln.

Wie wir oben sahen, ist die Segmentirung der Arthropoden stets eine heteronome. Niemals sind alle Segmente gleichwerthig und getrennt. Am stärksten ist die Heteronomität und das Zusammentreten einer Anzahl von Segmenten zu grösseren Gruppen ausgebildet bei den Insekten (Fig. 7). Wir unterscheiden bei diesen: 1. Kopf, caput, κεφαλή, 2. Brust, thorax, 3. Hinterleib, abdomen.

Als Kopf wird bezeichnet die vorderste aus vier verschmolzenen Segmenten gebildete Körperregion, welche die Augen und die Mundöffnung, sowie von Gliedmassen ein Paar Fühler und drei Paar Mundwerkzeuge, Kiefer, trägt. Als Brust bezeichnet man den aus drei Segmenten gebildeten Abschnitt, welcher drei Bein-

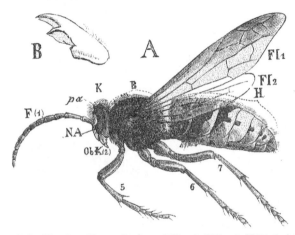

Fig. 7. A Männliche Hornisse, Vespa Crabro. *K* Kopf, *B* Brust, *H* Hinterleib, *F* Fühler (erstes Gliedmassenpaar), *NA* Netzauge, *p a* Punktauge, *Ob K* Vorderkiefer (zweites Gliedmassenpaar, die zwei folgenden Kieferpaare sind bei dieser Ansicht nicht wahrzunehmen) 5, 6, 7 Beine (sechstes bis siebentes Gliedmassenpaar), *Fl 1* Vorderflügel, *Fl 2* Hinterflügel. — **B** Tasterloser Kiefer, isolirt.

paare und meist an der Rückenfläche der beiden hinteren Segmente zwei Paar Flügel trägt. Keine andere Arthropodenklasse hat Flügel.

Der dritte und letzte, meist aus zehn Segmenten zusammengesetzte Abschnitt, welcher bei den ausgebildeten Thieren niemals deutliche Gliedmassen trägt, ist der Hinterleib.

Bei den spinnenartigen Thieren (Fig. 8 und 9) ist dagegen eine Theilung des Körpers in nur zwei grössere Segmentgruppen als Regel anzusehen. Es verschmelzen hier nämlich nicht allein wie bei den Insekten die mit Mundwerkzeugen versehenen Segmente unter einander, sondern diese treten auch mit den vier folgenden, vier Paar Beine tragenden Segmenten zusammen. Diesen im Ganzen sechs Gliedmassenpaare tragenden Abschnitt bezeichnet man als gleichwerthig dem Kopf und Thorax

der Insekten und nennt ihn Cephalothorax, Kopfbruststück. Eigentliche
Fühler fehlen, aber man nimmt an, dass das erste sicherlich hauptsächlich der Nahrungsaufnahme dienende Gliedmassenpaar morphologisch
dem Fühler der Insekten gleichwerthig ist und nennt dieses daher
Kieferfühler. Auf den Cephalothorax folgt ein meist scharf abgesetzter

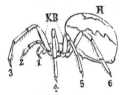
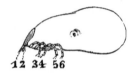

Fig. 8. Kreuzspinne, Epeira diadema L.   Fig. 9. Holzbock, Ixodes ricinus L.
$^1/_1$. $^2/_1$.

K B Kopfbruststück oder Cephalothorax, *H* Hinterleib (Abdomen), 1—6 die sechs
Gliedmassen des Cephalothorax, 1 Kieferfühler, 2 Kiefertaster, 3—6 die vier Beinpaare.

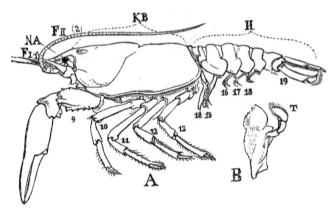

Fig. 10. A Männlicher Flusskrebs, Astacus fluviatilis L. *KB* Kopfbruststück, *H* Hinter
leib, *N A* gestieltes Netzauge, *F I* mit zwei Geisseln versehener, vorderer Fühler
(erstes Gliedmassenpaar), *F II* eingeisseliger hinterer Fühler (zweites Gliedmassenpaar). Das dritte bis achte Gliedmassenpaar, Kiefer und Kieferfüsse darstellend, ist
in dieser Ansicht nicht darstellbar; 9—13 die fünf Paar Gangbeine, von denen das
erste zu den grossen Scheeren modificirt ist, 16—19 die sechs Paar Gliedmassen des
Hinterleibes, von denen 14 und 15 zu Begattungsorganen und 19 zu Seitentheilen
der Schwanzflosse umgebildet sind. — B Der Taster tragende Oberkiefer (drittes
Gliedmassenpaar), *T* Taster. $^1/_1$.

ungegliederter und gliedmassenloser Hinterleib, der aber bei den höchsten
Formen, Scorpionen und Verwandten, die Gliederung beibehalten, bei den
niedrigsten Formen, den Milben (Fig. 9), ganz mit dem Cephalothorax
verschmelzen kann. Wenngleich also die Regionenbildung des Körpers
bei den Arachnoïdeen keine so constante ist wie bei den Insekten,

so ist doch die Anzahl ihrer Gliedmassen eine ebenso feststehende wie bei diesen.

Auch bei den Crustaceen finden wir stets einen Cephalothorax, d. h. einen vorderen Complex verschmolzener Segmente, welcher ausser den Fühlern und eigentlichen Mundwerkzeugen noch weitere Gliedmassen trägt. Am ausgebildetsten ist derselbe bei unserem Flusskrebs und Verwandten, wo er ausser den beiden Fühlerpaaren und den drei Paaren eigentlicher Kiefer, noch drei Paar Kieferfüsse und fünf Paar Bewegungsfüsse, also im Ganzen dreizehn Gliedmassenpaare trägt (Fig. 10). In anderen Fällen besteht er aus viel weniger Segmenten, so z. B. bei dem Flohkrebs (Fig. 11) nur aus sechs die Fühler, die Kiefer und nur ein Kieferfusspaar tragenden Ringen. Es bleiben daher hier sieben weitere fusspaartragende Brustsegmente frei (Fig. 11 B), und erst hinter diesen schliesst sich dann, nicht gleich an den Cephalothorax wie bei dem Flusskrebse, ein weiterer Abschnitt, das Abdomen, an. Es trägt aber dieses gleichfalls kleine Füsse. Wir sehen aus der kurzen Vergleichung von zwei sich immerhin noch ziemlich nahe stehenden höheren Krebsen, dass die Regionenbildung bei den Krebsen keine so gleichmässige ist wie bei den Insekten. Noch viel mehr variirt sie bei den niederen Krebsen. Nur die Cephalothoraxbildung und die Besetzung auch des Ab-

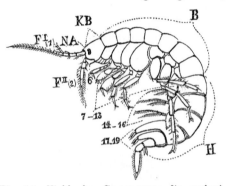

Fig. 11. Flohkrebs, Gammarus; die verbreitetste Art in unseren süssen Gewässern ist Gammarus pulex L. *K B* Kopfbruststück, *B* die sieben freien Brustringe, *H* Hinterleib, *N A* sitzendes Netzauge, *F I* vorderer Fühler (erstes Gliedmassenpaar), *F II* hinterer Fühler (zweites Gliedmassenpaar). Die drei folgenden Gliedmassenpaare, die Kiefer, sind nur angedeutet. 6 Kieferfuss (sechstes Gliedmassenpaar, das letzte des Kopfbruststückes), 7—13 die sieben Fusspaare der freien Brustringe, 14—16 Schwimmfüsse des Hinterleibes (vierzehntes bis sechzehntes Gliedmassenpaar), 17—19 Springfüsse des Hinterleibes (siebzehntes bis neunzehntes Gliedmassenpaar). $^5/_1$.

domens mit Gliedmassen ist ziemlich constant. Besonders charakteristisch ist für die Krebse das regelmässige Vorkommen von zwei Paar Fühlern (Fig. 10 A und 11, *F I* und *F II*), sowie das häufige Vorhandensein von Tastern am Oberkiefer (Fig. 10 B), Kennzeichen, welche sich niemals bei einer anderen Arthropodengruppe finden.

Bei den Myriopoden (Fig. 12) finden wir einen dem Kopfe der Insekten vergleichbaren, ein Paar Fühler und drei Paar Mundwerkzeuge tragenden Kopf, an den sich eine bald kleinere, bald sehr grosse Anzahl im Wesentlichen gleichgebildeter und je ein oder zwei Fusspaare tragender freier, unverschmolzener Segmente anschliesst. Sicherlich ist die Summe dieser gleichgebildeten freien Segmente den

Brust- und Hinterleibssegmenten der übrigen Arthropodengruppen zu
vergleichen. Aeusserlich ist eine Trennung von Brust und Hinterleib
aber nicht ausgedrückt. Bei den Myriopoden ist also die Segmentirung
des Leibes am wenigsten heteronom ausgebildet.

Die Krebse sind meist Wasserbewohner, die spinnenartigen Thiere
und Tausendfüsse Landbewohner, während man die gleichfalls meist
auf dem Lande lebenden Insekten wegen ihrer Flugfähigkeit ausserdem
auch als Luftbewohner bezeichnen kann. Der Lebensweise entsprechen
im wesentlichen die Athmungsorgane. Die Krebse nehmen durch
Kiemen den Sauerstoff der mechanisch an das Wasser gebundenen
atmosphärischen Luft auf, während Insekten, Tausendfüsse und spinnenartige Thiere, wenn sie, wie allerdings meist der Fall, überhaupt besondere Athmungsorgane haben, durch Tracheen direct den Sauerstoff
der atmosphärischen Luft athmen. Sind doch die gewöhnlich als
Lungen bezeichneten Athmungsorgane der Webspinnen und Scorpione
nichts weiter als eigenthümlich modificirte Tracheen und werden daher
auch neuerdings besser als Blättertracheen bezeichnet.

Fig. 12. Tausendfuss, Scolopendra morsitans L. $^1/_1$. *K* Kopf, *F* Fühler (erstes Gliedmassenpaar), die Kiefer (zweites bis viertes Gliedmassenpaar) in dieser Ansicht nicht
darstellbar, 5—26 die Gliedmassen der freien Leibessegmente, von denen nur das
fünfte zu einer Art Kieferfuss umgewandelt ist.

Sehen wir von einzelnen ganz aberranten, meist durch regressive
Metamorphose veränderten Formen ab, so können wir die vier Klassen
folgendermassen kennzeichnen:

Die krebsartigen Thiere sind deutlich heteronom segmentirte,
flügellose, gewöhnlich durch Kiemen athmende Gliederfüssler, deren aus
einer sehr wechselnden Anzahl von Segmenten bestehender Leib wenigstens in ein Fühler, Kiefer und andere Gliedmassen tragendes Kopfbruststück
und einen gleichfalls meist gliedmassentragenden Hinterleib zerfällt. Stets
zwei Paar Fühler, erstes Kieferpaar meist mit Tastern versehen.

Die spinnenartigen Thiere sind deutlich heteronom segmentirte,
flügellose, gewöhnlich durch Tracheen athmende Gliederfüssler, deren
Leib aus einem stets zwei Paar Mundwerkzeuge und vier Paar Beine
tragenden Kopfbruststück und einem meist abgesetzten, gliedmassenlosen
Hinterleibe besteht. Keine wirklichen Fühler. Erstes Paar Mundwerkzeuge
tasterlose Kieferfühler.

Die Tausendfüsse sind schwach heteronom segmentirte, flügellose, durch Tracheen athmende Gliederfüssler, deren Leib zerfällt in einen aus vier Segmenten verschmolzenen Fühler und drei Paar Kiefer tragenden Kopf und eine grössere Anzahl freier, je ein oder zwei Paar Beine tragender Segmente. Stets nur ein Paar Fühler. Erstes Kieferpaar tasterlos.

Die Insekten sind deutlich heteronom segmentirte, meist geflügelte, durch Tracheen athmende Gliederfüssler, deren Leib in einen Fühler und drei Paar Kiefer tragenden, aus vier Segmenten verschmolzenen Kopf, eine aus drei Segmenten bestehende, drei Beinpaare tragende Brust und einen gliedmassenlosen Hinterleib zerfällt. Stets nur ein Paar Fühler. Erstes Kieferpaar tasterlos.

Die krebsartigen Thiere fallen ganz ausserhalb des Rahmens dieses Werkes und können daher gar nicht berücksichtigt werden.

Die **spinnenartigen Thiere** werden eingetheilt in neun Ordnungen:

1. Zungenwürmer, Linguatulida.
2. Milben, Acarina.
3. Bärthierchen, Tardigrada.
4. Echte Spinnen, Araneïda.
5. Afterspinnen, Phalangida.
6. Scorpionsspinnen, Pedipalpi.
7. Scorpione, Scorpionidea.
8. Afterscorpione, Pseudoscorpionidea.
9. Walzenspinnen, Solifugae.

Von diesen fallen die sechste, siebente und neunte Ordnung, als unserer Fauna wesentlich fremd, ausserhalb des Rahmens dieser Darstellung. Auch für die meisten übrigen Gruppen müssen wir uns mit Andeutungen der forstlich interessanten Züge in ihrer Lebensweise begnügen.

Die Zungenwürmer, eine sehr abweichende Gruppe, sind grosse, bis fingerlange, wurmartige, nur in ihren Jugendzuständen als Gliederfüssler erkennbare Thiere, deren einzige bei uns einheimische Art, Pentastomum taenioïdes Rud. im erwachsenen Zustande in der Nasen- und Stirnhöhle des Hundes und Wolfes schmarotzt, im Larvenzustande aber die Eingeweide der Hasen und Kaninchen zerstört.

Die Ordnung der Milben schliesst die forstlich beachtungs- werthesten Spinnenthiere ein. Es sind fast ausschliesslich ziemlich kleine Thiere, welche deutlich den Charakter der Gliederfüssler erkennen lassen. Die Verschmelzung des Hinterleibes mit dem Cephalo- thorax ist für sie besonders charakteristisch (Fig. 13).

Ihre Mundtheile sind zwar zum Theile beissend, bei vielen und besonders bei den parasitischen Formen aber zum Stechen und Saugen

eingerichtet. Die Jugendformen entbehren noch des letzten Beinpaares
(Fig. 13, *B*).

Als niedrigste Form erwähnen wir die **Haarbalgmilbe**,
Demodex folliculorum LIN., ein nur circa 0·3 *mm* langes und
circa 0·04 *mm* breites, also dem blossen Auge völlig unsichtbares,
langgestrecktes Thier, welches in den Talgdrüsen und Haarbälgen der
Menschen und der Thiere häufig lebt und bei starker Vermehrung
beim Menschen die „Mitesser" erzeugt, bei den Hunden aber eine
sehr schwer heilbare Form der Räude verursacht.

Dieser Form schliessen sich an die eigentlichen **Krätz- und
Räudemilben.** Der Parasitismus der in der Haut des Menschen
Gänge grabenden, gerade noch mit blossem Auge sichtbaren Menschen-
krätzmilbe, Sarcoptes scabieï DEG. ist die einzige Ursache der Krätz-
krankheit, welche also **stets nur durch Uebertragung der Milbe,**
nicht aus inneren Gründen entstehen kann. **Daher sind die Krätz-
krankheit, ebenso wie alle Räudekrankheiten der Hausthiere,**

Fig. 13. A. Erwachsenes und voll Blut gesogenes Exemplar des gemeinen Holz-
bockes, Ixodes ricinus L., von der Seite gesehen, ³/₁. B. Junges Exemplar, dem
noch das letzte Beinpaar fehlt, von oben gesehen, nicht vollgesogen, ³/₁. 1—6 die
Gliedmassenpaare.

nur mit äusserlichen Mitteln zu behandeln. Drei Gattungen
von Räudemilben sind es, welche die Krankheiten unserer Haussäuge-
thiere erzeugen: Sarcoptes, Dermatocoptes und Dermatophagus. Die
gewöhnliche Hunderäude ist Sarcoptesräude. Es kann beim Hunde
aber auch im Innern der Ohrmuschel eine Dermatophagusräude vorkommen, welche dann häufig Grund des „inneren Ohrwurmes" wird.

Den Krätzmilben nahe verwandt sind die Käsemilben, von
denen Tyrogliphus siro GERV. die bekannteste ist.

Die Schildmilben, Gamasidae, schmarotzen auf Insekten, Vögeln
und Säugethieren. Gamasus coleoptratorum L., die gemeine Käfer-
milbe, findet sich häufig in grossen Mengen an der Bauchseite der
Aas- und Mistkäfer.

HARTIG beschreibt in seinem Conversations-Lexikon, p. 733, ausführlich eine Borkenkäfermilbe, welche nach ihm der Gattung
Uropoda LATR. angehört. Dieselbe heftet sich mit einer vom After
ausgehenden Röhre hinten an die abschüssige Stelle der Flügeldecken
der Käfer, und wird so mit in die neuen Brutgänge getragen, wo sie

ihre Brut unterbringen kann. Er fand sehr viele Larven und Puppen des Tomicus typographus durch die Larven dieser Milbe zerstört. Wahrscheinlich ist es dieselbe Milbe, welche J. Müller in Mähren an Borkenkäfern fand und als Uropoda ovalis bezeichnet und Hensel — Grunert und Leo, „Forstliche Blätter" IV, p. 215 — von Scolytus pruni erwähnt.

Dermanyssus avium Dug. ist ein sehr häufig auf Vögeln, besonders auf unseren Stubenvögeln und Hühnern schmarotzendes Thier, welches auch auf den Menschen übergehen kann.

Die grössten einheimischen Milben sind die Zecken, Ixodidae. Sie zeichnen sich durch ihre lederartige, stark ausdehnbare Haut und durch ein Hornschild auf dem Rücken aus. Als Belästiger von Thieren und Menschen ist der bekannte Ixodes ricinus L. (Fig. 13) erwähnenswerth, welcher sich mit seinen Mundwerkzeugen tief und fest in die Haut bohrt, um Blut zu saugen. Er schwillt nach und nach bis zur Grösse einer Johannisbeere. Mit Gewalt soll man das festgesaugte Thier nicht herausziehen, weil dann der Kopf abreisst, in der Haut zurückbleibt und Eiterung verursacht. Dagegen kann man den Holzbock durch sanftes Reihen mit dem in Baumöl getauchten Finger zum Loslassen bringen, freilich oft erst nach 20 bis 40 Minuten. Auch Tabakssaft, Branntwein oder Salzwasser bewirken dasselbe.

Für den Forstmann haben die Gallmilben, Phytoptidae, Bedeutung. Kann man sie auch nicht als sehr schädliche Waldverderber bezeichnen, so sind diese stets auf perennirenden und häufig auf Holzpflanzen lebenden Thiere doch durch die von ihnen veranlasste Gallenbildung vielen Waldbäumen und Sträuchern nachtheilig. Die Familie umfasst bis jetzt blos eine einzige zoologisch charakterisirbare Gattung, die Gattung Phytoptus (Fig. 14).

Dieselbe enthält sehr kleine, 0·13 bis 0·30 mm lange, fast walzenförmige, nach hinten und vorn zugespitzte Milben mit fein geringeltem Leibe. Mundwerkzeuge sehr rudimentär, rüsselartig nach unten stehend. Nur die beiden vorderen fünfgliedrigen, mit einer glatten Kralle und einer gefiederten Borste am letzten Gliede versehenen Beinpaare sind ausgebildet; dagegen die beiden hinteren rudimentär und durch Borsten vertreten.

Alle Milbengallen, welche bis jetzt genau untersucht wurden, haben Phytoptusformen als Erzeuger. Die sehr zahlreichen Gattungsnamen, welche für Gallmilben besonders von Amerling aufgestellt wurden, z. B. Volvulifex, Phyllerius, Malotrichus, Calycophthora u. s. f., sind daher einfach zu streichen. Es sind dieselben nämlich nicht nach zoologischen Merkmalen der die Gallen erzeugenden Thiere aufgestellt worden, sondern lediglich nach mehr minder wichtigen Formunterschieden der betreffenden Gallen. Untersucht man deren Bewohner und Erzeuger, so findet man stets Phytoptus, und es ist augenblicklich nicht einmal möglich, ver-

schiedene Arten der Gattung Phytoptus nach zoologischen Merkmalen
sicher zu unterscheiden, obgleich doch anzunehmen ist, dass die in ihrer
Erscheinung und Stellung an den verschiedenen Pflanzen so ungemein
verschiedenen Phytoptusgallen allerdings von der Art nach verschiedenen Phytoptusformen erzeugt werden. Hiefür spricht besonders, dass
wir auf ein und demselben Organ ein und derselben Pflanze mitunter
sehr verschiedene Formen finden. So sind allein auf den Blättern der
Linde vier verschiedene Formen von Phytoptusgallen beobachtet.

Es bleibt daher vorläufig nichts Anderes übrig, als die Phytoptusgallen, deren Kenntniss in der neueren Zeit besonders durch Thomas
gefördert wurde, nach ihren botanischen Merkmalen einzutheilen, wobei
wir uns wesentlich an die Darstellung von Frank [XXV, S. 669—700] anschliessen.

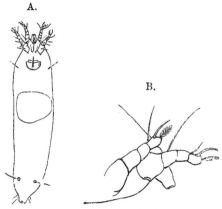

A.

B.

Fig. 14. Gallmilbe aus deformirten Knospen des
Haselnussstrauches.
A. 150/1. Ein ganzes Thier von unten gesehen.
B. 300/1. Vordertheil mit dem zugespitzten Rüssel
und den beiden Beinen von der rechten Seite
gesehen.

Die Phytoptusgallen ent-
stehen durch krankhafte Wucherung von Pflanzentheilen
meist direct an den Stellen,
an welchen ein oder mehrere
Gallmilben saugen. Die Angriffe der Milben richten sich
stets auf ganz junge, vielfach
auch auf noch in der Knospe
liegende Blätter und Triebe.

Es scheint übrigens, als
wenn in einzelnen Fällen
überhaupt ein Saugen von
Milben an einem Blatte ge-
nügte, um Gallen an densel-

ben entstehen zu lassen und dass die Gallbildung nicht genau auf den
Umkreis der angesaugten Stelle beschränkt bleibt. Die Gallmilben über-
wintern als erwachsene Thiere in den Knospen und wandern zu dem
Zeitpunkt, in welchem sich neue Knospen an den jungen Jahrestrieben
bilden, aus den nun vertrocknenden, alten Gallen aus, um die jungen
Knospen zu beziehen.

Dass ein merklicher forstlicher Schaden durch Phytoptus
angerichtet worden wäre, ist bis jetzt nicht bekannt. Dagegen werden
zweifellos die von ihnen befallenen Stellen der Blätter und Triebe ihrem
normalen Dienste entzogen und besonders kann da, wo an den erkrankten
Blattstellen das Chlorophyll schwindet, keine Assimilation stattfinden.
Vom Haselstrauch ist bekannt, dass sein Fruchtertrag durch Phytoptusangriffe mitunter beeinträchtigt wurde.

Die Angriffe der verschiedenen Phytoptusarten erzeugen:

A. An Blättern:

1. Filzbildungen,
2. Beutel- oder Taschenbildungen,
3. Pockenbildungen,
4. Einrollungen oder Faltungen,
5. Umrissveränderungen.

B. An Knospen und Triebspitzen:

6. Anschwellungen und Wucherungen.

Aehnliche Bildungen können übrigens auch durch andere Gall-insekten, z. B. durch Gallmücken hervorgebracht werden und es ist stets der mikroskopische Nachweis des wirklichen Vorkommens von Gall-milben nöthig, wenn man eine neu gefundene Missbildung als Milben-galle sicher ansprechen will.

Filzbildungen. Diese anfänglich für Pilze, Gattung Erineum Persoon, gehaltenen Wucherungen stellen abnorme reichliche Haar-bildungen an den Blättern dar, und bilden auf ihnen filzige, meist lebhaft gefärbte Stellen. Die Form der Haare ist sehr verschieden, aber für die einzelnen Gallenarten charakteristisch. Die zwei Haupt-formen sind die cylindrischen und die geknöpften oder gekeulten Haare. Zwischen diesen Haaren leben die Milben. Die Filzkrankheit kommt wesentlich an Holzgewächsen vor. Bei uns hat man dieselben am häufigsten bemerkt auf: Linde, Wallnuss, Eiche, Buche, Birn- und Apfelbaum, Vogelbeere, Weissdorn, Traubenkirsche, Ahorn, Erle, Birke und Pappel, ausserdem noch auf einigen Kräutern. Praktisch nicht unwichtig ist die Filzkrankheit des Weinstockes, welche schon häufig Traubenmisswachs verursacht hat.

Beutelbildungen entstehen dadurch, dass die meist auf der Unterseite des Blattes gelegene Angriffsstelle der Milbe sich vertieft und schliesslich auf der Oberseite in Form einer Ausstülpung vortritt. Es bildet sich also eine hohle, häufig lebhaft gefärbte, innen oft be-haarte Galle, die der Blattfläche nur mit einer beschränkten, von der Gallenmündung durchbohrten Stelle ansitzt (Fig. 15, B). In manchen Fällen umgibt sich die Mündung noch mit einem besonderen Mündungs-wall. Am bekanntesten sind die „langkegelförmigen, oben und unten verdünnten, oft etwas gekrümmten, bis 5 mm langen, wenig über 1 mm breiten, meist schön roth gefärbten und kahlen „Nagelgallen" auf der Oberseite der Lindenblätter" (Fig. 15, A).

Bekannt sind ferner noch Taschen- und Beutelgallen an Traubenkirsche, Schlehe, Pflaumenbaum, Ahorn, Erle, Ulme, Weide und Esche.

Pockenbildungen entstehen, wenn die Milben in das Innere der Blätter eindringen und eine äusserlich als „Pocke" sich darstellende, durch abnorme Wucherung des Blattfleisches, der Mesophyllzellen, erzeugte Anschwellung hervorrufen; häufig erhält eine solche Galle durch Bersten der Oberhaut auf der Unterseite des Blattes einen Eingang. Solche Gallen sind daher von fadenförmig veränderten Mesophyllzellen ausgekleidet, die vorher geschilderten Taschengallen dagegen von der eingestülpten Epidermis.

Am häufigsten findet man die Pockenkrankheit bei Birnbäumen; sie ist aber auch noch an Vogelbeere, Mehlbeere, Elsebeere, Zwergmispel, Wallnuss und Rüster beobachtet worden.

Rollungen der Blattränder, hervorgebracht durch Phytoptusangriffe, können entweder mit oder ohne Blattverdickung vorkommen. Letzteres ist bei Holzgewächsen der häufigere Fall und wird beobachtet an Linde, Buche und Weide, sowie an einer Reihe anderer Sträucher und Kräuter.

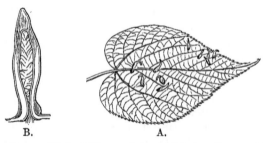

B.   A.

Fig. 15. Milbengallen an Lindenblättern. A in natürlicher Grösse. B vergrösserter Längsschnitt nach FRANK.

Von der Mittelrippe gegen den Rand längs der Seitennerven verlaufende, in ihrer Höhlung auf der Oberseite des Blattes Milben beherbergende Falten verursachen bei der Hainbuche oft auffällige Kräuselungen der Laubblätter.

Umrissveränderungen, durch welche das junge Blatt einen völlig veränderten Habitus bekommt, besonders häufig schmäler oder tiefer zerschlitzt wird, und welche mitunter in Verbindung mit Randrollungen und Filzbildungen vorkommen, sind bis jetzt nur bei verschiedenen Kräutern beobachtet worden, z. B. bei der gemeinen Bibernelle, Pimpinella saxifraga. Beeinflusst die Missbildung die ganze Triebspitze, so kommen Uebergänge zu der nächsten Form vor.

Knospen- und Triebspitzenanschwellungen und Wucherungen. Werden Sprosse bereits im Knospenzustande als solche von Phytoptus angegriffen, so bleiben sie kurz, und es tritt eine überhäufte Bildung dicht aufeinanderliegender Blätter ein, so dass die Knospe schwillt und einen runden Blätterknopf oder dichten Blätterschopf darstellt. Solche Bildungen findet man häufig am Haselnussstrauch, und auch an der Birke kommen bis 1 *cm* starke, verdickte Knospen vor. Geradezu blumenkohlähnliche, wallnuss- bis faustgrosse Triebdeformationen werden durch Phytoptus an verschiedenen Weiden, z. B. an den Zweigen der Trauerweide sowie an Pappeln und Rüstern erzeugt.

KIRCHNER berichtet im Jahre 1863, dass ein in der Gegend von Kaplitz in Böhmen befindlicher, aus 800—1000 Bäumen und Sträuchern bestehender Haselbestand in Folge der durch ausserordentliche Vermehrung der Gallmilben hervorgerufenen massenhaften Zerstörungen nicht eine einzige Frucht hervorbrachte, während er in früheren Jahren 10—20 *hl* Nüsse lieferte.

Fig. 16. Haselnusszweig im Frühjahr mit zwei durch Phytoptus deformirten (*a a*) und zwei normalen (*b b*) Knospen.

Eine ursprünglich von HARTIG im „Forstlichen Conversations-Lexikon", S. 737, an schlechtwüchsigen Kiefern beschriebene und von FRAUENFELD wieder beobachtete, bis bohnengrosse Missbildung, bei welcher das Rindengewebe eine schwammige Anschwellung bildet, in welcher sieh zahllose, von Milben erfüllte Höhlen bilden, ist neuerdings nicht genauer untersucht worden. Wahrscheinlich ist auch hier Phytoptus der Thäter, wenngleich HARTIG die Milbe als Oribata geniculata LATR. bezeichnet.

In die Gruppe der Laufmilben, Trombididae, gehört auch Tetranychus telarius L., ein Thier, dessen sechsbeinige Jugendformen als Leptus autumnalis beschrieben und „Herbstgrasmilbe" benannt, gelegentlich einen Hautausschlag bei Menschen und Thieren erzeugen kann. Als erwachsenes Thier ungefähr 0·25 *mm* lang, lebt sie im heissen Sommer an der Unterseite der Blätter der verschiedensten Pflanzen, wo sie ein Gespinnst macht, zwischen dessen Fäden die Thiere nebst ihren abgeworfenen Häuten und den Eiern als mehlartige Masse sitzen. Unter ihrem Einflusse vertrocknen die Blätter schnell. Sie ist sehr häufig an Linden, aber auch an Rosskastanien, Weiden und Fichten beobachtet, desgleichen an Feuerbohnen und Gartenzierpflanzen. Am Hopfen erzeugt sie die als „Kupferbrand" bezeichnete Krankheit.

Die übrigen Milbenfamilien sind für unser Thema ohne Belang.

Wohin der „Acarus", von birnförmiger Körpergestalt, mit langborstigen Beinen, auch noch längerborstigem Hinterleib, auf der Unterseite des Hinterleibes zuweilen mit drei im Bogen stehenden braunen Tupfen und ebensolchen Afterflecken, gehört, der nach NÖRDLINGER [XXVI, p. 92] häufig Löcher in die Stengel von in Töpfen gezogenen Nadelholzkeimlingen bohrt, so dass diese kümmern und umfallen, ist ebenso wenig zu entscheiden, wie die zerstreuten Angaben Ratzeburg's über Milbenschäden zu verwerthen sind.

Die Bärthierchen sind kleine zwittrige Arachnoideen, welche meist zwischen dem Moose unserer Dächer etc. leben und sich durch grosse Widerstandsfähigkeit gegen Austrocknung auszeichnen. Jahrelang eingetrocknete Thiere kommen bei Befeuchtung wieder zum Leben. Macrobiotus Hufelandii S. Sch. sei als Beispiel angeführt.

Auch die zahlreichen echten Spinnen unserer einheimischen Fauna können uns hier wenig interessiren. Sie gelten gewöhnlich für nützliche Thiere, namentlich die Kreuzspinne, Epeira diadema L. (Fig. 4), und ihre Verwandten, welche im Walde ihre grossen, verticalen Netze zwischen Bäumen, Holzstössen u. s. w. ausspannen, in denen auch Borkenkäfer gefangen werden. Auch unter den ohne Gewebe lebenden, sogenannten Jagdspinnen, Vagabundae, gibt es wohl manche Arten, welche an Bäumen u. s. w. ihre aus Insekten bestehende Nahrung aufsuchen. Der Nutzen der echten Spinnen wird indessen dadurch wenigstens theilweise wieder aufgewogen, dass sie ganz unparteiisch schädliche und nützliche Insekten verzehren. Manche schaden sogar etwas, wenn auch nicht im Walde, so doch im Garten, durch ihr auf Pflanzen angelegtes Gewebe, indem dasselbe die freie Entwicklung der Blättchen und Blüthen hindert.

Ein ganz bestimmter Nutzen der Spinnen ist neuerdings von C. Keller — „Schweizerische Zeitschrift für das Forstwesen" 1883, S. 165 und 1884, S. 17 — nachgewiesen worden. Er fand, dass der einen Art der Fichtenrindenlaus, Chermes abietis L., gleich Ch. viridis Ratzeb., im August, das heisst dann, wenn die bekannten ananasförmigen Chermesgallen sich öffnen, um die Brut zu entlassen, von verschiedenen Jagdspinnen, sowie von verschiedenen Radspinnen, Epeira diadema, Theridium nervosum u. s. f., eifrig nachgestellt wurde. Ja diese Räuber zogen sich förmlich nach den befallenen Fichtenbeständen, wo nun zahlreiche, vorher fehlende Spinnennetze zu sehen waren.

Während also echte Spinnen die Hauptfeinde des an frohwüchsigen Fichten so häufig vorkommenden Chermes abietis L. sein sollen, hat nach Keller der mehr schattenliebende, verwandte Chermes coccineus Ratzeb. einen Hauptfeind in der Gruppe der Afterspinnen.

Die durch scheerenförmige Kieferfühler, sehr lange Beine und ein gegliedertes, in ganzer Breite dem Kopfbruststück ansitzendes Abdomen von den echten Spinnen unterschiedenen Afterspinnen, im Volksmunde Weberknechte oder Kanker genannt, leben mit Vorliebe an schattigen Orten. Bei Zürich bemerkte nun Keller, dass die eine Art, Phalangium parietinum Deg., mit besonderer Gier die Weibchen von Chermes coccineus vor der Eiablage ergriff, ihnen die Eimassen aus dem Hinterleib quetschte und auffrass, während es die anderen, härteren Theile liegen liess. Versuche ergaben, dass die Anzahl der von Phalangium zerstörten Chermesweibchen eine sehr bedeutende sein kann.

Einheimische spinnenartige Thiere kommen, wenn wir die nur an der Südgrenze unseres Faunengebietes lebenden Scorpione vernachlässigen, nur noch in der Gruppe der Afterscorpione vor. Diese sehr kleinen, wie Scorpione mit abgetrenntem Schwanze aussehenden Thiere leben unter Baumrinden, in alten Büchern u. s. f. und haben für unsere Betrachtungen keinerlei Bedeutung.

Die **Tausendfüsse** zerfallen in zwei Ordnungen, welche wir als Einpaarfüssler oder Chilopoda und Zweipaarfüssler oder Chilognatha unterscheiden können. Zur Charakteristik dieser beiden Gruppen reicht für uns die Angabe aus, dass die ersteren (Fig. 12) einen flachgedrückten Leib und ein Gliedmassenpaar an jedem Leibesringe besitzen und sich nicht kugeln oder spiralig einrollen können, während letztere einen drehrunden oder auf dem Querschnitte halbkreisförmigen Körper haben, an den mittleren und hinteren Segmenten je zwei Paar Füsse tragen und sich meist einrollen oder kugeln können.

Aus der ersten Gruppe erwähnen wir Lithobius forficatus L., den „braunen Steinkriecher" (Tafel I, Fig. 11), circa 25 *mm* lang, ein bei uns häufig unter Steinen oder loser Rinde lebendes Thier, das durch seine Insektennahrung nützlich sein soll.

Aus der zweiten Gruppe, die sich wesentlich von vegetabilischen Stoffen nährt, sei Julus terrestris L., der gemeine Tausendfuss, erwähnt; 20 bis 30 *mm* lang, schwarzgrau mit zwei gelblichen Längsstreifen auf dem Rücken und nicht selten bis 90 Fusspaaren. Ob wirklich, wie behauptet wird, einige Julus-Arten landwirthschaftlich schädlich wurden, mag hier dahingestellt bleiben.

ALLGEMEINER THEIL.

Jede Eigenschaft eines Körpers gibt unter
Umständen einen Schlüssel ab, um eine verschlossene Thür zu öffnen; aber die Theorie ist
der Hauptschlüssel, womit wir alle Thüren
öffnen.

v. Liebig.

KAPITEL II.

Die äussere Erscheinung der erwachsenen Insekten.

Die **Insekten** sind deutlich heteronom segmentirte, geflügelte, durch Tracheen athmende Gliederfüssler, deren Leib
aus einem Fühler und drei Paar Kiefer tragenden, aus vier
Segmenten verschmolzenen Kopf, einer aus drei Segmenten
bestehenden, drei Beinpaare tragenden Brust und einem im
Allgemeinen gliedmassenlosen Hinterleib besteht. Stets nur
ein Paar Fühler, erstes Kieferpaar tasterlos.

Der Leib des erwachsenen Insektes (Fig. 17, *A*), welches man im
Gegensatz zu den Jugendzuständen — Ei, Larve, Puppe — als Imago
bezeichnet, kann zunächst eingetheilt werden in den Stamm und die
Anhänge. Der Stamm zerfällt wieder in drei deutlich von einander
gesonderte Abschnitte, in Kopf, caput, Brust, thorax und Hinterleib,
abdomen.

Nur in seltenen Fällen, z. B. bei Smynthurus, einem kleinen Orthopteron
aus der Familie der Poduriden, kommen Verwachsungen von Brust- und Hinterleibsringen vor (vergl. auch S. 32).

Die Auhänge kann man eintheilen in die eigentlichen gegliederten
bauchständigen Gliedmassen und in die rückenständigen ungegliederten
Flügel.

Die meist bereits an dem noch im Ei eingeschlossenen Embryo angelegten, zu diesem Zeitpunkte noch wesentlich gleichgebildeten, wurstförmige Anhänge der Bauchseite darstellenden sieben Paar Gliedmassen

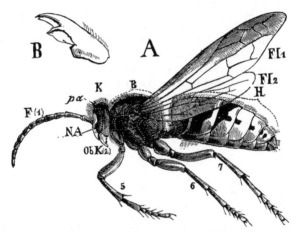

Fig. 17. A Männliche Hornisse. Vespa Crabro L. *K* Kopf, *B* Brust, *H* Hinterleib mit sieben Segmenten, *F* Fühler (erstes Gliedmassenpaar), *N A* Netzauge, *p a* Punktauge, *Ob K* Vorderkiefer (zweites Gliedmassenpaar); die zwei folgenden Kieferpaare sind in dieser Ansicht nicht wahrzunehmen, 5, 6, 7 Beine, (fünftes bis siebentes Gliedmassenpaar), *Fl 1* Vorderflügel, *Fl 2* Hinterflügel. — B Vorderkiefer, isolirt.

passen sich späterhin verschiedenen Arbeitsleistungen an und treten schliesslich in den sehr verschiedenen Formen von Fühlern, Kiefern und Beinen auf. Wir werden dieselben zugleich mit den Stammabschnitten, welche sie tragen, besprechen.

Der Kopf. Er besteht stets aus einer ungegliederten, starren, die Ansatzpunkte für die zur Bewegung der Kopfgliedmassen dienenden Muskeln abgebenden Chitinkapsel, welche zwei Oeffnungen hat, von denen die vordere als Mundöffnung in den Darmcanal führt, die hintere, das Hinterhauptsloch (Fig. 21, *H L*), dagegen den Uebertritt der Speiseröhre, des Nervensystems und der Musculatur nach der Brust hin ge-

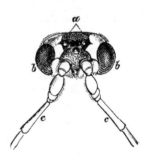

Fig. 18. Kopf einer echten Schlupfwespe, ⁷/₁. *a* die drei Punktaugen, *b b* die paarigen Netzaugen, *c c* die Fühler.

stattet. Die beiden Seiten des Kopfes werden eingenommen von den paarigen grossen Netzaugen, oculi compositi, ·welche nur selten fehlen;

zwischen denselben liegen häufig median die Punktaugen, ocelli
(Fig. 17, *p a* und Fig. 18, *a*).

Die Regionen des Kopfes werden nach altem Brauche
entsprechend den Regionen des menschlichen Kopfes bezeichnet
als Gesicht, facies, Scheitel, vertex, Hinterhaupt, occiput,
Wangen, genae, Kehle, gula, und Hals, collum. Das Gesicht
wird wieder in einen hinteren Theil, Stirn, frons, genannt, und
einen vorderen über der Mundöffnung liegenden, das Kopfschild,
clypeus, unterschieden. Bei manchen Arten ist der Kopf ungewöhnlich
aufgetrieben oder mit hornartigen Verzierungen versehen. Die Stellung
des Kopfes gegen die Brust kann so sein, dass die Scheitelfläche
entweder nach oben oder nach vorn, die Längsachse des Kopfes also
horizontal oder vertical steht. Der Kopf ist mit der Brust entweder

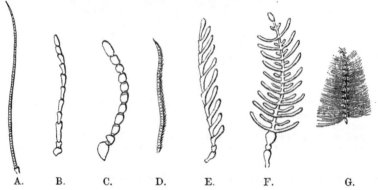

A.   B.   C.   D.   E.   F.   G.

Fig. 19. „Gleichartige" Fühler. *A* borstenförmig (Laubheuschrecke); *B* fadenförmig
(Laufkäfer); *C* perlschnurförmig; *D* gesägt (Schwärmer); *E* gekämmt (Schnellkäfer);
F doppelt gekämmt (Kammmücke); *G* wirtelförmig behaart (Stechmückenmännchen).

nur an einer beschränkten Stelle verbunden und dann frei gegen
dieselbe beweglich (Taf. VI, Fig. 1) oder aber mehr weniger tief in
dieselbe eingesenkt (Taf. I, Fig. 4, *F*) und bei Rückenansicht mitunter
völlig von ihr verdeckt, z. B. bei vielen Borkenkäfern.

Dicht über der Mundöffnung ist eine mittlere ungegliederte Platte
eingelenkt, welche als Oberlippe, labrum, bezeichnet wird (Fig. 21, *OL*).

Die Oberlippe kann nicht als zu den Gliedmassen gehörig angesehen werden, stellt vielmehr eine mediane Falte oder Duplicatur
des Chitinskeletes dar. Sie lenkt sich unmittelbar dem Kopfschilde
an und dient als vordere Bedeckung der Mundwerkzeuge, denen sie
gewöhnlich beigezählt wird.

Entsprechend seiner Zusammensetzung aus vier Segmenten, trägt
der Kopf auch vier Gliedmassenpaare, von denen das erste, die
Fühler, antennae, als Sinnesorgan dient, während die drei übrigen

zur Ergreifung und Aneignung der Nahrung eingerichtet, als Kiefer bezeichnet und am einfachsten als Vorder-, Mittel- und Hinterkiefer unterschieden werden. Die Oberlippe und die drei Kieferpaare zusammen werden als Mundwerkzeuge, partes oris s. trophi, bezeichnet.

Die Fühler stellen stets ein Paar gegliederter Fäden dar, die nach Anzahl, Länge und Form der sie zusammensetzenden Glieder ungemein verschieden erscheinen können.

Sind alle Glieder der Fühler annähernd gleich gebaut, so spricht man von „gleichartigen Fühlern", antennae aequales (Fig. 19), und unterscheidet unter diesen je nach der Gestalt der einzelnen Glieder wieder verschiedene Formen, indem man z. B. von „borstenförmigen,

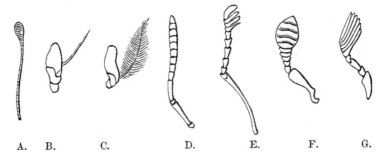

A. B. C. D. E. F. G.

Fig. 20. „Ungleichartige" Fühler. *A* gekeult (Kohlweissling); *B* mit nackter Fühlerborste; *C* mit behaarter Fühlerborste (Fliegen); *D* gebrochener Fühler mit Schaft und einfacher Geissel (Hornisse); *E* gebrochener Fühler, Geissel mit viergliedriger gekämmter Keule (Hirschkäfer); *F* gebrochener Fühler, Geissel mit Endknopf (Borkenkäfer); *G* gebrochener Fühler mit geblätterter Keule (Maikäfermännchen).

fadenförmigen, perlschnurförmigen, gesägten, einfach und doppelt gekämmten" Fühlern spricht.

Zeigen einzelne Glieder oder Gliedergruppen der Fühler bedeutende Formabweichungen von den übrigen (Fig. 20), so nennt man solche Fühler „ungleichartige", antennae inaequales. Am häufigsten entsteht die Ungleichartigkeit durch Veränderung der letzten Glieder. Sind diese verstärkt, so ist ein Fühlerknopf oder eine Fühlerkeule vorhanden, sind sie verdünnt und mit einander verwachsen, eine Fühlerborste, arista. Ist das Basalglied oder, wenn dasselbe kurz bleibt, das zweite Fühlerglied verstärkt und verlängert, so unterscheidet man es als Schaft, scapus, von dem als Geissel, flagellum, bezeichneten Reste des Fühlers. Ist die Geissel winkelig gegen den Schaft eingelenkt, so entsteht ein gebrochener Fühler, antenna fracta. Behaarungen verschiedener Art können gleichfalls die äussere Erscheinung der Fühler stark beeinflussen.

Die Mundwerkzeuge dienen zur Aneignung entweder von fester oder von flüssiger Nahrung, sind entweder **kauende** oder **saugende**.

Die **kauenden Mundwerkzeuge** sind bei allen sie führenden Insektenformen ziemlich übereinstimmend gebildet.

Hinter der die Mundtheile nach vorn abschliessenden **Oberlippe** (Fig. 21, *OL*) stehen beiderseits vorn am Seitenrande der Mundöffnung die **Vorderkiefer** (Fig. 21, *VK*), welche hier ein Paar einfache ungegliederte, häufig innen gezähnte, meist stark chitinisirte und daher stärkere Beisswirkung auszuüben fähige Haken — nach altem Brauche **Oberkiefer**, **mandibulae**, genannt — bilden. Sie haben niemals einen Taster.

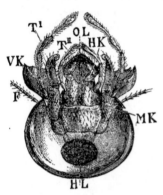

Die **Mittel-** und **Hinterkiefer** sind dagegen stets tastertragende, gegliederte, schwächer chitinisirte, breitgedrückte Gliedmassen. Während aber die beiden das Mittelkieferpaar bildenden, rechts und links von der Mundöffnung eingelenkten, regelmässig deutlich ausgebildeten Gliedmassen stets getrennt bleiben und nach altem Brauche als **Unterkiefer**, **maxillae**, bezeichnet werden, verschmelzen die Basaltheile der meist weniger gut ausgeprägten Hinterkiefer zu einer die Mundtheile hinter der Mundöffnung in ähnlicher Weise wie vorn die Oberlippe abschliessenden mittleren Platte. Die verschmolzenen Hinterkiefer werden daher auf Grund dieser Analogie in der älteren Nomenclatur als **Unterlippe**, **labium**, bezeichnet.

Fig. 21. Abgelöster Kopf der Feldgrille, Gryllus campestris L., von unten, *O L* Oberlippe, *V K* Vorderkiefer (Oberkiefer), *M K* Mittelkiefer (Unterkiefer), *T I* deren Taster (Kiefertaster), *H K* Hinterkiefer (Unterlippe), *T II* deren Taster (Lippentaster). Die Hinweisung von den Buchstaben *H K* auf den wirklichen Hinterkiefer wird durch eine weisse Linie vermittelt. (Nach J. Mohr's Wandtafel.)

Die **Oberkiefer** sind in der überwiegenden Mehrzahl der Fälle die Werkzeuge, mit denen die Insekten die Zerkleinerung ihrer Nahrung und die Herrichtung ihrer Wohnungen bewirken. Nur in seltenen Fällen werden sie zu mehr weniger wirkungslosen Verzierungen, wie beim Hirschkäfer und den exodonten Braconiden.

Die **Mittel-** und **Hinterkiefer** bilden dagegen eine äusserst wechselnde „Combination von Kau-, Greif- und Tastorganen" von stets schwächerer mechanischer Wirkung als die Vorderkiefer.

Bei einem gut ausgebildeten **Mittel-** oder **Unterkiefer** (Fig. 22) unterscheidet man das Basalstück, die **Angel**, **cardo**, den daran sich anschliessenden Stamm, stipes, der auf seiner Aussenseite die häufig mit ihm verschmelzende, zur Anlenkung des Maxillartasters, palpus maxillaris, dienende Schuppe, squama, und an seiner Innenseite die innere und äussere Kaulade, mala interna et externa, trägt.

Bei der ausgebildetsten Form der durch mediane Verschmelzung der Hinterkiefer entstehenden Unterlippe, wie man sie z. B. bei vielen Orthopteren findet, kann man mit Ausnahme der wohl immer als selbstständiges Stück verschwindenden Schuppe noch dieselben Theile unterscheiden, indessen verschmelzen die beiderseitigen Angeln und Stämme stets zu unpaaren medianen Gebilden, welche in der älteren Nomenclatur meist mit besonderen Namen — die verschmolzenen Angeln heissen Unterkinn, submentum, die verschmolzenen Stämme Kinn, mentum — bezeichnet werden. Ihnen schliessen sich dann seitlich die Lippentaster oder Labialtaster, palpi labiales, an, zwischen welchen die mehr weniger verschmelzenden, als Zunge, ligula s. glossa, bezeichneten Innenladen und die, wenn deutlich getrennt, Nebenzungen, paraglossae, genannten äusseren Kauladen sitzen. Häufig verschmelzen aber alle Theile der Hinterkiefer weit stärker, oft sogar zu einer einzigen ungegliederten, unpaaren medianen Platte, die nun als besondere Theile nur noch die Hinterkiefertaster trägt, z. B. bei vielen Käfern.

Die saugenden Mundwerkzeuge der Schmetterlinge, Fliegen

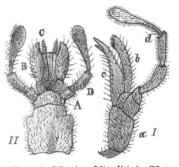

Fig. 22. *I* Linker Mittelkiefer (Unterkiefer), *II* Hinterkiefer (Unterlippe) der Werre, Gryllotalpa vulgaris Latr. Mittelkiefer. Von der nicht bezeichneten Angel erhebt sich der Stamm *a*, der den Taster *d* und die beiden Laden *c* und *b* trägt. Die entsprechenden Stücke der verschmolzenen Hinterkiefer sind in gleicher Weise durch grosse Buchstaben bezeichnet (nach J. Muhr).

und Wanzen sind scheinbar sehr abweichend von diesem einfachen Schema gebaut. Nichtsdestoweniger ist es der morphologischen Vergleichung mit theilweiser Zuhilfenahme der Entwicklungsgeschichte gelungen, nachzuweisen, dass auch die saugenden Mundwerkzeuge wesentlich durch Umbildung von Oberlippe und drei Kieferpaaren entstehen, wobei allerdings in manchen Fällen einzelne dieser Theile vollständig atrophiren. Wesentlich ist immer, dass die vorhandenen Mundwerkzeuge zusammengelegt eine Röhre bilden, durch welche die flüssige Nahrung aufgesogen werden kann. Bei denjenigen Formen, welche darauf angewiesen sind, die thierischen oder pflanzlichen Säfte, von denen sie leben, selbst zu gewinnen, sind ein oder zwei Kieferpaare zu Stechorganen umgewandelt.

Bei den Zweiflüglern kann dann noch ein unpaares Stechorgan, der hypopharynx, hinzutreten. Die Darstellung der speciellen Verhältnisse der saugenden Mundwerkzeuge kann erst im speciellen Theil erfolgen.

Bei verschiedenen Insektenformen, die im ausgebildeten Zustand nur eine sehr kurze Lebensdauer haben und daher keine Nahrung zu sich nehmen, können die Mundtheile ganz verkümmern. Dies ist z. B. bei den Eintagsfliegen, den Dasselfliegen und den Geschlechtsthieren der Reblaus der Fall.

Die Brust besteht aus drei ursprünglich gesonderten Ringen oder Segmenten, welche als Vorder-, Mittel- und Hinterbrust, pro-, meso- und metathorax, bezeichnet werden.

Nur bei einer grösseren Anzahl von Hymenopteren nimmt noch der erste Hinterleibsring an dem Verschluss der Hinterwand des Thorax theil.

Jeder Brustring trägt auf seiner Bauchseite ein Beinpaar (Fig. 17). In den meisten Fällen führen Mittel- und Hinterbrust an ihrer Rückenseite je ein Flügelpaar (Fig. 17) und an ihren Seitenflächen je ein Luftloch, welches an der Vorderbrust stets geschwunden ist. Nach innen gibt das Chitinskelet bei vielen Insekten harte Einfaltungen ab, welche als Ansatzpunkte für starke, die Bewegungen der Flügel und Beine vermittelnde Muskelgruppen dienen. Die mehr weniger feste Verbindung der einzelnen Brustringe unter einander, sowie die bedeutendere Grössenentfaltung des einen oder anderen Ringes entspricht gewöhnlich der stärkeren oder schwächeren Entwicklung der einzelnen Bein- oder Flügelpaare. Allgemein stehen die beiden hinteren Brustringe, welche Flügel tragen, in ziemlich festem Verbande, und bei den wesentlich auf Flugbewegungen angewiesenen Insekten, z. B. Schmetterlingen und Zweiflüglern, ist auch die schwach entwickelte Vorderbrust innig mit jenen verbunden, so dass die gesammte Brust hier eine einzige, starre, nur noch äusserlich die Grenzen der sie zusammensetzenden Theile zeigende Chitinkapsel bildet. Bei vielen anderen, mehr auf Gehbewegungen und auf den selbstständigen Gebrauch der Vorderbeine angewiesenen Insektenabtheilungen, z. B. den Käfern und Heuschrecken, bleibt dagegen die stark entwickelte Vorderbrust völlig selbstständig und gegen die Mittelbrust beweglich. Sie ist bei den mit Flügeldecken versehenen Thieren zugleich der einzige Theil der Brust, welcher bei Betrachtung des ruhenden Thieres von oben gesehen werden kann, da Mittel- und Hinterbrust von den Flügeldecken völlig verdeckt werden. Sie wird alsdann häufig auch Halsschild genannt (Fig. 27, *B*).

Die Vorderbrust ist bei einigen Insektengruppen, z. B. unter den Käfern bei den **Lamellicornia** und unter den Schnabelkerfen bei den Buckelzirpen, **Membracina**, mit wunderbar gestalteten Auswüchsen versehen.

Was die **Regionen** der Brust betrifft, so unterscheidet man an jedem Brustringe eine Rücken- und eine Bauchplatte, notum und sternum, welche aber nicht direct an einander stossen, sondern durch die seitlich gelegenen Weichen, pleurae, getrennt sind. An den Weichen unterscheidet man häufig wieder ein vorderes und ein hinteres Stück, welche in der alten Nomenclatur als Schulterblatt, episternum, und Hüftblatt, epimerum, bezeichnet werden. Auf der Mitte des Rückens an Mittel- und Hinterbrust sich angliedernde Platten, welche häufig faltenartig nach hinten vorragen, werden als Schildchen, erstere als Vorderschildchen, scutellum, letztere als Hinterschildchen, postscutellum, bezeichnet (Fig. 27 und 28 *b*).

Wie sehr die Entwicklung der Beine und Flügel auf die Ausbildung der sie tragenden Brustringe wirkt, zeigt z. B. die Stärke der die grossen Raubbeine tragenden Vorderbrust bei den Fangheuschrecken und die schwache Entwicklung der Mittel- und Hinterbrust bei den flügellosen Arbeitern der Ameisen im Gegensatz zu der guten Entwicklung derselben Ringe bei den geflügelten Männchen und Weibchen.

Nur in dem Falle, dass das erste Segment des Hinterleibes mit dem Thorax verschmilzt, kann an diesem noch ein drittes Stigmenpaar auftreten, z. B. bei den Ameisen. Bei einigen Orthopteren, z. B. bei dem Genus **Pteronarcys** Newm. finden sich auch Tracheenkiemen oder Rudimente derselben am Thorax.

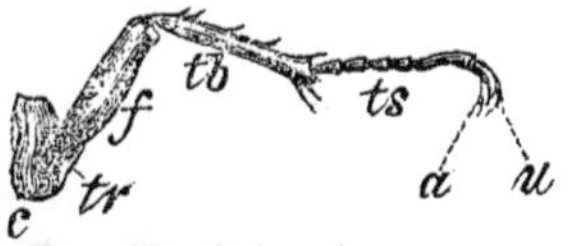

Fig. 32. Bein eines grossen
Laufkäfers.
c Hüfte, *t r* Schenkelring,
f Schenkel, *tb* Schiene, *ts* Fuss,
u Krallen, *a* Afterklauen.

Die Beine. An jedem Ringe der Brust, eingelenkt in die zwischen die Weichen und die Brustplatte sich einschiebenden Hüftpfannen, acetabula, ist ein Beinpaar angebracht.

Jedes Bein, pes, besteht aus fünf Abschnitten: Hüfte, coxa, Schenkelring, trochanter, Schenkel, femur, Schiene, tibia, Fuss, tarsus.

Es kann vorkommen, dass jeder dieser Abschnitte aus einem einzigen Chitinstück besteht. In beiweitem den meisten Fällen ist aber der Fuss aus mehreren — bis fünf — Stücken zusammengesetzt, und ausserdem kann noch der Schenkelring aus zwei Stücken bestehen. Man spricht dann von einem doppelten Schenkelring, trochanter duplex (Fig. 24 *C*). Hüfte, Schenkel und Schiene sind stets einfach.

Das Ende der Schiene ist häufig mit ein oder zwei Sporen, calcaria, bewaffnet, und das Endglied des Fusses trägt meist zwei Krallen, ungues, zwischen denen noch sehr oft häutige Anhänge, die Haftlappen oder Afterklauen, arolia, angebracht sind.

Während die Hüfte die Gelenkverbindung zwischen Brust und Bein herstellt, erscheint der meist kleine Schenkelring wesentlich als ein Anhang des Schenkels, der gewöhnlich das stärkst entwickelte Beinglied darstellt, und an Länge höchstens von der Schiene erreicht oder übertroffen wird. Bei manchen Hymenopteren verlängert sich das Basalglied des Fusses derartig, dass es einen eigenen Namen, Mittelfuss oder Ferse, metatarsus, erhalten hat (Fig. 24 *B, C, F*).

Form und relative Grösse dieser einzelnen Abschnitte ändern vielfach ab, je nach dem besonderen Zwecke, welchem das Bein dient.

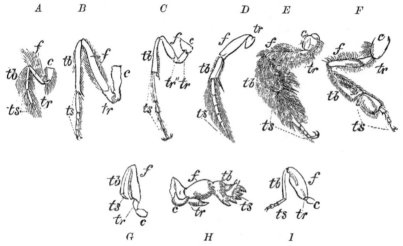

Fig. 24. **A** verkümmertes Putzbein und **B** gut entwickeltes Schreitbein eines Tagschmetterlinges, **Vanessa polychloros**; **C** Bein mit doppeltem Schenkelring und langer Ferse von einer Holzwespe, **Sirex gigas**; **D** Schwimmbein eines Wasserkäfers, **Dytiscus**; **E** behaartes Sammelbein der Bürstenbiene, **Dasypoda**; **F** Sammelbein mit „Körbchen" an der Schiene und stark entwickelter Ferse einer Arbeitsbiene von **Apis mellifica**; **G** Rauhbein des Wasserscorpions, **Nepa cinerea**; **H** Grabbein der Werre, **Gryllotalpa**; **I** Springbein eines Erdflohkäfers, **Haltica**. *c* Hüfte, *tr* Schenkelring, *f* Schenkel, *tb* Schiene, *ts* Fuss.

Die meisten Insekten haben gewöhnliche Laufbeine, pedes cursorii, z. B. die Laufkäfer. Tritt eine Sohlenbildung an dem Fusse auf, so spricht man von Gangbeinen, pedes ambulatorii, z. B. bei den Bockkäfern. Werden die Beine lang und schlank, so nennt man sie Schreitbeine, pedes gressorii, z. B. bei den Gespenstheuschrecken. Beine, welche in Folge starker Muskelausstattung des Schenkels das Insekt zum Springen befähigen, heissen Springbeine, pedes saltatorii, so bei Heuschrecken und Erdflöhen. Kann die Schiene wie die Klinge eines Taschenmessers gegen das Heft, so gegen den Schenkel eingeschlagen werden, dass hierdurch ein Ergreifen der Beute möglich

wird, so heissen die Beine Raubbeine, pedes raptatorii, z. B. bei
dem Wasserscorpion. Eine Verbreiterung der Schiene macht das Bein
zum Graben geschickt: Grabbeine, pedes fossorii, welche z. B. bei
der Werre und den Mistkäfern vorkommen. Bei manchen der letzteren,
z. B. bei Ateuchus, kann der Fuss verkümmern und eine starke
Verkleinerung der Fussglieder kommt auch bei den zu Putzbeinen
verkümmerten Vorderbeinen der Schmetterlinge vor. Stärkere Ausstattung der Hinterbeine mit Haaren, in welchen sich der abgestreifte
Blüthenstaub festsetzen kann, oder das Auftreten eines von Haaren
umgebenen „Körbchens" an der Schiene der Hinterbeine zum Trans-
porte des Pollens, wie sie sich bei vielen Blumenbienen finden, lassen
diese als Sammelbeine erscheinen. Die im Wasser lebenden Insekten haben vielfach breite, zusammengedrückte, an der Schneide
mit Schwimmhaaren versehene Hinterbeine, Schwimmbeine, pedes
natatorii, z. B. die Schwimmkäfer und viele Wasserwanzen (Fig. 24).

Die Flügel. Die Flügel, alae
erscheinen als zwei Paar häutige,
flächenhaft ausgebildete Flugorgane,
welche an der Rückenseite der
Mittel- und Hinterbrust beweglich
angelenkt sind. Dieselben werden
meist gesteift durch stärker chitinisirte, von der Basis ausgehende,
vielfach durch Queräste verbundene
Adern oder Rippen, nervi s.
costae, welche zartere Zellen
oder Felder zwischen sich haben
(Fig. 25). Man unterscheidet die der
Mittelbrust ansitzenden Vorder-

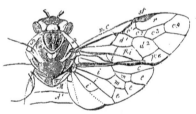

Fig. 25. Kopf, Brust und Flügel von
der Kiefernblattwespe, **Lophyrus pini**
L. *P* der schmale Prothorax, hinter dem
querschraffirt und im vorderen Theil mit
Ms bezeichnet der Mesothorax mit dem
Scutellum folgt. *F* als frenulum be-
zeichneter vorderer Theil des Metathorax
M, *A'* erster Abdominalring. Die Bezeichnungen der Flügel-Adern und -Zellen
kommen hier vorläufig nicht in Betracht.

flügel, alae anticae, von den der Hinterbrust angefügten Hinterflügeln, alae posticae. Im einfachsten Falle sind beide Flügelpaare
vollkommen gleich oder nur durch unwesentliche Grössen und Aderungs-
verhältnisse unterschieden. Vielfach sind dann auch die beiden Flügel
jeder Seite durch Haftapparate zu einer einzigen Flugfläche verbunden.

Bei vielen Insektenformen werden die Hinterflügel, zunächst ohne
ihren Charakter als Flugorgane zu verlieren, kleiner als die Vorderflügel,
während sie bei anderen zu Rudimenten herabsinken (Fig. 26) und
bei einzelnen Insekten schwinden sie völlig. In den beiden letzten Fällen
vermitteln also die Vorderflügel ausschliesslich die Flugbewegung.

Bei einer anderen Reihe von Insektenformen verlieren die Vorderflügel ihren Charakter als Flugorgane und verwandeln sich in mehr

weniger starre Decken für den Hinterleib und die mehr minder vollkommen unter sie einfaltbaren, ihren Charakter als Flugorgane beibe-
haltenden Hinterflügel (Fig. 27). Einzelnen Formen aus fast allen Ordnungen der Insekten geht das Flugvermögen ab, sei es, dass beide Flügelpaare
verkümmern oder völlig fehlen, oder dass, wie bei manchen Laufkäfern,
die zu Decken umgewandelten Vorderflügel als Schutz des Hinterleibes
bestehen bleiben, dagegen die eigentlichen Flugorgane, die Hinterflügel,
verkümmern.

Die Flügel sind keine Gliedmassen im morphologischen Sinne,
sie stellen vielmehr im wesentlichen ungegliederte, flachen Säcken zu

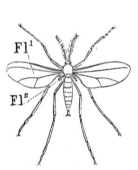

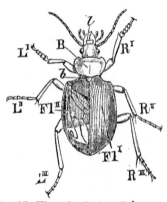

Fig. 26. Weibliche Gallmücke, Cecidomyia, stark vergrössert. *Fl I* gut ausgebildete Vorderflügel. *Fl II* zu Schwingkölbchen verkümmerte Hinterflügel.

Fig. 27. Kletterlaufkäfer, Calosoma sycophanta L. *l* Oberlippe, *B* Vorderbrust, Halsschild, *b* Schildchen, *Fl I* zu
einer Flügeldecke umgewandelter Vorderflügel der rechten Seite, *Fl II* der zusammengefaltete Hinterflügel der linken
Seite.

vergleichende Ausstülpungen der Körperbedeckung dar, welche der
Mittel- und Hinterbrust an der Grenze zwischen Rückenplatte und
Weichen beweglich angelenkt sind. Sie bestehen aus einer oberen
und einer unteren Chitinplatte, die an den Flügelrändern in einander
übergehen, unter welchen während der Bildung der Flügel die zellige
Matrix dieser Chitinplatten liegt. Diese schwindet aber bei den ausgebildeten Flügeln mehr weniger, die beiden Chitinplatten legen sich
enge an einander, der sie trennende, anfänglich von der Blutflüssigkeit
des Körpers durchströmte Hohlraum wird reducirt bis auf die Hohlräume, welche in den stärker chitinisirten Flügeladern zurückbleiben
und Bahnen für Tracheen und Nerven abgeben.

Der Vorderrand beider Flügelpaare ist im Allgemeinen durch
stärkere Adern gesteift als die Spitze und der hintere Abschnitt. Die

Basis der Vorderflügel ist bei den Schmetterlingen und Immen von kleinen Flügelschuppen bedeckt.

Ein allgemeines Schema für die Aderung der Insektenflügel aufzustellen ist vorläufig unmöglich, es werden daher die für die Systematik oft sehr wichtige Aderung und die auf sie angewendeten Kunstausdrücke bei den einzelnen Insektenordnungen im speciellen Theil besprochen werden.

Völlig gleich sind die beiden Flügelpaare bei den Termiten. aber auch bei den Libellen und Verwandten ist die Aehnlichkeit beider sehr gross; stärker wird die Grössendifferenz bei den Tagschmetterlingen, und bei den Schwärmern und bienenartigen Thieren wird dieselbe mitunter ganz beträchtlich. Zwerghaft werden die Hinterflügel bei manchen Eintagsfliegen, z. B. bei Baëtis und den Männchen der Schildläuse und fehlen bei einigen Insekten, z. B. bei Cloe diptera und Hemerobius dipterus völlig.

Bei den Zweiflüglern sind dieselben regelmässig (Fig. 26) zu mehr weniger lang gestielten Schwingkölbchen, halteres, verkümmert. Bei den Heuschrecken und Verwandten werden durch geringere Flächenausdehnung gegenüber den Hinterflügeln und stärkere Chitinisirung die Vorderflügel zu Flügeldecken, elytra, welche ihrer immerhin noch geringen Festigkeit wegen bei diesen Formen als pergamentartige Flügeldecken bezeichnet werden (Taf. VI, Fig. 5 F). Vollständige Chitinisirung tritt bei den meisten Käfern ein. Bei den Wanzen ist nur der Basaltheil der Vorderflügel völlig chitinisirt, während der Endtheil, mit einem besonderen Adersystem versehen, häutig bleibt (Fig. 28). Hier spricht man von halben Flügeldecken, hemiëlytra.

Fig. 28. Baumwanze, Pentatoma, die linken Flügel gespreizt, die rechten auf dem Hinterleib aufruhend. *B* Vorderbrust, *b* Schildchen, * die stärker chitinisirte Basalhälfte der zu halben Flügeldecken verwandelten Vorderflügel.

Während im Ganzen alle diese Flügeldeckenformen den gesammten Hinterleib bedecken können, sind sie bei anderen Formen, z. B. bei den Staphyliniden (Taf. I, Fig. 1 u. 2 F) unter den Käfern und bei den Ohrwürmern verkürzt, so dass sie nur einen kleinen Theil des Hinterleibes decken. Ja bei den Strepsipteren können sogar die Vorderflügel, bei guter Ausbildung der Hinterflügel zu kleinen Rudimenten verkümmern, so dass wir hier den umgekehrten Fall wie bei den Dipteren haben.

Beim Fluge können die Flügeldecken entweder gehoben und gespreizt gehalten werden, oder es schieben sich unter den geschlossen gehaltenen die Unterflügel vor, z. B. bei den Rosenkäfern, Cetonia.

Die Faltung der Hinterflügel im Ruhezustande kann entweder nur der Länge nach geschehen und bei kurzen Flügeldecken, z. B. bei Gryllotalpa, ragen sie dann über die Vorderflügel vor (Taf. VI, Fig. 5 T) oder es können ausserdem verschiedene Faltungen der Quere nach vorhanden sein, wie dies in sehr verschiedener Weise

z. B. bei den Käfern und Ohrwürmern vorkommt, und die Flügel verschwinden dann in der Ruhe völlig unter den Flügeldecken. Die Faltung und Entfaltung dieser Flügel wird lediglich durch die Elasticität der zusammengelegten Flügel in Verbindung mit der Wirkung der an ihrer Basis angreifenden Bewegungsmuskeln bewirkt; innerhalb der Flügelfläche ist nie ein besonderer Muskelapparat vorhanden. Uebrigens findet sich ein geringerer Grad von Faltbarkeit der Hinterflügel auch bei vielen Insekten, deren Vorderflügel nicht zu Flügeldecken verändert sind, z. B. bei den Schmetterlingen. Der Länge nach faltbar sind die Vorderflügel bei den Wespen im engeren Sinne.

Die nicht mit Flügeldecken versehenen Insekten tragen in der Ruhe die Flügel entweder horizontal und quer vom Körper abstehend, z. B. die Libellen und manche Spanner, oder die Vorderflügel werden bei noch wesentlich horizontaler Stellung etwas über die Hinterflügel nach hinten und innen übergeschoben, so bei vielen Schmetterlingen, oder es werden die Vorderflügel so vollständig über die Hinterflügel hinübergeschoben, dass sie die letzteren gänzlich verbergen, und entweder dachförmig den Hinterleib decken, indem sich eine mehr weniger steile Firste über dessen Medianebene bildet — viele Nachtfalter, z. B. Taf. IV, Fig. 3, *F* und viele Cicaden — oder aber dem Hinterleibe horizontal aufliegen, z. B. bei den Blattwespen. Nur die Mehrzahl der Tagfalter trägt die Flügel vortical in der Medianebene aufgerichtet, so dass die oberen Flächen beider Flügelpaare sich berühren.

Die häufiger auftretende Verkuppelung der Vorder- und Hinterflügel zu einer Flugfläche findet stets dadurch statt, dass von dem Vorderrande des Hinterflügels ausgehende Borsten oder Haken in der Ein- oder Mehrzahl in umgebogene Fortsätze des Vorderflügels eingreifen.

Bei Verkümmerung der Flugorgane sind die Flügel entweder so klein, dass sie nicht mehr zur Erhebung des Thieres in die Luft dienen können, z. B. bei den Weibchen des Frostspanners, oder sie können völlig fehlen, z. B. bei der Bettwanze und den Läusen. Diese Bildung kann sich bei beiden Geschlechtern oder nur in einem vorfinden. Im letzteren Falle sind es meist die Weibchen, welche ungeflügelt sind, z. B. ausser bei den ungeflügelten Schmetterlingsweibchen auch die der Leuchtkäfer, Lampyris, und nur in einem Falle bei der Ameisengattung Anergates Forel ist das Weibchen geflügelt, das Männchen dagegen flügellos. Auch kann das Flugvermögen nur temporär sein; so werfen z. B. die geschlechtsreifen Weibchen der Ameisen nach geschehener Begattung und Rückkehr in den Stock regelmässig ihre Flügel ab. Die Erkenntniss, dass Flügellosigkeit bei allen Insektengruppen vorkommen kann, hat seit langem die früher diese Formen zusammenfassende Insektenordnung der Aptera als unnatürlich aufgeben lassen.

Der Hinterleib, an dessen Ende sich die After- und Geschlechtsöffnung befindet, muss im Allgemeinen als aus 10 Ringen gebildet angesehen werden. Dieselben sind gewöhnlich durch weiche Gelenkhäute und also viel weniger fest mit einander verbunden, als die der vorhergehenden Leibesabschnitte, und bestehen regelmässig aus je einer ungetheilten Rücken- und Bauchplatte, die gleichfalls durch zwei weiche Gelenkhäute mit einander verbunden sind. Bei den typischen Formen tragen die letzteren an den acht ersten Ringen je ein Paar Luftlöcher. Die weichen Gelenkhäute gestatten eine starke Ausdehnung des Hinterleibes. Bei denjenigen Formen, welche Flügeldecken haben, bleiben die durch letztere geschützten Rückenplatten schwächer chitinisirt, während die Bauchplatten zu einem festen kahnförmigen Gestelle werden.

Indessen erleidet die normale Zahl der Hinterleibsringe mannigfache Modificationen. In den meisten Fällen sind äusserlich weniger als zehn Ringe, mitunter nur drei bis vier sichtbar, da die letzten Hinterleibsringe von den vorderen überwachsen und gewissermassen in die vorderen zurückgezogen werden. In selteneren Fällen kann eine scheinbare Vermehrung der Hinterleibsringe durch Theilung des letzten eintreten.

Ausgebildete Gliedmassen sind in der Regel an dem Hinterleib des erwachsenen Insektes nicht vorhanden.

Es kann übrigens bei einem Theil der Hymenopteren, den sogenannten Hymenoptera apocrita GERST. auch eine Reduction der Hinterleibssegmente dadurch hervorgebracht werden, dass der erste Hinterleibsring sich fester mit dem Metathorax verbindet.

Werden die hinteren Abdominalringe in die vorderen zurückgezogen, so können sie entweder wirklich nur fernrohrartig eingezogen sein und, z. B. bei vielen Fliegen und den Goldwespen, zu Zeiten wieder als eine Art Legröhre vorgestreckt werden, oder aber sie verkümmern und bilden mit ihren Anhängen — siehe unten — die Umgebung des Afters und der Geschlechtsöffnung. Aus diesen Beziehungen der letzten Segmente zu den Geschlechtsorganen erklärt sich auch die Thatsache, dass bei vielen Hymenopteren die Anzahl der sichtbaren Hinterleibsringe bei ♂ und ♀ verschieden ist, z. B. bei den Faltenwespen. Auch kann die Anzahl der Bauchplatten stärker reducirt sein als die der Rückenplatten, z. B. bei den Käfern. Mit der Reduction der Anzahl der Segmente geht eine Reduction der Anzahl der Hinterleibsstigmen parallel. Eine scheinbare Vermehrung der Hinterleibssegmente auf 11 finden wir bei den Orthopteren, z. B. bei der gemeinen Laubheuschrecke.

Die Gestalt des Hinterleibes ist je nach der Form der ersten Hinterleibsringe eine sehr verschiedene. Ist das erste Hinterleibssegment ebenso stark als der Metathorax und sitzt es diesem in seiner ganzen Breite an, so spricht man von einem festsitzenden Hinterleib, abdomen sessile, z. B. bei Käfern und Blattwespen (Taf. VI, Fig. 2 F). Ist der ebenso gebildete Hinterleib aber nur mit einem

geringen Theile seiner Vorderfläche dem Metathorax angefügt, so
spricht man von einem anhängenden Hinterleib, abdomen
adhaerens, z. B. bei den Wespen (Fig. 17). Sind dagegen die ersten
Glieder des Hinterleibes stark verdünnt, so entsteht ein gestiel-
ter Hinterleib, abdomen petiolatum (Taf. I, Fig. 6, *F*). Ist der
Hinterleib von rechts nach links zusammengedrückt, so nennt man
ihn comprimirt, abdomen compressum, z. B. bei den Gallwespen.
Ist derselbe von oben nach unten zusammengedrückt, so heisst er de-
primirt, abdomen depressum, z. B. bei den Wanzen.

Eine wechselnde Ausdehnung des Hinterleibes wird bedingt
theils durch die verschiedenen Füllungszustände des Darmes, theils
durch die Reifung der Geschlechtsproducte, namentlich der Eier.
Hierbei nehmen die Eierstöcke mitunter derartig an Volumen zu,
dass der Hinterleib zu riesigen Dimensionen aufgetrieben wird,
z. B. bei den Termitenweibchen. Aber auch die Weibchen mancher
unserer heimischen Käfer, z. B. der Chrysomeliden, unter anderen von
Agelastica alni, zeigen diese Erscheinung in höherem Grade.

Ist auch im Allgemeinen das Abdomen der erwachsenen Insekten
als gliedmassenlos zu bezeichnen, so finden wir doch bei manchen niederen Orthopteren, z. B. bei Campodea fragilis, welche offenbar der
Urform der Insekten nahe stehen, kleine Beinstummel an den Hinter-
leibringen vor. Desgleichen zeigt die Entwicklungsgeschichte, dass
die mannigfachen Anhänge der männlichen und weiblichen Geschlechtsöffnung bei vielen Formen als modificirte Gliedmassen entweder der
noch deutlich erhaltenen letzten Hinterleibsringe, z. B. die Legscheide
bei Locusta, oder der in die vorderen Hinterleibsringe zunächst gebogenen und abortirten Abdominalsegmente angesehen werden müssen,
z. B. die Stachelapparate bei den Hymenopteren.

Inwieweit auch die Raife, cerci, Griffel, styli, Schwanzborsten und -Fäden, setae, und Zangen, forcipes, welche sich besonders bei den Geradflüglern vorfinden (Taf. VI, Fig. 5 *F*), die
Athemröhren am Hinterleibe von Nepa und die Springgabel der
Poduriden als modificirte Hintergliedmassen anzusehen sind, kann
vorläufig noch nicht sicher entschieden werden.

Die Afteröffnung liegt stets am letzten Hinterleibsringe, und
zwar dorsal, während die Geschlechtsöffnung meist am vorletzten
Leibesringe, und zwar ventral liegt. Sie ist meist mit klappenartigen,
seitlichen Anhängen umgeben und aus ihr wird bei den Männchen die
ebenfalls durch chitinisirte Panzerstücke bewehrte Ruthe, penis,
hervorgestreckt.

Die den Abschluss des Insektenkörpers gegen die Aussenwelt
überall bewirkende **Chitincuticula** ist sehr verschieden stark und kann
von dem zartesten Häutchen bis zum mehrfach geschichteten Panzer variiren.
Sehr vielfach ist sie von Poren durchsetzt, zeigt eine sehr mannigfache Sculptur und ist ganz oder stellenweise mit Chitinhaaren oder

Schtppchen besetzt. Auf ihrer Fläche münden in mannigfachen Fällen Hautdrüsen und sie geht an Mund, After und Luftlöchern ununterbrochen in die Chitinauskleidung von Darm und Tracheen über.

Da die Verbindungsstellen der Haare oder Schuppen mit der Cuticula häufig biegsam bleiben und eine besondere Beschaffenheit zeigen, so erscheinen jene meist durch Gelenke angesetzt. Haare, Borsten, Stacheln, Schuppen mit ihren so höchst variabeln Gestalten sind gleichwerthige Gebilde, die durch die verschiedenartigsten Uebergänge mit einander verbunden sind. Den grössten Einfluss auf den Habitus der Insekten erhalten diese äusseren Anhänge bei den Schmetterlingen — „Flügelstaub", — Pelzflüglern und Bienen, sowie bei manchen Rüsselkäfern. Die dem Schuppenkleid mancher Schmetterlinge und Käfer eigenthümlichen Schillerfarben werden durch Sculpturverhältnisse der Schuppen hervorgebracht, welche, von verschiedenen Seiten gesehen, das Licht verschieden reflectiren.

Die Färbungen des Insektenkörpers werden theils durch die Farbe der Cuticula, beziehungsweise deren Anhänge bedingt, theils bei durchsichtiger Cuticula durch die Pigmente, welche ihren Sitz in der unter ihr liegenden Zellschicht haben.

Die einzelne Insektenart kann in der Färbung entweder sehr constant oder aber vielfach variabel sein. Wir erwähnen als Beispiele des letzteren Falles einen Prachtkäfer, Agrilus viridis, und zwei Bockkäfer, Tetropium luridum und Callidium variabile, drei Arten, welche eben wegen der grossen Variabilität ihrer Färbung in viele, vor einer strengeren Kritik unhaltbare Arten zerfällt worden sind.

Die Färbung der Insekten steht häufig so sehr in Uebereinstimmung mit der ihrer gewöhnlichen Aufenthalts-, beziehungsweise Rastorte, dass man das ruhig sitzende Insekt nur schwer von der Umgebung zu unterscheiden vermag. Häufig geht diese Anpassung an die Umgebung auch noch weiter und auch die Form und Sculptur des Insektenkörpers und seiner Gliedmassen ahmt irgend einen Gegenstand der umgebenden Natur nach. Man nennt dies schützende Aehnlichkeit.

Einheimische Beispiele solcher schützenden Aehnlichkeit sind die grüne Färbung vieler Gras- und Baumthiere, z. B. der Laubheuschrecken, und die bräunliche Färbung des Kiefernspinners, welcher sich in der Ruhe nur schwer von der Kiefernborke, der er ansitzt, unterscheiden lässt. Die Zickzackzeichnung der Vorderflügel von Bryophila glandifera ahmt die Flechten, welche ihre gewöhnlichen Aufenthaltsorte, Planken- und Felsstücke, bedecken, nach. Die plattgedrückten Baumwanzen, z. B. das Genus Aradus, ähneln täuschend einem abgelösten Rindenschüppchen. Die Käfer der Genus Cionus ahmen, wenn sie mit angezogenen Beinen auf einem Blatte liegen, täuschend ein Klümpchen Vogelkoth nach, und die bereits bei der südeuropäischen

Fangheuschrecke, Mantis religiosa, angedeutete Aehnlichkeit des Geäders der grünen Vorderflügel mit der Rippung eines Blattes erreicht
ihre höchste Vollendung bei dem tropischen Genus Phyllium, dem
wandelnden Blatte, wie denn überhaupt die schlagendsten, in jeder
allgemeinen Zoologie angeführten Beispiele schützender Aehnlichkeiten
tropischen Gegenden entstammen.

Eine andere, nicht minder häufige Form der schützenden Aehnlichkeit besteht darin, dass ein Insekt einem anderen Insekt einer völlig
verschiedenen Gruppe täuschend ähnelt. Man nennt diese Erscheinung
mit dem englischen Namen Mimicry und findet, dass am häufigsten
schwächere, vertheidigungslose Insekten stärkere, wehrhafte oder wegen
irgend einer ekelerregenden Eigenschaft von den Insektenfressern ver-
schmähte Formen nachahmen.

Wenngleich die schlagendsten Beispiele von Mimicry auch meist
bei exotischen Formen bekannt wurden, so ist doch auch unsere
heimische Fauna nicht ohne solche. Necydalis salicis MULS., ein
Bockkäfer, gleicht mit ausgebreiteten Flügeln täuschend einer
Schlupfwespe, dem bekannten Anomalon circumflexum, und der
Hornissenfalter, Trochilium apiforme, schwärmt in dem Kleide der
wehrhaften Wespen umher.

Secundäre Geschlechtscharaktere. Die Insekten sind stets getrennten Geschlechtes. Es gibt keine normalen Insektenzwitter. In sehr
vielen Fällen sind nun Männchen und Weibchen einer Art lediglich
durch die Beschaffenheit ihrer eigentlichen inneren Geschlechtsorgane,
sowie äusserlich durch die Anordnung der die Geschlechtsöffnung umgebenden Chitintheile zu unterscheiden. Man nennt solche Unterschiede
zwischen Männchen und Weibchen primäre Geschlechtscharaktere,
und die Unterscheidung der Geschlechter bei solchen Arten ist eine
ziemlich schwierige. In vielen anderen Fällen unterscheiden sich aber
die Geschlechter durch mit den Geschlechtstheilen direct nicht zusammenhängende äusserliche Kennzeichen und diese bezeichnet man mit DARWIN
als secundäre Geschlechtscharaktere. Auf ihnen beruht die Möglichkeit, in vielen Fällen auf den ersten Blick Männchen und Weibchen
einer Art zu unterscheiden. Die secundären Geschlechtscharaktere drücken
sich entweder als Färbungs- oder Grössenunterschiede aus, oder es sind
bei den beiden Geschlechtern einzelne Körpertheile verschieden gestaltet.
Ein bekanntes Beispiel des völligen Mangels aller secundären Geschlechtsunterschiede bietet der grosse braune Rüsselkäfer, während der secundäre
Geschlechtscharakter beim Maikäfer, die stärkere Ausbildung der blätt-
rigen Fühlerkeule beim Männchen, jedem Knaben bekannt ist. In

extremen Fällen kann der Unterschied zwischen beiden Geschlechtern einer und derselben Art so gross werden, dass erst Zuchtversuche und die Beobachtung der regelmässigen Begattung beider Formen nothwendig waren, um die Zusammengehörigkeit von zwei so ungemein verschiedenen Formen festzustellen. Dies ist z. B. der Fall bei dem Frostspanner, Geometra brumata, dessen Weibchen nur kleine Flügelrudimente besitzt.

Färbungs- und Zeichnungsunterschiede beider Geschlechter kommen namentlich bei lebhaft gefärbten Formen vor. Als einige der auffallenderen und zugleich häufigen Beispiele aus unserer einheimischen Fauna nennen wir: Den Aurorafalter, Pieris Cardamines L. — beim ♂ Spitzenhälfte der Vorderflügel mit oranger, beim ♀ mit weisser Grundfarbe —; den Kohlweissling, Pieris Brassicae — ♀ mit zwei schwarzen Flecken auf dem Vorderflügel, die dem ♂ fehlen —; viele Bläulinge, z. B. Lycaena Bellargus Rott. — Flügel des ♂ schön himmelblau, des ♀ dunkelbraun mit rothgelben Randflecken —; den Schwammspinner, Liparis dispar L. — Grundfarbe der Flügel beim ♂ graubraun, beim ♀ gelblichweiss —; den Kiefernspanner, Fidonia piniaria L. (vergl. Taf. IV, Fig. 4 F, ♂ und ♀) —; zwei Bockkäfer, Leptura testacea L. — ♂ Halsschild schwarz, Flügeldecken lehmgelb, ♀ Halsschild und Flügeldecken rothbraun — und den verwandten Toxotus cursor L. — ♂ schwarz, ♀ röthlich gelbbraun mit einem rothen Längsstreif auf jeder Flügeldecke —; von Orthopteren die Wasserjungfrau, Calopteryx virgo L. — ♂ Körper und Flügel tiefblau, ♀ Körper grün, Flügel braun.

Die als Grössendifferenzen sieh ausprägenden secundären Geschlechtsunterschiede können in zwei Richtungen ausgebildet sein; bei vielen Insekten ist das Weibchen, bei anderen das Männchen der stärkere Theil. Der erstere und beiweitem häufigere Fall hängt zusammen mit dem Umstande, dass die von dem Weibchen producirten Eier den von dem Männchen producirten Samen an Volumen bedeutend übertreffen. Kleiner sind die Männchen bei vielen Feldheuschrecken, den Acridiodea, bei vielen Bockkäfern, z. B. bei Pachyta cerambyciformis Schrank, bei den Oelkäfern, Meloë, und der spanischen Fliege, Lytta vesicatoria L., bei den Blatt- und Holzwespen, z. B. bei Lophyrus pini L. (Taf. VI, Fig. 3 F, ♂ und ♀) und Sirex juvencus L. (Taf. VI, Fig. 4 F, ♂ und ♀), sowie bei den Ameisen; bei vielen Spinnern, z. B. dem Kiefernspinner (Taf. III F, ♂ und ♀), den Flöhen, Pulex, und der Hirschlausfliege, Lipoptena cervi L. Der extremste Fall in unserer Fauna ist wohl bei Tomicus dispar Fabr., einem Laubholzborkenkäfer, vorhanden. Der andere Fall, dass die Männchen grösser sind, tritt besonders bei den Formen ein, bei welchen die Männchen um den Besitz der Weibchen kämpfen. Stärkerer Statur sind z. B. die Männchen vieler Schaben, Blattina, der Lucanidae, z. B. bei Dorcus parallelopipedus L. und bei unserer Honigbiene.

Die eben erwähnten geschlechtlichen Färbungs- und Grössenunterschiede sind häufig verbunden mit der dritten Kategorie der secundären Geschlechtscharaktere, mit den Structurverschiedenheiten gewisser Körpertheile. Die solche Auszeichnung zeigenden Körpertheile können einmal stärker ausgebildet, andererseits reducirt sein. Ersteres ist meist das Theil der Männchen. Diese haben häufig stärker ausgebildete Sinnesorgane als das Weibchen, eine Ausstattung, welche ihnen das Auffinden der Weibchen erleichtert. Die als Tast- und Geruchsorgane dienenden Fühler sind stärker gebaut bei den Männchen vieler Käfer, z. B. des Maikäfers und des Walkers, Polyphylla fullo L., vieler Bockkäfer, z. B. Prionus coriarius L. und Astynomus aedilis L., mancher Hymenopteren, z. B. Lophyrus pini (Taf. VI, Fig. 3 F, ♂ und ♀), vieler Schmetterlinge aus den Gruppen der Schwärmer, Spinner und Spanner, z. B. Kiefernspinner (Taf. III, F, ♂ und ♀) und Kiefernspanner (Taf. IV, Fig. 4 F, ♂ und ♀), der Stechmücken, Culex pipiens L. u. s. f. Die Augen sind grösser, ja sogar gedoppelt, bei den Männchen mancher Eintagsfliegen, z. B. der Ephemera vulgata L. und Cloë diptera L. und vieler bienenartigen Insekten, z. B. bei den Drohnen der Honigbiene, bei welchen sie auf dem Scheitel zusammenstossen, während sie bei Arbeiterinnen und Königin getrennt bleiben; bei den Männchen mancher Zweiflügler, z. B. Bibio marci L., nehmen die Augen den ganzen Kopf ein, während sie bei den Weibchen klein und getrennt bleiben. Die Männchen verschiedener Geradflügler besitzen ferner Tonorgane, welche den Weibchen abgehen, während allerdings in anderen Gruppen beide Geschlechter mit solchen Lockmitteln versehen sind. (Vgl. den Abschnitt über die Lautäusserungen der Insekten in Kapitel III.)

Der bedeutenderen Grösse mancher Männchen gesellen sich noch ausgeprägte Kampforgane bei, wie wir sie z. B. in den geweihartig verlängerten Vorderkiefern des Hirschkäfers kennen, sowie Apparate zum Festhalten des sich sträubenden Weibchens, wie z. B. die Haftscheiben an den Vordertarsen vieler Schwimmkäfer, z. B. des Dytiscus marginalis, und die Sohlenbildungen an den Vordertarsen vieler Laufkäfermännchen, z. B. bei Calosoma sycophanta L. Hierzu kommen noch eine Reihe von Auszeichnungen der Männchen, welche, da ihr Zusammenhang mit dem Geschlechtsleben nicht ohne Weiteres verständlich, uns als blosse Zierrathen erscheinen, so die Hörner auf Kopf und Halsschild, welche bei vielen exotischen Lamellicorniern ihre höchste Ausbildung erreichen, aber auch in unserer Fauna vorkommen, z. B. bei dem Nashornkäfer, Oryctes nasicornis L. und dem Sinodendron cylindricum L.

Andererseits sehen wir bei vielen Weibchen, welche in Folge des eierbeschwerten Hinterleibes schon ohnehin häufig weniger beweglich sind als die Männchen, die Bewegungsorgane und besonders die Flügel verkümmert.

Die schönsten Beispiele hiefür geben uns viele Schmetterlinge. So sind z. B. bei einer häufigen einheimischen Motte, Chimabacche fagella, die Flügel des Weibchens noch annähernd halb so lang als beim Männchen, bei dem Frostspannerweibchen, Cheimatobia brumata L., sind sie bereits auf Rudimente reducirt, bei Orgyia antiqua L. im Verhältniss zu dem Körper des Weibchens schon verschwindend, und die Weibchen der Gattung Psyche, welche madenförmig bleiben, ermangeln der Flügel und ausgebildeter Beine völlig.

Auch einige Käfer, z. B. unser gewöhnlicher Leuchtkäfer, Lampyris splendidula, haben larvenähnliche, ungeflügelte, sowie auch der Flügeldecken entbehrende Weibchen.

Es kommen aber auch Fälle vor, in welchen den Weibchen besondere, den Männchen fehlende Ausstattungen zukommen; dieselben beziehen sich immer auf die Brutpflege. Hierher können wir den verlängerten Rüssel der Weibchen der Rüsselkäfergattung, Balaninus, rechnen, welche zur Unterbringung der Eier in der Tiefe der Fruchtknoten dienen, sowie die zum Sammeln des als Larvennahrung dienenden Blumenstaubes eingerichteten Hinterbeine der Weibchen vieler Blumenbienen (vergl. Fig. 24 E und F).

Wenngleich normalerweise keine Insektenzwitter vorkommen, so sind solche doch als Monstrositäten bekannt. Die wenigen Exemplare, welche man auf ihren inneren Bau untersuchte, zeigten stets eine innere Vermischung der primären Geschlechtscharaktere, Hand in Hand gehend mit der der äusserlichen, der secundären. Durch letztere ist man überhaupt auf das Vorkommen von Zwittern aufmerksam geworden. Diese Vermischung der äusserlichen Geschlechtsunterschiede kann nun einmal eine regellose sein, andererseits aber auch regelmässig die eine seitliche Hälfte des Thieres männlich, die andere weiblich sein. Der erste Fall kommt mitunter bei der Honigbiene in ausgezeichneter Ausbildung vor, während regelmässige seitliche Zwitter am häufigsten unter den Schmetterlingen auftreten, z. B. beim Schwammspinner und beim Kiefernspinner.

Mögen aber Männchen und Weibchen sich durch secundäre Geschlechtscharaktere noch so sehr unterscheiden, also ein noch so ausgeprägter geschlechtlicher Dimorphismus vorhanden sein, so sind doch in den meisten Fällen einerseits die Männchen, andererseits die Weibchen einer und derselben Art unter sich gleich. Wir haben also in der Regel in jeder Insektenart nur eine Männchen- und eine Weibchenform.

In anderen Fällen, und zwar meist bei gesellig lebenden Insekten, treten dagegen die Weibchen in zwei oder mehreren Formen auf. Im einfachsten Falle sind es nur Grössenunterschiede, so bei unsern Wespen, Gattung Vespa, bei denen grössere und kleinere Weibchen vorkommen. Häufig treten aber bei der Mehrzahl der Weibchen einer Gesellschaft Hand in Hand mit einer Verkümmerung der übrigens ursprünglich nach dem weiblichen Typus angelegten Geschlechtstheile, gegenüber den wohl entwickelten, eigentlichen Weibchen auch weitergehende äussere Unterschiede auf. Solche geschlechtlich verkümmerte, häufig fälschlich

als geschlechtslos, als Neutra bezeichnete Weibchen werden im Gegensatz zu
den geschlechtlich entwickelten, den Königinnen, als Arbeiterinnen
bezeichnet. Bei uns sind die Honigbiene und sämmtliche Ameisenarten
mit Arbeiterinnen versehen. Es ist also hier ein geschlechtlicher
Polymorphismus vorhanden.

In den verstecktesten Fällen beginnt der geschlechtliche Polymorphismus,
der übrigens auch die Männchen betreffen kann, ganz allmälig. So ist es z. B. bei
den Männchen des Nashornkäfers und des Hirschkäfers, bei welchen man Männchen mit sehr starken Hörnern, beziehungsweise Geweihen, findet und welche mit
sehr schwach entwickelten, zwei Formen, die durch seltenere Uebergangsstufen
verbunden sind. Bei Dytiscus marginalis tritt das Weibchen in zwei Formen auf,
von denen die eine häufigere dem Männchen zur Fixation bei der Begattung
bequemere längsgeriefte Flügeldecken hat, die andere dagegen glatte, wie das
Männchen.

Bei den Honigbienen unterscheiden sich die Arbeiterinnen von
der Königin durch stärkere Mundwerkzeuge und den gut ausgebildeten
Sammelapparat, bei den einheimischen Ameisen sind die Arbeiter flügellos und demgemäss mit viel geringer entwickeltem Bruststück aus-
gestattet als die grösseren und ursprünglich geflügelten Königinnen.
Bei manchen unserer einheimischen Ameisen, so z. B. bei Formica
ligniperda, findet man ausserdem grosse und grossköpfige, sowie kleine
und zugleich kleinköpfige Arbeiter, welche beide extreme Formen
aber durch eine grosse Menge häufiger Uebergänge verbunden werden.

Bereits bei einer südeuropäischen Ameise, der Pheidole megacephala,
fallen diese Uebergangsstufen weg, und die grossköpfige und die kleinköpfige
Arbeiterform treten unvermittelt neben einander auf, so dass man die ersteren als
Soldaten, von den letzteren, den eigentlichen Arbeitern, unterschieden hat. Dies
ist bei vielen ausländischen Ameisen die Regel und kommt in noch ausgepräg-
terem Masse bei den „weissen Ameisen", den zu den geselligen Geradflüglern
gehörigen Termiten, vor.

KAPITEL III.

Der innere Bau des erwachsenen Insektes
und die Lebensverrichtungen des Einzelthieres.

Will man den inneren Bau eines Insektes studiren, so hat man zunächst dessen Leibeswand zu durchschneiden, welche an Mund, After,

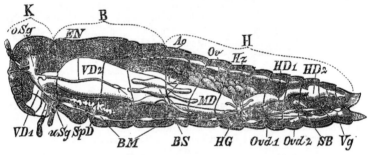

Fig. 29. Schematische Darstellung der Lagerung der inneren Organe — mit Ausnahme der Musculatur und der Tracheen — bei einer weiblichen Feldheuschrecke. Zum Theil nach Burgess. *K* Kopf, *B* Brust, *H* Hinterleib, *VD* Vorderdarm, *SpD* Speicheldrüse, *VD 1* Schlund, *VD 2* Kropf, *BS* Blindschläuche, *MD* Mitteldarm, Chylusmagen, *HG* Harngefässe, *HD* Hinterdarm, *HD 1* Dünndarm, *HD 2* Mastdarm, *Hz* Herz, *Ao* Aorta, *oSg* oberes Schlundganglion, welches den Fühlernerv. den Punktaugen- und den Netzaugennerv, sowie den paarigen Eingeweidenerv *EN* aussendet, *uSg* unteres Schlundganglion, *BM* Bauchmark, *Ov* rechter Eierstock, *Ovd 1* rechter Eileiter, *Ovd 2* linker abgeschnittener Eileiter, *SB* Samenblase. *Vg* Vagina. Ausserdem sind angedeutet: Fühler, Taster, die Anlenkungsstelle der Beine und Flügel und die Segmentirung des Körpers.

Luftlöchern und Geschlechtsöffnung direct in die Wand der Verdauungs-, Athmungs- und Geschlechtsorgane übergeht, und die Leibeshöhle zu öffnen. Von den in dieser enthaltenen Eingeweiden nimmt das Centralorgan des Blutkreislaufes, das Herz, die Mittellinie der Rückengegend ein. Unter ihm liegt von Mund zu After verlaufend der Darmcanal mit seinen Anhangsdrüsen, von denen die mit der Mundhöhle verbundenen

Speicheldrüsen und die in den Afterdarm einmündenden Harngefässe nur selten fehlen.

Das Centralorgan des Nervensystems besteht aus dem oberhalb
des Schlundes gelegenen Gehirnganglion, welches durch seitlich
neben dem Schlunde herablaufende Stränge sich fortsetzt in das die
Mittellinie der Bauchgegend einnehmende Bauchmark.

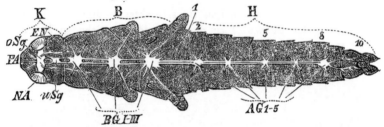

Fig. 30. Schematische Darstellung der Lagerung des Centralnervensystems bei einer
weiblichen Feldheuschrecke nach EMERTON und PACKARD. K Kopf, B Brust,
B Hinterleib mit seinen zehn Segmenten, PA Punktauge, NA Netzauge, oSg oberes
Schlundganglion, uSg unteres Schlundganglion, EN paariger Eingeweidenerv,
BG I—III erstes bis drittes Brustganglion, A G 1—5 erstes bis fünftes Abdominal-
ganglion.

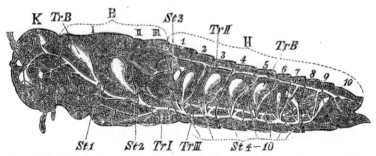

Fig. 31. Schematische Darstellung des Luftröhrensystems einer weiblichen Feldheuschrecke nach EMERTON und PACKARD. K Kopf, B Brust mit ihren drei Segmenten,
I—III, H Hinterleib mit seinen zehn Segmenten, 1—10, St die Luftlöcher, Tr die
Tracheenblasen, Tr I der linke äussere, bauchständige Luftröhren- oder Tracheenhauptstamm, Tr II der linke rückenständige Luftröhrenhauptstamm, Tr III der linke
innere bauchständige Luftröhrenhauptstamm. Die entsprechenden rechten Stämme
fehlen in dieser einseitigen Darstellung.

Die Hauptstämme des von den Luftlöchern entspringenden, die
Athmung besorgenden Luftröhrensystems sind paarig angelegt und
seitlich neben der Medianebene angeordnet. Die gleichfalls paarig
angelegten Fortpflanzungsorgane, deren Mündung stets auf der
Bauchseite vor dem After gelegen ist, nehmen die Seitentheile des
Hinterleibes ein.

Diese einfache Anordnung der Hauptorgane wird theilweise verschoben bei denjenigen Insekten, bei welchen einmal der Darmcanal länger wird, als der gerade Abstand von Mund zu After, andererseits die Ausführungsgänge der Fortpflanzungsorgane sich strecken. Alsdann liegen Darm und Fortpflanzungsorgane, die seitliche Symmetrie störend, aufgeknäuelt im Hinterleibe. Der Raum zwischen den einzelnen Eingeweiden wird zum Theil ausgefüllt von den regellosen Zellballen des Fettkörpers. Festgehalten in ihrer Lage werden die sämmtlichen Organe durch die feinen Verzweigungen der Luftröhren, welche, wenn das Insekt unter Wasser geöffnet wird, als ein alle Organe dicht umspinnendes Netz von Silberfäden erscheinen. Um- und durchspült wird das Ganze, da kein geschlossenes Blutgefässsystem vorhanden ist, von dem frei in der Leibeshöhle circulirenden Blute.

Die Leibeswand. Diese besteht von aussen nach innen gerechnet aus der Cuticula, der Hypodermis und der Muskelschicht.

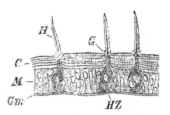

Die wesentlichen äusseren Verhältnisse der aus Chitin bestehenden Cuticula sind bereits auf Seite 40 angedeutet. Obgleich stets die Cuticularbildungen ein Hautskelet abgeben und die relativ festesten Theile des Insektenkörpers sind, so ist doch die absolute Festigkeit und Widerstandsfähigkeit des Insektenpanzers je nach seiner Stärke bei verschiedenen Formen sehr verschieden, wie uns z. B. die Vergleichung einer Schmeissfliege mit einem grossen braunen Rüsselkäfer, d. h.

Fig. 32. Halbschematischer Querschnitt durch die Cuticula und Hypodermis *C* geschichtete Cuticula mit den durch Gelenke, *G*, mit ihr verbundenen Haaren *H*. *M* die die Cuticula absondernden Matrixzellen der Hypodermis. *HZ* die Haarzellen. *Gm* die bindegewebige Grundmembran.

zweier Thiere von annähernd gleicher Statur zeigt. Stärkere Cuticularlagen sind stets geschichtet (Fig. 32 *C*) und von senkrecht zu ihrer Oberfläche verlaufenden zahlreichen Porencanälen durchsetzt. Faltenartige Einschlagungen der Cuticula nach innen, besonders in der Mittellinie des Sternums, werden mitunter als „inneres" Skelet bezeichnet.

Die unter der Cuticula liegende Hypodermis besteht aus einer Schicht mehr weniger deutlich von einander abgegrenzter, polygonaler Epithelzellen (Fig. 32 *M*), welche mit ihrer Basis wiederum einer feinen bindegewebigen Membran (Fig. 32 *Gm*) anliegen. Die Aussenfläche der Hypodermiszellen sondert, wie bereits mehrfach erwähnt, die Chitinsubstanz als ein anfangs zähflüssiges, erst späterhin erhärtendes und starr werdendes Secret ab. Will man diese Thätigkeit der Hypodermis besonders hervorheben, so bezeichnet man sie auch als chitinogene Schicht oder Matrix der Cuticula. Haarartige Fort-

sätze einzelner, durch besondere Grösse, flaschenförmige Gestalt, Mehr-
kernigkeit und zuweilen tiefere Lagerung ausgezeichneter Hypodermiszellen sind es, auf denen gleichfalls als Secret ihrer Oberfläche, die
haar- oder schuppenartigen Cuticularanhänge sich bilden. Man kann
diese Zellen Haarzellen nennen (Fig. 32 *HZ*). Die meist geschmeidig
bleibende und von einer kleinen, wallartigen Erhebung umgebene Ansatzstelle der Haare bildet häufig eine Art Gelenk für dieselben. Die gesammte Sculptur und alle Anhänge der Cuticula sind also genaue Abbilder
der Oberflächenbeschaffenheit der unter dieser liegenden, zelligen Hypodermis. Da das vollendete Insekt sich nicht mehr häutet, die Hypodermiszellen also fernerhin kein Secret mehr zu liefern haben, so werden sie
häufig bei der Imago rückgebildet und erscheinen weniger deutlich.
    Einzelne Zellen oder Zellgruppen oder beutelförmige Einstül-
pungen der Hypodermis können als Hautdrüsen wirken, welche durch
besonders modificirte Porencanäle, die sich mitunter als röhrenförmige
Fortsätze über die Cuticula erheben, nach aussen münden. Die Secrete
dieser Drüsen sind sehr verschiedenartig. Wir erwähnen hier nur
beispielshalber einige Formen. Die auf der Unterfläche des Thorax
gelegene Stinkdrüse unserer Wanzen, sowie die unmittelbar neben der
Afteröffnung mündenden Analdrüsen (Fig. 35 *l*) vieler Käfer, z. B. der
Carabus- und Brachinus-Arten, sowie der Orthopteren (Fig. 33 *l*), sondern
einen übelriechenden, dem Insekt als Vertheidigungsmittel dienenden
Saft ab. Die häufig in Honigröhren auslaufenden Honigdrüsen auf dem
Rücken des Hinterleibes vieler Blattläuse liefern eine von den Ameisen
begierig aufgeleckte, süsse Flüssigkeit. Das Secret der Wachsdrüsen
kann entweder ein dem Körper des Insektes anhaftendes wolliges Schutz-
kleid bilden, wie z. B. bei den Rindenläusen, Chermes, oder aber, wie
das zwischen den Bauchschienen des Arbeitsbienen-Abdomens secer-
nirte Bienenwachs, zur Bereitung der Brutstätten, der Waben, dienen.
    Die nach innen von der Hypodermis folgende Muskelschicht
bildet einen in den verschiedenen Körperabschnitten sehr verschieden
stark ausgeprägten Hautmuskelschlauch, welcher eine der Segmentirung
des Hautskeletes entsprechende, meist sehr feine Gliederung in zahlreiche, in den verschiedensten Richtungen wirkende Einzelmuskel
und Muskelgruppen erkennen lässt. Am stärksten ist diese Muskulatur ausgeprägt in den Kiefer, Beine oder Flügel tragenden Körperabschnitten. Sie wird, wie überhaupt bei allen Arthropoden, durch
quergestreifte Muskelfasern gebildet.
    Nicht allein am Stamme des Leibes, sondern auch in sämmtlichen
grösseren Körperanhängen, Gliedmassen und Flügeln kann man dieselbe
Reihenfolge der Schichten beobachten.

Der Darmcanal und seine Anhänge.

Der Darm beginnt an der von den Mundwerkzeugen umgebenen
Mundöffnung und geht zu der am Ende des Abdomens gelegenen

Afteröffnung, je nach seiner Länge in geradem oder schlingenförmig geknäueltem Verlaufe.

Seine Innenfläche ist, bis auf eine kleinere Strecke des Mitteldarmes, stets ausgekleidet von einer Chitin-Cuticula, welche, wie bereits erwähnt, an Mund und After direct in das äussere Hautskelet sich fortsetzt. Nach aussen von dieser folgt die Epithelzellenschicht, welche als Matrix die Cuticula abgesondert hat; sie wird umkleidet von einer dünnen Bindegewebshaut, der wiederum die aus Längs- und Ringfasern bestehende Muskelschicht folgt. Den Abschluss der Darmwand nach der Leibeshöhle hin macht eine zweite feine Bindegewebshaut.

Nur in seltenen Fällen, z. B. bei den Eintagsfliegen, ist die Mundöffnung verschlossen und die Imagines nehmen daher keine Nahrung zu sich. Am auffallendsten sind die Verhältnisse bei den Männchen einiger Blattläuse, z. B. von Phylloxera Quercus, denen Mundwerkzeuge und Darm völlig fehlen.

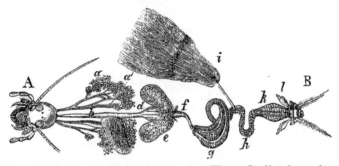

Fig. 33. Darmcanal mit seinen Anhängen von einer Werre, Gryllotalpa vulgaris Latr. *A* Kopf mit Fühlern und Mundwerkzeugen, *B* Afterklappe mit den beiden Raifen und den Analdrüsen *l*, *a* Speicheldrüse, *a'* Speichelreservoir, *b* Schlund, *c* Kropf, *d* Kaumagen, *e* Blindschläuche, *f* und *g* Chylusmagen, *h* Dünndarm, *i* das mit einem einfachen Gang in den Darm mündende Büschel von Harngefässen, *k* Mastdarm.

Der Darm gliedert sich auch in den einfachsten Fällen in drei Abschnitte, welche man am besten als Vorder-, Mittel- und Hinterdarm bezeichnet (Fig. 29 *VD, MD, HD*). An dem Vorderdarm kann man stets die Mundhöhle und die eigentliche Speiseröhre unterscheiden, von welch letzterer sich häufig noch Kropf und Kaumagen abgrenzen. In die Mundhöhle ergiessen die Speicheldrüsen (Fig. 29 *SpD*) ihr Secret.

Die Mundhöhle ist von einer starken Musculatur umgeben und besorgt bei den kauenden Insekten die Schluckbewegungen, während sie bei den saugenden durch abwechselnde Erweiterung und Verengerung ihres Hohlraumes die Saugwirkungen hervorbringt. Die Speiseröhre übernimmt die Nahrung aus der Mundhöhle und führt sie dem Magen zu. Häufig ist sie am hinteren Ende aber noch in ein Reservoir zur längeren Aufbewahrung eingenommener Nahrungsvorräthe, in einen Kropf aufgetrieben. Dieser kann entweder eine

4*

regelmässige, allseitig gleichmässige, mitunter ungemein starke Auftreibung der Speiseröhre bilden, oder einen seitlich mit ihr durch einen
engen Gang verbundenen Sack.

Letzteres ist besonders häufig bei den Insekten mit saugenden
Mundwerkzeugen der Fall, und ein solcher langgestielter Sack wurde
daher früher als „Saugmagen" bezeichnet, obgleich er in Wirklichkeit
keinerlei Saugwirkungen auszuüben im Stande ist, sondern nur als
Aufbewahrungsort für aufgesogene Flüssigkeit dient. Der Endtheil
des Vorderdarmes zeichnet sich bei kauenden Insekten häufig durch
eine stärkere Muskelschicht aus, und seine innere Cuticularauskleidung
ist alsdann an einzelnen Stellen verdickt, so dass sich auf ihr feste
Platten, Zähne oder Borsten finden. Man bezeichnet einen so gestalteten Endabschnitt als Kaumagen, weil er geeignet ist, die ein-
genommene Nahrung noch weiter mechanisch zu zerkleinern (Fig. 33
und 35 d). Aber nicht nur im Falle des Vorhandenseins eines Kau-
magens erleiden die Speisen im Vorderdarm eine weitere Veränderung,
sondern es scheint, als ob dieselben hier überhaupt einer chemischen

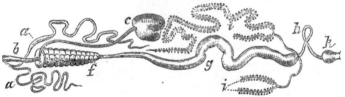

Fig. 34. Darmcanal der Schmeissfliege, Sarcophaga carnaria L. *a* Speicheldrüsen,
b Schlund, *c* Saugmagen, *f* und *g* Chylusmagen, *h* Dünndarm, *i* die in den Darm
mit zwei Gängen mündenden zwei Paar gefiederten Harngefässe, *k* Mastdarm.

Zersetzung, einer Art Vorverdauung durch die Einwirkung der Secrete
der Speicheldrüsen, unterlägen.

Die Speicheldrüsen, welche zu einem oder mehreren Paaren in
die Mundhöhle einmünden (Fig. 29 *SpD*; 33, 34 und 36 *a*) und häufig
noch mit einem besonderen Speichelreservoir (Fig. 33, *a'*) verbunden sind,
haben also bei den Insekten eine höhere Bedeutung als bei den
Wirbelthieren, indem ihr Secret nicht allein Stärkemehl in Trauben-
zucker umzusetzen, sondern auch Eiweissstoffe in Peptone zu verwandeln vermag, wie wir sicher wenigstens von der Küchenschabe wissen.

Der Mitteldarm ist es, in welchem die im Vorderdarm verdauten
Speisen ihre definitive Umsetzung erfahren, und in dem der Nahrungssaft,
der Chylus, bereitet wird. Daher wird dieser häufig in mehrere Abschnitte
zerfallende und mit drüsigen Wandungen versehene Darmtheil auch
Chylusdarm genannt.

Die die Verdauungssäfte absondernden Drüsen sind entweder in
die Decke der Darmwand eingebettet oder sitzen derselben als mehr
weniger lange und zahlreiche Zotten (Fig. 35 *f*) oder Blindschläuche
an. Auch kann der eine Theil des Chylusdarmes Zotten tragen, der

andere drüsige Wandungen zeigen, so dass nicht nur durch die Verschiedenheit der Weite, sondern auch durch diese Besetzung mit
Anhängen die einzelnen Abschnitte des Chylusdarmes ein verschiedenes
Aussehen erhalten können (Fig. 33, 34 und 35 *f* und *g*). Am
stärksten sind die Blindschläuche bei den Heuschrecken und Verwandten
entwickelt (Fig. 29 *B S*). Ihre Function hat einige Aehnlichkeit mit

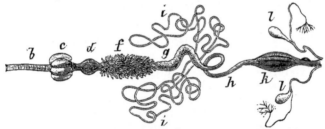

Fig. 35. Darmcanal eines Laufkäfers. *b* Schlund, *c* Kropf, *d* Kaumagen, *f* Chylusmagen mit Zottenbesatz, *g* zottenloser Magentheil, *i* die beiden Paar an ihren Enden
schlingenförmig in einander übergehenden Harngefässe, *h* Dünndarm, *k* Mastdarm,
l Analdrüsen.

der der Leber der Krebse, aber es kommt bei den Insekten nie zur
Ausbildung einer compacten, wirklichen Leber.

Der Hinterdarm, welcher in zwei oder drei, alsdann als Dünndarm, Dickdarm und Mastdarm unterschiedene Abschnitte getheilt

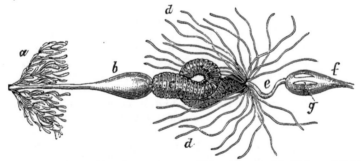

Fig. 36. Darmcanal der Honigbiene, Apis mellifica L. *a* Speicheldrüsen, *b* Schlund,
c Chylusmagen, *d* die zahlreichen einzeln in den Darm mündenden Harngefässe,
e Dünndarm, *f* Mastdarm, *g* Rectaldrüsen.

sein kann (Fig. 29 *HD*, Fig. 33—35 *h, k*, Fig. 36 *e, f*), dient wesentlich zur Ausfuhr der unverdauten Nahrungsreste, des Kothes. Sein Anfang wird bezeichnet durch die Einmündung der Harngefässe.

In die Höhlung des als Mastdarm oder Rectum bezeichneten
Endabschnittes des Darmes springen häufig eine Anzahl von Längs-
wulsten vor, welche als Rectaldrüsen bezeichnet werden; ihre
Function ist noch ziemlich unklar (Fig. 36 *g*).

Die Harngefässe (Fig. 29 *H G*) sind längere oder kürzere, meist blind endigende, dünne Schläuche, welche sich an der Grenze von Mittel- und Hinterdarm dem Darmcanal inseriren. Ihre Zahl ist sehr wechselnd. Das Secret, welches die sie auskleidenden Drüsenzellen absondern und welches zugleich mit den Kothmassen durch den Hinterdarm ausgeführt wird, ist dem Harn gleichwerthig, und es haben also die Harngefässe bei den Insekten dieselbe Function wie die Nieren bei den Wirbelthieren. Sie sollen nur einigen niederen Schnabelkerfen, z. B. den Blattläusen, fehlen.

Die Harngefässe sind meist drehrund, nur selten kurz gefiedert. Sie enden meist blind und frei, indessen können sich bei manchen Insekten die blinden Enden auch unter der äusseren Bindegewebshaut des Darmes verstecken, und bei anderen gehen die Enden je zweier Gefässe schlingenartig in einander über (Fig. 35).

Im allgemeinen sind sie paarig angelegt. Ihre Zahl kann von zwei bis zu einigen Hundert wechseln. Bei den Formen, wo nur wenige Harngefässe, d. h. 4 bis 8 Stück, vorhanden sind, sind dieselben gewöhnlich sehr lang und geschlängelt dem Mitteldarm angelagert, von dem sie häufig durch eine grelle, weissliche, gelbliche, bräunliche ja sogar grüne oder röthliche Färbung abstechen, Dies ist der häufigst vorkommende Fall (Fig. 35). Bei den Käfern sind 4 bis 6, bei den Schmetterlingen 6, bei den Zweiflüglern und Schnabelkerfen 4 Stück die Regel (Fig. 34). Da, wo wie bei einigen Gruppen der Geradflügler (Fig. 33) und bei den bienenartigen Thieren (Fig. 36), ihre Anzahl stark wächst, bleiben sie kürzer. Sie münden alsdann entweder einzeln in den Hinterdarm ein (Fig. 36) oder vereinigen sich vorher zu mehreren gemeinsamen kurzen Harnleitern. Am stärksten ist diese Vereinigung bei den Grillen, wo die sehr zahlreichen, ein Büschel bildenden Harngefässe einem gemeinsamen Harnleiter ansitzen (Fig. 33 *i*). Bei den Schmetterlingen und Schnabelkerfen erweitern sich die die Harngefässe aufnehmenden beiden Harnleiter mitunter zu kleinen Harnblasen.

Die Harngefässe, nach ihrem Entdecker, dem berühmten, in der zweiten Hälfte des siebenzehnten Jahrhunderts zu Bologna lehrenden Arzte und Anatomen Marcello Malpighi, auch Malpighi'sche Gefässe genannt, zeigen ausser einer doppelten äusseren Bindegewebshülle eine einfache Schicht von Drüsenzellen, welche platzend ihr breiiges Secret in das Lumen der Schläuche entleeren.

Früher wurden die Malpighi'schen Gefässe vornehmlich deshalb, weil ihr Secret manchmal eine gallenähnliche Färbung zeigt, als der Leber der Krebse und Spinnen entsprechend angesehen Die chemische Untersuchung hat aber in ihren Ausscheidungen keinerlei Gallenbestandtheile nachzuweisen vermocht, während sich durch die sogenannte „Murexidprobe” stets reichlich Harnsäure in grösserer Menge nachweisen lässt und Krystalle von oxalsaurem Kalk und Taurin und Kugeln von Leucin und harnsaurem Natron vielfach in ihnen gefunden werden. Ihre Bedeutung als „Nieren", als harnausscheidende Organe ist daher heute wohl zweifellos festgestellt.

Die Athmungs- und Kreislauforgane.

Das Tracheensystem. Das ausgebildete Insekt athmet durch **Luftröhren**, tracheae (Fig. 38), d. h. durch ein System paarig angelegter Röhren, die, in den gleichfalls paarig, meist auf den Gelenkhäuten zwischen den einzelnen Segmenten angeordneten **Luftlöchern** oder **Stigmen**, **stigmata**, beginnend, reichlich verzweigt in das Innere des Körpers eindringen, jedem Theile desselben in der Athemluft den nothwendigen Sauerstoff direct zuführen und der ausgeschiedenen Kohlensäure Abzugswege gewähren. Der Luftwechsel in dem Tracheensystem wird durch abwechselnde Ausdehnung und Zusammenziehung des Hinterleibes bewirkt.

Die Tracheen entstehen durch schlauchförmige Einstülpung der Leibeswand nach innen. Sie sind daher ausgekleidet mit einer sehr feinen Cuticula, die von einer die Tracheenröhre umgebenden zarten Zellschicht (Fig. 37, *M*) abgesondert ist. Im Umfang jedes Stigmas geht die Cuticuia der Trachee in die Cuticula der Körperoberfläche, die Zellschicht in die Hypodermiszellen über. Alle gröberen Zweige der Tracheen sind mit einer fadenförmigen, in das Innere des Tracheenlumens vorspringenden und spiralig in demselben fortlaufenden Cuticularverdickung (Fig. 37 *Sp F*), dem **Spiralfaden**, versehen, welche wie die häufig in für den Gebrauch im Zimmer bestimmte Gasschläuche eingelegten Messingspiralfedern die Wandung der Tracheen steifen und ihr Lumen offen halten.

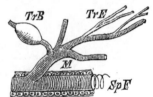

Fig. 37. Stück einer Trachee, *M* Matrix der Tracheencuticula, *S p F* Spiralfaden, *Tr B* spiralfadenlose Tracheenblase, *Tr E* spiralfadenlose Tracheenenden.

Diese Vorrichtung fehlt nur den feinsten Endzweigen und den grossen blasenförmigen Erweiterungen, welche bei manchen schnellfliegenden Kerfabtheilungen reichlich vorkommen (Fig. 37 *Tr B* und *Tr E*).

Als typische Anordnung des Tracheensystems kann man diejenige ansehen, bei welcher sich **zehn** Paar Stigmen vorfinden, von denen das erste und zweite Paar gewöhnlich als der Mittel- und Hinterbrust, die acht übrigen Paare als den acht ersten Hinterleibsringen zugehörig betrachtet werden. Kopf und Prothorax sind stets ohne Stigmen. Nur die Gattung Pulex, Floh, hat auch am Prothorax ein Stigmenpaar.

Von diesen mit mehr weniger complicirten Verschlussapparaten versehenen Stigmen treten nach innen je ein oder mehrere Tracheenstämme.

Im ersteren Falle treten dieselben jederseits zu einem langen seitlichen, bauchständigen, ventralen Hauptstamme zusammen (Fig. 38 *Tr I*), welcher durch Queräste mit einem seitlichen, rückenständigen Haupt-

stamme (Fig. 38 *Tr II*) und einem dritten, auch bauchständigen, aber
mehr nach innen neben dem Bauchmarke verlaufenden Hauptstamme
(*Tr III*) verbunden ist. Die drei eben geschilderten Hauptstämme sind
paarig und die entsprechenden rechten und linken gleichfalls durch
Querstämme mit einander verbunden. Von diesen Hauptwegen gehen
nun die feineren Tracheenverzweigungen aus, welche alle inneren Organe
mit einem dichten Netze von Luftröhren umspinnen.

Im zweiten Falle treten die von jedem Stigma nach innen laufenden mehrfachen Tracheenstämme nicht zu Hauptlängsstämmen zusammen,
sondern gehen direct in reichlicher Verzweigung zu den benachbarten
Organen und bilden so ein mehr segmentirtes Tracheensystem.

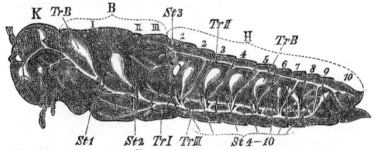

Fig. 38. Schematische Darstellung des Tracheensystems einer weiblichen Feldheuschrecke nach EMERTON und PACKARD. *K* Kopf, *B* Brust mit ihren drei Segmenten, *I—III*, *H* Hinterleib mit seinen zehn Segmenten, *1—10*, *St* die Luftlöcher,
Tr B die Tracheenblasen, *Tr I* der äussere linke bauchständige Tracheenhauptstamm,
Tr II der linke rückenständige Tracheenhauptstamm, *Tr III* der linke innere bauchständige Tracheenhauptstamm. Die entsprechenden rechten Stämme fehlen in dieser
einseitigen Darstellung.

Diese Anordnung erleidet aber mancherlei Modificationen. Einmal
werden bei Reduction der Anzahl der Hinterleibssegmente auch die
Hinterleibsstigmen durch Schwinden der letzten Paare reducirt,
andererseits können bei persistirendem letzten Stigmenpaare und
bleibenden Thoracalstigmen einige oder alle zwischenliegende Paare
schwinden. In einzelnen Fällen, z. B. bei Nepa und Ranatra, d. h.
bei im Wasser lebenden Wanzen, verlängern sich die Stigmen des
letzten Paares in lange Athemröhren, durch welche das Thier, ohne
selbst an die Oberfläche des Wassers zu kommen, die Athemluft aufnehmen kann.

Bei allen Insektenimagines wird nämlich die Athemluft direct
der Atmosphäre entnommen, sogar auch bei den im Wasser lebenden.
So sehen wir z. B. die Wasserkäfer von Zeit zu Zeit an die Oberfläche des Wassers kommen, um durch Hebung der Flügeldecken
unter dieselben einen Luftvorrath einzunehmen, welcher ihnen eine Zeit
lang die Existenz unter Wasser gestattet und in regelmässigen Pausen

erneuert wird. Die bei vielen im Wasser lebenden Insektenlarven so verbreiteten Tracheenkiemen kommen nur rudimentär bei den Imagines einiger seltenen Insektenspecies vor.

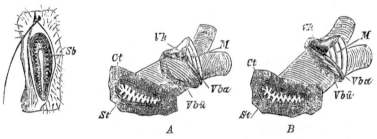

Fig. 39. Thoracalstigma der Stubenfliege, Musca domestica L. nach H. Landois, *Sb* Stimmband.

Fig. 40. Schematische Darstellung des Tracheenverschlusses bei einem Hirschkäfer. *A* der geöffnete, *B* der geschlossene Apparat, *St* Stigma mit vorspringendem Gitterverschluss, *Ct* Cuticula der Leibeswand, *Vk* Verschlusskegel, *Vbü* Verschlussbügel, *Vba* Verschlussband, *M* Muskel.

Die Tracheen wirken bei vielen Formen aber auch noch als aërostatische Apparate, und zwar ist dies besonders der Fall mit den oben erwähnten blasenförmïgen Erweiterungen (Fig. 38 *Tr B*) derselben, welche bei vielen Dipteren und Lepidopteren die Leichtigkeit der Flugbewegung bedeutend erhöhen, und bei manchen schwerfälligen Fliegern vermöge der durch ihre Füllung mit Luft bewirkten Verminderung des specifischen Gewichtes den Flug überhaupt erst ermöglichen. Diese Füllung, durch starke Athmungsbewegungen des Hinterleibes bewirkt, ist bei dem Maikäfer als das dem Abfluge vorangehende „Zählen" bekannt.

An oder in der Nähe der Stigmen sind Verschlussapparate (Fig. 39 und 40) angebracht, welche einmal den Eintritt von fremden Körpern in die Röhren verhindern, andererseits aber auch die einmal eingetretene Luft festzuhalten im Stande sind, so dass dieselbe durch die Athembewegungen bis in die feinsten Verzweigungen vorgedrückt werden kann.

Der Verschluss der Stigmen kann also ein doppelter sein. Einmal findet man an den gewöhnlich von einer Chitinspange umgebenen äusseren Oeffnungen Vorrichtungen, welche den Eintritt von fremden Körpern, Staub, Wasser etc., verhindern und z. B. entweder lippenartig (Fig. 39 *Sb*) oder gitterähnlich (Fig. 40) vom Rande naeh dem Centrum vorspringen. Zweitens ist hinter dem Stigma eine mit einem Hebel versehene, mehrtheilige Chitinspange um die Trachee selbst gelegt, welche durch Muskelwirkung zusammengequetscht, die Trachee auch für Luft unwegsam macht

Es erhellt dies am besten aus Fig. 40; ist der Muskel *M* erschlafft, so steht die aus Verschlusskegel *Vk*, Verschlussband *Vba* und Verschlussbügel *Vbü* bestehende Spange offen. Zieht sich der Muskel zusammen, so wird durch den

als Winkelhebel fungirenden Verschlusskegel die Trachee zwischen Verschlussband
und Verschlussbügel zusammengequetscht.

Bei manchen Insekten bilden die lippenartigen Verschlüsse
zu gleicher Zeit Stimmbänder, d. h. Membranen, welche, durch die
Strömung der Athemluft angeblasen, summende Töne erzeugen können
(Fig. 39 *S b*). Dass diese Art der Tonerzeugung übrigens nicht die
einzige vorkommende ist, werden wir später darlegen (vgl. S. 64).

Der Fettkörper. Reichlichst von den feineren Tracheenverzweigungen durchsetzt, vielfach in die Zwischenräume der inneren Organe
eingelagert und sich dicht sowohl an die äusseren Wandungen der
Eingeweide als an die Innenseite der Leibeswand anlegend, finden sich
bei allen Insekten weissliche oder gelbliche, unregelmässige Lappen oder
Ballen. Sie bestehen aus grösseren, durch Bindegewebsstränge mit einander
verbundenen Zellen, in denen stets sehr viel freies Fett in Tropfen
abgelagert ist. Dieses Gebilde wird als Fettkörper, corpus adiposum,
bezeichnet.

Die Thatsache, dass im Fettkörper vielfach Harnsäure nachgewiesen worden, legt in Verbindung mit dem Umstande, dass derselbe reichlich von Tracheenendigungen durchsetzt ist und sich dicht
an die Darmwandung anlehnt, die Vermuthung nahe, dass einmal
dieses Organ wenigstens einen Theil der im Darm bereiteten Nahrungssäfte aufnimmt und den übrigen Organen zuleitet, dass andererseits
aber auch in ihm selbst ein Theil der Oxydationsprocesse sich
abspielt.

Das Blut. Das Insektenblut ist eine entweder farblose oder
gefärbte, und dann grünlich, gelblich oder röthlich aussehende, häufig
mit vielen feinsten Fetttröpfchen erfüllte Flüssigkeit, in welcher
Blutzellen schwimmen. Die Blutzellen entbehren einer Membran und
sind amoeboid, d. h. sie können ihre Gestalt verändern. Es kreist nicht
wie bei vielen anderen Thieren, besonders bei den Wirbelthieren, in einem
geschlossenen Gefässsystem, sondern tränkt alle Organe des Körpers
direct und durchspült frei die Leibeshöhle.

Das Herz. Das Insektenherz (Fig. 29 *Hz*), wegen seiner langgestreckten Gestalt auch Rückengefäss genannt, ist ein muskulöser
Schlauch, welcher im Hinterleibe die Mittellinie der Rückengegend einnimmt. Es zerfällt im allgemeinen in so viele hinter einander gelegene,
durch Einschnürungen gegen einander abgegrenzte Kammern, als Hinterleibssegmente vorhanden sind. Am hinteren Ende geschlossen, setzt
es sich nach vorn in ein im Kopfe mit einer freien Oeffnung in die
Leibeshöhle mündendes Blutgefäss, die Aorta, fort. In jeder Kammer
finden sich ein Paar seitlich gelegene Spaltöffnungen, an welchen

Klappeneinrichtungen derartig angebracht sind, dass das Blut durch
sie wohl in das Herz hinein, aber nicht wieder auf demselben Wege
aus ihm heraustreten kann. Durch rhythmische, am Hinterende des Herzens
beginnende Zusammenziehungen wird das Blut im Herzschlauche von
hinten nach vorn befördert, bis es sich aus der freien Oeffnung der
Aorta in die Leibeshöhle ergiesst und nun unter dem Drucke des weiter
nachfolgenden Blutes in regelmässigen Strömen in der Leibeshöhle von
vorn nach hinten zurückkehrt; bei der auf die Zusammenziehung des
Herzens folgenden Erweiterung desselben kann das Blut nun wieder
durch die Spaltöffnungen in das Herz eintreten, um von neuem nach
vorn der Aorta zugedrängt zu werden. Befestigt wird das Herz in seiner
Lage durch ein Netz von Bindegewebs- und Muskelfasern. An seiner
Bauchfläche ruht dasselbe auf einer bindegewebigen Membran, welche
durch beiderseits seitlich an ihr angebrachte Muskelbündel, die Flügelmuskeln, an den Seiten des Hinterleibes befestigt ist.

Nach den Untersuchungen GRABER's ist der letztere Apparat, den man
lange fälschlich für einen Erweiterungsapparat des Herzschlauches angesehen
hatte, eine Einrichtung, welche in Gemeinschaft mit einem ähnlichen, über dem
Centralnervensystem an der Bauchseite gelegenen dazu dient, die regelmässige
Rückbeförderung des Blutes in der Leibeshöhle von vorn nach hinten zu sichern.

Anmerkung. Der Stoffwechsel der Thiere im allgemeinen und daher auch
der Insekten im besonderen, ist wesentlich ein Oxydationsvorgang. Bei jeder
Lebensäusserung verbindet sich in dem sie vermittelnden Organe ein Theil der
seine Gewebe bildenden Substanz mit dem ihm durch die Tracheen direct zugeführten Sauerstoffe der Athmungsluft. Es verwandeln sich hierbei sauerstoff-
ärmere Substanzen in sauerstoffreichere, gewebsbildende Stoffe in Auswurfsstoffe,
d. h. in Kohlensäure, Wasser und, soweit als die Gewebsbildner stickstoffhaltig
waren, in Harnbestandtheile. Das überschüssige, im Körper gebildete Wasser ent-
weicht durch Verdunstung an der Körperoberfläche und den Tracheen-Innenflächen.
Die Kohlensäure wird zugleich mit Wasserdampf durch die Exspirationsbewegungen
aus den Stigmen ausgestossen, und die Harnbestandtheile werden durch die Harngefässe, beziehungsweise den Hinterdarm entfernt. Andererseits wird den Organen ein
Ersatz für die verbrauchten Gewebsbildner, indem ihnen die durch den Verdauungs-
vorgang aus den aufgenommenen Speisen im Darm bereiteten Nahrungsstoffe
zukommen. Diese werden in den Organen assimilirt, d. h. in die wirklich gewebs-
bildenden Stoffe umgesetzt. Vermittelt wird dieses Tauschgeschäft durch das Blut,
welches einmal die durch die Darmwand aufgesogenen und in dasselbe über-
getretenen Nahrungsstoffe den Organen zuführt, andererseits aus letzteren die Auswurfsstoffe aufnimmt und den Ausscheidungsorganen zuführt. Unterstützt wird
diese Function des Blutes durch die Blutbewegung. Einmal wird nämlich durch
die bei jeder Athembewegung eintretende Verschiebung der inneren Organe die
Blutflüssigkeit sozusagen aufgerührt und durchgemischt, andererseits ist ja auch
ein besonderes Organ, das Herz, vorhanden, welches einen regelmässigen Blutstrom
im Körper unterhält.

Bei seinem — im Vorhergehenden zum besseren Verständniss des Zusammenhanges der Lebensvorgänge in den bisher beschriebenen Organen der Insekten
kurz auseinandergesetzten — Stoffwechsel verbraucht das Thier also die organischen Substanzen der Nahrung sowie den Sauerstoff der Athmungsluft und scheidet
— neben den hier weniger in Frage kommenden Kothmassen — Kohlensäure,
Wasser und Harnbestandtheile aus. Die sämmtlichen organischen Nahrungsmittel

sind verhältnissmässig sauerstoffarme, leichter zersetzliche Verbindungen, während
die thierischen Ausscheidungsproducte bedeutend sauerstoffreicher und schwerer
zersetzlich sind. In den leicht zersetzlichen Nahrungsmitteln ist nun aber auch
eine grosse Menge von chemischer Spannkraft aufgespeichert. Diese wird bei der
durch Oxydation bewirkten Ueberführung jener in die beständigeren Auswurfstoffe
frei, indem sie sich in lebendige Kraft umwandelt. Dieser Vorgang ist im Grunde
genau derselbe wie der, welcher sich in unseren Oefen abspielt. Auch hier wird
ja das Holz durch Oxydation oder Verbrennung in Kohlensäure und Aschenbestandtheile übergeführt, wobei sich die in den organischen Bestandtheilen des
Holzes aufgespeicherten verborgenen Spannkräfte in lebendige Kraft, und zwar in
der Form von Wärme umsetzen. Die beim Stoffwechsel im Thierkörper frei werdende
lebendige Kraft ist es nun, auf welcher alle diejenigen activen Lebenserscheinungen
des Thieres beruhen, durch welche es sich besonders von der Pflanze unterscheidet Die Formen, in welcher die lebendige Kraft auftritt, sind sehr mannig-
facher Art. Zunächst tritt sie allgemein als Wärme auf. Jedes Thier, auch das
,,kaltblütige'', erzeugt selbstständig Wärme, ebensogut wie der geheizte Ofen. Nur
fehlen den kaltblütigen Thieren die den ,,warmblütigen'' zukommenden Vorrichtungen, um die Körpertemperatur gleichmässig hoch zu erhalten Es wechselt
letztere also mit der steigenden und sinkenden Temperatur der umgebenden
Luft, ist aber stets, solange die Thiere nicht völlig erstarren, um ein geringes
höher. Dass auch die Insekten Wärme produciren, beweist am schlagendsten
die selbst bei strenger äusserer Kälte im Winter niemals unter 20 Grad sinkende
Temperatur im Inneren eines Bienenstockes Hier wird die von den Bienen
producirte Wärme durch den Stock zusammengehalten.

Weitere Formen, in denen die lebendige Kraft im Thierkörper auftritt,
sind das Licht — Leuchtkäfer —, die durch die Muskeln des Thieres geleistete
mechanische Arbeit, sowie die in dem Nervensystem auftretenden
Kraftformen, welche zum Theil mit den elektrischen Vorgängen in Verbindung
stehen. Wir haben daher zunächst nach einander die Leuchtorgane, die Muskulatur
und das Nervensystem der Insekten zu besprechen. Hieran reiht sich naturgemäss
die Besprechung der dem Nervensystem als Endapparate angefügten Sinnesorgane,
durch welche das Insekt die Vorgänge in der Aussenwelt wahrnimmt Den Schluss
bildet die Darstellung der Fortpflanzungsorgane, welche nicht dem individuellen
Leben des Thieres, sondern der Erhaltung der Art dienen.

Die Leuchtorgane der Insekten sind unter durchsichtigen Stellen
des Chitinpanzers gelegene Zellplatten, in welchen, geregelt durch das
Nervensystem, Lichterscheinungen auftreten. Das Leuchten ist von dem
Willen des Thieres abhängig und kann plötzlich unterbrochen werden.
Es finden sich Leuchtorgane bei uns lediglich in der Unterfamilie der
Leuchtkäfer, Lampyrini.

Sie bestehen aus Parenchymzellen, welche wesentlich den Fett-
körperzellen gleichwerthig sind, mit feinen Nervenendigungen in Verbindung stehen und von feinsten, des Spiralfadens entbehrenden,
anastomorirenden Tracheenausläufern dicht umsponnen werden. Die
dem Körperinnern zugewandten Zelllagen der Platten sind reichlich
mit Körnchen von harnsauren Salzen durchsetzt, so dass sie sich
von den äusseren farblosen Zellen durch eine weisse Farbe unterscheiden. Das Leuchten dieser Organe beruht auf der langsamen Oxydation eines in diesen Zellen abgesonderten Stoffes, welcher auch
ausserhalb des thierischen Körpers eine Zeit lang fortleuchten kann.
Das wirklich vorkommende Leuchten der abgelegten Eier kann nur
dann stattfinden, wenn die Ablage derselben so starke Zerreissungen

der inneren Organe verursacht hat, dass die Eier mit solchem Leucht-
stoffe verunreinigt wurden. Das „Leuchten" der Augen vieler Nachtschmetterlinge hat mit der eben besprochenen Lichtproduction keinen
Zusammenhang, beruht vielmehr lediglich auf dem Wiederschein von
aussen eingedrungenen Tageslichtes, wie das Leuchten der Augen der
Hunde etc.

Das Muskelsystem und seine Thätigkeit.

Die Muskulatur. Die Muskeln der Insekten, welche stets aus
farblosen oder weisslichen Fasern bestehen und sich fest an die Innenseite des Hautskeletes anheften, bewirken die Verschiebungen der einzelnen Rumpfabschnitte gegen einander, sowie die Bewegungen der Gliedmassen und Körperanhänge. Die hierbei geleistete Arbeit ist häufig eine
sehr bedeutende. So schleppt z. B. eine Wegwespe eine grosse Raupe oft
weit fort, ein Floh kann ohngefähr das 200fache seiner Körperhöhe
springen, und der anhaltende Flug der Wanderheuschrecken oder Libellen,
sowie das oft stundenlang fortdauernde Musiciren der Grillen erfordern
bedeutende Kraftanstrengung. Wir können hier genauer nur auf die
Ortsbewegungen und Lautäusserungen der Insekten eingehen.

Man kann die Muskulatur der Insekten in Muskeln des Stammes
und der Leibesanhänge eintheilen. Indessen darf man nie vergessen,
dass auch die Gliedmassen und Flügel als Ausstülpungen der Leibeswand anzusehen sind. Die Muskulatur des Stammes besorgt vornehmlich
die Bewegungen des Kopfes und des Hinterleibes gegen die Brust,
die Athmungsbewegungen des Hinterleibes und die Bewegung der
Mundwerkzeuge, Beine und Flügel gegen den Stamm. Die Beugungen
und Streckungen der einzelnen Glieder der Gliedmassen gegen einander
werden durch die Gliedmassenmuskulatur ausgeführt. Wie gross die
hierbei geleistete Arbeit sein kann, wird klar, wenn man bedenkt,
dass nach den Untersuchungen von PLATEAU der Nashornkäfer,
Oryctes nasicornis, die 5fache, der Maikäfer die 15fache, der Pinsel-
käfer, Trichius fasciatus, die 42fache Last seines Körpers zu heben
im Stande ist.

Die Ortsbewegungen. Die ausgebildeten Insekten führen Ortsbewegungen fast ausschliesslich mit Hilfe ihrer Leibesanhänge aus.

Als Beispiel einer anderen Bewegungsart sei das Emporschnellen vieler
Elateriden bei Rückenlagerung, das bekannte Springen der „Schmiede", erwähnt.

Man kann die Ortsbewegungen eintheilen in Schreit-, Schwimm-
und Flugbewegungen.

Die Schreitbewegungen, zu denen man auch die Springbewegungen rechnen kann, werden von den Beinen der Brust ausgeführt. Sie finden statt an der Grenze eines festeren und eines

nachgiebigeren Mediums, d. h. entweder an der Grenze zwischen
Boden und Luft, oder zwischen Boden und Wasser oder zwischen
der Wasseroberfläche und der Luft. So laufen z. B. viele Wasserkäfer auf dem Grunde des Wassers und manche Wasserwanzen,
Hydrometra, auf der Wasseroberfläche. Es kommen hierbei entweder
alle drei Beinpaare — und zwar ist dies der gewöhnliche Fall —
oder nur die beiden hinteren Paare — Hydrometra, Gottesanbeterin,
Mantis — oder, und zwar bei den Springbewegungen, vorzugsweise
das hintere Beinpaar in Thätigkeit. Die Wirkungsweise eines Insekten-
beines ist hierbei physiologisch im wesentlichen gleich derjenigen
eines Säugethierbeines. Es besteht aus aufeinanderfolgenden, festen,
durch Gelenke verbundenen Gliedern, von denen jedes durch einen
Beuge- und einen Streckmuskel gegen die angrenzenden in einer
Richtung winklig gestellt werden kann. Auch
ist der Bau der Gelenke ein derartiger, dass
bei Beugung aller Theile die aufeinanderfolgenden Winkel ihre Oeffnung nach der
entgegengesetzten Seite kehren, dass also,
während der Winkel zwischen Coxa und
Femur nach vorn geöffnet erscheint, der
zwischen Femur und Tibia es nach hinten
ist u. s. f. Wenn das zunächst gebeugte und
bis zu einem gewissen Grade an den Leib
herangezogene Bein wieder gestreckt wird,
so übt dasselbe einen nach hinten gerichteten
Stoss auf die Unterlage aus, und der hierbei entstehende Rückstoss schiebt den Leib
nach vorwärts. Besonders die Vorderbeine
der Insekten können aber auch ähnlich wie
die Hände des Menschen beim Klettern wirken. Nachdem zunächst eine Streckung derselben in der Richtung nach vorn erfolgte,
fixirt sich die Beinspitze mit Hilfe der
Fusskrallen, und bei nachfolgender Beugung

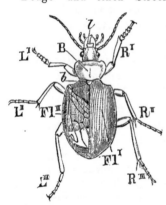

Fig. 41. Kletterlaufkäfer, Calosoma sycophanta L., *l* Oberlippe,
B Vorderbrust, *b* Schildchen,
Fl I rechte Flügeldecke, *Fl II*
linker zusammengefalteter Hinterflügel. *L I—III* linke,
R I—III rechte Beine.

wird der an dem Hinterende des Beines festhangende Körper nach-
gezogen. Das Tempo, in welchem diese Bewegungen der einzelnen
Beine beider Seiten mit einander abwechseln, ist bei der Sechszahl
derselben ein ziemlich complicirtes. Nach GRABER ist, wenn wir die
Beine der linken Seite mit *L*, die der rechten mit *R* und die drei
Beinpaare mit 1, 2, 3 bezeichnen, die Reihenfolge ihrer Bewegungen
die folgende:

$$L_1, \ R_2, \ L_3, \ R_1, \ L_2, \ R_3.$$

Uebrigens ist stets, wie bei den Säugern, die Hauptarbeit der Fortbewegung den Hinterbeinen übertragen, ein Verhältniss, welches seine
stärkste Ausprägung bei den springenden Insekten findet.

Die Fähigkeit, an glatten, senkrechten Wänden in die Höhe zu
klettern, oder an der Unterseite einer horizontalen Fläche, den Bauch

nach oben hin, zu laufen, erhalten viele Insekten, z. B. die Stubenfliegen, durch die an der Spitze des Fusses angebrachten Haftapparate,
die Klauen und Haftlappen, an denen häufig drüsige Kleb- und Be-
feuchtungsapparate zur besseren Anschmiegung an die Unterlage angebracht sind.

Schwimmbewegungen werden stets gleich den Sprungbewegungen
durch die Hinterfüsse allein ausgeführt, welche hierbei weniger eine
Beugung und Streckung als eine mit einer Drehung um ihre Achse verbundene Vor- und Rückwärtsbewegung ausführen.

Dies geschieht stets nach der Theorie der Bewegung eines Boots-
ruders, indem die mehr weniger abgeplatteten Extremitäten bei ihrer
Bewegung nach hinten ihre breite Fläche dem Wasser zukehren,
während sie bei der Zurückbewegung nach vorn ihre schneidende
Kante vorwenden, so dass sie also bei letzterer Bewegung einen
geringeren Widerstand finden als bei ersterer. Schöne Beispiele hierfür
sind die Schwimmkäfer, Dytiscus, und Wasserwanzen, Notonecta.

Die Flugbewegung. Der Flug der Insekten, diese sie vor allen
anderen Arthropoden charakterisirende Bewegungsart, wird vermittelt
durch die gleichzeitig ausgeführten, schlagenden Bewegungen der Flügel
beider Seiten. Eine Erhebung in die Luft, d. h. eine Ueberwindung der
Schwerkraft, wird dadurch möglich, dass bei dieser Bewegung die Flügel
beim Niederschlag einem grösseren Widerstande begegnen als beim Aufschlage.
Hierdurch gewinnt der beim Niederschlage entstehende, nach oben wirkende
Rückstoss der Luft die Oberhand und das Insekt wird gehoben. Da aber
der Widerstand der Luft stets ein verhältnissmässig geringer ist, so ist
dennoch eine recht bedeutende Arbeitsleistung nothwendig. Diese wird
hervorgebracht durch die sehr entwickelten, in Mittel- und Hinterbrust
untergebrachten Flügelmuskeln. Auch bewirkt das luftgefüllte, den
ganzen Körper durchziehende, bei guten Fliegern besonders ausgebildete
Tracheensystem, welches häufig vor Beginn des Fluges noch besonders
vollgepumpt wird, eine Verringerung des specifischen Gewichtes des
Körpers.

Bei vielen Insekten mit zwei Flugflügeln jederseits sind, wie
wir oben sahen, die Vorder- und Hinterflügel jeder Seite derartig
zusammengekoppelt, dass sie der Wirkung nach nur eine Flugfläche
bilden, und auch bei den Formen, denen eine solche mechanische
Verkoppelung fehlt, geschieht die Bewegung von Vorder- und Hinter-
flügel so gleichzeitig, dass sie ebenfalls als eine Flugfläche wirken.
Man muss also vom physikalischen Standpunkte aus alle fliegenden
Insekten als Zweiflügler ansehen. Die Flügelspitze beschreibt beim
Fluge eine langgezogene Achterfigur. Auch bleiben die in der
Ruhe ebenen Flugflächen bei dem Auf- und Niederschlage nicht eben,

nehmen vielmehr eine windschiefe Drehung an, da die Vorderzone
der Flügel bei allen guten Fliegern durch eine stärkere Aderung
mehr gesteift wird, als die Hinterzone. Es wird daher auch bei
ursprünglich horizontaler Richtung der Flügel beim Niederschlage der
Hinterrand dem Vorderrande gegenüber gehoben, beim Aufschlag ist es
dagegen umgekehrt. Eine Verkleinerung der Flugfläche bei Hebung der
Flügel durch Zusammenfaltung derselben, wie sie zur Verminderung
des Luftwiderstandes bei den Vögeln und Fledermäusen erfolgt, ist
dagegen bei den Insekten nicht vorhanden. Der Schwerpunkt der
Insekten beim Fluge liegt stets unter und hinter der Ansatzstelle der
Flügel an dem Thorax. Die Längsachse der Insekten ist daher beim
Fluge stets schief gegen die Ebene des Horizontes gerichtet, wobei
der Kopf höher steht als der Hinterleib. Beim Fluge nach vorwärts
wird der Flügelschlag derartig eingerichtet, dass der das Insekt
emportragende Rückstoss der Luft in eine horizontale und eine verticale
Componente zerlegt wird. Die vertical wirkende Kraft hält das Insekt
schwebend, die horizontal wirkende treibt es nach vorn. Manche gut
fliegende Insekten, z. B. die Schwebfliegen, Syrphus, können den
Flug so einrichten, dass der Aufschlag der Flügel eine Zeit lang dem
Niederschlage das Gleichgewicht hält. Solche Insekten „stehen" dann
in der Luft. Die Flugfähigkeit der Insekten ist eine sehr verschiedene.
Manche müssen, um überhaupt sich erheben zu können, in die Luft
springen und können nur eine kurze Strecke unsicher dahinflattern
— manche Heuschrecken —, andere brauchen eine längere Vorbereitung, um durch Lufteinpumpen den Körper specifisch so leicht
zu machen, dass dann ein Flug möglich wird, manche fliegen von
der Stelle aus augenblicklich sicher fort und können lange Strecken
zurücklegen. Bei vielen Nachtfaltern fliegen die Männchen leichter
als die Weibchen, deren Hinterleib durch eine grosse Menge Eier
aufgetrieben ist, und manche langlebigere Insektenimagines fliegen nur
während der Begattungszeit, so z. B. der grosse braune Rüsselkäfer.

Die Lautäusserungen der Insekten. Viele Insekten sind im
Stande, dem menschlichen Ohre wahrnehmbare Töne hervorzubringen.
Diese sind in letzter Instanz stets durch Muskelwirkung erzeugt und
haben oft eine Bedeutung für das Leben der Insekten. So locken häufig
die Männchen ihre Weibchen durch Gesang an, z. B. Grillen und Heuschrecken, die Bienen sind im Stande, sich zu rufen, und manche Käfer
suchen ihre Feinde durch knarrende Geräusche abzuwehren.

Die Insektenlaute können in vier verschiedene Abtheilungen gebracht
werden. Es sind dies:

1. Klopflaute,
2. Reibungslaute,
3. Fluglaute,
4. Exspirationslaute oder die eigentliche Stimme.

Die Klopflaute werden erzeugt durch Aufschlagen eines festen Körpertheiles des Insektes auf einen harten Gegenstand.

Hierher gehört das Klopfen der Todtenuhr, Anobium pertinax L. Dieser kleine Käfer, welcher in altem Holze Gänge frisst, erzeugt ein tickendes Geräusch durch Aufschlagen mit den Vorderkiefern auf die Wandung des Ganges.

Die Reibungslaute werden dadurch hervorgebracht, dass zwei harte Theile des Chitinpanzers gegen einander gerieben werden. Hierher gehören z. B. die Töne, welche von den Männchen der Feldheuschrecken durch schnelle Reibung der Schenkel gegen die Flügeldecken erzeugt werden.

Diese Art der Tonerzeugung ist eine sehr verbreitete. Sie ist bei den einzelnen Insektenformen stets an bestimmte Körpertheile gebunden, welche durch kleine Rauhigkeiten an ihrer Oberfläche dieser Function angepasst sind. Häufig sind mit den tonerzeugenden Apparaten auch noch tonverstärkende Resonanzapparate verbunden.

Wir erwähnen beispielsweise noch folgende Fälle. Die Männchen der Grabheuschrecken — Grille und Werre — und der Laubheuschrecken haben an der Basis ihrer Flügeldecken feingezähnte Flügeladern, Schrillleisten, welche gegen einander gerieben werden, wobei die mitschwingenden Flügeldecken den Ton verstärken. Die Männchen der Feldheuschrecken geigen mit einer gezähnten „Schrillleiste" an der Innenseite der Oberschenkel ihrer Hinterbeine über die Adern der Flügeldecken. Die Todtengräberkäfer erzeugen ein Geräusch, indem sie zwei geriefte Längsleisten auf dem Rücken des fünften Hinterleibsringes gegen eine hinten an der Unterseite der Flügeldecken angebrachte Querleiste reiben. Die Bockkäfer erzeugen Töne durch Reibung des Hinterrandes des Vorderrückens auf einem unter ihm vorragenden, fein quergerieften Fortsatze des Mittelrückens. Der Todtenkopfschmetterling kann ein piependes Geräusch hervorbringen durch Reibung einer feingerieften Stelle seiner Lippentaster an der Basis des Saugrüssels.

Die Fluglaute. Bei vielen schnellfliegenden Insekten werden die Flügel so rasch bewegt, dass sie wie eine schwingende Metallzunge tönen.

Die Höhe des Tones wird durch die Anzahl der Flügelschwingungen bedingt. Diese Art des Summens ist besonders bei Fliegen und Bienen häufig. Es gibt aber auch viele Insekten, die einen völlig geräuschlosen Flug haben, z. B. die Tagfalter.

Die Höhe des Flugtones gestattet auf die Zahl der von den Flügeln in der Secunde gemachten Schwingungen zu schliessen. So bestimmt Landois den Flugton des Mooshummelweibchens auf a und den der Honigbiene auf a'. Demgemäss macht die erste 220, die zweite aber 440 Flügelschwingungen in der Secunde.

Die Exspirationslaute. Es kann aber von vielen Insekten noch in einer anderen Weise ein summendes Geräusch hervorgebracht werden, und zwar dann, wenn die feinen Membranen, welche als Stimmbänder (Fig. 39 Sb) den Tracheen an oder in der Nähe der Stigmen eingefügt

sind, beim Ausstossen der Athmungsluft aus den Tracheen durch den
an ihnen vorbeistreichenden Luftstrom angeblasen werden und in Schwin-
gung gerathen. Diese Lauterzeugung geschieht also wesentlich in derselben Weise, wie in dem menschlichen Kehlkopfe, d. h. nach dem
Princip der Zungenpfeife, und kann daher als die eigentliche Stimme
der Insekten bezeichnet werden. In diese Abtheilung gehört das Summen
der Maikäfer.

Die Stimmlaute der Insekten können neben dem Flugtone oder
allein vorkommen. Auch braucht nicht bei jeder Exspirationsbewegung
ein Stimmlaut zu entstehen, sondern es hängt seine Erzeugung, wie
die Lautäusserungen der Menschen, vom Willen ab. Die stärksten
Stimmapparate sind an den Thoraxstigmen vorhanden. Als weitere
Beispiele dieser Art der Lauterzeugung erscheinen das Brummen
der Fliegen, das Singen der Stechmücken und das Summen der
Bienen, welche Thiere sämmtlich übrigens auch einen Flügelton haben.
Ueber die Art der Erzeugung des schon im Alterthume berühmten
Gesanges der Cicaden sind die Acten noch nicht geschlossen.
Ausser durch die vorbenannten Hauptarten werden übrigens bei ein-
zelnen Insektenformen wahrscheinlich auch noch in anderer Weise
Töne erzeugt.

Das Nervensystem.

Am Nervensystem der Insekten kann man drei Abschnitte unterscheiden, das Centralorgan, die peripherischen Nerven und die
Eingeweidenerven.

Das Centralorgan des Nervensystems (Fig. 42) besteht aus einem
der Oberseite des Schlundes quer auflagernden, starken Nervenknoten,
dem Gehirn oder oberen Schlundganglion (o *Sg*), welcher durch zwei
seitlich an dem Schlunde herumlaufende Nervenstränge mit einem, an der
Unterseite des Schlundes gelegenen zweiten Nervenknoten, dem unteren
Schlundganglion oder Mundganglion (u *Sg*) zu einem Schlund-
ringe verbunden ist. An das untere Schlundganglion reiht sich eine
grössere Anzahl von Nervenknoten, bei typischer Anordnung mit jenem
und unter einander durch einen meist scheinbar einfachen Längsstamm
zu einer Ganglienkette verbunden, welche die Mittellinie der Bauchseite
einnimmt und daher als Bauchmark (*B M*) bezeichnet wird. Diese
Organe entsprechen in ihrer Gesammtheit dem Centralnervensystem der
Wirbelthiere. Oberes und unteres Schlundganglion zusammen entsprechen
ihrer Leistung nach ungefähr dem Gehirn der Wirbelthiere, das Bauchmark dagegen deren Rückenmarke.

Eine genauere Betrachtung zeigt uns aber, dass jeder Nervenknoten aus einem, durch eine Querbrücke verbundenen Ganglienpaare besteht, welches mit den übrigen Ganglienpaaren durch zwei Längsstämme in Verbindung tritt, so dass das gesammte Gebilde also strickleiterförmig (Fig. 43) gebaut ist, eine Anordnung, die nur darum

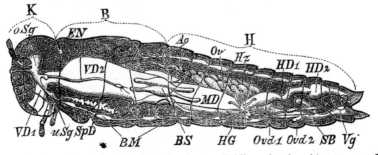

Fig. 42. Schematischer Längsschnitt durch eine Feldheuschrecke; hier nur zur Erläuterung der Lagerung des Centralnervensystems eingefügt. *o Sg* oberes Schlundganglion, *u Sg* unteres Schlundganglion, *B M* Bauchmark, *E N* paariger Eingeweidenerv. (Die übrigen Bezeichnungen vergleiche bei Fig. 29 auf S. 47.)

weniger zur Geltung kommt, weil oft die Brücken ungemein kurz sind und die beiden Längsstämme sehr nahe aneinander rücken.

In den typischen Fällen, z. B. bei manchen Geradflüglern, sind im Ganzen 12 bis 13 Ganglienpaare vorhanden, von denen die beiden ersten, oberes und unteres Schlundganglion, dem Kopfe, die drei

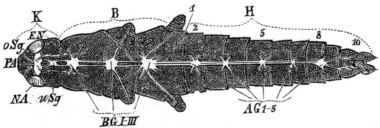

Fig. 43. Schematische Darstellung der Lagerung des Centralnervensystems einer Feldheuschrecke, von oben gesehen. *o Sg* oberes Schlundganglion, *u Sg* unteres Schlundganglion, *B G I—III* die drei Brustganglien, *A G 1—5* die fünf Hinterleibsganglien. (Die übrigen Bezeichnungen vergl. bei Fig. 30 auf S. 48.)

folgenden, meist stark ausgebildeten, der Brust und die letzten sieben bis acht Paare dem Hinterleib angehören. Bei anderen Insekten sind nun einige dieser Ganglienpaare so zusammengerückt, dass sie nur eine einzige Masse bilden; hierdurch erscheint die Anzahl der Knoten des Bauchmarkes reducirt (Fig. 44). Am häufigsten verschmelzen mit einander die beiden hinteren Brustganglien, welche die flügeltragenden Segmente versorgen, z. B. bei fast allen Schmetterlingen. Auch die 2 bis 4 letzten Hinterleibsganglien vereinigen sich oft zu einem Knoten. In anderen Fällen sind einige der ersten Hinterleibsganglien mit den Brustknoten verschmolzen; in noch anderen verbinden sich

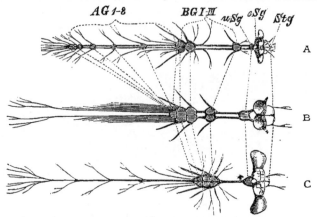

Fig. 44. Centralnervensystem A von der Waldameise, Formica rufa L., B vom Maikäfer, Melolontha vulgaris L., C von der Schmeissfliege, Sarcophaga carnaria L., nach Ed. Brandt. *Stg* das zum Eingeweidenervensystem gehörige Stirnganglion, *o Sg* oberes Schlundganglion, *u Sg* unteres Schlundganglion, *B G* Brustganglien, *A G* Hinterleibsganglien. Die Art und Weise der Verschmelzung der einzelnen Ganglien wird durch die punktirten Linien angedeutet.

alle drei Brustganglien zu einem einzigen Knoten. Die stärkste Concentration des Bauchmarkes tritt aber ein, wenn alle Brust- und Hinterleibsringe zu einer einzigen im Thorax gelegenen Masse verschmelzen, wie z. B. bei vielen Wanzen und Fliegen (Fig. 44 C).

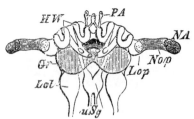

Fig. 45. Gehirn der Ameise nach Leydig und Graber. *G r* Hauptlappen des Gehirnes, *Lop* Sehlappen, lobus opticus, *L o l* Riechlappen, lobus olfactorius, der den Fühlernerven abgiebt, *Nop* Sehnerv, nervus opticus, zu den Netzaugen gehend, *P A* Punktaugen mit deren Nerven, *H W* Hirnwindungen, *u Sg* unteres Schlundganglion.

Das Gehirn oder obere Schlundganglion ist der Sitz der vielfach so hoch entwickelten — Bienen, Ameisen — psychischen Functionen der Insekten. Von ihm entspringen die Fühler- und Augennerven, desgleichen ein Theil des Eingeweidenervensystems (vergl. S. 69). Es ist derjenige Nervenknoten, welcher seine paarige Zusammensetzung stets deutlich erkennen lässt. Seine Ausbildung ist eine wechselnde, je nach dem Grade der geistigen Entwicklung des betreffenden Thieres; so beträgt das Volumen des Gehirnes eines Maikäfers nach Dujardin nur ungefähr $1/3000$ des Körpervolumens, während es bei der Biene $1/200$ desselben erreicht. Desgleichen sind bei geistig entwickelteren Thieren, die häufig als hufeisen- oder pilzhutförmige Körper bezeichneten Gehirnwindungen (Fig. 45 *H W*) stärker entwickelt als bei anderen. Die Stellen, von denen die Nerven für die Fühler (Fig. 45 *L o l*) und Netzaugen (Fig. 45 *L o p*) abgeben, gliedern sich als besondere Lappen von dem primären Hirnlappen (Fig. 45 *G r*) ab.

Das untere Schlundganglion oder Mundganglion (Fig. 45 *u S g*), welches mit dem oberen durch die den Schlundring bildenden, sehr verschieden langen, die Nerven für die Oberlippe abgebenden Commissuren verbunden ist, bleibt in den überwiegenden Fällen selbstständig Nur bei einigen Käfern und Wanzen verschmilzt es mit dem Brustknoten. Es sendet Nervenfäden zu den Mundwerkzeugen. Es entspricht ursprünglich wohl drei, bereits während des Larvenlebens verschmolzenen Ganglienpaaren. In manchen Fällen ist die Anzahl der Abdominalganglien bei ♂ und ♀ verschieden, so bei Pulex, wo das ♂ acht, das ♂ sieben hat.

Das peripherische Nervensystem, welches von den Brust- und Hinterleibsganglien ausgeht, und sich im ganzen Körper verbreitet, enthält sowohl Bewegungs- als Empfindungsfasern.

Die Stärke der Nervenstämme entspricht sowohl der Stärke der sie entsendenden Knoten als auch der Grösse und Stärke der von ihnen versorgten Theile. So sind die von den Brustknoten ausgehenden, Flügel- und Beinmuskulatur versorgenden Nerven immer recht stark. Die Anzahl der von einer Nervenmasse abgehenden Nervenstämme hängt auch theilweise zusammen mit der Anzahl der Ganglienpaare, welche zu diesem Knoten zusammentreten Ist z B. der letzte Knoten des Bauchmarkes aus vielen Ganglien zusammengesetzt, so entsendet er ein ganzes Büschel Nerven in den hinteren Theil des Abdomen (Fig. 44 *B*).

Das Eingeweidenervensystem besteht aus einem mit zwei Wurzeln von dem Gehirn entspringenden, unpaaren, ein kleines Stirnganglion bildenden (Fig. 44 *St g*) Eingeweidenerven und einem ebendaselbst wurzelnden, paarigen (Fig. 42 *E N*), welcher, unter Bildung von kleinen Ganglien, Schlund und Magen mit die Schluckbewegungen regulirenden Nerven versorgt. Von dem Bauchmarke geht ferner ein System blasser Fasern ah, welche, gleichfalls nach vorheriger Anschwellung zu kleinen Ganglien, die Tracheenstämme mit Nerven versehen (Fig. 46).

Fig. 46. Zwei Ganglienpaare des Bauchmarkes der Laubheuschrecke, Locusta viridissima L. nach LEYDIG. *G* Ganglion, *N* peripherische Nerven, *NS* Athmungsnerv, nervus sympathicus.

Die Sinnesorgane.

Die biologische Beobachtung lehrt, dass im allgemeinen die Insekten derselben Sinneswahrnehmungen fähig sind, wie der Mensch. Es ist aber noch nicht in allen Fällen gelungen, mit Sicherheit nachzuweisen, welche Organe die einzelnen Sinneswahrnehmungen vermitteln.

Zugleich ist es aber sehr wahrscheinlich, dass der Umfang ihrer einzelnen Sinneseindrücke nicht immer der gleiche ist, wie bei uns. So scheinen die Untersuchungen von LUBBOCK zu beweisen, dass Ameisen die unserem Auge unsichtbaren ultravioletten Strahlen des Spectrums wahrnehmen, während sie gegen die von unserem Ohre

als Töne empfundenen Schallschwingungen, also diejenigen, deren
Schwingungszahl bis 36 000 geht, völlig unempfindlich sind. Diese
Thatsache schliesst aber keineswegs aus, dass sie vielleicht Schwingungen von höherer Schwingungszahl, die wiederum wir nicht wahrnehmen können, als Töne empfinden.

Tastorgane sind einerseits wohl über die ganze Körperoberfläche
der Insekten verstreut, andererseits finden sich dieselben besonders zahlreich an den Fühlern, Tastern und Fussgliedern, ebenso wie sie bei uns
besonders an den Fingerspitzen, den Lippen, und der Zunge, ausgebildet sind.

Sie ermöglichen die Wahrnehmung der Druck- und Temperatur-
empfindungen; sie stellen entweder dünne Hautabschnitte dar, zu
denen reichliche Nervenendigungen treten, oder freistehende Chitinhaare

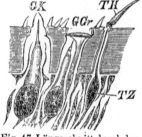

(Fig. 47 *T H*) oder Stäbchen, welche von
je einer Nervenfaser versorgt werden.

Geruchsorgane. Als solche werden jetzt
meist besondere an den Fühlern gelegene
nervöse Endapparate angenommen.

Dass die Insekten sehr wohl im Stande
sind, Geruchswahrnehmungen zu machen, ist
eine durch biologische Beobachtungen festge-
stellte Thatsache. Besonders beweisend ist
der Umstand, dass die aasfressenden und auf
Aas als Ablagestätte ihrer Eier angewiesenen
Insekten solches auch dann rasch aufzufinden
vermögen, wenn es sehr versteckt liegt, sowie
die Beobachtung, dass häufig begattungslustige
Schmetterlingsmännchen ihren übrigen Sinnen

Fig. 47. Längsschnitt durch den
Fühler einer Wespe nach HAU-
SER. *G K* Geruchskegel, *G Gr*
Geruchsgrube, *G Z* Geruchs-
zellen mit riesig vergrössertem
Kern, *T H* Tasthaar, *T Z* Tast-
zelle.

völlig entzogene brünstige Weibchen, z. B. in Zuchtschachteln eingeschlossene, auszukundschaften vermögen. Weniger sicher ermittelt ist dagegen die Lage der diese Geruchswahrnehmungen vermittelnden Nervenendigungen. Indessen sprechen auch die neueren experimentellen Untersuchungen von HAUSER lebhaft für die ältere Ansicht, dass wenigstens
in vielen Fällen der Sitz des Geruchsvermögens in den Fühlern liegt.
Viele Insekten, welche gegen stark riechende, aber nicht ätzende
Substanzen bei intacten Fühlern stark reagirten, blieben gegen dieselben unempfindlich, wenn die Fühler abgeschnitten oder mit Paraffin
überzogen wurden.

HAUSER nimmt als Geruchsempfindungen vermittelnde Organe die an
den Fühlern der meisten Insektenordnungen verbreiteten zapfen- oder stäbchen-
förmigen Gebilde an, welche meist einer riesigen mit 10—14 Kernkörperchen versehenen Zelle aufsitzen, an die eine Nervenfaser tritt (Fig 47). Diese Riechstäbchen
sind entweder in vertiefte Gruben der Fühleroberfläche eingesenkt oder ragen
über diese hervor, umgeben von einem glockenförmigen, oben geöffneten „Geruchs-

kegel". Gruben und Kegel können an ein und demselben Fühler vorkommen. Die Gruben sind häufig zahlreich, so hat z. B. der männliche Maikäfer deren ungefähr 39 000 an jedem Fühler.

Der Versuch, Nervenendigungen, welche bei der Biene sich an der Stelle finden, wo die Innenfläche der Oberlippe in das Dach der Mundhöhle übergeht, als Geruchsorgane zu deuten, scheint misslungen.

Geschmacksorgane sind mit Sicherheit bei den Insekten noch nicht nachgewiesen worden.

Dagegen ist sehr sicher, dass sie sehr wohl Geschmackswahrnehmungen zu machen im Stande sind. Dies beweist schon die Thatsache, dass viele sich auf ein einziges Nahrungsmittel beschränken und alle anderen verschmähen. Aus Wahrscheinlichkeitsgründen hat man mehrfach versucht, in der Mundhöhle gelegene Nervenendigungen als Geschmacksorgane anzunehmen.

Gehörorgane. Die neueren Untersuchungen haben experimentell erwiesen, dass zwar einige Insekten gegen Töne fast unempfindlich, andere aber sehr wohl Gehörwahrnehmungen zu machen im Stande sind. Geschlossen wurde dies schon lange aus dem Umstande, dass viele Insekten Töne erzeugen, und daher die Wahrscheinlichkeit, dass sie solche auch wahrnehmen können, eine sehr grosse ist.

Als Gehörorgane betrachtet man schon länger trommelfellartige Einrichtungen, welche sich bei den Feldheuschrecken an den Seiten des ersten Hinterleibsringes und bei den Laubheuschrecken und Grillen an den Schienen der Vorderbeine vorfinden. Diese sind, wie man experimentell nachgewiesen hat, wohl geeignet, durch Schallwellen in Schwingungen versetzt zu werden und diese auf hinter ihnen angebrachte Nervenendigungen zu übertragen. Diese schlauchförmigen Nervenendigungen sind nach GRABER stets ausgezeichnet durch in ihnen gelegene „Nervenstifte", sowie durch mit diesen in Verbindung tretende saitenähnliche Fasern. Neuerdings sind nun bei Vertretern aller Insektenordnungen Nervenendigungen nachgewiesen worden, welche, ohne mit Trommelfellen in Verbindung zu stehen, denselben Bau zeigen, wie die den Trommelfellen der Geradflügler beigesellten, und man nimmt jetzt mit vollem Rechte an, dass sie gleichfalls Tonempfindungen zu vermitteln im Stande sind. Die Schallwellen werden auf diese Organe in derselben Weise durch Vermittelung der äusseren Körperbedeckungen, der Weichtheile und der Blutflüssigkeit übertragen, wie dies z. B. bei den Fischen geschieht, welche gleichfalls äusserer Schallzuleitungsapparate zu dem inneren Ohre entbehren. Solche Gehörorgane ohne Trommelfell findet man bei den Imagines nur an Leibesanhängen, und zwar am häufigsten an den Beinen und an den Flügeln.

Am einfachsten sind die Einrichtungen bei den Feldheuschrecken. Hier liegen die Trommelfelle an den Seiten des ersten Hinterleibsringes. An drei kleine chitinige Vorsprünge an der Innenseite der Trommelfellmembran setzen sich Nervenendigungen an, welche von einem Nervenknoten ausstrahlen, der selbst wieder durch den Gehörnerv mit dem Hinterbrust-Nervenknoten in Verbindung steht. Eine hinter dem Trommelfell gelegene grosse luftgefüllte Tracheenblase dient als Resonanzapparat.

Bei vielen Laubheuschrecken und Grillen finden wir die Trommelfelle unter dem Knie, an den Schienen der Vorderbeine und zwar an jedem Beine meist zwei an den entgegengesetzten Seiten einander gegenüberliegende (Fig. 48 und 49). Zwischen ihnen schwillt die das Bein versorgende Trachee zu einer grösseren Blase an, auf der die von dem als Gehörnerv fungirenden Beinnerven versorgten End-apparate in Form einer Längserhebung aufsitzen. Ausserdem findet sich etwas oberhalb des Trommelfelles, supratympanal, ein Büschel direct der Haut an-sitzender Nervenendigungen. Hier ist also der Nervenapparat nicht direct mit den Trommelfellen verbunden, sondern die Schallwellen werden von letzteren erst auf die eingeschobene Blutflüssigkeit übertragen. Bei anderen Formen fehlen nun sowohl die Trommelfelle, als auch die der Trachee anliegenden Nervenendigungen, und es bleibt nur ein Analogon des supratympanalen Gehörorganes zurück In den Flügeln sind sowohl kleine durchbohrte plattenartige Erweiterungen der Adern unter der Einlenkungsstelle der Flügel, als auch einzelne Adern selbst Träger der betreffenden Nervenendigungen.

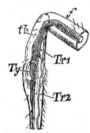

Fig. 48. Vorderbein einer Laubheu-schrecke, Meco-nema, mit unbe-decktem Trommel-fell. *f* Schenkel, *tb* Schiene, *Ty* Trom-melfell, *Tr* die bei-den erweiterten Tracheen. Nach GRABER.

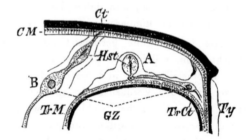

Fig. 49. Schematischer Querschnitt durch die Schiene einer Feldheuschrecke in der Höhe des Trommelfelles. *Ct* Cuticula, *CM* Matrix der Cuticula, *Ty* Trommelfell mit verdünnter Cuticula, *A* mit dem Trommelfell in Verbin-dung stehendes Gehörorgan. *B* supratympanales Gehörorgan. *GZ* die zu demselben gehörigen Ganglienzellen, *Hst* die mit den Ganglien-zellen verbundenen Hörstifte. Nach GRABER.

Die Gesichtsorgane der Insekten liegen stets am Kopfe und empfangen ihre Nerven vom Gehirn. Man unterscheidet zwei Arten, die einfachen Augen, Punktaugen oder Ocellen, und die zusammengesetzten Netzaugen oder Facettenaugen.

Die einfachen Augen liegen auf der Mitte des Scheitels. Ihre Anzahl wechselt von 1 bis 3. Sie stellen glänzende, durchsichtige Ver-wölbungen der Cuticula dar (Fig. 50 *a*). Punktaugen kommen bei allen Insektenordnungen vor, bei den meisten fast regelmässig, bei den Käfern aber nur ausnahmsweise. Bei den Schmetterlingen sind sie, wenn sie überhaupt vorkommen, durch das Schuppenkleid des Kopfes verdeckt.

Die durchsichtigen, gewölbten Stellen der Cuticula bilden eine Linse (Fig. 51 *L*), hinter dieser liegt eine gleichfalls durchsichtige, aus der Hypodermis entstandene Zellenlage (*G k*), welche als Glaskörper dient, auf sie folgt nach innen die lichtempfindliche Netzhaut. Die Netzhautzellen (Fig. 51 *R*) bestehen an ihrem den Glaskörperzellen zugewandten Ende aus Stäbchen (Fig. 51 *S t*), welche die eigentliche Lichtwahrnehmung vermitteln, und gehen an dem anderen in die Fasern des Gesichtsnerven (*N*) über. Durch die Linse wird auf der Netzhaut ein umgekehrtes und verkleinertes Bild der Aussenwelt entworfen. Die Punktaugen wirken also ähnlich wie unsere Augen.

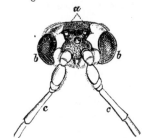

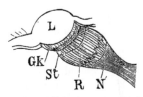

Fig. 50. Kopf einer echten Schlupfwespe von oben. *a* Punktaugen, *b* Netzaugen, *c* Fühler.

Fig. 51. Längsschnitt durch ein Punktauge von Musca vomitoria L. nach GRENACHER. *L* Linse, *G k* Glaskörper, *S t* Stäbchen, *R* Retinazellen, *N* Sehnervenfasern.

Die Netzaugen sind in einem Paar an den Seiten des Kopfes vorhanden, an welchem sie jederseits einen mehr weniger gewölbten Vorsprung bilden. Ihre Oberfläche zerfällt in eine grössere oder kleinere Anzahl von meist sechseckigen Feldern oder Facetten (Fig. 52), so dass sie ein genetztes Aussehen erhalten. Da jede solche Facette mit dem unter ihr gelegenen und zu ihr gehörigen Nervenapparate einem einfachen Auge morphologisch gleichwerthig ist, so kann man die Netzaugen mit Recht auch als zusammengesetzte Augen bezeichnen.

Die Grösse der Netzaugen ist sehr verschieden; während sie bei den meisten Insekten nur einen Theil der Seitenflächen des Kopfes einnehmen, und daher durch die Stirn getrennt werden, stossen sie bei anderen, z. B. bei den Drohnen der Honigbiene, in der Mitte zusammen, und bei den Männchen einer Mückengattung, Bibio, nehmen sie die gesammte freie Kopffläche ein (Fig. 54). Die Anzahl der sie zusammensetzenden Facetten kann von einigen 20 bis zu vielen Tausenden wechseln. So hat z. B. Pselaphus, ein kleiner Käfer, 20, die Ameise 50, die Stubenfliege 4000, der Weidenbohrer 11 000, eine Wasserjungfer 12 000, der Schwalbenschwanz 17 000, und ein anderer kleiner Käfer, Mordella, 25 000 Facetten in jedem Auge.

Fig.52.Theil der Oberfläche eines Netzauges mit den sechseckigen Facetten.

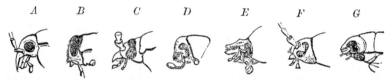

Fig. 53. Augenformen von Käfern. *A* Calosoma: rundes Auge, *B* Chrysobothrys: ovales Auge, *C* Prionus: nierenförmiges Auge, *D* Polygraphus: von der Fühlergrube eingeschnittenes Auge, *E* Geotrypes: von einer Leiste des Kopfschildes eingeschnittenes Auge, *F* Tetropium: Augen zweigetheilt, aber durch eine keine Facetten tragende Leiste verbunden, *G* Gyrinus: Augen zweigetheilt, jederseits ein oberes und ein unteres Auge bildend. Die Grössenverhältnisse der Köpfe unter einander blieben unbeachtet.

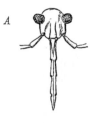

Fig. 54. Köpfe verschiedener Insekten, um die verschiedene Ausdehnung und Vorragung der Augen zu zeigen. *A* von der Feuerwanze, Pyrrhocoris, *B* von der Arbeitsbiene, *C* von der Drohne, *D* von einer männlichen Mücke, Bibio.

Die Form der Netzaugen ist meist rund, wird aber häufig länglich und bei vielen Käfern vorn nierenförmig eingebuchtet. In dieser nierenförmigen Einbuchtung der Augen lenken sich auch häufig die Fühler ein, und es kann der Einschnitt so tief werden, dass die obere und untere Augenhälfte sich nur in einem Punkte berühren, z. B. bei einem Borkenkäfer, Polygraphus, und bei einem Bockkäfer, Tetropium, andererseits werden die Augen mitunter auch durch den Rand des Kopfes in eine obere und untere Hälfte getheilt, z. B. bei den gewöhnlichen Grabkäfern, Geotrypes, und den Taumelkäfern, Gyrinus, unserer stehenden Gewässer. Hier erscheint die Sonderung der Augen in ein oberes und ein unteres Paar vollendet.

Auf der Grenze der einzelnen Facetten stehen häufig Chitinhaare.

Jedes zusammengesetzte Auge entspricht so viel Einzelaugen als es Facetten zeigt, und jedes Einzelauge ist eine Pyramide, deren Basis von der Facettenfläche gebildet wird. Ihrem inneren Baue nach sind aber die Einzelaugen des Netzauges in gewisser Beziehung einfacher als die Ocellen, und sie vermitteln daher nicht jedes für sich, sondern erst bei Zusammenwirkung mehrerer einen Gesichtseindruck, der aus so viel Theilbildchen besteht als Einzelaugen in Thätigkeit treten. Der durch ein Netzauge hervorgebrachte Gesichtseindruck gleicht daher einem aus einzelnen Stücken zusammengesetzten Mosaik und ist zugleich ein verkleinertes und gekrümmtes, aber aufrecht stehendes Bild des Gegenstandes. Am leichtesten ergibt sich das Verständniss dieser Verhältnisse bei Betrachtung von Fig. 55. Auf dem hier dargestellten sechzehn Einzelaugen treffenden schematischen Längsschnitte durch ein Netzauge erkennen wir zunächst die durchsichtige in Einzelfacetten getheilte Hornhaut *G*, welche einerseits in eine das Auge nach hinten abschliessende Chitinkapsel *G'*, andererseits in die allgemeine äussere Cuticula des Kopfes (*G''*) übergeht. Unter ihr liegen in jedem Auge die als Glaskörper dienenden, gewöhnlich aus mehreren Zellen gebildeten Krystallkegel (*H*), an welche sich die hier nach unten verdickten Netzhautelemente oder Retinulae (*K*) anschliessen. Die eigentlich die Lichtwahrnehmung vermittelnden Gebilde sind die in dem verdickten Theile der Retinulae gelegenen stäbchenartigen Rhabdome. Die Retinulae verbinden sich schliesslich mit den Fasern des Sehnerven *L* Die Pyramide jedes Einzelauges ist von den übrigen durch eine für das Licht völlig undurchlässige Pigmentschicht *J* abgeschlossen.

Diese Pigmentscheide ist ferner so angeordnet, dass lediglich die in die Längsachse der Pyramide fallenden Strahlen bis zu den lichtempfindlichen Elementen durchdringen können. So gelangt z. B. von allen von der Spitze *A* des Pfeiles *A F* auf das Netzauge fallenden Strahlen, also von allen zwischen a^I und a^V vorhandenen, nur der durch die Linie *a* dargestellte Strahl bis zum Punkte A^I, während alle anderen Strahlen, z. B. a^{II} bis a^{IV}, von Pigmentscheiden aufgefangen werden. Dasselbe gilt von den von den Punkten *B – F* des Pfeiles ausgehenden Strahlen, so dass also lediglich die Strahlen *a, b, c, d, e* und *f* bis zu den lichtempfindlichen Nervenendigungen der Einzelaugen 6 – 11 gelangen und hier ein aus sechs Einzeleindrücken zusammengesetztes, verkleinertes, gekrümmtes, aber aufrecht stehendes Bild ($A^I F^I$) des Pfeiles erzeugen. Diese Einrichtung der zusammengesetzten Augen ist bios den Arthropoden eigenthümlich.

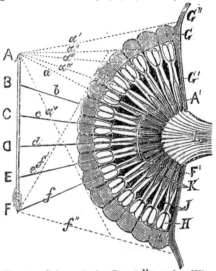

Bei einigen Gruppen niederer Insekten, z. B. bei den Springschwänzen, **Poduridae,** kann jedes Netzauge durch eine Gruppe von vier bis acht Ocellen ersetzt sein, und bei den Flöhen tritt sogar nur je ein einfaches Auge an seine Stelle.

Grössere Gruppen völlig blinder Insekten gibt es nicht, dagegen verkümmern bei im Dunkeln lebenden Höhleninsekten

Fig. 55. Schematische Darstellung der Wirkungsweise eines Netzauges. Die Erklärung der Buchstaben ist im Texte gegeben.

die Augen häufig und gehen bei einzelnen Gattungen und Arten völlig verloren.

Die Fortpflanzungsorgane.

Dieselben bestehen sowohl beim Weibchen als beim Männchen aus einem Paar Geschlechtsdrüsen, deren beiden Ausführungsgängen, welche zu einem mittleren, in der Geschlechtsöffnung mündenden, und an seinem unteren Theile in ein Begattungsorgan umgewandelten unpaaren Ausführungsgange verschmelzen, sowie aus drüsigen Anhangsgebilden.

Nur bei vielen Eintagsfliegen fehlt ein unpaarer Ausführungsgang, so dass bei beiden Geschlechtern je zwei getrennte Geschlechtsöffnungen vorkommen, während im Gegentheil bei einigen Staphyliniden, z. B. bei Dianous coerulescens GYLL. nur ein unpaarer Eileiter vorhanden, an dem sich rechts und links Eiröhren ansetzen.

Die weiblichen Fortpflanzungsorgane. Die Geschlechtsdrüsen des Weibchens (Fig. 56) heissen Eierstöcke, ovaria, ihre paarigen Ausführungsgänge Eileiter, oviductus, der untere Theil des unpaaren Eierganges Scheide, vagina. Von dieser Scheide gliedert sich häufig als besonderer Theil die Begattungstasche, bursa copulatrix, ab, welche zur Aufnahme der Ruthe des Männchens bei der Begattung dient. Von Anhangsgebilden sind vorhanden die Samentasche, receptaculum seminis, die häufig selbst noch Anhangsdrüsen hat, und die Kittdrüsen, glandulae sebaceae.

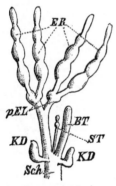 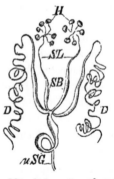

Fig. 56. Weibliche Geschlechtsorgane eines Borkenkäfers, Scolytus, nach LINDEMANN. *ER* Eiröhren des Eierstockes, *pEL* paariger Eileiter, *ST* Samentasche, *BT* Begattungstasche, *KD* Kittdrüsen, *Sch* Scheide.

Fig. 57. Männliche Geschlechtsorgane eines Maikäfers nach GEGENBAUR. *H* die aus je sechs Theilen bestehenden Hoden, *SL* Samenleiter, *SB* Samenblase, *D* Anhangsdrüsen, *uSG* unpaarer Samengang.

Die Eierstöcke sind die Bildungsstätte der Eier sammt der Eischale. Jeder Eierstock besteht aus einer grösseren oder geringeren Anzahl von Eiröhren, welche kurz vor der Stelle, wo sie dem Eileiter ansitzen, am stärksten sind, und nach der Spitze hin sich verjüngen. Hier gehen sie in einen feinen, zu ihrer Befestigung im Anfange des Hinterleibes dienenden Faden über. In diesen Eiröhren entstehen die Eier in linearer Aneinanderreihung, so dass das dem Eileiter zunächst gelegene das reifste und grösste, das am weitesten nach der Spitze zu gelegene das jüngste und kleinste ist. Da die Wandungen der Eiröhren sich den

Eiern dicht anschmiegen, so werden sie durch diese zu nach der Spitze verjüngteu, perlschnurähnlichen Gebilden aufgetrieben.

Jede Eiröhre (Fig. 58) besteht aus einer bindegewebigen, häufig mit Muskelfäden bekleideten Membran, welche einen aus Zellen bestehenden Inhalt umschliesst. Am blinden Ende sind diese häufig schwer von einander unterscheidbaren Zellen sämmtlich gleich gebildet, bald aber sondert sich ein die Innenwand der Eiröhre auskleidendes, einschichtiges Epithel von den central gelegenen stark wachsenden Eizellen, welche von den Epithelzellen derartig eingeschlossen werden, dass jede Eizelle in ein besonderes Fach zu liegen kommt. Die Epithelzellen geben einmal Nährstoffe an die Eizelle ab, sondern aber ausserdem noch an ihrer, der Eizelle zugewendeten Fläche eine Cuticula ab, welche nun das Ei als Eischale umgibt Im reifen Ei ist der Kern der Eizelle nicht mehr erkennbar.

Dieses ist der einfachste Fall. Es kommt aber häufig vor, dass die Epithelzellen lediglich die Function der Absonderung der Eischale haben, die Versorgung des Eies mit Nährstoffen dagegen von besonderen Zellgruppen besorgt wird, die dann zwischen die einzelnen Eier eingeschoben erscheinen. Diese Zellen heissen Ei-Nährzellen oder Dotterzellen. Sind dieselben in besonderen Fächern zwischen die Eifächer eingeschoben, so spricht man von Ei- und Dotterfächern.

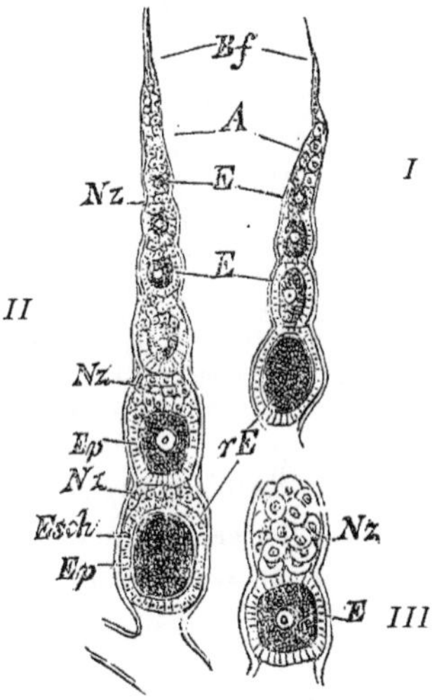

Die Gestalt des Eierstockes hängt ab von der Zahl und Länge der Eiröhren, welch letztere selbst wieder von der Zahl der in ihnen entstehenden Eier bedingt wird, sowie von der Art und Weise, wie die Eiröhren sich dem Eileiter anfügen.

Insekten, welche nur wenig Eier auf einmal erzeugen, haben wenige und kurze Eiröhren (Fig. 56), während bei starker Eiproduction entweder wenige sehr lange (Fig. 59), oder viele kurze Eiröhren

Fig. 58. Halbschematische Darstellung des Baues der Eiröhren. *I* Eiröhre ohne Einährzellen, *II* Eiröhre mit Einährzellen, *III* Stück einer Eiröhre mit gesondertem Ei- und Dotterzellenfache. *Bf* Befestigungsfaden, *A* Ende der Eiröhre mit noch nicht differenzirten Zellen, *E* Eizellen, *Nz* Nährzellen, *Ep* Eiröhrenepithel, *Esch* Eischale, *rE* reife Eier.

(Fig. 61) vorhanden sind. Die Eiröhren setzen sich entweder der Spitze des dann mässig starken Eileiters als ein mehr minder starkes Büschel an (Fig. 56, 59), oder aber sie inseriren sich dem alsdann meist stark aufgetriebenen als Eikelch bezeichneten Eileiter in einer (Fig. 60) oder zwei Längszonen oder allseitig (Fig. 61). Das Ende des Eileiters kann dann sogar über die Spitze der Eiröhren hervorragen.

Jederseits scheinbar nur eine, in Wirklichkeit aber zwei, durch einen festen Muskelüberzug verbundene, nur zwei Eikeime enthaltende Eiröhren haben die Lausfliegen, Pupipara, z. B. Lipoptena cervi L., die Hirschlausfliege. Zwei getrennte Eiröhren jederseits kommen den Borkenkäfern (Fig. 56) und den echten Rüsselkäfern zu; vier sehr lange in jedem Eierstocke (Fig. 59) sind allen Schmetterlingen eigenthümlich, zehn bis zwanzig den Feldheuschrecken und vielen Käfern.

In jedem Eierstocke der Bienenkönigin sind 100 bis 200 starke Eiröhren mit circa je einem Dutzend Eiern, während die verkümmerten Weibchen jederseits meist nur fünf bis sechs Eiröhren haben, und die Oelkäfer, Meloë, haben jederseits einige hundert ganz kurze (Fig. 61).

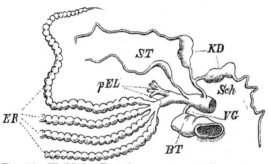

Dem Ende der Eileiter sitzen die Eiröhren an bei den meisten Käfern (Fig. 56 und 60) und den Schmetterlingen (Fig. 59). Einreihig oder zweireihig der Länge des aufgetriebenen Eileiters inserirt sind sie z. B. bei den Feldheuschrecken (Fig. 42 auf S. 67) und manchen Käfern, allseitig umgeben sie den sackartigen Eikelch bei den Oelkäfern (Fig. 61) und den Leuchtkäfern.

Fig. 59. Weibliche Fortpflanzungsorgane des grossen Kiefernspinners, Bombyx pini L, nach Suckow. *ER* die vier Eiröhren des einen Eierstockes, der andere Eierstock ist abgeschnitten, *pEL* paarige Eileiter, *ST* Samentasche mit Anhangsdrüse, *KD* Kittdrüsen, *Sch* Scheide, *BT* Begattungstasche, *VG* Verbindungsgang zwischen Begattungstasche und Scheide.

Die Samentasche hängt durch einen engen Gang mit dem unpaaren Eileiter zusammen, und ist entweder ein blosser Sack (Fig. 61), oder mit einer einfachen (Fig. 59 und 60) oder getheilten Anhangs-

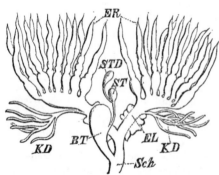
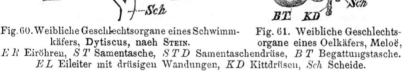

Fig. 60. Weibliche Geschlechtsorgane eines Schwimmkäfers, Dytiscus, nach Stein.

Fig. 61. Weibliche Geschlechtsorgane eines Oelkäfers, Meloë,

ER Eiröhren, *ST* Samentasche, *STD* Samentaschendrüse, *BT* Begattungstasche. *EL* Eileiter mit drüsigen Wandungen, *KD* Kittdrüsen, *Sch* Scheide.

drüse versehen. Mitunter ist sie auch in der Mehrzahl vorhanden, z. B. bei vielen Zweiflüglern. Sie fehlt manchen lebendig gebärenden Insektenformen, z. B. den Lausfliegen, bei welchen der Eileiter ihre Function übernimmt.

Die Scheide ist häufig in eine grosse Begattungstasche (Fig. 56 und 60), die mit ihr oft nur durch einen engen Gang verbunden ist

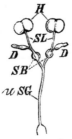

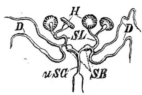

Fig. 62. Männliche Geschlechtsorgane eines Borkenkäfers, Tomicus typographus L.

Fig. 63. Männliche Geschlechtsorgane vom grossen braunen Rüsselkäfer, Hylobius abietis L.

H Hoden, *S L* paarige Samenleiter, *D* Schleimdrüsen, *S B* Samenblasen, *u S G* unpaarer Samengang.

(Fig. 61), ausgestülpt. Bei den Schmetterlingen münden Begattungstasche und Scheide getrennt unter einander. Es ist aber hier die Scheide, durch welche die Eiablage geschieht, mit der den Penis während der Begattung aufnehmenden Tasche durch einen Gang verbunden (Fig. 59). Bei manchen lebendig gebärenden Insekten, z. B. den Lausfliegen und vielen anderen Zweiflüglern, dient die Scheide als Fruchthälter, in welchem die Eier ihre Entwicklung durchmachen.

Die Kittdrüsen sind in der Einzahl (Fig. 61) oder Mehrzahl vorhanden, einfach sackförmig (Fig. 56), oder verästelt (Fig. 60).

Die männlichen Fortpflanzungsorgane. Die Geschlechtsdrüsen des Männchens (Fig. 57) heissen Hoden, testes s. testiculi, ihre Ausführungsgänge Samenleiter, vasa deferentia, der unpaare Samengang, ductus ejaculatorius, geht unten in die vorstülpbare Ruthe, penis, über; an ihm sind häufig Schleimdrüsen, glandulae mucosae, vorhanden.

Jeder Hoden besteht aus einer grösseren oder geringeren Anzahl von Samenschläuchen, welche in

Fig. 64. Der eine Hoden eines Schwimmkäfers, Dytiscus, nach Burmeister. *X* blindes Ende des einfachen Hodenschlauches *H*, *S L* Samenleiter, *S L*[1] aufgeknäuelter Theil desselben, der sogenannte Nebenhoden.

ihrer Anlage den Eiröhren entsprechen, aber gemäss dem geringeren Volumen der producirten Samenmasse relativ kleiner bleiben als jene. Die Gestalt der Hoden hängt ah von der Anzahl, der Länge und der Anordnung der Samenröhren.

Jeder Hodenschlauch besteht aus einer äusseren bindegewebigen Hülle mit zelligem Inhalte; letzterer differenzi t sich in ein einschichtiges, den Blindschlauch auskleidendes Epithel und eine Lage centraler Zellen. Letztere sind die Samenmutterzellen. Während nämlich die centralen Zellen der Eiröhren direct zu Eiern werden, und zwar häufig noch unter Aufnahme von Nährstoffen aus den Epithelzellen und Nährzellen, erzeugen die ihnen gleichwerthigen Samenmutterzellen durch Theilung Tochterzellen, und erst diese verwandeln sich in die eigentlichen Samenfäden.

Die Samenröhren sind entweder kurz und aufgetrieben, oval bis rundlich oder lang cylindrisch. Im ersteren Falle setzen sich die Samenröhren entweder büschel- oder traubenförmig direct dem Ende des Samenleiters an, z. B. beim braunen Rüsselkäfer (Fig. 63), oder einer längeren Strecke desselben, oder sie vereinigen sich in kleineren Gruppen zu gemeinsamen Ausführungsgängen, welche sich nun erst dem Eileiter inseriren, z. B. beim Maikäfer (Fig. 57). Am einfachsten sind die Verhältnisse bei den Thieren mit langen Samenröhren. Diese sind häufig jederseits nur in der Einzahl vorhanden und knäueln sich an ihrem blinden Ende auf, indem sie zugleich durch eine bindegewebige Hülle zu einem compacten rundlichen Körper vereinigt werden (Fig. 64). Bei den Schmetterlingen sind diese beiden Hodenknäuel wieder durch eine Bindegewebshülle zu einem gemeinsamen unpaaren Körper, also zu einem scheinbar einzigen Hoden mit zwei Samenleitern vereinigt.

Die Samenleiter, welche häufig sehr lang, und dann mitunter in ihrem Verlaufe an einer Stelle knäuelförmig zu einem Nebenhoden (Fig. 64) aufgewunden erscheinen, erweitern sich vor ihrem Uebergange in den unpaaren Samengang häufig zu Samenblasen (Fig. 62), in denen der Same eine Zeit lang aufgesammelt wird. Der unpaare Samengang ist mit starker Muskulatur versehen und nimmt an seinem Anfange häufig Schleimdrüsen auf. Letztere können von sehr verschiedener Form sein, paarig oder unpaarig, kurz oder langgestreckt, verästelt oder unverästelt.

KAPITEL IV.

Die Fortpflanzung und die Jugendzustände der Insekten.

Das Fortpflanzungsgeschäft ist es, welches fast ausschliesslich den Inhalt der Lebensthätigkeit des erwachsenen Insektes, der Imago, ausmacht. Hat das Männchen die Begattung vollzogen, das Weibchen seine Eier abgelegt, so stirbt es in den meisten Fällen alsbald ab (vergl. S. 86).

Alle Fortpflanzungsvorgänge bei Thieren haben das mit einander gemein, dass ein Theil des Körpers des Mutterthieres zu einem neuen Thiere, dem Nachkommen oder Kinde, sich entwickelt. Den Theil eines Mutterthieres, welcher fähig ist, sich zu einem Nachkommen zu entwickeln, nennt man im allgemeinen Keim.

Ein Keim kann entweder nur aus einer Zelle oder aus einer Zellenvereinigung, einem Gewebsstück des Mutterthieres, bestehen. Ein einzelliger Keim heisst Eizelle. Eine solche Eizelle ist der wesentliche Hauptbestandtheil derjenigen thierischen Fortpflanzungskörper, welche wir im gewöhnlichen Sprachgebrauche als Ei bezeichnen. Als nebensächlicherer Bestandtheil kommt dem Ei noch die Eischale zu. Alle Insekten, wie überhaupt alle Gliederfüssler und noch viele andere höhere Thiere, pflanzen sich ausschliesslich durch Eier fort. Jedes einzelne Insekten-Individuum hat also einmal den Eizustand durchlaufen und dies gilt auch für diejenigen, welche bereits als Larve geboren werden. Diese durchlaufen den Eizustand eben im Leibe des Mutterthieres.

Der alte Aberglaube, dass Insekten direct aus anderen organischen Substanzen sich bilden können, die Fliegenmade aus faulendem Fleische. der Floh aus mit Harn befeuchteten Sägespänen, ist längst widerlegt. Nicht aus diesen Substanzen, sondern aus Eiern, welche die Fliegenmutter auf das faulende Fleisch, oder der weibliche Floh in

die Sägespäne legte, sind diese Geschöpfe entstanden. Desgleichen
hat man erkannt, dass alle diejenigen bei Insekten vorkommenden
Keime, welche früher als Sporen oder Pseudova unterschieden wurden,
sich morphologisch in keiner Weise von wirklichen Eiern unterscheiden. Ueberhaupt kennt die Wissenschaft kein verbürgtes Beispiel
von „Urzeugung", sondern nur „Elternzeugung".

In den meisten Fällen hat das Ei aber nicht ohne Weiteres die Fähigkeit, ein neues Thier aus sich hervorgehen zu lassen. Die Eizelle bedarf,
um sich zu einem Embryo zu entwickeln, vielmehr einer Anregung von
aussen, nämlich der Befruchtung durch den männlichen Samen. Die
Fortpflanzung durch befruchtete Eier, bei welcher also beide Geschlechter,
sozusagen nach eingegangener Ehe, mitwirken, wird eine gamogenetische oder Gamogenese genannt — abgeleitet von γάμος, die Ehe,
γένεσις, die Erzeugung — im Gegensatz zu den selteneren Fällen, in
welchen eine Fortpflanzung durch unbefruchtete Eier stattfindet und
welche man als parthenogenetische Fortpflanzung oder Parthenogenese bezeichnet, abgeleitet von παρθένος, die Jungfrau. Wir beschäftigen uns zunächst nur mit der Gamogenese.

Ei und Samen. Entwicklung im Ei.

Das Ei, ovum, besteht aus der Eizelle, ovulum, auch Urei
genannt, und der Eischale oder chorion.

Die Eizelle ist eine sehr stark gewachsene Zelle des mütterlichen
Körpers und erlangt, wie wir oben sahen, ihre Ausbildung in den Eiröhren des Eierstockes.

Ihr Körper besteht, wie der jeder Zelle, aus einer Protoplasma
genannten Eiweisssubstanz, der aber während des starken Wachsthumes
eine grosse Menge von Reservestoffen, Deutoplasma oder Dotterelemente genannt, beigemischt werden. Der Kern der Eizelle, welcher
sich bei dem eben durch die beigemischten Dotterelemente häufig un-
durchsichtig werdenden, reifen Eie oft der Wahrnehmung entzieht, heisst
Keimbläschen. Die eigentliche Membran der Eizelle, welche wenigstens zu gewissen Zeiten wohl jedem Ei zukommt, heisst Dotterhaut.

Das starke Wachsthum der ursprünglich kleinen Eizelle wird, wie wir oben
sahen (S. 77), dadurch möglich, dass sie sowohl aus den Epithelzellen der Eiröhren, als auch, wo solche vorhanden, aus den Ei-Nährzellen Nahrungsstoffe aufnimmt. Trotzdem bleibt aber das Ei doch eine einfache Zelle, selbst wenn die
die Nahrung liefernden Zellen vollständig verbraucht werden, da letztere ja
nicht als ganze Zellen, sondern blos ihrer Substanz nach in die Eizelle übergehen
und von dieser vollständig assimilirt werden. Es wird eine Eizelle durch Aufnahme
der Substanz mehrerer Nährzellen ebenso wenig zu einem mehrzelligen Gebilde,
wie aus einem fleischfressenden Thierindividuum ein zusammengesetztes Thier
dadurch wird, dass es täglich eine Reihe anderer Thierindividuen als Nahrung
in sich aufnimmt.

Die Eischale ist eine aus Chitin bestehende, mehr weniger feste Membran, welche, wie wir oben sahen (S. 77), bereits im Eierstocke erzeugt wird. Sie wird stets durchsetzt von einer oder mehreren kleinen Oeffnungen, durch welche bei der Befruchtung Samenfäden zur Eizelle selbst gelangen können. Eine solche Oeffnung heisst Mikropyle, abgeleitet von μικρός, klein, und πύλη, die Pforte.

Die Gestalt der Eier ist zwar im allgemeinen rundlich oder langgestreckt, kann aber in vielen Fällen stark variiren. Auch Grösse und Zahl derselben wechseln sehr, stehen aber insofern unter einander in Beziehung, als Insekten, welche nur wenige Eier ablegen, im Verhältniss grössere Eier haben, als solche, die zahlreiche Eier produciren.

Fig. 65. Oberer Theil eines Eies des Hornissenschwärmers, Sesia apiformis CL. nach LEUCKART mit dem Mikropylapparat. *m* einer der 5 Mikropylcanäle, welche von dem äusseren Mikropylgrübchen divergirend nach innen laufen.

Die Eischale ist zwar eine in sehr vielen Fällen ungemein widerstandsfähige Hülle der Eier, besonders bei denjenigen, welche den Winter frei überdauern müssen, wie z. B. die des Ringelspinners, Bombyx neustria L., gestattet aber einen Gasaustausch zwischen Ei und umgebender atmosphärischer Luft während der Entwicklung des Embryo, den man

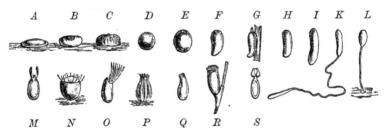

Fig. 66. Formen der Eier verschiedener Insekten. Dieselben sind ohne jede Rücksicht auf ihre relative Grösse gezeichnet.

A der Weisstannen-Triebwickler, Tortrix murinana HB. *B* Nonne, Liparis monacha L. *C* Forleule, Trachea piniperda Pz. *D* Rundliche indifferente Eiform sehr vieler Insekten, z. B. der Borkenkäfer. *E* Maikäfer. *F* Mücke, Chironomus. *G* Blattwespe, Lyda pratensis FABR., Ei an einer Kiefernnadel befestigt. *H* Fliege, Musca. *I* Honigbiene. *K* Rosengallwespe, Rhodites Rosae L. *L* Florfliege, Chrysopa perla L. *M* Essigfliege, Drosophila cellaris L. *N* Schildwanze, Pentatoma. *O* Wasserskorpion, Nepa cinerea L. *P* Heckenweissling, Pieris Crataegi L. *Q* Bettwanze, Acanthia lectularia L. *R* Kopflaus, Pediculus capitis DE GEER., Ei an einem Haare befestigt. *S* Hirschdasselfliege, Hypoderma Actaeon BRAUER.

geradezu als Athmung bezeichnen muss. Sie zeigt oft eine ungemein zierliche Sculptur, z. B. sehr häufig eine netzartige Felderung (Fig. 65).

Der Mikropylapparat besteht bald aus einer einfachen, bald auch aus mehreren Oeffnungen, welche canalartig die Eischale durch-

6*

setzen. Auf die mannigfachen Anordnungen derselben einzugehen, ist
hier nicht der Platz, wir begnügen uns mit der Abbildung des
Mikropylapparates bei dem Hornissenschwärmer (Fig. 65), welcher
aus einem kleinen Grübchen besteht, von welchem nach innen divergirend fünf feine Canäle ausgehen.

Als die verbreitetste Eiform kann man ansehen ein Drehungs-
ellipsoïd mit geringer Längendifferenz beider Achsen der bildenden
Ellipse (Fig. 66 D). · Diese Form kann sich aber nach zwei Richtungen
hin verändern: einmal kommen, z. B. bei vielen Schmetterlingen,
brotförmig niedergedrückte (Fig. 66 C und B) bis scheibenförmige Eier
(Fig. 66 A) vor, andererseits langgezogene Formen (Fig. 66 E bis H).
Während die ersteren aber immer radiär gebaut sind, so dass alle
durch die verkürzte Achse gelegten Schnitte einander gleich sind, sind
letztere symmetrisch, indem das Ei nach einer Seite, und zwar nach
der, auf welche die Bauchseite des künftigen Embryo zu liegen
kommt, gekrümmt ist. Die grösste Ausbildung erhält letztere Form
bei den Gallwespen, bei welchen das Ei einem langgestreckten Quer-
sacke gleicht (Fig. 66 K). Es erhalten die Eier mancher Formen ferner
Haftapparate (Fig. 66 R und S), Stiele zur Befestigung (Fig. 66 L),
Anhänge in der Nähe der Mikropyle (Fig. 66 M und O), oder es
sind die Mikropylcanäle selbst in röhrenförmige Fortsätze ausgezogen.
(Fig. 66 N). Rippungen des Chorion geben manchen Eiern ein
eigenthümliches Ansehen, und an vielen sind Deckel vorgebildet, die
nur mit einer dünnen Randzone der übrigen Eischale anhängen und
sich beim Ausschlüpfen von der Larve leicht abheben lassen, so bei
vielen wanzenartigen Thieren (Fig. 66 N, Q und R).

Die Reifung der Eier erfolgt meist während des letzten Larvenstadiums oder im Puppenzustande, so dass das weibliche Insekt sofort
nach Erreichung des Imagostadiums, also nach der letzten Häutung
fortpflanzungsfähig ist. Bei langlebigen Insekten kann dagegen die
Reifung der Eier erst in das Imagostadium fallen und ganz allmälig
nach Massgabe der abzulegenden Eier geschehen, z. B. bei der Bienenkönigin.

Der Samen. Der Samen besteht aus einer dicklichen Flüssigkeit,
welche in Folge der in ihr vertheilten sehr zahlreichen, aber · zugleich
sehr kleinen und feinen Samenfäden ein milchiges Ansehen erhält. Er
entsteht in den männlichen Geschlechtstheilen, und zwar bilden sich in
der S. 79 dargestellten Weise die Samenfäden, welche wegen ihrer
selbstständigen Beweglichkeit früher häufig auch Samenthierchen oder
Spermatozoen genannt wurden, aus den in den Hoden befindlichen
Zellen. Jeder Samenfaden ist also eine modificirte Samenzelle. Die
Gestalt der Samenfäden ist in der Regel eine einfach fadenförmige, mit
einem etwas dickeren, vorderen Ende, dem sogenannten Köpfchen

(Fig. 67 *A*), dem der bewegliche, sieh lebhaft hin und her schlängelnde Schwanz entgegengesetzt wird.

Es gibt aber, besonders bei manchen Orthopteren, auch Samenfäden mit besonders ausgezeichneten Anhängen am Kopfe (Fig. 67 *B*), sowie solche mit doppeltem Schwanze, z. B. bei einigen Käfern. In manchen Fällen, z. B. bei manchen Heuschrecken, reihen sich die Köpfchen der Spermatozoen derartig zusammen, dass sie eine lineare Reihe bilden, der die nach beiden Seiten abstehenden Schwänze seitlich ansitzen, wie die beiden Fahnen einer Feder dem Schafte (Fig. 67 *C*). Diese federförmigen Gebilde sowohl, wie überhaupt der Samen der Insekten in bciweitem den meisten Fällen, werden wiederum eingehüllt in feste, von den Anhangsdrüsen der männlichen Geschlechtsorgane

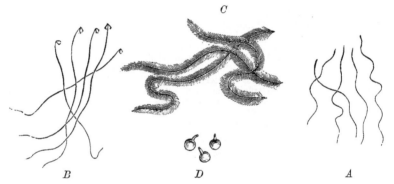

Fig. 67. *A* Einfache Samenfäden von **Blaps mortisaga L.** *B* Samenfäden mit ankerförmigen Köpfchen von einer Heuschrecke, **Decticus verrucivorus L.** *C* Vereinigung von Samenfäden einer andern Heuschrecke, **Locusta viridissima L.**, zu federförmigen Gebilden. *D* Spermatophoren von **Decticus.** *B—D* nach von Siebold.

abgesonderte Hüllen, welche man als Samenpatronen oder Spermatophoren bezeichnet (Fig. 67 *D*). Nicht lose also, sondern in fester Verpackung wird der Samen bei der Begattung übertragen.

Von der Zeit der Reifung des Samens gilt dasselbe wie von der Reifung der Eier. Sie fällt entweder schon in den Puppen-, respective Larvenzustand, so dass das ausschlüpfende Männchen sofort zum Beginn der Fortpflanzungsthätigkeit bereit ist, oder sie erfolgt erst allmälig während der Lebensdauer des Individuums. Ausbildung und Reifung von Ei und Samen sind innerliche Vorgänge, welche sich bis auf die manchmal durch die Schwellung der Eierstöcke bedingte Auftreibung des Hinterleibes beim Weibchen der directen Beobachtung am lebenden Thiere entziehen.

Die beobachtbare Einleitung des Fortpflanzungsgeschäftes ist dagegen in der Regel die Begattung des Weibchens durch das Männchen.

Die Begattung. Der wesentliche Vorgang bei der Begattung oder copula besteht in einer Uebertragung des Samens des Männchens in den Leib des Weibchens, und zwar der Regel nach schliesslich in die Samentasche desselben. Dies geschieht meist so, dass die mit dem unpaaren Samenleiter des Männchens in Verbindung stehende Ruthe in die Scheide des Weibchens eingeführt wird. Diese geschlechtliche Verbindung von Männchen und Weibchen kann in sehr verschiedener Weise ausgeführt werden. Sie kann im Sitzen wie im Fliegen geschehen, so, dass beide Theile den Kopf gleich gerichtet haben, wobei das Männchen auf dem Rücken des Weibchens sitzt, oder so, dass beide nach verschiedenen Seiten sehen.

Nur bei den Libellen beobachten wir einen ganz abweichenden Vorgang. Bei den Männchen dieser Thiere liegt die männliche Geschlechtsöffnung allerdings an der gewöhnlichen Stelle, nämlich am neunten Hinterleibsringe, das Copulationsorgan dagegen ganz getrennt weit nach vorn, an der Bauchseite, am zweiten Hinterleibsringe. Durch Umbiegung des Hinterleibes nach dem zweiten Hinterleibsringe füllt nun das ♂ sein Copulationsorgan mit Samen, ergreift dann das ♀ mit dem am Ende seines Hinterleibes befindlichen Raifen im Nacken und beginnt nun den Hochzeitsflug, bei dem schliesslich das ♀ seinen Hinterleib umbiegt, dem Copulationsorgane des Männchens nähert und die Begattung vollzieht. Der Fall, dass das Weibchen auf dem Männchen sitzt, wie beim Floh, oder dass die beiden Thiere mit gleichgerichteten Köpfen neben einander sitzen, ist selten.

Die Dauer der Copula ist eine sehr verschieden lange. Manche brünstige Weibchen lassen sich hinter einander von mehreren Männchen begatten, während andere nur ein einziges zulassen. In einzelnen Fällen hat die Begattung sofort den Tod des Männchens zur Folge. So stirbt die die Bienenkönigin begattende Drohne im Augenblicke der Samenausleerung und jene muss sich der an ihr hängenden Leiche entledigen, wobei stets ein Theil des abgerissenen Penis in der Scheide stecken bleibt. Er heisst in der Sprache der Imker das Begattungszeichen und wird erst später entfernt.

Der Erfolg einer gelungenen Begattung ist also durchaus nicht etwa die Befruchtung der Eier, sondern die Füllung der Samentasche des brünstigen Weibchens mit Samen.

Die Befruchtung. Dieser Act ist rein von der Initiative des begatteten Weibchens abhängig. Er fällt in denjenigen Zeitpunkt, in welchem das aus der Eiröhre des Eierstockes austretende Ei an der Mündung der Samentasche vorübergleitet. Bei dieser Gelegenheit ist die Mutter im Stande, das Ei mit einer kleinen Portion des in der Samentasche von der Spermatophorenhülle befreiten Samens zu übergiessen. Es geschieht dies durch eine Zusammenziehung der Samentasche. Es dringt bei dieser Gelegenheit einer der beweglichen Samenfäden mit Hilfe seiner schlängelnden Eigenbewegung durch die Mikropylöffnung in das

Ei und mischt sich mit der Eizelle. Dieses Eindringen eines Samenfadens in die Eizelle ist der wesentliche Vorgang einer Befruchtung.

Neuere Untersuchungen haben gezeigt, dass der in das Ei eingetretene Samenfaden sich mit einem Theile des Kernes der Eizelle verbindet, und so ein neuer Kern gebildet wird, der „Furchungskern", von dem aus nun die Einleitung der Furchungsvorgänge beginnt. Der nicht verwendete Theil des ursprünglichen Eikernes ist schon vorher als „Richtungsbläschen" ausgetreten.

Bei solchen Arten, bei denen sich die Eiablage über eine längere Zeit vertheilt, dauert die Fähigkeit, befruchtete Eier abzulegen, beim begatteten Weibchen so lange, als der empfangene Samenvorrath reicht, beziehungsweise so lange, als letzterer lebenskräftig bleibt.

Der Erfolg der Befruchtung ist der, dass durch sie eine sonst nicht entwicklungsfähige Eizelle die Fähigkeit erhält, sich in einen Embryo — so nennt man das junge Thier, so lange es in den Eihüllen verharrt — umzubilden.

Die Ablage der Eier. Das befruchtete Ei wird meist sofort abgelegt und die Entwicklung des Embryo geht dann ausserhalb des mütterlichen Körpers vor sich. Die Anzahl der abgelegten Eier kann von einigen Tausend bis ungefähr einem Dutzend variiren. Die Eier können entweder einzeln oder zu verschieden gestalteten Haufen vereinigt abgelegt werden. In vielen Fällen stellt das Weibchen besondere für die Eier geeignete Unterkunftsstellen her, so z. B. bei den Borkenkäfern den bekannten Muttergang, in welchem die Eier vertheilt werden. Am auffälligsten ist diese Vorsorge für Eier und Brut bei vielen bienen- und wespenartigen Thieren, welche besondere Bauten zu deren Aufnahme errichten, eine Arbeit, welche bei den geselligen Hymenopteren und Orthopteren meist von den geschlechtlich verkümmerten Weibchen, den Arbeiterinnen, übernommen wird. Bei manchen dieser Thiere wird dann auch die Abwartung des Eies und die Fütterung des ausschlüpfenden Jungen durch diese Arbeiter oder auch die Mutter besorgt. In allen anderen Fällen wird das Ei aber so abgelegt, dass das Junge in unmittelbarer Nähe entweder Nahrung, wenigstens für seine ersten Lebenstage, bereit findet oder doch erbeuten kann. Bei einigen Insekten tragen die Weibchen die Eier an ihrem Leibe mit herum, entweder in freien Häufchen oder in durch das Secret der Kittdrüsen gebildeten Eikapseln vereinigt. In einer geringeren Anzahl von Fällen durchläuft dagegen das Ei bereits im Inneren des mütterlichen Körpers seine Entwicklung oder wenigstens einen Theil derselben, so dass entweder mit Embryonen versehene Eier oder, wenn das Ausschlüpfen der Jungen bereits im Mutterleibe vor sich geht, diese letzteren selbst abgelegt werden. Bei völlig entwickelten Weibchen ist wohl immer die Scheide die Stätte, an welcher die Eier sich entwickeln. Bei den Lausfliegen bleiben aber die Jungen noch längere Zeit im mütterlichen Körper zurück, werden hier durch das Secret von modificirten Kittdrüsen ernährt und erst als fast verpuppungsreife Larven abgelegt.

Die Anzahl der abgelegten Eier ist wohl am grössten bei den Termitenweibchen. Nach von Berlepsch soll eine Bienenkönigin zur Zeit ihrer höchsten Thätigkeit durchschnittlich am Tage 1200 Eier ablegen können und im Ganzen öfters 40 000 bis 50 000 Eier produciren, während nach Rösel das Flohweibchen nur 12 Eier erzeugt. Der Fichtenborkenkäfer erzeugt gewöhnlich 30 bis 100 Eier, der Kiefernspinner circa 100, ein Eierhäufchen der Nonne enthält bis 150 Eier und das Nest der Maulwurfsgrille bis 250 Stück.

Einzeln abgelegt werden die Eier von vielen Insekten, z. B. von den sogenannten Eulen, Noctuae, unter den Schmetterlingen, desgleichen bei manchen Lyda-Arten unter den Blattwespen u. s. f., bei den meisten Kerfen geschieht die Ablage aber in regellosen Haufen.

Fig. 68. Eierring des Ringelspinners, Bombyx neustria L., dem Zweige eines Laubbaumes fest angekittet.

Fig. 69. Blattrolle von dem Blatte einer echten Kastanie, gefertigt von **Attelabus curculionoïdes L.**

In regelmässige, charakteristisch geformte Haufen werden die Eier angeordnet, z. B. bei dem Ringelspinner, Bombyx neustria L., dem Birkenspinner, Bombyx lanestris L., und dem Schwammspinner, Ocneria dispar L. (Taf. V, Fig. 1 E); in letzteren beiden Fällen, und übrigens in vielen anderen, bedeckt mit einem Ueberzuge aus der Afterwolle des Weibchens. Aber auch viele andere Insekten vereinigen ihre Eier zu regelmässig gestellten Haufen, z. B. der Coloradokäfer und die gewöhnliche Stechmücke, Culex. Solche, die in das Wasser abgelegt werden, sind mitunter durch gallertartige Masse zu einer Art Laich verbunden. Die Fälle, in welchen das Weibchen seinen Eiern durch mühsame eigene Thätigkeit die passende Unterkunftsstelle bereitet, sind sehr zahlreich. Wir erwähnen hier ausser dem bereits oben angeführten Beispiele der Borkenkäfer die Gallwespen, die Schlupfwespen und die Rüsselkäfergattung Balaninus, von denen die beiden ersteren mit Hilfe ihrer Legstachel die Eier in Pflanzentheile, beziehungsweise in den Körper von anderen Insekten unterbringen, letztere das Ei in ein mit dem langen Rüssel in den Fruchtknoten der Nahrungspflanze, z. B. der Haselnuss, genagtes Loch schieben. Manche Käfer verfertigen regelmässige Blattrollen, in denen je ein Ei untergebracht wird, z. B. Rhynchites betulae L. auf Birken und Attelabus curculionoïdes L. auf Eichen und echten Kastanien (Fig. 69). Am kunstvollsten verfahren aber die Hymenopteren. Diese bauen Wohnungen für die Eier, beziehungsweise die junge Brut, und speichern entweder in dieser Wohnung Nahrung für die Larve auf oder füttern die ausgekommene in täglicher Brutpflege. Für ersteres sind viele Grabwespen, unter anderen die gemeine Ammophila sabulosa L., viele ungesellig lebende Wespen — Eumenes pomiformis Spin. — und viele Blumenbienen, unter ihnen Megachile centuncularis Fabr., die Tapezierbiene, als Beispiel anzuführen. In den beiden ersten Fällen werden Insektenlarven, in letzteren Blumenstaub als Nahrung für die Larve den Eiern beigegeben. Für Unterbringung der Eier in kunstvollen Bauten, aber ohne Beifügung von Nahrung, sondern mit nachfolgender Fütterung der Larven, bieten uns die geselligen Wespen und Bienen, sowie Ameisen und Termiten bekannte Beispiele. Aber auch in den Fällen minder ausgeprägter Brutpflege wird das Ei an solchen Oertlichkeiten abgelegt, an denen die Larve Nahrung findet oder von denen aus sie leicht zu solcher gelangt. Bei Insekten mit pflanzenfressenden Larven werden also die Eier regelmässig an oder in der Futterpflanze der Larve abgelegt; der Maikäfer, dessen Larve von Pflanzenwurzeln lebt, legt dieselben in die Erde an pflanzenbesetzte Stellen. Mist- und Aaskäfer legen ihre Eier an thierische Excremente oder Thierleichen. Insekten, deren Larven von Blattläusen leben, z. B. die Florfliege, Chrysopa, legen ihre gestielten Eier auf mit Blattläusen besetzte Blätter, und diejenigen Insekten, deren Larven im Wasser leben, legen auch ihre Eier in dasselbe ab, z. B. die Mücken, die Libellen und die Eintagsfliegen. Beispiele, dass Insektenweibchen die abgelegten Eier mit sich herumtragen, haben wir besonders bei den Geradflüglern, z B. bei den Afterfrühlingsfliegen — Gattung Perla Geoffr. — und bei den Schaben, z. B. bei der so gemeinen grossen Schabe, Blatta orientalis L. Bei letzterer, wie bei den Verwandten, sind die Eier auch noch besonders in eine hornige Kapsel eingeschlossen, welche vom Weibchen, in die Geschlechtsöffnung eingezwängt, mit sich herumgetragen wird (Fig. 70).

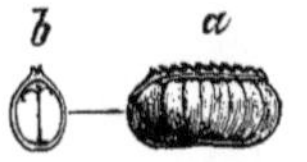

Fig. 70. Eikapsel von Blatta orientalis L. a von der Seite gesehen, b im Querschnitt, um die beiden Eierreihen zu zeigen.

Die bekanntesten Fälle von lebendig gebärenden Insekten finden sich unter den Zweiflüglern und sind als solche sowohl die gewöhnliche Schmeissfliege, Sarcophaga carnaria L., als viele Raupenfliegen, z. B. Tachina fera L., und die Rachendasselfliegen, Cephenomyia, bemerkenswerth. Desgleichen kommt Viviparität auch bei einigen Käfern aus der Familie der Staphylinidae vor. Die lebendig geborenen Blattläuse sind nicht gamogenetisch, sondern parthenogenetisch entstanden und entwickeln sich bereits in den Eiröhren (vergl. S. 124).

Die Verwandlung der Eizelle in den Embryo. Die Entwicklung des Eies umfasst eine Reihe von Formbildungsvorgängen, durch welche die gesammte Masse der Eizelle innerhalb der Eischale schliesslich in ein von zelligen Hüllen eingeschlossenes junges Thier, den Embryo, umgewandelt wird. Der Embryo bildet sich also aus der Substanz der Eizelle, steht aber, da er athmet, durch die Eischale hindurch in Gasaustausch mit der Aussenwelt.

Die Entwicklungsvorgänge sind sehr complicirter Natur und wir müssen uns daher hier mit einigen kurzen Andeutungen begnügen. Der erste wesentliche Vorgang besteht hier wie überall in der Verwandlung der einen grossen Eizelle in eine grosse Menge von kleinen Embryonalzellen. Diese ordnen sich nun in concentrische Schichten, von denen die äussere aus Zellen bestehende, zunächst einschichtige, den Embryo nach aussen abschliessende Zellblase, als Blastoderm oder Keimhaut bezeichnet wird und in Gegensatz tritt zu den von ihr umschlossenen dunklen Dotterballen, welche neuerdings immer allgemeiner gleichfalls als wirkliche Zellen angesehen werden.

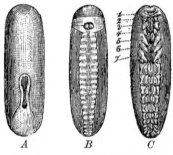

Fig. 71. Drei Entwicklungsstadien von Hydrophilus piceus L. nach KOWALEWSKY. Die Eischale ist entfernt. *A* erste schildförmige Anlage des Embryos. *B* der Keimstreifen ist deutlich angelegt und in die Segmente zerfallen. *C* weiter entwickelter Embryo, an dessen Keimstreif die Oberlippe, die Fühler (1), die drei Kieferpaare (2 bis 4), sowie die drei Beinpaare (5 bis 7) deutlich erscheinen. Hinter Nr. 7 findet sich noch die Andeutung eines vierten, später schwindenden Beinpaares. Auf dem hinteren Theile des Keimstreifens schimmert in der Mitte das Bauchmark durch.

Aus dem Blastoderm entsteht der Leib des Insektes mit Ausnahme des Mitteldarmes, welcher sich aus der centralen Masse herausbildet. Ein grosser Theil dieser letzteren wird aber nicht direct morphologisch zum Aufbau des jungen Thieres verwendet, sondern, als „Dotter" in den Mitteldarm gelangt, allmälig resorbirt und nimmt nur physiologisch an der Bildung des Embryo theil. Auch die Embryonalhüllen entstehen durch Faltenbildung aus dem Blastoderm. Die eigentliche Bildung der Leibeswand des Embryo beginnt damit, dass die Anlage der Bauchseite des Embryo in Gestalt einer schildförmigen Verdickung der Keimhaut auftritt (Fig. 71 *A*). Diese wird der „Keimstreif" genannt. Durch Faltenbildungen und Abspaltungen wird dieser Keimstreif mehrschichtig; er gliedert sich in Segmente (Fig. 71 *B*), und es entstehen nun an ihm die einzelnen Organe des Embryonalleibes, besonders das seine Mittellinie einnehmende Centralnervensystem und die als Einstülpungen von der sich einsenkenden Mund- und Afteröffnung aus auftretenden Anlagen des Vorder- und Hinterdarmes, welche sich erst später mit dem central entstandenen Mitteldarm vereinigen. Quere Einschnürungen des Keimstreifes gliedern den Embryonalkörper in seine einzelnen Segmente, und sackförmige paarige Ausstülpungen des Keimstreifes bilden in den Fällen, in welchen sie bereits am Embryo auftreten, die Anlagen der Gliedmassen (Fig. 71 *B* und *C*). Zugleich umwächst der Keimstreif, indem er sich peripherisch ausdehnt, den gesammten Dotter vom Bauche nach dem Rücken zu, so dass sich schliesslich seine Ränder auf dem Rücken treffen und vereinigen, und nun der definitive Schluss der Körperwandungen erreicht ist. Sehr früh, bereits lange ehe die hier angedeuteten Bildungen zum Abschlusse kommen, haben sich Zellfalten an der Peripherie des Keimstreifes, und zwar zuerst an seinem vorderen und hinteren Ende erhoben und mit einander verwachsend, eine Embryonalhülle gebildet. Letztere ist aber ein provisorisches Embryonalorgan, nur für die Dauer des Embryonallebens berechnet, und ebenso vergänglich wie die mitunter am Embryo auftretenden überzähligen Gliedmassenpaare (Fig. 71 C), welche vor der Geburt des Embryo wieder schwinden, oder die bei manchen Dipteren auftretenden, zur Sprengung der Eischale beitragenden Stacheln.

Eine von der eben angedeuteten einfacheren Form der Embryonalbildung scheinbar abweichende ist diejenige mit sogenanntem inneren Keimstreif, auf welche hier näher nicht eingegangen werden kann.

Die Grundzüge der Entwicklung des Embryo, also der Umwandlung der Eizelle in ein nach dem Bauplan des Insektenleibes gebautes Thier, sind aber im wesentlichen stets die gleichen. Indessen zeigt das schliessliche Resultat, das so entstandene junge Thier, je nach der Gruppe, der es angehört, wesentliche Unterschiede in der Ausbildung und Gestaltung der einzelnen Leibesabschnitte und Gliedmassen. Es hängt ausserdem die Höhe der Ausbildungsstufe, welche das Insekt bereits im Ei erlangen kann, bis zu einem gewissen Grade von der Menge der in der Eizelle gebotenen Bildungsmasse ab. Im allgemeinen sehen wir nämlich, dass bei solchen Insekten, welche im Verhältniss zur Imago sehr grosse Eier haben, das junge Thier bereits innerhalb der Eischale diejenige Segmentirung und diejenigen Gliedmassen erhält, welche dem erwachsenen Thiere zukommen, während bei solchen, die sehr kleine Eier haben, dies viel weniger häufig der Fall ist.

Hat der Embryo die ihm zukommende höchste Entwicklungsstufe erreicht, so öffnet er die Eischale und schlüpft aus, entweder indem er durch seine Bewegungen die allmälig morsch gewordene Hülle sprengt oder, wenn er mit beissenden Mundwerkzeugen versehen ist, indem er dieselbe durchnagt. Im ersteren Falle erleichtern mitunter an der Eischale vorgebildete Deckelapparate (vergl. S. 84) das Ausschlüpfen.

Die Larve und ihre Verwandlung in die Imago. Metamorphose und Puppenruhe.

Die Larve. Nach dem Verlassen der Eischale wird das junge Insekt Larve genannt. Alle eben ausgeschlüpften Larven sind kleiner als die Imago, flügellos und nicht geschlechtsreif. Frei bewegliche, ihrem Nahrungserwerb lebhaft nachgehende oder äusserlich auf ihrer Nährpflanze oder ihrem Nährthiere lebende Insektenlarven sind mit festeren Chitinhüllen versehen und meist entschieden, häufig sogar lebhaft gefärbt. Im Inneren der zu ihrer Nahrung dienenden Substanzen, z. B. im Holze, oder in der Erde lebende Insektenlarven sind dagegen weich und weisslich.

Je nach der Höhe der Entwicklung, welche der Embryo erreicht hat, ist der Bau und die äussere Erscheinung der ausschlüpfenden jungen Larve sehr verschieden.

Wir finden alle Uebergänge von solchen Larvenformen, welche
ohne Weiteres auch dem unbefangenen Beobachter ihre Zugehörigkeit
zu der betrachtenden Imagoform verrathen, also dem erwachsenen Insekte
fast völlig gleichen, bis zu solchen, die so sehr von der Imago verschieden sind, dass die Beobachtung des genetischen Zusammenhanges
zwischen beiden Geschöpfen nöthig war, um ihre Zusammengehörigkeit
erkennen zu lassen. Eine solche Differenz zwischen Larve und Imago
tritt namentlich da hervor, wo entweder der Aufenthaltsort oder die Art
der Nahrungsgewinnung bei Larve und Imago sehr verschieden sind,
— die Larve kann kauende, die Imago saugende Mundwerkzeuge haben,
oder umgekehrt — Larve und Imago also ganz verschiedenen Verrichtungen angepasst sind. Bekannte Beispiele sind die Libellen, deren
Larven im Wasser leben, und die Schmetterlinge, deren Durchgang durch
das Raupenstadium heuzutage allerdings eine ganz allgemein bekannte
Thatsache ist, zu deren Erkennung es aber doch früher einer grossen
Reihe von Beobachtungén bedurfte.

Die Anpassung der Larve an ihre besonderen Lebensbedingungen
kann sich nach zweierlei Richtungen hin aussprechen. Lebt die Larve an
geschützten, massenhafte, leicht zu gewinnende Nahrung darbietenden
Oertlichkeiten, so ist der Bau ihrer Mundwerkzeuge und Bewegungsorgane ein sehr unvollkommener, einfacher im Verhältnisse zur Imago
z. B. bei den Fliegenmaden. Hat die Larve dagegen einen heftigeren
Kampf um's Dasein zu bestehen, so ist sie mit allerhand, nur diesem
Stadium zukommenden Ausstattungen versehen, d. h. mit häufig recht
complicirt gebauten Larvenorganen, welche bei der Verwandlung in
die Imago wieder verloren gehen. Bekannte Beispiele solcher Larvenorgane sind unter anderen die Tracheenkiemen vieler im Wasser lebender
Larven (vergl. Fig. 85 A) und die an einem Theil der Hinterleibssegmente der Raupen befindlichen Afterfüsse (Fig. 75).

Wir können die verschiedenen Larvenformen in folgende sieben
Abtheilungen unterbringen, welche übrigens durchaus nicht scharf
von einander getrennt, sondern durch die mannigfachsten Uebergänge
mit einander verbunden sind.

1. Die Larve ist in allen wesentlichen Zügen der Imago ähnlich
und unterscheidet sich von ihr nur durch geringere Grösse und mangelnde Geschlechtsreife. Beispiele hiefür bieten die auch im erwachsenen Zustande ungeflügelten Thierläuse, Pediculina, und die Haarlinge
oder Federlinge, Mallophaga.

2. Die Larve ähnelt der geflügelten Imago ebenfalls noch so
sehr, dass auch der unbefangene Beobachter sie ohne Weiteres als
deren Jugendform erkennt, unterscheidet sich aber von ihr durch

Flügellosigkeit, durch kleine Details in der Ausbildung der Glied-
massen und mitunter auch durch ein verschiedenes Verhältniss in der
Grösse der einzelnen Leibesabschnitte. Dies ist bei den typischen
Geradflüglern und Schnabelkerfen der Fall. So ist z. B. die auf Fig. 72
abgebildete Larve einer Feldheuschrecke nicht nur kleiner als die
Imago und flügellos, sondern der Hinterleib ist auch im Verhältniss
zu Kopf und Brust weniger entwickelt als bei der Imago, und die
Fühler, welche bei jener 26 Glieder zeigen, haben deren vorläufig nur 12.

    3. Die Larve zeigt noch eine allgemeine Uebereinstimmung mit
der Imago in der Gruppirung der Segmente zu grösseren Abschnitten
und in der Anzahl und Ausbildung der Gliedmassenpaare, dagegen
sind die Einzelheiten ihrer Erscheinung doch von denen des erwachsenen
Insektes wesentlich verschieden. Es gehören viele Larvenformen der
abweichenderen Geradflügler, vieler Käfer, mancher Zweiflügler in diese
Abtheilung; dagegen ist dieselbe auch am allermannigfaltigsten ausgebildet. Die Eintheilung des Leibes in Kopf, Brust und Hinterleib
ist deutlich ausgeprägt, der Kopf ist mit Punktaugen, kurzen Fühlern

Fig. 72. Eben ausgeschlüpfte
Larve einer Feldheuschrecke
nach EMERTON ⁸/₁.

Fig. 73. Larve der gemeinen Stubenfliege,
Musca domestica L. *mh* Mundhacken, *st* das
vordere, *st'* das hintere Stigma.

und Mundwerkzeugen versehen, die drei Brustringe tragen drei Beinpaare, die zur Fortbewegung des Leibes geeignet sind, der Hinterleib
ist aber gliedmassenlos (Taf. I, Fig. 1 *L*, 3 *L*, 4 *L*, 5 *L*, Taf. II,
Fig. 14 *L*). Die mannigfachen Abweichungen der Details der einzelnen
Körpertheile der Larve von denen der Imago erscheinen hier wesentlich als Anpassungen an das abweichende Larvenleben.

    4. Die Larven sind träge, weiche und weissliche, madenartige
Geschöpfe, deren mehr weniger rudimentäre Beine nicht mehr zur Fortbewegung des Leibes geeignet sind, und welche sich daher durch wurmförmige Bewegungen des ganzen Leibes fortschieben. Kopf und Mundwerkzeuge sind aber noch deutlich ausgeprägt. Hierher gehören z. B. die
Larven mancher Bockkäfer, sowie die der Holzwespen, Sirex (Taf. VI,
Fig. 4 *L*).

    5. Die Larven sind im allgemeinen wie die eben unter 4 erwähn-
ten gestaltet, entbehren jedoch bei noch gut ausgebildetem Kopfe der
Beine ganz. Dies ist z. B. bei den Rüssel- und Borkenkäfern, sowie bei
Bienen und Wespen der Fall (Taf. II, Fig. 5 *L* und 10 *L*; Fig. 83 *A*).

    6. Den wurmförmigen Larven fehlen auch ein gesonderter Kopf-
abschnitt und ausgebildete Mundgliedmassen. So sind z. B. die Larven

der eigentlichen Fliegen gestaltet und für sie allein sollte man eigentlich den Ausdruck „Made" reserviren (Fig. 73).

7. Die Larven sind „Raupen", d. h. langgestreckte, deutlich segmentirte Larven mit gut ausgeprägtem Kopfe, drei Paar Brustfüssen und Afterfüssen an den Segmenten des Hinterleibes. Erstere dienen aber weniger als Bewegungsorgane, sondern mehr dazu, um die Nahrung, also besonders Blätter und andere Pflanzentheile, in eine den Mundwerkzeugen bequeme Lage zu bringen. Die Ortsbewegung ist zum grössten Theile den Afterfüssen übertragen (Taf. III *L*, Taf. VI, 3 *L*). Eigentliche Raupen finden sich bei den Schmetterlingen, die ähnlichen Jugendformen der Blattwespen heissen Afterraupen. Afterfüsse kommen aber auch einer Reihe von Zweiflüglerlarven zu.

Einige Einzelheiten über den Bau und das Leben der Larven. Die Larven haben im allgemeinen die nämlichen inneren Organe wie die erwachsenen Insekten, und auch die Anordnung derselben ist die gleiche, ihre Gestaltung dagegen meist wesentlich einfacher. Man kann daher durch die Section einer grossen Larve, z. B. einer Raupe, einen guten Einblick in den Bauplan des Insektenleibes gewinnen. Nur die Geschlechtsorgane sind lediglich in der Anlage vorhanden, und besonders fehlen ihnen stets die Ausführungsgänge mit ihren äusseren Oeffnungen.

Der Darmcanal der Larven ist sets zu reichlicher Nahrungsaufnahme eingerichtet, besonders bei Pflanzenfressern, und von dem Darmcanal der Imago oft sehr verschieden, namentlich dann, wenn die Nahrung der Larve von der der Imago abweicht. Am deutlichsten prägt sich dieses bei den Schmetterlingen aus. Während nämlich die auf flüssige Nahrung, auf Blumensäfte angewiesenen Imagines einen verhältnissmässig wenig umfangreichen, dünnen, nur mit einem seitlich angesetzten grossen Kropf, dem „Saugmagen" versehenen Darm (vergl. S. 52), haben, ist der Darm der Raupe ein in gerader Linie von Mund zu After verlaufender, dicker Schlauch, bei welchem besonders der Mitteldarm (Fig. 74 *c*) zu einem weiten, massigen Behältnisse für die reichliche Pflanzennahrung ausgebildet ist.

Ebenso wie manchen Imagines durch Verkümmerung der Mundöffnung die Nahrungsaufnahme unmöglich ist, sehen wir bei einer Reihe von Insektenlarven, welche eine nur geringe Kothmassen hinterlassende Nahrung geniessen, z. B. bei Bienen, Lausfliegen, Blattlaus- und Ameisenlöwen, Chrysopa und Myrmeleon, die Abgabe von Koth während des Larvenlebens dadurch gehindert, dass keine offene Verbindung zwischen Mittel- und Hinterdarm besteht. Der Enddarm der im Wasser lebenden Larven mancher Libellen ist mit Tracheenkiemen (siehe S. 96) versehen und vermittelt also die Athmung.

Bei vielen Larven sind die Speicheldrüsen ungemein stark ausgebildet und ein Paar derselben in grosse Schläuche verwandelt, welche ein fadenziehendes, später an der Luft oder im Wasser erhärtendes

Secret liefern; man nennt sie Spinndrüsen (Fig. 74 a'). Sie erzeugen
die Seide, aus welcher die Larven sich vielfach sowohl Larvenwohnungen bereiten, als auch ihre Cocons spinnen, an der sie sich
von erhöhten Orten herablassen, oder mit welcher sie fremde Körper
zu Larven- oder Puppenhüllen verbinden.

Die von den Larven sich selbst bereiteten Wohnungen können
in zwei Formen vorkommen. Entweder sind es Einzelwohnungen
oder Gesellschaftswohnungen. Die Einzelwohnungen sind entweder ganz einfache Schlupfwinkel, Erdlöcher, z. B. die Höhlen der
Cicindelenlarven — oder in die Nahrungsquelle gefressene Gänge —
Borkenkäfer und Rüsselkäfer — oder es sind durch Spinnfäden zusammengezogene Blätter — Wicklerraupen —, oder es sind besondere
Gehäuse, welche aus meist durch Spinnfäden oder Kitt verbundenen
fremden Körpern bestehen. Diese werden alsdann häufig von der
frei beweglichen, mit ihrem Vordertheil aus dem Gehäuse sich vor-

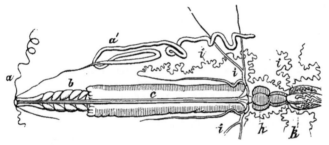

Fig. 74. Darmcanal nebst Anhängen der Raupe von Bombyx pini L. Nach Suckow.
a Speicheldrüse, a' Spinndrüse, b Schlund, c Mitteldarm, h Dünndarm, k Mastdarm,
i Harngefässe, von denen zwei Paar der rechten Seite und alle linksseitigen abgeschnitten erscheinen.

streckenden Larve mitgeschleppt. Besonders bekannt sind die „Säcke"
vieler Raupen aus der Familie der Psychidae, — wir erwähnen die aus
Sand gebauten, schneckenartigen Hüllen der Raupe von Psyche helix Sieb.
(Fig. 87 B) und die aus dem aufgehäuften Kothe zusammengefügten
Larvenhüllen mancher Käfer, z. B. des bekannten Lilienhähnchens, Lema
merdigera L. — und die aus einem secernirten, flüssig bleibenden, schau-
migen Schleim bestehenden Hüllen der Schaumcicade, Aphrophora
spumaria L., welche im Volke als Kukuksspeichel bekannt sind.

Die Gesellschaftswohnungen sind meist aus Spinnfäden bereitet,
dienen entweder nur als zeitweiliger Aufenthalt — so die Raupen-
nester der Processionsraupe und die Ueberwinterungsnester des Goldafters, Liparis chrysorrhoea L. — oder als dauernder — die mit Koth
durchsetzten Gespinnste der geselligen Larven der Gattung Lyda unter
den Blattwespen.

Das Tracheensystem der Larven ist in seinen allgemeinen
Zügen dem der Imagines ähnlich, dagegen ist häufig Zahl und Anordnung der Stigmenpaare eine ganz abweichende.

Zunächst ist bei sehr vielen Larven ein den Imagines regelmässig fehlendes Stigmenpaar am Prothorax vorhanden, während die der Imago zukommenden Meso- und Metathoraxstigmen fehlen. Zugleich

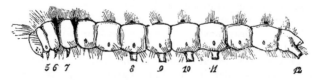

Fig. 75. Raupe des Kiefernspinners mit ihren acht Gliedmassenpaaren, von denen die drei ersteren (5 bis 7) Brustfüsse, die übrigen fünf Paar (8 bis 12) Afterfüsse. Die vier ersten Gliedmassenpaare, Fühler und drei Kieferpaare, sind in dieser Ansicht nicht darstellbar. Der Prothorax, sowie die acht ersten Abdominalsegmente zeigen je ein Luftloch.

sind die Abdominalstigmen deutlich entwickelt. Dies ist z. B. bei allen Schmetterlings- und Käferlarven der Fall (vergl. Fig. 75, sowie Taf. II, Fig. 14 L).

In anderen Fällen bleibt blos das erste, am Prothorax gelegene Stigmenpaar, sowie das letzte Paar Hinterleibsstigmen übrig. So ist es (Fig. 73) bei den vielen Fliegenlarven, bei denen das letzte Stigma dann gewöhnlich sehr gross und deutlich ausgeprägt ist. Ein gutes Beispiel hiervon liefern besonders die Oestridenlarven. Im extremsten Falle schwinden dann auch die Prothoraxstigmen, und nur das hinterste Paar des Abdomens bleibt.

Fig. 76. Larve von **Ptychoptera contaminata** L. nach BRAUER. *a* Athemröhre.

Eine Verlängerung der Hinterleibsstigmen in lange Athemröhren, welche der Larve gestatten, dauernd in einer gewissen Tiefe unterhalb der Oberfläche der Flüssigkeit, in welcher sie lebt, zu verharren und dabei doch zugleich durch die an die Oberfläche gehobene Oeffnung der Röhre zu athmen, ist in diesem Falle sehr häufig. So z. B. bei den Larven von **Eristalis, Ptychoptera** (Fig. 76) und **Culex.**

Es kommen aber auch wasserbewohnende Insektenlarven vor, bei denen sämmtliche Stigmenöffnungen geschlossen, beziehungsweise überhaupt geschwunden sind; dafür haben diese Larven aber blattartige oder büschelförmige Anhänge (Fig. 77 und 85 *A*), in welche Seitenäste eines Tracheenlängsstammes eintreten und sich verästeln. Es sind dies die **Tracheenkiemen.** Gewöhnlich sind dieselben paarig an den Seiten der Hinterleibssegmente oder der Brustringe angebracht. Bei den Agrioniden unter den Libellen sind dagegen drei am Caudalsegment befestigte Kiemenblätter vorhanden und bei den Aeschniden sind die Tracheenkiemen in sechs Doppelreihen im Afterdarm angebracht.

Das Nervensystem der Larven weicht häufig von dem der Imago ab. Man kann im wesentlichen zwei Typen unterscheiden. Bei den meisten Hymenopterenlarven, vielen Käferlarven und allen Schmetterlingsraupen sind 12 bis 13 gesonderte, nur durch doppelte Längscommissuren zum Bauchmarke vereinigte Nervenknotenpaare vorhanden, von denen das erste als oberes, das zweite als unteres Schlundganglion im Kopfe gelegen sind, das dritte bis fünfte den Brustsegmenten und die übrigen dem Hinterleibe zukommen.

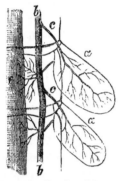

Fig. 77. Tracheenkiemen der Larve von Baetis binoculatus L. nach Palmén. a Kiemenblätter, b Tracheenlängsstamm, c Stämme, welche die Kiemenblätter versorgen, e Darm.

A   B

Fig. 78. A Kopf einer Schmetterlingsraupe jederseits mit einer Gruppe gehäufter Punktaugen, B Kopf einer Blattwespen-Afterraupe mit einem Punktauge jederseits; beide haben kleine, seitliche Fühler.

Im anderen, selteneren Falle besteht das Nervensystem aus einem oberen Schlundganglion und einer grossen centralen Nervenmasse im Thorax, welche bald völlig ungegliedert ist, bald durch Einschnitte in eine Reihe von Nervenknoten zerlegt erscheint. Dieser Fall ist am ausgeprägtesten bei manchen Zweiflüglerlarven, kommt aber in der zu zweit erwähnten Abart auch bei vielen Käferlarven, z. B. den Borkenkäferlarven vor.

Die Sinnesorgane der Larven sind im allgemeinen weniger gut ausgebildet, als die der Imagines, namentlich sind durchschnittlich die Tastorgane, also Fühler und Taster, kleiner als bei der Imago. Geruchs- und Geschmacksorgane sind mit Sicherheit bis jetzt bei den Larven nicht nachgewiesen, dagegen sind Nervenstifte, also Gehörorgane an verschiedenen Körpertheilen verschiedener Larven durch Graber aufgefunden worden.

Am besten bekannt sind die Gesichtsorgane der Larven. Bei den der Imago sehr ähnlichen Larvenformen sind auch die Augen der Larve denen der Imago im wesentlichen gleichwerthig, es kommen ihnen gleichfalls ein Paar Netzaugen und eventuell scheitelständige Punktaugen zu. In den Fällen aber, in welchen die Larven von der

Imago stark abweichen, fehlen die scheitelständigen Punktaugen ganz und die Netzaugen sind durch paarig angeordnete Punktaugen oder Punktaugengruppen vertreten oder fehlen gleichfalls. So sehen wir z. B. an dem Kopfe der Blattwespenraupe (Fig. 78 *B*) jederseits nur ein Punktauge, und bei den Schmetterlingsraupen ist jedes Netzauge durch einen Haufen von fünf einzelnen Punktaugen vertreten (Fig. 78 *A*). Viele Larven sind dagegen völlig blind.

Die Anlagen der Geschlechtsorgane sind schon früh kenntlich, entbehren aber, wie oben gesagt, fast stets der Ausführungsgänge. Sollten diese, wie bei manchen Insekten mit unvollkommener Metamorphose, in späteren Larvenstadien doch schon angelegt sein, so ist ihre äussere Oeffnung verschlossen.

Metamorphose der Larve im allgemeinen. Da jede neugeborene Insektenlarve, wie wir sahen, von der erwachsenen Imago verschieden ist, mag diese Verschiedenheit auch noch so gering sein, so muss sie eine Reihe von Umwandlungen durchlaufen, um zur Imago zu werden. Diese Umwandlungen nennt man Metamorphose. Wenn man in älteren Schriften von Insekten ohne Verwandlung liest, so kommt dies daher, dass früher nur diejenigen Verwandlungen als Metamorphose bezeichnet wurden, bei welchen sehr bedeutende Veränderungen vor sich gehen. Es ist dies also eine volksthümliche Ausdrucksweise, welche dieselbe Berechtigung hat, wie der Ausspruch, dass der Vogel keine Metamorphose habe, dagegen dem Frosche eine solche zukomme. Aber auch der junge Sperling erleidet, vom wissenschaftlichen Standpunkte aus betrachtet, eine ganze Reihe von Umwandlungen, ehe er zum erwachsenen Vogel wird, und nur quantitativ, nicht qualitativ unterscheidet sich seine Entwicklung von der Verwandlung der Kaulquappe zum Frosche.

Das Larvenstadium ist das Stadium der Ernährung. In ihm sammelt das aus einem kleinen Ei entstandene Thier durch eigene Nahrungsaufnahme diejenige Körpermasse, aus welcher der verhältnissmässig grosse Leib des erwachsenen Insektes aufgebaut ist.

Nach LYONET ist die reife Weidenbohrer-Raupe ohngefähr 72 000 Mal schwerer, als das neu ausgeschlüpfte Räupchen, und die Schmeissfliegenlarve kann in 24 Stunden um das 200 fache ihres Anfangsgewichtes zunehmen.

Es fällt daher auch das gesammte Körperwachsthum des Einzelinsektes in diese Zeit hinein. Da aber die fertige Chitincuticula nur wenig oder gar nicht ausdehnungsfähig ist, so tritt jedesmal, wenn die Körpermasse der Larve so weit zugenommen hat, dass die ursprüngliche Cuticula dieselbe nicht mehr zu fassen vermag, eine Häutung ein. Die alte Chitincuticula hebt sich zunächst von ihrer Matrix, der Hypodermis ab, und die Hypodermiszellen sondern neue Cuticularsubstanz auf ihrer Oberfläche ab. Ist dieser Vorgang weit genug vorgeschritten, so zerreist die alte Cuticula und die Larve tritt aus ihr heraus. Der von dem Drucke der alten Cuticula befreite Larvenleib dehnt sich nun entsprechend seiner inneren Zunahme an Substanz aus, wobei die noch nicht erstarrte, frisch abgesonderte Cuticularsubstanz nachgibt, und die Larve erscheint nun, plötzlich gewachsen, in neuem Gewande, welches, anfänglich noch hellfarbig und weich, sich bald färbt, erstarrt und zu einer ebenso unnachgiebigen Körperdecke wird, wie die alte Cuticula. Diese Häutung erstreckt sich auch auf die Cuticularauskleidung des Darmcanales und der Tracheen. Da die Loslösung der alten Cuticula und die Bildung der neuen ein ziemlich tief in die Lebensverrichtungen der Larve eingreifender Vorgang ist, so wird die Larve kurz vor jeder Häutung träge, entleert ihren Darm, hört zu fressen auf und scheint zu kränkeln. Nur die Hymenopterenlarven mit sehr zarter Cuticula scheinen sich während des Larvenlebens nicht zu häuten.

Zeigen also auch die Häutungen gewisse Abschnitte in der Verwandlung an, so ist die innerliche Verwandlung selbst doch eine stetige.

Die unvollkommene Metamorphose. Bei Insekten, deren Larvenform der Imago schon ziemlich nahe steht, sind alle zwischen die erste Larvenform und die Imago eingeschobenen Jugendstadien freibeweglich und nehmen Nahrung auf. Die verschiedenen Larvenformen bilden ferner einen allmäligen, gleichmässigen Uebergang zwischen erster Larvenform und Imago. Eine solche Metamorphose nennt man mit Rücksicht darauf, dass eben der Umfang der von dem Thiere durchlaufenen Umbildungsprocesse ein geringer ist, eine unvollkommene Metamorphose.

Als einfaches Beispiel einer solchen Verwandlung wählen wir die einer Feldheuschrecke (Fig. 79). Die dem Ei A entschlüpfende Larve B ist dem Mutterthiere bereits in seinen wesentlichen Zügen ähnlich, hat aber einen sehr grossen Kopf und nur 12 Fühlerglieder. Meso- und Metathorax tragen keine Spur von Flügeln und sind zusammen ohngefähr so lang, als der Prothorax. Mit der ersten Häutung tritt die Larve in das zweite Stadium C; es dehnt sich nun das Abdomen etwas aus, so dass der Kopf im Verhältniss kleiner erscheint. Der Hinterrand des Prothorax schiebt sich faltenartig über den vorderen Theil des Mesothorax, und die Antennen haben 16 Glieder. Bei der nun eintretenden zweiten Häutung tritt die Larve in das dritte Stadium D. Die Antennen bleiben in demselben 16gliederig, dagegen ziehen sich die hinteren und unteren Ecken des Meso- und Metanotum in kleine lappenartige Vorsprünge aus, die ersten Anlagen der Flügel (D, b und c). Die dritte Häutung lässt die Larve

in das vierte Stadium *E* übertreten. In diesem hat die Larve 20 Fühlerglieder, und die nun bereits stärker gewachsenen Flügelstummel
sind nach oben umgeschlagen, so dass die Anlage der Hinterflügel
c' einen Theil der Vorderflügelanlage *b'* deckt. In dem mit der
vierten Häutung beginnenden fünften und letzten Stadium *F* erhält die
Larve ein weit nach hinten vorspringendes Halsschild, die Flügelstummel sind gewachsen, aber noch in ihrer alten Lage, die Fühler
haben 22 Glieder. Bei der letzten oder fünften Häutung erscheint nun

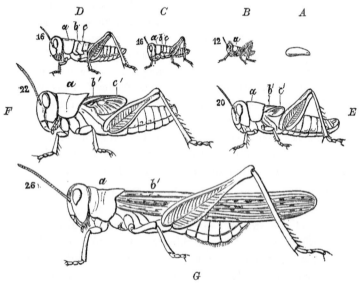

Fig. 79. Die unvollkommene Metamorphose einer Feldheuschrecke nach Emerton.
A Ei. *B* bis *F* die fünf Larvenstadien *G* das erwachsene Thier. *a*, *b*, *c* die drei
Ringe der Brust. *b'* Vorderflügel, *c'* Hinterflügel. Die den Fühlern beigedruckten
Zahlen bezeichnen die Anzahl der Fühlerglieder.

die vollkommene Imago *G* anfänglich weich, mit noch dicht zusammengefalteten Flügeln, welche sich aber bald ausdehnen und nach
geschehener Erhärtung zurecht legen, so dass die Vorderflügel oder
pergamentartigen Flügeldecken nun die Hinterflügel vollkommen
decken. Die Imago hat 26 Fühlerglieder.

Die vollkommene Metamorphose. Bei vielen Insekten, bei denen
die Larve von der Imago sehr verschieden ist, kann man dagegen
zwei scharf getrennte Abschnitte der Metamorphose unterscheiden. Die
ersten Jugendformen, meist fünf an der Zahl, gleichen einander in ihrem
Bau fast vollkommen, und unterscheiden sich meist nur durch die
Grössenverhältnisse von einander. Sie sind sämmtlich freibeweglich und
nehmen Nahrung zu sich. Durch die vorletzte Häutung, welche das

Insekt durchmacht, verwandelt sich dagegen das Thier in ein an allen
Körpertheilen der Imago bereits wesentlich gleichendes Geschöpf, welches
aber keine Nahrung mehr zu sich nimmt, zu einem activen Leben un-
fähig und fast bewegungslos ist. Dieses Ruhestadium heisst Puppe oder
Nymphe, pupa, nympha, chrysalis. Eine Metamorphose, in welcher ein
solcher Ruhezustand, der Puppenzustand, eingeschoben ist, nennt man
eine vollkommene Metamorphose.

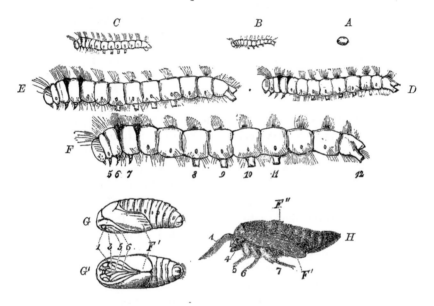

Fig. 80. Die vollkommene Metamorphose des männlichen Kiefernspinners. A Ei.
B bis F die fünf Raupenstadien. G die Puppe von der Seite, G' dieselbe von unten
gesehen. H der eben ausgeschlüpfte Falter, vor Entfaltung der Flügel. Die Zahlen
bezeichnen die Gliedmassenpaare. F' Vorderflügel, F'' Hinterflügel.

Wir wählen als Beispiel einer solchen die Entwicklung des männlichen Kiefernspinners (Fig. 80). Das aus dem im Hochsommer gelegten
Ei A geschlüpfte 16füssige Räupchen B macht nach einander vier
Häutungen durch, von denen zwei noch in den Herbst des Geburts-
jahres fallen, die beiden anderen dagegen in den folgenden Frühling.
Hierbei wächst die Larve von circa 6 mm bis auf 80 mm Länge heran.
Bei seiner Geburt durch die Zeichnung von der erwachsenen Raupe
noch deutlich unterschieden, nimmt sie bereits bei der ersten Häutung
alle Auszeichnungen der letzteren an, so dass sich die vier Stadien
C bis F in Fig. 80 lediglich durch die Grösse unterscheiden und einander viel ähnlicher sind, als die entsprechenden Jugendstadien C bis F
bei der Feldheuschrecke (Fig. 79.) Die fünfte Häutung ist es, welche

den definitiven Wendepunkt der Entwicklung bringt. Nach Abstreifung der alten Haut erscheint nun die bekannte Puppe *G*, aus welcher nach einer dreiwöchentlichen Ruhe der Schmetterling *H* ausschlüpft, anfänglich noch mit zusammengeschrumpften, kleinen, weichen Flügeln, welche aber bald, durch Eintreibung von Luft in die innerhalb ihres Geäders verlaufenden Tracheen ausgebreitet, erhärten und nun dem Schmetterling das auf Taf. III *F♂* dargestellte Aussehen verleihen. Ganz ähnlich verläuft die .Entwicklung des Maikäfers: der aus dem Ei geschlüpfte junge Engerling (Taf. II, Fig. 14 *L**) verwandelt sich, allmälig wachsend, durch eine Reihe von Häutungen zu dem im wesentlichen der neugebornen Larve bis auf die bedeutendere Grösse völlig gleichen erwachsenen Engerling (Taf. II, Fig. 14 *L*), der durch die nun folgende Häutung plötzlich in die Puppe (Taf. II, Fig. 14 *P*) übergeht. Die Puppe verwandelt sich durch eine weitere Häutung in die bekannte Imago des Maikäfers.

Die Puppe. Als Puppe bezeichnet man, wie wir eben sahen, das dem Imagostadium vorhergehende, keine Nahrung aufnehmende und kein actives Leben führende, vielmehr ruhende Jugendstadium vieler Insekten. Die Puppe ist der Imago viel ähnlicher als dem letzten Larvenstadium, aus dem sie entstanden ist, und zeigt stets bereits dieselbe Körpereintheilung und dieselbe Anzahl von Gliedmassen und Flügeln, wie die Imago. Man unterscheidet zwei Hauptformen von Puppen, freie und bedeckte. Als freie Puppe, pupa libera, bezeichnet man eine solche, bei welcher sämmtliche Gliedmassen frei von dem Rumpfe abstehen, wie bei dem erwachsenen Thiere (Taf. II, Fig. 5, 6, 12 und 14 *P*, Taf. VI, Fig. 4 *P*). Hierher gehören alle Käfer- und Hymenopteren-, sowie die Dipterenpuppen. Als bedeckte Puppe, pupa obtecta, bezeichnet man eine solche, bei welcher die auch hier bereits deutlich ausgebildeten Gliedmassen derartig dem Körper angelegt oder, um einen trivialen, aber bezeichnenden Ausdruck zu gebrauchen, angebacken sind, dass die Chitincuticula gleichmässig über sie wegzugehen scheint. Dies ist bei den Schmetterlingspuppen der Fall.

Auch für die Schmetterlingspuppen, die scheinbar von der Imago so sehr verschieden sind, gilt völlig der eben aufgestellte Satz, dass die Puppe bereits dieselbe Segmentengruppirung und dieselben Leibesanhänge zeigt, wie die Imago. Am deutlichsten sieht man dies, wenn es glückt, die Schmetterlingspuppe in dem Momente zu überraschen, in dem sie die Larvenhaut abstreift; sie ist dann gewissermassen noch eine pupa libera und zeigt eine viel grössere Uebereinstimmung mit dem Schmetterling, als in dem eigentlichen fertigen Puppenstadium. Auf Fig. 81 *A* und *A'* ist eine solche, eben der Raupenhaut entschlüpfte Puppe des Kiefernspinners abgebildet, bei welcher Fühler, Mundwerkzeuge, Beine und Flügel noch deutlich vom Leibe abstehen und die Hinterleibsringe noch nicht so weit in der Längsrichtung zusammengeschoben sind, wie dies bei der fertigen Puppe der Fall ist, bei welcher auch z. B. das dritte Beinpaar und das zweite Flügelpaar fast völlig von dem ersten Flügelpaar verdeckt wird.

Aus dieser Thatsache, dass die Theile der Puppe sich bereits unter der Haut des letzten Larvenstadiums anlegen und die Puppe eben alle Theile des Schmetterlings besitzt, erklärt sich auch die hübsche, früher als höchstes Wunder angestaunte Geschichte, wie es dem berühmten JOHANN SWAMMERDAMM zu Amsterdam gelang, im Jahre 1668 dem Grossherzog von Toscana zu zeigen, „wie ein Zwiefalter mit seinen zusammengerollten und verwickelten Theilen in einer Raupe steckt".

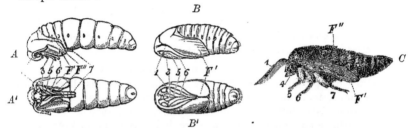

Fig. 81. Der Kiefernspinner. *A* Eben der Raupenhaut entschlüpfte Puppe, von der Seite, *A'* dieselbe von unten. *B* fertige Puppe, von der Seite, *B'* dieselbe von unten. *C* eben ausgeschlüpfter Schmetterling. *1* Fühler, *3* Mittelkiefer (Saugrüssel), *5* bis *7* die Brustfüsse, *F'* Vorderflügel, *F''* Hinterflügel.

Die Verwandlung der Larve in eine Puppe geht entweder ganz frei an einem beliebigen Orte, häufig auch in einem von der Larve bereiteten oder von der Brutpflege übenden Mutter zubereiteten Schlupfwinkel vor sich, oder die Larve heftet sich vor Beginn ihrer Häutung an einem fremden Gegenstande fest, oder aber es verläuft die Verwandlung in einer besonderen, von der Larve abstammenden Hülle. Diese Hülle kann entweder die ausgebaute und verschlossene Larvenwohnung (vergl. S. 95) sein, oder sie ist ein besonders zum Zwecke der Verpuppung verfertigter Cocon. Bei dem Bau des letzteren sind meist die modificirten Speichel-, beziehungsweise Spinndrüsen betheiligt, deren Secret entweder dazu dient, fremde Körper zum Cocon zu verkitten, oder zu Fäden ausgezogen zum Bau eines richtigen, mehr weniger dichten, gesponnenen Cocons, wie wir es am besten vom Seidenspinner kennen, verwendet wird. In einem solchen Cocon finden wir dann immer die abgeworfene letzte Larvenhaut neben der Puppe liegen.

Bei vielen Zweiflüglern wird dagegen kein eigentlicher Cocon erzeugt, sondern die letzte Larvenhaut hebt sich von der unter ihr gebildeten freien Puppe ab, bläht sich auf und erhärtet zu einem sogenannten Tönnchen. Dieses Tönnchen vertritt dann den Cocon.

Larven, welche sich ohne irgend ein Gespinnst verpuppen, ziehen sich häufig in die Bodendecke, in Rindenritze, unter Steine u. s. f. zurück. Als von der Larve besonders bereitete Schlupfwinkel für die Verpuppung können wir die Puppenwiegen bezeichnen, welche z. B. von den Borkenkäfer- und vielen Rüsselkäferlarven am Ende der Larvengänge genagt und mit Nagespänen ausgepolstert werden.

Eine Verpuppung in den ausgebauten Larvenwohnungen ist recht häufig. Wir führen als Beispiele an die wasserbewohnenden Larven der Köcher- oder Frühlingsfliegen, Phryganodea, die Larven mancher Blattkäfer, z. B. die in Ameisenhaufen lebende von Clythra quadri-punctata L., welche das aus ihren Excrementen verfertigte Gehäuse alsdann mit einem Deckel verschliesst, viele sacktragende Raupen, z. B. die Gattung Psyche und Verwandte, und unter den forstschädlichen Kleinschmetterlingen die Lärchenminirmotte Coleophora laricella Hbn.

Unter den ausschliesslich zum Zwecke der Verpuppung hergestellten Gespinnsten sind die aus Seidenfäden hergestellten Cocons die bekanntesten. Besonders bei den Schmetterlingen kann man alle Stufen dieser Gespinnste, von einem einfachen, die Puppe an der Unterlage befestigenden Gürtelfaden an — so bei dem Kohlweissling, Pieris Brassicae L. — bis zu lockeren, aus wenig Fäden bestehenden — bei Nonne (Taf. IV, Fig. 1 P) und Schwammspinner (Taf. V, Fig. 1 P) — und zu dichten, mit abgebissenen Raupenhaaren durchsetzten Gespinnsten — Kiefernspinner (Taf. III C) — finden. Manche Raupen kleiden das Innere ihrer Cocons auch noch mit einer kittartigen, sehr festen Substanz aus; um dem Schmetterling das Verlassen solcher sehr fester Hüllen zu erleichtern, ist öfters eine besondere Oeffnung am Cocon ausgespart — so bei dem Nachtpfauenauge, Saturnia pavonia L., bei welchem die Oeffnung, wie diejenige mancher Mausefallen, durch Stachelfäden derartig verschlossen ist, dass der ausschlüpfende Schmetterling zwar heraus, fremde Eindringlinge aber nicht hinein können — oder aber es ist ein besonderer, nur durch wenige Spinnfäden angefügter Deckel vorgebildet.

Ausserdem verpuppen sich in seidenen Gespinnsten sehr viele Hymenopteren. Am bekanntesten sind die seidenen Cocons vieler Ameisen, vom Volksmunde fälschlich „Ameiseneier" genannt; forstlich am häufigsten erwähnt werden die gehäuften Cocons der dem Kiefernspinner nachstellenden Schlupfwespchen aus der Gattung Microgaster (Taf. III S'''). Die in Wabennestern lebenden Larven der geselligen Bienen und Wespen verschliessen die Oeffnung ihrer Zellen mit einem gesponnenen Deckel, auch bei manchen Käfern, z. B. bei der Gattung Donacia und bei dem Floh kommen solche Puppengehäuse vor. In allen diesen Fällen sind die Spinnorgane modificirte Speicheldrüsen. Bei der Larve des Ameisenlöwen, Myrmeleon, und Verwandten werden die Spinnfäden hingegen von einem am Mastdarm befindlichen Spinnorgan verfertigt.

Gesellig lebende und hierbei Gesellschaftswohnungen spinnende Larven legen ihre Cocons mitunter auch in diesen an, so z. B. der Eichenprocessionsspinner, Cnethocampa processionea L.

Ebenso wie viele Larvengehäuse, so werden auch viele Cocons durch Verklebung von fremden Materialen mit Drüsensecreten hergestellt. Als sehr bekanntes Beispiel wollen wir die aus Holzstückchen und Erde hergestellten Cocons der Rosenkäfer, Cetonia, erwähnen.

Auch die Anfertigung der Cocons findet häufig nach dem Princip der schützenden Aehnlichkeit (vergl. S. 41) statt. Am auffallendsten sind auch hier wohl die exotischen Beispiele. So hat z. B. KELLER zwei australische Schmetterlingscocons beschrieben, von denen das eine täuschend die Losung des Riesenkängurus, das andere die trockene Frucht der Nährpflanze der Raupe nachahmt.

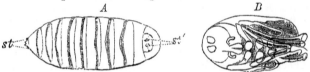

Fig. 82. *A* Tönnchen der gemeinen Stubenfliege, an dem man deutlich die Segmente der Larvenhaut, sowie die vorderen und hinteren Stigmen, *st* und *st'*, erkennt. *B* die in diesem Tönnchen eingeschlossene freie Puppe. $^5/_1$ nach PACKARD.

Die bei einer grossen Anzahl von Zweiflüglern innerhalb der letzten Larvenhaut vor sich gehende Verpuppung hat Anlass gegeben, die in den aus letzteren sich bildenden Hüllen, in Tönnchen (Fig. 82 *A*) eingeschlossenen Puppen als eine besondere Art hinzustellen und als Tönnchenpuppen, pupae coarctatae, zu bezeichnen. Es ist dies aber insofern falsch, als gar nicht das Tönnchen mit seinem Inhalt, vielmehr blos sein Inhalt, die eigentliche Puppe, welche ebenso gut eine freie Puppe, pupa libera, ist, als z. B. die der Käfer, den anderen Puppen gleichwerthig ist. Am besten ist dies aus Fig. 82 zu erkennen, auf welcher bei *B* die freie, mit abstehenden Gliedmassen versehene, aus dem Tönnchen genommene Puppe der Stubenfliege deutlich zu erkennen ist.

Hypermetamorphose und verwandte Erscheinungen. Obgleich die vollkommene und die unvollkommene Metamorphose meist als scharf geschiedene Arten der Entwicklung hingestellt werden, so sind sie in Wirklichkeit doch durch mancherlei Uebergänge verbunden.

Am klarsten erkennt man dies bei den bienenartigen Thieren. Die Verwandlung dieser wird gewöhnlich als vollkommene Metamorphose bezeichnet, weil dem Imagozustand eine deutlich ausgebildete freie Puppe vorhergeht (Fig. 83 *C*); diese Puppe entsteht aber nicht so direct aus dem letzten Larvenstadium (Fig. 83 *A*), wie z. B. die Schmetterlingspuppe aus der Raupe, vielmehr ist zwischen beide ein

Zwischenzustand (Fig. 83 *B*) eingeschoben, an welchem bereits die Leibesanhänge der Imago angelegt sind, aber in viel rudimentärerer Form als bei der eigentlichen Puppe. Dieser schon seit längster Zeit bekannte, meist aber in den Lehrbüchern völlig vernachlässigte Zustand wird passenderweise als Halbpuppe, semipupa s. pseudonympha, bezeichnet. Sie fehlt übrigens allen Blattwespen. Bei letzteren dauert es dagegen oft lange, ehe die eingesponnene Larve wirklich die

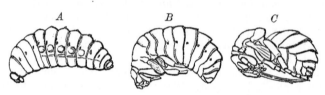

Fig. 83. Die Verwandlung der Hummel nach Packard. ²/₁. *A* ausgewachsene, fusslose Larve. *B* die Halbpuppe mit stummelförmigen Leibesanhängen. *C* die eigentliche freie Puppe mit den deutlich ausgebildeten Gliedmassen der Imago.

Larvenhülle abwirft und als Puppe erscheint. Man findet daher besonders in den überwinternden Blattwespencocons häufig noch die zusammengezogene Larve (Fig. 84 *A*).

Ausgehend von der Anschauung, dass die normale, vollkommene Metamorphose immer nur das Ei, eine Larvenform, die Puppe und die Imago umfasse, hat man nach dem Vorgang von Fabre eine Metamorphose, bei welcher eine grössere Zahl deutlich verschiedener Entwicklungsstadien vorhanden ist, als Hypermetamorphose bezeichnet. In diesem Sinne kann man die Entwicklung der Hymenopteren mit Halbpuppe auch als Hypermetamorphose ansehen, desgleichen auch die gewöhnlich unter die unvollkommenen Metamorphosen gerechnete Verwandlung der Eintagsfliegen, Ephemeridae. Fehlt hier auch streng genommen eine Puppe, so treten andererseits zunächst eine sehr grosse Reihe von Larvenhäutungen, bis zwanzig, auf, und zwischen die fortpflanzungsfähige Imago und die Larve ist ein neues, gleichfalls geflügeltes und auch flugfähiges Entwicklungsstadium eingeschoben, welches als subimago bezeichnet wird. Die Larve (Fig. 85 *A*) kommt auf die Oberfläche des Wassers, streift ihre letzte Larvenhaut ab und fliegt als Subimago fort, um sich bald niederzulassen, nochmals zu häuten (Fig. 85 *B*) und erst dann ihr kurzes eigentliches Imagoleben zu beginnen.

Fig. 84. Cocon einer Blattwespe. *A* mit der noch nicht verpuppten Larve. *B* mit der Puppe. ²/₁.

Begründet wurde übrigens der Begriff der Hypermetamorphose durch Fabre gelegentlich seiner Forschungen über die Entwicklung der Käfer aus der Familie der Meloïdae. Als Beispiel diene die Verwandlung der unserer spanischen Fliege verwandten Gattung ˉSitaris (Fig. 86). Aus dem am Eingang von Bienennestern durch das Sitarisweibchen abgelegten Ei schlüpft eine kleine sechsbeinige Larve A heraus. Diese dringt activ in das Bienennest, nimmt eine Brutzelle desselben ein und verzehrt das dort befindliche Bienenei. Nachdem sie so ihre erste Nahrung genommen, häutet sie sich zum erstenmale

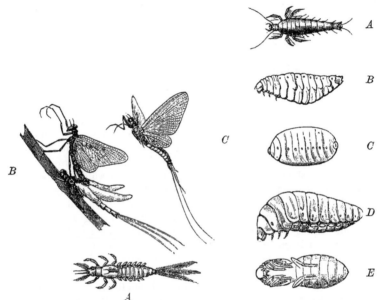

Fig. 85. *A* Larve der gemeinen Eintagsfliege, **Ephemera vulgata L.**, mit Tracheenkiemen, nach WESTWOOD. *B* deren männliche Imago aus der Subimago schlüpfend. *C* Imago von **Palingenia virgo OLIV.**, dem gemeinen Uferaas.

Fig. 86. Hypermetamorphose von Sitaris nach FABRE. *A* erstes sechsbeiniges, actives Larvenstadium. *B* die zweite mit Stummelbeinen versehene, madenartige Larve. *C* die folgende Tönnchenpuppe. *D* letztes madenartiges Larvenstadium. *E* die eigentliche freie Puppe.

und verwandelt sich in ein nur mit kurzen Fussstummeln versehenes, madenartiges Geschöpf *B*, das nun von der in der Brutzelle für die ausschlüpfende Bienenlarve aufgespeicherten Nahrung lebt. Bei der nun folgenden Häutung bleibt die Larve in der ein Tönnchen *C* bildenden Larvenhaut und wird zu einer festen, aber in der Gestalt von der Larve wenig verschiedenen Puppe, in der sich wiederum ohne directes Abwerfen dieser harten Haut eine neue, weichhäutige Larve *D* bildet. Erst diese verwandelt sich in die eigentliche freie Puppe *E*.

Die Verwandlung der activen sechsbeinigen Larve in eine fast
fusslose Made, welche wohl als eine Anpassung an die nun folgende,
fast parasitische Lebensweise der Larve angesehen werden muss,
erscheint, wenn man nur die äussere Gestalt beachtet, als ein Rückschritt in der Entwicklung. Ein ähnlicher Rückschritt in der Entwicklung, aber ohne nachfolgenden Wiederaufschwung zu einer noch
höheren Form, kommt bei den weiblichen Schildläusen vor, deren
deutlich sechsbeinige Larvenform zu einer unbeweglich festsitzenden,
rein als Fortpflanzungsmaschine dienenden, weiblichen Imago wird. Hier
kann man von einer wirklich regressiven Metamorphose reden.

Die Verwandlung der Puppe zur Imago. Die inneren Vorgänge
des Umbaues des jungen Thieres zur Imago während der Puppenruhe
sind noch nicht allseitig erforscht.

Wir begnügen uns hier mit der Andeutung, dass bei verschiedenen
Formen der Vorgang ein sehr verschieden intensiver ist, indem bei
einigen eine directe Umwandlung der Larventheile in die Theile der
Imago vorkommt, während bei anderen die Larvenorgane wenigstens
theilweise zerfallen und während der Puppenruhe völlig neu aufgebaut
werden. So ist es z. B. bei der Gattung Musca und Verwandten.

Die Verwandlung ist, da die Puppe athmet, also Kohlensäure
und Wasserdampf ausscheidet, dagegen keine Nahrung zu sich nimmt,
stets mit einem Gewichtsverluste verbunden, welcher besonders bei
den Schmetterlingen genau beobachtet und so bedeutend ist, dass der
Schmetterling in einzelnen Fällen nur ein Viertheil des Gewichtes der
ausgewachsenen Raupe hat.

Wenngleich die Puppe als ein Ruhestadium zu bezeichnen ist
und kein actives Leben führt, so können doch alle Puppen Körperbewe-
gungen machen und manche Insektenpuppen, welche an solchen Orten
leben, aus denen sich die Imago nicht ohne Weiteres befreien kann,
schieben sich vor dem Ausschlüpfen der Imago so weit in das Freie,
dass die Verwandlung ungestört vor sich gehen kann. So die Puppen
der holzbewohnenden Schmetterlingsraupen, z. B. die des Weidenbohrers, Cossus ligniperda L., und seiner Verwandten.

Bei mit kräftigeren Nage- oder Grabwerkzeugen versehenen
Imagines bleibt dagegen die Puppe meist an ihrer Ruhestätte, und erst
das erwachsene Thier hat sich aus seinem Schlupfwinkel hervorzu-
arbeiten. So nagen sich z. B. die Borkenkäfer aus ihrer Rindenwiege und
die Holzwespen aus dem Inneren des Holzes hervor, während die Maikäfer sich aus der Erde hervorwühlen. Bei den in einem Cocon verpuppten Insekten geht dem Ausschlüpfen eine Eröffnung des Cocons
voran, welche bei Schmetterlingen mit festem Cocon theilweise durch
eine Erweichung des Cocons an einer bestimmten Stelle mittelst einer
von der Imago abgesonderten Flüssigkeit geschieht.

Bei der Verwandlung springt die Puppenhülle an einer fest bestimmten Stelle auf, und das Insekt arbeitet sich durch eigene Thätigkeit

heraus. Anfänglich weich und mit noch zusammengefalteten Flügeln, erhärtet es bald an der Luft und dehnt die Flügel aus durch Einpumpung von Luft in die sie durchziehenden Tracheen. Insekten, deren Färbung nicht, wie das bei den Schmetterlingen der Fall ist, durch Schuppen und Haare bedingt wird, sind im Anfang matter und heller gefärbt als die bereits völlig ausgebildeten. Am besten kann man dies an den Borkenkäfern erkennen, die, frisch ausgeschlüpft, stets noch gelb sind. Kurz nach der Verwandlung erfolgt eine Ausleerung der während der intensiven Lebensvorgänge in der Puppe erzeugten Harnsubstanzen, wie man am besten an den Schmetterlingen sehen kann, die bald nach dem Ausschlüpfen einen grossen Tropfen gelben oder röthlichen Harnes fallen lassen.

Zeitlicher Ablauf der Entwicklung.

Zur vollständigen Kenntniss des zeitlichen Ablaufes der Entwicklung eines Insektes gehört die Bekanntschaft mit dessen Flugzeit, Generation, Ueberwinterungsstadium und Lebensdauer.

Flugzeit. Hierunter versteht man im entomologischen und besonders im forstentomologischen Sinne die Zeit, in welcher die Imago zur Fortpflanzung schreitet. Der Ausdruck findet seine Rechtfertigung in der Beobachtung, dass im allgemeinen die Zeit der Fortpflanzung die gesammte Lebenszeit der Imago, des einzigen geflügelten Zustandes, umfasst, und dass in denjenigen Fällen, wo dieses nicht stimmt, die Imago doch meist nur während der Fortpflanzungszeit von ihren Flügeln ausgiebigen Gebrauch macht. Die ohngefähr vierzehn Tage bis drei Wochen währende Lebensdauer des Falters des Kiefernspinners ist ausschliesslich den Geschäften der Begattung und Eiablage gewidmet, und der grosse braune Rüsselkäfer sucht nur seine Brutstätten im Fluge auf, während er späterhin seinen Frassstätten laufend zuwandert.

Die Flugzeit der einzelnen Insektenarten ist eine sehr verschiedene. Während sie z. B. bei der Kieferneule bereits in das zeitige Frühjahr, Ende März oder Anfang April, fällt, tritt sie beim Kiefernspinner erst im Hochsommer ein, im Juli, und der Frostspanner fliegt im Spätherbst von Mitte October wohl bis in den December hinein. Insekten mit mehrfacher Generation — siehe weiter unten — haben auch eine mehrfache Flugzeit Die Kiefernblattwespe, Lophyrus Pini L., fliegt sowohl im April als im Juli und August. Ungünstige Witterung kann den Eintritt der Flugzeit verzögern, günstige ihn beschleunigen. Besonders erwacht in

zeitigen Frühjahren das Insektenleben gleichfalls zeitiger, als in anderen
Jahren.

Im allgemeinen ist die Flugzeit der einzelnen Insektenarten
annähernd, bei den praktisch beachtenswerthen sogar sehr genau
bekannt. Indessen fehlt es noch an zusammenhängenden phänologischen
Beobachtungsreihen. Als Phänologie — abgeleitet von φαίνω, ich
erscheine — bezeichnet man die Lehre von dem zeitlichen Auftreten
der verschiedenen Erscheinungen der Thier- und Pflanzenwelt im Kreislaufe des Jahres. Seit längerer Zeit werden phänologische Beobachtungen
über das Insektenleben angestellt, annähernd regelmässig publicirt aber
nur von einigen der meteorologischen Beobachtungsstationen Oesterreich-
Ungarns [7]. Die österreichischen Publicationen betreffen aber fast gar
keine wirklich wichtigen Forstschädlinge. Man findet von letzteren nur
den Maikäfer, den Heckenweissling, Lacon murinus L. und Lina Populi
I., erwähnt, also nur einen wirklich hervorragenden Forstschädling.

Auf den meteorologischen Stationen im Königreiche Sachsen [2]
sollen beobachtet werden die Flugzeit des Maikäfers, des grossen
braunen Rüsselkäfers, Hylobius Abietis L., und des Borkenkäfers, Tomicus
typographus L.; auf den forstlich-meteorologischen Stationen des Königreichs Preussen und der Reichslande ausserdem noch die des Kiefernmarkkäfers, Hylesinus piniperda L. [9]. Aber ganz abgesehen davon,
dass die Beobachtungen nur auf einzelnen Stationen regelmässig angestellt werden und die Resultate der sächsischen Stationen nur für die
Jahre 1864—1870 publicirt sind, sind dieselben überhaupt zu wenig
genau und zahlreich, als dass bereits jetzt aus ihrer Zusammenstellung
sichere mittlere Werthe für die Erscheinungszeit der einzelnen Insekten
an den verschiedenen Stationen abgeleitet werden könnten.

Die phänologischen Beobachtungen der Pflanzenwelt haben ergeben, dass innerhalb des Verbreitungsgebietes einer Pflanzenart mit
winterlicher Ruheperiode der Zeitpunkt der Blatt- und Blüthenentfaltung
im Mittel längerer Jahre für den einzelnen Ort constant, dagegen an
anderen Orten mit verschiedenem Klima verschieden ist, und dass der
Unterschied als dem Unterschiede der mittleren Jahrestemperatur annähernd proportional angesetzt werden darf. Indessen darf nicht übersehen
werden, dass hierbei auch noch eine Reihe anderer Factoren mitspielen und
einmal je nach der Feuchtigkeit und Besonnung des individuellen
Standortes grosse Abweichungen vorkommen können, andererseits die
Witterungsverhältnisse der einzelnen Jahre grössere Verschiebungen
veranlassen. Dennoch zeigt z. B. die HOFFMANN'sche „Vergleichende
phänologische Karte von Mitteleuropa" [6] mit der PUTZGER'schen [10]
„Karte der mittleren Temperaturen des Deutschen Reiches" auffallend
gemeinsame Züge. Es ist ferner aus den vorhandenen Beobachtungen
ersichtlich, dass mit zunehmender oder abnehmender nördlicher Breite,
östlicher Länge und Meereshöhe der Eintritt der Blüthezeit der Pflanzen
verzögert oder beschleunigt wird. FRITSCH hat nun versucht, die Con-
stauten dieser mittleren Verzögerung oder Beschleunigung abzuleiten.

Dieselben sind z. B. bei den krautartigen Pflanzen für je 1^0 nördl.
Br. $= 3\cdot8$, für je 1^0 östl. L. $= 0\cdot4$ und für je $1\,m$ Meereshöhe $= 0\cdot046$.
Nehmen wir z. B. an, die Blüthe einer solchen Pflanze trete in Wien
durchschnittlich am 1. Mai ein, so würde in Lemberg, welches $1\cdot6^0$ nörd-
licher, $7\cdot7^0$ östlicher und $104\,m$ höher liegt, die Blüthe dieser selben
Pflanze eintreten:

$$
\begin{aligned}
+\quad & 1\cdot6 \times 3\cdot8 \;=\; + \quad 6\cdot1 \\
+\quad & 7\cdot7 \times 0\cdot4 \;=\; + \quad 3\cdot1 \\
+\; & 104 \times 0\cdot046 \;=\; + \quad 4\cdot8 \\
\hline
& \qquad\qquad\qquad\quad + \; 14\cdot0 \;\text{d. h. 14 Tage später,}
\end{aligned}
$$

also am 15. Mai.

Der von FRITSCH auf die Annahme, dass das Insektenleben auf
das innigste mit dem Pflanzenleben zusammenhängt, gegründete Versuch [4], mit Hilfe der gleichen Constanten die mittlere Verzögerung
oder Beschleunigung der Erscheinungszeit der Käfer und speciell
des Maikäfers zu berechnen, wenn man die mittleren Werthe seines
Erscheinens in Wien zu Grunde legt, sind dagegen fehlgeschlagen.
Es ergibt die Rechnung stets einen späteren Termin als die wirkliche
Beobachtung an dem betreffenden Orte. Auch der in Tharand durch
uns unternommene Versuch, die Beobachtungen der preussischen forst-
meteorologischen Stationen in gleichem Sinne zu verwerthen, ergab
keinerlei brauchbare Resultate. Die vorstehenden Bemerkungen sind
lediglich deshalb hier eingeschaltet worden, um die Herren Revier-
verwalter aufmerksam zu machen, welch grosses, fast noch unbebautes
Feld für wissenschaftliche Beobachtungen hier vorliegt. Es muss aber
noch hinzugesetzt werden, dass zur Gewinnung für die Praxis verwend-
barer Resultate es nicht genügen dürfte, die erste Erscheinungszeit
der wichtigsten Forstschädlinge längere Jahre hindurch aufzuzeichnen,
sondern dass es namentlich darauf ankommt, die Hauptschwärmzeiten
derselben zu fixiren. Dies gilt besonders für die Borken- und Rüsselkäfer, da nur so die Frage nach der ein- oder mehrfachen Generation
derselben definitiv gelöst werden kann.

Unzusammenhängende, aber nichtsdestoweniger sehr werthvolle
Beobachtungen haben wir in grösserer Menge. So sagt z. B. RATZEBURG
[XI, p. 358 bis 360]:

„Hier gibt es für den feineren Beobachter etwas zu rechnen, wenn er es
nicht vorzieht, den Gang der Temperatur nach der allmäligen Entwicklung der
Bäume, Hasel, Birke, Hainbuche, Rothbuche, Eiche, oder allgemein verbreiteter
Pflanzen, Huflattich, Osterblume, Anemone, Oxalis, zu beurtheilen. Nicht blos die
Mitteltemperatur des ganzen Frühlings — ungefähr: in Nord- und Mitteldeutschland
7 bis 9^0, in Süddeutschland 10^0, Südschweiz 11^0 C. — entscheidet, sondern auch die
der einzelnen Monate — März, April, Mai —: in Mitteldeutschland etwa 3, 9, 14^0. Der
sprichwörtlich veränderliche April kann aber auf 10 bis 11^0 steigen oder unter $7\cdot5^0$
herabsinken. Eines der merkwürdigsten Frühjahre war das von 1862 und blieb auch
nicht ohne entomologische Folgen, z. B. fanden sich von Hyles. piniperda L. schon
am 3. Mai fertige Gänge und viele Larven; der Fichtenborkenkäfer lieferte zwei volle
Generationen. Die Buche kam in den 36 Tagen vom 22. März bis 29. April —
vorher war Schnee und Eis gewesen — zum vollständigen Ergrünen. Diese 36 Tage
ergaben ca. 375^0 Wärme, es kam also auf jeden Tag $10\cdot4^0$, während in gewöhnlichen Jahren, wie 1860 und 1861, wenigstens 45 Tage dazu nöthig sind, da jeder

gewöhnlich nur 8.3^0 hat, die Buche dann also erst vom 8. bis 12. Mai ergrünt. Im Jahre 1862 machten sich während jenes Zeitraumes drei Perioden bemerklich: 1. vom 25. März bis 9. April mit 11.3^0 tägl. Mitteltemperatur, 2. vom 10. April bis 18. April mit 5^0, und 3. vom 19. bis 30 April mit 12.5^0. In der zweiten, retartirenden, hatte ich z. B. am 12. April Morgens 6 Uhr $+ 1.3^0$ und Nachmittags 2 Uhr 6.3^0, im Mittel also 3.8^0; am 13. Morgens $- 1.3^0$, Nachmittags $+ 6.3^0$, im Mittel 2.5^0; den 14. Morgens 1.3^0 und Nachmittags 7.5^0, im Mittel 4.4^0 u. s. w. So bestimmte Perioden kommen bei uns sehr selten vor. Die Jahre 1860 und 1861 waren z. B. auffallend verschieden, denn der März hatte kaum einen warmen Tag — 1862 zuletzt täglich $+ 17.5^0$ — und der April höchstens dreimal bis 19^0. Daher kamen erst am 2. Mai die ersten Buchenspitzen, und da bis zum 8. wieder Kälte einfiel, trat erst nach dem 9. allgemeines Ergrünen ein, und erst am 18. langsames Hervorbrechen der Eichen. Frühzeitige Erscheinungen im Insektenreiche waren 1862 folgende: Graph. tedella CL. (hercyniana RATZ.) Flug am 5. Mai, Ret. buoliana S. V. Puppen 15. Mai, Gastr. Pini L. Puppen 15. Mai, Anthonomus pomorum L. Puppen und Käfer 15. Mai, am 25. Mai Werre mit Eiern, am 1. Juni Orchestes Fagi L. Käfer. Auch der Herbst war lang und mild. Anfangs October im ungeheizten Zimmer noch $+ 15$ bis 16^0 C., Piss. piniphilus HBST. kam noch aus. Eine besondere Bedeutung können die Frühjahrs-Monate auch für die jetzt üblichen Theerringe gewinnen. So kehrte sich im Jahre 1869 die Witterung des Februar und März in einer Weise um, wie es in unserem Jahrhundert nur einmal, 1850, vorgekommen ist. Der Februar, welcher mehr als 2.5^0 kälter zu sein pflegt als der März, war diesmal um mehr als 2.5^0 wärmer. Das Baumen des Spinners erfolgte daher sehr unregelmässig und theilweise zu früh."

„Auffallende Wirkungen des Klimas zeigte die Pinien-Processionsraupe, Cneth. pityocampa S. V. DAVALL's Beobachtungen hierüber sind so lehrreich, weil er sie in einem Jahre in den verschiedensten Gegenden anstellen konnte. An den Küsten des Mittelmeeres, zwischen Marseille und Genua, geschah die Verpuppung schon gegen Ende März, bei Vevey aber erst Mitte Mai"

Generation. Die Zeit, welche eine Insektenart braucht, um einen einfachen Entwicklungscyklus zu vollenden, nennt man mit einem Anklange an den Gebrauch, z. B. Grossvater, Vater und Sohn als drei „Generationen" ein und derselben Familie zu bezeichnen, die „Generation" des betreffenden Insektes. Diese Zeit reicht also von dem Augenblicke der Ablage eines Eies bis zum Eintritt der Geschlechtsreife und zum Beginn der Fortpflanzungsthätigkeit bei dem aus diesem Ei entstandenen Thiere: kurz gesagt, von Ei zu Ei. Im allgemeinen ist die Generation einer bestimmten Insektenart eine bestimmte, dieselbe kann aber bei verschiedenen Insektenarten sehr verschieden lange dauern.

Am häufigsten tritt der Fall ein, dass ein Thier zu seiner Entwicklung zwölf Monate braucht. Diesen Fall bezeichnet man als einjährige Generation. Die Raupe, welche aus dem vom Kiefernspannerweibchen im Mai abgelegten Ei schlüpft, verwandelt sich im nächsten Mai wieder in den fortpflanzungsfähigen Falter. Ein Insekt, welches zu seinem Entwicklungscyklus dagegen 24, 36, 48 Monate u. s. f. braucht, hat eine zwei-, drei- oder vierjährige Generation. Ein Beispiel der letzteren ist im nördlichen Deutschland der Maikäfer, dessen „Flugjahre"

an einem bestimmten Orte stets nur jedes vierte Jahr, z. B. alle Schaltjahre wiederkehren. Die längste bekannte Generation hat eine nord-
amerikanische Zirpe, welche 17 Jahre zu ihrer Entwicklung braucht
und eben nach dieser Eigenthümlichkeit von LINNÉ Cicada septemdecim
getauft wurde·

Es fällt aber auch jede einjährige Generation stets in zwei verschiedene Kalenderjahre und jede xjährige Generation vertheilt· sich also,
wenn x eine ganze Zahl darstellt, auf x + 1 Kalenderjahre. Vergleiche hierzu das Beispiel des Maikäfers auf der nächsten Seite.

Andererseits gibt es Insekten, welche ihren Entwicklungscyklus
zwei- oder mehreremale innerhalb von 12 Monaten vollenden, und man
sagt alsdann, dass das betreffende Insekt eine „doppelte, dreifache,
beziehungsweise mehrfache Generation" hat. Ein Beispiel für doppelte
Generation bietet die kleine Kiefernblattwespe, Lophyrus Pini L., während
einige Blattläuse auch unter normalen Verhältnissen eine 9- bis 14fache
Generation haben können. In allen Fällen, in denen bei heimischen
Insekten Saisondimorphismus oder Heterogonie vorkommt, ist eine mehrfache Generation vorhanden (vergl. S. 127).

Wir werden im Folgenden bei allen wichtigeren Forstschädlingen
die Verhältnisse ihrer Generation graphisch darstellen.

Die hierbei von uns für die einzelnen Entwicklungsstadien der Insekten gewählten Zeichen sind derartig beschaffen, dass sie einigermassen
an das durchschnittliche Aussehen der entsprechenden wirklichen Stadien
erinnern und daher verhältnissmässig leichter im Gedächtniss behalten
werden können, als die bisher zu diesem Zwecke beliebten Buchstaben
oder Farben.

Es wird also das Ei durch einen Punkt (.), die Larve durch einen
Strich (—), die unverpuppt im Cocon liegende Larve durch einen von
einer liegenden Null umschlossenen Strich (⊝), die Puppe durch eine
liegende ausgefüllte Null (●) und die Imago, also das fliegende Thier,
durch ein Kreuz (+), die Zeit, in welcher das betreffende Insekt frisst,
durch einen starken schwarzen Strich (■■) bezeichnet. Letzterer wird bei
Larvenfrass unter, bei Imagofrass über den Zeichen für das betreffende Stadium angebracht sein.

Es sind die Tabellen ferner so eingerichtet, dass sie auf circa
zehn Tage, d. h. ein Drittheil Monat, genau die Lebensgeschichte eines
Insektes darzustellen gestatten.

Folgende Beispiele mögen dieses erläutern:

Liparis monacha L., mit einjähriger Generation.

	Jan.	Febr.	März	April	Mai	Juni	Juli	Aug.	Sept.	Oct.	Nov.	Dec.
1880							+++					
1881								●●+++				

Melolontha vulgaris L., mit vierjähriger Generation.

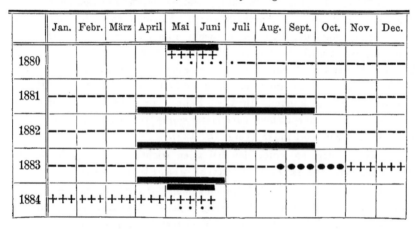

	Jan.	Febr.	März	April	Mai	Juni	Juli	Aug.	Sept.	Oct.	Nov.	Dec.
1880					+++ +++							
1881												
1882												
1883								●●●●●●	+++ +++			
1884	+++	+++	+++	+++	+++ ++							

Lophyrus Pini L., mit doppelter Generation.

	Jan.	Febr.	März	April	Mai	Juni	Juli	Aug.	Sept.	Oct.	Nov.	Dec.
1880				++			●●+ +			⊖⊖⊖	⊖⊖⊖	⊖⊖⊖
1881	⊖⊖⊖	⊖⊖⊖	⊖⊖●	●++								

Untersuchen wir die Entwicklungsvorgänge bei einem einheimischen Insekte mit doppelter Generation, d. h. also bei einem solchen, welches in einem Klima mit deutlich ausgesprochenem Gegensatz von Sommer und Winter lebt, so finden wir, dass die beiden einzelnen Generationen stets verschieden lange dauern. Die Generation, welche ganz in die gute Jahreszeit fällt, währt kürzer als die überwinternde. So braucht z. B. die Sommergeneration von **Lophyrus Pini L.** circa vier Monate, die Winter-

generation hingegen acht Monate (vergl. die vorhergehende graphische
Darstellung). Hieraus erkennen wir sofort, dass die einzelne Generation
eines bestimmten Insektes kenie absolut bestimmte Dauer hat, sondern je nach den Witterungs- und besonders auch den Temperaturverhältnissen, unter denen sie abläuft, verschieden lange dauern kann.
Dieser Einfluss des Klimas ist erfahrungsgemäss sogar so bedeutend,
dass eine Insektenart, welche in einer bestimmten Oertlichkeit regelmässig
eine doppelte Generation hat, an einem anderen Orte mit rauherem
Klima nur eine einfache, an einem solchen mit günstigerem Klima
dagegen eine dreifache besitzt. Als Beispiel hiefür kann man Hylesinus
piniperda L. anführen. Ebenso kann eine Insektenart, deren Generation in
gewissen mittleren Lagen z. B. vierjährig ist, in südlicheren Gegenden eine
dreijährige haben. Ein Beleg hiefür ist der Maikäfer, der nördlich von
der „Mainlinie" vier, südlich von derselben dagegen drei Jahre zu seiner
Entwicklung braucht. Es kann ferner auch an demselben Orte eine
bestimmte Insektenart in dem einen wärmeren, also günstigeren Jahre eine
doppelte Generation haben, während sie in dem nächsten rauheren, ungünstigeren Jahrgange nur eine einfache Generation vollendet. Ist der
hemmende Einfluss der rauheren Witterung aber geringer, so kann es
zwar in dem betreffenden ungünstigeren Jahre noch zum Beginne der
zweiten Generation kommen, dieselbe braucht aber nicht im Laufe der
12 Monate bereits vollendet zu sein. Hierbei kommen dann auf 24 Monate
drei Generationen, und es entsteht das, was RATZEBURG eine „anderthalbige Generation" nennt. Hiefür liefert nicht gerade selten Tomicus
bidentatus HBST. ein Beispiel.

Ja man hat beobachtet, dass gewisse Insektenarten und häufig sogar
Insektenindividuen auch ohne nachweisbaren Grund einmal bedeutend
längere Zeit im Puppenzustande verharren als gewöhnlich. Dies nennt
man „Ueberjährigkeit". Lyda stellata CHRIST hat gewöhnlich eine
einjährige Generation, dagegen findet man häufig, dass aus der im Anfang Mai entstandenen Puppe nicht Ende Mai oder im Juni die Wespe
ausfliegt, wie eigentlich die Regel wäre, sondern dass der Puppenzustand
bis zum nächsten Mai dauert und dann erst das vollendete Insekt fliegt.
Die Puppenruhe hat also hier, statt drei Wochen, mehr als ein Jahr gedauert.
Aehnliche Verhältnisse kennt man von dem Kiefernprocessionsspinner,
Cnethocampa pinivora TR.

Diese Verhältnisse hängen damit zusammen, dass die Insekten
„kaltblütige" oder, besser gesagt, „poikilotherme", d. h.
wechselwarme Thiere sind. Man versteht hierunter solche Thiere,

deren Eigenwärme, obgleich stets um ein Geringes höher als die des umgebenden Mediums, der Luft, des Wassers oder der Erde, kurz des Ortes, an dem sie sieh aufhalten, doch mit wechselnder Temperatur dieses Mediums gleichfalls schwankt. Ihnen stehen die „warmblütigen" oder, besser gesagt, „homoeothermen", d. h. gleichwarmen Thiere gegenüber, welche, so lange ihr Leben überhaupt dauert, ihre Eigenwärme stets auf einer höchstens um 1^0 C. ah und zu schwan·kenden Höhe erhalten. Die Eigenwärme, „Blutwärme", des gesunden Menschen beträgt, mag derselbe einer Kälte von — 30^0 C. oder einer Wärme von + 30^0 C. ausgesetzt sein, stets ohngefähr 38^0 C.

Die Entwicklungsdauer eines warmblütigen Thieres ist eine bestimmte. Die in dem Uterus eines Säugethieres sich entwickelnden, einer gleichmässigen circa + 38^0 bis 40^0 C. betragenden Wärme ausgesetzten Eier, beziehungsweise Embryonen, variiren in ihrer Entwicklungsdauer bei derselben Art und Race nur nach Tagen, so dass man die Trächtigkeitsdauer einer bestimmten Thierart nach Wochen genau angeben kann. Sie beträgt beim Pferde circa 48, beim Rothwild 34 und beim Kaninchen 4 Wochen.

Das Vogelei bedarf einer bestimmten gleichmässigen Brutwärme und entwickelt sich dann in einer fest bestimmten Anzahl von Tagen. Für das Hühnerei beträgt die Brutwärme 40^0 C., die Brutdauer 21 Tage. Wird diese Bedingung nicht genau erfüllt, erkaltet z. B. das Ei, so stirbt der Embryo ah, während die Entwicklung des Forelleneies z. B. ebenso gut bei einer Wasserwärme von + 2^0 C. wie von + 10^0 C. vor sich gehen kann. Im ersteren Falle vergehen aber circa 170, im zweiten nur 50 Tage bis zum Ausschlüpfen des jungen Fischchens.

Ganz analog denjenigen bei den Fischen, sind die Verhältnisse der Entwicklung bei dem Insektenei. Wir sehen dies am besten daraus, dass, wenn der Eintritt des Frühjahres und damit der Laubausbruch sieh verspätet, auch die auf junge Knospenblätter angewiesenen Räupchen, z. B. die des Ringelspinners, Bombyx neustria L., später ausschlüpfen. Genaue Beobachtungsreihen von unzweifelhafter Sicherheit liegen aber hierüber noch kaum vor, und wir wollen daher hier immerhin die positiven Angaben Regener's [II] über den Einfluss der Temperatur auf Entwicklungs- und Lebensdauer des Kiefernspinners bei verschiedenen Temperaturen anführen, allerdings etwas umgerechnet und vereinfacht. Trotzdem müssen wir aber darauf hinweisen, dass die lakonische Kürze und apodiktische Sicherheit derselben, sowie der Mangel jeder Angabe, wie es dem einfachen Förster möglich wurde, so lange Zeit hindurch die zu solchen Versuchen nöthigen constanten Temperaturen zu erzeugen, dem Werthe dieser Angaben in den Augen vorsichtiger Forscher bedeutenden Abbruch thun.

Zeitlicher Ablauf der Lebenserscheinungen des Kiefernspinners bei verschiedenen Temperaturen nach REGENER.

Temperatur ^{0}C.	Dauer (in Tagen)				
	des Ei-stadiums von der Ablage bis zum Ausschlüpfen	des Raupen-stadiums vom Ausschlüpfen zur Einspinnung	des Einspin-nungsvor-ganges	des Verpup-pungsvor-ganges	der Puppen-ruhe
$+ 4^0$ bis 5^0 .	—	—	—	—	—
$+ 6^0$	—	500	—	—	—
$+ 9^0$ bis 11^0 .	36	196	—	—	—
$+ 11^0$ bis 14^0 .	26	152	—	15	—
$+ 15^0$ bis 19^0 .	20	119	3	9	49
$+ 18^0$ bis 21^0 .	18	84	$2^1/_2$	$5^1/_2$	36
$+ 20^0$ bis 24^0 .	17	67	2	$2^1/_2$	26
$+ 24^0$ bis 28^0 .	16	56	$^1/_2$	2	21

Welche Combinationen verschiedener klimatischer Einflüsse es
in Wirklichkeit verursachen, dass ein und dasselbe Insekt entweder
in verschiedenen Jahren an demselben Orte, oder an verschieden
gelegenen Orten in demselben Jahre, eine verschieden lange Zeit zur
Vollendung einer Generation braucht, ist vorläufig noch nicht sicher
festgestellt. RATZEBURG war geneigt, in dieser Beziehung ähnliche
Verhältnisse anzunehmen wie BOUSSINGAULT [I, II S. 435] in Bezug
auf die Vegetationsdauer der Gewächse. Nach den Ansichten dieses
französischen Forschers bedarf jede Pflanze einer bestimmten Wärmesumme, d. h. die Summe der mittleren Tagestemperaturen ihrer
Vegetationszeit soll eine constante sein, während die Dauer der
Vegetationszeit selbst variiren kann. Nehmen wir also theoretisch an,
eine Pflanze brauche die Wärmesumme von 2000^0 C., so kann sie
sich einmal entwickeln in 100 Tagen mit einer durchschnittlichen mittleren Temperatur von 20^0 C., aber ebenso gut in 111 Tagen mit 18^0 C.
und in 91 Tagen mit 22^0 C. durchschnittlicher mittlerer Tages-
temperatur. RATZEBURG führt dies an dem Beispiel des Maikäfers aus.
Er sagt [**XI**, S. 360]:

"Interessant und wichtig ist ferner das Verhalten des Maikäfers. In Mittel-
und Norddeutschland ist seine Generation eine vierjährige, im Süden eine dreijährige. Der Grund hierzu liegt sicher in den klimatischen Verhältnissen. Im
Süden erwacht die Natur viel früher und schliesst auch später, was auf Thiere
von biegsamem Charakter wie der Maikäfer, wie auf Pflanzen einen Einfluss haben

muss. Die Engerlinge werden dort also in drei Jahren einen Vorsprung von wenigstens drei Monaten, im Vergleich mit dem Norden, erlangen, also schon im dritten Sommer ihrer Entwicklung fertig sein können, noch dazu wenn man erwägt dass sie bei uns im vierten Sommer gewöhnlich schon im Juli nicht mehr fressen und schon im August sich verpuppen. Erichson fand, dass die Verpuppung zuweilen schon im Mai erfolgt, es fehlt also selbst bei uns wenig an einer dreijährigen Generation. Schliesslich kommt hier Alles, wie bei den Pflanzen, auf die Wärmesumme in Boden und Luft an, welche eine Gattung oder Art zu ihrer Entwicklung bedarf. Findet z. B. der Maikäfer diese nicht im dritten Sommer, so braucht er dazu den vierten, kann die-en auch wohl in besonders günstigen Jahren abkürzen, aber bei uns niemals in drei Jahren fertig werden. Zählen wir z. B. in Berlin die Mitteltemperatur der 12 Monate zusammen, so erhalten wir 106^0 C., in vier Jahren also $4 \times 106 = 424^0$; dagegen gibt Karlsruhe in drei Jahren 375^0, und jenseits der Alpen hat man in drei Jahren reichlich 424^0. Wollte man noch die Bodentemperatur berücksichtigen, so würde sich das Verhältniss im Süden noch günstiger für den Maikäfer gestalten. In Norddeutschland steigt in humosem Sandboden, im Waldschatten das Thermometer in der Ueberwinterungstiefe des Maikäfers bei 1 m von Ende März bis Ende April und Anfang des Mai auf $+ 6^0$ bis $+ 9^0$ C Wie verhält sich das nun im Süden? Ein „Wärmeüberschuss" muss sich auch bei allen anderen Insekten, die den Süden mit dem Norden theilen, finden; allein da dieser meist nur ein, höchstens zwei Jahre dauert, so können solche Folgen, wie bei dem eine so lange Entwicklungszeit brauchenden Maikäfer dort nicht eintreten."

Genauere Untersuchungen über diese Frage sind noch sehr selten. Wir können hier nur die an Tomicns typographus L. angestellten erwähnen.

Förster Uhlig in Tharand fand bei täglich dreimaliger Temperaturbeobachtung während einer Generation des Fichtenborkenkäfers vom 30. Mai bis 21. Juli eine Wärmesumme von 1145^0 C. oder täglich im Durchschnitt 22·02^0; während der zweiten Generation vom 4. August bis 3 October eine Summe von 1228·5^0 oder täglich im Durchschnitt 20·48^0. [Thar. Jahrbuch, 25. Bd., S. 256.]

Auch ist hier die Angabe Ratzeburg's [XI, S. 96] zu erwähnen, dass bereits dann eine doppelte Generation von Tomicus typographus L. entsteht, wenn, wie in Mitteldeutschland gewöhnlich, die Mitteltemperaturen der Monate
Mai,   Juni,   Juli,   August, September die Werthe von
13^0 C., 17^0 C., 19^0 C., 17^0 C., 14^0 C.   erreichen.

Es hat sich nun aber längst gezeigt, dass der Pflanzenphysiologie die einfachen Boussingault'schen Wärmesummen nicht genügen können, und man hat ausserdem die Summe der Belichtungszeit, während welcher allein die chlorophyllhaltigen Theile assimiliren, sowie die in der Sonne erreichte — am besten durch einen Aktinometer gemessene — mittlere Temperatur in Rechnung gezogen.

Obgleich nun allerdings der thierische Stoffwechsel viel weniger von der Belichtung abhängt als der pflanzliche, so werden doch auch zur Erklärung der Verschiebungen in den thierischen Entwicklungsvorgängen die einfachen Wärmesummen kaum genügen, besonders wenn man nur die Lufttemperatur berücksichtigt. Es wird vielmehr bei allen ihre Larvenzeit im Boden zubringenden Insekten die Bodentemperatur und bei den Holz bewohnenden Larven die Temperatur des Baumes, ja sogar des betreffenden Baumtheils — vergl. hierüber die genauen Untersuchungen von Krutzsch [8] — in Rücksicht zu ziehen sein. Desgleichen dürfte festzustellen sein, welches die Minimaltemperatur ist, bei welcher überhaupt ein Fortschritt der Entwicklung möglich wird. Auch das Temperaturoptimum, d. h.

diejenige Temperatur, welche für irgend einen Vorgang die günstigste, ihn am meisten fördernde ist, wird zu beachten sein. Es dürften nämlich diese Optima für die verschiedenen Entwicklungsstadien auch bei den Insekten ebenso verschieden sein, wie die von denselben ertragbaren Temperaturminima. Wissen wir doch durch die Untersuchungen von SEMPER [12, I. Bd., S. 132], dass ebenso gut wie bei einer Pflanze für Keimung, Wachsthum, Blüthe etc., so auch bei Thieren. z. B. bei einer unserer gemeinen Süsswasserschnecken, die Temperaturoptima für verschiedene Functionen, z. B. für Reifung der Geschlechtsproducte und für Wachsthum verschieden sind, ein Satz, der von SEMPER zu einem geistreichen Erklärungsversuche des Vorkommens ungeflügelter, larvenähnlicher, aber doch geschlechtsreifer Orthopterenformen in südlichen Ländern, z. B. der sogenannten Stabheuschrecken verwendet wurde [12, I. Bd., S. 156].

Die angeführten Beispiele genügen, um darauf hinzuweisen, welches reiche und fast noch unbebaute Gebiet für forstentomologische Forschungen hier vorhanden ist.

Ueberwinterungsstadium. Der Entwicklungscyklus zweier Insektenarten mit gleicher Generation kann aber auch unter gleichen klimatischen Verhältnissen noch ein sehr verschiedenes Bild gewähren, nämlich in dem Falle, wenn sie in verschiedenen Lebensstadien überwintern, da jedesmal das Ueberwinterungsstadium am längsten dauert und eine Ueberwinterung sowohl im Ei-, als im Larven-, Puppen- oder Imagozustande möglich ist. Unter normalen Verhältnissen überwintert aber eine bestimmte Insektenart stets in dem gleichen Entwicklungsstadium, z. B. die Kieferneule als Puppe, einige Tagfalter als Imago.

Es ist aber nicht möglich, für die einzelnen Insektenordnungen im allgemeinen anzugeben, in welchem Stadium sie überwintern, indem dies sogar innerhalb der einzelnen Familien variirt. So weist uns z. B. eine Zusammenstellung WERNEBURG's nach [13, S. 29], dass von unseren einheimischen Grossschmetterlingen, im ganzen betrachtet, 3·4 % als Ei, 66·9 % als Raupe, 28·2 % als Puppe und 1·5 % als Falter überwintern, während bei Betrachtung einzelner Familien die Resultate sich ganz anders stellen. So überwintern alle Zygaeniden als Raupen, die meisten Sphingiden als Puppe und von den Tagfaltern 9 % als Ei, 54 % als Raupe, 28 % als Puppe und 9 % als Falter. Ja, es kommt sogar vor, dass Insekten, welche man bei nicht allzu enger Begrenzung der Genera zu einem und demselben Genus rechnen kann, in ganz verschiedenen Stadien überwintern. Dies geht deutlich aus der folgenden Darstellung der Generation dreier unserer gemeinsten Spinner hervor:

Generation von Bombyx neustria L.

	Jan.	Febr.	März	April	Mai	Juni	Juli	Aug.	Sept.	Oct.	Nov.	Dec.
1880							+++ ···	···	···	···	···	···
1881	···	···	···	·· ————	————	—●●	+++ ···					

Generation von Bombyx Pini L.

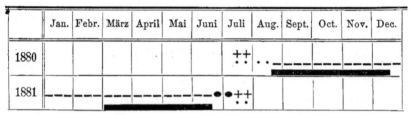

	Jan.	Febr.	März	April	Mai	Juni	Juli	Aug.	Sept.	Oct.	Nov.	Dec.
1880							++ ··	··	——————	——————	——————	——————
1881	———	———	———	———	———	—●●	++ ··					

Generation von Bombyx lanestris L.

	Jan.	Febr.	März	April	Mai	Juni	Juli	Aug.	Sept.	Oct.	Nov.	Dec.
1880				+++ ···	————	———	—● ●●●	●●●	●●●	●●●	●●●	●●●
1881	●●●	●●●	●●●	+++ ···								

Bei manchen Insektenarten überwintern ferner nur die Weibchen naeh vorhergehender Begattung im Herbste, z. B. bei manchen Mückenarten und unseren gewöhnlichen Faltenwespen, Vespa, und die Thatsache, dass die Honigbienen über Winter in ihren Stöcken keine Drohnen dulden, dieselben vielmehr vorher in der „Drohnenschlacht" tödten, so dass nur die Königin nebst den Arbeitern den Winter überdauert, ist jedem Bienenfreunde bekannt.

Abnorme Witterungsverhältnisse können es aber auch veranlassen, dass eine Insektenart ausnahmsweise einmal in einem anderen Lebensstadium als gewöhnlich überwintert. Allerdings sind Fälle, dass ein Thier in einem anderen der vier Hauptentwicklungszustände als gewöhnlich den Winter verbringt, doch selten, indessen hat man z. B. schon gefunden, dass der Kiefernspinner einen zweiten Winter als Puppe verlebt [V, Bd. II, S. 147, Anm.]. Dagegen ist es sehr häufig, dass z. B. Raupen,

welche gewöhnlich halbwüchsig das Winterquartier beziehen, dies als
ganz junge Thiere zu thun gezwungen werden, so die Kiefernspinnerraupe
naeh der ersten Häutung, statt wie gewöhnlich naeh der zweiten.

Insekten, welche eine mehrjährige Generation haben, müssen natür-
lieh auch mehreremale überwintern. Es kann dies in den gleichen oder
in verschiedenen Hauptlebensstadien geschehen; so überwintern z. B. die
eine zwei- bis dreijährige Generation aufweisenden Eintagsfliegen stets
als Larven im Wasser, während der Maikäfer drei Winter als Larve,
den vierten dagegen meist als Imago überdauert.

Lebensdauer. Wenn ein Insekt den Imagozustand einmal erreicht
hat, so wächst dasselbe, wie wir oben kennen lernten, nicht mehr. Die
Functionen der Imago beschränken sich daher im wesentlichen auf
Ernährung und Fortpflanzung, und in sehr vielen Fällen tritt erstere
derartig zurück, dass die ganze Lebensthätigkeit sieh auf das Fortpflanzungsgeschäft beschränkt. Das klarste Beispiel hiefür ist die Eintagsfliege, Ephemera vulgata L., welche nach Erreichung des Imagozustandes
nur wenige Stunden lebt, um Begattung und Eiablage ausführen zu
können. Aber auch in vielen anderen Fällen ist das Imagoleben sehr
kurz. So soll z. B. der Kiefernspinner höchstens 16 Tage als Imago
leben. In allen diesen Fällen und sogar auch dann, wenn zwar das
Imagostadium überwintert, aber im Frühjahr bald nach ausgeübter
Fortpflanzungsthätigkeit eingeht, deckt sich die Dauer der einzelnen
Generation fast völlig mit der Lebensdauer des Insektenindividuums.
Indessen kommen in dieser Beziehung auch Ausnahmen vor. So lebt
z. B. der grosse braune Rüsselkäfer noch lange Zeit nach Vollendung
seines Fortpflanzungsgeschäftes, und gerade hierauf beruht der grosse,
durch denselben bewirkte Schaden. Am auffälligsten sind aber die Verhältnisse bei den gesellig lebenden Insekten, besonders bei Bienen und
Ameisen. So kann z. B. eine Bienenkönigin sicher bis 5 Jahre alt werden,
und Lubbock hat durch directe Beobachtung nachgewiesen, dass Ameisen-
königinnen bis 8 Jahre und Ameisenarbeiter bis 6 Jahre alt werden
können.

Literaturnachweise zu dem Abschnitte „Zeitlicher Ablauf
der Entwicklung". — 1. Boussingault, J. B., Die Landwirthschaft in ihren Beziehungen zur Chemie, Physik und Meteorologie.
Deutsch bearbeitet von Gräger 2 Bde. 8⁰. Halle 1844 und 1845. —
2. Bruhns, C., Resultate aus den meteorologischen Beobachtungen
im Königreiche Sachsen, Jahrg. I—VII. Bis 1870 reichend. 4⁰. —
3. Davy, Marié, Météorologie et physique agricoles. 2me. édition. Paris
1880. kl. 8⁰. — 4. Fritsch, K., Jährliche Periode der Insektenfauna

von Oesterreich-Ungarn. Denkschriften der math.-naturw. Klasse der
kais. Akad. d. Wiss. zu Wien. 1. Diptera. Bd. XXXIV. 1875.
2. Coleoptera. Bd. XXXVII. 1877. 3. Hymenoptera. Bd. XXXVIII. 1878.
4. Lepidoptera. Bd. XXXIX. 1878 und XLI. 1879. 5. Rhynchota.
Bd. XLII. 1880. — 5. HOFFMANN, H., Zur Kenntniss der Vege-
tationsnormalen. Botanische Zeitung, Bd. XIX. 1861, p. 177—182
und 185—191. — 6. Derselbe. Vergleichende phänologische Karte
von Mitteleuropa. Petermann's Mittheilungen, Bd. XXVII. 1881,
p. 19—26. Taf. 2. — 7. Jahrbücher der k. k. Central-Anstalt für
Meteorologie und Erdmagnetismus. Officielle Publication. Wien, W.
Braumüller. — 8. KRUTZSCH, H., Untersuchungen über die Temperatur
der Bäume im Vergleiche zur Luft- und Bodentemperatur. Forstwirth-
schaftliches Jahrbuch der Akademie Tharand. Bd. X. 1854, p. 214—270.
— 9. MÜTTRICH, Jahresbericht über die Beobachtungsergebnisse der
forstlich-meteorologischen Stationen. Jahrg. I—VII. 1875—1881. 8⁰. —
10. PUTZGER, F. W., Temperaturkarten des deutschen Reiches. Andree
und Peschel, Physikalisch-statistischer Atlas des deutschen Reiches. I.
Taf. 2—5. — 11. REGENER, E., Erfahrungen über den Nahrungs-
verbrauch und über die Lebensweise, Lebensdauer und Vertilgung
der grossen Kiefernraupe. Leipzig. Emil Baensch's Verlag. 1865. —
12. SEMPER, K., Die natürlichen Existenzbedingungen der Thiere. 8⁰.
Leipzig 1880. 2 Bde. 299 und 296 S. — 13. WERNEBURG, A., Der
Schmetterling und sein Leben. 8⁰. Berlin 1854.

Parthenogenesis und mit ihr zusammenhängende Erschei-nungen.

Alle unsere bisherigen Betrachtungen über die Fortpflanzung der
Insekten bezogen sich lediglich auf die als Regel bei diesen Thieren
auftretende Gamogenesis (vergl. S. 82). Neben ihr gibt es aber, wie
wir bereits sahen, in selteneren Fällen noch eine andere Art der Eifortpflanzung, die Parthenogenesis oder die Jungfernzeugung, bei
welcher das Ei zu seiner Entwicklung einer Befruchtung nicht bedarf.
So auffallend dieser, den ersten Entdeckern schier unglaubliche Vorgang, vom physiologischen Standpunkte aus betrachtet, nun auch ist,
so unterscheidet sich doch, so weit wir wissen, morphologisch die
parthenogenetische Entwicklung eines unbefruchteten Eies, wenn sie
überhaupt vorkommt, in keiner Weise von der eines anderen befruchteten, gleichen Eies, dagegen bietet die Art und Weise, wie die Parthenogenesis sich in den Entwicklungscyclus der Insekten einreiht, eine Menge
von Besonderheiten, welche letzteren in manchen Fällen zu einem sehr
complicirten machen.

Die morphologische Gleichheit der parthenogenetischen Entwicklung mit der
gamogenetischen bezieht sich natürlich nur auf die Vorgänge von der Furchung

an. Die Bildung des ersten Furchungskernes, wie wir sie auf S. 87 andeuteten, ist, da dieselbe bei der Gamogenese eben wesentlich auf dem bei der Parthenogenese wegfallenden Eindringen des Samenfadens in das Ei und seiner Vermischung mit dessen Substanz beruht, eine andere. Wahrscheinlich übernimmt einfach der Eikern, das Keimbläschen, die Rolle des Furchungskernes. Dagegen ist die Embryonalentwicklung selbst, sowie die Metamorphose die gleiche.

Man kann zwei Hauptabtheilungen der Parthenogenesis unterscheiden, die Parthenogenesis im engeren Sinne und die Paedogenesis.

Als Parthenogenesis im engeren Sinne kann man diejenige Form derselben bezeichnen, bei welcher die Befruchtung einfach wegfällt, ohne dass dieser Wegfall durch eine zwingende, im Bau des sich parthenogenetisch fortpflanzenden Mutterthieres begründete Ursache veranlasst wäre, das Mutterthier vielmehr eine normal gebaute weibliche Imago ist. Dieselbe kann im Leben einer Insektenart entweder ausnahmsweise vorkommen oder regelmässig eintreten.

Ausnahmsweise ist die Parthenogenesis bei einer Reihe von Schwärmern und Nachtfaltern beobachtet worden, an Forstschädlingen z. B. bei Bombyx Pini L. Bei dem Seidenspinner kommt sie sogar in den italienischen Züchtereien ziemlich häufig vor.

Regelmässig kommt Parthenogenesis zunächst vor bei vielen, ja vielleicht allen geselligen Hymenopteren, z. B. bei der Honigbiene, sowie bei manchen Blattwespen. Bei den genannten Hymenopteren tritt sie stets normalerweise neben der gewöhnlichen Gamogenesis auf, da sich die Männchen aus unbefruchteten, die Weibchen, einschliesslich der Arbeiterinnen bei den geselligen Hymenopteren, aus befruchteten Eiern entwickeln. Diese Form der Parthenogenesis, bei welcher aus den unbefruchteten Eiern stets Männchen entstehen, nennt man Arrenotokie, abgeleitet von ἄρρην, Genit. ἄρρενος, das männliche Wesen, und τόκος, die Geburt. Da die Befruchtung ein von dem begatteten Weibchen willkürlich (vergl. S. 86) eingeleiteter Vorgang ist, so kann sich auch ein begattetes Weibchen arrenotok fortpflanzen. So legt z. B. die begattete Bienenkönigin abwechselnd und nach Bedürfniss befruchtete und unbefruchtete Eier, erzeugt also weibliche oder männliche Nachkommenschaft nach Belieben. Eine nicht begattete Königin oder eine solche, die den empfangenen Samen bereits völlig verausgabte, kann dagegen nur männliche Nachkommenschaft erzeugen, ist „drohnenbrütig".

Andere Fälle von regelmässiger Parthenogenesis, welche bei einigen Schmetterlingen aus der Familie der Psychiden und Tineïden, sowie bei einigen Gallwespen vorkommen, sind im Gegentheil dadurch ausgezeichnet, dass die aus unbefruchteten Eiern erzielte Nachkommenschaft stets weiblich ist, während die Männchen aus befruchteten Eiern entstehen. Man nennt diese Form der Parthenogenese Thelytokie, abgeleitet von ϑῆλυς, weiblich, und τόκος, die Geburt. Bei den sich thelytok fortpflanzenden Formen sind meist die Männchen sehr selten und können local völlig fehlen, da ja die Weibchen, wenigstens temporär, allein zur Erhaltung der Art genügen. In anderen Fällen scheinen die Männchen sogar ganz zu fehlen, z. B. bei einigen Gallwespen. Das bekannteste Beispiel für solche Thelytokie ist die Fortpflanzung von Psyche Helix SIEB., eines Schmetterlings. Desgleichen kennen wir von den, die technisch wichtigsten Eichengallen erzeugenden Gallwespen von Cynips tinctoria L. und C. calycis OLIV. bis jetzt nur Weibchen.

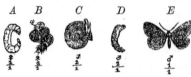

Fig. 87. Psyche Helix nach v. SIEBOLD und CLAUS. *A* das madenartige ♀. *B* ♀ Larve in ihrem schneckenförmigen Sacke. *a* obere Oeffnung desselben. *C* Sack einer ♂ Larve, in der die verlassene ♂ Puppenhülle steckt. *D* ♂ Puppe. *E* entwickeltes ♂.

Psyche Helix pflanzt sieh an vielen Orten rein parthenogenetisch fort, indem die, aus den von dem madenartigen ♀ (Fig. 87, *A*) abgelegten Eiern schlüpfenden Jungen stets wieder zu Weibchen werden. In anderen Gegenden kommen dagegen auch Männchen, wenngleich selten, vor (Fig. 87, *E*) und es tritt dann eine gamogenetische Fortpflanzung ein.

Paedogenesis — abgeleitet von παῖς, Genitiv παιδός, das Kind, und γένεσις, die Erzeugung — nennt man dagegen diejenigen Fälle von Parthenogenesis, bei welchen das sich fortpflanzende Mutterthier gar nicht die volle, der Art in der Regel zukommende Imagoform erreicht, sondern sich bereits in einer Jugendform, als Kind, fortpflanzt.

Da bei den Jugendformen, wie wir oben sahen (vergl. S. 98), stets die Leitungswege der Geschlechtsorgane fehlen, so ist in diesem Falle eine Begattung und daher auch eine Befruchtung der Eier überhaupt nicht möglich, und dieselben entwickeln sich daher entweder in der mütterlichen Leibeshöhle — bei einigen fortpflanzungsfähigen Fliegenlarven — oder treten durch besondere Oeffnungen in der Leibeswand aus, z. B. bei einer parthenogenetischen Mückenpuppe.

Entdeckt wurden diese Verhältnisse bei den unter alter Baumrinde lebenden Larven einer Gallmückenart, Miastor metroloas MEINERT. Hier entwickeln sich die Anlagen der Eiröhren, ohne dass es zu der Bildung von Ausführungsgängen kommt; sie zerfallen vielmehr in einzelne Abschnitte, die aus je einem Eifach mit Eizelle und Epithel und einem Dotterfache bestehen. Diese liegen frei in der Leibeshöhle der Mutterlarve, und jede Eizelle entwickelt sich nun auf Kosten der sie einschliessenden Zellen zu einem Embryo, der bald die Eihülle durchbricht, sieh auf Kosten des Fettkörpers und der übrigen, zerfallenden Organe des Mutterthieres ernährt und wächst, so dass schliesslich nur die Chitinhülle des letzteren übrig bleibt, die endlich von den Tochterlarven gesprengt wird. Letztere können nun entweder selbst wieder paedogenetisch Junge erzeugen, oder nach vorhergehender Verpuppung sich in die Imago verwandeln (vergl. Fig 88).

Den Uebergang zwischen der Parthenogenesis im engeren Sinne und der Paedogenesis bilden diejenigen Fälle, in welchen sich unvollkommene Weibchen parthenogenetisch fortpflanzen. Es ist dies besonders bei den Blattläusen der Fall. Bei diesen treten während des Sommers Weibchen auf, die sich schon durch die äussere Erscheinung von den eigentlichen Weibchen unterscheiden (Fig. 90 *A* und *B*), besonders aber dadurch ausgezeichnet sind, dass sie keine Samentasche besitzen, gar nicht befruchtet werden können und trotzdem reichliche Nachkommenschaft erzeugen. Ihre Eier entwickeln sich schon in den Eiröhren des Eierstockes und die jungen Thiere werden lebendig geboren.

Der früher für diese viviparen Blattlausweibchen gebrauchte Ausdruck „Ammen", sowie die Bezeichnung ihrer Eier als „pseudova", sind neuerdings, als nicht hinreichend morphologisch und physiologisch begründet, verlassen worden.

Bei einzelnen Insektenarten ist die Parthenogenese die einzige bekannt gewordene Fortpflanzungsart, so z. B. bei den oben erwähnten Gallwespen der levantinischen Galläpfel, Cynips tinctoria L., den Knopperngallwespen, C. calycis OLIV. und anderen. Oh dieselbe wirklich auch die einzige hier vorkommende Fortpflanzungsart ist, kann vorläufig nicht sicher entschieden werden, aber es ist sehr wahrscheinlich, dass ebenso wie schliesslich bei Psyche Helix, welche man lange Jahre nur in der partenogenetischen Weibchenform kannte, das Männchen entdeckt wurde, auch hier einmal Männchen und damit auch eine gamogenetische Fortpflanzung gefunden werden wird. Scheint es doch eine durchgreifende Regel im Thierreiche zu sein, dass die ungeschlechtliche Fortpflanzung, welcher Art sie auch sei, auf die Dauer nicht hinreicht, um den Fortbestand der Art zu sichern, dass vielmehr immer, wenigstens von Zeit zu Zeit, von der Natur auf die geschlechtliche Fortpflanzung zurückgegriffen wird.

So tritt denn, in den uns vollständig bekannt gewordenen Fällen, die regelmässige Parthenogenesis stets entweder neben der Gamogenesis, oder aber in bestimmter, gesetzmässig geordneter, rhythmischer Abwechslung mit ihr auf. Insekten, bei denen das letztere der Fall, zeigen dann einen zusammengesetzten Entwicklungscyklus.

Fig. 88. Paedogenetisch sich fortpflanzende Fliegenlarve aus verdorbenen Zuckerrübenrückständen nach PAGENSTECHER. *a* Augenfleck der mütterlichen Larve. Sie enthält fünf junge Larven, deren Kopfenden durch den gleichen Augenfleck *a'* angezeichnet sind.

Einfacher und zusammengesetzter Entwicklungscyklus. Bei den meisten mit ausschliesslich gamogenetischer Fortpflanzung begabten Insekten spielt sich die Fortpflanzung genau so ah, wie bei den Wirbelthieren. Die Nachkommen sind den Eltern in jeder Beziehung ähnlich, jede folgende Brut ist der vorhergehenden gleich, und wenn wir die Einzelbrut mit *a* bezeichnen, so folgen sich dieselben im Laufe der Zeiten ununterbrochen nach dem Schema:

$$a - a - a - a - a - a \ldots\ldots \text{u. s. f.}$$

Der Kreislauf der Entwicklung ist also mit jeder einzelnen Generation geschlossen, alle bei der Fortpflanzung normalerweise möglichen Vorkommnisse haben sich in dieser einen Generation auch wirklich abgespielt. Von solchen Thieren, in unserem Falle Insekten, sagt man, dass sie einen einfachen Entwicklungscyklus haben.

Es kommen aber Fälle vor, in denen die aufeinanderfolgenden Generationen sich nicht in allen Stücken gleichen, bei denen sich zwei oder mehrere, entweder durch ihre äussere Erscheinung, oder ihren inneren Bau oder ihre Fortpflanzungsart unterschiedene Generationen regelmässig folgen, bei denen also alle im Leben der Art möglichen Erscheinungen nicht in einer jeden, sondern erst in zwei oder mehr aufeinanderfolgenden Bruten auftreten. Von solchen Thieren sagt man, dass sie einen zusammengesetzten Entwicklungscyklus haben.

Bezeichnet man zwei verschiedene, regelmässig mit einander abwechselnde Bruten als *a* und *b*, so ist das Schema eines aus ihnen zusammengesetzten Entwicklungscyklus

$$a - b - a - b - a - b - \ldots\ldots \text{u. s. f.}$$

Der gewöhnlich gar nicht als solcher anerkannte, einfachste und zugleich versteckteste Fall eines zusammengesetzten Entwicklungscyklus liegt bei der doppelten Generation vor.

Hier — z. B. bei Lophyrus Pini L. (vergl. S. 114) — besteht der Unterschied der beiden im Laufe des Jahres auftretenden, mit einander abwechselnden Bruten lediglich in der Zeitdauer, welche sie zu ihrer Vollendung brauchen. Die Sommerbrut braucht vier, die Winterbrut acht Monate, und wenn wir nun jene mit *a*, diese mit *a'* bezeichnen, so folgen sich im Laufe der Zeiten die Bruten nach dem Schema:

$$a - a' - a - a' - a - a' \ldots\ldots \text{u. s. f.}$$

Der Unterschied zwischen Sommer- und Winterbrut erstreckt sich aber mitunter nicht blos auf die Zeit, die sie zu ihrer Entwicklung brauchen, sondern kann sich auch auf die äussere Erscheinung der Thiere beziehen. So ist z. B. die als Puppe überwinternde, im Frühling fliegende Winterbrut eines bekannten Tagfalters, Vanessa levana L., gelbbraun mit schwarzer Fleckenzeichnung, während die aus den Eiern dieser Frühlingsschmetterlinge entstandene und bereits im August fliegende Sommerbrut schwarz mit gelbweisser Mittelbinde und einigen röthlichen Randmöndchen ist und derartig von ihren Eltern abweicht, dass sie ursprünglich, ehe man ihren genetischen Zusammenhang kannte, als eine eigene Art, V. prorsa L., bezeichnet wurde. Die Nachkommen von V. prorsa erscheinen nun wieder in der Form von **V. levana** u. s. f. Diese Abwechslung verschieden gefärbter, sonst aber gleicher Sommer- und Winterbruten hat man mit Wallace als **Saisondimorphismus** bezeichnet.

Heterogonie. Einen zusammengesetzten Entwicklungscyklus, in welchem Generationen, die sich durch verschiedene Art der Eifortpflanzung unterscheiden, regelmässig mit einander abwechseln, nennt man Heterogonie.

Die einfachste Form der Heterogonie ist die, bei welcher regelmässig eine gamogenetische und eine parthenogenetische Brut mit einander abwechseln.

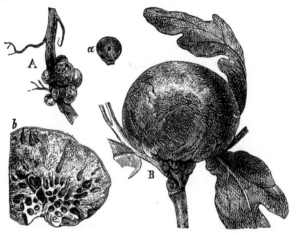

Fig. 89. Die Gallenformen der beiden Generationen von **Biorhiza** terminalis Htg. *A* die Wurzelgalle, aus der die **Biorhiza aptera** Fabr. schlüpft, *a* Galle mit dem Loche, durch welches die Wespe auskam. *B* Terminalgalle mit schwammigem Gefüge, aus der die **Teras terminalis** genannte, aus ♂ und ♀ bestehende Generation schlüpft.

Eine solche Heterogonie finden wir nach der schönen Entdeckung von Adler z. B. bei vielen Gallwespen, hier allerdings noch dadurch auffälliger gemacht, dass auch die Gallen der Sommer- und Winterbrut verschieden sind. Aus den bekannten, fleischig schwammigen, im Frühling erscheinenden und im Anfang des Sommers schön geröthet reifenden Gallen, die an den Triebenden unserer Eichen gemein sind (Fig. 89 *B*), schlüpfen ungeflügelte weibliche und geflügelte männliche Gallwespen aus, welche bisher mit dem Namen **Teras** terminalis Htg. bezeichnet wurden. Diese pflanzen sich **gamogenetisch** fort, indem das ungeflügelte Weibchen sofort nach der Begattung an die Wurzeln der Eiche hinabsteigt und an diese mit Hilfe des Legstachels seine Eier absetzt. Als Folge dieses Stiches entwickelt sich während des Hochsommers und Herbstes an den Wurzeln eine kleine röthliche Galle (Fig. 89 *A*), welche im Winter reift, und aus ihr schlüpfen

nun die Nachkommen der Weibchen und Männchen als gleichfalls ungeflügelte Weibchen, die unter dem Namen Biorhiza aptera FABR. bekannt
sind. Diese pflanzen sieh alsbald parthenogenetisch fort, indem
sie sofort nach ihrem Ausschlüpfen den Baum hinaufsteigen, die
Terminalknospen der Zweige anstechen und mit Eiern belegen, so
dass nunmehr wieder die erstgedachte schwammige Galle zur Entwicklung kommt, aus der im Sommer die Nachkommen der parthenogenesirenden Weibchen als getrenntgeschlechtliche Brut ausschlüpfen.

Etwas complicirter wird die Heterogonie, wenn mehrere aufeinander folgende parthenogenetische Bruten regelmässig zwischen je
zwei gamogenetische eingeschoben werden.

Als Beispiel wählen wir Aphis platanoïdes SCHRK.

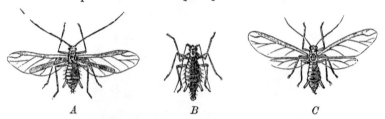

A   B   C

Fig. 90. Aphis platanoïdes SCHRK. nach CLAUS. *A* Lebendig gebärendes, unvoll-
kommenes, aber geflügeltes Weibchen *B* vollkommenes, eierlegendes Weibchen ohne
Flügel. *C* Männchen mit kurzer, gekrümmter, am Hinterleib vorstehender Ruthe.

Im Herbste findet man auf der Unterseite der Ahornblätter geflügelte und ungeflügelte Individuen dieser Blattlaus, von denen jene
(Fig. 90 *C*) Männchen diese (Fig. 90 *B*) vollständig ausgebildete
Weibchen sind, welche nach vorhergegangener Begattung nun Wintereier legen. Aus diesen schlüpfen im Frühjahr junge Larven aus, welche
in vier Häutungen zu geflügelten, aber der Samentasche entbehrenden
Weibchen werden (Fig. 90 *A*) und sich nun parthenogenetisch fortpflanzen, indem sie lebendige Junge gebären. Aus diesen werden
wiederum geflügelte, unvollkommene, vivipare Weibchen, die gleichfalls
parthenogenetisch sind, und so folgen sieh im Laufe des Sommers
mehrere Bruten viviparer parthenogenesirender Weibchen, bis im
Herbste die vivipar und parthenogenetisch erzeugten Jungen plötzlich
zu geschlechtlich entwickelten Männchen und Weibchen werden, die
nun auf gamogenetischem Wege wieder die Wintereier erzeugen.

Bezeichnen wir die aus Männchen und Weibchen bestehenden
Bruten mit *a*, die nur aus parthenogenesirenden Weibchen gebildeten
wieder als *b*, so kann die Entwicklung der Gallwespen dargestellt
werden durch das Schema:

a — *b* — *a* — *b* — *a* — *b* . . . . . . u. s. f.,

während dagegen bei der Blattlaus das Schema ist:

a — *b* — *b* — *b* — *a* — *b* — *b* — *b* — *a* . . . . . . u. s. f.

Noch complicirter wird der Vorgang, wenn die parthenogenetischen Bruten selbst wieder in verschiedener Gestalt auftreten.

Dies ist der Fall bei der berüchtigten Reblaus, Phylloxera vastatrix. Im Herbste treten hier darm- und rüssellose ♂ und ♀ — Brut *a* — auf, von denen die letzteren nach erfolgter Begattung stets nur je ein Ei legen. Aus diesen Eiern schlüpfen im Frühjahr ungeflügelte, unvollkommene Weibchen — Brut *b* —, welche sich an die Wurzeln des Rebstockes begeben, und hier — wir übergehen die in Europa noch kaum beobachtete und nicht nothwendig in den Entwicklungscyklus hineingehörige blattbewohnende Form — parthenogenetisch eine Reihe gleicher Bruten hervorbringen. Die letzte so erzeugte Brut erhält aber Flügel und wird zu parthenogenetisch sich fortpflanzenden, unvollkommenen Weibchen — Brut *b'* — welche nun die Eier legen, aus denen die zweigeschlechtliche Brut *a* im Herbste ausschlüpft. Hier ist das Schema also:

$$a — b — b — b — b' — a — b — b — b — b' — a \ldots \ldots \text{u. s. f.}$$

Auch bei vielen unserer gewöhnlichen Blattläuse kommen übrigens ungeflügelte Generationen lebendig gebärender, unvollkommener Weibchen vor, bei manchen so häufig, dass die bei Aphis platanoïdes gekennzeichnete geflügelte Form viviparer Weibchen nur nebenher, gewissermassen als Mittel zur Verbreitung der Blattläuse auf entfernte Pflanzen auftritt, oder aber es sind die ersten Bruten viviparer Weibchen flügellos, und erst die späteren kurz vor den Geschlechtsthieren auftretenden geflügelt. Eine Reihe anderer Erscheinungen, z. B. die höchst auffallende Entwicklung der Rindenläuse, Chermes, die wir später noch genauer zu betrachten haben werden, und bei welcher, trotz der gegentheiligen Angaben RATZEBURG's, bis jetzt nur zwei verschiedene parthenogenetische Bruten, dagegen keine gamogenetische, nachgewiesen worden sind — LEUCKART — müssen ebenfalls hierher gerechnet werden, sind aber noch nicht völlig aufgeklärt.

Alle die bisher als Heterogonie bezeichneten verwickelten Fortpflanzungserscheinungen werden in den gewöhnlichen Lehrbüchern meist als Generationswechsel aufgeführt. Im Anschluss an die neueren Anschauungen reserviren wir aber letzteren Ausdruck für diejenigen zusammengesetzten Entwicklungscyklen, bei welchen Eifortpflanzung, und zwar in Form der Gamogenese, und Fortpflanzung durch mehrzellige Keime (vergl. S. 81), gewöhnlich als Knospung oder Theilung bezeichnet, abwechseln. Da Knospung und Theilung bei den Metazoen lediglich auf die Typen der Coelenteraten und Würmer, letzteres Wort im weitesten Sinne genommen, beschränkt sind, dagegen bei den Arthropoden nicht vorkommen, so kann bei letzteren und demgemäss auch bei den Insekten von einem Generationswechsel in unserem Sinne nicht die Rede sein.

KAPITEL V.

Die Insekten als natürliche und wirthschaftliche Macht.

Die Bedeutung der Insekten für den allgemeinen Naturhaushalt
ist trotz der durchschnittlich geringen Grösse und Masse des Einzelthieres
eine ganz hervorragende und wird bedingt durch die ungeheure Anzahl
der Arten und Individuen, in welchen sie über das feste Land und die
Binnengewässer vertheilt sind.

Ueber die geringe Durchschnittsgrösse der Insekten belehrt
uns am besten ein Blick in eine Sammlung. Ein Käfer oder eine
Heuschrecke, welche an Körpergrösse dem kleinsten Säugethiere unserer Fauna, der Zwergspitzmaus, oder dem kleinsten einheimischen
Vogel, dem Goldhähnchen, Regulus cristatus Koch, gleichkommen,
gehören schon zu den grössten Erscheinungen, und die scheinbar
ziemlich bedeutenden Dimensionen der Grossschmetterlinge kommen
fast ausschliesslich auf Rechnung der nur sehr wenig feste Körpermasse enthaltenden Flügel. Hirschkäfer, Lucanus cervus L., Wanderheuschrecke, Pachytylus migratorius L., einige Wasserjungfern aus den
Gattungen Anax und Aeschna, das grosse Nachtpfauenauge, Saturnia
Pyri Schiff., sowie die Hornisse, Vespa Crabro L., dürften die grössten
Insektenformen unserer Fauna darstellen. Dagegen sind ganze Gruppen
sehr verbreiteter und wichtiger Insekten von durchschnittlich zwerg-
hafter Gestalt. Wir erwähnen hier beispielsweise nur die Borkenkäfer,
die Gallwespen und unter den Schlupfwespen im weiteren Sinne die
Chalcididae und Proctotrypidae.

Um so bedeutender ist die Anzahl der Gattungen und Arten. Gerstäcker hält die Annahme Heer's, die Insekten machten
allein vier Fünftheile aller vorhandenen Thierarten aus, noch für zu
niedrig gegriffen, und schlägt ihre Totalsumme auf wenigstens 180 000

Arten an, von denen 90 000 auf Käfer, 25 000 auf Hymenopteren, 24 000 auf Dipteren und 22 000 bis 24 000 auf Lepidopteren kommen. Der STAUDINGER'sche Katalog der Lepidopteren des europäischen Faunengebietes verzeichnet an Grossschmetterlingen 415 Gattungen mit 2849 Arten, an Kleinschmetterlingen 316 Gattungen mit 3213 Arten, und der durch VON HEYDEN, REITTER und WEISE 1883 aufgestellte Katalog der Käfer Europas und des Kaukasus umfasst 209 dreispaltige, enggedruckte Octavseiten, auf welchen 1605 Gattungen und, ganz abgesehen von den zahlreichen Varietäten, 15 860 Arten aufgeführt sind.

Dass auch die Menge der Individuen häufig eine sehr bedeutende ist, lehrt schon der Umstand, dass die Insekten trotz ihrer geringen Durchschnittsgrösse einen sehr wesentlichen Zug des sommerlichen Naturbildes auch in unseren Gegenden abgeben. In einzelnen Fällen steigert sich bei der Einzelart die Individuenzahl aber in das Unglaubliche. Wir erinnern an die schon bei uns mitunter so lästig werdenden Mückenschwärme, die in tropischen Ländern und auf nordischen Hochmooren sich zu sonneverfinsternden Wolken vermehren können. Die riesigen Wanderheuschreckenzüge und die von ihnen verursachten Verheerungen sind bekannt; die Züge der Libellula quadrimaculata L. können bei uns mitunter ununterbrochen ein bis zwei Tage dauern und einer von ihnen wurde, nach GERSTÄCKER's Mittheilung, von CORNELIUS auf etwa 2400 Millionen Individuen taxirt. Borkenkäfer-, Kiefernspinner- und Nonnenfrass sind forstlich die bekanntesten Fälle solcher Vermehrungen.

Die räumliche Verbreitung dieses unzählbaren Insektenheeres ist nun fast ausschliesslich auf das feste Land und die Binnengewässer, d. h. also, da das Meer fast drei Viertel der Erdoberfläche einnimmt, auf wenig mehr als ein Viertel derselben beschränkt. Im Meere wird es durch das dort nicht minder zahlreiche Heer der krebsartigen Thiere ersetzt. Allerdings gibt es auch einige im Salzwasser lebende Insekten — besonders ist Halobates, eine nach Art unserer einheimischen Hydrometra auf der Meeresoberfläche herumlaufende Wasserwanze, zu erwähnen [vergl. S. 122, 12, I., p. 279] — indessen sind sie höchstens nach Dutzenden zu zählen und verschwinden gegen die Hauptmenge der übrigen Insekten völlig.

Ja sogar so weit scheint sich der Antagonismus zwischen Meer und Insektenorganismus zu erstrecken, dass die Insekten im allgemeinen die Kontinente den Inseln vorziehen, und dass bei den auf kleineren, heftigen Winden ausgesetzten Inseln lebenden Insektenformen häufig die Flugfähigkeit, also ein ganz typisches Merkmal der Insektenorganisation, verloren geht, wie die Käferfauna von Madeira und die gesammte Insektenfauna von Kerguelenland beweist.

Auch die Süsswasserinsekten können nur als ein zwar grosser, aber doch immerhin nicht völlig typischer Zweig der Kerfwelt angesehen werden, da viele von ihnen nur die Entwicklungszeit im Wasser zubringen, und diejenigen, welche das Süsswasser als dauerndes Lebenselement wählen, dasselbe doch auch stets wenigstens zeit-

weilig verlassen können und ihre Athmungsorgane (vergl. S. 56) immer
zur directen Athmung atmosphärischer Luft eingerichtet sind.

Dagegen hat sich, so weit der Mensch auch auf der festen Erdoberfläche vorgedrungen ist, überall Insektenleben vorgefunden, wenngleich nicht zu verkennen, dass vom Aequator nach den Polen und
von dem Meeresspiegel naeh den Berggipfeln zu eine Abnahme der
Arten- und in vielen Fällen auch der Individuenzahl, welche mit dem
sich vermindernden Pflanzenwuchse Hand in Hand geht, zu verzeichnen ist. Aber auch noch die äussersten Polarländer, sowie die höchsten
erreichten Berghöhen haben Insektenleben, und sogar den Eiswüsten
der Gletscher ist eine charakteristische Kerfform, der Gletscherfloh,
Desoria glacialis Nic., eigen.

Drei Richtungen sind es, in denen die Thätigkeit der Insekten
besonders wichtig ist: Sie beschleunigen den Zerfall kränklicher oder
abgestorbener Organismen, sie bilden die nothwendige Nahrungsquelle
für andere Thiere, für die Insektenfresser, sie vermitteln die Kreuzbefruchtung vieler Pflanzen.

Die Insekten als Zerstörer. Nach Kirby und Spence halten
sich die von thierischen und pflanzlichen Substanzen nährenden Insektenformen annähernd die Wage. Die Bedeutung der lebende Pflanzen und
Thiere verzehrenden Kerfe liegt wesentlich in der durch sie bewirkten
Beschränkung einer übermässigen Vermehrung der ihnen als Nahrung
dienenden Organismen, dagegen beruht die Wichtigkeit der von ah-
gestorbenen Thier- und besonders Pflanzentheilen lebenden darauf, dass
sie deren Substanz eher in den Kreislauf des organischen Lebens wieder
zurückführen, als es der einfache Verwesungsprocess thun würde. Es
ist ein häufig wiederholter Ausspruch Linné's, dass Fliegen einen Pferde-
cadaver ebenso schnell aufzufressen vermögen, als ein Löwe, ein
Paradoxon, welches allerdings durch die Schnelligkeit, mit der die
Schmeissfliegen sich vermehren und mit der ihre Larven wachsen,
eine Berechtigung erhält.

Besonders aber die gegen Witterungseinflüsse widerstandsfähigeren
abgestorbenen Pflanzentheile, Stengel, Stämme, Wurzeln u. s. f. werden
durch die Thätigkeit der Insekten rascher in Humus verwandelt als
es sonst der Fall wäre. Ein Baumstumpf, in den eine Ameisencolonie
sich einnistet, zerfällt z. B. viel schneller als ein anderer.

Die Insekten als Nahrungsquelle für andere Thiere.
Dass viele Thiere ausschliesslich von Insekten leben, und andere,
z. B. viele körnerfressende Vögel, wenigstens zu Zeiten einen grossen
Theil ihres Lebensunterhaltes dem Insektenreiche entnehmen, ist allgemein bekannt. Namentlich liefern die Gliederfüssler und Wirbelthiere
ein grosses Contingent an Insektenfressern. Die hauptsächlichsten Formen der einheimischen Insektenfresser sind im Kapitel VI (S. 187
u. f.) übersichtlich zusammengestellt, ebenso wie die parasitisch in und
von Insekten lebenden Formen (S. 182 bis 187).

Die Insekten als Befruchter. Von früher ganz ungeahnter Bedeutung ist die Wirkung der Insekten als Kreuzbefruchter der Blumen. H. MÜLLER [Die Wechselbeziehungen zwischen den Blumen und den ihre Kreuzung vermittelnden Insekten in SCHENK's „Handbuch der Botanik", I., 1881] sagt: „Für den Erfolg der Bestäubung macht es einen grossen Unterschied, ob die Narbe einer Blüthe mit Pollen desselben oder eines getrennten Pflanzenstockes belegt wird. In manchen Fällen ist der Blüthenstaub einer Pflanze auf ihre eigene Narbe so wirkungslos, wie ebenso viel unorganischer Staub; oder er treibt zwar Schläuche, die aber nicht zu den Samenknospen gelangen, oder diese werden zwar erreicht und befruchtet, bilden sich aber nur zu kümmerlichen, keimungsunfähigen Samenkörnern aus. Alle solche Pflanzen können als selbststeril bezeichnet werden. Beiweitem die meisten Pflanzen sind nun zwar nicht selbststeril, sondern bringen auch mit eigenem Pollen befruchtet eine kleinere oder grössere Zahl entwicklungsfähiger Samenkörner hervor, aber in der Regel, wenn nicht vielleicht sogar immer, wirkt die Befruchtung mit fremdem Pollen, die Kreuzung, günstiger als die mit eigenem, die Selbstbefruchtung. Aus Kreuzung mit einem fremden, unter anderen Lebensbedingungen aufgewachsenen Stoeke hervorgehende Nachkommen sind durchschnittlich grösser, kräftiger und fruchtbarer, sie leisten durchschnittlich feindlichen Einflüssen, wie z. B. plötzlichem Temperaturwechsel oder der Mitbewerbung anderer Pflanzen in dicht besetztem Lande, viel wirksameren Widerstand als die aus Selbstbefruchtung hervorgehenden Nachkommen. Nur unter günstigen Bedingungen für sich aufwachsend, lassen die letzteren bisweilen kein Zurückbleiben gegen die ersteren erkennen. In strengen Wettkampf mit ihnen versetzt, werden sie regelmässig von ihnen überwunden."

Diese so wichtige Uebertragung des Pollens einer Pflanze auf die Narbe der anderen und die hierdurch bewirkte Kreuzbefruchtung kann durch das Wasser, durch den Wind oder durch Thiere bewirkt werden, und man unterscheidet demnach Wasser-, Wind- und Thierblüthler. Die ersten bilden eine beschränkte Minderzahl.

Windblüthler sind alle Nadelhölzer und diejenigen Mono- und Dicotyledonen, welche wenig auffallende Blüthen haben, also beiläufig gesagt die meisten unserer forstlich wichtigen Holzarten.

Dagegen sind Thierblüthler die übrigen Pflanzen mit zu wirklichen Blumen entwickelten Blüthen. Mögen bei ihnen auch Schnecken und Vögel in vereinzelten Fällen die Pollenübertrager sein, so sind es doch in beiweitem den meisten Fällen Insekten, welche hier die Kreuzbefruchtung bewirken, und zwar vornehmlich Zweiflügler, Schmetterlinge und Bienen.

Man kann also mit vollem Rechte behaupten, dass die Insekten nicht nur als Zerstörer, sondern häufig auch als Beförderer der Vegetation auftreten.

Die Insekten als wirthschaftliche Macht überhaupt. Für eine allgemeine Würdigung der Beziehungen zwischen Insekten und Gesammtheit der organischen Natur gibt es die Begriffe „nützlich” und „schädlich” nicht. Ihr erscheint jedes Insekt als ein jedem anderen Geschöpfe gleichberechtigtes, nothwendiges Glied der organischen Welt. Erst in dem Augenblicke, in welchem der Mensch den Anspruch erhebt, „Herr der Natur” zu sein und als wirthschaftliche Macht in die Natur eintritt, schafft er diese Begriffe.

Als nützlich bezeichnet er nun alles, was seine Existenz zu sichern und seine wirthschaftlichen Massregeln zu fördern geeignet scheint, als schädlich alles, was seine Existenz oder den Erfolg seiner wirthschaftlichen Massregeln bedroht.

Es darf aber hierbei nicht übersehen werden, dass eine absolute Entscheidung der Frage, ob ein Thier nützlich oder schädlich ist, in vielen Fällen gar nicht beigebracht werden kann. Diese Entscheidung wird verschieden ausfallen je nach den speciellen Interessen des jeweiligen Beurtheilers, und sogar ein und dieselbe Person wird von verschiedenen Gesichtspunkten aus ein und dasselbe Thier bald als nützlich, bald als schädlich zu bezeichnen haben. Hase und Fuchs sind deutliche Beispiele hiefür. Dem die Jagdfreuden schätzenden und das Wildpret verwerthenden Jäger erscheint derselbe Hase als nützlich, welchen der Gärtner, dem er die Baumschule ruinirt und den Kohl abgefressen hat, als sehr schädlich bezeichnet, und derselbe Forstmann, der als Waidmann und Pfleger der Niederjagd den Fuchs als überaus schädlich verfolgt, beginnt an Schonung Reinekes jedesmal dann zu denken, wenn ein Mäusefrass seine Kulturen bedroht und er seinen früheren Feind nun als nützlichen Bundesgenossen im Kampfe gegen die verderblichen Nager begrüsst.

Auf diese Weise erklärt sich auch die Schwierigkeit der Aufstellung eines Verzeichnisses der nützlichen Vögel.

Die nützlichen Insekten. Von den Insekten werden daher im allgemeinen diejenigen als nützlich bezeichnet, welche entweder für den Menschen selbst unmittelbar verwerthbar sind, beziehungsweise verwerthbare Producte liefern, oder durch ihre Thätigkeit schädliche Pflanzen und Thiere in Schranken halten.

Als Beispiele der ersten Gruppe sind bekannt die Cochenillenlaus, Coccus Cacti L., der Seidenspinner, die Gallwespen u. s. f. Aus der zweiten Gruppe sind anzuführen sämmtliche Insekten, welche den Unkrautwuchs beschränken, als da sind, um ein forstliches Beispiel zu wählen, die das forstlich so unwillkommene Haidekraut verzehrenden Insekten. So frass z. B. nach Judeich's Beobachtungen in der Mitte der Sechziger-Jahre Galleruca Capreae L. bei Weisswasser so massenhaft an der Haide, dass dieses Insekt wirklich nützlich genannt werden konnte, und die sonst als Laubholzschädiger bekannten Lina Populi L. und Saperda populnea L. können, da wo die von ihnen so häufig angegangenen Aspenausschläge dem Forstmanne unwillkommen sind, wie z. B. in Nadelholzkulturen, als nützlich bezeichnet werden. Desgleichen kann der Forstmann alle Insekten, welche den verschiedenen Senecio-Arten schaden, als nützliche Bundesgenossen begrüssen, da auf diesen Pflanzen ein Rostpilz, Coleosporium Senecionis FR., lebt, welcher mit dem den Kiefern so verderblichen Kiefernblasenroste, Peridermium Pini WALLR. im Generationswechsel steht. Das Auftreten des Kiefernblasenrostes in einem Revier ist also an das Vorhandensein von Senecio gebunden und letztere Pflanze daher als forstschädlich, ihre Feinde dagegen als nützlich zu bezeichnen. Desgleichen sind viele insektenfressende und parasitisch in anderen Kerfen sich entwickelnde Insekten im allgemeinen als nützlich zu betrachten. Als Beispiel bringen wir hier nur die Schlupfwespen bei.

Die schädlichen Insekten. Als schädlich sieht man diejenigen Insekten an, welche entweder das Leben und die Existenz des Menschen selbst, sowie seine Hausthiere bedrohen oder in betreff der Nahrung und Wohnung auf solche Gegenstände angewiesen sind, die der Mensch selbst wirthschaftlich nützt.

Die ganze Viehherden tödtenden Schaaren der Kolumbatscher Mücke, Simulia Columbatschensis FABR., in Ungarn, sowie die gleichfalls die Herden gefährdende Tsetsefliege, Glossina morsitans, im tropischen Afrika, und der in Südamerika so böse Entzündungen der unteren Extremitäten des Menschen verursachende Sandfloh, Sarcopsylla penetrans L., können hier neben allem bekanneteren, schädlichen Ungeziefer Erwähnung finden.

Beispiele von Insekten, welche deshalb als schädlich angesehen werden, weil sie Gegenstände des wirthschaftlichen Gebrauches des Menschen in Concurrenz mit ihm als Nahrung und Wohnung benützen, sind so zahlreich und bekannt, dass wir hier nur auf Coloradokäfer und Hessenfliege, Cecidomyia destructor SAY, als Feinde der Landwirthschaft, Kiefernspinner und Nutzholz-Borkenkäfer als Forstschädlinge, Apfelmade, Larve von Carpocapsa pomonana L. und Kohlweisslingsraupe, als Gartenfeinde, Holzwurm, Anobium pertinax L., Kleidermotte, Tinea pellionella L., und Schaben, Periplaneta orientalis L., als Feinde der Hauswirthschaft hinweisen können. Ja Gewerbe, welche scheinbar der Insekteneinwirkung völlig entzogen sind, können durch wunderbare Verknüpfung von Umständen zeitweilig von solchen geschädigt werden, z. B. die Schwefelsäurefabrikation: in dem Falle nämlich, wenn die Larven der grossen Holzwespe, Sirex gigas, in den zur Verschalung der Bleikammern dienenden Brettern im Verlauf ihres Nagewerkes auf die Bleiplatten kommen, auch diese mit ihren scharfen Kiefern durchlöchern und so der schwefligen Säure einen Ausweg frei machen.

Die forstwirthschaftliche Bedeutung der Insekten.

Der rationellen Forstwirthschaft sind bis jetzt lediglich erschlossen die westliche kleinere Hälfte derjenigen Gegenden, die GRISEBACH als das Waldgebiet des östlichen Kontinents bezeichnet und in seinem Mittelmeergebiet ein Theil der italienischen, spanischen und algierischen Waldungen. Während man also überall, wo Baumwuchs vorkommt, von Wald- oder Bauminsekten reden kann, so kann man nur für dieses Gebiet von Forstinsekten sprechen und versteht hierunter alle diejenigen Insekten, welche für den Forstmann eine praktische Bedeutung haben.

Die nützlichen und schädlichen Forstinsekten im allgemeinen. In der Fauna der rationell bewirthschafteten Waldungen des eben bezeichneten Bezirkes kommen forstlich direct nützliche, d. h. an sich selbst verwerthbare oder verwerthbare Producte liefernde Insekten nur in beschränktem Masse vor. Zu erwähnen wären nur die andererseits als Laubholzbeschädigerin zu verurtheilende spanische Fliege, Lytta vesicatoria, die Knopperngallwespe, Cynips calycis, deren Gallen in Oesterreich-Ungarn eine nicht unbedeutende Nebennutzung der Eichenwälder bilden, und jetzt allerdings nur noch in Russland, früher aber auch bei uns, die wilden Bienen. So berichtet 1829 VON PANNEWITZ [Das Forstwesen von Westpreussen, p. 116 und 117], dass die wilde Bienenzucht in Westpreussen, besonders unter polnischer Herrschaft, eine sehr bedeutende Einnahmequelle in Staats- und Privatforsten bildete.

> Es wurden Beuten, d. h. Bienenstöcke, dadurch hergestellt, dass in die stärksten Kiefernstämme Löcher von 4—5 Fuss Länge, 1—1¹/₂ Fuss Tiefe und nur 8 Zoll breiter Oeffnung, oft mehrere über einander, eingehauen und bis auf ein Fluglock durch eine breite, platte, mit Weidenruthen vorgebundene Holzklobe wieder verschlossen wurden. Diese von einer besonderen Innung der Waldbewohner, den „Beutnern", hergestellten Stöcke wurden ihnen gegen Zins oder Naturalhoniglieferung überlassen, und es brachte noch im Jahre 1773 im Schlochauer Beritt die Beutenpacht fast ebensoviel ein, nämlich 507 Thaler, wie die Holznutzung mit 523 Thaler 25 Sgr. Im Jahre 1785 waren in eben diesem Beritt noch 821 beflogene und 3060 unbeflogene Beutenstämme vorhanden, und es dürften bei der preussischen Besitznahme im Jahre 1772 leicht 20 000 Beuten in den westpreussischen königlichen Forsten vorhanden gewesen sein.

Auch den forstwirthschaftlich indirect nützlichen Insekten, den insektentödtenden, welche, wie z. B. die Schlupfwespen und die Raupenfliegen, der Forstmann als treueste Bundesgenossen bei der Bekämpfung von Insektenverheerungen schätzt, steht er dennoch gewissermassen passiv gegenüber, da er keine Mittel hat, sie nach Bedürfniss da- oder dorthin zu dirigiren. Wir betrachten dieselben genauer in dem Abschnitte: „Die Beschränkung der Insektenschäden durch natürliche Einflüsse" (S. 182 bis 189).

Nur einige wenige Forstinsekten sind dem Menschen d i r e c t s c h ä d - l i e h. Hierher sind vor allem zu rechnen die Raupen der Gattung Cnetho- campa, der Processionsspinner, deren Haare auf weiche Hautstellen von Menschen und Thieren und besonders auf Schleimhäute gebracht, unan- genehme und nicht selten gefährliche Entzündungs-Erscheinungen hervor- rufen. Aehnliches ist, wenn auch in geringerem Masse, von einigen anderen behaarten Raupen zu berichten.

I n d i r e c t s c h ä d l i c h, nämlich durch Zerstörung werthvoller Forst- producte, sind dagegen eine grosse Menge der den Forst bewohnenden Insekten. Man kann dieselben betrachten einmal mit Rücksicht auf die A r t der von ihnen verübten Beschädigung, zweitens auf die G r a d e ihrer Schädlichkeit.

Die verschiedenen Arten der durch Insekten verübten Beschädi- gungen an Holzpflanzen. Die Insektenangriffe auf Holzpflanzen, welche hier mit reichlicher Benützung der neueren Arbeiten Frank's [XXV] abgehandelt werden, sind:

1. Verletzungen, die mit Z e r s t ö r u n g f e s t e r P f l a n z e n s u b s t a n z verbunden sind,

2. Verletzungen, die nur S a f t v e r l u s t zur Folge haben,

3. d a u e r n d e R e i z w i r k u n g e n, welche die Pflanze zur Erzeugung krankhafter Neubildungen, sogenannter G a l l e n, veranlassen.

Verletzungen, die mit einem Verluste fester Pflanzensubstanz ver- bunden sind, sind beiweitem die häufigsten. Sie werden hervorgebracht durch Insekten-Imagines oder -Larven mit kauenden Mundwerkzeugen. Der Rüsselkäfer, der die Rinde eines Fichtenpflänzchens schädigt, die Raupe, die ein Laubblatt auffrisst, der Borkenkäfer, welcher einen Gang in Rinde und Splint nagt, die Wicklerraupe, die eine Knospe aushöhlt und die Holzwespe, welche sich mit ihren scharfen Kiefern ein Flugloch frisst, schädigen ihre Nährpflanzen sämmtlich in dieser Weise.

Ganz anders wirken die Insekten mit saugenden Mundwerkzeugen. Diese können keine feste Pflanzensubstanz zerstören. Die durch ihre feinen Saugrüssel angerichteten d i r e c t e n Verletzungen sind meist sehr unbedeutend, dagegen ist für die Pflanze der durch ihr Saugen bewirkte Saftverlust schädlich. Die Anzahl der so wirkenden F o r s t s c h ä d l i n g e ist verhältnissmässig gering; wir erwähnen als Beispiel die Blattläuse und Verwandte.

Bei der dritten Art der Schädigung ist weder der Verlust an Pflanzensubstanz, noch der an Saft das Wesentliche, sondern der dauernd durch das Insekt hervorgebrachte Reiz an jungen, noch neubildungs-

fähigen Pflanzentheilen. Diese werden hierdurch häufig zur Erzeugung
krankhafter Neubildungen angeregt, welche erfahrungsgemäss ganz bestimmte, nach Insekten- und Pflanzenart, ja sogar nach den Pflanzentheilen wechselnde Formen annehmen und Gallen oder Cecidien
genannt werden.

Eine genaue allgemeine Charakteristik des Begriffes Galle wird durch
die ausserordentliche Mannigfaltigkeit dieser Bildungen unmöglich gemacht. An
höheren Pflanzen versteht man unter Galle eben jedes vielzellige Organ, das in
Folge des dauernd durch ein Thier ausgeübten Reizes eine, meist mit starken
abnormen Wachsthumserscheinungen verbundene, morphologische und histologische
Veränderung seines Charakters erlitten hat.

Gallerzeugende Insekten — von den gallerzeugenden Rundwürmern,
Nematoden und den Gallmilben (vergl. S. 19 bis 23) müssen wir an dieser Stelle
absehen — kennen wir in den Gruppen der Käfer, Hautflügler, Schmetterlinge,
Zweiflügler und Schnabelkerfe. Die geringste praktische Bedeutung haben die
Käfer- und Schmetterlingsgallen. Am wichtigsten sind die von den Hautflüglern
und besonders die von den Gallwespen namentlich an den verschiedenen
Eichenarten erzeugten. Ihnen reihen sich der Wichtigkeit nach die Zweiflügler-
gallen, hauptsächlich von Gallmücken erzeugt, an und erst dann folgen die
Schnabelkerf- und speciell die Blattlausgallen.

Das den Reiz ausübende Thier kann seinen Sitz entweder an der Aussenseite oder im Inneren des betreffenden Pflanzentheiles haben. Als Beispiel eines
durch äusserliche Angriffe Gallen erzeugenden Thieres führen wir die, eine Art des
Buchenkrebses hervorbringende Blattlaus, Lachnus exsicator Alt., auf. Ueberhaupt
entstehen alle Blattlausgallen ursprünglich durch äussere Angriffe, die dieselben
erzeugenden Thiere werden aber mitunter allmälig von der wuchernden Galle
umschlossen, so z. B. die taschenartige Beutelgallen an den Ulmenblättern ver-
ursachenden Formen. In diesen Fällen ist der Gallerzeuger auch meist eine Imago,
indessen können, wenngleich seltener, auch gleichzeitig Larven durch äussere
Angriffe gallbildend wirken, z. B. die Larven von Chermes. Gallerzeuger, die im
Inneren des Pflanzentheiles ihren Sitz haben, sind stets Larven, beziehungsweise
noch in der Eischale eingeschlossene Embryonen, die in der Galle ihre Verwandlung durchmachen. Solche Larven können entweder durch eigene Thätigkeit
in die Pflanzensubstanz eindringen — so z. B die aus einem äusserlich an die
Rinde abgelegten Eie schlüpfende Larve von Saperda populnea L., welche besonders an Aspenausschlag knotige Anschwellungen der Aeste hervorruft — oder
aber bereits innerhalb derselben, aus einem von dem Mutterthiere mit Hilfe des
Legbohrers in den Pflanzentheil versenkten Eie, ausschlüpfen. So stechen z. B. die
eigentlichen Gallwespen, Cynipidae, verschiedene noch wachsende Theile der Eichen
an, um in dieselben ihre Eier abzulegen, und es ist die Bildung der Galle bereits
während der Embryonalentwicklung der Gallwespe im vollen Gange. Worin eigentlich
der Reiz besteht, auf welchen hin die Pflanze durch die Erzeugung einer Galle
reagirt, ist noch nicht völlig aufgeklärt. Die neueren Arbeiten, besonders die von
M. W. Beyerinck, machen es aber höchst wahrscheinlich, dass weder die mechanische Beschädigung des Pflanzentheiles, noch auch bei denjenigen Gallinsekten,
bei welchen das Mutterthier die Pflanze behufs Ablage der Eier mit dem Legstachel ansticht, ein von der Mutter in die Pflanze eingebrachtes ätzendes Secret
die directe Ursache des Reizes ist. Vielmehr sprechen viele Anzeichen dafür, dass
ein von dem sich entwickelnden Embryo, beziehungsweise von der Larve selbst
erzeugtes Secret den Reiz bewirkt. Es wird daher wohl anzunehmen sein, dass
auch bei den von Imagines erzeugten Gallen ein Secret, hier vielleicht der
Speichel, die Gallwucherung bedingende Ursache ist.

Kein noch zur Erzeugung von Neubildungen fähiger Pflanzentheil bleibt von
den Angriffen der Gallerzeuger verschont. Wurzel und Stamm, Blätter und Knospen,
Blüthen und Früchte können Gallen tragen, beziehungsweise sich in solche verwandeln. Sehen wir von den wohl nur durch Angriffe von Gallmilben hervor-

gebrachten abnormen Haarbildungen ab (vergl. S. 21), so können wir als Hauptformen der von Insekten erzeugten Gallen bezeichnen:

1. **Krümmungen, Rollungen, Faltungen und Umrissveränderungen an Blättern, Blattstielen und Stengeln.** Mit ihnen sind häufig Verdickungen der einzelnen Organe verbunden. Besonders sind es Gallmücken und Blattläuse, die diese Wirkungen hervorbringen.

2. **Beutel- und Taschengallen an Blättern.** Diese werden, ausser durch Gallmilben, sehr häufig durch Blattläuse hervorgebracht, hervorragende Beispiele derselben sind die von Schizoneura lanuginosa Htg. an Ulmenblättern hervorgebrachten grossen Blasen, sowie die von der Reblaus an den Blättern der amerikanischen Reben erzeugten Gallen.

3. **Knospenanschwellungen und Triebspitzendeformationen,** verbunden mit Kurzbleiben der Achse und überhäufter Blätterbildung. Die erzeugenden Thiere leben alsdann zwischen den krankhaft veränderten Blättern. In diesen Fällen sind die Schädlinge meist Schnabelkerfe, z. B. die ananasförmige Gallen an Fichten hervorrufenden Chermes-Arten, oder Gallmücken, z. B. Cecidomyia rosaria Loew, welche an verschiedenen Weidenarten die bekannten Weidenrosen hervorbringt.

4. **Krebsbildungen**, d. h. bösartige, zu Gewebszerstörungen führende, äussere Anschwellungen an Zweigen und Wurzeln. Die von der Blutlaus, Schizoneura lanigera Hausm., an Apfelbäumen und die von der Reblaus an den Rebwurzeln erzeugten Schädigungen gehören in diese Abtheilung.

5. **Eigentliche Gallen**, welche sich an den verschiedensten Pflanzentheilen durch Gewebswucherungen um einen in dem Gewebe befindlichen Parasiten bilden und im Inneren stets eine Larvenwohnung haben. Diese werden theils von Schmetterlingen — die Zweiggallen von Grapholitha Zebeana Ratz. an Lärche — theils von Käfern — die Gallen von Ceutorhynchus sulcicollis Gyll. an den Wurzelhälsen der Brassica-Arten — theils von Gallmücken — die Gallen von Cecidomyia saliciperda Duf. an den Stämmen und Aesten der Weiden — theils von Blattwespen — die rothen Blattgallen von Nematus Vallisnerii Htg. an verschiedenen Weiden — besonders aber von Gallwespen an den verschiedenartigsten Theilen der Eichen erzeugt. Letztere werden im speciellen Theile eingehende Besprechung erfahren. Wir verweisen vorläufig auf die S. 127 abgebildete Galle von Biorhiza terminalis Fabr.

Die Folgen der eben genannten drei Arten directer Insektenangriffe sind nun sehr verschieden, je nach den Pflanzentheilen, an denen sie erfolgen. Wir haben zunächst Wurzel-, Blatt-, Rindesowie Holzkörperbeschädigungen zu unterscheiden.

Wurzelbeschädigungen können erzeugt werden entweder durch grabende Kerfe, welche beim Bau ihrer unterirdischen Gänge die Wurzeln zerreissen oder zerbeissen, oder durch Wurzelfresser, oder durch an den Wurzeln saugende, respective an ihnen Gallen erzeugende Insekten. Unter den grabenden Kerfen ist vornehmlich die Werre oder Maulwurfsgrille zu nennen, als Wurzelfresser sind namentlich Käferlarven, als da sind Engerlinge, Drahtwürmer u. s. f., sowie einige unterirdisch lebende Raupen, z. B. die der Kiefernsaateule, anzuführen. An Wurzeln saugende Insekten werden dem Forstwirthe nur wenig nachtheilig, während der Weinbauer augenblicklich an vielen Orten durch die Reblaus geschädigt wird. In allen Fällen sind es zunächst die feinen, noch nicht verholzten Wurzeln, welche zerstört werden. Der hierdurch hervorgebrachte Schaden beruht darauf, dass diese Wurzeln die das Wasser und die gelösten mineralischen Nährstoffe aufsaugenden Organe sind. Als nächste Folge einer ausgiebigeren Wurzelbeschädigung tritt daher stets eine ungenügende Wasserzufuhr ein, die sich sehr bald durch Welkwerden der Blätter und der saftigen Triebe kundgibt. Betrifft die Schädigung nicht allein die feinen Wurzeln, sondern auch die stärkeren, wird besonders auch die Pfahlwurzel junger Stämme mit ihren Verzweigungen durchschnitten, wie dies z. B. bei Akazien durch den Frass der Larve von Polyphylla fullo L. vorkommt [XVI, 2. Aufl. III. 590 und 591], so verliert die Pflanze ausserdem auch den festen Halt im Boden und wird leicht durch Wind oder ähnliche Angriffe aus der Erde gerissen.

Blattbeschädigungen können entweder in gänzlicher Entfernung oder in theilweiser Zerstörung der Laubblätter, unter denen hier im streng botanischen Sinne natürlich auch die Nadeln der Coniferen begriffen werden, bestehen. Erstere wird hauptsächlich durch blattfressende Imagines oder Raupen bewirkt; die bekanntesten Beispiele hierfür sind Maikäfer und grosse Kiefernraupe.

Eine theilweise Zerstörung der Blattsubstanz wird sowohl durch das Blatt skeletirende oder in dem Blatte lebende und das Mesophyll oder Blattfleisch ausfressende Larven verursacht oder durch die Stiche saugender Thiere, sowie durch gallerzeugende Insekten. Die Larven vieler Chrysomeliden, die die Blätter minirenden Käfer- und Kleinschmetterlingslarven — wir erwähnen speciell Lina Populi L. an Pappel und Agelastica Alni L. an Erle als Blattskeletirer, Orchestes Fagi L. an Buche und Tinea complanella Hbn. an Eiche als Blattminirer — sind hierher zu rechnen. Auf ein typisches Beispiel von blattaussaugenden Schädlingen haben wir bereits bei den Arachnoideen hingewiesen auf den Tetranychus telarius L. (vergl. S. 23).

Die durch Blattzerstörungen hervorgerufene Schädigung der Holzgewächse beruht in letzter Instanz in der Verminderung oder gänzlichen Vernichtung der chlorophyllhaltigen Organe, also derjenigen, durch welche von der Pflanze die Kohlensäure der atmosphärischen Luft aufgenommen wird und in denen aus eben dieser Kohlensäure und aus Wasser unter Mithilfe anderer Nährstoffverbindungen und unter dem Einflusse des Sonnenlichtes organische Substanz erzeugt und Sauerstoff ausgeschieden wird. Dieser bekanntlich als Kohlensäure-Assimilation bezeichnete Vorgang wird also durch Blattzerstörungen beeinträchtigt oder aufgehoben, desgleichen auch die wesentlich an denselben Organen vor sich gehende Wasserverdunstung.

Als Beschädiger der Rinde, speciell der Borke und des Weichbastes kommen in praktischer Hinsicht meist nur die nagenden Insekten in Betracht und ausserdem solche saugende, welche Rindenkrebs verursachen. Die Angriffe der nagenden Insekten können entweder von aussen erfolgen, so dass der Holzkörper völlig frei gelegt wird, oder ohne Entblössung desselben, indem Gänge in Rinde und Splint gefressen werden.

Als wichtige, die Rinde gänzlich entfernende und zugleich gewöhnlich das Cambium und die äussersten Splintschichten verletzende Schädlinge führen wir beispielsweise auf, an jungen Nadelhölzern den grossen braunen Rüsselkäfer, Hylobius Abietis L., an Eschen die Hornisse, Vespa Crabro L.

Beiweitem zahlreicher sind die durch Anlage innerlicher Gänge den Weichbast und die äussersten Splintschichten vernichtenden Schädlinge. Hierher gehören vor allen Dingen die meisten Borkenkäfer, viele Rüsselkäfer, z. B. die Pissodes-Arten und eine Reihe von Kleinschmetterlingen, z. B. der Fichtenrindenwickler, Grapholitha pactolana Zll.

Eine Verletzung der eigentlichen Borke ist ohne alle Bedeutung. Anobium-Arten können in derselben zahlreiche, mit braunem Bohrmehl ausgefüllte Gänge fressen, ohne dass der Baum den geringsten Schaden erleidet. Form und Stärke der Borke werden forstentomologisch nur dadurch wichtig, dass sie gewisse Schutzmassregeln gegen Insekten erleichtern oder erschweren, so z. B. das Sammeln der Nonneneier, welches an den dickborkigen Kiefernstämmen unmöglich, auf den mit feinschuppiger Rinde versehenen Fichten aber wohl durchführbar ist. So schadet auch die Anlage von Theerringen direct auf der Borke weder der Kiefer, noch auch den stärkeren Obstbäumen.

Dagegen sind Beschädigungen der Innenrinde und des Weichbastes im höchsten Grade gefährlich. Fast ausschliesslich in dieser Schicht liegen nämlich, wenigstens bei den forstlich in Frage kommenden Pflanzen, die Wege für die Leitung der stickstoffhaltigen Nährstoffe, welche während der Zeit, in welcher eine Assimilation stattfindet, von den assimilirenden Organen, den Blättern, nach dem Stamme und den Wurzeln zu, also im ganzen abwärts, bei Beginn der neuen Vegetationsperiode, im Frühjahr, aber stammaufwärts, den noch unentwickelten Knospen aufgespeicherte Reservestoffe zuführend, wandern, eine Wanderung, die durch Zerstörung des Weichbastes je nach der Ausdehnung der Beschädigung ganz oder theilweise unterbrochen wird.

Verletzungen des Holzkörpers einschliesslich der Markröhre selbst sind ausschliesslich von in demselben Gänge nagenden Insekten verursacht, niemals durch saugende. Als hervorragende Schädlinge, welche so wirken, führen wir die Holzwespen, Sirex, und unter den Borkenkäfern Tomicus dispar Fabr. an. Auch die Herbstthätigkeit des Waldgärtners, des Hylesinus piniperda L., welcher zu dieser Zeit die Markröhren der Kieferntriebe ausfrisst, ist hier anzuführen. Tritt, wie z. B. in letzterem Falle, eine solche Schädigung an schwachen Zweigen ein, so wird zunächst die Widerstandsfähigkeit derselben gegen äussere mechanische Angriffe, z. B gegen den Wind, sehr beeinträchtigt, wie wir an den massenhaft durch die Herbststürme herabgeworfenen, von dem Waldgärtner ausgehöhlten Kieferntrieben sehen. Aber auch eine physiologische Schädigung der Holzgewächse kann auf diese Weise erfolgen. Dies beweist besonders der grosse Schaden, welchen der eben erwähnte Tomious dispar, dessen Gänge, von dem ersten, die Rinde radial durchbohrenden Eintritts-

gange abgesehen, ausschliesslich im Holze verlaufen, in jüngeren
Laubholzbeständen anrichtet. Es ist dieser Schaden wohl darauf zurückzuführen, dass einmal die Bewegung des Wassers und der in ihm
gelösten mineralischen Nährstoffe, andererseits die Leitung der stick-
stofffreien Nährstoffe, der Kohlenhydrate, wesentlich durch den Holzkörper vermittelt und bei Beschädigung desselben beeinträchtigt wird.
Stärke findet sich nämlich in den jüngeren Holzzellen und in den
Markstrahlen besonders im Herbst in grösserer Menge.

Entblössungen und Verletzungen des Holzkörpers können aber
auch insofern indirect schädlich werden, als durch sie bequemere
Wege für das Eindringen von Pilzen oder Pilzsporen geschaffen werden,
also von Organismen, welche Zersetzungserscheinungen des Holzes,
Wandelbarkeit desselben hervorrufen.

Sowohl durch directe Insektenangriffe, als auch indirect durch die
bei den eben geschilderten Schädigungen von Wurzeln, Blättern, Rinde
und Holz eintretenden Störungen der physiologischen Functionen können
an den Holzpflanzen ferner leiden, beziehungsweise zu Grunde gehen,
Triebe, Zweige, Aeste, ja sogar die ganze Krone oder wenigstens
die Knospen, aus denen sich solche Organe in der Folge entwickeln
sollten. Durch die gleichen Ursachen können auch Blüthen oder
Früchte direct geschädigt, oder deren Entstehung oder normale Ausbildung verhindert werden.

Solche Schädigungen haben dann, ausser den auch wieder von ihnen
mitbedingten weiteren physiologischen Störungen des Baumlebens, erstere
Störungen der normalen Ausbildung der Pflanzenform, letztere
Verminderung der natürlichen Vermehrung durch Samen im
Gefolge.

Als bestes Beispiel für Störung der normalen Baumformausbildung
ist die Herbstthätigkeit des Waldgärtners, Hylesinus piniperda L.,
anzuführen. Aeltere Kiefern verlieren durch seine Angriffe oft so
viele Triebe an dem ganzen Mantel der Krone, dass diese, gleichsam
durch den Waldgärtner verschnitten, ihre gewölbte Form einbüsst, die
Gestalt einer Fichten- oder Cypressenkrone erhält und auch im Inneren
fehlerhafte Verzweigungen bekommt.

Als Zerstörer forstlich wichtiger Samen seien beispielsweise erwähnt: in den Fichtenzapfen Anobium Abietis FABR., Grapholitha
strobilella L., Dioryctria abietella S. V.; in Kiefernzapfen die letztere
und Pissodes notatus FABR.; in den Bucheln Grapholitha grossana Hw.;
in Eicheln Graph. splendana HBN., Balaninus turbatus GYLL., B. glandium MRSH. und B. elephas SCHH., letzterer an Quercus cerris L. Alle
diese und verwandte Feinde der Blüthen und Früchte sind aber forstlich
nicht von grosser Wichtigkeit. Beachtenswerther sind Blüthenfeinde dem
Obstzüchter, z. B. der die Blüthen der Apfel- und Birnbäume zerstörende Rüsselkäfer, Anthonomus pomorum L., sowie die Obstmade,

Graph. pomonella L. Forstlich wichtiger ist der indirecte Einfluss des Insektenfrasses auf das Blühen und Samentragen der Bäume. Die Erfahrung hat wiederholt gezeigt, dass nach Raupenfrass, z. B. nach dem des Rothschwanzes, der Nonne, des Goldafters etc., im Nachjahre eine Verminderung des Blühens und Samentragens folgt. Diese allgemeine Verminderung ist weit bedeutungsvoller, als die directe Zerstörung verhältnissmässig weniger Blüthen und Früchte durch vorstehend genannte Insekten, sowie durch einige Knospenfresser.

Mit alleiniger Ausnahme der Zerstörung von Blüthen und Früchten können alle soeben kurz gekennzeichneten Angriffe, wenn sie intensiv genug sind, den Tod, wenn sie geringer sind, ein Kränkeln des Baumes zur Folge haben. Ist nur letzteres der Fall, so treten eine Reihe von Erscheinungen ein, welche auf die Ausgleichung des erlittenen Schadens abzielen und welche wir als Heilungsvorgänge zusammenfassen können. So tritt nach Beschädigung der Wurzeln oder Triebe eine Neubildung von solchen ein, der Verlust der Laubblätter wird durch Neubildung blättertragender Zweige, durch das sogenannte Wiedererergrünen ausgeglichen. Die Rinden- und Holzbeschädigungen heilen aus durch allmälige Ueberwallung der Wunden.

Ehe die Heilung vollständig ist, vergeht aber meist ein längerer Zeitraum, und während desselben tragen die Lebenserscheinungen der Pflanze ein abnormes, krankhaftes Gepräge. Solche Erscheinungen, in denen sich das Kräukeln der Holzgewächse ausdrückt, sind: 1. Das Auftreten von nach Form und Dimensionen ungewöhnlichen Neubildungen. 2. Die Entstehung der Ersatztheile aus stellvertretenden Trieben oder schlafenden Knospen. 3. Die Minderung des Zuwachses.

Das Auftreten ungewöhnlicher Neubildungen. Im allgemeinen sind die in ihren Dimensionen veränderten kränkelnden Neubildungen kleiner und spärlicher als die normalen. Dünne Belaubung im Jahre nach der Beschädigung, beziehungsweise nach einem Kahlfrasse ist bei den Laubbäumen häufig. Naeh Nonnenfrass scheinen die Bäume in dem auf die Beschädigung folgenden zweiten Jahre am meisten zu leiden. Es erhalten alsdann die neuen Triebe bei der Fichte häufig nur ganz kurze Nadeln, sie bleiben „Bürstentriebe" (Fig. 91). Bei der Kiefer entstehen naeh Kahlfrass proleptisch aus Seitenknospen Rosettentriebe, d. h. ganz kurz bleibende Triebe, die dichtstehende, verkürzte, breite und gesägte einfache Nadeln tragen (Fig. 92).

Andererseits kann aber auch der Fall eintreten, dass, wenn viele Knospen zerstört sind, dem kleinen übrig bleibenden Rest der gesammte Saftzufluss zu Gute kommt und die aus ihnen sich bildenden Organe, z. B. Nadeln oder Blätter, ungewöhnlich gross werden, so z. B. bei der gewöhnlichen Kiefer, bei welcher alsdann mitunter sogar Dreinadeligkeit vorkommt.

Aehnliche Verhältnisse finden sich nach KRAŠAN [Botanische Jahrbücher von ENGLER, Bd. V, S. 350 und 351] bei den durch Orchestes Quercus L. angegriffenen Stieleichen. Während nämlich häufig der erste Trieb durch die directen, vom Weibchen dieses Springrüsselkäfers beim Unterbringen ihrer Eier verübten Angriffe geradezu sistirt erscheint, und die verletzten Blätter verkrümmt sind, werden die am Johannistriebe direct über den verletzten stehenden Blätter ungewöhnlich gross und abnorm geformt, während die am Gipfel stehenden allerdings wieder ihre normale Form annehmen.

Fig. 91. Seitenzweig einer im Jahre 1856 durch Nonnenfrass geschädigten Fichte, welche im Jahre 1858 nur Bürstennadeln producirte.

Fig. 92. Rosettentrieb an Kiefer, nach RATZEBURG [**XV**, Bd. I, Taf. 6, Fig. 2].

Die Entstehung von Ersatztheilen aus eigentlich nicht dazu bestimmten Gebilden ist sehr häufig. Das deutlichste Beispiel liefern die von Retinia buoliana ihrer Gipfeltriebe beraubten Kiefern. Bei diesen hebt sich nach einer gewissen Zeit ein Trieb des obersten Quirles und wird nun zum Gipfeltrieb, allerdings nicht ohne dass sein Aufwärtsstreben eine Verkrümmung des Stammes an der betreffenden Stelle verursachte.

Für die Bildung von allerdings meist abnorm geformten Ersatzorganen aus schlafenden Knospen liefert ebenfalls die Kiefer das beiweitem beste Beispiel. Aus den am Vegetationspunkte der Kurztriebe zwischen je zwei Kiefernnadeln befindlichen, gewöhnlich ruhenden Scheidenknospen entwickeln sich in Folge von Entnadelung und Verstümmelungen des Haupttriebes Scheidentriebe, welche zwar in der Regel kein hohes Alter erreichen, dagegen aber provisorisch für das Leben des Baumes von hoher Bedeutung sind.

Der in Folge von Kräukeln eintretende Zuwachsverlust kann ein doppelter sein. Einmal kann der Längen-, andererseits der Stärkenzuwachs leiden. Die Verminderung des Längenzuwachses zeigt sich darin, dass in den zunächst auf das Jahr der Beschädigung folgenden Jahren die Endtriebe der Zweige und besonders die Gipfeltriebe der Nadelhölzer kürzer bleiben. Erst später erhalten sie allmälig

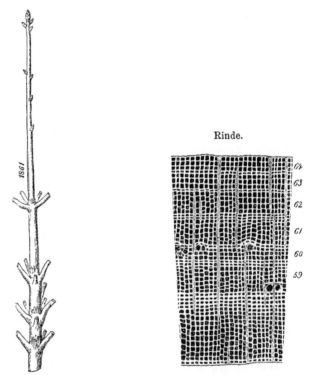

Rinde.

Fig. 93. Entasteter Wipfel einer im Jahre 1857 von der Nonne kahlgefressenen Fichte, die verschiedene Länge der Jahrestriebe zeigend.

Fig. 94. Die letzten sieben Holzringe einer im Jahre 1858 fast ganz kahlgefressenen, aber nicht eingegangenen Kiefernstange; nach RATZEBURG. [**XV**, 1. Bd., Taf. 6, Fig. 4 α.]

wieder ihre normale Länge. So hat die Fichte, deren Wipfel obenstehend (Fig. 93) abgebildet ist, nach einer im Jahre 1857 erlittenen Schädigung bis 1859 nur ganz kurze Gipfeltriebe gebildet und erst im Jahre 1861 wieder einen kräftigen Trieb erzeugt.

Die Minderung des Stärkenzuwachses wird besonders bei Verlust der Laubblätter oder Nadeln bemerkt, sie tritt mitunter schon im Frassjahre, bedeutend häufiger aber im Nachjahre ein. Nach einem grösseren Frasse werden die Jahresringe stets schmäler und schwächer, und dies kann sich mitunter auf viele Jahre hinaus erstrecken (vergl. Fig. 94).

Nördlinger hat wiederholt an Eichen, auch an Carya alba Mill., den in Süddeutschland alle drei Jahre wiederkehrenden Maikäferfrass durch besonders schmale Jahresringe bezeichnet gefunden.

Das Auszählen der Jahresringe zur Bestimmung des Baumalters bei den praktisch so wichtigen Zuwachsermittelungen wird unsicher durch Bildung von Doppelringen, welche bei plötzlicher Entlaubung im Sommer namentlich an jungen Trieben sicher vorkommen, oder durch Zusammenfliessen zweier Jahresringe in einen, mitunter wohl auch durch gänzliches Ausbleiben eines Ringes. Der durch die Färbung scharf ausgesprochene Unterschied zwischen Frühjahrs- und Herbstholz, „Weiss- und Braunholz", eines Jahresringes, namentlich beim Nadelholze, macht bei diesem die Zählungen sehr leicht, sobald keine Störungen im Wuchse eintraten. Bei den Laubhölzern sind die beiden Schichten des Jahresringes weniger scharf geschieden, nur die ringporigen Eichen, Eschen und Rüstern grenzen durch das gefässreiche Frühjahrsholz jeden neuen Jahresring von der dichten Herbstholzschicht des vorhergehenden Ringes scharf ab.

Störungen in der Harzerzeugung entstehen bekanntlich ebenfalls nicht blos durch Pilze, welche eine Umbildung der Stärke und der Cellulose zu Terpentin und dadurch eine krankhafte Vermehrung des Harzes, sowie Harzausfluss bewirken, z. B. Agaricus melleus L., Aecidium Pini Pers., Peziza Willkommii R. Htg. Alle Insekten, welche die Rinde oder den Holzkörper der Nadelhölzer von aussen verletzen, z. B. Bockkäfer, Tetropium luridum L., Holzwespen, Graph. pactolana Zll. und coniferana Ratz., Dioryctria abietella S. V., verschiedene Rüsselkäfer, Hylobius Abietis L., Pissodes hercyniae Hbst., sowie Borkenkäfer bewirken einen mehr oder weniger starken Harzausfluss. Aber auch im Innern des Holzes entstehen abnorme Bildungen, so z. B. die sogenannten „Harzketten". Wir verstehen darunter im Holze der Kiefern und Fichten eine krankhafte Vermehrung der Harzkanäle zu concentrischen Ketten, welche manchmal in einander fliessen; auch können die Harzkanäle im letzten Jahresringe völlig ausbleiben.

Die Grade der Schädlichkeit und die sie bedingenden Ursachen.

Vom rein theoretischen Standpunkte aus betrachtet, ist jedes Insekt forstschädlich, welches auf einem verwerthbaren Forstgewächs Wohnung und Nahrung findet, ebenso wie in der Theorie schon das Abbrechen eines Blattes den Baum schädigt, indem dadurch die respiratorische Oberfläche desselben verringert wird. Aber der hierdurch angerichtete Schaden ist in der Praxis nicht nachweisbar, und auch die durch manche auf Forstgewächsen lebende Insekten bewirkte Schädigung derselben ist so gering, dass wir sie in praktischer Hinsicht durchaus vernachlässigen und als unschädlich betrachten köunen. So verzeichnet z. B. KALTENBACH [XVII, S. 643—678] nicht weniger als 537 auf und von der Eiche lebende Insekten, von denen wir aber höchstens 50 eine wirthschaftliche Bedeutung beimessen können.

Diejenigen Forstinsekten, bei welchen überhaupt eine schädigende Thätigkeit nachweisbar ist, werden nach altem Brauche von den Forstleuten eingetheilt in unmerklich schädliche, merklich schädliche und sehr schädliche.

Als „unmerklich schädlich" bezeichnet man solche Insekten, welche nur ganz unbedeutende Zerstörungen anrichten, also nur abgestorbene Stämme oder Stammtheile befallen, ohne deren technische Brauchbarkeit wesentlich zu beeinträchtigen, oder solche, die am lebenden Baume ihrer Seltenheit oder der Eigenthümlichkeit ihres Frasses wegen weder Absterben, noch sichtbares Kränkeln hervorrufen. Hierher gehören z. B. sehr viele Blattminirer, viele Arten der Blätter rollenden Rüsselkäfer, Gattung Rhynchites, zahlreiche Cynipiden u. s. w.

„Merklich" und „sehr schädlich" nennt man die Insekten nach Massgabe der Ausdehnung des beachtenswerthen Schadens. Die sehr schädlichen gefährden ganze Bestände oder Kulturen, oder auch ganze Reviere in empfindlichster Weise; die merklich schädlichen kommen entweder nur an einzelnen Bäumen oder Horsten vor, oder tödten wenigstens, wenn sie sich auch auf ganze Bestände erstrecken, die Bäume nicht. Sehr schädlich sind z. B. oft der Fichtenborkenkäfer, Tomicus typographus L., der Kiefernspinner, Bombyx Pini L., u. s. w. geworden, während der Rothschwanz, Dasychira pudibunda L., Grapholitha tedella CL., Retinia buoliana S. V., u. s. w. nur zu den merklich schädlichen Insekten gehören.

Wir werden uns hauptsächlich nur mit solchen Forstinsekten beschäftigen, welche den beiden letzten Abtheilungen zugerechnet werden, von den unmerklich schädlichen dagegen nur einzelne nebenher erwähnen. Man darf aber nicht verkennen, dass diese Begriffe keine absoluten, sondern nur relative sind, denn in verschiedenen Fällen kann ein und dasselbe Forstinsekt bald nur merklich, bald sehr schädlich auftreten. So ist z. B. die oben nur als merklich schädlich bezeichnete R. buoliana 1883 bei Dresden auf Pillnitzer Revier sehr schädlich aufgetreten.

Rein entomologisch betrachtet, hängt die Grösse der Gefahr, das heisst des möglichen Schadens, von der Menge und Gefrässigkeit des Insektes selbst und davon ab, ob dieses mehr oder weniger leicht Krankheiten, Schmarotzern u. s. w. ausgesetzt ist. Der Kiefernspinner übertrifft z. B. an Gefährlichkeit vielleicht alle anderen Insekten um so mehr, als Frasseigenthümlichkeit und mangelndes Wandervermögen ihn doppelt furchtbar machen. Dann ist nicht unwichtig, ob der Frass durch Larven oder, wie es weniger häufig und dann weniger empfind-

10*

lich der Fall ist, durch das ausgebildete Insekt erfolgt, wie z. B. beim Maikäfer. Eine Ausnahme hiervon macht in erster Reihe der grosse Fichtenrüsselkäfer, Hytobius Abietis L., welcher als Larve ganz unschädlich ist. Zu den hier nicht unwichtigen Eigenthümlichkeiten mancher Insekten gehört deren Vorliebe für gewisse Pflanzentheile. So werden Wurzel- und Weichbastbeschädigungen immer nachtheiliger sein, als solche der Blätter oder des Holzes. Der Frass der grossen Kiefernblattwespe, Lophyrus Pini L., würde weit empfindlicher wirken, wenn ihre Larve auch junge Triebe zerstörte und nicht blos auf alte Nadeln angewiesen wäre. Der Tannenwickler, Tortrix murinana HBN., wirkt gerade dadurch so empfindlich, dass er bei Massenfrass die jungen Triebe vollständig tödtet, während z. B. der Schaden der einen Fichtenblattwespe, Nematus abietum HTG., dadurch wenig bedeutend wird, weil die Larve nur auf die eben hervorgebrochenen jungen Nadeln angewiesen ist, die Knospen aber meist unberührt lässt, und deshalb die Triebe nicht absterben. Die Kraft des Insektes, ganze Triebe abzubeissen oder abzunagen, erhöht dessen Gefährlichkeit, so z. B. die des Kiefernspinners.

Die Intensität des Schadens, welchen irgend ein Insektenfrass an Holzgewächsen im einzelnen Falle hervorbringt, hängt aber durchaus nicht allein von der Art des Insektes, von dessen Eigenthümlichkeiten, von dessen Menge und von Grösse und Art der Beschädigung selbst ab, sondern wird ausserdem noch bedingt durch die Empfindlichkeit der Pflanze gegen die Beschädigung, und es ist diese Empfindlichkeit wieder sehr verschieden nach Holzart, nach Alter, Gesundheitszustand und Standort der Pflanzen, nach der Jahreszeit der Beschädigung, endlich nach der zufälligen Witterung zur Zeit des Frasses und nach demselben.

Die einzelnen Holzarten lassen sich bezüglich ihrer mehr oder weniger grossen Empfindlichkeit gegen Insektenfrass zwar nicht scharf trennen, immerhin sind aber doch gewisse Unterschiede festzustellen. Die Erfahrung lehrt, dass das weit weniger reproductionskräftige Nadelholz viel mehr Schaden leidet, als Laubholz, dessen grosse Reproductionskraft schon durch seine Fähigkeit, Stock- oder Wurzelausschlag zu treiben, bewiesen wird. Die für Mitteleuropa forstlich wichtigen Laubhölzer treiben alljährlich vollständig neue Blattorgane, die meisten Nadelhölzer erzeugen solche nur an den neuen Trieben. Kein Wunder, dass eine vollständige Entnadelung Kiefer, Fichte oder Tanne viel mehr benachtheiligen muss, als wie die vollständige Entlaubung eine Buche oder Eiche. Aus demselben Grunde erklärt sich auch die grössere Empfindlichkeit der Nadelhölzer gegen die Einwirkung der schwefligen Säure und des Steinkohlenrusses, obgleich die Laubblätter an sich empfindlicher sind, als die Nadeln. [Vergl. v. SCHRÖDER in: „Tharander forstliches Jahrbuch", Band 22 und 23.] Eine vollständige Entnadelung bringt unseren Nadelhölzern den Tod oder wenigstens eine so bedeutende Störung der Ernährung, dass z. B. das Wiederergrünen der Kiefern nach Spannerfrass selbst im Nachjahr vier Wochen später erfolgt, als das der unversehrten Bäume. Selbst bei nur theilweiser Erhaltung der Altnadeln hat RATZEBURG ein anderes Verhalten der Zweige beobachtet, als vollkommen kahl gefressene zeigten; letztere trieben später und kümmerlicher. Bezüglich der Folgen einer theilweisen Entlaubung steht die nur sommergrüne Lärche den Laubhölzern näher als ihren Verwandten, nicht aber bezüglich des Borkenkäferfrasses, sie wird z. B. durch den Jahr für Jahr wiederkehrenden Frass der Coleophora laricella HBN. nur in einen mehr oder weniger krankhaften Zustand versetzt, aber nicht getödtet. Alte Birken können jahrelang von Scolytus Ratzeburgii JANS., alte Ulmen jahrelang von Scolytus destructor OLIV., Eschen jahrelang von Hylesinus Fraxini FABR. bewohnt werden, ehe sie absterben, während den Nadelhölzern jeder stärkere oder länger dauernde Borkenkäferfrass unmittelbar den Tod bringt. Die verschiedenartigsten Bockkäfer, die Larven der Gattungen Sesia und Cossus hausen in alten Laubbäumen jahrelang, während von Tetropium luridum L. befallene Fichten oder Lärchen in kurzer Zeit absterben. Hierher gehöriger Beispiele liessen sich noch viele bringen. Thatsache ist, dass ein so ausgedehnter Schaden, wie ihn der Borkenkäfer in Fichtenwaldungen, der Kiefernspinner in Kiefernwäldern hervorrufen, dem Laubholzwald vollständig fremd ist. Unter den wichtigeren Nadelhölzern ist unzweifelhaft die Fichte am empfindlichsten gegen Insektenfrass. Für sie ist z. B. die Nonne ein sehr schädliches, für Kiefer ein nur merklich schädliches Insekt. Auch die in Fichtenwaldungen vorkommenden, ausgedehnten Borkenkäferverheerungen beweisen die grosse Empfindlichkeit dieser Holzart. Eigenthümlich ist freilich dem gegenüber die Thatsache, dass sich die Fichte nach starkem, langjährigem Wildverbiss viel leichter und bekanntlich rascher erholt, als die Kiefer und dass sie selbst den Heckenschnitt gut aushält. Dass die Weisstanne, welche erfahrungsgemäss auch grosse Misshandlungen verträgt, dem Insektenfrass gleichfalls unterliegt, wenn auch seltener wie die Fichte, dafür liefern Beweise Tomicus curvidens GERM., Pissodes Piceae ILL., ebenso die wiederholte Entnadelung der jungen Triebe durch den Tannenwickler, Tortrix murinana HBN. Die nicht so gründliche Entnadelung der jungen Triebe der Fichte durch Nematus abietum HTG. verträgt diese Holzart wohl deshalb so gut, weil die Larve die Knospen unzerstört lässt (vergl. S. 148). Dass die Lärche bezüglich der Reproductionskraft den Laubhölzern näher steht als die übrigen Nadelhölzer, wurde oben bereits erwähnt.

Das Alter, in welchem eine Holzart gewöhnlich von einem Forstschädlinge angegangen wird, spricht mit bei der Abschätzung des Grades der Schädlichkeit des letzteren. Gegen grössere, äussere Verletzungen ist altes Holz empfindlicher als junges, d. h. es heilt Wunden, die durch Schälen des Wildes, durch Abschneiden von Aesten oder ähnliche Beschädigungen hervorgerufen wurden, durch Ueberwallung langsamer und daher auch nicht so gründlich aus, wie Jungholz. Gegen Raupen- und Käferfrass ist letzteres dagegen viel empfindlicher. Ganz besonders gilt dies von den Keimlingen, sie mögen durch Raupen ihrer

Blattorgane, sie mögen durch Engerlinge ihrer Wurzeln beraubt worden
sein, gleichviel; selbst den Verbiss durch Wild oder Vögel halten die
Keimpflanzen schwer aus. Eine kleine ein- oder zweijährige Kiefer
oder Fichte wird viel leichter durch Hylobius Abietis getödtet, als eine
schon kräftige fünf- bis sechsjährige Pflanze. Die einjährigen Kiefernpflänzchen werden durch die Saateule, Agrotis vestigialis Hfn., sicher
getödtet, zweijährige und ältere Pflanzen meist nur beschädigt.

Der Gesundheitszustand der befallenen Pflanzen bedingt
ferner den Grad des Schadens insofern, als gesunde, kräftige Individuen viel widerstandsfähiger sind. Hieraus erklärt sich die Erscheinung,
dass Laub- und Nadelhölzer, wenn sie bald nach der Verpflanzung, also
ehe sie sich vollständig erholt haben, von Insekten angegangen werden,
viel eher ein Opfer dieser Angriffe werden, als ein oder mehrere Jahre
später. Frisch gepflanzte Laubholzheister werden leichter durch Buprestiden, Bockkäfer, Borkenkäfer, wie Tomicus dispar Fabr. oder Saxesenii Ratzb. u. s. w., getödtet, als bereits im kräftigen Wuchs stehende
junge Bäume. Dass ein krankhafter Zustand der Waldbäume überhaupt mehr schädliche Insekten anlockt, ist bekannt. Beweis dafür ist
die Möglichkeit der Fangbäume und die Vermehrung der Borkenkäfergefahr durch Sturmschäden. Trotzdem braucht man nicht anzunehmen,
dass Krankheit der Pflanzen oder Bäume die nothwendige Bedingung
für den Eintritt von Insektenschäden wäre; begünstigt werden dieselben aber jedenfalls dadurch.

Der Standort ist deshalb von wesentlichem Einfluss auf den
Grad des Schadens, weil dieser im allgemeinen desto beachtenswerther
wird, je schlechter der Standort und je kümmerlicher in Folge dessen
der Wuchs ist. Eine ganze Gruppe von Wicklern lebt vorzugsweise
in den auf entkräfteten Böden stockenden, kümmerlichen Kiefern. Sogar in Gesellschaft zahlreicher Rüsselkäferarten tödten sie zwar nur
selten eine einzige Pflanze, allein ganze Bestände werden in empfindlichster Weise im Wuchse zurückgehalten, obgleich vielleicht nicht
eine einzige Art der dort thätigen kleinen Feinde für sich allein als
sehr schädlich bezeichnet werden möchte. Wie höchst nachtheilig wirkt
z. B. an Fichten der Frass von Grapholitha pactolana Zll., sowie der
von Chermes und Coccus in sogenannten Frostlöchern, während anderen-
orts der Schaden leichter überwunden wird.

Von Bedeutung ist ferner die Jahreszeit, in welcher die
Schädigung erfolgt. Der Frass der Kieferneule ist deshalb ein ganz
anderer als der des Kiefernspanners, weil ersterer oft schon im Mai
beginnt, während die Raupen des Spanners in der Regel erst im Juli
erscheinen. Da sich die kleinen Eulenraupen in die noch frischen Maitriebe einbohren und diese in Folge davon bald absterben, scheint
der Eulenfrass gefährlicher zu sein, als der des Spanners. Dieser
Schein hat nicht selten zu übereilten Abtrieben befallener Bestände
geführt. Beim Kiefernspinner entscheidet über den Grad der Schädlichkeit nicht der Herbstfrass, sondern der Frühjahrsfrass; werden nämlich
im Frühjahre die Knospen und jungen Triebe mit zerstört, so ist mit

grosser Wahrscheinlichkeit Absterben der Bäume zu erwarten. Laubhölzer ergrünen nur dann schnell und vollständig, wenn im Frühjahre
alle Blätter gründlich zerstört waren; z. B. nach Maikäferfrass. Bleiben
noch Blattreste oder fand der Frass erst nach Johannis statt, so treiben
in der Regel die Knospen gar nicht oder unvollkommen. Dem Frühjahrsfrass des Schwammspinners, Ocneria dispar L., folgt in der Regel
Wiederergrünen im Juli; die verspätete Laubentwicklung hat manchmal zur Folge, dass die Blätter später abfallen als gewöhnlich, zeitig
kommender Schnee kann dann grossen Schaden anrichten. Dem Sommerfrass des Rothschwanzes, Dasychira pudibunda L., folgt niemals ein
Wiederergrünen der Buchen in demselben Jahre; der directe Schaden desselben ist gering, weil die Blätter schon geraume Zeit ihre Ernährungs-
functionen verrichtet haben, beachtenswerth kann aber bei wiederholtem
Frass die Benachtheiligung des Standortes sein, weil die noch warme
August- und September-Sonne den unbeschatteten Boden zu sehr austrocknet, überdies aber ein Laubabfall gar nicht eintritt.

Die zufällig eintretenden Witterungsverhältnisse spielen
endlich ebenfalls eine wesentliche Rolle, indem durch sie die Entwicklung der Insekten begünstigt oder benachtheiligt, die Widerstandskraft der beschädigten Pflanzen und Bäume erhöht oder vermindert
werden kann. Die Störung des Maikäferfluges durch einen kalten,
nassen Mai ist bekannt. Im zeitigen Frühjahr erscheinende Raupen,
so z. B. die der Kieferneule, werden nicht selten durch Spätfröste und
kalte Regen getödtet. Durch zeitig eintretendes Frühjahr und darauf
folgenden warmen Sommer kann eine Vermehrung der Anzahl der
Generationen vieler Borkenkäfer bedingt, Gefahr und Schaden daher
wesentlich erhöht werden. Besonders trockene Jahre vergrössern die
nachtheiligen Folgen fast jeden Frasses. So litten z. B. die Reviere
der Johannisburger Inspection in Preussen nach Kieferneulenfrass bedeutend mehr als gewöhnlich, weil ihr Wiederergrünen in den trockenen
Sommer 1868 fiel und die schon gebildeten Triebe wieder vertrockneten. In einem feuchten Frühjahr und Sommer überstehen viele
Nadelholzpflanzen Beschädigungen durch Hylobius, an denen sie in
trockener Zeit sicher zu Grunde gegangen wären. Im allgemeinen
darf man wohl sagen, dass alle Witterungsverhältnisse, welche das
Wachsthum der Holzpflanzen günstig beeinflussen, die nachtheiligen
Folgen von Insektenfrass, in der Regel sogar diesen selbst vermindern.

Die sehr und merklich schädlichen Forstinsekten können nun die
bestandbildenden Holzarten in zweierlei verschiedener Art beschädigen.
Einmal können sie die Gesundheit und das Leben der Forstgewächse
bedrohen, andererseits die Brauchbarkeit, beziehungsweise den Markt-
werth der Forstproducte vermindern. Die erste Classe bezeichnet man
als physiologische, die zweite als technische Schädigungen und
theilt demnach die Forstinsekten in physiologisch und technisch schädliche ein. Uebrigens treten beide Schädigungen sehr oft gleichzeitig

auf, und es finden sich zahlreiche Uebergänge von der einen Form zu der anderen.

Hervorragende Beispiele von **physiologisch schädlichen Insekten** sind der Engerling, der grosse und kleine braune Rüsselkäfer, Hylobius Abietis L., und Pissodes notatus FABR., viele Borkenkäfer, besonders Tomicus typographus L., der Kiefernspinner und der Kiefernspanner, welche sämmtlich bei mässigem Angriff die Bäume kränkeln machen, bei massenhaftem Auftreten dagegen tödten. Dieselben Insekten, welche hier genannt wurden, können, vielleicht mit Ausnahme des Engerlings und der Rüsselkäfer, auch technisch schädlich werden, wenn das durch sie getödtete Holz nicht bald verwerthet werden kann und im Preise verliert; blau gewordene Kiefernklötze kauft niemand gern.

Nur technisch schädlich sind eigentlich blos jene Insekten, welche bereits todtes, gefälltes Holz angehen, z. B. der Schiffswerftkäfer, Lymexylon navale L., welcher die für Schiffsbau brauchbaren Eichenhölzer noch auf der Werft sehr zu schädigen im Stande ist; viele der in abgestorbenen Hölzern lebenden Bockkäfer, Hylotrypes bajulus L., Callidium violaceum L. und variabile L., welche Balken in den Häusern Hausgeräthe und Holzsammlungen oder Vorräthe beschädigen, ebenso viele Arten der Anobiiden aus den Gattungen Anobium, Ptilinus, Lyctus. Die Holzwespen, Sirex, die Holzborkenkäfer, namentlich Tomicus lineatus ER., sind meist nur technisch schädlich, können aber auch physiologisch schädlich werden, wenn sie lebende, kränkelnde Bäume angehen und deren Tod beschleunigen.

Gleichzeitig technisch und physiologisch schaden alle in lebendem Holze hausenden Bockkäfer, so z. B. Cerambyx cerdo L., dessen Larve ganz gesunde Eichen mit daumstarken Frassgängen durchsetzt, Tetropium luridum L., dessen Gänge in Fichten- und Lärchenholz gefunden werden, Saperda carcharias L. in Pappeln und Aspen; ferner die Cossus-Arten, namentlich Cossus ligniperda FABR., dessen Raupe in verschiedenen Laubhölzern starke Gänge frisst, einige Sesien, namentlich Sesia apiformis CL. in Aspen und Pappeln. Andere schaden dadurch physiologisch und technisch, dass die von ihnen verursachte Beeinträchtigung des Baumlebens zugleich Verkrüppelungen der nutzbaren Theile hervorrufen. Beispiel hierzu ist Retinia buoliana S. V., welche junge Kiefern nicht blos physiologisch stark beschädigt, sondern auch durch die bekannten posthornartigen Verkrüppelungen entwerthet. Die Weidenruthengallmücke, Cecidomyia salicis SCHRK., stört nicht blos das Wachsthum der einjährigen Ruthen von Salix purpurea, sondern vernichtet durch die von ihr verursachte Gallbildung auch die Verwendbarkeit der Ruthen zu Korbarbeiten vollständig.

Die durch Insekten hervorgerufenen Störungen des forstlichen Wirthschaftsbetriebes. Vom forstwirthschaftlichen Gesichtspunkte ausgehend, theilt man die schädlichen Insekten auch ein in Kulturverderber und Bestandsverderber. Wie jedoch durch zahlreiche Uebergangsformen der Unterschied zwischen technisch und physiologisch schädlichen Insekten verwischt wird, so ist das auch hier der Fall, und zwar um so mehr, als forstlich eine scharfe Grenze zwischen Kultur und Bestand nicht gezogen werden kann. Unter Kulturverderbern versteht man im allgemeinen jene Insekten, welche die Gründung eines Bestandes erschweren oder verhindern, unter Bestandsverderbern dagegen jene, welche das Absterben oder Kräukeln älterer Bäume oder ganzer Bestände verursachen.

Zu den Kulturverderbern gehören alle den ausgesäeten Samen zerstörenden Insekten, z. B. die Larven einiger Elateriden, ferner alle jene, welche vorzugsweise die jungen Pflanzen an ihren oberirdischen oder unterirdischen Theilen beschädigen. Unter den Wurzelbeschädigern ist vorzugsweise der Engerling zu nennen, speciell für Nadelhölzer die Kiefernsaateule, Agrotis vestigialis HFN. und die Larve des Otiorhynchus niger FABR. Noch weit zahlreicher sind die Beschädiger der oberirdischen Theile der Pflanzen. Einer der schädlichsten oberirdischen Kulturverderber ist der grosse braune Rüsselkäfer, Hylobius Abietis L., in etwas älteren Kiefernkulturen oft auch Pissodes notatus FABR. Eine grosse Anzahl anderer Rüsselkäfer, die sogenannten grünen und grauen Laub- und Nadelholzrüsselkäfer, einige Borken- und Bastkäfer, zahlreiche Mikrolepidopteren, einige Blattwespen, Schild- und Rindenläuse u. s. w. können als Beispiele gleichfalls hier genannt werden.

Als Beispiele von Bestandsverderbern sind zu nennen viele Borkenkäfer, so namentlich Tomicus typographus L., Kiefernspinner, Nonne, Kiefernspanner und Eule, unter den Rüsselkäfern vorzüglich Pissodes hercyniae HBST. Zahlreiche Raupen-Arten schaden dem Laubholz, so Processionsspinner, Sesien, Weidenbohrer, Rothschwanz, Schwammspinner.

Sehr viele Insekten sind gleichzeitig Kultur- und Bestandsverderber; sei es, dass sie dies in demselben Stadium der Entwicklung sind, sei es, dass sie in dem einen Stadium nur Kulturen, in dem anderen nur Bestände beschädigen. So schädigt z. B. Tortrix buoliana S. V. als Larve sowohl Kulturen als Bestände, der Maikäfer dagegen als Engerling durch Wurzelfrass nur die jungen Pflanzen, als Imago durch Entblätterung auch ältere Bäume. Hylesinus piniperda L. tödtet als Larve durch seine Frassgänge alte Bäume, schädigt hingegen als Imago durch das Aushöhlen der Triebe nicht blos diese, sondern auch junge Kiefern.

Jede merkliche Beschädigung der forstlichen Kulturpflanzen durch Insekten ist mit Störungen des forstlichen Wirthschaftsbetriebes verknüpft, erstens weil die Vorbeugungs- und Vertilgungsmassregeln directe Kosten verursachen, zweitens weil unter Umständen selbst Verschiebungen im Hauungsplane stattfinden müssen. Alles dies hat eine Verminderung des Waldertrages zur Folge, am meisten, wenn ganze Kulturen zerstört, ganze Bestände oder wenigstens eine grössere

Anzahl von Altbäumen getödtet werden. In Folge von Insektenverheerungen in Nadelholzbeständen, z. B. durch Borkenkäfer- und
Nonnenfrass in Fichten-, Spinnerfrass in Kiefernrevieren, kann eine derartige Ueberfüllung des Marktes mit Holz stattfinden, dass dem Waldbesitzer schon durch die gedrückten Preise empfindliche Nachtheile
erwachsen. Häufiger noch verursachen die Kulturverderber einen
Aufwand an Kosten wegen der Nothwendigkeit, theurere Kulturmethoden
anzuwenden, — z. B. Pflanzung besonders kräftiger, älterer, verschulter
Pflanzen, — oder durch wiederholt nothwendig werdende Ausbesserungen
zum Ersatz der getödteten Pflanzen; Beispiele hiefür sind Engerling
und Rüsselkäfer. Eine indirecte Schädigung erleidet der Waldertrag
oft dadurch, dass man an den Grenzen besonders gefährdeter Kulturen verhindert ist, mit den Schlägen weiter fortzuschreiten, wenn
man die Gefahren nicht vergrössern will, und dies ist eine ganz
wesentliche Störung des wirthschaftlichen Betriebes.

Die Bestandsverderber schaden glücklicherweise nur selten in
solchem Masse, dass, wie oben erwähnt, eine Ueberfüllung des Marktes
mit verkäuflicher Holzwaare eintritt, häufiger geschieht es, dass sie
nur den Zuwachs einzelner Bäume oder ganzer Bestände herabdrücken
— z. B. Raupen, welche durch ihren Frass die Bäume nicht tödten —
oder dass sie die normale Ausbildung der Forstproducte verhindern,
z. B. **Grapholitha pactolana.**

Die Verminderung des Bestandszuwachses kann durch Beschädigung sämmtlicher oder wenigstens der meisten den Bestand bildenden
Bäume erfolgen — z. B. durch Nonnenfrass in Kiefern. In solchem Falle
ist der Schaden nicht so gross, weil nach wenigen Jahren der volle
Zuwachs wieder eintritt. Sie kann aber auch dadurch erfolgen, dass
eine grössere oder kleinere Anzahl von Einzelbäumen getödtet wird,
z. B. durch den Harzrüsselkäfer, während die anderen unversehrt
bleiben. Hier ist der Schaden beträchtlicher, weil die Verminderung
der Anzahl der den Bestand bildenden Bäume bis zum einstigen Abtrieb
nachtheilig fortwirkt; namentlich ist dies dann der Fall, wenn in
Stangen- oder älteren Hölzern ganze Horste absterben, deren Flächen
gleichwohl nicht gross genug sind, um einen neuen Anbau derselben
zu gestatten. Hier tritt durch langes Freiliegen leicht auch eine Verminderung der Bodenkraft ein, welche erst in später Zeit wieder
behoben werden kann.

Ganz bedeutende Störungen des Wirthschaftsbetriebes können
dadurch verursacht werden, dass man gezwungen wird, todtgefressene,
und sonstig stark beschädigte Bestände, welche nach dem Hauungsplan
eigentlich erst in viel späterer Zeit zur Nutzung gelangen sollten,
schon früher zum Abtrieb zu bringen. Damit trotzdem der Hiebssatz
nicht allzusehr überschritten, der Markt nicht mit Holz überfüllt wird,
ist es dann nicht selten nothwendig, überreife, bereits zum Hieb gestellte
Bestände stehen zu lassen, wodurch weitere Zuwachsverluste erfolgen.
Solche Störungen der Hiebsordnung wirken nachtheilig oft für ganze
Umtriebszeiten und noch länger.

Der Verminderung des Ertrages durch die nicht blos physiologisch, sondern auch technisch schädlichen Insekten wurde oben bereits gedacht. Wohl nur in ganz besonderen Fällen treten diese Schäden so massenhaft auf wie z. B. durch Cecidomyia salicis SCHRK., oder Tortrix buoliana S. V. Meist hat man es hier glücklicherweise nur mit stärkeren oder schwächeren Einzelbeschädigungen zu thun. Störungen und Erschwerungen des forstlichen Betriebes können auch sie in ausgedehnter Weise mit sich bringen, wie die gezwungene Wahl gewisser Fällungszeiten, z. B. Sommerfällung wegen Tomicus lineatus ER.

Mancherlei Ertragsopfer und Störungen des Betriebes bedingen endlich in directer und indirecter Weise die gegen Insektenschäden zu ergreifenden Vorbeugungs- und Vertilgungs-Massregeln; so verursacht z. B. mehrjähriges Liegenlassen der Schläge, um den Rüsselkäferfrass zu vermindern, einen Verlust an Zuwachs. Oeftere Fällung von Fangbäumen, um Borkenkäferschäden vorzubeugen, bringt nicht selten Ertragsverluste mit sich, weil die Erntekosten derartiger Einzelhölzer sich oft etwas höher, die Verkaufspreise dagegen etwas niedriger stellen, als in den Schlägen. Entrinden von Nutz- und Brennhölzern drückt den Ertrag aus demselben Grunde herab.

Directe Geldopfer fordern endlich alle Vertilgungsmassregeln, z. B. das Einsammeln der Rüssel- und Maikäfer, sowie die Anlegung von Theerringen gegen den Kiefernspinner.

KAPITEL VI.

Entstehung, Abwehr und wirthschaftliche Ausgleichung grösserer Insektenschäden.

Die durch Insekten verübten Beschädigungen des Waldes sind zwar häufig und vielfach sehr bedeutend, dagegen kommen sie glücklicherweise durchaus nicht überall und nicht in jedem Jahre vor. Wir haben daher in diesem Kapitel zunächst zu untersuchen, welche Umstände das Eintreten grösserer Insektenverheerungen veranlassen. Haben wir die Ursachen ihres Auftretens erkannt, so werden wir im Stande sein, Vorbeugungsmassregeln gegen sie zu treffen. Sind aber, wie dies leider öfters vorkommt, trotz aller Vorkehrungen, doch grössere Insektenfrasse entstanden, so müssen wir dieselben zunächst bekämpfen und dann die den Forsten und ihrer Bewirthschaftung zugefügten Schäden allmälig wieder zu heilen versuchen. Hierzu gibt dieses Kapitel Anleitung.

Die Entstehung grösserer Insektenverheerungen.

In jedem, auch dem best bewirthschafteten und sorgfältigst beschützten Forste lebt stets eine grosse Anzahl von Insekten auf Kosten der in ihm gezogenen Holzpflanzen. Werden durch sie, wie wir auf S. 146 auseinandersetzten, theoretisch genommen, die Bäume auch stets geschädigt, so ist dieser Schaden unter normalen Verhältnissen doch so unmerklich, dass ihm keinerlei wirthschaftliche Bedeutung zukommt. Diesem glücklichen Zustande wird nun häufig dadurch ein Ende gemacht, dass ein Forstinsekt plötzlich in grösserer Menge auftritt, rasch zu unzählbaren Schaaren anwächst, und nun die Waldung und ihre rationelle Bewirthschaftung auf das empfindlichste bedroht. Zwei verschiedene Ursachen können ein solches plötzliches Massenauftreten bedingen, nämlich entweder Ein-

wanderung aus einem anderen Reviere oder starke Vermehrung
des in dem Reviere selbst bisher nur in mässiger und daher bedeutungs-
loser Menge vorhandenen Thieres.

Einwanderung von aussen ist nur in selteneren Fällen die
Ursache eines Insektenfrasses. Vielfach beruhen die Angaben, dass
eine solche plötzliche Einwanderung eines Forstschädlings stattgefunden,
vielmehr auf grundlosen Behauptungen lässiger Forstbeamter, welche es
so verdecken wollen, dass ihre Sorglosigkeit einen anfänglich kleinen
und bei gehöriger Vorsicht und Aufmerksamkeit leicht zu unterdrücken-
den Frass zu einer nunmehr schwer zu bekämpfenden Calamität hat
anwachsen lassen. Wir haben aber andererseits auch ganz beglaubigte
Beispiele für Massenüberwanderung, besonders bei der Nonne.

Bis zum Jahre 1853 waren die ostpreussischen Waldungen von
dem bereits seit 1845 in Polen und Lithauen wüthenden Nonnenfrass
verschont. Erst in der Nacht vom 29. zum 30. Juli 1853 traten ganz
plötzlich gewaltige Schwärme von Nonnenfaltern aus den östlich gelegenen russisch-polnischen Provinzen in den Regierungsbezirk Gumbinnen
über und verbreiteten sich sofort über einen Flächenraum von circa
60 Quadratmeilen. Diesem Ereigniss fiel im folgenden Jahre ein
wesentlicher Theil der Kiefernbestände der Forstinspection Gumbinnen-
Goldap zum Opfer. Sodann wurden in der Nacht vom 23. zum 24. Juli
1854 die Forstinspection Gumbinnen-Insterburg und circa drei Viertel
der Inspectionen Gumbinnen-Tilsit und Pillkallen von ungeheuren,
aus dem angrenzenden Königsberger Bezirk kommenden Schwärmen
von Nonnenfaltern beflogen. Dieser zweiten Invasion folgte ein so
arger Frass, dass fast alle Fichtenbestände der genannten Inspectionen vernichtet wurden.

Auch die Borkenkäfer, besonders **Tomicus typographus** L., gehören
zu den Insekten, welche mitunter naeh Einwanderung von aussen Verheerungen anrichten. Das Ueberfliegen derselben auf kleine Entfernungen
ist wohl zweifellos, da nicht selten plötzlich nesterweises Absterben
von Fichten in Beständen erfolgt, in welchen sich vorher sicher keine
Borkenkäfer zeigten. Es ist auch gewiss, dass von Holzvorraths-
plätzen und Brettsägen, welche aus anderen Gegenden mit Borkenkäfern besetztes Holz erhielten, bis dahin völlig borkenkäferfreie
Waldungen inficirt wurden. Fraglich und schwer zu bestimmen ist
dagegen, bis zu welchen Entfernungen ein Ueberschwärmen möglich
ist. Ein Beispiel für weites Ueberfliegen von T. typographus theilt
uns Herr Oberforstmeister H. TIEDEMANN aus dem Gouvernement
Nishny-Nowgorod mit. Mitten in einem im Kreise Arsamass liegenden
Kronforst von 2500 *ha*, der fast ausschliesslich aus Laubholz besteht,
befinden sich zwei 50, beziehungsweise 60 *ha* grosse Fichtenbestände.
In beiden war kein Windbruch, keine Lichtung, vielmehr guter voller
Schluss, und es waren nie Borkenkäfer in ihnen aufgetreten. Da zeigte

sich plötzlich im Jahre 1883 der Borkenkäfer so stark, dass sofort 1000 Fichtenstämme gefällt und mit nachfolgender Verbrennung der Rinde geschält werden mussten. Das Auftreten des Borkenkäfers ist hier nur durch Ueberfliegen zu erklären. Die nächsten Fichtenbestände sind aber 15 bis 20 km und solche, in denen ein starker Borkenkäferfrass zur Zeit der Infection des fraglichen Bestandes herrschte, circa 50 km entfernt.

Massenvermehrung bereits angesiedelter Schädlinge. In den meisten Fällen treten aber Verheerungen in unseren Forsten dadurch auf, dass Insekten, welche in mässiger Anzahl dauernd in dem betreffenden Reviere einheimisch sind und bisher keinerlei merklichen Schaden verursachten, sich plötzlich stark vermehren und nun schädlich werden. Ja betrachten wir die wichtigsten forstschädlichen Insekten unbefangen nach Lebens-, Nahrungs- und Fortpflanzungsweise und vergegenwärtigen wir uns die in unseren Forsten herrschenden Bestands- und Betriebsverhältnisse, so dürfen wir uns viel weniger darüber wundern, dass in letzteren von Zeit zu Zeit grössere Insektenverheerungen auftreten, als vielmehr darüber, dass solche Schädigungen nicht viel öfter oder gar dauernd vorkommen. Sind doch in unseren Forsten alle Bedingungen gegeben, welche ein Massenauftreten von Insekten, die sich von den bestandsbildenden Holzarten nähren, begünstigen können! Betrachten wir dies näher.

Die sehr schädlichen Forstinsekten gehören zunächst stets zu den gemeinsten Insekten der betreffenden Fauna. Kiefernspinner und grosser brauner Rüsselkäfer sind bekannte Beispiele solcher in jedem Kiefernreviere häufiger zu findenden Schädlinge. Hierbei dürfen wir nicht vergessen, dass zum Auffinden mancher ganz gemeiner Insekten immerhin eine genaue Kenntniss ihrer Lebensweise und ihrer Schlupfwinkel gehört, und dass in Revieren, auf denen der Laie ein bestimmtes Insekt vermisst, der Kenner es leicht in Menge findet. Solche dauernd von bestimmten Forstschädlingen in allerdings unschädlicher Menge besetzte Stellen unserer Waldungen sind, um mit ALTUM [**XVI**, 2. Aufl. Bd. 3, I. S. 7] zu reden, die Herde, von welchen aus in Folge ungenügender Aufsicht seitens des Forstpersonales die Schädlinge sich bei günstiger Gelegenheit über das ganze Revier verbreiten und nun als ernsthafte Feinde desselben auftreten können.

Es kommt allerdings der Fall vor, dass Insekten, welche in den Handbüchern als Forstschädlinge aufgeführt werden, in den Sammlungen seltener und von Liebhabern gesucht sind. Dies beruht einestheils darauf, dass der eigentliche tiefe Hochwald dem Insektensammler weniger leicht zugänglich ist, als Feld, Garten und Busch; andererseits entziehen sich viele wirkliche Schädlinge, als Imagines, den gewöhnlichen Sammelmethoden der Insektenliebhaber, so z. B. die schnell fliegenden und nur bei grösserer Hitze schwärmenden Buprestiden, deren Häufigkeit erst bei Zucht aus Frassstücken erkannt wird. Alsdann sind manche wirkliche Schädlinge nur auf gewisse, von Sammlern weniger besuchte Gegenden beschränkt, z. B. **Callidium hungaricum** HBST., — C. **insubricum** GERM. — welches bis jetzt nur als Seltenheit aus den südlichen Gebirgen bekannt war, noch in neueren Katalogen mit 80 Pfg. das Stück angeboten und dennoch von ALTUM als wesentlicher Schädiger des Bergahorns bezeichnet wird. [**XVI**, 2. Aufl., Bd. 3 I, S. 335.]

Die Herde für die Verbreitung der Forstschädlinge werden je nach der Natur des betreffenden Thieres und der Beschaffenheit des Einzelrevieres sehr verschieden sein, und müssen wir in dieser Hinsicht auf den speciellen Theil dieses Werkes verweisen.

Die* wirklichen Forstschädlinge gehören ferner alle zu den Insekten, welche reichliche Nachkommenschaft erzeugen, und besonders ist bei denjenigen, welche unter günstigen Verhältnissen eine mehrfache Generation haben können, die Vermehrung eine geradezu staunenswerthe.

Einige Beispiele mögen dies erläutern. Nehmen wir an, ein Nonnenweibchen habe im Jahre 1880 ein Häufchen von 150 Eiern (vergl. S. 88) abgelegt, so kann unter günstigen Umständen wohl ein Drittel dieser Eier im Jahre 1881 Weibchen liefern, die begattet werden und selbst wieder je 150 Eier, also im Ganzen 7500 Eier legen. Nehmen wir nun wieder an, dass nur ein Drittel dieser Eier, also 2500 Stück, im Jahre 1882 sich zu fortpflanzungsfähigen Weibchen entwickeln, von denen jedes wieder 150 Eier legt, so beträgt die Zahl der von den Nachkommen eines einzigen Weibchens producirten Eier bereits jetzt 375 000 Stück.

Noch schlimmer wird das Verhältniss bei T. typographus, besonders wenn derselbe, wie z. B. 1874 im Böhmerwalde, drei Bruten macht. Nehmen wir an, ein Mitte April fliegendes Weibchen habe in seinem Muttergange 90 Eier abgelegt, so können wir wiederum mit Sicherheit darauf rechnen, dass im Anfang Juni wenigstens 30 Stück davon zu fortpflanzungsfähigen und wirklich begatteten Weibchen sich entwickeln. Legt jedes dieser 30 Weibchen wieder einen Muttergang mit 90 Eiern an, produciren sie also zusammen 2700 Stück, und wird Anfang August beim dritten Fluge wieder nur ein Drittel davon zu Weibchen, so nagen diese schon 900 Muttergänge und belegen sie mit 8100 Eiern. Gelangt von diesen wieder nur ein Drittel im nächsten Frühjahr zum Eierlegen, so kommen beim ersten Fluge im April bereits 27 000 Nachkommen des einen im vorhergehenden April geflogenen Weibchens zur Fortpflanzung und können nun 2 430 000 Eier ablegen.

Ferner ist der Charakter des pflanzengeographischen Gebietes, welches den grössten Theil derjenigen Wälder enthält, die heute der rationellen Forstwirthschaft erschlossen sind, und welches GRISEBACH [Die Vegetation der Erde nach ihrer klimatischen Anordnung] als das Waldgebiet des östlichen Continentes bezeichnet, ein solcher, dass er durch Darbietung fast unerschöpflicher gleichartiger Nahrungsquellen die Insektenvermehrung ungemein begünstigt.

Dieser Charakter besteht namentlich darin, dass in dem genannten Gebiete ausgedehnte, aus einer einzigen Holzart gebildete, oder nur aus wenigen Holzarten gemischte Bestände auch in denjenigen Gegenden die Regel bilden, in welchen durch die Thätigkeit des Menschen noch keine Veränderung des Waldcharakters stattgefunden hat.

Auch dort, wo der ursprüngliche Charakter des Waldes ein mehr gemischter war, wie in den Laubwäldern der Auen unserer grösseren Ströme, hat die Forstwirthschaft seit Anfang dieses Jahrhunderts aus wirthschaftlichen Rücksichten häufig künstlich grössere, gleichartige, reine Bestände geschaffen.

Dass solche gleichmässige Bestände, in denen die Insekten, deren Jugendzustände vielleicht eben einen Baum getödtet haben, bereits in nächster Nähe die nöthigen Bedingungen für das Gedeihen der wiederum von ihnen selbst hervorgebrachten Brut, die für diese dienlichen Wohn- und Nährpflanzen finden, das Auftreten einer Insektenverheerung mehr begünstigen, als z. B. die aus den verschiedensten Pflanzenarten gemischten tropischen Urwälder, ist leicht zu erkennen. Dass reine Bestände, — wir erinnern an die norddeutschen Kiefernhaiden, die Fichtenwälder der mitteldeutschen und österreichischen Gebirge, die ungarischen Eichen-, die die Ostsee umkränzenden Buchenwälder, — den beiweitem grössten Theil der mitteleuropäischen Wirthschaftswälder ausmachen, weiss jeder Forstmann. Aber auch die künstlich durch die menschliche Thätigkeit noch nicht verjüngten Urwälder bilden häufig reine oder wenig gemischte Bestände. Die Gebirgsurwälder unserer Zone bestehen z. B. vorherrschend aus Nadelhölzern, und zwar meist nur aus Fichten und Tannen. Die Eiche bildet [GRISEBACH I, p. 90] ferner im russischen Tieflande einen breiten Waldgürtel zwischen dem finnischen Meerbusen und der Steppengrenze, östlich bis zum Ural hin, der ihrer weiteren Ausbreitung eine Grenze setzt. Kommt in solche Waldungen einmal ein grösserer Insektenfrass — wir erinnern hier an den von 1871 bis 1875 durch den Fichtenborkenkäfer in dem Böhmerwalde verursachten Schaden — so ist die Vermehrung des Schädlings eine ganz unglaubliche. In Krumau im Böhmerwalde hat man auf einem Quadratmeter Rinde 1400 bis 4800 Larven gezählt.

Wirthschaftliche Rücksichten haben ferner dazu geführt, dass den Insektenschäden weniger ausgesetzte Holzarten, also vornehmlich Laubhölzer und speciell die Buche, auf grosse Strecken durch gegen solche sehr empfindliche Holzarten, durch Nadelhölzer, ersetzt wurden.

In Norddeutschland ist dieser Vorgang ein sehr häufiger. Am westlichen Harze, in vielen Waldrevieren des Erzgebirges, hat z. B. die Fichte ziemlich allgemein die Buche verdrängt, der bekannte Wermsdorfer Wald in Sachsen ist seit Anfang dieses Jahrhunderts aus einem Laubwalde durch künstliche Verjüngung in einen Nadelwald übergeführt worden, ebenso der Colditzer Wald. Folgen einer solchen Umwandlung nun zwar durchaus nicht immer Insektenverheerungen auf dem Fusse — der Wermsdorfer Wald ist z. B. fast ganz von solchen verschont geblieben — so ist die Chance für dieselben doch auf jeden Fall eine viel grössere geworden. Auch der Umstand, dass der Holzmarkt das Tannenholz viel weniger liebt, als das Fichtenholz, hat in vielen Revieren die Ersetzung der von einer geringeren Anzahl Insekten bedrohten Tanne durch die viel stärker gefährdete Fichte veranlasst.

Endlich schliesst die rationelle Forstwirthschaft von selbst die in der Wildniss vorkommende Art der Beschränkung eines Insektenfrasses aus, welche darin liegt, dass bei grösseren Verheerungen eben sämmtliche zusammenhängende Bestände der angegriffenen Holzart ein- und die betreffenden Schädlinge durch Nahrungsmangel zu Grunde gehen. Der Forstmann sorgt ja auch nach dem völligen Eingehen grösserer Bestände stets wieder für die Neubestockung der betreffenden Flächen, und ein Wechsel der Holzart ist häufig nicht möglich.

Dass in der Wildniss wirklich ein Wechsel der Baumarten auf weite Flächen hin vorgekommen ist, wurde zuerst von Steenstrup für Seeland nachgewiesen, wo in den Waldmooren die Reste von Aspe, Kiefer, Eiche, Erle übereinanderliegen und uns so beweisen, dass diese Bäume in säcularer Aufeinanderfolge abwechselnd die Hauptbestandtheile der jeweiligen seeländischen Wälder gebildet haben. Ist nun diese Verdrängung der einen Holzart durch eine andere von Vaupell zunächst auf veränderte Bodeneinflüsse zurückgeführt worden, so dürfte doch speciell bei der Verdrängung der Kiefer vielleicht auch Insektenfrass eine Rolle gespielt haben, ohne dass ein solcher übrigens bis jetzt nachgewiesen wäre.

Beispiele von Flächen, auf denen ein künstlicher Wechsel der Holzart augenblicklich einfach unmöglich ist, liefern uns die norddeutschen Sandflächen, wo die Kiefer der einzige zugleich anbaubare und einen höheren Ertrag liefernde Baum ist.

Auch die von der neueren Forstwirthschaft besonders bevorzugten Kahlschläge, sowie die durch sie bedingte Bestandsgründung durch

Nachverjüngung sind nicht ohne Einfluss geblieben auf die Vermehrung der für das Eintreten grösserer Insektenfrasse günstigen Bedingungen.

Sind nämlich auch die im Plenterbetriebe bewirthschafteten Waldungen und die durch Vorverjüngung gegründeten Bestände durchaus nicht etwa absolut gegen Insektenschäden geschützt — dies beweisen z. B. nicht blos die im vorigen Jahrhundert so gewaltig aufgetretenen Borkenkäferverheerungen am Harz- und im Thüringerwalde, sondern auch in neuester Zeit dieselben Verheerungen im Plenter- und Urwaldgebiete des Böhmerwaldes — so wird durch die genannten neueren Betriebs- und Bestandsgründungsarten doch einzelnen schädlichen Insekten die Massenvermehrung sehr erleichtert. Der grosse braune Rüsselkäfer wird sich z. B. in Wäldern mit Kahlschlagwirthschaft, in denen die örtlichen Boden- und Holzabsatzverhältnisse ein vollständiges Roden der Stöcke nicht zulassen, viel stärker vermehren können, als in Plenterschlägen, da ihm in jenen viel massenhafteres Brutmaterial zur Verfügung steht. Desgleichen ist eine mit ausgiebiger Bodenverletzung verbundene Verjüngung durch Saat oder Pflanzung der Engerlingvermehrung beiweitem günstiger, als die vielfach fast ohne Bodenverletzung ausführbare Vorverjüngung, welche überdies keine so bequemen, freien Schwärmflächen darbietet.

Auch zufällige, aber im grossen Durchschnitt doch immer recht häufig eintretende Naturereignisse schaffen oft plötzlich ganz besonders günstige Bedingungen für die Massenvermehrung der Schädlinge. Hierher gehören besonders Wind- und Schneebrüche, die ja in vielen Fällen die nächste Veranlassung zu Borkenkäferfrassen sind.

Wir dürfen ferner nicht vergessen, dass öfters ein Insektenschaden wieder die Veranlassung eines zweiten, secundär eintretenden sein kann. So folgt Borkenkäferfrass häufig auf Nonnen- oder Kiefernspinnerfrass, weil ein Raupenfrass, wenn er auch nicht direct zum Absterben der befallenen Bestände führt, doch ein Kränkeln der Bäume hervorruft, und diese daher für Borkenkäferangriffe prädisponirt. Die in den Fünfziger und Sechziger-Jahren dieses Jahrhunderts in den ostpreussischen Waldungen auf den Nonnenfrass folgende Borkenkäferverheerung ist eine gute Illustration dieses Satzes.

Die Beschränkung der Insektenschäden durch natürliche Einflüsse.

Aus allem bisher Gesagten geht also hervor, dass viel weniger die Frage zu lösen ist: Wie entstehen plötzliche Insektenverheerungen? Als vielmehr die: Welche natürliche Einflüsse beschränken in unseren Waldungen und Forsten die Vermehrung der Forstschädlinge derartig, dass sie nur von Zeit zu Zeit grössere Verheerungen anrichten können?

Solche Einflüsse werden ausgeübt: 1. Von der Witterung; 2. von den insektentödtenden Pilzen; 3. von den insektentödtenden thierischen Parasiten; 4. von den insektenfressenden Thieren.

Als **insektentödtende Witterungseinflüsse** können wirken Temperatur, Feuchtigkeit und Winde.

Temperatureinflüsse können entweder als extreme, dem Insekt nicht mehr ertragbare Wärme- oder Kältegrade schädlich wirken, oder auch durch plötzlichen und für eine bestimmte Jahreszeit abnormen Wechsel das Insektenleben gefährden. So hohe Temperaturen wie erforderlich sind, um ein Insekt durch directe Wirkung zu starker Hitze zu tödten, dürften im natürlichen Kreislaufe des Naturlebens unserer Breiten kaum vorkommen. Dagegen tritt bei uns nicht selten der Fall ein, dass Insekten, vom Froste plötzlich überrascht, in Menge erfrieren, nachdem die mit dem Sinken der Temperatur eintretende Erstarrung ihnen die Erreichung sicherer, frostfreier Schlupfwinkel unmöglich gemacht hat.

Als Beispiel kann man die Verhältnisse des Winters 1864—1865 anführen, in welchem in Revieren der Mark und der Provinz Sachsen die ungewöhnlich lange auf den Bäumen gebliebenen Raupen des Kiefernspinners und des Kiefernspanners, und zwar erstere schon Mitte December bei —12·5⁰ C., letztere erst bei bedeutend stärkerer Kälte im Januar erfroren [**XV**, I. p. 64]. Dagegen ist die Wirkung sogar sehr strenger Kälte auf die normalen Ueberwinterungsstadien unserer Insekten eine nicht sehr grosse. Im Sommer 1854 hatte in Ostpreussen die Nonne ihre Eier häufig auf die Rinde frei abgelegt und diese erfroren nicht in dem harten Winter 1854—1855, soviel Hoffnung man sich auch bei 30—35⁰ C. Kälte darauf gemacht hatte.

Nach den Beobachtungen von REGENER [vergl. S. 116] können frei liegende Kiefernspinnerraupen bis —12·5⁰ C. vertragen. Die anderen Stadien erfrieren eher, die Puppen bei —6⁰ C., die Falter bei —7·5⁰ C., die Eier bei —10⁰ C. Nach DUCLAUX [Comtes rendus, Bd. 83, S. 1079] vertragen die Eier des Seidenspinners sehr gut einen zweimonatlichen Aufenthalt in einer Temperatur von —8⁰ C.

Von einer mittelbaren Schädigung durch Temperatureinflüsse kann man in den Fällen reden, in welchen starke Temperaturschwankungen innerhalb des Winters eine abnorme Unterbrechung der Winterruhe hervorbringen.

Die Feuchtigkeit kann ebenfalls der Insektenwelt vielen Schaden zufügen. Starke Platzregen zur Flugzeit der Schmetterlinge können eine grosse Menge derselben vertilgen und auch Raupen, Schmetterlingssowohl wie Blattwespenraupen, gehen nach solchen oft massenhaft ein. Starke Durchfeuchtung der Bodendecke im Winter wird den überwinternden Larven und Puppen gefährlich, und zwar theils direct, theils durch Begünstigung der Pilzvegetation (vergl. S. 164).

11*

Dass starke Winde dem Insektenleben gefährlich werden können, davon haben wir nur vereinzelte, aber sehr drastische Beispiele. Besonders sind grosse Flüge der Nonne, durch heftige Stürme auf die Ostsee getrieben, daselbst umgekommen.

Forstmeister SCHULTZ [„Der Nonnen- und Käferfrass in Ostpreussen und Russland von 1845 bis 1867 und 1868" in „Zeitschrift für Forst- und Jagdwesen", V, 1873, p. 173] berichtet:

„Dass die Nonne aber schon 1856 nicht eine grössere Verbreitung gegen Nordosten zu gefunden hat, soll, wie mir von Petersburg mitgetheilt worden, darin begründet sein, dass über Liv- und Kurland in der zweiten Hälfte des Monats Juli 1856 ein mehrtägiger orkanartiger Sturm geherrscht hat, welcher, scharf aus Südosten kommend, die wahrscheinlich im Schwärmen begriffenen Schmetterlinge auf ihrem nordöstlichen Zuge nach dem Innern von Livland erfasst und ins Meer getrieben haben soll. Nach diesem Sturm ist nämlich angeblich die kurländische Küste von Liebau bis Windau auf eine Strecke von 70 Werst — also auf ohngefähr gleich viel Kilometer — $\frac{1}{2}$ Fuss, d.h. 15 cm, dick und 1 Faden, d. h. ohngefähr 2 m breit, mit den von den Wellen ausgespülten Schmetterlingen bedeckt gewesen, welche darnach von den Strandbewohnern als Dungmaterial auf die Felder gefahren worden sind. Auch an den preussischen Küsten sind 1854, 1855 und besonders 1856 Nonnenfalter in unzählbarer Menge vom Wasser, mitunter noch lebend, angetrieben, bis fast nach Danzig hinauf, bei Labiau am kurischen Haff, beim Seebad Kranz, bei Pillau und längs der Nehrung. Ebenso versicherten zu jener Zeit Seefischer dem Unterzeichneten, grössere Schwärme dieser Falter 3 bis 5 Meilen vom Strande auf der Ostsee angetroffen zu haben. In einem dergleichen Falle sollen Boot und Segelzeug mit Faltern sehr stark beflogen worden sein."

Die insektentödtenden Pilze. [1]) Wir wissen heutzutage, dass eine grössere Anzahl von Krankheiten erzeugt wird durch in das Innere des menschlichen und thierischen Organismus eindringende, daselbst fortwuchernde und gefährliche Zersetzungserscheinungen hervorrufende niedrige Pilzformen. Diese Krankheiten entstehen durch Uebertragung von Pilzkeimen auf den gesunden Körper. Man nennt sie „Mykosen". Als Beispiel sei hier nur kurz der Milzbrand erwähnt. Die Pilze sind also die Ursache, nicht etwa eine Folge oder eine Begleiterscheinung der betreffenden Krankheiten. Es gehen auch alljährlich viele Insekten an solchen Mykosen zu Grunde. Das bekannteste Beispiel liefern unsere Stubenfliegen, die man im Herbste häufig todt an den Wänden und Fensterscheiben sitzen sieht, den Körper bedeckt von einem dünnen Flaum von Pilzfäden und umgeben von einem kleinen Hofe von Staub, welcher aus den von diesem Pilze erzeugten Keimen besteht.

Die Anzahl der durch Mykosen getödteten Insekten ist eine viel grössere, als man gewöhnlich annimmt. DE BARY sagt: „Durchsucht man

[1]) Dieser Abschnitt ist nach den S. 181 angegebenen Quellen von mir zusammengestellt und nach einer von Herrn Prof. DE BARY in Strassburg gütigst vorgenommenen kritischen Durchsicht nochmals überarbeitet worden. Wir ergreifen mit Vergnügen diese Gelegenheit, Herrn Prof. DE BARY, welcher auch die zweite Correctur durchgesehen hat, unseren herzlichsten Dank für seine Freundlichkeit auszusprechen.   H. NITSCHE.

aufmerksam das Laub und Moos des Waldbodens in feuchter Jahreszeit, so erstaunt man über die Menge der daselbst verborgenen pilz-
behafteten Thiere." Es ist daher sehr wahrscheinlich, dass manches in
der älteren forstlichen Literatur berichtete Massensterben von Forstschädlingen, welches von den Beobachtern direct auf Witterungseinflüsse
zurückgeführt wurde, nur indirect mit letzteren zusammenhängt, insofern
als sie nur die Vermehrung der insektentödtenden, dem Praktiker häufig
nicht ohne Weiteres in ihrer wahren Natur erkennbaren Pilze begünstigt
haben. Neuere Untersuchungen haben es auch unzweifelhaft festgestellt,
dass es in verschiedenen Fällen wirkliche Pilzepidemien gewesen sind,
die eine schnellere Beendigung und gründliche Unterdrückung grösserer
forstlicher Insektenverheerungen bewirkt haben. Es gilt dies besonders von
dem Frasse der Kieferneule, welche massenhaft durch einen nahen Verwandten des Stubenfliegenpilzes, durch Entomophthora Aulicae Reichardt
getödtet wird, sowie von den Kiefernspinnerraupen, welche durch Botrytis
Bassiana Bals., denselben Pilz, welcher die als Muskardine bekannte
Seidenraupenkrankheit verursacht, sowie von Isaria farinosa Fries, beziehungsweise Cordyceps militaris Fries hingerafft werden.

Bezeichnen wir als Pilze alle chlorophyllfreien Kryptogamen, so finden wir
Insektentödter sowohl unter den Schizomyceten, als unter den Entomophthoreen
und Ascomyceten.

Als Schizomyceten, Spaltpilze, bezeichnet man „einzellige Pflanzen, die
sich durch wiederholte, meist nur in einer Richtung des Raumes erfolgende
Theilung vermehren und zum Theil auch durch endogen gebildete Sporen fortpflanzen. Sie leben isolirt oder in verschiedener Weise vereinigt in Flüssigkeiten
und in lebenden oder todten Organismen, in welchen sie Zersetzungs- und Gährungs-
erscheinungen hervorrufen". Es sind die kleinsten Organismen, welche wir kennen.

Von durch Spaltpilze erzeugten Mykosen kennen wir bei Insekten genauer
nur zwei, die „Schlaffsucht" und die „Faulbrut". Die erstere kommt bei dem
Seidenspinner, die zweite bei der Honigbiene vor.

Die „Schlaffsucht" — flaccidezza, flacherie, maladie des morts-blancs,
maladie des morts-flats — ist die jetzt herrschende Krankheit der Seidenraupe.
Sie trat Ende der Sechziger-Jahre mit schreckenerregender Heftigkeit auf und
tödtete im letzten Jahrzehnt noch immer ein Viertel der Ernte. Die Krankheit
tritt gewöhnlich bald nach der vierten Häutung oder zur Zeit der Spinnreife auf
und ist durch ihren acuten Verlauf ausgezeichnet. Die kranken Thiere zeigen
wenig äussere Symptome: man beobachtet mangelnde oder verminderte Fresslust,
die kranken Raupen werden träge, langsam in ihren Bewegungen, kriechen vom
Futter weg, werden weich und schlaff und bekommen das Ansehen eines leeren,
gefalteten Darmes. Die Nahrung wird unvollkommen verdaut, häufig lässt sich
eine progressiv fortschreitende schwarze Farbe der Raupe constatiren, während in
anderen Fällen die kranken Thiere das Aussehen gesunder selbst bis zum Tode
bewahren. Bald nach dem Tode werden die Leichen — morts-blancs, morts-flats —
weich bis zum Zerfliessen, sind nach 24 bis 48 Stunden tiefdunkel gefärbt, mit übelriechenden Gasen und schwarzbrauner, von Spaltpilzen wimmelnder Jauche gefüllt.
In letzterer finden sich zunächst die gewöhnlichen, bei jeder Fäulniss auftretenden,
beweglichen Bacterien. Diese treten aber erst kurz vor dem Tode der Raupe auf,
während bereits in den ersten Krankheitsstadien in dem durch sie milchig getrübten

Magensafte der Raupen die rosenkranzförmigen Ketten des Micrococcus Bombycis Cohn erscheinen. Es besteht dieser Pilz aus ovalen Zellen von höchstens 0·5 μ[1]) Durchmesser, ähnlich denen, die bei der Harngährung gefunden werden; dieselben sind entweder einzeln oder paarweise oder zu 4 bis 8 an einander gereiht, ja selbst zu längeren gekrümmten Ketten verbunden (Fig. 95). Dieser Spaltpilz wird von Pasteur und Cohn als der wirkliche Erzeuger der Krankheit in Anspruch genommen. Durch inficirte Nahrung kann diese Krankheit übertragen werden, und so angesteckte Raupen sterben schon nach 24 bis 48 Stunden. Eine erbliche Uebertragung der Krankheit kommt nicht vor, dagegen bleiben diese Spaltpilze Jahre lang lebensfähig [Bollinger 7, S. 41 ff.].

Die „Faulbrut" der Bienen ist die gefährlichste aller Bienenkrankheiten und vernichtet nicht selten in kurzer Zeit den Bienenstand ganzer Landstriche. Sie kam wahrscheinlich schon seit alten Zeiten vor, war aber in früheren Jahren jedenfalls seltener. Seit 15 bis 20 Jahren gewinnt sie immer mehr an Verbreitung. Die Krankheit befällt hauptsächlich die Larven der Bienen. Die erkrankten Larven werden welk und schlaff, fallen zusammen und gehen nach kurzer Krankheitsdauer zu Grunde. Die abgestorbenen Larven zeigen ein weiches, schmieriges Ansehen, eine trüb-weissliche oder gelbliche Farbe, zerfliessen zu einem dicken Brei, oder werden trüb-grau bis schwärzlich und zeigen bei der Eröffnung einen übelriechenden schwarzen Inhalt, der eine richtige Jauche darstellt. Sowohl die unbedeckte als die bedeckte Brut fällt der Krankheit anheim. Bei letzterer ist der Deckel meist eingefallen und durchbohrt. Hier und da vertrocknen die

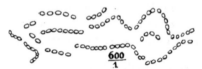

Fig. 95. Micrococcus Bombycis Cohn [nach Cohn 12, Taf. 5, Fig. 13].

abgestorbenen Larven auf dem Grunde der Zellen zu braunen Krusten. Die Waben selbst färben sich unter dem Einfluss der durchdringend nach faulen Eiern riechenden Fäulnissgase schmutzig-schieferig-bläulich. Während einzelne Larven gesund bleiben, sterben die meisten ab, und auch die Bienen selbst werden träge, stellen Flug, Tracht und Reinigung des Baues ein, und ihre hellgelben, wässerigen Excremente enthalten dunkelkörnige Massen. In einem faulbrütigen Stocke finden sich immer mehr todte Bienen, als in einem gesunden Volke. Diese ansteckende Krankheit — welcher man häufig die gutartige Faulbrut, d. h. eine auf verschiedene, aber nicht infectiöse Ursachen zurückzuführende Erkrankung der Bienenlarven entgegenstellt — wurde, nachdem man ihr die mannigfachsten Ursachen, z. B. gährenden und verdorbenen Blumenstaub und mangelhafte Ernährung der Brut fälschlich untergeschoben hatte, im Jahre 1868 von Preuss [20] mit mas-enhaft von ihm in faulbrütigen Larven gefundenen Pilzen in ursächliche Verbindung gebracht. Er bezeichnete letztere als Micrococcus- und Cryptococcus-Formen, welche er, ähnlich wie es Hallier that, als Entwicklungsformen verschiedener Schimmelpilze ansah. Diese auf dem Gebiete der wissenschaftlichen Botanik längst beseitigte Ansicht kann auch in diesem Falle nicht giltig sein; dagegen besteht Preuss' Entdeckung von der parasitären Natur der bösartigen Faulbrut auch heute noch völlig zu Recht und wird nach den Untersuchungen von F. Cohn [nicht publicirte briefliche Mittheilung an H. Nitsche] durch einen sporenbildenden Bacillus, den er als Bacillus melitophthorus zu bezeichnen vorschlägt, bedingt. Als Bacillus Cohn bezeichnet man Spaltpilze, deren verlängerte cylindrische Zellen meist zu Fäden verbunden sind, sich der Quere nach theilen und Sporen zu bilden vermögen. Die Krankheit ist sehr übertragbar, denn eine faulbrütige Wabe in einen gesunden Stock eingehängt, inficirt denselben binnen wenig Tagen.

---

[1]) Der griechische Buchstabe μ bezeichnet „Mikromillimeter" = 0·001 mm.

Ausser den beiden eben kurz charakterisirten Spaltpilzmykosen wird gewöhnlich auch die Pebrine der Seidenraupen als eine solche angesehen, obgleich die für dieselbe charakteristischen niederen Organismen botanisch noch nicht hinreichend untersucht sind, um mit voller Sicherheit als Spaltpilze angesprochen werden zu können. Bei dieser Unsicherheit unserer Kenntnisse behandeln wir sie unter dem ihnen in der Voraussetzung, dass es wirklich Spaltpilze seien, gegebenen Namen als Anhang zu den Spaltpilzen, ohne Gewähr für die Richtigkeit dieser Stellung.

Die an P e b r i n e — auch Gattine, Fleckenkrankheit, Petechia, Körperchenkrankheit, Maladie des corpuscules genannt — erkrankten Seidenraupen zeigen, sowie die Krankheit heftiger wird, geringe Fresslust und träge Bewegungen. Ihre Färbung ist eine schmutzig gelbe und ihre Haut erscheint ausserdem mit zahlreichen, vom Gelbbraunen bis in das Dunkelschwarze spielenden Flecken besetzt. Das auf dem Rücken des letzten Segmentes befindliche Horn ist meist verschrumpft (Fig. 96 *A* und *B*); nur in einzelnen Fällen fehlen die schwarzen Hautflecken. Charakterisirt wird die Pebrine dadurch, dass das Blut, sowie alle Organe des erkrankten Thieres durchsetzt sind von Massen eines, gewöhnlich als Spaltpilz bezeichneten, niederen Organismus, des „Micrococcus" ovatus Lebert.

Diese Parasiten wurden zuerst im Jahre 1856 in Italien entdeckt und nach ihrem Entdecker „Körperchen des Cornalia" genannt. Anfangs meist nicht als die Ursache, sondern als die Folge der Pebrine angesehen und nicht als Orga-

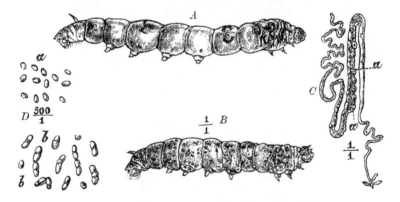

Fig. 96. Die Pebrine der Seidenraupe. *A* gesunde Seidenraupe. *B* an Pebrine erkrankte Seidenraupe. *C* Spinndrüse einer erkrankten Seidenraupe mit knotigen Auftreibungen. *D* „Micrococcus" ovatus Lebert, der Pebrine-„Spaltpilz". *a* Einzelzellen, *b* in Theilung begriffene Zellen [nach Lebert 16, Taf. 1, 3 und 5].

nismen anerkannt, wurden sie zuerst von Lebert unter dem Namen „Panhistophyton" ovatum und von Nägeli als „Nosema" Bombycis richtig gewürdigt.

Die Zellen dieses parasitischen Organismus kommen entweder vereinzelt oder paarweise, oder zu kleinen Haufen vereinigt vor. Sie sind oval, beidendig abgerundet, ohngefähr 4 bis 5 µ lang und 2·5 µ dick (Fig. 96, *D a* und *b*). Besonders charakteristische Erscheinungen zeigen die Spinndrüsen der erkrankten Raupen, welche stellenweise völlig von „Körperchen" erfüllt werden und rosenkranzähnlich anschwellen, so dass die Absonderung der Seidenmasse gestört wird oder ganz aufhört (Fig. 96 *C*). Ganz schwach inficirte Raupen können noch ein Cocon spinnen und sich in einen Schmetterling verwandeln. Dieser ist aber dann mit „Körperchen" inficirt und auch die von einem kranken weiblichen Schmetterlinge erzeugten Eier sind angesteckt. Ja man behauptet dies sogar von den Eiern eines gesunden, aber durch ein krankes Männchen befruchteten Weibchens. Aus solchen kranken Eiern gehen wieder kranke Raupen hervor, die meist während der ersten und zweiten Häutung sterben. Werden aus gesunden Eiern gezogene Raupen durch Uebertragung des Parasiten mittelst der Nahrung in den Darmcanal oder von verletzten Stellen der äusseren Haut aus inficirt, so gelangen sie häufig noch bis zur Bildung eines Cocons, in welchem aber bei stärkerer Infection die Puppe zu Grunde geht

Diese Krankheit hat vielleicht schon im 15. Jahrhundert, bestimmt aber zu Ende des 17. und Anfang des 18. Jahrhunderts — 1688 bis 1710, später wieder von 1744 bis 1756 — in verheerender Weise geherrscht, verschwand dann und trat nach fast hundertjährigem Stillstande wieder allgemein in den Fünfziger-Jahren unseres Jahrhunderts auf. Die Krankheit herrschte nicht blos in den seiden-züchtenden Ländern Europas, sondern auch in China und Japan. Im letzten Jahrzehnt ist sie nahezu verschwunden, seitdem in richtiger Würdigung des Umstandes, dass nur die in den Eiern eingeschlossenen „Körperchen" den Winter über lebensfähig bleiben, in allen grösseren Züchtereien nur noch wirklich gesunde Eier zur Zucht verwendet werden. Man erreicht dies durch das von Pasteur ein-geführte Verfahren der „Zellengrainage". Es besteht darin, dass die in Copula befindlichen Pärchen in Einzelzellen isolirt und die Schmetterlinge nach Ablage der Eier — „grains" — auf das Vorhandensein von Körperchen mikroskopisch unter-sucht werden. Finden sich solche vor, so werden die von diesen Paaren erzeugten Eier sofort vernichtet [Bollinger 7, § 37 ff].

Wir haben im Vorhergehenden die einzelnen aufgeführten Spaltpilze als besondere Gattungen und Arten bezeichnet und wie wir glauben mit vollem Rechte. Es darf aber hier nicht verschwiegen werden, dass diese Anschauung nicht allgemein getheilt wird, weil es von einigen Forschern [vergl. Zopf's Arbeiten 25], fraglich gemacht wurde, ob nicht die verschiedenen Gattungen zugetheilten Formen auch als Glieder eines und desselben Entwicklungscyklus erscheinen können und weil ferner, bei der Kleinheit der in Frage kommenden Organismen, vielfach weniger die morphologische Beschaffenheit der Pilzzelle als die Verschiedenheiten ihrer chemischen Thätigkeit, d. h. die Art der Zersetzungs-erscheinungen, welche bei ihrem Vorhandensein im Substrate eintreten, nach Cohn's Vorgange zur Unterscheidung der Arten benützt werden. Gibt doch z. B. H. Buchner [10] an, es sei ihm gelungen, die sogenannten Heubacillen, Bacil-lus subtilis Cohn., in vielen aufeinanderfolgenden Generationen durch Zuchten in verschiedenen, passend abgestuften Medien der Lebensweise in warmem bewegtem Säugerblute derartig anzupassen, dass sie schliesslich dieselbe Wirkung erhalten, wie die echten Milzbrandbacillen, Bacillus Anthracis Cohn, also wirklich auch Milzbrand hervorrufen. Die Bestätigung solcher und ähnlicher Ansichten durch genaue Nachuntersuchungen bleibt aber vorläufig abzuwarten. Discutabel sind solche Fragen heutzutage aber überhaupt nur für Schizomyceten und höchstens noch für die Classe der Saccharomyceten oder Hefepilze, und zwar nur was die Artfrage anbetrifft. Dagegen ist auch für diese niedrigsten Pilze festzuhalten, dass sie selbstständige Pilzformen bilden und nicht etwa Entwicklungsformen verschiedener höherer Pilze sind. Es muss dies hier darum besonders hervor-gehoben werden, weil diejenigen Pilzforscher, deren Arbeiten sich auch auf die Mykosen forstschädlicher Insekten ausgedehnt haben und zugleich in die forstliche Literatur übergegangen sind, also Bail, Hallier und Hartig, letzterer wenigstens zu der Zeit, in welcher er über diesen Gegenstand publicirt hat [13, 1869], auf einem ganz entgegengesetzten Standpunkte stehen. Ihre Anschauungen können bezeichnet werden als eine übermässige Ausdehnung der wesentlich durch die Gebrüder Tulasne angebahnten und von de Bary und seinen Schülern weiter geführten Lehre von dem Pleomorphismus der Fructifications-organe der Pilze. Diese Lehre besagt, dass innerhalb des Entwicklungscyklus einer und derselben Pilzart sehr verschiedene, früher für besondere Arten gehaltene und besonders benannte Fruchtträgerformen vorkommen können, und zwar ent-weder in gesetzlich geregelter oder scheinbar ungeregelter Folge. Dieser genetische Zusammenhang verschiedener Pilzformen ist aber in jedem einzelnen Falle durch genaue, rein gehaltene Culturen zu beweisen, und dies ist in vielen Fällen, in welchen z. B Hallier einen regellosen genetischen Zusammenhang der ver-schiedenen niederen und höheren Pilzformen nachgewiesen zu haben glaubte, vorsichtigen Forschern nicht gelungen. In die Classe dieser, durch ungenügende Vorsichtsmassregeln und Mangel hinreichender Controlversuche hervorgerufenen Täuschungen gehören z. B. die Angaben von HALLIER über den genetischen Zusammenhang des Pebrineparasiten mit der Pleospora herbarum TULASNE, einem gemeinen, auch auf den Maulbeerblättern vorkommenden Ascomyceten, sowie die Angaben von BAIL über den Zusammenhang des weiter unten zu besprechenden, vorläufig Isaria farinosa FR. genannten Insektenschmarotzers mit dem gemeinen Pinselschimmel, Penicillium glaucum LINK, desgleichen die Behauptung der Zugehörigkeit des Fliegenparasiten Empusa muscae COHN zu einem Entwicklungscyklus, in welchen auch ein Schimmelpilz, Mucor mucedo L., die Bierhefe, Saccharomyces cerevisiae REES, und die auf im Wasser faulenden Insekten vorkommende Achlya prolifera NEES AB ES. gehören sollten. Diese nicht bestätigten Angaben seien hier nur kurz erwähnt. Wir werden ihrer im Folgenden nicht mehr gedenken.

Als nächste hier in Frage kommende Gruppe der Pilze erscheinen die Entomophthoreae, deren Hauptinhalt gebildet wird durch die Gattungen Entomophthora FRESENIUS und Empusa COHN. Diesen ausschliesslich auf lebenden Insekten parasitirenden und dieselben tödtenden Formen werden neuerdings die auf Pflanzen schmarotzenden, für uns aber hier nicht in Betracht kommenden Genera Completoria LEITGEB auf Farnprothallien und Conidiobolus BREFELD, auf Tremellinen lebend, angeschlossen.

Die hier zu erwähnenden epizoïschen Entomophthoreen dringen in die Leibeshöhle lebender Insekten ein, entwickeln sich hier, und nur ihre Fruchtträger durchbrechen nach dem Tode des Thieres die Körperdecken, um hier Sporen von bald erlöschender Keimkraft, sogenannte Gonidien, abzuschnüren. Ausserdem gehören in den Entwicklungscyklus der meisten Formen Dauersporen, welche innerhalb des Körpers des Thieres entstehen und die Erhaltung der Art auch unter ungünstigen äusseren Verhältnissen sichern. Die beiden Hauptgattungen, Entomophthora FRESEN. und Empusa COHN, unterscheiden sich dadurch, dass bei Entomophthora der im Inneren des angefallenen Thieres sich entwickelnde Pilz ein aus verzweigten und anastomosirenden Zellfäden (Fig. 97 J) gebildetes Mycelium darstellt, von dem die sich verästelnden und die Haut durchbrechenden Gonidienträger (Fig. 97 D) ausgehen, während bei Empusa im Inneren des Thieres nur lange, einzellige, getrennt bleibende Schläuche auftreten, welche mit ihren unverzweigt bleibenden Enden die Haut des Insektes durchbrechen und je ein Gonidium abschnüren (Fig. 99 F).

Am vollständigsten kennen wir die Lebensgeschichte von Entomophthora radicans BREFELD (Fig. 97). Im Herbste zeigt sich häufig eine Pilzseuche unter den Raupen des Kohlweisslings, Pieris Brassicae L. Man erkennt den Eintritt derselben an der Trägheit, welche sich der vorher lebhaften Raupen bemächtigt. Plötzlich sterben die Thiere, und noch am Todestage hüllen sie sich in einen grünlich-weissen Schimmel (Fig. 97 B), der schon nach wenigen Stunden verblüht und die Raupe völlig unkenntlich, in Form einer braunen verschrumpften Haut zurücklässt, in unmittelbarer Nähe umgeben von ganzen Haufen weisser Sporen, den abgeworfenen Gonidien des verblühten und wieder verschwundenen Pilzes.

Diese Gonidien sind kleine, 17 µ lange und 5 µ dicke, farblose Spindeln (Fig 97 E). Gelangt eine solche wiederum auf die Haut einer Raupe, so beginnt sie einen Keimschlauch zu treiben, der sich schon in kurzer Entfernung von der Spore in die Haut einbohrt, dieselbe in der Umgebung der Einbohrungsstelle bräunend (Fig. 97 G). Der Keimschlauch durchsetzt nun fortwachsend und sich in mehrere Zellen gliedernd, von denen nur die vorderste Protoplasma enthält, die Leibeswand der Raupe, bis er allmälig — gewöhnlich am dritten Tage — in dem Fettkörper anlangt. Hier wächst nun die Endzelle, und zwar auf Kosten des Fettkörpers, den sie mit unglaublicher Schnelligkeit durchwuchert, zu einem verästelten und verfilzten Mycel aus, dessen Fäden (Fig. 97 J) 1 bis 6 µ Dicke haben. Jetzt beginnt die oben geschilderte Trägheit der bis dahin anscheinend völlig gesunden Raupe; aber erst wenn der Pilz den gesammten Fettkörper aufgezehrt hat und sich bereits isolirte, abgeschnürte, längliche Mycelzellen (Fig. 97 H) im Blute zeigen, tritt die dem Tode vorausgehende Unbeweglichkeit ein.

Die in das Blut gelangenden, abgeschnürten Aeste verbreiten den Pilz bis in die letzten Schlupfwinkel des Körpers, und die nun straff vom Pilzmycelium ausgefüllten Raupen sterben, nachdem der Pilz alle inneren Organe, mit alleiniger Ausnahme der Cuticula und der Chitinhäute von Darm und Tracheen, aufgezehrt hat (Fig. 97 *C*), gewöhnlich im Laufe des fünften Tages nach der Infection. Zwölf Stunden nach dem Tode brechen dicke Büschel paralleler, in Zellen gegliederter Pilzfäden oder

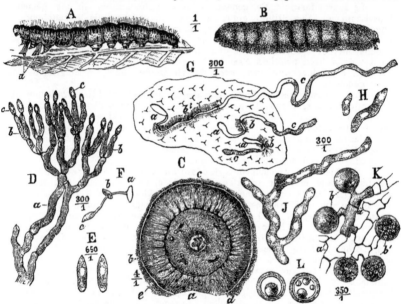

Fig. 97. **Entomophthora radicans** Brefeld [8, Taf. 1 und 9, Taf. 7). *A—J* die Gonidien erzeugende Form, *K—L* die Dauersporen erzeugende Form. *A* Raupe von **Pieris Brassicae** L. durch E. radicans getödtet, *a* die sie an die Unterlage befestigenden Hyphenbüschel. *B* dieselbe in einem späteren Stadium, eingehüllt von dem Schimmelflaum. *C* Querschnitt durch eine solche Raupe, *a* Cuticula der Raupe, *b* Tracheen, *c* im Darmcanal vorhandene Speisereste. Alle Weichtheile der Raupe sind aufgezehrt und durch ein dichtes Mycelgeflecht ersetzt, das bei *d* einen dichten Hyphenwald durch die Haut getrieben hat. Dieser hat wieder die Sporen *e* abgeschnürt. *D* die Fruchthyphen *a*, mit Basidien *b* und Sporen *c*. *E* Einzelsporen stärker vergrössert. *F* Spore *a*, welche einen Mycelfaden erzeugt hat, an dem wieder secundäre Sporen *b* und *c* entstanden sind. *G* ein Stück Haut der Raupe, auf dem Sporen *a* gekeimt haben, deren Keimschläuche die Haut bei *b*, sie bräunend, durchsetzt und an der Spitze *c* fortwachsend, weitergewuchert haben. *H* abgetrennte Myceläste im Raupenblute frei schwimmend. *J* Verästelter Mycelfaden. *K* Dauersporen tragende Mycelfäden, *a* mit Protoplasma gefüllt, *a'* leer, *b* in der Entwicklung begriffene, *b'* reife Dauersporen. *L* reife Dauersporen mit dicker Hülle und Fetttropfen im Innern.

Hyphen zwischen den Beinen der Raupe auf der Bauchseite hervor (Fig. 97 *A a*), dieselbe wie mit Wurzeln auf der Unterlage befestigend, und bald darauf beginnen auch die fruchttragenden Hyphen die Haut der Raupe zu durchbrechen, die sie bald als ein dichter Schimmelüberzug umgeben (Fig. 97 *B*). Die beim Durchtritt durch die Haut einfachen Hyphen verästeln sich bald (Fig. 97 *D*). Die Spitzen dieser Zweige gliedern sich nun durch Scheidewände als kurze Basidien — so genannt, weil sie den Gonidien gewissermassen als Basis dienen — ab

(Fig. 97 *D*, *b*), an deren Ende nun die kurzspindelförmigen Gonidien entstehen (Fig 97 *D*, *c* und *E*). Sowie dieselben ausgebildet sind, beginnt das Protoplasma der Basidie durch Wasseraufnahme zu schwellen und Vacuolen zu zeigen, schliesslich platzt die Basidie an der Stelle, an der sie mit dem Gonidium zusammenhing, und die in Folge ihrer Elasticität wieder zusammenschnurrende Membran der Basidie schleudert zugleich mit dem Protoplasma die abgelöste Spore einige Millimeter weit fort. Jedoch nicht alle inficirten Raupen bedecken sich mit der schimmelartigen Fructification. Manche schrumpfen, nachdem sie in Folge einer völligen Durchwucherung ihres Inneren durch das Pilzmycelium abgestorben und durch die oben erwähnten sterilen Hyphenbündel auf der Unterlage fixirt worden sind, nach vorhergehender Erweichung zu zerbrechlichen Mumien ein. Diese bestehen aus der wenig veränderten Raupenhaut, welche eine dichte Masse grosser, dickwandiger Dauersporen von kugliger Form und 25 µ Durchmesser (Fig. 97 *L*) als einen weisslichen Inhalt umschliesst. Diese Dauersporen entstehen an dem Mycelium, sobald dasselbe den ganzen Raupenleib ausgefüllt hat, als seitliche Auswüchse der Fäden, denen sie fast unmittelbar aufsitzen (Fig. 97 *K*). Sobald diese Sporenanlagen auftreten, wandert das Protoplasma der Fäden in sie hinein, und zwar in dem Masse, als sie wachsen. In den sich entleerenden Mycelfäden treten nach rückwärts Scheidewände auf und in dem anfangs gleichmässigen Inhalte der Dauersporen zeigen sich Fetttröpfchen, die sich schliesslich in der Mitte zu einem grossen Tropfen sammeln. Die starke Membran spaltet sich in eine dickere äussere und eine dünne innere. Die Bildung dieser Dauersporen erfordert ohn-

Fig. 98. Entomophthora Aulicae REICHARDT. *A* Raupe mit den in mäandrischen Windungen hervorbrechenden Fruchthyphen. *B* und *C* Gonidien. (Originalzeichnung.)

gefähr 8 bis 10 Tage. Während die spindelförmigen Sporen ihre Keimfähigkeit bald verlieren, keimen die Dauersporen erst nach längerer Zeit und sie sind es, welche die Art während der Ueberwinterung erhalten [BREFELD **8** und **9**].

Man kennt übrigens durchaus nicht von allen Entomophthora-Arten beide Sporenformen. So sind von der forstlich wichtigsten, welche auch auf der Kieferneulenraupe schmarotzt, nur die Gonidien bekannt.

Es ist dies Entomophthora Aulicae REICHARDT. Sie wurde zuerst auf der Raupe von Euprepria aulica L. entdeckt, dann auf einer Reihe anderer Euprepria-Arten wiedergefunden und tritt am grossartigsten an der Raupe und Puppe von Noctua piniperda auf. Aus anscheinend ganz gesunden Raupen dieses Forstschädlings bricht häufig ganz plötzlich im Verlauf von 24 Stunden ein schimmeliger, ohngefähr 1 *mm* hoher Ueberzug von Fruchthyphen hervor, welche sich verästeln und an jedem Astende eine — nach unseren Messungen — im Durchschnitt 35 µ lange und 21 µ breite, eiförmige Spore mit stumpfer Papille abschnüren (Fig. 98 *B* und *C*) und in der bekannten Weise von sich schleudern. Jede Spore zeigt im Inneren einen grossen, selten mehrere kleine Fetttropfen. Hält man die Raupen feucht, so gehen sie bald in derselben Weise wie die von Ent. radicans befallenen zu Grunde. Trockener gehaltene schrumpfen zu einer, bis auf den glänzend braun bleibenden Kopf, von weissem Staube bedeckten und mit Mycel gefüllten Mumie ein, an welcher man die schon von COHN hervorgehobene Charakteristik dieser Fructificationsform, ihr Hervortreten in gewundenen Linien erkennen kann. Diese fliessen bald zusammen und die Pilzbedeckung erscheint in der Form von mäandrisch gewundenen, den Windungen des Gehirns der Säugethiere ähnlichen Wulsten (Fig. 98 *A*).

Nur Dauersporen kennt man von einer an der Raupe von **Agrotis segetum** Schiff. vorkommenden Entomophthoree, welche von Cohn als eigene
Gattung aufgestellt und **Tarichium megaspermum** genannt wurde. Da der
Unterschied zwischen den Gattungen Entomophthora und Empusa, wie oben auseinandergesetzt, wesentlich auf der Verschiedenheit der gonidientragenden Hyphen
beruht, so ist die Entscheidung, ob man es hier mit einer Entomophthora-
oder einer Empusa-Form zu thun hat, vorläufig nicht zu treffen. Die Lebensgeschichte dieses Pilzes ist folgende: Die erkrankten grau- oder grünlich-braunen
Raupen beginnen, vom Kopf anfangend, sich dunkel zu färben, bis sie ganz
schwarz geworden sind. Nun schwellen sie zunächst an, trocknen, während
sie eine ölige Flüssigkeit durchschwitzen lassen, allmälig zu verschrumpften
Mumien ein und füllen sich im Inneren mit einer kohlschwarzen, zunderartigen
Masse, welche aus undurchsichtigen, kugelrunden, 36 bis 55 μ. Durchmesser
haltenden Dauersporen besteht. Die Sporen haben zwei Hüllen, deren äussere
häufig von unregelmässig gewundenen Furchen durchsetzt ist.

Das erste Anzeichen der Krankheit ist, dass in dem bei gesunden Thieren
gelblichen Blute zahllose schwarze Pünktchen auftreten, die ihm unter dem
Mikroskop das Aussehen von eingeriebener chinesischer Tusche geben. Auch sind
zahlreiche farblose Krystalle in ihm vorhanden. Dann beginnen sich die Anfänge
des Pilzes als freie kuglige Zellen von 7 bis 15 μ Durchmesser zu zeigen, die
durch den Zerfall länglicher, gleichfalls im Blute vorkommender Schläuche
entstehen. Aus diesen kugligen Keimen entwickeln sich 5 bis 10 μ dicke, nur
wenige Querscheidewände zeigende Hyphen, die sich verästeln und ein den Körper
völlig durchsetzendes Mycel bilden. Dieses zehrt die Eingeweide der Raupe auf,
seine Spitzen schwellen kuglig an und schnüren sich schliesslich als die oben
beschriebenen, braunen Dauersporen ab.

Sowohl Gonidien- als auch seit Kurzem Dauersporen [23, S. 68] kennt
man bei dem gemeinen Parasiten unserer Stubenfliegen, der **Empusa Muscae**
Cohn. Allherbstlich, in unseren Breiten etwa vom Juli an, tritt eine durch diesen
Pilz verursachte Epidemie der Stubenfliege auf, welche in südlicheren Gegenden,
z. B. in Italien, das ganze Jahr zu finden ist. Die in den ersten Stadien derselben äusserst beweglichen und unruhigen Thiere werden bald matt und träge,
um endlich unter krampfhaften Bewegungen mit Beinen und Rüssel, ihrer Unterlage fest angeheftet, den Tod zu finden. Der schon vorher aufgedunsene Hinterleib
schwillt mehr und mehr, und es tritt zwischen seinen Ringen eine fettartig aussehende, weisse Substanz hervor. Bald beginnt um das Insekt herum die Bildung
eines Hofes von weisslicher, staubähnlicher, aus Pilzsporen bestehender Masse,
die auch die Beine und Flügel des Thieres über und über bedeckt und sich bis
zum Vertrocknen des Thieres stetig vermehrt (Fig. 99 A). In den jüngeren
Stadien der Krankheit erscheint das Blut der Fliegen durch das Vorhandensein
von zahlreichen kleinen rundlichen, freischwimmenden Pilzzellen milchig (Fig. 99 D).
Diese Zellen, welche denen im Blute von Agrotis segetum beschriebenen
homolog sind, sich aber durch hefeartige Sprossung vermehren, wachsen (Fig. 99
E a und b) im Fettkörper aus, um endlich zu langen, einzelligen, vielfach gewundenen, cylindrischen Schläuchen von 9 bis 11 μ Durchmesser (Fig. 99
F a und b) zu werden, deren dichtgedrängte, auf 19 bis 28 μ Durchmesser
anschwellende, kegelförmige Spitzen nach dem Tode des Thieres die Chitinhaut
durchbrechen und die erwähnte fettartige, weisse Masse zwischen den Leibes-
ringen bilden. An der Spitze jeder dieser Fruchthyphen entsteht eine kugel-
förmige Aussackung, welche zu einer Spore von 20 bis 23 μ Länge und 16 bis
23 μ Dicke wird, eine eigenthümliche Glockenform annimmt und sich von der
Hyphe durch eine Scheidewand abgliedert, um schliesslich in der schon bei
Entomophthora radicans Bref. geschilderten Weise mit Gewalt weggeschleudert
zu werden und den das Insekt umgebenden Hof bilden zu helfen (Fig. 99 A
und b). Die weggeschleuderte Spore ist umgeben von einem Tropfen Protoplasma
der geplatzten Fruchthyphe, welch letztere beim Platzen zusammenfällt und
alsbald durch eine jüngere ersetzt wird. Trifft die so fortgeschleuderte Spore
den Leib einer Fliege, namentlich die Unterseite des Hinterleibes derselben,
so klebt sie fest und beginnt nun sofort einen Keimschlauch zu treiben,

der schnell die Chitinhaut durchbricht und nun durch erneute hefeartige Sprossung bald die bis dahin gesunde Fliege mit Pilzzellen, die bald wieder zu einzelligen langen Schläuchen auswachsen, inficirt. Gelangt die Spore auf eine andere Unterlage, so treibt sie, dank der im Plasmatropfen mitgegebenen Feuchtigkeit, auf Kosten desselben einen kurzen Fortsatz in die Luft, an dessen Spitze eine secundäre Spore entsteht, die von dem schwellenden Fortsatze fortgeschleudert

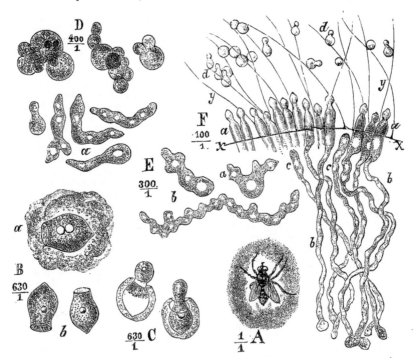

Fig. 99. Empusa Muscae Cohn [nach Brefeld **8**, Taf. 3 und 4]. *A* an Entomophthora-Mykose gestorbene Stubenfliege mit dem sie umgebenden Hofe weggeschleuderter Sporen. *B* Sporen, *a* mit umgebendem Protoplasmahofe, *b* ohne denselben. *C* Sporen, keimend und secundäre Sporen bildend. *D* Familien befeartig sprossender Empusazellen aus dem Fettkörper einer Fliege. *E a* Empusazellen aus dem Fettkörper im Auswachsen zu Schläuchen begriffen, *b* solche weiter fortgeschrittene Schläuche. *F* halbschematische Darstellung der Fructification. *x* Andeutung der Leibeswand, *y* Chitinhaare des Fliegenleibes, *a* die durch die Leibeswand durchgebrochenen, Sporen tragenden Hyphenenden, *b* die im Körper bleibenden Hyphenschläuche, *c* noch nicht durchgebrochene Schläuche, *d* weggeschleuderte, aber an den Haaren der Fliege hängengebliebene Sporen, zum Theil bereits secundäre Sporen erzeugend.

wird (Fig. 99 *C*), wie die primäre Spore von der Hyphe. Gerade diese secundären Sporen sind sehr geeignet, auf die Unterseite einer über die inficirte Stelle weglaufenden Fliege zu gelangen [Brefeld **8**, Solms-Laubach **21**]. An feuchten Stellen sterbende, inficirte Fliegen erzeugen keine glockenförmigen Sporen, sondern die Schläuche des Myceliums bilden kleine astartige Ausstülpungen und schnüren meist genau kuglige, farblose, mit dicker Membran versehene, an Fetttröpfchen reiche Dauersporen von 30 bis 50 μ Durchmesser [**23**] ab.

Die Dauersporen aller erwähnten Entomophthoreen entstehen ohne Copulation, d. h. ohne dass ein geschlechtlicher Act ihrer Bildung voranginge. Es sind also, um den wissenschaftlichen Ausdruck zu gebrauchen, Azygosporen. Durch die Arbeiten von Nowakowsky ist aber nachgewiesen worden, dass bei Entomophthora curvispora Now. und E. ovispora Now. der Dauersporenbildung eine Copulation vorangeht, diese Sporen also Zygosporen sind. Wir können auf die Vorgänge bei diesen selteneren und, weil auf indifferenten Fliegen und Mücken lebend, forstlich gleichgiltigen Arten hier nicht näher eingehen und erwähnen dieselben überhaupt nur deshalb, weil ihre Entdeckung [17 und 18] die Ursache geworden ist, dass man die Entomophthoreen als eigene Gruppe aufgestellt und von den Basidiomyceten, zu denen sie z. B. noch Winter [24] rechnet, völlig getrennt hat.

Eine weitere, natürliche Gruppe der Pilze sind die Ascomycetes. Für diese ist es charakteristisch, dass in ihrem Entwicklungskreise stets eine Fruchtträgerform vorkommt, an der sich im Inneren von Mutterzellen mit besonderer Structur, welche man Sporenschläuche, Asci, nennt, Sporen entwickeln. Die so gebildeten Sporen heissen Ascosporen (Fig. 100 C). Alle insektentödtenden Ascomyceten gehören in die Unterabtheilung der Pyrenomycetes. Die Pyrenomyceten sind dadurch ausgezeichnet, dass sich die Asci innerhalb besonderer, runder oder flaschenförmiger Behälter entwickeln, die am Scheitel eine natürliche, enge Mündung haben, welche mitunter auf der Spitze einer mehr oder weniger ausgezogenen Papille steht. Diese Behälter heissen Perithecien. Sie können entweder direct dem Pilzmycel aufsitzen oder auf sehr verschieden geformten Fruchtträgern angebracht sein (Fig 100 B,. Ausser den Perithecienträgern können im Entwicklungskreise der Pyrenomyceten aber auch noch andere Fructificationsformen vorkommen, welche die Sporen frei an der Oberfläche der sie bildenden Pilzfäden oder Hyphen abschnüren. Diese Sporen nennt man Gonidien (Fig. 100 Ec) und die sie erzeugenden Fruchtträger Gonidienträger. Diese Fruchtträger können einmal einfache, von dem Mycelium sich senkrecht abhebende, in der Mehrzahl vorhandene Fruchthyphen sein, welche entweder direct oder an secundären Verzweigungen die Gonidien entstehen lassen. Solche einfache Fruchthyphen bedecken dann das Substrat als ein schimmelartiger Flaum. In anderen Fällen treten eine grössere Anzahl von dem Mycel entspringender Hyphen zu einem soliden, sehr verschiedenartig geformten Körper, dem sogenannten Stroma zusammen (Fig. 101 A), und erst von diesem erheben sich nun die Gonidien abschnürenden Hyphen. Die Theile beider Arten der Gonidienträger, von denen die Gonidien sich unmittelbar abschnüren, welche gewissermassen die Basis der Sporen bilden, heissen auch hier Basidien. Es gibt übrigens noch andere, für unsere Betrachtungen unwichtige Formen von Fruchtträgern bei den Pyrenomyceten Die verschiedenen Formen von Fruchtträgern treten an dem Mycelium einer bestimmten Pyrenomyceten-Art gewöhnlich nicht gleichzeitig auf, und man kann im allgemeinen annehmen, dass anfänglich Gonidienträger, später erst Perithecienträger erscheinen. In vielen Fällen bringt es sogar der Pilz gar nicht bis zur Entwicklung von Perithecienträgern und pflanzt sich längere Zeit hindurch ausschliesslich durch Gonidien fort. Desgleichen gibt es Pyrenomyceeten, in deren Entwicklungskreis wir keine Gonidienträger kennen. Daher kommt es, dass die systematische Pilzkunde in früheren Zeiten viele Mycelien mit Gonidienträgern als selbstständige Pilzarten ansah sowie demgemäss selbstständig benannte. Trotzdem es heutzutage gelungen ist, den Entwicklungscyklus vieler Pyrenomyceten vollständig klarzustellen, kennen wir dennoch für eine grössere Menge von Gonidienträgern die zugehörigen Perithecienträger noch nicht und sind noch heute genöthigt, sie der Orientirung halber mit besonderen Namen zu belegen. Ja es gibt wahrscheinlich Formen, denen in ihrem Entwicklungskreise Perithecienträger überhaupt fehlen.

Unter den insektentödtenden Pyrenomyceten kennen wir am vo'lständigsten den Entwicklungskreis von Cordyceps militaris Fries, der auch mitunter als Torrubia militaris bezeichnet wird, nach dem Namen eines spanischen Mönches Torrubia, welcher von den Antillen stammende, auf dortigen Wespen schmarozende Formen dieser Pilzgattung zuerst beschrieb, Gebilde, welche ihrer

Zeit unter dem Namen der „zoophytischen Fliege" bedeutendes Aufsehen machten. Das Mycelium dieses Pilzes schmarotzt in einheimischen Raupen und Puppen und tödtet sie. Später brechen aus dem Leibe der Leichen die orangefarbenen, keulenförmigen, bis 40 *mm* langen, gestielten Fruchtträger hervor (Fig. 100 *A*), die oberflächlich hervorragende, 0·2 *mm* bis 0·3 *mm* lange und 0·13 *mm* bis 0·2 *mm* dicke Perithecien (Fig. 100 *B*) tragen, welche die Asci

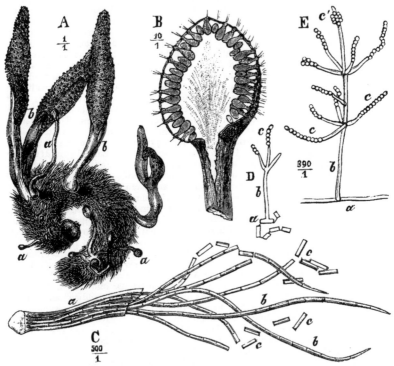

Fig. 100. **Cordyceps** Fries. *A* **C. militaris** Fr. auf einer Raupe von Bombyx Rubi L., *a* unentwickelte, *b* entwickelte Fruchtträger mit den vorspringenden papillenartigen Mündungen der Perithecien. *B* **C. entomorhiza** Fr. Längsschnitt durch die Keule eines Fruchtträgers, die Anordnung der flaschenförmigen Perithecien zeigend. *C* Geplatzter Ascus desselben Pilzes mit den acht langen, in Theilsporen zerfallenden Ascosporen. *D* Gonidienträger *b*, aus Theilsporen *a* von **C. militaris** gezüchtet und kuglige Gonidien *c* abschnürend. *E* älterer Gonidienträger *b* desselben Pilzes, von einem Mycelfaden *a* entspringend, *c* kuglige Gonidien, *c'* ovales Spitzengonidium. *A—C* nach Tulasne [**22**, Taf. 1], *D* und *E* nach de Bary [**6** *a*, Taf. 1].

enthalten. Die schlauchförmigen Asei erzeugen je 8 lange, stabförmige, circa 0·0013 *mm* breite, primäre Sporen, welche sich bei ihrer Reife noch innerhalb des Ascus in eine Reihe von 0·003 *mm* langen Theilsporen, bis 160 an einer Primärspore, gliedern (Fig. 100 *C*). Wenn man die in feuchter Umgebung gehaltenen Perithecienträger in trockene Luft bringt, werden die reifen Sporen aus den Perithecien herausgeschleudert Die Theilsporen trennen sich bald von einander. Gelangen sie auf feuchten Boden oder auf die Haut einer lebenden Raupe, so beginnen sie, unter Anschwellung auf das Doppelte ihres ursprünglichen Volumens, Keimschläuche zu treiben (Fig. 100 *D*). Auf dem Objectträger künstlich gezogen, wachsen diese Keimschläuche direct zu kugelgonidientragenden Fruchthyphen aus. Bei den Raupen dringen sie aber durch die Leibeswand in die Körperhöhle des Thieres, ohne auf der Oberfläche der Haut dunkle missfarbene Flecken zu erzeugen, und beginnen nun kleine blasse, längliche Cylindergonidien (vergl. Fig. 102 *B* und *C*) zu bilden. Diese vermehren sich in dem Blute durch Abschnürung wiederholter Generationen gleichartiger Gonidien, deren Wachsthum und Vermehrung auf Kosten der Blutmasse der Raupe geschieht. Hiermit hält eine Erkrankung der Raupe gleichen Schritt, welche nach 14 Tagen bis 3 Wochen mit dem Tode derselben endigt. Die Raupe ist kurz nach dem Tode durchaus weich und schlaff; liegt sie aber in feuchter Umgebung, so beginnen die Cylindergonidien zu den Mycelfäden des Cordyceps auszuwachsen, alle Organe, zumal den Fettkörper, durchwuchernd und auf ihre Kosten sich nährend. Es wird so der Raupenleib von dem Mycelium prall ausgestopft, er schwillt und erhärtet. Schon nach acht Tagen treten Aeste der Mycelfäden durch die Haut an die Oberfläche des Körpers, und es bedeckt sich dieser allmälig völlig mit einem kurzen Flaum weisser, kaum 0·5 *mm* hoher Fruchthyphen. Diese treiben allenthalben zahlreiche Aeste, welche auf abstehenden, selten vereinzelten, meist in zwei- bis fünfgliedrige Wirtel geordneten, pfriemenförmigen Seitenzweigen runde Sporen von 0·0025 *mm* Durchmesser, sogenannte Kugelgonidien, in perlschnurförmiger Verbindung — also reihenweise, succedan — erzeugen (Fig. 100 *E c*). Die erstgebildete, also oberste Gonidie der Reihe ist meist länglich cylindrisch und mitunter fallen die succedan entwickelten Ketten zu einem unregelmässigen, die Spitze des Zweiges einnehmenden Häufchen zusammen (Fig. 100 *E c'*). Später erscheinen in dem weissen Flaum orangefarbene, aus dicht und parallel vereinigten Pilzfäden gebildete Hervorragungen, welche allmälig wieder zu Perithecien-tragenden, orangefarbenen Fruchtträgern heranwachsen.

Es gehören also in den Entwicklungskreis des Cordyceps militaris schon nach älteren Untersuchungen sicher zwei Sporenarten und zwei Fruchtträgerformen, und es findet bei dem typischen Entwicklungsgange des Pilzes eine regelmässige, nothwendige Abwechslung zwischen dem Auftreten der in den Aseis der Perithecien gebildeten Sporen und deren Theilungsproducten einerseits, und dem im Blute des Insektes von den Keimschläuchen abgegliederten Cylindergonidien andererseits statt. Dagegen sind die einfachen Fruchthyphen eine secundäre, morphologisch nebensächliche Form von Fruchtträgern und die auf ihnen succedan abgeschnürten Kugelgonidien bei ihrer schnellen Entwicklung Einrichtungen zur raschen Verbreitung des Pilzes, denn wir haben allen Grund zu glauben, dass die Kugelgonidien in derselben Weise auf der Haut einer Raupe keimen, in diese eindringen und Cylindergonidien erzeugen können, wie die Theilsporen der Primärsporen aus den Perithecien [DE BARY 6].

Ausser den beiden oben beschriebenen Fruchtträgerformen soll aber nach TULASNE [22] neben den einfachen Fruchthyphen noch eine andere Form Kugelgonidien succedan abschnürender Stromata vorkommen, als welche er Isaria farinosa FRIES bezeichnet.

Der gemeinsame Charakter der unter dem Genusnamen „Isaria" HILL zusammengefassten, gonidientragenden Stromata besteht darin, dass von dem in dem Substrat — also in unserem Falle in dem Leibe des todten Insektes — verborgenen Mycelium ein mehr oder weniger säulenförmiger, aus Pilzfäden zusammengesetzter Stamm erhebt, welcher wenigstens an seinem oberen, nicht deutlich abgesetzten Theile abstehende, einfache oder wiederholt ästig verzweigte Fäden trägt, an der Spitze gerader Basidien einzelne einzellige Sporen abschnüren.

Es werden meist nur nach den Farben- und Formunterschieden der sehr variablen Stromata und nach dem Vorkommen auf verschiedenen Substraten eine ganze Reihe von „Isariaspecies" unterschieden. Am besten bekannt ist diejenige, welche als Isaria farinosa FRIES bezeichnet wird und höchst wahrscheinlich in den Entwicklungscyklus von Cordyceps militaris gehört. Sie lebt auf verschiedenen Raupen und Puppen, besonders von BOMBYX RUBI L. und B. PINI L., zunächst in

Form von bis 10 *mm* hohen Keulchen mit blass orangefarbigem Grunde, welche sehr
bald dicht weiss bestäubt erscheinen durch einen massigen Ueberzug von gonidientragenden Aestchen (Fig. 101 *A*); oder sie bildet grössere, lebhaft orangegelbe
Körper, die 1 *mm* und darüber dick sind, sich senkrecht aus der Raupe erheben,
ihre ziemlich glatte Oberfläche und lebhafte Farbe beibehalten, langsam auf eine
Länge von 15 bis 20 *mm* heranwachsen und dann von den garbig auseinander-
tretenden Hyphen der Spitze beginnend, auf ihrer Oberfläche Gonidien abschnürende
Zweige treiben Die einzelnen Fruchthyphen, welche sich stets nur gablig verästeln,
tragen meist nur paarweise opponirte Zweige (Fig. 101 *B* und *C*), zeigen also nicht
die wirtelförmige Anordnung der weitabstehenden Aeste, wie sie oben bei der entsprechenden Form von Cordyceps militaris beschrieben wurde. Diese Differenz
in der Anordnung der Zweige der Fruchthyphen veranlasste DE BARY anfänglich,
an der Zugehörigkeit von Isaria farinosa zum Entwicklungskreise von Cordyceps militaris zu zweifeln, neuere Untersuchungen haben ihn aber veranlasst,
diese Zweifel fallen zu lassen. Die unter und zwischen den Zweigpaaren befindlichen Stücke der Aestchen bestehen aus je einer kurzcylindrischen Zelle; die
Zweige und Aeste werden ebenfalls von je einer Zelle gebildet, welche sich von
cylindrischem oder flaschenförmigem Grunde aus in ein pfriemenartiges Ende zu-
spitzt, auf dem die kugelrunden Gonidien sich reihenweise abschnüren. Die Unter-

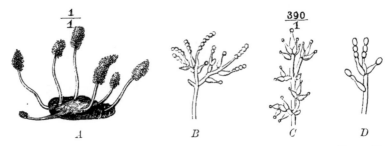

Fig. 101. Isaria HILL. *A*. Puppe mit den Stromata von I. farinosa FRIES. Nach
NEES VON ESENBECK. *B*. Kugelgonidien tragendes Fruchthyphenende von I. farinosa
mit reichlicher Fructification. *C*. Desgleichen mit schwacher Fructification *D*. Desgleichen mit ovalen Gonidien von I. strigosa FRIES. *B-D* nach DE BARY [6].

suchungen von DE BARY [6] haben gezeigt, dass die aus diesen Sporen entstehenden Keimschläuche in der Regel nicht die äussere Haut der Raupen durchbohren, sondern durch die Stigmata in die Tracheenhauptstämme eindringen,
und erst, nachdem sie die Substanz dieser durchwuchert und sie, ebenso wie das
anliegende Gewebe dunkelbraun gefärbt haben, in die Leibeshöhle eindringen.
     Eine verwandte Form, die Isaria strigosa FR., hat hellgelbe Stromata
und länglich cylindrische, in Ketten abgeschnürte Gonidien (Fig. 101 *D*).
     Ein weiterer und zwar sehr wichtiger insektentödtender Pilz tritt meist
nur in der Form einfacher, einen schimmelartigen Flaum bildender Fruchthyphen
auf, kann aber zuweilen auch Isariaform annehmen Es ist dies die Botrytis
Bassiana BALSAMO Ihre aus dem Innern erkrankter und gestorbener Raupen
hervorbrechenden Fruchthyphen sind reich verästelt, farblos und durch Scheidewände in lange Zellen getheilt (Fig. 102 *A*) Sie treiben einzelne oder gegen-
ständige, einzellige Zweige, welche nun entweder selbst an ihren zugespitzten
Enden, oder an denen der von ihnen entspringenden Zellen zweiter Ordnung,
köpfchenweise Sporen abschnüren. Diese sind Kugelgonidien, bis 16 Stück in
einem Köpfchen, welche dem Basidium mit einem kleinen Stielchen anhängen
und 2 bis 3 μ Durchmesser haben (Fig. 102 *A*). Gelangt eine dieser, ihre Keimfähigkeit wenigstens zehn Monate lang bewahrenden Gonidien auf die Haut einer
Raupe, so keimt sie, der Keimschlauch dringt durch die Haut, und während der

aussenbleibende Theil desselben abstirbt, wächst das eingedrungene Stück, zahlreiche, verzweigte, von dem Punkte des Eindringens aus strahlig divergirende Aeste treibend, weiter. Die Umgebung dieser Stelle wird zu einem missfarbigen Flecke. Die Fäden durchwachsen nun die Leibeswand, die Muskeln und den Fettkörper, indem sie diese Theile zerstören, und es bilden sich theils an ihren freien Enden, theils seitlich, auf kurzen, dünnen Stielen sitzende, 7 bis 15 μ lange und 2 μ breite, cylindrische Gonidien, die gleichfalls köpfchenweise abgeschnürt werden (Fig. 102 B). Die von den Stielen losgelösten gelangen in die Blutflüssigkeit und erzeugen hier, ihre ursprüngliche Gestalt beibehaltend, oder nachdem sie sich auf das Doppelte oder Dreifache ihrer Länge gestreckt haben, neue, secundäre Cylindergonidien (Fig. 102 C). Aber erst längere Zeit nach dem Eindringen des Pilzes enthält jeder durch Anstechen des Körpers an beliebiger Stelle erhaltene, nun weisslich getrübt erscheinende Blutstropfen zahlreiche Cylindergonidien. Schliesslich wird die Vermehrung der Gonidien seltener und hört ganz auf. Die vorhandenen beginnen dagegen zu verästelten Mycelfäden auszuwachsen. Die Ausbildung der braunen Hautflecken, welche die Infection der Raupen anzeigen, beginnt erst am

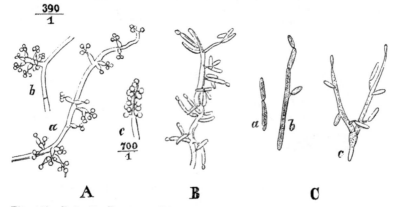

Fig. 102. Botrytis Bassiana BALSAMO nach DE BARY 6][A Gonidien tragende Fruchthyphen, a mit schwächerer, b und c mit reichlicher Sporenproduction. B Gonidien abschnürende Keimschläuche aus der Raupenhaut. C Cylindergonidien und Hyphenanfänge, secundäre Gonidien abschnürend, aus dem Raupenblute.

achten oder neunten Tage nach der Infection. Sobald diese sich vergrössern, werden die Thiere träge und hören auf zu fressen, werden allmälig regunglos und sterben meist am zwölften bis vierzehnten Tage nach der Infection, nachdem sie zuvor, da ein guter Theil der Blutmasse zur Ausbildung der Cylindergonidien verbraucht wurde, eine schlaffe, weiche Beschaffenheit angenommen. Bald beginnt aber unter dem Drucke der nun eintretenden Mycelbildung der Leib der Leiche wieder zu schwellen, und das Mycel durchwuchert den Körper vollständig, die inneren Organe auflösend und sie, mit Ausnahme der Höhlung des Darmes, völlig durchdringend. Es folgt nun in feuchter Umgebung der Durchbruch der Fruchthyphen, während die trocken liegende Leiche zur Mumie zusammenschrumpft, aus welcher noch nach Monaten bei Wiederbefeuchtung Gonidienträger hervorbrechen.

Die durch Botrytis hervorgerufene Mykose ist zuerst an der Seidenraupe beobachtet worden und wird als „Muskardine" bezeichnet, auch wohl „Kalksucht" oder „Calcino" genannt, wegen des kalkartigen Aussehens der verschimmelten Raupen Diese Seuche ist seit 1763 gekannt; sie herrschte besonders in den Zwanziger- und Dreissiger-Jahren unseres Jahrhunderts in Frankreich, ist aber seit Mitte der Fünfziger-Jahre fast vollständig aus den Seidenzüchtereien verschwunden. Jetzt kommt die Krankheit nur mehr in feuchten Jahren in den verschiedensten Ländern vor, niemals aber so ausgebreitet wie die Pebrine. DE BARY [6 a] wies nach, dass der Muskardinepilz ein in Europa einheimischer Insektenparasit ist, und nicht aus dem Vaterlande der Seidenraupe eingeschleppt zu werden brauchte, wie früher vielfach behauptet wurde. Derselbe Forscher fand diesen Pilz bei einer epidemischen Erkrankung der Kiefernspinnerraupe im nordöstlichen Deutschland.

Im Anschluss an die Ascomyceten sei der Vollständigkeit halber kurz das Genus Laboulbenia ROBIN erwähnt, welches wohl als Vertreter einer eigenen Familie anzusehen ist. An verschiedenen Carabiden, auf Fledermausfliegen und besonders auf den gemeinen Stubenfliegen finden sich in Süddeutschland kleine bräunliche Schläuche mit Seitenast oft in grosser Menge an verschiedenen Körpertheilen sitzend Dies sind Pilze, welche merkwürdigerweise jedes Mycels entbehren und nur mit einer knopfartigen Verdickung ihrer zweizelligen Träger (Fig 103 *a* und *a'*) in der Leibeswand des betreffenden Insektes befestigt sind Von diesem Träger erhebt sich als unmittelbare flaschenförmige Verlängerung (Fig 103 *b*) ein spindelförmige Ascosporen, zu je acht in dünnen Ascis erzeugendes Perithecium. Seitlich von diesem sitzt ein gesägter Zweig, dem man die Function eines männlichen Befruchtungsorganes zugeschrieben hat (Fig 103 *d*). Die austretenden Sporen keimen sofort, entwickeln sich ohne Weiteres zu neuen Laboulbenia - Individuen und werden, wahrscheinlich während der Begattung, von einer Fliege auf die andere übertragen. Laboulbenia Muscae PEYRITSCH ist die am besten bekannte Art; der Parasitismus dieser Pilze scheint keinerlei nachtheiligen Einfluss auf ihre Träger auszuüben.

Im Vorstehenden haben wir eine bis jetzt in der forstlichen Literatur fehlende rein wissenschaftliche Uebersicht des Standes unserer Kenntnisse über die insektentödtenden oder wenigstens bewohnenden Pilze gegeben und fassen nun die für den Praktiker wichtigen Gesichtspunkte zusammen.

Von einer Mitwirkung der Spaltpilze (vergl. Fig. 95) bei der Vertilgung der forstschädlichen Insekten ist bis jetzt wenig bekannt geworden. Nur HARTIG [13, pag. 487 u. flg.] erwähnt einer Spaltpilzmykose, der „Gattine" bei den Larven der gelblichen Buschhorn-Blattwespe, Lophyrus rufus FABR.; ferner trat eine solche auf bei einem massenhaften Sterben der Kieferneulen-, Kiefernspanner-, Kiefernschwärmer- und Rothschwanzraupen. Genauere Angaben fehlen aber. Auch BAIL [3] berichtet über Spaltpilzinfection zeigende Kiefernspinnerraupen.

Beiweitem wichtiger sind die Entomophthoreen. Mittheilungen über „Empusa-Epidemien" bei Forstschädlingen sind sehr häufig. BAIL [4, p. 244] berichtet über eine solche im Jahre 1867 unter den Kiefernspinnerraupen in der Tuchler Haide ausgebrochene Mykose. Hier wurden die Raupen, welche bereits circa 5000 *ha* kahl gefressen oder doch stark geschädigt hatten, fast vollständig durch „Empusa" vernichtet. Ferner theilt Oberförster SCHULTZ mit, dass bei einem im Sommer 1868 im Forstrevier Biezdrowo der kgl. Oberförsterei Zirke bei Posen ausgebrochenen Kieferneulenfrasse Ende Juni binnen acht

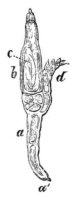

Fig. 103. Erwachsenes Individuum von Laboulbenia Muscae PEYRITSCH[17]. *a* der zweizellige Träger, *a'* sein in der Leibeswand festsitzendes Ende, *b* Perithecium, *c* die in dem Perithecium enthaltenen Asci. *d* Seitenzweig (männliches Befruchtungsorgan?).

Tagen ohngefähr $70^0/_0$ der Raupen an „Empusa" starben, $20^0/_0$ noch erkrankt und nur $10^0/_0$ gesund erschienen [**5**, p. 138 und 139]. Welche Entomophthoree in diesen Fällen gewüthet hat, ist nicht ohne Weiteres ersichtlich. BAIL ist geneigt, sie als Entomophthora Grylli FRES. zu bestimmen; HARTIG [**13**, p. 478] bezeichnet als Ursache der von ihm beobachteten Empusa-Mykosen auf Kiefernspinner, Kieferneule und Rothschwanz ohne Weiteres Empusa Muscae COHN. Die Ursache einer im Sommer 1883 in der Primkenauer Haide beobachteten Entomophthora-Mykose der Kieferneule war, nach gütiger Bestimmung von Prof. DE BARY, Ent. Aulicae REICHARDT, eine Bestimmung, mit welcher auch unsere Messungen der Sporen (vergl. S. 171) genau stimmen. Da letztere in Form und Grösse auch ziemlich mit den bei BAIL gegebenen Sehilderungen übereinstimmen, Ent. Aulicae auch bereits 1834 [**3**, p. 3] an den verschiedensten Schmetterlingslarven beobachtet worden ist, so dürfte wohl dieser Pilz der forstlich hauptsächlich wichtige Raupenvertilger aus dieser Familie sein. HARTIG's Darstellungen sind nicht genau genug, um einen sichern Schluss zu gestatten und die Beobachtungen BREFELD's, dass eine Uebertragung der E. Muscae auf Raupen missglückte [**8**, p. 39], spricht auch gegen HARTIG's Annahme. Die vorstehende genaue Beschreibung und Abbildung der verschiedenen in Frage kommenden Arten wird künftighin dem mit einem Mikroskop versehenen Forstmanne eine sichere Bestimmung möglich machen. Auch ist nicht zu übersehen, dass Ent. radicans von der Kohlweisslingsraupe auf andere Raupen und Fliegen übertragbar ist [**8**, p. 27].

Tarichium megaspermum COHN dürfte unter Umständen ein mächtiger Bundesgenosse im Kampfe gegen die den Nadelholzkulturen so schädlichen Ackereulenraupen werden [II].

Die Pyrenomyceten haben in ihrer perithecientragenden Form bis jetzt noch kaum ausgebreitete Epidemien verursacht. Uns ist nur eine briefliche Mittheilung von TULASNE an Oberförster MIDDELDORPF bekannt, dass Cordyceps militaris in den südfranzösischen „Landes" in epidemischer Art die Raupen des Pinienprocessionspinners befallen hat. Dagegen sind die Gonidien tragenden Formen bereits einigemale die Ursache gewesen, dass eine theilweise Beschränkung des Frasses des Kiefernspinners stattgefunden hat. Dies geht z. B. aus einem von BAIL [**3**, p. 16] mitgetheilten Berichte des Oberförsters VON CHAMISSO, Oberförsterei Balster bei Callies im Reg.-Bez. Cöslin im Jahre 1869, hervor. Im höchsten Falle wurden hier im Winterlager, Mitte März, $33^0/_0$ durch solche Pilze getödtete Raupen gefunden, während allerdings die Untersuchungen von dorther eingesendeter Raupen durch BAIL $68^0/_0$ an Isaria-, resp. Cordyceps-Mykose gestorbener Raupen ergab. Auch an Kiefernspannerpuppen hat ZELLER eine Isaria-Infection beobachtet, wie LEBERT [**15**, p. 441] mittheilt. Hier dürfte es sich um Isaria farinosa FRIES handeln.

Aus den gesammten vorliegenden Beobachtungen ergibt sich daher, dass zwar vorläufig nur Entomophthora Aulicae grössere, bereits verheerend auftretende Raupenfrasse unterdrückt hat, dass dagegen regelmässig ein grosser Procentsatz von allerhand Insektenlarven, Puppen, u. s. f. durch Mykosen verschiedener Art zu Grunde geht, und daher die auf Insekten schmarotzenden Pilze einen wesentlichen Factor für die Erhaltung des Gleichgewichtes im Naturhaushalte bilden.

Sehr interessant ist ferner die von den verschiedensten Forschern gleichmässig berichtete Thatsache, dass von Schmarotzerinsekten befallene Raupen für eine Infection mit Schmarotzerpilzen unzugänglich sind.

Neuere Literatur über insektentödtende Pilze. — 1. Bail, Mittheilungen über das Vorkommen und die Entwicklung einiger Pilzformen. Danzig 1867. 4. 45 Seiten. Separat-Abdruck aus dem Programm der Realschule I. Ordn. zu St. Johann in Danzig. Ostern 1867. — **2.** Derselbe. Ueber Krankheiten der Insekten durch Pilze. 8 S. und 2 Taf. 4. Aus den Verhandlungen der 35. Naturforscher-Versammlung. — **3.** Derselbe. Ueber Pilzepizootien der forstverheerenden Raupen. 8. 26 S. und 1 Taf. Danzig 1869. — **4.** Derselbe. Pilzepidemie an der Forleule, Noctua piniperda L. Danckelmann's Zeitschrift für Forst- und Jagdwesen. Bd. I. 1869, p. 243—247. — **5.** Derselbe. Weitere Mittheilungen über den Frass und das Absterben der Forleule Noctua piniperda. Danckelmann's Zeitschrift für Forst- und Jagdwesen. Bd. II. 1870, p. 135—144. — **6.** De Bary, A. Zur Kenntniss insektentödtender Pilze. Botanische Zeitung. a) Bd. XXV. 1867, p. 1—7, 9—13, 17—21. Taf. I und b) Bd. XXVII. 1869, pag. 585—593 und 602—606. — **7.** Bollinger, O. Ueber die Pilzkrankheiten niederer und höherer Thiere. Aus: Zur Aetiologie der Infectionskrankheiten mit besonderer Berücksichtigung der Pilztheorie. 432 S. München 1881. — **8.** Brefeld, O. Untersuchungen über die Entwicklung der Empusa Muscae und Empusa radicans und die durch sie verursachten Epidemien der Stubenfliegen und Raupen. Abhandl. der Naturf. Gesellschaft zu Halle. Bd. XII. 1871, p. 1—50. Taf. I—IV. — **9.** Derselbe. Botanische Untersuchungen über Schimmelpilze. IV. Heft. Leipzig 1881. Nr. 6, Entomophtora radicans, p. 97—111. Taf. VII. — **10.** Buchner, H. Ueber die Wirkung der Spaltpilze im lebenden Körper. Aus: Zur Aetiologie der Infectionskrankheiten u. s. f. (vergl. Nr. 7) — **11.** Cohn, F. Ueber eine neue Pilzkrankheit der Erdraupen. Beiträge zur Biologie der Pflanzen. Heft 1. 1870, p. 58—86. Taf. IV und V. — **12.** Derselbe. Untersuchungen über Bacterien. Beiträge zur Biologie der Pflanzen. 3. Heft. 1875, p. 141—207 und Taf. V und VI. — **13.** Hartig, R. Mittheilungen über Pilzkrankheiten der Insekten im Jahre 1868. Danckelmann's Zeitschrift für Forst- und Jagdwesen. Bd. I. 1869, p. 476—500 mit 1 Taf. — **14.** Kleine. Ueber die Faulbrut der Bienen. Henneberg und Drechsler's Journal für Landwirthschaft. Bd. XXVI. 1878, p. 407—443. — **15.** Lebert. Ueber einige neue oder unvollkommen gekannte Krankheiten der Insekten, welche durch Entwicklung niederer Pflanzen im lebenden Körper entstehen. Zeitschrift für wissenschaftliche Zoologie. Bd. IX. 1858, p. 439—453. Taf. XIV und XV. — **16.** Derselbe. Ueber die gegenwärtig herrschende Krankheit des

Insekts der Seide. Berliner entomologische Zeitschrift. Bd. II. 1858, p. 148—186. Taf. I—VI. — 17. Nowakowsky, L. Die Copulation bei einigen Entomophthoreen. Botanische Zeitung. Bd. XXXV, p. 216—222. — 18. Derselbe. Ueber die Entomophthoreen. Botanische Zeitung. Bd. XL, p. 560 und 561. Referat über eine grössere, polnisch geschriebene, seither in den Abh. d. Ak. d. Wiss. zu Krakau erschienene Arbeit. — 19. Peyritsch, J. Ueber einige Pilze aus der Familie der Laboulbenien. Sitzungsberichte der k. Ak. d. Wiss. zu Wien. Bd. LXIV. 1. Abth. November-Heft 1871. 18 S. 2 Taf. — 20. Preuss. Ueber die kleinsten mikroskopischen Pilzformen, insbesondere über den Faulbrutpilz. Eichstädter Bienenzeitung. Bd. XXV. 1869, p. 161—170. — 21. Solms-Laubach, Graf zu. Ueber die herbstliche Epidemie der Stubenfliege. Bericht über die Sitzungen d. Naturf. Gesellsch. zu Halle. 1869. Sitzung v. 31. Juli, p. 37 und 38. — 22. Tulasne, L. R. et C. Selecta fungorum carpologia. Paris 1861—1865. Fol. 3 Bde. mit Taf. — 23. Winter, G. Zwei neue Entomophthoraformen. Botanisches Centralblatt. 1881. Bd. V, pag. 62—64. — 24. Derselbe. Die Pilze Deutschlands, Oesterreichs und der Schweiz. 1. Abth. Leipzig 1884. Als Bd. I der zweiten Auflage von Dr. L. Rabenhorst's Kryptogamenflora herausgegeben. — 25. Zopf, W. Die Spaltpilze in Schenk's Handbuch der Botanik. III. Bd. 1. Hälfte. 1884, p. 1—98. — Ausserdem wurde es uns durch die Freundlichkeit des Verfassers noch möglich, Correcturbogen von de Bary, Vergleichende Morphologie und Biologie der Pilze, Mycetozoen und Bacterien, 8. Leipzig. W. Engelmann. 1884, zu benützen.

Die insektentödtenden thierischen Parasiten, welche als praktisch wichtig hier in Frage kommen, sind sämmtlich selbst Insekten, obgleich allerdings bei Forstschädlingen auch andere Parasiten gefunden werden, z. B. Gregarinen und Rundwürmer, letztere besonders aus den Gattungen Mermis, Gordius und „Anguillula". [Vergl. v. Linstow, Compendium der Helminthologie. 8. Hannover 1878, S. 291—312.] Obgleich auch manche Käferlarven parasitisch leben, z. B. die als Vertilger der forstschädlichen Fichtenquirl-Schildlaus, Coccus racemosus Ratz., bekannte Larve von Brachytarsus varius Fabr., so recrutirt sieh die Hauptmasse der wichtigen Schmarotzer doch aus den Gruppen der Hymenopteren und Dipteren.

Von den Hymenopteren sind vor allen Dingen anzuführen die unter dem Sammelnamen „Schlupfwespen" zusammenfassbaren Gruppen der Chalcididae, Proctotrypidae, Braconidae und Ichneumonidae. Es sind dies Thiere (Taf. I, Fig. 6, 7 und 8), welche sämmtlich als Larven parasitisch in oder an anderen Insekten oder deren Jugendzuständen leben und sich in so reichlicher Gattungs-, Arten- und Individuenzahl finden, dass sie, wie in vielen Fällen beobachtet wurde, wesentlich zur Verminderung überhandnehmender Forstschädlinge beitragen, ja sogar öfters direct das Aufhören eines Insektenfrasses bedingen.

Die Verbreitung der Schlupfwespen, die schlechthin auch Ichneumonen genannt werden, ist eine ausserordentlich grosse. Sie werden von ihren beweglichen Wirthen überall hin verschleppt, wo diese selbst hinkommen. Eine grosse Anzahl mag allerdings auch durch ihre Wirthe sehr an bestimmte Oertlichkeiten gebunden sein. Am meisten bekannt sind jene, welche in solchen Insekten wohnen, die schon seit langer Zeit häufig erzogen worden sind, also die der Schmetterlinge; die der Käfer und Aderflügler sind schon weniger bekannt, noch weniger die der Halb-, Zwei- und Netzflügler. Am wenigsten kennt man jene, welche unter der Erde oder im Wasser lebende Thiere zu Wirthen haben. Einigemal ist es indessen gelungen, das Tauchen einer Schlupfwespe, des seiner systematischen Stellung nach etwas zweifelhaften Agriotypus armatus WALK., nach Neuropterenlarven zu beobachten; v. SIEBOLD erzog Agriotypus aus einer Phryganea.

Manche Ichneumonen sind sehr polyphag, so dass sie sieh Wirthe aus allen Insektenordnungen wählen. Andere sind so monophag, dass sie nicht blos eine bestimmte Art als Wirth aufsuchen, sondern sogar einen bestimmten Zustand desselben.

Meist haben die Ichneumonen nur eine einfache Generation, doch ist auch eine doppelte wohl nicht in Abrede zu stellen. RATZEBURG sah Microgaster globatus RATZ. Anfangs Mai und wieder Anfangs August fliegen. Die Raupen zur Aufnahme zweier Bruten finden sieh bei grossem Spinnerfrasse reichlich, warum sollten also die Maiwespen nicht sofort wieder in vorhandene Raupen legen? Trotz doppelter Generation der Wirthe können aber Ichneumonen auch nur eine einfache haben. RATZEBURG fand sogar, dass einzelne Ichneumonen der Blattwespen deren Ueberjährigkeit nachahmten, d. h. nicht eher sieh entwickelten, bis die Mehrzahl der Blattwespen aus anderen, verspäteten Cocons ausflog. Dagegen zeigt Pteromalus puparum L. eine ausserordentlich schnelle Entwicklung; er sticht Anfangs Juni die Puppen von Vanessa polychloros L. an, und Mitte Juli schwärmen schon die Wespchen. Teleas ovulorum L. braucht ebenfalls nur 4—6 Wochen Zeit zur Entwicklung, fliegt also etwas später, als die Spinnerräupchen ausgekommen sein würden. Microgaster solitarius, RATZ. befällt die Nonnenräupchen wahrscheinlich schon in den Spiegeln, und fliegt gleich nach Johannis. Kann nun aber T. ovulorum, wenn er früh, also schon Ende Juli ausfliegt, sofort eine neue Brut in verspäteten Spinnereiern oder in einer verwandten Art gründen? Muss M. solitarius den besten Theil des Sommers sieh müssig herumtreiben? Wo steckt M. globatus, wenn man ihn im Winter in den Spinnerraupen nicht findet? Begnügt er sich mit Sommergeneration, wie der Ichneumon in der Hessenfliege, der bekannten Weizenverwüsterin, Cecidomyia destructor SAY., bei welcher WAGNER nur aus der Sommer-, aber nicht aus der Wintergeneration Ichneumonen, sogar bis 70% erhielt?

Der Entwicklungszustand des Wirthes ist zu beachten. Selten entwickeln sich Ichneumonen in Imagines. Es ist aber bekannt, dass Coccinellen-Käfer von Braconiden angestochen werden. Im Frühjahre 1869 fand JUDEICH einen Braconiden, Blacus NEES, zu den Clidostomen gehörig, der sich in Strophosomus Coryli FABR. entwickelt hatte; an der Seite des Rüsselkäfers sass das weisse Tönnchen des Blacus fest, aus welch'em er diesen erzog; oh schon die Larve des Käfers angestochen worden war, oder erst dieser selbst, konnte er nicht ermitteln. STEIN fand Ichneumonenlarven in Polygraphus pubescens. Am häufigsten wird der Wirth im Puppenzustande befallen, und die Ichneumonenbrut entwickelt sich, wenn es noch Sommer ist, hier schnell, so bei Pteromalus puparum L., sonst überwintert sie in den Puppen, z. B. Anomalon xanthopus GRV. in der Kieferneule, An. biguttatum GRV. im Kiefernspinner. Die kleinen Chalcidier, auch Pteromalinen genannt, gehen wahrscheinlich meist nur an die zarten Puppen der Borkenkäfer und Laubholzwickler. Im Larvenzustande werden sehr viele Insekten befallen, namentlich häufig der Kiefernspinner. In den Eiern sind bis jetzt noch die wenigsten Schmarotzer nachgewiesen worden, vielleicht schon wegen der Schwierigkeit der Beobachtung der dahin gehörigen Mikrohymenopteren; am häufigsten kommt Teleas in Kiefernspinnereiern vor; schwer zu finden ist er bei Eulen- und Spannereien; merkwürdigerweise ist er aus den Nonneneiern noch gar nicht bekannt. Als Imagines überwinternde Ichneumonen finden Schutz unter Moos, alten Stöcken, Rinden u. s. f.

Der Angriff der Ichneumonen auf ihre Wirthe ist selbst bei den häufigsten nur sehr selten beobachtet worden. Zuerst sah RATZEBURG am 17. September 1864 Anomalon circumflexum eine Kiefernspinnerraupe anstechen, worauf er die Lage des frisch gelegten Eies in der Raupe beobachten konnte [GRUNERT, Forstl. Bl., Bd. X]. Der Bohrer der Ichneumonen dient nur selten als Wehr, nur einige stechen empfindlich, und zwar einige der grösseren Arten mit versticktem Bohrer. Die meisten Arten brauchen den Bohrer, den die menschliche Hand nicht fühlt, nur zum Ablegen der Eier. Je tiefer die von dem Ichneumon aufzusuchenden Wirthe im Holze, in Gallen, Früchten etc. sitzen, desto länger muss der Legbohrer sein. Die von dem meist senkrecht aufgesetzten oder unter dem nach unten gekrümmten Bauche hervorgeschobenen Bohrer gestochene Raupe oder Puppe wehrt sich durch Hin- und Herwerfen tüchtig; der Ichneumon wiederholt aber meist den Versuch, bis er seine Eier, oder auch nur eines für jeden Wirth, glücklich abgesetzt hat. Einige Arten verrichten den Stich blitzschnell, z. B. A. circumflexum L., andere brauchen Zeit, ja manche brauchen den Bohrer stundenlang, z. B. einige Braconiden, namentlich wenn er in das Holz gesteckt wird. Die Anzahl der in oder an einem Wirthe lebenden Larven wechselt sehr, von einer einzigen bis zu mehreren Hundert. Gewöhnlich geht an die bereits angestochene Larve oder Puppe kein zweiter Ichneumon. Ausnahmen kommen selten vor, man hat aber doch schon A. circumflexum L. und M. globatus RATZ.

in einer Spinnerraupe gefunden. Bei den kleinen Ichneumonen scheinen überhaupt gern mehrere ♀ in einen Wirth zu legen; wiederholt wurde dies beobachtet an den Puppen des Kiefernspinners, welche Eulophus xanthopus NEES heimsucht, ebenso an den Puppen des Fuchses mit Pteromalus puparum L; wie sollten sich auch sonst 600 bis 700 Stück in einer Puppe entwickeln können?

Die meisten Schlupfwespen entwickeln sich innerhalb ihres Wirthes. Viele Arten der Chalcidier saugen aber nur äusserlich an demselben. Die innerhalb der Wirthe lebenden Ichneumonenlarven erleiden oft die wunderbarsten Umwandlungen ihrer Mundtheile. Bei Microgaster globatus RATZ. findet man z. B. anfänglich nur die warzenförmigen, saugenden Mundtheile; die letzte Häutung verschafft den kleinen Larven ordentliche, beissende Oberkiefer, mit welchen sie sich durch die Haut des Wirthes herausfressen können.

Ueber die eigentliche Nahrung der Ichneumonenlarven bestanden lange irrige Anschauungen. Den Fettkörper der Wirthe können sie mit ihren saugenden Mundtheilen entschieden nicht verzehren; nur ganz flüssige Stoffe dienen zu ihrer Ernährung. Wie sollten z. B. die auswendig saugenden Schmarotzerlarven, z. B. der zu den Chalcidiern gehörige Entedon DALM, den Fettkörper erreichen? Dazu kommt noch, dass viele Schmarotzer von ihrem Wirthe aus dem Larvenzustand in den der Puppe mit fortgeführt werden, zur Verpuppung ist aber der Fettkörper unentbehrlich. Nur die Eier-Ichneumonen leeren die noch mit Flüssigkeit gefüllten, frischen Eier ganz aus.

Eine höchst eigenthümliche Beobachtung theilte RATZEBURG zuerst mit [VI, Bd. III]. Die von den Säften ihres Wirthes zehrenden Ichneumonen nehmen etwas von seinem Wesen an; man bemerkt öfters, dass zwei aus demselben Wirthe stammende Arten eine sonderbare „Milchbrüderschaft" zeigen. Aehnliches bestätigt RUTHE [Berliner entomol. Zeitschr., Jahrg. 1860, S. 122], indem er von Microgaster globatus NEES mittheilt, dass dieser Schmarotzer aus einer und derselben Raupe fast immer gleiche Färbung an Flügeln und Beinen habe, aus einer anderen Raupe derselben Art zeigt er schon manche Verschiedenheiten, noch mehr der letzteren aber aus Raupen anderer Arten.

RATZEBURG stellte die eigenthümliche Hypothese auf, dass die Ichneumonen vorzugsweise nur kranke Wirthe annehmen; wir können diese Ansicht nicht theilen.

Schon die Wahrscheinlichkeit spricht gegen RATZEBURG. Warum sollen die Ichneumonen ganz besonders kranke Insekten anstechen? Der Grund hierzu lässt sich nicht auffinden. Eher möchte man mit TASCHENBERG [XVIII, S. 171] annehmen, dass eine von A. circumflexum L. bewohnte Raupe besonders kräftig sein müsse, um sich zur Puppe verwandeln zu können. Wie sieht es mit den Ichneumonen aus, welche die unter der Rinde oder im Holze lebenden Larven bewohnen? Ein Ephialtes vermag wohl durch seine Sinnesorgane die Stelle am Baume zu finden, wo im Holz die Bockkäferlarve frisst, und seinen Legbohrer am richtigen Platz einzubohren, soll derselbe aber durch eine vielleicht einen Centimeter starke Holzwand hindurch auch den Gesundheitszustand seines Wirthes beurtheilen können? Wenn man sich die Mühe gibt, Borkenkäfer, Bockkäfer, oder in Holzpflanzen lebende Rüsselkäfer, z. B. Pissodes, im Zimmer zu erziehen, so wird man stets eine grosse Anzahl Ichneumonen mit erhalten, auch dann, wenn der Frass durchaus keine besondere Verbreitung hatte. Wer je Raupen erzogen hat, weiss, dass die Ichneumonenträger unter ihnen oft mit ungestörtem Appetit bis zur Verpuppung weiter fressen; warum sollen sie vorher krank gewesen sein? Einfache Thatsache ist, dass die Schmarotzer irgend eines Insektes sich mit der Vermehrung dieses Insektes, ihres Wirthes, selbst vermehren, dass ferner, wenigstens bei Raupenfrass, Pilzkrankheiten mit der Vermehrung der Raupen eintreten, welche dem Frass endlich in Verbindung mit den Schmarotzern ein Ende machen. So lange es nicht bewiesen ist, dass die Ichneumonen nur kranke Raupen anstechen, müssen wir diesen Schmarotzern, gegenüber den Insektenschäden, einen grösseren Werth beilegen, als es RATZEBURG that, der sie hauptsächlich als nützlich zur Messung des Procentsatzes der kranken Raupen betrachtete.

Auch andere Hymenopterengruppen liefern Schmarotzer. So sind einzelne Gallwespen Parasiten, z. B. die grosse Ibalia cultellator LATR. in Holzwespenlarven; die Chrysididae oder Goldwespen sind durchweg als Larven parasitisch, zugleich aber forstlich unwichtig, weil sie dem Forstmanne gleichgiltige Hymenopteren zu Wirthen haben.

Aus der Gruppe der Dipteren sind es besonders die Raupenfliegen oder Tachinen, Tachinariae, welche hier in Betracht kommen. Auch ihre Thätigkeit wird nach unserer Ansicht von RATZEBURG unterschätzt; unsere eigenen Erfahrungen und Beobachtungen haben uns dieselben als sehr wichtige Zerstörer des Insektenlebens erkennen lassen.

Es sind 67 Gattungen mit zahlreichen Arten. Die Lebensweise mancher ist noch unbekannt. Von sehr vielen weiss man jedoch, dass sie in oder auf anderen Insektenlarven und Puppen, seltener in Imagines schmarotzen. Die Eier werden nicht in die Wirthe abgelegt, sondern nur an dieselben und die Larven bohren sich dann bald hinein. Zur Verpuppung in dem aus der eigenen Haut gebildeten Tönnchen bohren sie sich meist wieder heraus und lassen sich zur Erde fallen. Gewöhnlich werden von diesen Schmarotzern wohl die Eingeweide der Wirthe wirklich verzehrt, nicht blos die Säfte aufgesogen, wie von den Ichneumonen. Warum RATZEBURG den Tachinen einen forstlich so sehr untergeordneten Werth beilegt, vermögen wir nicht recht einzusehen. Er spricht sogar direct aus, dass alle von Tachinen befallenen Wirthe schon vorher so krank seien, dass sie auch ohne die Schmarotzer gestorben wären. Wir können dieser Ansicht nicht beistimmen. Als ein sehr deutlicher Fall ihrer besonderen Nützlichkeit erscheint die von NITSCHE im Jahre 1883 bei Döbeln gemachte Beobachtung, dass von den ein Leindotterfeld verwüstenden Raupen der auch forstschädlich auftretenden Gamma-Eule, Plusia gamma L., über 50 %/₀ von Tachinen besetzt waren. Sie hatten sich allerdings noch verpuppt, gingen dann aber zu Grunde. Als Repräsentanten der grösseren Tachinen erwähnen wir hier die beiden auf Taf. I, Fig. 9 und 10 abgebildeten Formen, die sehr häufige Echinomyia fera L. und die ebenso häufige Nemoraea puparum FABR.

Auch die verwandten Conopiden leben als Larven parasitisch in Insekten, so z. B. die der Gattung Conops in den Imagines der Hummeln. Die gewöhnlich zu den Neuropteren gerechnete Gruppe der Strepsiptera, welche gleichfalls in Hymenopteren schmarotzen, sei hier als forstlich unwichtig nur beiläufig erwähnt.

Die insektenfressenden Thiere. Als letzte, aber sehr wichtige Abtheilung der insektenvertilgenden Ursachen erscheinen die eigentlichen Insektenfresser, also solche Thiere, welche, ohne in irgend einer Art von Parasitenverhältniss zu ihren Insektenopfern zu stehen, dieselben als Nahrung verzehren.

Die für uns praktisch wichtigen gehören entweder zu den Gliederfüsslern oder zu den Wirbelthieren. Aus der Gruppe der Gliederfüssler kommen zunächst die spinnenartigen Thiere, Arachnoïdea, in Betracht. Ihrer ist bereits auf S. 25 ausführlicher gedacht.

Beiweitem nützlicher sind dagegen die insektenfressenden Insekten selbst. Wir geben eine kurze Uebersicht der wichtigeren.

Unter den Geradflüglern gibt es einige Insektenfresser, welche aber, als meist nicht den Wald bewohnend, vom forstlichen Standpunkte aus kaum in Betracht kommen. Wir erwähnen die südliche Fangheuschrecke oder Gottesanbeterin, Mantis religiosa L., unsere gewöhnlichen Grillen, Gryllus campestris L., sowie die forstlich sehr bekannte Maulwurfsgrille, Gryllotalpa vulgaris L. Letztere ist ein Thier, welches in seiner Lebensweise und wirthschaftlichen Bedeutung völlig dem Maulwurfe gleichsteht. Als wüthender Feind aller im Boden lebender niederer Thiere, ist sie ein mächtiger Verbündeter des gegen die culturschädlichen Bodeninsekten vorgehenden Land- und Forstwirthes, macht sich aber bei der Verfolgung ihres Vernichtungswerkes durch Zerreissung der Wurzeln ebenso wie der Maulwurf an allen denjenigen Stellen unmöglich, wo ein feinerer Kulturbetrieb nöthig ist; sie wird also trotz ihrer eigentlichen Nützlichkeit in Saatkämpen und Forstgärten zum typischen Schädling. Die räuberischen Libellen mögen dem Forstmanne manche verborgene, bis jetzt noch nicht hinreichend gewürdigte Dienste leisten.

Unter den Netzflüglern sind die Larven des Ameisenlöwen, Myrmeleon, als lebhafte Insektenvertilger bekannt; auch die Larven der

Florfliegen, Chrysopa, sind nützliche Blattlausvertilger und werden daher häufig als Blattlauslöwen bezeichnet.

Aus der Gruppe der Käfer kommen zunächst die Cicindelidae und Carabidae (Taf. I, Fig. 4 u. 5) in Betracht, welche, zum grösseren Theil auf thierische Nahrung angewiesen, sicher auch ihr redliches Theil an der Beschränkung der Forstschädlinge haben. Wirklich nachgewiesen ist die forstnützliche Thätigkeit der Gattung Calosoma, deren grösster Repräsentant, C. sycophanta L. (Taf. I, Fig. 4), besonders den Nadelholzschädlingen nachgeht, während der kleinere C. inquisitor L. mehr die den jüngeren Laubbäumchen gefährlichen Raupen vertilgt. Auch die Familie der Staphylinidae hat unter ihren grösseren Vertretern viele Freunde des Forstmannes, wir erwähnen Ocypus olens Müll. (Taf. I, Fig. 1) und Staphylinus erythropterus L. (Taf. I. Fig. 2). Desgleichen sind einige Gattungen mit vorzugsweise kleinen Arten, wie Homalota Mannerh., Placusa Er., Phloeopora Er. etc., welche in Borkenkäfergängen leben, zu erwähnen. Unter den Silphidae lebt Silpha quadripunctata L. als forstlich nützlicher Räuber auf Bäumen und Sträuchern, wo sie Raupen verzehrt und nach Redtenbacher auch in Menge in den Nestern des Processionsspinners. Aus der Gruppe der Nitidulariae werden im Laub- und Nadelholze die langgestreckten flachen Arten der Gattung Rhizophagus Hbst., sowie Pityophagus ferrugineus L., vielleicht auch die Gattung Ips Fabr. als Borkenkäferfeinde angesehen. Forstlich nicht ohne Interesse ist unter den Trogositidae das fast fadenförmig langgestreckte Nemosoma elongatum L., welches als Feind der Borkenkäfer in den Gängen derselben lebt, desgleichen aus der Familie der Colydiidae das Colydium filiforme Fabr. in den Gängen des Tomicus monographus Fabr. Gleichfalls als Borkenkäferfeind wird Laemophloeus ferrugineus Stph. aus der Familie der Cucujidae angesehen, den Judeich in Menge in den Gängen von Tomicus micrographus Gyll. fand. Von Larven anderer Insekten nährt sich sowohl Imago als Larve des Clerus formicarius L. aus der Familie der Cleridae (Taf. I, Fig. 3). Als Blattlausvertilger sind ferner noch die Larven der Coccinellidae zu erwähnen, deren häufigste Form Coccinella septempunctata L. ist.

Auch die Gruppe der Hymenopteren enthält viele Insektenfresser. Zunächst sind die Ameisen als sehr wichtige Thiere zu erwähnen. Sie leben nämlich, mit alleiniger Ausnahme der wenigen in ihren Haufen als Mitbewohner geduldeten Insekten, mit allen Thieren im ewigen Kriege und suchen selbst grössere durch ihre scharfen Kiefer und ihren Aetzsaft, den sie weit von sich spritzen, zu verwunden, womöglich zu tödten. Es gelingt ihnen, grosse Raupen auf diese Weise zu vernichten, und im Walde wird es Jedem vorgekommen sein, dass er einen Trupp Ameisen um eine todte oder halbtodte Raupe beschäftigt sah. Es ist zwar nicht wahr, dass sie, wie man erzählt, die Bäume ganz von Raupen säubern; ausgemacht ist aber, dass in einem von Formica rufa reich besetzten Walde, und namentlich auf den Bäumen, an deren Fusse ein Ameisenhaufen steht, die Raupen sparsamer sind, als in ameisenarmen Orten. Kollar beobachtete, dass im Mai, besonders nach Regen, von einem mit Raupen des Frostspanners bedeckten Obstbaume eine Ameise nach der anderen mit einer Raupe im Munde herabeilte. Nicht minder wichtig sind viele Weg- und Grabwespen aus der Gruppe der Pompiliformia und Crabroniformia, welche als Futter für ihre Larven eine grosse Menge von Insektenlarven und Imagines verbrauchen, und auch die eigentlichen Faltenwespen, Vespariae, füttern ihre Larven mit Raupen, die geselligen, Brutpflege übenden mit vorher gekauten.

Weniger Bedeutung haben die raubenden Zweiflügler aus der Gruppe der Asilidae. Dagegen sind die Larven der Schwebfliegen, Syrphidae, als Blattlausvertilger bekannt.

Auch die Schnabelkerfe liefern eine Anzahl Insektenvertilger; viele Landwanzen aus der Gruppe der Geocores saugen andere Insekten aus.

Noch viel kräftiger wirken aber die insektenfressenden Wirbelthiere. Am wenigsten dürften hier die Fische in Betracht kommen, obgleich viele derselben, z. B. die Forellen, auf das Wasser fallende Insekten mit Vorliebe als Nahrung aufsuchen. Viele Amphibien verzehren gleichfalls Insekten, im Magen der Frösche hat man sogar Kiefernspinnerraupen gefunden, und von den Reptilien soll die gemeine Eidechse, Lacerta agilis L., im Frühjahr an den Bäumen herumklettern und da, wo Nonnenspiegel sitzen, diese zerstören.

Eine ganz hervorragende Rolle spielen dagegen die insektenfressenden Vögel.

Als erster forstlich nützlicher Vogel ist der allbekannte Kukuk, Cuculus canorus L., zu nennen, der beste Raupenvertilger, der auch behaarte so massenhaft verzehrt, dass seine Magenwand von den eingestochenen Raupenhaaren wie · mit Pelz bekleidet erscheint. Altum fand bei der Section eines von ihm geschossenen Kukuks in Schlund, Speiseröhre und Magen 97 etwa zum Drittel erwachsene Eichenprocessionsspinner-Raupen. Der Kukuk vermag sich in Raupenorten in Menge zu sammeln, weil ihn das Brutgeschäft, welches er anderen Vögeln überlässt, nicht an bestimmte Orte fesselt, und kann daher einen beginnenden Raupenfrass im Keime ersticken. Daher unbedingte Schonung dem Kukuk.

Unter den spechtartigen Vögeln ist der als nützlich bekannte Wendehals, Jynx torquilla L., welcher am liebsten Ameisen und deren Puppen verzehrt, forstlich ohne nennenswerthe Bedeutung. Die Gattung Specht, Picus, hat man als Verzehrer aller möglichen Xylophagen wohl mehr gelobt, als sie es verdient. Von dem Schaden, den die Spechte bringen, sprechen wir später im Anhange, ihr Nutzen besteht in der Vertilgung von Insekten; leider sind es aber mit wenigen Ausnahmen, z. B. Cossus und Verwandte, in der Hauptsache forstlich gleichgiltige, und zwar nur grössere Bockkäfer-Larven, z. B.

Rhagium u. s. w., welche sie aufsuchen und verzehren; gegen das ganze Heer der Borkenkäfer und der Rüsselkäfer bedeutet die Arbeit der Spechte sehr wenig. Allerdings verzehren sie gelegentlich diese kleinen Thiere, besonders werden von ihnen die Birken nach Scolytus Ratzeburgii Jans. häufig stark durchsucht; aber sie tödten doch stets nur eine geringe Anzahl dieser Bastfresser, wie alle Beobachtungen lehren. Wir haben z. B. Pissodes Piceae Ill. noch in Masse aus Tannen gezogen, welche die Spuren einer gründlichen Untersuchung durch Spechte, wahrscheinlich durch den grossen Buntspecht, P. major L., deutlich erkennen liessen. Möglicherweise wäre der kleine Buntspecht, P. minor L., der nützlichste, da er in seiner Lebensweise den Meisen und Baumläufern ähnelt, sein Nutzen kann aber seiner Seltenheit wegen nur unbedeutend sein. Der Grünspecht, P. viridis L., ist als bedentender Ameisenvertilger eine der am wenigsten nützlichen Arten.

Nicht von besonderer Wichtigkeit, allein jedenfalls forstnützlich ist der Ziegenmelker, die gemeine Nachtschwalbe, Caprimulgus europaeus L.; sie tritt zwar ziemlich häufig, immer aber nur einzeln auf.

Eine bedeutende Anzahl sehr nützlicher Vögel liefern verschiedene Familien der Singvögel. Unter der zahlreichen Familie der Finken finden sich Arten, welche forstlich ohne Bedeutung sind, andere werden uns als Körnerfresser oft recht unangenehm, z. B. der Kreuzschnabel, Loxia, wenn sie auch nebenbei Insekten fressen, namentlich ihre Jungen damit füttern, wie Fringilla coelebs L., der Buchfink. Fraglicher Natur sind die Sperlinge, Fringilla domestica L. und montana L. Beide Sperlinge sind keine Waldbewohner, namentlich nicht der Haussperling, forstlich daher kaum von Bedeutung; immerhin verdient jedoch der Sperling wegen seiner Insektennahrung als nützlicher Vogel Erwähnung, da man sich in Gärten und Obstanlagen gegen seinen Schaden schützen kann, wie besonders Ratzeburg hervorhebt. Altum lobt ihn weniger, und ist allerdings sein Schaden am Getreide, namentlich der des Feldsperlings, nicht unerheblich. Wir möchten den Sperling unter den nützlichen Vögeln nicht missen, mit Gewandtheit fängt er viele grössere Insekten im Flug und ist ein vortrefflicher Maikäfervertilger. Unter den Bachstelzen ist die weisse, Motacilla alba L., erwähnenswerth; ist sie auch keine eigentliche Waldbewohnerin, so vertilgt sie doch auf den Schlägen und an den Waldrändern eine Menge von schädlichen Insekten, sie sucht emsig die Meterstösse ab, namentlich im warmen Sonnenschein, wenn Borkenkäfer u. s. w. gern fliegen. Nicht ohne Nutzen sind die Lerchen, forstlich namentlich die Heidelerche, Alauda arborea L.; kommt sie auch nie in grossen Gesellschaften vor, so nimmt sie doch vorzugsweise Insektennahrung und hilft dadurch wenigstens etwas. Entschiedene Insektenfresser sind unsere Sänger, die Laubvögel und Grasmücken, Sylvia, namentlich der kleine Weidenlaubvogel, S. rufa Lath., der allen Wickler- und Spannerraupen bis in die Gipfel der Eichen und Kiefern so emsig nachstellt, wie wohl keiner seiner Verwandten. Forstlich besonders wichtig sind beide Goldhähnchen, Regulus cristatus Koch und ignicapillus BRM.; vorzugsweise Nadelholzbewohner, erstere Art mehr im Kiefern-, letztere im ·Fichtenwalde, suchen sie bis in die äussersten Spitzen der Bäume kleine Räupchen, Eier, Blattläuse und andere Wald-feinde. Weniger von forstlicher Bedeutung sind die Nachtigallen, Lusciola philomela BCHST. und luscinia L., sowie das Rothkehlchen, L. rubecula L., ebenso die beiden, den Wald nicht bewohnenden Rothschwänzchen, Ruticilla phoenicurus L. und tithys SCOP. Die Drosseln, von denen sechs Arten in Deutschland heimisch sind, nützen durch das Verzehren grosser Massen von den unter der Laub- und Moosdecke des Waldes ruhenden Insekten, z. B. der Spanner- und Eulenpuppen, beiläufig gesagt wohl auch durch Verbreitung beerentragender Bäume und Sträucher, da sie die unverdaulichen Theile der Beerennahrung als Gewölle durch den Schnabel wieder auswerfen, z. B. die Samen von Eberesche, Hollunder, Faulbaum, Hartriegel, Kreuzdorn, Traubenkirsche u. s. w. Namentlich nützlich wirken die Singdrossel oder Zippe, Turdus musicus L., die Roth-drossel, T. iliacus L., und die Schwarzdrossel oder Amsel, T. merula L. Forstlich fast ohne Bedeutung, wenn auch sonst nützliche Insektenfresser, sind die in Deutschland heimischen drei Schwalben-arten, Gattung Hirundo, da keine derselben den Wald bewohnt. Vorzugsweise Waldbewohner sind dagegen die Fliegenfänger, Gattung Muscicapa, nisten jedoch auch in Gärten; sie leben von Insekten, welche sie im Fluge erbeuten, weshalb sie denn auch mehr nützliche oder indifferente verzehren, als schädliche. Als Vertilger schädlicher Insekten, namentlich auch behaarter Raupen, z. B. vom Kiefernspinner und Rothschwanz, ist der Pirol, Oriolus galbula L., ein besonders forst-nützlicher Vogel, wenn er auch als Kirschendieb dem Obstzüchter manch-mal unangenehm wird. Die Familie der Würger, in Deutschland durch vier Arten, Lanius excubitor L., minor L., rufus BRISS. und collurio L., vertreten, gehört zwar zu den Vertilgern schädlicher Insekten, welche von diesen Vögeln an Dornen aufgespiesst werden, wiegt aber diesen Nutzen wohl oft durch Plünderung der Nester kleinerer Vögel wieder auf. Der muntere Zaunkönig, Troglodytes parvulus KOCH, verzehrt wohl manches Insekt, nährt sich aber vorzugsweise von Spinnen und ist daher weniger nützlich. Auch die Spechtmeise, Sitta europaea L., nimmt im Sommer viele Insekten. Von besonderer Wichtigkeit für den Forstwirth wie für den Obstzüchter ist der Baum-läufer, Certhia familiaris L., da er das ganze Jahr hindurch, nicht blos im Sommer wie die Sylvien, fleissig die feinsten und tiefsten Ritzen aller Arten Bäume nach Eiern, Larven und Puppen von Insekten absucht; er wird dadurch wirklich zu einem sehr beachtens-werthen Wohlthäter. Dasselbe gilt von der Familie der Meisen. In Deutschland kommen acht Arten vor: Kohlmeise, Parus major L., Tannenmeise, P. ater L., Haubenmeise, P. cristatus L., Sumpf-meise, P. palustris L., Blaumeise, P. coeruleus L., Schwanz-meise, P. caudatus L., Bartmeise, P. barbatus BRISS., Beutelmeise, P. pendulinus L., letztere allerdings nur selten. Die Meisen sind

offenbar bezüglich der .Insekten die nützlichsten Vögel im Walde.
Altum widmet daher mit Recht dem forstlichen Werthe dieser nützlichen Thiere eine ganz besondere Abhandlung. Verschiedene Momente
begründen ihre hervorragende Nützlichkeit für Wald- und Obstbau. Die
Meisen sind immer in grosser Anzahl im Walde vorhanden, ihre grosse
Fruchtbarkeit ergänzt stets reichlich die Lücken, welche ein ungünstiger
Winter in ihre Reihen gebracht hat, sie brüten zweimal, und besteht
die erste Brut gewöhnlich . aus 12 bis 14 Eiern. Besonders wichtig ist
es, dass sie nicht fortziehen, sondern im Sommer und Winter ihre nützliche Arbeit verrichten, während die Sylvien und andere Insektenfresser nach wärmeren Ländern wandern. Ihre geringe Grösse, dabei
ihre ausserordentliche Geschicklichkeit im Klettern gestatten ihnen,
auch die kleinsten Aestchen nach Eiern, Puppen und Larven abzusuchen;
was sie an dem einen Tage nicht finden, das verzehren sie an dem
anderen, denn in grösseren und kleineren Gesellschaften bejagen sie
regelmässig wiederkehrend ihre Reviere. Die verschiedenen Arten sind
auf gewisse Holzgruppen und Höhen besonders angewiesen; vorzüglich
Laubholzbewohner sind die in den tiefen Regionen der Bäume suchende
Sumpfmeise, die sie häufig begleitende Kohlmeise, welche indessen
bis in die mittlere Höhe der Zweige steigt, ebenso die im dichten
Gebüsch am liebsten herumschlüpfende Schwanzmeise, ferner die in
den Gipfeln der Bäume kletternde Blaumeise, welcher dort im Sommer
die Sylvia rufa Lath. Gesellschaft leistet; das Nadelholz ziehen vor die
Tannen- und die Haubenmeise; erstere lebt mehr in den Gipfeln
der Fichten, letztere mehr in Kiefern.

. Zu erwähnen ist auch der gesellig lebende, wohlbekannte Staar,
Sturnus vulgaris L. Er verzehrt Maikäfer, Rüsselkäfer, Larven aller
Art, Schnecken u. s. w. und ist dem Landwirth nützlicher als dem
Forstwirth, weil er sich im Innern des Waldes nicht lange aufhält,
wenn er auch, durch Nistkästen oder hohle Bäume angelockt, daselbst
brütet.

Aus der Familie der Raben, Corvidae, kommt der Kolkrabe,
Corvus Corax L., weil wesentlich von grösseren Wirbelthieren lebend,
als natürliches Gegengewicht gegen die übergrosse Vermehrung von
forstschädlichen Insekten kaum in Betracht. Besser benehmen sich die
Raben- und Nebelkrähe, Corvus corone L. und cornix L.; beide
sind wohl nur verschieden gefärbte Racen derselben Art. Der Jagd, den
kleinen Vögeln sind sie unzweifelhaft verderblich, ebenso bringen sie
manchen Schaden an Feld- und Gartenfrüchten, dagegen verzehren sie
allerdings eine grosse Masse schädlicher Insekten, namentlich auf dem
frisch gepflügten Acker, auch den Mäusen stellen sie nach; sie sind
dem Landwirth nützlicher als dem Forstwirth. Die Saatkrähe, C. fru-
gilegus L., ist am meisten nützlich unter den Raben, denn sie verzehrt
massenhaft Insekten, Würmer, auch Mäuse, wodurch sie wohl den
Schaden aufwiegt, den sie durch Zerstörung der Nester kleinerer Vögel
sowie des Federwildes und durch das Verzehren von Getreide u. s. w.
bringt. Die Elster, C. pica L., eine wichtige Vertilgerin der Raupen,

auch der behaarten, und anderer schädlicher Insekten, sowie der Mäuse, schadet sehr den Bruten aller Arten kleiner Vögel, verdient daher kaum forstlichen Schutz. Die D o h l e, C. monedula L., verzehrt lieber Feld- und Gartenfrüchte, als Insekten und Mäuse, ist daher im Allgemeinen schädlicher, als man gewöhnlich annimmt; wo sie Gebäude bewohnt, was bekanntlich in grossen Städten häufig der Fall ist, schadet sie durch Abbröckeln und Verzehren des Kalkes nicht unwesentlich; im Walde, namentlich in Feldhölzern, wo sie in hohlen Bäumen nistet, ist sie als Insektenfeind mehr nützlich als schädlich. Der häufige E i c h e l h e h e r, Garrulus glandarius L., der zwar ebenfalls durch Ver- tilgung schädlicher Insekten, namentlich auch behaarter Raupen, z. B. von Kiefernspinner und Nonne, manchen Nutzen stiftet, schadet dagegen nicht blos durch seine Näschereien auf Saatbeeten und durch das Ver- zehren der Eicheln und Bucheln auf den Bäumen, sondern, was noch schlimmer ist, durch seine ausgesprochene Vorliebe für Eier und Junge der meisten unserer, den Wald bewohnenden nützlichen Singvögel; der sogenannte Nutzen, den er durch das Stecken mancher Eichel bringt, ist heutzutage ohne Bedeutung. Er verdient keine Schonung.

Von den R a u b v ö g e l n könnte man als regelmässige Insekten- verzehrer höchstens den W e s p e n b u s s a r d, Pernis apivorus L., und den T h u r m f a l k e n, Falco tinnunculus L., anführen. Auch die E u l e n verzehren öfters Maikäfer und Kiefernspinner

Die H ü h n e r v ö g e l nehmen vorzugsweise vegetabilische Nahrung, aber auch Insekten. Der F a s a n, Phasianus colchicus L., ist nach wiederholten, namentlich aus Böhmen bekannt gewordenen Beobach- tungen ein sehr beachtenswerther Vertilger der Raupen des Kiefern- spinners.

Die W a s s e r- und S u m p f v ö g e l, wenngleich auch zum Theil Insektenvertilger, meiden Wald- und Forst im Allgemeinen so sehr, dass sie, mit Ausnahme der Engerlinge vertilgenden L a c h m ö v e, Larus ridibundus L., an dieser Stelle keine Erwähnung verdienen.

Die S ä u g e t h i e r e wirken auch kräftig mit, um die allzugrosse Ueber- handnahme der Insekten zu verhüten.

Die Ordnung der H a n d f l a t t e r e r, Chiroptera, stellt ein zahl- reiches insektenvertilgendes Heer, die F l e d e r m ä u s e. Die achtzehn deutschen Arten dieser Familie gleichen sich darin, dass sie nur von Insekten leben; da sie während der ganzen Nacht, oft schon vor Sonnenuntergang jagen und nur wenige Pausen der Ruhe widmen, so gehören sie zu den nützlichsten Thieren. Die verschiedenen Arten haben bestimmte Jagdgebiete, die einen bejagen die Hofräume, andere die Wasserspiegel, andere Waldungen, Gebüsche u. s. w. und „somit sind die Waldfledermäuse im engeren wie im weiteren Sinne des Forstmannes beste Freunde und Gehilfen" (**XVI**, I, S. 18). Die forstlich wichtigste Art ist die den eigentlichen Wald bewohnende frühfliegende F l e d e r m a u s, Vesperugo noctula SCHREB., sie ist unsere grösste, mit 34 cm Flügelspannung, und unersättlich bei der Ver-

tilgung der Maikäfer und grösserer wie kleinerer Nachtschmetterlinge,
z. B. der Processionsspinner, Eichenwickler u. s. f. Dieser Art stehen an
Bedeutung nahe: die zweifarbige Fledermaus, V. discolor Natt.;
die Zwergfledermaus, V. pipistrellus Schreb., kleinste Art mit nur
16·5 cm Flügelspannung, welche Wohnungen, Gärten und Waldränder
umschwirrt, den grösseren, dichten Wald meidet und im Frühling zuerst
am Platz ist, endlich die spätfliegende Fledermaus, V. serotinus
Schreb., eine grosse Art mit 31·5 cm Flügelspannung, zwar nicht
Waldbewohnerin, allein die Waldränder eifrig bejagend. Die rauh-
armige Fledermaus Vesperugo Leisleri Kuhl, ist ein Charakterthier
des dichten Hochwaldes. Unter den Vespertilio-Arten ist die Riesen-
fledermaus, V. murinus Schreb., zu erwähnen, deren kolossaler
Verbrauch an Insekten durch Jäckel [vergl. **XVI**, 2. Aufl., I, p. 46]
genauer constatirt wurde, und auch die Ohrenfledermaus, Plecotus
auritus L., ist bei ihrer grossen Häufigkeit beachtenswerth.

Aus der Ordnung der Insektenfresser, Insectivora, sind zu
nennen die Spitzmäuse. Nützlich sind alle, mit Ausnahme der Fisch-
laich verzehrenden Wasserspitzmaus, Crossopus fodiens Pall., forstlich wichtig ist aber nur die Waldspitzmaus, Sorex vulgaris L., da
sie als Waldbewohnerin Raupen und Puppen aller Art verzehrt. Die
kleine. nur 7 cm lange Zwergspitzmaus, S. pygmaeus Pall., lebt
und wirkt ähnlich wie vorige im Walde, ist aber nicht häufig genug,
um ihr an Bedeutung gleichzukommen. Werthvoll ist der Maulwurf,
Talpa europaea L. Er frisst durchaus keine Pflanzen, was man oft genug
in der Gefangenschaft an demselben beobachtet hat. Wenn man Gewächse
oberhalb seiner Gänge trocknen sieht, so rührt das nicht vom Frasse,
sondern vom Wühlen her. Seine Vertilgung lässt sich daher auch nur
in Oertlichkeiten, wo die Vegetation durch die Menge der Gänge und
Haufen leidet, oder wo er Dämme und ähnliche Anlagen durchwühlt,
rechtfertigen. Im Walde kommt das so leicht nicht vor. Hier ist der
Maulwurf vielmehr nützlich durch Vertilgung schädlicher Thiere,
namentlich der Engerlinge und Werren, überhaupt der in der Erde
lebenden oder ruhenden Insekten und Würmer.

Auch Mitglieder der Ordnung der Raubthiere, Carnivora, nehmen
Insektennahrung zu sich. Am bekanntesten ist dieses dem Waidmanne
von dem Fuchs, Canis vulpes L. Die unverdauten Reste grösserer Käfer,
meist jedoch unschädlicher, finden sich häufig in seiner Losung; interessant ist die Notiz aus Lieberose in der Lausitz, dass in den dortigen
Kiefernwaldungen gelegentlich des Spinnerfrasses die Losung des Fuchses
voll von Eiern der Schmetterlinge gefunden wurde, welche er verzehrt
hatte [Wagner i. Thar. Jahrb. 23. Bd.]; dasselbe berichtet Altum aus
Neustadt-Eberswalde. Das gleiche gilt vom Dachs, Meles Taxus L., dessen
Excremente nach Altum stets eine Menge Käferfragmente, besonders der
grossen Geotrypes-Formen enthalten. Auch die marderartigen Thiere
dürften gelegentlich Insekten verzehren, wie dieses gleichfalls von vielen
Nagern, Rodentia, constatirt ist, unter denen wir nur aus eigener Erfahrung den Gartenschläfer, Myoxus quercinus L., erwähnen wollen.

Als das wichtigste Gegengewicht gegen die in der Erde überwinternden Insekten ist schliesslich ein Thier aus der Ordnung der
Paarzeher, Artiodactyla, zu nennen: Es ist das sonst so schädliche
Wildschwein, Sus scrofa L. Drei der wichtigsten Forstinsekten,
Engerling, Kiefernspanner und Eule, können eigentlich nur durch das
Schwarzwild mit Erfolg vertilgt werden; es verzehrt auch die halbwüchsig überwinternden Raupen des Kiefernspinners, jedenfalls werden
sie durch das Brechen der Sauen wesentlich gestört, herausgewühlt, verschüttet und zertreten. WAGNER berichtet aus Lieberose [Thar. Jahrb.
23. B.], dass die Wildschweine fleissig die Schmetterlinge des Spinners
verzehrten; es wurden Sauen beobachtet, die sogar mit den Vorderläufen
sich an den Bäumen aufrichteten, um die Schmetterlinge abzusuchen.

Die wirthschaftlichen Vorbeugungsmassregeln gegen das Auftreten von Insektenschäden.

Die soeben angeführten natürlichen Gegengewichte genügen indessen nicht zur Verhütung des Auftretens von Insektenschäden. In
rationell bewirthschafteten Forsten wird überdies nicht selten das ursprüngliche Gleichgewicht des Naturhaushaltes nothgedrungen gestört,
z. B. durch Vernichtung des Schwarzwildes, so dass dort also eine Reihe
dieser natürlichen Gegengewichte gegen die Forstschädlinge überhaupt
nicht mehr besteht. Die Auffassung der Insektenschäden seitens der
Forstwelt ist nun zu verschiedenen Zeiten eine sehr verschiedene gewesen. So schreibt z. B. W. G. MOSER im Jahre 1757 in seinen damals hochberühmten „Grundsätzen der Forstökonomie" [II. Bd., 2. Cap.,
§ 31, S. 569]:

„Raupen und Käfer thun auch öfters grosen Schaden, und zwar
eigentlich denen Laubhölzern, besonders den Eichen. Sie gehören zu
denen allgemeinen Land-Strafen, und ist noch zur Zeit kein Mittel dagegen bekaut; dann das Ablesen, so leicht solches an sich wäre, würde
Kosten und Umstände erfordern, welche den verhoffenden Nutzen
weit überstiegen."

Aber bereits zu Ende des vorigen Jahrhunderts war diese, uns
heute geradezu unverständliche, Auffassung verlassen, und schon lange
hat sich die Ueberzeugung Bahn gebrochen, der Forstmann müsse durch
eigene Thätigkeit die Insektenschäden zu vermindern suchen, und
zwar zunächst durch Vorbeugungsmassregeln. Dieselben haben sich
zu beziehen auf: 1. Bestandsgründung, 2. Bestandspflege, 3. Ernte,
4. Forsteinrichtung, 5. Standortspflege, 6. Beobachtung des Insektenlebens, 7. Schonung und Hegung nützlicher Thiere.

Massregeln der Bestandsgründung. Kümmerliche, kränkelnde
Pflanzen werden nicht blos besonders gern von Insekten befallen, sondern
vermögen auch Beschädigungen nicht so leicht auszuheilen, als gesunde
und kräftige. Unverkennbar zeigen dies z. B. die durch den braunen
Rüsselkäfer und durch Engerlinge hervorgerufenen, empfindlichen Schäden.
Man hat deshalb stets für die gegebenen Standortsverhältnisse passende
Holzarten und geeignete Methoden der Bestandsgründung zu wählen.
Man befolge mit einem Worte die durch Erfahrung bewährten Grundsätze des Waldbaues. Sind hier auch meist noch andere Rücksichten
massgebend, als die Verminderung von Insektengefahren, so dürfen doch
letztere nicht ausser Acht gelassen werden.

Dort, wo der Standort absolut nur für eine anbauwürdige Holzart geeignet ist, z. B. manche Sandböden nur für die Kiefer, manche
Lagen der Gebirge nur für die Fichte, bleibe man bei diesen Holzarten
und versuche nicht, die Erziehung gemischter Bestände zu erzwingen,
so gross deren Vortheile in manch anderer Beziehung auch sein möchten.
Dort, wo der Standort dagegen verschiedenen anbauwürdigen Holzarten
entspricht, empfiehlt sich die Begründung gemischter Bestände. Ist auch
die Monophagie der meisten forstschädlichen Insekten nicht eine so
ausgesprochene, als früher vielfach angenommen wurde, so ist sie doch
fast immer bis zu einem gewissen Grade vorhanden. Der Kiefernspinner wird z. B. niemals Laubhölzer beschädigen, und gäbe es keine
reinen Kiefernbestände, sondern nur solche, die mit Eichen und Buchen
oder auch nur mit Fichten gemengt wären, so würde ein wirklich
verheerender Spinnerfrass unmöglich sein. Ebenso sind Verheerungen
ganzer Waldgebiete durch Borkenkäfer nur in reinen oder fast
reinen Nadelholzforsten möglich. Selbst gegen entschieden polyphage
Insekten, wie z. B. die Nonne, vermag eine zweckmässige Bestands-
mischung schützend zu wirken, da sich die verschiedenen Holzarten
bezüglich ihrer Fähigkeit, erlittene Beschädigungen zu überstehen, verschieden verhalten; die Fichte wird sehr leicht todtgefressen, während
die Kiefern und noch besser die Laubhölzer den Schaden überstehen.

Die Wahl der Verjüngungsmethode hat sich nach dem Bedürfniss der Holzart und nach den Standsortverhältnissen zu richten,
und zunächst mit Rücksicht hierauf wird sich der Forstmann für natürliche oder künstliche, Vor- oder Nachverjüngung entscheiden. Aber
auch die Rücksicht auf Insektengefahren, namentlich auf solche für
die jungen Nachwüchse, kann hierbei eine wesentliche Rolle spielen.
Engerlingschaden würde durch Anwendung der natürlichen Verjüngung,
durch den Plenterschlagbetrieb, auf ein sehr geringes Mass zurückgeführt werden können. Ebenso würde der Rüsselkäferfrass in Nadelholz-
jugenden durch erfolgreiche Anwendung dieser Betriebsart, wenn auch
nicht beseitigt, so doch durch den Pflanzenreichthum wirthschaftlich
fast unschädlich gemacht. Meist zwingen uns aber andere forstwirth-

schaftliche Gründe zum künstlichen Anbau, und zwar zur Nachverjüngung, zu greifen. Dann haben wir zunächst zu entscheiden, ob Saat oder Pflanzung zu wählen sei. Fast alle Insektenschäden werden in Saaten, deren richtige Pflege vorausgesetzt, weniger empfindlich, weil ihr Pflanzenreichthum den Verlust einer grossen Anzahl von Pflanzen ohne Nachtheil gestattet, während in einer Pflanzung jede einzelne Pflanze Werth hat, und zwar um so mehr, je weiter der Pflanzverband ist. Rüsselkäferschaden empfindet man z. B. in gut gelungenen Fichtensaaten so wenig, dass in früheren Zeiten der Irrthum vielfach verbreitet war, der Rüsselkäfer schade den Saatfichten überhaupt nicht. Wählt man, was ja in neuerer Zeit meist geschieht, die Pflanzung, so sorge man für kräftige, nicht zu eng erzogene Pflanzen, welche jeder Beschädigung leichter widerstehen. Eine verschulte, kräftige Fichtenpflanze vermag dieselbe Rindenbeschädigung durch den Rüsselkäfer oder dieselbe Wurzelbeschädigung durch Engerlinge auszuheilen, an welcher eine kümmerliche Pflanze zu Grunde geht. Die Wahl der Pflanzmethode wird nicht allein von den aufwendbaren Kosten und der Rücksicht auf gutes, schnelles Anwachsen der Pflänzlinge abhängen, sondern auch von der grösseren oder geringeren Sicherheit, welche sie gegen das Auftreten von Insektenschäden bietet. In einer Maikäfergegend ist z. B. ausgedehnte Bodenlockerung, oder die Herstellung von Kulturerde auf den Schlägen nicht selten von grossen Nachtheilen begleitet, weil man dadurch den Käfern Brutstätten zur Eierablage bereitet. Man vermeide bei den Pflanzungen zu weitläufigen Verband; wenn 60 bis 100 Pflanzen auf dem Hektar stehen, können ziemlich viele in Wegfall kommen, ehe eine kostspielige Ausbesserung nöthig wird. Aus demselben Grunde können, namentlich gegen Rüsselkäferfrass, auch Büschelpflanzungen, mit etwa drei Pflanzen in einem Pflanzloch, unter gewissen Verhältnissen empfohlen werden, obgleich im Allgemeinen die Anwendung recht kräftiger Einzelpflanzen den Vorzug verdient. Unter allen Umständen halte man auf sorgfältige Ausführung aller Kulturen.

Massregeln der Bestandspflege. Dieselben Gründe, welche uns zwingen, für die Kulturen möglichst kräftiges Pflanzenmaterial zu verwenden, zwingen uns auch, durch Pflege und Erziehung des jugendlichen und älteren Bestandes die Bäume möglichst kräftig und gesund zu erhalten. Es geschieht dies durch Schaffung oder Erhaltung von Bestandsschutzholz in jungen, von Bodenschutzholz in alten Beständen, durch Ausschneiden zu dichten Jungwuchses, durch Läuterungshiebe und Durchforstungen, sowie durch Reinhalten des ganzen Waldes von kranken oder todten Hölzern, welche gefährlichen Insekten als Brutstätten dienen können. Auch die Herstellung von Gräben, um das Einwandern schädlicher Käfer oder Raupen in einen zu schützenden Bestand zu verhindern, kann als vorbeugende Massregel der Bestandspflege betrachtet werden.

Uebrigens ist es nicht blos im Garten, sondern auch im Walde möglich, einzelne besonders werthvolle Bäume durch directe Schutzvorrichtungen vor Insektenschäden zu bewahren.

In der Jugend kann es sich hierbei z. B. handeln um Erhaltung eines sich von Natur einfindenden oder durch künstliche Kultur geschaffenen Bestandsschutzholzes von Kiefern und Birken in Fichtenkulturen. Mancherlei Insekten scheinen durch Frost beschädigte Orte mit Vorliebe heimzusuchen, wenigstens tritt in solchen ihr Frass empfindlicher auf, als in anderen frostfreien Kulturen, so z. B. der von Grapholitha pactolana ZLL., Coccus racemosus RATZ., Chermes Abietis L. u. a. m. Die Erhaltung eines Bestandsschutzholzes wirkt in dieser Beziehung sehr wohlthätig. Das zur Standortspflege in lichten Althölzern dienende Bodenschutzholz ist gleichzeitig auch direct wichtig für die Bestandspflege gegen Insektenschäden; so wurde z. B. von JUDEICH Anfangs der Sechziger-Jahre auf der Herrschaft Brandeis in Böhmen beobachtet, dass bei einem ziemlich ausgedehnten Frass des Kiefernspinners die mit dichtem Eichenunterwuchs bestockten alten Kiefernbestände weit weniger litten, als die reinen Bestände. Eine bestimmte Erklärung dieser Thatsache ist schwer zu geben, die Vermuthung spricht aber dafür, dass die Raupen beim Verlassen des Winterlagers durch den Unterwuchs · verhindert werden, die alten Kiefern eben so schnell und sicher zu finden und zu besteigen, wie in Beständen ohne Unterwuchs; viele Raupen können dabei wohl zu Grunde gehen, ehe sie Nahrung finden. Zu pflanzenreiche Büschelpflanzungen bewirken oft kümmerlichen Wuchs, ähnlich wie zu dicht aufgegangene Saaten. Frühzeitiges Ausschneiden derselben kräftigt die bestandbildenden Individuen, macht sie widerstandsfähiger gegen Insektenschäden. Im späteren Bestandsleben ist ein rationeller Läuterungs- und Durchforstungsbetrieb, welcher die den künftigen Hauptbestand benachtheiligenden Vorwüchse, die vielleicht eine Zeit lang als Bestandsschutzholz dienten, z. B. Kiefern- und Weichhölzer in Fichtenkulturen, ebenso die unterdrückten und kränkelnden Stämme zu rechter Zeit entfernt, von ganz wesentlicher Bedeutung. Die kränkelnden Bäume werden oft Ursache einer bedenklichen Vermehrung von Borkenkäfern, Rüsselkäfern, z. B. Pissodes, und Bockkäfern. Die Beseitigung der ersten Brutstätten schützt den ganzen Wald, deshalb ist dieser stets möglichst rein zu halten. In diesem Sinne wird auch eine Massregel der Ernte, nämlich die schnelle Aufbereitung und Entfernung von Wind- und Schneebruchhölzern, gleichzeitig zu einer Massregel der Bestandspflege.

Als Beispiele der Pflege einzelner Bäume verdienen Erwähnung: Gegen Hylesinus micans KUG., der Anstrich werthvoller, einzelner Nadelholzstämme an dem unteren Stammtheil mit einem sowohl mechanisch schützenden, als auch den Insekten schädliche Stoffe enthaltenden Brei; ferner Anstrich der Astwunden aller Holzarten mit Theer, um das Eindringen von Anobien und anderen verwandten Holzfressern, ebenso das von Pilzsporen zu verhüten.

Massregeln der Ernte. Die soeben erwähnten Durchforstungen sind wenigstens in älteren Beständen gleichzeitig Massregeln der Pflege und der Ernte. Bei jeder Ernte ist darauf zu halten, dass die geernteten Forstproducte weder durch Insekten technisch geschädigt werden, noch auch an sich selbst oder in ihren im Walde ungenützt zurückbleibenden Theilen, z. B. Stöcken, Reisig etc., Brutstätten für Forstschädlinge bilden.

In ersterer Beziehung ist zu erinnern an den Nutzholzborkenkäfer, Tomicus lineatus Er.; Fällung zur Saftzeit und Entrinden der Stämme ist wohl das einzige bekannte Hilfsmittel gegen ihn. Gegen Schädigung werthvoller Eichenklötze durch Lymexylon ist wohl der baldige Transport dieses Holzes auf geeignete Lagerplätze das sicherste Vorbeugungsmittel. Die geernteten Forstproducte selbst werden nicht selten dann zu Brutstätten schädlicher Insekten, wenn sie zu lange im Walde liegen bleiben, namentlich nicht entrindete Nadelhölzer. Man sorge daher, soweit diese nicht als Fangbäume verwendet werden sollen, für rechtzeitige Entrindung oder für baldigen Transport der noch nicht befallenen Hölzer aus dem Walde, wenn man nicht fortwährend der Gefahr von Borkenkäferfrass ausgesetzt sein will, und zwar gilt dies nicht blos für die in regelmässigen Schlägen und durchforstungsweise gefällten Hölzer, sondern fast in noch höherem Grade auch für alle Schnee- und Windbrüche. Selbstverständlich nützt die baldige Entfernung bereits befallener Hölzer aus dem Walde allein nichts, da die sich entwickelnde Brut von nahegelegenen Lagerplätzen in denselben Wald zurückkehren oder andere benachbarte Wälder inficiren kann. Wenigstens dort, wo Gefahr der Infection durch Borkenkäfer droht, ist das stärkere Reisig ebenfalls zu entfernen; ist es nicht absetzbar, so wird es am besten im Walde verbrannt. Sehr nachtheilige Folgen kann ferner das Belassen der Stöcke, namentlich h o h e r Stöcke, im Walde bringen. Sie dienen immer verschiedenen Borken- und Rüsselkäfern, Hylesinen und Bockkäfern, Holzwespen, also einer sehr grossen Schaar technisch und physiologisch schädlicher Insekten als Brutstätten. Da wo man bei gänzlich mangelndem Absatz oder unter Terrainverhältnissen, welche Stockrodung nicht gestatten, z. B. an sehr steilen Hängen, allein der Insekten wegen die Stöcke nicht roden kann, ist wenigstens für möglichst tiefen Abschnitt der Stämme zu sorgen. In solchen Einzelfällen, in denen, wie z. B. bei Sturmverheerungen, die Arbeit nicht so gut ausgeführt werden kann, wie man zu wünschen und bei regelmässigem Betriebe zu fordern hat, wo also ausnahmsweise ungewöhnlich hohe Stöcke im Walde belassen werden müssen, empfiehlt sich wenigstens Entrinden derselben bis auf die Wurzeln. Verschenken des dadurch zu gewinnenden Materiales an arme Leute erleichtert mitunter eine solche Massregel. Aehnliches kann ja auch in sehr schwierigem Terrain vorkommen, welches den Tiefabschnitt zu gefährlich für die Arbeiter macht.

Massregeln der Forsteinrichtung. Namentlich in Nadelholzwaldungen ist das Zusammenlegen grosser Flächen gleicher Altersklassen unbedingt zu vermeiden. Dies Ziel erreicht man einzig und allein durch eine rationelle Forsteinrichtung, das heisst durch die Bildung vieler kleiner Hiebszüge. Treten auch in grossen Waldungen der Durchführung einer solchen Massregel oft bedeutende Schwierigkeiten entgegen, weil wir aus der Vergangenheit meist eine ungünstige Vertheilung der Altersklassen übernommen haben, so soll man doch das zu erstrebende Ziel bei allen Hiebsbestimmungen im Auge behalten. Viele Hiebszüge gewähren viele Anhiebe, und nur diese ermöglichen einen derartigen Wechsel mit den Schlägen, dass man niemals an demselben Orte eher weiter zu schlagen braucht, bis der zuletzt angebaute Schlag wirklich in Bestand gebracht, das heisst, den ersten Gefahren entwachsen ist. Abgesehen von mancherlei anderen Gründen, ist dies gerade vom Standpunkte der Vorbeugung gegen Insektenschäden von grösster Wichtigkeit.

Beispielsweise sei Folgendes erwähnt: In den ausgedehnten Kiefernwaldungen der Sandebenen hat man beobachtet, dass mit dem Ueberhandnehmen der Kahlschlagwirthschaft der Maikäferschaden in erschreckender Weise zugenommen hat. Nicht zu leugnen ist, dass der Kahlschlagbetrieb die Vermehrung der Maikäfer begünstigt, weil er grosse freie Schwärmflächen schafft, welche von den Käfern zur Ablage der Eier gern aufgesucht werden. Mehr aber, als diese Betriebsart an sich, schadet in dieser Beziehung eine veraltete Forsteinrichtung mit viel zu grossen Hiebszügen und wenig Anhiebsräumen. Der Wirthschafter sieht sich dadurch gezwungen, fast jährlich oder wenigstens alle zwei oder höchstens drei Jahre Schlag für Schlag an einander zu reihen, dadurch aber die Schwärmflächen in ganz widersinniger Weise zu vergrössern. Häufig wechselnde, schmale Schläge können das Uebel zwar nicht beseitigen, aber ganz wesentlich vermindern.

Der Rüsselkäfer, Hylobius Abietis L., schadet in Kiefern- und Fichtenpflanzungen bekanntlich am meisten, wenn angrenzend an die junge Pflanzung schon im nächsten Jahre wieder ein neuer Schlag geführt wird. Aus diesem wandern die Käfer massenhaft zur Kulturfläche. Sind aber die Pflanzen bereits durch mehrjähriges Wachsthum hinreichend erstarkt, so werden sie durch den Käfer wohl auch beschädigt, aber nicht so leicht getödtet. Also auch hier ist Wechsel der Schläge geboten.

Jeder Raupenfrass wird am gefährlichsten in gleichalterigen, grossen zusammenhängenden Beständen. Denken wir beispielsweise an den Kiefernspinner, Bombyx Pini L.; häufiger Wechsel zwischen jungem und altem Holze erleichtert jede Begegnung, Sammeln sowie Theeren. Die Gefahr ist hier also viel leichter zu bekämpfen, als in hundert und noch mehr Hektar grossen, zusammenhängenden Althölzern. Beginnt in letzteren der Frass auch zuerst meist nesterweise, so lässt er sich doch viel schwerer einschränken.

Die verschiedenen Borkenkäfer, denen wir mit Hilfe von Fangbäumen entgegenarbeiten, sind in kleineren Beständen weit leichter
zu bekämpfen, als in grossen, einmal weil in letzteren leicht die ersten,
kleinen, nesterweisen Anfänge eines Frasses wenigstens theilweise
unbemerkt bleiben, dann aber weil ganz gewiss das Fällen von Fangbäumen am gründlichsten hilft, wenn diese in die Nähe der Brutstätten
zu liegen kommen. Muss trotz aller Vorsichtsmassregeln einmal ein
Bestand zum Opfer fallen, so ist es doch gewiss viel besser, dieses
Opfer ist durch die Forsteinrichtung auf einen kleinen Raum beschränkt,
als wenn man gezwungen ist, sehr grosse Strecken abzutreiben.
Eigentliche Borkenkäferverheerungen haben bisher stets nur in solchen
Waldgebieten stattgefunden, wo in unabsehbarem Zusammenhange nahezu
gleichalterige Hölzer standen.

Standortspflege. Wiederholt wurde hervorgehoben, dass kräftige,
gesunde Bäume weniger von Insektenfrass zu leiden haben, als kränkelnde,
kümmerliche. Erstens werden letztere wenigstens von einigen Insekten
mit Vorliebe aufgesucht, zweitens vermögen sie weniger Widerstand
zu leisten. Aus diesem Grunde ist eine rationelle Standortspflege auch
vom Gesichtspunkte des Forstschutzes gegen Insekten geboten.

Das verderbliche Streurechen ist unbedingt zu unterlassen, da es
allmälig jeden Boden erschöpft, am schnellsten den flachgründigen. Ferner
hat man dafür zu sorgen, dass der Boden weder nach Führung der Kahlschläge, noch in räumdigen Althölzern zu lange ohne Beschattung bleibe,
da er sonst verangert, oder sich mit Unkräutern überzieht, welche ein
kräftiges Wachsthum des nachzuziehenden jungen Bestandes verhindern.

Es ist gewiss nur ein scheinbarer Vortheil, wenn man z. B. durch
Streurechen in von Raupen befallenen Kiefernbeständen Raupen des
Spinners, Puppen der Eule und des Spanners allerdings massenhaft
entfernt. Augenblicklich kann eine solche Massregel wohl Hilfe bringen,
ihre Fortsetzung ist aber unmöglich, weil die Abschwächung der
Bodenkraft endlich zu nachtheilig auf die jetzigen und noch mehr auf
die nachzuziehenden, künftigen Bestände einwirkt. Wenn man, befangen im Vorurtheil, durchaus natürliche Verjüngung erzwingen will,
trotzdem die erste Besamung, vielleicht durch Frost oder andere Er-
eignisse, zu Grunde ging und Samenjahre nicht bald wiederkehren,
wenn man deshalb die lichtgehauenen Althölzer jahrzehntelang räumden-
artig stehen lässt, so verangert, verunkrautet der Boden; die Althölzer
werden nicht selten brandig und im Nadelwalde deshalb umso leichter zu
Borkenkäferwiegen, weil sie ausserdem noch oft vom Sturm gelockert,
also an den Wurzeln beschädigt sind; der endlich doch durch künstliche
Kultur nachzuziehende junge Bestand wird auf dem physikalisch so
herabgebrachten Boden kümmern und von Rüsselkäfern sowie Hylesinen
wiederholt empfindliche Schäden erleiden. Will man durch lichte Stellung
den Althölzern Lichtungszuwachs verschaffen, um besonders starke

Sortimente zu erziehen, oder können aus mancherlei wirthschaftlichen
Gründen durch die Natur sehr licht gestellte Bestände nicht bald
zum Hiebe kommen, so sorge man für ein Bodenschutzholz; vorzugsweise gilt dies für alte Eichen- oder Kiefernbestände. Ein Bodenschutzholz, bestehend z. B. aus Hainbuchen, Rothbuchen, unter Kiefern
sogar aus Eichen, kann mitunter auch als vorbeugende Massregel der
Bestandspflege wirken (vergl. S. 197 u. 198).

Sorgfältige Beobachtung des Insektenlebens im Walde. Fort-
dauernd ist der Wald bezüglich des Insektenlebens sachverständig zu
beobachten. Ausserdem müssen namentlich dann, wenn Gefahren drohen,
wiederholte sorgfältigere Visitationen des Waldes lediglich zum Zwecke
des Schutzes gegen Insekten, ganz besonders aber im Frühjahre stattfinden. Unterstützt werden diese Untersuchungen eventuell durch Probesammeln von Raupen und Puppen, sowie durch Fällung und Beobachtung
von Probefangbäumen in gewissen, den localen klimatischen Verhältnissen
entsprechenden Zeitabschnitten.

Jedes Uebel ist leichter zu bekämpfen, wenn es noch klein ist, als
wenn es bereits überhand genommen hat. Ganz vorzüglich gilt dies von
dem Insektenfrasse. Das Erstaunen über plötzlich auftretende Massen von
Raupen, von Borkenkäfern u. s. w. erklärt sich mitunter einfach dadurch,
dass man die ersten kleinen Anfänge nicht bemerkte oder nicht beachtete
(vergl. S. 157). Ist deshalb fort und fort der ganze Wald aufmerksam
zu beobachten, so ist dies namentlich nöthig an Oertlichkeiten, welche
besonders zum Insektenfrasse disponirt sind, also z. B. auf armen, trockenen
Böden, in heissen Lagen, in Frostlagen und dergleichen mehr (vergl.
S. 159). Ganz besonders nöthig ist dies auch zu den Zeiten, wenn
Schnee und Duft oder Sturm dem Walde Wunden geschlagen haben. Der
Wipfel beraubte Fichten werden z. B. nicht selten Brutstätten für Borkenkäfer oder für den leicht zu übersehenden Stangenrüsselkäfer, Pissodes
hercyniae Hbst. Meist beginnt ein grösserer Insektenfrass nesterweise
und verbreitet sich von kleineren oder grösseren Herden aus allmälig
weiter. Bemerkt man diese alle rechtzeitig, so kann oft eine grosse
Gefahr ohne Schwierigkeit beseitigt werden. Muss eine genaue Kenntniss
aller Symptome eines drohenden Frasses, z. B. Bohrmehl und Harzerguss
an den Stämmen, Raupenkoth, abgebissene Nadeln, befressene Blätter,
dünne Benadelung der Kronen u. dgl. m., sowie die Fähigkeit zu
Sehen von jedem gebildeten Forstwirth verlangt werden, so können
sie doch nicht beim Hilfs- und Schutzpersonal vorausgesetzt werden.
Dieses ist daher genau praktisch zu unterweisen. Ebenso kann dasselbe
in besonderen Fällen mit einzelnen geschickten Waldarbeitern geschehen.

Letztere erlangen in der Regel sehr bald einen sie nur selten täuschenden, praktischen Blick selbst für schwierige Beobachtungsobjecte.

Dies war z. B. Anfangs der Siebziger-Jahre der Fall auf dem erzgebirgischen Olbernhauer Revier. Forstmeister SCHAAL hatte einige Arbeiter zum Auffinden der von Pissodes hercyniae befallenen Fichtenstangen so gut eingerichtet, dass der Frass, welcher benachbarte Privatreviere schwer schädigte, auf dem seinigen mit Erfolg bekämpft werden konnte.

Schonung, Hegung und Aussetzung nützlicher Thiere ist schliesslich ein Mittel, und zwar ein nicht genug zu empfehlendes, um Insektenverheerungen vorzubeugen. Die unter diesen Gesichtspunkt fallenden Massregeln haben sich zu erstrecken: 1. auf Verhinderung der Vertilgung insektenfressender Säuger, Vögel und Insekten; 2. auf die Erhaltung und Schaffung günstiger Lebensbedingungen für die ebengenannten Verbündeten des Forstmannes; 3. auf die Importirung solcher Verbündeten aus reichlicher mit ihnen versehenen Gegenden.

Eine directe Schonung nützlicher Säuger kommt eigentlich nur in selteneren Fällen zur Anwendung. Wenn der Forstmann darauf sieht, dass in gefällten hohlen Bäumen vorgefundene Fledermäuse nicht muthwillig von den Waldarbeitern getödtet, die betreffenden, denselben Schutz gewährenden Bäume im Winter vielmehr unzerstückt bis zum Frühjahr liegen gelassen werden, dass der Maulwurf nicht unnöthig weggefangen und der Fuchs nicht übermässig decimirt werde, so hat er seine Pflicht völlig erfüllt. Wie wichtig die Schonung der Fledermäuse ist, geht aus der Mittheilung LEISLER's hervor [**V**, Bd. II, S. 32]: „dass die Processionsraupen in solchen Gegenden bei Hanau grossen Schaden gethan hätten, wo einige Jahre vorher mehrere Tausend alter Eichen gefällt wurden, und zwar zur Zeit des Winterschlafes der Fledermäuse, wodurch diese zu Grunde gingen". Wir dürfen aber nicht vergessen, dass viele als Insektenvertilger nützliche Sänger oft aus anderen sehr beachtenswerthen Gründen verfolgt werden müssen. Trotz seiner Feindschaft gegen die Engerlinge wird man in Saatkämpen den Maulwurf ebenso wenig dulden können als die Werre, und das so wesentlich bei der Vertilgung der in der Bodendecke überwinternden Schädlinge mitwirkende Schwarzwild wird in einem feinbewirthschafteten Forste seiner übrigen forstschädlichen Eigenschaften halber dennoch nicht geschont werden können, ganz abgesehen davon, dass schon die Rücksicht auf die angrenzenden Felder dies häufig verbietet.

Viel wirksamer kann der Forstmann vorgehen bei der Schonung der nützlichen Vögel, schon darum, weil die Gesetzgebung der meisten Länder ihn in dieser Hinsicht unterstützt (vergl. S. 237). Sorgfältige Bekämpfung des besonders in manchen Gebirgswaldungen noch häufig gesetzwidrig betriebenen Vogelstellerunwesens, Verhinderung der Tödtung von Thurmfalke, Kukuk und Ziegenmelker durch schiesseifrige Lehrlinge u. A. m. empfiehlt sich in hohem Grade. Vom rein forstlichen Standpunkte aus ist auch die Einstellung des Dohnenstriches freudig zu begrüssen.

Eine directe Schonung der nützlichen Insekten ist nur in seltenen Fällen möglich. Indessen kann der Forstverwalter doch darauf sehen, dass die in die Raupengräben gerathenen grösseren Laufkäfer, im Nadelwalde besonders Calosoma sycophanta L., nicht zugleich mit den Raupen vertilgt werden; ferner kann er besonders durch ein strenges Verbot des Sammelns von „Ameiseneiern" innerhalb seines Revieres nützlich wirken. Eine Schonung der forstlich so ungemein nützlichen Schlupfwespen ist praktisch wohl nur dann ausführbar, wenn, was jetzt selten sein dürfte, Sammeln der Raupen im Winterlager als Bekämpfung des Kiefernspinners angewendet wird. Mit dieser Massregel hätte man dann aufzuhören, wenn die Untersuchung der gesammelten Raupen (vergl. S. 223) einen hohen Procentsatz von Schmarotzer-besetzten Individuen nachweist. Die heutzutage mehr beliebte Vertilgung durch Klebringe ist auch insofern eine rationellere, als viele der in den klebengebliebenen Raupen vorhandenen Schmarotzer nicht zu Grunde gehen, sondern zur Entwicklung kommen [**X**, S. 14, Anmerk.].

Eine besondere Hegung nützlicher Insekten ist dagegen überhaupt nicht möglich, wohl aber ist diese bei nützlichen Sängern und vornehmlich bei insektenfressenden Vögeln durchführbar und geboten. Hierbei handelt es sich vorzugsweise um die Erhaltung oder Herstellung passender Schlupfwinkel und Brutstätten für diese Thiere. Hohle oder mit Spechtlöchern versehene Bäume sind also, soweit dies mit anderen forstlichen Rücksichten vereinbar ist, zu erhalten und der auch als Bodenschutzholz wichtige Unterwuchs, die willkommenste Niststätte für viele kleine Vögel, ist in den Beständen zu begünstigen. Anbringung von Schlaf- und Nistkästen kann die Vermehrung von Meisen und Staaren ungemein fördern; wenn letztere auch dem Landwirthe nützlicher sind als dem Forstwirthe, weil sie sich im Walde, auch wenn sie dort, durch passende Brutplätze angelockt, nisten, nicht lange aufhalten, so thun immerhin Staarkasten in der Nachbarschaft von Kulturflächen und Pflanzgärten ihre guten Dienste. Am meisten empfehlen sich wohl die nach Gloger'scher Vorschrift hergestellten Nistkästen aus Holz. Dieselben sind in verschiedenen passenden Grössen auszuwählen und vor dem stets nach Osten oder Süden zu richtenden Flugloche mit Sitzstangen zu versehen. Eine nur einen kleinen Einschlupf in die untere Abtheilung freilassende Querscheidewand schützt die Insassen gegen das Hineingreifen von Katzen, Mardern u. s. f. Staarkästen können in grösserer Menge an einem höheren Baume angebracht sein, Meisenkästen sind dunkler und versteckter, am besten in Nadelholzkronen zu hängen, Rothschwänzchen- und Fliegenschnapperkästchen gehören mehr in offene Lagen [**XXI**, S. 171 bis **174**]. Natürlich hat der Forstschutzbeamte besonders darauf zu sehen, dass diese Nistkästen, ebenso wie die natürlichen Niststätten, vor

Plünderungen bewahrt bleiben und besonders die Staarkästen nicht als Bezugsquelle von jungen Bratstaaren dienen. Auch unbefugten Eiersammlern ist das Handwerk zu legen.

Darbietung von geeigneter Nahrung kann ebenfalls zu einer Hegungsmassregel werden. Da viele Insektenfresser im Herbste Beerennahrung zu sich nehmen, wird die Anpflanzung beerentragender Unterhölzer und Bäume, besonders Ebereschen, ein Anziehungsmittel für viele nützliche Vögel sein. Anlage von Futterstätten im Winter auch ausserhalb des Waldes, z. B. in Gärten, hat einen sehr günstigen Einfluss auf die Erhaltung der im Winter schaarenweise streichenden Meisen besonders dann, wenn Duft- und Eisanhang den kleinen, immer hungrigen Thieren das Finden ihrer natürlichen Nahrung unmöglich macht. Hanfsamen, Kürbis- und Sonnenrosenkerne sind besonders bevorzugte Meisenfutter, und an Bindfäden aufgehangene Speckschwarten werden von diesen Vögelchen mit Begierde angenommen. Sie lassen sich bei strengen Wintern wohl auch im Walde anbringen.

Auch auf die Vertilgung der Feinde der insektenfressenden Vögel ist besondere Rücksicht zu nehmen. Marder, Katzen und Eichhörnchen sind auch von diesem Gesichtspunkte aus zu bekämpfen, desgleichen Sperber und Lerchenfalke, Eichelhäher und alle Würgerarten, die beiden letzteren, sowie das Eichhörnchen namentlich als Nestplünderer.

Aussetzung nützlicher Thiere ist bis jetzt im Interesse des Forstschutzes nur wenig angewendet worden. Bei den insektenfressenden Vögeln erreicht man meist schon mit Hegungsmassregeln, besonders wenn dieselben auf weiteren Gebieten gleichmässig durchgeführt werden und der Landwirth sich an denselben betheiligt, den gewünschten Zweck. Versuche mit Uebertragung von Maulwürfen auf von Engerlingen bedrohte Kulturflächen sind nach RATZEBURG [**X**, S. 21 und 22 und Anmerk.] in Posen im Jahre 1868 gemacht worden und scheinen nicht ganz unwirksam gewesen zu sein. Die Uebertragung hat aber ihre grossen Schwierigkeiten, da jeder Maulwurf einzeln in einem grösseren Gefässe mit Erde gehalten werden muss, und so furchtbar gefrässig ist, dass es reichlichster Fütterung mit Regenwürmern oder Engerlingen bedarf, um ihn auch nur 24 Stunden am Leben zu erhalten.

Dagegen kann man die gegen Raupenplagen so sehr nützlichen Ameisen, besonders Formica rufa, von einem Orte zum andern übertragen. Hat auch RATZEBURG selbst [**XV**, II. Bd., S. 429] wenig günstige Erfahrungen damit gemacht, so gelang es doch 1870 im pommer'schen Revier Pütt dem Oberförster MIDDELDORPF, die Ameisenhaufen durch künstliche Ableger, welche ohne jede Vorbereitung auf dem blossen Boden ausgeschüttet wurden, zu vermehren. Allerdings siedelten sich die Ameisen nie an der Stelle an, wo sie hingeschüttet wurden, legten aber doch in der Nähe einen neuen Haufen an. [MIDDELDORPF, die „Vertilgung der Kiefernraupe durch Theerringe", Berlin 1872, S. 33 und 34.]

Auch der häufig gemachte Vorschlag, durch Uebertragung Ichneumonen-besetzter Raupen diese Schlupfwespen in einen Bestand, in welchem die Raupen noch gesund sind, zu verpflanzen, muss hier kurz erwähnt werden. Im allgemeinen scheinen diese Versuche nicht von grossem Erfolge begleitet gewesen zu sein, da die Kosten für die Anlegung der hierbei nothwendigen, gegen das Entfliehen der Raupen schützenden Zwinger zu bedeutend sind. RATZEBURG selbst bleibt sich in seinen Anschauungen über diese Massregel nicht gleich [vergl. XI, S. 12, 140 und 148], auch dürfte sie durch die Anwendung der Klebringe (vergl. S. 204) überflüssig werden.

Die Bekämpfung von forstschädlichen Insekten durch Vertilgungsmittel.

Die Erfahrung lehrt, dass in vielen Fällen nun aber weder die natürlichen beschränkenden Einflüsse, noch auch die wirthschaftlichen Vorbeugungsmassregeln hinreichen, um in unseren Forsten das Eintreten grösserer Insektenverheerungen zu verhindern. Der Forstmann hat alsdann zur Bekämpfung der vorhandenen Insekten zu schreiten, und zwar durch Vernichtung, da blosse Entfernung derselben ohne gleichzeitige Tödtung eine halbe Massregel wäre, welche zwar für den Augenblick die bedrohten Bestände schützen, dagegen die Fortpflanzung der Schädlinge und die Weiterverbreitung des Schadens nicht verhindern könnte. Es zerfällt also die Aufgabe des Forstmannes in zwei Theile, in die Beschützung der angegriffenen Pflanzen durch Säuberung derselben von ihren Feinden, und in die Verhinderung der Fortpflanzung der Schädlinge. Da erstere, wie wir eben sagten, stets mit Vernichtung der Schädlinge verbunden sein soll, so schliesst sie die zweite bereits ein, dagegen wird in vielen Fällen die directe Säuberung der bereits angegriffenen Bäume oder Bestände überhaupt nicht möglich sein und die Thätigkeit des Forstmannes sich lediglich auf die Verhinderung der Wiederkehr der Schädigung im nächsten Jahre zu beschränken haben.

Beispiele von Vertilgungsmassregeln, durch welche direct die angegriffenen Pflanzen von ihren Feinden befreit werden, sind das Sammeln der Maikäfer in von ihnen befallenen Laubholzbeständen, das Zerquetschen der Larven der kleinen Kiefernblattwespe, Lophyrus Pini L., an den mit ihnen besetzten Zweigen jüngerer Kiefern, sowie das Theeren älterer Kiefernbestände, durch welches die Kiefernraupen, welche im vorhergehenden Sommer und Herbtse gefressen haben, im Frühjahr an dem Wiederaufbäumen verhindert werden.

Dagegen ist z. B. eine directe Vernichtung der einen Baum schädigenden Borkenkäferlarven ohne gleichzeitige Tödtung des an-

gegriffenen Baumes nicht möglich, die Vernichtung derselben kann
also nur den Zweck haben, ihre Ausbildung zu fortpflanzungsfähigen
Imagines zu verhindern. Auch gegen den Frass der Kieferneulenraupen
wird man direct nur wenig thun können und sieh auf die Tödtung
der im Boden ihre Winterruhe abhaltenden Puppen beschränken müssen,
eine Massregel, bei welcher also der Schädling erst nach angerichtetem
Schaden vernichtet und lediglich die Verhütung einer Wiederkehr
des letzteren bewirkt werden kann.

Allgemeine Gesichtspunkte. Vom rein theoretischen Standpunkte
aus betrachtet, können Vertilgungsmassregeln eingeleitet werden gegen alle
vier Hauptlebensstadien eines Schädlings, gegen Ei, Larve, Puppe und
Imago; desgleichen können sie vorgenommen werden in jeder Jahreszeit.
Gegen welches Stadium im bestimmten Einzelfalle vorzugehen ist, und zu
welchem Zeitpunkte, hängt vor allen Dingen von der Lebensweise des betreffenden Schädlings ab. In zweiter Linie wird man darauf zu sehen haben,
dass die Vertilgungsmassregeln in eine Zeit gelegt werden, in welcher die
nöthigen Arbeitskräfte am leichtesten verfügbar sind. Eine völlige
Vertrautheit mit der Lebensweise des Schädlings ist also die wesentliche
Vorbedingung eines günstigen Erfolges, und eine solche zu vermitteln,
ist die Aufgabe des zweiten, speciellen Abschnittes dieses Buches. Im
allgemeinen wird man gegen das Stadium und zu dem Zeitpunkte zu
operiren haben, in welchem der Schädling am leichtesten zugänglich
ist, in welchem es ferner thunlich ist, viele Individuen auf einmal
zu vernichten. Es wird sich alsdann bei sonst gleichen Umständen
empfehlen, stets gegen das am längsten dauernde Stadium vorzugehen, weil dieses die grösste zeitliche Ausdehnung der Bekämpfungsmassregeln gestattet. Ferner ist es besonders angezeigt, die Schädlinge
hinwegzuräumen, ehe sie zur Fortpflanzung schreiten können.

Beispiele von Vertilgungsmassregeln, welche sich gegen das Eistadium richten, sind das Sammeln und Vernichten der Eierringe des
Ringelspinners, der Eierschwämme des Schwammspinners und vor allen
Dingen der Eierhäufchen der Nonne. In wie grossartigem Massstabe
letzteres häufig betrieben worden ist, geht z. B. daraus hervor, dass
bei dem grossen ostpreussischen Nonnenfrasse auf dem Revier Rothe-
bude vom 8. August 1853 bis zum 8. Mai 1854 150 Kilogramm, d. h.
circa 150 Millionen Eier gesammelt wurden.

Im Larvenzustande werden sehr viele forstschädliche Schmetterlinge bekämpft, z. B. der Kiefernspinner, mag man nun das allerdings
in neuerer Zeit mit Recht immer mehr in Abnahme kommende Sammeln
der Raupen im Winterlager oder das Abfangen der bäumenden Raupen
auf Theerringen zur Anwendung bringen. Auch die Bekämpfung der
Borkenkäfer durch Fangbäume sollte namentlich eine Larvenvertilgung

sein, da ein vorsichtiger Forstmann mit dem Schälen der Fangbäume
nicht bis zur Verpuppung warten wird. Vertilgungsmassregeln, die
speciell gegen die Puppe gerichtet sind, werden meist nur angewendet
bei solchen Schmetterlingen, welche in diesem Stadium überwintern,
z. B. bei Kieferneule und Kiefernspanner.

Bekannte Beispiele von Vertilgung schädlicher Imagines sind das
Sammeln des Maikäfers, des grossen braunen Rüsselkäfers und der zum
Zwecke des Forstschutzes zuerst von ALTUM in Vorschlag gebrachte
Fang der Falter der Kiefernsaateule an sogenannten Aepfelschnüren
(siehe S. 216). Auch das Abkratzen und Sammeln der Fichtenquirl-
schildlaus, Cocous racemosus RATZ., gehört hierher.

Wie es möglich ist, durch richtige Wahl des Zeitpunktes der
Vertilgung viele Individuen auf einmal zu tödten, dafür liefert die
Nonne einen guten Beleg. Das Vernichten der Raupen ist bei diesem
Thiere mit Erfolg nur möglich in der Zeit, in welcher die aus den einzelnen Eierhaufen geschlüpften, späterhin sich zerstreuenden Räupchen
noch familienweise in den sogenannten Spiegeln (Taf. IV, Fig. 1 L*)
zusammensitzen. Desgleichen wird die Vertilgung der allerdings den
Obstzüchter mehr als den Forstmann schädigenden Raupen des Goldafters, Liparis chrysorrhoea L., am leichtesten im Winter besorgt, wenn
sie zwischen versponnenen Blättern, den sogenannten „Raupennestern",
in grösseren Schaaren zusammensitzen.

In vielen Fällen wird aber zur Erreichung eines wirklichen
Erfolges nicht allein die Berücksichtigung der passenden Jahreszeit genügen, sondern auch die passende Tageszeit oder passende
Witterung gewählt werden müssen. So ist z. B. ein erfolgreiches
Sammeln der Maikäfer mittels Schütteln grösserer Bäume nur in den
frühen Morgenstunden oder bei nasskaltem Wetter möglich, weil bei
warmen, sonnigen Tagen die herabfallenden Käfer während des Sturzes
die Flügel ausbreiten und davonfliegen. Dergleichen kann ein bequemes
und erfolgreiches Sammeln der am Tage unterirdisch lebenden Raupen
der Kiefernsaateule nur in der Nacht, wenn sie, hervorgekommen, die
oberirdischen Theile der Kiefernpflänzchen angehen, bei Laternenlicht
vorgenommen werden [XVI, 2. Aufl., III Bd., 2. Abth., S. 129].

Das vorhin angeführte Beispiel der Vertilgung der Raupen des
Goldafters in ihren Nestern ist auch giltig für die Bemerkung, dass
es wünschenswerth ist, den am längsten dauernden Zustand zur
Vertilgung zu wählen. Gestattet doch gerade die Länge der Winterruhe im
Raupenneste dem Obstzüchter, die Vertilgungsmassregeln zu einer ihm
bequemen Zeit und so gründlich als er es nur irgend wünscht, vorzunehmen, und wir finden daher in vielen Ländern diese Massregel
sogar gesetzlich vorgeschrieben. Ueberhaupt erscheint das Ueberwinterungsstadium, als das längste, in sehr vielen Fällen die erfolgreichste Bekämpfung möglich zu machen, vorausgesetzt, dass sich die
Thiere nicht etwa in unzugänglichere Schlupfwinkel zurückziehen.
Letzterer Fall kommt z. B. bei den Engerlingen vor, die sich im
Winter tiefer in die Erde eingraben.

Da man stets darauf sehen soll, die Insekten an der Fortpflanzung zu verhindern, so verdient bei sonst gleichliegenden Verhältnissen die Vertilgung der Jugendzustände den Vorzug vor der
Vertilgung der Imagines, denn bei letzteren ist man nie sicher, ob
man ihrer nicht erst nach Beginn des Fortpflanzungsgeschäftes
habhaft wird. Auch ist das Imagostadium, als das geflügelte, meist das
beweglichste, und man hat daher neuerdings in der Praxis das früher
vielfach geübte Sammeln der Schmetterlinge aufgegeben. Kann man
aber nur der Imago beikommen, so wird es sich empfehlen, die Massregeln so einzurichten, dass vornehmlich das weibliche Geschlecht getroffen wird. Ein gutes Beispiel hiefür ist das Abfangen der aufsteigenden, ungeflügelten Frostspannerweibchen
durch Klebringe, die dem geflügelten Männchen
fast ganz unschädlich sind.

Die Vertilgungsmassregeln selbst lassen
sich eintheilen: 1. in solche, bei denen man das
zu bekämpfende Insekt an seinem Aufenthaltsorte
aufsucht; 2. in solche, bei denen man dem wan-
dernden, seinem Frassorte oder seiner Brutstätte
zustrebenden Insekte Hindernisse, an welchen es
gefangen oder getödtet wird, in den Weg legt;
3. in solche, bei denen man den Schädling durch
Darbietung bequemer Schlupfwinkel, willkommenen Frasses oder geeigneter Brutstätten anlockt,
um ihn selbst oder seine Brut späterhin zu vertilgen.

Die Aufsuchung und Vertilgung der Schäd-
linge an ihren Aufenthaltsorten kann man ent-
weder durch Arbeiter oder in selteneren Fällen
durch Thiere — Schweine-Eintrieb! — besorgen
lassen. Die Thätigkeit der Arbeiter kann wiederum
eine dreifache sein. Die einfachste Art ist die,
dass der Arbeiter mit dem Auge den Schädling

Fig. 104. Raupen-
quetschzange nach
SPRENGEL. $^1/_{10}$ nat.
Grösse.

sucht und ihn dann entweder direct an Ort und Stelle vernichtet oder
zu späterer Vernichtung sammelt und mitnimmt.

Als Beispiele sind hierzu anführbar das oben schon erwähnte
Zerquetschen der in Spiegeln zusammensitzenden Nonnenräupchen, sowie
das Zerdrücken der an den Kiefernzweigen sitzenden Afterraupen der
Kiefernblattwespen, ferner das Sammeln der grossen Kiefernraupen im
Winterlager oder das directe Fangen der über Tag an den Fichten-
stämmen ruhenden Nonnenfalter.

In sehr vielen Fällen wird sich hierbei der Arbeiter mit irgend
einem mechanischen Hilfsmittel versehen müssen. Soll er z. B. die
Nonnenspiegel zerquetschen, so wird er sich mit Lappen, Werg oder
nach WIESE's Angabe mit Schuhbürsten zu versehen haben. Für die
Zerquetschung in Masse zusammensitzender Raupen an Zweigen hat

Forstmeister SPRENGEL eine besondere Zange mit breiten Enden und hölzernen Griffen construirt, mit welcher er gegen die Kiefernblatt-wespenraupen grosse Erfolge erzielt hat. (Fig. 104.)

Handelt es sich wie bei dem Processionsspinner um die Vertilgung von Raupen, deren Berührung dem Menschen Nachtheil bringen kann (vergl. S. 137), so wird der Arbeiter sich durch Handschuhe, um-gebundene Tücher, Bestreichen der Hände mit Oel u. s. f. gegen diese Schädlichkeit zu sichern haben. In dem Falle des Processionsspinners ist es dann noch besonders angezeigt, die in ihren Nestern zusammen-sitzenden Raupen überhaupt nicht mit der Hand zu berühren, sondern zu verbrennen, was durch petroleumgetränkte, an langen Stöcken befestigte, angezündete Werg- oder Lappenbündel geschehen kann.

Kommt es auf einfaches Sammeln ohne gleichzeitige Tödtung an, so hat sich der Arbeiter einmal mit Werkzeugen zum Aufdecken der Schlupfwinkel der Schädlinge zu versehen — beim Sammeln der Kiefernspinnerraupen oder Eulenpuppen im Winterlager sind Hacken zum Umwenden der Bodendecke mitzunehmen — oder aber mit Werk-zeugen zur Loslösung der festsitzenden Schädlinge; z. B. mit stumpfen Messern zum Abkratzen des Coccus racemosus RATZ. von den Fichten-pflanzen. Sitzen die Schädlinge so hoch, dass sie von dem Arbeiter nicht ohneweiters mit dem Arme erlangt werden können, so müssen zu ihrer Erreichung gleichfalls mechanische Hilfsmittel benutzt werden, z. B. bei hochsitzenden Raupennestern, die besonders von den Gärtnern angewendeten, an langen Stangen befestigten und durch eine Zugschnur bewegten, vom dem Forstmann als Aufastungsscheeren bezeichneten Raupenscheeren.

Die Arbeiter haben ferner beim Sammeln Behältnisse mitzu-führen, in denen die gesammelten Thiere bis zur Ablieferung auf-bewahrt werden. Dieselben müssen so eingerichtet sein, dass die gefundenen Thiere leicht in sie hineingebracht werden, die bereits ge-sammelten aber nicht entkommen können. Säcke verdienen hier immer den Vorzug, besonders wenn sie mit einem bequemen Verschlusse versehen sind. So empfiehlt z. B. TASCHENBERG [XVIII, S. 83], die von den Maikäfersammlern geführten Säcke so einzurichten, dass man in die Sacköffnung den abgeschlagenen Hals eines thönernen Bier-kruges einbindet. Der an ihm befindliche Henkel dient dazu, den Sammelapparat mit einem Strick um den Leib des Arbeiters zu be-festigen, der Verschluss erfolgt durch einen Kork. Zweckmässiger Weise hat der Sack auch unten eine, während des Sammelns fest zugebundene Oeffnung, durch die man späterhin die abzuliefernden Käfer ausschütten kann.

In vielen Fällen entziehen sich die Einzelinsekten den directen Blicken des Arbeiters und müssen, bevor man zum Sammeln und Vertilgen schreiten kann, erst aus ihren Aufenthaltsorten aufgestört werden.

Hierher gehört vor allen Dingen das Sammeln der auf den Baumkronen fressenden Raupen nach vorhergegangenem Schütteln oder Anprellen der Bäume. Bei stärkeren Bäumen, die nicht wohl zu schütteln sind, können die einzelnen Zweige mit Hakenstangen erschüttert werden. Die Raupen werden so herabgeworfen und können dann auf dem Boden aufgelesen werden. Auf ähnliche Weise erfolgt das Abklopfen der blattfressenden Käfer. Regel ist, dass der Arbeiter seine Blicke hierbei nicht nach der Baumkrone, sondern nach dem Boden richte, weil das herabstürzende Insekt weit leichter im Momente des Auffallens wahrzunehmen ist, als dann, wenn es vom Sturze betäubt regungslos auf dem Boden liegt. Untergebreitete Tücher oder untergehaltene, umgekehrte Schirme können die Arbeit erleichtern. Untergelegte Tücher sind übrigens gleichfalls zu empfehlen, wenn es sich um das Schälen von Borkenkäferstämmen handelt, weil auf ihnen die abfallenden Larven und Puppen leicht gesammelt werden können. Von besonderer Wichtigkeit ist, dass beim Anprellen der Baum keine Quetschwunden der Rinde erleide; deshalb sind besonders Aststumpfe zum Anschlagen zu wählen. Am besten bedient man sich zu diesem Zwecke der zunächst für rein entomologische Sammelzwecke gefertigten Prellkeulen. Es sind dies schwere, mit Kautschuk umwundene und mit einem äusseren Lederüberzuge versehene Keulen, die pendelnd an einem Riemen gegen den Baum geschwungen werden. Da aber praktische Rücksichten wohl in den meisten Fällen die Anschaffung dieser ziemlich theuren Werkzeuge verbieten dürften, so hat der das Sammeln beaufsichtigende Forstmann darauf zu sehen, dass die zum Anprellen gebrauchten Aexte an ihrer Rückseite mit Werg und Lappen umwunden werden.

In Erdgängen lebende Schädlinge, z. B. die Maulwurfsgrille, kann man auf kleineren Flächen mit werthvollen Pflanzen durch eingegossenes Wasser oder Petroleum aus jenen hervortreiben und dann vernichten.

Auch das von Forstmeister Koch [„Böhmische Vereinsschrift" 1859] gegen die Weisstannentriebwickler, Tortrix murinana Hbn. und Steganoptycha rufimitrana H. S. angewendete Räuchern gehört hierher. Die befallenen Bestände werden stark durchforstet, das gewonnene grüne Reisig in Haufen gleichmässig über die ganze Fläche vertheilt und dann angezündet. Durch den so erzeugten dichten Rauch werden die Raupen betäubt, fallen zum grossen Theil von den Bäumen herab und werden dann in das Feuer gekehrt.

In dritter Reihe ist es möglich, dass die Arbeiter Schädlinge zerstören, ohne dass ihnen dieselben überhaupt zu Gesichte kommen.

Als Beispiel einer derartigen Massregel ist zunächst das früher gegen alle in der Bodendecke überwinternden Schädlinge, z. B. Kiefernspinnerraupen, Kieferneulenpuppen, Kiefernblattwespencocons. angewendete Streurechen mit nachfolgender Abfuhr, Vergrabung oder Verbrennung des gewonnenen Materiales anzuführen; ein Verfahren, welches, nachdem man das Unzweckmässige der Streunutzung überhaupt immer mehr anerkannt hat, nun wohl überall aufgegeben worden ist.

Ferner ist anzuführen das Feststampfen der Erde, das Rammen, welches früher in den preussischen Forsten mitunter zur Zerquetschung der in der Bodendecke ruhenden Kiefernraupen angewendet wurde, jetzt aber wohl nicht mehr geübt wird. Auch das mehrfach gegen die kleine Kiefernblattwespe anempfohlene Umackern des Bodens, durch welches die Cocons so tief unter die Erde gebracht werden, dass die ausschlüpfenden Wespen sich nicht zu Tage arbeiten können, gehört in diese Abtheilung. Ja man hat sogar besondere Instrumente erfunden, um die im Boden liegenden Schädlinge zu zerstören. So z. B. wendet Oberförster WITTE in Saatkämpen, Freisaaten und jungen Pflanzungen auf steinfreiem Boden das beistehend abgebildete Instrument an, um die Engerlinge mittelst systematischer Durchstechung des Bodens zu tödten. Die Beschreibung des Verfahrens folgt im speciellen Theile.

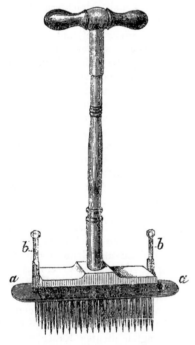

Fig. 105. Engerlingseisen nach Oberförster WITTE in Gross-Schönebeck. $\frac{1}{10}$ natürlicher Grösse.

Auch die Durchtränkung des Bodens mit insektentödtenden Flüssigkeiten ist zu erwähnen. So wurde z. B. im Winter 1871 auf einem fürstlich Schönburg-Waldenburg-schen Reviere ein 50- bis 60-jähriger Mischbestand von Fichte und Lärche auf Anordnung des Oberförsters HESSE dadurch von dem die Fichten arg schädigenden Hylesinus micans KUG. befreit, dass um die durch Untersuchung als befallen erkannten Stämme eine dünne Mischung von Chlorwasser angegossen wurde. Die so behandelten Bäume wurden zum grössten Theile gerettet. Auch Bespritzen der Baumkronen mit Schwefelleberlösung — 1 Theil auf 500 Theile Wasser — ist von GUYOT gegen Raupenfrass empfohlen worden.

Aber nicht nur durch chemische Mittel, sondern auch durch Feuer hat man es versucht, die verborgenen Schädlinge massenhaft zu vertilgen. Zunächst hat man vielfach die sogenannten Boden- oder Lauffeuer angewendet, ja sogar in einem regelmässig alle vier oder fünf Jahre wiederholten Ausbrennen der älteren Bestände [V, II Bd., S. 53, Anm.] ein Mittel gegen grösseren Raupenfrass zu finden geglaubt. Man hat sich aber überzeugt, dass ein solches Lauffeuer beiweitem nicht alle im Boden überwinternden Schädlinge, die meist bis in die unteren Schichten der Bodendecke hinabgehen, vertilgt, und daher seiner sonstigen Gefährlichkeit wegen dies Mittel aufgegeben.

Als letztes verzweifeltes Mittel gegen einen auf anderem Wege nicht zu beseitigenden Insektenschaden muss aber das Abbrennen des ganzen, von Insekten geschädigten Bestandes sammt den Schädlingen noch heute empfohlen werden. Besonders in dichten, von dem Kiefernspinner kahlgefressenen jungen Beständen wird es vor dem Ausschlüpfen der Falter angewendet werden können, vorausgesetzt, dass die benachbarten Waldorte noch verhältnissmässig gesund sind, und man diese alsdann zu retten hoffen darf. Dass hierbei ganz besondere Vorsichtsmassregeln nöthig, braucht kaum ausdrücklich hervorgehoben zu werden.

In dem Boden ruhende Schädlinge kann man auch durch Schweine-Eintrieb vertilgen. Es wird dieses Mittel besonders bei Kiefernspanner- und Kieferneulenfrass empfohlen.

Die Schweine fressen nämlich die glatten Puppen dieser Schädlinge gern, weniger dagegen behaarte Raupen, wie z. B. die des Kiefernspinners. Auch die zähen Cocons der kleinen Kiefernblattwespe, Lophyrus Pini, sollen sie verschmähen. Natürlich ist darauf zu achten, dass die Schweine von den jungen Schonungen fern gehalten werden. In den Ländern, in welchen die Waldservituten noch nicht abgelöst sind, wo also Viehhutung im Walde noch in der Gewohnheit des Bauern liegt, wird es vielfach nicht schwer halten, Schweine zum Eintrieb zu erhalten. Dagegen dürfte in Gegenden, in welchen die Schweine gewöhnlich nur im Stalle gehalten und besonders englische Racen gezüchtet werden, die Massregel an der Unmöglichkeit, Schweine zu erhalten, scheitern; besonders in Ungarn dürfte sie also leicht ausführbar sein. Indessen auch in Mecklenburg wird sie noch häufig gegen den Spanner angewendet, z. B. nach gefälliger brieflicher Mittheilung von Forstinspector GARTHE in den Dobbertiner Klosterforsten zur Beschützung der Kiefernstangenhölzer.

Vertilgung der Schädlinge mit Hilfe von künstlich auf ihren Wegen angebrachten Hindernissen. Die in diese Abtheilung gehörenden Vertilgungsmassregeln haben vor den bisher geschilderten den grossen Vorzug, dass alle mit der Aufsuchung der Schädlinge verbundenen Mühen wegfallen und meistentheils zu gleicher Zeit ein Massenfang, beziehentlich eine Massenvertilgung erreicht wird; dagegen ist ihr Erfolg noch in weit höherem Grade von der gründlichen Kenntniss der Lebensgewohnheit des Schädlings abhängig, und vor Allem ist die genaueste Abpassung des geeigneten Zeitpunktes nothwendig. Als bestes Beispiel erscheint das Theeren der vom Kiefernspinner befallenen Bestände, eine Massregel, welche heutzutage alle anderen früher beliebten Bekämpfungsmittel dieses Schädlings verdrängt hat.

Die seit längster Zeit übliche Form dieser Art von Vertilgungs-massregeln sind die Raupengräben. Ursprünglich wohl meist dazu angewendet, das Ueberwandern von Raupen aus einem völlig kahl-gefressenen Bestande in einen noch unversehrten zu verhindern, und deshalb bis zu einem gewissen Grade unter die Vorbeugungsmassregeln gehörig (vergl. S. 197), erweisen sie sich auch als Vertilgungsmassregeln von hohem Nutzen, wenn man nur gehörig darauf achtet, dass die in dieselben gerathenen Raupen wirklich getödtet werden. Natürlich sind Raupengräben nur in nicht felsigem Terrain möglich. Sie müssen wenig-stens nach der Seite hin, nach welcher das Wandern der Raupen ver-hindert werden soll, eine möglichst senkrechte Wand haben und auf ihrem Boden werden ohngefähr von 10 zu 10 Schritt tiefere Fanglöcher ausgestochen, in welche von Zeit zu Zeit die in den Gräben befindlichen Schädlinge hineingekehrt und nach vorhergehender Einstampfung mit der Erde aus einem neben dem alten ausgestochenen, neuen Fangloche überdeckt werden.

Nicht nur gegen Raupen, sondern auch gegen flügellose oder doch ausschliesslich zur Brutzeit fliegende Rüssel- oder Borkenkäfer, gegen die verschiedenen Otiorhynchus-Arten, gegen den grossen braunen Rüssel-käfer und die wurzelbrütenden Hylesinus-Arten, besonders gegen H. cuni-cularius ER. und H. ater PAYK., haben sich Fanggräben als Schutz der Kulturen sehr erfolgreich bewiesen, wenn sie zwischen diesen, den eigentlichen Frassstätten, und den angrenzenden, nicht gerodeten Schlä-gen, den Brutstätten, angelegt werden [**XVI**, 2. Aufl., 3. Bd., I., S. 198 u. 238].

Als ein Nachtheil der Raupengräben ist hervorzuheben, dass sich in ihnen auch viele forstnützliche Insekten, namentlich Laufkäfer, Calosoma sycophanta u. s. f. fangen; die die Gefangenen vertilgenden Arbeiter sind daher anzuweisen, diese leicht kenntlichen Thiere vor der Zerstörung wieder in Freiheit zu setzen.

Als eine Variante der Fanggräben kann man die zur Vertilgung der Maulwurfsgrille vielfach empfohlenen, konischen Fanglöcher und eingegrabenen Töpfe bezeichnen, welche auf den Saatbeeten und in den Pflanzkämpen da eingelassen werden, wo man Gänge entdeckt. Die Töpfe sind so weit zu versenken, dass ihr oberer Rand unterhalb des Bodens der Röhren zu liegen kommt, und eine etwa auf ihrem Grunde befindliche Oeffnung, z. B. bei allen Blumentöpfen, ist sorg-fältig in der Art zu verstopfen, dass zwar das Regenwasser abfliessen, die Maulwurfsgrille sich aber nicht durchzwängen kann.

Ein ähnlich wie die Raupengräben wirkendes Verfahren ist das Aufschütten langer Streifen grünen Reisigs auf Schneisen und Wegen. Diese unseres Wissens zuerst durch Oberförster ROCH auf dem Gohrisch bei Kiefernspinnerfrass vorgenommene Massregel hat den Zweck, die aus einem kahlgefressenen Bestande auswandernden Raupen durch die gebotene Nahrung auf diesem Reisig so lange aufzuhalten, bis sie von Arbeitern abgeschüttelt und zertreten werden. Obgleich ursprünglich auf ganz sandigem Boden angewendet, hat sie den grossen Vorzug, auch auf ganz steinigem, flachgründigen Boden, wo Raupengräben nicht anwendbar sind, vorgenommen werden zu können.

Beiweitem die wichtigste Art der Bekämpfung von Forstschädlingen durch Wanderungshindernisse ist das Anbringen von Ringen einer klebenden Substanz an Bäumen, deren Kronen geschützt werden sollen. Seit längster Zeit wurde dies Verfahren von den Obstzüchtern gegen die im Herbste den Baumkronen zuwandernden, flugunfähigen Weibchen des Frostspanners, Geometra brumata L., angewendet und ist da, wo sich bei Laubhölzern ein Schutz gegen diesen Schädling empfiehlt, also wohl nur in Pflanzgärten an stärkeren Heistern auch in die forstliche Praxis übergegangen. Im Jahre 1828 wurde das Theeren durch HEICKE auch gegen die Nadelholzschädlinge empfohlen, und zuerst in dem Jahre 1834 durch Forstmeister WITTWER in Oberschlesien gegen die Nonne, dann 1839 von Oberförster VON ZYCHLINSKY in Grimnitz gegen die Kiefernspinnerraupe angewendet. Nach langer Vergessenheit 1856 gegen den Kiefernspinner durch den Privatoberförster SCHRADER zu Wirschkowitz in Oberschlesien und 1866 und 1867 durch Oberförster LANGE in Glücksburg, Regierungsbezirk Merseburg, wieder aufgenommen, durch Oberförster MIDDELDORPF in Pütt, Regierungsbezirk Stettin, und viele Andere weiter ausgebildet, ist es heutzutage als das wesentlichste Mittel zur Beschränkung des Kiefernspinners anerkannt, und hat das früher hauptsächlich geübte Sammeln der Raupen im Winterlager völlig verdrängt. Dass diese Massregel neuerdings so allgemeine Anerkennung findet, liegt wesentlich in der Verbesserung und massenhaften Käuflichkeit geeigneter Klebmittel, welche von der Industrie unter den verschiedensten Namen, besonders als „Raupenleim", fabrikmässig erzeugt werden. Diese länger fängisch, d. h. klebrig bleibenden Präparate haben den ursprünglich verwendeten, reinen oder am Gebrauchsorte durch das Forstpersonal verdünnten, aber trotzdem bald eintrocknenden Theer völlig verdrängt. Die näheren Details sind im speciellen Theil bei dem Abschnitte über den Kiefernspinner nachzusehen.

Auch gegen flugunfähige, Blätter, Knospen und Rinde beschädigende Rüsselkäfer, besonders gegen die Strophosomus-Arten, sind neuerdings Klebringe als Schutz werthvoller Heister wohl nicht mit Unrecht vorgeschlagen worden.

Während die wesentliche Bedingung des Erfolges der Klebringe die ist, dass sie zur Zeit, wenn der Schädling freiwillig seinen Aufstieg gegen die Baumkrone beginnt, bereits angelegt und auch wirklich fängisch sind, kann man unter Umständen den Schädling auch zwingen, die Klebringe zu beschreiten, indem man die bereits gebäumten Thiere durch Anprellen oder Abklopfen von den Frassstätten herabwirft, und sie hierdurch, nach vorheriger Anlegung von Klebringen, zu neuem Aufstieg veranlasst. Indessen wird dies nur ein Nothbehelf bei versäumter rechtzeitiger Theerung sein können.

Vertilgung der Schädlinge nach vorangegangener künstlicher Anlockung. Diese dritte Art der Vertilgsmassregeln theilt mit der vorhergehenden den Vorzug, dass das mühsame Aufsuchen der Schädlinge in Wegfall kommt und daher eine grosse Ersparniss an Arbeitskräften eintritt. Die praktisch wirklich verwendbaren Anlockungsmittel sind dreierlei, nämlich Nahrung, Ruheplätze oder Verstecke und Brutstätten.

Dargebotene Nahrung kann in der forstlichen Praxis nur im allerbeschränktesten Masse als Anlockungsmittel verwendet werden. Es dürfte hierher zu rechnen sein vornehmlich der Fang der Falter unserer Kiefernsaateule, Agrotis vestigialis, an Schnüren, auf welchen mit gezuckertem Biere getränkte Apfelschnitze aufgereiht werden. Dieselben sind zur Flugzeit der Falter, also im August und September, am Abend in der Nähe der von den Weibchen zur Ablage der Eier besuchten Kulturen aufzuhängen und die an der willkommenen Speise sich labenden Falter von Stunde zu Stunde mit Hilfe einer kleinen Laterne abzulesen. Unter die gegen den grossen braunen Rüsselkäfer ausgelegten Fangrinden werden häufig und mit grossem Erfolge frische Kieferntriebe geschoben, welche als gute Nahrung diesen Schädling anlocken und die Wirksamkeit der Rinden vergrössern. Eichhoff empfiehlt Fangrinden und Fangkloben auch gegen Engerlingfrass, weil er gefunden hat, dass die Engerlinge den weichen Bast derselben als Nahrung den zarten Pflanzenwurzeln vorziehen und sich daher unter diesen Rinden sammeln.

Viel häufiger kann man Schädlinge durch geeignete Ruheplätze oder Schlupfwinkel anlocken. Diese Ruheplätze werden entweder gleich mit einer Fangvorrichtung versehen oder regelmässig revidirt und hierbei die angelockten Schädlinge gesammelt. Unter die erste Kategorie gehören namentlich die mit Theeranstrich versehenen Pfähle, welche um einen von den grossen Kiefernblattwespen inficirten Bestand zur Flugzeit, also bei Lyda stellata Christ im Mai und Juni, aufgestellt werden, um die sich gern auf sie setzenden Imagines nach der Leimruthentheorie zu vertilgen. Das beste Beispiel für die zweite Kategorie sind die zum Theil schon oben erwähnten, gebräuchlichen Fangmethoden des grossen braunen Rüsselkäfers. Diesem werden auf den von ihm heimgesuchten Kulturen mit Hilfe von Reisigbündeln oder von mit der Rindenseite auf den Boden gelegten Nadelholzscheiten — Fangkloben — oder abgeschälten Nadelholzrinden — Fangschalen — Schlupfwinkel bereitet, unter die er sich bei warmer Witterung, namentlich sobald er daselbst noch Frass findet (vergleiche oben) gern in Menge zurückzieht. Die Schlupfwinkel werden täglich revidirt und die Käfer hierbei gesammelt.

Die grösste Wichtigkeit unter allen Vertilgungsmassregeln nach vorhergehender Anlockung kommt denen zu, bei welchen Brutmaterial dargeboten wird; ist doch der Drang nach passender Unterbringung der Nachkommenschaft wohl der mächtigste von allen die Handlungen der Insektenweibchen beherrschenden Instinkten. Hier sind vor allen

Dingen die Fangbäume zu erwähnen, welche das wirksamste Mittel gegen die Borkenkäfer, namentlich gegen Tomicus typographus L., bilden, neuerdings aber von EICHHOFF auch gegen andere Käfer, z. B. gegen die Pissodes-Arten empfohlen werden. Diese praktische Massregel wird von GMELIN bereits im Jahre 1787 als in Thüringen durch Oberförster GRESS vorgeschlagen erwähnt, dürfte aber wohl erst durch die BECHSTEIN'schen Arbeiten [I und II] allgemeiner bekannt geworden sein. Vorher hatte man sich einfach mit dem Einschlage des stehenden, bereits befallenen Holzes begnügt. Es werden nun aber erfahrungsgemäss frisch gefällte Stämme von den schwärmenden Borkenkäfern mit solcher Vorliebe angenommen, dass diese sich vornehmlich auf solchen concentriren. Sorgt man also zur Schwärmzeit, und in den Gegenden und Lagen, wo diese Käfer eine mehrfache Generation haben, so lange als ein Schwärmen überhaupt zu erwarten ist, dafür, dass stets in der Nähe der zu schützenden Bestände frisch geworfene Bäume vorhanden sind, so kann man einen grossen Theil der Schädlinge von dem stehenden Holze abhalten und bei rechtzeitiger Schälung der Fangbäume durch nachfolgende Verbrennung der Rinde massenhaft vertilgen. Es kommt aber vorzüglich darauf an, dass die Fangbäume aufmerksam revidirt und vor dem Ausschlüpfen der Käfer, ja am besten sogar vor der Verpuppung der Larven (vergl. S. 207), auch wirklich entrindet werden, da das blosse Werfen von Fangbäumen ohne nachfolgende rechtzeitige Vertilgung der in ihnen abgesetzten Brut gerade die entgegengesetzte Wirkung, nämlich eine Hegung dieser gefährlichen Schädlinge, zur Folge haben muss. Ein anderes ähnliches Vertilgungsmittel sind die häufig gegen den braunen Rüsselkäfer und die wurzelbrütenden Hylesinus-Arten angewendeten Fangknüppel, d. h. schräg in den Boden eingegrabene armstarke Nadelholzstangen, welche die von diesen Thieren zur Ablage ihrer Eier aufgesuchten, flachstreichenden Nadelholzwurzeln nachahmen und von diesen Schädlingen auch wirklich als Brutstätten angenommen werden. Hierher gehören ferner die Fangkästen, d. h. aus Schwartenbrettern roh zusammengefügte, auf den von Engerlingen gefährdeten Kulturen in die Erde eingegrabene und mit lockerer Erde gefüllte Kästen, durch welche die solche Orte zur Ablage ihrer Eier bevorzugenden Maikäferweibchen angelockt werden sollen. Dass auch in den beiden letzten Fällen zur rechtzeitigen Vertilgung der Brut geschritten werden muss, sollen die Massregeln nicht in das Gegentheil des beabsichtigten Schutzes umschlagen, ist klar.

Ein früher den Faltern der schädlichen Schmetterlingsarten gegenüber, namentlich bei Nonnen- und Kiefernspinnerfrass vielfach angewendetes Anlockungs- und Vertilgungsmittel waren die Leuchtfeuer, eine Massregel, die auf der Beobachtung beruhte, dass Nachtschmetterlinge durch Lichtschein angelockt werden. Dieselbe ist sowohl ihrer Gefährlichkeit wegen, als weil man beobachtet hat, dass meist nur die beweglicheren Männchen (vergl. S. 209) sich einfanden, nunmehr wohl völlig ausser Gebrauch gekommen.

Die Ausführung der Vertilgungsmassregeln kann sowohl im
Accord als auch im Tagelohn geschehen und durch Männer, Frauen
oder Kinder besorgt werden. Auch Strafarbeiter können Verwendung finden.

Die Accordarbeit wird, weil billiger, in allen den Fällen vorzuziehen sein, in welchen es hauptsächlich darauf ankommt, eine grosse
Menge von Schädlingen zu erhalten, z. B. beim Sammeln des grossen
braunen Rüsselkäfers, wo denn auch die Leistung des einzelnen Arbeiters
leicht zu controliren ist. Tagelohnarbeit ist dagegen dann zu bevorzugen, wenn es darauf ankommt, dass die Arbeit besonders gewissen-
haft vorgenommen wird, z. B. bei der Herstellung der Klebringe.
In diesem Falle sind aber die Arbeiter seitens des Forstpersonales
genau zu überwachen.

Beim Sammeln von Schädlingen im Accord ist zu beachten, dass
wirklich auch nur die gerade zu bekämpfenden Thiere gefangen und
nicht etwa mit anderen, unschädlichen gemischt werden. Auch müssen
dieselben rein, d. h. ohne Beimischung von Erde, Rindenstückchen etc.
abgeliefert werden. In einzelnen Fällen hat man sich sogar vor Fälschun-
gen zu hüten, z. B. bei der Ablieferung gesammelter Nonneneier vor Beimischung von Mohnsamen oder feinem, schwer wiegendem Schrot. Auch
darauf ist zu achten, dass die Schädlinge wirklich auf dem betreffenden
Revier gesammelt werden und nicht etwa in benachbarten Waldungen,
in welchen in Folge einer sorgloseren Verwaltung, z. B. im Bauernwalde,
die Schädlinge zahlreicher und leichter zu erlangen sind. Desgleichen
ist darauf zu achten, dass bereits abgelieferte Quanten so sorgfältig
verwahrt, oder besser gleich vertilgt werden, dass sie nicht etwa zum
zweitenmale zur Bezahlung vorgewiesen werden können.

Ob Männer, Frauen oder Kinder beschäftigt werden sollen,
hängt einmal von den ortsüblichen Gebräuchen, dann aber besonders von
der Schwere der Arbeit ab. Leichte Sammelarbeit im Accord wird auch
von Kindern und Frauen gut besorgt werden können. Desgleichen
kann sich die gemischte Verwendung verschiedener Arten von Arbeitern
empfehlen; z. B. werden beim Maikäfersammeln Männer zum Schütteln
der Bäume zu verwenden sein, Frauen und Kinder dagegen zum Auflesen
der herabgefallenen Käfer. Kinder sind der besseren Beaufsichtigung.
wegen und zur Vermeidung von Spielereien stets mit Erwachsenen
zusammen zu verwenden, namentlich bei Tagelohnarbeit.

Die Tödtung der gesammelten Schädlinge kann auf verschiedene Weise ausgeführt werden. Am gebräuchlichsten ist das Verbrennen oder das Brühen mit siedendem Wasser, sowie das Zerstampfen in
später zuzuschüttenden Erdgruben.

Das Verbrennen ist nur bei kleineren, nicht sehr wasserreichen
Objecten zu empfehlen, z. B. bei den Nonneneiern. Aber es ist dabei
Vorsicht nöthig, weil die Eier im Feuer leicht explodiren. Auch für
mit Borkenkäfern besetzte, abgeschälte Rinden ist Verbrennen das
beste Mittel, da das früher häufig empfohlene einfache Liegenlassen

derselben nach den Untersuchungen von Forstmeister Dr. Cogho sogar bei Sonnenschein ein ganz unzuverlässiges Mittel ist.

Das Brühen mit siedendem Wasser passt besonders bei Thieren, welche hart und daher schwer zerstampfbar sind, z. B. bei den sehr harten braunen Rüsselkäfern. Weichere Raupen und Puppen sind am besten in Gruben zu zerstampfen und dann zu übererden, da bei irgendwie leichtfertiger Ausführung des blossen Eingrabens die Raupen sich leicht auf die Oberfläche durcharbeiten. Auch ein vorhergehendes Beschütten der Gruben mit ungelöschtem Kalke ist bereits mit Erfolg angewendet worden. Dagegen ist das Vergraben der mit Borkenkäfern besetzten geschälten Rinden nach Cogho nicht zweckmässig, weil sich auch in den eingegrabenen viele Puppen noch zu Käfern entwickeln und diese dann an die Oberfläche durchdringen können.

Besonderen, im folgenden Abschnitt zu besprechenden, Rücksichten unterliegt die Wahl der Tödtungsmethode in dem Falle, wenn die massenhaft gesammelten Schädlinge noch verwerthet werden sollen.

Verwerthung der gesammelten Schädlinge. In denjenigen Fällen, in welchen massenhaft Schädlinge gesammelt werden, können mitunter die Sammelkosten durch Verwerthung derselben wenigstens theilweise wieder gedeckt werden. Man hat z. B. häufig versucht, die Insektenleiber als Dünger zu verwerthen. Namentlich sind Nonneneier, Maikäfer und Engerlinge so verwendet worden. Ist nun gleich der Stickstoffgehalt derselben ein ziemlich hoher, so eignen sich die Insekten doch deshalb weniger zur Düngerbereitung, weil ihr Leib allseitig von der sogar gegen Säuren so ungemein widerstandsfähigen Chitincuticula eingeschlossen wird. Indessen hat doch die Compostirung vielfach gute Resultate gegeben. Auch Oel, Wagenschmiere und Gas sind aus Maikäfern bereitet worden. Am besten lohnt sich das Sammeln der laubholzbeschädigenden Lytta vesicatoria L., der spanischen Fliege, welche zur Bereitung der Zugpflaster verwendet und daher von Apothekern gern gekauft wird.

Insekten, welche zum Zwecke der Vertilgung in Massen eingesammelt werden, hat man untersucht, um nach ihrem Stickstoffgehalte deren Düngerwerth zu ermitteln. Krocker [„Verb. des schles. Forstvereines" v. J. 1856, S. 118] fand in frischen Nonneneiern 71·52% verbrennliche organische Substanzen, 1·48% Aschenbestandtheile und 27% Wasser. Der Stickstoffgehalt betrug 4·54%. Die mineralischen Substanzen der Asche bestanden vorherrschend aus phosphorsaurem Kalk und Kali und etwas kohlensaurem Kali. Legt man dieser Form des Stickstoffes für 1 kg den Werth von etwa 1·2 Mark bei, so berechnet sich der Werth von 100 kg Eiern auf 5 bis 5·5 Mark. Die Versuche über Compostirung zeigten, dass mit Mistjauche verdünnte Schwefelsäure die Eier selbst nach Wochen nicht angegriffen hatte, wohl aber that dies, wenn auch langsam, unverdünnte Schwefelsäure. Viel leichter gelang die Compostirung, welche für die Verwendung von höchster Wichtigkeit ist, durch alkalische Massen unter Zusatz von humoser Erde, z. B. wenn Eier mit Aetzkalk, der an der Luft zerfallen ist, und Erde geschichtet und schwach befeuchtet wurden; auch kann man die Eier mit Aschenlaugen befeuchten, oder mit feuchter Holzasche, der man noch etwas Aetzkalk zusetzt, mischen und dann abwechselnd mit schwachen Erdlagen zu Haufen schichten. Diese ganze Composition muss aber oft umgestochen werden, wobei ein grosser Theil des Stickstoffes bald in lösliche Form übergeht und sich nun als Ammoniak oder auch salpetersaures Salz vorfindet.

Auch bei Maikäfern erreichte Krocker dasselbe, und er empfiehlt den Maikäfer-Compost ebenfalls für die Landwirthschaft. Die Maikäfer enthielten nach seinen Untersuchungen 3 5⁰/₀ Stickstoff, was einem Düngerwerthe von etwa 4 Mark für 1 *kg* entspricht. In Tharand wurden 1856 ebenfalls Versuche über die Dungkraft der Maikäfer angestellt. Es wurden gefunden:

Bestandtheile:	in frischen Käfern:	in völlig ausgetrockneten Käfern:
Stickstoff	3·23	9·6
Fettes Oel	3·80	11·5
Andere organische Stoffe	24·77	74·7
Mineralische Stoffe, hauptsächlich aus phosphorsauren Verbindungen bestehend	1·40	4·2
Wasser	66·80	—
	100	100

Rechnet man 1 *kg* des hier theilweise in schwer löslicher Verbindung vorkommenden Stickstoffes nur zu 1·2 Mark, so wären 100 *kg* frischer Käfer reichlich 4 Mark ·werth, und 1 *hl* frischer Käfer, welches etwa 27 *kg* wiegt, könnte hiernach einen Dungwerth von reichlich 1 Mark beanspruchen. Ein praktisch ausgeführter Düngungsversuch mit Gerste zeigte, dass die Maikäfer ein werthvolles, kräftig und schnell wirkendes Düngemittel darstellen, dessen Wirkungswerth im frischen Zustande mindestens auf ¹/₆ bis ¹/₅, im trockenen reichlich auf ¹/₂ vom guten peruanischen Guano zu schätzen sein möchte. Die Compostirung erfolgte so, dass man die durch Begiessung mit kochendem Wasser getödteten Käfer, nachdem sie 3 bis 4 *cm* hoch ausgebreitet worden waren, mit staubigem, gelöschtem Kaike einpuderte, und sie dann mit einei reichlich gleich hohen Erdschichte bedeckte, auf welche wieder Käfer folgten etc. Der so gewonnene Compost wirkt nach den Erfahrungen sächsischer Landwirthe ähnlich wie Guano für Feld und Garten; auch gibt er einen vortrefflichen Zusatz zu Stallmist, Knochenmehl, Superphosphat etc. Aehnlich verhält es sich mit den Engerlingen.

Ganz ähnlich sind die von Hess [XXI, S. 227, Anm.] reproducirten Analysen von Payer, und nach diesen ergibt sich, dass die Maikäfer im frischen Zustande bezüglich des Stickstoffes bei gleichem Gewicht viermal mehr Dungwerth besitzen als der Stallmist und 1¹/₂ mal mehr als Poudrette.

Die Hess'sche Anweisung zur Compostbereitung aus Maikäfern lautet: Die Käfer müssen „zerstampft und mit so viel trockener Erde, Torfabfällen oder Sägespänen gemischt werden, bis die Masse geruchlos geworden ist. Reine Maikäfermasse verbreitet nämlich einen ganz penetranten Geruch, von entweichenden Gasen herrührend, deren möglichste Fixirung zur Begegnung von Düngerverlust geboten erscheint". Noch vortheilhafter könnte unserer Ansicht nach Gips verwendet werden.

Was die spanischen Fliegen anbetrifft, so ist für dieselben nach einer freundlichen Mittheilung der Firma Gehe & Comp. in Dresden, der russische Markt massgebend, und zwar stellt sich der Preis auf 6—12 Mark für das Kilogramm. Die für den Verkauf beste Tödtungsweise ist die durch Aether — 10 *ccm* auf 1 *l* Käfer — in geschlossenen Gefässen. In der Walachei werden die Thiere dagegen gewöhnlich mit heissem Salzwasser umgebracht.

Die Beurtheilung der Nothwendigkeit und Möglichkeit der Durchführung von Bekämpfungsmassregeln.

Vorbeugungs- und Vertilgungsmassregeln hat nun aber der Forstmann im Einzelfalle nicht ohneweiters anzuwenden. Er wird vielmehr jedesmal besonders erwägen müssen, inwieweit die allgemeinen forst- und volkswirtbschaftlichen Rücksichten deren Anwendung wünschenswerth oder nöthig machen. Jede zur Bekämpfung eines Insektenschadens getroffene Massregel bezweckt ja doch schliesslich die Verhinderung oder Minderung der Beschädigung des wirthschaftlichen Vermögens. Daraus folgt, dass nur diejenigen Massregeln empfehlenswerth sind, deren Erfolg im richtigen Verhältnisse zu dem durch sie bewirkten Aufwande an Arbeit und Kapital steht. Der Forstwirth muss sich daher zunächst klar zu werden suchen, ob der Frass ein solcher ist, dass sich seine Bekämpfung wirklich lohnt. Dies wird der Fall sein, wenn durch dieselbe werthvolle Bestände voraussichtlich vor dem gänzlichen oder theilweisen Eingehen geschützt werden können, oder wenn zu befürchten ist, dass die Unterlassung der Bekämpfung eine gefährliche Steigerung und weitere Verbreitung des Frasses zur Folge haben könne. Zu unterlassen würde die Bekämpfung sein, wenn voraussichtlich schon die natürlichen Gegengewichte ein baldiges Erlöschen des Frasses erwarten lassen, die Beschädigungen nur eine Zuwachsverminderung des Bestandes verursachen oder nur wenige Ausbesserungen einer Kultur nöthig machen und die Vertilgungsmassregeln höher zu stehen kommen, als der Werth der Zuwachsverminderung oder der Aufwand für die Ausbesserung der Kultur beträgt. Ein richtiges Urtheil hierüber abzugeben, ist gewöhnlich sehr schwierig, da man es oft nur mit Wahrscheinlichkeiten zu thun hat. Es muss sich stützen: 1. auf Untersuchungen über die Menge der vorhandenen Insekten; 2. auf die Untersuchung ihres Gesundheitszustandes; 3. auf die Beobachtung der Witterungsverhältnisse; 4. auf die Untersuchung des Zustandes des befallenen Bestandes.

Untersuchungen über die Menge der Schädlinge. In einer grösseren Reihe von Fällen wird bei Begehung der in Frage kommenden Bestände der einfache Augenschein den Forstmann über die Menge der vorhandenen Insekten belehren. Dies ist z. B. der Fall bei den so leicht wahrzunehmenden Processionsraupen. In anderen Fällen, z. B. wenn die Schädlinge entweder hoch oben in den Baumkronen oder in der Bodendecke verborgen sind, wird der Forstmann nach anderen, indirecten Kennzeichen urtheilen müssen oder eine planmässige Untersuchung anzustellen haben.

Von indirecten Kennzeichen kommt das allgemeine Aussehen des Bestandes (vergl. unten S. 228), die Stärke der Entnadelung oder Entlaubung, reichliches Vorhandensein von Harzausfluss oder Bohrmehl, sowie bei Raupen oder Maikäfern die Menge des von ihnen erzeugten Kothes in Betracht. Letztere ist besonders in alten starken Beständen, deren Bäume sich nicht schütteln lassen, also bei Kiefernspinnerfrass im Hochwalde, bei Eichenwicklerfrass auf alten übergehaltenen Eichen u. s. f. wichtig, und es kann hier den Forstmann nicht blos das Gesicht, sondern auch das Gehör belehren, da mitunter der Koth so massig erzeugt wird, dass sein Herabfallen ein rieselndes Geräusch hervorbringt. Auch die Ansammlung insektenfressender Vögel, z. B. des Kukuks, in einem Bestande, sowie die Thatsache, dass die Sauen in demselben stärker als gewöhnlich brechen, wird vom aufmerksamen Forstmanne wohl beobachtet werden.

Planmässige Untersuchungen sind in Form des Probesammelns anzustellen. Auf einer passend ausgewählten, beschränkten Fläche wird unter genauer Aufsicht des Schutzpersonales im Tagelohne möglichst intensiv gesammelt, die Anzahl der gesammelten Schädlinge bestimmt und alsdann unter Hinzurechnung eines mässigen Zuschlages für übersehene Stücke die Gesammtmasse für die fragliche Hauptfläche berechnet. Da bei starkem Frasse ein directes Zählen der gesammten, beim Probesammeln erhaltenen Insektenmenge nicht wohl ausführbar ist, so misst oder wägt man die erhaltenen Schädlinge, bestimmt durch Zählen die Anzahl der durchschnittlich auf 1 l, 1 kg oder ein Bruchtheil derselben gehenden Stücke und findet dann die Gesammtanzahl durch Rechnung. Die Genauigkeit des Probesammelns kann in einzelnen Fällen noch weiter controlirt werden, z. B. bei Kiefernspinnerfrass, indem man nachträglich die im Winter nach den in der Bodendecke ruhenden Raupen abgesuchte Probefläche theert und die Anzahl der übriggebliebenen, auf den Theerringen abgefangenen Raupen feststellt.

Das Probesammeln kann aber auch so angestellt werden, dass mit seiner Hilfe nicht allein ein Schluss auf die Menge der in einem bestimmten Bestande vorhandenen Schädlinge möglich wird, sondern auch diejenigen Revierstellen gefunden werden, in welchen die Anzahl der Schädlinge am stärksten ist. Man legt zu diesem Zwecke Probebahnen in passender Entfernung, lässt diese im Tagelohn unter genauer Aufsicht sorgfältig absuchen und durchschneidet sie alsdann rechtwinkelig durch ein zweites System von Probebahnen. Stellt man auf den einzelnen Strecken dieser Probebahnen die Anzahl der gefundenen Schädlinge fest, so findet man ohneweiters die am stärksten inficirten Stellen.

Bei drohendem Borkenkäferfrass kann man zunächst Probefangstämme werfen und aus deren stärkeren oder schwächeren Besetzung auf die vorhandene Borkenkäfermenge schliessen.

Die Untersuchung des Gesundheitszustandes der Forstschädlinge.

Sind so viel Forstschädlinge vorhanden, dass ihre Menge bedrohlich erscheint, so muss der Forstwirth sich über den Gesundheitszustand derselben klar zu werden suchen. Denn, wenn ein hoher Procentsatz als krank nachgewiesen werden kann, z. B. 50% und darüber, so sind Vertilgungsmassregeln überflüssig. Eine Erkrankung der Forstschädlinge wird angenommen werden können: 1. wenn die lebenden ein auffallendes Benehmen zeigen, 2. wenn eine Untersuchung des Innern der getödteten das Vorhandensein von Schmarotzer-Insekten oder Pilzen nachweist, 3. wenn eine ungewöhnliche Sterblichkeit eintritt.

Als auffallendes Benehmen wird man besonders Trägheit der Bewegungen und Unlust zum Fressen ansehen können. Indessen sind diese Zeichen durchaus nicht untrüglich, vielmehr muss man bedenken, dass z. B. auch vor jeder Häutung die Raupen träge und fressunlustig werden, und viele erkrankte Thiere anfänglich gar keine abnormen Lebensäusserungen zeigen. Gewissheit über das Vorhandensein einer Epidemie kann nur die Untersuchung der Thiere gewähren. Zunächst wird eine solche stets auf den leichteren Nachweis von Schmarotzer-Insekten, erst in zweiter Linie auf den Nachweis von Schmarotzerpilzen zu gehen haben. In einfachen Fällen genügt die Untersuchung von 50 bis 100 Stück auf das Gerathewohl eingesammelter Thiere. Handelt es sich aber um die Beurtheilung der Verhältnisse in ausgedehnteren Beständen, so müssen mehrere, an verschiedenen, weiter von einander entfernten Stellen gesammelte Proben von je 50 bis 100 Stück untersucht werden.

Untersuchung auf Infection mit Schmarotzer-Insekten. Nur in seltenen Fällen ist es möglich, äusserlich am lebenden Thiere die Stelle nachzuweisen, an welcher das mütterliche Schmarotzer-Insekt durch einen Stich mit der Legscheide seine Eier in das Wirthsthier eingebracht hat, oder an welcher die aus äusserlich am Leibe des Wirthes abgelegten Eiern geschlüpften Larven sich in das Innere hineingefressen haben. Nur an nackten Raupen und Afterraupen ist diese mitunter als. dunkler Fleck zu erkennen. Die Section muss also hier zu Hilfe genommen werden. Da die Auffindung von Schmarotzer-Insekteneiern ungemein mühsam ist, so wird man stets nur auf den Nachweis von Larven oder Puppen bedacht sein. Auch werden in der Praxis, obgleich alle vier Lebensstadien der Insekten: Eier, Larven, Puppen und Imagines, von Schmarotzern bedroht sind, meist nur die beiden mittleren, d. h. die Larven oder Puppen der Forstschädlinge, auf Infection mit Schmarotzern untersucht. Am häufigsten hat der Forstmann Veranlassung, Raupen zu untersuchen, z. B. im Winterlager gesammelte Kiefernspinnerraupen. Zuvörderst tödtet man die Raupen am besten, indem man sie circa eine Stunde in einem zugedeckten

Gefässe mit weiter Mündung stehen lässt, in welches man ein mit Schwefeläther oder Benzin getränktes Papier- oder Wergbäuschchen geworfen hat. Die im Todeskampfe zusammengezogenen Raupen streckt man zunächst durch sanften Zug, fasst dann jede einzelne mit der linken, eventuell handschuhbekleideten Hand — am besten an beiden Enden, den Kopf zwischen Zeige- und Mittelfinger, das Hinterende zwischen Daumen und Goldfinger — und schneidet mit einer feinen Scheere in einigen vorsichtigen Schnitten die Leibeswand am Rücken, womöglich ohne Verletzung des Darmes, in ganzer Länge auf. Alsdann breitet man die Raupe in einem Schüsselchen von dunkler Farbe — „Bunzlauer Geschirr" eignet sich hierzu sehr gut — aus, so dass die Eingeweide im Wasser flottiren und spült sie einigemale ordentlich durch. Sind Schmarotzerlarven vorhanden, so werden dieselben bald zwischen den Eingeweiden herausfallen und gegen den dunkleren Boden der Schüssel als weisse „Maden" abstechend, leicht erkannt werden. Wird das Wasser trübe, was besonders dann geschieht, wenn bei dem Aufschneiden Därme verletzt wurden und der Darminhalt einiger Raupen ausgetreten ist, so muss man dasselbe erneuern. Anfänger haben sich zu hüten, dass sie nicht Stücke des Raupenleibes, z. B. die gelblichen Anlagen der Geschlechtsorgane oder abgeschnittene Stücke der Spinndrüsen, für Parasitenlarven halten. RATZEBURG hat gefunden, dass unter 1 cm lange, jüngere Raupen des Kiefernspinners keine Schmarotzer enthielten. Findet man Schmarotzer, so können dies Schlupfwespen- oder Tachinen-, d. h. Raupenfliegen-Larven sein. In Betreff der Kennzeichen dieser Larven müssen wir auf den speciellen Theil verweisen. Will man Puppen auf Schmarotzer untersuchen, so bricht man dieselben einfach in der Mitte auf und spült den Inhalt im Wasser aus, wobei man leicht etwa vorhandene Schmarotzerlarven findet. Nimmt man die Untersuchung der Puppen gleich im Walde vor, so kann man sich das Ausspülen im Wasser ersparen, da in ihnen ja die Schmarotzer meist in bereits vorgerückteren Entwicklungsstadien enthalten, also bereits grösser sind und ohne weitere Schwierigkeit in dem zwischen den Fingern herausgedrückten Puppeninhalte erkannt werden können. Schwer erkrankte Puppen lassen sich auch ohne Untersuchung des Innern, an ihrer Steife und Unbeweglichkeit erkennen. Im Allgemeinen ist die Untersuchung auf Schmarotzerinsekten ein nicht sehr reinliches Geschäft, und man thut daher gut, zur Notirung der gewonnenen Resultate sich eines Gehilfen zu bedienen.

Wenn bereits viele Forstschädlinge den Schmarotzern zum Opfer gefallen sind, so findet man die Spuren ihrer Verwüstungen an den übrig gebliebenen Ei-, Larven- und Puppen-Hüllen, sowie den Cocons. Eierschalen und Puppenhäute, sowie Cocons zeigen sich auf eine Art durchbrochen, welche von der bei normalem Ausschlüpfen des Insektes eintretenden abweicht; z. B. zeigen die von Teleas zerstörten Eier des Kiefernspinners ein kleines rundes Loch, während die Eischalen, aus denen ein Räupchen schlüpfte, unregelmässig zerfressen sind. Dagegen haben die Tönnchen von Lophyrus, aus denen ein

Ichneumon ausschlüpfte, eine unregelmässige, kleine Oeffnung (Taf. VI, Fig. 3, *C**), während die Blattwespe bei ihrem Ausschlüpfen einen regelmässigen Deckel abnagt (Taf. VI, Fig. 3, *C*). Neben durch Schmarotzer-Insekten getödteten Larven oder Puppen findet man häufig die Cocons der Schlupfwespen (Taf. III, *S'*) oder die Tönnchen der Tachinen; bei Puppen sind sie oftmals mit der getödteten Puppe im Cocon eingeschlossen. Am bekanntesten sind die von Microgaster getödteten Kiefernraupen, welche schon vonweitem an dem sie umgebenden silberweissen Coconhaufen erkennbar sind (Taf. III *S'''*).

Untersuchung auf Infection mit Schmarotzerpilzen, auf Mykosen. Das Vorhandensein einer Mykose bei den Forstschädlingen ist mitunter schon im Walde durch Beobachtung festzustellen. Häufig zeigen z. B. die von Pilzen inficirten Larven und Raupen missfarbige Flecke, und wenn eine ausgedehntere „Empusa"- oder muskardineartige Mykose ausbricht, so findet sich wohl bald ein oder das andere eingegangene, äusserlich mit Pilzfäden bedeckte Thier. Sind solche Beobachtungen nicht vorhanden, so kann der Forstwirth, besonders wenn es sich um Raupen handelt, eine Anzahl derselben bei guter Fütterung einzwingern und abwarten, ob eine grössere Sterblichkeit unter denselben ausbricht. Ist diese durch Pilze verursacht, so lassen sich solche sofort nach eingetretenem Tode im Innern der Raupe nachweisen. In einzelnen Fällen kann dies schon ohne Mikroskop geschehen. So weist eine milchige Trübung des Blutes, welches man dadurch gewinnt, dass man eine Raupe vorsichtig mit der Nadel ansticht und durch leichtes Drücken ein Tröpfchen austreten lässt, auf das Vorhandensein von Cylindergonidien, also auf eine muskardineartige Erkrankung hin. Es bricht ferner bei Raupen, welche an „Empusa"-Mykose eingegangen sind, sofern dieselben nicht zu trocken gehalten werden, binnen 24 Stunden der Pilzüberzug durch. Wenn man nun die todten Raupen auf ein Stück Fensterglas legt, ein mit Wasser getränktes Fliesspapier- oder Wergbäuschchen· hinzufügt und ein gewöhnliches Glas darüberstülpt, so bildet sich, wenn eine „Empusa"-Erkrankung vorliegt, um jedes schimmelbedeckte Thier binnen weiterer 24 Stunden ein Hof von weisslichem Staube, d. h. von weggeschleuderten Sporen, und die Raupe verjaucht bald nach dem Verblühen des Pilzes. Verzögert sich dagegen der Ausbruch einer Pilzvegetation längere Zeit, so ist eher auf muskardineartige Mykose zu schliessen. Sicher ist letztere dann angezeigt, wenn das an der Luft liegende Thier anfangs schlaff, nach 24 Stunden aber prall ausgestopft erscheint. Directe Verjauchung ohne vorherigen Schimmelausbruch weist auf das Vorhandensein einer Spaltpilzmykose hin. Trocknet die nicht sehr feucht gehaltene Raupe zu einer zerbrechlichen Mumie ein, die mit zunderartigem Marke, d. h. mit Pilzmycel gefüllt ist, so ist eine nicht zum Ausbruch gekommene Entomophthoreen-Mykose oder muskardineähnliche Erkrankung wahrscheinlich. Ist sie dagegen mit hellem oder dunkelm Staube gefüllt, so ist eine Ausbildung von Entomophthoreen-Mykose zu vermuthen.

Gewissheit liefert nur die mikroskopische Untersuchung, zu welcher aber, besonders wenn etwa eine Spaltpilzmykose nachgewiesen werden soll, ein so gutes Mikroskop und eine so bedeutende Uebung in seinem Gebrauche gehört, wie in den meisten Fällen dem praktischen Forstwirthe nicht zu Gebote stehen. Ist dies dennoch der Fall, so werden die, S. 164 bis 181, gegebenen Beschreibungen und Abbildungen der in Frage kommenden Pilze eine sichere Bestimmung ermöglichen. Anderenfalls hat man sich an einen Fachmann zu wenden.

Die Beobachtung der Witterungsverhältnisse. Die Witterungsverhältnisse können in zweierlei Weise bestimmend auf das Urtheil über die Nothwendigkeit von Gegenmassregeln einwirken. Sowohl in dem Falle, wenn sie für das Leben und die Gesundheit der Forstschädlinge ungünstig erscheinen, als auch dann, wenn sie dem Baumwuchs und der Ausheilung der erfolgten Beschädigungen günstig sind, wird der Forstmann von künstlichen Vorbeugungs- und Vertilgungsmassregeln ganz oder theilweise absehen können. Es sind dies diejenigen Witterungsverhältnisse, welche RATZEBURG als frasshindernde und genesungsfördernde [XV, S. 63] bezeichnet und denen er die frassfördernden und genesungshindernden entgegenstellt.

Die frasshindernden Witterungseinflüsse sind bereits auf S. 162 ausführlich erörtert worden. Im allgemeinen werden die genesungsfördernden mit jenen zusammenfallen und auch nach den speciellen Boden- und Standortsverhältnissen des betreffenden Revieres und Bestandes wechseln. In dürren Lagen werden z. B. reichliche Niederschläge das Wiederergrünen in einem kahlgefressenen Kiefernbestande begünstigen, während in einem feuchten Auwalde ein trockener Winter günstig wirken kann.

Untersuchung des befallenen Bestandes. Von hervorragender Wichtigkeit ist die Frage, ob voraussichtlich die von Insekten befallenen Bäume oder Bestände durch den Frass sicher getödtet werden, oder ob sie nur Beschädigungen erleiden, welche entweder überhaupt blos den Zuwachs vermindern, oder erst durch Wiederholung den Tod des Bestandes befürchten lassen. Im ersten Falle wäre es überflüssig, Massregeln zu ergreifen, welche lediglich den Schutz des Bestandes selbst bezwecken, während sie im letzteren Falle ganz am Platze sein können. Unter Umständen kann der Zustand eines befallenen Bestandes auch Massregeln überflüssig oder geboten erscheinen lassen, welche der Weiterverbreitung des Uebels Halt gebieten sollen. Die auf eine eingehende Untersuchung gestützte Prognose wird in vielen Fällen leicht, in anderen schwer, in noch anderen gar nicht mit Sicherheit zu geben sein. In schwierigen Fällen ist sie überhaupt nur unter aufmerksamer Beachtung der soeben besprochenen Umstände möglich. Dabei ist ferner nicht zu übersehen, dass die verschiedenen Standortsverhältnisse, die einzelnen Holzarten und die verschiedenen Altersstufen derselben von grossem Einfluss auf die Beantwortung der Frage sind.

Bei Besprechung der verschiedenen durch Insekten verübten Beschädigungen (S. 137 u. f.), sowie der die Grade der Schädlichkeit bedingenden Ursachen (S. 146 u. f.), ist bereits auf die Möglichkeit einer Prognose hingewiesen worden. Die Beachtung des Standortes ist insofern wichtig für die Vorhersage, als im Allgemeinen die Gefahren durch Insektenbeschädigungen dann am grössten sind, wenn ungünstiger Standort einen kümmerlichen Wuchs der Bäume bedingt, während günstigere Standortsverhältnisse die Widerstandskraft derselben stärken. Nur dort, wo der schlechtere Standort lediglich Folge rauhen Klimas ist, verhält sich die Sache insofern anders, als durch ein solches Klima für gewöhnlich auch das Insektenleben beeinträchtigt wird. So wird man Maikäferschaden in höheren Gebirgslagen nie zu fürchten haben; selbst Borkenkäferfrass gestattet dort in der Regel eine günstigere Prognose, weil nur in ungewöhnlich warmen Sommern mehrfache Generation zu fürchten ist (vergl. S. 117 und 118).

Dass von unseren heimischen Holzarten die Laubhölzer im allgemeinen weit weniger empfindlich sind als Nadelhölzer, dass sie namentlich in den höheren Altersstufen einer wirklich tödtlichen Verletzung durch Insektenfrass viel weniger ausgesetzt sind, wurde früher schon erwähnt (vergl. S. 148). Man wird deshalb in älteren Laubholzbeständen selten nothwendig haben, kostspielige Bekämpfungsmassregeln anzuwenden. Bei Raupenfrass, wie z. B. bei Frass von Dasychira pudibunda L., Geometra brumata L.. Tortrix viridana L. u. s. w., wird in der Regel nichts zu thun sein, weil die Kosten der Vertilgungsmassregeln meist grösser sein würden, als der durch den Frass bewirkte Verlust an Zuwachs oder Samen. Von Borkenkäfern, Buprestiden, Bockkäfern oder anderen im Holze lebenden Insekten heimgesuchte alte Bäume kann man, obgleich sie den Frass meist Jahre lang aushalten, ohne Kosten entfernen, soweit dies nöthig erscheint, um eine weitere Ausbreitung des Uebels zu verhindern. Man braucht sich aber damit nicht zu übereilen. Empfindlicher sind jüngere Bäume, namentlich frisch gepflanzte Heister. Borkenkäfer, einige Buprestiden und Rüsselkäfer, Raupen u. s. w. können junge Buchen, Eichen, Eschen, Rüstern, Birken etc. schwer schädigen und schon in einem Jahre tödten. Man bemerkt dies meist zur rechten Zeit, um die kranken Stämmchen noch vor Ausfliegen der Käferbrut entfernen zu können. Ein sicheres Kennzeichen ist namentlich das schneller als beim Nadelholze eintretende Welken der Blätter; auch an der Rinde verdächtiger Bäumchen wird man bei aufmerksamer Untersuchung die Bohrlöcher entdecken. Sehr leicht ist es, Raupen- oder Käferfrass an den Blättern zu bemerken. In allen den hier genannten Fällen ist also die Prognose nicht sehr schwierig, aber auch meist nicht nothwendig.

Etwas Anderes ist es mit den weit empfindlicheren Nadel-hölzern, diese erfordern grössere Aufmerksamkeit (vergl. S. 149). Nicht blos die alten, sondern auch die jungen und ganz jungen Be-stände sind viel mehr der Gefahr ausgesetzt, durch Insektenfrass ver-nichtet oder schwer geschädigt zu werden, als Laubhölzer von dem-selben Alter.

Bei jungen Nadelhölzern treten die Symptome sehr bestimmt auf. Keimlinge und selbst etwas ältere Pflanzen lassen als schwächliche Individuen die tödtliche Erkrankung leicht erkennen. Wenn die noch zarten Wurzeln von Engerlingen abgefressen werden, so lassen die Pflänzchen noch an demselben Tage die Nadeln hängen, und man braucht gar nicht das Rothwerden derselben abzuwarten, um ihren Tod vorauszusagen. Schwächere Beschädigungen heilen die Pflanzen wohl auch wieder aus. Die stets mit dem Tode verknüpfte Schädigung der jungen Kiefern durch Larven von Pissodes notatus FABR. kennzeichnet sich im Juni und Juli leicht durch Welken der Triebe, ebenso sterben von Hylesinus cunicularius ER. befallene junge Fichten sehr bald ab. Leicht beurtheilen sich auch die Schäden, welche an jungen Kiefern und Fichten durch den Frass des grossen Rüsselkäfers, an Kiefern durch die Saateule hervorgerufen werden. Die Prognose bereitet hier keine Schwierigkeiten. Insoweit als die etwa zu ergreifenden Massregeln vom Zustande der Pflanzen selbst abhängen, kann man ruhig abwarten, oh sich dieselben erholen oder nicht, ehe man für die eingegangenen durch Ausbesserung der Kultur Ersatz schafft

In älteren Nadelholzbeständen handelt es sich dagegen um den Schutz und die Erhaltung wirthschaftlicher Objecte, welche leicht und schnell nicht wieder ersetzt werden können. Sichere Todeskennzeichen fehlen hier zwar ebenfalls nicht, sind aber nicht immer so deutlich ausgesprochen, wie bei den jungen Pflanzen. Plötzliches Absterben kommt beim alten Baum, also bei einem aus vielen kleinen Individuen bestehenden Gesammtindividuum nicht vor, das Absterben erfolgt mehr allmälig. So grünt manchmal der Wipfel noch längere Zeit, während unten am Stamme die Rinde sich bereits loslöst: ein sicheres Kenn-zeichen des Todes. Wir müssen schon zufrieden sein, wenn sich die bestimmten Todeszeichen noch vor Winter oder während des Winters einstellen, damit die Axt dem Verderben des Holzes vorbeugen kann. Zunächst ist hier der Frass der Rinden-, Bast- und Holzbeschädiger, in der Hauptsache also der Käferfrass, von dem der Nadelbeschädiger, also hauptsächlich dem Raupenfrasse, zu unterscheiden.

Im Falle eines Käferfrasses, welcher im Nadelholze für jüngere und alte Bäume gleich gefährlich ist, gewöhnlich auch zum baldigen Abtriebe drängt, ist zuerst die Rinde zu beobachten, an der sich die Borkenkäfer durch Bohrlöcher und Wurmmehl, Pissodes piniphilus HBST. und hercyniae HBST., sowie Tetropium luridum L. u. A. durch Harztropfen verrathen. Das Bleichen und Rothwerden der Nadeln tritt zuweilen bald ein, bei Fichte schneller als bei Kiefer; manchmal bleibt es auch bis zum Winter oder bis zum nächsten Frühjahre aus.

Dies ist z. B. bei Frass von Pissodes piniphilus der Fall und bei Borkenkäfern dann, wenn der Anflug erst im Spätherbst erfolgte. Von Borken-
oder Stangenrüsselkäfern befallene Bäume sind unrettbar verloren. Eine
Ausnahme hiervon machen höchstens die alten Kiefern, welche in ihrer
dicken Borke nur Ueberwinterungsgänge des Hylesinus piniperda L.
zeigen. Die wirklich befallenen Bäume bieten also keine Schwierigkeiten bezüglich der Prognose, sie müssen schon wegen der Gefahr der
Weiterverbreitung des Uebels unter allen Umständen gefällt, bei Borkenkäferfrass auch entrindet und entfernt werden, selbst für den Fall, dass der
betroffene Bestand nicht mehr zu retten ist, umso mehr aber, wenn
letzteres noch möglich. Nur bei glücklicherweise seltenen, besonderen
Unglücksfällen ist diese Möglichkeit ausgeschlossen, wenn man gegen
Borkenkäfer mit Fällung von Fangbäumen stets in richtiger Weise vorgeht.

Schwierige Zweifel entstehen dagegen oft bei den Nadelfressern,
bei Raupenfrass, da der Tod oder die mögliche Genesung des befallenen
Baumes oder der befallenen Bestände nicht blos von der Art des
Nadelholzes und von der Insektenart abhängt, sondern ganz wesentlich
von der Intensität des Frasses und von der Witterung (vergl. S. 226).
Nur in seltenen Fällen werden einzelne Stämme wirklich todt gefressen,
das heisst inmitten des Frasses getödtet. Der Abtrieb eilt hier zwar
nicht so sehr wie bei „Wurmtrockniss", weil sich die Schädlinge nicht
innerhalb der Frassobjecte entwickeln, und man Zeit hat, die Kranken
länger zu beobachten, allein die Frage darnach, ob und welche Vertilgungsmittel zu ergreifen sind, muss wesentlich auch nach dem Zustand des befallenen Bestandes entschieden werden. Ist letzterer einmal
rettungslos verloren, so sind zu seinem Schutze keine Kosten aufzuwenden, sondern nur zur Verhinderung der Verbreitung des Uebels
in Nachbarbestände. Lärche und Tanne werden seltener eingehendere
Untersuchungen nothwendig machen, viel öfter Fichte und Kiefer.

Als Zeichen eines bald zu erwartenden Todes nach Raupenfrass
gilt das Trocknen und Welken der Knospen, sowie selbstverständlich
das Auftreten von Borkenkäfern, Hylesinen und Bockkäfern. Wenn
die Knospen beim Durchschneiden nirgends mehr grüne Nadelchen
zeigen, dann ist allerdings der Baum todt, indessen kann man nicht
umgekehrt aus dem grünen Inhalte der Knospen stets auf Gesundheit
schliessen; dergleichen Bäume sterben trotzdem manchmal plötzlich ab.

Für die Fichte kommt besonders der Frass der Nonne in Betracht, der nicht selten den Tod herbeiführt, manchmal aber wenig
schadet. In der Regel zeigen die Fichten meist ein früheres Rothwerden der Nadeln als die Kiefern, so bei Nonnenfrass, oft schon im
Herbste. Es ist das sehr auffallend, wenn scheinbar nur eine so geringe
Beschädigung der Bäume stattfand, dass ein Viertel oder selbst die
Hälfte der Benadelung erhalten blieb. Im Sommer ist also die Prognose
äusserst schwierig und unsicher. Kiefern halten einen viel stärkeren
Frass aus als Fichten. Man wird also bei Nonnenfrass für erstere wohl
immer auf Wiedergenesung hoffen dürfen. Auch nach dem Frasse der
Forleule hat man wiederholt beobachtet, dass sich trotz vollständigen

Kahlfrasses die Bäume wieder erholten, selbst solche, bei denen schon viele Knospen abgestorben waren, ein Beispiel, welches lehrt, dass man mit der Vorhersage des Todes vorsichtig sein muss. Andererseits ist in Folge des durch Kiefernspanner eingetretenen Kahlfrasses, allerdings unter Hinzutritt anderer ungünstiger Umstände, schon unerwartet der Tod eingetreten. Noch grössere Schwierigkeiten bietet die Vorhersage in Kiefernbeständen beim Frass des Spinners, und ist man in früheren Zeiten nicht selten wegen irriger Vorhersage zu schnell mit dem Abtriebe vorgegangen. Allerdings ist auch bei Kiefern die Zerstörung der Knospen in grosser Ausdehnung eine Todesursache. Je mehr Knospen zerstört wurden, desto zahlreicher treten auch andere Anzeigen schwerer Erkrankung hervor, wie Rosetten (Fig. 92) und Scheidentriebe (vergl. S. 144). Einzeln, also unbedeutend, erscheinen Rosetten auch nach Spanner-, zuweilen auch nach Eulen- und Nonnenfrass, massenhaft jedoch nach dem Frass des Kiefernspinners, und sind immer mit kümmerlicher Ausbildung der Jahresringe verknüpft. Hat man auch dann noch bezüglich der Vorhersage Zweifel, so untersuche man, ob der Weichbast schon gelbfleckig oder wässerig wird oder sich gar zunderartig auflöst, im hohen Grade „aufgebacken" erscheint, und ob dem letzten Jahrringe nicht schon Harzcanäle und Herbstholz, „Braunholz", fehlen. In vielen Fällen sind, selbst ohne Eintritt der Bildung von Rosetten, schon die vorhergehenden Ringe mehr oder weniger abnorm; theils sind sie sehr schmal, theils zeigen sie „Harzketten" (vergl. S. 146), welche immer ein bedeutendes Sinken der Lebensthätigkeit bekunden. An einzelnen hoffnungslosen oder sehr zweifelhaften Bäumen kann man dann auch „fenstern", d. h. man schneidet ein Rindenfenster von einigen Quadratcentimetern aus, um auf dem dadurch entblössten Splinte die austretenden Harztröpfchen beobachten zu können. Dies kann zum Vergleiche zwischen gesunden und kranken Stämmen sowohl im Winter, wie im Sommer geschehen. Kleine und sehr sparsame Harztröpfchen verrathen eine bereits eingetretene Schwäche des Baumes.

Auch der Zustand der Benadelung kann ein die Prognose wesentlich unterstützendes Zeichen sein, um so mehr, weil es im Grossen sichtbar ist, und weil man doch nicht jeden einzelnen Baum genau untersuchen kann. Blos nach der Benadelung darf man indessen nicht urtheilen, denn selbst Kahlfrass ist nicht gleichbedeutend mit Todtfrass. Sicher ist er dies nur in dem Falle, wenn auch viele Knospen an- oder abgefressen oder die Triebe selbst von den Raupen stark beschädigt wurden, wie es bei starkem Spannerfrass oft der Fall ist. Für Stämme, welche ohne wesentliche Beschädigung der Knospen wenigstens noch die halbe Benadelung erhalten haben, droht gar keine Gefahr; anders ist es bei solchen, welche nur noch eine geringe Anzahl von Nadelbüscheln zeigen. Für Stangenhölzer, die nicht wenigstens 100 Nadelbüschel und für ältere Bäume, welche nicht wenigstens 200 Nadelbüschel pro Stamm behalten, ist nach RATZEBURG Gefahr zu befürchten.

Die Möglichkeit der Durchführung zweckmässiger Bekämpfungs-massregeln hängt ferner auch ab von den Hilfsmitteln, über welche der Waldbesitzer verfügen, kann. Der Kleinbesitzer ist meist nicht in der Lage, so bedeutende Kosten aufzuwenden wie der Grossbesitzer, wie namentlich der Staat. Da aber auch ein kleiner Wald zum Herde für die Ansteckung weiterer Bezirke werden, also eine Gefahr für die Allgemeinheit bringen kann, und da der Wald ausser seinem directen wirthschaftlichen Werthe für den Besitzer auch eine weitere Bedeutung für das Volkswohl überhaupt hat, so wird es die Aufgabe des Staates, die wirthschaftlichen Massregeln der Kleinbesitzer durch Gewährung des Rathes von Sachverständigen, unter Umständen auch durch Arbeitskräfte, durch Stellung von Militär oder Sträflingen, sowie durch Vorstreckung des nöthigen Geldes (vergl. S. 244) zu unterstützen, die Bekämpfung der Forstschädlinge aber gesetzlich zu fordern.

Werth und Behandlung der von Insekten befallenen oder getödteten Bäume und Bestände.

Trotz aller Vorbeugungs- und Vertilgungsmassregeln wird man leider die Insektenschäden niemals ganz aus dem Walde verbannen können, ja das Zusammenwirken vieler, eine ausserordentliche Vermehrung der Schädlinge begünstigenden Umstände kann auch heute noch selbst einem ganz rationell bewirthschafteten Walde wirkliche Insektenverheerungen bringen, wenn auch nicht in so erschrecklicher Ausdehnung wie jenen Waldungen, in welchen eine solche Wirthschaft noch nicht zu finden ist. Deshalb verdient die Frage nach dem Werth und nach der Behandlung des von Insekten befallenen oder bereits getödteten Holzes die Beachtung des Forstwirthes. Geben auch Wissenschaft und Erfahrungen noch keine vollständig genügende Antwort auf diese Frage, so lassen sich doch wenigstens einige Fingerzeige gewinnen.

Der Werth des von Insekten befallenen oder getödteten Holzes wird direct und am deutlichsten beeinträchtigt durch die sogenannt **technisch schädlichen Insekten** (vergl. S. 152), zum Theil schon ehe die befallenen Bäume getödtet sind, zum Theil erst nach dem Tode oder nach der Fällung derselben. Indirect findet eine solche Schädigung dadurch statt, dass das von Insekten getödtete Holz an Qualität verliert, und zwar um so mehr, je länger es stehen bleiben muss, ehe es zur Fällung gelangt. Es erklärt sich dies dadurch, dass, je länger das getödtete oder tödtlich befressene Holz auf dem Stocke steht, desto mehr der natürliche, von Pilzen eingeleitete oder begleitete Zersetzungsprocess vorschreitet. Auch dürfte hierbei wohl die Jahreszeit, in welcher das Holz abgestorben ist, nicht ohne Einfluss sein.

Beispiele nur technisch schädlicher Insekten im todten Holze und solcher, die bereits im lebenden Holze hausen, also zugleich physiologisch schädlich werden, vergleiche S. 152. Von den die Qualität des Holzes durch Todtfressen der Bäume schädigenden Insekten sind in erster Reihe Kiefernspinner und Nonne, sowie die Bastzerstörer unter den Borkenkäfern zu nennen.

Bezüglich der Werthverminderung lassen sieh nach Raupenfrass zwei Hauptklassen unterscheiden: Winter- und Saft-Raupenholz. Ersteres ist das in dem auf den Frass folgenden Winter gefällte und aufbereitete, letzteres das später, nach dem Winter gefällte Holz. Das Winter-Raupenholz ist, wie die Erfahrungen gelehrt haben, das bessere, weil der Zersetzungsprocess in ihm durch die rechtzeitige Fällung und die mit ihr verbundene Austrocknung verhindert wird. Zwischen diesen Hauptwerthklassen gibt es natürlich als Uebergänge zahlreiche Ver-schiedenheiten, welche sich auf fest bestimmte Stufen nicht zurück-führen lassen, und daher die Gewinnung massgebender Erfahrungen erschweren. Zwischenklassen, welche etwa aus den schon im Frass-sommer selbst getödteten, „todtgefressenen" Stämmen sich bildeten, nimmt indessen Forstmeister Schultz nicht an, denn vor Ende Juli gibt es keine ganz abgefressenen Bäume.

Vorzügliches Interesse gewähren in dieser Beziehung die grossartigen Er-fahrungen, welche man bei dem letzten Nonnenfrasse in Ostpreussen bezüglich der Fichte gemacht hat. Forstmeister Schultz, mit dessen Angaben auch die des Oberförsters Ahlemann ziemlich harmoniren, hat sie in den Verhandlungen des Schlesischen Forstvereines gelegentlich mitgetheilt, auch hat er ihnen eine besondere Abhandlung [„Georgine", Zeitschrift für landwirthschaftl. Cultur, Gumbinnen 1856] gewidmet: „Ueber die Dauer des von der Nonne getödteten Holzes als Bauholz, Vortrag, gehalten im ökonomischen Vereine". Man durfte diese vor vielen Sach-verständigen vorgetragene Resultate schon damals als reif ansehen, sie haben aber auch noch später die Probe ausgehalten. So heisst es z. B. in einer brieflichen Mittheilung an Ratzeburg: „Klobenholz, welches im Sommer 1855 getödtet, aber gleich im nächsten Winter eingeschlagen, instructionsmässig gespalten und dann geschält und aufgeklaftert worden war, konnte noch im Jahre 1860 als gutes Brennholz angesprochen werden, während die damals nicht gefällten, abgestandenen Hölzer desselben Bestandes, also Saft-Raupenholz, zum Theil schon so verwittert sind, dass sie beim Fällen oft in 2 bis 3 und mehr Stücke zerspringen."
Sehr beachtenswerth sind auch folgende Untersuchungen: Oberforstmeister v. Massow veröffentlicht in der „Forst- und Jagdzeitung" [J. 1856, S. 223] die von Dr. Sonnenschein angestellten Untersuchungen über die Frage, ob die ostpreussischen nonnenfrässigen Fichten vom Jahre 1855, welche 1856, obgleich vollständig entnadelt, noch auf dem Stamme standen, den ganz gesunden gegenüber einen Unterschied darböten. Beide Hölzer wurden zuerst der trockenen Destillation unterworfen und von beiden fast dieselben Quantitäten der Zersetzungsproducte gewonnen, nämlich aus dem gesunden Holze: Wasser 61·5%, Theer 4%, Kohle 13%, Gas 20·5%, Essigsäure 1%, während man vom todten Holze nur etwa 0·5% Theer, 1% Kohle mehr, dafür etwas weniger Gas erhielt, was vielleicht daher rührte, dass das analysirte gesunde Holz mehr fein-, das kranke mehr grobjährig war. Letzteres hatte übrigens auch ein kleineres specifisches Gewicht.

Nach diesen Untersuchungen wird angenommen, dass das Raupenholz, wenn es überhaupt rechtzeitig, d. h. vor Beginn der nächsten Saftcirculation gefällt wird, als Brenn- und Bauholz gleichen Werth und gleiche Dauer mit dem gesunden hat.

Die nachtheiligere Einwirkung des Raupenfrasses auf die Qualität des Holzes erklärt sich wohl dadurch, dass durch Vernichtung der Blattorgane die Verdunstung des Wassers mehr oder weniger plötzlich in dem bis dahin gesund vegetirenden Baume gestört wird, während bei Borkenkäferfrass die verdunstenden Blattorgane noch lange thätig bleiben, wenn auch die Zerstörung der Bastschicht durch den Käfer schon sehr weit vorgeschritten ist.

Das durch Borkenkäfer getödtete Holz wurde in Preussen dem Raupenholze vorgezogen, auch wenn beides frisch abgestorben war. Dies berichten übereinstimmend die Forstmeister SCHULTZ und AHLEMANN. Vielleicht dürfte sich aber hierbei ein Unterschied ergeben, je nachdem die Fichten von der ersten oder von einer späteren Generation des Käfers getödtet wurden. Das erst im Sommer befallene Holz ist möglicherweise brauchbarer.

Nach Wurmfrass fällt auch die Rinde leichter ab, wodurch die Austrocknung noch mehr befördert wird. Eigenthümlich auffallend ist die Ende August 1874 im Böhmerwalde wiederholt beobachtete Erscheinung, dass die äusseren Splintschichten der vom Borkenkäfer stark befallenen, mit Larven, Puppen und jungen Käfern besetzten, aber noch lebenden Fichten bereits eine blaue Färbung angenommen hatten. Dieses Blauwerden bemerkte man aber nur an jenen Stammtheilen, welche mit Brut besetzt waren, während die untersten, nicht befallenen Stammtheile noch eine gesunde Farbe zeigten.

Die Behandlung der von Insekten befallenen oder getödteten Bäume und Bestände ist nicht blos als Vorbeugungs- oder Vertilgungsmassregel gegen schädliche Insekten wichtig, sondern auch vom Gesichtspunkte der Forstbenutzung, d. h. von dem der Verwerthung des Holzes zu betrachten. Beide Rücksichten gehen nicht selten Hand in Hand, mitunter widersprechen sich dieselben aber.

Um Kulturverderber kann es sich an dieser Stelle nicht handeln, da von ihnen kein absatzfähiges Material zerstört wird. Anders ist es mit Bestandsverderbern. Hier tritt neben die Rücksicht auf die Insektengefahr selbst, die auf den richtigen Zeitpunkt der Benutzung, bevor das kranke oder getödtete Holz an Werth verliert.

Bei alten Laubhölzern drängt, wie wir früher sahen, der Insektenvertilgung wegen die Fällung nicht; nach Raupenfrass an Blättern und Blüthen erholen sie sich stets und Käfer- wie Raupenfrass im Bast oder im Holze halten sie gewöhnlich Jahre lang aus. Dagegen kann die möglichste Erhaltung der technischen Brauchbarkeit des Holzes baldige Fällung wünschenswerth machen, wenn Insektenlarven im Holz ihre zerstörenden Gänge fressen; denn, je länger man diese gewähren lässt, desto mehr wird der Werth des Holzes geschädigt. Beispiele hierzu liefern Cerambyx cerdo L. in Eichen, Cossus ligniperda FABR., Saperda cacharias L. und Sesia apiformis CL. in Aspen, Tomicus domesticus L. in verschiedenen Laubhölzern, Birken und Buchen u. s. w. Auch starker Frass von Scolytus Ratzeburgii JANS. kann eine schleunige Fällung von Birken nöthig machen, nicht etwa wegen der Schäden, welche die Käferlarven durch ihren Frass direct anrichten, sondern weil das kränkelnde Birkenholz sehr bald an Qualität verliert.

Wie bei den Vorbeugungs- und Vertilgungsmassregeln, handelt es sich auch hier mehr um die Nadelhölzer, als um die Laubhölzer. In älteren Nadelholzbeständen tritt leider sehr häufig der Fall ein, dass sich die Rücksichten auf Bekämpfung des Frasses, die auf eine gute Hiebsordnung und die auf beste Verwerthung des befallenen oder getödteten Holzes widersprechen, und deshalb lässt sich auch nur im Einzelfalle bestimmt vorschreiben, was zu thun sei.

Bei Käferfrass ist, wie wir oben sahen (S. 229), die Prognose meist leicht, weit schwieriger bei Raupenhölzern. Von Borkenkäfern oder Stangenrüsselkäfern befallene Stämme lassen niemals Hoffnung auf Erhaltung zu; sie müssen möglichst alle gefällt werden, ehe die Brut ausgeflogen ist, nicht blos um die Vergrösserung des Uebels zu verhindern, sondern auch, um sie verwerthen zu können, bevor die Qualität des Holzes Schaden gelitten hat, mögen dadurch auch Gefahren bezüglich der Hiebsordnung hervorgebracht, mag dadurch auch der Holzmarkt überfüllt werden, gleichviel. Ist dagegen die Brut einmal ausgeflogen, dann kann es richtiger sein, mit dem Hiebe die bereits getödteten Bäume oder Bestände zu versehonen, wenn nämlich die vorhandenen Arbeitskräfte auf neue Objecte des Frasses concentrirt werden müssen. Erleidet dadurch auch der Werth des später zu schlagenden Holzes Schaden, so muss solchen Falles doch die Rücksicht auf energische Bekämpfung der kleinen Waldverderber obenan stehen. Ja selbst der Hieb ganz gesunder, zu Fangbäumen dienender Hölzer muss der Nachräumung der bereits getödteten vorausgehen. Weder Ueberfüllung des Marktes, noch Furcht vor Schaffung von Windlöchern dürfen davon abhalten.

Etwas anders gestaltet sich die Sache bei den Raupenhölzern. Je unsicherer hierbei oft die Prognose ist, desto mehr kann man wenigstens einige Rücksichten auf die Hiebsfolge nehmen, da überdies durch das versuchsweise Stehenlassen befressener, noch zweifelhafter Bestände die Insektengefahr nicht unmittelbar vergrössert wird. Nur dann, wenn die einen sicheren Tod verkündenden Borkenkäfer secundär auftreten, gestaltet sich die Sache anders. Aeltere und jüngere Orte, welche bereits im Wirthschaftsplane zum Hiebe gesetzt sind, müssen, wenn sie ganz entnadelt wurden, oder wenn überhaupt die vorstehend angegebenen Kennzeichen den wahrscheinlichen Tod erwarten lassen, sofort geschlagen werden. Selbst die bezüglich ihres Wiederergrünens zweifelhaften Orte dieser Kategorie wird man am besten sofort mit abtreiben, weil dadurch noch seiner Qualität naeh gutes Holz gewonnen werden kann. Es versteht sich von selbst, dass dann der Hieb in allen anderen, gar nicht oder nur unerheblich befressenen Hiebsorten ruhen muss. Aehnlich ist mit jenen älteren Beständen oder Bestandstheilen zu verfahren, welche zwar nicht planmässig zum Hiebe gesetzt sind, denen man jedoch ohne wesentliche Störung der Hiebsordnuug leicht beikommen kann. Bei zweifelhaften Beständen dieser Kategorie empfiehlt sich schon mehr eine Zögerung mit dem Abtriebe. Wenn jüngere, entschieden unreife Bestände oder solche, deren Abtrieb nur mit gefährlichen Störungen der Hiebsfolge verknüpft ist, in Frage kommen, so soll ihr Einschlag allerdings erst dann erfolgen, wenn die sichere Gewissheit des Todes entweder durch unzweifelhafte Kennzeichen als directe Folgen des Raupenfrasses, oder durch das Auftreten von Borkenkäfern, namentlich in Fichten, vorliegt.

So lange es thunlich, wird man allerdings auch auf die Möglichkeit des Absatzes Rücksicht nehmen müssen, denn das geschlagene Holz ist eine Waare, welche sich nicht jahrelang im Walde aufbewahren lässt, ohne Schaden zu erleiden. Gerade diese Rücksicht hat man in neuerer Zeit mehr in den Vordergrund treten lassen als früher. Nur dann wird man also auch zum Abtriebe der noch zweifelhaften Bestände schreiten dürfen, wenn der Einschlag wegen geringer Ausdehnung des Frasses nicht so bedeutend ist, dass dadurch die Preise gedrückt würden. Je ausgedehnter der Frass war, je mehr also eine nachtheilige Ueberfüllung des Marktes durch grossen Einschlag zu fürchten ist, desto mehr wird man den Abtrieb der zweifelhaften Orte verzögern. Ja oft wird man wohl gut thun, sich auf plänterweise Entnahme der einzelnen, zweifellos getödteten Bäume und Baumgruppen zu beschränken, obgleich eine solche Plänterwirthschaft bekanntlich tausendfältige andere Unannehmlichkeiten für die Wirthschaft mit sich bringt.

Bezüglich des Einschlages selbst lassen sich folgende allgemeine Gesichtspunkte angeben, die allerdings nach den verschiedenen Umständen die verschiedensten Modificationen erleiden können und müssen.

Zuerst ist der Hieb möglichst in jene Bestände zu legen, wo Langnutzholz — Stämme und Klötze — ausgehalten werden soll. Ist noch Brut von Borkenkäfern oder Stangenrüsselkäfern vorhanden, so begnüge man sich nicht damit, die Hölzer rasch zu verkaufen und aus dem Walde zu schaffen; die Lagerplätze, auf welche die Käufer solche Hölzer bringen, werden dann zu Infectionsherden für den eigenen Wald, wenn sie sieh in der Nähe desselben befinden, oder für andere Waldungen. Die Brut ist vielmehr vor dem Verkaufe des Holzes zu vernichten. Ist sie bereits ausgeflogen, so kommt es bei Raupenhölzern hauptsächlich darauf an, die Austrocknung möglichst zu beschleunigen. Es geschieht dies am besten durch vollständige Entrindung oder wenigstens durch streifen- oder platzweises Entfernen der Rinde.

Soll Spaltnutzholz aufbereitet werden, so folgen die damit beauf-
tragten Arbeiter sofort hinter denen, welche das Langholz fällten. Entrindung
und unter Umständen Vernichtung der Käferbrut ist hier ebenfalls nöthig.

Nach der Aufbereitung des Nutzholzes und nach dessen Sicherung
vor Verderben geht man an die Aufbereitung des Brennholzes. Ganze
oder theilweise Entrindung ist hier nur nöthig, wenn Käferbrut vorhanden ist.

Alles Spaltholz soll zum Zwecke besseren und rascheren Aus-
trocknens kleiner gespalten werden, als es sonst gewöhnlich üblich ist.

Namentlich Raupenholz darf nicht ungespalten, rund in die Stösse
geschichtet werden, deshalb ist auch das sogenannte Knüppel- oder
Prügelholz zu spalten, welches sonst gewöhnlich ungespalten bleibt.

Alles gespaltene Holz soll erst einige Zeit an der Luft, womöglich
in der Sonne liegen, ehe es aufgeschichtet wird, damit es vorher gut
austrockne. Bei Schichtung der Stösse selbst sind dann ganz besonders
jene Vorsichtsmassregeln zu beachten, welche im Allgemeinen die Rücksicht auf eine gute Austrocknung bedingt. Man schichte weder im Walde,
noch auf Vorrathsplätzen zu grosse Massen zusammen und stelle die
Stösse auf Unterlagen.

Bietet sieh die freilich leider seltene Gelegenheit, das frisch gefällte Holz, sei es Langnutzholz oder Spaltholz, wenn es nicht bald
verkauft werden kann, sondern in Vorrath längere Zeit liegen bleiben
muss, selbst ungeschält, sogleich in das Wasser zu werfen, so thue
man es, weil die Erfahrung lehrt, dass durch das Auslaugen des Holzes
im Wasser vortheilhaft auf dessen Qualität eingewirkt wird. Ein in diesem
Sinne ebenfalls vortheilhaft wirkendes, sofortiges Triften oder Flössen
des frisch gefällten Holzes wird wegen des hohen Gewichtes desselben
selten und nur auf sehr günstigen Wasserstrassen thunlich sein.

Die gesetzliche Regelung der Bekämpfung der Forst-schädlinge.

Die Wichtigkeit einer rationellen Bekämpfung der Forstschädlinge,
sowie die Thatsache, dass ein Wald zum Infectionsherd für den andern
werden kann, hat in vielen Kulturstaaten den Erlass gesetzlicher Vorschriften hierüber hervorgerufen. Dort, wo die dem Einzelnen möglichen
Massregeln des Forstschutzes nicht mehr ausreichen, muss die Forst-
polizei eingreifen.

Diese gesetzlichen Vorschriften haben sich zu erstrecken: 1. auf
die Schonung insektenfressender, nützlicher Thiere, als wichtige Vor-

beugungsmassregel; 2. auf Massregeln der Bekämpfung von Insektenschäden bei bereits eingetretener Gefahr.

Die gesetzlichen Vorschriften über die Schonung nützlicher Vögel, in erster Reihe der Insektenfresser unter ihnen, sind nicht blos für die Forstwirthschaft, sondern auch für Landwirthschaft, Obst- und Gartenbau von Bedeutung. Bereits seit einer Reihe von Jahren beschäftigt diese Frage die öffentliche Meinung und die gesetzgebenden Factoren der Kulturstaaten.

Die Schriften des Dr. GLOGER waren namentlich die Ursache, dass man in der Mitte dieses Jahrhunderts anfing, einen energischen Schutz für die nützlichen Vögel zu fordern. Die widersprechendsten Ansichten machen sich jedoch stets geltend, wenn es sich um die Lösung der schwierigen Aufgabe handelt, zum Zwecke dieses Schutzes Gesetze zu erlassen. Die grösste Schwierigkeit liegt darin, dass es nicht möglich ist, Nutzen und Schaden, welchen die verschiedenen Arten der sogenannt nützlichen Vögel bringen, genau abzuwägen (vergl. S. 134). Selbst die nützlichsten Insektenfresser können unter Umständen durch Vertilgung entschieden nützlicher Insekten oder auch dadurch, dass sie sich zeitweise von Obst und Getreide nähren, im einzelnen Falle schaden. Deshalb hat es nie gelingen wollen, ein wirklich richtiges, allgemein anerkanntes Verzeichniss der nützlichen oder der schädlichen Vögel aufzustellen, und deshalb zeigen die bestehenden gesetzlichen Vorschriften in den verschiedenen Ländern ganz wesentliche Unterschiede.

Einen durchgreifenden Schutz einzelner Arten kann man nicht erlangen, weil es unrichtig wäre, bei der Bevölkerung die Kenntniss der Ornithologie vorauszusetzen, welche genügt, um die zu schützenden Arten von anderen zu unterscheiden. Deshalb hat man z. B. im Königreich Sachsen durch das Gesetz vom 22. Juli 1876 ein absolutes Verbot des Fangens und Erlegens der kleineren Feld-, Wald- und Singvögel erlassen. Nach diesem Gesetze sind ferner nicht mehr Gegenstand des Jagdrechts: Lerchen, Drosseln und alle kleineren Feld-, Wald- und Singvögel, zu welchen jedoch Rebhühner, Wachteln, Becassinen, Schnepfen und wilde Tauben, sowie die kleineren Raubvögel und alle Würgerarten nicht zu rechnen sind. Durch Verordnung von 1878 wurden die Ziemer und durch solche von 1882 Sperlinge, Raben, Krähen, Elstern, Dohlen und Heber von der Schonung wieder ausgenommen. Früher wurden in Sachsen nach dem Mandat von 1817 alle kleinen Vögel sehr richtig zur Niederjagd gerechnet. Weniger durchgreifend verfuhr man in anderen Ländern.

In Preussen sind durch Ministerialrescripte vom 4. Februar 1860 und 18. September 1867 die Bezirksregierungen veranlasst worden, das Tödten, Fangen und Feilbieten der in einem beigefügten Verzeichnisse aufgezählten insektenfressenden Vögel, sowie das Ausnehmen und Zerstören ihrer Nester etc. durch Polizeiverordnungen bei Strafe zu untersagen. Diese Verordnungen sind nach einem gemeinsamen Formulare abgefasst, jedoch mit den aus ihrer geographischen Lage und sonstigen besonderen Verhältnissen sich ergebenden Modificationen. Auch bestimmt § 33 des Forst- und Feld-Polizeigesetzes vom 1. April 1880:

.Mit Geldstrafe bis zu 30 Mark oder mit Haft bis zu 1 Woche wird bestraft, wer, abgesehen von den Fällen des § 368, Nr. 11 des Strafgesetzbuches, auf fremden Grundstücken unbefugt nicht jagdbare Vögel fängt, Sprenkel oder ähnliche Vorrichtungen zum Fangen von Singvögeln aufstellt, Vogelnester zerstört oder Eier oder Junge von Vögeln ausnimmt. Die Sprenkel oder ähnliche Vorrichtungen sind einzuziehen."

Der hier citirte § 368, Nr. 11 des Reichsstrafgesetzbuches, bestimmt:

„Mit Geldstrafe bis zu 60 Mark oder mit Haft bis zu 14 Tagen wird bestraft:
11. Wer unbefugt Eier oder Junge von jagdbarem Federwild oder von Singvögeln ausnimmt"

In Bayern verbietet eine Verordnung vom 4. Juni 1866 das Einfangen, Tödten und den Verkauf von 32 besonders genannten Vogelarten. Diese Verbotsbestimmungen sind auch bei der Jagdausübung zu beachten. Ausnahmen können die Kreisregierungen zu wissenschaftlichen und Unterrichtszwecken, sowie auch im Interesse der Landwirthschaft bezüglich einiger Vogelarten für einen bestimmten Bezirk auf einen bestimmten Zeitraum gestatten.

In Württemberg wird durch Verordnung vom 16. August 1878 den nicht zur Jagd gehörigen, im Freien lebenden Vögeln theils ein unbedingter Schutz gewährt, in Folge dessen sie überhaupt nicht gefangen oder getödtet werden dürfen, theils durch eine Schonzeit ein bedingter. Ausgenommen sind: Uhu, Weihen, Habicht, Milane, Adler, Geier, Falken, jedoch nicht der Thurmfalke, Elster, grosser Würger, Kolkrabe und Fischreiher. Unter bestimmten Voraussetzungen kann die Erlegung gewisser, nur bedingt geschützter Vögel, nämlich der Saatkrähen, Eisvögel, Mäuse- und Wespenbussarde, Thurmfalken, Sperlinge und Staare auch in der Schonzeit gestattet werden. Das Ausnehmen oder Zerstören der Eier, Jungen und Nester aller bedingt oder unbedingt geschützter Vögel ist verboten. Das Feilhalten, der Verkauf und Ankauf geschützter Vögel, ihrer Eier und Nester ist unter Strafe gestellt. Bei einer Ueberhandnahme der nicht geschützten schädlichen Vögel, und wenn die zu ihrer Erlegung zunächst befugten Jagdberechtigten eine Verminderung nicht bewerkstelligen, kann obrigkeitliche Ermächtigung zum Vogelfang an einzelne gut prädicirte Personen in widerruflicher Weise für bestimmte Dauer gegeben werden. Dispensationen von den Verboten kann für wissenschaftliche und sonstige Zwecke in einzelnen Fällen das Ministerium des Innern ertheilen.

In Baden ist durch Verordnung vom 1. October 1864 das Einfangen und Tödten der heimischen Singvögel, mit Einschluss der Meisen, Lerchen, Drosseln, Amseln und Staare, der Schwalben, Krähen, Spechte und sonstigen kleineren Feld- und Waldvögel, welche nicht zum Jagdwild gerechnet werden, verboten. Gestattung von Ausnahmen ist, wo dringende Gründe es erheischen, dem Ministerium vorbehalten. Bezirks- und Ortspolizeibehörden sind ermächtigt, diese Vorschriften auf den Schutz anderer Vögel, wie namentlich der Mäusebussarde, Thurmfalken und Eulen, mit Ausnahme des Uhus, da auszudehnen, wo besondere Verhältnisse des Bezirkes oder der Gemarkung dies nöthig machen. Auch § 70 des Forstgesetzes von 1873, neue Fassung des Gesetzes von 1833, verbietet den Fang der Meisen und anderer Waldvögel, mit Ausnahme der zur Jagd gehörigen und der Raubvögel, sowie das Ausnehmen oder Zerstören der Nester derselben.

In Oldenburg erklärt das Gesetz vom 11. Januar 1873 für nützlich alle wildlebenden, mit Ausnahme der jagdbaren und der in einem Verzeichniss aufgeführten Vögel, Raubvögel, Uhu, Würger, Rabenvögel und Fischreiher. In Betreff der jagdbaren Vögel kommen die Jagdgesetze zur Anwendung. Das Fangen und Tödten der nützlichen Vögel, das Ausnehmen oder Zerstören der Eier oder Nester derselben ist ausser in Häusern oder umschlossenen Gärten verboten. Eine Ausnahme kann vom Ministerium, beziehungsweise von den Regierungen mit Rücksicht auf besondere locale Umstände vom 1. Juli bis 15. Februar gestattet werden. Verboten ist ferner der gewerbsmässige Handel mit todten und lebenden nützlichen Vögeln und deren Eiern; ausnahmsweise ist der Handel mit Drosseln, „Krammetsvögeln", vom 1. October bis 8. December gestattet

Auch in Oesterreich hat sich die Gesetzgebung des Vogelschutzes neuerdings sehr angenommen. In den Jahren 1868 bis 1874 sind fast für jedes Kronland besondere Gesetze erlassen worden, welche unter sich wesentliche Verschiedenheiten zeigen. Schon die ältere Zeit weist dergleichen Verordnungen auf, so in Böhmen in den Jahren 1804, 1819, 1837, 1839, 1847, 1851; in Niederösterreich werden ältere Verordnungen 1852 von neuem kundgemacht

Am einfachsten und weitgehendsten sind die Gesetze für Steiermark, vom 10. December 1868, und für Kärnten, vom 30. November 1870. Ersteres verbietet den Vogelfang, Ausnehmen der Eier und Jungen und das Zerstören der Nester überhaupt. Das Verbot erstreckt sich nicht auf das der Jagd vorbehaltene Federwild. Weitere Ausnahmen kennt dieses Gesetz nicht. Das Gesetz für Kärnten lautet fast gleich, nur nimmt es noch eine Anzahl speciell benannter Raubvögel, Adlerarten, Wanderfalke, Blaufuss-, Lerchen-, Zwergfalke, Gabelweihe, schwarzen Milan, Hühnergeier, Sperber, Rohrgeier, Uhu, grosse und kleine Sperrelster, Dorndreher, Elster, Kolkrabe aus.

Die Landesgesetze von Salzburg, vom 18. Januar 1872, und Istrien, vom 2. September 1870, fordern politische Bewilligung für den Fang aller jener namentlich aufgeführten Vögel, welche sich hauptsächlich oder auch nur zum Theile von Insekten nähren, unter Einhaltung einer Schonzeit vom 1. Februar in Salzburg, beziehungsweise 1. Januar in Istrien bis 31. August. Besonders benannt sind in einem Anhange alle schädlichen Vögel, deren Erlegen u. s. w. jederzeit gestattet ist; es sind dieselben wie die im Gesetz für Steiermark genannten, unter Zufügung der Raben- und Nebelkrähe und Weglassung des Dorndrehers.

Das Gesetz für Böhmen, vom 30. April 1870, zählt A die schädlichen, B die hauptsächlich sich von Insekten und Mäusen und C die sich nur theilweise von Insekten nährenden Vögel auf. Erstere können durch das Jagdschutzpersonal stets in jeder Weise vertilgt werden; die unter C genannten können mit Bewilligung der Gemeindebehörde, des Grundbesitzers und des Jagdberechtigten unter Einhaltung einer Schonzeit vom 1. Februar bis zum 14. September gefangen oder getödtet werden; der Fang und das Tödten der unter B genannten Vögel ist gänzlich verboten. Sperlinge gehören unter C, Staare, Spechte unter B. Aehnliche Bestimmungen enthält das Gesetz für Galizien vom 21. December 1874.

Die Gesetze für Niederösterreich, vom 10. December 1868, Oberösterreich, Mähren, Schlesien, Vorarlberg, Bukowina und Görz, sämmtlich vom 30. April 1870, sowie für Krain, vom 17. Juni 1870, verlangen nur für den Fang speciell genannter Vogelarten, welche sich hauptsächlich von Insekten nähren, die behördliche Bewilligung, die unter Einhaltung einer Schonzeit und mit Genehmigung der Grundbesitzer ertheilt werden kann Das Fangen und Tödten der nur zum Theil von Insekten lebenden, ebenfalls speciell genannten Vögel ist ausser der Schonzeit nur von der Zustimmung des Grundbesitzers abhängig. Die Schonzeit ist allgemein vom 1. Februar bis 31. August bestimmt. Die schädlichen Vögel können jederzeit gefangen und getödtet werden.

Das Gesetz für Tirol, vom 30. April 1870, nennt, ähnlich wie oben das für Kärnten, speciell nur die schädlichen Vögel, welche stets gefangen und getödtet werden können. Alle übrigen Vögel haben eine Schonzeit vom 1. Januar bis 15. September. Während der übrigen Zeit können sie, wenn der Grundbesitzer keine berechtigte Einsprache erhebt, gegen Erlegung gewisser Gebühren gefangen und getödtet werden. Zum Erlegen der Vögel mit Schusswaffen ist die Genehmigung des Jagdberechtigten erforderlich. Die Bewilligung politischer Behörden ist nicht nöthig.

Das Gesetz für Dalmatien, vom 20. December 1874, macht das Fangen und Tödten der zum Theil von Insekten lebenden Vögel ausser der Schonzeit, welche vom 1. Februar bis 30. September dauert, von keiner behördlichen oder sonstigen Bewilligung abhängig. Für Triest besteht kein Schutzgesetz.

Fast sämmtliche Landesgesetze, ausgenommen die für Galizien, Kärnten, Niederösterreich und Steiermark, verbieten gewisse Fangarten, aber auch hier herrscht keine Uebereinstimmung. Meist gelten als verbotene Fangarten: der Gebrauch geblendeter Lockvögel und das Fangen mittelst Netzen, namentlich mittelst der

Deck- und Stecknetze. Das Fangen mit klebrigen Stoffen ist in Böhmen verboten.
Dohnen sind nur in Krain ausdrücklich untersagt, Sehlingen überhaupt in Istrien,
solche an Hecken und Gebüschen in Görz, Mähren, Salzburg und Vorarlberg.
Das Gesetz für Istrien untersagt jede Fangart an den stehenden Gewässern bei
herrschender Trockenheit, ferner den Fang zur Schonzeit; in Schlesien ist besonders verboten das Fangen mittelst Zudecken der Wassergräben, das sogenannte
Brünnelfangen. Nur das Gesetz für Mähren verbietet das Fangen mittelst be-
täubender oder vergifteter Aesung u. s. w.

Auch in anderen Ländern ist neuerdings Manches für den Vogelschutz
geschehen. Erwähnenswerth ist z. B. das in der Schweiz erlassene Bundesgesetz
über Jagd- und Vogelschutz vom 17. September 1875. Es ist darin ein Verzeichniss
der zu schonenden Vögel gegeben; Ausnahmen sind zu wissenschaftlichen Zwecken
gestattet. Gewisse Fangmethoden, Netze, Vogelherde, Lockvögel etc. sind verboten.

Am 29. November 1875 wurde ein Vertrag zwischen Oesterreich
und Italien zum Zwecke des Vogelschutzes abgeschlossen, welcher aus sechs
Artikeln besteht, die sich indessen so sehr in Einzelheiten, namentlich bezüglich
der Fangmethoden einlassen, dass es bisher in Oesterreich noch nicht gelingen
wollte, die einzelnen Landesgesetze mit diesem Vertrag in Einklang zu bringen.
Auch der deutsche Reichstag beschäftigt sich seit 1876 vergeblich mit den Bemühungen, ein Vogelschutzgesetz zu erlassen, welches sich an diesen internationalen
Vertrag anschliessen sollte. Vorläufig verspeist man im südlichen Oesterreich und
in Italien die kleinen nützlichen Vögel mit und ohne Polenta nach wie vor. Nach
der genauen Zählung von VALLON kamen im Herbste 1883 allein zu Udine wenigstens 140.000 Stück Vögel, und zwar meist kleine Singvögel auf den Markt.
[„Monatschr. d. deutsch. Vereines z. Schutze d. Vogelwelt", 1884, Nr. 1].

Ein wirklich durchführbarer internationaler Vertrag dürfte nur
aus einem einzigen Artikel bestehen, welcher ähnlich dem ersten
Artikel des österreichisch-italienischen Vertrages lauten müsste, nämlich:
„Die Regierungen beider Theile verpflichten sich, im Wege der Gesetzgebung Massregeln zu treffen, welche geeignet sind, den für die Bodenkultur nützlichen Vögeln den thunlichsten Schutz zu gewähren."

Alles Weitere ist vom Uebel, denn nirgends ist das Beste so
sehr des Guten Feind, wie hier. Die Einzelheiten müssen wegen zu
grosser Verschiedenheit der localen Verhältnisse den einzelnen Gesetz-
gebungen überlassen bleiben. Wo es irgend durchführbar, wäre
es angezeigt, sämmtliche Vögel zum Gegenstand des Jagd-
rechtes zu erklären, wie dies auch BORGGREVE und v. HOMEYER
wollen, geeignete Schonzeiten zu bestimmen und je nach dem
localen Bedürfniss Vorschriften, beziehungsweise Verbote gewisser
Fangmethoden zu geben. Sind die Vögel Gegenstand des Jagd-
rechtes, dann hat es die überwachende Polizei nur mit den Jagdberechtigten, nicht mit der ganzen Bevölkerung zu thun.

**Gesetzliche Vorschriften bezüglich der Bekämpfung von Insekten-
schäden** bei bereits eingetretener Gefahr bestehen in vielen Kultur-
ländern. Die Nothwendigkeit, den einzelnen Waldbesitzer gegen die gefährlichen Folgen der Nachlässigkeit der anderen in privat- und allgemein-
wirthschaftlicher Hinsicht zu schützen, rechtfertigt hier einen gesetzlichen
Eingriff in das Recht der freien Gebahrung mit dem Eigenthum.

Auf specielle technische Vorschriften über die Art und Weise der
zu ergreifenden Massregeln kann sich die Gesetzgebung natürlich nicht

erstrecken, sie hat nur zu fordern, dass bei drohender Gefahr die geeigneten Massregeln ergriffen werden, während die Beurtheilung dessen, was als geeignete Massregel zu betrachten sei, besonderen Sachverständigen zu überlassen ist.

Beispielsweise seien hier einige der in Deutschland und Oesterreich geltenden gesetzlichen Bestimmungen mitgetheilt.

Das Feld- und Forstpolizeigesetz vom 1. April 1880 für Preussen bestimmt in § 34:

„Mit Geldstrafe bis zu 150 Mark oder mit Haft wird bestraft, wer, abgesehen von den Fällen des § 368, Nr. 2 des Strafgesetzbuches, den zum Schutze nützlicher oder zur Vernichtung schädlicher Thiere oder Pflanzen erlassenen Polizeiverordnungen zuwiderhandelt.''

Die hier angezogene Bestimmung des Strafgesetzbuches für das deutsche Reich lautet:

§ 368. „Mit Geldstrafe bis zu 60 Mark oder mit Haft bis zu 14 Tagen wird bestraft:

2. Wer das durch gesetzliche oder polizeiliche Anordnungen gebotene Raupen unterlässt.''

Es ist eine etwas eigenthümliche Bestimmung dieses Strafgesetzbuches, dass es nur des Raupens gedenkt, und nicht einmal klar ausspricht, welche Raupen gemeint sind; die Vermuthung spricht für die von Liparis chrysorrhoea.

Das Recht, die oben erwähnten Polizeiverordnungen zu erlassen, beruht zunächst auf dem Gesetze vom 11. März 1850. § 6 desselben besagt: Zu den Gegenständen der ortspolizeilichen Vorschriften gehören:

a) Der Schutz der Personen und des Eigenthums,

b) der Schutz der Felder, Wiesen, Weiden, Wälder etc.; und § 11 ermächtigt die Bezirksregierung zum Erlass von derlei Verordnungen für ihren Bezirk.

Ferner beruht dieses Recht auf dem Gesetze vom 20. September 1867 in Verbindung mit der Kreisordnung vom 13. December 1872, der Städte-Ordnung vom 30. Mai 1853 und dem Gesetze über die allgemeine Landesverwaltung vom 26. Juli 1880.

Diese Polizeiverordnungen gehen mit den Strafandrohungen nicht so weit, wie das Strafgesetzbuch und das Forstpolizeigesetz. In den Provinzen Ostpreussen, Westpreussen, Brandenburg, Pommern, Schlesien, Sachsen kann für einen „Amtsbezirk", Guts- oder Stadtbezirk, der Amtsvorsteher, z. B. der Bürgermeister mit Zustimmung des Amtsausschusses bezw. Gemeindevorstandes bis 9 Mark, mit Genehmigung des Regierungs-Präsidenten bis 30 Mark, für den „Kreis" der Landrath, mit Zustimmung des Kreisausschusses bis 30 Mark, für den „Regierungsbezirk" der Regierungs-Präsident mit Zustimmung des Bezirksrathes und ebenso für die „Provinz" der Oberpräsident mit Zustimmung des Provinzialrathes bis 60 Mark Geldstrafe festsetzen. In den Provinzen Posen, Westfalen, Rheinland, Hannover, Holstein, Hessen-Nassau konnten vor der Publication des Forstpolizei-Gesetzes durch Polizeiverordnungen nur 9 Mark Strafandrohung für den Ortsbezirk, und 30 Mark für den Regierungsbezirk erlassen werden.

Die einzelnen Verordnungen enthalten selten nähere Bestimmungen über Insektenvertilgung, die Befugniss zum Erlass solcher ist aber ohne Zweifel vorhanden, nur hat der Minister für Landwirthschaft, Domänen und Forsten in der Verfügung vom 12. Mai 1880 angeordnet, dass behufs gemeinsamer Behandlung der Fälle ihm die zu erlassenden Polizeiverordnungen vorher mitgetheilt werden sollten.

Als Beispiele von solchen neueren Polizeiverordnungen sind zu nennen: Die für den Regierungsbezirk Münster vom 6. Mai 1882 und die für den Regierungsbezirk Minden vom 24. April 1882. Es ist darin das Fangen etc. der insektenfressenden Vögel untersagt, das Raupen der Obstbäume, das Vertilgen des Colorado-Käfers geboten.

Aus älterer Zeit führen wir als Beispiele bezüglicher Verordnungen an:
Die im Regierungsbezirk Potsdam auf Grund des § 11 des Gesetzes vom 11. März 1850
erlassene Verordnung vom 3. Februar 1863, betreffend die zwangsweise Vernichtung
der grossen Kiefernraupe, sowie die gegen den Maikäfer erlassenen Verordnungen in
Schleswig vom 15. März 1870, in Liegnitz vom 13. März 1867, in Bromberg vom
28. Juni 1866 und die des Amtshauptmanns zu Osterode a H. vom 3. Februar
1879. Der Erfolg soll vielfach ein recht günstiger gewesen sein. So wird aus
Osterode mitgetheilt, dass nach Erlass der Verordnung in den 29 Gemeinden
des Amtes gesammelt, abgeliefert und dafür bezahlt wurden:

	1879	1880	1881	
Maikäfer	6164$^{1}/_{2}$	—	—	Pfund
Engerlinge	6	1522$^{1}/_{10}$	14810	„
Dafür bezahlt . . .	247·18	152·21	1481	Mark.

Auch zum Schutze nützlicher Insekten finden wir eine vereinzelte
gesetzliche Vorschrift im Feld- und Forstpolizeigesetze vom 1. April 1880. Es
heisst daselbst:

§ 37. „Mit Geldstrafe bis zu 100 Mark oder mit Haft bis zu 4 Wochen
wird bestraft, wer unbefugt auf Forstgrundstücken:

2. Ameisen oder deren Puppen — Ameiseneier — einsammelt, oder Ameisenhaufen zerstört oder zerstreut.'

Das Forstgesetz für das Königreich Bayern vom 28. März 1852, in neuer
Textirung vom Jahre 1879, bestimmt:

Art. 46. „Zeigen sich Spuren schädlicher Insekten, so sind die Vertilgungs-
und Sicherheitsmassregeln, welche die Forstpolizeibehörde auf Antrag des Forst-
amtes anzuordnen hat, unweigerlich zu befolgen.

Beschwerden gegen solche Anordnungen bewirken keinen Aufschub.

Werden dieselben nicht ungesäumt vollzogen, so hat die Forstpolizeibehörde
zu verfügen, dass die Ausführung auf Kosten des Säumigen durch das Forstamt
bewirkt werde."

Nach Art. 77 wird der Waldbesitzer, welcher den betreffenden Anordnungen
nicht Folge leistet, mit 1·80 bis 90 Mark bestraft.

Bezüglich der Felder, Wiesen etc. kann die Vertilgung schädlicher Insekten
auf Grund des Art. 120 des Polizeistrafgesetzbuches für Bayern vom 26. December
1871 angeordnet werden, welcher lautet:

„Einer Geldstrafe bis zu 5 Thalern unterliegt:

2. Wer den Districts- oder ortspolizeilichen Vorschriften zuwider handelt,
durch welche den Grundbesitzern gemeinschaftliche Leistungen zum Schutze
der Fluren gegen schädliche Thiere auferlegt werden "

Das Forstpolizeigesetz vom 8. September 1879 für Württemberg bestimmt
in Art. 12:

„Wenn einem Walde durch Naturereignisse oder schädliche Thiere Gefahr
droht, insbesondere wenn sich Spuren schädlicher Insekten zeigen, so hat der
Waldbesitzer unverzüglich nach erlangter Kenntniss von solcher Gefahr dem Revier-
oder Forstamt, in deren Dienstbezirk der bedrohte Wald liegt, Anzeige zu machen.

Das Forstamt hat auf diese oder sonst ihm zukommende Anzeige nöthigenfalls sofort die zur Abwendung oder Verminderung der Gefahr dienenden Anordnungen zu treffen, welche die Waldbesitzer auf ihre Kosten auszuführen haben.
Treffen die Anordnungen verschiedene Waldbesitzer, so haben diese die Kosten
nach Verhältniss des Flächengehaltes der zu schützenden Waldbestände gemeinschaftlich zu tragen. In Streitfällen hat das Forstamt die Kostenantheile der Einzelnen zu ermitteln und festzustellen.

Wird von den Waldbesitzern gegen die zum Schutze der Waldungen von
dem Forstamte angeordneten Massregeln Beschwerde an die höhere Forstpolizeibehörde erhoben, so kann hierdurch, wenn Gefahr auf dem Verzuge haftet, der
Vollzug nicht aufgehalten werden.

Kommt ein Waldbesitzer den Anordnungen nicht ungesäumt nach, so kann
die Forstpolizeibehörde deren Ausführung neben der etwa anzusetzenden Strafe
auf Kosten des Säumigen bewirken."

Zuwiderhandlungen gegen diese Bestimmungen werden nach Art 20, Abs. 5, mit Geldstrafe bis zu 150 Mark bestraft.

Das Königreich S a c h s e n besitzt kein Forstpolizeigesetz, dagegen wurde ein besonderes Gesetz, den Schutz der Waldungen gegen schädliche Insekten betreffend, am 17. Juli 1876 erlassen. Dasselbe besagt:

§ 1. „Jeder Waldeigenthümer ist verpflichtet, in seiner Waldung die zur Abwehr und Vertilgung forstschädlicher Insekten dienenden Massregeln zu ergreifen."

§ 2. „Ebenso ist jeder Inhaber eines Holzlagerplatzes in solcher Nähe des Waldes, dass letzterem durch Borkenkäfer, die aus Lagerhölzern kommen, Gefahr erwachsen kann, verpflichtet, die zur Vertilgung der in den Hölzern sich zeigenden Käferbrut dienlichen Massregeln zu ergreifen."

Im Weiteren sind durch § 3 als überwachende Behörden die Amtshauptmannschaften, beziehentlich Kreishauptmannschaften bestimmt. Nach eingeholten Gutachten von Sachverständigen haben sie unter Festsetzung eines Termines und unter Androhung einer Geldstrafe bis zu 150 Mark die Ausführung der nöthigen Schutz- und Vertilgungsmassregeln anzuordnen, im Falle der Nichtbeachtung des Termines aber die Ausführung sofort auf Kosten des Säumigen bewirken zu lassen. Rechtsmittel gegen solche Anordnungen haben keine aufschiebende Kraft.

Die Ortsbehörden und Polizeiorgane haben nach § 4, sobald sie von einem beachtenswerthen Auftreten forstschädlicher Insekten Kunde erhalten, der Bezirkshauptmannschaft, beziehentlich Kreishauptmannschaft davon Anzeige zu erstatten.

Die Sachverständigen sind nach § 5 zur Untersuchung von Waldungen oder Holzlagerplätzen ermächtigt und erhalten laut § 6 für ihre Bemühungen, Reisekosten und sonstige Auslagen Vergütung aus der Staatskasse.

Das b a d i s c h e Forstgesetz in seiner jetzigen Fassung von 1873 — die ältere Fassung ist vom 15. November 1833 — bestimmt:

§ 69. „Wenn schädliche Insekten die Forste anfallen, so hat die Forstbehörde — Bezirksforstei — unverzüglich die zur Vertilgung derselben nöthigen Massregeln einzuleiten.

Müssen in besonderen Fällen die angegriffenen Stämme selbst gefällt werden, so sind sie unverzüglich entweder aus dem Walde zu schaffen, oder die Rinde ist davon zu trennen, und gleich jener, welche von den Stöcken abgelöst werden muss, nebst dem nach Absonderung des Wellen- und Prügelholzes übrig bleibenden kleineren Reisig und nebst dem unter den gehauenen Stämmen zusammengerechten Moose im Walde zu verbrennen."

§ 2 der zugehörigen Vollzugsverordnung vom 30. Januar 1855 besagt:

„Handeln Privat-Waldbesitzer gegen die Bestimmungen der §§ . . . . . und 57 bis 70 des Forstgesetzes, so sind dieselben unter Bezeichnung des Vergehens in das Frevelregister einzutragen, und dem ersten Absatz des § 178, Art. 2, des Gesetzes gemäss beim Frevelgerichte zu bestrafen."

Dieser § 178 besagt: „Die Privat-Waldbesitzer werden wegen Verletzung derjenigen Vorschriften, an deren Beobachtung sie nach § 88 gebunden sind, gleich anderen Uebertretern bestraft."

Im Grossherzogthum W e i m a r wurde am 4. April 1868 eine Bekanntmachung vom Departement des Innern des Staatsministeriums erlassen, welche die Grundbesitzer zum Sammeln und Tödten der Maikäfer und Engerlinge bei einer Strafe bis zu 10 Thalern verpflichtet. Die Besitzer forstmässig benutzter Grundstücke sind nach § 2 davon ausgenommen.

Im Herzogthum B r a u n s c h w e i g wurde 1864 ein Gesetz, betreffend die Vertilgung der Engerlinge, erlassen. In diesem Jahre wurden dort in 155 Gemeinden 2863 Centner 66 Pfund 8 Loth — etwa 143 Millionen — Maikäfer mit einem Kostenaufwande von 6571 Thaler 2 Groschen 7 Pfennig gesammelt und getödtet. Solche Sammlungen wurden von Zeit zu Zeit wiederholt auf Kosten der Gemeindekassen angeordnet. Für die fiscalischen Forsten wird festgehalten, dass nur die an die Felder grenzende Waldfläche durch Engerlinge leide, und dass der zu leistende Beitrag der betreffenden Fläche höchstens ein Drittel der für Ackerland zu entrichtenden Quote betrage.

Ausserdem finden Ameisen Schutz, wie in Preussen. Das Forststrafgesetz vom 1. April 1879 bestraft nach § 28 mit Geld bis zu 50 Mark oder mit Haft

16*

bis zu 14 Tagen, wer „in Forsten Ameisen oder deren Puppen — Ameiseneier — einsammmelt oder Ameisenhaufen zerstört."

Das österreichische Forstgesetz vom 3. December 1852 bestimmt:

§ 50. „Auf die Beschädigung der Wälder durch Insekten ist stets ein wachsames Auge zu richten. Die Waldeigenthümer oder deren Personale, welche derlei Beschädigungen wahrnehmen, sind, wenn die dagegen angewendeten Mittel nicht zureichen, und zu besorgen steht, dass auch nachbarliche Wälder von diesem Uebel ergriffen werden, verpflichtet, der politischen Behörde bei Strafe von 5 bis 50 fl. Conv.-M. sogleich die Anzeige zu erstatten. Zu einer solchen Anzeige ist übrigens Jedermann berechtigt."

§ 51. „Die politische Behörde hat unter Mitwirkung geeigneter Sachverständiger sogleich in Ueberlegung zu nehmen, ob und welche Massregeln gegen die etwa zu besorgenden Insektenverheerungen zu treffen seien, und das Nöthige, nach früherer unverzüglicher Einvernehmung der betheiligten Waldeigenthümer und ihres Forstpersonales, schleunigst zu verfügen. Alle Waldeigenthümer, deren Wälder in Gefahr kommen könnten, sind zur Beihilfe verpflichtet, und müssen den Anordnungen der politischen Behörde, welche hierin selbst zu Zwangsmassregeln befugt ist, unbedingte Folge leisten. Die Kosten sind von den betheiligten Waldeigenthümern nach Massgabe der geschützten Waldflächen zu tragen."

Der im Jahre 1878 dem Abgeordnetenhause vorgelegte Entwurf eines neuen Forstgesetzes enthielt in den §§ 49 und 50 in etwas anderer Fassung ganz ähnliche Bestimmungen, fügte aber im § 51 noch sehr richtig hinzu, dass die anzuordnenden Massregeln auch auf solche Bestände, welche nicht auf Waldboden stocken, und auf im Bereiche der Insektenverbreitung überhaupt abgelagerte Hölzer und daselbst befindliche Holzeinfriedungen ausgedehnt werden können.

Gegen die Borkenkäferverheerungen Anfang der Siebziger-Jahre im Böhmerwalde wurden besondere Massregeln mit Hilfe der Gesetzgebung ergriffen. Durch die Gesetze vom 10. April 1874 und vom 1. April 1875 wurden den Gemeinden und Kleingrundbesitzern daselbst, welchen eigene Mittel zur schnellen Aufarbeitung der in ihren Wäldern vom Borkenkäfer befallenen Holzmassen oder zur Aufforstung der betreffenden Waldflächen fehlten, zu diesen Zwecken unverzinsliche, in höchstens fünf Jahren zurückzuzahlende Vorschüsse im Betrage von 150 000 fl. aus Staatsmitteln gewährt. Ein Gesetz vom 23. December 1879 verlängerte den Termin der Rückzahlung dieser Vorschüsse vom 1. Januar 1880 an um weitere 15 Jahre und brachte die Kosten für die Organe zur Leitung und Beaufsichtigung der Arbeiten im Betrage von 15 363 fl 95 kr. zur Abschreibung.

Uebrigens wurde in Oesterreich ein besonderes Gesetz zum Schutze der Bodenkultur gegen Raupenschäden und Maikäfer erlassen, und zwar 1868 für Niederösterreich und Steiermark, 1870 für Böhmen, Bukowina, Görz, Istrien, Kärnten, Krain, Mähren, Schlesien, Tirol und Vorarlberg, 1872 für Salzburg. Dieses Gesetz verpflichtet alle Besitzer und Pächter von Grundstücken zur Ergreifung von Vertilgungsmassregeln gegen Raupen und Maikäfer. Die Säumigen sind mit 1 bis 10 fl. oder mit Arrest bis zu 48 Stunden zu bestrafen. Die Gemeindevorsteher haben darüber zu wachen, dass die Betreffenden ihren Verpflichtungen nachkommen, und gegen die Säumigen die Strafe zu verhängen. Gemeindevorsteher, welche dies unterlassen, werden mit 10 bis 20 fl. bestraft, welcher Betrag in die Ortsarmenkasse fliesst.

In einigen Kronländern, z. B. in Böhmen, Mähren und Schlesien, wurden Prämien für die Einbringung von Engerlingen und Maikäfern ausgeschrieben. Die Erfolge sind indessen den Erwartungen nicht entsprechend gewesen, wie wiederholte Anträge auf Erhöhung der Prämien zeigen.

KAPITEL VII.

Allgemeine Einführung in die systematische und praktische Entomologie. .

So wichtig auch für den Forstverwalter eine allgemeine Kenntniss des Baues und der wirthschaftlichen Bedeutung der Insekten ist, so ist in der Praxis doch vor Allem die Bekanntschaft mit den einzelnen wichtigen Insektenarten nothwendig. Um diese zu erwerben, ist zunächst erforderlich die Kenntniss des Insektensystemes und der Regeln, nach welchen die Insekten wissenschaftlich benannt werden; ausserdem bedarf der Forstmann auch einer Anleitung zum Beobachten und Sammeln der Forstinsekten; desgleichen muss er mit den wichtigsten literarischen Hilfsmitteln vertraut sein.

Die wissenschaftliche Eintheilung und Benennung der Insekten.

Allgemeine Systematik. Die Klasse der Insekten wird in Ordnungen abgetheilt. Bei ihrer Aufstellung wird der Zoologe geleitet von dem Bestreben, solche grössere Gruppen zu bilden, dass die Insekten, welche in den wesentlichsten Zügen des äusseren und inneren Baues, sowie der Fortpflanzung einander gleichen, in eine Ordnung vereinigt werden.

Eine völlige Uebereinstimmung über den Umfang, den man den einzelnen Ordnungen zu geben hat und somit über die Anzahl derselben existirt nicht. Zwar sind einzelne grössere Gruppen, z. B. die Schmetterlinge und Zweiflügler, so scharf von der Natur begrenzt, dass sie sich ohneweiters von selbst als Ordnungen ergeben. Manche kleinere Gruppen zeigen aber einmal so eigenthümliche Züge, dass man zunächst geneigt ist, sie als selbstständige Ordnungen anzusehen, andererseits stimmen wieder andere in unwichtigeren Aeusserlichkeiten derartig

überein, dass leicht die Versuchung eintritt, im Grunde unnatürliche
Vereinigungen vorzunehmen.

Beispiele nach unserer Ansicht zu weitgetriebener Vermehrung der Ordnungen sind z. B. die früher beliebte Aufstellung der Gruppe der parasitischen
Strepsiptera, die wir zu den Neuroptera rechnen, als eigene Ordnung, sowie
der neuerdings gemachte Versuch, die Thysanura als eigene Hauptgruppe der
Insekten von den Orthoptera zu trennen. Nach unserer Ansicht widernatürliche,
durch äussere Habitusähnlichkeiten veranlasste Zusammenziehungen einander
fernstehender Formen sind z. B. die Vereinigung der mit heissenden Mundwerkzeugen versehenen parasitischen Federlinge und Haarlinge, der Mallophaga, mit
den eigentlichen Läusen, den Pediculina und die mitunter versuchte Zusammenziehung der eigentlichen Neuroptera mit den wohl . auch als Pseudoneuroptera
bezeichneten Orthoptera amphibiotica.

Es handelt sich daher für unseren praktischen Zweck darum,
weder allzu weitgehende Trennungen, noch auch dem jetzigen wissenschaftlichen Standpunkte widersprechende Vereinigungen vorzunehmen.
Wir folgen dem in den meisten neueren praktischen Insektenkunden
gleichfalls angenommenen System, welches niedergelegt ist in dem
Handbuch der Zoologie von Carus und Gerstäcker, II. Band,
Leipzig 1863, ohne uns in Betreff der Unterordnungen und anderen
kleineren Abtheilungen streng an dasselbe zu binden. Ausführlich auseinander zu setzen, warum die Vertreter der einzelnen, in diesem
System angenommenen Ordnungen wirklich als auch im inneren Bau
mit einander verwandt angesehen werden müssen, ist an dieser Stelle
nicht möglich. Es ergibt sich dies wenigstens theilweise aus der im
speciellen Theile gegebenen allgemeineren Besprechung der einzelnen
Insektenordnungen. Hier kommt es nur darauf an, diejenigen Merkmale des Baues und der Fortpflanzung hervorzuheben, welche uns
gestatten, Definitionen für die angenommenen sieben Ordnungen aufzustellen.

Die wesentlichen Merkmale, nach welchen wir die Insektenordnungen abgrenzen können, sind:

A. am Körper der Imago

1. die Beschaffenheit der Mundwerkzeuge,
2. das Verhältniss der Vorderbrust zu den beiden anderen Brustringen,
3. die Beschaffenheit der Flügel;

B. in Betreff der Fortpflanzung

4. die Verhältnisse der Metamorphose.

Bei der Betrachtung der Mundwerkzeuge handelt es sich zunächst um die Frage, ob dieselben kauend oder saugend sind, und
in die Diagnose ist, der Kürze wegen, nur diese allgemeine Angabe
aufgenommen, obgleich, wie der specielle Theil ergeben wird, die
Verschiedenheit der Ausbildung gerade der saugenden Mundtheile
wesentlich bei der Abgrenzung der Ordnungen berücksichtigt wird.

·Ebenso wie die Verhältnisse der Mundwerkzeuge weitgehende
Schlüsse auf die Nahrungsweise der Insekten zulassen, so gestatten

die Verhältnisse der drei Brustringe zu einander Schlüsse auf die Bewegungsart der Thiere.

Die Beschaffenheit der Flügel ist gleichfalls von hervorragender Bedeutung, besonders für den äusseren Habitus der einzelnen grösseren Gruppen. Daher kommt es auch, dass die wissenschaftlichen Bezeichnungen der Ordnungen wesentlich von der Flügelbeschaffenheit abgeleitet sind.

So wird das Wort Orthoptera abgeleitet von ὀρθός gerade, und πτερόν der Flügel, Geradflügler, und Lepidoptera von λεπίς, Gen. λεπίδος die Schuppe und πτερόν der Flügel, Schuppenflügler, d. h. Schmetterlinge u. s. f. Nichtsdestoweniger dürfen wir nicht vergessen, dass das Merkmal der Flügelbeschaffenheit für die Abgrenzung der Ordnungen erst in zweiter Linie steht, da einmal, wollte man dasselbe zu sehr berücksichtigen, eine grössere Zersplitterung der Ordnungen stattfinden müsste, andererseits in allen Ordnungen Thiere vorkommen, bei denen die Flügel verkümmern oder fehlen, die aber dennoch ihrem ganzen übrigen Bau nach unbedingt zwischen andere geflügelte Formen eingereiht werden müssen. Dies ist auch der Grund, warum die früher beliebte Gruppe der Aptera aufgelöst wurde (vergl. S. 38).

Dass wir das so wichtige Merkmal der Metamorphose in letzte Linie stellen, geschieht nicht, weil wir seine Bedeutung unterschätzten, sondern weil die Verhältnisse derselben sich nicht ohneweiters aus der Betrachtung des Einzelthieres, sondern erst aus einer überlieferten oder durch Beobachtung gewonnenen Kenntniss seiner Lebensgeschichte ergeben.

Nach diesen vier Merkmalen lassen sich die Insekten in sieben Ordnungen theilen und die Definitionen derselben folgendermassen geben:

Die Geradflügler, Orthoptera, sind Insekten mit kauenden Mundwerkzeugen, freiem Prothorax und unvollkommener Metamorphose.

Die Netzflügler, Neuroptera, sind Insekten mit kauenden Mundwerkzeugen, freiem Prothorax, zwei Paar häutigen, reichlich geaderten Flügeln und vollkommener Metamorphose.

Die Käfer, Coleoptera, sind Insekten mit kauenden Mundwerkzeugen, freiem, stark entwickeltem Prothorax, zwei Paar Flügeln, von denen das vordere zu Flügeldecken umgebildet ist, und vollkommener Metamorphose.

Die Hautflügler oder Immen, Hymenoptera, sind Insekten mit kauenden oder kauenden und saugenden Mundwerkzeugen, wenigstens dorsal dem Mesothorax verwachsenem Prothorax, zwei Paar häutigen, verhältnissmässig sparsam geaderten Flügeln und vollkommener Metamorphose.

Die Schmetterlinge, Lepidoptera, sind Insekten mit saugenden Mundwerkzeugen, dem Mesothorax verwachsenem, ringförmigem Prothorax, zwei Paar häutigen, beschuppten Flügeln und vollkommener Metamorphose.

Die Zweiflügler, Diptera, sind Insekten mit saugenden Mundwerkzeugen, dem Mesothorax verwachsenem, ringförmigem Prothorax, einem

Paar häutiger, wohl ausgebildeter Vorderflügel, einem Paar zu Schwingkölbchen verkümmerter Hinterflügel und vollkommener Metamorphose.

Die Schnabelkerfe, Rhynchota, oder Hemiptera, sind Insekten
mit saugenden Mundwerkzeugen, freiem Prothorax und unvollkommener
Metamorphose.

Die hier befolgte Aneinanderreihung der sieben Ordnungen ist
gewählt worden, einmal weil zweifelsohne die einfacheren Formen der
Orthopteren anzusehen sind als diejenigen Insekten, welche die niedrigste
Stufe der Ausbildung unter den heute lebenden Formen repräsen-
tiren, also der Urform des Insektes, aus welcher wir uns die übrigen
durch allmälige Umwandelung entstanden denken, zunächst stehen.
Ferner aber ist diese Aneinanderreihung, wenn wir dieselbe nicht
auf eine gerade Linie, sondern auf eine geschlossene Curve vertheilen,
wobei dann wiederum die siebente Ordnung neben die erste zu stehen
kommt, eine solche, dass alsdann stets diejenigen Ordnungen nebeneinander kommen, welche in den zur Diagnose verwendeten Haupt-
merkmalen übereinstimmen, und dass zugleich die Mittelstufen auch eine
Mittelstellung einnehmen. Es erhellt dies aus dem folgenden Schema:

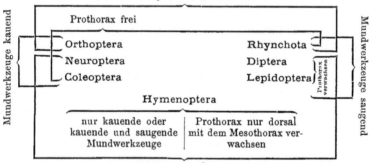

Die einzelnen Ordnungen werden wieder eingetheilt in Familien,
Gattungen und Arten, auch werden ausserdem häufig Unterordnungen, Zünfte, Untergattungen und Varietäten unterschieden.

Dass alle diese Gruppen lediglich aus praktischen Rücksichten
gebildet werden, um sich in der Fülle der vorliegenden Formen
orientiren zu können, erhellt am besten aus folgender Thatsache:
Für die bekannte charakteristische Käferform der „Rüsselkäfer"
gründete Linné die Gattung Curculio und rechnete im Jahre 1772 zu
ihr nach der XII. Ausgabe seines „Systema naturae" 98 Arten. In dem
„Systema entomologiae" unterscheidet Fabricius 1775 bereits 152 Arten
und diese sind im Jahre 1792 in seiner „Entomologia systematica"
bereits angewachsen auf 405 Arten, aus allen Welttheilen zusammengenommen. Die Forschungen der letzten 90 Jahre haben nun diese

Formen so vermehrt, dass heutzutage naeh Ausweis der neuesten Auflage des „Catalogus Coleopterorum Europae et Caucasi" von 1883 allein aus dem europäischen Faunengebiete, einschliesslich des Kaukasus 2660 Arten des Genus Curculio im Linné'schen Sinne bekannt sind, ganz abgesehen von den vielen Varietäten.

Dafür ist aber auch aus den wissenschaftlichen Entomologien das Genus Curculio L. überhaupt verschwunden und hiefür die Familie der Curculionidae gebildet worden, im Ganzen über 10 000 Arten mit über 1100 Gattungen umfassend, von welch letzteren auf die europäische Fauna allein 204 kommen.

Es sind daher auch die Gattungen Gruppen von relativem Werthe, welche, je nach der Entwicklung der Wissenschaft, Veränderungen unterliegen können, mit Recht aber nur insoweit, als eine zu gross werdende Gattung in Untergattungen getrennt, beziehungsweise von einer, heterogene Formen umschliessenden, Gattung eine andere neue Gattung abgezweigt werden darf. Aber auch diese Veränderungen sollten nur im Nothfalle vorgenommen werden.

Als noch viel beständiger muss vom systematischen Standpunkte aus die Art angesehen werden. Allerdings ist es bei dem jetzigen Stande der zoologischen Wissenschaft nicht möglich, genau zu definiren, was man unter „Art" versteht, und es ist eine völlig unabweisbare Consequenz der Descendenztheorie, dass auch die Art etwas Veränderliches ist. Nichtsdestoweniger kommt für systematische Zwecke diese, wenn eintretende, nur in sehr langen Zeiträumen sich äussernde Variabilität nicht in Frage, und die Feststellung der Merkmale derjenigen Formenkreise von Individuen, welche wir als „Arten" bezeichnen, d. h. der Gesammtheiten solcher Individuen, die einander in allen wesentlichen Merkmalen völlig ähneln und gleiche Nachkommenschaft erzeugen, bildet den Inhalt der beschreibenden Zoologie, beziehungsweise Entomologie.

Nomenclatur. Zur kurzen Bezeichnung jeder grösseren Gruppe, sei es Klasse, Ordnung, Familie oder Gattung, bedient man sich eines lateinischen Namens. Die wissenschaftliche Bezeichnung der Art setzt sich dagegen nach Linné's Vorgang zusammen aus zwei lateinischen Namen, einem Gattungs- und einem Artnamen, welche sich in gewisser Beziehung verhalten wie Familien- und Vorname bei den Menschen. Ist nun, wie wir oben erfuhren, der stets vorauszustellende Gattungsname nicht absolut unveränderlich, so ist doch nach den heute allgemein angenommenen Regeln der Nomenclatur der Artname, der einem Thier einmal gegeben worden, völlig unveränderlich, und man fügt, gewöhnlich in Abkürzung, den Namen desjenigen Schriftstellers hinzu, welcher diesen Namen gegeben hat.

Der Curculio notatus des Fabricius wird also heute gewöhnlich als Pissodes notatus Fabr. bezeichnet, weil die ursprüngliche Gattung

Curculio als zu sehr angewachsen (vergl. S. 249) zur Familie erhoben
und der besseren Gruppirung wegen in viele Gattungen getheilt worden
ist. Sollten nun fernerhin die Arten der Gattung Pissodes — was
übrigens sehr unwahrscheinlich ist — sich derartig durch neue Ent-
deckungen vermehren, dass man aus Zweckmässigkeitsrücksichten eine
weitere Trennung dieser Gattung in zwei vornehmen müsste, so könnte
zwar der „kleine braune Rüsselkäfer" einmal seinen Gattungsnamen
Pissodes verlieren; dagegen müsste er immer den Artnamen „notatus",
und zwar unter Beifügung des Namens des Autors, der ihm denselben gegeben, also „notatus FABR." behalten. Beruht doch nur auf
dieser Regel die Möglichkeit, sieh wissenschaftlich darüber zu
verständigen, welche Thierform mit einem bestimmten Namen bezeichnet wird.

Da Irren nun aber einmal menschlich ist, so ist es vorgekommen
und kommt noch vor, dass gegen die letztere Regel gesündigt wird,
d. h. dass aus Versehen ein einmal vergebener Name in einer folgenden Schrift nicht demjenigen Thiere beigelegt wird, dem ihn der
ursprüngliche Beschreiber gab, sondern einem Verwandten. Sowie
dieser Irrthum nun entdeckt wird, so muss er corrigirt werden, und
zwar, um nicht die ganze Grundlage unserer wissenschaftlichen Nomenclatur fraglich zu machen, sogar dann, wenn sich der falsche Name
bereits in irgend welchen Kreisen eingebürgert hat. Eine solche Aen-
derung ist dann nicht eine willkürliche Neuerung, wie Laien denken,
sondern eine nothwendige Wiederherstellung des alten Zustandes. Das
in forstlichen Kreisen bekannteste Beispiel hierfür ist das des grossen
braunen Rüsselkäfers. Diesen hatte LINNÉ Curculio Abietis getauft,
dagegen den einen der kleinen braunen Rüsselkäfer Curculio Pini.
RATZEBURG verwechselte nun die Thatsache und bezeichnete den
grossen braunen Rüsselkäfer als Curculio Pini, den kleinen dagegen als Curculio Abietis. Trotzdem nun aber vermöge der ungemein
weiten Verbreitung der RATZEBURG'schen Werke der Name Curculio
Pini sich für den berüchtigten Kulturverderber in der Forstwelt eingebürgert hatte, musste derselbe doch verlassen werden, sobald bemerkt
wurde, dass hier ein Irrthum vorliege, und es heisst daher, seitdem
SCHÖNHERR das Genus Hylobius und GERMAR das Genus Pissodes
für die hier in Frage kommenden Thiere von dem ursprünglichen
Genus Curculio abgetrennt haben, der grosse braune Rüsselkäfer Hylobius
Abietis L., der hier in Frage kommende kleine braune Kiefern-Rüssel-
käfer hingegen Pissodes Pini L., und diese berechtigte Wiederherstellung
ist neuerdings auch in den forstzoologischen Werken, die lange RATZE-
BURG's Autorität ausschliesslich folgten, zu ihrem Rechte gekommen.

Die Thatsache, dass übrigens vielfach auch in rein wissenschaftlichen Werken gegen diese Regeln theils direct gesündigt wurde,
theils Thiere, die schon bekannt und benannt waren, von dieses Umstandes unkundigen Schriftstellern als neu beschrieben und selbstständig
zum zweitenmale benannt wurden, ist Schuld daran, dass man häufig
bei einem Insekte mehrere Namen angeben muss. Wir werden diese

Synonyme im speciellen Theile auf das thunlichst geringe Mass zurückzuführen suchen.

Ist es daher auf das dringendste geboten, auch in praktisch-entomo-
logischen Werken den von der Wissenschaft festgestellten Speciesnamen
anzuerkennen, so liegt andererseits die Frage, welchen Gattungsnamen man hier zu wählen habe, durchaus nicht ebenso klar, sehon
darum, weil dieser, wie oben gezeigt, auch in den rein wissenschaftlichen Büchern nicht unveränderlich ist. RATZEBURG hat in der 6. Auflage
dieses Buches meist den Familien- als Gattungsnamen gebraucht.
Während z. B. allgemein bereits damals die kleine Kiefernblattwespe Lophyrus Pini L. genannt wurde, nennt er dieses zu
der Familie der Blattwespen, Tenthredinidae, gehörige Thier noch
Tenthredo Pini L. Dieses Verfahren trägt doch den Anforderungen der
Wissenschaft etwas zu wenig Rechnung und erschwert auch die Orientirung für Denjenigen, welcher sich über diese oder jene Gattung
in entomologischen Büchern genauere Auskunft holen will, als die
Waldverderber geben können. Will man andererseits alle diejenigen
Gattungsnamen aufnehmen, die in den neuesten Insektenkatalogen
von den beschreibenden Entomologen aufgestellt wurden, so läuft man
Gefahr, den Praktiker überhaupt der Segnungen der binären lateinischen
Nomenclatur zu berauben. Diese bestehen ja darin, dass der Gattungsname sofort die Vorstellung einer grösseren Gruppe mit gemeinsamen
Merkmalen weckt, zu welcher das oder die durch beigefügte Artnamen unterschiedenen Thiere gehören. Die Namen Felis Leo, Felis
Tigris, Felis Lynx besagen, dass Löwe, Tiger und Luchs gemeinsam
dem Katzengeschlechte, der Gattung Felis, zugehören. Schafft man
dagegen, wie dies neuerdings geschehen, für jede dieser Formen eine
Untergattung, und nennt den Löwen Leo barbarus, den Tiger Tigris
regalis, den Luchs Lynx vulgaris, so wird — abgesehen davon, dass
dieser Vorgang den oben angeführten Regeln gemäss unserer Ansicht
nach ganz unstatthaft ist — zwar der Specialist hierdurch seiner
Anschauung Ausdruck geben können, dass Löwe, Tiger, Luchs zu
gesonderten Gruppen der Katzenfamilie gehören, dagegen ist der zunächst wichtige Eindruck, dass wir es mit Katzenarten zu thun
haben, völlig verwischt.

Um nun in Betreff der Nomenclatur die directen Bedürfnisse des
praktischen Forstmannes und die Ansprüche der Wissenschaft mit einander zu vereinigen, soll in dem speciellen Theile folgender Weg eingeschlagen werden:

1. Es wird auf das strengste jede Art mit dem wissenschaftlich
richtigen Artnamen bezeichnet werden.

2. Es werden die Gattungsnamen so gewählt, dass nicht etwa
jede neueste, auf kleinen Unterschieden beruhende Untergattung angenommen wird, sondern nur solche Hauptgattungen, welche sich mit den

dem praktischen Forstmanne zu Gebote stehenden, einfachen Unter-
suchungsmitteln bestimmen lassen.

3. Damit aber sowohl ein Vorwärtsforschen in rein entomologischen
neueren Werken, als auch ein Zurückgehen auf Ratzeburg erleichtert
werde, wird bei allen wichtigeren, genauer besprochenen Formen, hinter
dem in diesem Buche nach den eben gekennzeichneten Grundsätzen
gewählten Namen zugefügt werden:

a) der Name, unter welchem sie in dem neuesten wissenschaftlichen
Katalog der betreffenden Gruppe aufgeführt ist, so z. B. bei den
Käfern in dem „Catalogus Coleopterorum Europae et Caucasi" von
L. v. Heyden, R. Reitter u. J. Weise, Berlin 1883;

b) der Name, den sie in Ratzeburg's grossem Werke „Die Forstinsekten" [**V.**], oder in den seiner „Waldverderbniss" [**XV.**] bei-
gegebenen Nachträgen trägt.

Folgendes Beispiel möge dies erläutern:

Der eine grössere Fichtenbastkäfer wird bezeichnet werden als:

Hylesinus glabratus Zett.

Cat. Col. Eur. 1883: Hylastes glabratus Zett.

Ratzeb. Forstinsekt.: *Hylesinus decumanus* Er.

Wir verwahren uns übrigens ausdrücklich gegen die Annahme, als
glaubten wir etwa auf diese Weise eine vollständige Synonymie zu geben.
Es soll vielmehr lediglich dem Fortgeschrittenen, wie dem auf älteren
Standpunkte Stehengebliebenen die Anknüpfung erleichtert werden.

Für Art, Gattung und Familie haben sich auch d e u t s c h e N a m e n
eingebürgert, die man leider nicht ganz fallen lassen kann. Sind auch
manche deutsche Namen etwas bezeichnender als die lateinischen, so
leiden sie doch oft an dem grossen Fehler, nur Provincialismen zu sein.
Wo die Fichte vorherrscht, pflegt man z. B. Hylobius Abietis L. den
Fichtenrüsselkäfer, in Kiefergegenden Kiefernrüsselkäfer zu nennen.
Gegen solche Uebelstände vermag aber kein Autor anzukämpfen; deshalb
müssten wir es eigentlich für einen Fortschritt halten, wenn auch in
der Praxis nur die lateinischen Namen angewendet würden. Schwer ist
das nicht, selbst die gewöhnlichsten Waldarbeiter merken sich solche
Namen leicht. Trotzdem haben wir indessen die Ratzeburg'schen und
andere deutsche Namen festgehalten, weil sie sich unter den Forstwirthen
sehr eingebürgert haben.

<small>Die eben dargelegte lateinische Bezeichnung der Einzelart wird als die
Linné'sche b i n ä r e Nomenclatur bezeichnet. Mitunter hat man versucht, dieselbe durch eine dreifache, t e r n ä r e zu ersetzen, indem man noch den Namen
einer grösseren Gruppe, also z. B. den der Familie, vorsetzte. Dies ist besonders</small>

in den älteren Schriften Ratzeburg's für die Schmetterlinge geschehen. So nennt er den Kiefernspinner Phalanea Bombyx Pini, um anzudeuten, dass derselbe zu den Nachtschmetterlingen, seinen Phalaenen, gehört. Dieser Gebrauch ist in der wissenschaftlichen Literatur, als zu complicirt, völlig verlassen worden und sollte auch in den forstlichen Büchern, in denen er ausnahmsweise noch spukt, verschwinden. Als ein unwissenschaftlicher, aber für die Praxis nicht gerade zu verwerfender Gebrauch ist ferner die Weglassung des Gattungsnamens zu erwähnen. So bezeichnet man häufig den Tomicus typographus kurzweg als „typographus", den Pissodes notatus als „notatus", u. s. f. Bei den allergewöhnlichsten Formen mag das zum Gebrauche für den Unterbeamten und Waldarbeiter angehen, als richtig kann man es nicht ansehen.

Das Bestimmen der Forstschädlinge und die Anlegung von forstentomologischen Sammlungen.

Die Bestimmung des Urhebers eines forstlichen Insektenschadens.

Im speciellen Theile dieses Buches werden alle bisher als sehr und merklich forstschädlich erkannten Insekten, sowie auch der grössere Theil der unmerklich schädlichen so genau beschrieben, dass es dem Forstmanne möglich wird, sicher zu entscheiden, ob ein von ihm gefangenes Insekt, in welchem er diesen oder jenen Forstschädling vermuthet, dieser wirklich auch ist oder nicht. Hat er also z. B. einen Rüsselkäfer gefangen, den er für den Harzrüsselkäfer, Pissodes hercyniae, hält, so kann er, falls diese Vermuthung richtig, sich Gewissheit verschaffen; wenn dies nicht der Fall ist, er aber doch nicht allzu falsch rieth, auch wohl ausfindig machen, welchen verwandten Schädling er fälschlich für den Harzrüsselkäfer ansah.

Dagegen reichen die Angaben des speciellen Theiles durchaus nicht aus, etwa jedes im Walde gefangene Insekt nun auch wirklich zu bestimmen. Ueberhaupt ist die sichere Bestimmung eines beliebigen einheimischen Insektes durchaus keine so leichte Aufgabe, als der Laie es sich gewöhnlich denkt. Für den praktischen Forstmann handelt es sich aber auch durchaus nicht um eine solche directe Bestimmung, sondern vielmehr darum, eine entdeckte Beschädigung an Holzpflanzen auf ihren Urheber zurückzuführen.

Die Art der Beschädigung wird es also sein, von welcher er zunächst auszugehen hat, und zur Erkennung des Schädlings nach den Kennzeichen des Frasses leitet der dritte, aus Hilfstabellen bestehende Theil dieses Buches an.

Mit der Durchsicht dieser Tabellen ist also in jedem zweifelhaften Falle zu beginnen, und sehr häufig werden die daselbst aufgeführten Kennzeichen bereits vollständig genügen, um den Urheber des Schadens sogar dann sicher anzusprechen, wenn er bereits die

Stätte der Beschädigung verlassen hat und dem Forstmanne nicht
mehr in die Hände fiel.

Ist letzteres aber der Fall, hat der Forstmann den Schädling in
Händen, so werden die in den Tabellen gegebenen Verweisungen auf
den speciellen Theil es meist möglich machen, völlige Gewissheit
über Namen und Lebensgeschichte zu erlangen. Trotzdem könnte
es aber doch einmal vorkommen, dass alle in diesem Buche niedergelegten Angaben nicht genügten, um einen Frass oder ein schädigendes
Insekt sicher zu erkennen. Es kann dies aber nur in dem Falle eintreten, wenn ein bisher völlig unbeachtet gebliebener und als völlig
gleichgiltig angesehener Bewohner eines unserer Waldbäume sich ausnahmsweise einmal so vermehrt, dass er in diesem einen Falle
als merklich schädlich angesprochen werden müsste. Alsdann ist
natürlich eine Bestimmung nach Frasskennzeichen nicht ausführbar,
und es ist nur dann auf eine sichere Bestimmung des Urhebers zu
rechnen, wenn der Beobachter das gefangene Thier, resp. dessen
Jugendstadien, an einen Fachmann einsendet. Sind nur Jugendzustände
gefangen worden, so wird häufig auch der Fachmann nur dann sichere
Auskunft geben können, wenn er dieselben lebend erhält und im Stande
ist, die Imago zu erziehen, denn ausser bei den Schmetterlingen, sind
die Jugendzustände unserer Insekten durchaus nicht vollständig bekannt, und es dürfte nur wenige Forscher geben, die z. B. die Larve
eines Bockkäfers sicher der Art nach bestimmen können.

Die Anlage von forstlichen Insektensammlungen. Nach unseren
Erfahrungen wird nur Derjenige die Forstinsekten mit Sicherheit kennen
lernen, welcher sich einen entomologischen Blick dadurch erwirbt, dass
er sich mit irgend einer Insektengruppe speciell beschäftigt. Es ist daher
dem angehenden Forstmanne nicht genug zu empfehlen, sich eine kleine
Insektensammlung anzulegen, und zwar sind, wenn es nur auf den eben
angedeuteten Zweck der Schärfung des entomologischen Blickes ankommt,
die Käfer als Sammelobjecte am meisten zu empfehlen.

Wir geben daher hier einige kurze Andeutungen über das Insektensammeln, müssen aber ausdrücklich bemerken, dass dieselben durchaus
nicht für Entomologen bestimmt sind, sondern für Leute, welche das
Sammeln als unentbehrliches Mittel zu praktischen Zwecken betrachten,
und können daher Anweisung zu schwierigeren Methoden der Aufbewahrung,
z. B. eine Anleitung zum Spannen der Schmetterlinge, zum Anstecken
besonders kleiner Insekten auf Silberdraht oder sogenannte „Minutien-
nadeln" u. s. f. hier nicht geben. Wer eingehender sammeln will, wird
sich am besten mit einem erfahrenen Sammler in Verbindung setzen,
oder einer guten, ausführlichen, gedruckten Anleitung folgen müssen.

Als solche möchten wir beispielsweise die im „Naturaliensammler", Leipzig,
Verlag von Otto Spamer, enthaltene, von dem verstorbenen v. Kiesenwetter verfasste Anweisung zum Insektensammeln bezeichnen.

Auch in der „Praktischen Insektenkunde" von Taschenberg [**XXII**] sind sehr gute Anleitungen enthalten.

Tödtung der Insekten. Die Käfer lassen sich am leichtesten sammeln; man wirft sie in ein mit starkem Brennspiritus gefülltes Fläschchen. Will man jedoch behaarte Käfer, z. B. Cicindela, Melolontha u. s. f., gut präpariren, so muss man sie freilich, ebenso wie alle Insekten mit weichen Flügeln, welche im Spiritus leiden, auf trockenem Wege tödten. Am schnellsten kommt man mit dem seiner Gefährlichkeit wegen allerdings vorsichtig zu behandelnden Cyankalium zum Ziele. In ein mit Papierschnitzeln gefülltes Fläschchen gibt man ein in Papier gewickeltes Stück, etwa von der Grösse eines Schrotes Nr. 4; dies reicht für viele Tage hin. Manche Farben leiden allerdings durch das Cyankalium, so das Gelb vieler Hautflügler. Will man einen noch sichereren Verschluss des Cyankaliums haben, so legt man das Stückchen auf den Boden eines weithalsigen Fläschchens, bedeckt es mit trockenem Gipspulver und giesst dann schnell eine Lage mit Wasser angemachten Gipses darauf. Dieser erhärtet bald, desgleichen zieht auch der darunter liegende trockene Gips Feuchtigkeit von oben an, und es bildet nun das Ganze eine feste Masse, die vor jeder unerwünschten Berührung mit dem Cyankalium schützt, während die Dämpfe desselben durch die poröse Gipsschicht durchdringen und alle in die Flasche gebrachte Insekten tödten. Damit diese nicht zu sehr durcheinandergerüttelt werden, bringt man einige zusammengeknäuelte lange Löschpapierschnitzel in das Glas.

Weniger sicher tödten, aber auch weniger gefährlich sind Schwefeläther oder Chloroform. Man schüttet 10 bis 20 Tropfen auf die Löschpapierschnitzel und sie behalten in gut verkorktem Fläschchen während mehrerer Stunden ihre tödtende, wenigstens betäubende Wirkung. Gut ist es, vor dem Herausnehmen der Insekten noch einmal frische Tropfen in das Fläschchen zu geben, um das Wiedererwachen der angesteckten Thiere zu verhindern. Um den Kork des Fläschchens nicht zu oft öffnen zu müssen, bringt man durch denselben eine Federspule mit Holzstöpsel und steckt kleinere Insekten durch diese in die Flasche. Lebendig in Flaschen mit Löschpapierstreifen nach Hause gebrachte Käfer tödtet man am besten durch Versenken der Flasche in kochendes Wasser. In kleinen Reagenzgläschen untergebrachte kann man leicht und schnell durch kurzes, vorsichtiges Erhitzen über der Lampe oder dem Lichte tödten. Für grössere Schmetterlinge empfiehlt sich das Anspiessen der lebenden Thiere und sofortiges, vorsichtiges, seitliches Drücken des Thorax. Hierauf werden sie am besten unter einer kleinen Glasglocke mit Aether betäubt und getödtet. Letzteres kann auch erst auf dem Spannbrett geschehen. Kleinschmetterlinge, z. B. Wickler, gibt man lebendig in kleine, flache Pappschächtelchen, deren Deckel mit Hilfe einer starken Nadel durchlöchert ist; einige auf letzteren gegossene Tropfen Aether genügen, um das Thier zu betäuben oder zu tödten, worauf man es leicht an die Nadel bringen kann, ohne es zu beschädigen.

Die Zubereitung für die Sammlung. Die getödteten Insekten werden auf Nadeln gespiesst. Gewöhnliche Stecknadeln sind zu diesem Zwecke nicht zu empfehlen, vielmehr erwerbe man besondere Insektennadeln von circa 4 cm Länge, in zwei bis drei verschiedenen, den verschiedenen Insektengrössen angepassten Stärken. Beim Anspiessen wird das Insekt ohngefähr zu zwei Drittel bis drei Viertel der Nadelhöhe emporgeschoben.

Soll eine Sammlung sauber aussehen, so hat man darauf zu achten, dass sämmtliche Insekten in gleicher Höhe angespiesst sind. Grössere Käfer und meistentheils auch Wanzen werden von obenher durch die rechte Flügeldecke aufgesteckt. Bei allen anderen grösseren Insekten, z. B. Schmetterlingen, Hautflüglern, Fliegen u. s. f., wird die Nadel durch den Thorax gestochen. Kleine Insekten klebt man mit Gummi auf 6 bis 8 mm lange, an der Basis 3 mm breite, dreieckige Schnitzel von starkem Papier; auf die Spitze des Dreieckes kommt das Insekt, an der Basis wird die Nadel durchgestochen (Fig. 106). Gut ist es, einige Exemplare verkehrt, d. h. mit dem Rücken aufzukleben, damit man auch die Unterseite vollständig betrachten kann.

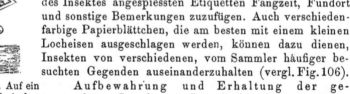

Sehr empfehlenswerth ist es, auf kleinen, unterhalb des Insektes angespiessten Etiquetten Fangzeit, Fundort und sonstige Bemerkungen zuzufügen. Auch verschiedenfarbige Papierblättchen, die am besten mit einem kleinen Locheisen ausgeschlagen werden, können dazu dienen, Insekten von verschiedenen, vom Sammler häufiger besuchten Gegenden auseinanderzuhalten (vergl. Fig. 106).

Fig. 106. Auf ein Papierdreieck aufgeklebter Käfer mit Fundbezeichnung.

Aufbewahrung und Erhaltung der gesammelten Insekten. Zur Aufbewahrung gehören dicht schliessende Holzkasten, etwa 40 cm lang, 30 cm breit und 6 cm hoch, mit Glasdeckel. Am besten ist es, den Boden mit einer dünnen Korklage zu überziehen, oder ihn aus sehr weichem Linden-, Weiden- oder Pappelholz herstellen zu lassen, um die langen Nadeln, am sichersten immer mit einer kleinen Drahtzange, leicht und fest einstecken zu können.

Der beste Verschluss ist der mit doppeltem, gut gearbeitetem Falze.

Es genügt aber nicht, sich eine Sammlung anzulegen, dieselbe muss vielmehr auch bewahrt werden. Die ärgsten Feinde derselben sind Staub, Licht, Feuchtigkeit und Raubinsekten. Der Staub wird durch gut gearbeitete Kästen abgehalten, das Licht, welches die Farben ausbleicht, durch Einschliessen der Sammelkästen in dunkle Schränke oder Bedecken ihrer Glasscheibe mit einem Vorhange oder Pappdeckel. Gegen die Feuchtigkeit wahrt man sich durch passende Wahl des Aufstellungsortes, wobei besonders feuchte Zimmer zu vermeiden sind. Auch das Aufstellen der Sammelkästen an Aussenmauern, besonders an der Wetterseite gelegenen, ist sehr schädlich. Die Feuchtigkeit schadet den Insekten übrigens nicht allein direct, sondern besonders durch Begünstigung der Schimmelvegetation. Schimmel ist die sichere Folge einer feuchten Aufbewahrung und zerstört eine Sammlung unfehlbar. Bei rechtzeitiger Wahrnehmung der Gefahr kann Trocknen der Insekten und nachträgliches Abpinseln mit Spiritus oder Benzin bei nicht behaarten oder beschuppten Thieren wohl noch einmal helfen.

Die schlimmsten thierischen Feinde der Sammlung sind Milben, Holzläuse, Larven der Käfergattungen Anthrenus und Dermestes, sowie Motten. Dieselben können in einen Kasten nur dann eindringen, wenn derselbe nicht gut schliesst oder öfters offen gelassen wird. Beides ist sorgfältig zu vermeiden. Sind auf diese Weise oder durch inficirte, aus einer fremden Sammlung übernommene Exemplare solche Schädlinge eingeschleppt worden, was man an ihren auf dem Boden des Kastens sich anhäufenden Kothresten, dem sogenannten Wurmmehl, bemerkt, so sind dieselben zu tödten. Sicher wirkt eine längere, mässige Dörrung der Insekten, oder aber bei unbehaarten Thieren ein Einwerfen derselben in Spiritus, oder das Eingiessen einer kräftigen Portion gut gereinigten Benzins, welches man allmälig in dem wohlverschlossenen Kasten verdunsten lässt.

Häufig schützt man auch die Sammlungen durch Einbringen einer stark riechenden oder giftigen Substanz in die Kästen. In früheren Zeiten bediente man sich hierzu des metallischen Quecksilbers, welches man frei auf dem Boden des Kastens umherlaufen liess. Seiner Gefährlichkeit wegen ist dies Mittel durchaus zu verwerfen, und man verwendet jetzt meist krystallisirtes Naphthalin, welches in jeder Droguenhandlung oder Apotheke billig zu haben ist. Dieses wird am besten in einer kleinen, durchlöcherten, auf dem Boden des Kastens festgeleimten oder festgesteckten Schachtel angebracht. Das Beste ist und bleibt fleissige Benutzung und Revision der Sammlung. Endlich sei noch erwähnt, dass es ganz fehlerhaft ist, Sammlungen in Glaskästen an der Wand aufzuhängen, wie es so oft geschieht, weil das Licht allmälig die Farben, namentlich die vieler Schmetterlinge, zerstört.

Zucht der Insekten. In sehr vielen Fällen wird aber gerade für den praktischen Forstmann das Sammeln allein nicht genügen. Eine grössere Anzahl der für ihn wichtigen Thiere sind auf diese Weise nicht leicht zu erbeuten, z. B. viele Borkenkäfer, Buprestiden u. s. f. Desgleichen sind die einfach draussen im Walde gefangenen Schmetterlinge häufig bereits so stark abgeflattert, dass sie für eine Sammlung nicht taugen. Dagegen sind viele dieser Thiere leicht zu erziehen.

Am leichtesten geht dies bei allen das Holz und die Rinde bewohnenden Käfern, Schmetterlingen, Holzwespen u. s. f. Trägt man Stammstücke oder Aeste, welche von deren Larven besetzt sind, ein und verschliesst sie in passende Behälter, so werden sich dieselben, besonders wenn man dafür sorgt, dass sie im Zimmer nicht zu sehr austrocknen, normal weiter entwickeln und zu Imagines verwandeln. Sogar einzelne grössere, aus ihren Frassgängen herausgenommene Larven, z. B. solche von Bockkäfern und die Raupen des Weidenbohrers, können in Gläsern mit Sägespänen erzogen werden. Insekten, welche in den von ihnen bewohnten Pflanzentheilen als Larven oder Puppen überwintern, werden am besten den Winter über im Freien gelassen, und den gewöhnlichen winterlichen Witterungsverhältnissen ausgesetzt. Dies gilt z. B. besonders bei in den Gallen überwinterndern Gallwespen. Erst im Frühjahr bei Eintritt der wärmeren Witterung zwingert man sie dann richtig ein. Raupen müssen öfters frisches Futter haben, dies ist namentlich mühsam bei den Laubfressern, denen man täglich frisches Laub geben muss, wenn man dasselbe nicht etwa in einer Wasserflasche, in welche die fressenden Raupen nicht fallen können, im Zwinger aufstellen kann. Am schwierigsten ist es, räuberische Larven, welche frische Insekten und feuchte Erde brauchen, wie Caraben und Staphylinen, durchzubringen. Ueberhaupt sind die in der Erde lebenden Insekten, wenn auch Pflanzenfresser, wie z. B. Engerlinge, schwer zu erziehen. Die Erziehung der Schmarotzer, welche noch so manche neue Entdeckung versprechen, gelingt nebenher, wenn man ihre Wohnthiere oder Wirthe — jede Art in einem getrennten Behälter — ordentlich verpflegt. Da die Schmarotzer, namentlich die Ichneumonen, oft sehr klein sind, so darf man das Glas oder den Kasten, in welchem sie auskommen, nicht eher öffnen, bis sie alle todt sind, damit bei unvorsichtigem Oeffnen die besten Stücke nicht unbemerkt entschlüpfen. So erhält man meist mehr Exemplare, als man gleich aufspiessen oder aufkleben kann. Will man diese verwahren, so bringt man sie zwischen Schichten von Watte In einer Schachtel kann man sie dann auch leicht verschicken. Vor allen Dingen muss der Name des Wirthes, aus welchen man die Schmarotzer erzogen hat, vermerkt werden, womöglich auch die Zeit des Auskommens, das Benehmen dieser Schmarotzer im Zwinger, und hinsichtlich der Wirthe: woher sie kamen, wann sie eingezwingert wurden, wie und wann sie starben u. s. f.

Als Zuchtzwinger verwendet man am besten Holzkästen, die behufs Zulassung von Licht und Luft an den Seiten mit Glas und Gaze oder feinem Messingdrahtgeflecht verschlossen sind. Verpuppen sich die in ihnen gehaltenen Insekten im Freien in der Bodendecke, so hat man auf den Grund des Zwingers eine Erdschicht zu bringen. Auch grössere Einmachegläser, welche oben einen umgebogenen Rand haben, über welchem sich ein Gaze- oder durchlöcherter Papierverschluss leicht festbinden lässt, thun gute Dienste. Sprengt man von einem solchen Glase den Boden ab, und setzt dasselbe auf einen mit Erde oder Sand gefüllten, von Zeit zu Zeit von unten begossenen Blumentopf, so erhält man gute Zwinger für im Boden überwinternde Puppen.

Sammlung von Jugendzuständen. Aber nicht allein Insektenimagines hat der Forstmann zu sammeln. Es ist für ihn sehr wichtig, auch die Eier, Larven und Puppen der Forstschädlinge genau zu kennen und zur Vergleichung in späteren Fällen aufzuheben, besonders dann, wenn er gleichzeitig durch Zucht unzweifelhaft feststellt, welche Imagines zu diesen Jugendzuständen gehören.

Einige dieser Objecte, z. B. die Eier und Puppen vieler Schmetterlinge lassen sich ohneweiters trocken aufbewahren. Grössere Insektenlarven, besonders Schmetterlingsraupen, können, nach vorhergehendem vorsichtigen Ausdrücken ihrer weichen Innentheile durch den After, über einem Kohlenfeuer oder einer mit einem Drahtnetz bedeckten Spirituslampe, mittelst eines Strohhalmes oder einem Glasröhrchen aufgeblasen und getrocknet werden. Es erfordert diese Arbeit aber viel Uebung und Geschicklichkeit. Beiweitem die meisten Jugendzustände müssen aber in gut verschlossenen Gläschen in Spiritus aufbewahrt werden. Guter Brennspiritus mit ohngefähr $\frac{1}{3}$ Wasser verdünnt, leistet hier gute Dienste.

Die zur Zeit wohl unübertroffenen Meister im Raupenausblasen und in der Herstellung biologischer Insektensammlungen überhaupt sind Dr. Max Gemminger, Adjunct an der zoologisch-zootomischen Sammlung in München und Oberförster F. A. Wachtl, Entomolog an der k. k. Anstalt für forstliches Versuchswesen zu Wien. Letzterer hat in den „Mittheilungen aus dem forstlichenVersuchswesen Oesterreichs" herausgegeben von A. v. Seckendorff, I. Bd, 3. Heft, 1878, S. 279 bis 282, in einem besonderen Aufsatze eine sehr genaue Anweisung zum Ausblasen der Raupen gegeben.

Auch eine kleine Sammlung von Frassstücken ist von hoher Wichtigkeit für den Forstmann sowohl zu eigener Belehrung als zum Unterrichte seiner Zöglinge. Alle Frassgänge in Holz oder Rinde sind ohne Schwierigkeit wenigstens eine Zeit lang aufzubewahren. Man hat hierbei nur darauf zu sehen, dass die Frassstücke handlich zugeschnitten, grössere dünne Rindenstücke zwischen Brettern flach gepresst werden, und dass man neben den, natürlich besonders werthvollen, völlig normal ausgebildeten Frassstücken auch undeutlicher ausgeprägte, sicher bestimmte mitnimmt, da draussen im Walde die letzteren meist die überwiegende Mehrzahl bilden und daher dem angehenden Forstmanne gleichfalls vorgeführt werden müssen. Sind die Gänge tief im Holze verborgen, so werden geschickt gelegte Quer- und Längsschnitte, sowie glücklich gesprungene Spaltstücke häufig sehr lehrreich sein, so z. B. bei Frassstücken der Nutzholzborkenkäfer.

Befressene Blätter werden in derselben Weise für die Sammlung zwischen Fliesspapier getrocknet und dann auf weisse Papierbogen aufgeklebt, wie für das Herbarium zuzubereitende Pflanzen.

In jedem Falle ist genaue Etiquettirung des Frassstückes nach Art, Zeit, Fundort und Pflanze unumgänglich nothwendig Erfahrungsgemäss unterliegen aber alle gesammelten Frassstücke mit der Zeit den Angriffen von Insekten. Namentlich berindete Nadelholzstücke werden durch die Larven von Anobium molle L. gründlichst zerstört und Laubhölzer, obgleich weniger gefährdet, sind den Angriffen von Bockkäfern, z. B. von Hylotrypes bajulus L., Callidium violaceum L., und C. variabile L., ausgesetzt.

Bemerkt man diese Schädigungen zeitig, so sind die Stücke noch durch starkes, die Schädlinge tödtendes Dörren zu retten. Viel besser aber ist es, dieselben gleich von vornherein zu schützen. Dies kann bei werthvollen, nicht zu grossen Exemplaren dadurch geschehen, dass

man die durch Erhitzung von allen etwa bereits in ihnen vorhandenen
Schädlingen befreiten Holzstücke vom Buchbinder in feste Pappkästen
einkleben lässt, welche an den Seiten, an welchen das Frassstück
dem Blicke zugänglich sein muss, mit Glasscheiben versehen sind.
Einfacher ist es, wenn man die Stücke gründlich mit einer nicht zu
starken Lösung von arseniksaurem Natron, $Na_3\ As\ O_3$, bepinselt; kleinere
Stücke kann man eine Zeit lang in einer solchen Lösung liegen
lassen. Die Lösung ist so zu verdünnen, dass ein auf eine schwarze
Unterlage gebrachter Tropfen beim Trocknen keinen nennenswerthen
weissen Fleck hinterlässt. Zu beachten ist besonders, dass arseniksaures
Natron ein starkes Gift und zugleich eine Lauge ist, welche die
Hände des unvorsichtig mit ihm umgehenden Sammlers angreift. Sehr
rauhborkige Stücke streicht man vorher am besten mit Spiritus an,
dann zieht das Conservirungsmittel leichter in alle Ritze ein.

Sammelgeräthschaften und Lupen. Wer das Sammeln eingehender betreiben will, hat sich noch mit Fanggeräthen, als da sind:
Schmetterlingsnetzen, Käferketschern, Raupenschachteln, Schachteln mit
weichem Boden zum Aufstecken gefangener Schmetterlinge, Fliegen,
Libellen u. s. f. zu versehen. Hierauf können wir an dieser Stelle
nicht näher eingehen.

Unentbehrlich für jeden Forstmann, welcher sich nur einigermassen mit Entomologie beschäftigen will, sind dagegen eine feine
Pincette und eine Lupe. Letztere wird ihm auch bei botanischen
Untersuchungen gute Dienste leisten. In schwarze Hornschalen eingeschlossene Einschlaglupen mit zwei verschieden starken Gläsern,
welche entweder jedes einzeln, oder wenn man stärkere Vergrösserung
wünscht, zusammen gebraucht werden, sind am meisten zu empfehlen.
Das eine Glas sollte sechs-, das andere circa zehnmal im Durchmesser
vergrössern. Zusammengenommen vergrössern sie dann ohngefähr fünf-
zehnmal. Wirklich tadellose, achromatische und aplanatische Lupen
dieser Art sind nicht billig und kosten zwischen 12 und 20 Mark.
Unübertroffen sind die von der Firma F. W. Schieck in Berlin ge-
lieferten Taschenlupen. Aber auch billigere, bei jedem Opticus zu
erhaltende, nicht völlig achromatische und aplanatische Handlupen,
die von 5 Mark an zu haben sind, können ausreichen. Bei dem
Gebrauche der Lupe gewöhne sich der Anfänger folgendermassen zu
verfahren: er nimmt das zu untersuchende Insekt zwischen die drei
ersten Finger der linken Hand, hält die Lupe mit der rechten dicht
vor das Auge und sucht nun, die rechte mittelst des Kleinfingers gegen
die linke stützend, die richtige Entfernung, die Brennweite. Er
stelle sich so, dass das Licht auf das Object fällt. Die Lupe weit vom
Auge zu halten und so durchzusehen, ist ganz unpraktisch. Um das
Gesehene richtig deuten zu können, wird man Beschreibungen eines
guten Buches hinzuziehen, hier und da auch wohl eine Abbildung
vergleichen müssen.

Zur wirklich entomologischen Bestimmung kleinerer Käfer,
z. B. der Borkenkäfer, bei denen es vielfach auf die Anzahl der

Fühlerglieder und feine Sculpturverhältnisse der Flügeldecken ankommt. genügt eine gewöhnliche Handlupe mit fünfzehnmaliger Vergrösserung nicht. Hier wird eine schärfere Lupe oder ein Mikroskop nöthig. Cylinderlupen von circa dreissigfacher Vergrösserung sind wohl die billigsten hierzu tauglichen Instrumente. Auch kann man schwächere Objectivsysteme eines guten Mikroskopes als Handlupen verwenden, z. B. Nr. 4 oder höchstens Nr. 5 von HARTNACK in Potsdam. Es gehört aber zur Benutzung dieser stärkeren optischen Hilfsmittel eine ziemliche Uebung, da ihre Brennweite eine sehr geringe ist, das Glas also dem zu untersuchenden Objecte sehr stark genähert werden muss. Man klebt daher Thiere, die so untersucht werden sollen, am besten vorher auf ein Papierdreieck (vergl. S. 256) und steckt dann die Nadel auf ein Stäbchen Hollundermark als Handgriff.

Noch schwieriger ist die Verwendung des zusammengesetzten Mikroskopes, da sogar ziemlich kleine Insekten zuerst in passender Weise präparirt werden müssen, damit sie bei durchfallendem Lichte betrachtet werden können, und zur Untersuchung eines nur irgendwie grösseren Insektes die Theile desselben auseinandergelegt und einzeln zu mikroskopischen Präparaten verarbeitet werden müssen. Anweisung zu solchen Präparationen zu geben, geht über den Plan dieses Buches hinaus. Wir möchten nur kurz darauf aufmerksam machen, dass ein Forstmann, der ein Mikroskop anschaffen will, sich wohl hüten möge, eines der in den Schaufenstern der gewöhnlichen Optiker ausgestellten, oft für den Laien recht verlockend aussehenden Mikroskope zu kaufen. Es sind dies meist schlechte, nach völlig veralteten Systemen gebaute Ungeheuer, mit deren Ankauf er sein Geld ebenso sicher wegwirft, wie wenn er eines der für Spottgeld in den Zeitungen angepriesenen „Mikroskope mit 2000facher Vergrösserung" ersteht; 60 bis 120 Mark ist das Mindeste, was man an ein brauchbares Mikroskop wenden muss. Bezieht man von einer soliden Firma, z. B. E. HARTNACK, Potsdam, Waisenstrasse 39. — C. REICHERT, Wien, VIII. Laudongasse 40. — F. W. SCHIECK Berlin SW., Halle'sche Strasse 14 — SEIBERT & KRAFFT, Wetzlar — R. WINCKEL, Göttingen. — C. ZEISS, Jena, ein einfaches Stativ mit Hufeisenfuss und feststehendem Objecttisch, einem mittleren Oculare, z. B. HARTNACK Nr. 3 und zwei Objectiven, z. B. HARTNACK Nr. 4 und Nr. 7 und verbittet sich gleichzeitig die Beigabe von Objectträgern, Deckgläschen, Pincetten, Nadeln, Messern u. s f., welche man billiger in besonderen Handlungen — Glaswaaren z. B. bei W. P. STENDER in Leipzig u. A., Stahlinstrumente z. B. bei C. FRANCK oder O. MOECKE in Leipzig — ersteht, so ist man sicher, ein durchaus brauchbares und längere Zeit Werth behaltendes Instrument zu erhalten, welches allen Ansprüchen eines Forstmannes genügen kann.

Allgemeine Literatur.

Für diejenigen Forstleute, welche tiefer in die Entomologie eindringen wollen, als dieses Buch es gestattet, seien zunächst einige allgemeinere literarische Hilfsmittel aufgeführt.

BURMEISTER, H. Handbuch der Entomologie. I Bd. Allgemeine Entomologie. gr. 8. Mit 16 Steindrucktafeln. 4. 1832. Berlin bei Reimer. Eine noch heute sehr brauchbare Schrift, welche ihrer Zeit bahnbrechend war.

CARUS, J. V. und GERSTÄCKER, C. E. A. Handbuch der Zoologie. 8. I. Bd. 1868—1875. II. Bd, 1863. Leipzig, Wilhelm Engelmann. Der zweite Band enthält eine ausgezeichnete Darstellung der Arthropoden aus GERSTÄCKER's Feder.

Leunis, J. Synopsis der drei Naturreiche. 8. Erster Theil. Zoologie.
2. Aufl. von Ludwig, H., I. Bd. 1883, II. Bd., 1. Abtheilung
1884. Hannover, Hahn'sche Buchhandlung.

> Die erste Abtheilung des zweiten Bandes enthält den Haupttheil der Ento-
> mologie. Dieses Buch gestattet auch ein Bestimmen der gewöhnlicheren
> Insektenarten.

Claus, C. Grundzüge der Zoologie. 8. 4. Aufl. I. u. II. Bd. 1880—1882.
Marburg, Elwert'sche Verlagsbuchhandlung.

Derselbe. Lehrbuch der Zoologie. 8. 2. Aufl. mit 706 Holzschnitten. 1883. Marburg und Leipzig. Elwert'sche Verlagsbuchhandlung.

> Neueste und beste Lehrbücher der wissenschaftlichen Zoologie für Studirende,
> ersteres für weitergehende Bedürfnisse berechnet, letzteres mit vortrefflichen
> Abbildungen.

Kirby, W. und Spence, W. Einleitung in die Entomologie. Herausgegeben von Oken. 4 Bd. mit Kupfert. gr. 8. 1823—33. Stuttgart und
Tübingen bei Cotta.

> Aelteres Werk mit vielen schätzbaren biologischen Notizen.

Graber, V. Die Insekten. 8. I. Bd. 1877. II. Bd. 1877 und 1879.
München, R. Oldenbourg.

> Interessant geschriebene, auch zur Lectüre zu empfehlende Darstellung des
> Baues und der Lebensweise der Insekten.

Wir lassen nun eine Anzahl von Werken in wesentlich historischer
Reihe folgen, welche entweder ausschliesslich praktisch entomologischen
und forstentomologischen Inhaltes sind oder neben Anderem allgemeinere
Uebersichten über Forstinsekten bringen. Diese sind im vorhergehenden
und folgenden Texte dieses Buches lediglich mit der ihnen hier gegebenen
römischen Zahl, und zwar in eckigen Klammern citirt. Alle in
eckige Klammern eingeschlossenen Citate mit arabischen Ziffern beziehen sich auf die speciellen, dem Abschnitte, zu welchem sie gehören,
angefügten Literaturverzeichnisse. In dem vorliegenden ersten Theile finden
sich solche specielle Literaturverzeichnisse auf S. 121 u. 181, in dem zweiten
Theile werden sie allen wichtigeren Insektengruppen beigegeben werden.

Beobachtungen über Forstinsekten sind am meisten in Deutschland
und Oesterreich angestellt und veröffentlicht worden. Der hohe Werth
der Waldungen, ein gewisser wissenschaftlicher Sinn der Forstwirthe
drängten zu solchen Studien hin. Diese wurden angeregt und unterstützt
durch den Stand der Naturwissenschaften, namentlich auch der Entomologie in den genannten Ländern. Die forstlichen Zeitschriften und Vereins-
berichte enthalten massenhaftes, namentlich in biologischer Beziehung
werthvolles Material. Eine Uebersicht der neuen Arbeiten dieser Richtung ist alljährlich im „Tharander forstlichen Jahrbuche" ent-

halten, und zwar im „Repertorium" unter den Rubriken „Versuchswesen",
„Zoologie", „Botanik", speciell in dem Abschnitt „Krankheiten, Beschädigungen, Missbildungen" und „Schutz gegen Thiere".

I. BECHSTEIN, J. M. und SCHARFENBERG G. L. Vollständige Naturgeschichte der für den Wald schädlichen und nützlichen Forstinsekten. gr. 4. 3 Theile. Leipzig 1804 u. 1805. Mit ill. Kpfn.

II. BECHSTEIN, J. M. Forstinsektologie oder Naturgeschichte der für
den Wald schädlichen und nützlichen Insekten. 8. Gotha 1818.
Mit 4 ill. Kpftfln.

III. THIERSCH, E. Die Forstkäfer oder vollständige Naturgeschichte
der vorzüglichsten, den Gebirgsforsten schädlichen Insekten, hauptsächlich der Borkenkäfer. gr. 4. Stuttgart und Tübingen 1830.
Mit 2 Kpftfln.

IV. KOLLAR, V. Naturgeschichte der schädlichen Insekten in Beziehung
auf Landwirthschaft und Forstcultur. 8. Wien 1837.

V. RATZEBURG, J. T. C. Die Forstinsekten, oder Abbildung und Beschreibung der in den Wäldern Preussens und der Nachbarstaaten
als schädlich oder nützlich bekannt gewordenen Forstinsekten.
gr. 4. 3 Theile. Berlin 1839, 1840 und 1844. Mit vielen ill.
Kupfertafeln.

VI. Derselbe. Die Ichneumonen der Forstinsekten in forstlicher und
entomologischer Beziehung. 3 Theile. gr. 4. Berlin 1844, 1848
und 1852. Mit Kupfertafeln.

VII. KÖNIG, G. Die Waldpflege. 8. Gotha, ·Becker'sche Verlagsbuchhandlung. 1. Aufl. 1849, 2. Aufl. von C. GREBE. Gotha, Thienemann 1859. (3. Aufl. vergl. Nr. XIX).

VIII. NÖRDLINGER, H. Die kleinen Feinde der Landwirthschaft. 8.
Stuttgart, J. G. Cotta. 1. Aufl. 1855, 2. Aufl. 1869. Mit Holzschn.

IX. Derselbe. Nachträge zu Ratzeburg's Forstinsekten. 8. Stuttgart 1856.
(2. Aufl. vergl. Nr. XXIV.)

X. RATZEBURG, J. T. C. Die Waldverderber und ihre Feinde. 8.
Berlin, Nicolai'sche Buchhandlung. Mit 8 Tfln. u. Holzschn.
1. Aufl. 1841. 6. Aufl. 1869.

XI. Derselbe. Die Waldverderber und ihre Feinde. 8. Berlin, Nicolai-
sehe Buchhandlung. 7. Aufl. in vollständig neuer Bearbeitung
herausgegeben von J. F. JUDEICH 1876. Mit 10 Tfln. u. Holzschn.

XII. HENSCHEL, G. Leitfaden zur Bestimmung der schädlichen Forstinsekten, mit Angabe ihrer Lebensweise, der gegen dieselben seither mit Erfolg angewendeten Vorbauungs- und Vertilgungsmittel etc.
8. Wien, Braumüller. 1. Aufl. 1861. 2. Aufl. 1876.

XIII. KOLENATI, F. A. Die für den Forstmann wichtigsten schädlichen
Insekten, nach den neuesten Erfahrungen zusammengestellt. 8. In
den Verhandlungen der Forstsection für Mähren und Schlesien.
Heft 43. Brünn 1861.

XIV. Döbner, E. Ph. Handbuch der Zoologie, mit besonderer Berücksichtigung derjenigen Thiere, welche in Bezug auf Forst- und Landwirtschaft, sowie hinsichtlich der Jagd vorzüglich wichtig sind. 8. Aschaffenburg 1862. I. Wirbelthiere, II. wirbellose Thiere.

XV. Ratzeburg, J. T. C. Die Waldverderbniss oder dauernder Schade, welcher durch Insektenfrass, Schälen, Schlagen und Verbeissen an lebenden Waldbäumen entsteht. gr. 4. 2 Theile. Berlin, Nicolai'sche Buchh. 1866 und 1868. Mit vielen farbigen Tafeln.

XVI. Altum, B. Forstzoologie. Berlin, Jul. Springer. I. Säugethiere. 1872. II. Vögel. 1873. III. Insekten. 1874 und Ende 1875. 2. Aufl. 1876—1882. Mit vielen Holzschn.

XVII. Kaltenbach, J. H. Die Pflanzenfeinde aus der Klasse der Insekten. Ein nach Pflanzenfamilien geordnetes Handbuch sämmtlicher auf den einheimischen Pflanzen bisher beobachteten Insekten zum Gebrauch für Entomologen, Insektensammler, Botaniker, Land- und Forstwirthe und Gartenfreunde. Mit 402 charakteristischen Holzschnitt-Illustrationen der wichtigsten Pflanzenfamilien. 8. Stuttgart. Jul. Hoffmann. 1874.

XVIII. Taschenberg, E. L. Forstwirthschaftliche Insektenkunde oder Naturgeschichte der den deutschen Forsten schädlichen Insekten etc. 8. Leipzig 1874. Mit Holzschn.

XIX. Grebe, C. Der Waldschutz und die Waldpflege. Dritte wesentl. erweiterte Auflage von Dr. G. König's Waldpflege. 8. Gotha. Thienemann. 1875. (1. und 2. Aufl. vergl. Nr. VII.)

XX. Guse, C. Aus dem Forstschutz. kl. 8. Berlin und Leipzig. H. Voigt. 1876.

XXI. Hess, R. Der Forstschutz. 8. Leipzig. Teubner. 1878.

XXII. Taschenberg. Praktische Insektenkunde. I bis V. 8. Bremen. M. Heinsius. 1879 bis 1880. Mit Holzschn.

XXIII. v. Binzer, C. A. L. Schädliche und nützliche Forstinsekten. 8. Berlin. Wiegandt, Hempel und Parey. 1880.

XXIV. Nördlinger, H. Lebensweise von Forstkerfen oder Nachträge zu Ratzeburg's Forstinsekten. Zweite vermehrte Auflage. 4. Stuttgart. J. G. Cotta. 1880. (vergl. Nr. IX.)

XXV. *a)* Frank, A. B. Die Krankheiten der Pflanzen. 8. Breslau. E. Trewendt. 1880. Mit Holzschn.
b) Derselbe. Die Pflanzenkrankheiten in Schenk's Handbuch der Botanik. gr. 8. I. 1881, S. 327—570.

XXVI. Nördlinger, H. Lehrbuch des Forstschutzes. 8. Berlin. P. Parey. 1884. Mit Holzschn.

XXVII. Henschel, G. Der Forstwart. 8. Wien. Wilhelm Braumüller. 1878—1882. Mit Holzschn.

XXVIII. Kauschinger. Lehre vom Waldschutz. 3. Aufl. neu bearb. von H. Fürst. 8. m. 4 Tfln. Berlin. Parey. 1883.

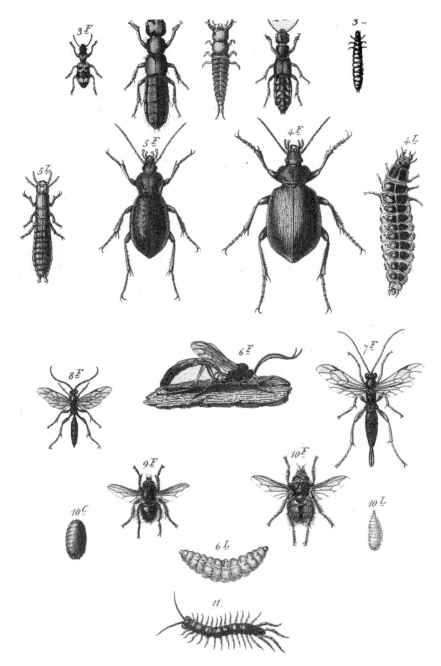

1. *Ocypus olens. Müll.* 2. *Staphylinus erythropterus. L.* 3. *Clerus formicarius. L.*
4. *Calosoma sycophanta. L.* 5. *Carabus hortensis. L.* 6. *Anomalon circumflexum. L.*
7. *Pimpla instigator. Fabr.* 8. *Ichneumon nigritarius. Grv.* 9. *Nemoraea puparum. Fabr.*
... *L.* 11. *Lithobius forficatus. L.*

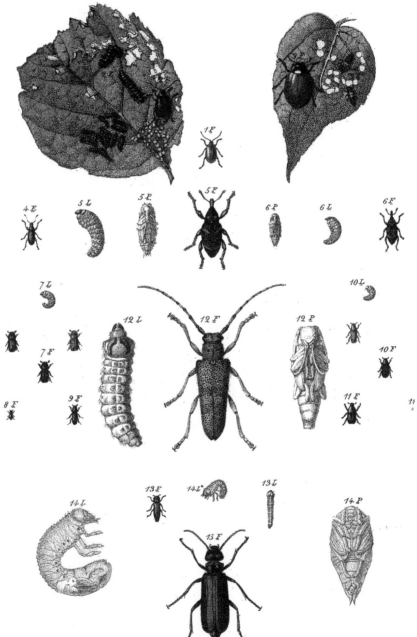

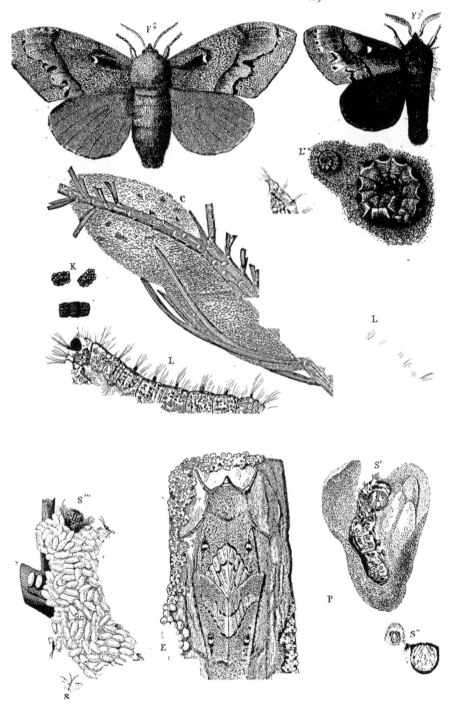

SPECIELLER THEIL.

Die rechte Praxis ist die Tochter der rechten
Theorie, und insofern nichts praktischer als die
Theorie.   ROSENKRANZ.

KAPITEL VIII.

Die Gerad- und Netzflügler.

Die in diesem Kapitel zusammengefassten beiden Insektenordnungen
haben zwar für Landwirthe und Gärtner, sowie für Fischer — für diese
als Köderinsekten — eine nicht zu unterschätzende Bedeutung, sind
jedoch für den Forstwirth von allen Insektenordnungen die wenigst
wichtigen.

Die Geradflügler.

Die Geradflügler, Orthoptera, sind Insekten mit kauenden
Mundwerkzeugen, freiem Prothorax und unvollkommener
Metamorphose.

Diese ziemlich weite Definition schliesst sowohl sehr niedrige als
ziemlich hoch entwickelte Insekten ein, von den flügellosen Springschwänzen unserer Wälder und Teichoberflächen, sowie den silberglänzenden
„Fischchen" unserer Speisekammern, durch die Ohrwürmer, Schaben,
Grillen und Heuschrecken, bis zu den Termiten und Libellen. Als
typische mittlere Vertreter der ganzen Ordnung kann man die springenden
grösseren Geradflügler, die Heuschrecken und Grillen ansehen, zu welchen
denn auch die einzige forstlich sehr schädliche Art gehört, die Maulwurfsgrille oder Werre (vergl. S. 268).

Die Berechtigung, der Ordnung der Geradflügler den soeben angedeuteten
Umfang zu geben, wird seit Anfang des Jahrhunderts und auch neuerdings viel-

fach bestritten; für die praktische Zoologie scheint uns aber eine möglichste Vereinfachung der grossen Gruppen, deren Bildung ja stets nur eine Sache der Uebereinkunft ist, dringend geboten. Auch finden sich trotz aller äusseren Verschiedenheit ausser den in der Definition angegebenen Eigenthümlichkeiten weitere übereinstimmende Züge im Bau der Mundwerkzeuge und in der Anzahl der Hinterleibsringe.

Was zunächst die Mundwerkzeuge betrifft, so ist bei dieser Ordnung fast durchgehend die ursprüngliche Form des dritten Kieferpaares soweit gewahrt, dass man die Zusammensetzung der „Unterlippe" aus den beiden Hinterkiefern, sowie die morphologische Uebereinstimmung jeder ihrer Hälften mit dem entsprechenden Mittelkiefer deutlich erkennt (Fig. 107, vergl. auch S. 30 und 31).

Es ist ferner in bei weitem den meisten Fällen die typische Anzahl der Hinterleibsringe vollständig erhalten, ja vielfach noch durch secundäre Theilungen auf elf vermehrt (vergl. S. 39). Nur bei den, was die Mundwerkzeuge betrifft, die äussersten Ausläufer der Gruppe bildenden Formen, z. B. bei den Libellen und den in dieser Beziehung verkümmerten Eintagsfliegen, sowie in Betreff der Hinterleibsringe bei den Springschwänzen, finden wir Abweichungen. Es bilden ferner die Verhältnisse der typisch unvollkommenen Metamorphose, die übrigens noch mancherlei Abstufungen zeigt, das gemeinsame Band aller hier zusammengefassten Formen. Diese Gruppe umschliesst nicht nur die nach heutigen Anschauungen der hypothetischen gemeinsamen Stammform am nächsten stehenden, also niedrigsten aller lebenden Insekten, sondern ist auch diejenige, welche im fossilen Zustande am frühesten in den sedimentären Gesteinen auftritt, nämlich bereits in der Kohlenformation nachweisbar ist.

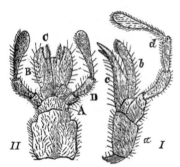

Fig. 107. *I* Linker Mittelkiefer (Unterkiefer) und *II* die beiden in der Mitte verschmolzenen Hinterkiefer (Unterlippe) der Werre, Gryllotalpa vulgaris Latr.

Wir trennen die Ordnung der Geradflügler in drei Unterordnungen: Die Thysanuren, die echten Geradflügler und die Afternetzflügler.

Die Unterordnung I, die Thysanuren, Thysanura, sind kleine behaarte oder beschuppte, nur mit rudimentären Mundwerkzeugen versehene, flügellose Orthopteren, deren 10gliedriger Hinterleib an seinem Ende borstenförmige Schwanzfäden oder einen Springapparat trägt. Sie umfassen die drei Familien der Campodidae, der Poduridae oder Springschwänze und Lepismatidae oder Borstenschwänze.

Die Campodidae, ausgezeichnet durch das Vorhandensein von Beinpaaren auch an den Hinterleibsringen, stellen die niedrigste der lebenden Insektenformen dar.

Die Springschwänze, Poduridae, mit einer Springgabel an der Unterseite des Hinterleibes, sind sehr kleine, in feuchte Oertlichkeiten lebende Insekten, welche dem Naturfreunde durch ihre raschen Bewegungen auffallen. Podura aquatica L. findet sich häufig im Frühjahr in grösseren Mengen auf der Oberfläche ruhiger Lachen. Podura (Degeeria) nivalis L. tritt öfters mitten im Winter zahlreich auf dem Schnee auf, welcher dann wie mit grobem Schiesspulver bestreut aussieht, und Podura (Desoria) glacialis Nic. ist einer der wenigen Bewohner der Alpengletscher.

Die mit langen Schwanzborsten und metallisch glänzenden Schuppen versehenen Borstenschwänze, Lepismatidae — von λέπισμα, die Schuppe — treten uns am häufigsten in dem sehr verbreiteten, unsere Wirthschaftsräume bewohnenden und die Vorräthe benagenden Silberfischchen oder Zuckergast, Lepisma sacharinum L, entgegen.

Die Unterordnung II, die echten Geradflügler oder Schrecken, Orthoptera genuina, sind meist geflügelte, grössere Geradflügler mit zwei ungleichen Flügelpaaren, deren breitere Hinterflügel in der Ruhe ganz oder theilweise unter die schmalen, häufig zu pergamentartigen Flügeldecken umgewandelten Vorderflügel untergefaltet sind. Ihre stets das Land bewohnenden Larven haben die gleiche Lebensweise wie die Imago. Sie zerfallen wiederum in drei schon durch die Art ihrer Bewegung unterschiedene Zünfte, in die Lauf-, Schreit- und Springschrecken.

Die Laufschrecken, Orthoptera cursoria, umfassen zwei in manchen anderen Beziehungen sehr von einander abweichende Familien, die der Ohrwürmer und der Schaben.

Die Ohrwürmer, Forficulidae, sind leicht kenntlich an der am Ende ihres Hinterleibes vortretenden Zange, deren ungegliederte, den Raifen der übrigen Orthopteren (vergl. S. 40) entsprechende Arme beim ♂ stärker ausgebogen sind wie beim ♀. Sie haben dreigliedrige Tarsen. Die Vorderflügel sind zu kurzen, hornigen Flügeldecken verwandelt, unter welche die grossen, aber sehr zarten Hinterflügel in mehrfacher, höchst complicirter Faltung untergeschlagen werden. Die von den Flügeldecken nicht geschützte Oberseite des Hinterleibes ist wie bei den im Habitus ihnen ähnlichen Staphylinen unter den Käfern (vergl. Kap. IX) fest chitinisirt. Es sind nächtliche, meist von Pflanzensubstanzen lebende Thiere, welche zwar oftmals in Gärten durch Anfressen des herabgefallenen Obstes, der Küchengewächse und Wurzeln, sowie der Blumen, schädlich werden, forstlich jedoch keinerlei Bedeutung haben. Dass sie mit ihren Zangen kneipen könnten, ist ein ebenso grundloser Aberglaube wie die Volksmeinung, dass sie im Freien schlafenden Menschen in die Ohren kröchen. Die bei uns verbreiteten Arten sind Forficula auricularia L. und F. minor L. Man fängt sie, indem man ihnen für ihren Tagesaufenthalt passende Schlupfwinkel, als da sind: Rindshufe, Reisigbündel und Weidenkörbe darbietet, späterhin ausklopft und alsdann die herausfallenden Thiere zertritt.

Die Schaben, Blattidae, zeichnen sich durch ihren platten eiförmigen Körper, den senkrecht gestellten, unter der grossen Vorderbrust verborgenen Kopf, die flachen Schenkel und stark gestachelten Schienen, sowie die mitunter allerdings rudimentär bleibenden oder fehlenden, an der Naht über einander greifenden Flügeldecken aus. Die Raife sind gegliedert. Es sind nächtliche, sehr gefrässige Thiere, welche forstlich ganz unbedeutend sind. Ein ganz unschädlicher Waldbewohner ist die bei uns häufige Blatta (Ectobia) Lapponica L. Dagegen richten andere Arten in den Wohnungen und Vorrathsräumen, besonders in den Bäckereien und Mühlen vielfachen Schaden an. Es sind dies bei uns die einheimische Blatta (Phyllodromia) Germanica L., die deutsche Schabe, ein kleines, bis 13 mm langes, gelbbraunes Thier, sowie die aus Asien bei uns eingeschleppte Blatta (Periplaneta) orientalis L., die Küchenschabe, auch Schwabe oder Russe genannt, ein sehr häufiges, bis 30 mm langes, dunkelschwarzbraunes Thier.

Die Schreitschrecken, Orthoptera gressoria, sind wesentlich tropische Thiere, welche für uns ohne jede Bedeutung erscheinen.

Sie zerfallen in die beiden höchst sonderbar gestalteten Familien der Fangheuschrecken, Mantidae, und der Gespenstheuschrecken, Phasmidae. Die ersteren sind raubgierige, andere Insekten verzehrende Thiere, welche nur in einer Art, der wegen ihrer erhoben getragenen vorderen Raubbeine (vergl. S. 34) sehr unpassend „Gottesanbeterin" genannten Mantis religiosa L. bis nordwärts der Alpen reichen. Die Gespenstheuschrecken sind dagegen träge, pflanzenfressende Thiere, welche meist durch „schützende Aehnlichkeit" (vergl. S. 41) vor ihren Feinden gesichert sind. Sie gleichen nämlich Theilen ihrer Wohnpflanzen, so z. B. das „wandelnde Blatt", Phyllium siccifolium L., in Ostindien, und der einem dürren Zweige ähnliche Bacillus Rossii Fabr. in Südeuropa.

Die Springschrecken, Orthoptera saltatoria, sind sofort kenntlich durch ihr zu Sprungorganen umgewandeltes drittes Beinpaar. Sie umfassen die allbekannten Heuschrecken und Grillen. Wissenschaftlich werden sie wieder in drei Familien eingetheilt: die Erdheuschrecken, die Laubheuschrecken und die Feldheuschrecken.

Die Erdheuschrecken, Gryllidae, sind Springschrecken mit walzigem Körper, mässig langen borstenförmigen Fühlern, dreigliedrigen, keine Sohle tragenden Tarsen, kurzen, rechtwinklig gebrochenen, sowohl dem Rücken wie den Seiten des Leibes sich anlegenden Flügeldecken, unter denen die zu einem Strange zusammengefalteten, grossen Hinterflügel peitschenförmig nach hinten vorragen. Hinterleib mit zwei fadenförmigen, vielgliedrigen Raifen. Gehörorgane an den Vorderschienen. Das Männchen oft mit einem Stimmorgan an der Basis der Flügeldecken.

Die Vertreter dieser Familie leben meist unterirdisch in selbstgegrabenen Gängen. Sie sind theils Raubthiere, theils Allesfresser. Man kann sie wieder in zwei Abtheilungen bringen, in solche mit normalen Vorderbeinen und einer langen Legscheide beim Weibchen, und solche mit Grabbeinen und ohne Legscheide. Zu der letzeren Abtheilung gehört die Maulwurfsgrille, zu der ersteren die Feldgrille.

Die Maulwurfsgrille, auch Werre, Reutwurm, Reitkröte, Erdkrebs, Erdwolf oder Schreckwurm genannt.

Gryllotalpa vulgaris Latr.

Ratzeburg, Forstinsekten: Gryllus Gryllotalpa L.

Fig. 108. Rechtes Grabbein der Maulwurfsgrille, Gryllotalpa vulgaris Latr.

Dieses dunkelbraune, am Körper kurz seidenglänzend behaarte, bis 50 mm lange Thier (Taf. VI, Fig. 5) ist durch seine zu Grabschaufeln verwandelten Vorderbeine und das grosse, wie der Panzer eines Krebses gebaute Brustschild charakterisirt. Seine Bedeutung für den Forstmann liegt darin, dass es in Saatkämpen und Pflanzgärten unterirdische Gänge wühlt und hierbei die Wurzeln der jungen Bäumchen zerreisst oder zerbeisst. Die Pflanzen gehen dann meist ein. Vertilgung des Insektes durch Aufsuchen und Zerstören der Nester, sowie durch Fang in eingegrabenen Töpfen (vergl. S. 214) ist angezeigt.

Beschreibung. *Imago:* Kopf vorgestreckt, Antennen kaum über das Halsschild zurückreichend. An den Vorderbeinen sind alle Abschnitte kurz, stark und platt gebaut (Fig. 108). Trochanter mit einem spitzen Zahnfortsatz, Schenkel und Schiene verbreitert, letztere unten mit vier starken Zähnen versehen. Tarsus abgeplattet und der Aussenfläche der Schiene inserirt, die beiden ersten Glieder gleichfalls mit starkem Zahn. Flügeldecken kurz, beim ♂ mit einer Schrillader an der Basis. Hinterleib beim ♂ mit 9, beim ♀ mit 7 Segmenten. Sehr lange, behaarte, abwärtsgekrümmte Raife.

Larven von den Erwachsenen in dem ersten Stadium, in welchem sie zunächst weissen Ameisen gleichen, durch einfachere Bildung der Grabbeine und den gänzlichen Mangel, in den späteren Stadien durch die unvollständige Ausbildung der Flügel und Flügeldecken unterschieden (Taf. VI, Fig. 5 *L** u. *L.*).

Eier gelblich weiss, fast hanfkorngross (Taf. VI, Fig. 5 *E*).

Biologie. *Fortpflanzung.* Die Werre hat gewöhnlich eine einjährige Generation, wie schon ROESEL VON ROSENHOF [9] ausführlich schildert, es kann jedoch auch ausnahmsweise Ueberjährigkeit vorkommen.

	Jan.	Febr.	März	April	Mai	Juni	Juli	Aug.	Sept.	Oct.	Nov.	Dec.
1880					++	+++	+++	+++				
1881					++	+++	+					

Die Behauptung von NIESSING, eine zweijährige Generation sei die Regel, wird augenblicklich meist bestritten. Für sie spricht allerdings die Thatsache, dass man im Frühjahr neben den grossen alten Werren oftmals halbwüchsige Larven in Menge findet. So wurde dies z. B. im Frühjahr 1886 in Primkenau von Oberförster KLOPFER beobachtet.

Die Begattungszeit, welche man sogar bei diesem schwerfälligen Insekte mit Recht Flugzeit nennen kann, weil es alsdann wirklich manchmal fliegt und überhaupt öfter als sonst seine Gänge verlässt, tritt meist Anfang Juni ein. Doch kann dieselbe schon im Mai anfangen und bis Juli dauern. Das Männchen lockt in den Gängen das Weibchen durch ein dem Knarren einer abgelaufenen Weckuhr oder dem fernen monotonen Rufe des Ziegenmelkers, Caprimulgus Europaeus L., gleichendes Schrillen, welches durch die oben erwähnte Schrillleiste an den Flügeldecken hervorgebracht wird. Die Begattung findet des Nachts oder in den Gängen statt, und zwar sehen hierbei Männchen und Weibchen nach verschiedener Seite, copula aversa. Das Weibchen baut nun eine ungefähr 8 bis 15 *cm* tief unter der Oberfläche des Bodens gelegene, hühnereigrosse Nesthöhle, deren Wände es mit seinem Speichel glättet und so festigt, dass man sie in bindigem Boden als ein Ganzes herausgraben kann. Zu ihrem seitlichen Eingange führt ein meist schneckenförmig gewundener Gang. In dieses Nest legt nun das Weibchen gewöhnlich Ende Juni beginnend und wohl spätestens im Anfang Juli seine Eier. Man hat bis jetzt höchstens 250 Stück in einem Neste gefunden. Das Weibchen stirbt nicht sofort nach der Eiablage, sondern verbleibt häufig in der Nähe des Nestes in einem von dem zuführenden Gange senkrecht abgehenden, 10 bis 30 *cm* tiefen Schachte als „Wache". In manchen Fällen soll allerdings, wie schon BOUCHÉ vermuthet, das Weibchen einen Theil seiner eigenen Brut auffressen.

Die Jungen kommen nach 8 bis 14 Tagen aus den Eiern als kleine, 5 *mm* lange Larven und bleiben, da sie sich noch nicht einzugraben verstehen, die ersten drei bis vier Wochen im Neste, vermindern sich aber in ihm auffallend dadurch, dass das in der Nähe bleibende Weibchen welche verzehrt. Sie sollen sich zuerst von humushaltiger Erde und feinen Pflanzenwürzelchen nähren. Nach Ablauf dieser ersten vier Wochen tritt die erste Häutung ein, nach weiteren vier Wochen, also ungefähr im August, folgt die zweite und im September die dritte Häutung, nach welcher sie eine durchschnittliche Grösse von 2·5 *cm* erlangt haben. Nun gehen sie etwas tiefer und beginnen den Winterschlaf. Vom Wetter des nächsten Jahres hängt es ab, wie zeitig sie erwachen und sich darauf zum viertenmale häuten, wobei die Flügelstumpfe auftreten. Die letzte Häutung zum vollkommenen Insekt erfolgt Mitte Mai, spätestens Anfang Juni. [**XXII**, IV, S. 196].

Verbreitung. Dieses Thier ist durch ganz Europa, vom südlichen Schweden bis Spanien, von der atlantischen Küste bis zum Ural, verbreitet.

Naeh NIESSING [7] steigt sie in den Alpen bis 2300 m Höhe, ist wohl aber in der norddeutschen Ebene am häufigsten. Frischer, lockerer und nicht beschatteter Boden ist ihr der liebste, wenn sie auch nöthigenfalls im Wasser schwimmt, ja auf diese Weise über Ströme setzt und ihre Gänge sogar in Moorboden anlegt. Nach RATZEBURG [XI, S. 68] war sie im Neustädter Forstgarten auf den niedrigsten Saatbeeten, wo früher Erlenbruch war, am schlimmsten.

In ihren *Gewohnheiten* lässt sie sich vollkommen mit dem Maulwurfe vergleichen, mit dem sie in Folge der Anpassung an dieselben Lebensbedingungen sogar eine habituelle äussere Aehnlichkeit hat. Sie ist ein unterirdisches und nächtliches Thier, welches sowohl als Larve wie als Imago in selbstgegrabenen, bei jungen Larven kaum federkieldicken und ganz flachstreichenden, bei der Imago fingerstarken und etwas tiefer verlaufenden Gängen ihrer Nahrung nachgeht. Diese Gänge prägen sich in lockerem Boden meist als langgestreckte, geschlängelte Aufwürfe aus. Sie ist, wie nicht nur der directe Versuch, sondern auch der Bau des Darmcanales nachweist (vergleiche den Darmcanal der Maulwurfsgrille Fig. 33, S. 51, mit dem Darm des typisch carnivoren Laufkäfers Fig. 35, S. 53) ebenso wie der Maulwurf wesentlich auf thierische Nahrung angewiesen, verzehrt nicht nur Regenwürmer und Schnecken, sondern auch alle unterirdisch lebenden Insektenlarven, namentlich Engerlinge und Drahtwürmer. Sie wirkt durch ihre Nahrung also häufig sogar günstig. Trotzdem ist auch ziemlich festgestellt, dass sie an kleinen Eichen und Buchen oft die Keime sehon abfrisst, noch ehe dieselben über die Erde kommen [XI, S. 69], und dass ein von ALTUM [XVI, 2. Aufl., III, 2, S. 327] geschildertes halbes oder ganzes Durchbeissen junger Buchenpflanzen unmittelbar über dem Wurzelanlauf auf kein anderes Thier als die Werre zurückgeführt werden konnte. Auch hält sie sich in der Gefangenschaft ziemlich lange bei rein pflanzlicher Nahrung, und bei unseren Versuchen in Tharand wurden häufig Regenwürmer nur ungern angenommen.

Wirthschaftliche Bedeutung. Ihr *Schaden* beruht aber durchaus nicht etwa blos auf den eben geschilderten Pflanzenbeschädigungen, er wird vielmehr hauptäschlich dadurch bedingt, dass die Werre bei der Herstellung ihrer Gänge die Wurzeln vieler Pflanzen mit Hilfe ihrer Grabschaufeln zerreisst oder mit ihren Kiefern abbeisst. Ferner werden vielfach junge Pflanzen durch das Aufwerfen der Gänge gehoben und vertrocknen. Auch hierin gleicht sie also völlig dem Maulwurfe. Diese letztere Thätigkeit macht sie daher für jeden feineren gärtnerischen Betrieb zu einem höchst schädlichen Thiere, dessen übergrosse Vermehrung sogar die Existenz eines Gärtners in Frage stellen kann, und sie wird natürlich auch zu einem gefürchteten Feinde des Forstmannes überall dort, wo dessen Pflanzenzucht einen mehr gärtnerischen Charakter einnimmt, also in Saat- und Pflanzbeeten. Hier leiden Sämlinge und ein- bis zweijährige Pflänzchen sowohl der Nadel- als

der Laubhölzer am meisten. Wenn man Gänge an solchen vorüber-
streichend findet, so wird man sie auch bald kränkeln und absterben
sehen.

Abwehr. Das gründlichste Mittel, um der Werre auf die Dauer
Abbruch zu thun, ist das **Aufsuchen und Zerstören der Nester
mit Eiern und Brut.**

Unterstützen kann man diese Massregel durch **Wegfangen
und Tödten der älteren und jüngeren Thiere ausserhalb
des Nestes.** Einzelne, besonders werthvolle Pflanzen- oder auch Saatbeete kann man ferner durch besondere Vorsichtsmassregeln schützen.

Man muss die Arbeiter speciell zum **Aufsuchen der Nester** instruiren.
Wer sich Uebung im Auffinden derselben verschafft, wird sie schon in einiger
Entfernung erkennen. Da, wo sich im Juni oder Juli, zuweilen schon im Mai,
häufig Röhren zeigen, oder wo man ungewöhnlich viele Werren über der Erde
bemerkt oder gefangen oder Abends schrillen gehört hat, da achte man besonders auf den Pflanzenwuchs. Auf Grasplätzen — denn auch diese muss man,
da von ihnen öfters der Herd des Frasses sich ausbreitet, im Auge behalten —
sieht man das Gras an einzelnen Stellen absterben und gelb werden, auf Saatbeeten geht es mit den Keimlingen ebenso. Hier wird man dann auch bald die
etwa nur 2·5 *cm* tief unter der Erdoberfläche verlaufenden Röhren des Insektes
entdecken. Sie sind etwas erhaben, besonders nachdem es geregnet hat, man
kann leicht mit dem Finger hineinfahren und sie verfolgen. Da, wo sie in einem
Kreise laufen, der 15 bis 30 *cm* Durchmesser zu haben pflegt, oder wo überhaupt
viele Gänge benachbart zu sehen sind, und da, wo sie sich etwas mehr in die
Tiefe senken, hat man das 8 bis 15 *cm* tief stehende Nest zu erwarten. Das
Aufsuchen des bei dem Neste Wache haltenden Weibchens macht aber, da der
Gang beim Graben leicht verstopft wird, oft Mühe, ist auch unnöthig, da das
Weibchen, wenn es seine Eier abgelegt hat, nicht mehr schaden kann, viel-
leicht gar nützt durch Verzehrung der eigenen Brut. Liegen die Nester im
entblössten, nicht mit kurzem Grase oder jungen, dichtstehenden Pflanzen be-
setzten Boden, so muss man den Boden, besonders nach Regen, aufmerksam be-
trachten. Man erkennt die Stellen dann nicht von weitem und muss Schritt vor
Schritt suchen, um die oben beschriebenen, kreisenden Röhren zu entdecken.
Selbst wenn im Juli die Nester schon alle fertig sind, und schon sämmtlich
Junge haben, ist es immer noch Zeit zur Vertilgung. Dann darf man aber
nicht mehr nach den aufgelaufenen, kreisenden Röhren suchen, da solche nicht
mehr von dem inzwischen träger gewordenen ♀ angelegt werden; die frischen
Gänge, welche man noch sieht, rühren vom ♂ her. Man muss jetzt also auf
andere Merkzeichen achten. Das sind Löcher, wie mit dem kleinen Finger in
den Boden gestochen, rundlich oder von unregelmässig zerrissener Form, wahrscheinlich von dem lauernden ♀ herrührend. Sind diese Löcher nur flach, so
geht man gleich wieder davon ab; kann man aber bis über den halben Finger
senkrecht hineinfahren, so kommt man sicher zu dem Gange, welcher kreisend
zum Neste führt. Entweder ist dasselbe dann noch voll, oder halb oder ganz
entleert; dann hat es oft oben eine, noch unter der Oberfläche liegende Oeffnung,
aus welcher die Jungen wahrscheinlich ihren Ausgang genommen und sich seitwärts
unter der Erde verbreitet haben. Das Zertreten der gesammelten Eier ist mühsam,
das Ersäufen der Brut nicht immer möglich. Es genügt aber schon, wenn man
sie sammt dem Erdnest der Luft setzt, denn besonders bei Sonnenschein
schrumpfen sie schon nach einigen Stunden ein. Natürlich hat man gleichzeitig
dafür zu sorgen, dass die Jungen sich nicht zerstreuen können.

Das **Fangen der einzelnen Werren** geschieht am besten zur Begattungszeit. Es ist zur Ausführung des Geschäftes zwar Ruhe und Ausdauer nöthig, allein
es erfordert keine mechanischen Kräfte, und können daher Kinder oder andere
Arbeiter in den Feierabendstunden dazu gebraucht werden. In den ersten Tagen
des Juni, wenn das Wetter warm und still und die Luft nicht zu trüb ist, be-

gibt man sich gegen Sonnenuntergang nach den blossen oder mit Gras oder Kulturpflanzen bewachsenen Orten, wo man die Werre vermuthet. Man theilt sie sich in Gedanken in kleinere Plätze von einigen Quadratmetern und geht, auf einem jeden mehrere Minuten verweilend und nach allen Richtungen lauschend, langsam und vorsichtig, am besten barfuss, durch, bis man das unterirdische Schrillen hört. Ein paar Schritte, und man ist dem Gesange so nahe, dass man mit Bestimmtheit die Stelle erkennt, wo der Sänger dicht unter der Oberfläche sitzt und, da er gern eine kleine Erdöffnung in der Nähe hat, zarte, über diese hangende Pflanzentheile, wahrscheinlich durch den schwirrenden Flügelschlag, hin und her bewegt. Ein geschickter Schlag mit einer Hacke, die man in Bereitschaft hält, und die Werre liegt auf der Erde. Ist das Wetter günstig, so kann die Arbeit 8 bis 14 Tage lang allabendlich wiederholt werden. Nach einer Stunde ist es zu finster, als dass man die herausgeworfene Werre ohne Laterne gut finden könnte, aber in dieser einen Stunde kann man 10 bis 20 Stück fangen. Man wird, nach dieser Schilderung, einige Aehnlichkeit zwischen dem Werrenfangen und dem Maulwurfsfangen mittelst des Spatens finden. Ersteres ist aber ungleich leichter ausführbar, da der Feind sich leichter zu erkennen gibt und auch nicht ganz so empfindlich gegen Geräusch ist, wie der feinhörige, schlaue Maulwurf, auf dessen Jagd sich daher nur wenige Leute ordentlich verstehen, da auch zum Hinauswerfen desselben mehr Kraft und Schnelligkeit gehört.

Man kann auch die Werren durch Ausgiessen aus ihren Röhren heraustreiben und dann tödten. Es ist aber schwer, unter der zahllosen Menge horizontaler, flach laufender Gänge die abschüssigen herauszufinden, in denen das Thier sitzt. Trifft man den richtigen Gang, so braucht man nur 10 bis 20 Tropfen Brennöl in das Loch zu tröpfeln, dann etwas Wasser aus einer Giesskanne nachzugiessen, um in wenig Minuten die Werre herauszutreiben. Neuerdings dürfte wohl besser Petroleum oder Seifensiederlauge anzuwenden sein. HAMPEL empfiehlt eine Mischung von zwei Theilen Steinkohlentheer und einem Theil Terpentinöl [XXII, IV, S. 197].

Ist die Zerstörung der Nester versäumt oder unvollständig bewirkt worden, so fängt man die Werren am besten durch aufgestellte Töpfe weg. Man kann dazu alte Blumentöpfe nehmen und das Wasser-Abzugsloch von unten decken. Sie werden da, wo man auf den Saatbeeten die schwach aufgeworfenen Röhren bemerkt, so in die Erde eingelassen, dass die Röhre gerade über ihre Oeffnung hinwegführt. Wenn nun das Thier seine unterirdische Promenade hält und an den Topf kommt, so fällt es hinein und kann nicht wieder heraus. Gelegentlich leert man die Töpfe aus und tödtet die Thiere. Mit der Aufstellung der Töpfe muss man gleich im Frühjahre anfangen, damit die Larven, welche man im vorigen Sommer mit den Töpfen nicht fangen konnte, nicht mehr zum Fressen kommen. Sehr grossen Nutzen darf man sich aber von diesem Mittel nicht versprechen. ALTUM [XVI, 2. Aufl., III, 2, S. 328] empfiehlt „schmale lange Blechkasten, welche in die Wege zwischen den Saatbeeten bis zu ihrem oberen Rande eingesenkt werden, und zwar in den verschiedenen Wegen an verschiedenen Stellen, so dass durch dieselben die ganze Beetlänge abgestellt ist. Glattwandige Löcher, z B. mit dem „Mausebohrer" hergestellt und mit einem Rasenstück belegt, fangen ebenfalls gut. Die Werre geht gern Mittags in dieselben hinein". Eine grosse Reihe anderer in populären Werken angegebener Schutzmittel dürfte dem Bereiche des Aberglaubens angehören.

Die eigentlichen Grillen, Gattung Gryllus L., sind ausser durch den einfachen Bau der Vorderbeine und die Legscheide des ♀, durch den gewölbten Kopf, mit langen Fühlern, den quadratischen Prothorax und die den Hinterleib ganz deckenden Vorderflügel mit Stimmorgan beim ♂ ausgezeichnet. Wir haben zwei einheimische Arten. Die Feldgrille, G. campestris L., ein schwarzes, 20—26 mm langes Thier mit bräunlichen Flügeln und blutrother Unterseite der Hinterschenkel, lebt in ganz Europa mit Ausnahme von Skandinavien häufig in Erdlöchern und nährt sich von Pflanzen. Das Heimchen, G. domesticus L., 16—20 mm lang, ist lederbraun mit einigen dunkleren Zeichnungen. Es lebt in Häusern, namentlich in Küchen, Bäckereien etc. in der Nähe der Feuerstätte und ist wegen seines melancholischen Zirpens oft gern gelitten, wird aber auch durch seinen Frass an Küchenvorräthen, Brot, Malz u. s. w. mitunter lästig.

Die Laubheuschrecken, Locustidae, sind Springschrecken mit seitlich zusammengedrücktem Körper, sehr langen, borstenförmigen Fühlern, viergliedrigen, söhligen Tarsen und Gehörorganen an den Vorderschienen, deren meist gut entwickelte, in der Ruhe seitlich dem Körper anliegende, dachartig getragene Flügeldecken die längsgefalteten Hinterflügel völlig verdecken. Männchen mit einem Stimmorgan an der Basis der Vorderflügel, Weibchen mit grosser, frei hervorragender, säbelförmiger Legscheide.

Eine forstliche oder überhaupt wirthschaftliche Bedeutung kommt diesen Thieren kaum zu. Am verbreitetsten sind bei uns die grüne Laubheuschrecke, Locusta viridissima L. und der Warzenbeisser, Decticus verrucivorus L. Letzteres Thier soll im Anfange der Dreissigerjahre dieses Jahrhunderts allerdings einmal in der Oberförsterei Jagdschütz, Regierungsbezirk Bromberg, die jungen 6- bis 12jährigen Kiefernbestände angegangen und tüchtig befressen haben [V, III, S. 266, und 5, S. 95.]

Die Feldheuschrecken, Acridiidae, wegen des schnarrenden, beim Auffliegen von ihnen hervorgebrachten Tones auch Schnarrheuschrecken genannt, sind Springschrecken mit seitlich zusammengedrücktem Körper, kürzeren fadenförmigen Fühlern, schmalen dreigliedrigen Tarsen; bei den Arten mit gut ausgebildeten Flügeln decken die in der Ruhe dachartig getragenen Flügeldecken die längsgefalteten Hinterflügel vollkommen. Hinterleib mit einem Paar seitlich angebrachter Gehörorgane. Die Stimme des Männchens wird durch Reibung des Hinterschenkels an den Flügeldecken bewirkt. Weibchen ohne vortretende Legscheide.

Im Allgemeinen ist diese Familie wirthschaftlich sehr bedeutungsvoll, da sie die Formen einschliesst, welche man als „Wander-heuschrecken" bezeichnet.

Es ist dies in Europa namentlich Pachytylus migratorius L., mit der nahe verwandten Art oder Varietät P. cinerascens Fabr., wozu noch in Südeuropa einschliesslich Ungarn und in Algier Caloptenus Italicus L., in Algier, Syrien, Persien und Arabien Acridium (Schistocerca) peregrinum Oliv., in Süd-Russland, Kleinasien, Cypern und Algier Stauronotus Maroccanus Thunberg (cruciatus Charp.) kommen. Auch in Nordamerika gibt es wandernde Heuschrecken.

Die eigentliche Wanderheuschrecke, P. migratorius L., ist dauernd über einen grossen Theil der alten Welt verbreitet, und zwar wird ihre nördliche Verbreitung in Spanien, Italien, den östlichen Donauländern und in Asien bis Japan hin ohngefähr durch die Juni-Isotherme von 20^0 C. bedingt. Südlich von dieser Linie kommt sie wohl in ganz Afrika nördlich vom Aequator, überall in Asien, einschliesslich des indoaustralischen Archipels, sowie in Australien nördlich vom Wendekreis des Steinbockes vor. In den uns näherliegenden Theilen dieses Gebietes fällt die Flugzeit des Thieres gewöhnlich Anfang Juli; einige Wochen später werden die überwinternden Eier abgelegt. Das Ausschlüpfen der Larven findet Ende des nächsten Mai statt, und das Larvenleben dauert bis zur Verwandlung in die Imago 36 bis 44 Tage. Ein warmer Herbst begünstigt eine massenhafte Eiablage, ein warmer und trockener Vorsommer das Ausschlüpfen, dem eine mehrtägige mittlere Wärme von 18^0 C. vorangegangen sein muss, sowie die Entwicklung der Brut. Hat nun durch das Zusammentreffen solcher günstiger Temperaturverhältnisse einmal irgendwo eine Massenvermehrung des Insektes stattgefunden, so verwüsten erst die Larven und später die ausgebildeten Thiere zunächst die Gräser und Feldfrüchte, oft so stark, dass man nicht mehr erkennen kann, was der Acker getragen hat. und gehen bei Nahrungsmangel auch Laub an. Wird ihnen nun schliesslich aber doch der Nahrungsraum zu eng, so fliegen die Imagines in riesigen Schwärmen nach unverwüsteten Gebieten über und überschreiten häufig auf diese Weise die Grenzen ihres normalen Vorkommens. Finden sie an den erreichten Stellen gerade günstige Witterungsverhältnisse, so können sie sich auch hier sogar einige Jahre hindurch fortpflanzen, ja auch weiter ausbreiten, bis ein einziger kalter und nasser Frühsommer dieser Ausbreitung ein plötzliches Ende setzt, und in Folge dessen die Wanderheuschrecke sich in ihre gewöhnlichen Grenzen zurückzieht. Solche Jahre einer Ausbreitung der Heuschrecken über ihre constanten Grenzen hinaus waren z. B. 1740 bis 1749, 1834 bis 1836, 1874 bis 1876 u. s. f. Die Grenze dieser ausnahmsweisen Verbreitung in allen Stadien innerhalb Deutschlands wird meist durch die gebrochene Linie Ulm-Berlin-Posen gebildet. Dieses Gebiet erobert sie aber niemals durch Ueberschreitung der Alpen, sondern sie umbiegt letztere, von Osten durch Ungarn und Schlesien kommend. Züge von Imagines sind dagegen bis Edinburg, dem südlichen Schweden und Dünaburg beobachtet worden. Hier pflanzen sich die Heuschrecken aber nicht mehr fort. Weitere Belehrungen findet man in den schönen Arbeiten von Köppen [6] und Gerstäcker [3].

Als Gegenmittel wendet man das Aufsuchen der Eier, das Eintreiben der Larven in besonders dazu aufgeworfene Gruben mit nachträglicher Vernichtung daselbst, sowie das Zerquetschen mittelst beschwerter Schleifen oder Walzen an.

Forstlich schädlich wird die Wanderheuschrecke kaum. Allerdings wurden im Heuschreckenjahre 1835 nach den Berichten von Oberförster Engelken [5, S. 92] in Tschiefer, Regierungsbezirk Liegnitz, die dort „Springer" oder „Sprengsel" genannten Heuschrecken den ein- und zweijährigen Kiefernsaaten schädlich, und nach Ratzeburg's Untersuchung war unter den Schädlingen auch P. migratorius L. vertreten. Es betheiligten sich aber an diesem Frasse noch viele einheimische Formen, namentlich der im Walde heimische Stenobothrus biguttulus L., Oedipoda coerulescens L., Bryodema tuberculata Fabr., Psophus stridulus L., Caloptenus Italicus L. und Tettix bipunctatus L.

Aus den österreichischen Alpenländern liegen uns noch Mittheilungen über Entblätterung von Holzbeständen durch Feldheuschrecken vor. So berichtet Pitasch [4, S. 241], dass im Sommer 1862 auf dem Anninger Forste im Wiener Walde ein Schwarm einer von Grunert als Stethophyma fuscum Pall. (variegatum Sulzer) bestimmten Heuschrecke das Laubholz, besonders aber Esche und Mehlbeerbaum, Sorbus aria Creutz., entblättert und sogar die Tannennadeln nicht verschont habe. Anfang October gingen die Schädlinge ein. In demselben Jahre, sowie 1864 und 1866, wurden ferner die Buchenbestände der Domaine Gairach im südlichen Steiermark durch die flügellose Pezotettix alpinus Koll. verwüstet. Richter [8] berichtet, dass das Uebel in einer geschützten, von Norden nach Süden streichenden Bergschlucht in einer Seehöhe von 400 m, und zwar an dem Westabhange auftrat und sich von da noch nach oben verbreitete, ohne den von Westen nach Osten streichenden Gebirgskamm mit 600 m Seehöhe zu erreichen. Ende August 1864 waren circa 23 ha entlaubt, 1866 waren dagegen 40 ha angegangen. Weisserlen waren nicht angenommen worden, und die Schattenseite der Berge war verschont geblieben. Das Leben der Bestände wurde nicht bedroht, dagegen blieb der Zuwachs zurück.

Die III. Unterordnung, die Afternetzflügler, Orthoptera Pseudoneuroptera, sind meist geflügelte Geradflügler mit zwei gleichgebauten häutigen, in der Ruhe meist nicht zusammenfaltbaren Flügelpaaren. Nur die grösseren Formen, wie die Eintagsfliegen und Wasserjungfern, sind bei uns allgemein bekanntere Thierformen.

Ihre wirtbschaftliche Bedeutung ist in der gemässigten Zone äusserst gering, besonders sind sie forstlich völlig gleichgiltig. In den wärmeren Ländern dagegen sind die zu dieser Abtheilung gehörigen Termiten als höchst schädliche Thiere bekannt und gefürchtet.

Die Afternetzflügler zerfallen wieder in drei Zünfte, für welche passende deutsche allgemeine Ausdrücke fehlen. Es sind die Physopoda, Corrodentia und Amphibiotica mit zusammen sieben Familien.

Die Physopoda umfassen nur die eine Familie der Blasenfüsse.

Die Blasenfüsse, Thripidae, sind kleine, schmale und abgeflachte Thiere, deren deutlich nach dem Typus der kauenden Mundwerkzeuge gebaute Kiefer trotzdem der Gewinnung von Pflanzensäften angepasst sind und zu einer Art spitzem Saugrüssel zusammentreten, deren zweigliedrige Tarsen statt der Klauen mit einer blasenförmigen Haftscheibe versehen sind, und deren fast gar nicht geaderte, gleichgebildete Flügelpaare an ihrem gesammten Aussenrande lange, wimperartige Haare tragen.

Einige in verschiedene Gattungen vertheilte Arten werden durch Ansaugen der Zierpflanzen den Gärtnern schädlich, wir erwähnen hier nur den Getreideblasenfuss, Thrips cerealium HALID., mit ungeflügeltem ♂ und geflügeltem ♀. Die Imago ist rostbraun mit gelb gezeichneten Extremitäten und Hinterleibseinschnitten. Die blutrothe, ungeflügelte Larve findet sich häufig in jungen Getreideähren, welche in Folge dessen taub werden.

Die Corrodentia, besonders biologisch durch ihre aus trockenen pflanzlichen und thierischen Substanzen bestehende Nahrung gekennzeichnet, lassen sich in drei im äusseren Habitus ziemlich verschiedene Familien trennen, in die Pelzfresser, die Holzläuse und Termiten.

Die Pelzfresser, Mallophaga, sind lausähnliche Aussenschmarotzer an Säugern und Vögeln, welche sich von abgenagter Haar- und Federsubstanz ernähren und von den eigentlichen Läusen durch kauende Mundwerkzeuge unterscheiden. Man nennt sie auch Haarlinge und Federlinge. Für den Forstmann ist beachtenswerth der Hundehaarling oder die unechte Hundelaus, Trichodectes canis NITZ. Es empfiehlt sich, diese Thiere durch häufiges Waschen der Hunde — eventuell mit grüner Seife und Benzin — zu bekämpfen, da sie nicht nur ein äusserst lästiges Ungeziefer sind, sondern auch in ihrer Leibeshöhle den finnenähnlichen Jugendzustand eines der gemeinsten Hundebandwürmer beherbergen, nämlich der Taenia cucumerina RUD., so genannt wegen der beiderseitig zugespitzten, kürbiskernähnlichen Gestalt der einzelnen Glieder. Werden aus den abgegangenen Bandwurmgliedern ausgetretene Bandwurmeier von dem Haarlinge verschluckt, so entwickelt sich die Finne in dem Haarling, verschluckt der nach der juckenden Stelle beissende Hund einen so inficirten Haarling, so entwickelt sich in seinem Darme die Finne wieder zu einem Bandwurme.

Auch unser Wild und Raubzeug leidet an Haarlingen, z. B. Rothwild an Trichodectes longicornis NITZ., das Damwild an Tr. tibialis PIOGET, der Fuchs an Tr. micropus GIEBEL u. s. f.

Unter dem Federwild ist namentlich der Auerhahn stark von Federlingen geplagt, besonders von Goniodes chelicornis. Am erlegten Hahne ziehen sich dieselben gewöhnlich massenhaft am Kopfe zusammen. Uebrigens haben fast alle wilden und zahmen Vögel, sogar die Wasservögel, verschiedene Arten von Federlingen.

Die Holzläuse, Psocidae, sind kleine abgeplattete Afternetzflügler, welche sich durch lange borstenartige Fühler, fehlende Lippentaster und zwei- oder dreigliedrige Tarsen auszeichnen.

Sie finden sich zahlreich an Bäumen, altem Holz, in alten Vorräthen und dergl. Die einzige uns hier interessirende Art ist Troctes pulsatorius L., ein flügelloses Thierchen, welches besonders in vernachlässigten Insektensammlungen den zarteren Exemplaren schädlich wird und ein klopfendes Geräusch hervorbringen kann. Naphthalin in einer durchlöcherten Pappschachtel in die Kästen gebracht, vertreibt es sicher.

Die Termiten, Termitidae, auch „weisse Ameisen" genannt, sind staatenbildende Afternetzflügler mit kurzen, perlschnurförmigen, 13—20gliedrigen Fühlern, unter sich gleichgebildeten Brustringen und zwei Paar an Form und Grösse gleichen, hinfälligen Flügeln. In den meist in besonders hergestellten Wohnungen lebenden Staaten finden sich ausser der eierlegenden Königin, zu dieser Zeit mit stark aufgetriebenem Hinterleibe, noch geflügelte Männchen, ungeflügelte kleinköpfige Arbeiter und grossköpfige Soldaten. Diese beiden letzteren geschlechtlich verkümmerten Stände recrutiren sich aber nicht nur wie bei den Bienen und Ameisen aus Weibchen, sondern nach Lespès und Fr. Müller aus beiden Geschlechtern. Bei weitem die meisten Termiten sind tropische Thiere; besonders sind die afrikanischen, bis 4 m hohe Hügel bauenden Formen bekannt. Freilebend dringen bis nach Europa nur drei Arten vor. Die Colonien von Termes lucifugus Rossi leben in Südeuropa ähnlich in alten Baumstümpfen wie bei uns manche Ameisenarten, gehen aber auch in Pfähle, Pfosten u. s. f., welche sie mit so vollkommener Schonung der Aussenfläche durchwühlen, dass man häufig erst bei dem Zusammensturz die Grösse der Verwüstung übersieht.

Auch die Amphibiotica sind wesentlich durch ein biologisches Moment gekennzeichnet, nämlich dadurch, dass die Jugendzustände aller hierhergehörigen Formen im Wasser leben, also in einem anderen Medium, als die auf das Luftleben angewiesenen, erwachsenen Thiere. In der Verwandlung haben sie das gemein, dass bei ihnen Larve und Imago mehr von einander verschieden sind, als bei den vorhergehenden Gruppen.

Man theilt diese Zunft in drei sehr natürliche Familien, in die Afterfrühlingsfliegen, die Eintagsfliegen und die Libellen.

Die Afterfrühlingsfliegen, Perlidae, sind stärker chitinisirte, meist grössere Thiere mit plattgedrücktem Leibe, langen, borstenförmigen Fühlern, häufig weichbleibenden Mundwerkzeugen, dreigliedrigen Tarsen, zwei Paar häutigen, grossen Flügeln, von denen das hintere breit und zusammenlegbar ist, sowie mit zwei langen, gegliederten Raifen an dem Hinterleibsende. Die ungeflügelten, der Imago hier noch sehr ähnlichen Larven leben als arge Räuber in rasch fliessenden Gewässern unter Steinen etc und haben häufig Tracheenkiemen an den Brustringen. Im Spätfrühling verlassen sie die Gewässer, indem sie an Pflanzen und Pfählen etc. in die Höhe kriechen, sich dort anheften und zur Imago häuten. Die abgelegten Häute findet man um diese Zeit häufig. Die erwachsenen Thiere, unter denen wir besonders Perla marginata Panz. anführen, bilden bei uns unter dem Namen „Grillen" einen beliebten Forellenköder.

Die Eintagsfliegen, Ephemeridae, sind zarthäutige Formen mit kurzen, borstenartigen, unten verdickten Fühlern, völlig rudimentären Mundtheilen, stark entwickelter Mittelbrust, grossen Vorder-, kleinen oder rudimentären Hinterflügeln, vier- bis fünfgliedrigen Tarsen, sowie zwei bis drei borstenförmigen Afterfäden am Hinterleibe. Augen und Vorderbeine beim ♂ sehr vergrössert. Die der Imago ziemlich unähnlichen, mit stark entwickelten Mundwerkzeugen versehenen, an den Seiten des Hinterleibes Tracheenkiemen, hinten dagegen gefiederte Schwanzborsten tragenden, sehr räuberischen Larven leben in den Gewässern, theilweise im Schlamm eingegraben. Nach mehrjähriger Entwickelungszeit verlassen sie, nunmehr mit Flügelstummeln versehen, meist im Hochsommer, das Wasser, häuten sich zu der geflügelten Subimago (vergl. S. 106, Fig. 85) und verwandeln sich nach kurzem Fluge durch nochmalige Häutung in die eigentliche Imago. Nach der nunmehr in neuem Fluge vorgenommenen Begattung lässt das Weibchen die Eier in zwei wurstförmigen Packeten auf einmal in das Wasser fallen und stirbt bald darauf Die im Gegensatze zu dem langen Larvenleben meist nur auf wenige Stunden beschränkte Dauer des Imagozustandes, sowie die Massenhaftigkeit, in welcher einzelne Arten an stillen Sommerabenden plötzlich dem Wasser entsteigen, haben von jeher die Aufmerksamkeit der Naturbeobachter auf diese Thiere gelenkt. Besonders bekannt ist das gemeine Uferaas, Ephemera vulgata L., sowie die schneeweisse Palingenia horaria L., und die „Theissblüthe", P. longicauda Oliv., in Süddeutschland und Oesterreich. In der Flugzeit zündet man an den Ufern der Ströme, z. B. an der oberen Elbe im August, Feuer an, welche diese Thiere dann in so ungeheuren Schwärmen umflattern, dass man die mit versengten Flügeln Herabfallenden massenhaft zusammenkehren kann. Die so gewonnenen Insektenleiber werden getrocknet und entweder mit Lehm zu Kugeln geknetet von den Fischern als Grundköder angewendet [XXII, IV, 179] oder unter dem Namen „Weisswurm" als Ersatz der Ameiseneier zur Fütterung insektenfressender Vögel benützt. Nachbildungen verschiedener gemeiner Arten werden bei der Fliegenfischerei als Köder für lachsartige Fische verwendet.

Die Libellen oder Wasserjungfern, Libellulidae, sind Afternetzflügler mit grossem querwalzigen, freien Kopfe, sehr kleinen pfriemenförmigen Fühlern, gut entwickelten Mundwerkzeugen, grosser Mittel- und Hinterbrust, gleichgebildeten, mit Flügelmal versehenen Vorder- und Hinterflügeln und schlankem, ungegliederte Raife tragendem Hinterleibe. Während die vorhergehenden beiden Gruppen in ihrem kurzen Imagoleben überhaupt kaum Nahrung zu sich nehmen, sind die Wasserjungfern verhältnissmässig langlebige, äusserst bewegliche, zu raschestem und ausdauerndstem Fluge befähigte Räuber, die Falken unter den Insekten. Nach der im Fluge (vergl. S. 86) vorgenommenen Begattung legt das ♀ die Eier in das Wasser, und die ausschlüpfenden Larven sind gleichfalls schlimme Räuber. Sie sind leicht kenntlich an dem ungemein verlängerten, zu einem unpaaren, unter Kopf und Brust zurückklappbaren und plötzlich vorstreckbaren Greiforgane umgewandelten dritten Kieferpaare, der hier gewöhnlich „Maske" genannten Unterlippe. Sie athmen durch Tracheenkiemen, welche bei den kleineren Arten als drei lanzettliche Blätter an der Hinterleibsspitze sitzen, bei den grösseren in dem Enddarm verborgen sind. Diese Larven sind gefährliche Feinde der Fischbrut. Wir erwähnen hier als auffallendere Arten die mit dunkelblaubraunen Flügeln versehene Seejungfer, Calopteryx virgo L., die sehr grosse Aeschna grandis L. und die mitunter in grossen Zügen wandernde Libellula quadrimaculata L.

Literaturnachweise zu dem Abschnitt „Die Geradflügler".

— **I.** v. ALTEN. Werren im Saatkamp. Zeitschr. für Forst- und Jagdwesen 1884, Bd. XVI, S. 175 und 176. — **2.** BOUCHÉ. Naturgeschichte der schädlichen und nützlichen Garteninsekten etc. 8. Berlin 1833. — **3.** GERSTÄCKER, A. Die Wanderheuschrecke. Mit 2 Taf. Farbendruck. 8. Berlin 1876. — **4.** GRUNERT. Heuschreckenschwärme. Grunert's Forstliche Blätter. 5. Heft. 1863, S. 238—242. — **5.** INSEKTENSACHEN. Pfeil's Kritische Blätter. X. 1. Heft. 1836, S. 92—95. — **6.** KÖPPEN, Fr. Th. Die geographische Verbreitung der Wanderheuschrecke. Petermann's geographische Mittheilungen 1871, S. 361—366. Taf. 18. — **7.** NIESSING, C. Meine Beobachtungen über die schädliche Maulwurfsgrille und wie ich den Verwüstungen derselben mit Erfolg entgegentrete. Deutsches Magazin für Garten- und Blumenkunde 1863. S. 337—348. — **8.** RICHTER, D. Die Entlaubung eines Waldes durch Heuschrecken. Oesterreichische Monatsschrift für Forstwesen. XVI. Bd. 1866, S. 658—661. — **9.** ROESEL, A. J. Insektenbelustigung. Bd. II, Nr. 5. Der geflügelte Maulwurf.

Die Netzflügler.

Die Netzflügler, Neuroptera, sind Insekten mit kauenden Mundwerkzeugen, freiem Prothorax, zwei Paar häutigen, reichlich geaderten Flügeln und vollkommener Metamorphose.

Von den hierhergehörigen Formen sind allgemeiner bekannt die Florfliege, der Ameisenlöwe und die Köcherfliege. Eine grössere wirthschaftliche Bedeutung für den Menschen haben diese Thiere kaum, wenngleich gewöhnlich die räuberischen, andere Insekten verzehrenden Vertreter dieser Ordnung unter die nützlichen Insekten gerechnet werden. Forstlich sind fast alle unbedeutend.

Diese in ihrem Habitus sich besonders den Amphibiotica anschliessenden Formen sind von jenen besonders durch die vollkommene Metamorphose, bei welcher also ein wirklicher Puppenzustand vorkommt, geschieden. Wir theilen sie in drei Unterordnungen, die Plattflügler, Pelzflügler und Fächerflügler.

Die I. Unterordnung, die Plattflügler, Planipennia, sind ausgezeichnet durch ihre gleichgebildeten, nicht faltbaren Vorder- und Hinterflügel. Die Larven leben meist nicht im Wasser. Sie werden wiederum in drei Familien getrennt, in die Breitflügler, Sialiden und Scorpionsfliegen.

Die Breitflügler, Megaloptera, sind Netzflügler mit grossen gleichgebildeten Flügeln, deren auf dem Lande lebende Larven mit starken, durch eine Vereinigung von Vorder- und Mittelkiefer gebildeten Fangzangen versehen sind und vom Raube anderer Insekten leben. Zu ihrer Verwandlung fertigen sie feste Cocons.

Beachtenswerth ist die Gattung Myrmeleon. Diese Thiere ähneln als Imago den Libellen, unterscheiden sich jedoch von diesen leicht durch die zwar kurzen, aber doch deutlich vortretenden, an der Spitze keulenförmig verdickten Fühler, und die in der Ruhe dachartig dem Körper aufgelagerten Flügel. Es sind träge, schlecht fliegende Thiere, von denen bei uns zwei Arten, M. formicarius L. mit gefleckten und M. formicalynx Fabr. mit ungefleckten Flügeln vorkommen. Ihre Larven leben in trockener Erde und Sand und höhlen rückwärtsgehend einen Trichter aus, auf dessen Grunde sie auf vorbeilaufende Insekten, namentlich auf Ameisen, lauern, woher sie den Namen Ameisenlöwen erhalten haben. Die Larve, die so gedrungen ist, dass sie ausserhalb ihres Trichters, auf die Hand genommen, wie eine dunkle, staubige Pille erscheint, fällt sofort durch die grossen, gekrümmten Saugzangen auf. Diese ragen, wenn sich das Thier in den Hinterhalt legt, allein aus dem kleinen Sandtrichter hervor. Der Sand muss trocken sein und leicht rollen, denn nur so benachrichtigen fallende Körnchen die lauernde Larve von der Nähe einer Beute; sie bombardirt dann fortwährend mit einem feinen Sandregen aus der unteren Spitze ihres Trichters nach dem oberen Rande, wodurch die zufällig vorüberlaufenden Insekten heruntergerissen werden. Die ausgesaugte Beute schleudert die Larve mit einem Rucke des Kopfes aus dem Trichter hinaus. Gefällt es den Larven an einer Stelle ihres Sandrevieres nicht, so verlassen sie dieselbe und siedeln sich in der Nähe an, indem sie sich in Gängen unter dem Sande rückwärts fortbewegen. Deshalb sind von den zahlreichen Falllöchern einer Gegend durchaus nicht alle bewohnt. Gern suchen sie sich geschützte Stellen unter Felsvorsprüngen, Mauern u. dergl. aus, allein häufig findet man den Trichter auch ganz im Freien. Die Verpuppung erfolgt in einem sehr harten Cocon in der Erde. Trotzdem, dass die Larven der Ameisenlöwen so manches schädliche Insekt verzehren, denn sie fressen alles, was in ihre Grube fällt und was sie bewältigen können, sind sie schon deshalb nicht vorwiegend nützlich, weil sie namentlich sehr viele nützliche Ameisen vertilgen.

Viel zarter und träger sind die Imagines der verwandten Florfliegen, welche die Gattungen Chrysopa und Hemerobius bilden, erstere mit fadenförmigen, letztere mit perlschnurförmigen längeren Fühlern. Hemerobius micans Oliv. und Chrysopa perla L., sind zwei häufige Formen. Man sieht die Florfliegen zu sehr verschiedenen Jahreszeiten mit langsamem Fluge umherschwärmen, bemerkt sie aber vorzüglich in Menge im Herbste und selbst im Winter, wenn sie in warme Räume, an die Fenster der Zimmer kommen, um dort zu überwintern. Sie befetigen ihre weissen oder grünlichen Eier mittelst eines haarfeinen, weissen Stielchens an Gewächsen só, dass man ein Häufchen Schimmel zu sehen glaubt (vergl. S. 83, Fig. 66 L). Wenn die Larve auskommt, ist sie genöthigt, sich durch Zusammenziehung fortzuschnellen, um von ihrem hohen Sitze auf die Pflanzenfläche zu gelangen. Sie hat 6 kräftige Beine und einen grossen Kopf. Die Saugzangen sind namentlich bei Chrysopa lang, dünn und einwärts gebogen, bei Hemerobius kürzer und breiter. Diese länglich-lanzettförmigen Larven sind verschieden bunt gefärbt, öfters seltsam costümirt. Sie leben nämlich in Blattlausherden, unter welchen sie starke Verwüstungen anrichten, und indem sie die Häute der ausgesaugten Blattläuse über sich werfen, vereinigen sich diese mit dem ebenfalls auf den Rücken geworfenen, eigenen Kothe zu einem Sacke, den sie wie ein Schilderhaus mit sich schleppen. Die etwas gekrümmte, grünliche Puppe ruht in einem rundlichen, erbsengrossen, weissen Cocon, welcher an Blättern oder Zweigen angesponnen ist. Die ganze Verwandlung ist im warmen Sommer innerhalb vier bis fünf Wochen vollendet, kann sich daher mindestens zweimal in einem Jahre wiederhohlen. Man kann diese immerhin nützlichen Thiere im Anklange an die Bezeichnung „Ameisenlöwe" als „Blattlauslöwen" bezeichnen.

Die Sialidae seien hier erwähnt wegen der nicht blos ihrer Gestalt nach sehr auffallenden, sondern auch nützlichen Gattung Rhaphidia, Kamelhalsfliege, deren breiter, herzförmiger, sehr beweglicher Kopf auf einem übermässig verlängerten Prothorax sitzt, welcher dem Thiere seinen deutschen Namen verschafft hat. Die an ihrem gleichfalls bereits verlängerten Prothorax kenntliche, unter Baumrinde lebende, sehr bewegliche Larve ist ein gewaltiger Räuber.

Die in den deutschen Nadelwaldungen wohl häufigste Art, R. ophiopsis Schum., ist entschieden forstlich nützlich; ihre gewandte, der Imago sehr ähnliche Larve dringt vermöge ihres beweglichen Körpers in die feinsten Risse und verzehrt wohl alle Insekten, die ihr vorkommen; Ratzeburg fand sie oft in der Nähe höchst wahrscheinlich von ihr ausgefressener Nonneneier. Die lang vorgezogenen Spitzen ihrer Oberkiefer sind für ihre nützlich räuberische Arbeit sehr geeignet. Im Winter sind die Larven vollkommen ausgewachsen; im Frühjahre findet man die munteren Puppen in der Rinde; im Mai und Juni fliegen die Imagines, welche durch die sonderbaren, kecken Bewegungen des langen Halses und Kopfes auffallen. Ob die anderen fünf deutschen Arten oder die mit etwas kürzerem Halse versehene, verwandte unter Eichenrinde lebende Inocellia crassicornis Schum., auch nützlich wirken, ist nicht direct bestimmt, aber höchst wahrscheinlich.

Die Familie der Scorpionsfliegen, Panorpidae, auch Schnabelfliegen genannt, ist dadurch gekennzeichnet, dass die Unterseite des Kopfes in einen langen, die Mundtheile tragenden Schnabel ausgezogen ist. Scorpionsfliege heisst besonders die Gattung Panorpa wegen des zu einer blasigen Zange aufgetriebenen letzten Hinterleibssegmentes des ♂. Auch sie sind räuberische Thiere. Panorpa communis L. ist eine bei uns sehr verbreitete Art.

Die II. Unterordnung, die Pelzflüger, Trichoptera, enthält nur die einzige Familie der Frühlings- oder Köcherfliegen, Phryganidae, und umfasst zarte Netzflügler mit verkümmerten Mundwerkzeugen, sehr kurzer Vorderbrust, lang gespornten Beinen und zwei Paar behaarten oder beschuppten, ungleichartigen Flügeln, deren hinteres Paar oft einfaltbar ist. Ihre meist mit fadenförmigen Kiemenbüscheln an den weichen Hinterleibsringen versehenen, im Wasser lebenden Larven bauen sich ein festes, oft köcherartiges Gehäuse, aus welchem sie dann nur mit dem stärker chitinisirten Kopfe und der lange Beine tragenden Brust hervorschauen, und in welchen sie sich schliesslich verpuppen. Die Gehäuse werden aus den verschiedensten Materialien, Sand, Schilfstückchen, Steinchen

Schneckenschalen u. s. f. gefertigt; ihr Bau und ihr Material ist bei jeder einzelnen Art bestimmt. Es sind wohl räuberische Thiere, welche sogar der Fischbrut zu schaden vermögen. Sie werden von den Fischern als „Strohwürmer" oder „Sprocken" bezeichnet und häufig als Angelköder verwendet.

Die erwachsenen Insekten sind meist träge Dämmerungsthiere, welche in ihrem äusseren Habitus häufig an Motten erinnern. Sie flattern in der Nähe des Wassers umher und bilden eine Lieblingsnahrung der Fische. Nachbildungen derselben werden als künstliche Fliegen bei dem Flugangeln verwendet. (Vergleiche hierüber W. BISCHOFF's Anleitung zur Angelfischerei II. Aufl. 1883. München, bei Braun und Schneider.)

Die III. Unterordnung, die Fächerflügler, Strepsiptera, wird von uns nur zur Vereinfachung des Systems hier aufgenommen. Ebensogut könnte sie aber auch als eigene Klasse, und zwar als Uebergang von den Netzflüglern zu den Käfern betrachtet werden. Es sind sehr kleine Insekten, bei welchen die Männchen mit halbkuglig vorragenden, sehr grob facettirten, fast gestielt erscheinenden Augen, gegabelten oder gekämmten Fühlern, kleiner Vorder- und Mittelbrust, grosser Hinterbrust versehen sind; ihre Vorderflügel bilden kleine, an der Spitze aufgerollte, häufig mit den Flügeldecken der Käfer verglichene Stummel, während die längsgefalteten Hinterflügel sehr gross und stark sind. Die ungeflügelten, wurmförmigen Weibchen, sowie ihre späteren beinlosen Larvenstadien leben parasitisch in dem Leibe von Hymenopteren. Das erste sechsbeinige Larvenstadium dringt in den Bienenwohnungen bereits in die Bienenlarven ein und macht hier nun eine regressive Metamorphose durch. Die Puppen ragen alsdann zwischen den Hinterleibsringen der erwachsenen Wirthe hervor, aber nur das Männchen verlässt das Wirthsthier, während das Weibchen auch nach seiner Häutung daselbst verbleibt. Xenos vesparum Rossi ist häufig auf Polistes gallica, Stylops melittae KIRB. auf Andrena-Arten. Von dieser Gattung leitet man die Bezeichnung „stylopisirt" für mit Strepsipteren besetzte Hymenopteren ab.

KAPITEL IX.

Die Käfer.

Die Käfer, **Coleoptera**, sind Insekten mit kauenden Mundwerkzeugen, freiem, stark entwickeltem Prothorax, zwei Paar Flügeln, von denen das vordere zu Flügeldecken umgebildet ist, und vollkommener Metamorphose.

Wie mannigfaltig auch die Körpergestalt der Käfer ist, so werden doch bei weitem die meisten zu dieser Ordnung gehörigen Insekten sofort auch dem Laien durch die Flügeldecken (vergl. S. 35 bis 38) kenntlich, welche während der Ruhe als feste Schutzorgane nicht nur das zweite Flügelpaar, die eigentlichen Flugflügel, verbergen, sondern auch die beiden hinteren Brustringe und meist auch den gesammten Hinterleib derartig überlagern, dass von oben gesehen ein typischer Käfer nur aus dem Kopf, einem der Vorderbrust entsprechenden „Halsschilde" und dem von den Flügeldecken bedeckten Rumpfe zu bestehen scheint. Ihre kauenden Mundwerkzeuge sind im Allgemeinen nur dadurch von denen der vorbesprochenen

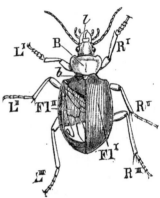

Fig. 109. Kletterlaufkäfer, Calosoma sycophanta L. *l* Oberlippe, *B* Vorderbrust, Halsschild, *b* Schildchen, *Fl I* zu einer Flügeldecke umgewandelter Vorderflügel der rechten Seite, *Fl II* der zusammengefaltete Hinterflügel der linken Seite.

Gerad- und Netzflügler unterschieden, dass die Verschmelzung der beiden Hinterkiefer zur Unterlippe (vergl. S. 31) eine weiter gehende ist und demgemäss ein grösserer Unterschied zwischen der Unterlippe und den Mittelkiefern besteht.

Ebenso wie den erwachsenen Insekten ist auch den Larven eine bestimmte Form nicht eigenthümlich, und wir finden die verschiedensten

Gestalten von der frei lebenden, ausgefärbten Raubkäferlarve bis zu dem
weisslichen, aber noch mit Füssen versehenen Engerlinge und der eine
fusslose Made darstellenden Rüssel- oder Borkenkäferlarve. Allen ist
aber ein gesonderter, fest chitinisirter Kopf eigenthümlich, sowie wesentlich kauende Mundwerkzeuge. Die Puppe ist stets eine freie (vergl.
b. 102 und Taf. II, Fig. 12 und 14 P.).

Die Verbreitung der Käfer reicht auf dem festen Lande und im
Süsswasser wohl ungefähr ebenso weit, als die Verbreitung des organischen Lebens überhaupt. Die Zahl der im Ganzen bekannten Arten
wird auf 80 000 geschätzt, von denen auf das sicherlich am besten durch-
forschte europäische Faunengebiet über 15 000 und auf Deutschland
ungefähr 6 000. kommen.

Die Käfer nähren sich ebenso wie ihre Larven von den verschiedensten lebenden oder todten oder bereits in Zersetzung begriffenen
organischen Substanzen. Die Thierfresser unter ihnen werden gewöhnlich
als wirthschaftlich nützlich angesehen, die Pflanzenfresser als schädlich.

Für den Forstmann sind die Käfer neben den Schmetterlingen die
wichtigste Insektenordnung. Obgleich einige derselben forstlich auch
nützlich sind, so ist doch der von vielen Arten angerichtete Schaden
bei weitem überwiegend. Man braucht nur die Namen Maikäfer, Engerling, Rüssel- und Borkenkäfer zu nennen, um dem einfachsten Forstmanne in das Gedächtniss zu rufen, dass sowohl die erwachsenen Käfer
wie ihre Larven den Holzgewächsen, und zwar physiologisch ebenso wie
technisch schaden können.

Allgemeines. Die Gestalt der erwachsenen Käfer ist ungemein
verschieden; dieselbe kann linear, gestreckt und scheibenförmig, ah-
geplattet oder kugelig sein. Einen grossen Einfluss auf den äusseren
Habitus hat ferner die Verbindungsweise der einzelnen Leibesabschnitte,
welche entweder scharf durch tiefe Einschnitte gegen einander abgegrenzt sind, z. B. bei den Laufkäfern (vergl. Fig. 109) oder ganz
aneinander schliessen, dass der Umriss des Leibes eine fortlaufende
Curve darstellt (vergl. Taf. II, Fig. 3 F). Letzteres findet man namentlich häufig bei Wasserkäfern. Auch die Länge der Gliedmassen im
Verhältniss zum Stamme des Leibes kann sehr verschieden sein. So
werden die Fühler häufig sehr lang, und es entstehen dann ganz abenteuer-
liche Gestalten, wie bei manchen Bockkäfern. Bei plötzlichem Schrecke
ziehen viele Käfer alle Gliedmassen dicht an den Leib, und bei
einigen finden sich sogar auf der Unterseite besondere Furchen vor,
in welche Fühler und Beine derartig eingelegt werden können, dass
sie die Oberfläche des Chitinpanzers nicht überragen (vergl. S. 293).
Dieser Chitinpanzer ist meist mittlerer Härte, kann aber zu einer
ungemein festen Schutzdecke, — z. B. bei manchen Rüsselkäfern — oder

zu einem dünnen, biegsamen Häutcheu werden, wie z. B. bei der Familie der **Malacodermata**.

Die Käfer sind im Allgemeinen als mittelgrosse Thiere zu charakterisiren, unter denen allerdings auch Riesen, — z. B. Hirschkäfer und **Cerambyx** cerdo L. — und Zwerge, — z. B. viele Borkenkäfer — vorkommen, und zwar letztere weit häufiger als erstere.

Die Färbung der Käfer ist meist unauffällig, mit geringen Zeichnungen; dunkle Metallfarben sind häufig, aber auch helle Farben, wie Schwefelgelb und Zinnoberroth, kommen vor, z. B. bei **Cteniopus** **sulphureus** L. und **Pyrochroa** **coccinea** L., ferner lebhaftester farbenspielender Metallglanz, sowie Seiden- und Sammetschimmer, namentlich bei Chrysomeliden und Scarabaeïden. Die Sculptur der Oberfläche, besonders der Oberseite von Kopf, Halsschild und Flügeldecken, ist nicht nur für den Habitus, sondern auch für die Abgrenzung der Einzelart häufig wichtig. Ganz glatte, gestreifte, punktirte, in Reihen punktirte, gerunzelte Oberflächenbeschaffenheit ist sehr häufig. Auch Haare und Schuppen finden sich vielfach, und besonders die Färbung der letzteren ist für die Gesammtfärbung des frischen, noch nicht abgeriebenen Thieres oft entscheidend, z. B. bei vielen Rüsselkäfern.

Der Kopf ist stets gut ausgebildet, bald frei vorragend, bald mehr oder weniger in oder unter das Halsschild eingezogen. Er trägt mitunter bei beiden Geschlechtern oder nur beim ♂ hornartige Auswüchse. Dasselbe ist übrigens auch vom Halsschild zu sagen. Die Netzaugen fehlen nur wenigen Höhlenkäfern, bei den übrigen sind sie gut entwickelt und variiren von kreisrunder zu oblonger und nierenförmig eingeschnittener Gestalt. Im äussersten Falle trennt der Einschnitt jedes Auge in zwei gesonderte Hälften (vergl. S. 74, Fig. 53). Punktaugen fehlen in der Regel.

Die Fühler sind sehr verschieden geformt, theils gleichartig, theils ungleichartig und in letzterem Falle meist gebrochen, also aus Schaft und Geissel bestehend.

Die Mundwerkzeuge sind am Kopfe, entweder vorder- oder unterständig eingelenkt, so dass also die Vorderkiefer entweder in der Richtung der Längsachse vorragen, wie bei den Laufkäfern, Schrötern u. s. f., oder senkrecht zu dieser nach unten gestellt sind, wie bei den Borkenkäfern. Bei den Rüsselkäfern und Verwandten sind sie an der Spitze einer mehr weniger ausgeprägten Verlängerung des Kopfes, Rüssel genannt, angebracht. Die Vorderkiefer sind gewöhnlich starke Beisszangen, welche nur sehr selten häutig werden, dagegen öfters bei den Männchen zu secundären Geschlechtscharakteren ausgebildet sind, z. B. bei den Hirschkäfern. Die Laden der Mittelkiefer sind dagegen häufig lederartig, ihre Taster viergliedrig. Der Ladentheil der zur Unterlippe verschmolzenen Hinterkiefer ist meist wenig entwickelt, und ihre Taster sind meist dreigliedrig.

Die Brust ist durch die starke Entwickelung der Vorderbrust zum Halsschilde gekennzeichnet. Die Mittelbrust ist der kleinste Ab-

schnitt, dagegen erscheint die wesentlich die Flugmuskeln einschliessende
Hinterbrust sehr stark entwickelt.

Die Beine sind durchgehend Laufbeine, welche allerdings in
vielen Fällen durch Sohlenbildung zu Gangbeinen werden. Die Umbildung der Vorderbeine zu Grabbeinen, z. B. bei den blatthörnigen
Käfern, und die Verwandlung der Hinterbeine in Sprung- oder Schwimmbeine tritt verhältnissmässig selten auf.

Die Fussglieder sind meist an allen drei Beinpaaren in der
Zahl fünf entwickelt. Solche Käfer heissen pentamer, ihre Gesammtheit Pentamera. In einer grossen Gruppe ist aber das vorletzte der fünf
Fussglieder so schwach entwickelt, dass es nur bei genauester Betrachtung erkannt wird, und diese Thiere daher als viergliedrig, tetramer,
die Gruppe als Tetramera, bezeichnet werden. Neuerdings nennt man
sie daher gewöhnlich „verborgen fünfgliedrige", Cryptopentamera, oder
„falschviergliedrige", Pseudotetramera (Fig. 110). Es gibt ferner auch
Formen, welche in Wirklichkeit vier Fussglieder an allen drei Beinpaaren

haben; bei ihnen ist aber gleichfalls das vorletzte so
gering entwickelt, dass es lange übersehen wurde und
diese Käfer daher als „dreigliedrige", Trimera, bezeichnet wurden. Auch für diese werden jetzt oft die
Ausdrücke Cryptotetramera oder Pseudotrimera angewendet. Käfer, welche an den beiden ersten Beinpaaren fünfgliedrige, an dem hintersten dagegen viergliedrige Tarsen haben, nennt man Heteromera.

Fig. 110. Bein von
Hylesinus mit
pseudotetrame-
rem Tarsus; a das
nicht mitgezählte
vorletzte Glied.

Die auf dem Rücken der Mittelbrust eingefügten
Flügeldecken bedecken meist vollständig die beiden
hinteren Brustringe und den Hinterleib. Nur an ihrer
Basis tritt fast immer in der Mittellinie des Leibes
zwischen denselben ein kleines Stück Mittelbrust
hervor, das Schildchen, scutellum (Fig. 109 b). Sonst stossen sie gewöhnlich in der Mittellinie des Körpers mit einem geraden Rande, dem
Innenrande, genau zusammen. Nur selten klaffen sie oder greifen über-
einander. Oft ist der Aussenrand der Flügeldecken ein Stück weit
nach unten umgeschlagen. In einzelnen Gruppen werden die Flügeldecken kürzer und lassen entweder nur das letzte Ende des Hinterleibes, das dann Schwanzstück, pygidium, heisst, frei, oder sie sind
abgekürzt und bedecken nur wenige Ringe des Hinterleibes, wie z. B.
bei den Staphyliniden. In seltenen Fällen sind sie zu ganz schwachen
Rudimenten verkümmert. Es ist dies namentlich bei den Weibchen
mancher Leuchtkäfer der Fall, welche hierdurch ein larvenähnliches
Aeussere erhalten. Diesen fehlen dann gleichzeitig die Flugflügel,
welche übrigens auch bei gut entwickelten Flügeldecken fehlen können.
Letztere verwachsen dann mitunter in der Mitte derartig, dass die Naht
verschmilzt und die Flügeldecken eine zusammenhängende Schutzplatte
des Rumpfes bilden. Nur in seltenen Fällen sind die hinteren Flugflügel kürzer oder ebenso lang wie die Flügeldecken; der Regel nach
werden sie bedeutend länger und sind dann sowohl der Länge nach,

wie quer auf die Längsachse einfaltbar. Meist wird nur die Spitze
gegen die Basis eingeschlagen; bei verkürzten Flügeldecken kommt
aber auch eine doppelte Einfaltung der Quere nach vor. Das Geäder
besteht wesentlich aus Längsadern und verkümmert bei den kleineren
Formen. Beim Fluge werden die Flügel entweder unter den geschlossen
bleibenden, zu diesem Zwecke in der Schultergegend besonders aus-
geschnittenen Flügeldecken hervorgeschoben, so z. B. bei den Gold-
käfern, Cetonia, oder es werden — und dies ist der häufigere Fall —
die Flügeldecken bei Entfaltung der Flügel gehoben und während des
Fluges geöffnet getragen.

Der Hinterleib ist dadurch ausgezeichnet, dass die Bauchplatten stärker chitinisirt sind als die Rückenplatten und eine meist
ganz feste, kahnförmige Kapsel für die Eingeweide bilden, über welche
die weichen Rückenplatten als dehnbare Decke übergespannt erscheinen.
Nur die von den Flügeldecken nicht bedeckten Rückenplatten sind
stärker chitinisirt. Diese Einrichtung ist besonders wichtig bei den
Weibchen, welche sehr viel Eier produciren, deren Hinterleib also
sehr aufschwillt. Die Zahl der Rückenplatten ist stets grösser als die
der Bauchplatten, da letztere an den ersten Hinterleibsringen meist verkümmern, während zugleich die zum Ansatz der Flugmuskeln stark
erweiterte Bauchhälfte der Hinterbrust sich nach hinten vorschiebt.
Auch verschmelzen öfters einzelne Bauchplatten miteinander. Die
letzten Hinterleibssegmente sind häufig eingezogen und treten in Beziehung zu den äusseren Geschlechtsorganen, welche nur beim Gebrauche vorgestreckt werden. Der häufig sehr starke Penis wird
neuerdings vielfach mit den ihn auszeichnenden Chitinstücken zur
Unterscheidung der einzelnen Arten verwendet. Die Weibchen haben
öfters eine längere Legröhre.

Aeusserlich lassen sich beide Geschlechter meist nur an der
Form der um die Geschlechtsöffnung herum liegenden Chitinplatten unter-
scheiden. In anderen Fällen sind dagegen deutliche secundäre
Geschlechtscharactere vorhanden (vergl. S. 43—45).

Die meist sehr einfach geformten Eier bieten keinerlei erwähnens-
werthe Eigenthümlichkeiten. Sie werden von den Weibchen stets an
die für die Larven geeignete Nahrungsquelle abgelegt, und es werden zu
ihrer Unterbringung oft besondere Vorkehrungen getroffen (vergl. S. 88
und 89).

Die Larven sind entweder einer freien Lebensweise angepasst,
mit gut entwickelten, eine verhältnissmässig rasche Fortbewegung gestattenden Extremitäten und vorgestreckten Mundwerkzeugen versehen,
alsdann auch meist lebhafter gefärbt, oder zur Lebensweise in der Erde
oder in ihren Nahrungssubstanzen eingerichtet und dann meist mit
gering entwickelten Beinen und unterständigen Mundwerkzeugen aus-
gestattet, weich und weisslich gefärbt. Im extremsten Falle, z. B. bei
den Rüssel- und Borkenkäferlarven, fehlen die Beine vollständig. Eine
Ortsbewegung ist dann nur durch Krümmungen des Körpers möglich
und wird durch die Besetzung des Hinterleibes mit Haaren, Dornen

oder rauhen Chitinplatten vielfach unterstützt. Uebergänge zwischen
den Extremen finden sich oft vor. Die an dem gut chitinisirten Kopfe
befindlichen Mundwerkzeuge sind stets nach dem Typus der kauenden
Mundwerkzeuge gebaut, auch dann, wenn einzelne Theile derselben,
z. B. bei den Schwimmkäfern, Dytiscus, die Vorderkiefer, zu hohlen,
durchbohrten Saugzangen verwandelt sind.

Die Nahrung der Larven ist entweder die gleiche wie die der
Käfer selbst, z. B. bei den fleischfressenden Raubkäfern, dem Puppenräuber Calosoma sycophanta L., oder die Nahrung beider ist verschieden. Es kann dann die Nahrung der beiden genannten Lebensstadien immerhin noch denselben Objecten, aber verschiedenen Theilen,
entnommen sein; so sind z. B. sowohl der Maikäfer wie der Engerling Pflanzenfresser, aber der erstere verzehrt die Blätter, letzterer die
Wurzeln der Pflanzen. Es können aber auch die Nahrungsquellen völlig
verschieden sein; so fressen z. B. die Imagines vieler Käfer Blüthenstaub, z. B. die Anthrenus- und Dermestes-Formen, während die
Larven thierische Kost verzehren. Manche Käferlarven sind auch Koth-
und Aasfresser. Sehr viele leben ferner parasitisch im Inneren lebender
Pflanzen und tödten dieselben bei starken Angriffen. Diese Thiere
sind für den Forstmann von besonderer Wichtigkeit, z. B. viele Rüssel-
und alle Borkenkäferlarven. Meist findet man hier leichter die Larven
wie die Käfer, und es bietet hier oft schon die Form des Larvenfrasses
sichere Anhaltspunkte für die Bestimmung des Schädlings. Nur wenige
Käferlarven leben parasitisch in anderen Thieren; aus unserer Fauna
ist besonders der als Larve in Coccus racemosus Ratz. schmarotzende
Anthribus varius Fabr. zu erwähnen (vergl. auch S. 106 und 107).

Die Verpuppung geschieht entweder frei oder in einem mehr
weniger gut ausgebildeten Cocon. Die im Holze lebenden Larven
machen häufig vertiefte Puppenwiegen, welche sie mit genagten
Spanpolstern auskleiden, z. B. die Pissodes-Arten. Bei in der Erde
oder in Pflanzentheilen lebenden Puppen frisst sich stets der Käfer
auf die Aussenwelt durch und erzeugt also Fluglöcher. Oefters verlässt aber die Larve bereits vor der Verpuppung das Innere ihrer
Nährpflanze und metamorphosirt sich in der Bodendecke.

Systematik. In einem praktischen Zwecken gewidmeten Buche
theilt man die Käfer am besten zunächst in vier grosse Abtheilungen
nach der Anzahl ihrer **Fussglieder**, soweit man solche mit blossem Auge
oder mässiger Lupenvergrösserung erkennen kann.

Käfer mit 5 Fussgliedern an jedem Beinpaar heissen **Pentamera**.

„   „   4   „   „   „   „   „   **Tetramera**.

„   „   3   „   „   „   „   „   **Trimera**.

Solche, welche an den beiden vorderen Beinpaaren 5, am hinteren
4 Fussglieder haben, heissen **Heteromera**.

Dass die wissenschaftliche Entomologie diese Eintheilung jetzt verwirft,
ist nicht nur darin begründet, dass die Bezeichnungen auf einer oberflächlichen

Beobachtung beruhen und wenigstens die Namen Tetramera und Trimera oft durch die Bezeichnung Cryptopentamera und Cryptotetramera ersetzt werden (vergl. S. 284), sondern auch darin, dass dieses künstliche System, streng durchgeführt, zu einer Zerreissung natürlicher Verbindungen führen muss. Kommen doch z. B. in der sehr natürlich abgegrenzten Familie der Staphylinidae, welche im Allgemeinen zu den Pentameren gehört, auch fast alle anderen, überhaupt bei Käfern bekannten Zahlenverhältnisse an den Fussgliedern vor, und sinkt doch bei manchen Pselaphidae, welche mit den Staphylinen nahe verwandt sind, und daher auch in die Pentameren eingereiht werden müssen, die Zahl derselben auf zwei. Trotzdem sind diese Ausnahmen so wenig zahlreich und beziehen sich meist auf praktisch so wenig wichtige Thiere, dass man sie in einem Werke wie das vorliegende vernachlässigen kann. Ja zur ersten Orientirung ist die Eintheilung nach den Fussgliedern um so wichtiger, als die beschreibende Entomologie sich neuerdings darin gefällt, die Trennung der Käfer in einzelne Familien immer weiter zu treiben, und der Anfänger daher leicht den Ueberblick über die Zusammengehörigkeit der einzelnen Gruppen verliert. Wir folgen im Allgemeinen in unserer Eintheilung dem „Verzeichniss der Käfer Deutschlands" von G. KRAATZ und nehmen im fast vollständigen Anschlusse an dasselbe 61 Familien an, deren Uebersicht hier folgt.

Die Familien der einheimischen Käfer.

a) Pentamera.
1. *Carabidae.*
2. Dytiscidae.
3. Gyrinidae.
4. Hydrophilidae.
5. *Staphylinidae.*
6. Pselaphidae.
7. Clavigeridae.
8. Scydmaenidae.
9. *Silphidae.*
10. Clambidae.
11. Sphaeriidae.
12. Trichopterygidae.
13. Scaphidiidae.
14. *Histeridae.*
15. Phalacridae.
16. *Nitidulidae.*
17. *Trogositidae.*
18. *Colydiidae.*
19. Rhysodidae.
20. *Cucujidae.*
21. Cryptophagidae.

22. Lathridiidae.
23. Mycetophagidae.
24. Dermestidae.
25. Byrrhidae.
26. Georyssidae.
27. Parnidae.
28. Heteroceridae.
29. Lucanidae.
30. **Scarabaeidae.**
31. **Buprestidae.**
32. Eucnemidae.
33. **Elateridae.**
34. Dascillidae.
35. **Malacodermata.**
36. *Cleridae.*
37. **Lymexylonidae.**
38. Ptinidae.
39. **Anobiidae.**

b) Heteromera.
40. Tenebrionidae.
41. Cistelidae.
42. Pythidae.

43. Melandryidae.
44. Lagriariae.
45. Pedilidae.
46. Anthicidae.
47. Pyrochroïdae.
48. Mordellonae.
49. Rhipiphoridae.
50. **Meloïdae.**
51. Oedemeridae.

c) Tetramera.
52. **Bruchidae.**
53. **Attelabidae.**
54. *Curculionidae.*
55. *Scolytidae.*
56. *Cerambycidae.*
57. *Chrysomelidae.*

d) Trimera.
58. Erotylidae.
59. Endomychidae.
60. *Coccinellidae.*
61. Corylophidae.

In der vorstehenden Uebersicht sind die Namen der für den Forstmann bedeutungslosen Familien petit, die nützlichen *cursiv,* die merklich schädlichen g e s p e r r t und die sehr schädlichen **fett** gedruckt. Nur die beiden letzteren Gruppen, sowie die unmittelbar sich ihnen anschliessenden, werden in sieben getrennten Abschnitten

ausführlicher behandelt werden, es sind dies die Familien 29 und
30; 31, 32 und 33; 35, 37, 38, 39 und 50; 52, 53 und 54; 55; 56;
57, also im Ganzen 16 Familien. Die übrigen 45, nur nützliche und
gleichgiltige Formen enthaltenden, behandeln wir in kurzer Uebersicht auf den folgenden Seiten. Wer Genaueres verlangt, muss sich
an speciellere Werke halten, unter denen uns zur Bestimmung deutscher Käfer im Allgemeinen am bequemsten zu sein scheint:

L. REDTENBACHER, Fanna austriaca, die Käfer. 3. Aufl. 2 Bde.,
1874, Wien.

Die meisten „Käferbücher" populärer Natur taugen nichts.

Die forstlich nützlichen und gleichgiltigen Käfer.

In der folgenden Aufzählung werden im Zusammenhange kurz
diejenigen Käferfamilien berührt werden, welche keinerlei dem Forstmann schädliche Thiere enthalten und demgemäss eine ausführlichere
Schilderung nicht erfahren können.

Die beiden ersten Familien, die Laufkäfer, Carabidae, und die
Schwimmkäfer, Dytiscidae, enthalten fast ausschliesslich Raubkäfer,
welche von anderen Thieren leben. Auch ihre Larven sind meist auf
die gleiche Nahrung angewiesen. Es werden daher die grösseren Gattungen und Arten der Laufkäfer, die Vertilger so mancher schädlichen
Insekten und anderen Ungeziefers, als wirthschaftlich nützlich angesehen.
Für den Forstmann kommen hauptsächlich die Waldbewohner in Betracht, die Gattungen Cicindela oder Sandkäfer, Carabus oder Laufkäfer im engeren Sinne (Taf. I, Fig. 5) und vornehmlich Calosoma
oder Kletterlaufkäfer, von denen C. sycophanta L. namentlich zur
Zeit eines grösseren Raupenfrasses oft massenhaft in den befallenen
Nadelholzbeständen auftritt und hier sowohl als Imago (Taf. I, Fig. 4 F),
wie als Larve (Taf. I, Fig. 4 L), kräftig gegen die Raupen kämpft.
Diese sämmtlichen Gattungen verdienen also den Schutz des Forstmannes, welcher ihnen denselben aber höchstens insoweit gewähren
kann, dass er die häufig in den Raupengräben und namentlich in den
Fanglöchern sich ansammelnden Exemplare von den Arbeitern vor
Vernichtung der Raupen, beziehungsweise vor Zuschüttung der Fanglöcher herausnehmen und in Freiheit setzen lässt.

Die Schwimmkäfer, welche trotz der ganz anderen Form ihres
Körpers, der wie eine verlängerte Linse geformt ist, den Laufkäfern sehr
eng verwandt sind, müssen als forstlich gleichgiltig angesehen werden.
Dagegen ist erwähnenswerth, dass die grösseren Arten, namentlich
Dytiscus marginalis L, der sogenannte „Gelbrand", sowohl erwachsen

wie als Larve der Fischbrut und sogar schwächeren erwachsenen Fischen verderblich werden.

Als wirthschaftlich ganz gleichgiltig sind die hier sich anschliessenden, gleichfalls wesentlich im Wasser lebenden Familien der Taumelkäfer, Gyrinidae, und der Wasserkäfer, Hydrophilidae, zu bezeichnen. Erstere tummeln sich, zierliche Bögen schlagend, schaarenweise auf der ruhigen Oberfläche unserer Gewässer; letztere durch die keulenförmige Gestalt ihrer Fühler vor den übrigen im Wasser lebenden Käfern ausgezeichnet, schwimmen nicht sehr gut und schreiten mehr in der Tiefe der Gewässer zwischen den Wasserpflanzen einher, von denen sie einen grossen Theil ihrer Nahrung entnehmen.

Die Carabidae und Dytiscidae sind trotz der grossen Verschiedenheit ihrer äusseren Gestalt durch den Bau ihrer Mundwerkzeuge als sehr nahe verwandt kenntlich. Es ist nämlich bei beiden die äussere Lade der Mittelkiefer in einen zweigliedrigen Taster verwandelt, so dass also das zweite Kieferpaar hier vier Taster aufweist. Unter die Carabidae rechnen wir auch die mit einigen Verwandten häufig als getrennte Familie behandelte Gattung Cicindela.

Die Sandkäfer, Cicindela, welche wegen der räuberischen Lebensart ihrer in fast senkrechten Erdröhren lebenden Larven von RATZEBURG als forstlich nützlich wohl überschätzt wurden, gehören in unseren sandigen Kiefernwäldern zu den auffallendsten Insektenerscheinungen, da die auf dunklem oder metallisch glänzendem Grunde scharf hell gezeichneten Käfer bei Sonnenschein vor dem störenden Wanderer häufig auffliegen, um nach kurzer Flucht wieder einzufallen. Die oberhalb lebhaft grüne C. campestris L. dürfte wohl bei uns die häufigste sein. Zoologisch sind diese Thiere, welche man vielleicht deutsch noch besser als „Fluglaufkäfer" bezeichnen könnte, durch den beweglichen Haken an der Spitze der Innenlade der Mittelkiefer, sowie durch den grossen, das Halsschild an Breite erreichenden Kopf mit vortretenden Augen charakterisirt.

Unter den Erdlaufkäfern umfasst die Gattung Carabus die grössten Formen. Von den nahe verwandten Kletterlaufkäfern, Gattung Calosoma, denen ein queres Halsschild zukommt (Taf. I, Fig. 4 F), sind sie im Habitus durch ein mehr quadratisch abgerundetes Halsschild verschieden (Taf. I, Fig. 5 F) Es sind meist nächtlich lebende Thiere, welche in Verbindung mit ihren beweglichen, meist dunkel gefärbten grossen Larven (Taf. I, Fig. 5 L) von thierischer Nahrung leben. Besonders häufig werden ihnen, wie ALTUM hervorhebt [XVI, III, 1, S. 49 u. 50], die nächtlich zum Vorschein kommenden Erdraupen, namentlich die der Ackereulen, und die zeitig im Herbst in die Bodendecke hinabsteigenden Raupen, sowie die Puppen forstschädlicher Schmetterlinge, z. B. der Kieferneule, des Kiefernspanners, des Rothschwanzes etc zur Beute fallen. Ob ihr häufiges Erscheinen an Orten mit Raupenfrass, wo sie sich in den Fanggräben oft massenhaft anhäufen, auf einer dann wirklich eintretenden massenhaften Vermehrung beruht oder blos auf einer stärkeren Concentration auf die Stellen, wo sie viel Frass finden, mag hier dahingestellt bleiben. Die häufigsten Arten unserer Gebirgswaldungen sind C. violaceus L., auronitens FABR., sylvestris PANZ., während C. glabratus PAYK., cancellatus ILL., granulatus L., intricatus L., hortensis L. häufig in den Waldungen der Ebene und Vorberge gefunden werden.

Die forstwirthschaftlich nützlichste Gattung ist ohne Zweifel die Gattung Calosoma oder Kletterlaufkäfer, da sowohl Käfer wie Larven nicht auf die Jagd am Erdboden beschränkt sind, sondern ihrer Beute, den Raupen, auch auf die Bäume zu folgen vermögen. Wir erwähnen hier besonders den grossen Kletterlaufkäfer C. sycophanta L., auch Puppenräuber, Baumkäfer, Mordkäfer, Raupenjäger, Bandit, Sycophant genannt, mit grün- und rothgoldiger Oberseite (Taf. I, Fig. 4 F), bis 35 mm lang und den kleinen, 15—20 mm langen, oberhalb tief bronzebraunen C. inquisitor L. Ihre an den gleichen Orten wie die Käfer vorkommenden Larven, von denen die der grösseren Art bis 50 mm Länge

erreicht, sind durch die fest chitinisirten, schwarzbraunen Doppelschilder auf dem
Rücken jedes Leibesringes, welche mit den gleichfalls dunklen und festen Bauch-
schildern durch helle weiche Gelenkhäute verbunden werden (Taf. I, Fig. 4 *L*),
sehr leicht kenntlich. C. sycophanta findet sich nicht nur in unseren Nadelholz-
wäldern bei Frass von Kiefernspinner, Nonne und Kieferneule zahlreich ein,
sondern geht auch nach Altum den Processionsspinnerraupen tapfer zu Leibe.
Pfeil hat ein und dasselbe Exemplar 10—15mal nacheinander je eine Eulen-
raupe von dem Baume herabholen sehen, und Nitsche nahm in Primkenau aus
einem einzigen Raupengrabenfangloche über 20 Exemplare heraus. C. inquisitor L.
ist dagegen mehr auf Laubwälder angewiesen und geht hier namentlich in
jüngeren Stangenhölzern den Spannerraupen nach. Taschenberg [XVIII, S. 209]
hat seine Nützlichkeit zuerst gewürdigt.

Auch unter den vielen kleineren Gattungen und Arten der so zahlreichen
Gruppe — es finden sich 168 Gattungen und über 1 800 Arten in Europa —
wären gewiss noch manche forstnützliche Thiere zu verzeichnen. Ratzeburg sperrte
zwei Stück Harpalus ferrugineus Fabr. mit fünf Engerlingen in ein Glas; nach
fünf Tagen fehlten zwei Engerlinge, nur deren Köpfe waren zu finden. Es
mehren sich aber auch die Nachrichten über Pflanzenfresser unter den Caraben,
namentlich bezüglich der Gattungen Harpalus Latr., Amara Bon. und ihrer
Verwandten. Der bekannte Getreidelaufkäfer, Zabrus tenebrioides Goeze (gibbus
Fabr.), benagt bei Nacht die noch milchigen Körner der Getreideähren und seine
Larven zerkauen die Blätter der jungen Getreidepflanzen und saugen dieselben
aus. Näheres vergleiche bei Taschenberg [XXII, 2, S. 2—7].

Es liegt ferner auch eine neuere Beobachtung über die forstliche Schädlichkeit von Harpalus pubescens Müll. (ruficornis Fabr.) und wahrscheinlich
auch von H. aeneus Fabr. vor. Czech [Centralbl. für d. ges. Forstwesen, Jhrg. IV,
1878, S. 371] hat sicher beobachtet, dass ersterer Käfer in mit Brettchen gegen
Mäuse- und Finkenfrass gedeckten Saatbeeten sich unter die Brettchen gewühlt,
die Samen von Laub- und Nadelhölzern seitlich angenagt und theilweise ausgefressen hatte. Er wurde mehrmals direct beim Zerkauen der Samen des amerikanischen Färbermaulbeerbaumes, Maclura aurantiaca Nutt., betroffen. Auch
wurden die Samen von Pinus- und Picea-Arten angegangen, die der Abies-Arten
dagegen verschont. Auf nur mit Reisig gedeckten Saatbeeten kam dieser Frass
nicht vor, dagegen sind Harpalus-Arten auch unter Moosdeckung häufig.

Die Familien der Staphylinidae, Pselaphidae und Clavigeridae
lassen sich als „Stutzflügler” zusammenfassen, da sie verkürzte
Flügeldecken als wesentliches Kennzeichen besitzen. Sie stellen die
zahlreichste Gruppe aller einheimischen Käfer dar und nähren sich im
erwachsenen Zustande meist von faulenden thierischen und pflanzlichen
Substanzen, als Larven häufig auch von anderen lebenden niederen
Thieren. Die grösseren Arten, unter denen wir als besonders häufig
Staphylinus (Ocypus) olens Müll· (Taf. I, Fig. 1) und St. erythropterus L.
(Taf. I, Fig. 2) hervorheben, nützen daher wohl mehr durch ihre Be-
theiligung an der Beseitigung von Thierleichen etc., als durch directe
Bekämpfung forstschädlicher Insekten. Dagegen leben viele kleinere
Arten als Larven in den Gängen der Borkenkäfer und nähren sich
daselbst wahrscheinlich von deren Eiern und Larven.

Aus der Kraatz'schen Monographie der deutschen Staphylinen hat Altum
[XVI, III, 1, S. 69] die positiven Angaben über forstnützliche Thätigkeit der
einzelnen Arten zusammengestellt, und wir fügen nach Nördlinger und Perris
einige Ergänzungen bei. Hiernach leben räuberisch:

in den Gängen von	die Larven von
Hylesinus ligniperda Fabr.	Homalota celata Er.
Hylesinus piniperda L.	Homalota sp.?
Hylesinus minor Hrtg.	{ Quedius scintillans Grv. { Q. fuliginosus Grv.
Tomicus 6-dentatus Börner	{ Placusa sp.? { Phloeopora reptans Grv. { Xantholinus collaris Er. { Homalium vile Er.
Tomicus laricis Fabr.	{ Leptusa analis Gyll. { Homalota cuspidata Er. { Phloeopora reptans Grv. { Homalium pusillum Grv. .

Gleichfalls in den Gängen des letzteren Borkenkäfers kommt noch die Larve von Coryphium angusticolle Stph. vor, soll aber von dem Koth der Borkenkäfer leben, und die Larve von Quedius dilatatus Fabr. vernichtet die Hornissenbrut in den Nestern.

Die in der Form den Staphylinen äusserst ähnlichen, aber durch die geringere Zahl der Tarsalglieder und die häufig keulenförmige Gestalt der Fühler, sowie Unterschiede in den Mundwerkzeugen von ihnen abweichenden Pselaphidae und Clavigeridae sind zwerghafte, meist in den Nestern von Ameisen als Einmiether lebende Käferchen. Der Statur und Lebensweise nach schliessen sich diesen die forstlich gleichfalls völlig gleichgiltigen Scydmaenidae an, welche aber keine verkürzten Flügeldecken haben.

Trotzdem die Lebensweise ihrer Vertreter äusserst verschieden ist, werden die Silphidae nach derjenigen der häufigeren und grösseren einheimischen Arten oft als Aaskäfer bezeichnet. Am bekanntesten ist die Gattung Necrophorus oder Todtengräber, deren Arten meist durch abwechselnd roth und schwarz quergezeichnete Flügeldecken kenntlich sind. Diese Thiere bringen ihre Eier an kleinen Thierleichen unter, nachdem sie letztere zuvor durch allmähliche Unterwühlung in den Boden versenkt, begraben haben. Die meisten Arten der nahe verwandten Gattung Silpha legen ihre Eier gleichfalls gern an Aas, welches alsdann den ausschlüpfenden Larven zur Nahrung dient; an eingegangenen Stücken Wild findet man z. B. häufig die grösste deutsche Art Silpha tittoralis L. Andere sind kühne Räuber, namentlich die forstlich durch Vertilgung vieler Raupen entschieden nützliche S. quadripunctata L., der Vierpunkt-Aaskäfer.

Silpha quadripunctata L., welche durch je zwei schwarze Punkte auf den ledergelben Flügeldecken und ledergelbe Einfassung des dunklen Halsschildes leicht kenntlich ist, wird im Mai auf Eichenheistern und Buchenstangen kletternd gefunden, wo sie die daselbst fressenden Spannerraupen kräftig bekämpft. Nach Redtenbacher soll sie auch in den Nestern der Processionsspinner in Masse vorkommen. Die Larven einiger anderer mattschwarzen Arten, namentlich von S. atrata L. und S. opaca L., gehen bei Nahrungsmangel gelegentlich an die Blätter der Jungen Runkelrüben, welche sie skelettiren [vergl. XXII, II, S. 10].

Von den in der systematischen Uebersicht auf S. 287 nunmehr folgenden Familien Nr. 10—15 erwähnen wir im Anschluss an die Silphidae nur die Histeridae, weil die durch die Abstutzung ihrer Flügeldecken und die spiegelblanke Oberseite leicht kenntlichen Hauptgattungen dieser Familie gleichfalls häufig in Aas und Mist gefunden werden.

Da die im Miste lebenden Arten der Gattung Hister nicht directe Mistfresser sein, sondern sich räuberisch von den dort lebenden eigentlichen Mistkäfern nähren sollen, so vermuthet ALTUM auch unter den kleinen unter alter Rinde · lebenden Arten Räuber, welche vielleicht in ähnlicher Weise, wie die schon oben angeführten kleinen Staphylinen, forstnützlich werden können [XVI, III, 1, S. 74]. Bestimmt wird dies von NÖRDLINGER [XXIV, S. 2] nach PERRIS angegeben von Platysoma oblongum FABR. und Plegaderus discisus ER., von denen ersterer den Larven von Tomicus 6-dentatus BÖRNER, letzterer denen von Tomicus (Crypturgus) pusillus GYLL. nachgehen soll.

Auch die Familien Nr. 15—23 könnten hier völlig übergangen werden, wenn nicht in der forstlichen Literatur einige kleine Vertreter der Nitidulidae, Trogositidae, Colydiidae und Cucujidae, welche öfters in den Borkenkäfergängen angetroffen werden, als Borkenkäferfeinde angesehen werden müssten.

Aus der Gruppe der Nitidulidae oder Glanzkäfer wird am häufigsten erwähnt der auf Cruciferenblüthen lebende und bei starker Vermehrung die Rapsernte empfindlich schädigende Rapsglanzkäfer, Meligethes aeneus FABR. Der Käfer selbst frisst sich nämlich im Frühjahr in die Rapsknospen ein, und die Larve zerstört Blüthen und Schoten oft vollständig [vergl. XXII, II, S. 12].

Als Verbündete des Forstmannes werden dagegen manche unter Baumrinde und in den Gängen der Borkenkäfer lebende kleine Formen, namentlich die langgestreckten, flachen Arten der Gattung Rhizophagus, angesehen. Rh. depressus FABR. und der etwas seltenere Rh. grandis GYLL. wurden von REDTENBACHER in den Gängen von Hylesinus micans KUG. raubend angetroffen. Wegen ähnlicher Lebensweise wird Ips ferrugineus L. und I. quadripustalatus L. geschätzt.

Unter den Trogositidae ist das fast fadenförmig langgestreckte Nemosoma elongatum L. zu erwähnen. Dieses 5 mm lange, glänzend schwarze, an der Basis und Spitze der Flügeldecken gelbgezeichnete Käferchen ist, wie ERICHSON mittheilt, von verschiedenen Beobachtern in den Gängen von Hylesinus vittatus FABR. in Rüster als Räuber angetroffen worden. ALTUM hat es in den Gängen von Lymexylon dermestoïdes L., Tomicus domesticus L. und T. Saxesenii RATZ. gefunden und wir selbst haben es aus Frassstücken von Hylesinus (Phloeotribus) Oleae FABR., sowie aus altem Buchenholz in Gemeinschaft mit Tomicus bicolor HBST. erzogen.

Die gleiche Bedeutung haben einige Vertreter der Colydiidae. Colydium filiforme FABR. und Oxylaemus variolosus DUF. leben in alten Eichen, und zwar wesentlich in den Gängen von Tomicus monographus FABR. Desgleichen wurde der zu den Cucujidae gehörige Laemophloeus ferrugineus STPH. von JUDEICH in Menge in den Gängen von Tomicus micrographus L. gefunden.

Die Familie der Speckkäfer, Dermestidae, ist zwar dem Forstmanne in seinem Berufe völlig gleichgiltig, verdient hier aber doch Erwähnung, weil die gewöhnlich behaarten Larven sämmtlicher Formen von abgestorbenen thierischen Substanzen leben, und zwar einige in Aas, die meisten aber in getrockneten Fellen, Bälgen und Naturalien. Schlecht vergiftete ausgestopfte Bälge, sowie in ungenügend verschlossenen

Kästen aufbewahrte Insektensammlungen sind daher der Zerstörung durch dieselben ausgesetzt.

Der eigentliche Speckkäfer, Dermestes lardarius L., schwarz, mit breiter, gelbgrauer, schwarzgepunkteter Binde über der Wurzel der Flügeldecken, 8 bis 9 *mm* lang, sowie dessen langbehaarte, mit zwei hornigen Haken am Hinterleibsende bewaffnete Larve geht trockene Fleischwaaren und ausgestopfte Thiere an. Der 5 *mm* lange, schwarze, durch zwei weisse Haarpunkte auf den Flügeldecken ausgezeichnete Pelzkäfer Attagenus pellio L. lebt auf Blüthen, während seine gleichfalls behaarte, aber der Hornhaken am Hinterleibsende entbehrende Larve ein gefürchteter Feind der Hausvorräthe, Kleider, Herbarien und Naturaliensammlungen ist. Gleichfalls auf Blüthen leben die Käfer der Gattung Anthrenus, während ihre Larven, ausgezeichnet durch ein langes Büschel Haare am Hinterleibe, namentlich die des nur 2·5 *mm* langen A. museorum L., die Hauptfeinde der Insektensammlungen sind.

Als auffallende einheimische Käferform sei Byrrhus, die Hauptgattung der Byrrhidae, erwähnt, welche wegen ihrer abgerundeten Körpergestalt den deutschen Namen „Pillenkäfer" erhalten hat. Die Bauchseite dieser Käfer ist mit tiefen Furchen versehen, in welche alle Leibesanhänge derartig eingelegt werden können, dass sie für eine oberflächliche Betrachtung völlig verschwinden. Mehr an feuchten Orten, ja mitunter in fliessendem Wasser leben die wenigen einheimischen Vertreter der Familien der Georyssidae, Parnidae und Heteroceridae. Diese sowohl wie die später folgenden Dascillidae können hier keinerlei Besprechung finden.

Aus der Familie der Cleridae ist durch das Verzehren schädlicher Holzkäfer, besonders der Borkenkäfer, forstlich in hohem Grade nützlich Clerus formicarius L., und zwar sowohl als Käfer wie als Larve (Taf. I, Fig. 3 *F* und *L*).

Dieser Käfer wird namentlich in Nadelholzrevieren an alten stehenden und gefällten Stämmen, Meterstössen u. s. f. häufig gefunden. Seine rosenrothe, bewegliche Larve mit horizontal vorgestrecktem Kopfe, stark chitinisirter Vorderbrust, durch je zwei feste Chitinschilder auf den beiden übrigen Brustringen und ein einfaches Schild auf dem Endringe ausgezeichnet, lebt unter der Rinde und geht daselbst gleichfalls den holzbewohnenden Käfern und Käferlarven nach. Auch seine Verwandten leben, wenigstens als Larven, meist von anderen Thieren, so z. B. die Larve von Trichodes apiarius L. in Bienenstöcken auf Kosten der Bienenlarven, und deshalb wird sie von den Imkern sehr gefürchtet.

Die Familie der Ptinidae ist forstlich ganz gleichgiltig.

Aus der Gruppe der Heteromera erwähnen wir lediglich die Familie der Tenebrionidae, weil sie den einzigen häufiger künstlich gezogenen Käfer enthält, den ursprünglich in Mehlvorräthen, auf Kornböden etc. lebenden Mehlkäfer, Tenebrio molitor L., dessen Larve, unter dem Namen „Mehlwurm" bekannt, ein sehr gutes Futter für insektenfressende Stubenvögel abgiebt.

Von den Trimera sind nur die Coccinellidae, im Volksmunde als „Marienkäferchen", „Herrgottschäfchen" bezeichnet, erwähnenswerth. Die sehr beweglichen Larven dieser nützlichen Thierchen leben auf Blättern

von anderen Thieren, namentlich von Blattläusen, und sind daher als
nützlich anzusehen.

Die gemeinste Art ist Coccinella septempunctata L. mit hellvioletter
Larve. Diese kommt im Hochsommer häufig auch auf den Kartoffelpflanzen
vor und verpuppt sich auch dort, indem sich die Puppe mit der Hinterleibsspitze an den Blättern festheftet. Da diese Puppe lebhaft gelb und schwarz gezeichnet ist, wird sie neuerdings vielfach mit der ähnliche Farben zeigenden,
natürlich aber freibeweglichen Larve des Coloradokäfers verwechselt, und eine
ganze Reihe falscher Gerüchte über das Auftreten dieses gefürchteten über-
seeischen Kartoffelfeindes rühren von solchen Verwechselungen her (vergl. S. 612).

Die Blatthornkäfer, insbesondere der Maikäfer und seine Verwandten.

Die von LATREILLE aufgestellte Gruppe der Blatthornkäfer,
Lamellicornia, ist dadurch ausgezeichnet, dass die letzten Glieder ihrer

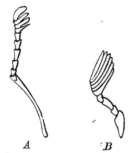

Fig. 111. *A* Fühler des
Hirschkäfers. *B* Fühler des
Maikäfers.

Fühler zu starken, zusammen eine Keule bildenden Blättern werden, und dass ihre Larven
Engerlinge sind, d. h. blinde, fleischige, bauchwärts eingekrümmte und daher stets seitlich
liegende, weissliche Larven mit gut entwickeltem
Kopfe, stark ausgebildeten Beinpaaren und sack-
artigem Hinterleibe (Taf. II, Fig. 14 *L*). Maikäfer und Hirschkäfer können als typische Vertreter angeführt werden. In neuerer Zeit hat
man diese sehr natürliche Gruppe in zwei
Familien getrennt, in die Lucanidae und
Scarabaeïdae, und zwar namentlich nach der
Beschaffenheit der Fühler, deren Blätter bei den Lucaniden, z. B. beim
Hirschkäfer, mit ihren scharfen Rändern aneinanderstossend eine gesägte
Keule bilden (Fig. 111 *A*), während dieselben bei den Scarabaeïden, z. B.
beim Maikäfer, mit ihren Flächen gegeneinander zu liegen kommen
(Fig. 111 *B*) und als richtige Blätter erst bei fächerartiger Entfaltung
erkannt werden.

Forstlich wirklich wichtige Käfer umfasst die Familie der Lucaniden
nicht, doch seien hier als häufige grössere Mitglieder unserer Fauna erwähnt der Hirschkäfer Lucanus cervus L. und der Balkenschröter Dorcus
parallelepipedus L., deren Larven morsche Laubholzstämme bewohnen.

Die Lucanidae, eigentlich nur durch den Bau der Fühlerkeulen und
durch den Habitus getrennt, schliessen sich sonst im Bau nahe den Scarabaeïden
im engeren Sinne an. Bei den typischen Formen ist in der stärkeren Entwickelung der Vorderkiefer des ♂, welche bei dem Hirschkäfer zu völligen Geweihen
ausgebildet sind, ein sehr auffallender secundärer Geschlechtscharakter gegeben.

Die Käfer nähren sich von den ausfliessenden Baumsäften, die Larven dagegen von mulmigem Holze, welches sie durchwühlen, und zwar meist in Eichen·und Buchen. Von kleineren Formen gehören unserer Fauna noch an: Platycerus caraboïdes L. und Sinodendron cylindricum L

Die Scarabaeïden im engeren Sinne theilen wir für unsere Zwecke am besten nach GERSTÄCKER's Vorgang in fünf auch biologisch leicht charakterisirbare Gruppen, in die Mistkäfer, die Grabkäfer, die Laubkäfer, die Riesenkäfer und die Blumenkäfer.

Die neuere systematische Entomologie trennt dagegen die Scarabaeïden in zehn Unterfamilien, nämlich 1. Coprini, 2. Aphodiini, 3. Hybalini, 4. Geotrypini, 5. Trogini, 6. Glaphyrini, 7. Melolonthini, 8. Rutelini, 9. Dynastini und 10. Cetoniini.

Die Unterfamilien 1 und 2 bilden gemeinsam die Gruppe der Coprophaga LATR. oder Mistkäfer, so genannt, weil die Käfer den frischen Mist aufsuchen um, da ihre Larven vom Miste leben, in diesem ihre Eier abzulegen. Bei uns sind es meist kleinere Formen. Copris lunaris L. und die zahlreichen Aphodius-Arten können als Repräsentanten dienen.

Aehnlich in ihrer Lebensweise an Mist und faulenden thierischen Substanzen, aber durch die Mundtheile unterschieden, ist die Gruppe der Grabkäfer, Arenicolae M.-LEAY. Die Eier werden von ihnen nicht direct in den Mist gelegt, sondern in Erdhöhlen, die mit einem Mistpfropfen verschlossen werden. Das Genus Geotrypes, welches unsere gewöhnliche Dungkäfer umschliesst, z. B. G. vernalis L., G. stercorarius L. und Trox sabulosus L. sind häufige, bekannte Vertreter dieser aus den Unterfamilien 3—5 bestehenden Gruppe. Beide Abtheilungen sind insofern im Haushalte der Natur beachtenswerth, als sie Abfallsstoffe entfernen, bleiben forstlich aber gleichgiltig.

Die dritte Gruppe dagegen, die Phyllophaga BURM., Laubkäfer, genannt, umfasst einige forstlich höchst beachtenswerthe Formen. Unter diesem Namen vereinigt man die Unterfamilien 6—8. Biologisch stimmen sie insofern überein, als die Imagines sich von Blättern und Blüthentheilen nähren, während die in der Erde lebenden Larven Pflanzenwurzeln geniessen.

Die neunte Unterfamilie bildet die Gruppe der Riesenkäfer oder Dynastini. Diese vornehmlich exotischen, vielfach, wie schon ihr deutscher Name besagt, sehr grossen Formen zeichnen sich durch besonders hervortretende secundäre Geschlechtscharaktere aus. In unserer Fauna sind sie nur durch sehr wenige und verhältnissmässig kleine Formen vertreten. Am bekanntesten ist Oryctes nasicornis L., der Nashornkäfer, dessen Larve bei uns meist in Gerberlohe lebt.

Die zehnte Unterfamilie umfasst die Blumenkäfer, Melitophila LATR., prachtvoll gefärbte, metallisch glänzende, meist exotische Formen, deren Imagines, die ebenfalls häufig secundäre Geschlechtsunterschiede aufweisen, sich von Blüthenstaub und ausfliessenden Pflanzensäften nähren, während die Larven in faulendem Holze und in Ameisennestern sich aufhalten. Die Gattung Cetonia repräsentirt die wohlbekannten Goldkäfer bei uns, deren häufigster C. aurata L. ist.

Forstlich wirklich wichtig ist nur die zu den Laubkäfern gehörige Unterfamilie der Melolonthini, welche ihren Hauptvertreter im Maikäfer findet.

Die Melolonthini sind mit sieben- bis zehngliedrigen Fühlern versehen, deren Keule bei den kleineren einheimischen Arten dreigliedrig, bei den grösseren sechs- bis siebengliedrig und bei den Männchen meist stärker entwickelt ist. Die Schienen der Vorderbeine, namentlich bei den Weibchen, sind stark und zum Graben eingerichtet, die Fussklauen sind gleich, mit Ausnahme der Gattung Hoplia. Von

den Stigmata des Hinterleibes liegen das zweite bis sechste Paar nahe
dem Innenrande der Bauchhalbringe, alle in einer Richtung und von
den Flügeldecken bedeckt. Das siebente Paar ist frei und in der Naht
zwischen Rücken- und Bauchschiene des vorletzten Ringes gelegen.
Die drei letzten Stigmata jeder Seite sind klein und rund, die vorderen länglich. Die Färbung der Käfer ist meist dunkel und un-
ansehnlich, wenigstens bei den einheimischen Arten. Wir haben hier
nur die wichtigsten drei Gattungen zu erwähnen, die sich durch folgende
Merkmale unterscheiden:

Aftergriffel vorhanden { Fühlerkeule des ♂ 7blättrig ♀ 6blättrig } . . . . Melolontha.

Aftergriffel fehlt . . { Fühlerkeule des ♂ 7blättrig ♀ 5blättrig } . . . . Polyphylla.
{ Fühlerkeule des ♂ u. ♀ 3blättrig } . . . . Rhizotrogus.

Die Gattung Melolontha, Maikäfer, umfasst drei mitteleuropäische
Arten, von denen aber nur zwei, der

gemeine Maikäfer, M. vulgaris FABR.,

und der Rosskastanienmaikäfer, M. Hippocastani FABR.,

so häufig sind, dass sie forstschädlich werden. Beide stimmen in ihrer
Lebensweise so völlig überein, dass ihr Artunterschied in der Praxis
vernachlässigt werden kann.

Die Maikäfer fressen, ohne dass, wie bei anderen Forstinsekten, Jahre
des Nachlasses, mit einem gewissen Frasscyklus abwechselnd, einträten, und
es schadet nicht nur der Käfer durch Kahlfrass, sondern besonders die im
Boden lebende Larve durch Zerstörung der Wurzeln. Man hat mit der
grössten Bestimmtheit darauf zu rechnen, dass jeden fünften, respective
vierten Sommer ein bedeutender Maikäferflug, ein Hauptflug, erscheinen
wird; was innerhalb dieser Jahre fliegt, der Zwischenflug, ist jedenfalls
immer unbedeutender, wenn auch bei der Vertilgung nicht zu übersehen.
Die Flugjahre sind übrigens nicht die gefährlichen. Die Millionen von
Käfern fressen zwar manchen Baum ganz kahl, mancher büsst auch wohl
Blüthen und Früchte ein, und der Zuwachs leidet, aber selten geht
einer darnach ein. Viel schlimmer gestaltet sich der Frass in den Nicht-
flugjahren oder Engerlingjahren, denn keine Holzpflanze ist vor dem achten
bis zwölften Jahre vor der Larve sicher, welche im frostfreien Herbst
bis November frisst; ja in manchen sandigen Revieren ist durch sie
öfters überhaupt jeder Neuanbau in Frage gestellt worden. Auch stärkere
Stämme werden noch an den schwächeren Wurzeln befressen, einzelne
auch getödtet. Man sammle die Käfer also weniger, um der Entlaubung
der von ihnen befallenen Stämme vorzubeugen, sondern vielmehr um

die benachbarten Pflanzungen und Saaten vor den Engerlingen zu schützen. Leider sehen das viele Leute nicht ein, weil sie, wenn ihre Pflänzlinge anfangen roth zu werden, gar nicht mehr an den Flug, welcher vor einem Jahre oder vor zwei Jahren da war, denken. Zur Abwehr dieser schweren Schäden kann der Forstmann zunächst Vorbeugungsmassregeln ergreifen, indem er eine solche Art des Betriebes und der Bestandesgründung wählt, bei welcher eine möglichst geringe Zahl passender Brutstätten für die Maikäfer entstehen. Ferner kann er zur Vertilgung der Schädlinge schreiten, und zwar sowohl des Käfers, wie des Engerlings. Die Vertilgung des Käfers, welche durch Sammeln während der Flugzeit zu geschehen hat, wird hierbei zugleich zur Vorbeugung gegen das starke Auftreten der Larven. Die Vertilgung der Larven durch Sammeln wird meist gleichzeitig mit der Bodenbearbeitung vorzunehmen sein. In Saat- und Pflanzschulen wird man aber auch dann gegen die Engerlinge vorzugehen haben, wenn man am Welken der Pflänzlinge erkennt, dass sie von Maikäferlarven angegriffen sind. Ganz besonders gegen die Käfer zu empfehlen ist ein gleichzeitiges gemeinsames Vorgehen in weiterem Umkreise, wozu, wenn irgend möglich, auch die, ja nicht minder schwer wie Waldbesitzer heimgesuchten, Landwirthe herbeizuziehen sind. Besteht doch in manchen Ländern sogar eine gesetzliche Verpflichtung zur Vertilgung dieser Thiere (vergl. S. 240 bis 244). In den stark von Engerlingen geplagten Gegenden ist ferner besonderes Gewicht auf den Schutz der nützlichen Thiere zu legen, wie namentlich des Maulwurfes, des Staares und der Saatkrähen. Ausführlichere Schriften über den Maikäfer haben PLIENINGER [15], KROHN [12] und BODENMÜLLER [4] verfasst. Ein grösserer hierauf bezüglicher Aufsatz ist auch in der „Allgemeinen Forst- und Jagdzeitung" 1864 enthalten [14].

Beschreibung. *Imago.* Wir verzichten auf eine eingehende Schilderung dieser allbekannten Käfer und geben nur die folgenden Unterschiede zwischen den beiden wichtigsten Arten an:

M. vulgaris FABR.	M. Hippocastani FABR.
Spitze des Hinterleibes:	
In einen ziemlich breiten und von der Wurzel an gleichmässig verschmälerten Aftergriffel ausgezogen.	Schnell verengt und dann in einen dünnen, an der Spitze meist wieder erweiterten Aftergriffel ausgezogen.
Flügeldecken:	
Einfarbig rothbraun.	Rothbraun mit schmalem, schwarzem Saume.
Länge:	
25—30 mm	20—25 mm
Drittes Fühlerglied des ♂:	
Einfach.	Vorn mit einem Zahn.

Die *Puppe* (Tfl. I, Fig. 14 *P*) ist gelblich oder bräunlich mit zwei-spitzigem Hinterleibsende.

Die *Larve* (Tfl. II, Fig. 14 *L* u. *L**), auch Glime und Quatte genannt, gehört zu den Engerlingen mit viergliedrigen Fühlern. Letztere sind ebensolang als der Kopf und haben an ihrem vorletzten Gliede einen die Anlenkung des letzten Gliedes überragenden, zugespitzten Fortsatz. Die langbehaarten, gut aus-gebildeten drei Beinpaare nehmen von vorn nach hinten an Grösse zu. Die Klauen der beiden ersten sind schlank pfriemenförmig, die des hinteren dagegen sehr kurz. Das Hinterleibsende bildet einen grossen, dick aufgetriebenen, durch eine Furche quergetheilten Aftersack, welcher häufig wegen des im Enddarm lange zu-rückgehaltenen, durch die Leibeswand durchschimmernden Kothes bläulich erscheint. Der After ist quergestellt, vor demselben auf der Bauchseite eine längere Doppelreihe feiner Stacheln und neben diesen jederseits ein kleineres, fein bedorntes Feld.

Diese genauere Beschreibung kann dazu dienen, um die Maikäferengerlinge von den Engerlingen der Mistkäfer, mit denen sie öfters verwechselt worden sind, zu unterscheiden. In Frage können hier nur die Gattungen Aphodius und Geotrypes kommen. Die Larve der ersteren ist auch mit viergliedrigen Fühlern versehen, aber die Beine sind nur mit vereinzelten Dörnchen besetzt, und bei der Larve von Geotrypes, welche nur dreigliedrige, sehr kurze Fühler hat, ist das dritte Fusspaar sehr verkürzt. Die ebenfalls engerlingsartigen Larven der Lucaniden sind durch die längsgestellte Afteröffnung gekennzeichnet.

Die *Eier* sind weisslich und von Hanfkorngrösse.

Biologie. *Fortpflanzung.* Der Flug der Käfer beginnt, je nach der Witterung, Ende April oder im Mai — in höheren Gebirgslagen, wo der Käfer überhaupt nur wenig vorkommt, erscheint er erst im Sommer, einzelne Exemplare erst Ende August — und dauert drei bis vier, auch wohl sechs Wochen, wenn man ein grösseres Flugrevier nimmt. Im Anfange der Flugzeit sind die Männchen überwiegend, und auch zu Ende derselben, wenn schon viele Weibchen nach erfolgter Eiablage eingegangen sind, werden sie wieder vorherrschend. An den Bäumen verrathen sich die Käfer dann bald durch ihren schwirrenden Flug während der Dämmerung, oder durch den Frass; sie werfen abgebissene Blattstücke herunter, die z. B. an Birken viel Aehn-lichkeit mit den von der Nonne abgebissenen haben. Ihr Koth liegt dick unter den Bäumen. Das Weibchen sucht sich, nach erfolgter Be-gattung, im Fluge eine passende Brutstelle — unbenarbten, ziemlich lockeren, trockenen, seltener bewachsenen, festen und nassen Boden — schiebt, indem es sich in den Boden gräbt, ein lockeres Erdhäufchen aus demselben hervor und geht bis 25 *cm* tief hinein, um von seinen 60 bis 70 Eiern 12 bis 30 Stück, selten mehr auf einmal abzulegen, Nach vier bis sechs Wochen erscheinen die Larven. Sie bleiben längere Zeit beisammen und zerstreuen sich erst im zweiten Sommer, dann aber nach allen Seiten in der Erde fortwandernd. Zum Winter gehen die Engerlinge tiefer in die Erde, und im Frühling begeben sie sich wieder unter die Oberfläche.

Der Maikäfer hat in Norddeutschland eine vierjährige Generation; wärmeres Klima bedingt eine dreijährige, z. B. in der Schweiz und in Süddeutschland; in dem rauhen Ostpreussen ist neuerdings durch GERIKE eine fünfjährige festgestellt worden [7]. Bei der vierjährigen (vergl. die graphische Darstellung, S. 114) sind die Larven erst im vierten Sommer ausgewachsen, bei der dreijährigen schon am Ende des dritten. Aber auch bei der vierjährigen Generation fressen sie meistens nicht mehr um Johannis, oder sie verpuppen sich wohl schon gar im Juli, sehr selten schon im Mai. Gewöhnlich geschieht dies erst im Herbst oder im nächsten Frühjahre, und zwar in einer inwendig geglätteten Erdhöhle, die bald, im Winter, ungewöhnlich tief, bis fast 1 m, bald, im Sommer, nur 0·3 m tief unter der Erdoberfläche liegt. Die Käfer fliegen, auch wenn sie sich schon im Herbst entwickelt haben sollten, doch meist erst im nächsten April oder Mai aus; nur ausnahmsweise verlassen sie schon im Herbste die Erde und fliegen im September oder October, oder einzelne kommen schon im Februar des Flugjahres zum Vorschein. Man hat daher in Norddeutschland alle vier Jahre einen stärkeren Flug zu erwarten und nennt diesen Hauptflug. Um auszufliegen, machen sich die Käfer einen Gang in die Höhe, und lassen im Boden Löcher, wie mit einem Stocke gestochen, zurück.

Nach den Hauptflügen berechnet man die Flugjahre. Merkwürdig ist die für die Trägheit des schwärmenden Käfers sprechende Thatsache, dass oft benachbarte Gegenden ganz verschiedene Flugjahre haben, wie z. B. Eberswalde, Berlin, Potsdam; ja drei Meilen von Eberswalde beobachtete Ratzeburg noch abweichende Flugjahre. In Eberswalde sind nach Ratzeburg und später Altum die Schaltjahre Flugjahre, z. B. 1856, 1860, 1864 u. s. f., in Franken die dem Schaltjahre folgenden, also 1857, 1861, 1865, in Westphalen im Münsterlande die zweiten auf das Schaltjahr folgenden Jahre, also 1858, 1862, 1866. Auch Dresden und Tharand haben die Schaltjahre als Flugjahre, während bei Wilsdruff, circa 8 km von Tharand, das dem Schaltjahre vorhergehende Jahr Flugjahr ist, also, um bei dem obigen Beispiel zu bleiben, 1855, 1859, 1863 u. s. f., wie Judeich in langen Jahren beobachtete. Im Süden ist natürlich alle drei Jahre ein Flugjahr. Nach Nördlinger waren z. B. in Hohenheim die Jahre 1857, 1860, 1863, 1866 Flugjahre und aus Basel werden angeführt als solche 1830, 1833, 1836, 1839, welche auch für den Jura und das Elsass Geltung hatten, aus Bern dagegen die Jahre 1831, 1834, 1837, 1840 u. s. f. In Ostpreussen, wo also die Generation fünfjährig ist, waren 1866, 1871, 1876 und 1881 Flugjahre.

Der Frass. Der Käfer geht besonders die Laubhölzer an und liebt vorzüglich Eichen, Ahorn, Rosskastanien, Birken, Weiden, Pappeln, Ebereschen, Buchen, Hainbuchen, verschmäht auch Obstbäume und Linden nicht, Nadelhölzer dagegen fast ganz, indem er von den Kiefern und Fichten höchstens die männlichen Kätzchen angeht, da also nicht leben kann, wo nicht neben diesen zugleich Laubholz oder die Lärche, deren Nadeln er gern annimmt, vorkommt. Nur im Nothfalle nimmt er Gras und Kräuter an. Am meisten frisst er auf hervorragenden oder freistehenden Stämmen, weil er diese umschwärmen kann, und zieht sich deshalb, öfters weit von seiner Brutstätte abstreichend, gern nach den Chausseebäumen.

Die Larve nährt sich im ersten Sommer meist nur von den feinen Humustheilchen, die im Boden vertheilt sind. Im dritten und

20*

vierten, zuweilen schon im zweiten Sommer, wird ihr Frass an den
Wurzeln der jungen Holzpflanzen, wie auch an Kräutern und Gräsern,
besonders garten- und landwirthschaftlichen Gewächsen merklich. Die
Pflanzen verrathen sich, was für die Erkennung wichtig ist, durch ihr
kümmerliches Aussehen; an Kiefern und überhaupt Nadelhölzern,
welche mehr als die Laubhölzer leiden, sind die vorjährigen Nadeln
kürzer, struppiger und meistens auch bleicher und trockener als gewöhnlich, und der diesjährige Trieb entwickelt sich langsam und unvollkommen. Reisst man die Pflauzen aus, so zeigen sie, auch wenn
sie schon sechs- bis achtjährig sind, nur geringe Widerstandskraft; die
Seiten- oder Thauwurzeln sind abgefressen, und oft ist selbst an
den dicken Wurzelsträngen die Spitze abgebissen. Bei schwächeren
Pflanzen ist die befressene Wurzel so nackt und kahl wie eine Rübe.
Im Kleinen ähnelt der Frass dem der Mäuse, geht auch zuweilen
ringsherum bis dicht unter, ja, wenn sich eine starke Moosschicht um die
Pflanzen gebildet hat, selbst bis über den Wurzelknoten, ist aber stets
vom Wühlmausfrass durch den Mangel der Zahnspuren und demgemäss durch das unreine, faserige Aussehen der Nageflächen leicht
zu unterscheiden. Dagegen wird es einigen Scharfsinnes bedürfen, um
ihn mit dem von Agrotis vestigialis Rott. zu verwechseln. Hat der
Frass an einer Stelle gewüthet, wo blos Gras oder Kraut stand, so
zeigt sich dieses auf einem ziemlich scharf abgegrenzten Platze wie
vergelbt und verbrannt. Wo solche Plätze in den Schonungen dicht
beisammen liegen, da fehlt auch das Holz, und man bemerkt, dass
solche Maikäferlöcher immer wieder von legenden Käfern gesucht
werden. Manchmal zeigt sich der grösste Frass nicht einmal in unmittelbarer Nähe der Käferflüge; um zu schwärmen und zu fressen gehen
die Käfer oft in die geschlossenen Bestände, wo sie wenig oder gar
nicht legen.   In den wüchsigen, geschlossenen Beständen hat man
daher immer am wenigsten zu fürchten. Auch in den Samenschlägen
thut die Larve wenig Schaden, wenn die jungen Pflanzen kräftig
stehen, ebenso auf schmalen Schlägen. Am liebsten sind ihnen grosse
Kahlschläge, auf welchen das Weibchen ungehindert niedrig umher-
fliegen kann, um die zur Ablegung der Eier geeignetsten Stellen,
nämlich solche, wo der Boden verwundet ist, aufsuchen. Saatbeete
werden entweder vom Käfer direct mit Brut belegt, oder sie werden
von den Larven angegangen, welche vor dem Säen schon im Boden
waren oder mit aufgebrachtem Composte dahin kamen; endlich üben
eine Anziehung die in Gärten mit Erde überkarrten Orte. Die
legenden Käfer ziehen sich gern nach solchen lichten, lockeren Stellen.
Ihre Brut lebt hier anfänglich von den Wurzeln der bald sich einfindenden Kräuter und Gräser, geht später aber an die inzwischen
kultivirten Holzpflanzen, die dann schnell ihrer Wurzeln beraubt
werden. Zu den üblen Folgen des Frasses gehört noch das Kränkeln
so vieler angefressenen Holzpflanzen, in denen sich dann.oft Borken-
und Rüsselkäfer ansiedeln und enorm vermehren, wenn man nicht
sehr aufmerksam ist.

Abwehr. Am wirksamsten wird man dem sehr beträchtlichen Schade der Maikäfer und seiner Larve durch **Vorbeugungsmassregeln** steuern. Diese haben sich zu erstrecken auf die richtige Wahl der Betriebsart, auf passende Anlage der Pflanzenerziehungsstätten und richtige Ausführung der Kulturen.

Betriebsart. In Gegenden, welche stark unter Engerlingschaden leiden, ist der **Plenterschlagbetrieb** mit **natürlicher Verjüngung,** wenn derselbe nach den örtlichen Bedingungen überhaupt anwendbar ist, zu empfehlen, weil die Mutterkäfer am wenigsten gern nach solchen Verjüngungen gehen, und weil sie vorzüglich da, wo der Boden nicht wund gemacht worden ist, ungern legen. Dass hier dann auch der Frass der Larven, wenn er vorkommt, nicht so fühlbar wird, liegt wesentlich an der grösseren Menge der vorhandenen Pflanzen. Die Larven bleiben nicht an einer Stelle, sondern arbeiten sich mühsam von einer zur anderen. Bei grossem Pflanzenreichthum bleiben dann oft gesunde Pflanzen genug übrig, um später einen geschlossenen Bestand zu bilden. Auf den nach kahlem Abtriebe angebauten Flächen verhält sich das anders, und die Erfahrung hat nun schon seit mehreren Jahrzehnten, seit der Ueberhandnahme der Kahlschläge, besonders in den sandigen Ebenen der Mark, gelehrt, dass sich die Maikäfer immer stärker vermehren, und es immer schwerer wird, einen geschlossenen Bestand zu erziehen. Kahler Abtrieb befördert direct den Engerlingfrass. Wo die Kahlschlagwirthschaft nicht zu vermeiden ist, haue man womöglich nicht dicht vor dem Flugjahre, sondern warte mit dem Hiebe bis nach demselben, damit, ehe der nächste Flug wieder eintritt, der Boden schon berast oder mit jungen Pflanzen gedeckt ist, der Käfer hier also zum Legen weniger eingeladen wird. Besser als sehr grosse Kahlschläge sind jedenfalls häufiger wechselnde, schmale Schläge, denn an den Schattenrändern der Schonungen, längs eines haubaren Bestandes fliegen die Mutterkäfer nur ungern. Am schlimmsten ist die Gefahr, wenn man jährlich oder fast jährlich einen Schlag an den anderen reiht, und so sehr grosse zusammenhängende Kulturflächen schafft, wie es in der That leider noch häufig geschieht. Diesen Fehler kann man freilich nur dann vermeiden, wenn eine zweckmässige Forsteinrichtung kleine Hiebszüge mit zahlreichen Anhiebsräumen schafft, eine Massregel, welche übrigens noch aus vielen anderen Gründen nicht dringend genug empfohlen werden kann.

Auch eine richtige Anwendung des **Waldfeldbaues** dürfte sich in manchen Fällen nützlich erweisen, namentlich wenn man es so einrichtet, dass im Flugjahre die gefährdete Fläche bereits mit der Feldfrucht, besonders mit Waldkorn, bestellt ist, da die Käfer Getreidefelder nur ungern als Brutstätten wählen.

Anlage der Pflanzenerziehungsstätten. Saatkämpe und Pflanzschulen sind es, in denen der Engerlingschaden am ausgesprochensten aufzutreten pflegt. Bei der Anlage solcher ist daher mit besonderer Vorsicht zu verfahren.

E. HEYER empfiehlt zunächst die Verlegung der Forstgärten auf Stellen mit möglichst bindigem Boden, nur die oberste Bodenschicht sei etwas lockerer zu halten [10, S. 128].

Ein Saatkamp sollte ferner in gefährdeter Gegend womöglich entfernt von grösseren Partien von Laubholz angelegt werden, weil hierdurch den Mutterkäfern das Ueberfliegen von den Frassstätten nach den Brutstätten erschwert wird. Andererseits ist womöglich auch eine freie Lage der Saatkämpe zu vermeiden, und sind dieselben daher in dem Schutze benachbarter älterer Bestände anzulegen. Den schärfsten Ausdruck findet diese Regel in der Anweisung von HARTIG zur Anlage von „Neurodebeeten mit Seitenschutz" [8, S. 150].

TH HARTIG sagt: „Der gefürchtetste Feind ständiger Saatkämpe ist und bleibt aber immer die Maikäferlarve ... Vorkehrungen gegen das Ablegen der Eier helfen allein. In Saatkämpen bewirkt man dies am einfachsten, indem man eine Bodenfläche beständig unter Pflanzenschutz erhält, die den jährlichen Bedarf an Saatbeetfläche um das acht- bis zehnfache übersteigt, dass man von dieser Bestandsfläche alljährlich so viel Neurod herstellen und zu Saatbeeten bearbeiten lässt als das Bedürfniss erfordert, während das ausgenutzte Saatbeet des vorher-gegangenen Jahres sofort wieder mit einer raschwachsenden Holzart in dichten Bestand gebracht wird, wozu drei- bis fünfjährige Weymouthskiefern besonders geeignet sind. Lässt man die Rodungen in der Richtung von Nordost nach Südwest aufeinander folgen, so erhält man im Schutzbestande zugleich einen Seitenschutz der Saatbeete, der dem Gedeihen der Pflanzen in hohem Grade förderlich ist."

Ferner ist darauf zu sehen, dass die Bodenbearbeitung im Saatkampe erst nach der Flugzeit vorgenommen wird, also im eigentlichen Sommer. Dies hat zugleich den Vorzug, dass alsdann die etwa bereits vorhandenen Engerlinge oberflächlich liegen und deshalb bei der Bodenbearbeitung leichter entfernt werden können. Ueberhaupt ist bei der Herstellung der Saatkämpe auf die Säuberung des Bodens von Schädlingen besonders zu sehen, sowie darauf, dass mit der etwa zur Verbesserung des Bodens zugeführten Erde nicht grössere Mengen schädlicher Thiere zugeführt werden. Ist der Boden der Saatkämpe wirklich gründlich von Engerlingen gereinigt, so können Isolirungsgräben gegen das Einwandern der Engerlinge aus den benachbarten, nicht gesäuberten Orten schützen [12, S. 38].

Sind in ständigen oder wenigstens mehrmals zu benutzenden Kämpen die Pflanzen unmittelbar vor der Flugzeit entnommen, so thut eine hohe, dichte Bedeckung derselben mit Reisig sehr gute Dienste gegen das Ablegen der Eier. Die Aussaat darf dann aber erst zu einer Zeit erfolgen, welche sichert, dass die Keimlinge den Boden nicht vor Ablauf der Flugzeit verlassen.

In ganz besonders gefährdeten Lagen kann man die jungen Pflänzlinge mitunter auch dadurch schützen, dass man zwischen die Saat- und Pflanzreihen den Engerlingen besonders genehme Futterpflanzen einbringt, welche sie von den Holzpflanzen ablenken. Zu diesem Zwecke werden namentlich Lattich, bezw. Salat, und Mohrrüben empfohlen [2, S. 25]. Es wird ferner vielfach eine besondere Bereitung des Bodens angerathen, so von TH. HARTIG [17, S. 22 u. 23] das Unterbringen einer 20 cm hohen Schicht frisch abgefallenen Eichenlaubes mit nachfolgender Aufschüttung von Rasenasche oder feiner Erde, von GRIESHAMMER [6] die Einlage kurz geschnittener Zweige von Wachholder und Fichte in die Rillen der Saatbeete, und zwar so, dass bei den nebeneinanderliegenden Stücken die Nadeln immer gegeneinander gerichtet sind, wodurch den Engerlingen die Bewegung in der Saatrille erschwert werden soll.

Ausführung der Kulturen. Für diese gelten zunächst natürlich, soweit dies überhaupt mit der Bestellung einer grösseren Fläche vereinbar ist, alle in Betreff der Anlage von Saatkämpen gegebenen Winke. Namentlich wird es sich auch hier empfehlen, nicht im Flugjahre, sondern erst nach der Flugzeit zu kultiviren. Ausserdem dürfte auch ein mehrjähriges Liegenlassen der Schläge, wie es gegen den grossen braunen Rüsselkäfer so wirksam ist, nützlich sein, weil sich während dieser Zeit der Schlag mit Pflanzenwuchs überzieht.

Bei Pflanzung sind im Allgemeinen diejenigen Methoden zu bevorzugen, welche mit der geringsten Bodenverwundung verbunden sind, also für ballenlose Pflanzen z. B. die mit dem v. BUTTLAR'schen, dem SCHAAL'schen, dem WARTENBERG'schen Eisen, dem Pflanzdolch, Setzholz oder ähnlichen Instrumenten, vorausgesetzt, dass man nicht eine streifenweise Bodenbearbeitung damit verbindet, wie dies häufig geschieht. Ebenso ist die Spaltpflanzung mit dem Beil, mit dem v. ALEMANN-sehen Spaten oder mit dem sogenannten Keilspaten der gewöhnlichen Löcherpflanzung vorzuziehen. Auch die Pflanzung mit dem BIERMANS-schen Spiralbohrer dürfte einen Vorzug verdienen, weil bei dieser Methode der Durchmesser des Pflanzloches verhältnissmässig klein ist. Kann man Ballenpflanzen verwenden, was freilich in den am meisten gefährdeten Revieren mit Sandboden gewöhnlich unthunlich ist, dann sind diese anderen vorzuziehen. Eine mit dem Hohlbohrer ausgeführte Ballenpflanzung widersteht dem Frasse der Engerlinge am besten, weil es diesen durch den bindigen Ballen erschwert wird, alle feineren Wurzeln der Pflanzen abzubeissen. Bei Pflanzung mit entblösster Wurzel empfiehlt es sich übrigens, wie gegen andere Insektenschäden, kleine, aus etwa drei Pflanzen bestehende Büschel zu verwenden.

Auf langjährige Erfahrung gestützt, spricht sich v. WITZLEBEN [3, S. 19] ganz besonders gegen die v. MANTEUFFEL'sche Hügelpflanzung aus, weil bei dieser der Boden sowohl bei der Bereitung der Kulturerde im Herbste, als auch im Frühjahre durch das Plaggenhauen am meisten entblösst und dadurch dem Eierablegen des Käfers Vorschub geleistet wird.

Als Gegensatz der Hügelpflanzung wird von DANCKELMANN und ALTUM die Senkpflanzung [**XVI**, III. Bd., 2, S. 102) sehr empfohlen.

„Das Pflanzloch wird zu dem Zwecke so tief gemacht, dass, nachdem die Pflanze eingesetzt und die Erde um dieselbe angetreten ist, die Oberfläche des Pflanzloches etwa eine Hand hoch tiefer liegt, als die des umgebenden Bodens. Die Larven nämlich fressen bekanntlich im Sommer sehr oberflächlich. Die von den Seiten her gegen die eingesetzten Pflanzen anrückenden gelangen somit, beim Pflanzloche angelangt, aus der Erde an die ihnen höchst widerwärtige Aussenwelt und suchen sich einen anderen Weg. Der Herr Oberförster BAYER in Ringenwalde hat mit 21 cm tiefer Stellung der Pflanzen unter dem Niveau der Kulturfläche grosse Erfolge erzielt." Für die flachwurzelnde Fichte dürfte freilich diese Senkpflanzung eine Unmöglichkeit sein.

Unter den Saaten empfehlen sich weniger die schmalen Rinnensaaten und die Stecklöcher- und Plattensaaten, als die breiten Streifen-
und die Vollsaaten trotz der für sie nöthigen ausgedehnteren Bodenbearbeitung, weil die Pflänzchen auf den ersteren sehr zusammen-
gedrängt stehen und öfters ganze Plätze ausgefressen werden, während
bei den letzteren, mehr zerstreuten, die Larven überall einzelne
Pflanzen übrig lassen. Auch ist es rathsam, umfangreiche „Maikäferlöcher", ehe sich von hier aus die Larven verbreiten, durch Gräben
abzusperren.

Schutz nützlicher Thiere. Dieser gehört zu den allerlohnendsten
Vorbeugungsmassregeln, umsomehr, als er nicht nur gegen die Maikäfer,
sondern auch gegen eine Unzahl anderer Schädlinge gleichzeitig wirkt.

Ganz besonders ist der Staar als Maikäfervertilger wichtig,
schon deshalb, weil man denselben leichter als andere nützliche
Vögel durch das Aufhängen von Brutkästen nach einem bestimmten,
gefährdeten Orte hinlenken kann [vergl. 12 und 9].

Der Hauptfeind der Engerlinge ist der Maulwurf, den man auf Kulturen
und Saatbeeten, selbst wenn er hier und da einige Pflanzen durch seine Gänge
vernichtet, nicht stören darf. Wo noch Schwarzwild erhalten ist, sieht man dasselbe eifrig in den Maikäferorten brechen; das hört auf sobald es im Herbs
kälter wird, und der Engerling tiefer in der Erde geht. Sehr wichtig sind auch
Vögel. Unter diesen zeichnen sich nächst dem Staar besonders die Krähen, vorzüglich Saatkrähen und Dohlen, in teichreichen Gegenden auch die Möven aus,
weshalb man in Böhmen über Austrocknen der Teiche klagt. Wahrscheinlich
sind auch noch mehrere Wadvögel, wie die Brachvögel, Regenpfeifer, Wasser-
läufer und Strandläufer, nützlich, da sie häufig in der Erde nach Würmern suchen.
Unter den Raubvögeln fangen besonders die Eulen, Bussarde, Thurmfalken und
Weihen unzählige Käfer weg. Auch die Ziegenmelker, Würger, gewiss auch noch
viele kleinere Insektenfresser, wie Meisen, Drosseln, Sänger, Fliegenschnäpper
u. dergl., zahme Hühner, Enten und Pfauen fressen die Larven wie die Käfer sehr
gern. Endlich sind auch Fledermäuse und Fuchs zu erwähnen, welche Käfer
fangen, und Marder, Dachs, Igel, wahrscheinlich auch die Spitzmäuse, welche
ebenfalls den Engerlingen beikommen können.

Ausser den Vorbeugungsmassregeln sind aber auch Vertilgungsmassregeln sehr häufig angezeigt, und zwar können sich diese sowohl
gegen die Käfer richten und werden, wie bereits erwähnt, dann
gleichzeitig zu Vorbeugungsmassregeln gegen den Engerlingfrass, als
auch gegen die Engerlinge selbst.

Das Sammeln der Käfer ist jedenfalls das beste Mittel. Alle
Maikäfer eines Revieres wird man freilich nicht absuchen; das ist
aber auch nicht nöthig, denn wenn auch im Innern der geschlossenen
Bestände alle bleiben, so schaden sie hier nicht fühlbar, weil nur
junge, ein- bis sechsjährige Pflanzen in grosser Ausdehnung von ihnen
zerstört werden; und wenn auf den Schonungen auch nur ein Theil
der Käfer vernichtet wird, so gewährt das den jungen Pflanzen schon
grosse Erleichterung. Der Einwand, dass nach der Säuberung der
Schonungen und der Ränder derselben sich doch wieder Käfer aus
anderen Gegenden herbeiziehen werden, ist nicht ganz richtig, da der
Maikäfer sehr träge ist, ja nicht einmal gewisse von ihm gewählte
Horste von Bäumen gern verlässt, die er daher auch öfters ganz

kahl abfrisst. Erfahrungen haben auch bereits gezeigt, dass Orte, welche im Flugjahre gründlich gereinigt werden, später Ruhe haben, und dass hier auch während des nächsten Flugjahres weniger Käfer als anderswo fressen.

Um den Zweck möglichst vollständig zu erreichen, muss man schon vor der Flugzeit an das Sammeln denken. Man muss in der Nähe der zu schützenden Schonungen und der Flächen, welche innerhalb des nächsten Frasscyklus, also der nächsten vier Jahre, kultivirt werden sollen, alle starken Bäume, welche sich beim Sammeln nicht vollständig reinigen lassen würden, auf 100 bis 200 Schritte weit an den Rändern wegnehmen. Schwächere, noch schüttelbare, hervorragende Stämme, deren Wipfel die Käfer gern umschwärmen und nachher besetzen,. sind dagegen angenehm. Solche Stämme werden zu sehr nützlichen Fangstämmen, wenn sie auf der Schonungsfläche zerstreut stehen. Sie gewähren noch den Nutzen der Kontrole, denn wenn sie, die immer am ersten befallen werden, ihre vollbelaubten Wipfel haben, so thaten die Sammler gewiss rechtzeitig ihre Schuldigkeit. Alsdann ist noch zu beachten: 1. Dass man mit dem Sammeln gleich nach dem ersten Auskommen anfängt, was, ganz so wie bei anderen Insekten, in trockenen Distrikten eher als in feuchten, an Mittagsseiten eher als an nördlichen geschieht. Wartet man so lange, bis ganze Schwärme die Bäume bedecken, so ist schon viel versäumt. 2. Man darf nicht alle Tage auf gleichen Erfolg rechnen, ja man wird sogar das Sammeln an gewissen Tagen, wenn die Käfer wenig oder gar nicht fliegen, aussetzen müssen, um nicht Arbeitslohn unnöthig zu verschwenden. Gewöhnlich zeigt es sich schon am Abend vorher, wenn man am nächsten Morgen eine gute Lese zu erwarten hat; ist es nämlich warm und windstill, so umschwärmen die Käfer in dichter Schaar die Baumwipfel, an welchen sie am nächsten Morgen festsitzen.

Beim Sammeln selbst hat man folgendes Verfahren zu beachten:

1. Es wird in den frühen Morgenstunden begonnen, wenn der Morgen nicht sehr kalt und nass ist, in welchem Falle die Käfer zu fest sitzen. Hat man Menschen genug, so hört man gegen Mittag auf, weil die Käfer an warmen Tagen sehr beweglich werden, im Herunterfallen ihre Flügel ausbreiten und leicht davonfliegen. Hat man jedoch nicht so viel Leute, dass man herumzukommen hoffen darf — und zwar nicht blos 2- bis 3mal, sondern da, wo haubare benachbarte Bestände immer wieder neue Käfer herbeiziehen, wohl 6 bis 8mal —, so kann auch besonders mit den unter 3 erwähnten Vorsichtsmassregeln das Sammeln den ganzen Tag ununterbrochen oder wenigstens Nachmittags, wenn die grösste Hitze vorüber ist, fortgesetzt werden, weil immer noch viele Käfer zur Erde kommen, namentlich bei kühlem Wetter.

2. Man berücksichtige besonders alle einzeln stehenden oder doch aus dem Bestande hervorragenden Stämme, dann auch die freien Gebüsche, während die von hohem Holze, namentlich von Kiefern, überwipfelten nicht abzesucht zu werden brauchen, weil sie der Käfer nicht gern annimmt, sich hier nur bei Regen und Sturm versteckt.

3. Stämme und Aeste werden mit kurzen, kräftigen Erschütterungen geschüttelt oder angeprällt. Schüttelt man so langsam, dass der Wipfel sich hin und her wiegt, so fallen die Käfer nicht so gut, und wenn sie fallen, so werden sie weit weggeschleudert und fliegen dabei sehr häufig während des Fallens auf.

4. Sind so starke Stämme vorhanden, dass sie nicht mehr geschüttelt werden können, so müssen die erreichbaren Aeste mit langen Haken oder Stangen gereinigt werden. Wenn man Jungen unter den Sammlern hat, so machen sich diese gegen eine geringe Gratification ein Vergnügen daraus, den Baum zu besteigen, die unteren Aeste durch Auftreten zu erschüttern und dann den dünneren Zopf mit den Händen zu schütteln.

5. Es müssen ausser den Kindern, welche sehr gut zum Aufsammeln zu gebrauchen sind, auch einzelne Erwachsene — etwa 1 auf 4 bis 6 Kinder — da sein, welche die Stangen tragen und die ganzen Stämme schütteln. Die Kinder umstellen dann mit auf den Boden gerichteten Blicken den Baum, ehe derselbe angestossen wird; denn man findet die Käfer so leicht nicht mehr, wenn sie schon in den Unterwuchs gefallen sind. Laken, Tücher, Säcke lassen sich hier nicht anwenden, weil der Boden meist zu stark bewachsen ist und das Ausbreiten sehr erschwert.

6. Sammeln im Tagelohn unter gehöriger Aufsicht ist dem Accorde vorzuziehen, weil so reiner abgesucht wird, und auch keine Zeit durch das Ausmessen verloren geht.

7. Die Gefässe der Sammler müssen inwendig glatt sein, am besten enghalsige Wasserkrüge; auch nützt ein dann und wann vorgenommenes Umschwenken derselben, wodurch die Käfer sich mit den Beinen verwirren und vom Herauskriechen abgehalten werden. Von Zeit zu Zeit werden die Töpfe, noch ehe sie ganz voll sind, einzeln auf einem festen Wege ausgeleert und die Käfer mit Kloben zerstampft oder mit den Stiefeln zertreten; schüttet man sie auf grosse Haufen, so fliegen viele davon.

Recht zweckmässig ist das von Taschenberg [XVIII, S. 83] empfohlene Verfahren. Die Sammler erhalten Säckchen, in deren oberes Ende der Obertheil einer zerbrochenen Bierflasche fest einzubinden ist; der Flaschenhenkel gibt eine gute Handhabe, der Hals ein leicht verschliessbares Eingangsloch. Unten sind die Säckchen durch ein Band geschlossen, durch dessen Lösung das Ausschütten der Käfer in einen grösseren Sack, wenn diese weiter transportirt werden sollen, oder auf sonst geeignete Plätze erfolgen kann, ohne dass sie zum Theile davonfliegen.

8. Je nachdem das Auskommen langsam bei kaltem Wetter oder schneller und mehr massenhaft erfolgt, muss das Sammeln täglich oder nach Pausen von zwei bis drei Tagen wiederholt werden.

Neuerdings theilt C. Cogho [Jahrbuch des Schlesischen Forstvereines 1886, S. 200—203] mit, dass Maikäfer durch Leuchtfeuer, in welche sie Abends beim Schwärmen massenhaft hineinfliegen und verbrennen, bekämpft werden können.

Das Sammeln und Vertilgen der Engerlinge geschieht zunächst am zweckmässigsten im Anschluss an die Bodenbearbeitung, namentlich der Saat- und Pflanzkämpe. Je gewissenhafter hier vorgegangen wird, je genauer jeder blossgelegte Engerling aufgelesen wird, desto sicherer kann man auf einen guten Erfolg rechnen. Oftmals wird sich sogar ein mehrmaliges Umgraben des Bodens rein zum Zwecke der Engerlingvertilgung lohnen. In den immerhin seltenen Fällen, wo die Bodenbearbeitung im Grossen mit dem Pfluge vorgenommen wird, lässt man am besten sammelnde Kinder hinter dem Pfluge hergehen, wie dies in vielen Fällen auch der Landmann thut. Die dem Pfluge häufig folgenden Vögel, Krähen, Möven, Staare werden auch hier nützlich mitwirken.

Die durch die Bodenbearbeitung nach oben gebrachten Engerlinge einfach liegen zu lassen in der Voraussetzung, dieselben könnten sich nicht wieder eingraben und kämen an der freien Luft, namentlich im

Sonnenlichte, bald um, ist durchaus unzweckmässig. In die leichten Böden, um die es sich hier meist handelt, graben sie sich sogar mit Leichtigkeit wieder ein. Schweineeintrieb wird nur in seltenen Fällen Anwendung finden können. KROHN [12, S. 31—33] spricht allerdings sehr für ihn.

Aber auch in bereits ausgeführten Kulturen wird man sehr oft zur Vertilgung der einzelnen, die jungen Pflanzen schädigenden Engerlinge schreiten müssen.

Es ist schon vorher erwähnt worden, dass wir bei der Vorverjüngung nicht so viel von dem Maikäferfrasse zu besorgen haben. Man wird also sein Hauptaugenmerk auf die Pflanzungen und Saaten im Freien richten müssen. Sind die Saaten nicht zu ausgedehnt, und hat man geschickte Arbeiter genug, so wird man, besonders wenn der Frass nicht gar zu heftig ist, und ganz vorzüglich in dem Jahre oder in den Jahren vor der Verpuppung, noch manche Pflanze, die ohne Abwehr vernichtet worden wäre, erhalten können. In den Rinnensaaten kann man mit geringen Arbeitskräften am meisten ausrichten; denn hier übersieht man den Schaden mit einem Blicke, und bei gehöriger Aufmerksamkeit bemerkt man den Frass gleich von seiner ersten Entstehung an. Kennzeichen sind folgende: Erstens welken die jungen Pflänzchen schon in wenigen Stunden, nachdem ihre Wurzeln von der Larve befressen wurden, und werden schon nach einigen Tagen roth, besonders in trockenen Sommern, wenn die oberflächlich noch nicht abgefressenen Wurzelfasern keine Nahrung mehr finden, oder wenn die ganze Wurzel bis dicht unter den Wurzelknoten abgefressen ist. Man kann also Anstalten treffen, noch ehe der Frass sich weit verbreitet hat. Zweitens wird — wieder ein Beweis des horizontalen Fortwanderns — die Richtung, welche der Fresser genommen hat, in den Reihen sehr gut angedeutet, so dass ein geschickter Arbeiter in kurzer Zeit eine Menge Engerlinge ausheben und tödten kann. Entdeckt man den Frass erst, wenn schon viele Pflänzchen roth werden oder gar trocknen, so darf man nicht unter diesen die Engerlinge suchen, sondern man muss den Gang verfolgen, welchen sie, bei jüngeren Pflänzchen schneller, bei älteren langsamer, genommen haben, und dann erst die Pflanzen ausheben, welche zwar noch grün sind, aber durch welke und hangende Nadeln andeuten, dass der Fresser in der Nähe ist. Ist der Boden nicht zu locker, so kann man die Gänge der Larve unter der Erde mit dem eingeschobenen Finger oder einer biegsamen Ruthe leicht verfolgen.

In den Pflanzungen ist die Vertilgung viel schwieriger. Von den jungen, zwei- bis dreijährigen Pflanzen entfernen sich die Larven sehr bald wieder, weil sie schnell mit den schwachen Wurzeln fertig sind, und unter den vier- bis sechsjährigen leben sie wieder lange versteckt, weil die Wurzeln nicht so leicht ganz zerstört werden, und die Pflanzen erst spät den Feind verrathen. Daher kommt es auch, dass die jüngeren Pflanzungen oft grösstentheils vernichtet werden, während die älteren nur durchlichtet sind. Man muss also bei den ersteren auf-

merksamer sein als bei den letzteren; denn an diesen halten sich die
Engerlinge wochen-, ja monatelang, ehe sie die ganze Wurzel aufgezehrt haben. Bei diesen könnte man also mit dem Hinauswerfen
und Tödten der Engerlinge allenfalls bis zur Zeit, wo man sie mit
frischen Pflanzen auswechselt, warten. Bei den jüngeren ist es aber
unerlässlich, und auch selbst bei den älteren am meisten zu rathen,
dass man sie gleich, sowie man den Frass an ihrem welken oder
verfärbten Aussehen bemerkt, mit
einem starken Erdballen hinaus-
wirft und die herausfallenden
Larven tödtet. Zögert man damit,
so ist zu fürchten, dass die Larven
weiter wandern, oder dass sie
bei Annäherung des Herbstes in
eine Tiefe gehen, bis zu welcher
man nicht leicht mit dem Spaten
dringt. Rücksicht auf die Schonung
von Pflanzen darf hier nicht vom
Vertilgen abhalten.

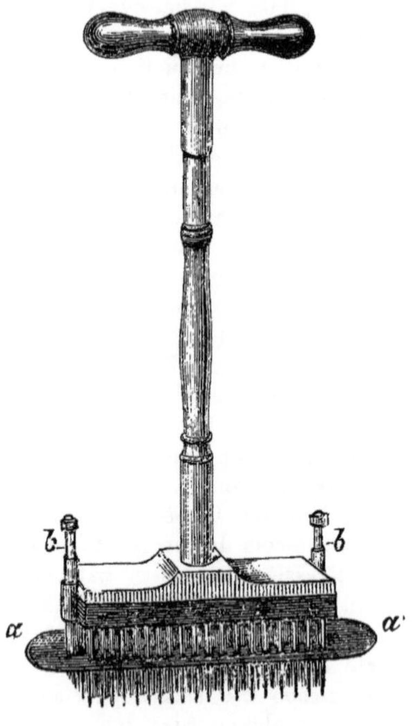

Fig. 112. Engerlingseisen nach Oberförster
WITTE in Gross-Schönebeck.

Wird ein natürlicher
Anflug von Engerlingen zer-
stört, und will man letztere ver-
mindern, um entweder eine neue
Besamung oder Kultur aus der
Hand eintreten zu lassen, so bleibt
weiter nichts übrig, als Aufsuchen
der Feinde durch Aufhacken des
Bodens oder Schweineeintrieb.
Letzterer vermag freilich im
Winter nichts zu helfen, wo die
Engerlinge zu tief liegen. ALTUM
[**XVI**, III. Bd., 1, S. 107]
empfiehlt für werthvolle einzelne
Pflanzen, die seit langer Zeit
im Choriner Pflauzengarten ge-
übte Praxis, dieselben von Zeit
zu Zeit, auch wenn sich ein
Kränkeln an ihnen noch nicht bemerken liess, auf Engerlinge an
den Wurzeln zu untersuchen.

Zur Reinigung der Saat- und Pflanzkämpe von oberflächlich
fressenden Engerlingen hat Oberförster WITTE in Gross-Schönebeck
das obenstehend abgebildete, schon S. 212 erwähnte Engerlingseisen
construirt. In einem hölzernen, eisenbeschlagenen Körper von der
Gestalt einer Stubenbürste mit kurzem Stiele und oberem Querholze
sind vier Reihen von ohngefähr je 20 gusseisernen, 9 cm langen Stacheln
in Abständen von 1·5 cm eingelassen. Mit diesen wird nun systematisch der gesammte Saatkamp durchgestochen. Damit sich Erdklumpen

und Wurzeln beim Ausziehen nicht zwischen die Zinken einklemmen
und an weiterer Arbeit hindern, gehen die Stacheln durch ebensoviel
Löcher einer durch zwei Stifte (*b*) in Oesen geführten Eisenplatte (*a*)
von 46 *cm* Länge und 8 *cm* Breite, die an ihren schmalen Seiten über
das Holz vorragt. Auf diese vorspringenden Theile setzt nun der Arbeiter
beim Herausziehen seine beiden Füsse und streift so alle Unreinig-
keiten aus den Stacheln heraus. Natürlich ist das Instrument nur in
fast völlig steinfreiem Boden anzuwenden. Es kostet 15 Mark und die
Reinigung für 1 *ha* Saatkamp 48 bis 72 Mark.

Ferner wird vielfach die Herrichtung von besonderen **Fangstätten**
für Engerlinge empfohlen, welche natürlich nur dann nicht schädlich
wirken, wenn rechtzeitig zur Vertilgung der Engerlinge in ihnen geschritten wird.

Die ältesten sind die Fangkästen. Es sollen nämlich da, wo man den
Angriff der Käfer am meisten fürchtet, rohe, aus Schwarten zusammengeschlagene
Kästen, etwa 50 bis 60 *cm* lang und breit und 15 bis 20 *cm* hoch, eingegraben werden,
damit die Käfer, durch die lockere Erde der Kästen angelockt, nach diesen gehen
und hier ihre Eier ablegen.

Die Angabe, dass man diese Fangkästen durch Beigabe von Mist viel
wirksamer machen könne — vergl. unter Anderem HESS **XXI**, S. 226 — dürfte, wie
schon ALTUM richtig vermuthet, in vielen Fällen auf einer Verwechslung von
Mistkäferlarven mit Engerlingen beruhen. Nach HEYER [**10**, S. 129] sollen sich
auch in Composthaufen die Engerlinge in Massen ansammeln. Forstinspector
VOLMAR empfiehlt, grössere ausgestochene Rasenplaggen mit der Grasseite nach
unten auszulegen, weil unter diese die Engerlinge sich gern hinziehen und leicht
gesammelt werden können [**17**].

EICHHOF [**5**] empfiehlt, die Engerlinge in Baumschulen durch Auslegen von
Fangrinden und Fangknüppeln zu bekämpfen. Es sollen sich die Engerlinge
unter frischen Rinden und zartrindigen, noch frischen Knüppeln von Holzarten,
welche vom Maikäfer befressen werden, wenn diese zwischen Saat- und Pflanzrillen
ausgesetzt werden, sammeln, diese benagen und einmal so den Pflanzen weniger
schädlich werden, nach Aufhebung der Rinden u. s. f. aber leicht gesammelt
werden können. Ausgedehnte, auf 150 preussischen Staatsforstrevieren in den
Jahren 1883, 1884 und 1886 ausgeführte Versuche, über welche ALTUM berichtet
[**1**, *a* und *b*], haben einen nennenswerthen Erfolg nicht ergeben. In den einzelnen
Fällen, wo eine einigermassen grössere Anzahl von Engerlingen erbeutet wurde,
stellten sich die Kosten als viel zu hoch heraus. Etwas besser scheinen sich nach
ALTUM [**1** *b*] die vom Oberförster APPENROTH zu Bodland, Regierungsbezirk Oppeln,
zuerst angewendeten Fanglöcher zu bewähren. Letzterer suchte die Larven in
der trockenen Jahreszeit an passend hergerichtete Punkte und kühle Bodenstellen
mit verwesender Pflanzensubstanz hinzuziehen, und richtete zu diesem Zwecke
im Mai Fanglöcher von 30 *cm* im Quadrat und gleicher Tiefe her, welche er mit
feuchtem Moose füllte und oben mit Erde fest bedeckte. Die erste Nachsuche
wurde nach vier Wochen vorgenommen und sollte bis Ende September allmonatlich wiederholt werden. Vielleicht empfiehlt es sich, statt der Fanglöcher ähnliche Fanggräben herzustellen.
In Betreff der Häufigkeit des Maikäfers und ihrer Larven verweisen wir
auf das S. 242 Gesagte, sowie auf das folgende, von TASCHENBERG allerdings für land-
wirthschaftliche Verhältnisse angeführte Beispiel [**XXII**, II, S. 37 und 38]. Im
Jahre 1868 wurden auf Anregung von Oekonomierath Dr. STADELMANN innerhalb der Provinz Sachsen ungefähr 60 000 *kg* Maikäfer gesammelt und wesentlich zu Dünger verarbeitet.

Ueber die Tödtung der Maikäfer und die Compostbereitung aus
denselben vergl. S. 219 und 220.

Nach ALTUM [**XVI**, III. Bd., 1, S. 93] gehen auf das 5 *l*-Gefäss,
die Metze, 1390—1469 Stück Maikäfer, nach TASCHENBERG [**XVIII**, 2,
S. 38] auf das Kilogramm 1060 Stück.

Die Gattung Polyphylla umfasst nur eine mitteleuropäische Art,
den **Walker**, P. fullo L., welcher vor allen heimischen Blatthornkäfern
durch seine Grösse, durch die braune, unregelmässig weiss gefleckte
Oberseite, sowie durch die riesige Fühlerkeule des Männchens ausgezeichnet ist. Der im Juli fliegende Käfer ist ein ausgesprochener
Sandbewohner, tritt aber nur strich- und jahrweise häufiger auf, so
dass der Schaden, den die Imago durch Entblättern von Nadel-
und Laubholz macht, kaum in Betracht kommt. Dagegen nährt sich
seine, den Maikäferengerling an Grösse stark übertreffende Larve von
den Wurzeln aller auf leichtestem Sandboden noch fortkommenden
Gras- und Holzarten und kann daher dort sehr schädlich werden, wo
es sich · um Aufforstung von schlechten, leichten Böden und namentlich um die Befestigung von Dünen durch Strandhaferpflanzungen
handelt. Sammeln der Käfer und Aufsuchen der einzelnen Larven
an den Wurzeln der kränkelnden Pflanzen könnte unter Umständen
angezeigt sein.

Diese grösste deutsche Melolonthide von 25 bis 35 *mm* Länge ist bald hell-
bald dunkelbraun und an Kopf, Halsschild, Schildchen und Flügeldecken stark
mit weissen, unregelmässige Flecken bildenden Schuppen besetzt. Die Brust ist
lang greis behaart. Fühler zehngliedrig mit verlängertem dritten Gliede, Keulen-
blätter beim ♂ bis 10 *mm*, beim ♀ nur ohngefähr 1·5 *mm* lang. Der Käfer kann
durch Reihen des Hinterleibsabsturzes gegen die Innenseite der Flügeldecken ein
deutliches zirpendes Geräusch hervorbringen und verräth sich durch dasselbe,
wenn man an das Stämmchen klopft, auf dem er sitzt [ALTUM **XVI**, 2. Aufl.,
Bd. II, 1, S, 90].

Die bis 80 *mm* lange Larve ähnelt im allgemeinen Habitus bis auf feinere
Sculpturunterschiede derjenigen von Melolontha vollkommen, unterscheidet sich
nach DE HAAN aber dadurch, „dass das dritte und vierte Gelenk der vier
hinteren Beine auf der Hinterseite flach gedrückt ist, und dass dem hintersten
Beinpaare die Klauen ganz fehlen". Die Dauer der Generation ist noch
unbekannt.

Kahlfrass durch die Imago ist schon 1731 durch FRISCH in der Mark bei
Straussberg, namentlich an Eichen beobachtet worden, und kommt auch an anderen
Laubhölzern, z. B. an Pappeln, Buchen, Akazien etc. vor. Am meisten werden aber
die Kiefern bevorzugt, besonders schlechtwüchsige Kusseln. Auch Gras verschmäht
der Käfer nicht.

Von Larvenfrass wird anfänglich nur an Graswurzeln berichtet und namentlich betont RATZEBURG [**V**, I. Bd., S. 77 und 78] die Schädlichkeit desselben für
den Sandhafer, Elymus arenarius L. und das Sandrohr, Ammophila arenaria
LINK, die an unseren norddeutschen Küsten vielfach behufs Dünenbefestigung angebaut werden. Doch erwähnt er bereits auch den Larvenfrass an Kiefernwurzeln. DANCKELMANN und ALTUM haben dies bestätigt und im Lieper Revier
einen grösseren Schaden an Birken und Akazienwurzeln nachgewiesen. An letzteren
wurden bis 2 *cm* starke Pfahlwurzeln abgefressen. „Die Nagefläche zeigte sich
unrein und faserig und somit von dem unterirdischen Frasse der Wühlmäuse
auffallend verschieden" [**XVI**, 2. Aufl, II. Bd., S. 91]. ALTUM [I, *a* S. 668] ist der
Meinung, dass man die bei Engerlingfrass unwirksamen Fangknüppel (vergl. S. 309)
mit Vortheil gegen die stärkere Larve des Walkers anwenden könnte.

Die Gattung Rhizotrogus umfasst ungefähr ein Dutzend deutsche Arten, von denen aber nur eine, der Sonnwendkäfer, Rh. solstitialis L., als Imago dadurch einigermassen forstschädlich wird, dass er bei massenhaftem Auftreten um die Zeit der Sonnenwende die Holz- pflanzen entblättert. Am gefährlichsten scheint er den Nadelhölzern, und zwar namentlich den Kiefern [Altum, **XVI**, III. Bd., 2, S. 88] zu werden, deren junge Triebe er häufig angeht; auch die Johannistriebe der Laubhölzer leiden unter ihm. Nöthigenfalls könnte man ihn durch Sammeln bekämpfen. Seine nach den gewöhnlichen Angaben von Gras- wurzeln lebenden Larven sind — vielleicht nur deshalb, weil man sie für junge Maikäferengerlinge gehalten hat — noch niemals als forst- schädlich angegeben worden.

Dieser 15 bis 16 mm lange Käfer gehört zu der Gruppe der Gattung Rhizo- trogus, welche nur 9 Fühlerglieder hat. Er ist dunkelbraun, am Kopfschild, den Seiten der Vorderbrust, den Flügeldecken, Fühlern und Beinen braungelb. Hals- schild, Brust und Bauch, besonders ersteres, meist stärker mit gelblichgrauen Haaren dicht besetzt. ♂ mit stärkerer Fühlerkeule und Halsschildbehaarung als das ♀.

Die Larve von Rhizotrogus ist nach Schiödte [16, S 314–317] derjenigen des Maikäfers ungemein ähnlich, nur kleiner, mit schlankeren Füssen und längeren Klauen versehen, das dreieckige, oberhalb des Clypeus durch die Scheitelnähte von den Seitentheilen des Kopfes abgegrenzte Epistom ist hier $1\frac{1}{2}$mal so breit als lang, hinten in einen mässig spitzen Winkel ausgezogen, während es bei Melo- lontha 2mal so breit als lang, hinten in einen sehr spitzen Winkel ausgeht.

Der Käfer fliegt namentlich Abends, in Mitteldeutschland gewöhnlich Ende Juni, Anfangs Juli, und zwar am liebsten in sandigen, spärlich mit Baumwuchs be- standenen Gegenden und in Getreidefeldern. Die Weibchen sind träger, als die beweg- licheren Männchen und bleiben gern am Boden. Bald nach der Begattung werden die Eier in den Boden abgelegt, und die jungen Larven nähren sich nun von Gramineen- wurzeln. Dem Landmann sollen sie schon öfters an der Wintersaat Schaden gethan haben. Die Angaben über die Generation sind widersprechend. Altum schliesst daraus, dass in manchen Gegenden jedes zweite Jahr ein Sonnwend- käferflugjahr ist, auf eine zweijährige Generation; Taschenberg gibt nur eine ein- jährige zu

Anhangsweise sei noch die zweite Unterfamilie aus der Gruppe der Laubkäfer erwähnt, die der Rutelini. Sie umfasst eine Reihe kleinerer einheimischer Arten, deren Imagines von Zeit zu Zeit wohl schon einmal durch Entblätterung von Laubhölzern beschränkten forst- lichen Schaden verursacht haben, deren Larven aber bisher trotz ihres manchmal massenhaften Vorkommens in den Kulturen unschäd- lich geblieben sind. Sie werden meist wegen ihrer Flugzeit als Juni- käfer bezeichnet und die gewöhnlichsten Arten sind Anisoplia segetum Hbst. *(fruticola* Fabr.), Phyllopertha horticola L. und Anisoplia aenea Degeer *(Frischii* Fabr.).

Die Rutelini unterscheiden sich dadurch von den Melolonthini, dass stets die Fussklauen ungleich sind; ferner sind die Stigmata des Hinterleibes so vertheilt, dass die drei letzten Paare auf der nach aussen, die vorderen auf der nach innen gerichteten Seite des von den Flügeldecken bedeckten Theiles der Bauchhalbringe liegen, die drei letzten in einer schräg nach aussen gehenden Linie. Das letzte Stigma liegt also auch noch in der Bauchschiene des vorletzten Körperringes.

Die oben genannten und noch einige andere Arten werden von Ratzeburg, der sie noch zu der Gattung Melolontha rechnet, als Entblätterer von Laubpflanzen, namentlich von Weiden, Birken, Erlen etc., angeführt, ferner gibt er an, Saxesen habe die Ph. horticola L. auch an Fichtenwurzeln gefunden [V, 1. Bd., S. 81]. Auch soll diese Art die Bergwiesen des Harzes geschädigt haben. Altum hat sie massenhaft auf der Nordseeinsel Borkum auf „Seekreuzdorn", Hippophae rhamnoïdes L., Brombeeren und Zwergweiden angetroffen [XVI, III. Bd., 1, S. 85].

Abklopfen der Käfer, Sammeln und Tödten kann bei übermässiger Vermehrung gelegentlich angezeigt sein.

Wirthschaftlich von Bedeutung wird in grossem Masse überhaupt nur eine Art, die Anisoplia Austriaca Hbst., deren Verbreitungscentrum im südlichen Russland liegt, aber auch bis Oesterreich übergreift, und welche nach der Roggenblüthe die noch milchigen Getreidekörner massenhaft ausfrisst, deshalb in dortiger Gegend zu den die Landwirthschaft am allermeisten gefährdenden Käfern gehört. Vergl. hierüber die Angaben von Köppen [II, S. 141—177].

Literaturnachweise zu dem Abschnitt „Die Blatthornkäfer, insbesondere der Maikäfer und seine Verwandten". — 1. Altum. *a)* Ueber den Erfolg der Versuche zur Vertilgung der Engerlinge mittelst Fangknüppel und Fangrinde. Zeitschr. für Forst- und Jagdwesen 1885, Bd. XVII, S. 662—669; *b)* Zur Vertilgung der Maikäferlarven. Daselbst 1887, Bd. XIX, S. 141—153 — 2. Bericht über die zwanzigste Versammlung des Sächsischen Forstvereines zu Annaberg 1873, S. 24—27. — 3. Bericht über die gemeinschaftl. Sitzung des Sächs. Forstvereines und der Sächs. Landwirthe. Leipzig 1874, S. 18—21. — 4. Bodenmüller, F. J. Die Maikäfer und Engerlinge. 8. Freiburg i. Br. 1867. — 5. Eichhoff. Fangknüppel und Fangrinden gegen Engerlingfrass. Zeitschr. für Forst- und Jagdwesen 1882, Bd. XIV, S. 610 bis 613. — 6. Grieshammer. Schutz gegen Engerling in Saatbeeten. Forstliche Blätter 1873, S. 383 und 384. — 7. Gerike. Ueber die Generation der Maikäfer. Forstliche Blätter. Dritte Folge. 6. Jahrgang 1882, S. 81 und 82. — 8. Hartig, Th. Das Insektenleben im Boden der Saat- und Pflanzkämpe. Pfeil's Kritische Blätter. Bd. XLIII, 1, S. 142—151. — 9. Heyer Th., Staare als Schutzwehr gegen Engerlinge. Allg. Forst- und Jagdzeitung 1865, S. 74. — 10. Heyer, E. Ueber Begegnung des Schadens durch Mäuse und Engerlinge in Forstgärten. Allg. Forst- und Jagdzeitung 1865, XLI. Bd., S. 126—129. — 11. Köppen. Die schädlichen Insekten Russlands. St. Petersburg 1880. III. Bd. der „Beiträge zur Kenntniss des russischen Reiches". — 12. Krohn. Die Vertilgung des Maikäfers und seiner Larve. Erfahrungen und Beobachtungen. 8. Berlin 1864. J. Springer. — 13. v. Manteuffel. Die Vertilgung der Maikäfer. Allg. Forst- und Jagdzeitung 1865, S. 100—103. — 14. Massregeln zur Vertilgung der Maikäfer und deren Larven. Allg. Forst- und Jagdzeitung 1864. XL. Bd., S. 311—317. — 15. Plieninger. Gemeinfassliche Belehrung über den Maikäfer als Larve und als Käfer. 8. Stuttgart und Tübingen 1834. 3. Aufl. 1875. — 16. Schiödte, J. C. De Metamorphosi Eleutheratorum Observationes. 2 Bde. 8. Kopenhagen 1861—1883. 2. Bd. Theil VIII, m. Taf. — 17. Verhandlungen des Harzer Forstvereines. Jahrgang 1861, S. 20—23. — 18. Volmar. Zur Vertilgung der Maikäferlarve. Monatsschrift für das Forst- und Jagdwesen. XVII. 1873, S. 281—284.

Die Pracht- und Schnellkäfer.

Die Familien der Prachtkäfer, Buprestidae, und Schnellkäfer, Elateridae, stimmen, was ihre äussere Erscheinung betrifft, in dem gestreckten Umriss des vorn und hinten verengten, am Kopfe abgestutzten, an dem Hinterleibsende zugespitzten Körpers, in der Abplattung des Leibes, der Form ihrer meist gesägten Fühler und der geringen Entwickelung der Beine überein. Sie unterscheiden sich aber, die zum Sprunge unfähigen Prachtkäfer, durch die meist metallisch glänzende Färbung, die gewöhnlich unscheinbarer gefärbten Schnellkäfer, vom Volke häufig Schmiede, auch Knipskäfer und Schuhmacher genannt, durch das Vermögen, aus der Rückenlage, in welcher sie sich todt stellen, hoch emporzuschnellen. Die Prachtkäfer sind ferner Sonnenthiere, die nur am Sommermittag kräftig schwärmen, die Schnellkäfer dagegen, gewöhnlich verborgener lebende Formen, vielfach Nachtthiere.

Die Larven der Prachtkäfer sind meist durch eine gegen den Kopf und die auf sie folgenden Glieder sehr verbreiterte, abgeplattete Vorderbrust, sowie durch ihren Frass im Baste der Holzpflanzen ausgezeichnet, die Larven der Schnellkäfer, in der Praxis „Drahtwürmer" genannt, leben in der Erde und im Mulme und nähren sich vielfach von Pflanzenwurzeln. Auf dieser Nahrungsweise der Larven beruht die verschiedene wirthschaftliche Bedeutung beider Familien, welche schon oftmals auch im Forste sehr schädlich aufgetreten sind, während dagegen die Käfer selbst nur in seltenen Fällen Grund zur Anklage gegeben haben. Als Typus der forstschädlichen Prachtkäfer kann man die Gattung Agrilus Sol. (Taf. II, Fig. 13), als solchen der Schnellkäfer die Gattung Elater L. (Fig. 119) hinstellen.

Latreille vereinigte die beiden, soeben kurz nach leicht erkennbaren Merkmalen charakterisirten Familien mit den zwischen ihnen stehenden Eucnemidae als Sternoxi und begründete die Zusammenfassung der namentlich wegen ihrer verschiedenen Larvenformen von den späteren Systematikern in die genannten drei Familien zerlegten Gruppe durch die allen gemeinsamen Kennzeichen der Verringerung der Bauchsegmente auf fünf und die eigenthümliche Gestaltung der Mittelbrust, welche vorn in der Medianlinie stets deutlich ausgehöhlt ist und hier einen mehr weniger stark ausgebildeten, nach vorn vorragenden, zapfenförmigen mittleren Fortsatz der Vorderbrust aufnimmt.

Allgemeines über die Buprestiden. Die Käfer, deren Chitinpanzer sehr fest gefügt ist, sind meist metallisch gefärbt, mit flacherer Rücken- und gewölbterer Bauchseite. Der Kopf erscheint senkrecht gestellt und in das Halsschild bis zu den Augen eingezogen. Die meist schon vom vierten Gliede an deutlich nach innen gesägten Fühler sind auf dem untersten Theile der Stirn, zwischen den unteren Enden

der länglich ovalen Augen, meist in Fühlergruben, eingelenkt. Die
Mundtheile sind gewöhnlich kurz und gedrungen, oft sogar etwas verkümmert. Hierauf ist die Thatsache zurückzuführen, dass man häufig
in den Puppenwiegen Käfer findet, welche nicht im Stande waren,
sich völlig durchzunagen und eingehen mussten. Das mit dem übrigen
Körper fester als bei den Elateriden vereinigte Halsschild schliesst
sich mit seinem Hinterrande den Flügeldecken genau an, und seine
Hinterecken sind nie in lange Spitzen ausgezogen. Der mittlere Fortsatz der Vorderbrust reicht zwischen den Vorderhüften durch und
greift in eine entsprechende Grube der Mittelbrust ein, in welche
er jedoch nicht frei versenkt werden kann, wie bei den Elateriden.
Die Flügeldecken verbergen den ganzen Hinterleib, der 8 Rücken-
und 5 Bauchhalbringe zeigt. Von letzteren sind die beiden ersten
verwachsen. Beine kurz und gedrungen. Tarsen fünfgliedrig, die einzelnen Glieder häufig herzförmig und mit einer filzigen Sohle versehen.

Die Flugzeit der Buprestiden fällt in den warmen Sommer. Die
Käfer treiben sich gern im heissesten Sonnenschein auf Blumen herum,
deren Blüthenstaub sie fressen, sind alsdann sehr flugfertig und flüchtig,
während sie bei kühler, feuchter Witterung träge werden und sich leicht
greifen lassen. Sie verleugnen also auch in unseren gemässigten
Gegenden den allgemeinen Charakter der am reichlichsten in den Tropen
vertretenen Familie nicht. Bei uns kommen ungefähr 100 Arten vor,
aus Europa sind angeführt 291 Arten. Nach der Begattung, bei
welcher nach Perris [17, S. 134] das ♂ auf dem Rücken des ♀ sitzt,
legt letzteres mit Hilfe einer Legscheide seine Eier einzeln oder in
enger zusammengerückten Gruppen in oder an die Nährpflanze.

Die Larven sind weisslich und weich, blind und fusslos. Der
Kopf ist tief in den, wie eine riesige Kragenfalte über seinen hinteren
Theil übergeschlagenen Prothorax zurückgezogen, aus dem er aber
auch hervorgestreckt werden kann; doch nur sein vorderer, gewöhnlich
vorragender Theil ist stärker chitinisirt. Die Fühler sind dreigliedrig,
ihr letztes sehr kleines Glied in das vorletzte zurückziehbar, die
Taster des dritten Kieferpaares, die Lippentaster, völlig rudimentär. Der
Thorax ist meist stark abgeflacht, durch die Kragenfalte äusserst breit
erscheinend und oben mit einem mehr weniger stark chitinisirten Schilde
versehen. Die beiden hinteren Thoracalringe sind quergezogen und
meist gleichfalls viel breiter als das schwanzförmig erscheinende, zehn-
gliedrige Abdomen.

Sehen wir von den hier nicht in Betracht kommenden und auch
biologisch abweichenden Larven der Gattung Trachys ab, so kann man
die Buprestidenlarven in zwei Gruppen theilen: Die erste enthält die
typische, mit stark abgeflachtem und verbreitertem Thorax und abgerundetem letzten Hinterleibsgliede (Fig. 113) versehene Mehrzahl der
Formen, die andere umfasst nur die Larven der Gattung Agrilus mit
Coraebus, bei welchen die drei Thoracalringe und namentlich der Prothorax zwar immer noch etwas breiter als die Hinterleibsringe, aber

nur wenig abgeflacht sind, und deren letzter Hinterleibsring in zwei
stark chitinisirte Spitzen ausgezogen erscheint (Fig. 114).

Mit Ausnahme der blattminirenden
Larven der Trachys-Arten und einiger
die Wurzeln und Stengel von Kräutern
bewohnenden, abweichenden Formen sind
die Buprestidenlarven sämmtlich Holz-
bewohner, welche an jüngeren Bäumen
zwischen Rinde und Holz, an älteren
Stämmen im Holze oder in der Rinde
flache, meist stark geschlängelte, allmählich
breiter werdende und mit Bohrmehl fest
ausgestopfte Gänge fressen. Die abgeflachten Larven halten den Hinterleib
meist in der Ebene des Ganges gekrümmt
und nach vorn umgebogen (Fig. 115). Zur
Verpuppung nagen sie sich eine im Querschnitt elliptische Puppenwiege im
Holze oder in der Rinde. Bei den sehr abgeflachten Formen dreht sich nach ALTUM
die Larve in dieser Puppenwiege um, so
dass der Kopf der Puppe, respective des
Käfers, nach der Seite zu liegt, von welcher
die Larve in die Puppenwiege eingedrungen
ist und letztere daher, wenn der Käfer sich
herausgenagt hat, nur eine Oeffnung zeigt
(Fig. 116 *A*). Bei den mehr cylindrischen
Formen dagegen dreht sich die Larve
nicht um, frisst vielmehr vorwärts bis
dicht unter die Rinde, und der Käfer
nagt sich nun an dem dem Eingangsloche
der Larve entgegengesetzten Ende der
Puppenwiege heraus, so dass die verlassene Puppenwiege alsdann zwei Oeffnungen hat (Fig. 116 *C*).

Die Fluglöcher, welche die in der
Puppenwiege stets mit dem Rücken gegen
die Achse des Stammes gewendet liegenden
Käfer nagen, sind dem Querschnitt ihres
Körpers entsprechend stets elliptisch
(Fig. 116 *B*) und bei den Formen mit
sehr abgeflachtem Rücken, wie bei
Agrilus, werden die Fluglöcher daher
von zwei verschieden gekrümmten Bogen begrenzt, von denen der
flachere dem Rücken des ausschlüpfenden Käfers entspricht (Fig. 116 *D*).
Da, wie wir oben erwähnten, die Mundwerkzeuge der Käfer schwach
sind, so kommt es öfters vor, dass einzelne Exemplare sieh nicht bis

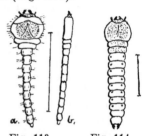

Fig. 113. Fig. 114.

Fig. 113. Larve von Chrysobo
thrys Solieri LAP., nach PERRIS,
[17, Tfl. 4, Fig. 100.]
a von oben, *b* von der Seite.

Fig. 114. Larve von Agrilus
viridis L. nach RATZEBURG. [V,
Bd. I, Tfl. II, Fig. 7*c*.]

Fig. 115. Frass von Buprestis
(Anthaxia) quadripunctata L.
in einem Kiefernzweige.

auf die Oberfläche durchzunagen vermögen und in ihren Puppenwiegen eingehen.

Systematik. Die europäischen Buprestidae werden in 27 Gattungen getheilt, welche selbst wieder in 6 Unterfamilien getrennt sind.
Der Vereinfachung wegen gebrauchen wir hier die Namen der Hauptgattung jeder Unterfamilie als Sammelgattungsnamen, setzen nur der
Orientirung halber die Namen der engeren Gattungen in Klammer
bei und betrachten sie als Untergattungen. Wir gebrauchen also, da
manche Unterfamilien forstlich gar nicht in Frage kommen, als
Sammelbezeichnungen die Namen Buprestis, Chrysobothrys und Agrilus.

Gattung Buprestis L. *Käfer* mit verschieden grossem, mitunter sogar
verschwindendem, aber niemals dreieckigem oder nach hinten zugespitztem Schildchen, Brustgrube zur Aufnahme des Vorderbruststachels von Mittel- und
Hinterbrust zugleich gebildet. *Larven* von typischer Buprestidenform mit Gabel-

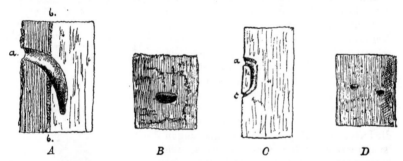

A   B   C   D

Fig. 116. Puppenwiegen und Fluglöcher von Buprestiden. *A* und *B* **Buprestis**
(Poecilonota) rutilans Fabr. *A* Puppenwiege im Längschnitt bei erhaltener
Rinde; *a* Flugloch, *b* zwischen Holz und Rinde hinlaufender, mit Frassmehl voll-
gestopfter Gang. *B* Flogloch. *C* und *D* Agrilus: *C* Puppenwiege von Agrilus
elongatus Hbst. *(tenuis* Ratz.) nach Altum [5, S. 366], im Längschnitt an
einem entrindeten Frassstück. *D* Flugloch von Agrilus **sp.?** Alle Figuren in
natürlicher Grösse.

linie auf dem Prothoraxschilde. Zur Orientirung kann auch hier Fig 113 dienen.
Wir rechnen hierher die Lacordaire'sche Gruppe I, Buprestides vrais, mit
Hinzufügung von Chalcophora.

Untergattung Chalcophora Sol. Schildchen rund, punktförmig. Erstes
Glied der Hintertarsen bedeutend länger als das zweite, beide nicht gelappt. Stirn
in der Mitte mit tiefer Längsfurche. Spitze der Flügeldecken nicht abgestutzt,
mit einem spitzen Dorn am Nahtwinkel.

Untergattung Dicerca Eschsch. Schildchen punktförmig Erstes und
zweites Glied der Hinterfüsse nicht gelappt und fast gleichlang. Fortsatz der
Vorderbrust eben oder in der Mitte gefurcht, stets grob punktirt Flügeldecken
nach dem Ende hin in einer geschweiften Linie verengt und in eine zweizähnig
abgestutzte Spitze ausgezogen. Letzter Bauchring mit zwei bis drei Zähnchen.

Untergattung Poecilonota Eschsch. Schildchen quer, dreimal so breit
als lang, hinten gerade abgestutzt. Halsschild in der Mitte am breitesten, hinten
etwas verengt.

Untergattung Buprestis L. im engeren Sinne (*Ancylocheira* Eschsch.).
Schildchen rund, punktförmig. Von den beiden ersten nicht gelappten Gliedern
der Hintertarsen ist das erste bedeutend länger als das zweite. Spitzen der
Flügeldecken abgestutzt, mit je zwei Zähnchen. Stirn ohne tiefere Mittelfurche.

Untergattung Melanophila Eschsch. Körper ziemlich flach. Schildchen sehr klein und gerundet. Die beiden ersten Tarsalglieder der Hinterfüsse gestreckt, nicht gelappt, das erste bedeutend länger als das zweite. Das Halsschild viel breiter als lang, sein Hinterrand zur Aufnahme der Flügeldeckenwurzel zweimal flach ausgebuchtet. Flügeldecken etwas breiter als das Halsschild, hinten abgerundet, ihr Aussenrand fein gekerbt. Die von ihr nochmals abgetrennte Untergattung Phaenops Lacord. ist nur durch die sehr kleinen und gerundeten Fühlergruben unterschieden.

Untergattung Anthaxia Eschsch. *Käfer.* Schildchen dreieckig, Halsschild breiter als lang, mit fast geradem Hinterrande. Flügeldecken ebenso breit als das Halsschild, hinter der Mitte verengt, die Spitze jeder einzelnen abgerundet und gekerbt. *Larve.* Typische Buprestidenform, aber auf dem Metathorax oben und unten je zwei Warzen.

Die nächste uns interessirende Unterfamilie ist die der **Chrysobothrini.** Sie umfasst die Formen mit dreieckigem, hinten zugespitztem Schildchen, welche einfache Klauen haben, und deren gerundete Fühlergruben vorn auf der Stirn so weit von dem Augenrande gelegen sind, dass sie das Epistom stark verengen. Die Larven haben die typische Buprestidenform (Fig. 113). In Europa kommt nur vor die

Gattung **Chrysobothrys** Eschsch. Kopf bis zu den Augen in das Halsschild eingezogen, Stirn gewölbt, Halsschild beinahe doppelt so breit als lang, beiderseits zur Aufnahme der gerundeten Wurzeln der Flügeldecken ausgerandet. Flügeldecken breiter als das Halsschild, sehr flach gewölbt, hinter der Mitte verengt, der Seitenrand und die Spitze fein gesägt, mit flachen Gruben. Fortsatz der Vorderbrust breit, hinter den Vorderhüften beiderseits zu einer seitlichen Ecke ausgezogen und dann wieder zugespitzt. Erstes Glied der Hintertarsen verlängert.

Die dritte hier anzuführende Unterfamilie, die der **Agrilini,** ist durch ein dreieckiges Schildchen und gespaltene oder gelappte Klauen an den nicht ungewöhnlich verkürzten Tarsen gekennzeichnet. Die *Larven* haben die zweite Form (vergl. S 314) mit wenig verbreitertem Thorax und zweispitzigem Hinterleibsende (Fig. 114).

Die Gattung **Agrilus** Sol. (Tfl. II, Fig. 13) hat folgende Merkmale: Körper langgestreckt, Flügeldecken hinter der Mitte gewöhnlich etwas erweitert, dann schnell zugespitzt Halsschild breiter als lang, am Hinterrand beiderseits tief ausgerandet zur Aufnahme der Wurzel der Flügeldecken Schildchen deutlich, dreieckig, nach rückwärts zugespitzt. Fortsatz der Vorderbrust gegen die Mittelbrust gewöhnlich breit und kurz. Füsse lang, das erste Glied der Hinterfüsse länger als das zweite, die ersten vier Fussglieder unten gelappt. Oberseite metallisch gefärbt, mit schuppenartigen Punkten auf den Flügeldecken. Wir begreifen unter dem Namen Agrilus auch die Untergattung Coraebus Lap., welche sich nur durch breitere Tarsalglieder, von denen besonders das erste nicht verlängert ist, auszeichnet.

Forstliche Bedeutung der Buprestiden.

Vom forstentomologischen Standpunkte aus kann man die Buprestiden je nach der Wichtigkeit des Frasses ihrer Larven in vier Gruppen eintheilen

1. Die unschädlichen Larven bewohnen anbrüchige, wandelbare Stämme oder Stöcke, z. B. Buprestis Mariana L. Kiefernstöcke.

2. Die merklich schädlichen Larven gehen Stamm und Aeste älterer, noch lebenskräftiger Bäume an, z. B. Buprestis rutilans Fabr. starke Linden.

3. Die sehr schädlichen Larven verursachen das Eingehen jüngerer Laubholzheister, z. B. Agrilus viridis L. von Rothbuchen.

4. Die sehr schädlichen Larven bewirken das Absterben der Zweige an älteren und der Kronen an jungen Stämmen, namentlich **Agrilus bifasciatus** Oliv. an Eichen.

Die in Stöcken brütenden Buprestiden. Buprestis (Chalcophora) Mariana L., die grösste deutsche Art, bis 30 mm lang, ist auf der Oberseite schwarz mit groben kupferglänzenden Furchen und Gruben. Sie bewohnt, wie schon oben bemerkt, abgestorbene Kiefern und Kiefernstöcke.

Buprestis (Dicerca) Berolinensis Hbst., die nächstgrösste deutsche Art, bis 20 mm lang, auf der Oberseite kupferfarbig oder metallisch grün, mit dunkleren Flecken, lebt in anbrüchigen Buchen und Hainbuchenstämmen, während ihre nächsten, gleichfalls der Untergattung Dicerca angehörigen Verwandten, B. aenea L. und B. Alni Fisch. ähnlich in Erlen leben.

B. flavopunctata De Geer. (Ancylocheira flavomaculata Fabr.), entwickelt sich in anbrüchigen Kiefernstöcken, in Frankreich wird sie in solchen der Seekiefer gefunden.

B. (Ancylocheira) rustica L., in Weisstanne.

B. (Melanophila) decostigma Fabr. im Süden in abgestorbenen Pappeln.

Die in starken alten Stämmen brütenden Buprestiden. Auch diese Formen haben nur eine geringe forstliche Bedeutung.

Buprestis (Poecilonota) rutilans L. Der Lindenprachtkäfer ist einer der schönsten deutschen Formen. Er ist 10—14 mm lang, schön metallisch grün mit blauem Schein, das Halsschild und die Flügeldecken rothgolden. Seine Larve hat, wie überhaupt die der ganzen Untergattung, die typische Buprestidenform und lebt in den Aesten stärkerer alter Linden, in denen sie theils in der Rinde, theils im Splinte breite, unregelmässig geschlängelte, dicht mit Bohrmehl ausgefüllte Gänge frisst. Schliesslich nagt sie sich eine gekrümmt in die dicke Rinde oder das Holz hineindringende Puppenwiege, in welcher die Puppe mit dem Kopfe nach oben liegt (vergl. Fig. 116 A). Die Käfer, welche Ende Mai, Anfang Juni fliegen, nagen sich durch 5 mm breite, ovale Fluglöcher heraus (vergl. Fig. 116 B). Folge des Larvenfrasses ist das Dürrwerden und Abfallen der Rinde in der befressenen Zone. In Deutschland allgemein verbreitet, aber überall selten. Nur von Altum [7] ist sie einmal als wirklich schädlich in Teplitz an einer grösseren Menge von Winterlinden, Tilia parvifolia Ehrh., gefunden worden, und zwar auf der Südseite der Stämme, auf Streifen von mehreren Metern Länge. Hier in Tharand wurde sie nur in Aesten beobachtet. Die Dauer der Generation ist unbekannt, dürfte aber mehrere Jahre umfassen. Gegenmittel haben sich noch nicht nöthig gemacht.

B. (Poecilonota) decipiens Mannerh. ist von Perris [18, S. 159] unter ähnlichen Verhältnissen in Rüster fressend gefunden worden. Diese Art wird neuerdings wieder mit B. rutilans L. vereinigt.

B. (Poecilonota) variolosa Payk. (conspersa Gyll.) ist ein sehr naher Verwandter. Dieser 8—10 mm lange Käfer ist schwarz, mit mehr oder weniger deutlichem Erz- oder Kupferglanz und hellen metallischen Flecken auf den Flügeldecken. Der Kopf ist erzglänzend. Er ist ein Bewohner älterer Aspen, in denen er in ganz analoger Weise, wie die vorhergehende Art in Linden, frisst. In grösserer Ausdehnung fressend ist er nur von Altum [XVI, III, 1, S. 123 und 124] im Biesenthaler Revier beobachtet worden, und zwar an der Sonnenseite der Stämme. Das Holz wird an den unterhöhlten Stellen anbrüchig. Die Generation soll eine dreijährige sein.

Bemerkt sei noch, dass auch Vertreter der Unterfamilie der Agrilini in älteren Stämmen fressend gefunden wurden. Wir erwähnen nur Agrilus sexguttatus Hbst., welcher nach Döbner und Nördlinger in Süddeutschland ältere Pappeln schädigen soll, und nach ersterem Autor [XIV, II, S. 70] bei Aschaffenburg sich Ende der Fünfzigerjahre an der Zerstörung einer Allee von Pappeln, italienischen sowohl als Schwarzpappeln, betheiligt hat.

Der gleichfalls in Süddeutschland vorkommende A. (Coraebus) undatus Fabr. lebt nach Nördlinger [VIII, 2. Aufl., S. 5] unter der Rinde starker Eichen und nach Perris [2, S. 144] in Südfrankreich in der Korkeiche, in deren Rinde er wenigstens technisch zu schaden scheint.

Auch Nadelhölzer mittleren Alters scheinen dem Buprestidenfrasse zu unterliegen, wenigstens ist Buprestis (Phaenops) cyanea Fabr., ein einfarbig dunkel-

. blau gefärbter Käfer, mit sehr dicht runzeligpunktirter Oberseite, von 7—10 *mm*
Länge, nicht nur in Südfrankreich nach PERRIS [18, S. 122] ein hervorragender
Schädling an der Seekiefer, sondern SCHREINER [17,] hat ihn auch als Feind der
gemeinen Kiefer in Deutschland denuncirt, allerdings ohne dass man hier bis
jetzt einen grösseren Frass dieses Thieres nachweisen könnte.

Die in jüngeren Stämmen, Heistern und Stangen brütenden Buprestiden. Die dritte der von uns angenommenen biologischen Prachtkäfergruppen ist bis jetzt wesentlich an Laubhölzern
sehr schädlich geworden. Wenn wir in der Gattuug Agrilus die meisten
und am längsten bekannten Schädlinge finden, so tritt nach neueren
Beobachtungen in zweiter Linie auch noch die Gattung Chrysobothrys hinzu. Diese ist übrigens nicht auf die Laubhölzer beschränkt,
sondern manche Arten derselben kommen auch in Nadelhölzern vor, aus
denen auch noch Anthaxia, eine Untergattung von Buprestis, als
häufigerer Bewohner jüngerer Stämme bekannt und als Schädling
beobachtet worden ist.

Als Laubholzschädlinge sind folgende Arten anzuführen:

Agrilus viridis L., Klauen an der Wurzel mit einem breiten Zahn, Halsschild viel breiter als lang, im Verhältniss zu den Flügeldecken kurz, uneben,
grob querrunzelig, mit undeutlicher Mittelfurche, jederseits hinter der Mitte mit
einem schräg gegen die Seiten hin verlaufenden, mehr oder weniger deutlichen
Eindrucke. Schildchen sehr fein punktirt, mit deutlicher Querleiste. Flügeldecken
an der Basis eingedrückt, mit stark vortretenden Schultern, hinter diesen seitlich
zusammengedrückt, hinter der Mitte etwas erweitert, dann verengt, an der Spitze
abgerundet, schwach divergirend, fein gezähnelt, schuppig gerunzelt, fast unbehaart. Vorderbrust bei beiden Geschlechtern, beim ♂ etwas deutlicher, ausgerandet, letzter Bauchring einfach abgerundet. In Folge seiner grossen Verschiedenheit der Färbung, Grösse u. s. w. trägt derselbe Käfer nicht weniger als
11 Namen, welche erst v. KIESENWETTER in seiner vortrefflichen Arbeit über die
deutschen Bupresten klar gestellt hat: Normale Farbe olivengrün mit bläulicher
oder kupferiger Stirn und messingfarbener Unterseite (viridis L., PANZ., *viridipennis*
LAP. *capreae* CHEVR.); bronzefarbige und kupferige Stücke (*Aubei* LAP., *fagi* RATZ.,
quercinus REDTB.); grüne, blaugrüne, blaue bis violette Exemplare (*nocivus* RATZ.,
distinguendus LAP., *bicolor* REDTB); Stücke mit goldgrünen oder blauen Flügeldecken, deren Halsschild und Kopf jedoch messingfarben oder kupferig (*linearis*
PANZ.); endlich eine ganz schwarze Varietät (*Bupr. atra* FABR.). Grösse ebenfalls
sehr schwankend, 5—8 *mm*.

A. betuleti RATZ., dem vorigen sehr ähnlich, unterschieden durch das im
Verhältniss zu den Flügeldecken breitere Halsschild, dessen Seitenrand verflacht
und gegen den Mitteltheil scharf abgesetzt ist. Länge 5 *mm*.

A. elongatus HBST. (*tenuis* RATZ., *Sahlbergii* MANNERH., *viridis* LAP.). Dem
A. viridis L. ähnlich an Gestalt und durch die metallisch grüne, bronzene oder
blaue Färbung, in der Regel jedoch etwas grösser, auch sind die Flügeldecken
hinten nicht so stark verengt, wie bei jenem. Bei beiden Geschlechtern ist das
letzte Bauchsegment an der Spitze ausgerandet, besonders tief beim ♂. Vor dem
Hinterrande des ersten Bauchsegmentes hat das ♂ überdies zwei deutliche, neben-
einander gestellte Körnchen. Die Fühler sind verhältnissmässig lang und dünn.
Halsschild breiter als lang, mit deutlicher Mittelfurche; ein kleines gebogenes
Längsleistchen in den Hinterecken gewöhnlich deutlicher, als bei A. viridis.
Länge 6—7 *mm*.

A. angustulus ILL. (*olivaceus* GYLL.). Etwas kleiner als die vorigen. Ebenfalls verschieden metallisch grün, blau u. s. w. gefärbt. Das unebene Halsschild
in den Hinterecken mit einem fast bis zur Mitte reichenden geraden Leistchen.
Fühler tiefer gesägt als bei A. elongatus. Bauchsegment bei beiden Geschlechtern
nicht tief, aber deutlich ausgerandet, beim ♂ überdies mit Längseindruck. Hinter-

rand des ersten Bauchsegmentes beim ♂ mit zwei nebeneinander gestellten
mehr oder weniger deutlichen, länglichen Körnchen oder erhabenen Langsfalten.
Länge 4·5 – 6 mm.

   A. pannonicus Piller *(biguttatus* Fabr.). Klauen an der Spitze zweispaltig.
Schildchen mit einer deutlichen Querleiste. Oberseite oliven- bis blaugrün. Flügeldecken am Ende abgerundet und hinten in der Nähe der Naht mit einem weissen
Haarfleck. Die unter den Flügeldecken vorsehenden Ränder des Hinterleibes mit
drei solchen weissen Flecken. Die grösste deutsche Art, 9—12 mm lang.

   A. subauratus Gebl. (*coryli* Ratz.). Klauen
gleichfalls zweispaltig, Schildchen eben, ohne deutliche
Querleiste. Halsschild grün. Flügeldecken meist kupfer-
golden, mitunter aber in verschiedenen Metallfarben
variirend. Länge 7—9 mm.

   Chrysobothrys affinis Fabr. Dunkelkupfer-
farben; Halsschild doppelt so breit als lang. Flügeldecken mit einigen schwach erhabenen Längslinien,
von denen die der Naht zunächst stehende nicht so
erhaben ist, dass der Raum zwischen ihr und der
Naht als Furche erscheint. An der Wurzel jeder
Flügeldecke ist eine vertiefte Grube und auch ihr
mittleres Drittel ist durch zwei goldige, glänzende
Grübchen hinten und vorn abgegrenzt. Länge
11—14 mm.

   Als Nadelholzschädlinge sind folgende
Formen zu erwähnen:

   Chrysobothrys Solieri Lap. ist von seinem
eben beschriebenen nächsten Verwandten durch das
im Verhältniss viel schmälere Halsschild und die viel
grösseren Gruben auf den Flügeldecken ausgezeichnet.
Zwischenraum zwischen der ersten erhabenen Längslinie und der Flügeldeckennaht furchenartig vertieft.
Die Färbung ist meist etwas dunkler als bei der
vorigen Art. Länge 10—12 mm.

   Buprestis (Anthaxia) quadripunctata L.
Käfer dunkel erzfarben, mit sehr geringem Glanze.
Auf dem Halsschild vier in einer Querreihe stehende
Punkte. Länge 4—6 mm. Eine sehr nahe Verwandte
von ähnlicher Lebensweise ist die B. nigritula Ratz.

   Lebensweise. Die sämmtlichen hier in

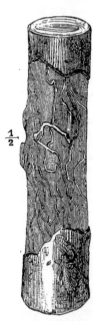

Fig. 117. Buchenstämmchen
mit Larvengängen und Fluglöchern von Agrilus viri-
dis L.

Frage kommenden Agrilus-Arten fliegen im
Juni und Juli. Der Mutterkäfer belegt jüngere Stämme von Laub-
hölzern mit einer grösseren Anzahl von Eiern. Die Larven fressen
zahlreiche geschlängelte und sich durchkreuzende Gänge. Eine Unter-
scheidung der verschiedenen Arten blos nach ihren Frassgängen und
Fluglöchern ist sehr schwer. Am leichtesten ist an der Grösse der
Fluglöcher, welche einen Querdurchmesser von 3,5 mm erreichen,
A. pannonicus Piller zu erkennen. A. subauratus Gebl. soll sich
nach Altum durch „breitere, stellenweise zu grösseren Plätzen" erweiterte
Frassgänge auszeichnen. Der Frass dauert zunächst die wärmeren
Monate des Flugjahres, geht dann das nächste Jahr fort, und erst im
dritten Kalenderjahre, im Mai, verpuppt sich die Larve ohne sich um-
zukehren in einer Puppenwiege mit gesondertem Ein- und Ausgang
(Fig. 116 C). Die Generation dauert mithin 24 Monate, ist also zweijährig.

	Jan.	Febr.	März	April	Mai	Juni	Juli	Aug.	Sept.	Oct.	Nov.	Dec.
1880						++ ++ ·· ·· ·						
1881												
1882						●●●● + + ++						

Zur Verpuppung gehen die Larven in das Holz, und der Käfer nagt sich an der ;dem Eingange der Larve entgegengesetzten Seite der Puppenwiege heraus. Mitunter werden übrigens von den grösseren Formen auch ältere dickrindige Stämme belegt.

Chrysobothrys·affinis FABR. fliegt nach ALTUM [6], dem wir die genauesten Beobachtungen über dieses Insekt verdanken, im Beginn des warmen Sommers. Der Mutterkäfer legt aber an jeden Stamm nur 1—3 .Eier, und zwar an Eichen von Heister- und schwacher Stangenstärke, meist dicht über dem Wurzelanlauf. Die weniger ge-schlängelten und der Gestalt der Larve entsprechend sehr flachen Gänge verlaufen im Baste. Die Puppenwiege, in der sich die Larve wieder umkehrt, ist oval, und die Eingangsöffnung, an der auch der Käfer sich durch die·Rinde herausfrisst, wird wieder mit Nagemehl verstopft. Aeusserlich ist die Stelle des Frasses nicht kenntlich. Die Generation ist zweijährig, vielleicht sogar dreijährig.

Chrysobothrys Solieri LAP. ist in seinem Larvenstadium ein Be-wohner des Nadelholzes, und zwar der gemeinen Kiefer und der See-kiefer. Bei letzterer kommt die Larve (Fig. 113 *a* und *b*) in Frankreich nach PERRIS [17, S. 120] nur an schwachen Stangen und Stämmchen von höchstens 15 *cm* Durchmesser, sowie an schwachen Aesten älterer Bäume sehr häufig vor. Die Gänge laufen geschlängelt, immer breiter werdend und mit Frassmehl dicht verstopft zwischen Rinde und Splint. Erst in dem dem Flugjahre des Käfers vorhergehenden Herbste geht die Larve in das Holz, wo sie sich eine flache Puppenwiege nagt, in der sie überwintert, um erst einige Wochen vor dem Ausfliegen des Käfers zur Puppe zu werden. Die Flugzeit auch dieser Art fällt in den Juni oder Juli. Die von PERRIS als einjährig bezeichnete Generation scheint in unserem Klima zweijährig zu sein, wenigstens lassen dies die Beobachtungen von KLINGELHÖFER schliessen. Von SCHREINER [16] sind die Larven in schwächeren Kiefern in der Neumark und bei Dresden gefunden worden.

Buprestis quadripunctata L. ist in seiner Jugend gleichfalls ein Kiefernbewohner, welcher schon von RATZEBURG [V, S. 52] in ab-gestorbenen jungen Pflanzen und Zaunlatten, aber auch in zehnjährigen jungen Stämmen gefunden wurde. Letzteres Vorkommen wird von ALTUM [XVI, III, 1, S. 120] bestätigt, nach welchem dieser Käfer

kümmernde Kiefernpflanzen zu tödten vermag. Er hat ebenfalls eine
zweijährige Generation. Die von denen der übrigen Buprestiden nur
wenig abweichenden Frassgänge mit Larve zeigt Fig. 115 auf S. 315.
        Schaden. Alle hier angeführten Agrilus-Arten. stimmen darin
überein, dass durch den Frass der jungen Larven, welcher sich mit
Vorliebe auf der Sonnenseite, Südwestseite, der befallenen Stämmchen
hält, und gern von dem Ansatze eines Astes ausgeht, Heister oft in
grösserer Ausdehnung zum Eingehen gebracht werden. Namentlich ist
dies der Fall, wenn die Stämme völlig geringelt werden. Man kann
den Frass in seinen späteren Stadien daran erkennen, dass sich die
Rinde, namentlich die dünne, über den Larvengängen ein wenig hebt.
An altem Frasse blättert sich die Rinde ab und reisst, wenn Ueberwallung und Heilung eintritt. Trockene Lage begünstigt den Frass
sehr, und unterdrückte Stämmchen werden am liebsten befallen. Auch
verpflanzte Stämmchen werden gern von dem Käfer angenommen.
        A. viridis L. geht in erster Linie Buchen, dann Eichen, ferner Erlen,
nach NÖRDLINGER auch Aspen und Linden, nach AUBÉ und GORY Birken
und nach ERICHSON sogar Rosen an.
        A. elongatus HBST. und angustulus ILL. schädigen in erster Linie
Eichen, sind aber auch in Buchen beobachtet worden. Ersterer frisst häufig
in Verbindung mit Chrysobothrys affinis FABR. und Tomicus dispar. FABR.
        A. pannonicus PILLER ist ein typischer Eichenbewohner.
        A. betuleti RATZ. wurde aus Birken gezogen.
        A. subauratus GEEL. ist von ALTUM gleichfalls aus Eichen erzogen.
        Den stärksten Schaden von A. viridis L. hat BURKHARDT [V, I, Nachträge,
S. 12—16] im Brammwalde beobachtet. Im Jahre 1837 wurden daselbst 1400 Buchen-
pflänzlinge in einer Kultur getödtet, von einer anderen Pflanzung gingen über
die Hälfte, nämlich 300 Stück, ein.
        Am Harze wurden ausgedehnte Schäden, die sehr wahrscheinlich auf Agrilus
angustulus ILL. zurückzuführen sind, an Eichen von 1—2 m Höhe nach RATZEBURG im
Jahre 1835 beobachtet; über ein Drittheil der gepflanzten Eichen gingen zu Grunde.
        Agrilus elongatus HBST. ist 1876 nach ALTUM [5] in den pommerischen Staats-
forstrevieren an Eichen sehr schädlich geworden. Im Revier Grammentin gingen
in diesem Jahre allein 7502 Eichenheister ein. Auch aus Rogelwitz, Regierungsbezirk Breslau, wurden ihm ähnliche Fälle gemeldet. Diese Thatsachen wider-
legen die RATZEBURG'sche Angabe, dass die Agrilenschäden im Westen häufiger
sein sollen als im Osten.

        Auch Chrysobothrys affinis FABR. kann höchst wahrscheinlich für
sich allein Eichenheister und schwächere Stangen zum Eingehen bringen,
und der Schaden ist um so beträchtlicher, als der Angriff des Insektes
an jungen Bäumen stets so tief erfolgt, dass der ganze oberirdische Theil
eingeht. In den vorpommerischen Revieren Mühlenbeck und Torgelow
ist nach ALTUM [6, S. 39] am Ende der Siebzigerjahre dieses Insekt
durch seine ausgedehnten, im Verein mit Agrilus elongatus HBST. verübten Beschädigungen zur Kalamität geworden.
        Auch die Kiefernfeinde unter den Buprestiden, Chrysobothrys
Solieri LAP. und Buprestis quadripunctata L., sind sicher im Stande,
junge Bäume primär zum Eingehen zu bringen, doch liegen Berichte
über wirklich grössere Schäden vorläufig nicht vor.

Abwehr. Oberförster Kirchner [5, S. 371] hat zum Schutze gegen Agrilus-Frass vorgeschlagen, noch nicht angegangene Stämmchen mit einem bis zur Krone reichenden Anstrich von 2 Theilen Lehm, 1 Theil Kalk und 1 Theil Kuhdünger zu versehen. Dieselbe Massregel dürfte sich unter Umständen auch gegen Chrysobothrys-Frass anwenden lassen, besonders gegen Chr. affinis Fabr. an Eichen.

Das beste Vorbeugungsmittel dürfte aber hier, wie in so vielen Fällen, die Erziehung recht kräftiger Pflanzen sein, da erfahrungsgemäss unterdrückte und kränkelnde Stämmchen auf schlechtem Boden diese Käfer am meisten heranziehen. Auch rechtzeitige Durchforstungen werden sich namentlich gegen die Verbreitung der hier genannten Kiefernschädlinge nützlich erweisen.

Ist der Angriff des Insektes einmal erfolgt, so muss man die bewohnten Stämmchen, noch ehe die Käfer herausfliegen, im Monat Mai und in der ersten Hälfte des Juni herausnehmen und verbrennen. Man muss zu dieser Zeit, wenn die oben angegebenen Umstände etwa eintreten, sehr aufmerksam sein, und sowohl nach dem Aussehen des Laubes oder der Nadeln sich richten, als auch die Rinde an vielen Stämmen bis zur Höhe von 1·5—2 m genau betrachten.

Gehen die Larvengänge an Laubholzheistern nicht ganz bis auf den Wurzelknoten, so kann man durch Abschneiden des Stämmchens über diesem noch einen gesunden Ausschlag bewirken.

Buprestiden, welche durch innere Ringelung gesunde Eichenzweige zum Absterben bringen. Zu dieser Gruppe ist vorläufig nur Agrilus (Coraebus) bifasciatus Oliv., der „zweibindige Eichenprachtkäfer" zu rechnen.

A. bifasciatus Oliv. Der *Käfer* ist 11—15 mm lang, erzgrün und glänzend. Das letzte Drittel der Flügeldecken ist blauschwarz mit zwei, dicht mit greisen Härchen besetzten, zackigen Querbinden.

Die nach dem Typus der Agrilini gebaute *Larve* ist bis 20 mm lang, der Prothorax 5 mm, die übrigen Ringe 4 mm breit. Auf der Rückenseite trägt der Prothorax ein bräunliches, im Gegensatz zu verwandten Formen durch zwei Längsfurchen gekennzeichnetes Chitinschild. Afterglied in zwei gebräunte Chitinspitzen ausgehend [18, S. 140, 4, S. 146].

Lebensweise. Der mehr auf den Süden angewiesene Käfer fliegt im Juni oder Juli, und das ♀ belegt die Maitriebe verschiedener Eichen, namentlich auch der Kork- und Steineichen, mit je einem Ei. Die Larve frisst anfänglich unter

Fig. 118. Von Agrilus bifasciatus Oliv. spiralig geringelter Eichenzweig nach Nördlinger [XXIV, S. 5].

der Rinde, später in der Markröhre und schliesslich im Holze einen geschlängelten, mit Nagemehl angefüllten Gang durch mehrere Jahrestriebe 1—1·5 m weit abwärts und wendet sich im Frühling des Jahres, in welchem sie sich verpuppt, wieder nach der Peripherie des Zweiges. Hier schneidet sie nun, ohne die Aussenrinde zu verletzen, die Innenrinde, den Weichbast und Splint tief ein, indem sie einen scharfen, in sich zurücklaufenden oder doch spiraligen Gang (Fig. 118) nagt, der völlig die Saftzufuhr zu dem oben liegenden Stück verhindert. Sowie dies geschehen, dreht sie wieder nach oben in das Holz um und nagt schliesslich oberhalb der Ringelstelle eine schleifenförmige gegen die Rinde zu gewendete Puppenwiege, in welcher der Käfer sich entwickelt, um schliesslich im Juni oder Juli durch die letzte dünne Deckschichte das bekannte Buprestidenflugloch zu nagen und so frei zu werden. Werden ältere Eichen stärker befallen, so zeigen sie dann als Folge des Frasses eine grössere Anzahl 1—2 m langer dürrer Aeste. In Heistern und Schälwaldausschlägen geht der Frass meist bis in den eigentlichen Stamm; in Folge dessen stirbt die Krone ab.

Nach ALTUM ist die Generation im Elsass wenigstens dreijährig, wenn nicht vielleicht vierjährig. Dies. wird noch wahrscheinlicher, wenn man die sehr genauen Untursuchungen von A. DE TRÉGOMAIN über die Generation dieses Käfers in den Steineichen Südfrankreichs, namentlich des Departement du Gard, berücksichtigt. Hier ist nämlich die Generation schon sicher zweijährig, und man kann also annehmen dass sie in dem rauheren Elsass länger dauert. Sie stellt sich im Süden folgendermassen dar:

	Jan.	Febr.	März	April	Mai	Juni	Juli	Aug.	Sept.	Oct.	Nov.	Dec.
1880							+++ · ·					
1881												
1882							●●●● +++ · ·					

Die Bekämpfung kann nur in dem rechtzeitigen Abschneiden und Verbrennen der befallenen Aeste vor dem Juni des Flugjahres bestehen, und muss mehrere Jahre hindurch fortgesetzt werden, wenn sie durchschlagend wirken soll. In Südfrankreich hält man nur das Entfernen der eben erst welkenden Zweige für rationell, weil bei späterem Abschneiden auch viele mit einem, vorläufig nicht näher bestimmten, Ichneumoniden besetzte Larven getödtet werden, und man also auch viele nützliche Thiere vernichtet.

Dieser Frass ist zuerst aus Südfrankreich durch ABEILLE DE PERRIN, CHAMPENOIS und PERRIS [18, S. 140—144] Ende der Sechzigerjahre genau geschildert worden. Der erste Forstmann, welcher den Schaden würdigte, war THIRIAT, „conservateur des forêts" zu Nimes. Auf seine Veranlassung studirten REGIMBEAU, „inspecteur des

forêts" zu Nimes und DE TRÉGOMAIN, „sousinspecteur des forêts" zu Uzès die
Lebensweise des zweibindigen Eicheuprachtkäfers und legten ihre genauen, durch
viele Abbildungen erläuterten Beobachtungen 1876 und 1877 in Bd. XV und
XVI der „Revue des Eaux et Forêts" nieder. Der Hauptschaden geschieht hier
in den in kurzem Umtriebe bewirthschafteten Steineichen-Niederwaldungen, und
es werden namentlich die 20—25jährigen, dicht vor dem Abtriebe stehenden
Bestände angegriffen. In Deutschland, wo der Käfer im Allgemeinen recht selten
ist, trat er zuerst 1877 in dem Forstbezirke Colmar im Elsass in den Eichen-
schälwaldungen auf, und wurde darüber zuerst von ALTUM [4,] berichtet.

Die zweite der Familien, in welche die **Sternoxi** des LATREILLE neuerdings getheilt werden, sind die forstlich unwichtigen **Eucnemidae,** welche
zwischen den Buprestiden und Elateriden die Mitte haltend jenen in Form
und Lebensweise der Larven, diesen als Imagines ungemein nahe stehen.

Sie weichen von beiden aber doch dadurch ab, dass wenigstens bei den
typischen Gruppen die Fühler auf der Stirn eingelenkt sind und das Springvermögen meist mangelt. Von diesen gewöhnlich dunkelfarbigen, lichtscheuen,
nächtlichen Thieren ist der auch noch mit schwachem Sprungvermögen begabte
Trixagus (*Throscus* LATR.) dermestoides L., ein 3—4 *mm* langes, röthlichbraunes
Käferchen, mit anliegender, feiner seidenglänzender Behaarung am häufigsten.
Die Larve von Melasis buprestoides L. wurde von NÖRDLINGER in einem starken
Schwarzerlenstocke und dessen 10 *cm* starkem Ausschlage, der im Begriffe stand,
in Folge dieses Angriffes einzugehen, angetroffen [XXIV, S. 6 und 7]. Auch in
Eichen, Buchen und Birken ist sie gefunden worden. Da die Larvengänge hori-
zontal im Stamm verlaufen, springt angegangenes Holz beim Spalten in dieser
Richtung. Der Käfer selbst ist schwarz, 8—9 *mm* lang und nahe verwandt mit
dem ähnlich lebenden und gleichfalls schwarzen Tharops melasoides LAP.

Allgemeines über die Elateriden. Die einfarbigen oder nur
einfach gezeichneten, schwarz, braun, gelb oder roth gefärbten Käfer
haben einen oft in das Halsschild eingesenkten, gerade vorgestreckten
oder mehr weniger geneigten, niemals wie bei den
Buprestiden senkrecht gestellten Kopf, mit mässig
grossen, rundlichen Augen. Die elf- oder zwölfgliedri-
gen, gewöhnlich einfach gesägten, mitunter gekämmten
Fühler sind vor den Augen unter dem leistenartig
vortretenden Seitenrande des Kopfes eingefügt. Die
Mundtheile sind gut ausgebildet, die Oberlippe deutlich entwickelt, die Vorderkiefer zweispitzig, die Mittelkiefer mit zwei Laden und viergliedrigen Tastern, die

Fig. 119. Elater san-
guineus L. von oben
gesehen.

Hinterkiefertaster dreigliedrig. Das Halsschild ist zur Aufnahme starker
Muskulatur polsterartig gewölbt und seine Hinterecken in zwei mehr
weniger lange, nach hinten gerichtete Spitzen ausgezogen (Fig. 119 und
Fig. 120 a). Seine Unterseite ist vorn oft zu einer etwas nach unten gebogenen, die Mundwerkzeuge verdeckenden Platte (Fig. 120 b) ausgebildet
und verlängert sich nach hinten in den Bruststachel (Fig. 120 c), der in
eine vor den Mittelhüften liegende Vertiefung der Mittelbrust (Fig. 120 d)
frei versenkt werden kann. Die Beine sind einfach gebaut, mit linearen
Schienen, Vorder- und Mittelhüften kugelig, Hinterhüften lang quergezogen. Das Schildchen ist deutlich, die Flügeldecken langgestreckt, an der
Basis etwas aufgetrieben, vorn bauchwärts umgeschlagen und punktstreifig.

Auf der starken Muskulatur der Vorderbrust, dem Bruststachel
und der Brustgrube, sowie der freien Beweglichkeit des Halsschildes

gegen den übrigen Körper beruht das wichtigste biologische Merkmal
der Elateriden, die Fähigkeit der sich bei Berührung todt stellenden
Käfer, aus der Rückenlage ziemlich hoch emporzuschnellen, wobei
sie dann gewöhnlich wieder auf die Beine kommen. Als Vorbereitung
zu dem Sprunge biegen sie den Prothorax soweit nach der Rückenfläche des Körpers zurück, dass seine Achse einen stumpfen Winkel
mit der Achse des übrigen Körpers bildet und der Käfer hohl zu
liegen kommt (Fig. 120 B); hierbei wird die Spitze des Bruststachels
(c) fest an den Vorderrand der Brustgrube (d) angestemmt und wirkt
gewissermassen als Stellholz. Indem nun das Thier mit starker Muskel-
anstrengung plötzlich den Bruststachel wieder in die Brustgrube zu-
rückschnappen lässt, schnellt die Vorderbrust nach der Bauchseite vor
(Fig. 120 C), der aufgetriebene Basaltheil der Flügeldecken schlägt mit
bedeutender Kraft auf die Unterlage in der Richtung des Pfeiles I und
der Rückstoss treibt den Körper in der Richtung des Pfeiles II empor.

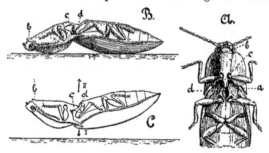

Fig. 120. Elater (Corymbites) aeneus L. A von der Bauchseite. B im Profil
in der Stellung vor dem Sprunge, den Bruststachel am Rande der Brustgrube
angestemmt. C im Profil im Anfange des Sprunges. a Ecken des Halsschildes,
b vordere Verlängerung der Vorderbrust, c Bruststachel, d Brustgrube. Pfeil I
Richtung des Stosses, Pfeil II Richtung des Rückstosses.

Man findet die Käfer im Sommer auf Blumen, unter Rinden und
Steinen. Ihre Flugzeit fällt nach BELING [II, 6, S. 197] entweder in
das Frühjahr oder in den Sommeranfang. Die im Frühjahre fliegenden
Arten, zu denen sämmtliche bis jetzt bekannte Forstschädlinge gehören,
sind bereits im vorigen Herbst aus der Puppenhülle geschlüpft und
haben als Käfer überwintert; die erst im Anfang des Sommers
fliegenden haben ihre, übrigens bei allen einheimischen Elateriden drei
Wochen dauernde Puppenruhe im April, Mai oder Juni durchgemacht.
        Die im Boden oder morschem, faulem Holze lebenden Larven
(Fig. 121), in der Praxis „Drahtwürmer" genannt, ähneln bei oberflächlicher Betrachtung in ihrer allgemeinen Körpergestalt, in der Färbung
und Consistenz ihres Chitinpanzers ziemlich den bekannten Mehlwürmern, unterscheiden sich aber von ihnen sofort durch den abgeplatteten Kopf mit gezähntem Vorderrande. Sie haben kurze dreigliedrige Fühler, drei Paar kurze, robuste Beine, einen sparsam behaarten Hinterleib und an der Unterseite des letzten Hinterleibsgliedes
eine zapfenförmig vorragende Afterröhre. Sie treten in zwei Haupt-

formen auf. Die einen sind etwas abgeplattet mit gleichfalls abgeplattetem und nach hinten abgeschrägtem letzten Hinterleibs- oder Aftergliede, welches am Ende gewöhnlich einen tiefen, von zwei kurzen Spitzen begrenzten Ausschnitt zeigt. Seitenränder und Spitzen des letzten Hinterleibsgliedes meist gezähnt (Fig. 121 *A*). Die anderen sind drehrund mit gleichfalls drehrundem, kegelförmig zugespitztem Aftergliede (Fig. 121 *B*).

Weitere Unterschiede zwischen den Tenebrioniden- und Elateridenlarven sind folgende: Bei den Tenebrionidenlarven hat der gewölbte Kopf einen geraden Vorderrand mit Epistom und Oberlippe. Mittel- und Hinterkiefer sind an ihrem Stammtheile nicht verwachsen; Mittelkiefer mit einfacher Lade. Der eingedrückte Kopf der Elateridenlarven hat dagegen weder deutliches Epistom, noch Oberlippe. Mittel- und Hinterkiefer sind in ihren Stammtheilen verwachsen, der Mittelkiefer mit zwei Laden, von denen die äussere einen zweigliedrigen Taster darstellt, die innere sehr klein ist. Abweichende Formen sind die Larven der Agrypnini, welche auch an der Afterröhre gebogene Zähne haben, sowie die weichhäutigen, langgestreckten, auch im Bau ihrer Mundtheile eine völlige Sonderstellung einnehmenden Cardiophorus-Larven.

Die Elateridenlarven sind Allesfresser, welche sich sowohl von Humus und morschen Holztheilen nähren können, als auch thierische Kost und pflanzliche Substanz zu sich nehmen, namentlich im Boden liegende Sämereien und Pflanzenwurzeln angehen. Ueber die Dauer der Generation, die übrigens wahrscheinlich mehrjährig ist, liegen noch keine siehe-ren Nachweise vor. BELING ist geneigt, die Generation der meisten Formen als dreijährig anzusehen. Unter solcher Voraussetzung würde sich dieselbe für die zahlreichen Formen mit Frühjahrsflugzeit graphisch folgendermassen darstellen lassen.

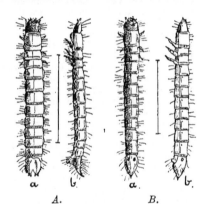

Fig. 121. Elateridenlarven. *a* von dem Rücken, *b* von der Seite gesehen. *A* von Lacon murinus L. *B* von Elater (Agriotes) lineatus L. *A a* nach SCHIÖDTE [16, Pars IV, Taf. VI, Fig. 2]. *A b* und *B* Original.

	Jan.	Febr.	März	April	Mai	Juni	Juli	Aug.	Sept.	Oct.	Nov.	Dec.
1880					+++ · · ·	+++ ——	——	——	——	——	——	——
1881	——	——	—— ·	——	▬▬	▬▬	▬▬	▬▬	▬▬			
1882	——	——	——	——	—— ▬▬	—— ▬▬	——	●●	++	+++	+++	+++
1883	+++	+++	+++	+++	+++ · · ·							

Die deutschen und europäischen Elateriden zerfallen in zwei
Unterfamilien, die **Agrypnini** und die **Elaterini,** welche sich dadurch
unterscheiden, dass bei ersteren die Fühler in tiefe, spaltenförmige,
auf der Unterseite des Prothorax eingeschnittene Furchen eingeschlagen
werden können, während bei den eigentlichen Elaterini diese Fühlerfurchen fehlen. Wir fassen alle eigentlichen Elaterini in die Gattung
Elater zusammen, die engeren Gattungen als Untergattungen behandelnd.

Die forstschädlichen Elateriden. Die forstlich vorläufig ernst-
licher in Frage kommenden Schnellkäfer sind von den **Agrypnini**
Lacon murinus L., von den **Elaterini Elater** subfuscus MÜLL., **E. aeneus**
L., **E.** lineatus L. und **E.** marginatus L.

Die Gattung Lacon ist von den wenigen übrigen einheimischen engeren
Gattungen der Agrypninen dadurch unterschieden, dass bei ihr die Fühlerfurchen
nicht bis an die Hüften der Vorderbeine reichen.

L. murinus L. *Käfer.* Dieser einzige, aber gemeine Vertreter der Gattung
in Deutschland ist ziemlich breit, flach gewölbt und allenthalben mit dicht anliegender, grau und hellbraun oder weiss marmorirter Behaarung bedeckt. Länge
11—16 *mm.*

Die *Larve* (Fig. 121 A) gehört zu den abgeplatteten Formen (vergl. S. 326)
mit gezähntem und ausgeschnittenem letzten Hinterleibssegmente. Sie ist ziemlich
gross, bis 26 *mm* lang, und von allen mit ihr verwechselbaren Verwandten durch
den spitzwinkeligen Grund des Ausschnittes unterschieden.

Die Gattung Elater begreift nach unserer Zusammenfassung die gesammten,
nicht zu den Agrypninen gehörigen Schnellkäferformen. Sie wird in eine grössere
Anzahl von Untergattungen zerlegt, von denen wir nur vier näher in Betracht
zu ziehen haben, nämlich Athous Esсhsсн., Corymbites Latr., Agriotes
Esсhsсн., Dolopius Esсhsсн. Sie gehören sämmtlich zu denjenigen mit einfachen ungezähnten Fussklauen und nach aussen allmählich verschmälerten
Hinterhüften, welche hier, weil sie zum Theil den angezogenen Schenkelring und
Schenkel zu verdecken im Stande sind, Schenkeldecken genannt werden. Sie
lassen sich durch folgende Kennzeichen unterscheiden:

Stirn und Oberlippe wenig geneigt, die Mundöffnung daher vorn am Kopfe.	Stirn mit deutlicher Quer-kante, Tarsen stets theil-weise erweitert	. Athous.
	Stirn ohne deutliche Quer-kante, die schmalen Schen-keldecken nicht gezähnt . .	.. Corymbites.
Stirn und Oberlippe auf die untere Fläche des Kopfes heruntergebogen, Querkante der Stirn undeut-lich, daher Oberlippe nicht scharf von der Stirn ab-gesetzt.	Seitenrandlinie des Hals-schildes auf die Unterseite herabgezogen	. Agriotes.
	Seitenrandlinie auf der scharfen Seitenkante des Halsschildes hinlaufend . .	. . . Dolopius.

Die Larven von Athous und Corymbites gehören zu den abgeflachten
Formen mit ausgeschnittenem und gezähntem Hinterleibsende, die von Agriotes
und Dolopius zu den drehrunden.

Elater (Athous) subfuscus MÜLL. *Käfer* ziemlich langgestreckt, heller
oder dunkler bräunlichgelb, der Kopf, das Halsschild mit Ausnahme der Ränder,
die Brust und die Basis des Hinterleibes schwärzlich oder rehbraun. Halsschild
breiter als lang, mit kurzen, nach hinten ein wenig hervortretenden Hinterecken,
ohne Kiel. Flügeldecken punktstreifig, in den Zwischenräumen fein, aber deutlich

punktirt. Die Tarsalglieder vom ersten an an Breite abnehmend; das vierte ungefähr ebenso lang als das dritte. Länge 7—10 *mm*.

Larve. Larve mässig abgeplattet, biconvex, stark glänzend, gleichmässig bräunlichgelb, mit dunklerem Kopf und Prothorax. Afterglied (Fig. 122 *a*) etwa um ein Viertel länger als breit, an den Seiten wulstig gerandet und hier jederseits mit vier kurzen, stumpfen, zahnartigen, nach hinten an Grösse bis zum vorletzten zunehmenden Höckern. Die Oberseite des Aftergliedes polsterförmig gewölbt mit kurzer Mittelfurche. Ausschnitt klein, an der Basis gerundet, am Hinterende eckig und fast ganz geschlossen. Die beiden Spitzen zweizahnig, der äussere Zahn lang, spitz und aufwärts gerichtet, der innere kurz und dick. Länge bis 18 *mm* bei 2 *mm* Breite [II *a*, S. 289].

E. (Corymbites) aeneus L *Käfer*. Ziemlich breit, flach gewölbt, glatt und glänzend metallisch in verschiedenen Nuancen. Fühler vom vierten Gliede an schwach gesägt, Halsschild ungefähr ebenso lang als breit, mit flacher, nach vorn aufhörender Mittelfurche und stark gekielten Hinterecken, mässig punktirt. Die Flügeldecken fein punktirt gestreift, mit flachen, sehr fein punktirten Zwischenräumen. Beine dunkel metallisch oder roth. Länge 11—16 *mm*. Sehr gemein.

Larve. Weniger abgeplattet, blass bräunlichgelb, an den beiden Enden etwas dunkler, Afterglied (Fig. 122 *b*) ebenso lang als breit, mit leistenförmig erhabenem Rande, der aussen jederseits drei kleine, flache, stumpfe Höcker trägt und eine polsterförmig gewölbte, unregelmässig gerunzelte, mit vier nach hinten convergirenden Längsfurchen gezeichnete Oberfläche einschliesst. Ausschnitt doppelt so breit als lang, an der Basis sehr flach gerundet, nach hinten gar nicht verengt, die denselben begrenzenden Spitzen mit zwei kurzen, dicken, schwarzbraunen Zähnen. Länge bis 23 *mm* bei 3·3 *mm* Breite [II *a*, S. 281].

E. (Agriotes) lineatus L. (*segetis* BIERK.) *Käfer* greis behaart. Fühler, Füsse und Flügeldecken gelbroth, letztere mit abwechselnd dunkleren und helleren Zwischenräumen zwischen den regelmässigen Punktreihen. Unterseite und Halsschild dunkelbraun, ebenso breit als lang, kissenartig gewölbt und an den Vorderecken stark herabgebogen, dicht punktirt. Flügeldecken vorn nur wenig breiter als das Halsschild, in der Mitte am breitesten. Länge 9 *mm*. Sehr gemein.

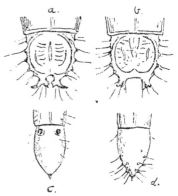

Fig. 122. Die Afterglieder einiger Elateridenlarven, und zwar von: *a* Elater (Athous) subfuscus MÜLL.; *b* E. (Corymbites) aeneus L.; *c* E. (Agriotes) lineatus L.; *d* E. (Dolopius) marginatus L; *a* und *b* nach SCHIÖDTE [16, Pars V, Taf. IX, Fig. 13 und Taf. X, Fig. 3]; *c* und *d* nach der Natur; *d* nach einem BELING'schen Originalexemplar.

Larve. Drehrund, schlank, blass bräunlichgelb (Fig 121 *B*). Afterglied (Fig. 122 *c*) ziemlich lang, schwach behaart, kegelförmig zugespitzt, in einen schwarzbraunen kurzen Stachel ausgehend, nur in der Mitte etwas erweitert. An seinem Vorderrande jederseits ein tiefdunkel umrahmter, runder Eindruck, von BELING als Luftloch bezeichnet. Afterröhre in einem von dem vorderen Bauchtheile des Aftergliedes durch eine erhabene, bogenförmige Leiste abgegrenzten Felde stehend. Länge bis 20 *mm*, Durchmesser 2 *mm* [II, *a*, S. 138].

E. (Dolopius) marginatus. L. *Käfer* langgestreckt, flach, spärlich greis behaart, bräunlich rostroth, am Grunde der Fühler, am Saume des Halsschildes und in einem breiten Längsstreifen auf der Mitte jeder Flügeldecke heller gezeichnet, so dass ein dunklerer Nahtstreif und jederseits ein dunklerer Randschatten entsteht. Beine gleichfalls heller. Länge 4 *mm*. Sehr gemein.

Larve. Drehrund schlank, bräunlichgelb, glänzend fein und dicht punktirt. Afterglied (Fig. 122 *d*) ziemlich lang, fast vollständig kegelförmig, nur etwas in der Mitte erweitert, am hinteren Ende mit mehreren Reihen kleiner, gebräunter, je ein Haar tragender Warzen umgeben, von denen die zwei an der Spitze einander stark genäherten und eine etwas weiter nach vorn gerückte besonders deutlich. Ende des Aftergliedes in eine kleine braune Stachelspitze ausgezogen. Länge bis 15 *mm* bei 1·6 *mm* Durschmesser [II, *a*, S. 143]

Forstliche Bedeutung der Elateriden.

Die bis jetzt bekannt gewordenen, durch Schnellkäfer verursachten forstlichen Schäden sind zunächst in den Käferfrass und den Larvenfrass einzutheilen.

Die Käfer sollen mitunter junge Laub- und Nadelholztriebe derartig benagt haben, dass diese abstarben oder umknickten, und junge Pflänzchen am Wurzelknoten abgebissen haben. Irgend welche bedeutendere Beschädigung dieser Art ist aber nicht bekannt geworden.

Schon RATZEBURG [V, Bd. I, Nachtrag S. 7] berichtet über das Benagen von Rosenstengeln und Pfropfreisern durch Lacon murinus und HEYROWSKY [15] beobachtete 1863 in Böhmen, dass dieser Käfer „im Juni und Juli junge Triebe von Eichen durchfrass, so dass sie vollkommen abtrockneten". Am oben angeführten Orte wird ferner von RATZEBURG nach den Mittheilungen von SAXESEN und BORKHAUSEN ein Frass von E. tesselatus an den Haupttrieben vier- bis sechsjähriger Fichten berichtet, in Folge dessen Saftausfluss und gelblicher Ueberzug der Triebe auf eine Ausdehnung von ungefähr 50 *cm* eintrat. Dieselben knickten nun leicht ab. Da der Name des Autors nicht angegeben ist, lässt sich nicht entscheiden, welche von den beiden häufigen Arten, E. (Corymbites) sjaelandicus MÜLL. = *C. tesselatus* FABR. oder der jetzt C. tesselatus L. genannte *C. holosericeus* OLIV. gemeint ist. Auch von E. (Corymbites) castaneus L. wird nach SAXESEN angegeben, dass er sich in „Knospen" einfrässe. Die Bemerkung, dass auch junge Pflänzchen über dem Wurzelknoten in der Erde von Schnellkäfern abgefressen würden, beruht auf der vorläufig vereinzelten Mittheilung von BLUME [12] welchem eine grössere Anzahl von zweijährigen, in Büscheln gepflanzten Kiefern in dieser Weise von E. marginatus L. vernichtet worden sind.

Bei weitem wichtiger sind die Schäden, welche die Elateriden-larven anrichten. Zunächst fressen sie in Saaten und Saatkämpen die keimenden Samen an oder aus. Dieser Frass ist an Eicheln, Bucheln, Ahorn- und Hainbuchensamen, sowie an den verschiedensten Nadelholzsämereien mehrfach in so ausgedehntem Massstabe aufgetreten, dass der ganze Anbau in Frage gestellt oder vernichtet wurde. Ferner ist mehrmals ein starker Frass an den Wurzeln und den unterirdischen Stammtheilen junger Nadelhölzer und älterer Laubhölzer beobachtet worden. Aehnlicher Schaden ist ferner seit langer Zeit an den Wurzeln von Feld- und Gartenfrüchten, namentlich an den Wurzeln des Getreides bekannt, und es sind als Schädlinge die Larven der oben näher charakterisirten vier Elaterenarten sicher nachgewiesen. Es dürften dies aber durchaus nicht die einzigen so thätigen Thiere sein, und es empfiehlt sich, zur Erweiterung unserer Kenntnisse in jedem neuen Falle die Schädlinge zur Bestimmung an einen Fachmann einzusenden.

Unsere Mittel zur Abwehr solcher Schäden sind augenblicklich noch sehr gering, und man kann ihnen nur dadurch vorbeugen, dass man an solchen Stellen, an denen bei der Bodenbearbeitung sich eine grössere Menge von Drahtwürmern zeigt, entweder die beabsichtigte Kultur vorläufig aufgibt, oder aber die Drahtwürmer sammeln lässt oder sie dadurch vernichtet, dass man den Rasen, zwischen dessen Wurzeln sie sich ursprünglich aufhalten, verbrennt und erst dann untergräbt. Von landwirthschaftlicher Seite [**XX, II, S.** 61] wird empfohlen, Oel- und Rapskuchen in haselnussgrossen Stücken in den Boden zu bringen, weil diese die Drahtwürmer anlocken, zugleich aber auch vernichten sollen. (?)

Ueber Samenbeschädigungen durch Elateridenlarven berichtet zuerst Th. Hartig [14], welcher angibt, dass „Springkäferlarven" sich in einer Ahornsaat besonders häufig in das Innere des keimenden Samens einfrassen.

Genauere Angaben macht zuerst Wissmann in einem Briefe an Ratzeburg [**XV, II, S. 358**]. Es handelt sich hier um die 1860 mehrfach beobachtete Vernichtung keimender Bucheln, in welche sich die Larven von der Spitze her einfrassen. Ohne sicheren Beweis wird als Thäter die Larve von E. subfuscus Müll. angesehen, eine Vermuthung, die uns aber um so wahrscheinlicher ist, als in der Tharander Sammlung eine Buchel unbekannten Ursprunges mit eingebohrter Larve vorhanden ist, welche mit Sicherheit so bestimmt werden kann. Ueber ähnliche Schäden, welche durch Förster Müller im Revier Torfhaus an einer Buchenplätzesaat 1876 beobachtet wurden, berichtet ferner Altum [3, S. 76].

Grössere Zerstörungen an Eichelsaaten erlitt 1876 Oberförster Müller zu Uslar [**2 und 3,** S. 76]. Die Cotyledonen waren stark von den Larven durchbohrt, die Keime dagegen anfänglich unversehrt. Die Larve von E. lineatus L. war hier die Thäterin. Der Kamptheil, in welchem die Larven frassen, wurde völlig vernichtet. Ein grösserer Frass an Saateicheln auf einer circa 3 *ha* grossen Fläche wurde durch Revierförster Dietze 1882 auf dem Forstrevier Burgaue bei Leipzig beobachtet. Hier waren wesentlich nur die Cotyledonen (Fig. 123) angegangen, und es entwickelten sich einige in Tharand in Töpfe eingelegte, oft von mehreren Larven angegangene Eicheln noch ganz normal. Auch die Saat selbst hat sich, wie wir uns im Sommer 1886 überzeugen konnten, nach einigen Nachbesserungen ziemlich gut entwickelt.

Fig. 123. Eichel mit zwei in den einen Samenlappen eingefressenen Larven von Elater subfuscus Müll.

Nach der Bestimmung von Nitsche waren an dem Frasse betheiligt die Larven von Lacon murinus L., Elater subfuscus Müll., E. aeneus L. und E. lineatus L.

Im Frühjahr 1876 fand Beling [9, S. 95] mehrfach Larven von E. subfuscus Müll. in Mittelwaldbeständen unter der Laubdecke des Bodens mit dem Kopfe tief innerhalb der hornigen, klaffenden Hülle keimender Hainbuchensamen stecken, mit der Zernagung des Samenkorns beschäftigt. In einem Gefässe mit Walderde unterhaltene Larven zernagten Bucheln, Eicheln und Haselnüsse.

Den bedeutendsten Schaden, den wir kennen, haben Elaterenlarven an Nadelholzsamen angerichtet. Von der Herrschaft Nassenfuss in Krain berichtet Judeich [10, S. 312] nach brieflicher Mittheilung des Besitzers, Baron v. Berg, Folgendes: In einem mit 5·5 *kg* angekeimten Nadelholzsamen — Fichte, Tanne, Schwarzkiefer und Lärche — im April 1879 besäten Saatkamp wurden sämmtliche Samen von einer Agriotes-Larve ausgefressen. Im Mai wurde die Fläche umgestochen, abermals mit der gleichen Menge Samen besät, und wurden die Rillen mit verdünnter Carbollösung begossen. Nach 14 Tagen war aber abermals sämmtlicher Samen ausgefressen, so dass die Erziehung von Pflanzen auf dieser Fläche aufgegeben werden musste. Einige in einem Glase mit Erde eingesperrte Larven frassen eingestreuten Nadelholzsamen in vier Tagen vollständig aus.

Die ersten Angaben über die Beschädigung junger Holzpflanzen durch Elateridenlarven rühren von Th. Hartig her, welcher die Thatsache beiläufig bei Gelegenheit der obenerwähnten Blum'schen Beobachtung vorbringt. Auch hierbei soll E. marginatus ·L. der Thäter gewesen sein. 1874 beobachtete dann nach ALTUM [1] BÜNTE auf der Oberförsterei Falkenhayn bei Spandau den Frass von Elaterenlarven an den Thauwurzeln und bis 7 *mm* starken Pfahlwurzeln junger Akazienpflanzen. An letzteren war die Rinde völlig unterhöhlt. Die Thäter waren nicht sicher zu bestimmende Elateridenlarven mit ausgeschnittenem Aftergliede [3, S. 80]. Ferner sind ALTUM [5, S. 78] Beschädigungen von einjährigen Fichten-pflänzchen aus Spiegelsberge bei Bielefeld und an Kiefernpflänzchen aus Lietze-görke, Regierungsbezirk Frankfurt a. d. Oder, bekannt geworden. In beiden Fällen waren meist die Thauwurzeln ab- und auch die Pfahlwurzel durch-gefressen. Aus den Thätern wurde E. marginatus L. und E. aeneus L. er-zogen. Auch in Schöneiche in Schlesien beobachtete Oberförster GUDOVIUS einen ähnlichen Frass an einjährigen Kiefern [13]. BAUDISCH [8, S. 313] berichtet, dass er am 10. Mai 1884 in einem Besamungsschlage im Odergebirge in Mähren 30 bis 40 Procent der aufgegangenen Tannensämlinge von einer Elateriden-larve unmittelbar unter der Bodenoberfläche abgebissen gefunden und die Larve in vielen Fällen bei der Arbeit beobachtet habe. Aus dem häufigen Vorkommen von Elater (Athons) niger L. und E. (Agriotes) aterrimus L. in der genannten Oertlichkeit schliesst er, dass die Schädlinge die Larven dieser beiden Arten gewesen seien.

Literaturnachweise zu dem Abschnitte die Pracht- und Schnellkäfer. — **1.** ALTUM, Elaterenlarven. Zeitschr. f. Forst- und Jagdw. Bd. VII, 1875, S. 369. — **2.** Derselbe. Elaterenfrass an Saateicheln. Daselbst Bd. VIII, 1876, S. 498. — **3.** Derselbe. Die forstschädlichen Elateren. Daselbst. Bd. X, 1879, S. 73—81. — **4.** Der-selbe. Der zweibindige Prachtkäfer Buprestis bifasciata OL. (ein neuer Eichenfeind). Daselbst Bd. XI, 1879, S. 145—151. Mit Ab-bildung. — **5.** Derselbe. Zwei Eichenheister-Prachtkäfer, Buprestis (Agrilus) tenuis und coryli. Daselbst Bd. XI, 1879, S. 365—371. Mit Abbildungen. — **6.** Derselbe. Buprestis (Chrysobothrys) affinis FAB. Daselbst. (Ein neuer Eichenfeind.) Bd. XII, 1880, S. 35 bis 41. — **7.** Derselbe. Der Linden-Prachtkäfer Buprestis (Lampra) rutilans FABR. Daselbst. Bd. XII, 1880, S. 99—101. — **8.** BAUDISCH, F. Die Elaterlarve als Tannenschädling, Centralblatt f. d. ges. Forstwesen. X. Jahrg., 1884, S. 312 und 313. — **9.** BELING. Ueber Elateriden-frass. Tharand. forstl. Jahrbuch. Bd. XXVIII, 1878, S. 93—95. — **10.** Derselbe. Ueber Schnellkäferlarven. Daselbst. Bd. XXIX, 1879, S. 305—312 mit Anmerkung von JUDEICH. — **11.** BELING, Th. Beitrag zur Metamorphose der Käferfamilie der Elateriden. Deutsche entomolo-gische Zeitschrift *a*) Bd. XXVII, 1883, S. 129—144, S. 257—304, *b*) Bd. XXVIII, 1884, S. 177—216. — **12.** BLUME, in Verhandlungen des Hils-Solling-Forstvereines, Jahrg. 1858, S. 36 und 37. — **13.** BG. (BORG-GREVE). Abermaliger Frass von Elateriden-(Springkäfer-)Larven auf Kiefernsaatbeeten. Forstliche Blätter, XV. Jahrg., 1878, S. 319 und 320. — **14.** HARTIG, Th. Das Insektenleben im Boden der Saat- und Pflanzkämpe. Kritische Blätter für Forst- und Jagdwiss. Bd. XLIII, Heft I, S. 146. — **15.** HEYROWSKY, in Vereinsschr. f. Forst-, Jagd- u. Naturkunde, herausgeg. v. d. Verein böhmischer Forstwirthe 1864, Heft II, S. 73. — **16.** SCHIÖDTE, J. C. De Metamorphosi Eleutheratorum Ob-servationes. Kopenhagen 1861—1872, Vol. I. Pars IV und V. Mit zu-sammen 10 Tfln. — **17.** SCHREINER. Ueber das Vorkommen zweier gefährlichen Buprestiden (Chrysobothrys Solieri Lap. und Phaenops cyanea F., in der gemeinen Kiefer. Zeitschrift für Forst- und Jagdwesen. Bd. XIV) 1882, S. 52. — **18.** Perris, E. Histoire des Insectes du Pin maritime. Troisième Suite. Annales de la société entomologique de France 1854, sér. 3, Bd. II, p. 84—160, Tfl. 4 und 5. — **19.** Derselbe. Larves des Coléoptères. 8. Paris 1877.

Die forstschädlichen Käfer aus den übrigen Familien der Pentameren und der Heteromeren.

Merklich forstschädliche Insekten umfassen ausser den soeben ausführlicher behandelten Familien der Pentameren noch die Malacodermata, Lymexylonidae und Anobiidae, sowie unter den Heteromeren die Meloïdae.

Die Weichkäfer, Malacodermata, sind, wie schon der Name besagt, besonders durch die wenig feste Chitinbedeckung ausgezeichnet. Allgemein bekannt sind die um die Sommersonnenwende fliegenden Leuchtkäfer, unter denen Lampyris (Lamprorhiza) splendidula L. die bei uns verbreitetste Art ist, und die im Frühjahre häufigen „Schneider", zu der Gattung Cantharis L. gehörig. Von einigen gemeinsten Arten von Cantharis hat man beobachtet, dass sie im Frühjahre die Triebe junger Eichen unter der Spitze angenagt und ausgesogen haben, worauf der oberhalb der Verwundung gelegene Theil welkte und leicht abbrach. Cantharis fusca L., C. obscura L. und vielleicht auch C. rustica Fall. haben in einzelnen Fällen so geschadet, sind also wirthschaftlich auf die gleiche Stufe zu stellen mit den Imagines einiger Elateriden (vergl. S. 330).

Beschreibung. Die Malacodermata, auch Cantharidae genannt, sind ziemlich langgestreckte, weiche, biegsame *Käfer* mit lederartiger Bedeckung. Sie haben zehn- bis elfgliedrige, faden- oder borstenförmige, gesägte oder gekämmte, an der Stirn eingefügte Fühler, viergliedrige Mittel- und dreigliedrige Hinterkiefertaster und gewöhnlich ganzrandige Augen. Die Vorder- und Mittelhüften ragen walzenförmig vor, die vorderen haben einen Anhang, die Hinterhüften sind erweitert, die Schenkel sind an der Seite des Schenkelringes befestigt und die Schienen meist ohne Enddornen. Die ♀ einiger Arten sind ungeflügelt. Ihre frei lebenden *Larven* sind sämmtlich Fleischfresser und scheinen sich vielfach von Schnecken zu nähren.

Die Vertreter der einzigen hier zu erwähnenden Unterfamilie, der Cantharini, haben im Gegensatz zu den Leuchtkäfern, deren Kopf fast vollständig unter dem Halsschilde verborgen ist, einen freien Kopf, eine nicht deutlich entwickelte Oberlippe, gerundete, nicht zusammengedrückte Beine. Das vierte Tarsalglied ist zweilappig und der Hinterleib siebengliedrig.

In der Gattung Cantharis L. sind die *Käfer* erkennbar an den vor den Augen auf der Stirn voneinander entfernt eingefügten Fühlern, dem beilförmigen Endgliede der Taster, dem quer viereckigen, an den Vorderecken abgerundeten Halsschild, den langgestreckten, abgeflachten Flügeldecken mit parallelen Rändern, die den ganzen Hinterleib bedecken, und den einfachen oder an der Wurzel zahnförmig erweiterten Fussklauen. Bei den in Frage kommenden Arten ist letzteres nur an der äusseren Klaue der Fall.

Die *Larven* treten mitunter in riesiger Menge auf dem Schnee auf, heissen im Volksmunde „Schneewürmer" und sind häufig im Verdacht gewesen, vom Himmel gefallen zu sein.

C. obscura L., der Eichenweichkäfer, ist schwarz, sparsam und kurz grau behaart, nur die Seitenränder des Halsschildes, die beiden Wurzelglieder der Fühler und die Seitenränder der Bauchringe gelbgesäumt. Länge 9—13 *mm.*

C. fusca L., gleichfalls schwarz, nur die Vorderhälfte des Kopfes, die Fühlerwurzeln, das Halsschild, mit Ausnahme eines schwarzen Fleckes am Vorderrande, und die Seitenränder des Hinterleibes gelbroth. Länge 11—15 *mm.*

C. rustica FALL. ist der vorigen Art sehr ähnlich, aber der schwarze Fleck nimmt die Mitte des Halsschildes ein, und wenigstens die Schenkelbasis der Vorderbeine ist roth. Länge 10 bis 14 *mm.*

Forstliche Bedeutung. Die von diesen Thieren angerichteten Schäden sind zuerst von RATZEBURG auf die Autorität einiger Beobachter in den Rheinlanden hin bekannt gemacht worden. Anfangs der Fünfzigerjahre wurden von KÖLER und SCHRÖDER in der Oberförsterei Hürtgen, Regierungsbezirk Aachen, in fünf- bis achtjährigem Eichenschälwalde C. obscura L. in ungeheurer Menge an den jungen Trieben der Stockausschläge gefunden. Diese wurden unterhalb der Spitze angenagt, bis sie umknickten. Die Nagestelle wurde sofort, später auch der ganze Trieb schwarz [19]. Eine ähnliche Beschädigung, aber an verschulten, fünf- bis fünfzehnjährigen, stämmigen Eichenheistern, beobachtete Ende Mai, Anfang Juni im Jahre 1861 BORGGREVE in der Oberförsterei Tronecken, Regierungsbezirk Trier. Auch hier war C. obscura L. die Hauptthäterin und die beiden anderen Arten nahmen nur in geringem Masse an der Beschädigung theil [18]. Zusammengestellt hat RATZEBURG die ihm bekannten Fälle in seiner Waldverderbniss [XV, II, S. 162 und 358, Tfl. 42. Fig 11 und 12].

Nach DÖBNER [XIV, II, S. 77] ist die gleiche Beschädigung durch C. fusca L. im Spessart auch an Kieferntrieben beobachtet worden. An den Eichen scheint mitunter ein Zuwachsverlust einzutreten, trotzdem der Johannistrieb den Schaden gewöhnlich ausgleicht. Gegenmittel gegen diese Schädlinge haben sich noch nicht nöthig gemacht und könnten höchstens im Abklopfen und Sammeln der Käfer bestehen.

Die kleine Familie der Lymexylonidae, welche in ihrem äusseren Habitus den Cantharis-Arten und Verwandten nahe steht, aber gestreckter und weniger abgeplattet ist, bildet einen Uebergang von den Weichkäfern zu den Nagekäfern, den Anobiidae. Wir fassen hier die beiden gewöhnlich unterschiedenen Gattungen in eine, Lymexylon, zusammen. Von den beiden häufigeren, hier hauptsächlich zu erwähnenden Arten ist Lymexylon (Hylecoetus) dermestoïdes L., ein sehr gewöhnlicher Bewohner der im Walde stehen gebliebenen Stöcke, namentlich der Tannen- und Buchenstöcke, an denen dann die gruppenweise zusammensitzenden Bohrlöcher der Larven wie durch einen Schuss groben Schrotes verursacht aussehen. Das von den Larven ausgeworfene grobe Nagemehl liegt mitunter in grosser Menge um stark bewohnte Stöcke herum. Ein forstlicher Schaden erwächst durch dieses Thier nicht. Lymexylon navale L. geht schon im Walde anbrüchige Eichen an, wird dann aus dem Walde auf die Holzlagerplätze verschleppt, pflanzt sich hier in dumpfig lagerndem Holze weiter fort,

und ist seit dem vorigen Jahrhundert als Zerstörer der Eichenholzvorräthe auf den Werften berüchtigt. Daher sein deutscher Name W e r f t -
k ä f e r. Aus der allerneuesten Zeit sind uns gerade von den Werften her,
in denen allerdings seit Einführung des Eisens und Stahles als Haupt-
baumaterial für grössere Schiffe die Eichenholzvorräthe abgenommen
haben, grössere Klagen über diesen wohl stets nur technisch schädlichen
Käfer nicht bekannt geworden.

B e s c h r e i b u n g. Die Lymexylonidae sind langgestreckte, fast walzige
Käfer mit freiem Kopfe, fadenförmigen, gesägten oder gekämmten Fühlern,
schwachen Mundwerkzeugen, lang zapfenförmigen, vorstehenden Hüften und sechs-
bis siebengliedrigem Hinterleibe.

Ihre im Holze lebenden weisslichen *Larven* sind langgestreckt, mit
kapuzenförmiger, über den Kopf etwas
übergreifender Vorderbrust und kurzen
Beinen.

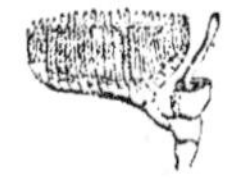

Die Gattung Lymexylon in unserem
Sinne umfasst die Formen mit gut entwickelten Flügeldecken im Gegensatz zu der
die Tropen bewohnenden Gattung Atractoce-
rus mit sehr verkürzten Flügeldecken.

Bei der Untergattung H y l e c o e t u s
verbergen die Flügeldecken den ganzen auf
der Bauchseite siebengliedrigen Hinterleib,
während bei der Untergattung L y m e x y-
l o n im engeren Sinne noch die Spitze des
sechsgliedrigen Hinterleibes freilassen.

Fig. 124. Mittelkiefer-
taster mit Quastenanhang
von Lymexylon der-
mestoïdes L.

L. (Hylecoetus) dermestoïdes L.
Der *Käfer* dieser sehr verbreiteten Art ist
durch einfach gesägte Fühler in beiden
Geschlechtern ausgezeichnet. ♂ mit einem
grossen, sehr deutlich hervortretenden,
büschelförmigen Anhange am zweiten Gliede
des Mittelkiefertasters (Fig. 124). Es kommt
in zwei Färbungen vor: *L. morio* FABR.
ist schwarz, mit schwarzen oder wenigstens
dunkelbraunen Flügeldecken, *L. proboscideus*
FABR., gleichfalls schwarz, aber mit gelben
Beinen und Flügeldecken, letztere an der
Spitze gebräunt. Die ♂ dieser in der Grösse

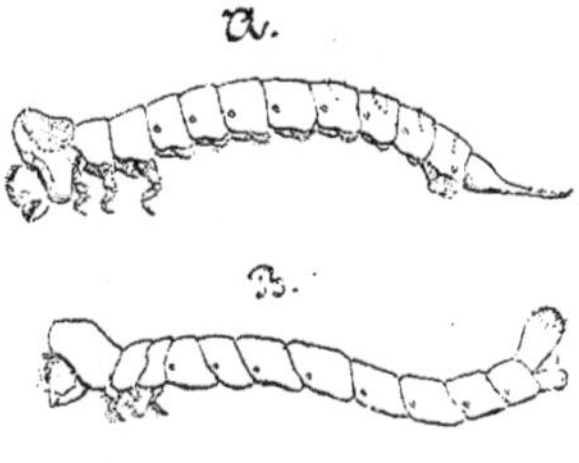

Fig. 125. *A.* Larve von Lymexylon
dermestoïdes L. (Original) B Larve
von L. navale L. nach RATZEBURG.

stark variirenden Art sind meist kleiner wie die ♀. Länge des ♂ 6—13 *mm*,
des ♀ 9—20 *mm*.

Die *Larve*, bis 22 *mm* lang, hat einen glatten, fühlerlosen Kopf mit deutlicher Gabellinie und sehr festen, schneidenden Vorderkiefern. Die Vorderbrust
ist stark und gewölbt, mit gekörnter Rückenplatte, die beiden hinteren Brustringe sind ebenso stark als die acht vorderen Hinterleibsringe. Das neunte
Hinterleibsglied ist in einen langen, an der Spitze zweitheiligen, mit Chitin-
zähnen versehenen Schwanzfortsatz ausgezogen (Fig. 125 *A*).

Im Norden Deutschlands tritt an Stelle des L. dermestoïdes L. eine
andere Art, die sich beim ♂ durch gekämmte Fühler und einen einfachen, nicht
quastenförmigen Anhang des dritten Gliedes der Mittelkiefer auszeichnet. Es ist
dies L. (Hylecoetus) flabellicornis SCHNEID.

Lymexylon navale L. *Käfer.* ♂ mit quastenförmigem Anhange an dem
dritten Gliede der Mittelkiefertaster, schwarz, ein Fleck vorn auf der Flügeldeckennaht, Hinterleib und Beine gelb. ♀ röthlich oder lehmgelb, Kopf und
Flügeldeckenspitzen schwarz. Länge sehr verschieden, 5—12 *mm*.

Larve derjenigen der vorigen Art ähnlich, aber dadurch leicht unterscheidbar, dass das letzte Segment nicht in einen lang zugespitzten, sondern in einen cylindrisch nach oben aufgetriebenen, mit kurzen Dornen besetzten Fortsatz endet. Unten hat sie eine etwas vorstehende Afterröhre. Füsse dreigliedrig, mit einfachen Klauen und behaart. Kopf stark. Länge ungefähr 14 mm (Fig. 125 *B*).

Lebensweise. Die Flugzeit von L. dermestoïdes L. fällt mit dem Buchenausschlag zusammen, also in den April oder Mai [15]. Das Weibchen legt seine Eier in Ritzen alter Stöcke von Tanne, Eiche, Buche, Birke, Ahorn u. s. f. und scheint zur Einbringung derselben mitunter bereits vorhandene Gänge anderer holzbewohnender Käfer, z. B. des Tomicus domesticus L. zu benutzen. Wir finden dann späterhin die Larven in drehrunden, bogenförmig im Inneren des Holzes verlaufenden Gängen, welche an ihrem dünneren Anfangsende allerdings mit Bohrmehl vollgestopft sind, aber auch, wenn sie noch von der Larve bewohnt werden, in Verbindung stehen mit frei an der Oberfläche des Stockes mündenden Ausfuhrkanälen, durch welche die Larven während ihrer Arbeit mitunter soviel Bohrmehl auswerfen, dass man im ersten Augenblicke glaubt, solch ein Stock wäre frisch abgesägt und es läge noch das Sägemehl da. Die Art, wie die Larven diese Ausfuhrkanäle herstellen und überhaupt die ganze Art ihrer Arbeit ist noch nicht völlig klargelegt. Durch diese Kanäle fliegen dann auch die Käfer aus, deren Generation einjährig zu sein scheint. So häufig dieser Käfer auch im Walde dem Forstmann begegnet, so kann er doch nicht als forstschädlich angesehen werden, ja nach einer neueren von Puton [4] mitgetheilten Anschauung von Mathieu soll die Larve Insekten fressen, also fast nützlich sein und mit ihren Gängen das Holz nur deshalb durchwühlen, um auf die holzbewohnenden Borkenkäferlarven Jagd zu machen. Auf die Schwierigkeit, diese Nahrung in allen Fällen zu finden, wird von Puton die so sehr auffallenden Grössendifferenz der Käfer zurückgeführt, die Zwerge sollen eben Hungerleider sein. Definitive Aufklärung können nur neue Untersuchungen geben.

Die Flugzeit von L. navale L. fällt gewöhnlich in den Juni oder Juli. Das Weibchen belegt ältere Eichenstämme, sowohl gefällte als stehende, mit seinen Eiern, aber stets nur an solchen Stellen, an denen die Rinde entfernt ist oder an Sägeschnitten, und zwar in bereits vorhandene Risse. Auch an Edelkastanien hat v. Heyden [XXIV, S. 9] Versuche, die Eier abzulegen, gesehen. Die Larven fressen dann ähnliche, nur dünnere Gänge wie die Hyle co etus-larven, aber auch über die normale Form dieser sind wir schlecht unterrichtet, da die erste von Linné gegebene und von Ratzeburg [V, I, S 40] reproducirte Abbildung kaum der Wirklichkeit völlig entsprechen dürfte. Linné beobachtete auf einer Reise durch Westgothland eine grosse Verheerung durch diese Thiere auf der Admiralitätswerfte bei Gothenburg, die ihm in seiner Reisebeschreibung zu der Bemerkung veranlasste: „Bewunderungswürdig, dass ein so elender Wurm für so viele tausend Thaler Schaden thun kann!" Es wird erwähnt, dass neuerdings auch in Pola, dem österreichischen Kriegshafen an der Adria, ähnliche starke Verwüstungen vorgekommen sein sollen. Authentische Darstellungen derselben sind uns nicht bekannt. Auf den Hamburger Werften ist der Käfer jetzt unbekannt. Vermeidung der Aufnahme bereits befallener Stämme in die Holzvorräthe dürfte die Einschleppung des Käfers, und Antheeren des gelagerten Holzes, welches schon Linné empfiehlt, die Weiterverbreitung desselben verhindern.

Anmerkung über holzzerstörende Seethiere. Wir nehmen hier Gelegenheit, einige Thiere zu erwähnen, die zwar weder zu den Insekten gehören, noch dem Forstmanne in seinem eigentlichen Wirkungskreise begegnen, dennoch aber für ihn dasselbe Interesse haben wie der Werftkäfer, nämlich als Zerstörer von Nutzhölzern, allerdings nicht auf dem Lagerplatze, sondern an der Stelle ihrer Anwendung, im Meere. Dieselben sind zum Theil schon durch Nördlinger [12, S. 197—203] in die forstliche Literatur eingeführt.

Es sind zunächst zwei kleine Krebse zu nennen, welche an den europäischen Küsten die Oberfläche des im Meere versenkten und nicht von Schlamm bedeckten Holzwerkes mit maeandrischen Gängen durchsetzen, nämlich die Bohrassel, Limnoria lignorum Rathke (*terebrans* Leach) und der Bohrflohkrebs, Chelura terebrans Phil. Vielfach vergesellschaftet und in ihrem Frasse einander sehr ähnlich, fügen sie namentlich den Hafenbauten vielen Schaden zu.

Beide sind Mitglieder der Ordnung der Ringelkrebse, Arthrostraca, welche zwar mit den Schalenkrebsen, Thoracostraca, zu denen unser gewöhnlicher Flusskrebs gehört, in der Zahl der Leibessegmente und Gliedmassen überein-

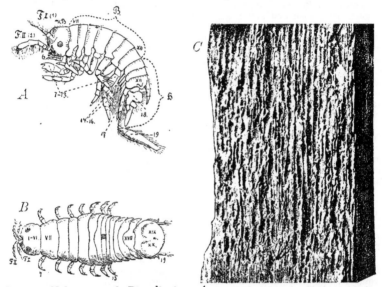

Fig. 126. Holzzerstörende Ringelkrebse. *A.* Der Bohrflohkrebs Chelura terebrans Philippi von der Seite gesehen. *B.* Die Bohrassel Limnoria lignorum Rathke vom Rücken gesehen. *F I* und *F II* die beiden Fühlerpaare. *B.* die sieben freien Brustringe. *H* der Hinterleib. Die Leibesringel sind mit römischen, die Gliedmassen mit arabischen Zahlen bezeichnet. Beide Figuren 10mal vergrössert. *C* Frass von Limnoria in Nadelholz nach einem vom Professor Dr. Moebius an der Ostküste von Schleswig gesammelten Exemplare. Natürliche Grösse.

stimmen, aber durch die nicht gestielten, sitzenden Augen und den Mangel des eigentlichen grossen Rückenschildes unterschieden sind. Die 13 Segmente des Vorderleibes verschmelzen nämlich nicht, wie bei unserem Flusskrebs zu einem einzigen grossen Kopfbruststück oder Cephalothorax, sondern es treten nur die sechs ersten, die beiden Fühler-, die drei Kiefer- und ein Kieferfusspaar tragenden zu einem kleinen Cephalothorax zusammen, während die sieben hinteren Ringel frei bleiben (vergl. S. 15, Fig. 11, sowie Fig. 126 *A*). Die Ringelkrebse umfassen zwei Unterordnungen, die Flohkrebse, Amphipoda, und die Asseln, Isopoda.

Die typischen Amphipoda sind Ringelkrebse mit seitlich zusammengedrücktem Leibe, kiementragenden Brustfüssen und gut ausgebildetem Hinterleibe mit je einem Schwimmfusspaare an den drei vorderen und je einem Springfusspaare an den drei hinteren Hinterleibsringeln. Entsprechend ihrer Leibesform bewegen sie sich in der Seitenlage fort.

Die hier in Frage kommende Form, der Bohrflokkrebs, gehört zu der Unterordnung der Crevettina mit kleinem Kopfe und Augen, sowie vielgliedrigen, beinförmigen Kieferfüssen und bildet für sich die Familie der Cheluridae, mit fast cylindrischem Körper, bei denen die vierten, fünften und sechsten Hinterleibsringel verwachsen und mit sehr verschieden gestalteten Beinpaaren besetzt sind.

Gattung Chelura (Fig. 126 A). Erstes Fühlerpaar zugespitzt, siebengliedrig, mit Nebenast. Zweites Fühlerpaar etwas länger, sehr stark, mit plattenförmigen, unterwärts langbeborsteten Geisselgliedern. Die beiden vorderen Beinpaare sind scherentragend, das vierte Hinterleibsbeinpaar (Fig. 126 A, 17) ist langgestreckt und an der Spitze in zwei flache Aeste getheilt, das fünfte (A, 18) breit und dreilappig, das sechste (A, 19) lang, mit langgestrecktem, gezähntem, einfachem Endgliede. Das dritte Hinterleibssegment (A, XII) mit langem, nach oben und hinten gerichtetem Dornfortsatze.

Es gibt nur eine Art, die Ch. terebrans PHILIPPI. Dieses zuerst 1839 [11] bekannt gewordene Thierchen frisst an den Mittelmeerküsten und den atlantischen Gestaden Europas und Amerikas das im Meere befindliche Holzwerk von dem Meeresgrunde bis zur Ebbegrenze an und macht in ihm drehrunde Gänge von 1·5 mm Durchmesser, die mit Ausnahme der Astknoten das Holz gänzlich durchsetzen. Holzpfähle mit einem Querschnitte von 30 cm im Geviert können in zehn Jahren völlig zerstört werden. Die Holztheilchen dienen den Thieren zur Nahrung. Dieser bis 5 mm lange Flohkrebs ist oft mit der Bohrassel vergesellschaftet, letztere dagegen kann auch selbstständig vorkommen, z. B. in der Ostsee.

Die Bohrassel gehört zu den Isopoden. Die Isopoda oder Asseln (vergl. Fig. 126 B) sind Ringelkrebse mit breitem, niedergedrücktem, gewölbtem oder abgeflachtem Körper und kurzgeringeltem, oft rückgebildetem Hinterleibe. Die an den sieben freien Segmenten sitzenden Beinpaare sind Schreit- oder Klammerfüsse; die Hinterleibsbeinpaare sind mit Ausnahme des letzten plattenförmig und zu Kiemen verwandelt.

Wir rechnen mit GERSTÄCKER die hier in Frage kommende Form zu der Familie der Sphaeromidae, welche sich biologisch durch ihr Einrollungsvermögen charakterisiren. Ihr Kopf ist stark in der Quere entwickelt, die beiden Fühlerpaare sind annähernd gleich, die sieben Beinpaare entweder sämmtlich Wandelbeine oder die vorderen mit einer Greifhand endend. Abdominalsegmente öfters zum Theil verschmolzen, die vereinigten hinteren bilden ein grosses Schwanzschild.

Die Gattung Limnoria unterscheidet sich von allen anderen zu dieser Familie gehörigen Formen durch die geringe Verschmelzung der Hinterleibssegmente, von denen die fünf ersten (Fig. 126 B, XVI—XVIII) frei bleiben und nur die beiden letzten (B, XIX und XX) zu einem breiten, runden Schwanzschilde verschmelzen. Das an diesem angebrachte letzte Hinterleibsbeinpaar (B, 19) hat einen einfachen Innenast, während der äussere zu einer nach aussen gekrümmten starken Kralle verkümmert. Die beiden Fühlerpaare, welche durch keinen Stirnfortsatz getrennt sind, sind beinahe gleichlang, das erste vier-, das zweite fünfgliedrig, wenn man von der feineren Unterabtheilung der Endglieder absieht.

Wahrscheinlich existirt nur eine Art, Limnoria lignorum RATHKE, mit den Charakteren der Gattung. Dieses 4—5 mm lange Thierchen, welches die europäischen Küsten vom Mittelmeer bis zur Schleswig'schen Ostküste bewohnt, bohrt im Holz drehrunde Gänge bis 2 mm Durchmesser. Dieselben sind so dicht an einander angebracht, dass nur ganz dünne Zwischenwände stehen bleiben und zunächst die oberflächlichen Holzschichten, allmählich aber die ganzen Stücke in eine schwammige Masse verwandelt werden. In Fig. 126 C ist ein Frassstück abgebildet. An der irischen Küste werden nach SEMPER [20, Bd. II, S. 156] auch feste Kalksteine angegangen.

Bereits am Ende des vorigen Jahrhunderts wurde man durch DICQUEMARE [16] in Havre auf dasselbe aufmerksam, aber erst 1834 wurden seine Verwüstungen durch STEPHENSON an der englischen Küste genauer beobachtet und von COLDSTREAM beschrieben, und zwar bei Gelegenheit des Baues eines Leuchtthurmes auf Belt-Rock [14]. Hier wurden die Pfosten zerstört, auf welchen der provisorische Leuchtthurm errichtet war. Auf dem „Trinity-Zimmerplatze" wurden die diesen tragenden Pfähle innerhalb vier Jahren auf ungefähr die Hälfte des Durchmessers abgenagt. Ende der Dreissigerjahre des Jahrhunderts sind auch die Hafenanlagen in Plymouth sehr erheblich geschädigt worden [II]. Die verschiedensten Holzarten werden zerstört, sind aber durch dichten Beschlag mit eisernen Nägeln zu schützen. Teakholz soll nicht angegangen werden.

Uebrigens können auch Mitglieder der nahe verwandten Gattung Sphaeroma Holz anbohren. Dies ist sowohl an der brasilianischen Küste wie in der Präsidentschaft Madras in Vorderindien beobachtet worden.

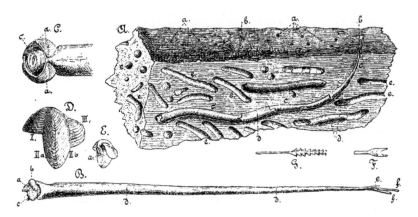

Fig. 127. Der Schiffsbohrwurm Teredo navalis L. und seine Zerstörungen nach v. BAUMHAUER [I]. A. Ein Stück Holz mit Bohrgängen und Thieren; a die Löcher, durch welche die Athemröhren b frei in das Wasser ragen; c ein in seiner ganzen Länge aufgedeckter Bohrwurm. Bei d ist die Kalkauskleidung der Gänge erhalten; e sind leere geöffnete Gänge. B. Ein ganzer Bohrwurm aus dem Holze genommen; a die kleine Schale; b äusserer Oeffnungsmuskel; c Fuss; d verwachsener Mantel; e „Palette"; f Athemröhren. C. Vordertheil des Bohrwurmes; a Schale; c Fuss mit Saugnapf. D. Linke Schale von aussen, die verschiedene Sculptur der einzelnen, durch römische Zahlen bezeichneten Schalabschnitte zeigend. E. Rechte Schale von innen, um den Muskelfortsatz a zu zeigen. F. Palette von Teredo navalis. G. Palette der nahe verwandten Untergattung Xylotrya.
A und B ungefähr um die Hälfte verkleinert, C und E natürliche Grösse, D, G und F ungefähr um das Doppelte vergrössert.

Die gefährlichsten Feinde alles längere Zeit im Meerwasser untergetauchten Holzes sind aber Weichthiere, Mollusca, nämlich eine Reihe von Muschelarten, welche der Gattung Teredo angehören und im gewöhnlichen Leben fälschlich als Bohrwürmer bezeichnet werden.

Die Gattung Teredo (Fig. 127) gehört zu den Muscheln mit verwachsenen Mantelrändern, ist aber vor allen anderen durch ihre ungemein verlängerte wurmförmige Gestalt ausgezeichnet (B), sowie durch die Kleinheit ihrer zweiklappigen Schale, welche nur einen sehr geringen Theil des Leibes an dessen angeschwollenem, vorderem Ende bedeckt (B, a). Der grösste Theil des Mantels liegt also völlig frei. Die wunderbar dreilappig geformten Schalen (D und E) schliessen bauch-

wärts nur an einem einzigen Punkte zusammen und lassen vorn und hinten
zwischen sich je eine weite, klaffende Oeffnung. Der vorderen entspricht eine
Spalte des sonst vollständig verwachsenen Mantels, durch welche der kleine
cylindrische, an seinem abgestumpften vorderen Ende mit einem Saugnapfe versehene Fuss (B und C, c) vorgestreckt werden kann. An seinem hinteren Ende
geht der Körper in zwei kurze, ungleich lange Athemröhren aus (B, f f), von
denen die längere als Einfuhröffnung für das Athemwasser, die kürzere als
Ausfuhröffnung dient. An der Basis dieser Athemröhren sind im Mantel zwei
schaufelähnliche (B e und F), bei manchen ausländischen Arten gefiederte (G)
Kalkstückchen, die sogenannten „Paletten" eingelagert.

      An den von Teredo bewohnten Hölzern bemerkt man äusserlich nur kleine
runde, ungefähr 1—1·5 mm im Durchmesser haltende, schräg in das Holz eindringende Löcher, aus welchen die ungestörten Thiere ihre beiden Athemröhren
herausstrecken. Durch letztere wird aber nicht nur das Athemwasser, sondern
zugleich mit ihm auch die im Meerwasser enthaltene, fein vertheilte, organische
Substanz, von der sich die Muscheln nähren, aufgenommen, und auch der Koth,
das Bohrmehl und die jungen Larven ausgestossen. Die beim Bohrgeschäfte fein
zerriebenen Holztheile dienen der Muschel nämlich nicht als Nahrung, diese sucht
vielmehr im Inneren der Pfähle nur Schutz für ihren weichen Körper. Der Bohr-
kanal, in welchem eine solche Muschel lebt, erweitert sich von der Eingangsöffnung aus allmählich bis zu einem abgerundeten blinden Ende, in welchem
der Vorderleib mit Schale und Fuss ruht (A, c). Die ganze Innenseite des vollendeten Kanales ist mit einer festen, von der Manteloberfläche der Muschel abgesonderten, gleichmässigen, weissen Kalkschicht ausgekleidet (A, d). Jeder Bohr-
gang, dessen Länge bis 40 cm betragen kann, ist von seinem Bewohner völlig
ausgefüllt.

      Teredo ist getrennten Geschlechtes und scheint eine einjährige Generation
zu haben. Die Eier werden von dem Mutterthiere in die Mantelhöhle ausgestossen, entwickeln sich zu kleinen Larven, die hier auch noch eine kurze
Metamorphose durchmachen, und gelangen alsdann, allerdings noch in einer dem
erwachsenen Thiere sehr wenig ähnlichen Gestalt, durch die Athemröhre in das
Meer. Sie sind zwar schon mit einer zweiklappigen Schale versehen, schwimmen
aber mit Hilfe eines an ihrem Vorderende befindlichen Wimpersegels frei umher.
Diese freien Larven treten in unserer Nordsee ungefähr Ende Juni auf [5].
Bald setzen sich die Thierchen aber an einem Pfahle, und zwar in einer
passenden äusseren Ritze desselben, fest, verwandeln sich schon im Laufe von
8—14 Tagen in anfänglich zwar noch sehr kleine, aber typisch geformte „Bohrwürmer" und beginnen nun das Bohrgeschäft, welches sie lediglich nach Massgabe ihres allerdings ziemlich raschen Wachsthumes forttreiben. Das hierbei
benutzte Bohrwerkzeug ist die Schale.

      Diese (D) besteht aus drei, auch ihrer Sculptur nach verschiedenen Theilen,
deren hinterer (D III) im Leben von einer Falte des Mantels bedeckt wird. Auf
dem vorderen Schalenabschnitte (D I) ist der Rand jedes Anwachsstreifens mit
äusserst feinen, scharfen Zähnen besetzt, und auch die rechtwinkelig zu den
ersterwähnten gestellten Anwachsstreifen an der vorderen Hälfte des mittleren
Schalenabschnittes (D, II a) zeigen eine ähnliche, aber gröbere Bewaffnung. Die
nur sehr wenig ausgiebigen Sperr- und Schliessbewegungen der Schalen werden
hier — anders als bei den gewöhnlichen Flussmuschel oder den Austern, bei
denen die Oeffnung durch das elastische Schlossband bewirkt wird — beide
durch die Muskelwirkung verursacht. Die Sperrmuskeln setzen sich aussen an
den Rückentheil der Schale (B, b), die Schliessmuskeln greifen auch an einem
von den Schalenwirbeln nach innen tretenden langen Schalfortsatz an (E, a).
Der Fuss kann sich mit seinem Saugnapfe (C, c) im Grunde der Höhlung festsetzen, und durch das Zusammenwirken der Fuss-, Sperr- und Schliessmuskeln
wird nun der Schale eine langsame Drehbewegung gegeben, bei welcher ihre,
wie eine Feile wirkende Oberfläche das Holz abraspelt. Die zunächst schräg
gegen die Holzoberfläche eindringenden Gänge werden bald in der Richtung der
Holzfaser weiter getrieben und weichen von ihr nur so weit ab, als zur Um-
gehung benachbarter, bereits vorhandener Gänge nothwendig ist. Niemals kreuzt

ein Bohrwurm die Röhre eines anderen, die einzelnen Gänge liegen aber häufig so dicht beisammen, dass nur ganz dünne Scheidewände zwischen ihnen stehen bleiben und das völlig schwammig gewordene Holz, seine Widerstandsfähigkeit gänzlich verliert. Im Meere schwimmende Hölzer, also auch Schiffsrümpfe und eingerammtes Pfahlwerk, werden binnen wenigen Jahren vollständig zerstört, le‎tzteres in den Meeren mit Ebbe und Fluth bis zur Höhe des mittleren Wasserstandes.

Die in Europa gefürchtetste Form ist der gemeine Schiffs-bohrwurm Teredo navalis L., der in unseren Meeren einheimisch und nicht, wie man früher glaubte, aus tropischen Meeren eingeschleppt ist. Indessen treten seine Verheerungen zu Zeiten stärker als gewöhnlich auf, in den etwas brackigen Wässern der holländischen Kanäle und Binnenmeerbusen besonders in regenarmen, warmen Jahren, in welchen der Salzgehalt derselben ein wenig steigt. Solche Jahre waren 1731, 1770, 1827 und 1859. Im ersteren Jahre verursachte die Entdeckung, dass die Pfahlwerke, welche die holländischen Deiche stützen, völlig von diesem Thiere durchwühlt seien, in den Niederlanden einen panischen Schrecken. In letzterem Jahre wurde eine wissenschaftliche und technische Commission zur Auffindung einer wirksamen Abwehr so schwerer Schäden niedergesetzt. Der äusserst gründlichen, durch v. Baumhauer gegebenen Zusammenfassung der Arbeiten dieser Commission [I, S. 23], der wir die meisten der vorstehend gegebenen, naturgeschichtlichen Thatsachen entnommen haben, verdanken wir auch die folgenden praktischen Winke.

Zunächst steht fest, dass keine Holzart, weder eine einheimische noch eine fremdländische, an und für sich gegen die Angriffe des Bohrwurms gesichert ist.

Ferner hilft gegen seine Angriffe keinerlei äusserlicher Anstrich des Holzes, ja nicht einmal der Beschlag mit grossköpfigen, dicht an einander gereihten Eisennägeln, da die sehr kleinen Larven immer noch Stellen finden, an denen sie zwischen den Nägelköpfen eindringen können. Der einzige wirkliche Schutz besteht in einer Imprägnation des Holzes mit Kreosot; aber auch nur die Stellen, welche vollständig imprägnirt sind, werden nicht angegriffen. Da nun die Imprägnation der Nadelhölzer leichter gleichmässig gelingt, wie die des Eichenholzes, haben sich imprägnirte Nadelholzpfähle widerstandsfähiger erwiesen als Eichenpfähle. Holzschiffe werden unterhalb der Wasserlinie durch einen Kupferbeschlag geschützt.

Die Nagekäfer oder Anobiidae sind kleine cylindrische, dunkel gefärbte Käfer mit unter dem Halsschild verborgenem Kopfe, welche in ihrem Habitus Aehnlichkeit mit den Borkenkäfern haben, sich von ihnen aber durch die fünfgliedrigen Tarsen, die nicht gebrochenen Fühler und die mit wohl ausgebildeten Beinen versehenen Larven unterscheiden. Sie sind von grosser wirthschaftlicher Bedeutung durch die technischen Schäden, welche sie den aufbereiteten und verarbeiteten Hölzern zufügen; namentlich sind als Balken- und Möbelzerstörer die durch den

klopfenden Paarungsruf der Männchen bekannten „Todtenuhren" Anobium
pertinax L. und An. domesticum FOURCR. bekannt und An. (Ernobius)
molle L. ist der gefährlichste Feind aller berindeten Nadelholzstücke,
also auch der Frassstücksammlungen, welche der Forstmann sich etwa
anlegt (vergl. S. 346). Ausserdem ist An. Abietis FABR. als Zerstörer der
Fichtenzapfen, und An. nigrinum STRM. als Vernichter von Kieferntrieben, deren Markröhre er aushöhlt, bekannt. Grössere physiologische
Schädigungen von Holzgewächsen fallen ihnen nicht zur Last.

Beschreibung. Die *Käfer* der Anobiidae in dem hier angenommenen
Umfang sind meist klein bis mittelgross, cylindrisch, mit oberwärts von dem
Halsschild bedecktem Kopfe, nicht gegen die Mittelbrust verlängerter Vorderbrust und fünf Bauchringen. Ihre neun- bis elfgliedrigen Fühler sind gesägt,
gekämmt oder mit drei grösseren Endgliedern versehen und auf der Stirn am
Vorderrand der Augen eingefügt. Die Vorder- und Mittelhüften sind kugelig
oder oval, die Hinterhüften quer.

Die *Larven* sind weisslich, dick, mit Querwülsten auf dem Rücken der
Segmente, fein behaart und bauchwärts eingekrümmt, mit deutlich entwickeltem,
gut chitinisirtem Kopfe, der bedeutend schmäler ist als die stark aufgetriebenen

Brustringe; die Füsse sind gut entwickelt und behaart, der
Hinterleib nicht deutlich gegen die Brust abgesetzt, neun-
gliedrig (Fig. 128).

Die *Käfer*, welche sehr verschieden leben und theils
auf Blüthen, theils in Pilzen, an altem Holze, unter Rinde etc.
gefunden werden, belegen im Anfange der wärmeren Jahreszeit namentlich trockene pflanzliche Substanzen mit ihren
Eiern, und die Larven, welche weniger Feuchtigkeitsbedürf-
niss als die meisten übrigen Käferlarven zu haben scheinen,
durchsetzen ihre Brutstätten dann mit vielfach gewundenen
Gängen.

Fig. 128. Larve
von Anobium
emarginatum
DUFT. (Original.)
⁵/₁ nat. Gr.

Die Familie der Anobiidae lässt sich für unsere
Zwecke in zwei grosse Gruppen theilen, in die Anobiini und
die Apatini, welche sich wesentlich durch die Beschaffenheit der Tarsalglieder unterscheiden. Bei den *Käfern* der ersteren sind,
ebenso wie bei der durch die Einlenkung der Fühler auf der Stirn unterschiedenen, verwandten Familie der Ptinidae die beiden ersten Tarsalglieder
ungefähr gleichlang, bei den Apatini dagegen bleibt das erste Tarsalglied
so klein, dass es oft übersehen wurde, während die Glieder 2 und 5 sehr
gross sind.

Auch die *Larven* dieser beiden Gruppen sind, wenngleich einander sehr
ähnlich, doch deutlich unterscheidbar. Die der Anobiini sind ziemlich stark
behaart, mit Punktaugen und sehr kleinen dreigliedrigen Fühlern versehen, welche
in einer Einsenkung aussen am Grunde der gezähnten Vorderkiefer so gut verborgen sind, dass sie bis zu den genauen Untersuchungen von PERRIS als fühlerlos
angesehen wurden. Vor ihrer Verpuppung bauen sie eine dünne Hülle aus zu-
sammengeleimtem Nagemehl. Die Larven der Apatini sind dagegen weniger
behaart, haben keine Punktaugen, deutlich erkennbare Fühler und ungezähnte
Vorderkiefer. Ihr Vorderleib ist mehr aufgetrieben als bei den Larven der
Anobiini.

Wir unterscheiden unter den Anobiini nur zwei Gattungen, nämlich
Anobium und Ptilinus.

Bei der Gattung Anobium im weiteren Sinne sind die *Käfer* dadurch
charakterisirt, dass die drei Endglieder der nicht sägeförmig gezähnten Fühler
gross und langgestreckt sind, ohne dabei eine Keule zu bilden. Die *Larven* sind
durch, bei den verschiedenen Arten verschieden angeordnete, Dörnchen auf der
Rückenfläche der Segmente ausgezeichnet. Diese Gattung wird meist in eine

Reihe kleinerer Gattungen getheilt, welche wir als Untergattungen betrachten. Wir erwähnen hier folgende:

Untergattung Anobium PADR. im engeren Sinne. Fühler elfgliedrig, die drei letzten Glieder sehr lang, oft länger als die übrigen zusammen. Halsschild bis zu den Vorderhüften zum Einlegen des zurückgeschlagenen Kopfes ausgehöhlt, sein Vorderrand als vorspringende Kante bis zu den Gelenkgruben der Vorderbeine verlaufend. Flügeldecken mit regelmässigen Punktstreifen.

Untergattung Xestobium MOTSCH. Fühler elfgliedrig, die drei letzten Glieder länglich, Halsschild nicht ausgehöhlt, seine Seitenränder schneidend, Flügeldecken nur punktirt ohne Streifen. Fussglieder kurz und dick.

Untergattung Ernobius THMS. Fühler elfgliedrig, die drei letzten Glieder stark verlängert, Halsschild nicht ausgehöhlt, Flügeldecken nur punktirt, Füsse zart und lang, ihr erstes Glied verlängert, die folgenden allmählich kürzer werdend.

Bei der Gattung Ptilinus im weiteren Sinne sind dagegen die *Käfer* durch die gesägten, gekämmten oder wedelförmigen Fühler, deren letzte Glieder nicht oder nur wenig vergrössert sind, ausgezeichnet. Ihre *Larven* sind durch den Mangel der kleinen Dörnchen auf der Rückenseite von denen der Gattung Anobium unterschieden. Jetzt werden auch die Ptilinus-Formen in verschiedene Untergattungen eingetheilt, die wir hier übergehen können.

Von den Apatini haben wir nur zwei Gattungen zu erwähnen

Gattung Lyctus. Körper langgestreckt, oben gewölbt, Kopf vorgestreckt. Augen vortretend, Fühler elfgliedrig mit zwei grösseren Endgliedern.

Gattung Apate. Körper cylindrisch, Kopf unter dem rauhen gekörnten Halsschilde versteckt. Fühler zehngliedrig mit drei grösseren, gesägten Endgliedern.

Forstliche Bedeutung. Die Käfer der Anobiidae sind als solche völlig unschädlich, dagegen sind die Larven mannigfach lästig und verderblich. Nach dem Schaden derselben kann der Forstentomologe die Anobiidae in folgende Gruppen bringen:

1. Die Larven bewohnen, ohne eigentlich zu schaden, die Rinde von älteren Stämmen.

2. Die Larven leben in noch stehenden Bäumen, deren Holz sie technisch schädigen.

3. Die Larven bewohnen die Aeste der Gipfel von Bäumen und bringen sie zum Absterben.

4. Die Larven fressen junge Triebe an und zerstören sie.

5. Die Larven bewohnen und zerstören Nadelholzzapfen.

6. Die Larven zerstören ältere, bearbeitete trockene Hölzer, Bretter, Balken etc. in den Holzlagern, Hausgeräthe, Möbeln u. s. w.

Von den in der Borke älterer Stämme brütenden Anobiiden ist hier nur zu erwähnen:

Anobium emarginatum DUFT. *Käfer* langgestreckt, pechbraun mit feiner gelblichgrauer Haarbedeckung. Halsschild mit rechtwinkelig vorgezogenen Vorderecken, abgerundeten Hinterecken und stark gerandet. Hinten auf seiner oberen Fläche trägt es jederseits einen durch halbkreisförmige Linien begrenzten Eindruck, zwischen denen nach dem Schildchen zu ein mittlerer, erhabener, selbst wieder abgeflachter Kamm verläuft. Die Flügeldecken sind fein und regelmässig punktirt gestreift.

Die gänzlich unschädliche *Larve* bewohnt, oberflächlich unregelmässige, kurze, mit braunem Bohrmehl gefüllte Gänge fressend, die Borke älterer stärkerer Fichten, ohne je tiefer zu gehen. Die Fluglöcher des *Käfers* sind an Stärke denen des Tomicus typographus L. ähnlich und haben oft bereits überflüssige Furcht vor drohender Borkenkäferverheerung erweckt. Nur aus diesem Grunde wird dieses Thier hier erwähnt.

Aus der zweiten biologischen Gruppe, welche in anbrüchigen Stellen stehender Bäume brütet, sind namentlich zwei Arten zu
nennen:

Anobium (Xestobium) rufo-villosum De Geer *(pulsator* Schall.
tesselatum Fabr.). *Käfer* dunkel pechbraun, oberwärts mit grösseren und
kleineren unregelmässigen Flecken goldgelber Härchen, Halsschild ohne Höker,
breiter als lang, gewölbt, der Vorderrand in einen stark vortretenden Bogen
vorgezogen, der Seitenrand breit und flach gegen die Scheibe abgesetzt.
Länge 5—7 *mm.*

A. (Xestobium) plumbeum Ill. Käfer schwarz, auf der Oberseite mit
grünlichem Metallglanze, mit starker gelber oder bräunlicher Behaarung.
Fühler und Beine braun, letztere an den Enden mehr weniger rothgelb.
Länge 4 *mm.*

Diese Käfer sind wesentlich Laubholzbewohner und ihre Larven leben
in anbrüchigen oder blossgelegten Stellen, Aststummeln u. dergl. A. rufo-
villosum De Geer meist an Eiche, A. plumbeum Ill. an Buche und Birke.
Ausserdem kommen noch eine Reihe anderer Formen vor, die wir hier übergeben können. Dass solche Beschädigungen technisch schädlich werden können,
ist sicher. Diese Käfer aber, wie Eichhoff dies gethan hat [7], darum als
schädlich anzusprechen, weil ihre Gänge das Eindringen der Fäulniss in die
Stämme besonders begünstigten, ist, wie Altum sehr richtig darlegt [XVI, III,
1, S. 154], übertrieben, da die Erreger der Fäulniss doch verschiedene Pilzarten sind und die Sporen derselben so geringe Dimensionen haben, dass sie
schon in jeder feinsten Ritze sich festsetzen und überhaupt an jeder rauhen
Wundfläche haften können. Wenn man nun neuerdings sehr zweckmässiger-
weise in gut gepflegten Revieren zur Vermeidung des Faulwerdens der auf-
geasteten Bäume die Schnittflächen antheert, so ist diese Massregel wesentlich
gegen die Fäulnisspilze gerichtet. Dass sie auch gegen das Eindringen der
Anobiidae schützt, ist allerdings einer ihrer weiteren Vortheile.

Die dritte biologische Gruppe, deren Larven Aeste zum
Absterben bringen, umfasst vorläufig nur zwei Insekten:

Apate (Sinoxylon) bispinosa Oliv. Käfer schwarz, lang grau
behaart. Mundwerkzeuge, Fühler, Flügeldecken und Beine mit Ausnahme
der Schenkel braun. Fühlerkeule gross, nach innen tief gesägt, fast so
lang als der übrige Fühler. Flügeldecken grob punktirt, an der Spitze in
eine Schrägfläche abgestutzt, auf deren Mitte nahe neben der Naht jederseits
ein derber gerader Dorn und zwei bis drei erhabene Körnchen stehen.
Länge 6—7 *mm.*

Dieses Thier ist schon seit langer Zeit in Tirol und Italien als ein den
Reben schädliches bekannt geworden, und es hat ihm in dieser seiner Eigenschaft auch Costa [5] eine längere Besprechung gewidmet. Es frisst nämlich
die sehr starke Larve im Holze der Weinreben und schwächt sie so, dass sie
leicht abbrechen. Es heisst daher in Bozen „Rebendreher". Nach einem sehr
schönen Frassstücke, welches die Tharander Sammlung Herrn Professor Henschel
in Wien verdankt, scheint schliesslich die Larve ähnlich den Zweig zu ringeln,
nur viel tiefer, wie Agrilus bifasciatus Oliv. die Eiche (vergl. S. 323). Es ist
ferner im Jahre 1855 im österreichischen Küstenlande im k. k. Forstamte
Montana beobachtet worden, dass dieses Thier sich auch in die Gipfel 15—30jäh-
riger Eichen einbohrt, wodurch die befallenen Stammtheile zum Absterben gebracht werden. Die Thäterschaft steht ausser Zweifel, da zwei in eingesandten
Frassstücken gefundene todte Käfer von Kollar in Wien sicher bestimmt werden
konnten [8].

A. (S.) sexdentata Oliv., der nächste Verwandte des vorhergehenden,
wird durch de Trégomain ebenfalls als ein Beschädiger der Steineichen in Südfrankreich angegeben. Er bewohnt vielfach die von Agrilus bifasciatus Oliv.
befallenen Zweige, in denen er ähnlich frisst, wie A. bispinosa Oliv. Sein
Frass ist an den runden Fluglöchern auch äusserlich von dem des Eichen-
prachtkäfers zu unterscheiden (vergl. S. 321 und 325) und soll irgend welche
grössere Bedeutung nicht haben.

Die vierte hier angenommene Anobiengruppe, deren Larven Triebzerstörer sind, umfasst zwei Mitglieder der Untergattung Ernobius. Es sind dies folgende:

Anobium (Ernobius) nigrinum St. *Käfer* ziemlich gestreckt, fast cylindrisch, schwarz, etwas glänzend, fein greis behaart, mit röthlichen Fühlern und Tarsen. Halsschild quer, gleichmässig gewölbt, feinkörnig punktirt, in der Mitte mit einer glatten, schwach vertieften Längslinie. Ecken abgerundet. Viertes bis achtes Fühlerglied sehr klein und gedrängt, die drei letzten gross und stark. Länge 3—4 *mm.*

Anobium (Ernobius) Pini St. *Käfer* länglich, glänzend roströthlich, ziemlich dicht greis behaart. Halsschild quer mit breit verflachten Seiten und stumpfen, leicht verrundeten Vorderecken, fast eben, nur an der Basis jederseits flach eingedrückt. Fünftes bis achtes Fühlerglied dicht gedrängt, viel kürzer als die übrigen. Länge 3 *mm.*

Von diesen beiden Käfern wird der zweite nur deshalb erwähnt, weil ihn Hartig [V, 1, S. 43] einmal mit Tortrix Buoliana S. V. aus jungen Kieferntrieben erzogen hat. Entschieden wichtiger ist dagegen A. nigrinum St., dessen Larve die Markröhre von Kieferntrieben in ähnlicher Weise von unten nach oben ausfrisst, wie die Imago von Hylesinus piniperda L. Da trotz der deutlich vorhandenen Beine die Larve wohl mit einer Borkenkäferlarve verwechselt werden kann, hat dieses Thier Veranlassung zu dem Glauben gegeben, H. piniperda brüte auch in Kieferntrieben.

Im Grossen sind Schädigungen durch A. nigrinum St. nur selten beobachtet worden; die stärkste bekannte wird von Ratzeburg erwähnt [XV, 2, S. 422]. Im Jahre 1867 wurde in Eberswalde eine Kultur mit sechsjährigen Kiefern ausgeführt, welche unter Insektenschäden ganz besonders zu leiden hatte, und es fand sich hier die Larve dieses Thieres in den Gipfeltrieben von fast der Hälfte der dürrgewordenen Pflanzen Gegen A. nigrinum ist in den Trieben älterer Kiefern nichts zu thun. Haust es in Kulturen, so dürfte Ausschneiden und Vernichten der befallenen Triebe das einzige anwendbare Mittel sein. Die Generation wird von Ratzeburg als zweijährig angegeben.

Die fünfte Anobiengruppe umfasst die Zapfenbewohner. Als solche werden, und zwar aus der Fichte angeführt:

Anobium (Ernobius) Abietis Fabr. *Käfer* oben rostroth, unten dunkler, überall mässig fein punktirt und mit kurzer gelblicher, seidenschimmernder Behaarung. Halsschild uneben, mit drei schwachen Längserhabenheiten vor dem Schildchen. Fünftes Fühlerglied länger als das vierte, sechste und siebente, achtes Fühlerglied kurz, fast quer. Länge 3 bis 4 *mm.*

A. (Ernobius) longicorne St. *Käfer* verlängert, fast cylindrisch, pechschwarz oder braun, Fühler, Taster, Schienen und Tarsen rothbraun. Halsschild quer, gleichmässig gewölbt, mit abgestumpften Vorderecken. Fühler namentlich beim ♂ lang, die Glieder vier bis acht kurz und dicht aneinander gedrängt, die drei letzten sehr lang und nicht verdickt. Länge 2·5 *mm.*

A. (Ernobius) angusticolle Ratz. *Käfer* länglich, dunkelbraun glänzend, fein behaart. Halsschild bedeutend schmäler als die Basis der Flügeldecken, gewölbt mit abgesetzten, stark aufgebogenen Seitenrändern, so dass es von oben fast rhomboidal aussieht. Fühler länger als der halbe Körper, die Glieder drei bis acht verkehrt kegelförmig, das fünfte und siebente länger als die übrigen, die drei letzten Glieder so lang als die acht übrigen zusammen. Länge 2·5—3 *mm.*

Ausserdem wird noch erwähnt A. abietinum Gyll. aus Föhrenzapfen [XXVI, S. 141].

Namentlich A. Abietis Fabr. ist überall sehr häufig. Die Zapfen werden noch am Baume mit den Eiern belegt, die Larven gehen dann tiefer und die kranken, bald abfallenden Zapfen sind am Harzausflusse kenntlich. Zunächst wird die Spindel und dann die Basis der Schuppen angegriffen. Im nächsten Frühjahre erfolgt die Verpuppung, bald darauf die Verwandlung in den Käfer. Die Generation ist also einjährig.

Einziges Gegenmittel dürfte Sammeln und Verbrennen der am Boden liegenden kranken Zapfen im Herbst und Winter sein. Auch die anderen Schädiger der Fichtenzapfen trifft man gleichzeitig mit dieser Massregel. Es scheint übrigens fast, als ob alle diese Arten auch in Nadelholzästen und -Rinde brüten könnten.

Die sechste biologische Gruppe von Anobien mit Werkholz, Balken und Hausrath bewohnenden Larven ist zweifelsohne die praktisch wichtigste, dagegen leidet der Forstmann als solcher am wenigsten unter ihren Schädigungen. Hier sind zu erwähnen:

Anobium domesticum Fourc. (*striatum* Oliv.). Käfer pechbraun, sehr fein und kurz grau behaart, Stirn mit einer Beule, Halsschild vor dem Schildchen mit einem von beiden Seiten zusammengedrückten, nach rückwärts stumpf zugespitzten Höcker, neben welchem sich hinten zwei tiefe Eindrücke bilden, und ungekerbtem Seitenrande; Flügeldecken hinten abgerundet und regelmässig punktirt gestreift. Länge 3—4·5 *mm.*

A. pertinax L. (*striatum* Fabr.). Käfer mattschwarz, äusserst kurz bräunlich behaart. Halsschild auf der hinteren Hälfte mit einem nach vorn gabelförmig getheilten Längskiel, neben diesem jederseits noch eine beulenartige Erhöhung, in den Hinterecken ein scharf abgegrenzter Fleck goldgelber Härchen. Länge 4·5—5 *mm.*

A. rufo-villosum De Geer. (vergl. oben S. 344) ist gleichfalls in Balken, Fussböden etc. schädlich.

A. (Ernobius) molle L. *Käfer* länglich, rostroth, fein greis behaart, Halsschild breiter als lang, so breit als wie Basis der Flügeldecken, der Quere nach gleichmässig gewölbt, mit nicht abgeflachten herabgebogenen Seiten, das fünfte und siebente Fühlerglied länger als die benachbarten. Länge 5 *mm.*

Ptilinus pectinicornis L. *Käfer* länglich, cylindrisch, etwas glänzend schwarzbraun, Flügeldecken heller, mit feiner greiser Behaarung. Fühler und Beine rostroth, Halsschild vorn stärker gekörnt, vor dem Schildchen mit einer kleinen gerundeten, glatten, glänzenden Beule. Flügeldecken mit feinen, unregelmässigen Punktreihen. Fühler des ♂ von dem vierten Gliede an lang gekämmt, ♀ mit nur gesägten Fühlern und auf der hinteren Hälfte des Halsschildes jederseits mit einer geglätteten Stelle. Länge 3—5 *mm.*

Pt. costatus Gyll *Käfer* dem vorigen sehr ähnlich, etwas dunkler, die Kammfortsätze der Fühler des ♂ sind jedoch viel kürzer und dem ♀ fehlen die beiden geglätteten Stellen am Halsschilde. Länge 3—5 *mm.*

Lyctus unipunctatus Hbst. (*canaliculatus* Fabr.). *Käfer* langgestreckt, oben etwas flacher, braun. Kopf und Halsschild gerunzelt, letzteres fast viereckig, in der Mitte mit einer tiefen Längsgrube. Flügeldecken fein punktstreifig, zwischen den Punktreihen Längsreihen feiner Härchen. Länge 3—4 *mm.*

Die ersten Angriffe aller dieser Thiere auf bearbeitetes Holz, bei Eichenholz namentlich auf den Splint, erfolgen fast unmerklich und erst wenn die Käfer sich durch ihre, meist senkrecht zur Richtung der Larvengänge stehenden Fluglöcher herausbohren, merkt man, dass der betreffende Gegenstand „wurmstichig" ist. Dann zeigen sich an ruhig stehenden Gegenständen um die Löcher herum kleine Häufchen von Bohrmehl, „Wurmmehl". Die Larven vermeiden bei ihrem Frasse meist die Oberfläche der befallenen Gegenstände, höhlen aber unter ihr die Holzmasse in dicht gedrängten unregelmässigen Gängen so stark aus, dass dieselbe jede Festigkeit verliert und leicht zusammenbricht. Namentlich der Splint, die jüngeren Holzschichten, sind ihren Angriffen unterworfen. A. molle L. welches übrigens nach Taschenberg auch in Nadelholztrieben vorkommen soll (?) [XXII, II, S. 82] — zieht berindetes Nadelholz allem anderen Brutmateriale vor. Vor ungefähr 10 Jahren musste fast die ganze Frassstücksammlung der Forstakademie Tharand, soweit sie aus Nadelholzabschnitten bestand, wegen der Schädigung durch diesen Käfer erneuert werden.

Lyctus unipunctatus Hbst. ist namentlich ein Eichenfeind, kann aber auch andere Laubhölzer angehen, und wird, namentlich entrindeten Stücken und zwar vornehmlich dem Splintholze schädlich [13 und 14]. Hier in Tharand wurde dieser Käfer einmal dem Eichenholzvorrathe eines Tischlers geradezu verderblich.

Als Vorbeugungsmittel gegen die Schäden aller dieser Käfer ist der Anstrich oder besser die Imprägnirung des Holzes mit einer giftigen Lösung anzuwenden, ein Mittel, welches allerdings in Wohnräumen durchaus nicht überall anwendbar ist.

Kupfervitriol, Zinkvitriol, Chlorzink, Zinnchlorür, arsenige Säure und Quecksilbersublimat sind versucht worden, und zwar scheinen die vier letzteren Substanzen am wirksamsten zu sein, namentlich bei allseitiger Imprägnation [14]. Wo dies möglich ist, thut man gut, der Lösung Alkohol zuzusetzen, weil eine alkoholische Lösung besser in das Holz eindringt als eine wässerige. In der akademischen Sammlung zu Tharand werden zu schützende Stücke erst mit unverdünntem Spiritus stark angestrichen und dann mit einer Lösung von arsenigsaurem Natron in Wasser bepinselt. Dieses Verfahren hat sich gut bewährt.

In den verschiedensten trockenen Esswaaren, Sammlungsgegenständen, Droguen, Herbarien und Büchern wird auch noch schädlich Anobium paniceum L.

Die Familie der Pflasterkäfer, Meloïdae, ist die einzige aus der gesammten Gruppe der Heteromera hier zu erwähnende. Am bekanntesten sind die im Frühjahr häufigen, trägen, blauen „Maiwürmer", d. h. verschiedene Arten der Gattung Meloë, und die spanische Fliege Lytta vesicatoria L. Fast alle zu dieser Familie gehörigen Insekten enthalten einen höchst giftigen Stoff, das Cantharidin, das aber, wie so viele andere Gifte, mit der gehörigen Vorsicht angewendet, auch als Heilmittel dienen kann. Wegen ihres Cantharidingehaltes werden die Maiwürmer als Volksmittel gegen die Hundswuth angewendet, und derselbe Stoff ist der wirksame Bestandtheil in den aus der einheimischen spanischen Fliege und verschiedenen ausländischen **Lytta-** und **Mylabris-**Arten hergestellten Zugpflastern.

Forstlich schädlich ist lediglich die Imago der gemeinen spanischen Fliege, der Lytta vesicatoria L. (Taf. II, Fig. 15 F), welche im Juni bei uns oft plötzlich in grossen Mengen erscheint und verschiedene Laubhölzer, namentlich Eschen entblättert. Jüngere Pflanzen leiden oft bedeutend durch diesen Kahlfrass. Das Sammeln der Käfer, welches sich ja bei wirklich stärkerem Auftreten schon wegen des nicht unbedeutenden Verkaufswerthes der vorsichtig getödteten und getrockneten Käfer lohnt (vergl. S. 220), ist das einzige anwendbare Gegenmittel.

Beschreibung und Biologie. Die *Käfer* der Meloïdae sind weichhäutig, mit senkrecht stehendem, hinter den Augen erweitertem und dann plötzlich zu einem dünnen Halse verengtem, hochgewölbtem Kopfe, rundlichem oder herzförmigem Halsschilde und letzteres an Breite stark übertreffenden Flügeldecken. Die auf der Stirn oder vor den Augen eingefügten, neun- bis elfgliedrigen Fühler sind borsten- oder fadenförmig, mitunter gegen die Spitze verdickt. Die Hüften stehen zapfenartig vor, die Fussklauen sind in zwei ungleich dicke Hälften gespalten.

23*

Die *Larven* des Meloïdae treten, da ihre Verwandlung eine Hyper.
metamorphose ist (vergl. S. 106—108) in sehr verschiedenen aufeinanderfolgenden
Formen auf. Die erste ist eine kleine, gefärbte und einen festen Chitinpanzer
tragende, sechsbeinige Larve mit Augen, deutlichen Fühlern und längeren Schwanz.
fäden, welche, da ihre Tarsen dreizähnige, mitunter einem antiken Dreizack
gleichende Klauen tragen, ehe man ihre Zugehörigkeit zu den Meloïdae kannte,
von DUFOUR als eine eigene Gattung, *Triungulinus*, beschrieben wurde. (Fig. 129.)
Diese aus den haufenweise im Boden abgelegten Eiern schlüpfenden Larven
kriechen auf Blumen und besteigen die verschiedenen hier Honig sammelnden
Bienenarten, an deren Haarbedeckung sie sich mit ihren Klauen festhalten. In
jeder grösseren Sammlung von Blumenbienen findet man mit solchen Thierchen
besetzte Exemplare, die früher auch Bienenläuse, *Pediculus melittae*, genannt
wurden. Die Larven lassen sich nun in die Bienennester tragen, dringen in die
Brutzellen ein, verzehren die abgelegten Bieneneier und unterliegen kurz hintereinander mehreren Häutungen, bei denen sie zunächst ihre Augen allmälig ein-
büssen, weichhäutig und weisslich werden und zur Honignahrung übergehen.
Bei der vierten Häutung werden die Larven zu engerlingähnlichen, weisslichen
Geschöpfen, welche sich bei der nächsten Häutung in eine Art brauner Tönnchenpuppen verwandeln. In diesem Stadium überwintern sie, verwandeln sich im
nächsten Frühjahr durch eine abermalige Häutung wiederum in weissliche, sechsbeinige, engerlingartige Larven, um nunmehr erst bei der siebenten Häutung zu
normalen pupae liberae zu werden, aus welchen schliess-
lich zur Flugzeit im Vorsommer die Imago ausschlüpft.
Bei einzelnen Formen wird die Winterruhe in den
Bienennestern selbst, bei anderen ausserhalb derselben
in der Erde abgemacht. Nur wenige Formen leben statt
in Bienen-, in Heuschreckenuestern, z. B. die Gattung
Epicauta, deren nördlichste Form Ep. rufidorsum GÖZE
(*verticalis* ILL.) nach TASCHENBERG [XXII, II, S. 98] das
Kartoffelkraut in Böhmen stark befressen hat.
Die beiden hier zu besprechenden Gattungen sind
Meloë und Lytta, von denen wir aber nur die letztere
ausführlich behandeln.

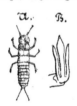

Fig. 129. *A* Erste
Larvenform von
Lytta vesicatoria L.
B Klauen einer Meloë-
Larve des ersten
Stadiums.

Gattung Meloë L.: *Käfer* dunkelblau oder schwärzlich mit Metallglanz. Leib mit sehr kurzer Hinterbrust,
dick und weich, von den gleichfalls weichen Flügeldecken,
die basalwärts an der Naht übereinandergreifen, meist nur
unvollkommen bedeckt. Fühler elfgliedrig, fast rosen-
kranzförmig, beim ♂ länger und in der Mitte oft mit verdickten Gliedern. Flugflügel fehlen. Mittelhüften die Hinterhüften bedeckend. Die Klauen sind ungezähnt, beide Hälften gleichlang.
Als Arten erwähnen wir Meloë proscarabaeus L. und M. violaceus MARSH.,
welche im Frühjahr allenthalben im Grase häufig sind, sich von Pflanzen nähren und
wie ihre Verwandten bei Berührung an den Gelenken der Beine Tropfen eines gelben,
durchsichtigen Saftes ausstossen, der bei manchen Personen blasenziehend wirkt.
Gattung Lytta L.: *Käfer* langgestreckt, Hinterbrust verlängert, der walzige
Leib von den mässig weichen, einzeln abgerundeten Flügeldecken vollständig
bedeckt. Schildchen vorhanden. Fühler fadenförmig, elfgliedrig, an der Spitze
stets verdünnt, mit verlängerten walzenförmigen Endgliedern. Flugflügel gut ausgebildet. Mittelhüften von den Hinterhüften entfernt.
Lytta vesicatoria L. *Käfer:* Seiten des Halsschildes vor der Mitte eckig
erweitert, nach rückwärts verengt, seine Scheibe uneben. Der ganze Käfer lebhaft
goldgrün oder bräunlich grün, Fühler und Füsse dunkler. Unterseite grauweiss
behaart. Kopf und Halsschild fein zerstreut punktirt. Die weichen Flügeldecken
fein und fast runzelig punktirt mit schwach erhabenen, feinen Längslinien.
Länge 11—14 *mm.* (Taf. II. Fig. 15 *F*.)
Larve. Nur die erste Larvenform, welche aus den ungefähr 2 *cm* tief von
dem Weibchen zu 40—50 Stück in eine selbstgegrabene Erdhöhle abgelegten,
gelben, keulenförmigen Eiern auskriecht, ist länger bekannt. Es ist ein richtiger

2 *mm* langer *Triungulinus* (Fig. 129 *A*), der sich von den entsprechenden Larven-formen der Verwandten durch die weissliche Färbung der Gliedmassen, der Unterseite und namentlich der Mittel- und Hinterbrust, sowie des ersten Hinterleibssegmentes auszeichnet. Erst in der jüngsten Zeit ist es Lichtenstein [10] und Beauregard [2] zunächst durch künstliche Zucht festzustellen gelungen, dass die Entwickelung auch der spanischen Fliege an die im Boden angelegten Nester von Blumen-bienen sich knüpft, dass die Generation typisch einjährig ist und genau in derselben Weise vor sich geht, wie wir dies oben für die Meloïdae im Allge-meinen schilderten. Sie gehört aber zu den Formen, welche zur Winterruhe die Bienennester verlassen und sich zwischen denselben im Boden eingraben. Künstlich sind die Larven ernährt worden mit Eiern und Honig von Ceratina, Megachile und Osmia tridentata. In der freien Natur, und zwar vorläufig nur bei Avignon in Südfrankreich sind die „Tönnchen" im Boden zwischen den sehr dünnen, aus einem seidenartigen Gespinste bestehenden Zellen von Colletes signata Kirby und einer anderen unbestimmten Colletes-Art gefunden worden [2]. Es ist demnach kaum einem Zweifel unterworfen, dass auch die einheimischen Colletes-, Megachile-, Ceratina- und Osmia-Arten, soweit sie dünnwandige Zellen in den Erdboden bauen, in Deutschland die Wirthe der spanischen Fliegen sind. Wenn übrigens Ratzeburg die parasitische Entwickelung der spanischen Fliege bezweifelt, weil sich in diesem Falle das „plötzliche massen-hafte Auftreten des Insektes schwer erklären lasse", so ist zu bemerken, dass allerdings auch nach den neueren Forschungen dieser letztere Umstand ziemlich räthselhaft bleibt.

Graphisch können wir die Generation von **Lytta vesicatoria L.** folgender-massen darstellen:

	Jan.	Febr.	März	April	Mai	Juni	Juli	Aug.	Sept.	Oct.	Nov.	Dec.
1880						▬ +++*a*	*b* *c* ⊖⊖	*c* ⊖⊖	*c* ⊖⊖	*c* ⊖⊖	*c* ⊖⊖	*c* ⊖⊖
1881	*c* ⊖⊖⊖	*c* ⊖⊖⊖	*c* ⊖⊖⊖	*d* ⊖−−●●+	▬ ++							

Wir bemerken hierzu, dass die *Triungulinus*-Form, sowie die ihr schnell folgenden Uebergangsstadien mit *a*, die erste engerlingartige Larve mit *b* und die zweite mit *d* bezeichnet ist. Zur Bezeichnung des tönnchenartigen, falschen Puppenzustandes *c*, in dem das Thier überwintert, haben wir der Unterscheidung halber dasselbe Zeichen gewählt, wie für die im Cocon ruhenden Blattwespen-larven, obgleich wir wohl wissen, dass zwischen diesen beiden Entwickelungs-zuständen sehr verschiedener Thiere eine morphologische Parallele völlig unzulässig ist. Die in die forstliche Literatur übergegangenen, schon von Anfang an sehr unwahrscheinlichen Angaben von Kirchner [9] über den Kampf der spanischen Fliegenlarven mit Engerlingen sind nunmehr völlig zu streichen, desgleichen die niemals bestätigten Angaben von Bechstein und C. A. Löw über ein ähnlich periodisch vierjähriges Auftreten, wie bei dem Maikäfer.

Forstliche Bedeutung und Abwehr. Die Käfer erscheinen im Juni plötzlich und massenhaft, aber durchaus nicht überall und in jedem Jahre gleich häufig. Sie leben am liebsten auf Eschen, auch auf ausländischen, auf Liguster und Flieder, gehen aber auch an Ahorn, Pappeln und Rosen, Sambucus, Lonicera- und Spiraea-Arten, sowie an Bignonia catalpa L. Sogar Thalictrum sollen sie nach Taschenberg annehmen. Sie schaden besonders den Eschen, wenn sie noch jung und blattarm sind, denn oft bleiben nach dem Frasse nur die Blattstiele stehen, und manches Stämmchen geht ein oder kümmert. Gewöhnlich erfolgt nach Kahlfrass das Wiedergrünen erst im folgenden Jahre; nur im heissen Juli 1870, und zwar auf sehr kräftigem Kalkboden ist es Ratzeburg vorgekommen, dass es sofort erfolgte, dass also ein, allerdings nur kurzer Ersatztrieb sich bildete, der merkwürdigerweise auch eine Verdoppelung des Jahresringes zur

Folge hatte. Namentlich in Baumschulen und Pflanzgärten wird ihr Frass schädlich, aber auch den Samenschlägen können sie Nachtheil bringen, und ALTUM [XVI, III, 1, S. 162] erwähnt eines Falles aus dem Regierungsbezirk Gumbinnen, in dem eine einzeln stehende Esche in Folge des Frasses einging.

Die Käfer verbreiten einen unangenehmen Geruch, den man an dem aus diesen Thieren bereiteten Pflaster kennen lernen kann. Man wird durch ihn leicht zu den Bäumen, auf welchen sie in grosser Menge fressen, geleitet und kann sie abschütteln oder abklopfen, was Morgens, wenn sie träge sind, besser gelingt, als am Tage.

Nach ALTUM werden im Süden zu ihrem Fange eigens Ligusterhecken angepflanzt, welche sie dort alljährlich regelmässig annehmen. Man darf sie beim Sammeln nicht mit blossen Händen zu lange anfassen, indem unangenehme Ausschläge darnach entstehen. Auch kann man sie in Schirme klopfen.

Zur Tödtung wird mitunter ausser den auf S. 220 angegebenen Substanzen auch Terpentinöl verwendet, von dem man einige Tropfen in ein gut schliessendes Gefäss giebt. Vor dem Verkauf können sie am besten künstlich, eventuell im Backofen, gedörrt werden.

Das Cantharidin, von dem in den officinellen Arten durchschnittlich 0·5 Procent enthalten ist, hat die Formel $C_5 H_6 O_2$. Rein ist es neutral und krystallisirt in farblosen Säulen oder Blättchen des rhombischen Systems, welche sich in Aether, Chloroform und Essigäther, sowie in fetten und ätherischen Oelen leicht lösen. Zur Herstellung des spanischen Fliegenpflasters werden die fein gepulverten Insekten mit einem Bindemittel verrieben.

Nur als äusseres, blasenziehendes Reizmittel wird das Cantharidin in der rationellen Medicin augenblicklich angewendet, innerlich dagegen meist nur bei missbräuchlicher, grösstentheils auf Aberglauben beruhender Anwendung gegeben, und diese ist um so verwerflicher, als stärkere Dosen für Menschen, Sänger und Vögel — angeblich mit Ausnahme des Igels und der Hühner — tödtlich wirken können. Zufällig eingetretene Vergiftungen mit spanischen Fliegen sind durch Brechmittel und Eingeben schleimiger Substanzen zu behandeln; Oele sind aber, als Lösungsmittel des Cantharidins, streng zu vermeiden.

Literaturnachweise zu dem Abschnitte „Die übrigen forstschädlichen Familien der Pentameren und der Heteromeren".

1. BAUMHAUER, E. H. VON. Sur le taret et les moyens de preserver le bois de ses dégâts. Archives Neerlandaises des Sciences exactes et naturelles. T. I., 1866, p. 1—45, Tfl. 1. — 2. BEAUREGARD, H. Sur le mode de dèveloppement naturel de la Cantharide. Comptes rendus. Bd. C., 1885, S. 1472—1476. — 3. BRANDT. J. F. und RATZEBURG. Medicinische Zoologie. 4. II. Bd., Berlin 1833. Cantharida. S. 110 — 129, Taf. XVI—XIX. — 4. COLDSTREAM. Ueber Bau und Lebensart von Limnoria terebrans. Uebersetzung in Isis. 1838, S. 39—46, Tfl. I. — 5. COSTA, A. Degl' Insetti che attacano l' albero ed il frutto dell' Olivo etc. Napoli 1877, S. 222—227, Taf. VIII a, C. — 6. DICQUEMARE. Ueber ein holzzernagendes Seeinsekt. Lichtenberg's Magazin. II. Bd., 2. 1783, S. 40—53. Taf. I. — 7. EICHHOFF. Käferschaden nach Aufästungen. Zeitschrift für Forst- und Jagdwesen. I. Bd., 1869, S. 137 und 138. — 8. F. G. Ein neuer Feind der Eiche. Oesterreichische Vierteljahrsschrift für Forstwesen. VI. Bd., 1. Heft, 1856. S. 271—273. — 9. KIRCHNER, L. Ueber die Larven der Lytta vesicatoria unter Engerlingen. Verhandl. der Forstsection für Mähren und Schlesien. 51. Heft, 1863, S. 80—82. —

10. LICHTENSTEIN, J. Sur les métamorphoses de la Cantharide (Lytta vesicatoria Fabr.). Comptes rendus. Bd. LXXXVIII, 1879, S. 1089—1092. —
11. MOORE, E. Ueber das Vorkommen des Teredo navalis und der Limnoria terebrans im Hafen von Plymouth. Froriep's Notizen. VII, 1838, Nr. 136, S. 49—53. — 12. NÖRDLINGER. Die Holzzerstörer auf den Schiffswerften. Pfeil's kritische Blätter. Bd. L, 1. Heft, S. 191—192.
13. Derselbe. Der Splintkäfer. Pfeil's kritische Blätter. 1862. XLIV. Bd., 2. Heft, S. 234—238. 14. Derselbe. Wieder der Splintkäfer. Lyctus canaliculatus L. Pfeil's kritische Blätter. 1870. LII. Bd., 1. Heft, S. 256 — 260. — 15. PFEIL. Bemerkungen zur Gattung Hylecoetus Latr. Stettiner entomolog. Zeitung, Bd. XX, 1859, S. 74—83 mit 1 Taf. —
16. PHILIPPI, A. Chelura terebrans a new Amphipod Genus. Annals of natural history. Vol. IV., London 1840, S. 94—96. Tfl. III, Fig. 5. —
17. PUTON, A. Observation de M. Mathieu sur le Hylecoetus dermestoïdes. Annales de la Société entomologique de France. 5° sér., T. VIII., 1878. Bulletin, S. 127—129. — 18. RATZEBURG. Forstinsektensachen. Nr. 5 in Grunert, forstliche Blätter. Heft 5, S. 165—167. 19. Derselbe. Insektensachen, Nr. 6 in Pfeil, kritische Blätter, Bd. XXXII, 1. Heft, S. 143 — 145. — 20. SEMPER, K. Die natürlichen Existenzbedingungen der Thiere. 8. Leipzig 1880. Bd. I, II.

Rüsselkäfer und Verwandte.

Eine grosse Gruppe der tetrameren Käfer ist ausgezeichnet durch die vordere, an ihrer Spitze die Mundwerkzeuge tragende Verlängerung des Kopfes, den Rüssel. Zugleich kommt ihnen sämmtlich eine einheitliche Larvenform zu, eine weissliche, bauchwärts eingekrümmte, fusslose, oder nur Stummel tragende, blinde Made, mit stark chitinisirtem, deutlich abgesetztem Kopfe (Taf. II, Fig. 5 und 6, L). Biologisch sind diese Käfer ausgezeichnet durch ihre ausschliesslich pflanzliche Nahrung, sowie dadurch, dass sich das Weibchen bei Unterbringung der Eier an zur Brutstätte gewählten Pflanzen niemals selbst in das Innere dieser einfrisst, sondern die Eier entweder äusserlich ablegt oder doch nur in ein von aussen mit dem Rüssel gebohrtes Loch. Die Larven leben zum Theil im Boden, meist aber im Inneren der Nährpflanze — einige mehr äusserlich an derselben — und vollenden hier vielfach auch ihre gesammte Metamorphose, sodass erst der fertige Käfer sich herausfrisst. Vereinzelte Formen kommen parasitisch in anderen Insekten vor.

Wir theilen für unsere Zwecke diese mit Rüsseln versehenen Käfer am besten in drei grössere Familien, die Bruchidae, die Attelabidae und die Curculionidae.

Die Tetrameren lassen sich leicht in drei grosse natürliche Abtheilungen trennen. Die erste derselben ist charakterisirt durch die im Ganzen eiförmige Gestalt, die mittellangen Fühler, den Rüssel und die weisse, rundliche, fusslose, bauchwärts eingekrümmte, mit starkem Kopfe versehene, phytophage Larvenform.

III   II   I

Diese Abtheilung kann man als Rüsselkäfer, Rhynchophora. bezeichnen (vergl. Taf. II, Fig. 5).

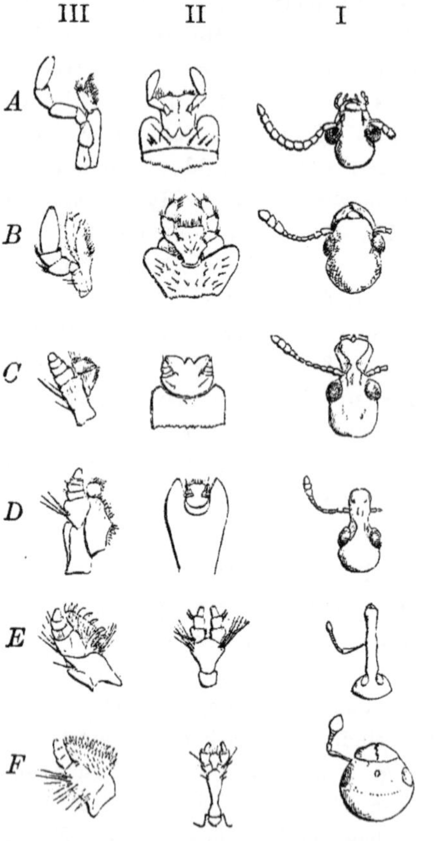

Ihnen stehen gegenüber zunächst die im Ganzen langgestreckten, mit sehr langen, oft den Leib überragenden Fühlern versehenen, rüssellosen Formen, deren phytophage Larven gleichfalls im Innern ihrer Nahrungsquelle leben und daher weisslich sind, sich aber durch ihre verlängerte, niemals bauchwärts eingekrümmte, schwach abgeplattete Gestalt, die starke Vorderbrust und die kurzen Beine scharf von denen der ersten Gruppe unterscheiden. Diese Abtheilung enthält nur die Familie der Bockkäfer, Cerambycidae (vergl. Taf. II, Fig. 12).

Die dritte Gruppe begreift oben gewölbte, unten mehr abgeflachte, rüssellose Käfer mit abgerundetem Gesammtumrisse, mit kurzen Fühlern und meist frei lebenden, beweglichen und entschieden gefärbten, mit langen Beinen versehenen, phytophagen Larven. Diese Abtheilung umfasst die Familie der Blattkäfer, Chrysomelidae (vergl. Taf. II, Fig. 2).

Obgleich auch die beiden letzten grossen Abtheilungen dem Schicksal einer weiteren Zersplitterung in kleinere Familien nicht entgangen sind, werden sie von der neueren Systematik, wie wir schon erwähnten, doch wieder als zwei einheitliche Familien aufgefasst.

Die Rhynchophora dagegen werden auch jetzt noch in verschiedene Familien getrennt, und zwar z. B. im Kataloge von L. v. Heyden, Reitter und Weise in nicht weniger wie 12. Diesem Vorgange können wir uns aus praktischen Rücksichten nicht anschliessen, gehen vielmehr auf die drei alten Linné'schen Gattungen

Fig. 130. Köpfe (I), Hinterkiefer (II) und Mittelkieferhälfte (III), von verschiedenen Rhynchophoren. A Bruchus atomarius L. B Anthribus varius Fabr. C Attelabus curculionoïdes L. D Rhynchites Betulae L. E Pissodes Pini L. F Tomicus typographus L. Die Köpfe sind schwächer, die Mundwerkzeuge stärker vergrössert, und die bei den verschiedenen Käfern angewandten Massstäbe sind sehr ungleich.

Bruchus, Attelabus und Curculio als Typen zurück und betrachten jede als eine Familie. Die Unterschiede dieser beruhen wesentlich in den Mundtheilen und in der Form der Fühler. Unter die Bruchidae in unserem weiteren Sinne rechnen wir mit Westwood alle diejenigen Rüsselträger, welche frei vorstehende, fadenförmige Taster an Mittel- und Hinterkiefer haben, also die Bruchidae im

engeren Sinne — neuerdings mit Hervorsuchung eines alten, gewöhnlich auf
eine Meloïdengattung bezogenen Namens wieder Mylabridae genannt — die
Anthribidae und die Nemonygidae (Fig. 130 A und B).

Sämmtliche andere Rüsselträger sind ausgezeichnet durch sehr kurze, kegelförmige Taster an Mittel- und Hinterkiefer (Fig. 130 C—F). Sie lassen sich aber
leicht nach den Fühlern in zwei Abtheilungen bringen. Bei den einen sind die
Fühler nicht gebrochen und zerfallen nicht in Schaft und Geissel (C und D).
Diese Formen fassen wir zusammen als Attelabidae im weiteren Sinne, welche
dann die neueren Familien der Apionidae, Rhynchitidae und Attelabidae
im engeren Sinne enthalten.

Die anderen haben deutlich gebrochene Fühler mit Schaft und Geissel,
und diese kann man als Curculionidae oder eigentliche Rüsselkäfer bezeichnen
(Fig. 130 E). Bei dieser ganz allgemeinen Eintheilung gehören dann aber unter
letztere Gruppe auch die Borkenkäfer (Fig 130 F), denn man dürfte vom
rein morphologischen Standpunkte aus vergeblich trachten, eine scharfe Scheidung
zwischen ihnen und noch heute zu den eigentlichen Rüsselkäfern gerechneten
Gattungen Baris GERM. oder Cossonus CLAIRV. zu finden.

Wir werden aber trotzdem hier aus biologischen Gründen eine Trennung
vornehmen, da die sämmtlichen Borkenkäfer ohne Ausnahme sich dadurch auszeichnen, dass die Mutterkäfer zur Ablage ihrer Eier mit ihrem ganzen Leibe
in die Nährpflanze der Larven eindringen, also „Muttergänge" machen. Dies ist
vom forstentomologischen Standpunkte höchst wichtig. Dagegen vereinigen wir
die vier neueren Familien der Hylesinidae, Scolytidae, Tomicidae und
Platypidae unter dem weiteren Begriffe der Scolytidae. Die Rhynchophoren
zerfällen wir also für unsere praktischen Zwecke am besten in die vier grossen
Familien, der Bruchidae, Attelabidae, Curculionidae und Scolytidae.

Die Familie der Bruchidae im weiteren Sinne. Unter diesem
Namen fassen wir mit WESTWOOD alle rüsseltragenden Käfer mit frei
vorstehenden, fadenförmig entwickelten Mittel- und Hinterkiefertastern
zusammen, also die neueren von uns als Unterfamilien betrachteten
Gruppen der Bruchidae im engeren Sinne, der Anthribidae und
der Nemonygidae. Nur die beiden ersteren haben auf einige Beachtung seitens des Forstmannes Anspruch.

Die Unterfamilie der Bruchidae im engeren Sinne ist biologisch sehr scharf dadurch charakterisirt, dass die Entwickelung
ihrer sämmtlichen Vertreter vollständig im Inneren von Samen, bei
uns namentlich in Hülsenfrüchten, abläuft, aus denen sich dann der
fertige Käfer herausfrisst. Am bekanntesten ist der in Erbsen sich
entwickelnde und die Erbsenernte oft empfindlich schädigende Bruchus
(Mylabris GEOFF.) pisorum L. und B. atomarius L. (granarius L.).

Forstlich kann in Frage kommen Bruchus villosus FABR.,
welcher bei uns häufig die Samen der Akazien und der Besenpfriemen
zerstört. Je nachdem man letztere Pflanze an irgend einer bestimmten
Stelle wünscht oder vernichtet haben will, wird man daher diesen
Käfer entweder durch Verbrennen der von ihm befallenen Samen-
hülsen bekämpfen oder gewähren lassen müssen.

Die Unterfamilie der Bruchidae (Fig. 130 A) ist leicht kenntlich
durch den kurzen Rüssel mit deutlicher Oberlippe, die hufeisenförmig gestalteten
Augen, in deren Ausschnitt die nicht gebrochenen, vorn nur wenig verdickten,
dagegen öfters gezähnten, meist elfgliedrigen Fühler eingelenkt sind, und das
grosse, von den Flügeldecken freigelassene Pygidium.

Bruchus villosus FABR. (ater MARSH., Cysti PAYK.) ist ein kleiner, schwarzer,
an der Oberseite gleichmässig fein grau behaarter Käfer, dessen Fühler nach

der Spitze gleichmässig verdickt sind und kürzer als der halbe Leib bleiben.
Halsschild quer, ziemlich trapezförmig, mit abgerundeten Vorderwinkeln. Die
ganz schwarzen Beine haben ungezähnte Schenkel. Länge 2—2·5 mm.
    Die natürliche Verbreitung der Berenpfrieme Sarothamnus vulgaris Wim.
(Spartium scoparium L.) wird durch die ausgedehnten Samenzerstörungen
dieses Käfers bei uns beschränkt, und Altum [XVI, III, 1, S. 164] macht mit
Recht darauf aufmerksam, dass dort, wo Besenpfrieme den Kulturen schädlich
wird, der Käfer nicht zu bekämpfen ist, während er da, wo diese Pflanze als
Bodenschutz und Bodendeckung für Pflanzungen geschätzt oder zur Anlage von
Remisen für Federwild und Hasen gewünscht wird, vom forstlichen Standpunkte
aus als schädlich angesehen werden muss. Ebenso kann letzteres dort der Fall
sein, wo man Samen der Akazie, Robinia pseudacacia L., zum Zwecke der
Pflanzenerziehung gewinnen will.

    Die Unterfamilie der Anthribidae hat biologisch keine so
schaife Charakteristik wie die vorige. Die meisten ihrer Vertreter
brüten zwar im Holze, aber meist nur in anbrüchigem, und haben
daher forstlich keine Bedeutung. Die einzige, den Forstmann interessirende Gattung ist Anthribus, deren Larven parasitisch in den,
unsere jungen Laub-, und Nadelhölzer schädigenden Schildlausarten
leben. Am bekanntesten ist Anthribus varius Fabr., welcher in
dem auf jüngeren Fichten lebenden Fichtenquirl-Schildlaus Coccus
racemosus Ratz. ungemein verbreitet ist und meist leicht gezogen
werden kann, wenn man eine grössere Menge mit Schildlaus-Weibchen
besetzter Fichtenzweige in eine Schachtel thut.

    Nach unserer Begrenzung umfasst die Unterfamilie der Anthribidae
alle rüsseltragenden Käfer mit deutlicher Oberlippe und fadenförmigen Tastern,
bei denen die Fühler am Ende deutlich und plötzlich zu einer Keule verdickt
sind, die rundliche Augen und ein so stark ausgeschnittes zweites Tarsalglied
haben, dass das dritte in dem Ausschnitt eingesenkt erscheint.
    Bei der Gattung Anthribus Geoff. (Brachytarsus Schönh.) sind die Käfer
ausgezeichnet durch ihren gedrungenen, stumpf eiförmigen Körper, mit dreieckigem,
flachgedrücktem Kopfe, an dem die Augen den Vorderrand des Thorax berühren.
Die elfgliedrigen Fühler haben am Ende eine aus drei grossen, dicht aneinander
gelegten Gliedern bestehende Keule. Thorax quer viereckig, am Grunde zweimal
ausgebuchtet. Vorderhüften klein und fast zusammenstossend. Larve ohne Bein-
rudimente.
    A. varius Fabr. Käfer schwarz, dicht punktirt, unten dichter, oben spar-
samer, fein gelbgrau behaart. Flügeldecken tief punktirt gestreift und mit grauen
Makeln gesprenkelt. Länge 2·5—4 mm. Larve, wie oben bereits erwähnt, in Coccus
racemosus schmarotzend.
    A. fasciatus Forst. (scabrosus Fabr.). Käfer schwarz, Flügeldecken
punktirt gestreift, roth, die Zwischenräume der Punktstreifen erhaben und
abwechselnd roth und schwarz gewürfelt. Länge 3—4 mm. Larve nach unserem
Züchtungsresultate in grossen, an Acer pseudoplatanus vorkommenden Coccus-
Weibchen lebend.

    Die Familie der Attelabidae im weiteren Sinne, wie wir sie
mit Westwood annehmen, umfasst alle rüsseltragenden Käfer mit
kurzen kegelförmigen Tastern, welche zugleich keine gebrochenen,
sondern gerade, nicht aus Schaft und Geissel bestehende Fühler haben,
also die Brentidae, die Attelabidae im engeren Sinne, zu
welchen wir auch die Gattung Rhynchites rechnen und die Apionidae.

Die Brentidae sind in Europa nur durch eine einzige Art vertreten und kommen hier nicht in Betracht. Die Apionidae umfassen das einzige, dafür aber sehr artenreiche Genus Apion Hbst. und werden wegen der äusserst zierlichen Zuspitzung ihres Kopfes „Spitzmäuschen" genannt. Sie sind zwar als Larven mitunter schädlich, indem diejenigen mancher Arten in den Stengeln von Gartenpflanzen, z. B. Malven, oder in den Köpfen des Klees leben. Forstlich kommen sie aber in keinerlei Betracht.

Dagegen sind die Attelabidae im engeren Sinne forstlich einigermassen beachtenswerth, da viele Vertreter derselben Blätter mehr weniger künstlich zu Rollen zusammenwickeln, in denen sie ihre Eier absetzen. Es sind an unseren Laubhölzern namentlich zu erwähnen Attelabus curculionoïdes L. an Eiche, Apoderus Coryli L. an Hasel, Rhynchites Betulae L. an Birke und Rh. Populi L. an Pappel. Der ähnlich wie Rh. Populi L. wickelnde Rh. Alni Müll. (betuleti Fabr.) ist ein den Weinstock schwer schädigendes Insekt.

Beschreibung. Von der Gruppe der Attelabiden in unserem Sinne kommen für uns drei Gattungen in Betracht:

Gattung Apoderus Oliv. Käfer. Rüssel kurz und dick, kaum länger als die Hälfte des übrigen Kopfes, der hinter den vorspringenden Augen stark verlängert und durch eine dünne, halsförmige Einschnürung mit dem vorn gleichfalls in eine enge, dünne Röhre ausgehenden Halsschilde verbunden ist. Hinterrand des Halsschildes wulstig aufgeworfen. Fühler zwölfgliedrig, mit viergliedriger, kurz behaarter Keule. Schienen innen gezähnt. Die einzige in Mitteleuropa praktisch in Frage kommende Form ist:

A. Coryli Oliv. mit glattem, nur wenig punktirtem Halsschilde und einfarbigen Flügeldecken. Länge 6—7 mm. Bei der normalen häufigen Form sind Halsschild und Flügeldecken roth oder rothgelb, Kopf und Unterseite dagegen schwarz. In einigen Varietäten werden zunächst das Halsschild und dann auch die Flügeldecken schwarz.

Gattung Attelabus L. Käfer. Rüssel kurz und dick, etwas kürzer als der übrige Kopf, der hinter den Augen nicht verlängert und nicht halsartig eingeschnürt ist. Halsschild gleichmässig gewölbt, nach vorn verengt. Fühler elfgliedrig, Keule dreigliedrig. Schienen innen gezähnt.

Auch bei dieser Gattung kommt praktisch nur eine Art in Frage, es ist der von England bis Spanien und von Sibirien bis zum Kaukasus verbreitete:

A. curculionoïdes L. Flügeldecken mit Punktreihen, deren Einzelpunkte ziemlich gross und nicht sehr dicht aneinandergereiht sind, Raum zwischen den Punktreihen wieder fein punktirt. Bei der gewöhnlichen Form Kopf und Unterseite tiefschwarz, Halsschild und Flügeldecken roth. Die schwarze, beziehungsweise bläuliche Färbung kann bei einigen Varietäten mehr weniger ausgedehnt auf Halsschild und Flügeldecken übergreifen. Länge 3—5 mm.

Gattung Rhynchites Hbst. Rüssel wenigstens von Kopfeslänge, meist länger. Kopf hinter den Augen etwas verlängert, aber nicht eingeschnürt. Halsschild kaum länger als in der Mitte breit, nach vorn verengt, an den Seiten etwas gerundet erweitert. Fühler elfgliedrig mit drei getrennten Endgliedern, stets in der Nähe der Mitte des Rüssels eingefügt. Vorderkiefer auch an der Aussenseite mit Zähnen versehen. Innenrand der Vorderschienen nicht gezähnt.

Bei denjenigen Arten, welche besondere Kunsttriebe zur Unterbringung ihrer Eier ausüben, ist, da dieses immer nur durch die ♀ ♀ geschieht, der Rüssel der letzteren nach Länge und Statur, Einlenkung der Fühler und Gestaltung der Vorderkiefer von dem der ♂ ♂ verschieden.

Aus dieser 24 paläarktische Arten umfassenden Gattung haben wir nur einige Arten hervorzuheben, unter ihnen Vertreter der beiden Untergattungen, in welche Rhynchites zerfällt wird. Die erste nur wenige Formen umfassende Untergattung **Bytiscus** ist ausgezeichnet durch kleine, kurz oval bleibende und daher die Episternen der Hinterbrust nicht erreichende Hinterhüften. Hierher gehört:

Rh. Alni MÜLL. (*betuleti* FABR.), der Rebenstecher. *Käfer* mit glattem Halsschilde und zahlreichen Längsreihen unter sich gleicher, mittelgrosser, nicht zusammenfliessender Punkte auf den Flügeldecken. Der ganze Körper ist einfarbig grün oder blau, die Stirn seicht gefurcht. Länge mit Rüssel 6—9 *mm*. ♂ mit Seitendorn am Halsschilde. Zu derselben Untergattung gehört in Europa nur noch

Rh. Populi L., dessen **Käfer** sich durch die geringere Grösse, nur 4—6 *mm* Länge einschliesslich des Rüssels, durch die tiefe Furchung der Stirn und durch die blaue Färbung der Unterseite bei grünen oder goldrothen Flügeldecken, also durch Zweifarbigkeit auszeichnet.

Die zweite Untergattung, welche oft als **Rhynchites** im engeren Sinne bezeichnet wird, hat lange, quer bis zu den schmalen Episternen der Hinterbrust reichende Hinterhüften.

Rh. Betulae L., der Trichterwickler, die einzige hier näher zu besprechende Form ist ein kleiner, 2 5—4 *mm* langer, mattschwarzer *Käfer* mit bräunlicher Behaarung. Rüssel breit und kurz, beim ♂ etwas kürzer, beim ♀ ebensolang wie der hinten verengte Kopf. Hinterschenkel des ♂ stark verdickt, innen mit einer Reihe feiner Sägezähne, ebenso die Hinterschienen an ihrer Innenseite besetzt. Hinterschenkel des ♀ einfach keulenförmig, Schienen innen rauh gekörnt.

Forstliche Bedeutung der Attelabiden.

Diese Familie zerfällt biologisch nach WASMANN [**63**, S. 227] nach der Art der von dem Weibchen geübten Brutunterbringung und also auch nach der Lebensweise ihrer Larven in fünf Gruppen:

1. Die **Fruchtbohrer** legen ihre Eier in junge Früchte, deren Stiel sie anschneiden, damit die Frucht bald abfalle, z. B. **Rhynchites Bacchus** L., der Apfelbohrer.

2. Die **Holzbohrer** legen ihre Eier in holzige Zweige, von deren Mark wahrscheinlich die Larve lebt, z. B. **Rhynchites pubescens** FABR. an Eiche, eine Brutversorgung, der übrigens eine forstliche Bedeutung nicht zukommt.

3. Die **Triebbohrer** legen ihre Eier in junge Triebe, welche sie anschneiden, damit sie welken und abfallen, z. B. **Rhynchites conicus** ILL. an Stein- und Kernfruchtbäumen.

4. Die **Blattstecher** legen ihre Eier in ein Bohrloch am Grunde der Mittelrippe eines Blattes, welches in Folge dessen vertrocknet und abfällt. Hierher gehört **Rhynchites Alliariae** PAYK. an Eichen- und Obstbäumen.

5. Die **Blattwickler**, welche ihre Eier in künstlich zusammengewickelte Blätter legen, die alsdann vertrocknen und mit ihrer Blattsubstanz den Larven zur Nahrung dienen. Nur letztere Gruppe ist forstlich beachtenswerth, weil nur sie schon mitunter durch ausgedehntere Blätterzerstörung merklich schädlich wurde. Die Art, wie diese Käfer die Blätter rollen, ist aber noch sehr verschieden. Wir unterscheiden zunächst Blattwickler, die keinen Blattschnitt ausführen, und solche, die denselben anwenden.

A. Blattwickler ohne Blattschnitt.

Diese Käfer schneiden den Trieb, welcher die zum Wickeln bestimmten Blätter trägt, an, sodass er welkt und wickeln dann ein oder mehrere Blätter zu lang herabhängenden zapfenförmigen Rollen, in denen die Eier untergebracht werden. Hierher gehört der an den meisten Laubhölzern und Fruchtbäumen vorkommende Rh. Alni MÜLL. (*betuleti* FABR.), welcher aber, weil er namentlich an den Reben im Süden durch seine Thätigkeit hervorragend schädlich ist, als Rebenstecher bezeichnet wird.

Dieser in allen weinbauenden Ländern, namentlich am Rhein, in Oesterreich, in Frankreich und Italien, mit sehr verschiedenen Trivialnamen bezeichnete Käfer fliegt von Mai bis Juli und dreht die oben beschriebenen Wickel zur Unterbringung seiner Eier, die meist in der Mehrzahl in einem Wickel sich finden. Die Larven verlassen erwachsen den Wickel und verpuppen sich in einer kleinen Erdhöhle. Die Generation ist einjährig. Die fertigen Käfer erscheinen theils noch in demselben Herbst und überwintern alsdann frei, theils verlassen sie die Erde erst im nächsten Frühjahr. Nur in Weinbergen, in denen das Thier schon häufig sehr schädlich aufgetreten ist, empfiehlt sich das Ablesen der Käfer und das Sammeln und Verbrennen der Wickel.

In der deutschen Literatur sind die genauesten Beobachtungen über den Rebenstecher von NÖRDLINGER [VIII, S. 152—174 und XXIV, S. 15] und von SCHMIDT-GÖBEL [56] publicirt worden.

Rh. Populi L. lebt namentlich auf Aspen und verwendet angeblich immer nur ein Blatt zu seiner Rolle.

B. Blattwickler mit Blattschnitt.

Diese Thiere verwenden stets nur den Endabschnitt eines Blattes zur Herstellung ihres Wickels, nachdem sie denselben vorher durch einen Einschnitt von dem Basalstücke theilweise abgetrennt haben.

Im einfachsten Falle wird von einer Seite her der Einschnitt bis über die Mitte weggeführt, sodass die Verbindung zwischen Blattbasis und Wickel durch den stehen gebliebenen Randtheil der Blattfläche vermittelt wird, während die Mittelrippe durchgetrennt ist. Fig. 131 stellt ein solches Röllchen aus einem Haselblatte dar, welches von dem einzigen in Mitteleuropa so arbeitenden Käfer, von Apoderus Coryli L. verfertigt ist. Wir haben diese an der Durchschneidung der Mittelrippe leicht kenntlichen Rollen am häufigsten auf Hasel gefunden, während sie RATZEBURG und WASMANN [63, S. 229] auch von Erlen-, Buchen-, Hainbuchen-, Eichen- und Birkenbüschen kennen. Die gesammte Entwickelung von Apoderus geht in dem Wickel selbst vor sich und dauert nur zwei Monate, so dass eine höchstens einjährige Generation Regel zu sein scheint. Dagegen kann unter günstigen Verhältnissen auch eine doppelte Generation vorkommen.

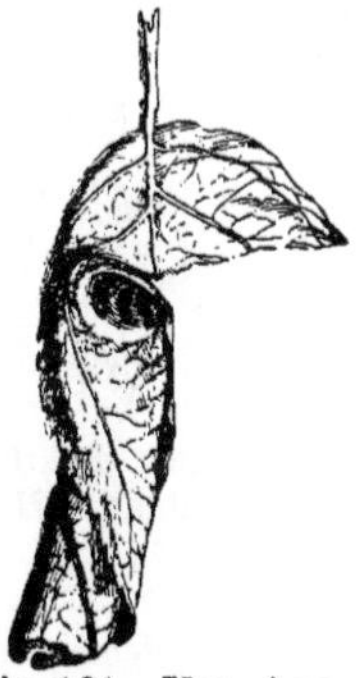

Fig. 131. Von Apoderus Coryli L. aus einem Haselblatte verfertigtes Röllchen.

Die übrigen Blattwickler mit Blattschnitt schneiden dagegen von beiden Seiten gegen die unverletzt bleibende Mittelrippe zu, und der Wickel bleibt also mit der Blattbasis durch die Mittelrippe verbunden. Die aus dem abgegrenzten Blatttheile gemachten Wickel können aber wieder nach zweierlei Principien construirt sein.

Attelabus curculionoïdes L. macht kurze, cylindrische Röllchen (Fig. 132),
welche so gefertigt sind, dass die zu einer Spirale gebogene Mittelrippe den
Rand der die obere Begrenzung der Rolle bildenden Kreisfläche einnimmt. Der
hierzu ausgeführte Schnitt ist ganz einfach gerade. Nie werden mehrere Röllchen
aus einem Blatte gefertigt. Am häufigsten werden Eichenblätter gewickelt, doch
im Süden und in Gärten, z. B. im Tharander Forstgarten, werden auch häufig
Blätter der echten Kastanie benützt. Auch an Erlen hat NITSCHE solche Röllchen

Fig. 132. Blattrolle aus dem Blatte einer echten Kastanie gefertigt von Attelabus
curculionoides L.

beobachtet. Die Larven entwickeln sich nach WASMANN viel langsamer, als die
von Apoderus, überwintern im Wickel und gehen erst im nächsten Frühjahre
zu einer kurzen Puppenruhe in die Erde. Ihre Generation ist also einjährig.
Rhynchites Betulae L. macht dagegen kegelförmige, an ihrem dicken
Ende wie eine Papiertüte zugebogene Wickel, welche mit ihrer Spitze der stehengebliebenen Blattbasis anhängen, bei denen also die Mittelrippe völlig gestreckt
im Inneren der Tüte liegt (Fig 133 B). Die beiden zur Abtrennung der Wickel-

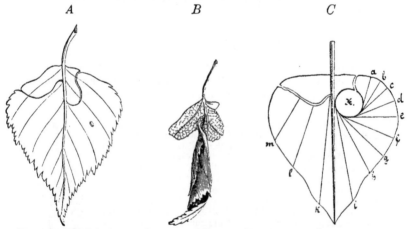

Fig. 133 Thätigkeit von Rhynchites Betulae L. A Kunstvoll eingeschnittenes
Birkenblatt; B Fertig gestellter Wickel; C Schematische Darstellung des Schnittes
und der Aufrollung nach DEBEY.

fläche gemachten Einschnitte sind ferner sehr complicirt und treten an die
Mittelrippe in verschiedener Höhe heran (Fig. 133 A). Der in der rechten Blatthälfte befindliche beginnt in Form eines aufrechtstehenden S näher am Blattstiel
und tritt ziemlich tief an die Mittelrippe heran, während in der linken Blatthälfte
der Einschnitt einem liegenden S — ∽ — ähnelt und höher an die Mittelrippe herantritt. In einer schönen Arbeit haben nun DEBEY und HEIS [12]
nachgewiesen, dass diese Anbringung der Schnitte, die für die Ausführung der
Arbeit vortheilhafteste ist. Da die Schnitte nicht an denselben Punkt der Mittel-

rippe herantreten, so ist die Verbindung von Tüte und Blattbasis eine sehr feste, andererseits bietet aber die Form der abgetrennten Blatthälften auch vom mathematischen Standpunkte aus betrachtet beim Wickeln grössere Vortheile, als wenn die Einschnitte einfachere Curven wären. Ja es lässt sich sogar nachweisen, dass der rechtsseitige S-förmige Einschnitt in bestimmtem geometrischen Verhältnisse zu dem rechtsseitigen Blattrande steht, wenn man von dessen Zähnelung absieht (Fig. 133 C). Man kann nämlich die untere Hälfte des stehenden S auffassen als Theil eines Kreises, der zu dem äusseren Blattrande nach der von HUYGENS aufgestellten Evolententheorie im Verhältnisse von Evolute zu Evolvente steht. Der Käfer löst also praktisch eine höchst schwierige, mathematische Aufgabe, nämlich die Evolute aus der Evolvente zu construiren.

Das Geschäft des Aufrollens beginnt auf der rechten Blatthälfte, um welche dann gewissermassen als Decke die linke Blatthälfte äusserlich herumgewickelt wird. Nachdem das Weibchen zwei bis vier Eier in kleine, besonders hierzu zwischen Oberhaut und Mark des Blattes ausgenagte Taschen gelegt hat, schliesst es die Tüte am unteren Ende.

Das ganze complicirte Werk erfordert ungefähr eine Stunde. Die aus den bald nach Belaubung der Birken abgelegten Eiern ausschlüpfenden Larven sind nach zwei bis drei Monaten ausgewachsen, fressen sich durch den Wickel durch, fallen zu Boden, bauen sich hier eine kuglige, innen geglättete Höhle, in der sie sich im Herbst verpuppen. Der Käfer schlüpft im nächsten Frühjahr aus, die Generation ist also einjährig. Gewöhnlich trifft man diese Wickel auf Birken. und nur ausnahmsweise auf Buchen, Hainbuchen, Erlen und Haseln. Im Tharander Forstgarten ging der Käfer im Frühjahr 1887 aber nicht blos die einheimischen Birkenarten, sondern auch die verschiedensten dort gezogenen ausländischen an, z. B. die amerikanische Betula lenta L.

Ein abwehrendes Einschreiten gegen diese Käfer hat sich bisher noch nicht nöthig gemacht.

Die Familie der Rüsselkäfer, Curculionidae, im engeren Sinne. Allgemeines.

Als Rüsselkäfer im engeren Sinne bezeichnen wir alle rüsseltragenden tetrameren Käfer, welche deutlich gebrochene Fühler haben und deren Weibchen behufs Ablage der Eier die Wohnpflanzen der zukünftigen Larven nur äusserlich besuchen, nicht mit ihrem ganzen Leibe, Muttergänge machend, in sie eindringen oder die Eier direct in den Boden legen. Die Jugendzustände dieser Formen bieten, was ihren Bau betrifft, gegenüber denen der übrigen, bereits besprochenen Rüsselträger keine scharfen Unterschiede. Die Zahl der hierher gehörigen Formen ist sehr bedeutend. Sind doch allein aus dem europäisch-kaukasischen Faunengebiete nicht weniger als 204 Gattungen mit 2662 Arten bekannt geworden.

Für den Forstmann sind aber nur verhältnissmässig wenig Gattungen und Arten wirklich wichtig, wenngleich die Zahl der Arten, welche von Holzpflanzen leben, bedeutend grösser ist. Dagegen gehören jene beachtenswerthen Arten zu den allergefährlichsten Feinden unserer Forste. In den meisten Fällen sind es die Larven, in einigen, darunter aber den wichtigsten, die Käfer, selten beide Zustände zugleich, welche die Verheerung veranlassen.

Die Familie der Rüsselkäfer, Curculionidae, zerfällt in 2 grosse Unterfamilien, in die Kurzrüssler, Curculionides, und die Langrüssler, Rhynchaenides, abgeleitet von zwei grossen, älteren Gattungen Curculio L. und Rhynchaenus GYLL., welche von der modernen Systematik schon längst in kleinere, schärfer begrenzte Gattungen

aufgelöst worden sind. Jede dieser Unterfamilien muss der Uebersicht
halber wieder in eine Reihe von Gruppen zerlegt werden, von denen
wir aber hier nur wenige eingehend behandeln können. Es sind dies
unter den Kurzrüsslern die Gruppen der Otiorrhynchina und Phyllobiina, unter den Langrüsslern die Hylobiina, die Cryptorrhynchina,
die Pissodina, die Balaninina, die Orchestina, die Cionina, die Anthonomina, die Magdalina, also im Ganzen 10 Stück.

Die Kurzrüssler oder Curculionides sind im Allgemeinen durch
den kurzen breiten Rüssel gekennzeichnet, an welchem ziemlich vorn,
in der Nähe der Mundwinkel, die mit langem, die Augen wenigstens
erreichendem Schafte versehenen Fühler eingelenkt sind. Die überhaupt bekannt gewordenen Larven leben sämmtlich unterirdisch von
Pflanzenwurzeln. Einem Theile dieser Kurzrüssler fehlt das zweite
Flügelpaar, die eigentlichen Flugflügel. Wir rechnen mit dem schwedischen Entomologen C. G. Thomson alle flugunfähigen Kurzrüssler
zu der Gruppe der Otiorrhynchina, während wir, wieder nach diesem
Forscher, alle übrigen hier erwähnenswerthen Gattungen in der Gruppe
der Phyllobiina zusammenfassen.

Die Lebensgeschichte der zu den Otiorrhynchina gehörigen
Arten ist nur bei verhältnissmässig wenigen aufgeklärt, eine Thatsache, aus welcher hervorgeht, dass in beiweitem den meisten Fällen
nur die Käfer selbst, nicht die Larven forstlich schädlich werden,
denn wäre dies anders, so wären wir längst schon besser über die
Biologie der Larven unterrichtet. Die meisten derselben scheinen
äusserlich an der Nährpflanze zu leben, namentlich unterirdisch nach
Art der Engerlinge die Wurzeln zu verzehren.

Der Schaden der Käfer besteht wesentlich im Benagen von
Rinde und Blättern bei Laub und Nadelholzpflanzen jüngeren und
höchstens mittleren Alters. Wirklich grossartige Verheerungen sind
durch sie noch nicht hervorgerufen worden. Das gleiche gilt von der
Gruppe der Phyllobiina.

Zu den Kurzrüsslern gehört die Mehrzahl derjenigen Formen,
welche von Ratzeburg in den früheren Auflagen dieses Werkes als
graue, grüne und schwarze Rüsselkäfer zusammengestellt worden sind,
also die Gattungen Otiorrhynchus Germ., Cneorrhinus Schönh.,
Strophosomus Billb., Brachyderes Schönh., Sitona Germ., Metallites
Germ., Polydrusus Germ., Phyllobius Schönh. und Scythropus Schönh.

Als Langrüssler, Rhynchaenides, bezeichnen wir die Formen
mit im allgemeinen längerem und drehrundem Rüssel, deren mit verhältnissmässig kurzem, die Augen meist nicht erreichendem Schafte
versehene Fühler näher an der Mitte als an der Spitze des Rüssels
eingelenkt sind. Diese Gruppe enthält Formen, welche theils als
Käfer, theils als Larven schaden, und wir sind namentlich über die
Lebensweise der letzteren, die häufig im Inneren ihrer Nährpflanze
leben, vielfach sehr gut aufgeklärt.

Den Uebergang von der vorhergehenden Unterfamilie bildet die
Gruppe der Hylobiina, indem hier der Rüssel selbst zwar schon

völlig die Kennzeichen der Langrüssler trägt, dagegen die Fühler
an ihm noch ziemlich weit vorn eingelenkt sind. Hierher gehört vor
allem die Gattung Hylobius Schönh., mit ihrem hervorragendsten
Vertreter dem H. Abietis L., der ja unter dem missbräuchlich auf ihn
gedeuteten Namen *Curculio Pini* oder als „grosser brauner Rüsselkäfer" jedem Forstmanne als Erbfeind unserer Nadelholzkulturen
bekannt ist. Diese Gattung schadet nur als Käfer, der Larvenfrass
ist nicht von praktischer Bedeutung. Ihr schliesst sich die Gattung
Cleonus Schönh. an.

Die Cryptorrhynchina oder Verborgenrüssler heissen so, weil
sie im Stande sind, den Rüssel völlig in eine auf der Brustmitte verlaufende Rinne zu verbergen. Hierher gehört von wichtigen Thieren
lediglich der als Erlenrüsselkäfer, Cryptorrhynchus Lapathi L., bekannte
Forstschädling, dessen Larven gefährliche Feinde für die jüngeren
Erlenbestände sind.

Die Pissodina, in ihrer äusseren Erscheinung den Hylobiina,
namentlich dem grossen braunen Rüsselkäfer, sehr ähnlich, aber trotzdem durch die höhere Einlenkung der Fühler leicht zu unterscheiden,
sind, wenigstens was die wichtigsten Arten der Gattung Pissodes
Germ. betrifft, auch biologisch leicht zu kennzeichnen. Ihre Larven
leben zwischen Rinde und Holz von Nadelhölzern und bringen daher
meist ältere Stämme durch Unterbrechung der Saftcirculation zum
Absterben. Nur zwei Arten haben eine abweichende Lebensweise, die
eine geht an jüngere Stämme, die andere an Zapfen. Stets sind aber
die Larven, nicht die Käfer selbst, schädlich. Die „kleinen braunen
Rüsselkäfer", von Ratzeburg als Kulturverderber angeführt, und der
Harzrüsselkäfer, ein Bestandsverderber, gehören hierher.

Die Balaninina sind die typisch ausgebildeten Langrüssler;
ihr fadendünner, gekrümmter Rüssel übertrifft mitunter, namentlich
bei dem Weibchen, an Länge den gesammten übrigen Leib.
Nur die Gattung Balaninus „Nussbohrer" kommt hier in Frage.
Biologisch ist sie eine scharf begrenzte Gruppe, deren Larven im
Inneren von Baumfrüchten leben, welche sie durch Aufzehren des
Samens taub machen.

Die Orchestina sind kleine Langrüssler mit kräftig ausgebildeten
Springbeinen. Ihre Larven sind Blattminirer, während die Käfer als
Blattfresser die immerhin nicht sehr beträchtlichen Zerstörungen der
Larven vergrössern. Hierher gehört als Buchenfeind Orchestes Fagi L.

Die Cionina sind wenig bemerkenswerthe Blattzerstörer, deren
einzige forstlich aufzuführende Art der Eschenblattkäfer, Cionus Fraxini
De Geer ist.

Von den dem Gärtner, namentlich dem Obstzüchter, sehr schädlichen Anthonomina wird forstlich meist nur eine Art, der den Kiefer-
nadeln verderbliche Brachonyx pineti Payk. (*indigena* Hbst.) erwähnt.

Die die „blauen Rüsselkäfer" umfassenden Magdalina werden
als Larven in älteren Nadelholzkulturen schädlich.

Systematik. Die grosse Anzahl der Rüsselkäfer macht eine Eintheilung dieser Familie in Unterfamilien und Gruppen nöthig.

Wir folgen in der Begrenzung dieser Gruppen im Wesentlichen dem System, welches C. G. Thomson in seinem berühmten Werke: Skandinaviens Coleoptera Tom. VII u. X. Lund 1865 u. 1868 angewendet hat. Da dieser Forscher aber die Gattungen Calandra und Cossonus im weiteren Sinne als eine eigene Familie Cossonidae von den eigentlichen Curculionidae getrennt hat, ein Vorgang, dem wir uns der Einfachheit wegen nicht anschliessen können, so hätten wir eigentlich diese Gruppen mit in die Systematik der Curculionidae im weiteren, gewöhnlichen Sinne aufnehmen müssen. Da sie aber für den Forstmann von keinerlei Bedeutung sind, glaubten wir von dieser Umarbeitung um so eher absehen zu dürfen, als uns auch das Thomson'sche System noch durchaus nicht für die Dauer festzustehen scheint.

Familie: Eigentliche Rüsselkäfer, Curculionidae.

1. **Unterfamilie, Kurzrüssler,** Curculionides. Rüssel kurz und breit, Fühlerschaft lang, zurückgelegt die Augen wenigstens erreichend. Einlenkungsstelle der Fühler der Rüsselspitze näher, wie den rundlichen Augen. Fühlerfurche nach vorn bis zur Einlenkung der starken Vorderkiefer verlängert. Mittelkiefer von den Hinterkiefern, d. h. also von dem Kinn der „Unterlippe" meist verdeckt.

1. **Gruppe.** Otiorrhynchina. Kopf hinter den Augen kaum verlängert, Halsschild kuglig oder kurz eiförmig. Schildchen fehlt. Flügeldecken ohne vorstehende Schultern, an der Naht verwachsen. Flugflügel fehlen.

a) Formen mit freien Fussklauen.

Gattung Otiorrhynchus Germ.

Käfer: Kopf vorgestreckt, Rüssel an der Wurzel der Fühler lappig erweitert, Fühler am Mundwinkel eingelenkt, die kurze Fühlerfurche nach dem oberen Augenrande gerichtet. Fühlerschaft doppelt so lang wie die Furche, Geisel 7gliedrig mit 3gliedriger Keule. Flügeldecken an den Schultern stark gerundet, meist in der Mitte am breitesten. Schienen mit gekrümmtem Haken.

Larve: Die wenigen bekannten nach Engerlingsart im Boden von Pflanzenwurzeln lebend. Von dieser grossen, über 300 europäische Arten zählenden Gattung sind forstlich wirklich beachtenswerth nur einige Arten, welche zu der Untergattung Otiorrhynchus im engeren Sinne gehören, ausgezeichnet durch zehnstreifige Flügeldecken, gekörnten, gerunzelten oder punktirten, nicht glatten und glänzenden Bauch und an der Spitze nicht besonders erweiterte Vorderschienen. Es sind dies zunächst:

Ot. niger Fabr. und

Ot. ovatus L., welche in Folge der Wurzelbeschädigungen, die ihre Larven vollführen, in die 1te von uns gebildete biologische Gruppe der Rüsselkäfer (vergl. S. 370 u. f.) gehören. Ausserdem kommen noch in Betracht:

Ot. singularis. L.

Ot. irritans Hbst. und

Ot. perdix Oliv., welche, wie die meisten übrigen Kurzrüssler, nur als Käfer durch Rinden- und Blattbeschädigungen unangenehm werden, und daher in unsere 6te biologische Gruppe (vergl. S. 403) zu rechnen sind.

b) Formen mit am Grunde verwachsenen Fussklauen.

α) Fühlerschaft die Augen kaum überragend, Fühler nicht auffallend verdünnt.

Gattung Cneorrhinus Schönh. *Käfer:* Rüssel vorn nicht erweitert, Kopf hinter den das Halsschild nicht berührenden Augen nicht eingeschnürt, Fühlerfurche nach abwärts gebogen. Glied 1 der Fühlergeissel verlängert, die übrigen kurz und gedrungen; Schienen der Vorderbeine an der Spitze schaufelförmig erweitert, Hinterschienen aussen schief abgeflächt und dicht kurz beborstet. Allgemeine Körperform kurz und gedrungen.

Larve: im Boden lebend. Die einzige deutsche Art,

Cn. plagiatus Schall. (*geminatus* Fabr.) zerstört als Käfer durch oberirdischen Frass ganz junge Kiefernkulturen und gehört daher in unsere 6te biologische Gruppe (vergl. S. 403).

Gattung Strophosomus Billb. *Käfer:* Rüssel vorn nicht erweitert, Kopf hinter den das Halsschild fast berührenden, stark vorstehenden kleinen Augen eingeschnürt, Fühlerfurche unter die Augen gebogen. Glied 1 und 2 der Fühlergeissel verlängert, die übrigen kurz. Hinterschienen an der Spitze aussen nicht schief abgeflächt. Allgemeine Körperform kurz und gedrungen.

Larve: in der Erde lebend, an dürren Stellen unter der Moosdecke.

Forstlich wichtig sind nur zwei Arten:

Str. obesus Marsh. und

Str. Coryli Fabr., welche beide als Käfer Rinde und Blattorgane junger Nadel- und Laubhölzer anfressen und daher in unserer 6ten biologischen Gruppe besprochen werden (vergl. S. 403). Erwähnt wird ausserdem noch Str. lateralis Payk (*limbatus* Fabr.).

β) Fühlerschaft die Augen weit überragend, Fühler auffallend verdünnt.

Gattung Brachyderes Schönh. *Käfer:* Rüssel an der Spitze mit einem halbkreisförmigen Eindrucke. Fühlerfurche nach dem unteren Rande der stark vorstehenden Augen gerichtet, Glied 1 und 2 der Fühlergeissel stark verlängert, 2 am längsten. Ende der Hinterschienen etwas erweitert, schwarz beborstet. Allgemeine Körperform langgestreckt.

Larve: Im Boden lebend.

Die einzige hier in Frage kommende Art ist Br. incanus L., welche schon lange dafür bekannt ist. dass sie Rinde und Blattorgane von Laub- und Nadelhölzern, namentlich von Kiefern, als Käfer benagt. In neuerer Zeit ist aber auch die Larve als Wurzelzerstörerin von Nadelhölzern bekannt geworden, und dieser Käfer wird daher sowohl in unserer 1ten biologischen Gruppe (vergl. S. 371) als auch in der 6ten (vergl. S. 403) besprochen werden.

2. Gruppe. Phylliobiina. Kopf hinter den Augen verlängert, Halsschild fast cylindrisch, in der Mitte wenig oder gar nicht aufgetrieben, Schildchen vorhanden, wenngleich oft schwach entwickelt. Flügeldecken an der Naht nicht verwachsen, mit vorstehenden Schulterbeulen und parallelen Aussenrändern, Körperform also immer langgestreckt. Flugflügel entwickelt.

a) Formen mit freien Fussklauen.

Gattung Sitona Germ. *Käfer:* Rüssel mit vertiefter Mittelfurche, Fühlerfurchen scharf ausgeprägt und unter die Augen winklig herabgebogen, Fühlerschaft die Augen nicht überragend. Kinn die Mittelkiefer nicht verdeckend.

Larve: Im Boden lebend. Die Angaben über Verpuppung in Cocons an den Blättern der Nährpflanzen scheinen apokryph zu sein. Die gewöhnlich in den Forstentomologien erwähnten Formen

S. lineatus L. und

S. Regensteinensis Hbst. sind als sehr polyphage Thiere auch durch Abfressen von Nadeln unangenehm geworden, und werden daher S. 407 in der
7ten biologischen Gruppe erwähnt.

b) Formen mit am Grunde verwachsenen Fussklauen.

α) Fühlerfurchen unter die Augen herabgebogen.

Gattung **Metallites** Germ. *Käfer:* Rüssel sehr kurz, vierkantig, Fühlerfurchen tief, scharf nach abwärts gebogen, aber auf der Kehle nicht zusammen-
fliessend. Geisselglied 1 kurz und dick, aber länger und dicker als 2, Glied
4 bis 7 sehr kurz.

Larve: Im Boden lebend.

Als sogenannte „grüne Fichtenrüsselkäfer" kommen in Betracht:

M. mollis Germ. und

M. atomarius Oliv., welche beide als Käfer durch Benagen von Nadeln
und Trieben Fichtenkulturen schädigen, daher in der 7ten unserer biologischen
Gruppen (vergl. S. 408) abgehandelt werden.

Gattung **Polydrusus** Germ. *Käfer:* Rüssel sehr kurz, Fühlerfurchen tief,
scharf nach abwärts gebogen und auf der Kehle sich vereinigend. Körper weich,
beschuppt. Geisselglieder 1 und 2 schlank und von ziemlich gleicher Länge.

Larve: Im Boden. Die Angabe, dass sie in zusammengesponnenen
Gipfelblättern von Laubhölzern lebte, scheint völlig apokryph.

Als Laubholzschädiger durch Blatt- und Rindenbenagung werden in der
7ten unserer biologischen Gruppen anzuführen sein (auf S. 408).

Pol. mollis Stroem. (*micans* Fabr.) und

Pol. cervinus L.

Gattung **Scythropus** Schönh. *Käfer:* Rüssel sehr kurz, an der Spitze
mit einem halbkreisförmigen glatten, durch eine erhabene Bogenlinie von dem
übrigen Rüssel abgegrenzten Felde, Fühlerfurche seicht. Fühler die kleinen
Augen weit überragend.

Larve unbekannt.

Sc. mustela Hbst. ist erwachsen als Nadelfresser auf Kiefern bekannt
geworden und gehört in die 7te biologische Gruppe (vergl. S. 408).

β) Fühlerfurchen auf der Oberseite des Rüssels convergirend.

Gattung **Phyllobius** Schönh. *Käfer:* Fühlerfurchen sehr seicht. Fühlerschaft die sehr vorspringenden Augen weit überragend.

Larve: Unter der Erde lebend. Die gegentheiligen Angaben wahrscheinlich
apokryph.

Aus dieser Gattung sind namentlich:

Ph. argentatus L,

Ph. psittacinus Germ.,

Ph. viridicollis Fabr. und

Ph. oblongus L. als Laubholzbenager in der 7ten biologischen Gruppe
(vergl. S. 408) zu erwähnen.

2. Unterfamilie, Langrüssler, Rhynchaenides. Rüssel lang und
meist drehrund, Fühlerschaft kürzer, zurückgelegt die Augen meist nicht
erreichend. Einlenkung der Fühler meist vom Mundwinkel entfernt in der
Mitte zwischen der Rüsselspitze und den meist länglichen, quergestellten
Augen. Fühlerfurche nach vorn nicht verlängert. Vorderkiefer abgeplattet.
Mittelkiefer von den Hinterkiefern, d. h. also von dem nur stielartig
entwickelten Kinn der „Unterlippe" meist nicht verdeckt. Rand des Halsschildes die Augen meist erreichend und öfters theilweise verdeckend.

A. Pygidium von den Flügeldecken bedeckt. Flügeldecken **am** Ende nicht einzeln für sich abgerundet. Fussklauen meist frei, unten nicht gezähnt.

1. Vorderhüften in der Mittellinie an einander stossend, Schenkel meist unbewaffnet.

a) Rüssel ziemlich dick, nur leicht gebogen. Vorderkiefer kurz. Augen meist quergestellt. Fühler meist kurz hinter der Rüsselspitze eingelenkt. Flügeldecken nur sehr selten den Grund des Halsschildes verdeckend.

3. Gruppe. Hylobiina. Schienen an der Spitze mit einem starken Haken. Flügeldecken hinten nicht schnabelförmig verengt und herabgebogen. Epimeren der Hinterbrust frei. Glied 7 der Fühlergeissel gross und der Fühlerkeule stark genähert.

Gattung Hylobius Schönh. *Käfer:* Fussklauen gross, weit auseinander stehend, Flügeldecken den Grund des Halsschildes nicht bedeckend. Schildchen deutlich. Rüssel ziemlich lang, gerundet, schwach gekrümmt, an der Spitze etwas erweitert. Fühler nahe am Mundwinkel eingefügt, der Schaft den Vorderrand der Augen kaum erreichend, die zwei ersten Geisselglieder länglich, die folgenden kurz. Halsschild auf der Bauchseite vorn ausgeschnitten und seitlich mit bewimperten Augenlappen. Fühlergrube lang, nach dem Unterrande der Augen aufsteigend. Schildchen deutlich. Flügeldecken mit stumpf vorstehenden Schultern, jede mit kleiner Schwiele vor der Spitze. Beine lang, Schienen mit kräftigen Hornhaken an der Spitze, Vorderschienen mit zweibuchtigen Innenrändern. Geflügelt.

Larve in flachstreibenden, absterbenden Nadelholzwurzeln lebend.

Als wichtigster aller Rüsselkäfer in forstlicher Beziehung ist hier

H. Abietis L , der grosse braune Rüsselkäfer zu nennen, welcher in Verbindung mit dem biologisch fast gleichwerthigen

H. Pinastri Gyll. als Nadelholzkulturverderber durch Rindennagen in der 8ten biologischen Gruppe behandelt werden wird.

Zu erwähnen ist ferner noch

H. piceus De Geer (*pineti* Fabr.).

Gattung Cleonus Schönh. *Käfer:* Fussklauen an der Basis verwachsen. Flügeldecken den Grund des Halsschildes bedeckend. Schildchen klein. Rüssel kürzer als das Halsschild, oben flachgedrückt, kantig, fast immer gekielt oder gefurcht, beiderseits mit einer tiefen, schnell nach abwärts gebogenen Fühlerfurche. Halsschild unten und vorn stark ausgeschnitten, gewöhnlich so lang als am Grunde breit, am Hinterrande oben zweimal gebuchtet, vorn verengt und mit seitlichen gewimperten, die grossen senkrecht stehenden Augen erreichenden Lappen versehen. Flügeldecken lang gestreckt, Schultern nicht vorragend. Geflügelt.

Larve unterirdisch, frei im Boden an Pflanzenwurzeln lebend. Forstlich erwähnt wird nur

Cl. turbatus Fahrs., der als Käfer in ähnlicher Weise wie der grosse braune Rüsselkäfer zu schaden im Verdacht steht. (Vergl. S. 411.)

4. Gruppe. Phytonomina. Forstlich unwichtig.

5. Gruppe. Bagoina. Forstlich unwichtig.

b) Rüssel lang, cylindrisch oder fadenförmig. Fühler kurz vor der Mitte des Rüssels eingelenkt.

6. **Gruppe.** Lixina. Forstlich unwichtig.

7. **Gruppe.** Erirrhinina. Forstlich unwichtig.

2. Vorderhüften in der Mittellinie von einander abstehend. Halsschild an die Flügeldecken dicht anstossend. Schienen kürzer als die Schenkel, an der Spitze mit einem Haken. Fussklauen frei.

8. **Gruppe.** Cryptorrhynchina. Rüssel in eine Furche der Mittelbrust einschlagbar, Vorderschenkel verlängert. Halsschild mit deutlichen Augenlappen.

Gattung **Cryptorrhynchus** ILL. *Käfer:* Fühler nahe der Mitte des langen, walzenförmigen, gebogenen Rüssels eingefügt; von den sieben Geisselgliedern sind die ersten beiden länglich, die folgenden kurz. Drittes Fussglied zweilappig. Vorderhüften von einander entfernt, zwischen denselben auf der Vorderbrust eine schaif begrenzte, tiefe Furche zur Aufnahme des Rüssels, welche erst auf der Mittelbrust endigt. Flügeldecken kaum doppelt so lang als breit, an der Spitze verengt, bedecken den After ganz. Schildchen deutlich. Hinterschenkel ragen nicht über die Flügeldeckenspitze hinaus.

Larve: Im Inneren des Holzkörpers von Laubhölzern lebend.

Cr. Lapathi L. (vergl. S. 391) schadet als Larve durch Schwächung und Deformirung jüngerer Aeste und Stämme von Laubhölzern und wird in der 3ten biologischen Gruppe behandelt.

9. **Gruppe.** Pissodina. Rüssel nicht einschlagbar. Hinterbrust wenig verkürzt. Basis der Fühlerkeule glatt, fast glänzend.

Gattung **Pissodes** GERM. *Käfer:* Fühler nahe der Mitte des Rüssels eingefügt. Fühlerfurche läuft ziemlich gerade bis zum unteren Augenrande. Rüssel so lang oder wenig kürzer, als das nach vorn stark verengte Halsschild, dessen Hinterrand zweimal schwach gebuchtet. Schildchen rund, erhaben. Vorderhüften durch einen schmalen Zwischenraum getrennt. Schenkel ungezähnt. Schienen gerade, mit starkem Hornhaken an der Spitze. Flügeldecken wenig breiter, als das Halsschild, den Hinterleib bedeckend, vor der Spitze mit schwielenartiger Erhabenheit. Körper geflügelt.

Larve: Zwischen Rinde und Holz älterer oder jüngerer Nadelhölzer lebend oder in den Zapfen.

Aus dieser Gattung sind fast alle einheimischen Arten für den Forstmann durch ihren Larvenfrass wichtig. Wir finden unter ihnen Kulturverderber

P. notatus FABR. (vergl. S. 377), ferner Bestandsverderber,

P. Piceae ILL. (vergl. S. 391),

P. Pini L. (vergl. S. 388),

P. Harcyniae HBST. (vergl. S. 383),

P. piniphilus HBST. (vergl. S. 380) und Zapfenzerstörer

P. validirostris GYLL. (vergl. S. 400). Letzterer wird in der 5ten biologischen Gruppe, die fünf ersten in der 2ten Gruppe behandelt.

B. Pygidium von den Flügeldecken nicht bedeckt, oder aber die Fussklauen unten mit einem Zahn bewaffnet. Schienen meist kürzer als die Schenkel. Fühler mit dünnem, an der Spitze keulenförmig verdicktem Schafte.

1. Pygidium stets nackt. Episternen der Mittelbrust oberwärts verbreitert und zwischen dem Grunde der Vorderbrust und den Flügeldecken sichtbar. Episternen der Hinterbrust breit. Hinterleib nach hinten zu ansteigend.

a) Hinterleibsringe 2 bis 4 an den Seiten nicht zahnartig vorgezogen.

10. **Gruppe.** Balaninina. Rüssel sehr lang, dünn fadenförmig und gekrümmt. Augen nicht vorstehend. Halsschild vorn nicht verengt und bauchwärts vor den Vorderhüften kaum ausgeschnitten. Hinterhüften den Rand der Flügeldecken fast erreichend. Spitzen der Schienen nach einwärts gebogen.

Gattung Balaninus Germ. *Käfer:* Körperumriss rhombisch. Fühler hinter der Mitte des Rüssels eingelenkt. Fussklauen mit einem Zahn versehen. Wenigstens die Hinterschenkel gezähnt. Fussglied 1 der Hinterbeine in einem Ausschnitt des Schienenendes eingelenkt.

Larve lebt im Inneren der Früchte von Waldbäumen, welche sie ausfrisst und vor der Verpuppung, die im Boden erfolgt, verlässt.

Forstlich erwähnenswerth in der 5ten biologischen Gruppe sind:
B. nucum L. (vergl. S. 398),
B. tesselatus Fourc. (vergl. S. 399),
B. glandium Marsh. (vergl. S. 399),
welche durch ihren Larvenfrass die Samenernte, beziehungsweise den Ertrag, bei Haselnüssen und Eicheln, beeinträchtigen.

b) Hinterleibsringe 2 bis 4 an den Seiten zahnartig vorgezogen

11. **Gruppe.** Coryssomerina. Forstlich unwichtig.

12. **Gruppe.** Ceutorrhynchina. Forstlich unwichtig.

13. **Gruppe.** Baridiina. Forstlich unwichtig.

2. Episternen der Mittelbrust zwischen dem Grunde der Vorderbrust und den Flügeldecken nicht sichtbar. Episternen der Hinterbrust linear verlängert. Hinterleibsring 3 unterwärts an den Seiten nur sehr selten zahnartig vorgezogen. Rüssel wenig gebogen. Vorderhüften meist aneinanderstossend.

a) Die Hinterbeine sind Springbeine.

14. **Gruppe.** Orchestina. Rüssel gegen die Brust eingebogen, ziemlich gerade. Augen auf der Stirne einander genähert oder zusammenstossend. Fühler mit wenig verlängertem Schaft. Hinterleib mit ziemlich gleichlangen Ringen. Vorderschienen aussen an der Spitze mit einem kurzen, gekrümmten Zahn bewaffnet. Hinterschienen unbewehrt.

Gattung Orchestes Ill. *Käfer:* Fühler deutlich gekniet, hinter der Mitte des Rüssels, näher den Augen als der Spitze eingefügt, mit 6 oder 7 Geisselgliedern, von denen die ersten länglich. Rüssel dünn, rund, mässig gebogen. Augen gross, rund, vorragend, nur durch eine schmale Hornleiste getrennt. Halsschild gewöhnlich breiter als lang, vorn verengt, an den Seiten schwach gerundet erweitert. Schildchen klein, aber deutlich. Flügeldecken länglicheiförmig, fast doppelt so breit als das Halsschild, den Hinterleib entweder vollkommen bedeckend oder das Pygidium freilassend. Hinterbeine mit stark verdickten Schenkeln, die häufig mit einer Reihe von Zähnchen bewaffnet sind. Fussklauen am Grunde mit einer grossen zahnförmigen Erweiterung.

Larve lebt minirend in den Blättern von Laubhölzern, in denen sie sich auch verpuppt.

Forstlich erwähnenswerth sind in der 4ten biologischen Gruppe:

O. Fagi L, (vergl. S. 395) und

O. Quercus L. (vergl. S. 395), welche als Larven die Blattorgane von Buche und Eiche nicht unbeträchtlich beschädigen.

b) Die Hinterbeine sind keine Springbeine.

α) Wenigstens ein Hinterleibsring an den Seiten hinterwärts zahnartig verlängert.

15. Gruppe. Cionina. Fühler vor der Mitte des Rüssels einge-lenkt, mit fünfgliedriger Geissel. Vorderhüften keglig vorgestreckt, aneinanderstossend. Hinterhüften quer, von einander abstehend, die Epimeren der Hinterbrust erreichend. Hinterleibsringe 1 und 2 sehr gross, 2 bis 4 zahnförmig verlängert.

Gattung **Cionus** Clairv. *Käfer:* Rüssel dünn, fadenförmig. Augen nicht vorragend, vorn an den Seiten des Kopfes. Halsschild kurz, vorn und rückwärts abgestutzt, vorn etwas verengt. Schildchen länglich. Flügeldecken breit vier-eckig, eiförmig, mehr als um die Hälfte breiter wie das Halsschild, nur wenig länger als zusammen breit, den ganzen Hinterleib bedeckend. Schenkel mit starkem Zahn vor der Spitze, Schienen an der Spitze mit oder ohne Endsporn. Drittes Fussglied zweilappig Klauenglied mit einer einzigen, entweder einfachen oder in zwei ungleiche Hälften gespaltenen Klaue.

Larve: lebt äusserlich als Blattbenager an den Blättern von Kräutern und Bäumen, an denen sie auch in einem kleinen Cocon die Puppenruhe durchmacht.

Von den vielen einheimischen Arten leben die meisten an Verbascum und Scrophularia, nur eine in der 4ten biologischen Gruppe besprochene lebt an der Esche, nämlich

C. Fraxini De Geer (vergl. S. 396), welche sie als Larve sowohl wie als Käfer schädigt.

16. Gruppe. Tychiina. Forstlich unwichtig.

β) Hinterleibsringe nicht zahnartig verlängert.

a) Fühlergeissel fünfgliedrig.

17. Gruppe. Gymnetrina. Forstlich unwichtig.

b) Fühlergeissel siebengliedrig.

18. Gruppe. Elleschina. Forstlich unwichtig.

19. Gruppe. Anthonomina. Rüssel dünn, fadenförmig, wenig gebogen, Augen vollkommen rund, vorstehend, vom Halsschild entfernt. Vorderbeine länger als die anderen, Schildchen gross und erhaben. Flügeldecken vorn abgestutzt, mit erhabenem Vorderrande.

Gattung **Anthonomus** Germ. *Käfer:* Fühler vor der Mitte des langen dünnen Rüssels eingefügt. Augen an den Seiten des Kopfes ein wenig vor-springend. Schildchen länglich. Flügeldecken breiter als das Halsschild, mit stumpfwinklig vorragenden Schultern, nach hinten gewöhnlich etwas erweitert. Beine verlängert, besonders die Vorderbeine, wenigstens die Vorderschenkel mit einem Zahn. Letztes Fussglied verlängert. Klauen mit einem Zahn.

Larve meist in den Blüthenknospen von Kern- und Steinobst, deren Fruchtknoten und Staubfäden sie zerstört. So wichtig aber diese Thiere für den Gärtner sind, so wenig kommen sie für den Forstmann in Frage. Nur

A. varians Payk. (vergl. S 400) ist neuerdings durch Larvenfrass in Kiefernknospen schädlich geworden und im Anschluss an seine fruchtzerstörenden Verwandten in der 5ten biologischen Gruppe erwähnt.

Gattung Brachonyx Schönh. *Käfer:* Fühler hinter der Mitte des Rüssels eingefügt. Geisselglieder kurz, nur 1 und 2 länglich. Augen an den Seiten des Kopfes, schwach gewölbt. Halsschild merklich länger als breit, gegen die Spitze schwach verengt. Schildchen klein, punktförmig, etwas erhaben. Flügeldecken etwas breiter als das Halsschild, mehr als doppelt so lang als zusammen breit, gegen die Spitze etwas erweitert, fast walzenförmig, den Hinterleib ganz bedeckend. Schenkel ungezähnt, Schienen halb so lang als die Schenkel, an der Spitze ohne Hornhaken, Fussglied 3 sehr breit, zweilappig, das Klauenglied kurz, nur wenig vorragend, mit zwei einfachen Klauen.

Larve lebt und verpuppt sich in den Nadelscheiden der Kiefer.

Br. pineti Payk. (*indigena* Hbst.) ist die einzige Art, welche mitunter die Kiefernnadeln als Käfer sowohl, wie als Larve beschädigt und wird in der 4ten biologischen Gruppe (S. 398) erwähnt.

20. Gruppe. Magdalina. Fühler nur wenig gekniet. Hinterecken des Halsschildes nach unten spitz vorgezogen, vorn etwas eingeschnürt, vor den Vorderhüften nicht ausgeschnitten. Schildchen deutlich. Flügeldecken den Grund des Halsschildes bedeckend, an der Spitze einzeln abgerundet. Schienen an der Spitze mit einem Haken. Vorderhüften aneinanderstossend, Hinterhüften quer, wenig von einander abstehend, die Epimeren der Hinterbrust erreichend. Fussklauen frei.

Gattung Magdalis Germ. (*Magdalinus* Schönh.). *Käfer:* Fühler in der Mitte des Rüssels eingefügt, Schaft an der Spitze keulenförmig, Geisselglied 1 und 2 gewöhnlich länglich, Keule zugespitzt. Rüssel rund, mässig lang, an der Spitze öfter verdickt. Fühlerfurche zum unteren Rande der Augen gerichtet. Augen gross, mehr oder weniger vorragend, einander ziemlich genähert. Schildchen dreieckig. Flügeldecken walzenförmig. Schenkel meist gezähnt. Fussglied 3 sehr breit, zweilappig, Klauenglied mit zwei kleinen, einfachen Klauen.

Larve lebt zwischen Rinde und Holz oder in den Markröhren von Holzpflanzen.

Forstlich kommen nur einige in den Stämmchen und Trieben jüngerer Nadelhölzer lebende Formen iu Betracht. Es sind dies die in der 2ten biologischen Gruppe erwähnten.

M. memnonia Fald. (*carbonaria* Fabr., vergl. S. 374),

M. violacea L. (vergl. S. 374),

M. duplicata Germ. (vergl. S. 374). Sie schaden sämmtlich nur als Larven.

Die forstliche Bedeutung der Rüsselkäfer. Bisher haben wir die Rüsselkäfer im engeren Sinne nur in systematischer Reihenfolge betrachtet. Für die speciellen Zwecke des Forstmannes werden sie aber besser nach ihrer Lebensweise und ihrem Schaden, also biologisch eingetheilt. Obgleich nun einige Arten, wie schon oben bemerkt, zweifellos sowohl als Käfer wie als Larven schaden, so ist doch auch bei diesen der eine Frass vorherrschend, und wir theilen die Rüsselkäfer daher zunächst in zwei grosse Abtheilungen, je nachdem vorherrschend der Larven- oder der Käferfrass in das Gewicht fällt, und bringen diese Hauptabtheilungen nach der Art ihrer verschiedenen Zerstörungen in kleinere Gruppen.

A. Rüsselkäfer, deren Larvenfrass vornehmlich schadet.

1. Die Larven befressen die Würzeln junger Nadelhölzer, welche in Folge davon eingehen, z. B. Otiorrhynchus niger FABR.

2. Die Larven zerstören die saftleitenden Rindenschichten an Nadelholzstämmen und bringen die Bäume zum Absterben.

a) in Kulturen, z. B. Pissodes notatus FABR.

b) in älteren Beständen, z. B. Pissodes Harcyniae HBST.

3. Die Larven bewohnen die inneren Rindenschichten und den Holzkörper jüngerer Laubholzstämme und Aeste, welche in Folge dessen deformirt werden und leicht abbrechen. Es ist dies

Cryptorrhynchus Lapathi L.

4. Die Larven schädigen Blattorgane und Trieb- oder Blüthenknospen von Holzgewächsen, z. B. Orchestes Fagi L.

5. Die Larven zerstören die Früchte von Holzgewächsen und beeinträchtigen die Samenernte, z. B. Balaninus glandium MARSH.

B. Rüsselkäfer, welche vornehmlich als Käfer schaden, und zwar durch oberirdisches Benagen von Rinde, Knospen und Blattorganen.

6. Im Boden brütende, flugunfähige Kurzrüssler, z. B. Strophosomus Coryli FABR.

7. Im Boden brütende, flugfähige Kurzrüssler, z. B. Metallites mollis GERM.

8. In Nadelholzwurzeln brütende und namentlich die Nadelholzkulturen schädigende Langrüssler, besonders Hylobius Abietis L.

Rüsselkäfer, deren Larven die Wurzeln junger Nadelholzpflanzen befressen. Es gehören zu dieser biologischen Gruppe nach dem jetzigen Stande unserer Kenntnisse nur einige wenige Arten der Gattung Otiorrhynchus, zu denen neuerdings noch Brachyderes incanus gekommen ist. Es ist aber wahrscheinlich, dass späterhin noch andere als biologisch gleichbedeutend erkannt werden dürften.

Otiorrhynchus niger FABR. (*ater* HBST. und RATZ.). *Käfer:* Schwarz; sehr dünn behaart, beinahe kahl, Halsschild so lang als breit, dicht gekörnt, Flügeldecken punktirt gestreift, beim ♂ gestreckter als beim ♀, Zwischenräume gerunzelt. Beine mit Ausnahme der Füsse und eines Theiles der Schenkel roth, Kniee gewöhnlich schwarz. Länge 8—12 *mm.*
Larve: Nach BELING fusslos, schmutzig weiss, glasig glänzend, oben stark gewölbt, unten etwas abgeplattet, mit grossem gerundeten, polsterförmig gewölbten, hornigen, braungelben Kopfschilde und plumpen dreieckigen, schwarzbraunen, an der Aussenseite im unteren Theile breit rinnenförmig vertieften, an ihrem stumpflichen Ende gekerbten Mandibeln. Rücken mit quer stehenden Keilwulsten, auf dem zweiten bis einschliesslich vorletzten Segmente mit je 6 langen und 6 kurzen, zusammen 12, Längenreihen bildenden Haaren. Die Oberseite des ersten Segments glatt, stark glänzend, mit theils vereinzelt, theils in je einer Seitengruppe stehenden Haaren, unmittelbar hinter dem Kopfe verwaschen rostbräunlich gesäumt. Die eingekrümmte Bauchseite auf jedem der ersten 11 Segmente mit einer Querreihe von 8 kurzen steifen Borstenhaaren, welche an jedem ihrer beiden Enden von einem kurzen, vorderen und einem hinteren langen Haar auf wulstiger Erhöhung flankirt wird. Das stumpfe Endsegment an der Oberseite mit 8, an der Unterseite mit 4 Haaren in Querreihe. Alle vorstehend gedachten Haare bräunlichgelb. Länge bis 12 *mm*, Dicke bis 4·5 *mm.*

Puppe: Nach BELING weiss, das breite und lange Gesicht der Brust anliegend, unterhalb der Augen mit je vier langen, unten geschwärzten, nach oben hin kastanienbraunen Borsten in unregelmässiger Längenreihe. Zwischen den Augen zwei und weiter nach hinten hin vier ähnliche Borsten in Querreihe. Halsschild am gekanteten, steil abfallenden Vorderrande mit vier dergleichen Borsten, im hinteren Theile mit einer Anzahl meist kurzer, schwärzlicher Borsten in unvollständigen Querreihen. Der kegelförmige Hinterleib am Rücken jeden Segments mit einer Querreihe von 6 bis 12 ungleich langen, braunen, dornenförmigen Borsten, die auf den späteren Segmenten immer kräftiger werden. Der letzte Leibesabschnitt mit 2 dicken braunspitzigen Dornen und 6 schwarzbraunen Borsten endend. Die seitwärts gespreizten, weit vorragenden Kniee mit je einer langen und oberhalb dieser mit einer weit kürzeren und dünneren gefärbten Borste. Länge bis 10 mm, Breite bis 5 mm.

Wir geben diese genaue Larven- und Puppenbeschreibung als Beispiel, wie künftighin die nur ungenau bekannten Entwickelungsstadien der Rüsselkäfer beschrieben werden sollten

O. ovatus L. *Käfer:* Viel kleiner und gedrungener als der vorige. Schwarz, fein behaart. Halsschild grob gekörnt, die Körner auf der Mitte sehr deutliche Längsrunzeln bildend. Flügeldecken fein punktirt gestreift. Zwischenräume gerunzelt, Fühler und Beine rothbraun. Länge 5 mm. *Larve* nicht näher beschrieben.

Brachyderes incanus L. *Käfer:* Pechbraun, mehr oder weniger dicht mit grauen und braunen, hier und da metallischen Schuppen besetzt. Fühler rostbraun. Rüssel an der Spitze breit eingedrückt, Halsschild dicht punktirt, Flügeldecken punktirt gestreift. Länge 8—11 mm. *Larve* nicht näher beschrieben.

L e b e n s w e i s e. Man kennt genauer nur Ot. niger FABR. Nach den übereinstimmenden Angaben von RATZEBURG und BELING [4 d] tritt die Fortpflanzungszeit dieser Käfer, bei denen man, da sie ungeflügelt sind, nicht von einer Flugzeit reden kann, normaler Weise im Frühjahr, ungefähr Anfang und Mitte Mai ein. Die Eier werden von den Weibchen in den Boden jüngerer Fichtenbestände oder Kulturen abgelegt. Die Larven schlüpfen bald aus, fressen die zarten Wurzeln der jungen Fichtenpflanzen ganz und schälen die Rinde der etwas stärkeren so rein ab, dass es aussieht, als sei sie mit einem Messer abgeschabt. Gegen die Mitte des Juli sind die Larven der Mehrzahl nach ausgewachsen, verpuppen sich dann an der Stelle, wo sie bis dahin lebten, in einer innen geglätteten Höhlung. Nach etwa vierwöchentlicher Ruhe werden von Mitte August bis gegen Ende September aus den Puppen Käfer, die grösstentheils in den Puppenhöhlen bleiben, um im nächsten Frühjahr zu erscheinen und der Ernährung und Fortpflanzung obzuliegen. Viele Käfer zeigen sich aber schon im Herbst und überwintern in der Bodendecke. Es stellt sich demnach die einjährige Generation folgendermassen dar:

	Jan.	Febr.	März	April	Mai	Juni	Juli	Aug.	Sept.	Oct.	Nov.	Dec.
1880					++ ··	——— ●●●	● ●●+	+++	+++	+++	+++	+++
1881	+++	+++	+++	+++	+++ ··							

Diese normale Generation scheint sich aber stets bei einer Massenvermehrung des Insektes zu verschieben. Auch Beling [4 d] sagt: „die Verpuppung
erfolgt aber nicht bei allen Larven gleichzeitig oder binnen einer kurzen
sommerlichen Frist, sondern vielmehr in der Weise, dass im Hochsommer
10 bis 12 Wochen lang frische Puppen an ein und demselben Fundorte angetroffen
werden. Eine Anzahl von Larven überwintert und aus diesen geben dann die
ersten Puppen des nächsten Sommers hervor." Auch ist von allen Beobachtern,
die über grössere Frassschäden berichten, constatirt, dass die Käfer von Mai
bis August und September zahlreich erschienen, was auch theilweise darin seinen
Grund haben mag, dass die Käfer wohl, ebenso wie der grosse braune Rüsselkäfer, nicht unmittelbar nach der Eiablage eingehen, sondern noch längere Zeit
leben.

Schaden. Derselbe tritt namentlich in Gebirgsrevieren von ungefähr 500 — 1000 m Seehöhe auf. Er betrifft junge Fichten bis zum
Alter von 10 Jahren, sowohl in Saatkämpen als in Kulturen, und es
werden, trotz entgegengesetzter, vereinzelt in der Literatur zu finden-
der Angaben, weder Plätzesaaten, noch Riefensaaten, noch Büschelpflanzungen verschont. Das stärkere Auftreten in einer oder der anderen Kultur hängt nicht von der Kulturmethode, sondern von anderen
Umständen ab, namentlich von der stärkeren oder schwächeren Entblössung des Bodens, da in entblössten Boden die eierlegenden Weibchen leichter eindringen. Auch die Güte des Bodens scheint ohne
Einfluss auf das Auftreten des Käfers zu sein. Der Schaden ist in
älteren Kulturen fühlbarer als in jüngeren, weil die Ausbesserung
jener schwieriger ist. Die oben geschilderte Zerstörung der zarten
und die Entrindung der stärkeren Wurzeln lässt die Pflanzen kränkeln, aber es wird übereinstimmend angegeben, dass nur selten der
Schaden in dem ersten Frassjahre bedeutend ist, und dass erst bei
andauerndem Frasse im zweiten oder dritten Jahre ein stärkeres Eingehen eintritt. Meist sind nur wenige Larven, 2 — 8, an einer Pflanze, es
sind aber schon 20 — 25, ja sogar bis 50 zusammen fressend gefunden
worden. Im Riesengebirge sind junge Lärchen ebenso wie die Fichten
beschädigt worden. Man erkennt die beschädigten Pflanzen im ersten
Jahre am Gelbwerden einzelner Nadeln, erst später tritt das Rothwerden vieler Nadeln und schliesslich das Vertrocknen der Pflanzen
ein, welche sich, ihres Wurzelhaltes beraubt, leicht auch aus dem
dichtesten Pflanzenbüschel einzeln ausziehen lassen.

O. ovatus L. ist wesentlich auch als Kulturverderber bekannt
geworden. Seine Larve schadet an den Wurzeln bis sechsjähriger Fichten.

Die Schädlichkeit des schwarzen Rüsselkäfers als eines Fichtenkultur-
verderbers wurde zuerst 1827 durch v. Berg [5 a] im königl. preussischen Harz
sicher festgestellt und darauf durch Ratzeburg [48 a; V. S. 141] nach Nachrichten
aus den verschiedensten Gebirgsforsten bestätigt. Grössere Schäden wurden
geschildert aus der königl. preussischen Oberförsterei Königshof im Harze 1847
und 1848 durch Gumtau [22], Schmiedefeld in Thüringen 1850 durch v. Ernst
[17], Arnsberg im Riesengebirge 1853 durch Haass [24 b], aus dem königl.
sächsischen Oberfrauendorfer, jetzigen Schmiedeberger Revier im Erzgebirge 1861
durch Schaal [53], aus dem ebenfalls im Erzgebirge gelegenen herrschaftlich
v. Schönberg'schen Revier Neuhausen 1865 — 1869 durch O. Kühn [32] und
aus dem herzogl. Braunschweig'schen Revier Wangelnstedt 1872—1876 durch
Wolff [Hils Solling-Forstverein 1877, S. 49].

Weitere sicher constatirte Fälle fanden auf königl. sächsischen Staatsforstrevieren nach Mittheilung von Professor KUNZE 1860 auf Altenberger Revier und nach Oberförstercandidat TIMAEUS 1882 auf Rehefelder Revier statt.

Ueber Schaden durch O. ovatus berichtet GUMTAU [22] aus Königshof und NÖRDLINGER [XXIV S. 17 und 18] aus dem Revier Elchingen bei Neresheim in Württemberg.

Die Beschädigungen der Larven von Brachyderes incanus sind erst neuerdings von J. CZECH [II] beschrieben worden. Mit zweijährigen Fichten bestellte Beete einer Pflanzschule wurden 1879 in grösserer Ausdehnung durch Abfressen der feineren und Entrindung der stärkeren Wurzeln völlig vernichtet. Der Hauptfrass fiel in den Mai und Anfang Juni, dann im Juli erschienen nach dreiwöchentlicher Puppenperiode die Käfer.

Ueber den Schaden, welchen die drei soeben besprochenen Arten als Käfer angerichtet haben, berichten wir weiter unten.

Abwehr. Zunächst handelt es sich hier um *Vorbeugungsmittel.*

Kulturen, welche in berastem Boden ausgeführt werden, sind weniger gefährdet als solche in entblösstem. Kulturmethoden mit geringer Bodenverwundung werden sich also nicht nur im Flachlande gegen den Engerlingschaden, sondern auch im Gebirge gegen den Frass der Otiorrhynchus-Larven empfehlen, und das mehrjährige Liegenlassen der Schläge ist nicht nur gegen den braunen, sondern auch gegen die schwarzen Rüsselkäfer zu empfehlen.

In letzterem Falle handelt es sich aber nicht darum, den im Boden zurückgebliebenen Wurzeln zum völligen Absterben Zeit zu geben, sondern den Boden verrasen zu lassen.

Vertilgungsmittel sind namentlich gegen den Käfer anzuwenden. Hier kann nur Sammeln helfen. Meist ist dies einfach durch Absuchen der befallenen Orte gemacht worden. Nach BELING [4 d] geht O. niger FABR. auch unter die gegen den grossen braunen Rüsselkäfer ausgelegten Rindenplatten. Als bestes Fangmittel des O. ovatus L gibt NÖRDLINGER das Auslegen von quadratschuhgrossen Moosdecken in die Riefenzwischenräume der Fichtensaat an. In diese verkroch sich der Käfer am Tage und konnte handvollweise aufgelesen werden. Im erzgebirge'schen Revier Neuhausen wurden nach KÜHN im Jahre 1867 auf den circa 15 *ha* grossen Kulturen von Mitte Juni bis Ende August gegen einen Accordlohn von 1 bis 2 Pfennigen pro Schock etwa $1^1/_3$ Million Käfer gesammelt.

Ist eine Kultur einmal stark beschädigt, so hilft das Vertilgen der Larven durch Aufsuchen im Boden nach Ausziehen der befallenen Pflanzen nicht mehr viel. Wenn man dieses aber im Herbst vornehmen lässt, so kann man viele in den Puppenhöhlen überwinternde Käfer und, bei unregelmässiger Generation, wohl auch Puppen und Larven vernichten.

Rüsselkäfer, deren Larven die saftleitenden Rindenschichten an Nadelholzstämmen zerstören und diese zum Absterben bringen.

Diese Formen zerfallen in Kultur- und Bestandsverderber. Die Kulturverderber sind wieder in sofern getrennt zu behandeln, als die

einen, mehrere Magdalis-Arten, die oberen Quirle bewohnen, während
Pissodes notatus, der „kleine braune Kiefernkulturrüsselkäfer", gewöhnlich die jungen Stämme tief unten angeht. Die Bestandsverderber gehören sämmtlich zu der Gattung Pissodes.

Die Gattung Magdalis [vergl. S. 369] umfasst eine Anzahl
kleinerer blauer und schwarzer Rüsselkäfer, unter denen wir besonders M. violacea L. und M. memnonia Fald. hervorheben, deren
Larven durch Zerstörung der Bastschichten oder der Markröhre
jungen schlechtwüchsigen Kiefernpflanzen im Alter von 3 bis 10 Jahren
gefährlich werden können, und zwar um so mehr, als sich ihr Frass
häufig mit dem von Anobium nigrinum St. (S. 345), Buprestis quadripunctata L. (S. 320), Tomicus bidentatus Hbst. und Pissodes notatus
Fabr. verbindet. Ausreissen und Verbrennen der befallenen Pflanzen,
vor dem Ausschlüpfen der Käfer hilft gegen diese ganze üble Ge-
nossenschaft.

Beschreibung. Magdalis violacea L. *Käfer:* Farbe blau, Kopf undeutlich punktirt, Augen flach, Rüssel kaum gebogen, Grund jeder Flügeldecke
in einen gerundeten Lappen vorgezogen, der die Basis des Halsschildes jederseits überragt und dadurch zweibuchtig erscheinen lässt. Flügeldecken punktstreifig, Zwischenräume doppelt so breit als die Punktstreifen mit einer starken
Punktreihe Vorderschenkel mit einem grossen Zahn. Klauen einfach. Länge
3,5—4,8 *mm.*

M. duplicata Germ. *Käfer:* Farbe blau. Dem vorigen sehr ähnlich, aber
der Kopf dicht punktirt, Rüssel deutlich gebogen. Zwischenräume der Flügeldecken glatt und reihenweis stark punktirt, Streifen selbst stark. Länge 3—5 *mm.*

M. memnonia Fald. (*carbonaria* Fabr.). *Käfer:* Farbe schwarz. Halsschild so lang als breit, ohne Höcker. Grund jeder Flügeldecke in einen gerundeten Lappen vorgezogen, der die Basis des Halsschildes jederseits überragt
und dadurch zweibuchtig erscheinen lässt. Flügeldecken punktstreifig, Zwischenräume gewölbt und runzlig, mit einer Punktreihe. Vorderschenkel mit einem
grossen Zahn. Klauen einfach. Länge 4—7 *mm.*

Lebensweise und forstliche Bedeutung. Die Generation der
sämmtlichen Magdalis-Arten scheint einjährig zu sein und die Flugzeit in den
Mai und Juni zu fallen.

Für M. memnonia Fald. stellt sie sich nach Perris ungefähr folgendermassen [46, S. 256 und 257].

	Jan.	Febr.	März	April	Mai	Juni	Juli	Aug.	Sept.	Oct.	Nov.	Dec.
1880					++ ••	• —— ——	—— ——	—— ——	—— ——	—— ——	—— ——	—— ——
1881	——— —— ●	● ● ●	+++	+++ ••								

Die für uns in Frage kommenden Formen sind wesentlich Nadelholz-
insekten, welche nicht nur die obersten 2—3 Jahresstriche der gemeinen Kiefer,
der Schwarzkiefer, der Seekiefer und der Weymouthskiefer angehen, sondern

auch in Fichten brüten. Letzteres ist namentlich von M. violacea L. sicher nachgewiesen, einem Käfer, welcher häufig secundär die Gipfel der von Grapholitha pactolana befallenen Pflanzen oberhalb der Wicklerfrassstelle bewohnt
[Judeich XI, S. 77]. Er kommt aber gelegentlich auch an stärkeren Stämmen vor.

M. duplicata Germ. scheint am häufigsten in den verschiedenen Kiefer-
arten zu sein und auch Zweige zu bewohnen [27, S. 610].

Der Frass der Magdalis-Arten scheint nicht immer gleich zu sein. Schon
Zinke schildert 1797 [38, S. 61] denjenigen des „Violettrüsselkäfers" als von
den Knospen ausgehend und in die Markröhre vordringend, eine Angabe, die
neuerdings von Altum [XVI, Bd. III., 1, S. 214] bestätigt wird. 1856 schilderte
Perris den Frass der Larven von M. memnonia Fald. in Seekieferzweigen in
ganz ähnlicher Weise, und Henschel [27] berichtet das gleiche von M.
duplicata Germ., während er für M. violacea L. daran festhält, dass die Larven
zwischen Rinde und Holz leben, eine Beobachtung, welche mit den Angaben
der meisten übrigen Forscher stimmt und welche wir selbst für diesen Käfer
und für M. frontalis Gyll. bestätigen können. In den uns vorliegenden Frassstücken in Kiefer und Fichte verlaufen die Larvengänge stets durchaus peripherisch und greifen tief in den Splint ein, so dass vielfach die ganze der Rinde
benachbarte Holzschicht in Wurmmehl verwandelt ist. Die Puppenwiegen dringen
noch tiefer in den Splint ein. Hier sind also noch genauere Beobachtungen
nöthig.

Ueber wirklich grössere Verheerungen, welche von den Magdalis-Arten
verursacht wurden, liegen noch wenig Beobachtungen vor. Altum berichtet
[XVI, Bd. 3, 1, S. 212], dass M. violacea L. einmal recht schädlich in der Nähe
von Eberswalde aufgetreten sei.

Die Gattung Pissodes (vergl. S. 366) ist es, welcher die
in dieser biologischen Gruppe zu erwähnenden fünf weiteren Schädlinge angehören.

Während die Generation der verschiedenen Pissodes–Arten, die
sämmtlich Nadelholzfeinde sind, eine verschiedenartige zu sein scheint
und noch mancher Aufklärung bedarf, ist, mit Ausnahme des
P. validirostris Gyll., ihre Lebensweise sehr übereinstimmend.
Die Eier werden in die Rinde von Nadelholzstämmen abgelegt.
Die ausschlüpfenden Larven fressen sich bis auf den Splint durch
und machen, diesen kaum berührend, allmählich breiter werdende,
geschlängelte Larvengänge, die schliesslich in eine stets wenigstens theilweise in den Splint eingreifende Puppenwiege mit Span-
poister enden. Sind mehrere Eier an einer Rindenstelle abgelegt, so
gehen von dieser Stelle die Larvengänge strahlig auseinander, und
dieser „Strahlenfrass" (Fig. 135 A u. 136) kann alsdann auf den ersten
Blick mit manchen Borkenkäfer-Frassfiguren, namentlich mit Stern-
gängen, verwechselt werden. Bei aufmerksamer Betrachtung wird man
aber sofort erkennen, dass es sich hier nicht um strahlig auseinander
tretende, stets gleich breite Muttergänge handelt, wie bei den
Borkenkäfer-Sterngängen, von denen erst secundär Larvengänge abgehen, sondern um allmählich stärker werdende Larvengänge,
von denen also keine anderen secundären Gänge abgehen. Bei geringer Anzahl von gleichzeitig abgelegten Eiern, oder starker Besetzung
des Baumes, und daher wirr durcheinander gehenden Gängen, kann
dieser Habitus wohl auch undeutlich werden.

Auch der Schaden und die Bekämpfung dieser fünf Käfer zeigt gemeinsame Züge. Die in Folge unterbrochener Saftstiömung kränkelnden und schliesslich absterbenden Bäume sind aus dem Bestande zu entfernen, bevor noch die Käfer zum Ausfliegen kommen. Werthloses, schwaches, mit Larven besetztes Material ist ganz zu verbrennen. Stärkeres, verwerthbares Material wird entrindet und die Rinde verbrannt. Etwa in den Splintpuppenwiegen zurückbleibende Larven und Puppen sind ausserdem zu zerquetschen oder auszustossen.

Die charakteristischen Unterschiede der 5 Hauptarten, sowie des erst später als Samenbeschädiger zu nennenden P. validirostris GYLL., lassen sich folgendermassen zu einer Bestimmungstabelle vereinigen:

Halsschild runzlig gekörnt, mit winkligen Hinterecken.

- Flügeldecken mit schmaler Querbinde hinter der Mitte . . . . P. Pini L.
- Flügeldecken mit breiter Querbinde hinter der Mitte.
  - Punktstreifen der Flügeldecken mit sehr grossen u. verschieden starken Punkten . . . . P. Piceae ILL.
  - Punktstreifen der Flügeldecken mit gleichmässig. Punkten.
    - Punkte mittelstark, Hinterecken des Halsschildes spitz vorspiingend . P. notatus FABR.
    - Punkte fein, Hinterecken des Halsschildes rechtwinklig P. validirostris GYLL.

Halsschild mit kreisrunden, vertieften, durch ebene Zwischenräume getrennten Punkten und abgerundeten Hinterecken.

- Grundfarbe des Käfers rostbraun . . . . . P. piniphilus HBST.
- Grundfarbe des Käfers schwarz . . . . . . P. Harcyniae HBST.

Der braune Kiefernkultur-Rüsselkäfer oder Weisspunkt-Rüsselkäfer,

Pissodes notatus FABR. (Taf. II, Fig. 6),

wird dadurch schädlich, dass die überwinterten Weibchen nach erfolgter Begattung im Frühjahr ihre Eier in oder an die Rinde 4- bis 8jähriger Kiefernpflanzen bis 1 m oberhalb des Bodens ablegen, die ausgekommenen Larven sieh in die Bastschichten einfressen und stammabwärts allmählich breiter werdende Larvengänge erzeugen. Dieser Frass, welcher sich bald durch Welken und Röthung der Nadeln anzeigt, bringt, namentlich wenn eine grössere Anzahl Larven an einem Stämmchen frisst, die Pflanze zum Absterben. Die Verpuppung geschieht im Hochsommer, innerhalb der am Ende der Larvengänge in den Splint eingesenkten Puppenwiegen mit Spanpolstern. Noch in demselben Herbste schlüpft der Käfer aus, um am Fusse der Stämmchen zu überwintern.

Die Larven sind namentlich in sandigen Kiefernrevieren auf Boden geringer Qualität sehr gefährliche Feinde der Kulturen. Einen weiteren, aber äusserst geringen Schaden kann der Käfer selbst durch Anstechen der Triebe im Frühjahr behufs Nahrungsgewinnung verursachen.

Die Abwehr besteht in dem rechtzeitigen Ausreissen und Verbrennen der mit Larven besetzten, durch die geröteten Nadeln gekennzeichneten Stämmchen im Juni und Juli.

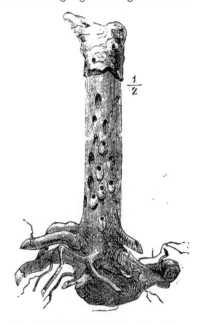

$\frac{1}{2}$

Fig. 134. Kiefernstämmchen über dem Wurzelknoten mit Puppenwiegen und Spanpolstern von **Pissodes notatus** FABR. besetzt.

Beschreibung. *Käfer:* Hinterecken des runzlig-gekörnten Halsschildes scharf und mässig spitzwinkelig, sein Hinterrand deutlich zweibuchtig. Punktstreifen der Flügeldecken mit ziemlich kleinen Punkten besetzt, Zwischenraum 3 und 5 nur wenig erhaben. Grundfarbe rothbraun. Die Ober- und Unterseite fast regelmässig mit weisslichen Schüppchen besetzt, welche auf vier Punkten des Halsschildes und dem Schildchen besonders dicht stehen. Vor der Mitte der Flügeldecken eine an der Naht unterbrochene, hinter derselben eine durchgehende, aussen gelbe, innen weissliche Schuppenbinde. Länge 5—7·5 *mm*.

Puppe: Als Entwickelungsstadium eines Rüsselkäfers sofort an dem bereits deutlich ausgebildeten Rüssel kenntlich. Ihre Oberseite ist nach PERRIS [46, S. 424] mit kleinen röthlichen, auf Höckerchen aufsitzenden Dornen versehen, von denen der Kopf zwei, das Halsschild vier und der Hinterleib sechs Reihen trägt.

Larve von dem Habitus der gewöhnlichen Rüsselkäferlarven.

Lebensweise. Alle deutschen Forscher stimmen in ihren Angaben insofern überein, als sie die Generation dieses Käfers als eine einjährige ansehen, bei welcher normalerweise der Flug in die Monate Mai und Juni, der Larvenfrass in die Monate Juni und Juli, die Verpuppung in den Monat August und das Ausschlüpfen des Käfers in denselben Herbst fällt. Im Imagostadium soll dann der Käfer am Fusse der Stämme in der Bodendecke überwintern, um sich erst im nächsten Frühling fortzupflanzen. Es ergibt sich also die folgende graphische Zusammenstellung:

	Jan.	Febr.	März	April	Mai	Juni	Juli	Aug.	Sept.	Oct.	Nov.	Dec.
1880	.				+ +++ +	•••	— — — — ●●●	●●●	+++	+++	+++	+++
1881	+++	+++	+++	+++	+++	+						

Ebenso einig sind dagegen auch alle diese Beobachter darüber, dass öfters auch zu anderer Zeit Puppen und namentlich überwinternde, halbwüchsige Larven gefunden werden, so dass also Abweichungen von der normalen Flugzeit nicht selten sind.

Nach PERRIS [46, p. 425—431] soll in Südfrankreich, wo der Käfer häufig in der Seekiefer auftritt, diese Ausnahme Regel sein und sich dort die Generation, obgleich auch einjährig, folgendermassen stellen:

	Jan.	Febr.	März	April	Mai	Juni	Juli	Aug.	Sept.	Oct.	Nov.	Dec.
1880					+	+++	+++	•••	— — —	— — —	— — —	— — —
1881	— — —	— — —	— — —	●●● +	+++	+++						

Vergleichen wir dieses Schema mit dem oben gegebenen, so leuchtet sofort ein, dass, wenn bei zeitigem Frühjahr die Flugzeit früher als gewöhnlich eintritt, es wohl noch zu einer Fortpflanzung der Käfer im Herbste kommen könnte, wodurch dann überwinternde Larven entstünden, die im nächsten Jahre erst später als gewöhnlich die Käfer lieferten. Es entstünde alsdann das, was RATZEBURG „anderthalbige" Generation nennt, d. h. drei Generationen innerhalb zweier Jahre [V, Bd. I, S. 143].

Der Käfer benagt die Triebe und Zweige der Pflanzen, in welche er seine Brut ablegt, auch behufs Nahrungsgewinnung. Anstatt aber plätzend kleinere Flächen von Rinde zu entblössen, sticht er

die Rinde tief an, indem er seinen Rüssel fast bis an die Augen
einbohrt, und es erhält dadurch der Frass das Aussehen von Nadel-
stichen [V, Bd. I, S. 144].

Die Ablage der Eier geschieht normalerweise an die unteren
Quirle der Stämmchen jüngerer Nadelhölzer, meist nicht höher als
1 m vom Boden. Gewöhnlich wird die gemeine Kiefer im Alter von
4—12 Jahren angegriffen. Indessen scheinen auch sämmtliche andere
Kiefernarten, nach DÖBNER [XIV, II, S. 135] die Schwarzkiefer,
nach PERRIS [46] die Seekiefer, nach VÉTILLARD [XXIV, S. 18]
die Weymouthskiefer von ihm angegangen zu werden. Nach NÖRDLINGER
[XXIV, S. 18] und JUDEICH [29 b] kommt er auch in Fichten vor, und
ersterer hat ihn auch aus Lärchen gezogen. Ausserdem ist er von
FINTELMANN [V, Bd. I, S. 144] und HOCHHÄUSLER [XVI, Bd. III, 2, S. 203]
auch im oberen Theile von 14—30jährigen, kränkelnden Kiefernstangen und ausnahmsweise auch schon in Kiefernstöcken gefunden
worden.

Die Eiablage geschieht so, dass die Eier in mehrfacher Anzahl
an eine Stelle der Rinde abgelegt werden. Die ausschlüpfenden Larven
fressen sich einzeln durch die Rinde und beginnen nun jede für sich
in den weichen Schichten von Rinde und Splint geschlängelte, allmählich sich verbreiternde und hinter der Larve mit Bohrmehl gefüllte
Larvengänge zu fressen. An dem normalen Brutmateriale, d. h. an
jüngeren Stämmchen, sind sämmtliche Gänge dicht gedrängt nach abwärts gerichtet. Ist die Larve reif, so höhlt sie eine muldenförmig
bis in das Holz eindringende, elliptische Puppenwiege aus, welche
sie mit langfaserigen Nagespänen auspolstert und nach oben zu verstopft. Hier verpuppt sie sich, und der Käfer frisst sich nach seinem
Ausschlüpfen in der Richtung nach oben durch Spanpolster und
Rinde durch, hier runde Fluglöcher hinterlassend. Ist stärkeres
Material mit Brut belegt worden, haben die Larven also mehr Platz,
so gehen die Larvengänge nach HOCHHÄUSLER [I c, S. 494] von dem
ursprünglichen Ablagerungsorte der Eier strahlenförmig auseinander.

Schaden und Abwehr. Der Käferfrass ist bis jetzt wohl noch
niemals ernstlich schädlich geworden. Dagegen ist der Larvenfrass
in schlechtwüchsigen Kiefernkulturen ungemein zu fürchten. Namentlich liebt der Käfer kränkelndes Material und nimmt daher besonders
gern früher beschädigte Stämmchen an. ALTUM führt einen Fall an,
wo er auf einer [XVI, Bd. III, 1, S. 202] durch Lauffeuer geschädigten
Kultur besonders stark auftrat. Schon bald nach Beginn des Larvenfrasses welken die Nadeln und röthen sich, und die Wurzeln werden
locker.

Hieraus ergibt sich, dass zunächst das beste *Vorbeugungsmittel*
gegen sein Auftreten die Erziehung gesunder und kräftiger Pflanzen,
sowie die Entfernung alles kränkelnden Materiales ist.

Die *Vertilgung* ist ferner gleichfalls sehr leicht. Man lässt die
an der Röthung der Nadeln leicht kenntlichen, befallenen Pflanzen
vor der durch Untersuchung einiger Probestämmchen leicht festzu-

stellenden, wahrscheinlichen Zeit des Ausschlüpfens der Käfer, also
wohl meist im Juni oder Juli durch Arbeiter ausreissen und verbrennen.

Befürchtet man in einer Kultur einen stärkeren Schaden, und
müssen zugleich zu Kulturzwecken Vorwüchse im nächsten Jahre
entfernt werden, so kann man im Herbst oder zeitigen Frühjahre
die zu entnehmenden Stämmchen durch tiefe Ringelung künstlich
krank machen und so als Fangstämme verwenden, die später natürlich rechtzeitig entfernt werden müssen [XVI, Bd. III, 1, S. 203].
Die Angaben, dass P. notatus auch in Kiefernzapfen brüte, beruht
vielleicht auf einer Verwechselung mit dem sehr ähnlichen
P. validirostris GYLL. (vergl. S. 400).

Der Kiefernstangen-Rüsselkäfer,

Pissodes piniphilus HBST.

ist ein nicht zu unterschätzender Feind der Kiefernstangenhölzer
und kann bei nachlässiger Kontrole in den Kiefernforsten der Ebene
wohl sicher ebensoviel Schaden anrichten, wie der alsbald zu erwähnende Harzrüsselkäfer in älteren Fichtenbeständen der Gebirgsreviere wirklich schon gebracht hat.

Der einem kleinen P. notatus FABR. ähuliche Käfer mit zweijähriger Generation, dessen Flugzeit Ende Juni fällt, belegt Kiefernstangen und die oberen dünnrindigen Theile älterer Kiefern mit seinen
Eiern; die gekrümmten Gänge der ausschlüpfenden Larven bringen
die Bäume von oben zum Absterben. Die Verpuppung geschieht in
ähnlichen Spanpolsterwiegen wie bei P. notatus FABR. Die bedeutende
Höhe, in welcher der Anflug meist geschieht, erschwert die Erkennung des Angriffes, dessen Bekämpfung aber durch die längere Dauer
der Generation, insbesondere des Larvenlebens, erleichtert wird.

Einschlag der befallenen Bäume, die an ihren kümmernden
Maitrieben im zweiten Jahre zu erkennen sind, Schälung des werth-
vollen Materiales und Verbrennung der Rinde und der werthloseren
Wipfelstücke sind die anzuwendenden Gegenmassregeln.

Beschreibung. *Käfer:* Hinterecken des glatten, dicht mit grossen,
runden, vertieften Punkten besetzten Halsschildes stumpfwinklig und etwas gerundet. Die Zwischenräume 3 und 5 der aus ziemlich kleinen Punkten bestehenden Streifen der Flügeldecken nur wenig erhaben. Grundfarbe rostbraun,
Körper mässig dicht mit gelbgrauen Schuppen besetzt; statt der hinteren
Fleckenbinde jederseits ein grosser röthlicher Schuppenfleck. Länge 4—5 *mm*.

Puppe und *Larve* denen des Weisspunktrüsselkäfers sehr ähnlich, nur
etwas kleiner.

Lebensweise. Die Annahme von ALTUM [I d], dass die Generation dieses Kiefernfeindes eine zweijährige sei, scheint uns auf
sehr zwingenden Gründen zu beruhen. Die Flugzeit fällt normalerweise
Ende Juni, spätestens in den Juli.

Die Larven entwickeln sich nur langsam, überwintern das erste-
mal als schwache Würmchen und zum zweitenmale als erwachsene
Larven, die in dem nun folgenden zweiten Frühjahre ihres Lebens
ihre Puppenwiegen nagen und sich im April und Mai verpuppen.
Im Juni schlüpfen dann die Imagines aus. Die Generation lässt
sich also graphisch folgendermassen darstellen:

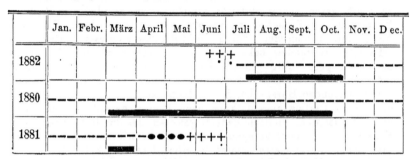

	Jan.	Febr.	März	April	Mai	Juni	Juli	Aug.	Sept.	Oct.	Nov.	Dec.
1882					++ +							
1880												
1881					●●●●+ +++							

Bewiesen wird die Annahme von ALTUM durch die Thatsache, dass er im
Jahre 1878 Käfer aus sicher nur durch P. piniphilus HBST. getödteten Kiefernstangen erzog, an denen der Maitrieb 1876 normal entwickelt, der Maitrieb
1877 dagegen bereits verkümmert war. Wäre die Generation einjährig, d. h.
wäre der Anflug erst im Juni 1877 erfolgt, so hätte ein nachtheiliger Einfluss
auf den bereits fertigen Maitrieb 1877 nicht stattfinden können. Auch fand
Oberförster PETERSEN [I d S. 89] zur Flugzeit 1876 im Walde alle Stadien
des Insektes von kaum sichtbaren Larven bis zu flugreifen Käfern. Ebenso
fand NITSCHE Mitte October 1887 in denselben Rollen zwei ganz verschieden
grosse Larvenformen, welche durch keine Uebergänge verbunden waren, also
wohl von zwei verschiedenen Jahrgängen herrührten.

Betrachtet man die von RATZEBURG mitgetheilten Beobachtungen
[48 d], auf welche er die Annahme einer einjährigen Generation gründet,
kritisch, so wird man auch finden, dass sie sich ebensogut mit einer zweijährigen Generation vereinigen lassen, wenigstens scheint es uns sehr unwahrscheinlich, dass die „sehr kleinen Larven", welche er am 12. April im Bernauer
Stadtwalde auffand, dieselben gewesen seien, aus denen er im Juni des gleichen
Jahres Käfer zog.

Zur Ablage der Eier wählt das Weibchen Kiefernstämme mit
glatter dünner Rinde, also namentlich Stangenhölzer, und es werden
besonders die etwa 30—40jährigen häufig angegangen. Aber auch in
jüngeren Beständen, sowie in älteren kann der Käfer sich einfinden.
In letzteren, auf welche er namentlich bei längere Jahre hindurch
fortdauerndem Frasse gern überzugehen scheint, greift er nur die
oberen, dünnborkigen Stammtheile, dieses obere Drittheil aber bis in
die Krone hinein an. Er bevorzugt absterbende und unterdrückte
Stangen. Bei starkem Frasse finden sich an einem Stamme oft mehrere
hundert Larven. Die Eier werden nach ALTUM mehr vereinzelt abgelegt, und es soll daher bei dieser Pissodes-Art seltener zur Ausbildung richtig strahliger Frassfiguren kommen, welche aber, wie uns
eigene Beobachtungen auf Tharander Revier zeigten, trotzdem durchaus
nicht ausgeschlossen sind. Die Form der geschlängelten, oft um-

kehrenden, krummgelegten, häufig 10—15 cm langen, schwachen, nur
in der Rinde verlaufenden Larvengänge ist die gewöhnliche aller
Pissodes-Arten. Die Puppenwiegen gehen in das Holz und sind meist
mit ihrer Längsrichtung der Achse des Baumes parallel. Sie sind mit
einem Spanpolster ausgekleidet.

Schaden. Obgleich der Kiefernstangen-Rüsselkäfer wohl auch
zunächst geschwächtes Material vorzieht — er wurde ja z. B. durch
RATZEBURG als Schädling zuerst aus pommerschen durch Forleulen-
frass, und böhmischen durch Mikrolepidopterenfrass primär geschädigten Beständen bekannt — so ist doch unzweifelhaft, dass er
auch sehr gern völlig gesunde Bäume angeht, welche er primär zu
tödten im Stande ist. Die Erkennung des Frasses ist, trotz der auch
hier auftretenden Harzflecke, da der Käfer auch an Stangen besonders
die oberen Partien angeht, kurz nach Beginn desselben nicht leicht,
und man ist wohl vielfach geneigt gewesen, das durch ihn verursachte
Eingehen von Kiefernstangen anderen Einflüssen zuzuschreiben, dass
man in den leichter erreichbaren Theilen derselben keine Käfer fand.
Im zweiten Kalenderjahre des Larvenlebens macht sich ein starker
Angriff sicher durch Kümmern des Maitriebes und spätere Röthung
der Nadeln kenntlich. Da die Generation aber eine zweijährige ist,
so hat man in dem zweiten Sommer und Heibste noch vollständig
Zeit, die nötbigen Gegenmassregeln zu treffen. Die Kalamität kann
mehrere Jahre hintereinander dauern.

Die Abwehr kann nur in gründlicher Durchforstung und in der
rechtzeitigen, rücksichtslosen Entfernung aller als besetzt erkannten
Bäume bestehen. Dieselben sind zu schälen, und ist die Rinde zu
verbrennen. Sind schon Puppenwiegen gebildet, so hat das Ausstossen
dieser in der weiter unten beim Harzrüsselkäfer geschilderten Weise zu
erfolgen (vergl. S. 386).

Geschichtliches: Nachdem zuerst im Jahre 1834 G. L. HARTIG
unseren Käfer in seinem forstlichen Conversationslexikon S. 168 unter die
Forstinsekten aufgenommen, gab RATZEBURG 1862 [48 d] die erste genauere Beschreibung eines im Bernauer Stadtforste stattgefundenen Frasses. Einige weitere
Notizen über ihn verdanken wir 1865 GEORG [19 b], und die genauesten Beobachtungen hat ALTUM [I d] 1879 gegeben. Der in letzterem Aufsatze am ausführlichsten geschilderte Frass wurde von Oberförster PETERSEN im königl.
preussischen Staatsforstrevier Ziegenort, Regierungsbezirk Stettin, beobachtet,
und hatten daselbst auf circa 352 ha befallener Fläche 1874 : 900 rm, 1875 : 1637 rm,
1876 : 3863 rm, 1877 : 2996 rm, in diesen vier Jahren also zusammen 9396 rm
Kiefernholz in Folge des Frasses dieses Käfers eingeschlagen werden müssen,
also auf dem Hektar: 27 rm. Der Käfer ist auch in den sächsischen Revieren
nicht selten. Der neueste Frass wird von WESTERMEIER [65] aus der Oberförsterei
Falkenwalde, Regbez. Stettin, gemeldet. Er trat 1884 als Folgeerscheinung eines
stärkeren, von 1881—1883 dauernden Kieferspannerfrasses fast in allen Stangenhölzern des Hauptrevieres auf, besonders stark aber in 2 Jagen, in denen 60⁰/₀
der Stangenzahl mit 30⁰/₀ der Holzmasse entfernt werden musste. Die Generation
war zweijährig.

Der Harzrüsselkäfer,

Pissodes Harcyniae HBST. *(Curculio Hercyniae* RATZ.),

ein schwarzer, auf dem Rücken weissgezeichneter, 5—7 mm langer
Käfer, ist ein gefährlicher Feind der Fichte, namentlich der 40jährigen
und älteren Bestände in Gebirgsrevieren.

Die Eierablage durch das Weibchen fällt in den Mai bis Juli,
und erfolgt an 50—80jährigen glattrindigen Fichtenstämmen. Die in
die Rinde eindringenden und im Bast weitergrabenden Larven erzeugen strahlenförmig auseinander gehende Larvengänge, an deren
Ende sich die mit einem Spanpolster ausgekleidete, meist zur Hälfte
in das Holz versenkte Puppenwiege findet. Sie tödten nicht nur
kränkliche, sondern auch völlig gesunde Stämme.

A   *B*

$\frac{1}{2}$ 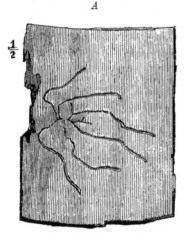 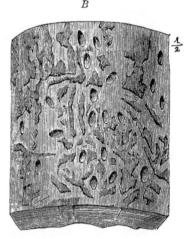 $\frac{1}{2}$

Fig. 135. Frass von Pissodes Harcyniae HBST. an Fichte.
A strahlenförmiger Larvenfrass an der Innenseite eines Rindenstückes ohne
Puppenwiegen. *B* Puppenwiegen an einem stark besetzten Holzstücke.

Der Anflug des Käfers verräth sich durch das Austreten anfänglich heller, später aber weisswerdender Harztröpfchen, welche dem
Stamme das Aussehen geben, als wäre er mit Kalk angespritzt.
Durch genaue alljährige Revision der bedrohten Fichtenbestände
von Seiten besonders auf die Erkennung der Zeichen des Frasses
geschulter Arbeiter, und durch schleuniges Fällen der befallenen
Stämme mit nachfolgendem Entrinden und Ausstossen der Puppenwiegen ist man bis jetzt in allen bedrohlichen Fällen des Käfers
wirklich Herr geworden.

Beschreibung. *Käfer:* Hinterecken des glatten, dicht mit grossen,
runden, vertieften Punkten besetzten Halsschildes stumpfwinklig und etwas gerundet. Der dritte und fünfte Zwischenraum der aus ziemlich grossen, viereckigen Punkten bestehenden Punktstreifen der Flügeldecken erhaben. Grundfarbe mattschwarz, äusserst sparsam mit gelbweissen Schuppen besetzt, welche

nur auf einigen Flecken des Halsschildes, dem Schildchen und zwei schmalen
unterbrochenen Querbinden der Flügel dichter stehen. Länge 6—7 *mm.*

Puppen und *Larven* bieten gegenüber denen anderer Pissodes-Arten wohl
nur Grössenunterschiede.

Lebensweise. Die Generation dieses Käfers ist immer noch
streitig. Alle Beobachter stimmen zwar darin überein, dass Käfer
vom Mai bis August in zahlreicher Menge gefunden werden, dass
innerhalb dieser Zeit auch die Eiablage geschieht, und dass im
Winter meistens Larven in den Stämmen sind. Die Deutung dieses
Befundes ist aber eine verschiedene. Von der einen Partei wird angenommen, dass die im Spätsommer oder Herbstanfang auskommenden
Käfer Nachzügler sind, während die normalen Flugzeiten in den Juni
und Juli fallen, die dann auskommenden Käfer sofort wieder zur
Fortpflanzung schreiten, sich begatten und Eier ablegen sollen. Die
ausschlüpfenden Larven überwintern, verpuppen sich im nächsten
Frühjahre und liefern in dem sich anschliessenden Sommer alsbald
sich wieder fortpflanzende Imagines.

Die Generation wäre also nach dieser Auffassung einjährig:

	Jan.	Febr.	März	April	Mai	Juni	Juli	Aug.	Sept.	Oct.	Nov.	Dec.
1880					++	++						
1881					●●●●+ +							

Die andere Partei nimmt an, dass die normale Fortpflanzungszeit etwas zeitiger fällt, nämlich bereits in den Mai und Anfang
Juni, dass die diesen Eiern entstammenden Larven auch als solche
überwintern und erst im Juli und August des folgenden Jahres, also
etwa nach 14 Monaten Käfer liefern, welche sich nicht mehr in
demselben Jahre fortpflanzen, sondern als Imagines überwintern,
sich erst im nächsten Mai begatten und Eier legen. „Es führt also
der Käfer [schriftliche Mittheilung von Forstmeister SCHAAL] im
Herbst ein reines Schlaraffenleben und nährt sich von jungen Nadeln."

Die Generation wäre nach dieser Auffassung zweijährig:

	Jan.	Febr.	März	April	Mai	Juni	Juli	Aug.	Sept.	Oct.	Nov.	Dec.
1880					++	++						
1881					●● ●●+	+++	+++	+++	+++	+++	+++	+++
1882	+++	+++	+++	+++	+++	++						

Die Mehrzahl der Beobachter stimmt letzterer Ansicht bei, und es spricht für sie der Umstand, dass in der am klarsten für die einjährige Generation eintretenden Notiz von KELLNER [30] durchaus nicht nachgewiesen wird, dass die im Juni und Juli auskommenden Käfer wirklich auch in demselben Jahre zur Fortpflanzung schreiten. Andererseits fehlen aber, soviel uns bekannt, positive Angaben, dass der Käfer ausserhalb des Stammes im Winterlager auch wirklich beobachtet worden sei. Seine Ueberwinterung wird nur aus der Thatsache geschlossen, dass bereits sehr zeitig im Mai, ja im April Käfer erschienen sind, also zu einer Zeit, wo in den Stämmen noch keine ausschlüpfungsreifen Puppen vorkommen. Es ist also die Anstellung weiterer Beobachtungen über diese Frage dringend zu wünschen.

Zur Ablage der Eier werden am liebsten Fichten von 50—80 Jahren gewählt. Aber auch jüngere Stangenhölzer, sowie ältere, bis 100jährige Fichten werden nicht verschmäht und bei starker Vermehrung werden auch Aeste befallen. Bevorzugt werden ferner unterdrückte und kränkelnde, z. B. durch Schneebruch beschädigte Stämme, aber auch ganz gesunde, dominirende werden häufig angegangen.

Der Anflug geschieht meistens dort, wo die Rinde schwach und glatt ist, und nur in der Minderzahl der Fälle werden stärkere Stämme in den unteren Theilen befallen, wodurch die Erkennung des ersten Angriffes erschwert wird. Das angeflogene Weibchen legt seine Eier in ein mit dem Rüssel in die Rinde gebohrtes Loch. Diese Beschädigung hat den Austritt von Harztropfen zur Folge, welche anfänglich klar sind, späterhin aber weiss werden und dem Stamme das Aussehen geben, als sei er mit Kalk bespritzt. An rauhrindigen Bäumen tritt dieses Hauptkennzeichen des Anfluges weniger deutlich auf. Schält man die Rinde einige Zeit nach dem Anfluge ab, so erscheint der Umkreis der Anstichstelle gebräunt. Nur in selteneren Fällen werden die Eier einzeln oder zu zweien in ein Bohrloch gelegt, meist wird eine grössere Anzahl gleichzeitig untergebracht, und der Strahlenfrass ist daher bei nicht zu starker Zusammendrängung der Gänge deutlich (Fig. 135 A). Diese Gänge verlaufen wesentlich in der Rinde ohne in den Splint einzugreifen und treiben erstere, sobald sie noch dünn ist, flach wulstförmig auf. Sie bleiben aber durchaus nicht immer im gleichen Niveau, so dass öfters an abgehobenen Rindenstücken ihr Gesammtverlauf nicht klar vorliegt. Am Ende der gekrümmt verlaufenden Gänge wird die 7—10 mm lange und 3 mm breite, ovale Puppenhöhle angelegt, welche meist in der Längsrichtung des Stammes liegt und tief in den Splint eingreift. Verschlossen wird sie durch ein langfaseriges Spanpolster. Ist ein Stamm mit vielen hunderten von Larven besetzt, so wird die ganze Rinde auf weite Strecken zerstört, und es drängen sich dann auf ganz geringem Flächenraum sehr viele Puppenwiegen zusammen. Das von WILLKOMM [40, S. 244] erwähnte Holzstück mit

74 Puppenwiegen auf einer Splintoberfläche von 34 cm Länge (nicht
dm, wie dort fälschlich gedruckt ist) und 14 cm Breite ist noch
heute in der Tharander Sammlung.

Schaden. Die Stämme reagiren nicht gerade sehr schnell auf
die Beschädigung; es kann ein Baum noch grün und doch von
hunderten von Larven besetzt sein. Sind Larvengänge nicht an der
ganzen Peripherie des Stammes vorhanden, so tritt die Röthung der
Wipfel, das Dürrwerden und die Ablösung der Rinde erst allmählich
ein. Andererseits kommt es [nach brieflicher Mittheilung von Forstmeister SCHAAL] gar nicht selten vor, dass schon ein einziger die
ganze Peripherie des Stammes umfassender Gang diesen tödtet. Die
Schäden, welche hierdurch namentlich in Gebirgsrevieren entstanden
sind, sind schon sehr bedeutend gewesen, wie man aus der folgenden
geschichtlichen Skizze ersehen mag.

Abwehr. Da ganz gesunde Bestände zwar gegen den Frass des
Harzrüsselkäfers, P. Harcyniae HBST., nicht völlig geschützt sind, ihm
aber doch weniger leicht unterliegen, so sorge man zunächst für die
Erziehung kräftiger Bäume, entferne bei Durchforstungen alles kränkliche und unterdrückte Material und veranlasse bei etwa eintretenden
Schädigungen durch Wind- oder Schneebruch die schleunige Fällung
und Aufarbeitung aller beschädigten Stämme.

„Im Erzgebirge begann der Frass immer in den beherrschten
Stämmen; ist man hier recht aufmerksam und legt sofort eine recht
scharfe Durchforstung ein, so kann man das Uebel möglicherweise
im Keim ersticken. In den dieser Gefahr ausgesetzten Gebirgsrevieren sind ferner geschickte Waldarbeiter auf das Erkennen
befallener Stämme anzulernen. Diese haben dann alljährlich im
Frühjahre und, wenn bereits die Kalamität grösser geworden sein
sollte, den ganzen Sommer hindurch die Bestände systematisch zu
durchgehen und jeden befallenen Stamm anzuzeichnen. Ist die Zahl
dieser Stämme noch gering, so können dieselben Arbeiter das Fällen
der Stämme und die weiteren Verrichtungen übernehmen. Sind viele
Stämme befallen, so beauftragt man mit diesen Arbeiten eine zweite
Kolonne Arbeiter. Die Entrindung muss dem Fällen sofort folgen,
die Rinde ist zu verbrennen. Geschieht die Entrindung zur Zeit, wo
noch keine Puppenwiegen angelegt sind, genügt diese Massregel. Sind
bereits Puppenwiegen mit Spanpolstern vorhanden, so hat man letztere
auszustossen'' [SCHAAL]. Ein einfaches Ueberfahren des geschälten
Stammes mit der Schneide der Axt genügt nicht, vielmehr muss man
hierzu alte, abgekehrte Reisigbesen, deren Ruthen leicht in die
Puppenwiegen eindringen, anwenden, wie dies zuerst RATZEBURG
[48 d. S. 160] vorschrieb. Auch dürften dazu die neuerdings vielfach
zur Reinigung der Obstbäume angewendeten Stahldrahtbürsten sehr
geeignet sein.

Ist die Vermehrung des Insektes bereits stark geworden, so
gehe man mit dem Fällen der erst kürzlich angegangenen Bäume
nicht zu schnell vor, weil die einmal von dem Insekt krank ge-

machten gern von den später auftretenden Nachztiglern als Brutplätze benutzt werden, also gewissermassen als Fangbäume dienen.
Von dem Werfen von Fangbäumen hat man bis jetzt kaum nennenswerthe Resultate gehabt. Ist das Schälen nachlässigerweise bis zu
dem Zeitpunkte verschoben worden, wo der Käfer bereits ausgebildet
in den Puppenwiegen liegt, so müssen Tücher untergelegt, und
die Rinden auf diesen in das Feuer getragen werden. Etwa befallene
Aeste und geringere Wipfel etc. können gleich mit verbrannt werden.
Die Hauptsache ist auch hier die energische Bekämpfung des
Insektenfrasses in seinen Anfängen.

Geschichtliches. Als Ratzeburg [V 1, S. 122] im Jahre 1839 nach
Saxesen's Beobachtungen den Harzrüsselkäfer unter die Forstinsekten aufnahm,
war eine wirklich grössere Verheerung dieses damals in den Sammlungen
geradezu seltenen Käfers noch nicht bekannt geworden. Vielmehr konnte von
ihm nur ausgesagt werden: „Dass das Insekt merklich schädlich werden
kann, wenn es sich stark vermehrt, ist nicht zu bezweifeln." Erst Anfang der
Sechzigerjahre trat ein grösserer Frass ein, und zwar in den königl. hannoverischen und herzogl. braunschweigischen Fichtenwaldungen des Harzes, in welchen
in Folge der drei ungewöhnlich dürren Sommer 1857, 1858 und 1859 viele
Stämme kränkelten. Die befallenen Reviere waren die hannoverischen Forst-
inspectionen Zellerfeld und Lautenthal, namentlich das Revier Lautenthal II,
sowie die braunschweigischen Reviere Seesen, Wolfshagen, Oker und Harzburg.
Die dort befindlichen umfangreichen, 50—120jährigen Fichtenbestände waren
der Sitz des Frasses. Nachdem im Jahre 1860 zuerst ein stärkerer Frass des
Käfers bemerkbar geworden, wurden die ersten Gegenmittel angewendet. Da
jedoch in diesem Jahre die befallenen Fichten etwas zu spät geschält wurden
und daher viele Käfer auskamen, nahm der Frass 1861 zu, und die Bekämpfung
musste stärker betrieben werden. Während man aber auch jetzt noch nur die
wirklich kranken Stämme fällte und entrindete, ging man 1862 überhaupt gegen
alle durch Harzausflüsse als befallen gekennzeichnete Stämme vor, und setzte
dies in den Folgejahren fort, so dass man schliesslich im Jahre 1865 den Feind
als besiegt ansehen durfte.

Die Grösse des Schadens erhellt am besten aus den Angaben von Lorenz
[40, S. 238], dass in dem Betriebsjahre 1861/62 in der aus den vier Revieren Lautenthal I, Lautenthal II, Wildemann und Grund bestehenden damaligen Harzforstinspection Lautenthal mit 6767 *ha* Holzbodenfläche circa 3400 *ha*
inficirt waren, und in Summe 117967 angebohrte Stämme mit einem Aufwande
an Visitations- und Schälerkosten von 11100 Mark gefällt wurden. Von diesen
117967 Stämmen waren stark, d. h. nach alt-hannoverischem Brauch circa 45 *cm*
über dem ersten Wurzelansatz gemessen,
bis 20 *cm*   über 20—35 *cm*   über 35—50 *cm*   über 50 *cm* Durchmesser
  83835   33251   840   41 Stück.

Der Erfolg der Bekämpfungsmassregeln geht daraus hervor, dass nach den
von Sievers in den Verhandlungen des Harzer Forstvereines 1867 niedergelegten
Mittheilungen in dem Forstreviere Lautenthal II auf einer inficirten Fläche von
etwas über 700 *ha* folgender Einschlag von Wurmholz nothwendig wurde:

Betriebsjahr	Festmeter „Wurmholz"		Verausgabte Visitations- und Schälerkosten in Mark
	Gesammtmasse	pro Hektar	
1861/2	12539	17·26	5220
1862/3	5879	8·21	1110
1863/4	1885	2·66	402
	20303	28·13	6732

Dieser Durchschnittssatz der „Wurmhölzer" für das Hektar bleibt nicht viel hinter dem stärksten zurück, welcher von WEDEKIND [64, S. 103] in stark befressenen 60—80jährigen Beständen des Forstrevieres Zellerfeld im Jahre 1862 auf 33 *cbm*, bei weniger stark befressenen auf 24 *cbm* und bei einzeln befressenen auf 14 *cbm* für das Hektar angegeben wird.

Der Käfer hat sich nach dieser Zeit an vielen anderen Stellen, z.' B. im sächsischen Erzgebirge, sehr schädlich erwiesen. Im Jahre 1867 trat er zuerst, wie Forstmeister SCHAAL brieflich mittheilt, in dem sächsischen Staatsforstreviere Olbernhau, 1870 noch viel stärker auf, desgleichen in den naheliegenden Privatwaldungen von Purschenstein und Pfaffrode. Auf Olbernhauer Revier wurde sofort gegen ihn vorgegangen, und es gelang die Unterdrückung des Frasses im Laufe der Jahre 1870 bis 1876 so, dass er jetzt nur noch vereinzelt vorkommt. Auf den Revieren aber, wo man lässiger gegen das Insekt vorgegangen war, hat der Frass länger angedauert und ist der Schaden ein viel grösserer geworden. Im Olbernhauer Revier erstreckte sich der Frass des Käfers auf ungefähr 400 *ha* 50- bis 80jähriger Fichtenbestände. Zum Zweck der Vertilgung des Käfers wurden in den Jahren 1870 bis 1876 gegen 6000 *fm* gefällt, und dürften die Visitations- und Vertilgungskosten, welche vielfach mit anderen allgemein auszuführenden Arbeiten zusammen aufgerechnet wurden, Schlägerlöhne, Plätzerlöhne, etwa 1500 Mark betragen haben.

In der Literatur machten zuerst 1860 AUHAGEN [3] und NÖRDLINGER [42 a] auf diesen Frass aufmerksam. Hierauf folgten 1863 wichtige Aufsätze von RATZEBURG [48 e] und GREBE [20], LORENZ [40], WEDEKIND [64], NÖRDLINGER [42 b] und BELING [4 a], sowie 1869 ein exacter Zuchtbericht von KELLNER [30]. Ausserdem enthalten die Verhandlungen des Harzer Forstvereines 1862—1865 reichliches Material.

Der braune Kiefernbestands-Rüsselkäfer,
Pissodes Pini L. (*Curculio Abietis* RATZ.) und der
Tannen-Rüsselkäfer
P. Piceae ILL.

sind Feinde namentlich älterer, starkborkiger Nadelholzstämme, und zwar bevorzugt ersterer die gemeine Kiefer, während letzterer ein ausschliesslicher Bewohner der Tanne ist.

Ihre Flugzeit fällt in den Juni, die Larven überwintern und die Generation wird als einjährig angenommen. Ihre Frassfiguren ähneln (vergl. Fig. 136) vollständig der des Harzrüsselkäfers, nur sind die Larvengänge und Puppenwiegen, der durchschnittlich bedeutenderen Grösse der Käfer entsprechend, auch länger und breiter als bei dem ersteren. An gut ausgebildeten Stücken ist der Strahlenfrass unverkennbar. Obgleich schon mehrfach über den von diesen Käfern in älteren Kiefern- und Tannenbeständen angerichteten Schaden geklagt wurde, ist doch eine von ihnen verursachte wirkliche Verheerung bis jetzt nicht bekannt geworden. Einschlag der befallenen Stämme mit Schälung und Verbrennung der Rinde dürften zur Abwehr in den meisten Fällen genügen. Dagegen geht in gelegentlich angegriffenem, schwächerem Material der P. Pini mit seinen Puppenwiegen mitunter so tief in den Splint, dass die hier ohnehin nicht lohnende Schälung unterbleiben und das ganze Stämmchen verbrannt werden muss.

Beschreibung P. Pini L. *(Curculio Abietis* RATZ.). *Käfer:* Hinterecken des runzlig gekörnten Halsschildes scharf und rechtwinklig, sein Hinterrand kaum zweibuchtig und kaum schmäler als der Grund der Flügeldecken. Punktstreifen der Flügeldecken mit grossen viereckigen, grubenförmigen Punkten, die abwechselnden Zwischenräume etwas erhabener. Grundfarbe braun. Ober- und Unterseite mit gelben Schuppen, welche vor der Mitte zu einer schmalen, an der Naht unterbrochenen, hinter der Mitte zu einer schmalen, durchgehenden, einfarbig gelben Querbinde verdichtet sind. Länge 6—9 *mm*.

Dieser von Linné wirklich **C.** Pini genannte Käfer ist es, dessen Name fälschlich von Ratzeburg auf den gewöhnlichen grossen braunen Rüsselkäfer übertragen wurde, der in Wahrheit von Linné **C. Abietis** getauft worden war. Die Autorität Ratzeburg's hat diese Verwechselung in der Forstwelt derartig eingebürgert, dass noch heute ältere Forstleute den zuletzt erwähnten Käfer, unseren gefährlichsten Nadelholzkulturverderber, als Curculio Pini fälschlich bezeichnen.

Lebensweise. Genauere Beobachtungen über die Dauer der Generation dieses Thieres fehlen noch, dagegen wird seine Flugzeit übereinstimmend als um die Zeit der Sommersonnenwende fallend angegeben und der Larvenzustand als der normale Ueberwinterungs - Zustand angesehen. Man könnte daher graphisch die Generation genau so darstellen, wie dies auf S. 384 in der Mitte für **P.** Harcyniae Hbst. geschehen ist.

Als Brutmaterial suchen die Weibchen namentlich ältere Stämme von Pinus-Arten auf, und zwar findet man sie meistens in den starkborkigen Theilen, ohne dass etwa die oberen Stammpartien mit dünnerer Rinde verschmäht würden. Judeich fand eine Weymouthskiefer sowohl an den Stellen mit nur 5 *mm* starker, wie solche mit vierfach stärkerer Rinde besetzt [**29** b]. Auch aus Fichten soll **P.** Pini L. schon mehrfach gezüchtet worden sein.

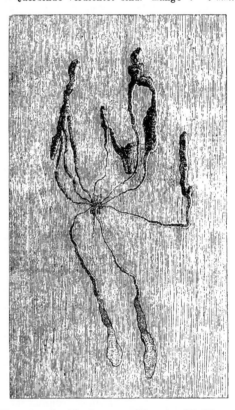

Fig. 136. Strahlenfrass von Pissodes Pini L. an Weymouthskiefer. Rindenstück in ⅓ natürl. Grösse. Nach Judeich [29 b].

Altum [XVI, III. 1, S. 205] ist geneigt anzunehmen, dass auch hier der Primärfrass meist an den oberen Stammpartien beginnt und erst im Laufe der Infektion der untere Stammtheil besetzt wird. Ja auch ganz schwaches Material wird befallen. So meldet Beling [4 c] einen Frass in einer nur 5 *cm*

$\frac{2}{3}$ nat Gr.

Fig. 137. Stück eines
entrindeten Kiefern-
stämmchens mit Pup-
penwiegen von Pis-
sodes Pini L. $\frac{2}{3}$
natürl. Grösse. In
der unteren Hälfte
sind gewöhnliche
Puppenwiegen, im
Längsschnitt oben
dagegen im Holz ver-
borgene. a Larven-
gangspuren auf dem
Splint, welche sich
bei b in die Puppen-
wiegen herabsenken,
c der zu den ver-
borgenen Puppen-
wiegen führende, mit
Nagespänen ver-
stopfte Gang, d die
Puppenwiegen,
e Flugloch.

Durchmesser über dem Boden haltenden Schwarzkiefer.
Trotzdem dürfte es wohl dem heutigen Stande unserer
Kenntnisse kaum mehr entsprechen, mit RATZEBURG den
P. Pini unter die Kulturverderber zu rechnen. LETZNER
berichtet aus dem Riesengebirge über starken Frass
unseres Käfers in den Knieholzästen [36]. Diese Knieholz-
bewohner sind es übrigens, welche RATZEBURG als eine
von den Entomologen nicht anerkannte neue Art, P.
sudeticus, beschrieben hat [XV, II, S. 371].

Die Eier werden von dem Weibchen meist
häufchenweise abgelegt, und es entsteht alsdann
durch die von einem Punkte ausgehenden Larvengänge ein typischer Strahlenfrass. Auf Figur 136
ist eine solche 9strahlige Frassfigur abgebildet.
ALTUM hat dagegen solche mit bis 30 Strahlen
gesehen. Die Länge der einzelnen Gänge kann
bis 20 cm betragen. Die Breite dieser Gänge und
die Länge der Puppenwiegen, welche stets in den
Splint eingreifen, sowie die Stärke der Fluglöcher
variirt nach der Grösse der Exemplare. Die Fluglöcher haben 2,5—4 mm Durchmesser und sind
kreisrund.

Die mit groben Spanpolstern ausgekleideten
Puppenwiegen (Fig. 137) greifen stets in den
Splint ein, liegen aber an starkborkigen Stämmen
theilweise auch in der Rinde, und das Flugloch
liegt dann ausschliesslich in letzterer. Besetzt der
Käfer aber schwache, dünnrindige Stämmchen, so
geht die Larve mitunter tiefer in das Holz, so
dass nach Ablösung der Rinde die Puppenwiegen
selbst nicht sichtbar sind, sondern nur der
allmählich in die Tiefe hinabsteigende Eingang zu
denselben. Frisst der Käfer sich dann heraus,
so macht er ein eigenes Flugloch, welches also
auch im Holze sichtbar ist. Beide Puppenwiegen-
formen können aber in unmittelbarer Nähe von
einander an ein und demselben Frassstück vorkommen. Auf diese Eigenthümlichkeit wurden wir
an einigen in Tharand von Studiosus JAROSCHKA
sen. gesammelten Frassstücken aufmerksam. Publicirt wurde dies Verhältniss zuerst bald darauf durch
BELING [4 c].

Schaden und Abwehr. Dass der Käfer
merklich schädlich werden kann, ist wohl zweifellos. Grössere Schäden sind bis jetzt aber noch
wenig beobachtet worden. GEORG [19 b] berichtet
allerdings über einen stärkeren Frass dieses Käfers
in Verbindung mit P. piniphilus HBST. aus der Klosteroberförsterei
Lüneburg und ALTUM [XVI, III. 1, S. 205], über einen ähnlichen Frass

an Weymouthskiefer aus Dinklage in Oldenburg. In Betreff der Abwehr ist auf das oben Gesagte zu verweisen.

P. Piceae Ill. *Käfer:* Hinterecken des runzlig gekörnten Halsschildes scharf und spitzwinklig. Sein Hinterrand deutlich zweibuchtig. Punktstreifen erst etwas hinter der Basis der Flügeldecken mit viereckigen, starken, abwechselnd grösseren und kleineren grubenförmigen Punkten, Zwischenräume 3 und 5 deutlich erhabener, Grundfarbe dunkelbraun, die Oberseite mit braunen und gelben Schuppen besetzt, letztere vor der Mitte der Flügeldecken jederseits einen gelben Punkt, hinter derselben eine einfarbig gelbe, aussen verbreiterte, an der Naht unterbrochene Binde bildend. Länge 6—10 *mm.*

Die Lebensweise von P. Piceae Ill. ist der des P. Pini L. ungemein ähnlich. Nur scheint der Flug nach Riegel [49] etwas später zu fallen, in den Ausgang des Juli, und die Generation sicher einjährig zu sein. Riegel war es auch, der unseres Wissens zuerst den Strahlenfrass einer Pissodes-Art deutlich beschrieb. Nach Hochhäussler sollen die Centren der Strahlenfrässe gern in Astwinkeln liegen [XVI, III. 1, S. 204]. Der Käfer ist, soweit bekannt, völlig monophag, ein typisches Tanneninsekt, und geht auch nicht in junge Stämme. Dagegen soll er gern Scheitholz, Windfälle, absterbende Stämme und Stöcke annehmen. Einen grösseren Schaden erwähnt Altum kurz aus Schlesien, wo auch die Käfer im Frühjahr in Menge an den Stöcken frisch gefällter Tannen gefunden wurden. Judeich berichtet, dass im Jahre 1868 auf dem damaligen königl. sächsischen Staatsforstrevier Chemnitz ein sehr erheblicher Schaden an Tannen verursacht wurde. Die Hauptflugzeit war daselbst Ende Juni und Anfang Juli.

Durch reine Wirthschaft im Walde kann auch dieser Käfer wohl am besten unschädlich gemacht werden.

Rüsselkäfer, deren Larven die tieferen Rindenschichten und den Holzkörper junger Laubholzstämme und Aeste bewohnen.

Hierher gehört nur ein Käfer, nämlich der

Erlenrüsselkäfer oder Erlenwürger

Cryptorrhynchus Lapathi L.

Die Larve dieses Käfers frisst namentlich in jüngeren Erlen- und Weidenstämmchen zuerst oberflächlich unter der Rinde, bohrt sich dann tiefer in das Holz und frisst einen aufsteigenden Gang. Im Laufe des Sommers erkennt man den Frass von aussen daran, dass an der Oeffnung, welche die Larve an der Oberfläche unterhält, braune, langfaserige Nagespäne in Menge hängen. Dieser Frass tödtet vielfach jüngere Erlenlohden, deformirt auch und schwächt die nicht absterbenden so, dass sie leicht abbrechen. Auch in Weidenkulturen wird das Thier schädlich, und zwar hier auch als Käfer durch Benagen der Ruthenspitzen. Ausschlagen und Verbrennen des von lebenden Larven und Puppen besetzten Materiales ist das einzige anwendbare Gegenmittel.

Beschreibung. Cryptorrhynchus Lapathi L. *Käfer:* pechbraun oder schwarz. Der hintere, dritte Theil der Flügeldecken, Mitte der Schenkel, Seiten des Halsschildes und Vorderbrust dicht weiss oder röthlich-weiss beschuppt. Halsschild und Flügeldecken mit Büscheln aufstehender, schwarzer Schuppen. Geflügelt. Länge 7—9 *mm*.

Larve weisslich mit stark chitinisirtem, braunem Kopfe, ohne besondere weitere Kennzeichen.

Lebensweise. Die Generation dieses gefährlichen Erlen- und Weidenfeindes ist noch nicht vollständig klar gestellt. Die normale Flugzeit fällt in den Mai, wenngleich bei starkem Frasse auch im ganzen Verlaufe des Sommers Käfer, und zwar auch in der Begattung, zu finden sind. Das Ausschlüpfen findet namentlich dann, wenn im Zimmer gehaltene Zuchten beobachtet werden, im Herbste statt, während in der freien Natur es zwar auch meist zur Entwickelung des Käfers kommt, dieser aber in den Larvengängen überwintert. Die Streitfrage ist nun die, ob die im Herbste auskommenden Käfer aus Eiern stammen, welche im Frühjahre desselben Jahres abgelegt wurden, oder aber aus solchen, welche schon aus dem Jahre vorher stammen. Die Mehrzahl der Autoren ist, unserer Ansicht nach, ohne hinlängliche Beweisgründe für die

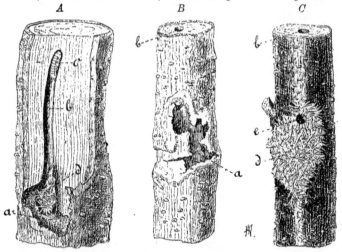

Fig. 138. Frass von **Cryptorrhynchus Lapathi** L. an Erle. *A* frischer Larvengang mit Larve. *B* älterer Frass mit beginnender Ueberwallung der äusseren Wunde. *C* Frassstück, aus dem der Käfer bereits ausgeflogen ist, an dem die Nagespäne aber noch erhalten sind. *a* oberflächlicher Anfangsfrass der Larve. *b* aufsteigender Larvengang. *c* Larve. *d* Nagespäne. *e* Flugloch.

erstere Alternative, also für die einjährige Generation, während Henschel [XII, 2. Aufl., S. 179], allerdings auch ohne Angabe seiner Gründe, ebenso entschieden für die zweijährige Generation eintritt und Altum [XVI, 2. Aufl., III, 1. S. 222] mit Vorsicht darauf hinweist, dass die Frassart der Larve eine derartige sei, wie man sie sonst meist nur bei Insekten mit zweijähriger Generation findet.

Das gewöhnliche Bild des Frasses ist folgendes. Die aus den meist einzeln an die Rinde von jüngeren Erlen und Weiden abgelegten Eiern ausschlüpfenden Larven fressen zunächst einen unregelmässigen Hohlraum unter der Rinde und dringen erst allmählich tiefer in den Holzkörper ein. In letzterem machen sie nun bei dünnen Stämmchen im Centrum, bei stärkeren auch excentrisch einen aufwärtssteigenden, bis 10 *cm* langen, drehrunden Larvengang und schieben die braunen, ziemlich langfaserigen Nagespäne aus einem in der Nähe ihrer ersten Angriffsstelle angebrachten Loche heraus. Im Umkreise der letzteren sieht die Rinde blass und missfarbig aus, und es bleiben hier die von dem reichlich austretenden Safte befeuchteten Späne in dicken Polstern hängen. Bei schwächerem Frasse sind die Larven vereinzelt, mitunter sind aber auch viele in einem Stamme. Namentlich in schwächeren Weiden sind sie nach ALTUM's Beobachtungen oft dicht gedrängt und von einander nur durch wenige Nagespäne geschieden. Die zur Verpuppung reife Larve dreht sich um, sodass die Puppe gestürzt, den Kopf nach unten, liegt. Der ausschlüpfende Käfer steigt den Gang bis zu der Stelle herab, wo der Larvenfrass oberflächlich begann, und frisst dort ein rundes Flugloch durch die dünne Rinde (Fig. 138 C). Der Käfer scheint vorzugsweise in den Larvengängen zu überwintern. Dass er dies nicht in der Bodendecke thut, beweist nach TASCHENBERG [XXII, II, S. 161] schon der Umstand, dass er sich, trotzdem seine Wohnplätze bei Halle stark den Ueberschwemmungen ausgesetzt sind, niemals in dem angeschwemmten Röhricht und Gestrüpp findet.

Als Brutstätten werden benutzt zunächst unsere beiden Erlenarten, Alnus glutinosa GÄRTN., die Schwarzerle, und A. incana WILLD., die Weisserle [44], ferner verschiedene Weidenarten, namentlich Salix caprea L., S. viminalis L., S. purpurea L. und S. triandra L., ferner, in selteneren Fällen, Birken und Pappeln. Die früher häufig gemachte Angabe, dass blos die Schwarzerlen befallen würden, hat sich nicht bestätigt. Eine eigenthümliche Beobachtung theilt ALTUM [XVI, III, S. 221] aus der Gegend von Neustadt, von den Leuenberger Wiesen mit; der Käfer hat dort mit consequenter Vermeidung der Schwarzerlen nur die gemischt mit diesen wachsenden Weisserlen, und zwar starke Stangen, von unten bis 6 m hoch befallen, selbst 30- und mehrjährige Bäume nicht verschont. ALTUM vermuthet, dass die Rinde der älteren Schwarzerlen dem Käfer vielleicht zu borkig sei, weshalb er die glatteren Weisserlen vorziehe. Die 2—3jährigen Lohden, oft auch die 4jährigen und älteren sind dem Käfer die liebsten. An Birken fand NÖRDLINGER die beiden letzten Jahrestriebe bewohnt und zerstört. Nach ZEBE [69] wurden auch Aeste und hervorstehende Wurzeln belegt. Bei Weiden fand TASCHENBERG vorzugsweise die Wurzelstöcke von der Brut bewohnt.

ALTUM sagt: „Eine Entwickelung findet beim jährlichen Schnitt der Ruthen lediglich in den Stecklingen und in den Stummeln der früheren Ruthen statt". Am häufigsten mag den Frass in Erlenrändern, die sich an Gräben, Teichen etc. hinziehen. Die Angabe NÖRDLINGER's [XXIV, S. 175], dass er am häufigsten sei in Erlen, denen zeitweilig die nöthige Feuchtigkeit fehlt, dürfte daher wohl kaum zutreffen.

Der Käfer selbst benagt die Rinde der jüngeren Zweige derjenigen Bäume und Sträucher, deren stärkere Lohden oder Wurzelstöcke er als Brutmaterial wählt. Aus der vorstehenden Schilderung geht hervor, dass der Name des Käfers, den er erhielt, weil er zuerst zufällig auf Ampfer, dem Lapathum der Alten, gefunden wurde, nicht bezeichnend ist.

Schaden und Abwehr. Wir berücksichtigen zunächst den Larvenfrass. Die stark befallenen Erlen gehen entweder ein, oder sie werden an den Frassstellen leicht vom Winde abgebrochen. Der Schaden ist gegendweise so bedeutend, dass ganze Erlenbestände zu Grunde gerichtet werden. Halten die Stämmchen den Frass aus, so werden sie doch durch die Ueberwallung der Frassstellen stark deformirt und entwerthet. Der Frass verräth sich ausser durch die ausgeworfenen Nagespäne an schwächeren Stämmchen namentlich auch durch das Welken der Blätter. Letzteres zeigt den Feind auch in den Weidenhegern an, wo häufig in Folge des Larvenfrasses in den Stecklingen ein Ruthenbüschel nach dem anderen abstirbt.

Sowohl in Erlen- als in Weidenbeständen kann das Ausschneiden oder Heraushauen des von den Larven besetzten Materiales mit nach-

folgender Verbrennung als zweckmässige Vertilgungsmassregel angesehen werden, wenngleich bei starkem Frasse dies mitunter dem
vollkommenen Abtriebe des Bestandes gleichkommt.

Bei der Unregelmässigkeit der Generation des Käfers wird in
der Regel der Sommerhieb am besten sein. Wo es die Standortsverhältnisse gestatten, wird man zum Anbau von Eichen, Eschen,
Ahorn oder Rüstern schreiten müssen. Der früher hier und da gemachte Vorschlag, an Stelle der so sehr gefährdeten Schwarzerle,
Weisserlen anzubauen, ist haltlos geworden, seit man sich überzeugt
hat, dass letztere Holzart ebenso gut und verderblich von dem Rüsselkäfer befallen wird, wie erstere.

Der Frass des Käfers ist weit weniger schädlich. Indessen
ist durch die von ROSSMÄSSLER mitgetheilte Beobachtung von MUTH
[50, S. 200] constatirt, dass er durch Benagen der Rinde junge
Stämmchen eines Schwarzerlenaufschlages zum Eingehen gebracht hat.
Ein Nagen an Weidenrinde hat NÖRDLINGER [XXIV, S. 19] beobachtet,
und ALTUM berichtet, dass er in Weidenhegern die Rinde bis auf
den Splint benagt. Hierdurch sterben oft die Ruthenspitzen ab, und
wenn auch die Ruthe seitlich eine neue Spitze bildet, diese aber wieder
getödtet und ersetzt wird u. s. f., so verliert sie völlig ihren Gebrauchs-
werth. Bereits verholzte Ruthen sterben in Folge dieser Beschädigung
nicht ab, die Stiche überwallen vielmehr und haben dann einige
Aehnlichkeit mit ausgeheilten Hagelschlagverletzungen.

Gegen den Käfer selbst ist kaum vorzugehen. Ein erfolgreiches
Sammeln desselben ist nicht möglich, da besondere Fangmittel, welche
sich beim grossen braunen Rüsselkäfer so gut bewähren, nicht bekannt sind und sich die an den Stämmchen sitzenden, aus der
Ferne nicht leicht sichtbaren Käfer bei unvorsichtiger Annäherung
des Menschen sofort auf den Boden fallen lassen, wo man sie nicht
erkennt.

**Rüsselkäfer, deren Larven die Blattorgane von Holzgewächsen
beschädigen.** Der hier in Frage kommenden Käfer sind nur wenige.
Allerdings leben die ziemlich zahlreichen Arten der durch ihr Springvermögen ausgezeichneten Gattung Orchestes fast sämmtlich auf
Laubhölzern, deren Blätter ihre Larven zerstören, indem sie minirend
das Blattfleisch unter Schonung der Epidermisschichten verzehren,
aber nur eine Art,

der Buchen-Springrüsselkäfer,
Orchestes Fagi L.,

auch Buchenrüssler genannt, richtet häufig grössere Verheerungen an,
indem er namentlich ältere Buchenbestände derartig befällt, dass
fast kein Blatt verschont bleibt. Da dieser Frass bald nach dem
Ausschlag des Buchenlaubes eintritt, ist öfters eine Verwechselung dieser
Beschädigung mit Frostschaden vorgekommen. Der Käfer schadet
gleichfalls durch Frass an Blättern und Früchten.

Auch der Eichen-Springrüsselkäfer, O. Quercus L., ist mitunter schon massenhaft aufgetreten.

Beschreibung. Orchestes Fagi L. *Käfer*: Rüssel ziemlich lang, Augen gross, nicht völlig aneinanderstossend. Fühler in der Mitte des Rüssels eingelenkt, Fühlerschaft bedeutend länger als Geisselglied 1, Fühlergeissel 6gliedrig. Halsschild quer mit abgerundeten Seiten und, ebenso wie die Flügeldecken, ohne aufrecht stehende Borsten. Flügeldecken punktstreifig mit flachen Zwischenräumen. Körperumriss länglich. Vorderschenkel mit kleinem Zahn. Die verdickten Hinterschenkel fein gezähnelt. Grundfarbe schwarz, Fühler und Fussglieder braungelb. Oberseite dicht grau behaart. Länge 2—2·5mm.

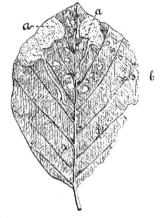

Fig 139. Buchenblatt mit Larvenfrass (*a*) und Käferfrass (*b*) von Orchestes Fagi L.

Die *Puppe*, in einem dünnen Cocon innerhalb der kugelig aufgetriebenen Blattmine liegend, ist nur am Kopfe mit einigen Dornenhöckern versehen, sonst nur dünn behaart, die Afterdornen sind einander sehr genähert. *Larve*: Gabellinie auf dem Kopfe schon vom Hinterrande an getheilt; ein getheiltes dunkles Nackenschild auf dem Prothorax und ein nach oben gerichtetes Fleischzäpfchen auf dem letzten Hinterleibssegment. Hinterbrust und Hinterleibsringe an den Seiten warzig vortretend, ohne Keilwülste. Hinterleibsringe oberwärts mit je 2 Wärzchen, welche zum Fortschieben in der Mine dienen.

O. Quercus L. *Käfer:* Rüssel ziemlich lang, Augen sehr gross, fast ganz miteinander verwachsen. Fühler gleich hinter der Mitte des Rüssels eingelenkt, Fühlergeissel 6gliedrig. Halsschild und Schultern mit aufrecht stehenden Borsten besetzt. Flügeldecken fein punktstreifig. Umriss breit eiförmig. Grundfarbe rothbraun. Augen, Brust und erste Ringe des Hinterleibes unten schwarz. Oberseite dicht gelb behaart, bei unabgeriebenen Stücken vorn mit einer dichter behaarten, nach hinten zugespitzten Stelle. Vorderschenkel in der Mitte mit kleinem Zahn. Hinterschenkel stark, unten mit 8 kleinen Zähnchen. Länge 2·5 — 3·5 mm.

Lebensweise. Die Generation des Buchen-Springrüsslers ist einfach und einjährig, wie die folgende Darstellung zeigt.

	Jan.	Febr.	März	April	Mai	Juni	Juli	Aug.	Sept.	Oct.	Nov.	Dec.
1880				+++·+	●++	+++	+++	+++	+++	+++	+++	+++
1881	+++	+++	+++	+++	+							

Die überwinterten Käfer erscheinen mit Beginn des Laubausbruches auf den Buchen. Die Weibchen legen die Eier einzeln an die Mittelrippe der Blätter, mitunter mehrere an dasselbe Blatt. Die Larve frisst nun gegen den Rand und die Spitze des Blattes zu einen Gang zwischen den beiden Epidermisschichten und erweitert diese Mine ziemlich plötzlich am Rande des Blattes, so dass sie blasenförmig aufgetrieben erscheint (Fig. 139). Hier verpuppt sich auch die Larve in einem runden Cocon. Das Larvenleben dauert ungefähr drei Wochen, die Puppenruhe ungefähr 14 Tage. Die bereits Mitte Juni auskommenden Käfer befressen zunächst das Laub und die Fruchtansätze der Buchen, gehen aber auf verschiedene andere Pflanzen über. So wurde nach ALTUM und FICKERT [l c] auf Rügen das Obst, namentlich Kirschen, Himbeeren und Stachelbeeren, so stark vom Käfer befressen, dass es ungeniessbar für den Menschen war. Auch Blumenkohl wurde angegangen, und BELING [4 *b*] fand, dass diese Thiere in den den befallenen Buchenbeständen benachbarten Roggenfeldern die Aehren benagten. Diese Beschädigung war es, auf welche hin früher eine besondere Art, *Curculio segetis*, aufgestellt worden ist. Mit Beginn der kühleren Jahreszeit verlässt der Käfer die Blätter, um in der Bodendecke und in Rindenritzen zu überwintern, dann bei Beginn der wärmeren Jahreszeit wieder zu erscheinen und zur Fortpflanzung zu schreiten.

Schaden. Wenn der Käfer sich massenhaft vermehrt, so wird durch den Larvenfrass ein grosser Theil der Blattfläche der Buchen zerstört, und diese sehen dann, da die Minen sich bräunen und schliesslich aus der Blattfläche ausfallen, wie erfroren aus. Da die Buche nur langsam in der Reproduction neuer Blattorgane ist, so ist der Zuwachsverlust nicht unbeträchtlich. Am liebsten nimmt der Käfer ältere Bestände an, verschont aber auch jüngere Pflanzen nicht. Dass letztere wegen ihrer im Allgemeinen geringeren Widerstandsfähigkeit infolge starken und wiederholten Frasses eingegangen wären, ist in der Praxis noch nicht vorgekommen. An den Rändern der Bestände ist der Schaden meist stärker als im Inneren, aber auch in gemischten Beständen werden die Buchen angegangen. Stärkere Verheerungen werden berichtet vom Pfälzerwalde im Jahre 1869 [13] und aus Rügen im Jahre 1875. Es boten nach ALTUM „auf stundenlangen Fahrten die dortigen Buchenreviere ununterbrochen dasselbe Bild. Millionen und Milliarden Blätter waren an der Spitze gebräunt von den niedrigsten Zweigen bis an die höchsten Gipfelpartien." Auch bei Tharand zeigt sich der Käfer öfter schädlich.

Der Käferfrass wird schon von RATZEBURG als mitunter nicht unbedeutend angegeben, namentlich der von den eben aus dem Winterlager hervorgekommenen Käfern ausgeübte, welche nicht nur die jungen Buchenblätter, sondern auch die Fruchtknoten angehen. Schon durch die letztere Thätigkeit kann die Buchelmast beeinträchtigt werden, besonders da auch die neuen Käfer im Juni und Juli an die Cupula der Buche gehen und in Folge dieses Frasses nach ALTUM und FICKERT die Bucheckern vorzeitig aufspringen und taub bleiben. An manchen Stellen soll 1875 auf Rügen hierdurch ein bedeutender Theil der Mast vernichtet worden sein.

Der Eichen-Springrüssler ist in der Lebensweise dem vorigen sehr ähnlich. Nur wird nach NÖRDLINGER das Ei in die Mittelrippe des Blattes selbst abgelegt, und die Larve frisst in der Mittelrippe ein Stück weiter, ehe sie auf die Blattfläche übergeht. Befallen werden bei uns nach NÖRDLINGER [XXIV, S. 20) die verschiedenen Arten der sommergrünen Eichen ohne Unterschied. Derselbe berichtet auch, dass namentlich die unter dem Schutze lichter Kiefernbestände erzogenen Eichen besonders gelitten hätten. Nach HESS soll der Frass besonders auf unterdrücktem Unterholze vorkommen. So z. B. 1875 bei Giessen. v. VULTEJUS [61] will dagegen beobachtet haben, dass im Jahre 1856 auf dem herzogl. Braunschweigischen Revier Ottenstein die Stieleichen gegenüber den Traubeneichen bei weitem bevorzugt wurden.

Gleichfalls auf Eiche kommt vor O. Ilicis FABR., ist aber auch aus Birken erzogen worden. O. Alni L. brütet in Pappel- und Ulmenblättern, O. Populi FABR. ist gemein auf Pappeln und Weiden.

Abwehr. Eine wirksame Bekämpfung der Springrüsselkäfer gibt es nicht. Von Natureinflüssen, welche die Verbreitung dieser Käfer hindern könnten, sind ausser der Thätigkeit der Insekten fressenden Vögel noch zu erwähnen der Frost, der nach RATZEBURG [XV, Bd. II, S. 134] einmal die ausgewachsenen Larven zum Verlassen ihrer Minen zwang.

Die Arten der Gattung Cionus CLAIRV. sind namentlich auf Königskerze, Verbascum und Scrophularien angewiesen, auf deren Blättern ihre fusslosen Larven, durch einen zähen Schleim festgehalten, leben. Nur eine Art,

der Eschen-Rüsselkäfer,
Cionus Fraxini De Geer

befrisst nicht nur als Larve, sondern auch als Käfer die Eschen-
blätter und macht, da er mehrere Generationen in einem Sommer haben
kann, mitunter merklichen Schaden.

Beschreibung: Cionus (Stereonychus) Fraxini De Geer. *Käfer*: Augen
getrennt. Geisselglied 1 und 2 verlängert und einander gleich. Flügeldecken
punktstreifig mit gleichmässig dicht punktirten Zwischenräumen, oben abgeflacht.
An jedem Fusse nur eine Klaue. Grundfarbe rothbraun, Fühlerspitzen dunkler.
Oberseite mit grauen und braunen Schuppen dicht besetzt, letztere auf dem Halsschild einen grossen Fleck und auf den Flügeldecken eine Binde bildend;
Färbung sehr variirend. Länge 3—3·5 *mm.*

Puppe eingeschlossen in einem fast durchsichtigen, gelblichen Cocon von
3·5mm Länge. Letzterer wird gebildet aus dem Schleim, welcher die 6—8mm lange
Larve dicht bedeckt und aus einem auf der Oberseite des letzten
Hinterleibsringes befindlichen Zäpfchen abgesondert wird. Sie ist grünlichgelb,
hat einen schwarzen Kopf, trägt auf dem Prothorax ein getheiltes, schwärzliches
Nackenschild und ist mit einzelnen Härchen besetzt. Füsse sind nicht vorhanden,
dagegen die Weichen der Bauchseite durch eine Mittelfurche des Hinterleibes
in zwei Lappen getheilt [XVII, S. 429].

Lebensweise. Die Generation dieses Käfers ist eine mehrfache. Bei uns
scheinen nach Judeich [29 a] wenigstens zwei Generationen vorzukommen.
Peragallo gibt für Nizza im Laufe der Monate April bis Juli eine dreimalige
Eierablage an. Im Frühjahre erscheinen die Käfer, deren Weibchen die Blätter
der Esche mit Eiern belegen Die auskommenden Larven, deren Leben im Süden
bis zur Verpuppung 10—12 Tage dauert, sitzen durch ihren klebrigen Schleim-
überzug festgehalten meist an der Unterseite der Blätter und fressen, die Rippen
vermeidend, auf der Blattfläche die Epidermis und das Blattfleisch platzweise aus,
lassen jedoch die Epidermis der Oberseite stehen. Die Ränder des Frasses bräunen
sich bald. In einzelnen Fällen wird auch die Oberseite angegangen, sodass dann
die Epidermis der Unterseite stehen bleibt Will die Larve sich verpuppen, so zieht
sie sich etwas zusammen, der Schleim erhärtet um sie zu einer tönnchenförmigen
Hülle, in der schliesslich die noch stärker geschrumpfte Larve frei liegt und in
den 6—8 Tage während den Puppenzustand übergeht. Diese Verpuppung findet
öfters an den Blättern selbst, meist aber in der obersten Bodendecke statt.
Der Käfer, der beim Ausschlüpfen aus dem Cocon ein regelmässig rundes Deckel-
chen abschneidet, frisst Löcher in die Blätter und verschont selbst die Knospen
nicht. In welchem Zustande das Thier überwintert, ist noch unbekannt, dies dürfte
aber wohl sicher als Puppe oder Käfer geschehen. Die Dauer einer Generation
im Sommer scheint 3 bis höchstens 4 Wochen zu betragen und es könnte daher
auch bei uns wohl mitunter eine dreifache Generation vorkommen (vergl. auch **55**).

Schaden. Bei uns ist der Käfer ausschliesslich auf die Esche angewiesen,
im Süden geht er auch an den Oelbaum. Durch den combinirten Frass von
Larve und Käfer vertrocknen viele Blätter, und bei starkem Frasse kann es zur
theilweisen oder vollkommenen Entblätterung kommen. Eine Verwechslung mit
Frostschaden ist dann möglich. Bei Tharand waren 1869 5—6 m hohe Bäume
so stark befallen. 1864 beobachtete Kellner einen stärkeren Frass auf Winter-
steiner Revier im Thüringer Walde. Das Eingehen in Folge dieses
Frasses wurde noch nie bemerkt, ist bei der grossen Reproductionskraft der Esche
auch nicht wahrscheinlich, dagegen kann Zuwachsverlust die Folge sein. An
Oliven ist der Käfer schädlicher, da er Blüthen- und Fruchtbildung verhindern kann.
Durch Abklopfen der Käfer auf untergehaltene Tücher oder Schirme könnte
man nöthigen Falles den Schaden vermindern.

Der Kiefernscheidenrüssler, Brachonyx pineti Payk.,
die einzige Art der Gattung, macht seine Entwickelung in den die
Nadelpaare tragenden Kurztrieben unserer gemeinen Kiefer durch:

die so befallenen Nadeln bleiben anfänglich im Wachsthume zurück und röthen sich später. Ausgedehnter Schaden ist noch nicht verursacht worden. Leider ist es kaum möglich, gegen diesen Schädling mit Bekämpfungsmassregeln vorzugehen.

Beschreibung. Br. pineti PAYK. *(indigena* HBST*).* *Käfer*: Körper schmal-cylindrisch mit einem dünnen, glänzenden, gebogenen Rüssel, Flügeldecken tief punktstreifig, mit schmalen, gewölbten Zwischenräumen. Grundfarbe braun, Rüssel und Augen schwarz, Fühler, Beine und Flügeldecken rothgelb. Oberseite gelbgrau, ziemlich gleichmässig behaart. Länge 2·8 *mm.*

Larve weisslich, mit grossem Kopfe und ansehnlich behaart. Länge 3 *mm.*

Lebensweise und Schaden. Die überwinternden Käfer kommen im Frühjahr hervor und belegen die sich entwickelnden Nadelpaare mit je einem Ei. Zwischen der Basis der beiden Nadeln, innerhalb der Scheide frisst die Larve ihren Gang und verpuppt sich im Juli. Im August schlüpft der Käfer durch ein seitliches Flugloch heraus. Der Käfer benagt der Nahrung wegen die jungen Maitriebe und sticht die Nadeln an. Die in Folge des Angriffes der Larve kurz bleibenden Nadeln fallen gegen den Herbst ab. Ein starker, wiederholter Frass kann schlechtwüchsigen jungen Kiefern nachtheilig werden. Man könnte dann vielleicht durch Abschneiden der befallenen Triebe vor Ausschlüpfen des Käfers oder durch Abklopfen des letzteren Gegenmassregeln treffen.

Eine Verwechslung des Frasses dieses Rüsselkäfers mit dem von Cecidomyia *(Diplosis)* brachyntera SCHWÄG. kann, wenn man nur auf die Erscheinung des Frasses sieht, leicht vorkommen. Die Larve der letzteren Mückenart, die genau so lebt wie die des Käfers, ist aber an dem Mangel eines abgesetzten Kopfes und durch ihre orangerothe Färbung leicht zu erkennen.

Rüsselkäfer, deren Larven den Samenertrag forstlich wichtiger Holzgewächse schädigen, gibt es nur wenige. Zunächst sind in dieser Gruppe die Nussbohrer, BALANINUS GERM., leicht kenntlich an ihrem fadendünnen, namentlich bei den Weibchen sehr langen Rüssel, zu erwähnen, von denen drei, nur schwer unterscheidbare Arten in Eicheln und Haselnüssen brüten. Das Weibchen bohrt mit seinem Rüssel die halbwüchsige junge Frucht an und schiebt ein Ei in das Bohrloch. Die auskommende Larve nährt sich von dem Kern, den sie ganz oder theilweise ausfrisst. Die so angegriffenen Früchte fallen meist etwas zeitiger ab, als die gesunden, die Larve bohrt sich dann durch ein grosses kreisrundes Loch heraus und geht in den Boden, wo sie sich verpuppt und verwandelt. Ein grösserer wirklicher Schaden ist bis jetzt nur selten beobachtet worden. Die drei bei uns erwähnenswerthen Arten sind: der Nussrüssler, B. nucum L., der grosse Eichelrüssler, B. glandium MARSH., und der kleine Eichenrüssler, B. tesselatus FOURC.

Beschreibung. B. nucum, L. *Käfer*: Rüssel des ♂ zwei Drittel, des ♀ fast so lang als der Körper, Fühlergeissel dicht abstehend behaart, die letzten Glieder verhältnissmässig kurz, nur wenig länger als breit. Alle Schenkel mit starkem Zahn. Flügeldecken einzeln nur wenig abgerundet, mit beinahe rechtwinkeligem Nahtwinkel aneinanderstossend. Körper mässig dicht behaart, Haare dunkelbräunlich-grau, auf den Flügeldecken hellere und dunklere, zu schiefen Querbinden geordnete Flecken bildend. Länge 5—7 *mm.*

B. glandium MARSH. *(venosus* GERM.). Rüssel des ♂ halb so lang, des ♀ zwei Drittel so lang als der Körper. Fühler mit langgestreckten Geisselgliedern, die nur am Ende eines jeden mit langen, einzelnen Haaren besetzt sind, und mit lang zugespitzter, deutlich gegliederter Fühlerkeule. Alle Schenkel mit einem starken Zahn, der des Hinterschenkels an seinem Innenrande mit dem Schenkel einen halbkreisförmigen Ausschnitt bildend. Flügeldecken hinten einzeln abgerundet, dicht gelbgrau behaart, die Haare an der hinteren Hälfte der Deckennaht aufgerichtet und eine Art Kamm bildend. Länge 6—8 *mm.*

B. **tesselatus** Fourc. (*turbatus* Gyll.). Rüssel des ♂ nur wenig kürzer, des ♀ ebensolang als der Körper. Fühlergeissel mit langgestreckten, nur am Ende eines jeden mit langen einzelnen Haaren besetzten Gliedern und lang zugespitzter, deutlich gegliederter Fühlerkeule. Alle Schenkel mit einem starken Zahn. Flügeldecken nicht einzeln abgerundet, sondern in ziemlich rechtwinkligem Nahtwinkel aneinander stossend. Körper mässig dicht behaart, gelbgrau und braun gefleckt. Naht der Flügeldecken ohne aufrechtstehende Behaarung. Länge 4—6 *mm.*

Lebensweise. Die Flugzeit der Käfer fällt ungefähr in die Monate Mai bis Juli; um diese Zeit sind von verschiedenen Beobachtern die Weibchen bei dem Bohrgeschäft beobachtet worden. Das zum Zwecke der Eiablage gefertigte Loch ist sehr klein, vernarbt bald und ist an der reifen Frucht nur mit Aufmerksamkeit zu erkennen; um so deutlicher ist dasjenige, welches die Larve als Ausgangspforte frisst, um sich in den Boden zurückzuziehen und hier in einer innen mit einer schleimigen Absonderung ausgeglätteten Höhle der Verpuppung zu harren. Diese erfolgt der gewöhnlichen Annahme nach im folgenden Frühjahr, und die Käfer erscheinen dann wieder zur Flugzeit, sodass also als Regel eine einjährige Generation angenommen wird. Die von Ratzeburg und Hartig [V., 1, S. 149 u. 150] angestellten Zuchtversuche zeigen aber, dass auch in dieser Beziehung Unregelmässigkeiten vorkommen können und eine Ueberjährigkeit der Larven, sowie ein spätes Ausschlüpfen der Käfer mit nachfolgender Ueberwinterung nicht selten ist. Monophagie scheint bei diesen Käfern nicht vorzukommen, da alle drei Formen sowohl aus Haselnüssen wie aus Eicheln gezogen wurden. Ratzeburg gibt an, dass mitunter ein Viertel bis ein Drittel aller Haselnüsse und Eicheln zerstört wird. Nach Altum [XVI, III, 1, S. 215] waren im Jahre 1874 die Eicheln in zwei Schutzbezirken des unweit von Eberswalde gelegenen Lieper Revieres ganz besonders stark befallen, sodass man im nächsten Frühjahr die ausgewanderten Larven massenhaft auf dem Boden der Eichelschuppen fand.

Gegen den Käfer selbst ist durch Abklopfen wohl kaum vorzugehen, und auch durch Aufsammeln und Verbrennen der herabgefallenen, madigen Früchte wird man nur dann etwas erreichen, wenn diese Arbeit so schnell ausgeführt wird, dass die Larven nicht Zeit haben, vorher auszuwandern. In Samenniederlagen wird man auf Reinhaltung der Schuppen zu sehen haben und die auf deren Boden aufgehäuften Larven vertilgen müssen.

Im Süden lebt in der echten Kastanie, Castanea vesca Gärtn., nach Perris, und in der Zerreiche, Quercus Cerris L., nach Judeich, als Feind der Samen dieser beiden Bäume eine langgestreckte, hellere Balaninus-Art, B. Elephas Gyll., welche nicht selten die Ernte bedeutend schädigt. Andere kleinere Balaninus-Arten leben in fremden Pflanzengallen. So ist z. B. B. villosus Fabr. aus den Eichengallen von Biorhiza terminalis Htg. gezogen worden.

Der Vollständigkeit wegen weisen wir bei dieser Gelegenheit noch einmal darauf hin, dass Orchestes Fagi L. die Bucheckernernte beeinträchtigen kann, allerdings nicht durch seinen Larven-, sondern durch Käferfrass (vergl. S. 396).

Die Obsternte wird gleichfalls durch Rüsselkäfer-Larvenfrass häufig bedroht, indem die als Blüthenstecher bekannten Arten der Gattung Anthonomus Germ. ihre Verwandlung in den Blüthenknospen des Kernobstes, A. pomorum L. an Aepfelbäumen, A. cinctus Redtb. (*Pyri* Schönh.) an Birnbäumen durchmachen und hierbei Staubfäden und Fruchtknoten völlig vernichten. In seiner Lebensweise etwas mehr den Balaninus-Arten angenähert ist A. rectirostris L. (*druparum* L.), dessen Larve in den Blüthen der Traubenkirsche,

Prunus Padus L. lebt, deren Früchte sie jedoch in der Entwicklung nicht hindert, sodass sie schliesslich im Innern des Kernes lebt. Wirthschaftliche Bedeutung hat dieser, allerdings in einem Forst-Holzgewächse brütende Rüsselkäfer nicht.

Dagegen ist eine andere Art derselben Gattung, A. varians PAYK., neuerdings als in Kiefernknospen brütend, erkannt worden, und der durch diesen Larvenfrass verursachte Schaden soll nicht ganz unbeträchtlich sein.

Beschreibung. Anthonomus varians PAYK. *Käfer*: Dünn gleichmässig behaart. Das tief punktirte Halsschild und die keine bindenartige Zeichnung tragenden, oft schwarz gerandeten Flügeldecken braunroth. Der übrige Körper mit Ausnahme der gelben Fühler schwarz. Rüssel glänzend, kaum punktirt. Schildchen nicht gekörnt und greis behaart. Auf dem Hinterende der Flügeldecken verbindet sich der dritte Punktstreif mit dem achten. Schenkel mit einfachem Zahn, der am Hinterschenkel klein bleibt. Länge 3 *mm.*

Lebensweise. Die einzige Beobachtung über das Brutgeschäft und den Schaden dieses Thieres rührt aus Russland von LINDEMANN her, dessen Angaben Köppen [31, S. 227] reproducirt. „Wenn man in alten Kiefernwäldern sein Augenmerk dem jungen Nachwuchse zuwendet, so fällt es sofort auf, dass ein grosser Theil desselben aus sehr kränklichen Bäumen besteht. Sie wachsen unregelmässig; der Stamm ist gekrümmt in Folge der Vernichtung der Gipfelknospe; die Anzahl der Zweige ist sehr gering, und auch diese sind spärlich mit vergilbten Nadeln besetzt. Aber ungeachtet dieses kränklichen Aussehens fristen diese Bäumchen noch einige Jahre ihr elendes Dasein, bis sie endlich aus Entkräftung absterben oder, wenn sie sich erholen, zum Bauholze untauglich werden. Solcher Kiefern gibt es im Walde der Petrowskischen landwirthschaftlichen Akademie bei Moskau sehr viele, und überhaupt bildet diese Erscheinung keine Ausnahme oder Seltenheit. Ich habe mich überzeugt, dass die Urheber jenes kränklichen Zustandes der genannten Bäumchen zwei kleine Rüsselkäfer sind. Brachonyx pineti PAYK. und Anthonomus varians PAYK. Der letztere kommt bei uns in enormer Anzahl vor. Im Laufe der ersten Hälfte des Mai nährt er sich von den Nadeln junger Kiefern und von den Säften junger Triebe, die er ihnen in derselben Weise entzieht, wie es ' Hylobius Abietis L. thut. Um Mitte Mai findet das Eierlegen statt. Zu diesem Behufe steigen die Weibchen auf die Knospen, bohren mittelst des Rüssels ein kleines Loch hinein und deponiren daselbst ein oder zwei Eier. Die Larven zehren an dieser Knospe, die je nach dem Masse der Beschädigung entweder vertrocknet oder einen schmächtigen und unregelmässig gekrümmten Trieb abgiebt."

Ein wirklicher Nadelholzsamenzerstörer ist dagegen ein Pissodes, welcher in den Zapfen verschiedener Kiefernarten seine Metamorphose durchmacht und jetzt gewöhnlich als P. validirostris GYLL. bezeichnet wird. Der erwachsene Käfer frisst sich durch ein kreisrundes Loch aus dem Zapfen heraus. Ein namhafter wirthschaftlicher Schaden ist von ihm indessen noch nicht bekannt geworden.

Beschreibung. Pissodes validirostris GYLL. (*strobili* REDTB.). *Käfer* dem P. notatus FABR. äusserst ähnlich. Hinterecken des fein runzlig gekörnten Halsschildes scharf rechtwinkelig, aber weniger spitz als bei notatus, Hinterrand kaum zweibuchtig. Punktstreifen der Flügeldecken mit kleinen, fast gleichgrossen Punkten. Grundfarbe braun. Ober- und Unterseite mit weisslichen Schuppen, Schildchen und zwei Punkte auf dem Halsschild dicht weiss beschuppt. Auf den Flügeldecken die vordere Querbinde rothgelb, an der Naht unterbrochen, die hintere Querbinde nach aussen breiter und rothgelb, innen schmäler und weisslich.

Lebensweise. Schon RATZEBURG hatte durch HARTIG erfahren, dass ein Pissodes in Kiefernzapfen brüte, nahm aber an, dass dies P. notatus FABR. sei. REDTENBACHER wollte in der die Schwarzkiefernzapfen bewohnenden Form eine eigene, namentlich durch geringere Zuspitzung der Hinterecken des Halsschildes von P. notatus FABR. zu unterscheidende Art erkennen, welche er P. strobili nannte. Diese Art wird jetzt als synonym mit P. validirostris betrachtet, den GYLLENHAL in SCHÖNHERR's grossem Rüsselkäferwerke beschrieb.

Fraglich erscheint es doch noch, ob dieser Zapfenbewohner nicht wenigstens oftmals P. notatus Fabr. ist. Die Bestimmung nahe verwandter Arten dieser Gattung ist wegen der Veränderlichkeit derselben bezüglich der feinen Unterschiede in der Gestalt des Halsschildes, in der Skulptur und Beschuppung der Flügeldecken äusserst schwierig und unsicher. Die endgiltige Entscheidung muss erst weiteren Untersuchungen vorbehalten bleiben.

Ratzeburg gibt eine recht gute Abbildung des Frasses in den gespaltenen Zapfen und sagt, dass gewöhnlich nur eine Larve den einzelnen Zapfen bewohnt, aber auch bis drei Stück in einem Zapfen vorkommen können. „Solche Zapfen erlangen wohl die normale Grösse, erscheinen aber immer mehr zugespitzt, von mehr grüner, nachher ins gelbgraue übergehender Farbe und zeigen, wegen mangelhafter Ausbildung der Nüsse, die Schuppen nicht so deutlich hervortretend". Ueber die Generation des Käfers berichtet zuerst Altum [I i], in dessen Versuchsgefässen aus von der Larve besetzten, von niedrigen, kusseligen Kiefern bei Eberswalde gebrochenen Zapfen im Herbste die Käfer auskrochen. Altum nimmt an, ohne weitere Begründung für diese Ansicht zu geben, dass der Käfer kurz nach seinem Ausschlüpfen die einjährigen Zapfen mit Eiern belegt und dann abstirbt, sodass die Generation einjährig wäre.

Die Angabe von Altum, dass man bewohnte Zapfen nicht am Boden finde, ist eine nicht gerechtfertigte Verallgemeinerung seiner eigenen Erfahrungen. Gelegentlich einer akademischen Forstreise fanden wir bei Darmstadt in einem 50—60jährigen Kiefernbestande im August viele Zapfen auf dem Boden. In einigen derselben befanden sich noch Larven, in anderen bereits Puppen, woraus auf die vollständige Entwicklung des Käfers im September mit Sicherheit geschlossen werden kann. Nach Hartig [V, 1, S. 144] soll in der Hasenheide bei Berlin oft die Hälfte oder Dreiviertel der Zapfen eines Baumes befallen sein. In der Gegend von Wien bewohnt der Käfer häufig die Zapfen der Schwarzkiefer.

Als Imagines schädliche Rüsselkäfer. Allgemeines:

Auf den vorhergehenden Seiten haben wir kennen gelernt, dass fast alle Rüsselkäfer, deren Schaden zunächst auf der Thätigkeit ihrer Larven beruht, gelegentlich auch als Imagines Blätter oder Nadeln, Knospen oder Triebe, sowie die Rinde an den Nährpflanzen ihrer Larven zum Zwecke der Ernährung benagen, und dass diese im Grossen und Ganzen fast monophagen Thiere also auch hierdurch dem Forstmann lästig werden können.

Es giebt aber ausserdem eine Reihe von Rüsselkäfern, deren Larven für den Wirthschaftsbetrieb gar keine Bedeutung haben, da sie in der Erde entweder von den Wurzeln forstlich gleichgültiger Gewächse, oder in denjenigen abgestorbener Bäume leben, deren Imagines aber durch ihr ausgedehntes Befressen oder Benagen oberirdischer Pflanzentheile in hohem Masse schädlich werden. Diese biologische Gruppe, deren Mitglieder vornehmlich in die Unterfamilie der Kurzrüssler und in die den letzteren zunächst stehenden Gruppen der Langrüssler gehören, ist im Gegensatz zu den vorigen meist polyphag, wenngleich einige Arten sich allerdings wenigstens insofern der Monophagie nähern, als sie die Nadelhölzer den Laubhölzern bei weitem vorziehen oder umgekehrt, wie denn z. B. der wichtigste dieser Käfer, Hylobius Abietis L., nur im Nothfalle oder aus individueller Laune Laubhölzer angeht. Auch ist hierbei zu berücksichtigen, dass fortschreitende Beobachtungen auch solche Käfer, welche früher in der Literatur als monophag geschildert wurden, immer mehr

als polyphag nachgewiesen haben, und dass manche schiefe Angaben auf
der für den praktischen Forstmann nicht unbedeutenden Schwierigkeit
beruhen, die „schwarzen, grauen und grünen Rüsselkäfer" sicher zu
bestimmen. Anderseits wird aber für die Praxis in vielen Fällen der
eine oder der andere Käfer ausschliesslich als Nadelholz- oder Laubholzinsekt Wichtigkeit haben, und alle hier zu erwähnenden Formen
stimmen insoweit überein, als sie Kulturverderber sind, wenngleich
manche vielfach wählerisch sind in Bezug auf die Altersklasse der
von ihnen als Nahrung aufgesuchten Pflanzen. Manche schädigen
hauptsächlich Saatbeete oder Pflanzkämpe, andere hingegen ältere
Kulturen.

Um uns die Uebersicht über die zahlreiche Menge der hier in
Frage kommenden Thiere zu erleichtern, theilen wir sie in drei
Gruppen. Die erste umfasst die flügellosen Kurzrüssler, also nach
unserer Auffassung die OTIORRHYNCHINA, die zweite die geflügelten
Kurzrüssler oder PHYLLOBIINA, an welche wir aus praktischen Gründen
auch den zu den Langrüsslern gehörigen „grossen weissen Rüsselkäfer" Cleonus turbatus FAHRS. schliessen. Beide Gruppen gehören
insofern näher zusammen, als ihre Larven frei in der Erde leben.
Die dritte Gruppe umfasst die Mitglieder der Gattung Hylobius, deren
Larven in absterbenden Nadelholzwurzeln hausen. Diese Eintheilung
ist von uns deshalb beliebt worden, weil sich aus den hier angeführten
biologischen Eigenthümlichkeiten gemeinsame Züge für die gegen die
Vertreter jeder dieser drei Gruppen anzuwendenden Abwehrmassregeln
ergeben.

**Im Boden brütende, flugunfähige Kurzrüssler, welche als
Käfer schaden.** Es sind dies die vier Gattungen Otiorrhynchus,
Cneorrhinus, Strophosomus und Brachyderes. Hervorzuheben sind aus
deren Arten zunächst die Beschädiger ganz junger Nadelhölzer,
Otiorrhynchus ovatus L. in Fichtenkulturen, Cneorrhinus plagiatus
SCHALL. in Kiefernkulturen, denen sich zwei Strophosomus-Arten, Str.
obesus MARSH. und Str. Coryli FABR. anschliessen. Schädlich werden sie
namentlich durch platzweises Benagen der Rinde und in zweiter Linie
auch durch Nadelfrass.

An Laubhölzern schaden gleichfalls zunächst durch Benagen
der Triebrinde Ot. singularis L. und die besonders polyphagen grauen
Rüsselkäfer Str. Coryli FABR., Str. obesus MARSH., sowie strichweise
auch Cn. plagiatus SCHALL. Von geringer Bedeutung sind einige
andere, weiter unten mit aufzuführende Otiorrhynchus-Arten und
Brachyderes incanus L.

Beschreibung. Ot. singularis L. (*picipes* FABR.). *Käfer:* Flügeldecken
mit je 10 Streifen, Kopf und Halsschild verhältnissmässig klein, zusammen viel
kürzer als die Flügeldecken. Schenkel mit kaum angedeutetem Zahn. Oberseite dicht
beschuppt, Halsschild flach gekörnt, Flügeldecken punktstreifig, jeder Punkt eine
Schuppe tragend. Zwischenräume mit einer Borstenreihe. Grundfarbe dunkel-
rothbraun, Schuppen gelbgrau, Beine dunkelbraun. Länge 6—7 *mm.*

Ot. irritans HBST. *Käfer:* Flügeldecken mit je 10 Streifen, Kopf und Halsschild verhältnissmässig klein. Alle Schenkel ungezähnt. Halsschild nicht länger

als breit, Flügeldecken deutlich gerunzelt, gestreift und mit grossen, sehr flachen, unregelmässig zerstreuten Gıübchen besetzt, gelb behaart, Grundfarbe und Beine schwarz. Länge 7—8 *mm.*

Ot. perdix OLIV. *Käfer*: Flügeldecken mit 10 Streifen, mit haarförmigen Schuppen bestreut, die Zwischenräume mit einer Borstenreihe. Körper langgestreckt, fast parallel, oben flachgedrückt. Schenkel ungezähnt. Streif 3 der Flügeldecken verbindet sich mit Streif 6. Grundfarbe schwarz, Schuppen goldgelb, Halsschild fast oval, gekörnt. Länge 10—11 *mm.*

Ot. niger und Ot. ovatus sind auf S. 370 u. 371 zu vergleichen.

Cneorrhinus plagiatus SCHALL. (*geminatus* FABR.). *Käfer*: bräunlich, an der Seite weisslich beschuppt. Die kugelig gewölbten Flügeldecken mit kurzen weissen Borstenhaaren. Länge 5—6 *mm.*

Strophosomus obesus MARSH. *Käfer*: Fühlerfurchen in einem sehr stumpfen Winkel schwach abwärts gebogen. Glied 1 und 2 der Fühlergeissel gleichlang. Die Stirn in der Mitte mit einer Furche und durch eine Quernaht von dem Rüssel getrennt. Flügeldecken ohne erhabenen Rand an der Wurzel; überall, auch am Schildchen, dicht grau beschuppt und mit kurzen, aufrecht stehenden Härchen in den Zwischenräumen der Punktstreifen besetzt. Länge 4—4·5 *mm.*

Str. Coryli FABR. *Käfer*: Dem vorigen zum Verwechseln ähnlich, aber auf der Vorderhälfte der Flügeldeckennaht fehlen die Schuppen, sodass hier ein kurzer schwarzer Strich erscheint. Länge 4—4·5 *mm.*

Str. lateralis PAYK. (*limbatus* FABR.). *Käfer*: Die tief punktirt-gestreiften Flügeldecken an der Wurzel mit scharfem, erhabenem Rande. Schwarz, etwas glänzend. Oberseite sparsam mit goldglänzenden Schuppen besetzt, die nur an den Seiten der Flügeldecken zu einem Längsstreifen und am Schildchen verdichtet sind. Länge 4—5 *mm.*

Brachyderes incanus L. vergleiche S. 371.

Lebensweise und Frass. Wirklich vollständige Beobachtungen über die Generation irgend eines dieser Thiere, mit Ausnahme der bereits auf S. 371 geschilderten von Otiorrhynchus niger FABR., fehlen uns noch ganz; indessen stimmen alle Angaben darin überein, dass die Käfer überwintern, im Frühjahr erscheinen, ihr Fortpflanzungsgeschäft besorgen, dann verschwinden und erst im Herbste wieder auftreten. Der Frass kann also in zwei Perioden eintreten, einmal im Herbst durch die eben ausgeschlüpften Käfer, ferner im Frühjahr durch die überwinterten. Die Imagines scheinen nach der Begattung abzusterben. BELING [4 c] bat ferner beobachtet, dass die Verpuppung von Str. coryli FABR. Ende Juli, Anfang August erfolgt und der Käfer nach vierwöchentlicher Puppenruhe auskommt. Die Generation wird daher von ALTUM als einjährig angenommen und dürfte ähnlich verlaufen wie bei Ot. niger, nur scheint die Flugzeit etwas früher einzutreten und daher auch das Larvenleben ein etwas längeres zu sein. Für die übrigen Arten ist anzunehmen, dass die Verhältnisse ähnliche sind. Die speciellen Angaben über den Schaden der einzelnen Arten sind folgende.

Schaden der Otiorrhynchus-Arten. Ot niger FABR., dessen wesentliche Bedeutung in dem S. 372 genau geschilderten Frasse seiner Larve liegt, ist auch mitunter als Käfer durch Benagen der oberirdischen Theile junger Fichten bis zum Alter von 20 Jahren lästig geworden. Nach ALTUM [XVI, III, 1, S. 185] frisst er plätzend an der Rinde junger Fichten dicht über dem Wurzelstock, „steigt aber allmählich höher hinauf, sodass wir ihn Anfangs Sommer an den Maitrieben fressend finden". Die weitere Angabe ALTUM's, der auch HAAS [24 b] zustimmt, dass er nur an Stamm und Triebe gehe und die Nadeln verschmähe, wird widerlegt durch die Beobachtung von SCHAAL, dass bei Gelegenheit des oben (S. 372) geschilderten Larvenfrasses auch Millionen Käfer die Nadeln abfrassen; allerdings gingen nur wenige 16- bis 17jährige Fichten ein, da noch immer einige Benadelung blieb, dagegen erlitten die jüngeren Orte herbe Verluste. Eine Fichtenpflanzung von circa 2 *ha* wurde in zwei Jahren fast völlig vernichtet.

Ot. ovatus L., über dessen Larvenschaden auch schon oben kurz berichtet wurde, ist im Käferstadium namentlich auch als Fichtenkulturverderber beachtenswerth. Die ersten Angaben über einen Frass desselben stammen von Nördlinger [XXIV, S. 17 und 18], welchem Lindner berichtete, dass in Elchingen dieser Käfer auf einer von seinen Larven durch Wurzelfrass stark geschädigten Fichtenkultur (vergl. S. 373) die übrig gebliebenen, etwa 4jährigen Pflanzen durch Benagen der Rinde dicht über dem Boden gefährdet und vielfach getödtet hätte. Der Schaden fiel in den Juli. Neuere Nachrichten gibt Altum [I g], welchem Anfang der 80er Jahre aus den Oberförstereien Reifenstein und Leinefelde im Reg.-Bezirk Erfurt, aus Pelplin im Reg.-Bezirk Danzig und einigen anderen Preussischen Revieren ein- bis zweijährige Fichtenpflanzen eingesendet wurden, die dicht über dem Wurzelknoten ringsum auf eine Breite von nur 1—2 mm scharf geringelt waren, sodass das Holz frei lag. Obgleich der Urheber dieser Beschädigung nicht ertappt wurde, ist Altum doch geneigt, O. ovatus L. als den Thäter anzusehen, da dieser im Jahre 1883 im herzogl. Braunschweigischen Revier Stiege bei ähnlichen Beschädigungen $^1/_4$—$1^1/_4$ jähriger Fichten sicher betheiligt war, und da der mitgefangene Strophosomus Coryli Fabr. nach seiner Ansicht höher hinauf zu fressen pflegt.

Ot perdix Oliv. wird von Döbner [XIV, II, S. 123] als auf jungen Fichten in Gebirgsgegenden vorkommmend angegeben. Nördlinger sagt ferner: [XXIV, S. 17) „Ganz auffallend ist überhaupt die Masse Otiorrhynchen: ater, tenebricosus Ratz., gemmatus Fabr., squamiger Duft., geniculatus Germ., scabripennis Schönh. und noch anderer, welche man im Juni in Tirol an den eben austreibenden, noch ganz weichen Fichtenschossen und besonders auch an den zarten Schossen von Berberitzen fressen findet." Wir erwähnen diese Notiz, um die Forstleute zu weiteren Beobachtungen anzuregen und zugleich zum Beweise, dass wirklich viele hierhergehörige Käfer polyphag sind.

Ot. irritans Hbst. hat nach Ratzeburg [XV, II, S. 374] in der Oberförsterei Schönlanke, Reg.-Bezirk Bromberg, 1860 durch Nadelfrass an Kiefern bedeutend geschadet, und Altum [XVI, III, 1, S. 186] gibt an, dass derselbe „in Preussen und Posen Kiefernsaaten ruinirt habe".

Auch Laubholzverderber gibt es unter den Otiorrynchus-Arten. Zunächst ist es Ot. singularis L., (picipes Fabr.), welcher in Westfalen nach Altum [XVI, III, 1, S. 184] in den Jahren 1872, 74 und 76 in verschiedenen Revieren sehr energisch die Triebe jüngerer, ungefähr 1 m hoher Eichen, von der Spitze nach abwärts steigend, benagte. Der Frass geschah meist in der Nacht, während des Tages hielten sich die Käfer in benachbarten Schlupfwinkeln. Auch an den Trieben junger Aepfel- und Zwetschkenbäume schadet der Käfer oftmals durch Rindenbenagen, wie denn überhaupt noch eine ganze Reihe von Otiorrhynchus-Arten als Feinde des Obst- und Weingartens auftreten. So wird Ot. laevigatus Fabr. den Pfropfreisern schädlich, desgl. Ot. raucus Fabr., während Ot. sulcatus Fabr. und Ot. Ligustici L. auch an die Weinstockknospen gehen.

Schaden der Strophosomus-Arten. Str. Coryli Fabr. ist ein schon mehrfach sehr bedeutend schädlich gewordener, polyphager Rüsselkäfer. Zunächst ist seine Thätigkeit öfters in Fichtenkulturen unangenehm bemerkt worden. Der Hauptschaden besteht in platzweiser Benagung der Rinde. Sicher wird dies zuerst constatirt durch Willkomm 1856 auf dem ehemaligen Dorfhainer Revier bei Tharand, von Assmann [2] 1875 in Hermeskeil in der Rheinprovinz, ferner durch Ranfft [47] im Jahre 1876 auf Cunnersdorfer Revier in der Sächsischen Schweiz an 2- und 3jährigen Fichtenpflanzungen. Die genauesten Beobachtungen theilt aber Brachmann [9] mit, welcher dieselben auf dem kg. Sächsischen Staatsforstrevier Einsiedel von 1872—1878 anstellte. Hier wurden, sowohl in Saaten wie in Pflanzungen, Fichten zuerst durch Nadelfrass, dann aber auch stark durch Rindenfrass beschädigt. In allen diesen Fällen war Str. Coryli Fabr. mit Hylobins Abietis . L. vergesellschaftet, indessen nahm letzterer mehr die älteren Pflanzen an, und wenn beide an älteren Pflanzen zusammen vorkamen, so zeigte sich eine „strenge Arbeitseintheilung", indem Str. coryli Fabr. nur die jüngeren

Theile derselben befrass, während **Hyl. Abietis L.** die älteren benagte. Die an-
fängliche Vermuthung ALTUM's [XVI, III, 1, S. 174], dass diejenigen Schäden an
Nadelholz, welche dem Str. Coryli FABR. zugeschrieben wurden, vielmehr von
dem sehr nahe verwandten, aber durch Mangel des schwarzen Striches auf der
Vorderhälfte der Flügelnaht leicht kenntlichen Str. obesus MARSH. verübt sein
dürften, jener also reines Laubholzinsekt sei, sind schon durch die eigenen
neueren Angaben ALTUM's [lg], der ihn selbst als Fichteninsekt kennen lernte,
hinfällig geworden, und auch wir können bestätigen, dass auf Tharander Revier
dieser Käfer häufig in Nadelholzkulturen vorkommt. JUDEICH hat ihn z. B. in
einer Kultur der indischen Pinus excelsa WALL. zahlreich thätig gefunden.

Ebenso häufig, ja vielleicht noch häufiger, sind aber die Klagen über den
Schaden dieses Käfers in Eichenheisterpflanzungen und in Pflanzgärten,
wo auch Birken, Buchen und Haseln angegangen werden.

Strophosomus obesus MARSH., sein nächster Verwandter, ist zunächst als
Beschädiger von Kiefernkulturen zu nennen. Er benagt namentlich einjährige
Kiefern an Nadeln, Knospe und Rinde, so z. B. nach ALTUM bei Fürstenwalde
[lb] und Nienburg an der Werra [XVI, III, 1, S. 174]. Der ärgste Schaden
wird aber neuerdings von Forstmeister PASCHEN [45] aus der grossherzogl.
Mecklenburgischen Forstinspection Kaliss gemeldet, wo seit dem Jahre 1880
regelmässig grössere Verwüstungen einjähriger Kiefernpflanzungen vorkommen.
Der Käfer erscheint hier Ende April, befrisst zunächst die Nadeln und später
die Epidermis des Stämmchens und vernichtet im Laufe von 14 Tagen mitunter
sehr bedeutende Strecken. So wird berichtet, dass im Jahre 1883 eine einjährige
Kiefernkultur von 18·5 ha binnen 3 Wochen völlig zerstört wurde. Der Käfer war
mitunter so häufig, dass z. B. in den um einen Saatkamp angebrachten Fanggräben in den 5 m von einander entfernten Fanglöchern in jedem 0·3 l dieser
Thiere gefangen wurden.
Ein grösserer Frass an Laubhölzern ist uns von diesem Käfer nur
an Eichen und zwar auf dem kgl. Sächsischen Staatsforstrevier Lossnitz bei
Freiberg bekannt geworden. Der Schaden besteht sowohl im Ausnagen der
Knospen als auch im Schälen der Triebe.

Strophosomus lateralis PAYK. (*limbatus* FABR.), welcher im Allgemeinen
zu den durchaus nicht häufigen Käfern gehört, ist doch auch einmal schädlich
aufgetreten, und zwar hat er [74] 1858 in der Forstinspection Eschede in
Hannover eine einjährige Kiefern-Streifensaat durch Abfressen der Nadeln
völlig ruinirt. Der Schaden trat Anfang August ein.

Schaden von **Cneorrhinus. Cn. plagiatus** SCHALL. ist zwar ebensowenig
ein monophages Nadelholzinsekt, wie die Strophosomus-Arten, da er nach den von
ALTUM [I a, S. 31] mitgetheilten Berichten von Oberförster RENNE zu Lembeck
bei Wulfen in Westfalen 1870 in einer 15 Morgen grossen Eichenheisterpflanzung durch Anfressen der Knospen im Verein mit anderen Käfern recht unangenehm geworden ist.

Trotzdem hat er in wirklich sehr ausgedehntem Masse nur an jungen Kiefern
Schaden gemacht. Ueber seinen stärksten Frass berichtet nach Oberförter STUMPFE's
Beobachtungen [I a]. Es war seit 1833—1838 in der Oberförsterei
Grünhaus bei Treptow a. d. Rega ein Dünenstrich von einer Meile Länge und
einer Viertelmeile Breite, also beiläufig 1000 ha, mit Kiefern in zu weitem Verbande angebaut worden. Da sich aus letzterem Grunde die Kulturen nicht
schlossen, versuchte man zwischen diese alten Kiefernkusseln seit 1863 einjährige Kiefern und Seestrandkiefern einzubringen, ein Versuch, der seit
1870 wieder aufgegeben wurde, weil hier Cn. plagiatus SCHALL. meist kurz
nach Beendigung des Pflanzgeschäftes Ende April und Anfangs Mai erschien
und durch Nadel- und Rindenfrass die Pflanzen zum Eingehen brachte. Jetzt
werden deshalb dort nur noch kräftige Kiefernballenpflanzen verwendet. Der
Käfer frisst nur in den kühleren Stunden und vergräbt sich während der Tages-
hitze oberflächlich in den Sand. Die Häufigkeit des Käfers geht daraus hervor,
dass von 1866—1870 644 000 Stück gesammelt wurden, davon nicht weniger

als 512 000 allein im Jahre 1870. 5 bis 30 Stück waren häufig an einer
Pflanze, 74 die höchste Anzahl. Mit Anfang Juni verschwand der Käfer wieder.
Auch im Gemeindeforst Döverden, Schutzbezirk Krähe, Oberförsterei Nienburg,
in Hannover, wurden von 1865—1868 70 000 einjährige Kiefern nach BODEN
vernichtet [I a, S. 36].

Schaden von Brachyderes. Br. incanus-L. ist in etwas älteren Kiefernkulturen ein sehr häufiger Nadelfresser, dessen Thätigkeit zwar gewöhnlich nicht
merkbar wird, der aber doch schon öfters ausgedehnteren Schaden verursacht hat;
so z. B. nach den von RATZEBURG [48 b] wiedergegebenen Mittheilungen von PÜSCHEL
1850 im herzoglich Anhaltischen Forstrevier Gross-Möhlau, wo er auf einer
Fläche von 60 Morgen die Nadeln acht- bis neunjähriger Kiefern am Rande
derartig befrass, dass sie fast sämmtlich abfielen und man die wie verbrannt
aussehenden, befallenen Flecke in der Kultur schon von weitem erkennen konnte.
In demselben und dem folgenden Jahre wurden acht- bis zwölfjährige Kiefernkulturen auf dem königlich Sächsischen Staats-Forsteviere Gohrisch nach STEIN
[58, S. 245 und 46], namentlich auf den trockeneren Partien, auf weite Strecken
derartig befressen, dass die Nadeln allmählich vertrockneten. Der Frass fand im
Frühjahre statt, und zwar durch die unter den abgefallenen Nadeln überwinterten Käfer, die im Februar in ihrem Winterverstecke massenhaft zu finden
waren. Nach RATZEBURG [V, I, S. 129] ist dieser Käfer auch an Birken merklich
schädlich geworden, und zwar namentlich durch ausgedehnte Schälung
der Rinde.

Abwehr. Obgleich man sicher weiss, dass die Larven aller
vorstehend erwähnten Käfer im Boden von Pflanzenwurzeln leben,
so ist man doch noch nicht im Stande gewesen, als Vorbeugungsmittel gegen den Käferfrass eine Vernichtung derselben zu unter-
nehmen. Indessen deutet die Beobachtung von PASCHEN, dass auf
rajolten Saatkämpen Strophosomus obesus MARSH. nicht gefunden wird,
darauf hin, dass die Larven eine starke Bodenbearbeitung nicht vertragen, und ALTUM [45 b, S. 394] schlägt wohl in Folge dieser Beobachtung vor, zu der Zeit, wo man Larven vermuthen kann, den
Boden mittelst Spaten oder Waldpflug stark zu werfen. Man kann
weiter in den Fällen, in welchen ganz junge Nadelholzpflanzen den
Angriffen besonders ausgesetzt sind, wie z. B. die einjährigen Kiefern
der Zerstörung durch Cneorrhinus plagiatus SCHALL. oder Strophosomus
obesus MARSH., dadurch die Gefahr verringern, dass man gleich mit
älteren Pflanzen kultivirt, wie dies z. B. in der Forstinspektion Kaliss
durch PASCHEN geschehen ist, welcher durch das Pflanzen kräftiger,
zweijähriger, verschulter Kiefern gute Resultate erzielt hat.

Vorbeugungsmittel gegen die Einwanderung der Käfer
und Vertilgungsmittel dieser flügellosen Thiere gleichzeitig sind
auf dazu geeignetem Terrain die Fanggräben, in deren Boden man
Fanglöcher anbringen kann. Beweis hiefür ist der oben angeführte
reichliche Fang von Str. obesus MARSH. in Mecklenburg. Auch von
Brachyderes incanus L. wurden in den am Boden der Fanggräben
angebrachten Fanglöchern mitunter an einem Tage mehrere Metzen
Käfer gesammelt [48 b, S. 156]. Da aber die Käfer meist wenig beweglich sind, wenn sie einmal am Orte des Frasses angelangt sind,
so dürften nur um die Kulturen angebrachte Fanggräben wirken,
während ein Durchschneiden der Kulturen mit solchen weniger an-

gezeigt erscheint; auch solche, die mit frischen Nadelholztrieben gefüllt wurden, hatten nur wenig Erfolg.

Dagegen hat vielfach das Sammeln genützt. Ohne vorherige Anlockung wurde in grossem Masse durch Kinder Strophosomus obesus MARSH. in Kaliss gesammelt, desgleichen Cneorrhinus plagiatus SCHALL. in Grünhaus [vergl. S. 405]. In letzterem Falle musste aber in den Dünen auch die Sandschicht am Fusse der einzelnen Pflänzchen genau auf die während der Hitze dort vergrabenen Käfer untersucht werden. Strophosomus Coryli FABR., der sonst sehr schüchtern ist, lässt sich doch während der Tage der Begattung nach BRACHMANN leicht von den Pflanzen ablesen. Noch leichter kann man die Schädlinge an besonderen Anlockungsvorrichtungen fangen, so z. B. die meist nächtlich fressenden Otiorrhynchus-Arten, indem man ihnen in der Nähe ihres Frasses Schlupfwinkel herrichtet, also Fangrinden mit Moosdecken auslegt. An den mit frischen Nadelholzreisern geköderten Fangrinden, wie sie für den grossen braunen Rüsselkäfer ausgelegt werden, fängt man viele Strophosomus, und ALTUM empfiehlt gegen Str. obesus MARSH. Auslegen von Kiefernreisigbündeln, die man späterhin auf Tücher ausklopfen soll. Bei den im Sommer ausschlüpfenden Käfern, welche erst im nächsten Frühjahre zur Fortpflanzung schreiten, ist es besonders angezeigt, diese Massregeln schon im Herbste vorzunehmen.

Man findet vielfach das Abklopfen der Käfer von den Frasspflanzen selbst in untergehaltene Schirme oder in untergebreitete Tücher angerathen. Es stimmen jedoch, ganz abgesehen davon, dass dies nur in älteren Kulturen möglich ist, ·alle genauen Beobachter darin überein, dass die Käfer ungemein scheu sind und sich bei irgendwie unvorsichtiger Annäherung des Menschen sofort herabfallen lassen und todt stellen. Hieraus geht hervor, dass von dieser Massregel kaum eine wesentliche Hilfe zu erhoffen ist.

Handelt es sich um den Schutz hochstämmiger Laubholzheister, besonders in Pflanzgärten, so wird das Anlegen von Theerringen sehr wirksam sein, da ja diese Arbeit zugleich sicher eine solche Erschütterung der Bäumchen hervorbringt, dass die weiter oben befindlichen Käfer zur Erde fallen und nun am Wiederaufstiege gehindert sind. Dieses Verfahren hat zuerst der königlich Sächsische Oberförster LEHMANN in Lausnitz gegen Strophosomus obesus MARSH. vorgeschlagen [9, S. 76, Anm.].

Im Boden brütende, flugfähige Kurzrüssler, welche als Käfer schaden. Von den flugfähigen Kurzrüsslern, welche wir mit THOMSON systematisch als die Familie der Phyllobiini zusammengefasst haben, sind zwar eine grössere Reihe von Arten der Gattungen Sitona GERM. Metallites GERM., Polydrusus GERM., Scythropus SCHÖNH. und Phyllobius SCHÖNH. in der Literatur als forstschädlich bezeichnet; eine wirkliche Bedeutung als sehr schädliche Thiere für den Forstmann haben aber wohl nur, von RATZEBURG so genannt,

die grünen Fichten-Rüsselkäfer,

Metallites mollis GERM. und M. atomarius OLIV.

Beide Arten gehen an alle Nadelhölzer, am liebsten an die Gipfeltriebe 10- bis 20jähriger Stämmchen, welche dann, oft ringsum benagt, umknicken oder abbrechen. Sie werden wohl nur deshalb als „Fichtenkäfer" angeführt, weil sie am häufigsten im Gebirge, wo die Fichte herrscht, auftreten. M. atomarius ist mitunter auch in der Ebene an Kiefern lästig. Das einzige wirksame Mittel gegen sie ist Abklopfen auf Tücher, und zwar in den kühleren Morgenstunden, wenn die Käfer noch festsitzen. Im Vertrauen auf ihr Flugvermögen scheinen sie nämlich etwas weniger scheu zu sein, als ihre unge-flügelten Verwandten.

Beschreibung. Sitona (*Sitones* SCHÖNH.) lineatus L. *Käfer:* Augen wenig vorstehend, Geisselglied 1 anderthalbmal länger als 2, letzteres konisch, fast doppelt so lang als 3; Flügeldecken punktirt gestreift, mit parallelen Seiten und regelmässig abgerundeter Spitze. Oberseite des Körpers braun, grau oder grünlich beschuppt, Halsschild breiter als lang, sehr dicht und fein punktirt, hinter der Mitte am breitesten mit 3 heller beschuppten, geraden Längsstreifen; Flügeldecken mit abwechselnd heller beschuppten Zwischenräumen der Punkt-streifen. Länge 4—5 *mm*.

Sitona Regensteinensis HBST. *Käfer:* Augen stark vorspringend. Hals-schild an den Seiten stark gerundet erweitert, mit grossen tiefen, durch deut-liche, glänzend glatte, maschenartige Zwischenräume getrennten Punkten, etwas aufgebogenem Vorderrande und drei dichter beschuppten Längsstreifen. Flügel-decken nach hinten etwas breiter, mit regelmässigen Punktstreifen. Schwarz, etwas glänzend, mit grauen Schuppen und Börstchen fleckig besetzt. Schaft der Fühler, Schienen und Füsse rothbraun. Länge 3·5—5 *mm*.

Metallites mollis GERM. *Käfer:* Schwarz oder braun, fein behaart, Fühler und Beine blass gelbbraun. Oberseite und Seiten der Brust mit grünen, glän-zenden, länglichen Schuppen bekleidet, welche längs der Flügeldeckennaht fehlen. Schildchen klein und gerundet. Die Zwischenräume auf den fein punktirten Flügeldecken fast viermal so breit als die Punkte. Die Naht und die beiden äusseren Zwischenräume sehr fein grau behaart ohne grüne Schuppen. Schenkel mit einem kleinen Zähnchen. Länge 5·5—7 *mm*.

M. atomarius OLIV. *Käfer:* Schwarz oder braun, mit haarförmigen, grauen oder grün glänzenden, niederliegenden Haaren nicht so dicht bekleidet, wie der vorige. Zwischenräume der tief punktirt-gestreiften Flügeldecken etwa doppelt so breit als die Punkte. Fühler und Beine röthlich gelbbraun, die Schenkel undeutlich gezähnt. Länge 4—5 *mm*.

Polydrusus mollis STROEM. (*micans* FABR.). *Käfer:* Der kurze Fühlerschaft ist halb so lang als die Geissel und erreicht nicht den Hinterrand der Augen. Geisselglied 1 kürzer und dicker als 2, Oberseite schwarz, dicht mit haarför-migen, gold- oder kupferartig glänzenden Schuppen bekleidet. Halsschild breiter als lang. Flügeldecken doppelt so breit als das Halsschild, nach rückwärts bauchig erweitert, tief punktirt gestreift. Fühler und Beine bräunlich roth. Schienen hinterwärts abgeplattet und diese Fläche durch zwei Längskanten be-grenzt. Nur die Hinterschenkel schwach gezähnt. Oft findet man ganz abge-riebene, daher schwarze, wenig beschuppte Exemplare. Länge 7—8 *mm*.

P. cervinus L. *Käfer:* Schaft der Fühler ist nur wenig kürzer als die Geissel und reicht über die Augen hinaus. Schenkel deutlich gezähnt. Geissel-glied 1 etwas dicker als 2. Schwarz mit länglich runden, grünen, grauen oder kupferglänzenden Schuppen bedeckt. Flügeldecken punktirt gestreift, in den Zwischenräumen mit unbeschuppten, nur äusserst fein behaarten, fast nackten Flecken, daher scheckig erscheinend. Fühler, mit Ausnahme des dunkleren End-knopfes, und Beine röthlich gelbbraun. Länge 4 *mm*.

Scytropus mustela Hbst. *Käfer:* Alle Schenkel ungezähnt. Grundfarbe braun, Oberseite und Unterseite mit haarförmigen Schuppen dicht bekleidet, auf den Flügeldecken fleckig, braun und grau, auf den Seiten des Halsschildes und auf der Deckennaht silbergrau. Fühler u. Extremitäten rostroth. Länge 6—9 *mm.*

Phyllobius viridicollis Fabr. *Käfer:* Flügeldecken ohne Schuppen. Glied 3 bis 7 der Fühlergeisel fast knopfförmig. Schenkel ungezähnt. Oberseite des Käfers glänzend glatt, nur die Seiten des Halsschildes und die Brust grün beschuppt. Schwarz oder pechbraun, Flügeldecken tief punktirt-gestreift. Fühler und Beine braungelb. Länge 4 *mm.*

Ph. oblongus L. *Käfer:* Flügeldecken ohne Schuppen. Glied 3—7 der Geissel kurz, kegelförmig. Schenkel gezähnt. Oberseite des Käfers schwarz oder pechbraun, letzterenfalles Halsschild und Kopf dunkler, überall mit abstehenden grauen Haaren. Flügeldecken tief punktirt-gestreift. Länge 5 *mm.*

Ph. Piri L. (*vespertinus* Fabr). *Käfer:* Flügeldecken mit schmalen, fast haarförmigen Schuppen. Glied 3—7 der Geissel sehr kurz, knopfförmig. Schenkel stark zusammengedrückt und gezähnt. Grundfarbe dunkelbraun. Schuppen hellmetallisch und kupfergoldig, auf dem Schildchen weiss. Flügeldecken durch abwechselnde Nuancen der Schuppen längsgestreift erscheinend. Länge 5·5—8 *mm.*

Ph. glaucus Scop. (*calcaratus* Fabr.). *Käfer:* Flügeldecken mit schmalen, fast haarförmigen, schmutzig gelbgrünen bis graugrünen oder schmutzig kupferfarbenen Schuppen. Glied 3—7 der Fühlergeissel kegelförmig, Glied 2 sehr lang, viel länger als 1. Schildchen länger als breit, in den meisten Fällen an den Spitzen abgerundet, mitunter jedoch auch spitz. Beine immer rostfarben, mehr oder weniger dicht grau behaart, nie beschuppt. Schenkel stark gezähnt. Länge 6—9 *mm.*

Ph. argentatus L. *Käfer:* Flügeldecken dicht mit rundlichen, glänzend grünen Schuppen bedeckt und mit darüber vorragenden langen, aufstehenden, weissen Haaren. Glied 3—7 der Fühlergeissel kurz kegelförmig. Schenkel gezähnt· Fühlergruben nur durch einen schmalen Raum auf der Oberseite des Rüssels von einander getrennt. Fühler und Beine gelb, Schenkel manchmal schwärzlich. Länge 5 *mm.*

Ph. psittacinus Germ. *Käfer:* Dem vorigen ähnlich, aber etwas grösser. Leicht zu unterscheiden durch braune Behaarung der Flügeldecken. Fühlergruben an den Seiten des Rüssels, weiter von einander getrennt, als bei Ph. argentatus. Länge 7—8·5 *mm.*

Ph. maculicornis Germ. *Käfer:* Flügeldecken mit rundlichen Schuppen nnd sehr kurzen, oft kaum wahrnehmbaren Haaren. Schenkel mit Zahn. Grundfarbe schwarz, oben und unten grün oder blaugrün, äusserst dicht beschuppt. Füsse nnd Fühler gelbbraun. Spitze des Schaftes und Keule meist dunkler. Länge 5—6 *mm.*

Lebensweise und Abwehr. Die Entwickelung aller vorstehend genannten Arten ist noch sehr wenig bekannt. Soweit die sicheren Beobachtungen reichen, leben ihre Larven, wie ·die der übrigen Kurzrüssler, im Boden von Pflanzenwurzeln, ohne dass bis jetzt durch sie hervorgebrachte forstliche Schäden bekannt geworden wären. Die in den verschiedenen Insektenkunden immer wiederholten Angaben, dass die Larven verschiedener Arten an den oberirdischen Theilen von Holzpflanzen vorkämen, dürften wohl sämmtlich auf Irrthum beruhen.

Für die Sitona-Arten ist eine Verwechselung mit Hypera-Arten, welche allerdings ähnlich wie die Larven von Cionus Fraxini L. an den Blättern verschiedener Kräuter vorkommen, wahrscheinlich, während die Angabe von Th. Studer über die Minirarbeit der Larve von Phyllobius argentatus L. in Buchenblättern eine offenbare Verwechselung mit Orchestes Fagi L. einschliesst, da die Larve jenes Thieres bereits durch Goureau im Boden gefunden wurde, ebenso wie ·die des verwandten Ph. oblongus L. durch Schmidberger. Auch die Angaben von Bouché über das Vorkommen der Larven von Polydrusus cervinus L.

in Eichenblätterquasten sind äusserst zweifelhaft, da die der anderen Arten nach
Goureau gleichfalls unterirdisch leben. Sicher im Boden lebt auch nach neueren
Angaben die Larve von Sitona hispidulus Fabr. [Brischke 10] und die von
Metallites atomarius Oliv. [Beling 4 c].

Die speciellen Angaben über die einzelnen Arten sind folgende:

Sitona lineatus L. ist nach Beling durch Befressen und Abfressen von
Nadeln an den beiden letzten Trieben junger Fichtenkulturen im sehr milden
Winter 1877/78 schädlich geworden, so dass eine ausgedehnte Nachbesserung
nothwendig wurde. Auch Altum sagt kurz von ihm, dass er „Kiefern, Kiefernzapfen und Nadelholzsamen, namentlich der frisch gemachten Aussaat durch das
Befressen der Cotyledonen schädlich geworden" sei [XVI, III, 1, S. 178]. Der
verwandte Sitona Regensteinensis Hbst. hat sich bei einem Frasse von Strophosomus Coryli Fabr. an Eichen ein wenig mitbetheiligt. Im Allgemeinen
erscheint dieser Frass aber eine gelegentliche Ausnahme zu sein, da die Angaben
über Schaden der verschiedenen Sitona-Arten durch Befressen der Blätter von
Schmetterlingsblüthlern viel häufiger sind. Uebrigens ist neuerdings an Kleefeldern
auch Larvenschaden beobachtet worden.

Metallites mollis Germ. und M. atomarius Oliv. sind, wie bereits oben
bemerkt, wesentlich Nadelholzschädlinge, welche zunächst ältere Kulturen angehen. Der an den Trieben und zumeist an den Gipfeltrieben durch Benagen
derselben gemachte Schaden besteht in der Schwächung dieser Triebe, welche
dann leicht umbrechen; doch werden auch Nadeln benagt. An Fichten scheint
allerdings die Röthung und das Abfallen derselben, wodurch der Frass schon
von weitem kenntlich wird, von dem Erkranken der befallenen, noch sehr weichen
Triebe herzurühren, aber an den Kiefern werden nach Taschenberg [60, S. 36]
durch M. atomarius Oliv. sicher die Nadeln, soweit sie in den Scheiden sitzen,
angegriffen und hängen dann an einigen theilweise zernagten Fasern herab. M. mollis
Germ. ist wesentlich ein Gebirgsthier, M. atomarius Oliv. dagegen auch in
der Ebene häufig. In Jahren grosser Verbreitung werden 30—50% der Fichten
befallen. Anfangs gehen sie an Stämmchen von 12—20 Jahren. Ende Juni, wenn
hier die Oberhaut zu stark wird, nehmen sie junge, frisch gepflanzte Stämmchen
an. Diese Beobachtungen sind schon von Saxesen und Hartig gemacht und
durch Oberforstrath Michael, Revierförster Heinemann, Ohnesorge bestätigt worden. In jüngster Zeit haben wir wieder von stärkeren Verheerungen bei Stol-
berg am Harz (1887) durch Bartels und im Schwarzwalde bei Donaueschingen
durch Forstverwalter Eschborn und Forstmeister Götz-Innsbruck, gehört. Die
kleinere Art M. atomarius Oliv. scheint mehr polyphag zu sein, da sie von
Forstmeister Schaal in Grünthal, Sachsen, auch an jungen Buchen als schädlich beobachtet wurde. Unter den Feinden dieses Käfers sind nach Kunze [33]
besonders anzuführen zwei Mordwespen, Cerceris variabilis Schrk. und C. labi-
ata Fabr., welche ihn zugleich mit Strophosomus Coryli Fabr. als Futter für
ihre Larven eintragen.

Aus der Gattung Polydrusus werden P. mollis Stroem. (micans Fabr.)
und P. cervinus L. als Laubholzschädlinge, welche bald nach dem Laubausbruche auftreten, aufgeführt, ohne dass irgend welche grössere Blätterfrässe
derselben bekannt geworden wären. Ersterer soll namentlich Buchen, Haseln
und Eichen, letzterer Eichen und Birken angehen. Dass wir es aber auch hier
nicht mit ausschliesslichen Laubfressern zu thun haben, geht daraus hervor,
dass „Br." [71] von einem Frasse von P. mollis (micans Fabr.) in dem
oberbayerischen Revier Kranzberg berichtet, wo dieser Käfer von den zuerst
befallenen jungen Eichen auf die untergebauten, 3jährigen Weymouthskiefern
überging und deren Nadeln so stark befrass, dass sie nur durch rechtzeitiges
Sammeln gerettet wurden. Auch berichtet Altum [XVI, III, 1, S. 180] nach den
Berichten von Forstrath Müller über einen im Mai 1879 im Revier Wernigerode
vorgekommenen Frass von P. cervinus L. an Lärche. Zuerst wurden die neu-
gepflanzten Lärchen kahl gefressen und später die vorjährige Pflanzung theilweise entnadelt. Erstere gingen ein. Der Frass verlief am Stämmchen von oben
nach unten. Es wurde Abklopfen auf untergelegte Laken nöthig, wobei „Hand-

körbe voll" gesammelt wurden. Als ausserdem auf Buchen, Eichen und Erlen vorkommend, nennt ALTUM am obigen Orte auf die Autorität von REDTENBACHER hin noch: **P. tereticollis** DE GEER (*undatus* FABR.), **P. flavipes** DE GEER, **P. chrysomela** OLIV., **P. sparsus** GYLL, **P. picus** FABR.

Scytropus mustela HBST. wurde durch JUDEICH in der letzten Auflage dieses Buches [S. 50] in die Reihe der Forstschädlinge eingeführt, weil er im April 1873 und Mai 1874 von ihm in Menge auf jungen K i e f e r n in dem königl. Sächsischen Staatsforstrevier Höckendorf bei Tharand aufgefunden wurde.

Die oben beschriebenen Phyllobius-Arten sind wesentlich L a u b - h o l z s c h ä d l i n g e durch Knospen- und namentlich Blattfrass. Nur ganz vereinzelt wird über einen Schaden an N a d e l h o l z geklagt. Wir stellen die wichtigeren der uns in der Literatur aufgestossenen An- gaben über das Vorkommen dieser Thiere zusammen, bemerken aber zu- gleich, dass dieselben wegen grosser Polyphagie der letzteren nur einen untergeordneten W erth haben.

Ph. viridicollis FABR. ist sehr häufig auf jungen Buchen, kommt aber na⌐h SAXESEN auch an jungen Eichen oft vor, desgleichen an Saalweiden, Aspen, Himbeeren, und nach ALTUM auch an Kiefern. Fichten soll er, nach SAXESEN, dagegen verschonen.

Ph. oblongus L. ist auf allen Laubhölzern gemein und schadet besonders in den Baumschulen den Obstbäumen, worüber SCHMIDBERGER [IV, 258] aus- führlich berichtet.

Ph. Piri L. (*vespertinus* FABR.) hat ALTUM im Mai 1875 auf jungen Birken bei Eberswalde fast einen Kahlfrass verursachen sehen [XVI, III., 1., S. 182], desgleichen wurde er an Eichen beobachtet, deren Knospen er nach einer von RATZEBURG [V, I., 141] reproducirten Beobachtung von UTSCH nament- lich vor ihrem Aufbrechen benagen soll.

Ph. glaucus SOOP. (*calcaratus* FABR.) ist nach DÖBNER den Erlen schäd- lich, ebenso wie **Ph. argentatus** L. häufig den Buchen. ALTUM [XVI, III., 1., S. 182] erwähnt naeh den Mittheilungen von Forstmeister SCHAAL die Zerstörung einer circa 5 *ha* grossen Buchenkultur im königl. Sächsischen Staatsforstrevier Olbernhau. Sein Schaden soll einmal nach den von RATZEBURG mitgetheilten Beobachtungen von BORCHMEYER in einem zweijährigen Buchenschlage in lichtem Stande bedeutender gewesen sein, als in dunkleren Partien. Auch Birken hat er angegangen. Aehnlich schadet namentlich in Gebirgsgegenden **Ph. psittacinus** GERM. und **Ph. maculicornis** GERM.

Ph. pineti REDTB. wird nach seinem Entdecker in Oesterreich ob der Enns durch seine Menge den Fichten schädlich. Nach DESBROCHERS DES LOGES [13] ist diese Art nichts Anderes als **Ph. argentatus** L.

Ph. Urticae DE GEER (*alneti* FABR.), dem **Ph. glaucus** SCOP. nahe ver- wandt, namentlich durch dunkle Beine von ihm zu unterscheiden, ist forstlich ganz unwichtig, da er nach verschiedenen Beobachtern in der Hauptsache auf Brenn- nesseln lebt. DESBROCHERS DES LOGES betrachtet ihn als synonym mit glaucus SCOP.

Als A n h a n g zu dieser biologischen Gruppe und als Uebergang zu der Würdigung des grossen braunen Rüsselkäfers wollen wir hier kurz erwähnen

Cleonus turbatus FAHRS. (*glaucus* GYLL.),

den grossen weissen Rüsselkäfer,

ein Name, der wohl charakteristicher ist, als der von RATZEBURG benutzte: „Grosser g r a u e r Rüsselkäfer". Er ist sehr häufig mit dem grossen braunen Rüsselkäfer vergesellschaftet und wird massenhaft mit diesem in Fanggräben erbeutet. Eine durch ihn verübte wirkliche forstliche Beschädigung ist aber bis jetzt nicht nachgewiesen.

Beschreibung: Cleonus turbatus FAHRS. *(glaucus* GYLL.) *Käfer:* Fussglieder der Hinterbeine verlängert, Glied 1 bis 3 ohne filzige Sohle, nur am Rande wimperartig behaart. Rüssel kürzer als das Halsschild, mit einer erhabenen Mittellinie und nach unten gebogenen Fühlerfurchen. Halsschild am Hinterrande zweimal gebuchtet, in der Mitte gegen das Schildchen erweitert, vorn mit erhabener Mittellinie, hinten mit einer Grube. Flügeldecken langgestreckt, an der Wurzel einzeln abgerundet, in die Buchten des Halsschildes hineinragend, an der Spitze einzeln abgerundet, vor der Spitze an der Verbindungsstelle der mittleren Punktstreifen mit einem deutlichen, vorn dicht weissbehaarten, hinten nackten Höcker, übrigens dicht weissgrau, seltener bräunlich, fleckig behaart, mit tiefen Punktstreifen und länglichen Grübchen. Fühler mit 7gliedriger Geissel, Glied 1 derselben fast doppelt so lang wie 2, der Schaft die Augen nicht erreichend. Schenkel ungezähnt. Länge 10 bis 12 *mm.*

Lebensweise: Die alten Angaben, dass dieser Käfer ähnlich wie Hylobius Abietis L. in Nadelholzwurzeln brüte, beruhten auf Vermuthungen, welche hinfällig geworden sind, seitdem LANG [34] direkt durch Zucht nachgewiesen hat, dass seine Larve, wie diejenigen der Kurzrüssler, frei im Boden vorkommt und von jungen Kiefernwurzeln lebt. Ein Schaden durch dieselbe ist aber bis jetzt noch nicht bekannt geworden, ebensowenig wie ein Schaden des Käfers selbst. Die in die Lehrbücher übergegangenen Mittheilungen in Betreff des letzteren haben als einzige positive Unterlage die von RATZEBURG [V, I, S. 138] mitgetheilten Beobachtungen von KLOCKMANN über den von eingezwingerten Käfern an Kiefernmaitrieben und deren Nadeln verübten Frass, zu welchem sie vielleicht nur ausnahmsweise durch Hunger getrieben wurden. Nach ALTUM [XVI, III, I, S. 187] tritt unser Käfer in den Kiefernschlägen, von denen der Abraum nicht entfernt wurde, zeitiger auf als der grosse braune Rüsselkäfer. Die sicher verbürgte Thatsache, dass er später von hier aus auf die Kulturen überwandert und dabei massenhaft abgefangen werden kann, ist also vorläufig nur ein Verdachtsgrund für seine Schädlichkeit. Beiläufig verdient hier Erwähnung, dass andere Cleonus-Arten wirthschaftlich sehr beachtenswerth sind, namentlich der im südöstlichen Europa und besonders im südlichen Russland häufige Cl. punctiventris GERM., dessen Imago die Blätter der eben aufgehenden Runkelrübensaaten befrisst, während die Larve später deren Wurzeln zerstört.

In Nadelholzwurzeln brütende und namentlich die Nadelholzkulturen als Käfer schädigende Langrüssler. Die allein hierher gehörige Gattung Hylobius umfasst vier mitteleuropäische Arten, von denen drei bis jetzt in die Forstinsektenkunde eingeführt sind. Von wirklicher Bedeutung, und zwar von hervorragendster, ist aber nur

der grosse braune Rüsselkäfer,

Hylobius Abietis L.

RATZEBURG's *Curculio Pini L.* (Taf. II, Fig. 5).

Sein nächster Verwandter ist Hylobius pinastri GYLL., welcher entomologisch zwar unterschieden wird, für die Praxis aber nur insofern in Betracht kommt, als stets ein gewisser mässiger Procentsatz der gefangenen „Rüsselkäfer" aus dieser Art besteht. Er erfordert also keine besondere Behandlung im grossen Wirthschaftsbetriebe. (Näheres S. 415.)

Die dritte Art Hylobius piceus DE GÉER (*pineti* FABR.) ist vorläufig nur verdächtig. (Näheres S. 415.)

Allgemeine Orientirung. Der grosse braune Rüsselkäfer, dessen Schäden seit Anfang des Jahrhunderts mit der Ausbreitung von Kahlschlagwirthschaft und Nachverjüngung namentlich durch Pflanzung in erschreckendem Masse zugenommen haben, ist ein Kulturverderber ersten Ranges, welcher namentlich junge Kiefern- und Fichtenpflanzen tödtet, indem er die Rinde plätzend benagt. Aber ebensowenig verschont er die übrigen Nadelhölzer, ja sogar nicht einmal die Laubhölzer. In reinen Laubholzrevieren kommt er aber nicht vor, da er ausschliesslich in flachstreichenden, eben absterbenden Nadelholzwurzeln brütet. Seine Brutstätten sind daher die neuesten, nicht gerodeten Nadelholzschläge, und sein Schaden wird da am bedeutendsten, wo man solche nicht gerodete Flächen bereits in dem auf den Hieb folgenden Frühjahre wieder in Kultur bringt. Bei der trotz aller neueren gegentheiligen Behauptungen im wesentlichen doch zweijährigen Generation ist nämlich jede ungerodete oder schlecht gerodete Schlagfläche in dem zweiten auf den Schlag. folgenden Sommer — also bei einem im Winter 1879/80 abgetriebenen Bestande im Sommer 1881 — die Geburtsstätte unzähliger Rüsselkäfer, welche, wenn sie beim Ausschlüpfen hier bereits junge Pflanzen vorfinden, diese bequem gebotene Nahrung sofort annehmen und den im allgemeinen weniger wichtigen Herbstfrass beginnen. Finden die Käfer keine Nahrung an ihrer Geburtsstätte, so wandern sie zu Fuss den nächsten jungen Nadelholzkulturen zu. Nur wenige kommen noch in ihrem Geburtsjahre zur Fortpflanzung, alle aber überwintern in der Bodendecke und verüben im nächsten Frühjahre, nach Vollendung des Hauptfortpflanzungsgeschäftes, wozu sie die neuen Schläge — in unserem Beispiele die vom Winter 1881/82 — aufsuchen, den sehr schädlichen Frühjahrsfrass in den jungen Kulturen. Im Herbste des zweiten Kalenderjahres ihres Lebens gehen viele Käfer zugrunde. Es können aber einzelne auch den zweiten Winter überleben, so dass also oft mehrere verschiedene Jahrgänge gleichzeitig fressen.

Die gegen den braunen Rüsselkäfer mögliche Abwehr besteht einmal in Vertilgungsmassregeln, und zwar bevorzugt die gewöhnliche forstliche Praxis vielfach das Sammeln, welches mit Hilfe besonderer Fangapparate geschieht, unter denen wieder Fangrinden und Fangkloben am beliebtesten sind. Es erscheint aber die bisher gewöhnlich geübte Praxis, diesen Fang nur in den direkt durch- den Käfer gefährdeten Kulturen vornehmen zu lassen, als falsch, weil man dann meist nur Käfer fängt, welche wenigstens einen Theil ihres Fortpflanzungsgeschäftes bereits besorgt haben. Viel besser ist es, dies zunächst auf den Brutstätten zu thun, sobald die jungen Käfer aus denselben auszukommen beginnen, also auf den vorjährigen Schlägen — in unserem Beispiel auf dem Schlage vom Winter 1879/80 im späteren Frühjahre und Sommer 1881.

Auch in Fanggräben kann man den ausser im zeitigen Frühjahre nur selten fliegenden Käfer fangen, diese wirken aber zu verschiedenen Zeiten und an verschiedenen Orten sehr verschieden. Im
Umkreise der Schläge gezogene Gräben können kurz nach der
Hiebsführung zur Flugzeit im Frühjahr nur wenig nützen, da sie
nicht zu verhindern vermögen, dass der dann häufig fliegende Käfer
diese als Brutstätten benutzt. Zu der Zeit dagegen, wenn die Hauptmasse der Käfer aus den nichtgerodeten Wurzeln auskommt, also im
zweiten auf den Hieb folgenden Sommer und Herbst — in unserem
Beispiel 1881 — sind sie von grossem Nutzen zum Abfangen der dem
Herbstfrasse oder den Winterquartieren zuwandernden Käfer, deren
Mehrzahl noch nicht zur Fortpflanzung geschritten ist. Dort, wo die
Anlegung von Fanggräben um die Schläge nicht möglich ist, wird
man den Käfer durch Darbietung von Brutstätten und vielleicht auch
Nahrung länger auf den Schlagflächen fesseln und so die Fangzeit
für denselben auf diesen Schlägen verlängern können. Im Umkreise
der Kulturen gezogene Gräben schützen sowohl im Herbste wie
im Frühjahr die auf denselben befindlichen Pflanzen vor den aus den
Brutstätten oder Winterquartieren zuwandernden Käfern.

Das beliebteste Vorbeugungsmittel ist das zwei bis drei
Jahre lange Liegenlassen der nicht zu rodenden Schläge.
Durch diese Massregel wird erreicht, dass für die nach dieser
Zeit begründete junge Kultur die Feinde nicht sofort dem Boden,
auf dem sie stockt, direkt entsteigen. Eine wirkliche Verminderung
der Rüsselkäfer kann sie aber nicht hervorbringen. Auch das an
vielen Stellen aus verschiedenen Gründen überhaupt nicht thunliche
Roden der Wurzeln ist nicht immer wirksam, da eine gleich mit
der Schlagführung verbundene Entfernung der Wurzeln zwar einen
grossen Theil des Brutmateriales wegschafft, die Käfer selbst und
deren Nachkommenschaft aber nicht trifft. Nur späteres Roden der
Schläge, zu einer Zeit, in welcher die Wurzeln zwar mit Larven
besetzt, die Käfer aber noch nicht ausgeschlüpft sind, also der Regel
nach bis spätestens Ende des auf den Abtrieb folgenden ersten
Winters mit baldiger Abgabe oder Verbrennung der Stöcke trifft
zugleich die Thiere durch Brutvernichtung. Künstliche, in Nach-
ahmung der flachstreichenden Nadelholzwurzeln, durch schräg eingegrabene, frisch geschnittene Nadelholzknüppel — Brutknüppel —
hergestellte Brutstätten werden von den Käfern gern angenommen
und helfen, wenn rechtzeitig zur Zerstörung der in ihnen untergebrachten Brut geschritten wird, zweifelsohne zur Verminderung der
Käfer, sind aber viel zu theuer. (Vgl. S. 429.)

Der grösste Erfolg dürfte aber da erreicht werden, wo man,
ohne dabei eine vollständige Vernachlässigung der bisher üblichen
Vorkehrungsmassregeln, namentlich der Schutzgräben um die Kulturen
und der Rodung der mit Larven besetzten Wurzeln eintreten zu
lassen, durch passende Forsteinrichtungsmassregeln die Schläge
so legt, dass der Hieb in demselben Jahrzehnt womöglich nur einmal

denselben Waldort trifft, zu einer Zeit also, wo die benachbarten, vor 6 bis 9 Jahren begründeten Kulturen bereits dem Angriffe der Rüsselkäfer, welche sich auf der neuen Hiebsfläche entwickeln, im wesentlichen entwachsen sind.

Beschreibung. Hylobius Abietis L. *Käfer:* Dunkelbraun, glanzlos, goldgelb behaart. Halsschild nach vorn verengt und vor dem Vorderrand seitlich leicht eingeschnürt, dicht punktirt und längsgerunzelt. Schildchen so lang als breit, behaart. Flügeldecken kettenartig gestreift-punktirt, mit flachen, gerunzelten Zwischenräumen und zwei aus Haarschuppen gebildeten, gelben Fleckenquerbinden, zwischen denen und hinter denen noch einzelne Haarflecken stehen. Punktreihen vorn kaum tiefer als hinten. Schenkel pechbraun, stark gezähnt. Alte, namentlich überwinterte Käfer dunkler und schmutzig braun, Querbinden und Behaarung oft abgerieben. Länge 7—14 *mm.* ♂ mit einer mehr oder weniger scharf ausgesprochenen, flachen Grube auf der Unterseite des letzten Hinterleibsringes.

Hylobius pinastri GYLL. *Käfer:* Den kleineren Exemplaren des vorigen sehr ähnlich, schwarzbraun, etwas glänzend, weisslich behaart Halsschild vor dem Vorderrande nicht oder kaum merkbar eingeschnürt, dicht und tief punktirt, aber nicht längsgerunzelt. Schildchen etwas breiter als lang, behaart. Flügeldecken stark kettenartig gestreift-punktirt mit schmäleren, gerunzelten Zwischenräumen und zwei aus Haarschuppen gebildeten, weisslichen Fleckenquerbinden. Punktreihen vorn tiefer als hinten. Schenkel mehr röthlichbraun mit weniger starkem Zahn. Gleichfalls häufig abgerieben. Länge 7—9 *mm.*

Hylobius piceus DE GEER (*pineti* FABR.). *Käfer:* Schwarzbraun, glatt, glänzend, sparsam weissgelb behaart. Halsschild stark gerunzelt mit starkem Mittelkiel. Schildchen glatt, unbehaart. Flügeldecken mit Reihen sehr grosser und tiefer, grubenförmiger Punkte. Zwischenräume bis hinten stark gekörnt und gleichmässig mit kleinen gelben Haarflecken bestreut. Schenkel kaum gezähnt. Länge 12—16 *mm.*

Charakterisiren wir zunächst kurz die Bedeutung der beiden letzteren, unwichtigeren Arten. Der dem Hylobius Abietis L. zum Verwechseln ähnliche Hyl. pinastri GYLL., welcher sich nur durch seine durchschnittlich kleinere Statur, die geringere vordere Einschnürung des nicht längsgerunzelten Halsschildes, die mehr weissen Flügeldeckenzeichnungen und die mehr röthlichen Beine von jenem unterscheidet, ist im Allgemeinen biologisch seinem Verwandten völlig gleichwerthig. Nur soll er nach KELLNER [30 *b*] vorzüglich die Kiefer lieben, wenngleich er auch Fichtenpflanzen befrisst. Auch fliegt er nach dem genannten Forscher gern und leicht, und gelangt dadurch auf hohe Kiefern, woselbst er junge Zweige benagt. Aus letzterer Thatsache und aus einer Verwechselung dieses Käfers mit seinem gemeinen Vetter erklärt sich die eine Zeit lang in der Literatur Aufsehen erregende und zu Polemik Anlass gebende, irrthümliche Behauptung eines sonst so guten Beobachters, wie KÖNIG, dass Hyl. Abietis L. zunächst in den Baumkronen vorkommen und diese beschädigen sollte [VII, 1. Aufl., S. 106], während die Kulturen nur soweit unter ihm zu leiden hätten, als Käfer von Ueberständern herabfallen könnten. Ueberall wird Hyl. pinastri gleichzeitig unbewusst mit als „grosser brauner Rüsselkäfer" gesammelt. Nach KELLNER macht er gewöhnlich in Thüringen an 6—10% der eingelieferten Rüsselkäfer aus. Auf dem Tharander Walde fanden sich 1877 unter 1500 untersuchten Rüsselkäfern 8·6% desselben.

Von noch weit geringerer Bedeutung ist Hyl. piceus DE GEER (*pineti* FABR.), die grösste deutsche Hylobius-Form, welche mitunter als „Lärchenrüssler" bezeichnet wird. Seine Einführung in die Forstinsektenkunde verdankt er einem Aufsatze von STÜRTZ [59], der ihn in Schlesien in Lärchenstöcken brütend fand, und im Zwinger constatirte, dass die Käfer nur Lärchenzweige benagten. Er ist daher vorläufig nur verdächtig.

Lebensweise. Die Biologie des grossen braunen Rüsselkäfers, dieses gefährlichen Nadelholzfeindes, enthält noch mancherlei
ungeklärte Punkte, dürfte aber für die Bedürfnisse der Praxis
bereits genügend bekannt sein. Die Flugzeit des Käfers fällt,
nachdem er bei hinreichend warmer Temperatur schon früher seine
Winterverstecke verlassen, in das wärmere Frühjahr, von Ende
April bis Mai und Anfang Juni. Um diese Zeit fliegt der Käfer
wirklich häufig, und wird nicht nur in der Nähe seiner Brutstätten, sondern auch entfernt von ihnen, ja sogar in bewohnten
Ortschaften etc. schwärmend gefunden. Als Brutmaterial benutzt er ausschliesslich im Absterben begriffene, flachstreichende
Nadelholzwurzeln bis zu 1 cm Stärke herab, d. h. also in unserem
Wirtbschaftswalde namentlich die Wurzeln der im vorhergehenden
Winter geschlagenen Fichten und Kiefern. Er findet sich zu dieser
Zeit auf den Schlägen ein, namentlich auf denjenigen, auf welchen
der Abraum noch nicht völlig entfernt wurde, begattet sich hier,
theils oberirdisch, theils bereits in der Bodendecke und belegt die
oberen Wurzelenden, seltener die Stöcke selbst, mit einzeln untergebrachten Eiern. Die Larven fressen wurzelabwärts, zunächst nur im
Baste, späterhin tiefer, auch den Splint furchend, so dass eine von
mehreren Larven befallene Wurzel schliesslich wie eine cannelirte
Säule aussieht. Bei Beginn der rauheren Jahreszeit sind die Larven
meist bereits ausgewachsen und nagen sich eine tiefe Splinthöhle,
in welcher sie überwintern. In letzterer ruhen sie ohne wesentliche
Veränderung bis zum warmen Frühjahr des nächsten Jahres und verpuppen sich dann, um im Vorsommer oder Sommer zum Käfer zu
werden, der also gewöhnlich, je nach den Temperaturverhältnissen,
12 bis 18 Monate nach der Ablage des Eies fertig ist. Finden die
ausschlüpfenden Käfer jetzt Brutmaterial und sind sie überhaupt
zeitig ausgebildet, so begatten sie sich schon jetzt und legen einen
Theil ihrer Eier ab. Später auskriechende Käfer kommen aber in
demselben Jahre, in welchem sie ihre Metamorphose vollendeten, gar
nicht zur Fortpflanzungsthätigkeit und schreiten erst im Frühjahr
des nächsten Jahres hierzu, in Gemeinschaft mit ihren früher
reifen Brüdern, welche bereits im vorigen Jahre einige Eier ab-
legten, den Haupttheil des Fortpflanzungsgeschäftes aber gleichfalls
erst jetzt verrichten. Eine zweijährige Generation erscheint also als
Regel, da die Käfer, deren Leben als Ei z. B. im Frühjahr 1880
begann, erst im Jahre 1882 wieder den Haupttheil ihres Fortpflanzungsgeschäftes besorgen. Auf denjenigen Revieren aber, auf
welchen sich eine besonders starke Vermehrung der Rüsselkäfer bemerkbar gemacht, stellen sich eine Reihe von Unregelmässigkeiten
ein, welche im Einzelfalle das Allgemeinbild, wie wir es oben gaben,
trüben. Hiefür ist namentlich der Umstand massgebend, dass nach
älteren und neueren Untersuchungen die Ablage der Eier durch die
Weibchen nicht, wie sonst bei den meisten anderen Insekten, schnell
hintereinander geschieht, sich vielmehr auf einen längeren Zeitraum

vertheilen kann, und demgemäss auch der Zeitpunkt der Ausbildung
der jungen Käfer sich nicht auf eine so kurze Zeit beschränkt, wie
die praktischen Forstmänner, in missverständlicher Auslegung der doch
schliesslich immer nur allgemeine Abstraktionen darstellenden, kurzen
Angaben der Lehrbücher, durchschnittlich angenommen haben. Es kann
daher der Zeitraum, in welchem junge Käfer zum Vorschein kommen,
von Sommeranfang bis zum Eintritt des Herbstes reichen. Die sehr
früh auskommenden Käfer können noch passendes Brutmaterial finden
und so eine einjährige Generation haben. Am seltensten dürfte der
trotzdem von völlig glaubwürdiger Seite beobachtete Fall sein, · dass
aus sehr zeitig gelegten Eiern gekrochene Larven bereits im Jahre der
Eierablage sich verpuppen und als Puppen überwintern oder gar noch
vor Winter zu Käfern werden. Solche wohl auch als Zeitlinge oder
nothreife Käfer bezeichnete Thiere gehören stets zu den Ausnahmen.
Für die von anderer Seite neuerdings aufgestellte Hypothese der
doppelten Generation ist keinerlei Beweis erbracht worden. Die
Hauptmenge der im Frühjahre und Sommer ihrer Fortpflanzung nach-
gehenden Käfer stirbt im Herbste desselben Jahres ab. Genaue Beobachtungen haben aber gelehrt, dass dies nicht immer der Fall ist,
und dass ein Theil der Käfer nicht nur den ersten, sondern auch
den zweiten, und in einzelnen Fällen sogar den dritten Winter überdauern kann, so dass unter gleichzeitig gesammelten Rüsselkäfern
nicht weniger als drei verschiedene Jahrgänge sein können. Für die
Praxis dürfte wohl aber nur der Umstand wichtig sein, dass das
Ausschlüpfen der Käfer aus dem Brutmateriale eventuell zeitiger eintreten kann, als man theoretisch bisher meist annahm.

Nach dem eben Gesagten ist es einleuchtend, dass die Generationsver-
hältnisse des grossen braunen Rüsselkäfers schwerer graphisch darzustellen sind,
als die irgend einer anderen Art.

Nach den Angaben von Altum [1 *f*, S. 157] stellten sich dieselben für
die märkischen Kiefernreviere, wenn wir mit dem Zeichen ⊖ die in den Puppenwiegen ruhende Larve bezeichnen, folgendermassen:

	Jan.	Febr.	März	April	Mai	Juni	Juli	Aug.	Sept.	Oct.	Nov.	Dec.
1880			+++	+++	+++	+++				⊖⊖⊖	⊖⊖⊖	⊖⊖⊖
1881	⊖⊖⊖	⊖⊖⊖	⊖⊖⊖	⊖⊖⊖	⊖⊖⊖	⊖⊖●	●●+	+++	+++	+++	+++	+++
1882	+++	+++	+++	+++	++							

Drücken wir aber die Resultate des durch v. Oppen in dem Jahre 1882/83
unter möglichst natürlichen Umständen an wirklichen Wurzeln angestellten Zwin-
gerversuches [43 *b*, S. 90 u. f.) graphisch aus, und zwar für die Eier, welche
zuerst, also bereits im Mai abgelegt wurden und daher auch 1883 am zeitigsten
Käfer lieferten, so erhalten wir folgendes Bild:

	Jan.	Febr.	März	April	Mai	Juni	Juli	Aug.	Sept.	Oct.	Nov.	Dec.
1882					+++	+++	-+++		⊝⊝⊝	⊝⊝⊝	⊝⊝⊝	
1883	⊝⊝⊝	⊝⊝⊝	⊝⊝⊝	⊝⊝⊝	●●⊕ +++							

Es wäre dies das Bild einer typisch einjährigen Generation, wenn nicht die weiteren Versuche von v. Oppen, sowie namentlich diejenigen von Zimmer bewiesen, dass die im Juni — in Wirklichkeit die ersten bereits am 29. Mai — ausgeschlüpften Käfer nicht vielfach den nächsten Winter, hier also 1883/84, überdauerten und dann erst im nächsten Frühjahr sich weiter fortpflanzten.

Wollen wir dagegen das andere Extrem der in dem angezogenen v. Oppen'schen Versuche gewonnen Resultate darstellen, dass nämlich noch bis in den August hinein Copulation der Käfer und somit wahrscheinlich auch Ablage von Eiern stattgefunden hat, aus denen dann die im August, respective September 1883 auftretenden Käfer herstammten, und nehmen wir mit v. Oppen an, dass auch diese sich noch fortpflanzten, während andererseits einige der Käfer, welche bereits 1882 sich fortgepflanzt hatten, auch noch 1883, dann aber natürlich gleich im Frühjahr Brut erzeugten, so erhalten wir das folgende complicirte Bild:

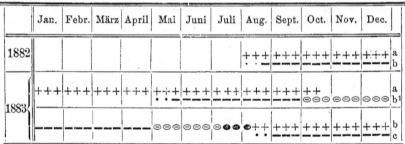

Es kommen alsdann in dem Jahre 1883 nebeneinander zwei neue Generationen vor, b^1 und c, von denen b^1 die Geschwister der bereits im Jahre 1882 von denselben Eltern a erzeugten Generation b, die Generation c dagegen die Enkel von a enthält. Diese graphische Darstellung weiter zu verfolgen, wäre unthunlich, wir heben nur noch in Betreff der längeren Lebensdauer und mehrfachen Eiablage der Rüsselkäfer hervor, dass K. E. G. Zimmer [67] z. B. folgende Beobachtungen gemacht hat: Ende März 1856 gesammelte Käfer legen vom Mai bis zu Anfang September, und zwar von Mitte Juni ab spärlich. Trotzdem leben die Käfer zum Theil weiter und der letzte stirbt erst am 18. März 1858. Am 10. Juli 1856 aus den Wurzeln frisch herausgeschnittene junge Käfer beginnen einen Monat später, am 10. August, zu legen und legen bis zum 17. September. Von ihnen überwintern 12 Stück und legen wieder vom 8. März bis zum 12. October 1857. Es gehen in die Ueberwinterung nunmehr 10 Stück, von denen im Frühjahr 1858 noch 4 leben, welche nun wieder bis zum 30. Juni Eier legen. Am 10. Juli 1858 stirbt der letzte Käfer. Die Gesammtsumme der abgelegten Eier betrug 1737 Stück.

Vollständige Ausbildung des Käfers in demselben Jahre, in welchem die Brutstätten mit Eiern belegt wurden, vor völligem Eintritt des Winters ist z. B. von Georg [19a, S. 165] und von v. Lips [39 c] sicher beobachtet worden, desgleichen neuerdings von Eichhoff. Es scheint aber, dass dies im Wesentlichen nur in künstlichen Brutstätten, z. B. in Brutknüppeln, in welchen abnorme Entwickelungsbedingungen gegeben sind, stattfindet, und für die Praxis ohne jede Bedeutung ist. Erwähnt sei noch, dass BIEDERMANN [6] aus seinen Versuchen eine einjährige Generation als Regel annimmt, wobei aber die Entwickelung in 2 verschiedenen Kreisen verlaufen soll: *a)* von Mai bis November mit Ueberwinterung des Käfers und Fortpflanzung im zweiten Jahre. *b)* Vom Juli des einen Jahres bis zum nächsten Juli mit Fortpflanzung in demselben Jahre, in welchem die Käfer entstanden.

Geschichtliches. Seit dem Ende des vorigen Jahrhunderts wird dieser Käfer und sein Schaden immer erwähnt, zugleich aber mit anderen grösseren Rüsselkäfern verwechselt, namentlich mit den jetzt Otiorrhynchus niger FABR. und Pissodes Pini L. genannten Arten. Häufig kommt er unter verschiedenen Namen vor, so z. B. bei VON DER BORCK, der seinen Frass bereits aus dem Jahre 1802 sehr gut beschreibt, als *Carabus aterrimus* [7]. 1826 wird ihm unter dem Namen *Curculio pini* von M. WALTER ein eigenes Büchlein gewidmet [62], aber erst RATZEBURG in seinen Forstinsekten stellte seinen Schaden und die wesentlichen Grundzüge seiner Fortpflanzung fest. Zugleich gab seine Autorität dem Namen *Curculio pini* L. die weiteste Verbreitung, und noch heute ist derselbe vielfach in der Forstwelt gebräuchlich, trotzdem wohl sicher nachgewiesen, dass LINNÉ unseren „grossen braunen Rüsselkäfer" wirklich ursprünglich *Curculio Abietis* genannt hat. Der Kernpunkt der Frage dreht sich darum, ob in der zweiten Auflage der „Fauna suecica" LINNÉ's, in welcher zuerst diese beiden Namen vorkommen, die Diagnosen oder die Namen der beiden in der ersten Auflage ohne eigentliche lateinische Namen als *Curculio 446* und *Curculio 447* bezeichneten Käfer verwechselt wurden. Wer sich für die klare Begründung der jetzt allgemein angenommenen Anschauung, dass die Diagnosen von Mitarbeitern LINNÉ's verwechselt wurden, interessirt, lese den klaren diesbezüglichen Aufsatz von DÖBNER [14] nach. Die späterhin folgende und allmählich zu beängstigender Höhe anschwellende Literaturfluth über unseren Käfer enthält neben vielen mehr weniger werthvollen Mittheilungen über Bekämpfungsmittel auch sehr gute biologische Beobachtungen, welche aber nicht die genügende Beachtung gefunden haben. Es sind dies namentlich die Untersuchungen von v. LIPS 1854 und 1855 [39], MARTINI 1855 [41] und ZIMMER-Püchau 1858—1860 [67]. v. LIPS hat zuerst genaue Experimente mit der künstlichen Brut gemacht und nachgewiesen, dass der Käfer zwei Winter überleben könne [39*b*, S. 165], und ZIMMER hat in ausgedehntestem Massstabe die Thatsache constatirt, dass dieselben Käfer mehrere Jahre hintereinander Eier legen können. Die Angaben von v. LIPS und ZIMMER waren aber in der Vereinsschrift des Vereines Böhmischer Forstwirthe so sicher vergraben, dass es erst der neueren, völlig selbstständigen und ohne Kenntniss der Arbeiten seiner Vorgänger — die wir selbst erst kürzlich neu „entdeckten" — unternommenen Untersuchungen von v. OPPEN [43] bedurfte, um die bereits von Jenen über öftere Begattung im Herbste und lange Lebensdauer gefundenen Thatsachen neu bestätigt, der Allgemeinheit zugänglich zu machen. Die weiteren genauen Untersuchungen sind namentlich durch ALTUM [l *e*, *f*, *l*, *m*] ausgeführt, welcher sich ein besonderes Verdienst erworben hat durch den Nachweis, wie draussen im Wirthschaftswalde, namentlich in Kiefernrevieren der Ebene, die Generation sich stellt, ohne Anwendung künstlicher Brutstätten Fälle, in welchen Käferbrut durch vertrauenswürdige Beobachter in alten Meierstössen, Brückenhölzern und in stehendem Holze beobachtet wurde, sind bekannt, dagegen rühren die meisten älteren Angaben hierüber von Verwechslung mit Pissodes-Arten her.

Verbreitung, Frass und Schaden. Der „Rüsselkäfer" ist ein weit verbreitetes, sehr häufiges Thier. Er wird nicht blos, wie der früher besprochene (vgl. S. 372) Otiorrhynchus niger FABR. vorzüglich in den Gebirgswaldungen schädlich, sondern auch in der Ebene. Die durch ihn hervorgerufenen empfindlichen Verwüstungen reichen in unseren mitteldeutschen Gebirgen, wie Erz- und Riesengebirge, bis zu einer Meereshöhe von etwa 800 *m*.

ALTUM giebt an, dass der Käfer im köngl. Preussischen Harzrevier Herzberg
bei 700 m Höhe noch stark schade und in dem Bayerischen Oberlande die Grenze
seiner Schädlichkeit und überhaupt seines Vorkommens bei 900 bis 1000 m Höhe
erreiche. Nach den sehr genauen Mittheilungen von v. OPPEN [43 b] ist der
Schaden im ganzen, dem Erzgebirge angehörigen, köngl Sächsischen Forstbezirk
Bärenfels nicht blos in den tieferen Lagen,
sondern bis hinauf zu etwa 600 bis 800 m
Höhenlage ein sehr bedeutender.

Nur der Käfer thut uns
Schaden. Am liebsten sucht er
Nadelhölzer auf, besonders junge,
3—6jährige, durch Verpflanzung,
schlechte Erziehung, Schütte u. dgl.
kränklich gewordene Pflanzen, aber
selbst einjährige Pflanzen und Keimlinge verschont er nicht. Auch der
auf den Schlägen liegen bleibende,
noch nicht trocken gewordene Abraum wird vom Käfer befressen.
Im Nothfalle geht er aber auch in
den Kulturen an ältere Stämmchen,
welche er 1—3 m hoch befrisst. Der

Fig. 140. Rüsselkäferfrass an
einem Nadelholzstämmchen.

Fig. 141. Von dem grossen braunen
Rüsselkäfer benagter Maitrieb, der
noch in demselben Jahre an der
Spitze abstarb, nachdem sich unter
der Wunde drei Scheidenknospen
entwickelt hatten.

Frass in den Wipfeln alter Kiefern rührt meist von einem Verwandten,
dem Hylob. pinastri GYLL. her (vgl. S. 415). Die Kiefer ist seine

Lieblingspflanze, dann folgt die nicht viel weniger gern angenommene Fichte und schliesslich die Tanne, aber auch Lärche, Weymouthskiefer und sogar Wachholder verschmäht er nicht völlig. Ein tüchtiger Rüsselkäferfrass kann ganze Kulturen vernichten, jedenfalls sehr bedeutende Ausbesserungen nöthig machen. Der Käfer schadet dadurch, dass er die Rinde platzweise abnagt; an den Frassstellen (Fig. 140), die bis auf den Bast oder bis auf den Splint reichen, oft den Umfang einer Erbse haben und' bald vereinzelt, bald dicht beisammen stehen, tritt Harz aus, welches die Rinde wie mit einem Grind überzieht. Meist sind die Wunden Ursache einer Säftestockung, welche sich bei der Kiefer im Erscheinen zahlreicher Scheidentriebe ausspricht. Diese treten selbst da, wo der Käfer dem 1—2jährigen Triebe eine Frasswunde, die an Braunfleckigkeit, Missfarbigkeit und Verharzung zu erkennen ist, beigebracht hat, sofort unterhalb der Verletzung knospend hervor (Fig. 141). Wo Fichte und Kiefer befallen werden, leidet die Fichte immer mehr als die Kiefer, da sie nicht Scheidentriebe bringen kann. Es ist ganz gewöhnlich, dass einzelne Fichten inmitten eines Pflanzbüschels, wenn sie auch gar nicht so stark benagt sind, plötzlich roth werden. Die Kiefern sterben ebenfalls häufig unmittelbar nach den Angriffen ab, kümmern aber oft mehrere Jahre, oder sie verfallen in ihrem kränklichen Zustande anderen Insekten, welche dann den Tod bringen.

Der Rüsselkäferfrass unterscheidet sich nach ALTUM [1 m] dadurch von dem der ähnlich'fressenden Hylesinen, dass der Rüsselkäfer von oben herab den Rüssel ansetzt, zuerst also immer die obere Rinde beschädigt und dann erst die tieferen Schichten angeht. Er muss den Rüssel immer von neuem ansetzen, so dass stets einzelne, wenngleich oft zusammenfliessende, Frassplätze entstehen, während, wenn die kleineren Hylesinen einmal bis auf das Holz gelangt sind, sie gern in der Tiefe weitergehen und die innere Rindenschicht unterhöhlen; namentlich ist dies, da sie von unten nach oben fressen, an den oberen Wundrändern der Fall. Auch findet ihr Frass theilweise noch an den unterirdischen Theilen der Stämmchen statt.

Stärkere Rinde meidet Hylobius immer und soll auch durch Noth gezwungen höchstens 6jährige Triebe anfallen. Unangenehm sind ihm die Extreme von Hitze und Kälte, sowie windiges und regnerisches Wetter. Dies, sowie häufige Berührung und Bewegung der Frasspflanzen, vertreibt ihn von oben; er entschädigt sich dafür aber durch heimliches Fressen in der ihm angenehmen Kühle des Grases und Mooses am Wurzelknoten, wo er dann noch schädlicher ist als am Stamme. Wenngleich, wo Kiefer und Fichte gemischt angebaut wurden, wie oben bemerkt, die Kiefer bevorzugt wird, so ist in reinen Kiefern- und reinen Fichtenkulturen der Schaden doch völlig gleich und kann so stark werden, dass die Möglichkeit der Verjüngung in Frage gestellt wird.

Dass er den Tannen weniger schädlich wird, liegt zunächst wohl daran, dass in den Gegenden, wo die Tannenbestände eine grössere Wichtigkeit haben, meist Vorverjüngung angewendet wird, welche ausserordentlich pflanzenreiche junge Bestände liefert. Ueber den Frass an Lärchen wird selten berichtet, so z. B. von ASSMANN [2]. Ueber Beschädigung von Wachholder klagt SCHEMBER [54, S. 362]. An zweijährigen Weymouthskiefern hat der grosse braune Rüsselkäfer auf einer österreichischen Herrschaft so stark gefressen, dass sämmtliche Rinde, Knospen und Nadeln völlig entfernt waren und nur der nackte Holzkörper zurückblieb [70].

Ueber diejenigen Fälle, in welchen der Rüsselkäfer in äl'eren Kulturen stärkeren Schaden gemacht haben soll, vergleiche man die Mittheilungen von RATZEBURG [**XV**, I., S. 115—120]. Es sollen durch den Frass eine Reihe von Verzweigungsfehlern an Kiefern hervorgebracht worden sein; jedoch ist zu bemerken, dass uns der Beweis, es habe hier wirklich Hylobius Abietis gefressen, nicht völlig erbracht scheint. Neuerdings ist aber solcher Hochfrass an 15- bis 20jährigen Kiefernstangen, von denen viele getödtet wurden, auch von ALTUM und GODBERSEN beobachtet worden [I l, S. 303 und 304]; in einem Falle war Hyl. pinastri der Hauptthäter, im anderen die gemeinere Form.

Der grosse braune Rüsselkäfer kann aber auch in Laubholzkulturen schaden, wenn sie von Nadelholzbeständen umgeben oder mit Nadelhölzern gemischt sind. Namentlich thut er dies aber dort, wo frische Nadelholzschläge nicht gerodet, sondern sofort mit Eicheln besäet werden. Hier benagen die in den Nadelholzwurzeln ausgebrüteten Rüsselkäfer die jungen Eichenpflanzen in der schädlichsten Weise. In reinen Laubholzrevieren oder -Reviertheilen tritt dagegen nie ein Schaden ein, da hier die Brutstätten fehlen.

So monophag die Larve ist, welche nur in Nadelholzwurzeln, und zwar, wie angenommen wird mit Ausschluss von Wachholder und Taxus, lebt, so polyphag ist der Käfer selbst. Schon RATZEBURG [**V**, I., S. 134] erwähnt, dass er auch junge Erlen und Birken benagen kann, und beschreibt einen Fall von Knospenzerstörung an Erlen in dem Eberswalder Forstgarten, welcher zur Vernichtung manches Stämmchens führte [**XV**, II., S. 244]. WILLKOMM berichtet von einem auf Spechtshäuser Revier bei Tharand 1856 stattgefundenen Frass in einer Eichenheisterpflanzung, und NÖRDLINGER beobachtete den Frass an Eichen- und Birkenpflanzen, sowie an Apfelbäumchen [**XXIV**, S. 18]. Am ausführlichsten berichtet aber ALTUM [I e] über Schaden an Eichenheistern in den königl. Preussischen Oberförstereien Stepenitz, Reg.-Bez. Stettin, und Knesebeck, Provinz Hannover. In den Haubergen des Reg.-Bez. Arnsberg wurden ferner 1879 und 1880 die einjährigen Eichenausschläge, desgleichen diejenigen von Birke, Erle und Weide, sehr stark befressen. Auch später kamen solche Frässe vor, so im Reg.-Bez. Köln, und zwar sowohl auf Fichtenabtriebsflächen, die sofort mit Eichenheistern bepflanzt wurden, als auch bei Eichenschälwaldanlagen, in welche als Schutzholz Kiefern reihenweise zwischen je 2 Reihen gelegter Eicheln eingepflanzt worden waren. In letzterem Falle trat der Schaden nach dem ersten Abtrieb, bei welchem natürlich auch die Kiefern mit abgetrieben worden waren, auf, indem die Kiefernwurzeln als Brutstätte dienten und die Eichenausschläge das Frassobject darboten [ALTUM I n].

Abwehr. Die älteste Form derselben ist bei diesem gefürchteten Feinde die direkte Vernichtung, und wir beginnen daher mit den Vertilgungsmassregeln.

Bei der ziemlich bedeutenden Grösse des Käfers ist das direkte Sammeln möglich und wird auch vielfach ausgeübt, doch müssen die hierzu verwendeten Personen einige Kenntnisse von der Lebensweise des Käfers haben. So findet er sich gern auf frischem Boden, an Gräben, auf Schutthaufen, an harzenden Wurzeln, welche man am besten noch etwas aus dem Boden reisst, und an harzüberlaufenen Stöcken ein und wird oft in der die Stöcke direkt umgebenden Moos- und Bodendecke gefunden, wo er sich während der Hitze verkriecht. Auch an den Sägespänen der Schneidemühlen kann des Morgens im Frühjahr im Thau der Käfer oft in Masse gesammelt werden. Die bei diesem direkten Sammeln gemachten Erfahrungen haben dazu geführt, Anlockungsmittel zu erfinden, um an diesen einen reichlicheren Fang zu machen. Als solche sind gebräuchlich und wirksam:

a) die **Fangrinden**, auch Fangschalen genannt. Es sind dies frisch geschälte Stücke von Kiefern- oder Fichtenrinde von ungefähr 30—50 *cm* Länge und 15—20 *cm* Breite, welche mit der Bastseite nach unten flach auf den Boden gelegt und mit Rasen oder Steinen beschwert werden. Diese Rinden bieten, namentlich wenn man unter sie noch kleine Stücke frischen jungen Kiefern- oder auch Fichtenreisigs legt, den Käfern willkommenen Schutz und zugleich Nahrung. Die unter ihnen sich verkriechenden Käfer müssen täglich gesammelt werden. Sind Rinden und Reisig vertrocknet, so bedürfen sie der Erneuerung. Rasenbedeckung hält die Rinden länger fängisch.

Die erste Erwähnung der Fangrinden geschieht 1832 durch Chr. Liebich [37], der von ihrer Anwendung auf der Planer Herrschaft in Böhmen berichtet. Die weitere Köderung des Käfers durch untergelegte Zweige soll nach Hess [XXI, 257] zuerst im Weimarischen an den Ilmbergen versucht worden sein; augenblicklich ist sie sehr verbreitet. Eine weniger wirksame Abänderung der Fangrinden besteht in den Rindenrollen, d. h. in längeren Rollen abgeschälter Fichtenrinde von jüngeren Stämmen, in deren Hohlraum sich der Käfer auch versteckt, sie trocknen aber viel leichter aus, und die Käfer sind schwerer herauszuschütteln. Ueber die passende Grösse der Fangrinden sind natürlich die Angaben der verschiedenen Praktiker sehr wechselnd.

b) **Fangkloben**, d. h. Kloben von frisch geschlagenem Fichten- oder Kiefernholze, welche mit der Rindenseite gegen die Erde gelegt und, damit sie besser fängisch sind, geplätzt werden. Damit sie die Käfer noch mehr anlocken, entblösst man nämlich den Bast hier und da auf 5—10 *cm* Länge und 3—5 *cm* Breite und drückt die Kloben, wenn der Boden benarbt ist, gegen aufgerissene oder mit der Hacke verwundete Stellen desselben.

c) **Fangbündel**, d. h. armlange und schenkeldicke, frisch gebrochene und gebundene Fichten- oder Kiefern-Reisigbündel. Zu diesen wird man, wenn auch nicht zuerst, so doch dann seine Zuflucht nehmen müssen, wenn man Kloben nicht hat, oder sich die Rinde nicht schälen lässt.

An deren Stelle ist von Zimmer in Püchau [67, 1859, S. 19] die Anwendung von ähnlichen Bündeln frischer Kiefernwurzeln empfohlen worden.

Man kann mit den Anlockungsmitteln auch Vorrichtungen verbinden, aus denen die Käfer nicht so leicht wieder herauskommen. Solche **Fallen ähnliche Anlagen** sind zunächst:

d) die **Fanglöcher**, d. h. Gruben von 30 *cm* im Viereck und derselben Tiefe, welche man entweder mit frischem Nadelholzreisig bedeckt oder auf dem Grunde mit solchem belegt. Diese werden in passenden Abständen auf den Kulturen oder Schlägen vertheilt.

Eine von Forstmeister Zimmer in Moritzburg [68] angewendete Variante der Fanglöcher sind die Fangflaschen, welche bis zum Halsrand in den Boden eingegraben, mit einer hineingeschütteten Mischung von Holzessig, Holztheer und Terpentin fängisch gemacht und oben mit einem frischen Rindenstück bedeckt werden. Zimmer lässt die Flaschen besonders blasen. Sie sind bauchig, von circa 20 *cm* Durchmesser uud haben einen 15 *cm* langen, 4—5 *cm* weiten Hals.

e) Weit wirksamer sind noch die Fanggräben. Man macht diese, wie Raupengräben, 30 *cm* tief und 10—15 *cm* breit, und bringt auf der Sohle alle 5—6 Schritte ein 10—15 *cm* tiefes und ebenso breites Fangloch an. Auf steinigem Boden genügen allenfalls auch zahlreiche kleine isolirte Grabenstrecken, da die Käfer nicht blos wie die Raupen blindlings in die Gräben fallen, sondern diese sogar eifrig aufsuchen, wahrscheinlich weil ihnen die Kühle darin angenehm ist. Aus letzterem Grunde gewähren auch Gräben auf unbenarbtem Boden in heissen Lagen, wo die Käfer Schutz gegen die Sonne suchen, mehr Nutzen, als auf berastem oder durch Unkräuter beschatteten Boden in frischen Lagen. Doppelt wirksam ist es, wenn man die Gräben mit frischem Fichten- oder Kiefernreisig bedeckt, oder letzteres auf der Sohle ausbreitet. Die in die Gräben gefallenen Käfer siud stets zu vernichten. Die früher übliche Art, die Kulturen mit solchen Gräben zu durchschneiden, ist jetzt weniger beliebt. Man legt sie besser im Umkreise der Brutstätten an und fängt so die von diesen abwandernden Käfer ab.

Paschen [45 *a*] lässt in der Forstinspection Kaliss in Mecklenburg die Gräben nur 25 *cm* breit, 20 *cm* tief mit senkrechten Wänden und alle 10 *m* ein 20 *cm* tiefes Fangloch herstellen. Die Kosten für das laufende Meter betragen nur 1,5—2 Pf. Die Fanggräben bewähren sich nur in wenig bindigem Boden, sind aber dort oft von sehr grossem Nutzen. Nur darf man sich nicht darauf verlassen, dass die Käfer in denselben zugrunde gehen, da die Verminderung in den Fanglöchern nicht blos von Insektenfressern herrührt, sondern auch dadurch geschieht, dass viele Käfer sich in den Boden verkriechen und später wieder herausarbeiten. Auch wühlen sie sich vielfach nach den beim Herstellen der Gräben abgestochenen Nadelholzwurzeln hin. Die gefangenen Käfer müssen also vernichtet werden. Die Gräben dürfen anfänglich nicht zu breit gemacht werden, damit man sie später nachstechen kann. Wir werden auf dieselben sofort noch einmal bei den Vorbeugungsmitteln zu sprechen kommen.

Viel wichtiger aber als die Vertilgungsmittel sind die

Vorbeugungsmassregeln. Diese bezwecken

I. Den direkten Schutz der Kulturen gegen den Frass der vorhandenen Käfer, und zwar kann sich dieser Schutz beziehen auf die ganze Fläche oder nur auf die einzelnen Pflanzen.

A. Schutz der ganzen Kulturen wird erreicht:

a) Durch Isolirungsgräben. Diese sind genau so anzulegen wie die eigentlichen Fanggräben, von denen sie sich nur dadurch unterscheiden, dass sie im Umkreise der Kulturen angelegt sind. Ueber die beste Zeit ihrer Wirksamkeit wird später noch gehandelt werden. Auch in ihnen werden die Käfer zerstampft oder gesammelt.

Das Sammeln hier wie in den oben geschilderten Fangapparaten geschieht am besten im Accord, und man kann zu demselben mit Erfolg Frauen und Kinder benutzen. Die Bezahlung geschieht nach dem Hundert, für welches z. B. auf Tharander Revier 6 Pfennige gezahlt werden.

Die Abzählung wird meist den Sammlern überlassen, und man verlangt dann, dass die Käfer todt zu 100 oder 500 in Düten gepackt abgeliefert werden und prüft bei jeder Ablieferung einige Düten als Stichproben auf die Richtigkeit der Zahl. Man kann aber auch die Bestimmung der Zahl dem Personal übertragen, und da das jedesmalige direkte Zählen zu beschwerlich, so zählt man den Inhalt eines halben oder ganzen Liters mehrmals aus und nimmt den abgerundeten Durchschnitt dieser Zählungen als bestimmend an. Am besten werden die Käfer zuerst durch kochendes Wasser getödtet und dann abgetrocknet gezählt, da viel mehr nasse Käfer, deren Beine angelegt sind, in ein Gefäss gehen als trockene. Auf jeden Fall muss man entweder immer nass oder immer trocken zählen, da sonst Ungleichheiten entstehen.

Als Beispiele starken Sammelns seien folgende erwähnt: Nach v. BERG [5 b, S. 204] und COTTA wurden im Jahre 1853 in der königl. Sächsischen Oberforstmeisterei Grillenburg in ihrem damaligen Umfange auf 14 795 Acker = 8372 *ha* Nadelholzfläche gesammelt rund 1 427 000 Stück Käfer mit einem Aufwand von rund 1096 M. In den Jahren 1881—1884 wurden nach v. OPPEN [43 b, S. 83] im königl. Sächsischen Forstbezirke Bärenfels auf sieben Revieren gesammelt:

1881	1 372 800
1882	2 136 600
1883	2 681 000
1884	3 662 200
Summe . .	9 852 600,

von denen auf die einzelnen Monate folgende Procente kamen:

Mai	Juni	Juli	August	September
12%	43%	27%	12%	6%

Beim Beginn des Fanges, wenn die Leute noch nicht geübt sind, kann man etwas mehr zahlen als späterhin, desgleichen am Ende der Fangzeit, wenn die Käfer schon wieder seltener werden. Dort, wo Rüsselkäfergräben vorhanden sind, muss man den Preis entsprechend niedriger setzen. Die Fangrinden, Fangkloben u. s. f. lässt man am besten durch das Schutz- und Hilfspersonal herstellen.

b) Durch Schlagruhe oder Liegenlassen der Schläge. Diese Massregel bezweckt, die Bestandsbegründung auf eine Zeit zu verlegen, wo auf der zu kultivirenden Fläche keine oder nur noch wenig Rüsselkäfer anzutreffen sind. Wird gleich im Frühjahr nach der Hiebsführung, noch dazu auf ungerodeter Schlagfläche kultivirt, so finden die aus den Wurzeln im zweiten Sommer ausschlüpfenden Käfer sofort Nahrung und vernichten jede Pflanze. Da die Käfer ferner Keimlinge weniger gern angehen, so wird meist für Saat eine einjährige, für Pflanzung eine zweijährige Schlagruhe empfohlen. Namentlich im ersteren Falle ist von einer nachtheiligen Verangerung und Verunkrautung der Schläge noch nicht die Rede, und es hat sich die Massregel auf den meisten Revieren als höchst segensreich erwiesen.

c) Durch Vertreibung des Käfers. Die hierzu empfohlenen Mittel sind der Schafeintrieb und das Kalkstreuen. Beide dürften heute nur noch wenig angewendet werden, namentlich das letztere, das sich ziemlich nutzlos erwiesen hat.

Das Aushüten der Kulturen mit Schafen soll nach einer grösseren Anzahl von Berichten aus der Praxis den Rüsselkäfer sicher vertreiben. Uns ist nicht bekannt, dass neuerdings dieses übrigens noch von BORGGREVE [8] 1881 erwähnte Mittel wirklich in grösserem Massstabe angewendet würde.

Namentlich dürfte die Gefahr des Verbeissens seitens der Schafe gegen dasselbe
sprechen. Es ist uns auch nicht gelungen nachzuweisen, wo dieses Mittel zuerst
empfohlen wurde. Vielleicht war es Forstmeister Netsch [39 a, S. 64, Anmerk. d.
Redaction]; in einem daselbst angeführten Briefe von Pfeil wird es als im
Hannover'schen ganz gebräuchlich bezeichnet. Desgleichen empfehlen die Schaf-
weide Fischbach [18] mit Rücksicht auf Erfahrungen in Württemberg und zwei
Anonymi J. F. und M. W. [72] nach Versuchen im südlichen Böhmen. Der
Versuch wird aber auch von einem so gewiegten Beobachter wie v. Lips [39 b,
S. 178] nach eigener Erfahrung als in der Praxis vollständig geglückt bezeich-
net. Er ist der Meinung, dass die scharfe Ausdünstung der Schafe und ihres
Kothes die Hauptursache des Verschwindens des Käfers sei. Zugleich werde aber
auch der dem Käfer Deckung gewährende Graswuchs in Schranken gehalten.

Der Versuch, die Rüsselkäfer durch B e s t r e u e n   d e r   K u l t u r e n   m i t
K a l k p u l v e r aus denselben zu vertreiben, ist zuerst von Rusch [52] in der
Oberförsterei Grundschütz bei Oppeln in Oberschlesien gemacht worden. Das
Kalkpulver wurde dadurch gewonnen, dass man Haufen ungelöschten Kalkes
unter einer Erd- oder Rasendecke an der Luft zerfallen liess. Haass [24 a] erfand
zum Einstreuen einen eigenen „Kalkeinstäuber", aber schon Weinschenk [66]
überzeugte sich von der vollkommenen Nutzlosigkeit der Massregel.

d) Durch r i c h t i g e K u l t u r m e t h o d e. Im Durchschnitt ist die
Saat der Pflanzung vorzuziehen, weil sie viel mehr Pflanzen liefert.
Andererseits sind jüngere und schwächere Pflanzen, wenngleich der
Käfer ganz junge nicht gerade bevorzugt, dem Frasse ebenfalls ausgesetzt und unterliegen ihm leichter als kräftige, etwas ältere. Will
man daher pflanzen, und dies ist wohl heutzutage vielfach der Fall,
so wirke man besonders bei der so empfindlichen Fichte, aber auch
bei Kiefer, auf die Erziehung kräftiger Pflanzen; man vermeide also
zu dichten Stand der Pflanzen in Saat- und Pflanzbeeten und Verdäm-
mung durch Unkraut, wobei Rasenasche vortreffliche Dienste leistet;
denn nur so erhält man Kulturpflanzen, welche einen den Käfer nicht
einladenden, stark berindeten Wurzelknoten und weit herabreichende
Benadelung haben. Heinicke [26] giebt ausserdem viel auf die Herbst-
pflanzung, weil im Herbste die Rinde härter wird, und vorzüglich weil
die Käfer im Herbste weniger fressen. Hügelpflanzung und Ballenpflanzung werden ebenfalls vielfach empfohlen, weil auf solchen Kulturen
die Pflanzen sicherer und schneller in normales Wachsthum kommen
und daher widerstandsfähiger sind, als dies bei anderen Kulturmethoden der Fall ist. Ausführlich bespricht Grimm [21], besonders für
die Bayerischen Verhältnisse, waldbauliche Vorbeugungsmassregeln
gegen den Rüsselkäfer bei langsamer Vorverjüngung der Fichten und
„Absäumungshieben" der Kiefern.

B. S c h u t z d e r e i n z e l n e n P f l a n z e n wird erreicht:

a) In F i c h t e n pflanzungen durch E i n s p r e n g u n g der im Durchschnitt den Käfern genehmeren K i e f e r n, welche gewissermassen die
Käfer von den Fichten ablenken.

b) Bei K i e f e r u n d F i c h t e für kürzere Zeit nach der Pflanzung, bis sich die Pflänzchen ordentlich erholt haben, d u r c h U e b e r-
z u g d e s S t ä m m c h e n s mit einer dem Käfer widerstehenden Substanz.

HEINICKE [26] verwendete hierzu mit gutem Erfolge Lehm; die Pflänzchen werden bis zur Hälfte ihrer Stämmchen in einen dünnen Lehmbrei eingeschlagen und dann gepflanzt, sodass nach dem Trocknen eine Kruste bleibt, die nur langsam vom Regen abgespült wird. RUBATTEL [51] bestrich die Pflanzen vor der Pflanzung mittelst einer Bürste oder eines Pinsels bis zum ersten Quirl mit Theer, mit besonderer Schonung von Nadeln und Wurzeln Letzteres Mittel wurde in Böhmen schon 1826 vorgeschlagen, wie WALTER [62, S. 15] mittheilt, allerdings nur, um die stehenden, verschonten Fichten in einer Pflanzung vor dem Käfer zu retten; in dieser Form verdient die Massregel die Kritik WALTER's, der sie als im Grossen undurchführbar bezeichnet.

c) Bei Laubholzpflanzungen auf altem Nadelholzboden oder in der Nähe von Hauptbrutherden der Rüsselkäfer kann man die einzelnen älteren Heister, namentlich die Eichenheister, durch breite Theerringe, die ziemlich tief angelegt werden können, schützen; im Folgejahre, nach der Eintrocknung, sind sie zu erneuern. Da man die Ringe aber im Sommer legen muss, ist möglichst zäher Leim zu wählen [ALTUM I n].

II. Indirekter Schutz der Kulturen wird erreicht:

A. Durch Verminderung der Brutstätten und durch Larvenvertilgung.

a) Das Roden der Nadelholzwurzeln auf den frischen Schlägen entzieht dem Käfer zweifelsohne eine Menge von Brutplätzen, und es ist unzweifelhaft, dass auf einer Winterschlagfläche, auf welcher bereits beim Hiebe oder im zeitigen Frühjahr die Rodung gründlich durchgeführt wurde, und von welcher der die Käfer im Frühjahr anlockende Abraum entfernt worden ist, sich weniger Käfer entwickeln können, als auf einer nicht so behandelten. Namentlich ist nach ED. HEYER [28] Rodung mit dem Waldteufel zu empfehlen. Am vollständigsten erreicht man aber die Säuberung des Bodens, wenn man nach dem Kahlabtrieb des Bestandes einige Jahre Waldfeldbau treibt. Hierzu bringt ED. HEYER gleichfalls gewichtige Beispiele aus der Praxis. Auch auf der Herrschaft Pisek in Böhmen hat man, wie die Verhandlungen des Böhmischen Forstvereins 1861 beweisen, den Rüsselkäferfrass durch Waldfeldbaubetrieb vollständig verhindert.

Man darf aber nie vergessen, dass man auch durch die sorgfältigste Rodung beim Hieb oder kurz nach demselben eben nur auf der so behandelten Fläche die Entwickelung der Käfer verhindert, dagegen aber kaum eine Verminderung derselben überhaupt erreicht. Eine solche Massregel kann daher nur dort anempfohlen werden, wo aus irgend welchen zwingenden Gründen unmittelbar nach dem Hiebe die Schlagfläche wieder in Kultur gebracht werden soll. Ueberall, wo dies nicht der Fall ist, ist es besser, die Rodung erst dann vorzunehmen, wenn die Wurzeln bereits mit Brut besetzt sind. Eine solche Rodung vernichtet, wenn sie mit baldiger Abgabe, beziehungsweise Verbrennung der Stöcke verbunden ist, einen grossen Theil der überhaupt zur Entwickelung gekommenen Larven. Verbrennen des in gleichmässigen Haufen über den

Schlag vertheilten Abraumes im Frühjahr kann auch noch die von
ihm angelockten Käfer mit vernichten, und hierbei gewinnt man noch
nebenbei zu Düngungszwecken geeignete Asche.

Dieses letztere Mittel wird bereits 1852 von WEINSCHENK [66, S. 147]
mitgetheilt und neuerdings von ENGLER [16] und BORGGREVE [8] empfohlen.

Natürlicherweise muss das Roden jedenfalls beendet sein, ehe
die Käfer ausschlüpfen, und je nach der Auffassung, welche die einzelnen Forscher über die Generation der Rüsselkäfer gewonnen haben,
wechselt der von ihnen für die Beendigung der Rodung angegebene
Termin. So lehrt ALTUM [1 f, S. 158], dass die Rodung bis zum
Juni des zweiten auf das Schlagjahr folgenden Jahres zu beenden
sei, während v. OPPEN der Ansicht ist, dass man bereits im zweiten
Winter fertig sein müsse. Letzteres dürfte sich schon aus dem Grunde
empfehlen, weil man dann sicher nicht zu spät kommt.

Will man durch diese Massregel zugleich die wurzelbrütenden Hylesinen
treffen, so ist bereits im Sommer des ersten Jahres zu roden. Da dann aber
wohl vielfach noch nicht die Ablage der Eier der Rüsselkäfer vollendet ist, so
ist es nur consequent, wenn Diejenigen, welche mit EICHHOFF [15, S. 486—487]
den Schwerpunkt der Massregel auf die Vernichtung der Brut in den Schlägen
gelegt wissen wollen, auch das Auslegen von Brutknüppeln noch vor der Abfuhr
der gerodeten Wurzeln empfehlen, um die weitere Käferbrut aufzunehmen. Aus
allen diesen Erwägungen erklärt es sich auch, wie v. OPPEN dazu kommen kann
[43 b, S. 148], die Baumrodung als geradezu verwerflich zu bezeichnen. Anders
würde sich dies allerdings stellen, wenn der Vorschlag von SCHEMBER [54, S. 364]
befolgt werden könnte, vor dem Hiebe die gesammte Holzmasse zuvor zu
ringeln, dann würden bereits die Wurzeln der noch stehenden Bäume bei der
Rodung mit Brut besetzt sein können, was allerdings der ursprüngliche Vorschlag nicht bezweckt.

Bei Eichenschälwald, in welchem Nadelholzstreifen eingesprengt waren,
kann nur die baldige Rodung der Nadelholzwurzeln, soweit dies ohne Beschädigung der Eichenwurzeln möglich ist, helfen; und die Massregel muss durch
Auslegung von Fangmaterial zur Zeit des Auskommens der Käfer aus den übriggebliebenen Wurzeln verstärkt werden. Eichenschälwaldanlagen auf Nadelholz-
abtriebsflächen dürfen nur nach vorheriger gründlicher Stockrodung oder nach
zweijähriger Schlagruhe begründet werden.

b) Brutknüppel. Man kann die Käfer auch durch Darbietung
künstlicher Brutstätten zur Unterbringung ihrer Eier an solchen
Plätzen veranlassen, an welchen man die Larven späterhin leicht
vertilgen kann. Man braucht hierzu die Brutknüppel oder Brut-
stangen, d. h. armdicke bis mannslange Knüppel oder Stangen von
Kiefern und Fichten, mit glatter Rinde, welche im April und Mai,
wenn der Saft schon darin ist, gehauen und auf den Schlägen zu
je 2—3 Stück so eingegraben werden, dass sie, an dem einen Ende
30—50 *cm* hoch mit Erde bedeckt, die Wurzelstränge gleichsam nachahmen, aber am anderen, etwa 3—5 *cm* hervorragenden Ende erkannt
werden können; nötbigenfalls sind sie des leichteren Auffindens wegen
hier auch noch durch Brüche oder Pflöcke zu bezeichnen. An diesen
Stangen, besonders wenn sie in den jungen Schonungen ausgelegt werden
— weniger im haubaren Holze oder auf frisch abgeholzten Schlägen,
wo die Käfer den Wurzelsträngen den Vorzug geben —, legen die

Käfer sehr gern, und man kann die Brut hier leicht beobachten und vertilgen. Auch beachte man hier die Möglichkeit einer einfachen Generation und revidire vor Winter noch die Stangen, um, im Falle die Brut schon flugfertig wäre, sie sogleich zu entfernen.

Vielfach werden die hier geschilderten Vorrichtungen „Fang"-Knüppel genannt. Da dies aber äusserst leicht zu Missverständnissen Anlass giebt, benutzen wir lieber den obigen, zuerst von EICHHOFF [15] angewendeten Namen. Die Brutknüppel sind Anfangs der Fünfzigerjahre durch v. LIPS erfunden worden, und RATZEBURG hat zuerst hierüber berichtet [48 c, S. 230]. Der Erfinder giebt selbst genauere Mittheilungen im Jahre 1858 [39 c]. Auch GEORG [19 a und c] empfiehlt diese Massregel. Neuerdings berichtet auch HARTLEBEN [25], dass diese Massregel schon seit 1853 im Hannover'schen Harze völlig bekannt war. In neuester Zeit wird sie wieder durch v. OPPEN sehr warm empfohlen, und zwar [43 c, S. 358] in zweimaliger Anwendung auf jeder Schlagfläche: 1. Im Jahre der Schlagführung behufs Erlangung der Brut von auf die Schläge einwandernden Käfern; 2. im Jahre nach der Schlagführung behufs Erlangung der Brut der daselbst entstehenden Käfer. Vom theoretischen Standpunkte aus scheint uns ersteres nur dann nothwendig zu sein, wenn sehr zeitig, z. B. wegen der Hylesinen, gerodet werden muss, und letzteres wegen der Kostspieligkeit verwerflich. Die Vertilgung von 8400 Stück Larven an 78 Brutknüppeln kostet nach v. OPPEN 17 M 8 Pf, 100 Stück kosten also 20 Pf, während dort beim Sammeln für 100 Käfer nur 6 Pf gezahlt werden. v. OPPEN sucht aber diese Preisdifferenz dadurch abzuschwächen, dass er sagt, hierdurch wären für die nächste Generation 68 400 Käfer weniger geworden. Dies ist aber offenbar ein Trugschluss, denn man hätte dasselbe erreichen können, wenn man auf dem Schlage die Eltern, welche die 8400 Larven producirt haben, abgefangen hätte, d. h. nur 840 Käfer, vorausgesetzt, dass davon die Hälfte Weibchen gewesen seien, von denen jedes 20 Eier gelegt hätte. Bei Anwendung von Fangrinden etc. im Jahre nach der Schlagführung hätte dies nicht 17 M 8 Pf, sondern nur 54 Pf gekostet, und obendrein hätte man alle doch vielleicht von denselben Weibchen an anderes Brutmaterial abgelegten Eier auch noch mit in dem Kauf gehabt.

B. **Durch Forsteinrichtungsmassregeln.** Am besten kann man den Rüsselkäfer bekämpfen, wenn durch eine rationelle Forsteinrichtung für die Bildung kleiner Hiebszüge gesorgt wird, welche einen solchen Wechsel der Schläge ermöglichen, dass von keiner Kulturfläche aus eher weiter geschlagen wird, bis der junge Bestand kräftig genug geworden ist, um den ihn etwa noch treffenden Rüsselkäferfrass auszuhalten. Letzteres ist sicher der Fall, wenn an einem und demselben Orte in jedem Jahrzehnt nur einmal geschlagen wird.

Auf die Wichtigkeit der Bildung kleiner Hiebszüge, welche nicht blos wegen der Insektengefahren, sondern überhaupt auch wegen des aus noch anderen Gründen wünschenswerthen Schlagwechsels nothwendig ist, hat in der Literatur am entschiedensten und wiederholt JUDEICH aufmerksam gemacht. Es erscheint unbegreiflich, dass sich noch heute Stimmen geltend machen, welche davon nichts wissen wollen. Wenn in einem 1200 ha grossen Reviere 30 Hiebszüge gebildet werden, deren jeder im Durchschnitt 40 ha gross ist, so ist es möglich, jährlich in drei verschiedenen Orten zu schlagen und doch erst nach zehn Jahren mit dem Hieb an denselben Ort zurückzukehren. Für den 100jährigen Umtrieb würde jeder Einzelschlag die ganz entsprechende Grösse von etwa 4 ha erhalten. Wäre dieses Ziel der Forsteinrichtung erreicht, so wäre es nicht möglich, dass von einem neuen Schlage Rüsselkäfer in solche Kulturen wanderten, welchen deren Frass noch verderblich wird. Dass man ein solches Ziel wegen der meist sehr ungünstigen Bestandsgruppirung im wirklichen Walde oft überhaupt nicht vollständig erreichen kann, oft erst nach Verlauf mehrerer Umtriebszeiten, kann

und darf uns nicht davon abhalten, ihm zuzustreben. Man soll das Beste nicht
des Guten Feind sein lassen. Weil unsere Vorfahren eine rationelle Eintheilung
des Waldes in kleine Hiebszüge nicht kannten, sind wir heute nicht mehr ent-
schuldigt, wenn wir unseren Nachkommen dieselbe fehlerhafte Eintheilung übergeben. Wie man sich bei ungünstiger Bestandsgruppirung durch Loshiebe, durch
Bildung vorübergehender Hiebszüge zu helfen hat, zeigt uns die Lehre der
Forsteinrichtung. Kaum bedarf es der Erwähnung, dass natürlich in sehr kleinen
Wäldchen ein solcher Schlagwechsel überhaupt nicht zu erreichen ist; dort
lassen sich aber auch leichter andere Vertilgungsmittel mit Erfolg anwenden.

Der richtige Gedanke, namentlich des grossen Rüsselkäfers wegen, nicht
fortwährend Schlag an Schlag zu reihen, hat übrigens in der Literatur schon
oft Ausdruck gefunden, ist aber noch lange nicht genügend in die Praxis übergegangen. Auch neuerdings ist mehrfach diese Forsteinrichtungsfrage betont
worden, so z. B. von Forstmeister SCHULEMANN zu Bromberg [57]. Derselbe will
in jeder Abtheilung — jedem „District" — zwei Jahresschläge zu etwa 7 *ha*
hintereinander führen, und zwar so, dass während dieser zwei Jahre die südliche
Hälfte der etwa 28 *ha* grossen Abtheilung entnommen wird. Er nimmt an, dass
die auf dem ersten Schlage sofort auszuführende Kiefernsaat vom Rüsselkäfer
nicht befallen werde, was übrigens doch etwas zweifelhaft ist. In dem von ihm
gegebenen, durch eine Karte verdeutlichten Beispiele eines 800 *ha* grossen,
ebenen Kiefernforstes erhält er auf diese Weise allerdings jährlich nur eine
einzige Schlagfläche. Nach zehn Jahren wird die nördliche Hälfte der Abtheilung
abermals in zwei Jahresschlägen verjüngt. Der Zweck des vorbeugenden Schutzes
gegen den Rüsselkäfer wird dadurch freilich erreicht, allein die ganze von ihm
vorgeschlagene Hiebsordnung im Rahmen einer veralteten Periodentheilung ist
unserer Ansicht nach keine glücklich gewählte; im Kiefernwalde ist sie allenfalls anwendbar, wenn auch nicht zweckmässig, für den Fichtenwald wäre sie
im höchsten Grade fehlerhaft.

In anderer Form sucht, wie ALTUM mittheilt, Oberförster GODBERSEN [1 *l*,
S. 306] den Schutz gegen Rüsselkäferfrass durch Schlagwechsel zu erreichen.
Die Schläge sollen mindestens 100 *m* entfernt von den am meisten gefährdeten,
3—8jährigen, Kulturen liegen, und soll erst dann ein Schlag auf die Kultur
folgen, wenn diese dem Frasse des Rüsselkäfers der Hauptsache nach entwachsen,
also etwa 8jährig ist. Ein zum Hiebe stehender Bestand soll nun im ersten
Jahrzehnt mit 60—80 *m* breiten Coulissen durchhauen werden, im zweiten Jahrzehnt kommen die stehengebliebenen Streifen zum Abtriebe. Vor der Kultur
mit einjährigen Pflanzen bleibt der Schlag zwei Jahre liegen, es wird also die
erste Coulisse im dritten Jahre bepflanzt, und erst im 11. Jahre von jetzt an
gerechnet gelangt der an diese erste Kultur angrenzende Streifen des Altholzes
zum Hiebe. Ganz gewiss ist auch durch dieses Verfahren ein vorbeugender
Schutz gegen Rüsselkäferfrass gegeben, vorausgesetzt, dass die 10 Jahre stehen
bleiben sollenden Streifen des Altholzes dies wirklich thun und nicht durch
Sturm oder andere Unfälle Schaden leiden. Wäre letzteres der Fall, so würde
man durch solche Coulissenschläge die Gefahr des Rüsselkäferfrasses wesentlich
vermehrt, anstatt vermindert haben. Im Kiefernwalde mag eine solche Schlagführung allenfalls möglich, daher unter Umständen vielleicht sogar zu gestatten sein,
dort nämlich, wo sehr grosse, gleichalterige Bestände im Zusammenhange zum
Hiebe vorliegen. Im sturmgefährdeten Fichtenwalde ist sie ganz verwerflich, wie
hundertfältige Erfahrungen gelehrt haben. Die im Fichtenwalde mögliche Coulissenwirthschaft des Hochgebirges, wo die Bäume sehr kurz und stämmig sind, hat
für die Rüsselkäferfrage keine Bedeutung. Immerhin ist aber wohl zu bedenken,
dass man dort, wo in Kiefern die Standortsverhältnisse eine Coulissenwirthschaft
wirklich ermöglichen, meist auch durch Loshiebe im Altholz eine entsprechende
Waldeintheilung in kleine Hiebszüge schaffen kann, während die Coulissenschläge für die Zukunft abermals eine ungünstige Bestandsgruppirung zur
Folge haben.

C. Dass auch die Schonung der Feinde der Rüsselkäfer,
namentlich die aller insektenfressenden Sänger, einschliesslich Fuchs

und Marder, sowie der insektenfressenden Vögel, namentlich auch der Krähen, geeignet ist, das Gleichgewicht im Forsthaushalt zu befördern, ist selbstverständlich. Von irgendwelcher genaueren Darlegung dieser Frage müssen wir aber hier absehen, weil diese theoretisch ganz richtigen Massregeln nur in den seltensten Fällen draussen in der Praxis wirklich durchgeführt werden dürften.

Fassen wir den neueren Standpunkt der Rüsselkäferfrage kurz zusammen, so müssen wir besonders darauf hinweisen, dass jetzt der Schwerpunkt weniger darauf zu legen ist, die Kulturen direkt zu schützen, als vielmehr darauf, die Menge der Rüsselkäfer zu vermindern. Das oft jahrzehntelange, mit grossen Opfern durchgeführte Sammeln . auf den Kulturen selbst hat verhältnissmässig nur wenig genützt, und man wendet sich deshalb mehr zur Bekämpfung des Käfers auf seinen Brut- und Geburtsstätten. Hier ist er zu sammeln oder bei seinem Abmarsch abzufangen, so dass er überhaupt womöglich zu keiner Fortpflanzung komme. Dies ist um so wichtiger, nachdem v. Lips, Zimmer und v. Oppen uns die Langlebigkeit desselben kennen gelehrt haben. Wird diese Massregel künftighin in Verbindung mit einer zweckmässigen Forsteinrichtung durchgeführt, so dürfen wir wirklich darauf hoffen, in Zukunft des hösen Feindes allmählich Herr zu werden.

Literaturnachweise zu dem Abschnitte „Rüsselkäfer und Verwandte". I. Altum, B. *a)* Curculio geminatus. Zeitschrift für Forst- und Jagdwesen V, 1873, S. 32—39. *b)* Zoologische Miscellen. Daselbst VII, 1875, S. 368 und 369. *c)* Zoologische Miscellen: Der Buchen-Springrüsselkäfer, der Strahlenfrass der Pissodes-larven, die Generation der Pissoden. Daselbst VIII, 1876, S. 283 und 284 und S. 494—496. *d)* Der Kiefernstangen-Rüsselkäfer. Daselbst X, 1879, S. 85—92. *e)* Der grosse braune Rüsselkäfer (Hylobius abietis L.) als Laubholzzerstörer. Daselbst XII, 1880, S. 608 bis 611. *f)* Zur Entwickelungsgeschichte und Vertilgung des grossen braunen Rüsselkäfers, Hylobius Abietis L. (bei Ratzeburg Curculio pini). Daselbst XVI, 1884, S. 140—167. *g)* Zerstörung junger Fichtenpflanzen durch Strophosomus coryli und Otiorrhynchus ovatus. Daselbst 1885, XVII, S. 587—591. *h)* Anthribus varius als Schildlausvertilger. Daselbst XVII, 1885, S. 710. *i)* Pissodes validirostris Schönh. (strobili Redtb.), Zerstörer von Kiefernzapfen. Daselbst XVIII, 1886, S. 43—44. *k)* 1. Forstzoologische Beobachtungen im Sommer 1886; 2. zur Generation des Pissodes notatus; 3. zur Generation des Pissodes piniphilus. Daselbst XIX, 1887, S. 113—114. *l)* Altes und Neues über Entwickelung, Lebensweise und Vertilgung des grossen braunen Rüsselkäfers. Daselbst XIX, 1887, S. 299—307. *m)* Zur Vertilgung der wurzelbrütenden Hylesinen und des grossen braunen Rüsselkäfers auf Kiefernkahlschlagflächen. Daselbst XIX, 1887, S. 393—400. *n)* Rüsselkäfergefahr für Eichenculturen. Daselbst XIX, 1887, S. 639—644. — **2. Assmann.** Auftreten des Curculio (Hylobius) pini und des Strophosomus coryli. Forstliche Blätter 1875, S. 258 u. 260. — **3.** Auhagen. Ueber das Auftreten des Harz-rüsselkäfers (Curculio Hercyniae). Allgemeine Forst- und Jagdzeitung **XXXVI**, 1860, S. 462. — **4.** Beling. *a)* Der Harzer Rüsselkäfer. Allgemeine Forst- und Jagdzeitung **XXXIX**, 1863, S. 167—170. *b)* Der Buchenrüsselkäfer und der Saatrüsselkäfer. Tharander Jahrbuch **XXI**, 1871, S. 78 u. 79. *c)* Entomologische Mittheilungen. Daselbst **XXXIII**, 1883, S. 87—100. *d)* Der grosse schwarze Fichtenrüssel-käfer. Daselbst **XXXVII**, 1887, S. 86—92. — **5.** v. Berg. *a)* Der rothfüssige Rüsselkäfer. Allgemeine Forst- und Jagdzeitung 1827, S. 555. *b)* Beiträge zur Beantwortung der Frage: Wie ist dem Schaden des grossen braunen Kiefern-Rüsselkäfers zu begegnen? Tharander Jahrbuch X, 1854, S. 201—209. — **6.** Biedermann. Zur Rüsselkäferfrage. Zeitschrift für Forst- und Jagdwesen **XVII**, 1885, S. 594—599, mit Nachschrift von Altum. — **7.** v. der Borck. Der Rüsselkäfer, Carabus aterrimus. G. L. Hartig's Journal für das Forst-, Jagd- und Fischereiwesen 1806, S. 655. — **8.** Borggreve, B. Zur Generation der forstschädlichen Rüsselkäfer. Forstliche Blätter **XVIII**, 1881, S. 347—351. — **9.** Brachmann. Ueber Verbrei-tung und Auftreten des Strophosomus coryli. Tharander Jahrbuch **XXIX**, 1879, S. 72—76. — **10.** Brischke, G. S. A. Ueber die Larven von Sitones hispidulus Fahr. Entomologische Monatsblätter 1876, S. 38. — **11.** Czech J. Entomologische Notizen. (Brachyderes incanus L.) Centralblatt für das gesammte Forstwesen VI, 1880, S. 123. — **12.** Debey. Beiträge zur Lebens- und Entwickelungsge-schichte der Rüsselkäfer aus der Familie der Attelabiden. 1. Abth. mit einer mathematischen Zugabe von E. Heiss. 4, Bonn 1846, 55 S. mit 4 Tafeln. — **13.** Desbrochers des Loges, J. Monographie des Phyllo-biides d'Europe. L'Abeille. Mémoires d'entomologie par de Marseul XI, 1875, S. 659—748. — **14.** Döbner. Ueber die richtige Benennung des grossen und kleinen Kiefern-Rüsselkäfers. Allgemeine Forst- und Jagdzeitung **XXXIX**, 1863, S. 281—285. — **15.** Eichhoff, W. Zur Naturgeschichte des grossen braunen Rüsselkäfers. Zeitschrift für Forst- und Jagdwesen XLI, 1884, S. 473—490. — **16.** Engler. Ein Beitrag zur Rüsselkäferfrage. Forstliche Blätter **XIX**, 1882, S. 174 und 175. — **17.** v. Ernst. Entomologische Aphorismen. Verhandlungen des Schlesischen Forstvereins 1851, S. 293—296. — **18.** Fischbach, C. Der Rüsselkäfer, vertrieben durch Schafweide. Monatschrift für das Forst- und Jagdwesen 1869, S. 142 und 143. — **19.** Georg, W. *a)* Insektensachen. Pfeil's Kritische Blätter XL, 1, 1858, S. 160 bis 168. *b)* Die Pissodes-Arten in der Umgegend von Lüneburg und über die Vertilgungsmittel wider dieselben in Burckhardt's Aus dem Walde, Heft 1, 1865, S. 114—122. *c)* Die Vertilgung des Rüssel-käfers Hylobius Abietis Fabr. etc. durch Fangknüppel. Daselbst Heft 1, 1865, S. 122—125. — **20.** Grebe, F. Specielle, den Harzrüsselkäfer im königlich Hannover'schen Lautenthaler Forstreviere betreffende Erfahrungen. Grunert's Forstliche Blätter, Heft 5, 1863, S. 202 bis

205. — 2l. GRIMM. Ueber die Verhütung des Rüsselkäferschadens in Fichten- und Föhrenbeständen. Allgemeine Forst- und Jagdzeitung LIII, 1877, S. 336—341. — 22. GUMTAU. Beschädigung junger Fichtenbestände in der Oberförsterei Königshof durch Insekten in den Jahren 1847 und 1848. Verhandlungen des Harzer Forstvereins, Jahrgang 1849—1852, S. 17—20. — 23. GUSE. Rüsselkäfergräben. Zeitschrift für Forst- und Jagdwesen XVI, 1884, S. 519—521, mit Nachschrift von Altum, S. 521—522. — 24. HAASS. a) Der Kalkeinstäuber zur Abwehr der Verwüstungen durch den grossen braunen Rüsselkäfer. Verhandlungen des Schlesischen Forstvereins 1851, S. 290—292; b) Ueber den schwarzen Rüsselkäfer Curculio ater etc. Daselbst 1854, S. 146—148. — 25. HARTLEBEN. Zur Rüsselkäferfrage. Zeitschrift für Forst- und Jagdwesen XIX, 1887, S. 686—688. — 26. HEINICKE, R. Einige Erfahrungen zur Verhütung der Rüsselkäferschäden. Allgemeine Forst- und Jagdzeitung XXXIV, 1858, S. 464 bis 467. — 27. HENSCHEL, G. Entomologische Notizen. Centralblatt für das gesammte Forstwesen V, 1879, S. 610. — 28. HEYER, Ed. Ueber Begegnung des Schadens durch den Curculio pini. Allgemeine Forst- und Jagdzeitung XL, 1864, S. 34—36. — 29. JUDEICH, F. a) Cionus Fraxini, De Geer (Eschenrüsselkäfer). Tharander Jahrbuch XIX, 1869, S. 37—48. b) Entomologische Notizen. Daselbst XIX, 1869, S. 347 und 348. — 30. KELLNER, A. Generation des Harzrüsselkäfers. Allgemeine Forst- und Jagdzeitung XXXXV, 1869, S. 117. b) Ueber Hylobius pinastri. Protokoll der 15. Versammlung Thüringischer Forstwirthe. 8. Gotha 1875. S. 17—19. — 3l. KÖPPEN, FR. TH. Die schädlichen Insekten Russlands. 8. Petersburg 1880. — 32. KÜHN. Mittheilungen über einen Frass von Otiorrhynchus ater etc. Tharander Jahrbuch XIX, 1869, S. 49—52. — 33. KUNZE, M. Entomologische Notizen. Ebendaselbst XX, 1870, S. 239. — 34. LANG. Zur Biologie des „weissen Kiefernrüsselkäfers". Forstwissenschaftliches Centralblatt XXVI, 1882, S. 502—504. — 35. LEHMANN. Der Kiefernrüsselkäfer. Pfeil's Kritische Blätter XL, 2, 1858. S. 168—180. — 36. LETZNER. Bewohner und Beschädiger des Knieholzes. Arbeiten der Schlesischen Gesellschaft für vaterländische Cultur 1854, S. 87—90. — 37. LIEBICH, CHR. Ueber Rüsselkäferschaden. Allgemeines Forst- und Jagdjournal II, 1832, S. 160. — 38. v. LINKER. Der besorgte Forstmann. 8. Weimar 1798. — 39. v. LIPS. a) Der grosse Rüsselkäfer (Curculio pini). Smoler's Vereinsschrift für Forst-, Jagd- und Naturkunde, Heft 18, 1854, S. 55—65. b) Der Rüsselkäfer Curculio pini. Pfeil's Kritische Blätter XXXVI, 1855, 2, S. 152—181. c) Ein Beitrag zur Rüsselkäferfrage. Monatschrift für Forst- und Jagdwesen 1858, S. 150—152. — 40. LORENZ. Das schädliche Auftreten des Harzrüsselkäfers in den königlich Hannover'schen Harzforsten, mit Nachschrift von M. Willkomm. Tharander Jahrbuch XV, 1863, S. 235—245. — 4l. MARTINI. Den Curculio pini betreffend. Pfeil's Kritische Blätter XXXVI, 1, S. 137—149. — 42. NÖRDLINGER. a) Ueber Curculio hercyniae Hb.

am Harz. Pfeil's Kritische Blätter 1860, XLIII, 2, S. 288 bis
290. *b)* Der Harzer Rüsselkäfer Curculio hercyniae Hb. Pfeil's
Kritische Blätter 1863, XLVI, 1, S. 260—263. — **43.** v. Oppen, G.
a) Zur Lebensdauer des Hylobius abietis. Zeitschr. f. Forst- u. Jagdwesen
XV, 1883, S. 547—548. *b)* Untersuchungen über die Generations-
verhältnisse des Hylobius abietis. Ebendaselbst XVII, 1885, S. 81
bis 118 und S. 141—155. *c)* Zur Rüsselkäferfrage. Ebendaselbst
XIX, 1887, S. 344—362. — **44.** Osterberg, Ed. Schaden, veranlasst
durch die Larve von Cryptorrhynchus Lapathi in den Stadt- und
Stiftswaldungen von Lauingen a. d. Donau. Monatschrift für das
Forst- und Jagdwesen 1859, S. 354—256. — **45.** Paschen, F.
a) Ueber die Anwendung von Fanggräben, insbesondere zur Vertilgung des Curculio pini. Zeitschrift für Forst- und Jagdwesen XIV,
1882, S. 533—535 ; *b)* Curculio (Strophosomus) obesus und das
Auftreten desselben in der grossherzoglich Mecklenburgischen Forstinspection Caliss, mit Nachschrift von Altum. Zeitschrift .für Forst-
und Jagdwesen XVIII, 1886, S. 389—395. — **46.** Perris, E. Histoire
des insectes du pin maritime. Annales de la soc. entomol. de France
3ième série, IV, 1856, p. 245—257 u. 423—486. — **47.** Ranfft. Ueber
das gemeinsame Auftreten des Curculio pini und Strophosomus
coryli. Forstliche Blätter 1876, S. 61 u. 62. — **48.** Ratzeburg. *a)* Forstinsekten I. Curculio ater. Pfeil's Kritische Blätter XXIX, 2, 1851,
S. 221—225. *b)* Insektensachen. Daselbst XXX, 2, 1851, S. 155
und 156. *c)* Insektensachen. Daselbst XXXVIII, 1, 1856, S. 224
bis 234. *d)* Die Nachkrankheiten und die Reproduction der Kiefer
nach dem Frass der Forleule. 8. Berlin 1862. *e)* Forstinsekten-
sachen. Nr. 1. Kiefernstangen-Rüsselkäfer Curculio (Pissodes) piniphilus. Nr. 2. Harzrüsselkäfer Curculio (Pissodes) Hercyniae. Nr. 3.
Erlenrüsselkäfer Curculio Lapathi. Grunert's Forstliche Blätter,
Heft 5, 1863, S. 151—161. — **49.** Riegel. Beitrag zur Kenntniss
der Lebensweise des Weisstannen-Rüsselkäfers Curculio (Pissodes)
Piceae Jll. Monatschrift für das württembergische Forstwesen III,
1852, S. 28 und 29. — **50.** Rossmässler. Bemerkungen über einige
bisher nur noch wenig beobachtete forstschädliche Insekten. Tharander
Jahrbuch II, 1845, S. 197—200. — **51.** Rubattel, Ch. Schädliche
Forstinsekten. Schweizerisches Forstjournal VI, 1855, S. 143. —
52. Rusch. Beobachtungen über den Rüsselkäfer etc. Verhandlungen
des Schlesischen Forstvereins 1842, S. 115—119. — **53.** Schaal.
Der schwarze Rüsselkäfer. Allgemeine Forst- und Jagdzeitung XXXVIII,
1862, S. 320. — **54.** Schember. Ueber Rüsselkäferschaden. Allgemeine
Forst- und Jagdzeitung XLIV, 1868, S. 361—366. — **55.** Schmidt, A.
Cionus fraxini. Zeitschrift für Forst- und Jagdwesen 1885, XVII,
S. 504 und 505. — **56.** Schmidt-Göbel, H. M. Der Rebenstecher,
sein Leben und Treiben und seine Vertilgung. 8. Wien 1882, 74 S.
mit Holzschnitten. — **57.** Schulemann. Beitrag zur Abwendung des
Rüsselkäferschadens in Kiefernforsten. Mit 1 Tafel. Zeitschrift für
Forst- und Jagdwesen IX, 1878, S. 544—548. — **58.** Stein, F. Bei-

träge zur Forstinsektenkunde. Tharander Jahrbuch VIII, 1852, S. 228—256. — **59.** STÜRTZ, R. Hylobius Pineti Fahr., der grösste deutsche braune Nadelholz-Rüsselkäfer, als Feind der Lärche. Forstliche Blätter 1873, S. 356—358. — **60.** TASCHENBERG. Die grünen Rüsselkäfer Ratzeburg's, in Judeich's Deutscher Forst- und Jagdkalender III, 2, 1875, S. 32—42. — **61.** v. VULTEJUS, A. Insektenschaden an den Blättern der Eiche etc. Verhandlungen des Hils-Solling-Forstvereins. Jahrgang 1856, S. 59—63 mit 1 Tafel. — **62.** WALTER, M. Bemerkungen über die Verheerungen des Fichtenrüsselkäfers, Curculio pini Lin. und einige Hilfsmittel zur Vertilgung desselben. kl. 8. Carlsbad 1826. — **63.** WASMANN, E. Der Trichterwickler, eine naturwissenschaftliche Studie über den Thierinstinkt. 8. Münster 1884. 266 S. mit Holzschnitten und Tafeln. — **64.** WEDEKIND, G. W. Das Auftreten des Harzrüsselkäfers, Curculio (Pissodes) Hercyniae, an der Fichte im Forstreviere Zellerfeld in den Sommern 1860, 1861 und 1862. Monatschrift für das Forst- und Jagdwesen 1863, S. 100—107. — **65.** WESTERMEIER. Ein Frass des Kiefernstangenholz-Rüsselkäfers, Pissodes piniphilus Herbst. Allgemeiner Holzverkaufs-Anzeiger 1886, Nr. 36, S. 416. — **66.** WEINSCHENK Zwei Berichte etc. Verhandlungen des Schlesischen Forstvereins 1852, S. 141—148. — **67.** ZIMMER, K. E. G. (Püchau, † 1860). Der Curculio pini und Mittel zu seiner Vertilgung. Smoler's Vereinsschrift, Heft 30. 1858, S. 63—71; Heft 31, 1859, S. 3—26; Heft 37, 1860, S. 48 bis 57. — **68.** ZIMMER, A. (Moritzburg). Neue Methode, Rüsselkäfer zu fangen. Forstwissenschaftliches Centralblatt XXIII, 1879, S. 256. — **69.** ZEBE. Aphoristische Mittheilungen. 1. Curculio Lapathi Linn. Verhandlungen des Schlesischen Forstvereins 1843, S. 73—75. — **70.** B... Ueber Schaden an Weymouthskiefern durch Hylobius abietis. Centralblatt für das gesammte Forstwesen VI, 1880, S. 277. — **71.** BP. Zur Geschichte schädlicher Forstinsekten. Allgemeine Forstund Jagdzeitung LII, 1876, S. 364. — **72.** J. F. u. M. W. Vertreibung des Curculio Pini. Vereinsschrift des Böhmischen Forstvereins, Heft 65, 1869. S. 74. — **73.** .... Aus dem Pfälzerwalde. Allgemeine Forst- und Jagdzeitung XLV, 1869, S. 473 und 474. — **74.** .... Strophosomus limbatus. Allgemeine Forst- und Jagdzeitung XXXIV, 1858, S. 452.

Die Borkenkäfer.

Die Borkenkäfer, Scolytidae im weiteren Sinne, sind den eigentlichen Rüsselkäfern zoologisch nahe verwandte, kleine bis kleinste, beinahe walzenförmige, tetramere Käfer mit gebrochenen, aus Schaft und Geissel mit Endknopf bestehenden Fühlern und nach unten verbreiterten Schienen. Sie brüten fast durchweg in Holzpflanzen, aber auch in diesen wieder nur in den verholzten Theilen, und legen ihre Eier stets in „Muttergänge", d. h. in Höhlungen mit kreisrunden Eingängen, den Bohrlöchern, welche der hierbei mit seinem ganzen Körper in die Pflanze eindringende Käfer nagt. (Taf. II, Fig. 8—11.)

Die weissen, fusslosen, bauchwärts eingekrümmten, weichen, nur am deutlich abgesetzten Kopfe stärker chitinisirten Larven sind denen der Rüsselkäfer so ähnlich, dass es sehr schwer hält, eine nicht mehr an ihrer natürlichen Wohnstätte befindliche Larve von einer ähnlich grossen Rüsselkäferlarve zu unterscheiden. Dagegen sind die meist durch das Zusammenwirken von Mutterkäfern und Larven gebildeten Frassfiguren so ungemein charakteristisch, dass nicht allein für den nur einigermassen Geübten ein Borkenkäferfrass sofort von jedem anderen Insektenfrasse unterscheidbar ist, sondern auch in den meisten Fällen aus der Gestalt der Frassfigur und der befallenen Holzart auf die Art, welcher der Thäter angehört, geschlossen werden kann.

In den meisten Fällen werden wenigstens von den in Stämmen brütenden Nadelholzbewohnern solche mit stockenden Säften, also kränkliche oder beschädigte Hölzer, Windwürfe, Schneebrüche, durch Raupenfrass vorbereitete Stämme oder geschlagenes Holz angenommen. Die mehr auf schwächeres Nadelholzmaterial und Laubhölzer angewiesenen gehen aber auch an ganz gesundes Material, welches bei starker Vermehrung auch von den ersteren keineswegs verschont wird. Vielmehr bestehen gerade die stärksten Borkenkäferschäden in der Tödtung vorher ganz gesunder, älterer Nadelholzbestände.

Viele Borkenkäfer sind insofern monophag, als sie eine bestimmte Holzart als Brutstätte bevorzugen und nur ausnahmsweise auf verwandte Pflanzen übergehen. Andere, besonders eine Reihe von Nadelholzbewohnern, sind mehr polyphag. Ihre geographische Verbreitung ist eine sehr weite und wird wohl nur durch die Waldgrenze beschränkt.

Im Freien bemerkt man die Borkenkäfer nur dann in grösserer Menge, wenn sie schwärmen. Dieses Schwärmen findet bei den ausserhalb ihrer Gänge überwinternden Formen beim Eintritt der ersten schönen Frühlingstage statt, hingegen bei denen, welche im Frühjahr oder Sommer ihre Metamorphose vollenden, bald nach ihrem Ausschlüpfen, immer aber nur an warmen, sonnigen Tagen gegen Mittag und Abend. Einige Formen, z. B. Hylesinus piniperda L., brauchen allerdings weniger Wärme, sind also Frühschwärmer, während andere erst in der wärmeren Jahreszeit auftreten, also Spätschwärmer sind, z. B. Tomicus typographus L. Die Zahl der gleichzeitig schwärmenden Käfer ist mitunter so bedeutend, dass man an Oertlichkeiten mit passendem, reichlichem Brutmateriale ganze Wolken beobachten, und oft mit einem Schlage des Hutes eine ganze Anzahl fangen kann. Die Oberfläche der Brutstätten, z. B. von geschlagenen Stämmen, Meterstössen u. s. f., ist dann mitunter dicht von ihnen bedeckt.

Ist die Generation einjährig, d. h. wird ein Entwicke-lungscyklus im Verlaufe von ungefähr 12 aufeinander folgenden Monaten vollendet, so giebt es nur eine Hauptschwärmzeit; ist die Generation mehrfach, so folgen sich im Laufe von Frühjahr und Sommer mehrere Schwärmperioden. Der in der neueren Zeit heftig geführte Streit, ob eine bestimmte Art einfache oder mehrfache Gene-ration hat, ist insofern ein ziemlich müssiger, als sich diese Frage für die einzelne Art im Allgemeinen überhaupt nicht entscheiden lässt. Es hängt dies durchaus nicht von der Art, sondern von der Temperatur ihres Wohnortes ab. Alle Borkenkäfer, vielleicht mit alleiniger Ausnahme der krautartige Pflanzen bewohnenden, können sowohl einfache wie doppelte oder sogar mehrfache Generation haben; letztere kommt aber nur in verhältnissmässig wärmeren Jahren oder Gegenden vor. In Mittel- und Südeuropa scheint die mehrfache Generation Regel zu sein. Diese theoretisch im Allgemeinen unmög-liche Entscheidung hat aber trotzdem im gegebenen Einzelfalle, in einer bestimmten Gegend und in einem bestimmten Jahre, für den praktischen Forstmann eine sehr grosse Wichtigkeit, und es müssen alle Kräfte daran gesetzt werden, um Gewissheit darüber zu erlangen, weil nur dann die Abwehr genügend besorgt werden kann. Im Zweifelsfalle ist es stets zu empfehlen, sich auf eine mehrfache Gene-ration einzurichten.

Nachdem die Käfer beim Schwärmen passendes Brutmaterial gefunden, beginnen sie sofort mit der Anlage der Brutstätten, indem sie ein Bohrloch nagen und durch dieses in die Pflanze eindringen. Ihr Verhalten hierbei ist aber sehr verschieden, je nachdem dieses Bohrloch bei den Rindenbrütern höchstens bis auf das Holz ge-trieben wird, oder bei den Holzbrütern in letzteres eindringt. Wir beginnen mit den Rindenbrütern. Hier wird bei den in Vielweiberei lebenden Formen nach EICHHOFF, dem neuesten und genauesten deutschen Monographen der Borkenkäfer [15 a], das Bohr-loch wahrscheinlich vom Männchen hergestellt, das alsbald unter diesem eine kleine Höhlung, die sogenannte Rammelkammer, aus-frisst, in welcher sich ihm einige Weibchen zugesellen, die nach hier erfolgter Begattung von der Rammelkammer, in welcher das Männchen zurückbleibt, ausgehend, jedes einen Muttergang an der Grenze von Holz und Rinde fressen und mit Eiern belegen. Bei den ein-weibig lebenden scheint das Weibchen auch das Bohrloch zu fressen und während dieser Arbeit, oder im Inneren des Ganges von dem Männchen begattet zu werden. Am Anfange solcher einfacher Gänge vorkommende Erweiterungen sind daher nicht als Rammelkammern anzusehen. Die Muttergänge sind entweder linear oder unregel-mässig. Im ersteren Falle nagt das Weibchen rechts und links kleine Grübchen für die Aufnahme der einzeln abgelegten Eier, und von diesen Eiergrübchen gehen dann die meist deutlich von einander getrennt bleibenden Larvengänge ab. Bei unregelmässigen Gängen werden die Eier haufenweise in den Gang selbst abgelegt, und die

Larven erweitern diesen Gang, geschaart fortfressend, zu einem
Familiengange oder graben verworrene, vielfach verschmelzende, unregelmässige Gänge. Je nachdem von dem Bohrloche
nur ein Gang abgeht oder mehrere, spricht man von einarmigen
oder mehrarmigen Muttergängen, ferner je nach der Richtung, welche der Muttergang an dem stehenden Baume hat, von
Lothgängen und Wagegängen, Namen, welche EICHHOFF durch
Längs- und Quergänge zu ersetzen vorschlägt. Frassfiguren, bei
denen mehrere einzelne Muttergänge strahlenartig von der Rammelkammer ausgehen, nennt man Sterngänge. Obgleich im Allgemeinen
die einzelnen Arten entweder ausschliesslich Loth-, Wage- oder
Sterngänge nagen, sind doch diese Bezeichnungen nicht streng im
mathematischen Sinne zu nehmen, und die gegebenen Raumverhält-
nisse bedingen oft Abweichungen von der Normalform. Namentlich
werden im schwachen Material Quergänge häufig zu Schräggängen,
und mehrarmige Loth- oder Wagegänge nähern sich häufig der
Sternform. Im Allgemeinen sind die Rindengänge bei Trennung von
Rinde und Holz auf den einander zugewendeten Flächen beider zu
erkennen, greifen aber je nach den einzelnen Arten tiefer bald in
jene, bald in dieses ein. Während der Eschenbastkäfer, Hylesinus
Fraxini FABR., stets auch das Holz tief furcht, verlaufen die Gänge
des Kiefernmarkkäfers, Hylesinus piniperda L., meist nur in der Rinde.
Die Richtung der Larvengänge verläuft im Allgemeinen rechtwinkelig gegen die Muttergänge, so dass also von Quermuttergängen
längsgerichtete Larvengänge und von Längsmuttergängen quergerichtete Larvengänge entspringen. Die den blinden Enden der Muttergänge zunächst liegenden Larvengänge gruppiren sich um diese
Enden aber vielfach strahlenförmig. Bei einzelnen Formen, z. B. bei
Hylesinus crenátus FABR., biegen die ursprünglich längsgerichteten
Larvengänge später in die Querrichtung über, verlaufen also schliesslich dem Muttergange parallel. Die Länge der Larvengänge ist der
Art nach sehr verschieden. Hylesinus Fraxini FABR. hat z. B. sehr
kurze, Scolytus intricatus RATZ. ungemein lange Larvengänge. Die
sich von den abgenagten Rinden- und Holztheilen nährenden Larven
verpuppen sich nach vollendetem Wachsthume, dem die allmählich
zunehmende Breite des Ganges entspricht, in einer Puppenwiege,
welche entweder in der Rinde oder auf der Grenze von Rinde und
Holz gelegen, einen ovalen Umriss zeigt, oder mit einer runden
Oeffnung senkrecht in das Holz eindringt. Nach erfolgtem Ausschlüpfen fressen alle Rindenbrüter kreisrunde, je nach der Stärke
des Käfers verschieden grosse, direkt über der Puppenwiege gelegene Fluglöcher, durch welche sie ihre Geburtsstätte verlassen.
Ausser Bohr- und Fluglöchern kann man manchmal noch Luftlöcher
unterscheiden, welche behufs Ventilation von den Mutterkäfern in der
Decke der Muttergänge durch Nagen von innen angebracht werden.
    Bei den Holzbrütern, zu denen wir uns nun wenden, scheinen
allein die Weibchen die Muttergänge zu fressen, nachdem, wenigstens

bei den Arten mit flugunfähigen Männchen, die Begattung bereits
kurz nach Vollendung der Metamorphose an der Geburtsstätte, innerhalb der Gänge stattgefunden hat. Von dem Bohrloche aus wird stets
eine radial in das Holz eindringende Eingangsröhre angelegt, und
von ihr aus werden dann die eigentlichen Brutröhren im Holze
weiter getrieben. Bei den Nutzholzborkenkäfern, d. h. bei der Untergattung Trypodendron, verlaufen diese Brutröhren stets in einem
senkrecht auf die Längsachse gerichteten Querschnitte des Stammes,
und es werden die Eier an der oberen und unteren Seite der Röhren
— diese Orientirung bezieht sich hier auf den stehenden Stamm — einzeln in von der Mutter genagte, halbkugelförmige Eiergrübchen abgelegt. Die ausschlüpfenden Larven fressen nun kurze, senkrecht gegen
die Brutröhre, also in der Richtung der Holzfaser verlaufende
Larvengänge. Auf diese Weise entstehen die sogenannten Leitergänge. Auch bei einem Mitgliede der Untergattung Xyleborus,
nämlich bei Tomicus Saxesenii Ratz., wird die Frassfigur durch Zusammenwirkung von Mutter- und Larvenfrass hergestellt, indem die
Larven die Brutröhren nach unten und oben erweitern, hier aber
durch unregelmässigen Frass, welcher schliesslich buchtige, weitere
Familiengänge erzeugt, in denen Larven, Puppen und junge Käfer
geschaart durcheinander liegen. Oh sich in diesen Fällen die Larven
blos von den abgenagten saftreichen Holztheilchen nähren oder
nach Vollendung des Larvenganges auch von dem Pilzrasen, welcher
sich nach Th. Hartig in letzterem bildet, oder wenigstens von dem
in die Larvenhöhle durchschwitzenden Holzsafte, steht noch nicht
sicher fest. Bei den übrigen Mitgliedern der Untergattung Xyleborus,
insoweit ihre Lebensweise genauer bekannt ist, werden hingegen von
den tiefer in das Holz eindringenden Eingangsröhren aus durch den
Mutterkäfer mehr oder weniger sich gabelnde, in ein und demselben
Stammquerschnitte gelegene Brutröhren weiter getrieben und entweder
in diesen Gabelgängen direkt die Eier abgelegt, z. B. bei Tomicus monographus Fabr., oder ausserdem noch senkrecht gegen die
primären Gabelgänge in der Richtung der Holzfaser verlaufende,
secundäre Brutröhren angelegt, die ebenso wie die primären
zur klumpenweisen Eiablage dienen. In allen Fällen, in welchen
Gabelgänge erzeugt werden, nehmen die Larven an der Erzeugung
der Frassfigur keinen Antheil, können sich also nicht von saftigen
Holztheilchen nähren, sondern entweder lediglich von dem an den
Wänden der Brutröhren ausschwitzenden Safte, oder von dem auch
hier vorkommenden, bereits oben erwähnten Pilzrasen. Pilze sind es
auch, welche die für die Holzgänge der Borkenkäfer so charakteristische schwarze Färbung der Wände erzeugen, welche diese Gänge
wie mit einer glühenden Stricknadel gebrannt erscheinen lässt. Bei
allen Holzbrütern kommt es weder zur Bildung besonderer Puppenwiegen, noch auch zur Entstehung von besonderen Fluglöchern, indem die fertigen Käfer durch die Brut- und Eingangsröhren und
schliesslich durch das primäre Bohrloch ihre Geburtsstätte verlassen.

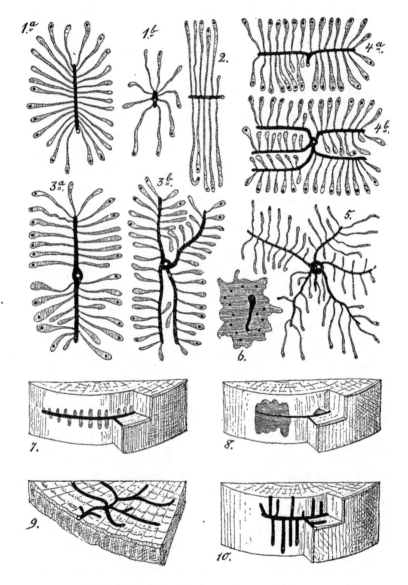

Fig. 142. Schematische Uebersicht der Formen, welche die Brutstätten der forstlich wichtigen Borkenkäfer zeigen.

Die Bohrlöcher sind weiss ausgespart, die Fluglöcher und die Muttergänge ganz schwarz angelegt, die Larvengänge schraffirt.

A. Rindengänge, welche die jungen Käfer schliesslich durch neu genagte Fluglöcher verlassen.

a) Regelmässige Muttergänge mit zweiseitig angebrachten Eiergruben,
deutlich gesonderten Larvengängen und besonderen Puppenwiegen.

1. Einarmige, längsgerichtete Muttergänge mit quergerichteten Larvengängen.
2. Einarmige, quergerichtete Muttergänge mit längsgerichteten Larvengängen.
3. Zwei- oder mehrarmige, längsgerichtete Muttergänge mit quergerichteten Larvengängen.
4. Zwei- oder mehrarmige, quergerichtete Muttergänge mit längsgerichteten Larvengängen.
5. Sternförmige Muttergänge mit strahlig von denselben ausgehenden
Larvengängen.

b) Unregelmässige Muttergänge ohne Eiergruben mit unregelmässigen,
verworrenen Erweiterungen durch Larvenfrass, ohne besondere Puppenwiegen.

6. Familiengänge.

B. Holzgänge, welche die jungen Käfer schliesslich durch das alte
Bohrloch verlassen.

c) Lineare Muttergänge, welchen sich durch Larvenfrass entstandene Fort-
setzungen anschliessen.

7. Leitergänge, deren von dem Mutterkäfer genagte Theile, Eingangsröhre und Brutröhren, in der Ebene eines Stammquerschnittes liegen,
während die kurzen, von den Larven genagten, und von je einer
Larve ganz ausgefüllten Larvengänge in der Richtung der Holzfaser
senkrecht nach oben und unten abgehen.
8. Familiengänge, deren von dem Mutterkäfer genagte Theile, Eingangsröhre und Brutröhren, in der Ebene eines Stammquerschnittes
liegen, aber durch unregelmässigen Larvenfrass in der Richtung der
Holzfaser nach oben und unten zu unregelmässig gebuchteten, geräumigen Gesellschaftslarvenlagern erweitert werden.

d) Lineare Muttergänge, die zugleich als Larvenlager dienen und niemals
durch Larvenfrass ausgedehnt werden.

9. Gabelgänge aus Eingangsröhre und Brutröhren bestehend, welche
sämmtlich in der Ebene eines Stammquerschnittes liegen.
10. Gabelgänge, bei denen die Eingangsröhre und die Brutröhren erster
Ordnung in der Ebene eines Stammquerschnittes liegen, während
die gleichfalls vom Mutterkäfer genagten, zugleich aber als Larvenlager dienenden, längeren Brutröhren zweiter Ordnung in der Richtung der Holzfaser senkrecht nach oben und unten abgehen.

Die Figuren *1—6* sind rein schematisch gehalten, ohne direkte Beziehung
auf bestimmte Arten, dagegen stellt Nr. 7 den Frass von Tomicus lineatus Oliv.,
Nr. *8* den von T. Saxesenii Ratz., Nr. *9* den von T. monographus Fabr. nach
Eichhoff, und Nr. *10* den von T. dispar Fabr. dar.

Systematik und Bestimmungstabellen.

Die Borkenkäfer im
weiteren Sinne, die Scolytidae (vgl. S. 352 und 353), zerfallen in
zwei Unterfamilien, die Scolytini und die Platypini, von denen nur
erstere in Europa für den Forstmann wirkliche Bedeutung haben.
Sie unterscheiden sich folgendermassen:

Platypini.	Scolytini.
Kopf breiter als das Halsschild, Augen gewölbt vorragend. Erstes Fussglied länger als die übrigen zusammen.	Kopf schmäler als das Halsschild, Augen flach. Erstes Fussglied kür- zer als die übrigen zusammen.

A   B   C   D

Fig. 143. *A* und *B* ganzer Käfer und Vorderbein von Platypus cylindrus Fabr.,
C und *D* dasselbe von Scolytus intricatus Ratz.

Die Platypini umfassen nur die Gattung Platypus, welche aus
einer grossen Anzahl exotischer, namentlich amerikanischer Käfer
besteht. In Europa kommen nur zwei Arten vor.

Beschreibung: Gattung: Platypus Hbst. Körper lang, walzenförmig.
Kopf frei, senkrecht, breiter als das ihn nicht überragende Halsschild. Augen
rundlich, hervorragend. Fühler gekniet, mit 4gliedriger Geissel. Keule sehr gross,
plattgedrückt, derb. Halsschild lang, walzenförmig, vorn gerade abgestutzt, an
der Basis beiderseitig gebuchtet, an den Seiten zur Aufnahme der Vorderschenkel mit einem tiefen Ausschnitt. Flügeldecken an der Spitze steil abfallend.
Bauch horizontal. Schenkel und Schienen breitgedrückt, die Vorderschienen an
der Aussenfläche meist mit sehr deutlichen, parallelen Schrägleisten. Füsse sehr
lang und dünn, das erste Glied mindestens so lang als die folgenden zusammen.
Das vierte Fussglied zwar klein, aber so deutlich, dass man diese Gattung
streng genommen nicht zu den Cryptopentameren rechnen sollte. Das Klauenglied wieder sehr lang, länger als die Glieder 2, 3 und 4 zusammen.

Die Scolytini zerfällen wir wiederum in drei Hauptgattungen,
als welche wir annehmen Scolytus Geoffr., Splintkäfer, Hylesinus
Fabr., Bastkäfer, und Tomicus Latr., Borkenkäfer. Die beiden
ersteren sind von der letzteren unterschieden durch die freie Haltung
des Kopfes, der für den Betrachter von oben durch das Halsschild
nicht vollständig verdeckt wird, sowie meist auch durch die Zwei-
lappigkeit des dritten Fussgliedes, ein Kennzeichen, welches allerdings bei einigen kleineren Arten der Gattung Hylesinus undeutlich
wird und namentlich bei der Untergattung Polygraphus so schwindet, dass letztere einen direkten Uebergang zu den Tomicus-Arten
bildet. Trotz dieser näheren Zusammengehörigkeit unterscheiden sich
die Gattungen Scolytus und Hylesinus leicht dadurch, dass bei
ersterer der Hinterleib nach oben schräg abgestutzt ist (vgl. S. 444),
ein Kennzeichen, welches ihr wohl auch den deutschen Namen
„Stutzkäfer", der allerdings auch für Hister verwendet wird, sowie
den freilich aus Gründen der Priorität nicht dauernd beizubehal-
tenden, aber sehr charakteristischen Namen *Eccoptogaster* Hbst. verschafft hatte: „Käfer, denen der Bauch hinten ausgeschnitten ist."
Sie zerfällt nicht in weitere Untergattungen.

Die Gattung Hylesinus besteht dagegen aus den einfach cylindrisch gestalteten Formen, welche hier wieder in neun Untergattungen
getheilt werden.

Die Gattung Tomicus, früher meist *Bostrychus* oder *Bostrichus*
genannt, ist ausgezeichnet durch das stets einfach cylindrische dritte
Fussglied und den unter dem Halsschild verborgenen Kopf, in der

Mehrzahl ihrer wichtigen Formen ferner dadurch, dass der Absturz der Flügeldecken besonders gestaltet erscheint, und zwar meist durch tiefere, gewöhnlich auch Zähne tragende Eindrücke. Sie wird in ein Dutzend Untergattungen getheilt.

Der europäischen Fauna gehören von der Unterfamilie der **Scolytini** nach den neuesten Angaben ungefähr 130 Arten an, von denen aber nur etwa 30 forstlich beachtenswerth sind.

Will man die kleineren Arten, namentlich die der Gattungen Hylesinus und Tomicus, sicher bestimmen, so genügt, wenn man nicht über bereits sicher bestimmtes Vergleichsmaterial verfügt, die Anwendung sogar einer stärkeren Lupe oder eines schwächeren Objectives eines guten, zusammengesetzten Mikroskopes, z. B. Nr. 4 von Hartnack, durchaus nicht, und es muss daher das zusammengesetzte Mikroskop selbst benutzt werden. Es sind aber in den folgenden Tabellen alle diejenigen Kennzeichen weggelassen worden, welche sich auf nur schwer präparirbare Theile beziehen, also z. B auf die Mundwerkzeuge. Dagegen konnte die genaue Schilderung der Fühler nach Geisselgliederzahl und Keulenform, sowie die der Fussglieder nicht umgangen werden. Diese Theile sind aber verhältnissmässig leicht als Dauerpräparate herzustellen, wozu wir die folgende Anleitung geben. Will man von frischgefangenen Borkenkäfern mikroskopische Präparate machen, so löst man, eventuell unter einer Präparirlupe, die zu untersuchenden Theile mit in Hefte gefassten Nadeln oder einem feinem Messer ab, bringt sie auf den Objectträger, befeuchtet sie mit reinem, unverdünntem Spiritus, giebt alsdann ein Tröpfchen reinen Glycerins darauf und deckt sie mit einem nicht zu feinen Deckgläschen. So hergestellte Präparate genügen zu einer Untersuchung und lassen sich von geübter Hand durch Verschluss mit schwarzem Maskenlack auch in Dauerpräparate umwandeln. Dagegen wird die Herstellung letzterer einfacher, wenn man statt des Glycerins ein Tröpfchen Glyceringelatine verwendet, welche zuvor im Wasserbade über einer Spirituslampe flüssig gemacht wurde. Diese erstarrt alsbald und lässt sich viel leichter mit Maskenlack einschliessen. Ebenso kann man auch bereits in der Sammlung aufgestellte Käfer untersuchen, wenn sie vorher aufgeweicht werden, was am besten dadurch geschieht, dass man den mit Spiritus befeuchteten Käfer in einem kleinen Reagensglase, welches man zur Noth auch durch einen silbernen Löffel ersetzen kann, in Wasser einige Minuten kochen lässt. Fühler und Beine von getrockneten Käfern kann man aber auch ohne vorheriges Kochen untersuchen, wenn man die abgelösten Theile mit Xylol oder Kreosot befeuchtet, in einen Tropfen flüssigen Canadabalsams bringt und dann deckt. In diesem Falle bleiben aber dem Ungeübten leicht Luftblasen in den Hohlräumen des präparirten Käfertheiles zurück. Einen Einschluss mit Lack brauchen solche Präparate nicht unbedingt Die nöthigen Reagentien bezieht man am besten aus Specialgeschäften, z B von Dr. Georg Grübler in Leipzig, Dufourstrasse Nr. 17. Canadabalsam kann gelöst, in Metalltuben wie die Oelfarben bezogen werden.

Gattungs-Beschreibung: 1. Gattung: Scolytus Geoff. (*Eccoptogaster* Hbst., Ratz.) Kopf geneigt, von oben meist sichtbar, mit sehr kurzem Rüssel. Augen lang, vorn etwas ausgebuchtet. Fühler gekniet, mit 7gliedriger Geissel und einer letztere an Länge überragenden, derben, geschuppten Keule. Halsschild gross, nach vorn

Fig. 144. Fühler von Scolytus Ratzeburgii Jans.

etwas verengt, oben meist fein punktirt. Flügeldecken an der Basis nicht erhaben gerandet, an der Spitze nicht abschüssig gewölbt, niemals eingedrückt oder gezähnt. Naht am Schildchen vertieft. Bauch nicht horizontal, sondern vom zweiten Ringe an steil gegen den After aufsteigend. Schienen nach aussen ganzrandig, ohne Zähne oder Dornen, nur mit einem Endhaken, die vorderen gekrümmt. Hinterhüften ziemlich weit, die vorderen wenig von einander entfernt. Drittes Fussglied breiter als die vorhergehenden, zweilappig.

Bestimmungstafel für die Gattung Scolytus.

Zweiter Bauchring stets in der Mitte mit einem langen, nach hinten gerichteten Dorn. Rüstern- oder Pappel bewohner mit lothrechten Muttergängen . . . . **Art** multistriatus.

Zweiter Bauchring in der Mitte stets ohne Dorn.

Flügeldecken mit einer geringeren Anzahl weitgestellter, tiefer Punktstreifen, in deren Zwischenräumen feinere Punktreihen stehen. Wenigstens das ♂ mit Auszeichnungen am dritten und vierten Bauchring u. goldgelber Stirnbürste. Grössere, meist 5—6 mm lange Formen.

♂ u. ♀ in der Mitte des dritten u. vierten Bauchringes mit einem Höcker. Rüstern bewohner mit lothrechten Muttergängen . . . Geoffroyi.

♂ allein auf der Mitte des dritten Bauchringes mit Höcker und leistenartigem, besonders in der Mitte erhöhtem Hinterrande des vierten Bauchringes. Birken bewohner mit lothrechten Muttergängen . . Ratzeburgii.

Flügeldecken mit einer grösseren Anzahl enggestellter, fast gleichstarker Punktstreifen. ♂ u. ♀ ohne Dornen oder Höcker an sämmtlichen Bauchringen. Kleinere Formen.

Flügeldecken glänzend.

Halsschild fein punktirt, besonders auf der Scheibe. Obstbaumbewohner mit lothrechten, oft langen Muttergängen . . . . . Pruni.

Halsschild überall mit dichten und tiefen, auf der Scheibe nur etwas feineren Punkten. Hainbuchen bewohner mit kurzen, wagerechten Muttergängen . . . . Carpini.

Flügeldecken matt.

Halsschild wenig glänzend, grob punktirt. Obstbaum bewohner mit kurzen, lothrechten Muttergängen . . . . rugulosus.

Halsschild stark glänzend, auf der Scheibe fein punktirt. Eichen bewohner mit kurzen, wagerechten Muttergängen und sehr langen Larvengängen . . . . intricatus.

2. Gattung: Hylesinus Ratz., Gyll. Kopf geneigt, von oben meist sichtbar, mit einem sehr kurzen, mehr oder weniger deutlichen Rüssel. Fühler gekniet, mit 5—7gliedriger Geissel und einer geringelten, gegliederten oder derben Keule. Halsschild fast stets nach vorn verengt, oben gleichmässig punktirt. Flügeldecken an der Basis meist erhaben gerandet und einzeln abgerundet, an

der Spitze abschüssig gewölbt, niemals eingedrückt oder gezähnt. Bauch horizontal. Schienen nach aussen mit Zähnen oder Dornen. Drittes Fussglied meist herzförmig oder zweilappig, nur bei wenigen Arten einfach.

Wohl von allen Hylesinen, wenigstens von den meisten, kommen ausser den dunklen auch lichtbraune oder gelb gefärbte Käfer vor; da dies nur unreife, noch nicht ausgefärbte Exemplare sind, können sie nicht als besondere Arten, nicht einmal als sogenannte Varietäten betrachtet werden.

1. Untergattung: Hylastes Er. Fühlergeissel lang, mit sieben, nach vorn wenig breiter werdenden Gliedern. Fühlerkeule nicht zusammengedrückt, geringelt kurzeiförmig. Kopf in einen kurzen, aber deutlichen Rüssel verlängert. Augen langoval, vorn ganzrandig. Vorderbrust vor den Hüften vertieft, beiderseits mit einer von letzterer bis zum Vorderrand verlaufenden, scharfen Kante. Vorderhüften aneinander stehend. Basis der Flügeldecken nicht oder kaum erhaben gerandet. Die ersten drei Fussglieder ziemlich gleich lang, das dritte herzförmig oder zweilappig.

2. Untergattung: Hylesinus Fabr. im engeren Sinne. Fühlergeissel mit sieben, nach vorn nicht breiter werdenden Gliedern. Fühlerkeule länger als die Geissel, etwas zusammengedrückt, geringelt, lang zugespitzt. Augen langoval, vorn ganzrandig. Vorderhüften von einander entfernt. Flügeldecken an der Basis erhaben gerandet, meist bunt beschuppt. Die drei ersten Fussglieder ziemlich gleich lang, das dritte breiter als die vorhergehenden, zweilappig.

3. Untergattung: Hylurgus Latr. Fühlergeissel mit sechs, nach vorn breiter werdenden Gliedern. Fühlerkeule nicht zusammengedrückt, geringelt, kurz, kugelig gerundet. Augen langoval, vorn ganzrandig. Vorderbrust vor den sich einander berührenden Vorderhüften fast gar nicht ausgerandet, diese daher etwas entfernt vom Vorderrand stehend. Basis der Flügeldecken kaum erhaben gerandet. Körper dicht punktirt und lang behaart. Erstes Fussglied länger als die folgenden, das dritte herzförmig.

4. Untergattung: Myelophilus Eichh. (Blastophagus Eichh.). Fühlergeissel mit sechs Gliedern. Fühlerkeule nicht zusammengedrückt, geringelt, eiförmig zugespitzt. Augen langoval, vorn ganzrandig. Vorderbrust sehr kurz, bis zu den nahe zusammenstehenden Vorderhüften ausgerandet. Flügeldecken an der Basis schwach erhaben gerandet, einzeln abgerundet. Oberseite nur weitläufig punktirt, dünn behaart. Erstes Fussglied etwas länger als das folgende, das dritte breit zweilappig.

5. Untergattung: Dendroctonus Er. Fühlergeissel mit fünf, nach vorn viel breiter werdenden Gliedern. Fühlerkeule zusammengedrückt, gerundet, geringelt. Augen langoval, vorn ganzrandig. Vorderbrust kurz, bis zu den einander sich berührenden Vorderhüften ausgerandet Vorderrand des Halsschildes tief ausgerandet. Basis der Flügeldecken schwach erhaben gerandet. Körper gross, lang behaart. Erstes Fussglied am längsten, das dritte zweilappig.

6. Untergattung: Xylechinus Chap. Forstlich völlig unwichtig und daher genügend gekennzeichnet in der Bestimmungstafel auf folgender Seite.

7. Untergattung: Carphoborus Eichh. Fühlergeissel mit fünf, nach vorn kaum breiter werdenden Gliedern. Fühlerkeule zusammengedrückt, gerundet, geringelt. Augen nierenförmig, vorn in der Mitte tief ausgerandet. Vorderbrust kurz, bis an die sich berührenden Vorderhüften ausgerandet. Basis der Flügeldecken erhaben gerandet. Erstes Fussglied etwas kürzer als die folgenden, das dritte schwach herzförmig.

8. Untergattung: Polygraphus Er. Fühlergeissel mit 5, nach vorn breiter werdenden Gliedern. Fühlerkeule zusammengedrückt, zugespitzt, nicht geringelt, viel länger als die Geissel. Augen durch einen Fortsatz der Stirn in zwei Theile gespalten. Vorderbrust kurz, bis an die sich berührenden Vorderhüften ausgerandet. Basis der Flügeldecken erhaben gerandet. Die ersten drei Fussglieder kurz, das dritte einfach, nicht herzförmig.

9. Untergattung: Phloephthorus Woll. Forstlich völlig unwichtig und daher genügend gekennzeichnet in der Bestimmungstafel auf folgender Seite.

Die Untergattungen und forstlich wichtigen Arten sind folgende:

Gattung **Hylesinus**.   Untergattung.

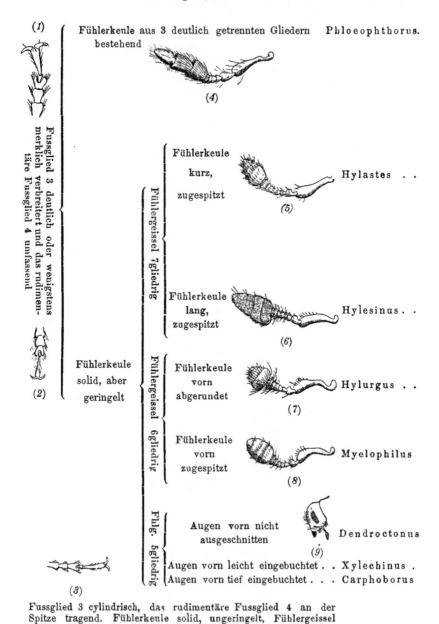

(1)

Fühlerkeule aus 3 deutlich getrennten Gliedern   Phloeophthorus.
bestehend

(4)

Fussglied 3 deutlich oder wenigstens merklich verbreitert und das rudimentäre Fussglied 4 umfassend

Fühlergeissel 7gliedrig

Fühlerkeule
kurz,
zugespitzt   Hylastes . .

(5)

Fühlerkeule
lang,
zugespitzt   Hylesinus . .

(6)

Fühlerkeule
solid, aber
geringelt

Fühlergeissel 6gliedrig

Fühlerkeule
vorn
abgerundet   Hylurgus . .

(7)

Fühlerkeule
vorn
zugespitzt   Myelophilus

(8)

(2)

Fhlg. 5gliedrig

Augen vorn nicht
ausgeschnitten   Dendroctonus

(9)

Augen vorn leicht eingebuchtet . . Xylechinus .
Augen vorn tief eingebuchtet . . . Carphoborus

(3)

Fussglied 3 cylindrisch, das rudimentäre Fussglied 4 an der
Spitze tragend. Fühlerkeule solid, ungeringelt, Fühlergeissel
5gliedrig, Augen zweitheilig . . . . Polygraphus

A r t.

Punktstreifen der Flügeldecken mässig stark mit flachen
Zwischenräumen . . . . Spartii (4).
Punktstreifen der Flügeldecken tief eingekerbt mit kiel-
förmig erhöhten Zwischenräumen . . . . rhododactylus.

Halsschild nur allmäh-
lich nach vorn verengt.

Länge
4—5 mm

Halsschild i. d
Mitte ebenso breit
als hinten (11) — ater (11).

Halsschild i. d.
Mitte breiter als
hinten (12) — cunicularius
(5 u. 12).

(10)

Länge 2—3 mm . . . . attenuatus u. Verw.

Halsschild
abgerundet
dreieckig

Länge 4—5 mm . . . . glabratus.

Länge 3 mm . . . . palliatus (10).

dunkelbraun bis schwarz
ohne Schüppchen. Länge 4·5—5·5 mm . . . . crenatus.

gescheckt mit
Schüppchen bedeckt.
Länge 2—3 mm

Flügeldecken gleich-
mässig abgerundet
(13) — Fraxini (6 u. 13).

Flügeldecken hinten
steil abfallend
(14) — vittatus u. Verw.
(14).

langbehaart. Länge 4—5 mm. . . . . ligniperda (1 u. 7).

Die zweite Längsreihe
haartragender
Höckerchen jeder-
seits neben der
Flügeldeckennaht

hört vor Beginn des
Absturzes auf
(15) — piniperda (8 u.
15).

reicht bis a. d. Ende
der Flügeldecken
(16) — minor (16).

. . . . Länge 8—9 mm . . . . micans (9).

. . . . Länge 2—3 mm . . . . pilosus (2).

. . . . Länge 1·5 mm . . . . minimus.

(17) . . . . poligraphus (3,
17 u. 18).

(18)

3. **Gattung. Tomicus** Latr. *(Bostrichus* Ratz., Gyll.) Kopf kugelförmig, ohne Rüssel, meist unter das Halsschild zurückgezogen, dieser von oben nicht oder nur wenig sichtbar. Nur die Untergattung Crypturgus macht hievon eine Ausnahme. Fühler gekniet, mit zwei- bis fünfgliedriger Geissel und einer meist zusammengedrückten Keule. Halsschild vorn meist höckerig gerunzelt, hinten punktirt oder glatt. Flügeldecken an der Basis bei einigen Arten erhaben gerandet, bei anderen nicht, an der Spitze abschüssig, oft stark eingedrückt und gezähnt. Bauch horizontal. Schienen aussen gezähnt oder bedornt. Drittes Fussglied stets einfach, nie herzförmig oder zweilappig.

Die häufig vorkommenden, licht gefärbten gelben Exemplare dieser Gattung sind nur unreife, noch nicht ausgefärbte Käfer.

1. **Untergattung: Crypturgus** Er. Kopf sehr wenig, aber doch merkbar verlängert, nicht ganz unter dem Halsschilde versteckt, von oben theilweis sichtbar. Fühlergeissel sehr kurz, zweigliedrig, viel kürzer als die ovale, vorn winklig zugespitzte, nicht geringelte Keule. Halsschild mehr oder weniger länger als breit, gleichartig punktirt, ohne Höcker. Flügeldecken hinten einfach abgerundet, ohne Unebenheiten. Nahtstreifen nur wenig stärker als die anderen Streifen. Vorderbrust nicht ganz bis zu den sich stark berührenden Vorderhüften ausgeschnitten. Schienen breit gedrückt, nach vorn verbreitert, mit abgerundeter Aussenecke. Vier sehr kleine europäische Arten, welche durch ihre lang walzenförmige Gestalt den kleinsten Arten der Untergattung Hylastes ähneln.

2. **Untergattung: Cryphalus** Er. Fühlergeissel viergliedrig. Die Keule rundlichoval mit gerade erscheinenden, schräg herumlaufenden, beborsteten Quernähten. Halsschild breiter als lang, hoch gewölbt, nach vorn etwas verschmälert, an der Basis fein gerandet, vorn mit einem Höckerfleck. Augen vorn ausgerandet. Schildchen punktförmig. Flügeldecken dicht mit schuppenartiger Behaarung bestäubt, hinten einfach gewölbt, ohne Unebenheiten. Schienen zusammengedrückt, vorn erweitert, aussen abgerundet und sehr fein gezähnelt. Die drei ersten Fussglieder gleich lang. Fühler und Beine bräunlich- oder röthlichgelb. Fünf europäische Arten.

3. **Untergattung: Ernoporus** Thoms. Der Untergattung Cryphalus Er. sehr nahe stehend. Hauptsächlich dadurch unterschieden, dass die Augen nicht ausgerandet sind, und dass das Halsschild in der Mitte des Vorderrandes zwei bis vier besonders hervorragende Körnchen hat. Fühlergeissel viergliedrig. Die ovale Keule mit mehr oder weniger nach vorn convexen, beborsteten Quernähten. Hinterschenkel bei einigen Arten dunkler. Fünf europäische Arten.

4. **Untergattung: Glyptoderes** Eichh. Fühlergeissel fünfgliedrig. Die Keule langeiförmig, mit Borstenringen. Halsschild breiter als lang, hochgewölbt, vorn gehöckert und am Vorderrande mit vier dicht beisammenstehenden Körnchen. Schildchen deutlich. Flügeldecken hinten flach abgerundet, an der Naht sehr schwach eingedrückt oder auch mit einem Höckerchen. Schienen zusammengedrückt, nach vorn erweitert, aussen fein gezähnt. Drei sehr kleine europäische Arten.

5. **Untergattung: Pityophthorus** Eichh. Fühlergeissel fünfgliedrig. Die Keule oval, an den Rändern deutlich geringelt, fast gegliedert. Halsschild nicht breiter als lang, an der Basis deutlich gerandet, vorn mit Höckerchen. Flügeldecken einfach punktirt gestreift, mit nicht punktirten Zwischenräumen, hinten beiderseits mit einer glatten Furche und mit mehr oder weniger deutlichen Höckerchen. Schienen schmal, an der Spitze abgestutzt, mit nur einzeln gezähntem Aussenrand. Fünf kleine europäische Arten.

6. **Untergattung: Taphrorychus** Eichh. Fühlergeissel fünfgliedrig, kürzer als die Keule. Diese kreisrund, beiderseits mit spitzenwärts convexen, beborsteten, um einen basalen Kern annähernd concentrischen Quernähten. Augen ohne Ausrandung. Halsschild nicht breiter als lang, vorn runzlig gehöckert, an der Basis nicht gerandet. Flügeldecken punktirt gestreift, hinten steil abgeflacht, ohne Höcker. Schildchen kaum sichtbar. Schienen nach vorn etwas erweitert, aussen gezähnelt. Zwei europäische Arten.

7. **Untergattung: Thamnurgus** Eichh. Fühlergeissel fünfgliedrig, fadenförmig, etwas länger als die Keule. Diese oval, von hinten verhüllt, vorn mit schwächer beborsteter Abstutzungsfläche. Augen tief ausgerandet. Halsschild auf der Scheibe tief, gleichartig punktirt, mehr oder weniger länger als breit. Flügeldecken walzenförmig mit tiefen, undeutlich gereihten Punkten, hinten mit flachem Absturz ohne Höcker oder Zähne. Schildchen kaum sichtbar. Schienen kaum zusammengedrückt, an der Spitze schief abgestutzt, aussen und innen mit Enddorn. Fünf europäische Arten.

8. **Untergattung: Xylocleptes** Ferr. Fühlergeissel fünfgliedrig, etwas kürzer als die Keule. Diese rund, beiderseitig mit concentrischen, spitzenwärts stark convexen Borstenreihen. Halsschild nicht viel länger als breit, vorn und hinten gerundet, höckerig und punktirt, an der Basis nicht gerandet. Flügeldecken länger als das Halsschild, am Absturz beim ♂ eingedrückt und gezähnt, beim ♀ furchenartig eingedrückt und mit Körnchen besetzt. Schienen wenig zusammengedrückt, nach vorn erweitert, am Aussenrande gezähnelt. Vorderfüsse zurücklegbar. Eine europäische Art.

9. **Untergattung: Tomions** Latr. im engeren Sinne. Fühlergeissel fünfgliedrig. Die gerundete Keule vorn, mit Ausnahme des derben Basalringes, weich, mit beborsteten Quernähten, auf der Hinterfläche durch den bis an die Spitze erweiterten, derben Basalring verhüllt. Halsschild meist stark gewölbt, nach vorn abgerundet verschmälert, vorn schuppenartig gehöckert, an der Basis kaum gerandet. Flügeldecken mit furchenartig vertieftem Nahtstreifen. Absturz meist eingedrückt und am erhabenen Rande verschiedene gezähnt. Schienen nach vorn wenig verbreitet, am Aussenrande gezähnt. Die Beine sind mehr oder weniger bräunlich- oder röthlich-gelb, nur wenige Arten haben dunkle Hüften, Schenkel und Schienen. Gegen zwanzig europäische Arten.

10. **Untergattung: Dryocoetes** Eichh. Fühlergeissel fünfgliedrig. Keule durch den derben Basalring fast ganz verhüllt, an der Spitze schief abgestutzt, schwammig. Augen schwach ausgerandet. Halsschild fein schuppenartig gehöckert, an der Basis nicht erhaben gerandet. Flügeldecken an der Basis ohne erhabenen Rand, hinten abschüssig gewölbt, mehr oder weniger gefurcht, Absturz nicht gerandet und nicht gezähnt. Schienen breit gedrückt mit abgerundeter, gezähnelter Aussenkante. Vorderfüsse in eine Rinne der Schienen zurücklegbar. Fünf europäische Arten.

11. **Untergattung: Xyleborus** Eichh. Fühlergeissel fünfgliedrig. Keule wenigstens auf der Vorderfläche, wenn auch undeutlich geringelt. Augen vorn tief ausgerandet. Halsschild vorn höckerig gerunzelt, hinten fein punktirt oder glatt, theils walzenförmig, theils kugelig, an der Basis nicht erhaben gerandet. Flügeldecken regelmässig punktirt gestreift, deren Nahtstreif nicht oder kaum vertieft, an der Wurzel ohne erhöhten Rand. Vorderbrust bis zu den Hüften ausgeschnitten. Schienen nach vorn verbreitert, mit abgerundetem, gezähntem Aussenrand. Alle Füsse zurücklegbar. Die ♂♂ scheinen meist ungeflügelt zu sein. Acht europäische Arten.

12. **Untergattung: Trypodendron** Steph. Fühlergeissel viergliedrig, kürzer als die Keule. Diese gross und derb, nach vorn erweitert, ungeringelt. Halsschild breiter als lang, stark gewölbt, vorn schuppig gekörnt, an der Basis fein gerandet. Flügeldecken an der Spitze ohne Zähne, höchstens schwach gefurcht, an der Basis ohne erhabenen Rand. Vorderbrust bis zu den Hüften ausgeschnitten. Schienen nach vorn stark verbreitert, am abgerundeten Aussenraude sägeartig gezähnt, zur Aufnahme der Fussglieder gefurcht. Ein sich nach rückwärts ziehender Fortsatz der Stirn theilt die Augen vollständig in zwei Hälften und ist hierdurch diese Gattung von allen anderen Tomicus-Arten leicht zu unterscheiden. Stirn des ♂ tief ausgehöhlt. Drei europäische Arten.

Von einer Tabelle zur Bestimmung der einzelnen Tomicus-Arten sehen wir hier ab, geben aber eine solche für die zwölf Untergattungen.

Gattung: **Tomicus**.

Fühlergeissel 2gliedrig, viel kürzer als die vorn zugespitzte Keule . . . .

Fühlergeissel 4gliedrig . . . . {

Augen einfach, höchstens vorn etwas ausgeschnitten; sehr kleine Formen . . . .

Augen zwei-theilig; grössere Formen.

4

Fühlerkeule fast drehrund, langeiförmig, mit Borstenringen . . . .

Fühlergeissel 5gliedrig

Absturz der Flügeldecken ohne breiten, gerandeten Eindruck und ohne deutliche Zähne, dagegen manchmal abgeflacht oder mit kleinen Körnchen versehen.

Fühlerkeule zusammenge-drückt, kurz und von rund-lichem Umriss. {

Augen am Vorder-rande tief aus-geschnitten.

7

Augen am Vorder-rande ohne deut-lichen Ausschnitt oder nur schwach ausgerandet.

8

Absturz der Flügeldecken beiderseits neben der Naht mit tiefer, nicht punktirter Furche.

9

Absturz der Flügeldecken mit breitem und gerandetem Eindruck. Der Rand wenigstens beim ♂ mit deutlichen Zähnen, z. B. so:

11　　　　　　*12*

Untergattung:

Kleinste, nur 1—1·5 *mm* lange
Rindenbrüter in Nadelholz . . . Cryptuıgus (*1*).

Fühlerkeule rundlich oval, mit gerade erscheinenden, schräg herumlaufenden, beborsteten Quernähten.
Rindenbrüter in Nadelhölzern . . Cryphalus (*2*).

Fühlerkeule oval, mit mehr weniger
nach vorn convexen, beborsteten
Quernähten. Rindenbrüter in Laubhölzern . . . . Ernoporus (*3*).

Fühlerkeule derb, nach vorn etwas
verbreitert und nicht durch Borstenreihen gegliedert. Holzbrüter in
Laub- und Nadelholz . . . . . Trypodendron
(*4 u 5*).

Rindenbrüter in Laubhölzern . . Glyptoderes (*6*).

Halsschild gleichmässig grob punktirt; brüten in Gallen kraut-
artiger Gewächse . . . . Thamnurgus.

Halsschild vorn deutlich gekörnt oder gehöckeıt, hinten fein
punktirt; Holzbrüter . . . . Xyleborus (*7*).

Fühlerkeule kreisrund, beiderseits mit spitzenwärts convexen,
beborsteten, annähernd concentrischen Quernähten. Rindenbrüter
in Buchen . . . . Taphrorychus.

Fühlerkeule vorn schief abgestutzt und auf dieser Fläche mit
Borstenreihen. Rindenbrüter in Laubholz und Nadelholzwurzeln Dryocoetes (*8*).

Keule oval, an den Rändern deut-
lich geringelt, fast gegliedert . . Pityophthorus
(*9 u. 10*).

Fühlerkeule beiderseitig mit concentrischen, spitzenwärts stark
convexen Borstenreihen . . . . Xylocleptes (*13*).

Fühlerkeule vorn, mit Ausnahme
des derben Basalringes mit be-
borsteten Quernähten . . . . . Tomicus (*11,12,14*)

Anmerkung: Die zur leichteren Erkennung der Untergattungen in der Bestimmungstafel für die Gattung Tomicus auf Seite 450 und 451 beigefügten und mit Cursiv gedruckten Zahlen bezeichneten Figuren stellen folgende Arten dar: *1*. T. pusillus Gyll.; *2*. T. Piceae Ratz.; *3*. T. Fagi Fabr.; *4*. und *5*. T. lineatus Oliv.; *6*. T. binodulus Ratz.; *7*. T. dispar Fabr.; *8*. T. autographus Ratz.; *9*. und *10*. T. micrographus L.; *11*. uud *14*. T. typographus L.; *12*. T. chalcographus L. Es sind dieselben, wie auch die in den Bestimmungstabellen für die Gattungen Scolytus und Hylesinus (S. 444, sowie S. 446 und 447), sämmtlich Originalzeichnungen.

Forstliche Bedeutung der Borkenkäfer. Wir theilen der besseren Uebersicht halber die Borkenkäfer in fünf biologische Gruppen, die wieder in zwei Hauptabtheilungen zusammengefasst werden können, in Rindenbrüter und Holzbrüter.

1. Wurzelbewohnende Rindenbrüter, welche als Käfer die Rinde junger Nadelholzpflanzen am Wurzelknoten plätzend benagen, z. B. Hylesinus cunicularius Er.

2. Wurzeln und auch Stämme bewohnende Rindenbrüter, welche als Larven ältere Nadelholzbestände gefährden: Hylesinus micans Kug.

3. Stamm bewohnende Rindenbrüter, welche als Larven die Bastschicht der Nadelhölzer zerstören, als Käfer Triebe aushöhlen, sogenannte Waldgärtner: Hylesinus piniperda L. u. minor Htg.

4. Stamm und Aeste bewohnende Rindenbrüter, welche als Larven durch Zerstörung der Bastschicht den Laubhölzern schaden, z. B. Scolytus Ratzeburgii Jans.

5. Stamm und Aeste bewohnende Rindenbrüter, welche als Larven durch Zerstörung der Bastschicht den Nadelhölzern schaden, z. B. Tomicus typographus L.

6. Im Holze selbst brütende Borkenkäfer, welche physiologisch und technisch Laub- und Nadelhölzer beschädigen, z. B. Tomicus dispar L. und T. lineatus Oliv.

Wurzelbewohnende Rindenbrüter, welche als Käfer die Rinde junger Nadelholzpflanzen am Wurzelknoten plätzend benagen. Hierher gehören zunächst eine Reihe Bastkäfer, nämlich drei grössere Formen,

der schwarze Kiefern-Bastkäfer, Hylesinus ater Payk.,

der schwarze Fichten-Bastkäfer, H. cunicularius Er. und

H. ligniperda Fabr.,

drei kleinere, H. attenuatus Er., H. angustatus Hbst.und H. opacus Er.,

sowie mehr ausnahmsweise Tomicus autographus Ratz.

Die meisten sind gefährliche Kulturverderber, welche in ganz ähnlicher Weise, wie der grosse braune Rüsselkäfer, schaden und durch Rodung, am besten der schon mit Brut besetzten Wurzeln, durch Fangrinden und -Kloben, sowie durch Verbrennen der getödteten Pflanzen sammt den an diesen sitzenden Käfern erfolgreich bekämpft werden können. Auch hier ist Schlagruhe nothwendig.

Beschreibung: Hylesinus (Hylastes Er.) ater Payk. *Käfer* lang gestreckt, walzenförmig, schwarz, mässig glänzend. Halsschild länger als breit, bis über die Mitte mit fast geraden Seiten, dann nach vorn verengt, oben stark und ziemlich dicht, an den Seiten feiner, aber dichter, fast runzelig punktirt, auf der Mitte mit mehr oder weniger deutlicher, glatter, aber nicht erhabener Längslinie. Flügeldecken an der Basis fast gerade abgestutzt, nicht erhaben gerandet, stark punktirt gestreift, die Streifen am Hinterabsturz stärker vertieft, Nahtstreif wenig tiefer als die anderen; Zwischenräume breiter als die Streifen, vorn dicht und fein, etwas runzelig punktirt, hinten körnig gerunzelt und sehr fein und dünn behaart. Rüssel und Stirn dicht punktirt, ersterer an der Spitze beiderseits mit grubenförmigem Eindruck, mit einer kleinen erhabenen Mittellinie, welche sich bis zur Stirn fortsetzt. Fühler und Füsse röthlich-braun. Drittes Fussglied wenig breiter als die beiden ersten, herzförmig. ♂ auf dem letzten Hinterleibssegment mit einer kleinen Grube. Länge 4—4·5 *mm.*

H. (Hylastes Er.) cunicularius Er. *Käfer* mässig lang gestreckt, etwas gedrungener als der ihm sehr ähnliche H. ater, schwarz, mässig glänzend. Halsschild nicht länger, als in der Mitte breit, an den Seiten etwas gerundet erweitert, vor der Mitte nach vorn verengt, oben stark und ziemlich dicht, an den Seiten feiner, aber dichter, fast runzelig punktirt, auf der Mitte mit mehr oder weniger deutlicher, glatter, aber nicht erhabener Längslinie. Flügeldecken an der Basis fast gerade abgestutzt, nicht erhaben, stark punktirt gestreift, die Streifen neben der Naht, namentlich in der Nähe des Schildchens, etwas tiefer als die andern; Zwischenräume nicht breiter als die Streifen, körnig gerunzelt, sehr dünn behaart, die ganze Skulptur der Flügeldecken ist gröber als bei H. ater. Rüssel an der Spitze beiderseits mit grubenförmigem Eindruck, mit einer kleinen, erhabenen Mittellinie, welche etwas feiner und kürzer als die glatte Linie des H. ater ist. Stirn und Rüssel dicht punktirt. Fühler und Füsse röthlich-braun. Drittes Fussglied herzförmig, wenig breiter als die beiden ersten. ♂ auf dem letzten Hinterleibsring mit einer kleinen Grube. Länge 3·5—4·5 *mm.*

H. (Hylastes Er.) attenuatus Er. *Käfer* lang gestreckt, walzenförmig pechbraun, gewöhnlich mit schmutzig braunröthlichen Flügeldecken. Halsschild kaum länger als breit, die Seiten wenig erweitert, nach vorn verengt, oben stark und dicht, an den Seiten etwas feiner punktirt, auf der Mitte mit einer feinen, erhabenen Längslinie. Flügeldecken an der Basis fast gerade abgestutzt, nicht erhaben gerandet, stark punktirt gestreift. Streifen nach hinten etwas vertieft, Zwischenräume etwas gewölbt, mit einer regelmässigen Reihe Körnchen und Haarbörstchen. Rüssel an der Spitze etwas eingedrückt, an der Basis mit einer feinen vertieften Längslinie. Kopf dicht, fein lederartig punktirt. Fühler und Füsse röthlich-braun. Drittes Fussglied herzförmig, wenig breiter als die beiden ersten. Länge 2—2·5 *mm.*

H. (Hylastes Er.) angustatus Hbst. *Käfer* dem H. attenuatus Er. äusserst ähnlich, doch fast immer etwas grösser. Halsschild wenig länger als breit, stark punktirt, mit deutlich erhabener Mittellinie. Zwischenräume auf den Flügeldecken vorn breiter und unregelmässig, nach hinten zu etwas schmäler und mit einer fast regelmässigen Reihe von Körnchen und Börstchen besetzt. Länge 2·5—3 *mm.*

H. (Hylastes Er.) opacus Er. *Käfer* dem H. angustatus am ähnlichsten, aber gedrungener, glanzlos, dünn behaart, schwarz. Halsschild an den Seiten gerundet, so lang als an der weitesten Stelle breit, nach der Spitze mehr verschmälert als an der Basis, dicht und tief punktirt, mit einer feinen, erhabenen Längslinie. Flügeldecken an der Basis fast gerade, tief punktirt-gestreift, Zwischenräume nach hinten etwas verschmälert, fein gekörnt und behaart. Kopf dicht, sehr fein punktirt, Rüssel etwas gewölbt, ohne eingedrückte oder erhabene Linie. Fühler und Füsse röthlich. Drittes Fussglied herzförmig, wenig breiter als die beiden ersten. Länge 2·5 *mm*.

Der dem H. ater sehr äbuliche, wohl sehr seltene H. brunneus ER., sowie der gleichfalls sehr seltene H. linearis ER. und der zweifelhafte H. corticiperda ER. seien hier nur als in unser Faunengebiet gehörig genannt. Der kleine, forstlich ganz gleichgiltige H. Trifolii MÜLL., der sich normalerweise in den Wurzeln des Klees entwickelt, ist übrigens von NÖRDLINGER auch in armdicken Stämmen der Besenpfrieme gefunden worden [XXIV, S. 26].

H. (Hylurgus LATR.) ligniperda FABR. *Käfer* langgestreckt, matt pechbraun oder schwarz, ziemlich lang und dicht behaart, besonders an den Seiten des Halsschildes und an der Spitze der Flügeldecken. Halsschild deutlich länger als breit, nach vorn verengt, an den Seiten nicht gerundet erweitert, dicht punktirt, mit glatter Mittellinie. Flügeldecken an der Basis fast gerade und fein erhaben gerandet, punktirt-gestreift, die Streifen vorn und an den Seiten undeutlich, nach hinten stärker vertieft, Zwischenräume runzlig gekörnt; auf dem Hinterabsturz der zweite Zwischenraum stark eingedrückt. Kopf und Rüssel sehr dicht körnig punktirt. Rüssel an der Basis quer eingedrückt, an der Spitze mit einer kurzen, erhabenen Linie, in der Mitte mit einem kleinen Höckerchen. Fühler und Füsse rostroth. Drittes Fussglied wenig breiter als die beiden ersten, herzförmig. Länge 4—5 *mm*.

Tomicus (Dryocoetes EICHH.) autographus RATZ. *(villosus* GYLL.*)* Zottiger Fichten-Borkenkäfer. Käfer braun, etwas glänzend, lang greisbehaart. Halsschild etwas länger als breit, in der Mitte gerundet erweitert, ziemlich grob, vorn etwas schuppig punktirt, mit einer schmalen, mitunter undeutlichen, erhabenen Mittellinie. Flügeldecken an der Wurzel breiter als das nach hinten verengte Halsschild, Schultern daher vortretend, grob punktirt-gestreift, mit feineren Punktreihen auf den Zwischenräumen. Nahtstreifen kaum vertieft. Absturz einfach schräg abgewölbt. Länge 3—4 *mm*.

Lebensweise. Sämmtliche hier zu erwähnende Formen sind Frühschwärmer, die meist als Käfer überwintern, in den ersten warmen Frühjahrstagen die neuen Nadelholzschläge besuchen und hier die flachstreichenden Wurzeln, sowie die Wurzelstöcke mit Eiern belegen. Die normale Frassfigur aller Arten besteht aus kürzeren oder längeren, einarmigen Längs- oder Lothgängen mit regelmässigen Eiergrübchen und quer abgehenden Larvengängen, welche allerdings nur, solange die Larven noch ganz jung und die Gänge sehr kurz sind, deutlich getrennt bleiben, später aber sich stets so kreuzen und verwirren, dass die ganzen tieferen Rindenlagen auf beträchtliche Ausdehnung hin in braunes, dem „Schnupftabak ähnliches" [ALTUM, 2 *f*, S. 394] Frassmehl verwandelt sind. Je nach dem Klima und der Lage des Revieres im Vorsommer oder etwas später, sicher aber im Juli ist die erste Generation vollendet und fliegt aus, um sofort wieder auf der gleichen Schlagfläche in dem noch unversehrten Brutmateriale zur Fortpflanzung zu schreiten. Diese zweite Generation wird noch in demselben Herbste fertig, schlüpft aus und überwintert in der Bodendecke oder unter Rindenplatten.

Die Generation ist also eine doppelte und stellt sich für Mitteldeutschland schematisch ungefähr folgendermassen:

	Jan.	Febr.	März	April	Mai	Juni	Juli	Aug.	Sept.	Oct.	Nov.	Dec.
1880			+++ +++ +++ • • ─── ─── ─── •• •				+++ • • +++	─── ─── ─── •• +			+++	+++
1881	+++	+++	+++	+++ •	+++							

während für Süddeutschland die Flugzeiten etwas früher eintreten mögen. Eichhoff [15*a*, S. 80] ist sogar geneigt, unter Umständen eine dreifache Generation anzunehmen.

Während früher eine einjährige Generation als Regel angesehen wurde, und auch Altum, welcher anfänglich eine zweijährige Generation anzunehmen geneigt war [XVI, 1. Aufl.], später [XVI, 2. Aufl.] die einjährige vertheidigte, hat derselbe neuerdings ausdrücklich das Vorhandensein einer doppelten auch in der Mark anerkannt [2 *f*, S. 395].

Abweichende Frassfiguren sind nur selten beobachtet worden. So berichtet Eichhoff [15 *a*, S. 88], dass H. attenuatus Er. öfters die Bohrlöcher und Muttergänge des H. ater Payk. zum Eindringen benutzt und von hier aus weiter frisst. Bei H. ligniperda Fabr. beschreibt derselbe Autor [15 *a*, S. 99] hirschhornähnlich gegabelte Gänge. Solche kennen wir, beiläufig bemerkt, auch von Tomicus longicollis Gyll., der von Oberförster Klopfer neuerdings in Primkenau in Schlesien an Kiefern gefunden wurde, es war uns aber nicht möglich, bei dieser merkwürdigen Frassfigur Mutter- und Larvengänge zu unterscheiden.

Ausserdem finden sich mehrfach Angaben in der Literatur, dass namentlich die hier erwähnten Mitglieder der Untergattung Hylastes an den Pfahlwurzeln junger Nadelhölzer gebrütet haben sollen, so z. B. bei Henschel [XII. 1. Aufl., S. 80] für H. angustatus Hbst. an Kiefern, einem Käfer, den auch Judeich [XI., S. 66] aus jungen Fichtenpflanzen erzogen hat. Auch liegt uns jetzt gerade eine in diesem Frühjahr vom königl. sächsischen Staatsforstrevier Colditz eingesendete Fichtenpflanze vor, an welcher deutlich ein in den Splint eingreifender Muttergang von H. cunicularius Er. zu sehen ist. Aehnliches berichtet auch Ratzeburg [61 *b*, S. 400] von den Kiefernbewohnern. Trotzdem dürfte eine solche Brutstätte Ausnahme sein. Wenngleich Tomicus autographus Ratz. auch nach unserer Beobachtung der Regel nach in Wurzelstöcken und Wurzeln brütet, so ist andererseits die Angabe von Altum [XIV, III, 1, S. 308], dass er auch an beschädigten oder durch anderen Insektenfrass getödteten Stämmen secundär oft vorkomme, völlig unzweifelhaft. Wir haben sehr häufig die gleiche Beobachtung an aufbereiteten Meterstössen gemacht, wo er mit H. palliatus Gyll. gemeinschaftlich vorkam. Der Larvenfrass scheint uns aber in diesem Falle praktisch völlig gleichgiltig zu sein. Nördlinger berichtet [XXIV, S. 33], dass dieser Käfer gleichfalls fremde Bohrlöcher, z. B. solche von H. pilosus Ratz. oder T. Saxesenii Ratz. zum ersten Eindringen benutzt. Eine ganz vereinzelte Beobachtung ist die von Kunze, dass auf dem früheren Neusorger Revier, jetzt zum königl. Sächsischen Staatsforstrevier Zöblitz geschlagen, T. autographus Ratz. einmal in Erlen gebrütet hat, und zwar an den Stämmchen.

Schaden. Der einzige, wirklich in Betracht kommende Frass ist der von den Käfern selbst verübte, welche in biologischer Beziehung dem Hylobius Abietis L. fast gleichgestellt werden müssen. Er besteht in der Benagung der Rinde junger Nadelholzpflanzen im Alter von ungefähr 3 bis 10 Jahren, und zwar sowohl oberirdisch an dem unteren Theile der Stämmchen, als auch unterirdisch in den

Wurzelknoten und den oberen Theilen der Pfahlwurzeln. Entsprechend
ihrer Natur als Borkenkäfer dringen diese Thiere aber tiefer ein als
der Rüsselkäfer (vergl. S. 416) und unterhöhlen gern die Rinde,
indem sie namentlich an den Bast gehen und nach oben fressen.
Grindiger Harzausfluss findet sich auch hier. In Folge dieses Frasses
gehen die jungen Pflanzen ein, nachdem sich der Angriff des Käfers
zunächst durch das Gelbwerden der Nadeln verrathen hat, und werden
oft sehr bedeutende Nachbesserungen in den Kulturen nothwendig.
Nur wenig befressene Pflanzen, namentlich etwas ältere, halten einen
einmaligen Frass zwar aus, behalten aber, sogar wenn sie sich
dauernd erholen, Missbildungen am Wurzelknoten.

Beiweitem am meisten verbreitet sind H. ater PAYK., der ein
ausschliessliches Kieferninsekt ist, und nicht nur die gemeine Kiefer,
sondern auch alle anderen bei uns kultivirten Pinus-Arten angeht,
und H. cunicularius ER., welcher seinen Verwandten an Fichte ersetzt. Die drei kleinen Vertreter der Untergattung Hylastes wurden
häufig an Kiefer beobachtet, doch ist H. angustatus HBST. nach
den von EICHHOFF [15 a, S. 90] mitgetheilten Beobachtungen von
SCHREINER im Thüringer Walde auch an Fichten gefunden worden.
H. ligniperda FABR. ist, was seine Brutstätte betrifft, sicher ein
Kieferninsekt. Trotzdem er öfters als forstschädlich aufgeführt wird,
ist aber ein wirklicher Nachweis eines Schadens nicht bekannt ge-
worden. Die Aufführung des Tomicus autographus RATZ. an dieser
Stelle beruht auf einem von JUDEICH beobachteten Frass an jungen
Fichtenpflanzen [XI, S. 65, Anm.] auf Hohenelber Herrschaft im
Riesengebirge.

Eine Mittheilung von Oberförster BLUME, dass H. ater PAYK. auch
40jährige Kiefern getödtet habe [9], beruht, wie schon HARTIG vermuthet, wahrscheinlich auf einer Verwechslung mit H. piniperda L. Dasselbe gilt von den
Beobachtungen von H. PFEIL, der diesen Käfer auf der Insel Usedom in Kiefern-
zweigspitzen gefunden haben will [V, I, S. 220]. Dagegen kann sich der Frass
gelegentlich etwas höher aufwärts erstrecken, wie z. B. HENSCHEL [XI, S. 65)
das „Beschaben" der Rinde bis zum ersten oder zweiten Astquirl hinauf beobachtet hat. RATZEBURG berichtet von diesen Käfern, welche er in die Forstentomologie eingeführt, in seinen „Forstinsekten" nur geringe Beschädigung. v. BERG
erwähnt zuerst einen stärkeren Frass von H. cunicularius ER. vom Hasenberg
im Revier Wildemann am Harz aus dem Jahre 1840, und v. HOLLEBEN [35,
S. 41] berichtet 1845 ausführlich und rechnet ihn zu den sehr schädlichen
Käfern. Wahrscheinlich schon 1828—1830, sicher aber zu Anfang der vierziger Jahre
hat derselbe in dem Paulinenzeller Forst ungefähr 12 ha Fichtenpflanzung zerstört. Seit dieser Zeit wurde der Fichtenbastkäfer vielfach als schädlich beobachtet, z. B. von FÜRST zu Berg im Bayerischen Regierungsbezirk Pfalz [19]
im Jahre 1874, und wird in allen Forstinsektenkunden ausführlich behandelt,
desgleichen von EICHHOFF in seiner Monographie. Die genauesten Schilderungen
der Kiefernschädlinge, besonders des H. ater PAYK., giebt EICHHOFF und neuerdings ALTUM [2 f], welcher aus den Revieren in der Umgegend von Eberswalde
diese Käfer als der Wiederaufforstung der grossen Kiefernschlagflächen sehr
schädlich kennen gelernt hat.

Abwehr. Als *Vorbeugung* gegen den Frass dieser Käfer ist
zunächst die Verhinderung einer stärkeren Vermehrung derselben

anzusehen. Dieser Zweck wird erreicht durch Verminderung der Brutstätten, hier also, da wir es mit wurzelbrütenden Formen zu thun haben, durch Rodung der Wurzelstöcke. Je vollständiger diese erfolgt, desto grösser ist ihre Wirksamkeit. Demgemäss ist auch intensiver Waldfeldbau, bei welchem sie besonders gründlich zu geschehen pflegt, empfehlenswerth, wie schon v. HOLLEBEN [35] betont. Da aber eine so vollständige Rodung, dass wirklich jede Brutstätte vernichtet würde, nicht durchführbar ist, die Käfer auch gelegentlich an den Wurzeln kränkelnder, stehender Pflanzen brüten, so empfiehlt es sich, die Wurzelstöcke als Anlockungsmittel für die Käfer zu benutzen und erst dann zu roden, wenn sie bereits mit Brut belegt worden sind. Dies muss vor dem Ausfliegen der ersten Generation, also bei einem Winterschlage im Juni geschehen. Gegen die zweite Generation kann man durch Darbietung von künstlichem Brutmaterial, z. B. durch Eingraben von Brutknüppeln, in derselben Weise, wie gegen den grossen braunen Rüsselkäfer vorgehen und bei rechtzeitiger Vernichtung der abgelegten Brut Erfolge erreichen. In allen diesen Fällen müssen aber die besetzten, gerodeten Wurzeln und herausgenommenen Brutknüppel nicht etwa blos abgefahren, sondern wenigstens äusserlich angeschwält werden.

Um die Kulturen selbst zu schützen, ist es nothwendig, namentlich in denjenigen Fällen, wo eine gründliche Rodung nicht durchführbar war, mit dem Wiederanbau wenigstens ein, noch besser zwei Jahre zu warten, weil sonst die auskommenden Käfer gleich an Ort und Stelle ihr Zerstörungswerk an den kurz nach der Frühjahrspflanzung noch nicht erstarkten Pflanzen beginnen können. Aber auch wenn eine solche Vorsichtsmassregel beobachtet oder der Schlag gründlich gerodet wird, empfiehlt es sich auf dazu geeignetem Terrain, die Kultur vor dem Anbau mit einem Fanggraben zu umgeben, in welchem sich die, wie der grosse braune Rüsselkäfer, zu Fuss ihrem Frassorte zuwandernden Käfer leicht fangen. Auch die gegen den braunen Rüsselkäfer ausgelegten Fangrinden, Fangkloben u. s. f. dienen gleichzeitig zum Fange der wurzelbrütenden Hylesinen, da diese Fangvorrichtungen von den Borkenkäfern sehr gern aufgesucht werden. ALTUM berichtet z. B. [2, *f*, S. 392], dass an einzelnen Kloben „20 bis 50, ja bis 200 Hylesinen" gefunden wurden und empfiehlt [2 *f*, S. 396], die an diesen ansitzenden Thiere gleich mit einem Holzstücke zu zerquetschen, ihre Reste aber dann abzustreifen, damit man an den folgenden Tagen leichter die frisch zugewanderten Käfer erkennen könne.

Die bereits angegriffenen, durch ihr Welken kenntlichen Pflanzen sind zu entfernen und zu vernichten, am besten durch Verbrennen. Von besonderer Wichtigkeit ist es aber hierbei, dass die kranken Pflanzen nicht einfach herausgezogen werden, weil alsdann die an den Wurzeln fressenden Käfer, namentlich bei trockenem Wetter, abgestreift im Boden zurückbleiben. Dieselben müssen vielmehr mit Ballen

ausgehoben, dann mit trockenem Reisig durchsetzt, zusammengehäuft
und verbrannt werden. Dabei gewinnt man überdies eine gute
Kulturerde.

Wurzel- und auch stammbewohnende Rindenbrüter, welche als Larven ältere Nadelholzbestände beschädigen. Hierher gehört nur der Riesen-Bastkäfer, Hylesinus (Dendroctonus Er.) micans Kug.

Die Larven dieses Thieres, welche gewöhnlich in den Wurzeln
und dem unteren Stammtheile der Fichtenstämme mittlerer Altersklassen, seltener auch an höher gelegenen, beschädigten Stellen älterer
Bäume regellose Familiengänge fressen, bringen bei starkem Vorkommen durch Unterbrechung der Saftcirculation die befallenen
Stämme zum Absterben.

Gegen diesen Angriff, der sich leicht durch grosse Harztrichter
und krümlichen Harzausfluss kenntlich macht, ist als Vorbeugungs-
mittel die Erziehung unterwärts ganz unbeschädigter Stämme geboten.
Die Vertilgung wird nach Einschlag der erkrankten Stämme und
Rodung der Wurzeln am besten durch Anschwälen der mit dem
Feinde noch besetzten Theile erreicht.

Beschreibung. H. (Dendroctonus Er.) micans Kug. *Käfer* länglich,
wenig glänzend, schwarz, mit langen, grau-gelben Haaren nicht sehr dicht
besetzt. Halsschild viel breiter als lang, nach vorn stark verengt, vor der Spitze
etwas eingeschnürt, am Vorderrand tief ausgerandet, oben ziemlich tief, aber etwas
ungleichmässig punktirt, mit mehr oder weniger deutlicher, glatter Mittellinie.
Flügeldecken punktirt gestreift, mit breiten, runzlig gekörnten Zwischenräumen.
Der breite, an der Spitze flach eingedrückte Rüssel und der Vordertheil des
Kopfes runzlig gekörnt. Fühler und Füsse gelb-roth. Länge 8—9 *mm*.

Lebensweise und Schaden. Ein direktes Schwärmen dieses
Käfers ist von Sachverständigen überhaupt noch nicht beobachtet
worden, die Eiablage scheint aber hauptsächlich in den wärmeren
Monaten, Mai bis August, stattzufinden. Seine Generation erscheint
jedoch äusserst complicirt, und zwar besonders deshalb, weil von allen
Beobachtern gleichmässig ein Ueberwintern, sowohl der Larven,
wie der Käfer, sicher festgestellt wurde. Am einfachsten scheinen
sich die hieraus ergebenden Zweifel zu lösen, wenn man mit
Oberförster Glück [24, S. 388] annimmt, dass zwei Generationen
A und *B*, nebeneinander herlaufen, und zwar so, dass bei der
Generation *A* die Eiablage in den Mai und Anfang Juni fällt, der
Larvenfrass während der Monate Juni, Juli und August dauert und
der Käfer im September erscheint, um als solcher zu überwintern.
Bei der Generation *B* fiele dagegen die Eiablage wesentlich in den
Juli und August, die im August ausschlüpfenden Larven überwintern
und verwandeln sich erst Ende Juni oder Anfang Juli des nächsten
Jahres nach kurzer Puppenruhe in den Käfer. Graphisch kann man
dies folgendermassen darstellen:

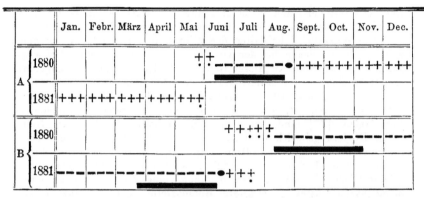

		Jan.	Febr.	März	April	Mai	Juni	Juli	Aug.	Sept.	Oct.	Nov.	Dec.
A	1880					+	+			+++	+++	+++	+++
	1881	+++	+++	+++	+++	+++							
B	1880					+	++++	+					
	1881						+	+++					

Hiermit steht, ausser einigen nicht völlig beweiskräftigen Mittheilungen
von EICHHOFF [15 a, S. 127], nur die Deutung einer von ULRICI [73, S. 151]
gemachten Beobachtung in Widerspruch. Dieser Forscher hat nämlich in dem
einen Belauf der Oberförsterei Thale gefunden, dass die überwinterten Käfer erst
im Juni zur Eiablage geschritten, und aus diesen Eiern bereits von Mitte Juli
bis Anfang August allerdings noch unreife gelbe Käfer entsprungen waren. Zugleich fand er am 23. Juli sehr zahlreiche Eier und ganz junge Larven und
meint nun, da ihm „eine derartige Verspätung des Eierlegens von Anfang Juni
bis Mitte Juli kaum wahrscheinlich ist", dass diese Eier vermuthlich von den
zuerst ausgekommenen Nachkommen der Wintergeneration abgelegt worden
seien. Die erst im August ausgekommenen Käfer sollen sich aber nicht fortpflanzen. Es hätte also hier eine doppelte Generation stattgehabt. An anderen
Stellen des Revieres konnten Anzeichen für eine solche nicht gefunden werden.

Der Käfer macht bei seinem ersten Angriff einen unregelmässigen Wagegang oder einen knieförmig gebogenen, auch doppelt
knieförmigen Muttergang [ULRICI 73, S. 154], in welchem die Eier
in einem oder mehreren Haufen von 50 bis 150 Stück abgelegt
werden. Die auskommenden Larven fressen, eng gedrängt nebeneinander nach oben fortschreitend, einen gemeinsamen Hohlraum unter
der Rinde, an dessen oberem Ende man sie dicht nebeneinander in
gestreckter Stellung arbeitend findet. Zum Zwecke der Verpuppung
gehen sie wieder in den mit harzdurchdrungenem Wurmmehl gefüllten
Frassraum zurück und bilden jede für sich einen Puppenhohlraum.
In diesem Lager überwintern auch die Käfer, die sich höchstens
etwas weiter wurzelwärts zurückziehen. Nach KOLLAR [44 b] sollen
dagegen die Käfer in der Nadelstreu überwintern. Der Angriff ist zunächst an dem wenigstens 3 mm haltenden, grossen Bohrloche leicht
zu erkennen, aus welchem bald reichlich Harz, vielfach mit Nagemehl gemischt, austrat, um sich bald in krümliche, weissliche Klumpen
zu verwandeln, welche nach einem treffenden Vergleiche ALTUM's
wie abgefallene Mörtelbrocken aussehen. Dies ist namentlich an den
Wurzeln charakteristisch, während an höher gelegenen Angriffsstellen
häufig Harztrichter auftreten und eine bedeutende Grösse — ein vorliegendes Exemplar misst 33 mm Länge und 23 mm Querschnitt — erreichen. Der den Gang verlassende Käfer durchbohrt dieselben öfters. Am

liebsten wählt der Käfer zu seinem Angriff bereits beschädigte Stellen
mit Harzaustritt, also an den tieferen Baumpartien durch Wagenräder
verletzte Wurzeln, Schälstellen des Wildes, ferner angelaschte Bäume
und solche, an denen bei der Durchforstung Zwieselstangen tief weggeschnitten wurden. An diesen tieferen Theilen der Stämme, ungefähr
bis Brusthöhe, ist der Käfer bisher am häufigsten gefunden worden,
und man darf, obgleich er vereinzelt überall auch schon höher angetroffen worden ist, diese als seine normale Brutstätte annehmen.
Erst GLÜCK [24] fand, dass in einem Belaufe des Revieres Neupfalz, Regierungsbezirk Coblenz, der Käfer mit Vorliebe die oberen
Stammtheile in 15 bis 20 m Höhe angegangen hatte, gewöhnlich durch
Schnee- und Eisbruch beschädigte Gipfelstellen an sogenannten
„Bajonettfichten". Ja es genügt schon eine durch Reibung eines
benachbarten Astes geschädigte Rindenstelle, um ihn anzulocken.
Dagegen ist allgemeine Kränklichkeit und unterdrücktes Wachsthum
durchaus nicht nöthig, vielmehr werden häufig die schönsten und
dominirendsten Stämme angegangen.

Als Brutpflanze wählt der Käfer fast ausschliesslich die Fichte.
Erfolgt der Angriff an höheren Stellen, so steigt der Käfer allmählich
stammabwärts [24, S. 386]. Randbäume in südlicher und östlicher
Lage, sowie lichte, warme Bestände sind am meisten gefährdet. Am
häufigsten werden Stangenhölzer von 20 bis 40 Jahren befallen, mitunter aber auch ältere Bestände, z. B. 60jährige [GLÜCK, 24, S. 385].
Geht er gelegentlich auch einmal die Kiefer an [73, S. 156; 20,
S. 60], so scheint es selten zu einer wirklichen Fortpflanzung zu
kommen, und werden die Bohrgänge bald wieder verlassen. Erst neuerdings berichtet HENSCHEL [32 e], dass H. micans in ausgebreiteter
Weise in Böhmen in Kiefern gefunden worden sei, und ALTUM
erwähnt [2 g S. 243], dass in Gauleden, Regierungsbezirk Königsberg, dieser Käfer in Kiefernstangen zahlreich gebrütet habe.

Der Käfer ist zu den sehr schädlichen zu rechnen. Wenngleich sein erster Angriff durchaus nicht sofort tödtlich wird, so gehen
doch bei fortgesetztem Frasse neuer Generationen die Bäume ein.
Am Stamme kommt es namentlich darauf an, oh nur ein geringerer
Theil der Peripherie angegangen oder derselbe ringsum befressen ist.
In letzterem Falle geht der oberhalb der Frassstelle gelegene Theil
ein. Die Wurzeln sterben unterhalb der angegriffenen Stelle ah; ist
nur eine Wurzel so beschädigt, so lebt der Stamm weiter, die Zerstörung einer grösseren Anzahl der Hauptwurzeln tödtet ihn jedoch.
Geschieht dies mit vielen Stämmen, so wird der Bestandesschluss
gefährdet. [73].

Dieser Käfer wurde zuerst 1794 durch v. SIERSTORPFF [67, S. 59 und 60,
Fig. 14 und 15], allerdings unter dem Namen „*Bostrichus ligniperda*", in die
Forstentomologie eingeführt, aber noch RATZEBURG, der [V, I, S. 217] wesentlich nur Beobachtungen von SAXESEN wiedergiebt, kannte keinen ernstlichen
durch denselben verursachten Schaden. Auch STEIN konnte in einer ersten Mittheilung hierüber nichts berichten [68 a, S. 235], kannte aber bereits zwei Jahre

später, 1854 [68 b, S. 277], eine grössere Verheerung durch H. micans von dem
königl. Sächsischen Staatsforstrevier Neudorf im Erzgebirge, wo er seit dem
Jahre 1852 in vierzig- bis fünfzigjährigen Fichtenbeständen derartig überhand
genommen hatte, dass der Einschlag von circa 500 Klaftern $^6/_4$-eiligen Scheit-
holzes nothwendig wurde. 1858 berichtet Kollar [4 b] über einen grösseren Frass
an zehn- bis fünfzehnjährigen Fichten im kaiserlichen Parke zu Laxenburg
bei Wien. Anfänglich hatte hier der Käfer nur in einzelnen alten, kranken, über-
ständigen Fichten, die jahrelang Widerstand leisteten, gelebt. Man fällte nach
Möglichkeit und, da man bald das Brüten in den Wurzeln, besonders in den
angefaulten, beobachtet hatte, so rodete man auch diese, die Gruppirung des
Parkes immer wieder durch neue kräftige Stämme, die in einem Alter von
zehn bis fünfzehn Jahren aus dem nahen Gebirge entnommen wurden, ver-
jüngend. Aber auch diese befiel das Insekt, besonders durch die warmen Jahre
1856 und 1857 begünstigt. Auf der 1867er Versammlung des Harzer Forstvereines [21] wurde über sein Vorkommen im Harze, Thüringer Walde und
Anhalt, sowie auch in der Ebene bei Braunschweig im Marienthaler Forstreviere
von mehreren Seiten berichtet, der Käfer aber im wesentlichen noch als wenig
bedeutend betrachtet. Auf der 1872er Versammlung desselben Vereines berichtet
Gebbers [20] von einem Frasse in der königl. Preussischen Oberförsterei Thale
am Harze, wo der Käfer einen 10 ha grossen, fünfunddreissigjährigen, mit
Kiefern gemischten Fichtenbestand angegangen und hier zwei Drittel aller
Fichten besetzt habe, ein Frass, der genauer von Ulrici [73] geschildert
wurde. Aus dem königl. Preussischen Revier Neupfalz, Regierungsbezirk Coblenz,
berichtet Glück [24] über einen stärkeren Frass, der, von benachbarten
Gemeindewaldungen ausgehend, mehrere Bestände der genannten Oberförsterei
schädigte.

Abwehr. Als Vorbeugungsmittel ist vor allem die Erziehung
gesunder, an den unteren Theilen unbeschädigter Bäume zu nennen.
Mit Recht betont daher Eichhoff [15 a, S. 128], dass Büschelpflanzung,
welche häufig zur Bildung von Zwillingen führt, vermieden werden
sollte und man bei der Durchforstung von letzteren nicht nur den einen
Stamm, sondern, wenn thunlich, beide entfernen müsse. Ungefährlich
sind dagegen Büschelpflanzungen, wenn sie zur Gewinnung schwachen
Materials zeitig genug ausgeschnitten werden. Ferner ist die Entnahme der vom Wild geschälten Stangen, von Wipfelbrüchen u. dgl.
anzurathen. Die Erhaltung einzelner werthvoller Stämme
kann durch die Umkleidung des unteren Stammtheiles mit einer den
Käfer abhaltenden Schutzschicht erreicht werden. Als solche wird
die vom Hofgärtner Leinweber im Laxenburger Park bei Wien angewendete empfohlen.

Das Recept des Anstriches ist folgendes: Man übergiesst fünf Pfund
ordinären Tabak mit einem halben Eimer warmem Wasser, lässt ihn vierundzwanzig Stunden so stehen und drückt ihn gehörig aus. Dieser Aufguss wird
dann mit einem halben Eimer Rindsblut gemengt und ein Theil gelöschten
Kalkes und sechzehn Theile frischer Kuhexcremente hinzugesetzt, so dass alles
ein Brei wird. Diesen Brei lässt man in einer offenen Tonne einige Zeit gähren
und täglich mehrmals umrühren. Der Anstrich wird, nachdem man die Stämme
bis an die oberen Wurzeln von Erde entblösst und gereinigt hat, mittelst eines
Maurerpinsels von den freiliegenden Wurzeln an bis 0·6 m am Stamme aufwärts aufgetragen. Dies wird drei Tage hintereinander wiederholt, bis sich eine
Kruste am Stamme bildet, die dann vom Regen nicht abgewaschen wird und
auch den Bäumen nicht schadet [Kollar 44 b].

In bereits angegriffenen Beständen muss man zur Vertilgung
der Käfer und Larven schreiten. Die angegangenen Stämme sind ein-

zuschlagen und die Stöcke, falls die unteren Stammtheile auch befallen sind, sorgfältig zu roden. Die Stockhölzer werden alsdann mit dürrem Reisig durchsetzt in lockere Haufen geschichtet und angebrannt. Die namentlich durch das ausgetretene Harz genährte Flamme schlägt hoch auf, verkohlt aber nur die Rinde, während das Holz unbeschädigt bleibt [ULRICI 73, S. 158]. Stehenlassen der gerodeten Stöcke an der Luft genügt n i c h t zur Tödtung der Brut. Stämme, welche auf diese Weise nicht zu behandeln sind, werden geschält, eventuell auf untergelegten Tüchern, und die Rinde wird verbrannt.

GLÜCK empfiehlt hierzu mehr als die gewöhnlichen Schnitzmesser den ROTH'schen Rindenschäler [64]. HESSE hat einen Bestand durch Begiessen der Umgebung der befallenen Bäume mit Chlorwasser gerettet (vgl. S. 212).

Stammbewohnende Rindenbrüter, welche als Larven die Bastschicht der Nadelhölzer zerstören, als Käfer Triebe aushöhlen.

Der grosse oder schwarze Kiefern-Markkäfer,

Hylesinus piniperda L. (Taf. II, 10) und

der kleine oder braune Kiefern-Markkäfer,

H. minor HTG.,

zusammen wohl auch als „Waldgärtner" bezeichnet, sind gefährliche Feinde der Kiefernbestände mittlerer und höherer Altersklassen. Wenn sie auch kränkelnde Bäume vorziehen, so brüten sie (Fig. 145 und 146) bei starker Vermehrung doch auch vielfach in gesunden, können diese zum Eingehen bringen und werden, auch wenn sie nicht gleich ganze Bestände vernichten, durch die Gefährdung des Bestandschlusses schädlich. Hylesinenfrass ist ferner häufig eine unwillkommene Folgeerscheinung von Raupen-, namentlich von Kieferneulenfrass. Hierzu kommt noch, dass die Käfer vom August an die Endtriebe der Kiefernzweige von unten nach oben nagend aushöhlen (Fig. 147) und hierdurch derartig schwächen, dass sie in Menge von den Herbststürmen herabgebrochen werden. Werden Kiefern alljährlich in dieser Weise angegriffen, so verändert sich ihre ursprünglich breite Kronenform in eine spitze, fichtenähnliche, wie bei einem unter der Schere gehaltenen Baume (Fig. 147). Diese Verluste an Trieben und Nadeln haben alsdann nicht nur einen Zuwachsverlust und Lichtstellung der Bestände, sondern auch vielfach eine Minderung der Samenernte zur Folge. Rechtzeitiger Einschlag und Entrindung der mit Brut besetzten Bäume, verbunden mit Verbrennung der Rinde, ist als Abwehr eines schon vorhandenen Frasses, rechtzeitiges Werfen von Fangbäumen als Vorbeugungsmittel zu empfeblen. Im Sommer noch nicht abgefahrene Kiefernstämme müssen wie Fangbäume behandelt werden.

Beschreibung: H. (Myelophilus EICHH.) piniperda L. *Käfer* länglich, schwarz glänzend, Flügeldecken nur bei jungen braunroth. Kopf und Rüssel fein und nicht dicht punktirt, letzterer vorn etwas eingedrückt, mit feiner, erhabener Mittellinie. Halsschild kürzer als an der Basis breit, vorne verengt, kugelförmig, vor der Spitze leicht eingeschnürt, oben weitläufig, nicht tief punktirt, mit undeutlicher, glatter Mittellinie. Flügeldecken fein punktirt-gestreift, Zwischenräume vorn runzlig-punktirt und gehöckert, nach hinten zu mit einer Reihe borstentragender kleiner Höckerchen. Der zweite Zwischenraum trägt jedoch auf dem Absturz selbst keine Höckerchen und erscheint daher vorzüglich beim ♂ furchenartig, etwas vertieft. Fühler und Füsse rostroth. Länge 4—4·5 mm.

H. (Myelophilus Eichh.) minor Htg. *Käfer* dem H. piniperda äusserst ähnlich, der zweite Zwischenraum trägt aber auch auf dem Absturz Höckerchen, erscheint daher nicht vertieft. Die Flügeldecken sind auch bei ganz reifen Exemplaren nur röthlich-braun, nicht oder nur selten schwarz. Meist sind ausser den Fühlern nicht blos die Füsse, sondern die ganzen Beine rostroth. Länge 3·5—4 mm.

Lebensweise: Wie aus den vorstehenden, genauen Diagnosen hervorgeht, sind die zoologischen Unterschiede dieser beiden Arten, d. h. bei H. piniperda L. die bei vollständig ausgefärbten Exemplaren dunklere Färbung der Flügeldecken — zuerst von v. Binzer

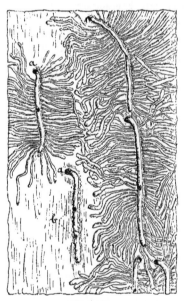

Fig. 145.   Fig. 146.

Fig. 145. Ein Stück Kiefernrinde von der Innenseite mit Frassfiguren **von** Hylesinus piniperda L.; links unten ein frischer Gang nur mit Eiergruben. *a* Bohrloch mit krückenförmigem Anfange des Mutterganges, *b* Luftlöcher.

Fig. 146. Kiefernrolle mit Frassfiguren von Hylesinus minor Htg. Am oberen Theile ist die aufgesprungene Rinde noch nicht abgefallen.

[6] scharf betont — sowie, mit Ratzeburg zu reden [23 *b*, S. 377], die „Schattenfurche neben der Naht am Absturze", die zuerst Saxesen auffand, doch schliesslich so fein, dass in der Praxis wohl sehr viel häufiger eine Verwechselung beider Arten vorkommen würde, wenn

nicht ihre Frassfiguren äusserst verschieden wären. H. piniperda L. macht nämlich einarmige, senkrechte, am stehenden Baume von dem Bohrloch nach unten verlaufende, gewöhnlich mit einem Luftloche versehene, 7 bis 14 cm lange Muttergänge mit krückenstockartig gebogenem Anfangstheile, von denen bei typischer Entwickelung der Frassfigur dicht gedrängte, langgestreckte Larvengänge in der Querrichtung abgehen, um in ovalen, auf der Grenze von Rinde und Holz gelegenen Puppenwiegen zu enden. Es werden die starkborkigen unteren Stammtheile vorgezogen, und die Gänge verlaufen meist so vollständig in der Rinde, dass das Holz höchstens von den Muttergängen, nicht aber von Larvengängen und Puppenwiegen oberflächlich gefurcht wird. Die Bohrlöcher des Käfers, welche meist recht verborgen unter Rindenschuppen angelegt werden, sind trotzdem oft durch sie umgebende, kleine hellgelbe Harztrichter ausgezeichnet.

Der Anflug des Käfers ist oft ein sehr heftiger, so dass namentlich Fangbäume häufig so dicht mit Frassfiguren besetzt sind, als überhaupt nur möglich. An starkem Holze kann man auf das laufende Meter bis 60 Gänge zählen, jeder durchschnittlich mit 100 Eiern belegt. Nehmen wir auch nur die Hälfte der Gänge und die Hälfte der sich zum Käfer ausbildenden Larven, so würden sich an Stämmen von 10 bis 13 m Länge gegen 20 000 Käfer entwickeln! Er scheint ferner anfänglich die liegenden Stämme gern von der Unterseite anzugehen.

Das oben über die Richtung der Muttergänge Gesagte bezieht sich wesentlich auf den stehenden Baum. Am gefällten kommt es auf die Lage an. Liegt ein Ende höher als das andere, so richten die Käfer ihre Gänge einheitlich von oben nach unten. Bei wagerecht liegenden kommen sowohl nach dem Wurzelende, wie nach dem Zopfende gerichtete gemischt vor [EICHH. 15 a, S. 104].

H. minor HTG. macht dagegen (Fig. 146) zweiarmige, quergerichtete Muttergänge, ungefähr von der Gestalt einer liegenden Klammer ⌣, bei denen die kurze mittlere Eingangsröhre von dem Bohrloche nach oben geht. Diese Muttergänge dringen stets bis in den Splint, während die von ihnen in der Längsrichtung des Baumes nach oben und unten abgehenden kurzen, nicht sehr dicht stehenden Larvengänge bald nur in der Rinde verlaufen, bald aber auch den Splint seicht furchen. Die Puppenwiegen liegen dagegen stets im Holz, und zwar mit ihrer Längsachse in radialer Richtung, sodass nur ein kreisrundes Loch ihre Lage anzeigt. Der Käfer zieht frischeres, saftreiches Holz dem welken vor und brütet vorzugsweise in den Stammtheilen mit dünner, röthlichgelber, blättriger Rinde, welche über den Muttergängen und an den Stellen, wo die Fluglöcher sie reihenweise durchbohren, gern aufspringt. Der Käfer ist daher im Durchschnitt in jüngeren Stangenhölzern und in den oberen Theilen älterer Bäume heimisch, während H. piniperda L. die unteren Theile vorzieht. Trotzdem kommen gelegentlich Frassgänge beider Arten in unmittelbarer Nähe von einander vor.

Beide Käfer sind im Allgemeinen typische Schädlinge unserer gemeinen Kiefer, kommen aber auch in sehr vielen, ja vielleicht in allen anderen Pinus-Arten vor. Angriffe auf Fichte sind ferner durchaus nicht sehr selten, ohne dass man deshalb berechtigt wäre, von einem Schaden an letzterer Holzart zu reden. Im Allgemeinen sind die Waldgärtner der Verbreitung der gemeinen Kiefer entsprechend bei uns mehr Insekten der Ebene wie des Gebirges.

In grosser Ausdehnung fressen beide Arten nach Perris [58] in Südfrankreich an der Seekiefer, sowie in den verwandten Arten. In Weymouthskiefer wurde H. piniperda L. bereits 1846 zu Hohenheim beobachtet [XXIV, S. 21]. Judeich berichtet über einen ausgezeichneten Frass an derselben Holzart aus dem Tharander Forstgarten [38 b, S. 260]. Im Schwarzwald ist H. minor Htg. [XXVI, S. 22] auch in Legföhren getroffen worden, während Eichhoff berichtet, dass ihm von dem Vorkommen von H. piniperda L. im Knieholz nichts bekannt geworden sei [15 a, S. 102]. Die geographische Verbreitung des bekannteren H. piniperda L. ist gleich derjenigen seiner Nährpflanzen eine circumpolare, indem er sowohl in ganz Europa und Nordasien bis nach Japan hin, wie auch in Nordamerika vorkommt. Südlich geht er bis auf die canarischen Inseln [15 a, S. 106]. Was das Brüten in Fichten betrifft, so sind die Angaben Bechstein's [II, S. 190 bis 192] von Ratzeburg zunächst angezweifelt worden [V, 1, S. 209], doch bereits 1863 berichtet Willkomm, dass Braun den Kiefern-Markkäfer im Reussischen in Fichte gefunden, eine Beobachtung, welche Braun selbst genauer und auf H. minor ausgedehnt 1867 [9] publicirt. Es geschah dies in Folge einer neuen gleichen Beobachtung von Gigglberger [23 a] in der Bayerischen Oberpfalz, welcher hierüber noch mehrmals geschrieben [23 b und c] und sowohl Ratzeburg wie Nördlinger mit Frassstücken und Käfern versehen hat. Letztere erkannten, jener brieflich [23 b, S. 377] für H. piniperda L., dieser ausserdem in einem besonderen kleinen Artikel, auf Grund eigener Untersuchungen des Materiales die Richtigkeit dieser Beobachtungen an. Weitere eigen beobachtete Fälle führt Nördlinger in seinen Nachträgen [XXIV, S. 21 und 22] an, und Judeich berichtet 1876 [XI, S. 116] vom Tharander Revier und aus Böhmen Gleiches. Wir können hinzusetzen, dass wir in neuerer Zeit wiederholt dieselbe Beobachtung gemacht haben. An Lärchen brütend ist der Käfer unseres Wissens blos in Sibirien gefunden worden, und zwar durch v. Middendorff [45 b, S. 243] Gelegentliche ältere Mittheilungen, dass er auch Tannen annähme, scheinen uns apokryph. Was Willkomm [75 b] darüber berichtet, beruht auf bewusster Anpassung an den Sprachgebrauch der russischen Ostseeprovinzen, in welchen die Kiefer „Tanne" genannt wird. Desgleichen scheinen uns die Mittheilungen, dass der Käfer auch Fichtentriebe ausgefressen habe, vorläufig nicht beglaubigt.

Beide Arten sind Frühschwärmer, H. piniperda L. allerdings in noch hervorragenderem Masse als H. minor Htg. Sie überwintern als Käfer und werden von den ersten warmen Frühjahrstagen hervorgelockt. Zu dieser Zeit sind sie in riesigen Mengen auf den Winterschlägen, von denen das Holz noch nicht abgefahren wurde, an den Holzniederlagen der Sägemühlen u. s. f. zu beobachten. Die Weibchen beginnen alsdann die Anlage der Muttergänge und werden, halb im Bohrloche steckend, von den aussen sitzenden Männchen begattet. Die Eiablage geht recht allmählich vor sich und kann in demselben Muttergange, von dem Anfange bis zum Ende fortschreitend, einige Wochen in Anspruch nehmen, worauf dann die später abgelegten Eier entsprechend später Larven, Puppen und Käfer liefern. Im allgemeinen kann man bei normaler mittlerer Frühjahrswitterung 14 Tage auf das Eistadium, sieben bis acht Wochen auf das Larvenstadium und 14 Tage auf das Puppenstadium rechnen, so dass also nach Ratzeburg 75 bis 84 Tage, nach Hess 11 bis 12 Wochen [33, S. 511] von der Eiablage bis zur Ausbildung der anfänglich noch strohgelben, bald aber sich ausfärbenden Imago vergehen. Beobachtet man also einen Hauptflug Ende März, so kann man Ende Juni auf Käfer rechnen.

H. minor soll nach Altum meist etwas später fliegen als H. piniperda, was Eichhoff für den Elsass leugnet, trotzdem es auch in Südfrankreich nach Perris [58, S. 222] Regel sein soll, dass er nicht vor April schwärmt.

In Betreff der Schwärmzeit dürften aber wohl überhaupt die lokalen und klimatischen Verhältnisse stark mitsprechen. Es verspätet sich nämlich bei rauher Frühlingswitterung der Flug der Hylesinen oft so sehr, dass man noch bis in den Mai hinein frische Gänge findet. Auch die Entwickelungsdauer der Käfer wird stark von der Temperatur beeinflusst, wie erst kürzlich Hess [33] klar zeigte. Während nämlich in Fangstämmen, die im Schatten eines etwa 60jährigen Kiefernbestandes lagen, die Entwickelung von der Eiablage bis zum Ausfliegen des Käfers ungefähr die oben angegebene Zeit von 11 bis 12 Wochen betrug, ging sie in Stämmen gleichen Alters, auf einem der Südwestsonne exponirten Kahlschlage viel rascher vor sich und nahm nur sieben bis acht Wochen in Anspruch. Diese Thatsache ist sehr zu berücksichtigen, wenn es sich um Entscheidung der Frage nach der Generation der Kiefern-Markkäfer handelt. Ratzeburg und viele seiner Nachfolger waren geneigt, als Regel eine einfache Generation anzusehen, indem sie annahmen, dass die im Sommer ausgekommenen Käfer in demselben Jahre nicht wieder zur Fortpflanzung schritten, sondern sich direkt in die Triebe einbohrten. Dieser Behauptung stehen viele ganz positive Beobachtungen entgegen, welche das Vorkommen einer zweiten Generation nachweisen; dagegen ist an vielen Orten ebenso unzweifelhaft eine nur einfache Generation constatirt, und die Behauptung von Eichhoff, dass die doppelte Generation die Regel bilde und vielleicht eine dreifache vorkomme, eine ebenso unberechtigte Verallgemeinerung, wie die entgegenstehende Ratzeburg's. Vielmehr sind Höhenlage und Klima des Reviers, sowie die gerade herrschende Jahreswitterung die Faktoren, von denen es abhängt, ob eine einfache oder doppelte Generation vorkommt.

Graphisch lassen sich die Verhältnisse der Generation ungefähr folgendermassen darstellen:

Einfache Generation von Hylesinus piniperda L.

	Jan.	Febr.	März	April	Mai	Juni	Juli	Aug.	Sept.	Oct.	Nov.	Dec.
1880				++	— — — — — —		•++	+++	+++	+++	+++	+++
1881	+++	+++	+++	++								

Doppelte Generation.

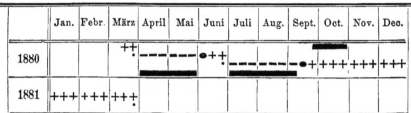

	Jan.	Febr.	März	April	Mai	Juni	Juli	Aug.	Sept.	Oct.	Nov.	Deo.
1880												
1881												

Kiefern-Markkäferbrut im Herbste wurde unseres Wissens zuerst von GEORG [22] gefunden, doch ist derselbe noch nicht geneigt, hieraus auf eine doppelte Generation zu schliessen, was auch RATZEBURG nicht thut. ALTUM ist bereits in der ersten Auflage seiner Forstzoologie [XVI, III, 1, S. 231] nach seinen Beobachtungen überzeugt, dass bei frühem Sommerfluge des H. piniperda der Käfer zu einer zweiten Brut schreitet. Er sagt: „Wiederholt habe ich unter dieser Voraussetzung bemerkt, wie einzelne starke Kiefern sich im Laufe des Sommers mit Harztrichtern an ihrem unteren Stammende bedeckten und das Bohrmehl händevoll um den Wurzelknoten angehäuft lag. Bohrt der Käfer nämlich lebende Stämme an, so wird seine Thätigkeit nicht nur durch das Bohrmehl, sondern noch auffälliger durch starken Harzausflus aus den Bohrlöchern verrathen, der die Oeffnung freizulassen und somit eine Trichterform anzunehmen pflegt. Unsere 1871 erloschene Kiefernspinnerkalamität zeigt durch allmähliches Absterben einzelner Stämme im Altholze noch fortwährend ihre Nachwirkung, so dass in den stark heimgesuchten Beständen weit mehr Stämme eingehen, als gewöhnlich. Der alte Kiefernhochwald stellt sich ja stets allmählich licht. An diesen kranken Stämmen nun zeigt sich in höchst auffallender Weise die eben genannte Erscheinung. Schon aus der Ferne erregen die zahlreichen weissen Flecke an denselben die Aufmerksamkeit. Das ist schon im Juli der Fall. Die Annahme, dass sich der Käfer an solchen zum Winterschlafe einbohre, ist schwerlich zu approbiren. Mitten im Sommer verkriecht sich kein Insekt zur Winterruhe, das hervorquellende Harz würde den Käfer tödten, und die Fluglöcher im Herbste beweisen stricte, dass darin eine Generation zu Stande gekommen ist. An und für sich wäre es möglich, dass ein spätes Frühlingsschwärmen des Käfers dieselbe Erscheinung zur Folge hätte, zumal nach bereits erfolgter Entfernung aller gefällten Stämme und des Klafterholzes, sodass sich hier folglich nicht eine zweite, sondern die erste, einzige Generation entwickelt hätte. Allein meine Notizen zeigen mir gerade für das Jahr, in dem die genannte Erscheinung besonders hervorstechend auftrat, den Anfang März (7. bis 10.) als sehr lebhafte Schwärmzeit an." Dieser Ansicht schliesst sich JUDEICH [XI, S. 112] völlig an. EICHHOFF [I5 a, S. 112] tritt dann mit voller Entschiedenheit für eine wenigstens doppelte Generation auf, und die hierdurch veranlassten Beobachtungen von CZECH [I2] und HESS [33] sprechen, erstere für eine mitunter sogar dreifache, letztere für eine öftere doppelte Generation.

Doch nicht nur bei ihrem Brutgeschäft, also wesentlich durch Larvenfrass, bedrohen die Kiefern-Markkäfer unsere Bestände, sondern auch durch Käferfrass, durch welchen im Spätsommer und Herbst die bekannten Abfälle, Abbrüche oder Brüche an den Kiefern erzeugt werden. Die jungen, eben fertig gewordenen Käfer beider Arten, welche in ihrem Geburtsjahre nicht mehr zur Fortpflanzung schreiten, bohren sich dann in die jungen Triebe benachbarter Kiefern. Das Bohrloch, welches sich durch das austretende und verhärtende, in Form eines Trichters dasselbe umgebende Harz leicht kenntlich macht, befindet sich meist 2 bis 5 cm unterhalb der

Spitzknospen, also im jüngsten und zartesten Theile des Triebes.
Ist es weiter von der Knospe entfernt, und geht der vom Käfer
ausgefressene Gang nicht bis an dieselbe, so entwickelt sie sich zuweilen, und die hohle Triebröhre füllt sich wieder mit Holzmasse.
Meist erkennt man dies an den kurzen Bürstennadeln und an einer
Anschwellung des Triebes schon von weitem. Der Käfer frisst nur
die Markröhre aus, ohne aber je darin zu brüten, wie Anob. nigrinum
Er., und entfernt sich dann bald wieder daraus. Von den durch Schmetterlingsraupen verursachten Aushöhlungen von Trieben unterscheidet
sich dieser Borkenkäferfrass durch den Mangel an Raupenkoth in
den Röhren. Die Triebe brechen, mit oder ohne Zapfen, an der
Stelle des Bohrloches leicht herunter, oft wenn der Käfer noch darin
sitzt, und bedecken nicht selten den Boden merklich.

Diese Triebzerstörung wurde lange Zeit nur dem H. piniperda L. zugeschrieben. Aber schon Perris [58, S. 222] kennt auch H. minor Htg. aus
Seekieferntrieben. Eichhoff [15 a, S. 118] berichtet, dass Schreiner den letzteren
häufig in Trieben gefunden, Altum ist neuerdings auch damit bekannt geworden [XVI, III, 1, S. 262], und auch Judeich hat bei Meissen H. minor Htg. in
Trieben gefunden. Altum glaubt auch beobachtet zu haben [2 c], dass die
Käfer mitunter statt der Triebe die Stämme 2 bis 3 cm starker Kiefern angehen
und in deren Rinde unregelmässige Gänge fressen, ohne hier zu brüten.

Sobald anhaltender Frost eintritt, in unseren nördlicheren Gegenden also im November und December, verlässt der Käfer die Triebe
und bohrt sich an Randbäumen, zuweilen auch an Stöcken, in der
Gegend des Wurzelknotens durch die Rinde bis auf den Splint. Um
ihn hier zu suchen, muss man, wenn die Bohrlöcher nicht über der
Erde zu sehen sind, das Moos des Bodens etwas entfernen und auf
das Wurmmehl und die Harzkrümelchen, welche vor den Bohrlöchern liegen, achten. An diesen Stellen überwintern sie. Nach
Taschenberg sollen die durch Harztrichter kenntlichen Ueberwinterungsgänge oft ziemlich weit am Stamme hinauf vorkommen [XXII,
II, S. 207].

Schaden. Wir haben es hier mit den wichtigsten Kiefern-
käfern zu thun. Sie wirthschaften durch ihren Larvenfrass ähnlich
wie der Fichten-Borkenkäfer. Indessen tritt dieser häufiger primär auf,
während die Kiefern-Markkäfer meist nur nach Raupenfrass, Schnee-
brüchen, Windwürfen, Ueberschwemmungsbeschädigungen und namentlich auch nach Waldbränden, welche die Kiefernstämme beschädigen, also secundär, grosse Verbreitung erlangen. H. minor
bohrt meist nur stehendes Holz an und wurde früher als der
seltenere Käfer betrachtet, seitdem man aber mehr auf ihn achtet
und auch die Wipfelpartien in kränkelnden Beständen beobachtet, hat man ihn immer häufiger gefunden. H. piniperda begnügt
sich meist mit liegendem Holze, da ihn der Harzfluss aus den Bohrlöchern des stehenden Holzes leicht erstickt; jedoch überwindet er
diesen auch, und man findet ihn nach Eulenfrass meist gemeinschaftlich mit H. minor, welcher letztere vielleicht für Verlangsamung der
Saftbewegung sorgt und dem H. piniperda dadurch vorarbeitet. Daher

findet man Stämme, an welchen erst H. minor in den Zweigen des Wipfels haust, die absterben, ehe noch H. piniperda hinzukommt. Die Fälle, in welchen beide Arten gemeinschaftlich einen ganzen Bestand befallen und ihn ganz oder grösstentheils tödten, sind selten. In solchen Fällen betheiligen sich gewöhnlich auch die Holzwespen, welche im Innern der kranken oder abgestorbenen Stämme wirthschaften. Auch werden nicht nur die Stangenhölzer und Althölzer als Brutplätze aufgesucht, sondern mitunter, namentlich von H. piniperda L, auch jüngere Kulturen im Alter von 12 bis 15 Jahren als solche benutzt. Auch schon die Anlage der Ueberwinterungsgänge kann schwächlichere Bäume empfindlich schädigen und sogar zum Eingehen bringen. Der Frass von H. piniperda L. hat meist am eingegangenen Stamme die Ablösung grösserer Rindenstücke zur Folge, während die dünne Rinde der von H. minor HTG. bevorzugten glatteren Stammtheile sich in kleinen Plättchen loslöst.

Ueber ausgedehntere Beschädigungen durch Larvenfrass der Kiefern-Markkäfer liegen schon ältere Berichte vor. So fand GEORG [XI, S. 115] die Käfer Ende der Fünfzigerjahre im Reviere Grünhagen bei Lüneburg in 60jährigen Kiefernbeständen in solcher Masse vor, dass im Winter vorher auf 47 *ha* 398 Fangbäume gefällt werden mussten, und dass doch noch Käfer genug das stehende Holz angingen, weshalb Berichterstatter im Juli sämmtliche Bestände mit einem Holzhauer absuchen und alles vom Käfer angegriffene Holz abgeben musste; ja es musste die Revision noch später wiederholt werden, weil viele Stämme erst nachher roth wurden. Die stärksten und gesundesten gingen massenweise zugrunde. Am schlimmsten hauste der Käfer da, wo erst einmal eine Blösse im Bestande war, die er dann immer mehr vergrösserte. Obgleich hier auch von Jahren vor 1857 die Rede ist, so spielte doch dieses durch seine ungewöhnliche Wärme berühmte und berüchtigte Jahr, welches auch in anderen Gegenden Ausnahmserscheinungen hervorrief, die Hauptrolle. Auf verschiedenen Preussischen Revieren wurde im Jahre 1862 über den Kiefern-Markkäfer geklagt. Die Vergrösserung einmal vorhandener Blössen durch den Markkäfer beobachtete RATZEBURG im Gebirge, in den Bernburger Forsten des Harzes, wo allerdings der Käfer in den durch Boden und klimatische Verhältnisse nicht begünstigten Kiefern leichtes Spiel hatte. Ganz besonders lehrreich sind die von WILLKOMM [75 *b*] gegebenen Schilderungen ausgedehnter Verheerungen von H. piniperda L. in Verbindung mit Tomicus sexdentatus BOERN. und T. bidentatus HBST. in den Wäldern der Ostseeprovinzen. Schöne Beispiele für die Neigung des H. piniperda L., durch Bodenfeuer geschädigte Kiefern anzugehen, führt RATZEBURG [V, S. 210] nach Beobachtungen von HEYER an. Irgendwie geköpfte Bäume befällt der Käfer, wie NITSCHE beobachtete, mit ganz besonderer Schnelligkeit. Sehr allgemein sind die Klagen über die Kiefern-Markkäfer als Nachfolger der die Kiefern beschädigenden Raupen, und zwar scheint diese Erscheinung nach Kieferneulenfrass noch regelmässiger als nach Kiefernspinnerfrass vorzukommen. Ein neuerer Fall davon wird von KLOPFER von der Herrschaft Primkenau berichtet [43, S. 75]. Ueber grössere Beschädigung durch unsere beiden Käfer in Folge einer Salzwasserüberschwemmung von Kiefernbeständen durch Sturmfluth berichtet v. BINZER [6] nach den Mittheilungen von Oberförster BALTHASAR von dem Revier Born auf dem Darss an der Ostsee. Später ging der Käfer hier aber auch massenweise gesunde Bäume an. Absterben von Kiefern in Folge des Vorhandenseins massenhafter Ueberwinterungsgänge hat ausser RATZEBURG [XI, S. 116] namentlich auch TASCHENBERG [XXII, II, S. 207] beobachtet.

Bei weitem gefürchteter sind aber die Schäden, welche durch **A n b o h r e n** und **V e r n i c h t e n** **d e r** **Z w e i g s p i t z e n** entstehen und den **Thätern**, weil sie gewissermassen die Bäume verschneiden, von Linné die Bezeichnung hortulanus naturae eintrugen, ein Name, der sich in der Uebersetzung „Waldgärtner” in die forstliche Praxis übertrug. „Abfälle” oder „Abbrüche” wurden auch an Krummholzkiefern und Weymouthskiefern beobachtet. Diese Abfälle sind so gewöhnlich, dass sie fast überall und alljährlich vorkommen, glücklicherweise aber im geschlossenen Bestande mehr einzeln, in Massen nur in Lücken desselben oder an freien Rändern, wo der Käfer, von nahen Holzhöfen, Ablagen, besonders von den Holzstössen naher Schläge u. s. f. herkommend, leicht zuschwärmen kann und dabei hauptsächlich auf die hervorragenden Stämme, besonders auf

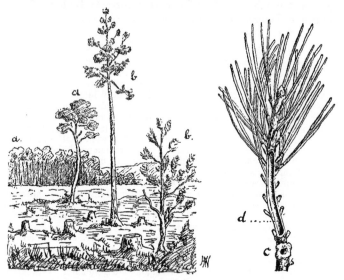

Fig. 147.

Fig. 147. Triebzerstörungen durch **Hylesinus piniperda** L. und **H. minor** Htg. hervorgebracht. In der kleinen Landschaft links sieht man bei *aa* Kiefern mit normaler Kronenbildung, während die bei *bb* durch die Arbeit der „Waldgärtner” gelichtete Wipfel zeigen. Rechts ein von dem Käfer ausgehöhlter Trieb, *c* Bohrloch mit Harztrichter, *d* aufgeschnittener Frasskanal.

alte, übergehaltene Kiefern, einfällt, die ihn also von Junghölzern ableiten. Aeltere Stämme verlieren oft so viele Triebe an dem ganzen Mantel der Krone, dass diese ihre gewölbte Form einbüsst, und fast die Gestalt von Fichten oder Cypressen, mit einzeln hervorragenden Armen, annimmt, auch im Innern fehlerhafte Verzweigung bekommt und der Baum endlich anfängt wipfeldürr zu werden (Fig. 147). Im Laufe der Jahre gehen so auch zahllose Zapfen verloren, und es kann möglicherweise das Wirthschaften in Samenschlägen dadurch unmöglich gemacht werden. Im jüngeren Holze werden die Wipfel eigenthümlich lückig. Aber es fehlen die beiden

Kiefern-Markkäfer doch auch mehr im Innern der Bestände nicht. Der Schaden, den sie hier anrichten, trifft nicht blos die befallenen, einzelnen Bäume, sondern indirekt den ganzen Bestand, weil alles, was den ohnehin lichten Kronenschluss der Kiefer noch weiter lichtet, nachtheilig für den Boden wirkt. Hierauf ist entschieden Gewicht zu legen, und verdienen schon deshalb die Käfer gründlich verfolgt zu werden. Sie finden sich auch an jungen, besonders schlechtwüchsigen Kiefern in der Markröhre ein; ihre Gegenwart wird hier an dem mit weissem Harztrichter aussen bekleideten Bohrloche der jungen Triebe erkannt, sowie an den massenhaft auftretenden Scheidentrieben.

Es können in Folge dieser Triebbeschädigungen, wenn sie sich Jahr für Jahr wiederholen, ältere Kiefern auch direkt eingehen, und durch Verbindung von Rinden- und Triebbeschädigungen werden die schlimmsten Verheerungen durch die Kiefern-Markkäfer erklärlich.

Abwehr. Als Vorbeugungsmittel ist ausser der Erziehung gesunder Bestände, passender Durchforstung und Entfernung aller geschädigten Stämme das rechtzeitige Werfen von Fangbäumen zu bezeichnen. Ueber die Wirksamkeit dieser Massregeln, deren specielle Ausführung wir im Allgemeinen weiter unten bei Gelegenheit des Fichtenborkenkäfers besprechen, ist kein Streit, wohl aber verdient hervorgehoben zu werden, dass in neuerer Zeit vielfach über die Dauer der Zeit, in welcher die Fangbäume zu werfen und zu entrinden sind, Streitigkeiten entstanden. Die Regel hiefür ist nun ganz allgemein, dass Fangbäume so lange geworfen werden müssen, als Käfer schwärmen, also in warmen Revieren und Jahren, in denen doppelte Generation zu vermuthen ist, vom Februar bis September, während in kälteren Jahren und Revieren dies nur im Frühjahr nothwendig wird. Die Entrindung hat stattzufinden, sobald die Larven ausgeschlüpft sind, und sie muss im Allgemeinen für die erste Generation Anfang Juni vollendet sein. Auf Schlägen lagernde Stämme müssen wie Fangbäume behandelt werden, da sowohl hier, als bei anderen Borkenkäfern das blosse Abfahren des befallenen Holzes aus dem Walde nicht genügt. Erfolgt die Abfuhr nur nach benachbarten Consumtionsorten, so finden die Käfer häufig ihren Weg nach dem Walde zurück. Wird das Holz weit transportirt, so werden dadurch nicht selten diese Waldverderber fremden Waldungen zugeführt. Die Rinde ist zu verbrennen, da in blos abgeschälten oder abgeschnitzten Rindenstücken sich doch viele Larven entwickeln können. Hat man es auch mit H. minor Htg. zu thun, so muss man besonders darauf achten, dass die Schälung vollendet ist, ehe die Larven die Puppenwiegen bezogen haben, da diese im Holze liegen, und sich daher auch in geschälten Stämmen Käfer entwickeln können. Mit Puppenwiegen von H. minor Htg. bereits besetzte Zopfenden und schwächere Stämme sollten wenigstens angeschwält werden.

Innerhalb der Bestände selbst werden, wenn hier viele kränkelnde Stämme, z. B. in Folge von Raupenfrass, vorhanden sind, die gefällten Fangbäume nicht mit besonderer Vorliebe angenommen.

Weit besseren Erfolg hat alsdann die Herstellung stehender Fangbäume durch Köpfung von Kiefern an der Stelle, wo die dünne,
hellbräunliche Rinde anfängt. Solche stehende Fangbäume müssen
natürlich nach erfolgtem Anfluge gefällt und entrindet werden. Einen
grösseren comparativen Versuch mit einigen Tausend Stück Fangbäumen beider Art hat KLOPFER in Primkenau neuerdings auf An-
rathen von NITSCHE durchgeführt, „und der Erfolg sprach in hervorragender Weise für die geköpften" [**43**, S. 45 und 46]. Man hat
auch das Zusammenharken der im Herbst unter den Bäumen liegenden grünen Triebe empfohlen. Da aber die meisten schon wieder
vom Käfer verlassen sind, wenn sie abfallen, so darf man sich keine
grosse Wirkung von diesem Mittel versprechen.

**Stamm und Aeste bewohnende Rindenbrüter, welche als
Larven den Laubhölzern schaden.** Die zahlreichen, in diese biologische Gruppe gehörigen Arten der Gattungen Scolytus, Hylesinus
und auch Tomicus sind für die Praxis sehr ungleichwerthig. Diejenigen, welche nur in ganz schwachem Materiale oder in abgestorbenen Stämmen und Stöcken vorkommen und zum Theile noch
immer für Sammler unter die Seltenheiten gehören, sind durchaus unwichtig und können hier nur kurz erwähnt werden. Andere
sind dagegen häufiger vorkommende, wirklich das Leben von Laub-
holzstämmen gefährdende Käfer, welche zwar nur in Ausnahmefällen
ausgedehntere Verwüstungen hervorbringen, dagegen sehr häufig
durch Zerstörung werthvoller Einzelbäume und kleinerer Baumgruppen,
namentlich auch von Alleebäumen, unangenehm werden. Ziehen wir aber
im Allgemeinen einen Vergleich zwischen diesen Laubholzschädlingen
und den biologisch und systematisch verwandten Nadelholzformen,
so müssen wir erstere, namentlich mit Rücksicht auf die viel grössere
Widerstandskraft und das stärkere Reproductionsvermögen der Laubhölzer, als die weit weniger gefährlichen erklären. Wir fassen die
wichtigeren nach den einzelnen, von ihnen bevorzugten Holzarten
zusammen und behandeln einige andere mehr als Anhang.

Rüstern-Borkenkäfer. Obgleich die Rüstern, und zwar gleichmässig unsere Feldrüster, Ulmus campestris L. und die Flatterrüster
U. effusa WILLD., von einer grösseren Anzahl von Borkenkäfern heimgesucht werden, als die anderen Laubhölzer, so sind hier doch nur
drei Arten einer genaueren Erwähnung werth, nämlich
   der grosse Rüstern-Splintkäfer, (Taf. II, Fig. 11)
        Scolytus Geoffroyi GOEZE,
      der kleine Rüstern-Splintkäfer,
        Sc. multistriatus MARSH. und
      der kleine bunte Rüstern-Bastkäfer,
        Hylesinus vittatus FABR.
von denen die beiden ersten kurze Lothgänge (Fig. 148) machen,
während der dritte kleine doppelarmige Wagegänge (Fig. 149) er-

zeugt. Von den Frassfiguren der beiden Splintkäfer sind wieder die von **Sc. multistriatus** MARSH. durch geringere Stärke der Mutter- und Larvengänge und grössere Zahl und Gedrängtheit der von einem Muttergange ausgehenden Larvengänge leicht zu unterscheiden. Alle drei Formen können jüngere und kränkliche Bäume zum Absterben bringen, und namentlich **Sc. Geoffroyi** GOEZE hat schon Rüsternbestände durch im Gipfel beginnende und allmählich herabsteigende, jahrelang wiederholte Angriffe, denen schliesslich eine grössere Zahl Stämme zum Opfer fiel, unangenehm gelichtet. Ihr grösster Schaden hat aber immer in Alleebäumen stattgefunden. Fangbäume sind gegen diese Schädlinge wirksam.

Beschreibung. Scolytus Geoffroyi GOEZE (*destructor* OLIV., *Ratzeburgii* THMS., *Eccoptogaster scolytus* RATZ.). *Käfer* schwarz oder pechbraun, glänzend. Halsschild etwas breiter als lang, ziemlich weitläufig und fein, auf der Scheibe sehr fein punktirt. Flügeldecken braun, oft verwaschen dunkel gefleckt, nach hinten verschmälert, tief punktirt-gestreift; Zwischenräume breit und flach, fein und unregelmässig gereiht-punktirt. Stirn fein gerunzelt, mit kurzen gelben Haaren. Der dritte und vierte Bauchring in der Mitte mit einem kleinen Höckerchen. Fühler und Füsse röthlich-gelb, Schenkel und Schienen braun, oft mit schwärzlichen Flecken. Beim ♂ Stirn etwas flachgedrückt, Afterspitze mit langen gelben Haaren. Beim ♀ Stirn flach gewölbt, Afterspitze ohne solche Haare. Länge 4—6 mm.

Sc. multistriatus MARSH. *Käfer* schwarz oder pechbraun, mässig glänzend. Halsschild etwas länger als breit, auf der Scheibe fein und nicht dicht, an den Seiten dichter und gröber punktirt. Flügeldecken braun, nach hinten verschmälert, sehr dicht punktirt-gestreift, mit fast gleich starken Punkten. Stirn sehr fein gerunzelt, nadelrissig. Der zweite Bauchring an der Spitze mit einem grossen, wagerecht nach hinten gerichteten Dornfortsatz. Fühler und Beine röthlich-braun. Beim ♂ die Stirn etwas flachgedrückt, an den Seiten und hinten mit graugelben Haarbörstchen eingefasst. Stirn des ♀ etwas gewölbt, ohne Borstenkranz. Länge 3—3·5 mm.

In Rüstern leben noch die seltenen Sc. pygmaeus FABR. und Sc. Kirschi SKAL.; auch Sc. Pruni RATZ. soll sich in Rüster verirrt haben [**XXIV**, S. 27].

H. (Hylesinus FABR. i. eng. Sinne) vittatus FABR. *Käfer* oval, glanzlos. Halsschild etwas breiter als lang, nach vorn verengt, an der Basis sehr schwach gebuchtet, äusserst feinkörnig punktirt, gelblich beschuppt mit zerstreuten grösseren Körnchen besetzt, eine Mittellinie nur angedeutet. Flügeldecken hinten abschüssig gewölbt, mit bräunlich-gelben und weisslichen Schüppchen dicht bekleidet, welche mitunter unregelmässige, viereckige Fleckchen, mitunter schräge Längsbinden bilden, fein punktirt-gestreift; die flachen Zwischenräume erreichen sämmtlich den Spitzenrand. Kopf und der sehr kurze Rüssel äusserst feinkörnig punktirt und beschuppt, Fühler und Beine gelbroth. Länge 2—2·5 mm.

Sehr nahe steht diesem Käfer noch der H. Kraatzi EICHH., welcher sich von ihm namentlich dadurch unterscheidet, dass der zweite Zwischenraum der Punktstreifen auf dem Flügeldeckenabsturze nicht bis zur Spitze herabreicht, sondern sehr verschmälert und etwas abgekürzt ist. Die verwandten südlichen Arten, H. Perisi CHAP. und H. vestitus MULS. et REY., gehören unserem Faunengebiete nicht an.

Lebensweise. Die Frassfiguren der beiden hier in Frage kommenden Scolytus-Arten bestehen aus verhältnissmässig kurzen Längsgängen, die nur selten Luftlöcher haben. Auch bei dem grossen

Rüstern-Splintkäfer (Fig. 148) sind sie meist nur 2—3 *cm* lang und
2·5—3 *mm* breit, bei dem kleinen erreichen sie dieselbe Länge, sind
aber viel schmäler. Die Larvengänge sind dagegen bei beiden ausgedehnt, mitunter 10—15 *cm* lang und laufen fast sternförmig von dem
kurzen Muttergange in der Rinde fort, in welcher auch die Puppenwiegen liegen. Nur bei dünnerer Rinde wird auch der Splint vom
Muttergange und den Puppenwiegen leicht gefurcht. Die grössere
Regelmässigkeit in der Anordnung der Larvengänge lässt die schwächere
Frassfigur des kleinen Rüstern-Splintkäfers leicht erkennen. Der
bunte Rüstern-Bastkäfer, H. vittatus FABR., macht dagegen typisch

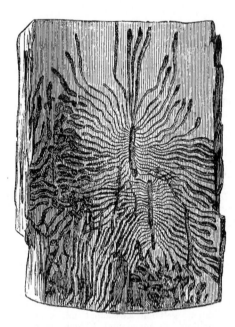

Fig. 148. Frassfigur von Scolytus Geoffroyi
GOEZE in Ulmenrinde. ¹/₂ nat. Grösse.
Original.

Fig. 149. Frass von **Hylesinus
vittatus** FABR. in Ulmenrinde.
Original naeh einem von Prof.
HENSCHEL in Wien geschenkten
Präparate. ¹/₁ nat. Grösse.

zweiarmige, im ganzen 2—4 *cm* lange Wagegänge, welche hauptsächlich in der Rinde verlaufen. Die mittlere Eingangsröhre geht
nicht bis auf den Splint, sodass an der Innenseite der Rinde die
beiden Arme des Mutterganges durch eine kleine, unverletzte Rindenstelle (Fig. 149 *a*) getrennt erscheinen. [**XXIV**, S. 26]. Die Larvengänge sind kurze, in der Rinde verlaufende Längsgänge. Ganz ähnlich
frisst der nur schwer von H. vittatus FABR. unterscheidbare H. Kraatzi
EICHH.

Der grosse Rüstern-Splintkäfer und seine Genossen sind Spätschwärmer, welche frühestens im Mai zur Fortpflanzung schreiten,
Sc. multistriatus Marsh. nach Eichhoff [15 a, S. 161] sogar erst
im Juni und Juli. Ob letzterer eine doppelte Generation hat,
ist noch nicht festgestellt, dagegen sprechen verschiedene Beobachtungen dafür, dass die beiden ersteren oft noch einen Augustflug
haben. Auf jeden Fall überwintern die Larven.

Ueber einen Augustflug von Sc. Geoffroyi Goeze berichtet sicher Altum
{2 d] aus dem königl. Preussischen Staatsforstrevier Lödderitz. Nördlinger
fand im August junge Käfer von H. vittatus Fabr. [XXIV, S. 26] und Leyd-
hecker [15 a, S. 143] fand ihn am 21. Mai stark schwärmend. Wie wir uns durch
Untersuchung der Käfer, die aus einem von Prof. Henschel in Wien der Tharander Sammlung geschenkten Frassstücke genommen wurden, überzeugen konnten,
sind die Frassgänge von H. vittatus Fabr. genau denen des H. Kraatzi Eichh., welche
Eichhoff abbildet, gleich, sodass also von Seiten Nördlinger's keine Verwechslung vorliegt [15 a, S. 141]. Sc. multistriatus Marsh. ist nach Altum [XVI, III,
1, S. 247] in Frankreich durch v. Salisch in Pappel gefunden worden, und Sc.
Geoffroyi Goeze wird von Henschel auch als gelegentlicher Eschenbewohner
bezeichnet [XII, 2. Aufl., S. 205].

Der Schaden aller dieser Formen besteht lediglich in dem
Larvenfrass. Der Angriff von Sc. Geoffroyi Goeze ist am genauesten von
Oberförster Brecher in Zoeckeritz bei Bitterfeld beobachtet worden.
Hier befällt er [XVI, III, 1, S. 244] unbemerkt die obersten Zweige
der Ulmen, bringt diese zum Absterben und steigt dann allmählich
tiefer herunter, schliesslich den Baum tödtend. Sein Angriff erfolgt
stets nur an saftigen Stellen. Auch jüngere Bäume kann er befallen,
wie die Beobachtungen von Schindler [66, S. 16] zeigen, der denselben nicht nur an einzeln stehenden Samenbäumen, sondern auch
an einer „fünfjährigen Maiss" in dem Sellyer k. k. Fondsforste in
Ungarn fand. Nach demselben Beobachter kommt Sc. multistriatus
Marsh. mehr in den Aesten vor. Ein sehr bekannt gewordener Fall
von Alleebaumzerstörungen durch beide Splintkäfer ist der von Ratzeburg [62 c] berichtete auf dem Tempelhofer und Schöneberger
Ufer zu Berlin, wo verpflanzte Bäume von 20—30 cm Durchmesser,
die durch Grundwasser geschädigt waren, in Folge dieser Angriffe
eingingen. Andererseits kennt Ratzeburg einzelne ältere Rüstern,
welche viele Jahre lang den Käfern widerstanden [XV, II, S. 266].
Ein wirklicher Schaden von H. vittatus Fabr. wird nur durch
Schindler beschrieben [66, S. 18 bis 20], und zwar aus den bereits
oben erwähnten Sellyer Forsten, wo 1858 „1200 Stück 1 bis 2 Zoll
starke und 6 bis 10 Schuh hohe Rüsternstämmchen" dem Käfer, der
durch v. Frauenfeld bestimmt wurde, zum Opfer fielen und entfernt
werden mussten.

Abwehr. Einschlag der befallenen Bäume und Verbrennung
der mit Larven besetzten Aeste und der stärkeren Rinde ist ein
Vertilgungsmittel. Oberförster Brecher hat mit Erfolg gegen die
grösseren Splintkäfer Fangbäume, beziehungsweise -Aeste angewendet

[**XVI**, III, 1, S. 244]. Ratzeburg berichtet [**V**, 1, S. 228], dass man in Brüssel junge Alleebäume durch Anstrich mit Steinkohlentheer zu schützen versucht habe.

Beachtenswerth ist ferner das, was Grunert zunächst aus Frankreich mittheilt [**26** *b*, S. 74]. Bei den von Borkenkäfern angegangenen Rüstern sucht man dort gewissermassen eine Verjüngung der Rinde durch Abschälen von 5 bis 6 Längsstreifen von der Wurzel bis in die Aeste verlaufend oder durch ein Abnehmen der rauhen Borke bis auf eine ganz dünne Schicht über dem Baste, oft auch durch eine Verbindung beider Massregeln herbeizuführen. Das Mittel soll nicht erfolglos sein, und man sieht in dieser angeblich schützenden Weise unter Anderem auch die riesigen Ulmen im königl. Park in Brüssel behandelt. Ratzeburg schlägt für diese Procedur den Namen ,,Scarification" vor und sucht ihre Wirksamkeit in der Entstehung von Ueberwallungschichten.

Eschen-Borkenkäfer. Die beiden hierher gehörigen Formen sind

der kleine bunte Eschen-Bastkäfer,

Hylesinus Fraxini Fabr. und

der grosse schwarze Eschen-Bastkäfer,

H. crenatus Fabr.

Ersterer lebt in Stämmen und Aesten von Eschen aller Altersklassen über Heisterstärke, während der im allgemeinen seltenere, schwarze Eschen-Bastkäfer namentlich alte Eschen mit starker, rissiger Rinde bevorzugt. Obgleich die Eschen den Angriffen dieser Käfer häufig lange Widerstand leisten, so sterben doch bei alljährlich wiederholtem Angriffe, der namentlich bei dem bunten Eschen-Bastkäfer in der Krone beginnt und dann stammabwärts fortschreitet, oftmals nicht nur einzelne Aeste, sondern ganze Bäume und Baumgruppen ab. Da H. Fraxini Fabr. auch liegendes Holz angeht, kann man ihn durch Fangbäume bekämpfen. Gegen H. crenatus Fabr. hilft nur Einschlag der stark befallenen Stämme mit nachfolgender Entrindung und Verbrennen der brutbesetzten Rinde.

Beschreibung: H. (Hylesinus Fabr. i. eng. Sinne) Fraxini Fabr. *Käfer* oval, pechbraun bis schwarz, unten dicht greis behaart. Halsschild fast doppelt so breit als lang, nach vorn verengt, an der Basis fast gerade abgestutzt, oben fein runzelig punktirt und gehöckert, mit gelblich-grauen Schüppchen bedeckt, an der Basis vor dem Schildchen beiderseits mit einem bräunlichen Fleck. Flügeldecken von der Basis nach hinten fast gleichmässig gewölbt, hinten nicht steil abschüssig, fein punktirt-gestreift, mit flachen, gehöckerten und hinten reihig gekörnelten Zwischenräumen, unregelmässig buntscheckig beschuppt. Kopf sehr fein und dicht punktirt, grau behaart. Rüssel sehr kurz. Fühler und Füsse rothgelb. Länge 2·5—3·2 *mm*.

H. (Hylesinus Fabr. i. eng. Sinne) crenatus Fabr. *Käfer* lang eiförmig, gewölbt, schwarz, etwas glänzend, fast unbehaart. Halsschild etwas breiter als lang, nach vorn verengt, am Hinterrand beiderseits tief gebuchtet, an den Seiten gerundet, tief und dicht punktirt, mit einem glatten Punkt auf der Mitte der Scheibe und einem flachen Eindruck beiderseits vor dem Hinterrand. Flügeldecken gekerbt-gestreift, nach hinten nicht steil abfallend, Zwischenräume querrunzelig, mit kurz beborsteten Höckerchen. Kopf und der an der Spitze eingedrückte, breite Rüssel runzelig punktirt. Fühler und Beine braun-röthlich. Länge 4·5—5·5 *mm*.

Gelegentlich bewohnt (vgl. S. 472) auch Scolytus Geoffroyi Gözr
die Esche.

Lebensweise. Die beiden Eschenbastkäfer sind nicht nur
durch ihre Grösse und Färbung zoologisch leicht unterscheidbar,
sondern auch ihren **Frassfiguren** nach. Der gemeinere von beiden,
H. Fraxini Fabr., macht deutliche doppelarmige, meist 5 bis 8 *cm*
lange **Wagegänge** mit kurzer mittlerer Eingangsröhre, von denen eine
grössere Anzahl kurzer, dicht gedrängter **Larvengänge** meist ziemlich
senkrecht nach oben und unten abgehen (Fig. 150). Die Muttergänge
sowohl wie die Larvengänge schneiden meist tief in das Holz ein,
und nur an sehr starkborkigen Stämmen verlaufen sie mehr in der

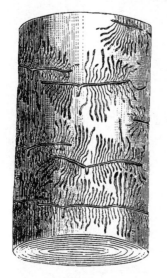

Fig. 150.   Fig. 151.   Fig. 152.

Fig. 150. Frass von **Hylesinus Fraxini** Fabr. in einer stärkeren Eschenrolle.
$^1/_4$ nat. Gr.; Original.

Fig. 151. Frass desselben Käfers mit abnorm gerichteten Muttergängen in einem
sehr schwachen Aste. $^1/_2$ nat. Gr.; Original.

Fig. 152. „Rindenrosen" an Esche, entstanden als Folge der Ueberwinterungsgänge des bunten Eschenbastkäfers. $^1/_2$ nat. Gr.; Original.

Rinde wie im Splint. In Folge dessen sieht ein stark mit **H. Fraxini**
Fabr. besetztes Aststück, nachdem die Rinde entfernt wurde, häufig
aus, als wäre es zierlich mit künstlichem Schnitzwerk versehen. Die
Puppenwiegen liegen entweder mit ihrer Längsachse in der Peripherie des Holzes oder dringen senkrecht in dasselbe ein (Fig. 151),
wie bei **H. minor** Htg. an Kiefer. Beide Formen können an einem und
demselben **Frassstück** vorkommen. Bei starkem Anfluge ist ein Baum
mitunter so dicht mit **Frassfiguren** besetzt, dass Gang dicht an Gang
gedrängt erscheint, ohne die mindeste Unterbrechung.

Die Frassfiguren können je nach dem Material einige Unterschiede zeigen. In ganz starken Stämmen werden die hier wirklich horizontalen Muttergänge länger und können nach ALTUM [XVI, III, 2, S. 275] bis 16·6 *cm* lang werden, in schwachen Aesten weichen sie dagegen öfter von der Querrichtung ab und erscheinen alsdann mehr längsgestellt (**Fig.** 151), ohne dass dies hier immer der Fall wäre. An sehr harte, z. B. durch Sonnenbrand ausgedörrte Stellen gehen die Käfer ungern; ist an einem Baume eine solche Längszone vorhanden, so hören an ihrer Grenze die Muttergänge wie abgeschnitten auf, und nur

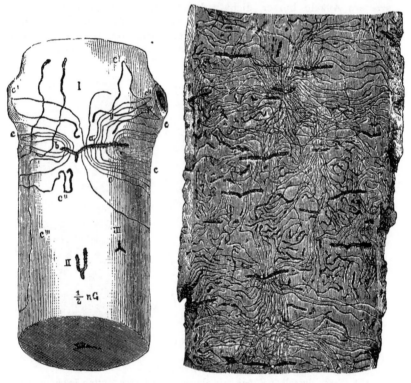

Fig. 153.   Fig. 154.

Fig. 153. Eschenrolle mit Frassgängen von **Hylesinus crenatus** FABR. I normaler, zweiarmiger Muttergang *(a b)* mit sehr langen Larvengängen *c*, welche zum Theil *(c'')* wieder von hinten herum kommen. II und III angefangene abnorme Muttergänge.

Fig. 154. Stark besetzte Eschenrinde mit dichtgedrängten Frassfiguren von demselben Käfer [NITSCHE, 55].

die äussersten Larvengänge verirren sich, unregelmässig geschlängelt, in dieselbe. Die Menge der Gänge ist oft ganz unglaublich. Auf einer Rolle der Tharander Sammlung von 100 *cm* Länge und 13·5 *cm* mittlerem Durchmesser ist buchstäblich nicht 1 *qmm* ohne Frassgang, und an einem anderen Stamme von 280 *cm* Länge, einem oberen Umfange von 32·5 *cm* und einem unteren von 60 *cm* wurde die Anzahl der vorhandenen Fluglöcher von uns auf ungefähr 24 000 Stück berechnet. Auf drei verschiedenen Rindenstellen von je 1 *qdcm* Fläche wurden je 232, 246 und 262 Fluglöcher gezählt.

Auch **H. crenatus** FABR. macht der Regel nach zweiarmige, in das Holz eingreifende **Wagegänge**, deren einer Arm aber mitunter sehr kurz ist (Fig. 153), wie denn überhaupt diese Gänge die Länge derjenigen des bunten Eschenbastkäfers, welche sie an Stärke beiweitem übertreffen, nicht erreichen. Häufig nur 2 bis 4 *cm* lang, messen die längsten uns bekannten nur 8·5 *cm* für beide Arme zusammen. Die von ihnen abgehenden Larvengänge sind dagegen viel länger, häufig bis 30 *cm*, und verlaufen nur eine kurze Strecke in der Längsrichtung des Baumes nach oben oder unten, biegen dann aber mehr weniger rechtwinklig in die Querrichtung um, sodass sie schliesslich den Muttergängen parallel verlaufen. Die grossen o v a l e n Puppenwiegen liegen an der Grenze von Rinde und Holz, in letzteres vertieft. Die soeben beschriebene und abgebildete normale Frassfigur erkennt man aber nur dann, wenn die Frassfiguren vereinzelt stehen (Fig. 153). An stark besetzten Stämmen verwirren sich die Gänge derartig, dass man nur selten ein klares Bild bekommt. Sogar ein solches, wie das in Fig. 154 abgebildete, ist verhältnissmässig selten. Wenngleich auch gelegentlich in dünner berindeten Aesten vorkommend, finden sie sich am häufigsten in den starkborkigen Stämmen und starken Aesten.

RATZEBURG [V, 1, S. 223] kannte nur einarmige, ganz kurze Wagegänge, aber schon NEUMANN II [53,] beschreibt die zweiarmigen Gänge als Regel, desgleichen NÖRDLINGER [XXIV, S. 25]. Die Angaben von ALTUM [2 *b*, S. 399], dass die Gänge immer nur einarmige Wagegänge wären, lassen sich also nicht festhalten, ebensowenig wie die, dass der Käfer, ehe er den eigentlichen Muttergang anlegt, gewöhnlich erst in der Rinde hakenschlagend einen Minirgang fresse. Die ausführlichste Beschreibung isolirter, deutlicher Frassfiguren rührt von NITSCHE her [55]. Neben den normalen Muttergängen kommen, wie schon NEUMANN [53] und BALLION [46] abbilden, ganz unregelmässige, mehrarmige vor (Fig. 153 II und III).

Der gewöhnliche B r u t b a u m von **H. Fraxini** FABR. ist die gemeine Esche, **Fraxinus excelsior** L. In unserem Forstgarten ist er auch auf Ornus Europaea PERS. vorgekommen.

Im Süden geht er an den Oelbaum — NITSCHE hat schöne derartige Frassstücke von der Riviera zurückgebracht — und einmal ist er auch von KELLER [41 *a*] an Akazie beobachtet worden, desgleichen nach HENSCHEL [32 *d*] von LIPPERT im Apfelbaum. Ganz kürzlich hat HENSCHEL [32 *f*] den Käfer auch einmal in letztjährigen Eichentrieben und einjährigen Stockausschlägen, die ihm aus Tribuswinkel bei Baden zugesendet wurden, brütend gefunden. Er hatte sich hier in die Knospenachseln oder die Knospen selbst eingebohrt, und zwar so zahlreich, dass die Schosse sicher bald absterben und vertrocknen mussten, und die Larven also vielleicht nicht einmal Zeit zur Entwickelung gefunden haben dürften.

Auch **H. crenatus** FABR. ist, wie schon bemerkt, ein typischer Eschenkäfer, wurde aber nach den ausführlichen Mittheilungen von BALLION, die KÖRBER [46] übersetzt hat, in Russland, im Gouvernement Cherson, auch in alten Eichen zahlreich gefunden. Die geographische Verbreitung beider Formen dürfte wenigstens dieselbe sein, wie die der gemeinen Esche. **H. Fraxini** FABR. ist von Skandinavien

bis nach Italien, von Frankreich bis Russland bekannt und soll sogar
in Californien vorkommen [15 a, S. 136]. H. crenatus FABR. ist durch
ganz Europa verbreitet. Die frühere Angabe, dass er vorzugsweise
ein Gebirgsthier sei, ist unhaltbar. Er kommt ebensogut im bayerischen Gebirge, im Harz und im höheren Erzgebirge, wie in den
Ebenen der Provinz Sachsen und am Ostseestrande vor.

Die Generation des bunten Eschenbastkäfers wurde von
RATZEBURG als einjährig angesprochen und wird vielfach auch jetzt
als ausschliesslich einjährig angegeben, was für die meisten Lagen
richtig sein mag. Dagegen weist EICHHOFF [15 a, S. 138] für den Elsass
im Jahre 1879 sicher eine doppelte Generation nach. Die gewöhnliche
Flugzeit dieses überhaupt nicht sehr früh schwärmenden Käfers fällt
meist in den April und Mai, und es kommt bei doppelter Generation
dann noch ein zweiter Flug von Mitte August an hinzu. Die Ueberwinterung geschieht stets als Käfer, und zwar wie zuerst NÖRD-
LINGER nachwies [IX, S. 40], „in unregelmässig gefressenen, meist in
der Nähe von Aesten oder Aststellen sich findenden Gängen". Diese
Gänge, welche nach HENSCHEL [32 c] etwas gebogen, aber nahezu
horizontal sind und 2 cm Länge nicht übersteigen, liegen „ausschliesslich in der Grünrindenschicht und sind gedeckt von der
äusseren dünnen Rindenhaut". Sie sind es, von denen, nachdem beim
ersten Angriff Ueberwallung durch Wundkork eingetreten ist, bei
erneuten Angriffen in späteren Jahren die Bildung jener „Rindenrosen" (Fig. 152) ausgeht, die zuerst RATZEBURG [XV, 2, S. 275]
beschrieb und abbildete, und welche vielfach mit Unrecht als eine
krebsartige Bildung angesehen werden. HENSCHEL glaubt, dass die
Anlage dieser Ueberwinterungsgänge oft bereits im August beginnt.

Bei H. crenatus FABR. sprechen die in der Literatur vorhandenen
Angaben für eine doppelte Generation, und zwar in der Art, dass
aus den in der ersten Flugperiode Ende April und Mai abgelegten
Eiern bis zum Juli Käfer entstehen, welche wieder brüten und deren
Nachkommen dann als Larven überwintern. Indessen überwintern
vielfach auch die Käfer, und ALTUM ist geneigt, einen April- und
einen Octoberflug anzunehmen.

Die genaueren Angaben über Flugzeit und Entwickelung rühren von
NEUMANN II [53], NÖRDLINGER [XXIV, S. 25] und ALTUM [2 b, S. 400—401]
her. Auch eine Beobachtung von NITSCHE [55, S. 188] stimmt mit doppelter
Generation.

Schaden. Die Frage, ob H. Fraxini FABR. nur kränkliche
Bäume angehe oder auch gesunde, wird von verschiedenen Schriftstellern verschieden beantwortet. RASSMANN, einer der ältesten Berichterstatter, schreibt [60, S. 187], dass der Käfer 1836 im Reviere
Alt- und Neu-Sternberg, Regierungsbezirk Königsberg in Preussen,
stets vorzugsweise die stehenden, gesunden Bäume wählte, und auch
ALTUM [XVI, III, 1, S. 277] ist geneigt, dies anzunehmen. Froh-
wüchsiges Jungholz wird aber stets gemieden, wie ALTUM von Eberswalde berichtet und die JUDEIH'schen Beobachtungen in Tharand be-

stätigen. Andere Autoren, z. B. Eichhoff [15 a, S. 139] und Henschel [32 c] sprechen aber dafür, dass meist nur kränkelnde Bäume angegangen werden. Der Anflug erfolgt häufig vom Wipfel herab nach unten. Auch nimmt der Käfer mit besonderer Vorliebe geschlagenes und aufbereitetes Holz, Meterstösse und dergleichen an. Was den Schaden betrifft, so ist sicher, dass nicht sehr kranke Bäume den Frass oft viele Jahre aushalten, obgleich häufig die Zweige absterben. Mehrt sich aber der Angriff, gehen die Frassfiguren rings um den Stamm herum, oder erreicht ihre Häufigkeit gar das oben geschilderte Extrem, so gehen die Bäume sicher ein. Für H. crenatus Fabr. gilt in Betreff des Schadens wohl im Allgemeinen genau dasselbe, wie für seinen bunten Verwandten, dass nämlich sein starker Angriff Bäume wirklich tödtet, andererseits diese einem schwachen lange widerstehen können. Beachtenswerth für diese Art ist besonders, dass ihre Larvengänge sehr lang sind und horizontal um den Stamm verlaufen, sodass an schwächeren Stämmen und Aesten die Frassgänge nicht nur bis auf die der Lage des Mutterganges entgegengesetzte Seite reichen, sondern wieder auf die Vorderseite kommen köunen (vgl. Fig. 153 c''), also fast 360⁰ umfassen. Hierdurch wird leicht eine fast vollständige Ringelung und demgemäss eine sehr starke Saftstromunterbrechung veranlasst.

Abwehr. Als Vorbeugung lässt sich das Werfen von Fangbäumen, in welche wenigstens H. Fraxini Fabr. sicher geht, gut empfehlen. Dieses Werfen müsste spätestens Mitte April geschehen. Ist eine schnelle Entwickelung bemerkbar, so wäre noch im Anfang August eine neue Reihe von Fangbäumen herzustellen. Auch für H. crenatus Fabr. werden Fangbäume angerathen, nur hätte man hier mehr starkborkige zu wählen. Altum [2 b, S. 401] empfiehlt die Herstellung stehender Fangstämme durch künstliche Beschädigung starker Stämme an ihrer unteren Partie. Als Vertilgungsmittel kann nur Einschlag und Entrindung der befallenen Stämme mit nachfolgender Rindenverbrennung wirken. Doch dürfte es namentlich bei hohem Anfluge schwer sein, gleich den Anfang des Angriffes zu erkennen.

Eichen-Borkenkäfer, welche Rindenbrüter sind und physiologisch schaden, sind überhaupt nicht zahlreich. Beachtenswerth ist unter ihnen nur

der Eichen-Splintkäfer,
Scolytus intricatus Ratz.,

welcher verschiedene Eichen, auch ausländische angeht und durch sein Brutgeschäft, bei welchem ganz kurze, einarmige Muttergänge mit riesig langen Larvengängen gemacht werden, schwächere Stämme und Aeste zum Eingehen bringen kann.

Beschreibung: Scolytus intricatus Ratz. (*Eccoptogaster pygmaeus* Gyll.). *Käfer* schwarz, dünn greis behaart. Halsschild fast etwas breiter als lang, auf der Scheibe stark glänzend, fein und weitläufig, an den Seiten dichter und gröber, etwas runzelig punktirt. Flügeldecken matt pechbraun, nach hinten etwas verschmälert, mit sehr dichten, feinen, etwas unregelmässigen Punktstreifen, welche hier und da durch schräg gerichtete feine Runzeln und Strichel unterbrochen werden. Naht nur am Schildchen, nicht weit nach hinten vertieft. Stirn fein nadelrissig. Fühler und Beine röthlich-braun. Bauchringe bei beiden Geschlechtern einfach, letztere äusserlich nicht sicher zu unterscheiden. Länge 3—3·5 *mm.*

Lebensweise. Die Frassfiguren dieses Käfers bestehen aus kurzen, einarmigen, den Splint tief furchenden Wagegängen von 1 bis höchstens 3 *cm* Länge. Von ihnen gehen, gleichfalls in den

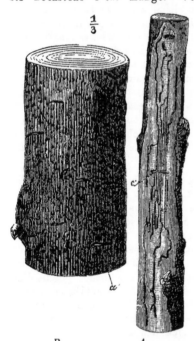

$\frac{1}{3}$

Splint tief eingreifend, lothrechte, etwas geschlängelte, 10 bis 15 *cm* lange Larvengänge ah, deren Puppenwiegen bald in der Rinde liegen, bald in den Splint eindringen. Isolirte Frassfiguren (Fig. 155 *A*) sind verhältnissmässig selten, dagegen findet man oft schwächere Stämmchen und sogar solche bis zu 15 *cm* Stärke derartig besetzt, dass einzelne Larvengänge kaum mehr unterscheidbar sind, vielmehr der Splint in seiner ganzen Ausdehnung durch parallele Längsfurchen wie cannelirt erscheint. Die Muttergänge, deren Einzelbezirke man nicht mehr abgrenzen kann, erscheinen dann als kurze Querfurchen (Fig. 155 *B*). Als Flugzeit wird der Mai angegeben. Die Begattung erfolgt nach JUDEICH's Beobachtungen ganz im Freien. Sicheres über die Generation weiss man aus dem Freien nicht. Bei mehrmaliger künstlicher Zucht in Tharand fand JUDEICH die

B.   A.

Fig. 155. Frass von Scolytus intricatus RATZ. in Eiche. *a* die kurzen Wagegänge, *A* schwacher Ast mit einer isolirten Frassfigur, die in Folge künstlicher Zucht entstanden. *B* starker Frass in einem älteren Stämmchen. Originale.

Generation einjährig mit überwinternden Larven. Als Brutbaum wählt Sc. intricatus RATZ. meist unsere gewöhnlichen Eichenarten, und zwar schwächere Stämme und namentlich auch solche, die primär sind. Wo ausländische Eichen diese befallen. So berichtet schon Heister, welche schon kränklich, von Agrilus-Arten angegangen eingesprengt sind, kann er auch WESTWOOD [V, I, S. 229], dass ein Stamm von Quercus Lusitanica im Jardin des Plantes von ihm 1838 getödtet worden sei, und das Gleiche wurde neuerdings zu Tharand im Forstgarten an der nordamerikanischen Quercus Prinos, var. tomentosa beobachtet. Sehr gern befällt er auch eingeschlagenes Holz, das zu Zäunen, Bänken, Pfählen

u. s. f, benutzt wurde. Ausserdem kommt er, wie schon RATZEBURG wusste [**XV**, S. 185], ausnahmsweise auch in Buche vor.

Die Ansichten über die Schädlichkeit dieses Thieres sind getheilt. Meist wird es als nur unbedeutend angesehen, da neuere genaue Angaben über ausgedehntere Verwüstungen nicht vorliegen, ausser einer von ALTUM [**XVI**, III, 1, S. 248] citirten Mittheilung von WECKBECKER, dass Ende der Siebzigerjahre in der Oberförsterei Ville, Regierungsbezirk Cöln, eine grosse Anzahl junger Eichen von ihm getödtet sein sollen. Aber RATZEBURG [**V**, I, S. 229] weiss bereits 1839 in seiner Forstinsektenkunde eine Reihe von Schädigungen anzuführen, unter denen die ursprünglich von AUDOUIN mitgetheilte, in Folge deren im Vincenner Walde bei Paris 50 000 Stämme 20- bis 30jähriger Eichen hatten gefällt werden müssen, immer wieder citirt wird.

Ausserdem lebt Tomicus (Dryocoetes) villosus FABR. namentlich unter der dicken Rinde älterer Eichen und guter Kastanien. Er unterscheidet sich von seinem bei uns gemeinen Verwandten, dem T. autographus RATZ. (vgl. S. 454), dadurch, dass sein grobhöckerig punktirtes Halsschild nach hinten nicht verengt und so breit wie die Basis der Flügeldecken ist. Letztere sind noch gröber als bei T. autographus punktirt-gestreift, mit einem am Absturz breit furchenartig vertieften Nahtstreifen; der ganze Käfer ist sehr lang behaart. Länge 2·3—3 mm. Eine forstliche Bedeutung kommt diesem Thiere nicht zu.

Für den Osten bleibt es beachtenswerth, dass BALLION [46] im Chersonschen Gouvernement in Russland an starken Eichen auch Hylesinus crenatus FABR. gefunden hat.

In Birke kommt nur ein rindenbrütender Borkenkäfer vor, nämlich

der Birken-Splintkäfer,

Scolytus Ratzeburgii JANS.,

dessen Angriffe leicht kenntlich sind durch die in Reihen geordneten Luftlöcher, welche von dem Weibchen in die Decke des lothrechten Mutterganges, von dem lange Larvengänge abgehen, gefressen werden, und sich als schwarze Punkte deutlich von der weissen Rinde abheben. Er kommt meist nur in bereits erkrankten Birken vor und hat daher keine grosse, forstliche Bedeutung.

Beschreibung. Scolytus Ratzeburgii JANS. (*destructor* THMS., *Eccoptogaster destructor* RATZ.) *Käfer* schwarz, glänzend. Halsschild kaum länger als breit, vorn etwas ausgerandet, auf der Scheibe sehr fein und weitläufig, an den Seiten etwas gröber punktirt. Flügeldecken nach hinten wenig verschmälert, fein punktirt-gestreift. Zwischenräume breit und flach, sehr fein, etwas unregelmässig gereiht punktirt. Stirn fein gerunzelt, in der Mitte mit einem namentlich beim ♀ deutlichen Längskiel. Fühler und Füsse röthlich-braun, Schienen und namentlich Schenkel dunkler. Beim ♂ Stirn flach vertieft und dicht mit langen, gelben Haaren besetzt, der dritte Bauchring in der Mitte des Hinterrandes mit einem kleinen Höcker, der Hinterrand des vierten Ringes in der Mitte leistenartig erhaben, die quere Erhabenheit etwas ausgerandet. Beim ♀ dritter und vierter Bauchring einfach, Stirn flach gewölbt, nur spärlich und kurz behaart. Länge 4·5—7 mm.

Lebensweise. Dieses lange Zeit mit dem grossen Rüstern-Splintkäfer zusammengeworfene Thier ist namentlich durch seine auch auf
dem Holze deutlich kenntliche Frassfigur gut charakterisirt. Seine
Muttergänge sind stets bedeutend grösser als die von jenem, bis 10 cm
lang, und beginnen häufig mit einer unregelmässigen Krümmung
(Fig. 156). Die Copula findet so statt, dass das Männchen auf der
Rinde sitzt und das halb im Bohrloch steckende Weibchen begattet.
Die Larvengänge bilden, dicht gedrängt und bis 15 cm lang, eine
meist völlig abgeschlossene Frassfigur. Die Muttergänge haben oft

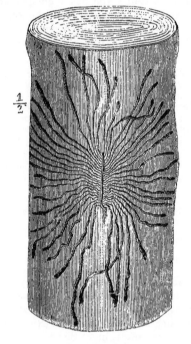 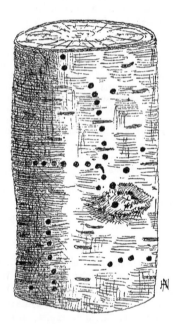

Fig. 156.   Fig. 157.

Fig. 156. Birkenrolle mit Frassfigur von Scolytus Ratzeburgii Jans. Original.

Fig. 157. Luftlöcherreihen von demselben Käfer an Birke. Die senkrechten
Reihen gehören zu Muttergängen, die schrägen zu Minirgängen. Original.

nur 2 bis 4, manchmal jedoch mehr Luftlöcher; ein uns vorliegendes
Frassstück zeigt deren 9 auf einem 7·5 cm langen Muttergauge
(Fig. 157). Aber es giebt auch, wie Altum zuerst nachwies [XVI,
III, 1, S. 245], unregelmässige, schräg gestellte Gänge, welche gar
nicht zur Ablage von Eiern dienen, dicht unter der äusseren Rinde
verlaufen, ebenfalls oft mit reihenweise geordneten Luftlöchern versehen und schon von weitem zu erkennen sind. Die Puppenwiegen
liegen meist in der Rinde, greifen aber mitunter auch in den Splint ein.

Der Birken-Splintkäfer ist jedenfalls merklich schädlich. Wenn er auch nach den bisherigen Erfahrungen nur kränkliche, ältere oder jüngere Birken, oder wenigstens solche, welche von kümmerlichem Wuchse sind, angehen soll, so beschleunigt er deren Absterben doch in oft störender Weise. Mittheilungen über grössere Schäden haben wir nur aus dem Osten, aus den Ostseeprovinzen und dem übrigen Russland, wo der Käfer bis nach Sibirien und Transkaukasien vorkommt und sein Frassbaum eine wichtige und verbreitete Holzart ist [**45**, S. 249].

WILLKOMM [**75** *b*, S. 240] berichtet über einen starken Frass zu Dondangen in den Ostseeprovinzen, wo namentlich durch Waldbrände beschädigte Bäume häufig von ihm vollends getödtet werden. Nach REGEL [**45**, S. 250] ist er bei St. Petersburg oft schädlich geworden, und im nördlichen Russland fallen ihm nach LINDEMANN namentlich die Alleebäume zum Opfer.

Gegenmittel ist wohl nur Fällen und rechtzeitiges Entrinden, was bei der wohl stets nur einjährigen Generation — im Winter findet man Larven und Puppen — leicht möglich. Ob der Käfer durch Fangbäume genügend angelockt werden kann, ist uns nicht bekannt. Bei künstlicher Zucht im Zwinger nimmt er frisch gefälltes Birkenholz sehr gern an.

Die Obstbaum-Borkenkäfer sind hier auch zu erwähnen, da oftmals Obstbäume eingesprengt in Laubholzwaldungen vorkommen, und auch richtige Waldbäume, wie Eberesche, Sorbus aucuparia L., und Traubenkirsche, Prunus padus L., befallen werden. Zwei Formen sind wichtiger, nämlich

der grosse Obstbaum-Splintkäfer,

Scolytus Pruni RATZ. und

der kleine Obstbaum-Splintkäfer,

Sc. rugulosus RATZ.

Die Muttergänge beider Arten sind Lothgänge, von denen die an ihrem Anfange meist eine gelappte Erweiterung zeigenden von Sc. Pruni RATZ. bedeutend grösser und stärker sind, als die des zweiten. Von einem wirklichen durch sie verursachten Schaden wissen wohl nur die Obstzüchter zu berichten.

Beschreibung. Sc. Pruni RATZ. (*Eccoptogaster Pyri* RATZ., *castaneus* RATZ.) *Käfer* schwarz, glänzend. Halsschild nicht länger als hinten breit, oben äusserst fein und weitläufig, feiner als bei Sc. intricatus, an den Seiten etwas gröber punktirt, sein Vorderrand rothbraun. Flügeldecken dunkel- oder roth-braun, nach hinten kaum verschmälert, mit einer grossen Zahl eng aneinanderstehender, fast gleich starker Punktstreifen, an den Seiten verworren punktirt. Naht am Schildchen ziemlich weit nach hinten vertieft. Stirn nadelrissig, Fühler und Beine röthlich-braun. Bauchringe bei beiden Geschlechtern einfach; überhaupt sind letztere äusserlich nicht sicher zu unterscheiden. Länge 3—4·5 *mm*.

Die grösseren Exemplare des Sc. Pruni unterscheiden sich von den ihnen sonst recht ähnlichen, ungewöhnlich kleinen weiblichen Exemplaren des Sc. Ratzeburgii JANS. leicht durch den Mangel der erhabenen Längslinie auf der Stirn, welche letztere Art auszeichnet.

Sc. rugulosus RATZ. *Käfer* länglich oval, pechbraun, wenig glänzend.
Halsschild länger als breit, ziemlich stark nach vorn verengt, Vorderrand schmal
röthlich gesäumt, dicht und tief mit länglichen Punkten besetzt, welche namentlich an den Seiten zu Längsrunzeln zusammenfliessen. Flügeldecken matt,
dunkelbraun, an der Spitze lichter, nach hinten stark verschmälert, mit dicht
gedrängten, tiefen Punktstreifen, feinen Runzeln und feinen aufrecht stehenden
Haarbörstchen. Naht vom Schildchen aus nur wenig nach rückwärts vertieft.
Stirn fein nadelrissig. Fühler, Schienen und Tarsen röthlich-braun. Bauch bei
beiden Geschlechtern ohne Höcker oder Dornen, gewölbt, gleichmässig nach
dem After zu aufsteigend. Länge 2—2·5 mm.

Lebensweise. Die Frassfigur von Sc. Pruni (Fig. 158), welche
den Splint deutlich furcht, besteht aus 5 bis 6 cm, ja ausnahmsweise
10 bis 12 cm langen Muttergängen, die bald stammaufwärts, bald stammabwärts gefressen sind und gewöhnlich mit einer lappigen, fast einem
schlecht gezeichneten Kartentreff ähnlichen Figur beginnen. NÖRD-

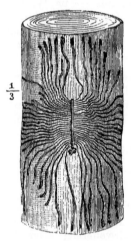

LINGER [XXIV, S. 27] nennt diese
Erweiterung wohl mit Unrecht Rammelkammer, da nach direkten Beobachtungen von JUDEICH die Begattung
hier in derselben Weise vollzogen
wird wie bei Sc. Ratzeburgii JANS
(vgl. S. 484). Da, wo die Gänge
isolirt stehen, erkennt man, dass die
zahlreichen Larvengänge, welche nach
rechts und links divergirend abgehen,
an dem oberen und unteren Ende des
Mutterganges sich nicht aneinander-
schliessen, wodurch eine deutlich zwei-
zeilige Anordnung der Larvengänge
entsteht. Die Larvengänge sind lang,
furchen den Splint gleichfalls und
enden in häufig tief in letzteren eingreifenden Puppenwiegen.

Die Muttergänge von Sc. rugu-

Fig. 158. Frass von Scolytus Pruni losus RATZ· sind ähnlich, aber viel
RATZ. in Eberesche. Original.   kürzer und gewöhnlich ohne die
eben geschilderte Erweiterung· Auch
seine Larvengänge sind weniger zahlreich. Ausnahmsweise sollen nach
ALTUM [XVI, III, 1, S. 249] auch kurze Wagegänge als Muttergänge
vorkommen. Die Brutbäume beider Käfer sind Apfel- und Birnbaum,
Kirsche, Pflaumenbaum, Traubenkirsche, Weissdorn, Eberesche· Der
kleinere soll nach ALTUM auch an Aprikosen vorkommen, und der
grössere wurde ausnahmsweise auch in Rüster gefunden (vgl. S. 473)·
Grössere Schäden von ihnen sind nur an Obstbäumen bekannt. ALTUM
berichtet, dass der kleine Obstbaum-Splintkäfer häufig bei Eberswalde
die Pflaumen empfindlich schädige, und ein grosser Frass an Obstbäumen wird aus Schlesien durch LETZNER [49] geschildert. JUDEICH
hat bei dreimaliger, künstlicher Zucht des Sc. Pruni in Weisswasser

stets eine nur einfache Generation beobachtet, eine solche scheint also jedenfalls Regel zu sein; Ausnahmen sind freilich nicht unmöglich. Die Ueberwinterung geschieht wohl meist als Larve. Besonderes über Vorbeugung und Vertilgung ist bei diesen Arten nichts zu sagen, höchstens wäre anzuführen, dass man vielleicht in Obstbaumplantagen die Stämmchen durch einen Anstrich schützen könnte.

In alten, anbrüchigen Hainbuchen frisst ferner Scolytus Carpini Ratz. Er macht ähnlich wie Sc. intricatus Ratz. kurze Wagegänge. Die einzige in der Literatur zu findende Mittheilung über seine forstliche Bedeutung ist die von Ratzeburg citirte Angabe Reissig's [XV, II, S. 215], dass er ein „Feind der alten Kopfholz-Hainbuchen, welche im Darmstädter Oberwalde und im Revier Bessungen in lichten Eichenbeständen vorkommen", sein soll. Der Käfer brütet nach Ratzeburg an der Grenze der gesunden und absterbenden Borke, bis bei öfterer Wiederkehr der Stamm selbst eingeht. Hier in Tharand ist er selten.

Beschreibung. Sc. Carpini Ratz. *Käfer* pechschwarz, etwas glänzend. Halsschild etwas länger als breit, auf der Scheibe fein und ziemlich dicht, an den Seiten gröber und dichter punktirt. Flügeldecken dunkelbraun, nach hinten wenig verschmälert, sehr dicht und gleich stark punktirt-gestreift, aber nicht gerunzelt; an den Seiten ist die ganze Punktirung dichter und verworren, die Vertiefung der Naht erstreckt sich vom Schildchen aus etwas weiter nach hinten als bei Sc. intricatus, aber nicht so weit als bei Sc. Pruni. Fühler, Schienen und Füsse gelbbraun. Stirn fein nadelrissig, beim ♂ (?) etwas eingedrückt, beim ♀ flach gewölbt, Bauchringe bei beiden Geschlechtern einfach. Länge 3—3·5 *mm*.

Die in Rothbuchen vorkommenden Borkenkäfer sind ohne jede praktische Bedeutung. Häufig ist an ihnen, und zwar meist in alten Stöcken oder beschädigten Stellen starker Bäume, Tomicus bicolor Hbst., und zuweilen kommt Tomicus Fagi Fabr. in schwachen Aesten und unterdrückten Stämmchen vor. Beide haben, ersterer seiner Grösse entsprechend etwas stärkere, letzterer schwächere, sehr unregelmässige Muttergänge mit meist längs verlaufenden Larvengängen. Auch der gewöhnlich in Eichen brütende Scolytus intricatus Ratz. kommt gelegentlich in Buche vor, desgleichen Hylesinus oleiperda Fabr.

Beschreibung. Tomicus (Taphrorychus Eichh.) bicolor Hbst. *Käfer* walzenförmig, pechbraun bis schwarz, mässig glänzend, mit langen grauen Haaren überall besetzt. Halsschild etwas länger als breit, nach vorn abgerundet verschmälert, vorn runzlig gehöckert, hinten fein und dicht punktirt, ohne glatte Mittellinie, in der Mitte leicht quer eingedrückt und vor dem Eindruck lichter gefärbt. Flügeldecken dicht punktirt-gestreift, die Zwischenräume fast ebenso stark wie die Hauptstreifen punktirt, so dass die Flügeldecken oft unregelmässig punktirt erscheinen. Absturz steil abfallend mit tieferem Nahtstreifen. Fühler und Beine blassbräunlich. Beim ♂ Stirn nur dünn behaart, Absturz der Flügeldecken flach mit erhöhter Naht; beim ♀ Stirn mit dichter grau-gelber, borstenartiger Behaarung, Absturz der Flügeldecken etwas gewölbt. Länge 2—2·3 *mm*

T. (Ernoporus Thms.) Fagi Fabr. *Käfer* langgestreckt, walzenförmig, pechschwarz, wenig glänzend. Halsschild so lang wie breit, vorn auf der Scheibe mit einem aus einzeln stehenden Höckerchen bestehenden Höckerfleck, welcher die Mitte nicht überragt, am Vorderrande mit zwei kleinen, eng beisammen stehenden, vorragenden Körnchen. Flügeldecken viel länger als das Halsschild, äusserst fein und dicht gerunzelt, mit kurzen Haarbörstchen reihenweise besetzt; an den Seiten mit Spuren von Punktstreifen. Augen vorn ganzrandig. Fühlerkeule dunkel, mit nach vorn in ovalem Bogen gekrümmten Nähten. Hinterschenkel dunkel. Länge 1·5—1·8 *mm*.

In Linde fressen zwei Borkenkäfer, nämlich Tomicus Tiliae Panz. und T. Schreineri Eichh., beide der Untergattung Ernoporus Thms. angehörig. In Aspe und Pappel kommt Tomicus (Glyptoderes) binodulus Ratz. (aspe-

ratus GYLL.) vor, wo auch gelegentlich Scolytus multistriatus MARSH. gefunden
wurde. In Ahorn lebt Tomicus (Dryocoetes) Aceris LINDEMANN, in Erle
Tomicns (Dryocoetes) Alni GEORG und Glyptoderus Alni LINDEMANN. In der
Hasel findet sich Tomicns (Dryocoetes) Coryli PERRIS.

Hier seien noch kurz einige Borkenkäferformen erwähnt, welche in dicotyledonen Holzpflanzen, Stauden und Kräutern vorkommen, aber keine direkten
Beziehungen zum Walde haben.

Im Süden ist besonders der Olivenbaum in Betracht zu ziehen. Dass
in ihm auch Hylesinus Fraxini FABR. vorkommt, wurde bereits erwähnt (S. 479),
und ausser dem gleichfalls bereits oben erwähnten Hylesinus oleiperda FABR.,
welcher dem H. crenatus FABR. am nächsten steht und nach COSTA einarmige
kurze Wagegänge macht, frisst bier namentlich als specifischer, wirthschaftlich
sehr beachtenswerther Schädling der doppelarmige Wagegänge erzeugende, mit
lang dreiblättriger Keule versehene Phloetoribus Oleae FABR. Aus Spanien
haben wir ferner durch WILLKOMM Lothgänge in Oelbaumrinde erhalten, die
wahrscheinlich von Scolytus armatus COMOLLI, einer Varietät von Sc. multistriatus MARSH., herrühren.

Im Feigenbaum lebt der kleine Tomicns (Hypoborus) Ficus ER.,
im Maulbeerbaum Tomicus (Liparthrum) Mori AUB.

An Spartium scoparium WIMM., der Besenpfrieme sowie in Ulex
Europaeus L., und Cytisus laburnum L. kommt ferner der kleine Hylesinus
Phloeophthorus) Spartii NÖRDL. vor. Er macht als Muttergänge unter der Rinde
Gabelgänge, bei welchen die Gabelschenkel fast längs gestellt nach oben ver-
laufen. Auch Hylesinus Trifolii MÜLLER, der meist in Kleewurzeln brütet, wurde
von NÖRDLINGER [XXIV, S. 23] in Besenpfrieme gefunden.

In der Waldrebe Clematis vitalba L. wohnt namentlich in Süddeutschland häufig Tomicus (Xylocleptes) bispinus DUFT, dessen Muttergänge
unregelmässig zu sein scheinen.

In Epheustämmen lebt Hylesinus (Kissophagus) Hederae SCHMIDT.

An wirklich krautartigen Gewächsen, nämlich Teucrium scorodonia
MUCH., Origanum vulgare L., auch Lamium album L. und Betonica officinalis
L. kommt Tomicns (Thamnurgus) Kaltenbachii BACH. vor, der an den
Stengeln dieser Pflanzen Gallen erzeugt, welche aber nicht, wie EICHHOFF [15 a,
S. 209] noch nach den irrigen Angaben von PERRIS berichtet, durch oberfläch-
liches Anfressen der Stengel seitens des Weibchens erzeugt werden, sondern
nach den ganz genauen Untersuchungen von BUDDEBERG [10] durch das Eindringen des Weibchens in die Stengel, wo es die Eier in unregelmässige
Höhlungen ablegt. Dies ist wichtig, weil hierdurch eine angebliche Ausnahme in
der Biologie der Borkenkäfer, der einzige Fall, in welchem das Borkenkäfer-
weibchen seine Eier von aussen her ablegen sollte [15 a, S. 13], beseitigt wird.

**Rindenbrütende Borkenkäfer, welche Nadelholzstämme und
Aeste bewohnen und nur als Larven schaden.** Von den in dieser
fünften Gruppe zu erwähnenden Thieren, welche zum Theil als
Schädlinge allerersten Ranges angesehen werden müssen, sind zwar
wohl nur sehr wenige wirklich monophag, und manche sogar ziemlich polyphag, dagegen kann man bei den meisten eine Holzart als
bevorzugte Brutstätte angeben, und da diese zugleich die Bedeutung
der Käfer für die Praxis kennzeichnet, so theilen wir hiernach,
unter dem eben angedeuteten Vorbehalte, da der Lärche eigene
specifische Borkenkäfer fehlen, die hierhergehörigen Thiere in
Tannenschädlinge, Kiefernschädlinge und Fichtenschädlinge. Weniger wichtige, nur beiläufig zu erwähnende Formen be-

handeln wir aber mit Abweichung von dieser Grundeintheilung im Anschluss an ihre wichtigeren Verwandten, auch wenn sie eine andere Nährpflanze haben. Am besten abgeschlossen sind

die Tannen-Borkenkäfer, unter welchen nur zwei wirklich beachtenswerthe Thiere vorkommen, nämlich

der krummzähnige Tannen-Borkenkäfer,

Tomicus curvidens Germ. und

der kleine Tannen-Borkenkäfer,

T. Piceae Ratz.

Diese zwei Bestandsverderber, von denen namentlich der erstere schon lange gefürchtet ist, sind in allen Tannenrevieren um so unangenehmere Gäste, als bisher keine Berichte über die Anwendbarkeit von Fangbäumen als Vorbeugungsmittel gegen ihre Schäden vorliegen, und ihre Vertilgung insofern Schwierigkeiten bereitet, als gegen **T. curvidens** Germ., da dessen Puppenwiegen häufig völlig im Splint versenkt liegen, das Verbrennen der Rinde der befallenen Stämme nicht genügt, diese vielmehr selbst angekohlt werden müssen, und weil der in den Gipfelpartien erfolgende Angriff von **T. Piceae** Ratz. schwer in seinen Anfängen erkennbar ist.

Der an Grösse individuell sehr verschiedene, krummzähnige Borkenkäfer ist im männlichen Geschlechte an dem grossen, hakenförmigen zweiten Zahne des Absturzes, im weiblichen an der goldgelben Stirnbürste leicht kenntlich. Seine Muttergänge haben als Grundform die Gestalt einer einfachen ⌣⌢ oder doppelten, liegenden Klammer ⋈. Der kleine Tannen-Borkenkäfer ist von ihm durch die viel geringere Grösse und den Mangel jeder Bezahnung am Flügeldeckenabsturze leicht unterscheidbar.

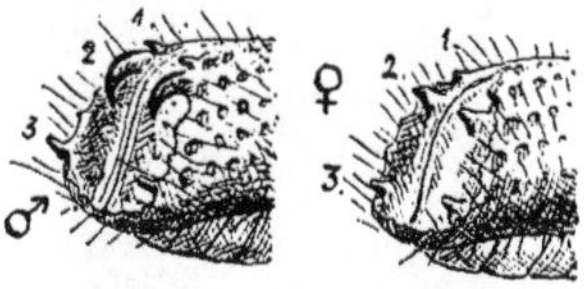

Fig. 159. Absturz der Flügeldecken bei ♂ und ♀ von Tomicus curvidens Germ.

Beschreibung. Tomicus curvidens Germ. *Käfer* walzenförmig, pechbraun, wenig glänzend, lang gelblich behaart. Vorderbrust nach hinten zwischen den Vorderhüften mit scharfem Fortsatz. Die runde Fühlerkeule mit fast gerader Basalnaht, die folgenden Nähte leicht nach der Basis zu gekrümmt. Halsschild etwas länger als breit, vorn breit gerundet, gehöckert, in der Mitte auf der Scheibe beiderseits quer eingedrückt, hinten fein, nicht dicht punktirt, mit glatter Mittellinie. Flügeldecken etwas länger als das Halsschild, mit tiefen, nach hinten, namentlich beim ♂ breiter werdenden Punkt- oder Kerbstreifen; Zwischenräume sehr fein reihig-punktirt. Absturz fast senkrecht mit einem fast kreisförmigen, glänzenden, punktirten Eindruck. Beim ♂ in der Regel beiderseits drei Zähne, von denen der oberste, Zahn 1, klein, nach aufwärts gerichtet, Zahn 2 sehr gross, hakenförmig nach unten gekrümmt, 3 ebenfalls gross, aber wenig gekrümmt ist. Zwischen Zahn 2 und 3 befinden sich zwei zahnförmige Höckerchen. Beim ♀ werden diese Höckerchen sehr undeutlich, und treten nur die drei Zähnchen hervor, bleiben aber viel kleinerer als beim ♂ und sind nicht gekrümmmt. ♀ überdies mit einem Büschel langer, gelber Haare auf der Stirn. Vorderschienen nach vorn etwas erweitert, mit Rinnen für die Füsse. Länge 2·5—3 *mm.*

Lebensweise. Die Muttergänge dieses wichtigen Käfers verlaufen wagerecht, oder, wenn sie sehr gedrängt sind, mehr oder weniger schräg (Fig. 160). Sie sind in der Regel zweiarmig, mit längerem Eingange; mitunter stossen mehrere so zusammen, dass scheinbar unregelmässige Sterngänge entstehen, eine Form, die EICH-HOFF [15 *a,* S. 247, Anm.] sogar geneigt ist, als die normale anzusehen, wobei er den Käfer als polygam annimmt. Mutter- und Larvengänge furchen meist den Splint, erstere stärker als letztere. Die Larve bohrt sich zur Verpuppung oft reichlich 2 *mm* tief in den Splint, legt alsdann die Puppenwiege also ganz im Holze an und verschliesst das zu letzterer führende kleine Bohrloch mit feinen Bohrspänen. In diesem Falle findet man unter der Rinde keine Puppenwiegen, sondern am Ende der Larvengänge auf dem Splinte nur weissliche, punktförmige Erhöhungen von kaum 1 *mm* Durchmesser; entfernt man diese, so sieht man darunter das kleine Eingangsloch, welches zur versenkten Puppenwiege führt. Oft liegen aber auch die Puppenwiegen im Baste oder nur oberflächlich im Splinte.

Die gewöhnlichen Brutbäume des Käfers sind stärkere Weisstannen, Abies pectinata DEC., und zwar in der so überwiegenden Mehrzahl der Fälle, dass er nur in Tannenwäldern als wirklich heimisch anzusehen ist [15 *a,* S. 246]. Doch wurde er mehrfach auch in Fichte und Lärche [XXIV, S. 31], sowie in anderen, namentlich auch ausländischen Nadelhölzern gefunden.

$\frac{1}{3}$

Fig. 160. Frass von Tomicus curvidens GERM. in Weisstanne; die kleinen schwarzen Punkte deuten die Oeffnungen der Puppenwiegen an.

Solche Vorkommen sind beschrieben von NÖRDLINGER [56 *a*] an einer abgestorbenen, in einem Tannenbestand befindlichen starken Kiefer in Herrenalb, in vom Schnee gedrückten Weymouthskiefern zu Adelberg [56 *c*] und in einer Balsamtanne, Abies balsamea MILL., zu Tübingen [XXIV, S. 31]. Letzterer Frass wird neuerdings aus dem Park von Gross-Wisternitz bei Olmütz an 15jährigen Stämmchen bestätigt [76]. KÖPPEN fand den Käfer in Baden-Baden an der Nordmannstanne, Abies Nordmanniana STEV. [45, S. 258 Anm.], und KOLLAR [44 *a*] in den kaiserlichen Parkanlagen bei Wien ausser in Fichten und Lärchen auch in der sibirischen Pechtanne, Abies Pichta FORB. vom Altai und in der Libanon-Ceder, Cedrus Libani BARR., deren kostbaren 50jährigen Stamm der Käfer bald tödtete. In Lärchen wurde er 1876 auch in Tharand beobachtet. Ganz vereinzelt steht die Meldung von RIEGEL [63 *c*], dass er einmal auch in einer Buche gebrütet habe; die Bestimmung des Frasses erfolgte hier freilich nur nach der Gangform, nicht nach dem Käfer selbst.

Entsprechend der Verbreitung seiner Brutpflanze ist der krumm-zähnige Tannen-Borkenkäfer hauptsächlich als Mittelgebirgsthier an-zusehen, das z. B. im Schwarzwalde, im Thüringerwalde, in der rauhen **Alb**, in den Vogesen und im Erzgebirge häufig vorkommt. Er gehört zu den **Frühschwärmern**, welche schon im April fliegen, und es ist allseitig zugegeben, dass er, wie schon RATZEBURG nach den Mittheilungen von ZEBE als wahrscheinlich bemerkt, eine doppelte Generation hat, im Juli also zu einer zweiten Brut schreitet, die noch im Herbst vollendet wird, sodass — einige Ausnahmen abgerechnet — das Thier als Käfer in den Puppenwiegen der zweiten Generation überwintert. In heissen Jahren ist eine dreifache Generation direkt beobachtet worden, so in Schemnitz durch KAHLICH [**39**, S. 59].

Schaden. Die Weisstanne hat ihren wichtigsten und gewöhn-lichsten Feind an diesem Borkenkäfer. Wo sie in reinen und ge-mischten Beständen vorkommt, selbst bis auf die höchsten Punkte des Schwarzwaldes und des Cantal in der Auvergne [NÖRDLINGER, **XXIV**, S. 31], folgt er ihr. In Württemberg und Böhmen soll schon kein Tannenrevier mehr sein, wo er nicht lästig oder ge-fährlich würde. Hier müssen öfters Hunderte von starken Bäumen, welche plötzlich oder allmählich getödtet worden sind, gefällt werden. Ganz besonders schädlich wurde er in den Sechzigerjahren als Be-gleiter des Tannenwicklers in der Gegend von Karlsbad. Er unter-scheidet sich in seinem Angriffe von dem Fichten-Borkenkäfer da-durch, dass er am liebsten die Stämme einzeln befällt, und von einmal entstandenen Lücken aus sich weiter verbreitet. Scheinbar ganz gesunde Stämme, bei denen Saftausfluss die ersten Angriffe zurückschlägt, fallen ihm schliesslich doch zum Opfer [**15** *a*, S. 247]. Er brütet sowohl in den Gipfeln wie in den unteren Stammtheilen starker Bäume, in Stangenhölzern und Schonungen ist er dagegen noch nicht schädlich geworden. KABOTH sah ihn allerdings solche ebenfalls angehen, er wurde aber durch den Saftausfluss zurückgetrieben, und die Stangen blieben gesund [**V**, 1, S. 191]. Ueber die Schnelligkeit, mit der sein Angriff nachtheilig wird, lauten die Berichte sehr ver-schieden. Einigen Angaben zufolge soll derselbe bereits nach wenigen Wochen ein Gelbwerden der Nadeln verursachen, und der stärkste Stamm ihm höchstens ein halbes Jahr Widerstand leisten [z. B. **39**, S. 62], nach anderen soll ein Baum jahrelang bewohnt werden können, ehe er abstirbt.

Dieser Käfer wurde in Württemberg schon 1803 durch v. SPONECK im Engelsbrander Gemeinderevier und 1807 durch GRÜTER im Revier Blitzenreute als schädlich erkannt [**V**, 1, S. 190]. 1835 mussten gleichfalls in Württemberg im Revier Murrhardt 2700 *fm*, und zwar von den stärksten Sortimenten gefällt werden [**XXIV**, S. 31]. RATZEBURG [**V**, 1. S. 190] berichtet auch aus Ober-schlesien von Schäden. 1851 fand ein Frass im Boonwalde bei Zofingen in der Schweiz statt [**78**] und 1863 ein solcher in Ungarn auf dem Schemnitzer Revier [**39**], wo vom Mai 1863 bis zum August 1864 12 953 Stämme in Folge der Angriffe dieses Käfers gefällt werden mussten. Bei dem grossen Böhmischen Borkenkäferfrass in Folge des Windbruches im Jahre 1868 trat in den Tannen-

beständen dieser Käfer massenhaft auf [18, S. 6]. Auf Tharander Revier fielen
ihm Ende der Sechziger- und Anfang der Siebzigerjahre die durch die Einwirkung des Lokomotivrauches kränkelnden Tannen an den Weiseritzhängen fast
sämmtlich zum Opfer.

In Verbindung mit diesem grösseren Tannen-Borkenkäfer kommt
häufig auch der kleine Tannen-Borkenkäfer vor.

Beschreibung. Tomicus (Cryphalus) Piceae RATZ. *Käfer* länglich
oval, gewölbt, braun, greis behaart. Halsschild viel breiter als lang, an der Basis
am breitesten, vorn mit einem bis etwas über die Mitte reichenden, aus conceen-
trisch gereihten Höckern gebildeten Fleck, der Vorderrand jedoch ohne besonders hervorragende Körnchen. Flügeldecken kaum doppelt so lang als das Halsschild, gewöhnlich heller gefärbt, undeutlich, kaum sichtbar punktirt, mit äusserst
feinen Schuppenhärchen bestäubt und mit längeren, greisen, aufgerichteten
Haaren reihenweise besetzt. Augen vorn in der Mitte etwas ausgerandet. Länge
1·5–2 *mm.*

Lebensweise. Dieser winzige Käfer macht, wie zuerst NÖRD-
LINGER 1848 nachwies, unregelmässige, mehr platzartige Muttergänge
(vgl. das Schema Fig. 142, Nr. 1[b]), in welchen die Eier einzeln abgelegt werden. Die Larven fressen aber von hier aus jede für sich
in der Rinde einen getrennten, kurzen Larvengang, der in einer
mitunter in den Splint eingreifenden Wiege endet. Sein Brutbaum
ist wohl ausschliesslich die Weisstanne, welche er sowohl in den
jüngeren Schonungen, als in den älteren Beständen angeht. In letzteren
richtet sich der Angriff wesentlich gegen die Gipfel und Aeste, aus
denen er aber auch allmählich tiefer heruntersteigt. Nur einmal
wurde er von NÖRDLINGER in einer Fichtenwurzel [XXIV, S. 36] und
in Steiermark von HENSCHEL in 10- bis 15jährigen Lärchen [32 b, S. 15]
gefunden. Die Generation des Käfers, welcher normalerweise als
Imago überwintert, wird von EICHHOFF als wenigstens doppelt angegeben [15 a, S. 174]. Er schwärmt zuerst im März und April, zum
zweitenmale im Juni, und vielleicht kann es zu einer dritten Generation kommen. Der erste bekannt gewordene grössere Frass dieses
Thieres in Verbindung mit seinem eben beschriebenen, krummzähnigen
Vetter ist von RIEGEL aus Adelmannsfelden in Württemberg beschrieben [63 b]. Die Bemerkung von KAHLICH, dass *Bostrichus abietis*
in Schemnitz gleichfalls häufig an jüngeren Tannenbeständen 1863
aufgetreten wäre [39, S. 60], bezieht sich offenbar auf unseren Käfer.
Die schwersten Beschuldigungen gegen ihn erhebt EICHHOFF [15 a,
S. 173 bis 175], welcher ihn 1872 in dem Vogesenrevier Albersch-
weiler als sehr schädlich kennen lernte. Er ist geneigt, ihn als den
schädlicheren der beiden Tannen-Borkenkäfer anzusehen und ihm die
Schuld an dem nach den verschiedensten Berichterstattern stets von
oben nach unten fortschreitenden Absterben der Tannen bei Borkenkäferfrass zuzuschreiben. Auch hier in Tharand trat der Käfer häufig
in Gesellschaft des T. curvidens auf.

Abwehr. Gegen die, wie wir eben sahen, mitunter sehr bedeutenden Schäden dieser Tannenfeinde sind bis jetzt stets nur
Vertilgungsmittel angewendet worden, und zwar Einschlag der be-

fallenen Stämme mit nachfolgender, rechtzeitiger Schälung und
Verbrennung der Rinde. Dort, wo der kleine Tannen-Borkenkäfer
mitfrisst, muss aber auch alles schwächere Material, welches nicht
gut entrindet werden kann, Gipfelstücke und Aeste, dem Feuer
übergeben werden. Fortgesetzte, consequente Reinigung des Revieres
in dieser Weise hat in den meisten Fällen zu wirklich erfolgreicher
Abwehr genügt, trotzdem bei diesem Verfahren sicher viele Larven
und Puppen im Holze zurückbleiben, in welchem sie sich, auch nach
Entfernung der Rinde, normal entwickeln können [Judeich, 38 b], da
ähnlich wie bei Hylesinus minor Htg. (vgl. S. 464) und oftmals auch
bei Scolytus Pruni Ratz. (vgl. S. 486), die Puppenwiegen des
krummzähnigen Borkenkäfers häufig im Splint vertieft liegen. Wollte
man daher bei der Bekämpfung ganz sorgfältig verfahren, so müsste
man, wie schon Riegel [63 b] sehr richtig bemerkt, eigentlich die
ganzen Stämme dem Feuer übergeben, was aber wohl nur dann
thunlich ist, wenn in der Nähe industrielle Anlagen vorhanden sind,
welche, wie z. B. Glashütten oder Eisenschmelzen, auch noch nicht
ganz ausgetrocknetes Holz als Feuerungsmaterial verwenden können.
Denn eine längere Aufstapelung des Holzes auf dem Walde benachbarten Lagerplätzen würde immer noch die Gefahr der Rückkehr
der auskommenden Käfer nach dem Walde einschliessen. Das Verbrennen des Holzes blos zum Zwecke der Vernichtung dürfte wohl
nur für die geringwerthigsten Sortimente zu empfehlen sein. In den
leichteren Brennhölzern könnte man den versteckten Feind dadurch
tödten, dass man sie in dem mit Rinde und Astholz gespeisten Feuer
etwas röstete. Mit schweren Nutzhölzern, Klötzen und Stämmen wird sich
nicht viel anfangen lassen. Ueber die Anwendung von Fangbäumen
gegen diese Käfer liegen unseres Wissens bisher keine Berichte vor.
Altum [XVI, III, 1, S. 303] bezweifelt ihre Wirksamkeit, während
Eichhoff [15 a, S. 248] mehr von ihnen erhofft. Er ist auch der Ansicht, dass es sich zur Bekämpfung des kleinen Tannen-Borkenkäfers
empfehle, „Versuche zu machen mit zartrindigen Fangknüppeln, Zopfenden und Reisig, welche eventuell mit dem Stammende in die Erde
einzugraben wären, um sie länger frisch zu erhalten" [15 a, S. 175].
„Gute Wirthschaft, voller Bestandesschluss" ist das beste Vorbeugungsmittel [XVI, III, 1, S. 303]. Ausführliches in letzterer Beziehung, sowie auch über die Behandlung der Fangbäume, findet
man in dem der Darstellung der Fichten-Borkenkäfer angehängten
Abschnitte über „Abwehr".

Viel zahlreicher und polyphager sind diejenigen Borkenkäfer
dieser Abtheilung, welche wir nach ihrem bevorzugten Brutbaume als
  Kiefern-Borkenkäfer bezeichnen wollen. Es sind unter ihnen
viele sehr beachtenswerthe Feinde des Forstmannes, wenngleich sie
an Wichtigkeit sicher weit hinter den später zu besprechenden
Fichten-Borkenkäfern zurücktreten, und „Wurmtrocknisse" so ausgedehnter Art wie letztere noch niemals verursacht haben, sondern
erst im Gefolge der Kiefernkahlfrass erzeugenden Schmetterlingsraupen

und in Verbindung mit den aus biologischen Gründen bereits oben
(S. 468) besprochenen Kiefern-Markkäfern, Hylesinus piniperda L.
und H. minor HTG., in grösserem Masse schädlich geworden sind.
Welche Schäden ihnen im Besonderen zur Last zu legen sind, wird
nach den Arten getrennt abgehandelt werden. Dagegen wollen wir
uns auf eine Besprechung der Abwehrmassregeln bei den einzelnen
Arten nicht einlassen, ja nicht einmal solche für die Kiefern-Borkenkäfer allein bringen. Es stimmen nämlich die Lebensgewohnheiten
der verschiedenen, die gleichen Altersklassen der Kiefern bewohnenden Borkenkäfer so nahe einerseits unter sich, andererseits mit denen
der ähnlich lebenden Fichten-Borkenkäfer überein, dass wir erst nach
Behandlung der letzteren eine zusammenhängende Besprechung dieses
Themas geben können.

Unter den Kiefernfeinden dieser Abtheilung steht obenan

der grosse oder 12zähnige Kiefern-Borkenkäfer,

Tomicus sexdentatus BOERN.

Diese grösste aller Tomicus-Arten, welche nicht nur die gemeine
Kiefer und ihre näheren Verwandten, sondern zuweilen auch die
Fichte befällt, ist als Käfer an den sechs, jederseits am Rande des
Flügeldeckeneindruckes stehenden Zähnen leicht kenntlich, während
ihre Frassfigur, welche im Ganzen fast 1 m Länge erreichen kann,
durch die bis 4 mm erreichende Breite der lothrechten, zwei- oder
mehrarmigen Muttergänge sich vor allen anderen auszeichnet.
Der bei uns meist nur gefälltes, starkes Holz angehende Käfer
hat bis jetzt gewöhnlich blos als Begleiter anderer Borkenkäfer, z. B.
des Hylesinus piniperda L., einige Bedeutung erlangt.

Beschreibung: Tomicus sexdentatus BOERN., (stenographus DUFT., RATZ.,
typographus GYLL., pinastri BECHST.) Käfer fast walzenförmig. nach vorn und
hinten etwas verengt, schwarz oder braun, glänzend, lang gelblich behaart.
Vorderbrust nach hinten zwischen den Vorderhüften mit scharfem Fortsatz.
Fühlerkeule eiförmig, erste und zweite Naht derselben winklig gegen die Spitze
vorgezogen. Halsschild länger als breit, vorn breit abgerundet, gekörnt, hinten
weitläufig, tief punktirt, mit glatter Mittellinie. Flügeldecken tief und grob
punktirt-gestreift, mit glatten, an den Seitenrändern und hinten punktirten
Zwischenräumen. Absturz schräg, vertieft, glänzend, grob und weitläufig punktirt,
am Aussenrande beiderseits mit sechs, nur ausnahmsweise mit fünf Zähnen,
von welchen der vierte am längsten und an der Spitze gewöhnlich verdickt ist.
Auf der Stirn vorn ein Höckerchen und hinter demselben ein mehr oder weniger
deutlicher, glatter Querwulst. Vorderschienen vorn verbreitert, mit einer zum
Einlegen der Füsse bestimmten Furche. Länge 5·5—8 mm.

Lebensweise. Die Frassfigur besteht normalerweise aus
einem lothrechten, zweiarmigen, sehr langen Muttergange, dessen
Arme von einer geräumigen Rammelkammer beginnen und in ihrer
Decke vielfach Luftlöcher haben; oftmals gabeln sie sich aber, oder
es gehen drei bis vier Arme von der Rammelkammer ab, sodass alsdann mehrarmige Lothgänge entstehen. Die Muttergänge sowohl, wie die
verworrenen Larvengänge bleiben gewöhnlich fast ausschliesslich in
der Rinde, und nur an schwachberindeten Stücken greift der Mutter-

gang in das Holz ein. Die Länge der einzelnen Arme kann, wie schon Ratzeburg wusste [V, 1, S. 187], bis auf 40 *cm* steigen und erst kürzlich massen wir hier in Tharand eine Frassfigur von über 80 *cm* Gesammtlänge. Die Breite der Muttergänge steigt bis zu 4 *mm*.

Der gewöhnliche B r u t b a u m des zwölfzähnigen Borkenkäfers ist bei uns die g e m e i n e K i e f e r, der er in ihrem geographischen Verbreitungs-Gebiete von Lappland bis an die Mittelmeerküsten und Transkaukasien und vom Atlantischen bis zum Stillen Ocean folgt [45, S. 254 und 15 *a*, S. 213].

Er verschmäht aber auch keineswegs ihre südlicheren Verwandten, sodass er in den Mittelmeerländern häufig an S c h w a r z k i e f e r, P. laricio Poir., und S e e - k i e f e r, P. pinaster Soland *(maritima* Poir.), wohnt, wie uns in Betreff der letzteren in den Südwestfranzösischen Landes namentlich Perris [58, S. 179 bis 184] sehr ausführlich schildert. Ausserdem geht er aber sicher auch an F i c h t e, wie schon Ratzeburg [V, 1, S. 186] und Nördlinger berichten [56 *b*, S. 264] und Neumeister [54, S. 294] am genauesten darstellt. Hier ist er auch nach Ratzeburg und Saxesen in Gesellschaft von Hylesinus micans gefunden worden. Neumeister berichtet [54, S. 294] bei Gelegenheit eines in Folge des Windbruches im December 1868 auf Langebrücker Revier bei Dresden auftretenden Borkenkäferfrasses: „Ferner verdient das Auftreten des B o s t r y c h u s s t e n o g r a p h u s in stehenden Fichten erwähnt zu werden. Es ist unbestreitbar, dass dieser Käfer die stehende Fichte ebenso stark wie B. t y p o g r a p h u s beziehen kann

und mithin, ceteris paribus, gefährlicher für die Fichte als für die Kiefer wird, welch letztere Holzart er in der Regel nur im liegenden Zustande annimmt. In zwei Abtheilungen trat s t e n o g r a p h u s durchgängig und so massig auf, dass man anfangs wohl glauben konnte, es mit besonders grossen Exemplaren des B. t y p o g r a p h u s zu thun zu haben. In gefällten und zerschnittenen Fichten ist s t e n o g r a p h u s nur zweimal gefunden worden." Von der Richtigkeit der Bestimmung in diesem Falle hat sich Judeich überzeugt, welcher den Käfer auch 1888 auf demselben Revier in Mehrzahl in Fichtenklötzen fand.

Fig. 161. Flügeldeckenabsturz von Tomicns sexdentatus Boern.

Die G e n e r a t i o n des zwölfzähnigen Borkeukäfers wurde ursprünglich als einjährig angesehen und seine Flugzeit etwas später, als die des achtzähnigen Fichten-Borkenkäfers angesetzt, sowie angegeben, dass seine Entwickelung etwas langsamer vor sich gehe; dagegen ist in neuerer Zeit auch bei ihm in Deutschland mehrfach eine doppelte G e n e r a t i o n beobachtet worden, wobei die erste Flugzeit in den April oder Mai, die zweite in den Juli fiel. Der Käfer überwintert dann als Imago. Man findet aber auch Winterlarven. Die genauesten Beobachtungen über doppelte Generation sind von Perris an der See- kiefer in Südfrankreich gemacht worden.

S c h a d e n. Der Käfer wird gewöhnlich auf Schlägen und Holz- plätzen in liegenden, frisch gefällten Stämmen, und zwar nur in starken gefunden. Bemerkenswerth ist es, dass er hier oft an den höheren Partien der Stämme, wo die Rinde dünn wird, wohnt, wodurch sich das häufige Verkümmern der hier zu stark in den Splint einge- betteten Brut erklären möchte. Wahrscheinlich nimmt ihm Hylesinus piniperda L., der immer früher kommt, den Platz weg, da sich dieser am liebsten am unteren Stammende einquartiert, wo dann die Gänge des Nachzüglers kaum alle Platz finden. Diese Umstände mögen auch seine Vermehrung im Zaum halten, und am stehenden Holze, das er sicher öfters annimmt, scheint er nur dann zu schaden, wenn liegendes Holz seine Vermehrung .ungewöhnlich begünstigt hat. Auch geht er mitunter an schwächeres Material; so fand ihn z. B. Döbner [XIV, S. 175] an solchem im Revier Burgjoss und Perris gelegentlich auch in Südfrankreich. In einem ähnlichen, von Henschel aus Ungarn mitgetheilten Falle war der Käfer zuerst in die kränkelnden Samenbäume eines südlich gelegenen Schlages gegangen und hatte sich von da in einem anstossenden Stangenorte verbreitet, der als „räumdig und mit stufigem Holze bestanden" geschildert wird; einzelne der 18- bis 24jährigen Stangen waren 26 bis 30 *cm* stark. Röthung der Nadeln war schon nach vier Wochen sichtbar, während nach Hylesinus-Frass die Röthung erst später erfolgt. Ein grösserer, ausschliesslich durch T. sexdentatus Boern. hervorgebrachter Frass ist uns nicht bekannt, dagegen tritt der Käfer häufig secundär in durch Raupenfrass verwüsteten Wäldern auf, z. B. Ende der Sechziger-jahre in Ostpreussen in den durch Nonnenfrass gelichteten Revieren [Ahlemann I b, S. 105]. In Russland, wo er überhaupt nach Köppen |45, S. 254—257 und 390] häufiger zu schaden scheint als bei uns, ist sein Frass als Folgeerscheinung der durch die Kieferneule, den Kiefernspanner und sogar die Kiefernscheidengallmücke, Cecidomyia brachyntera Schwäg., verursachten Beschädigungen beachtenswerth. Auch durch Waldbrände beschädigte Waldorte sucht er gern auf, wie Willkomm [75 b, S. 234] berichtet. Er brütet ausser mit Hylesinus piniperda L., vielfach mit Tomicus Laricis Fabr. zusammen.

Gleichfalls als Bestandsverderber sind anzusehen

der sechszähnige Kiefern-Borkenkäfer,

Tomicus acuminatus Gyll.,

der vielzähnige Kiefern-Borkenkäfer, T. Laricis Fabr. und seine häufig mit ihm verwechselten Verwandten.

Die beiden mit Namen in der Ueberschrift aufgeführten Käfer werden stets in den Forstinsektenkunden genannt, trotzdem man ihnen nur wenig wirkliche Schädigungen nachweisen kann. Namentlich die Angaben über T. Laricis Fabr., von dem schon Ratzeburg [V, 1, S. 188] sagt, dass er seinen lateinischen Namen sehr mit Unrecht trage, „weil er unter allen Nadelhölzern am seltensten in der Lärche zu finden sei", entbehren, was speciell seine forstliche Bedeutung anbelangt, der wünschenswerthen Schärfe. Er besitzt nämlich eine Reihe, erst in jüngster Zeit besser charakterisirter Verwandter, die ihm so ähnlich sind, dass man bis jetzt nur selten entscheiden kann, ob es sich bei Angaben in der Literatur wirklich um T. Laricis Fabr. oder eine der letzteren Arten handelt. Die folgende Zusammenstellung der uns bekannt gewordenen Literaturangaben und die genauen Diagnosen sollen daher besonders zu weiteren Beobachtungen anregen.

T. acuminatus GYLL. (Fig. 162) ist kenntlich durch drei jederseits an dem Rande des Flügeldeckeneindruckes stehende Zähne, von denen stets der unterste am kräftigsten ist und beim ♂ in zwei stumpfe Spitzen ausgeht. Er macht Sterngänge mit sehr langen Armen in den dünnrindigen Theilen älterer und in jüngeren Kiefern. **T. Laricis** FABR. und seine Verwandten sind kenntlich an dem fast kreisrunden, beinahe senkrecht gegen die Längsachse des Käfers gestellten Flügeldeckeneindrucke, der bei **T. Laricis** FABR. (Fig. 163) selbst fein gekerbt, und ausserdem noch jederseits mit drei, etwas mehr nach innen gerückten stärkeren Zähnen versehen ist. Die biologische Charakteristik des auch in anderen Nadelhölzern vorkommenden **T. Laricis** FABR. liegt aber in der Gestalt seiner Frassfigur, welche aus einem unregelmässig gebuchteten, kurzen Muttergange besteht, in welchem die Eier haufenweise abgelegt werden, und von dem aus die Larven gemeinschaftlich weiterfressend, einen Familien-Rindengang erzeugen. Die zoologisch ziemlich schwierige Unterscheidung der verwandten Arten scheint dagegen um

so begründeter, als alle diese mehr oder weniger regelmässige, mehrarmige Loth- oder Sterngänge mit Eiergrübchen erzeugen, von denen die Larvengänge einzeln abgehen. Alle diese Formen dürften mehr als Begleiter oder Nachfolger anderer Schädlinge, wie als selbstständige Verwüster anzusehen sein.

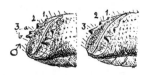

Fig. 162. Flügeldeckenabsturz bei ♂ und ♀ von Tomicus acuminatus GYLL.

Beschreibung: Tomicus acuminatus GYLL. (*geminatus* ZETT.). *Käfer* walzenförmig, nach vorn fast gar nicht, nach hinten etwas mehr verengt, pechbraun, etwas glänzend, greis behaart. Vorderbrust nach hinten zwischen den Vorderhüften mit scharfem Fortsatz. Fühlerkeule stumpf-eiförmig mit leicht gegen die Spitze gekrümmten Nähten. Halsschild länger als breit, vorn breit abgerundet, gekörnt, hinten fein und weitläufig punktirt, ohne glatte Mittellinie. Flügeldecken kaum länger als das Halsschild, fein punktirt-gestreift, mit gereiht-punktirten Zwischenräumen. Absturz schräg, vertieft, glänzend, etwas runzelig, aber nicht tief punktirt, am Aussenrande jederseits mit drei Zähnen, von welchen der unterste der grösste ist und etwa in der Mitte des Randes steht; Nahtwinkel etwas vorgezogen. Beim ♂ ist der dritte, unterste Zahn sehr breit und ausgerandet, sodass er wie zwei miteinander verwachsene Zähne, als Doppelzahn erscheint. Vorderschienen nach vorn etwas verbreitert, mit zum Einlegen der Füsse bestimmten Rinnen. Länge 3—3·7 *mm.*

Lebensweise. Die ersten Frassstücke des Käfers hat RIEGEL, der auch selbst hierüber eine kurze Notiz [63 *a*] veröffentlichte, in Herrenalb im Schwarzwalde gefunden, und NÖRDLINGER [vgl. **XXIV**, S. 31] beschrieb sie. Am genauesten schildert sie nach eigenen Beobachtungen HENSCHEL [XII, 2. Aufl., S. 105]: „Die Sterngänge sind meist drei- bis fünfstrahlig, die einzelnen Arme oft bis 8 *cm* lang und nicht selten über 2 *mm* breit; tief in den Splint eingeschnitten, besonders wenn die Rinde sehr dünn ist, weniger tief bei dickerer Rinde; gerade oder leicht geschwungen, nie gabelig getheilt. Die Eiernischen sind gross, tief und nicht sehr zahlreich, wechselweise

in Zickzackform gegenüber gestellt. Sind die Larvengänge normal entwickelt, so erreichen sie nicht selten die ausserordentliche Länge von
10 bis 13 cm; sie sind stark geschlängelt, durchziehen und berühren
sich oft und sind schwach auf der Splintfläche sichtbar. Die abnormen
Formen sind jedoch bei diesem Käfer weit häufiger und sogar vorwiegend. Die Larvengänge sind dann vereinzelt, drei bis viermal
breiter als die Muttergänge, meist muschelförmig ausgenagt, kurz,
tief in den Splint und nicht selten sogar in das Holz eingesenkt."

   Der Brutbaum des Käfers ist die·gemeine Kiefer. In Herrenalb bewohnte er nach RIEGEL 10 bis 15 cm starke Kiefernstangen
und die oberen Theile einer alten Kiefer. HENSCHEL hat ihn „in
Oesterreich" in 40- bis 60jährigen Kiefern in den Gipfelpartien und
in stärkeren Aesten, vorzüglich in der Achselgegend gefunden, also
stets nur an Stammtheilen mit dünner, blätteriger, rothgelber Rinde
[XII, Aufl. 1, S. 64 und 65]. RUDZKI fand ihn an der Südküste der
Krim auch in Pinus laricio POIR. [45, S. 257]. Nach HENSCHEL fällt
die Flugzeit in den Mai; Mitte October waren die noch weichen
Käfer fertig, überwinterten unter der Rinde und flogen Anfang Mai
nächsten Jahres aus. In diesem Falle wurde also die einjährige
Generation beobachtet. TASCHENBERG [XVIII, S. 160] giebt an, dass
unter Umständen auch eine doppelte oder anderthalbige Generation
vorkommen kann. Der Käfer ist von Lappland bis nach Sicilien und
vom Kaukasus bis nach Spanien [15 a, S. 232] verbreitet, aber
nirgends gemein; in Süddeutschland und Oesterreich scheint er
häufiger zu sein als bei uns. Grössere Schäden sind von ihm nicht
zu verzeichnen, dagegen rechnen ihn sowohl RIEGEL wie HENSCHEL
und SIEMASCHKO, der ihn im Gouvernement St. Petersburg beobachtete
[45, S. 257], zu den merklich schädlichen.

   WACHTL hat für den T. acuminatus GYLL. nebst einigen Verwandten die
Gruppe der sogenannten doppelzähnigen Borkenkäfer geschaffen [74], zu welchen
er ausser einigen von uns zu den näheren Verwandten des T. Laricis FABR.
gerechneten, gleich zu erwähnenden Formen, namentlich den T. duplicatus
SAHLB. und den T. Judeichii KIRSCH zählt. T. duplicatus ist weiteren Kreisen bis jetzt
eigentlich nur nach einem Exemplare, einem SAHLBERG'schen Originale bekannt,
denn die in der forstlichen Literatur vorhandenen Angaben, dass er zahlreicher
in Oesterreich mit T. typographus zusammen aufgetreten sei, die im Wesentlichen von HLAWA [34] und PFEIFFER [59] stammen, sind dadurch entstanden,
dass nach den sicheren Nachweisen von KELLNER [42 b], HENSCHEL [32 a und
32 b] und MICK [52] der weiter unten genauer zu erwähnende T. amitinus
EICHH. fälschlich als T. duplicatus bestimmt wurde. Ein Originalexemplar von
Tomicus duplicatus SAHLB. hat aber inzwischen CLEMENS MÜLLER in Dresden
für seine Sammlung erworben. Bei der dadurch nunmehr möglich gewordenen
direkten Vergleichung mit den Originalexemplaren von T. Judeichii KIRSCH hat
es sich herausgestellt, dass beide Formen identisch sind. T Judeichii KIRSCH ist
demnach als Art zu streichen und als Synonym zu T. duplicatus SAHLB. zu
stellen, einem Käfer, welcher vorzugsweise nördlicheren Gebieten und dem
östlichen Russland anzugehören scheint.

   Wir wenden uns jetzt zu dem vielzähnigen Kiefern-
Borkenkäfer und seinen Verwandten.

Beschreibung: Tomicus Laricis Fabr., Ratz. *Käfer* walzenförmig, nach hinten fast gar nicht, nach vorn etwas stärker verengt, pechschwarz oder -braun, etwas glänzend, dünn greis behaart. Vorderbrust nach hinten zwischen den Vorderhüften mit scharfem Fortsatz. Fühlerkeule kreisrund, erste Naht derselben fast gerade, in der Mitte wenig, aber doch merkbar nach vorn gekrümmt, die folgenden Nähte gerade oder sehr wenig nach der Basis zu gekrümmt. Halsschild kaum länger als breit, nach vorn verengt, gekörnt, hinten ziemlich dicht punktirt, ohne deutliche Mittellinie. Flügeldecken länger als das Halsschild, dicht und tief punktirt-gestreift, die flachen, glatten Zwischenräume mit je einer äussert feinen und weitläufigen Punktreihe, Absturz fast senkrecht, mit kreisförmigem, punktirtem, glänzendem Eindruck, der Aussenrand desselben gekerbt und beiderseits mit drei, bei ♂ und ♀ gleichgeformten, etwas nach innen gerückten Zähnen, von denen der unterste zwischen Mitte und Spitzenrand, in der Verlängerung des sechsten Zwischenraumes steht. Vorderschienen nach vorn etwas verbreitert, mit einer Rinne für die Füsse. Länge 3·5—4 *mm*.

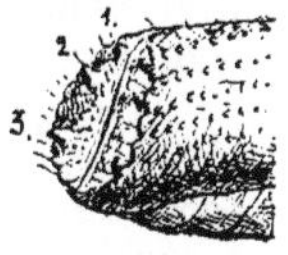

Fig.163. Flügeldeckenabsturz von T. Laricis Fabr.

Lebensweise. In früherer Zeit wurden dem T. Laricis stets mehrarmige Lotbgänge zugeschrieben. Es scheint diese Angabe auf einer Verwechselung mit seinen Verwandten zu beruhen; denn wie zuerst Nördlinger beobachtete, aber als Abnormität ansah [vgl. **XXIV**, S. 29], Eichhoff auf die Beobachtungen Schreiner's hin, die er selbst controlirte, mittheilt [**15** *a*, S. 240], Altum nach eigenen vielfachen Erfahrungen bestätigt [**XVI**, 2. Aufl., III, 1, S. 301], und wir selbst mehrfach gesehen haben, macht der Käfer Rindenfamiliengänge. Der Muttergang besteht aus einem kurzen, 1 bis 3 *cm* langen, unregelmässigen, am Eingange oft mit einem stiefelartigen Knick beginnenden, den Splint höchstens streifenden Längsgange, der auch Seitenarme zeigen kann. In diesem werden die Eier haufenweise abgelegt, nicht etwa regelmässig in Eiernischen vertheilt. Dieser Muttergang wird nun durch den Larveufrass zu einem keine bestimmte Formen einhaltenden Frassplatze unregelmässig erweitert, an dessen Rand die Larven gemeinsam weiternagen, hier und da auch wohl einen Einzelgang über seine Grenze hinaustreiben. Besser als Worte erläutern dies die in Fig. 164 nach Nordlinger und Eichhoff gegebenen Abbildungen. Die Generation wird von Ratzeburg sicher als doppelt angesehen, womit auch andere Angaben übereinstimmen. Er scheint ein Spätschwärmer zu sein.

Fig. 164. Halbschematische Zusammenstellung von Frassgängen des Tomicus Laricis Fabr. nach Nördlinger [**XXIV**, S. 29] und Eichhoff [**15** *a*, S. 241]. *a* Eierhaufen, *b* Larven. Das Bohrloch ist schwarz angedeutet. ¹/₂ nat. Grösse.

Als Brutbaum scheint er mit Vorliebe die Kiefer zu wählen, doch ist er auch in Fichten nicht selten und soll Lärchen und

Weisstannen gleichfalls angeben [**V**, 1, S. 188; **15** *a*, S. 240; **XVI**, 2. Aufl., III, 1, S. 301].

Nöbdlinger will ihn auch in Pinus strobus L. und P. Halepensis Mill. gefunden haben [**XXIV**, S. 30]. Er kommt sowohl in starken Bäumen als in schwächeren Stangen vor. Dagegen scheint die immer citirte Angabe Ratzeburg's [V, 1, S. 189], dass er junge Kiefernkulturen in Gesellschaft mit anderen Kulturverderbern zerstöre, neuerdings nicht bestätigt worden zu sein.

Noch viel unsicherer ist alles, was wir über den Frass seiner drei näheren Verwandten wissen. Unter ihnen ist zunächst zu erwähnen :

T. suturalis Gyll. (*nigritus* Gyll.) *Käfer* dem T. Laricis sehr ähnlich. Fühlerkeule mit nach der Basis gekrümmten Nähten. Halsschild etwas mehr nach vorn verschmälert, hinten mit deutlicher, glatter Mittellinie. Absturz der Flügeldecken nicht kreisrund, sondern schmäler als bei T. Laricis, oval, am Rande mit drei etwas nach innen gerückten Zähnchen, von denen das unterste, wie bei T. Laricis, zwischen Mitte und Spitzenrand, am Ende des sechsten Zwischenraumes steht. Bei vollständig ausgefärbten Exemplaren sind Schienen und Schenkel dunkel. Beim ♂ stehen die Zähne des Absturzes mehr am Seitenrand, beim ♀ sind sie stumpf, der zweite und dritte Zahn ist noch mehr nach innen gerückt Die Flügeldeckenspitze des ♀ ist hell-braunroth gefärbt. Länge 3 *mm*.

Lebensweise. Dieser lange Zeit nur für eine Varietät von T. Laricis Fabr. angesehene Käfer unterscheidet sich von diesem nach Eichhoff [15 *a*, S. 244] deutlich durch seine Frassfigur, die aus mehreren von einer geräumigen Rammelkammer ausgehenden Lothgängen besteht, welche aber die Neigung haben, etwas schräg zu verlaufen. Die Larvengänge beginnen in deutlichen, getrennten Eiergrübchen. Er findet sich in Kiefer und Fichte und bevorzugt die höheren Stammtheile mit dünner Rinde, kommt nach Eichhoff aber auch in Stöcken vor. Judeich hat ihn einmal aus 5- bis 6jährigen Kiefernpflanzen erzogen. Henschel kennt ihn auch aus der Zirbelkiefer [32 *e*].

T. proximus Eichh., dem T. Laricis Fabr. ebenfalls sehr ähnlich, früher wohl meist mit ihm verwechselt. *Käfer* walzenförmig, pechbraun oder schwarz, dünn greis behaart. Vorderbrust mit scharfem Fortsatz zwischen den Vorderhüften. Fühlerkeule kreisrund, mit etwas welligen Nähten. Halsschild kaum länger als breit, vorn breit abgerundet, gekörnt, hinten stark, aber nicht dicht punktirt, mit etwas undeutlicher, glatter Mittellinie, auf der Scheibe in der Mitte leicht quer eingedrückt; Flügeldecken etwas länger als das Halsschild, tief punktirt-gestreift, die Punkte, namentlich hinten in die Breite gezogen, sodass die Zwischenräume querrunzlig erscheinen, letztere schmal, gereiht-punktirt. Absturz fast senkrecht, mit kreisförmigem, grobrunzlig punktirtem Eindruck, dessen Seitenrand an seiner oberen Hälfte drei oder vier Zähnchen trägt, von denen das unterste etwa in der Mitte des Randes liegt. Beim ♂ sind vier deutliche Zähne vorhanden, die drei unteren nahe beisammenstehend, beim ♀ erscheint der dritte Zahn nur als stumpfer Höcker. Vorderschienen nach vorn etwas erweitert, mit Rinnen zum Einlegen der Füsse. Länge 3—4 *mm*.

Lebensweise. Der Frass dieses Käfers ist bis jetzt nur nach den von Schreiner an Kiefern gesammelten Exemplaren durch Eichhoff [15 *a*, S. 236—238] beschrieben worden. Er frisst ganz ähnlich wie der vorhergehende, aber die von der Rammelkammer angehenden Lothgänge halten sich strenger an die Senkrechte, und die ganze Figur nähert sich daher weniger der Sterngangform.

T. rectangulus Eichh. (*Laricis* Perris?). *Käfer* dem T. Laricis äusserst ähnlich. Die runde Fühlerkeule hat jedoch deutlich nach vorn gekrümmte Nähte und am Absturz der Flügeldecken befinden sich beiderseits beim ♂ als Fortsetzung des ersten, dritten, vierten und fünften Zwischenraumes stärker hervortretende Zähnchen, beim ♀ nur drei, indem bei ihm der dritte Zahn nur als stumpfer Höcker erscheint; das unterste Zähnchen befindet sich bei beiden Geschlechtern fast in der Mitte des Randes, während es bei **T. Laricis** etwas tiefer steht. Länge 3—4 *mm*.

Lebensweise. Ueber den Frass dieses namentlich in den verschiedenen Südeuropäischen Kiefern formen lebenden Käfers weiss man mit wirklicher Sicherheit gar nichts, denn alle Angaben von Eichhoff sind begründet auf die Vermuthung, dass der von Perris [58, S. 184—187] als **T. Laricis** aus den Kiefern-Strandwäldern des Landes beschriebene Käfer **T. rectangulus** sei. Seinen **T. Laricis** bezeichnet Perris als sehr häufig, ungemein schädlich, in abgestorbenen Stämmchen und Stämmen jeder Dimension brütend und schildert seine Frassfigur als einen mehrarmigen Lothgang mit geschwungenen Armen. Er soll stets in Südfrankreich eine sicher dreifache Generation haben.

Mehr als Kulturverderber und Feinde der strauchartigen Kiefern sind zu betrachten

die hakenzähnigen Kiefern-Borkenkäfer,

Tomicus bidentatus Hbst., T. quadridens Htg.,

T. bistridentatus Eichh. und Verwandte.

Die hier genannten Kiefernkäfer bilden eine sehr gut abgeschlossene Gruppe, welche sich zoologisch dadurch charakterisirt, dass bei den ♂♂ am oberen Theile des Flügeldeckenabsturzes ein grosser Hakenzahn steht (Fig. 165), zu dem noch ein oder mehrere kleine Höcker kommen können, während bei den ♀♀ nur eine Furche jederseits der Naht und keine oder höchstens kleine Zähnchen vorhanden sind. Biologisch sind sie durch meist tief in den Splint

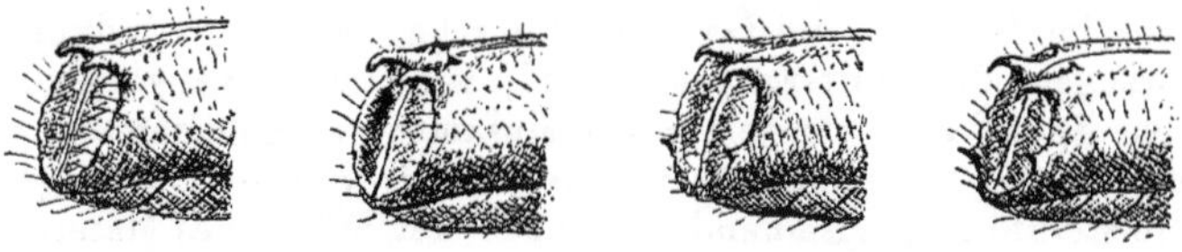

a   b   c   d

Fig. 165. Flügeldeckenabsturz der ♂♂ von a) Tomicus bidentatus Hbst. b) T. bidentatus var. β, c) T. quadridens Htg. und d) T. bistridentatus Eichh.

eindringende Sterngänge gekennzeichnet, sowie durch ihre Vorliebe für schwächeres, dünnrindiges Material. Der Hauptschaden von **T. bidentatus** Hbst. besteht in der Vernichtung junger Kiefernpflanzen von 5 bis 12 Jahren. **T. bistridentatus** Eichh. erscheint namentlich in Gebirgslagen als Feind der Krummholzkiefer.

Beschreibung: Tomicus bidentatus Hbst. (*bidens* Fabr., Ratz.). *Käfer* walzenförmig, pechschwarz oder -braun, etwas glänzend, aber nicht so fettglänzend wie **T. chalcographus** L., fein behaart, nach hinten etwas lichter gefärbt. Vorderbrust ohne Fortsatz zwischen den Hüften. Fühlerkeule eiförmig mit fast geraden Nähten. Halsschild kaum länger als breit, nach vorn verschmälert, in der Mitte beiderseits quer eingedrückt, vorn gekörnt, hinten gröber punktirt als bei **T. chalcographus**, mit etwas erhabener, glatter Mittellinie und einem glatten Fleckchen beiderseits. Flügeldecken meist bis zum Absturz punktirt-gestreift, die Punkte an den Seiten dichter und feiner als auf dem Rücken. Der Absturz beim ♂ sehräg, kreisrund, glatt, wenig vertieft, oben beiderseits mit einem grossen, nach abwärts gekrümmten Zahn, beim ♀ ohne Zahn, neben der erhabenen

Naht beiderseits gefurcht, mit gewölbten Seitenrändern. Stirn des ♀ nicht ausgehöhlt. Bei beiden Geschlechtern Vorderschienen nicht erweitert, Schenkel und
Schienen etwas dunkler. Länge 2—2·3 *mm.*

Nicht selten findet sich beim ♂ dicht oberhalb des grossen Zahnes
noch ein kleines Zähnchen; var. β EICHH. Manche ♀♀ zeigen auf der Stirn ein
nadelstichähnliches Grübchen; var. trepanatus NÖRDL.

T. quadridens HTG. *Käfer* dem **T.** bidentatus sehr ähnlich, beim ♂
befindet sich aber am Absturze unterhalb des grossen Hakenzahnes, etwa in der
Mitte des Randes, ein kleiner, kegelförmiger Zahn, beim ♀ zeigt der wulstige
Seitenrand neben der Furche am Absturz beiderseits zwei mehr oder weniger
deutliche, kleine Höckerchen. Wenn diese sehr undeutlich sind oder fehlen, ist
das ♀ von dem des **T.** bidentatus nicht zu unterscheiden. Mitunter hat das
Weibchen eine dichte greise Haarbürste auf der Stirn; var. c. EICHH. Länge
1·5 – 2·3 *mm.*

T. bistridentatus EICHH. *Käfer* dem vorigen sehr ähnlich, meist etwas
grösser. Das ♂ hat am Rande des Absturzes, ausser dem kleinen Zähnchen in der
Mitte, oberhalb des Hakenzahnes noch ein kräftiges Zähnchen.

T. Lipperti HENSCHEL. Bei dieser Form kommen zu den drei jederseits
bei den ♂♂ von **T.** bistridentatus vorhandenen Zähnen noch jederseits zwei
kleinere weitere hinzu, welche zwischen dem Hakenzahn und dem unteren
Zahn eingeschoben sind.

Lebensweise. Die vorstehend geschilderten vier Arten, welche
in ihren Körpermerkmalen, trotzdem sie sich entomologisch gut aus-
einanderhalten lassen, wie wir sahen, gewissermassen Variationen
eines und desselben Grundthemas sind, haben auch eine gemeinsame
Form der Frassfigur, den Sterngang, und zwar greifen, da diese
Thiere im Grossen und Ganzen schwaches Material mit dünner Rinde
bevorzugen, die Muttergänge sowohl, wie die Larvengänge meist tief
in den Splint ein; von einer gemeinsamen, ausgebuchteten, tief ein-
geschnittenen Rammelkammer gehen 3 bis 7 1—5 *cm* lange Muttergänge sternförmig auseinander, je nach der Stärke des Materiales mehr
oder weniger dicht besetzt mit deutlichen, grossen Eiernischen. Dem
entsprechend sind an stärkeren Aesten und Stämmchen die von einem
Muttergange ausgehenden Larvengänge zahlreicher als an schwächeren.
Nach EICHHOFF sollen bei den typischen **T.** bidentatus HBST. die
Muttergänge mehr parallel der Schaftachse verlaufen [15 *a,* S. 256]
und öfters geknickt sein, bei **T.** bistridentatus EICHH. mehr radspeichenartig auseinanderstehen und namentlich in stärkerem Brut-
holze in weiten bogenförmigen Krümmungen verlaufen [15 *b*], endlich
bei **T.** quadridens HTG. weniger tief in den Splint eingreifen, also
mehr in der Rinde bleiben. Nach unserer Anschauung ist die hier
wiedergegebene Verschiedenheit viel weniger auf die Käferart, als
auf die Stärke der befallenen Aeste oder Stämmchen und auf die
mehr oder weniger dichte Zusammendrängung der Frassfiguren zurückzuführen, sodass uns also eine Bestimmung der speciellen Art nach
den blossen Frassgängen kaum möglich erscheint, während für alle,
ganz abgesehen davon, dass sie gewöhnlich nur an Kiefern fressen,
T. chalcographus L. dagegen vorwiegend Fichteninsekt ist, eine dem
scharfen Beobachter leicht kenntliche, aber schwerer zu beschreibende

charakteristische Gestalt der Gänge besteht, die eine Verwechselung mit denen des „Kupferstechers" nicht leicht gestattet. Die Puppenwiegen gehen oft tief in den Splint.

Als Brutbaum wird von allen heimischen Arten in unseren Gegenden regelmässig die gemeine Kiefer benutzt, und zwar hauptsächlich an dünnberindeten Stellen, sodass also die Gipfelstücke stärkerer Stämme und Kulturen besonders von ihnen angegangen werden. Ausserdem werden aber alle anderen Kiefernarten gern von ihnen angenommen; im Süden sind demgemäss Pinus laricio POIR. und P. pinaster SOL. vielfach befallen, und in höheren Gebirgslagen ist die so sehr variirende Bergkiefer, P. montana MILL., ihren Angriffen ungemein ausgesetzt Namentlich kommt T. quadridens HTG. sowohl in den Gebirgsföhren der Pyrenäen, wie in den Legföhren des Schwarzwaldes [XXIV, S. 32] und den Sumpfkiefern des Erzgebirges vor, und T. bistridentatus EICHH. ist nicht nur von PERRIS in den Hakenkiefern der Pyrenäen gefunden worden, sondern auch ein ganz regelmässiger Bewohner des Knieholzes im Riesengebirge, wo wir ihn häufig selbst beobachtet haben.

Auch an Zirbelkiefern, P. cembra L., gehen diese Thiere, wie nach FISCHBACH NÖRDLINGER [XXIV, S. 32] für T. quadridens HTG. und EICHHOFF nach FANKHAUSER für T. bistridentatus EICHH. [15 b] mittheilt und HENSCHEL [32 e, S. 536] bestätigt. KELLER berichtet [41 b], dass letztgenannte Art in den Schweizer Alpen zwischen 1500 und 1800 m Meereshöhe zu finden sei und im Bündtner Oberland

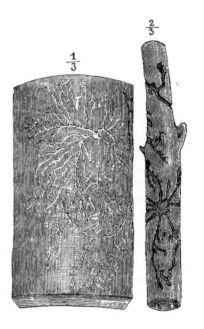

$\frac{2}{3}$

$\frac{1}{3}$

Fig. 166. Frassfiguren von Tomicus bidentatus HBST. in stärkerem und schwächerem Materiale. Originale.

an der Lärche, am Buochseshorn an der Fichte, im Canton Uri an der Legföhre und im Canton Wallis an der Arve beobachtet wurde. T. Lipperti HENSCH. wurde bis jetzt nur in der Aleppokiefer, P. Halepensis MILL., gefunden [32 g]. T. bidentatus HBST. ist ausserdem auch an Weymouthskiefern, die er sogar nach ALTUM [XVI, 2. Aufl., III, 1, S. 306] besonders zu bevorzugen scheint, häufig. Derselbe kennt ihn auch aus Lärche. HARTIG hat ihn einmal zahlreich an Fichten beobachtet [29], und NÖRDLINGER [XXIV, S. 32] fand T. quadridens HTG. sogar an Picea obovata LED. (Schrenkiana ANT.) von der sibirischen Waldgrenze. Schon hieraus geht hervor, dass die geographische Verbreitung dieser Arten eine sehr weite ist.

T. bidentatus HBST. ist ein Spätschwärmer, der erst im Mai oder Juni zum ersteumale fliegt [15 a, S. 257]. Die erste Generation ist

bereits im Juli fertig, es folgt der zweite Flug, und die zweite Generation überwintert dann als Käfer in den Puppenwiegen oder brütet
noch einmal; die letzterenfalls entstehende dritte Generation überwintert als Larven. Dies wurde sowohl in Deutschland von verschiedenen Seiten, als auch in Südfrankreich von PERRIS [58, S. 190]
beobachtet. Aus diesem Umstande erklärt sich auch die Angabe von
RATZEBURG, dass der Käfer eine 1½fache Generation habe. Er
schliesst dies nämlich aus dem Umstande, dass immer im Winter
sowohl Käfer als Larven zu finden sind. Die verwandten Arten
scheinen nach Allem, was man weiss, sich genau so zu verhalten.

Schaden. T. bidentatus HBST. und seine Verwandten gehören
sicherlich zu den sehr schädlichen Kieferninsekten. In unseren alten
Kiefernbeständen, wo sie ungemein häufig in den Aesten brüten,
trägt der zweizähnige Borkenkäfer viel zur Lichtung der Kronen bei.
Aus den Ostseeprovinzen meldet WILLKOMM [75 b], dass im Angern-
schen Kronforste bei einer Menge 50- bis 100jähriger Kiefern der
Wipfel und nicht selten auch das ganze obere Dritttheil in Folge
seines Angriffes dürr war, und KÖPPEN stellt ähnliche Angaben anderer
Berichterstatter aus Russland zusammen [45, S. 259]. Dieser Käfer
geht auch in den Abraum der Kiefernschläge [15 a, S. 255] und
T. quadridens HTG. ist auch in Kiefernklaftern im Elsass gefunden
worden [15 a, S. 260].

Seinen Hauptschaden richtet T. bidentatus HBST. aber in unseren
Kulturen an, wo er ganz gesunde Pflanzen der verschiedenen
Kiefernarten, namentlich im Alter von 5 bis 12 Jahren, aber auch
noch jüngere, tödtet. Er ist also ein starker Verbündeter von PISSODES
notatus FABR. Grössere Verheerungen in Kulturen waren schon
RATZEBURG [V, I, S. 193] aus Oberschlesien bekannt. Auf durch
Feuer beschädigte Kulturen ist besonders zu achten, da der Käfer
solche nach · NÖRDLINGER [XXIV, S. 31] mit Vorliebe annimmt.
TASCHENBERG [XVIII, S. 161] theilt mit, dass 1872 in dem von
Oberförster v. BERNUTH verwalteten Reviere 10 000 7jährige Kiefern
befallen waren. Ueber häufigere Verwüstungen in Weymouthskiefern-
und Seekiefernkulturen berichtet ALTUM [XVI, III, 1, S. 306], desgleichen über vernichtenden, ausgedehnten Frass in Kiefernstangenorten. In dem einzigen Falle, in welchem er aus Fichten bekannt
geworden [29], hatte der Käfer in der Oberförsterei Segeberg in
Schleswig-Holstein über die Hälfte der Pflanzen einer 8- bis 9jährigen
Fichtenkultur, die im Schutze eines älteren Kiefernbestandes durch
Saat erzogen und dann freigestellt worden war, vernichtet· T. bistridentatus EICHH. scheint seinen zweizähnigen Verwandten namentlich
im Gebirge zu ersetzen und besonders den verschiedenen Bergkiefer-
formen zu schaden. So in den Pyrenäen nach PERRIS, in der Schweiz
nach EICHHOFF und FANKHAUSER [15 b] dem Krummholz, und nach
unseren Beobachtungen im Riesengebirge dem Knieholz.

Die Vermuthung von EICHHOFF [15 b], dass die nach ALTUM im Riesengebirge gefundenen Exemplare des „T. chalcographus", sowie der an ALTUM

durch HENSCHEL aus Steiermark gesendete und brieflich möglicherweise als neue Art „*Bostrichus alpinus*" bezeichnete, dort ganze Flächen von Legföhren vernichtende Käfer nichts weiter als T. bistridentatus EICHH. seien, ist uns daher sehr wahrscheinlich.

Als letzter aller typischen Kiefernbewohner sei noch angeführt:

Hylesinus (Carphoborus EICHH.) minimus FABR. *Käfer* länglich, schwärzlich, durch dichte, schüppchenartige Behaarung grau erscheinend. Halsschild nicht länger als breit, nach vorn stark verengt und etwas eingeschnürt, oben sehr dicht und fein, etwas körnig punktirt, mit etwas undeutlicher Mittellinie und mit grauer Schüppchen bedeckt. Flügeldecken gekerbt gestreift, an der Spitze oft röthlich. Zwischenräume sehr schmal, äusserst fein gerunzelt und dicht mit grauen, wenig abstehenden Borstenhärchen besetzt. Am Absturz ist die Naht und der dritte Zwischenraum verbreitert und kielartig erhöht, und mit dem ebenfalls verbreiterten und erhöhten Seitenrande verbunden; der zweite Zwischenraum ist dagegen verschmälert und vertieft. Füsse und Fühler gelbbraun. ♂ auf der Mitte der Stirn mit zwei Höckerchen, ♀ daselbst mit einem glänzendglatten Flecke. Länge 1·3—1·5 *mm*.

Lebensweise und Bedeutung. Dieser nach EICHHOFF [15*a*, S. 130] wahrscheinlich ziemlich früh schwärmende und eventuell zweimal im Jahre brütende, kleinste Bastkäfer frisst in jungen Kiefernpflanzen, schwächeren Knüppeln bis zu 5 *cm* Stärke [V, 1, S. 219] und namentlich in schwächeren und schwächsten Aesten von einer Rammelkammer aus 3- bis 4armige, schmale, noch etwas in den Splint eingreifende Sterngänge mit verhältnissmässig kurzen und sparsamen Larvengängen. Er kommt nach einem unserer Sammlung von HENSCHEL geschenkten Frassstücke auch an Schwarzkiefer vor. Auf seine forstliche Bedeutung hat bis jetzt nur ALTUM [XVI. III. 1, S. 275] aufmerksam gemacht, welcher ihn für die Kulturen, wo er mit T. bidentatus HBST. gelegentlich zusammen haust, nicht wesentlich schädlich hält, dagegen seinem Frasse Schuld giebt, erheblichen Antheil an dem allmählichen, unerwünschten Lichterwerden der Kronen in 40- bis 60jährigen Kiefernstangenorten zu haben. Auch hier wirkt er mit T. bidentatus und Lamia (Pogonochaerus) fasciculata DE GEER zusammen. Da der Käfer in den Gängen überwintert, kann man gegen ihn durch Sammeln und Verbrennen des von den Herbststürmen herabgeworfenen ·Reisigs vorgehen.

Die zu dieser fünften biologischen Gruppe gehörigen

Fichten-Borkenkäfer im weitesten Sinne haben von jeher die grösste Beachtung unter allen ihren Verwandten gefunden und als Verursacher der grössten Verheerungen auch verdient. Allen voran steht der Buchdrucker Tomicus typographus L., dem sich in neuerer Zeit als wenigstens ebenbürtig, ja vielleicht sogar, weil sicher sehr polyphag, als noch schädlicher der früher als besondere Art nicht unterschiedene T. amitinus EICHH. zugesellt. Beide sind Bestandesverderber allerersten Ranges, welche oftmals in Fichtenwäldern Hunderte, ja Tausende von *ha* vernichtet haben und, obgleich sie unter gewöhnlichen Verhältnissen am liebsten kränkelndes Material angehen, ihr Frass daher vielfach erst als Folge von grösseren anderen Unglücksfällen, namentlich von Windbruch und Raupenfrass verderblich geworden ist, doch sicher auch gesunde Bäume befallen und tödten können. Dies beweisen wohl alle grösseren Borkenkäferverheerungen, namentlich auch die im Böhmerwalde Anfang der Siebzigerjahre dieses Jahrhunderts. Diesen beiden Arten schliesst sich eine Reihe anderer eigentlicher Borkenkäfer, sowie Bastkäfer an, von denen zwar, wie wir bei den einzelnen Arten ausführen werden,

auch jede Art gelegentlich für sich allein schadet — es gilt dies
namentlich für die schwächeres Material bevorzugenden Arten, die
dann Kulturverderber werden können —, die aber im Grossen und
Ganzen ihre wesentliche Bedeutung durch Ergänzung des Frasses
von T. typographus L. und T. amitinus EICHH. gewinnen. Unter
ihnen ist als regelmässiger Begleiter des Buchdruckers der Kupferstecher, T. chalcographus L, hervorzuheben, welcher sich, da er
mit Vorliebe die oberen Stammtheile angeht, zu jenem verhält wie
Hylesinus minor HTG. zu H. piniperda L. (vgl. S. 464). Nicht minder
vergesellschaftet sich mit den vorhergehenden ebenfalls als Bestandsverderber der doppeläugige Fichten-Bastkäfer H. poligraphus
L, während die forstliche Bedeutung des noch häufigeren, ja geradezu
überall sehr gemeinen H. palliatus GYLL. neuerdings geringer ange-
schlagen wird, da man ihn meist nur secundär auftretend findet.
Seltener, aber für Gebirgsreviere immerhin beachtenswerth, ist dann
sein grösserer Verwandter, H. glabratus ZETT. Mehr als Verderber
schwächeren Materiales treten eine Reihe anderer, bisher forstlich
weniger beachteter Käfer auf, unter denen wohl T. micrographus
GYLL., T. Abietis RATZ. und T. pusillus GYLL. schon hier eine vor-
läufige Erwähnung verdienen.

Wir behandeln zunächst

die achtzähnigen Fichten-Borkenkäfer,

Tomious typographus L. (Taf. II, Fig. 7), und

T. amitinus EICHH.,

denen wir als eine auf das engste verwandte, aber eigentlich wohl
nur im Hochgebirge für die Zirbelkieferbestände wirklich beachtenswerthe Art, T. Cembrae HEER anschliessen. Diese 4
bis 5 mm langen Käfer sind von allen anderen leicht
dadurch zu unterscheiden, dass sie am Rande des
tief eingedrückten Absturzes der Flügeldecken jederseits vier deutliche Zähne tragen, von denen der
dritte von oben am grössten ist. T. typographus L.
ist leicht an dem reifartig getrübten Innentheile des

Fig. 167. Flügel-
deckenabsturz von
Tomicus typogra-
phus L. Original.

Flügeldeckeneindruckes kenntlich, während derselbe
bei T. amitinus EICHH. vollständig glänzt. Trifft man
achtzähnige Borkenkäfer in Fichte, so können beide
Arten in Frage kommen; brüten sie dagegen in
anderen Nadelhölzern, so spricht die Wahrscheinlichkeit dafür, dass
man es mit der zweiten Art, dem T. amitinus zu thun hat. Was
die Frassfiguren betrifft, so macht T. typographus mehr reine, meist
zweiarmige Lothgänge mit wenigen Luftlöchern, während die einigermassen der Sternform sich nähernden, oft mehr als zwei Brutarme
zeigenden Lothgänge von T. amitinus stets auch viel mehr Luftlöcher haben.

Beschreibung: Tomicus typographus L. (*octodentatus* GYLL.). *Käfer* walzenförmig, nach vorn und hinten etwas verengt, schwarz oder braun, glänzend, lang gelblich behaart. Vorder-

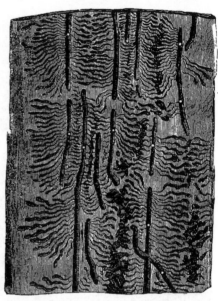

brust nach hinten zwischen den Vorderhüften mit scharfem Fortsatz. Fühlerkeule eiförmig, erste Naht derselben nur wenig nach vorn gebogen, die zweite winklig gegen die Spitze vorgezogen. Halsschild nicht länger als breit, vorn breit abgerundet, gekörnt, hinten fein zerstreut punktirt. Flügeldecken tief und grob punktirt-gestreift, mit fast glatten, nur an den Seiten und hinten punktirten Zwischenräumen. Absturz schräg, vertieft, nicht glänzend, sondern reifartig getrübt, zerstreut punktirt, am Aussenrande beiderseits mit vier Zähnen, von denen der dritte am grössten und an der Spitze verdickt ist. Verschiedene Unregelmässigkeiten dieser Zähne sind übrigens nicht selten; bei manchen Stücken sind die Zähne weniger stark entwickelt als bei anderen, manchmal ist der dritte Zahn nicht grösser als die übrigen, mitunter sogar durch eine Erhöhung des Absturzrandes mit dem zweiten

Fig. 168. Frassfigur von **T. typographus** L. ¹/₂ nat. Grösse. Original.

Zahn verbunden und dergleichen mehr. Am Vorderrande der Stirn fast immer mit einem kleinen, hervorragenden Körnchen. Vorderschienen nach vorn verbreitert, mit einer zum Einlegen der Füsse bestimmten Furche. Länge 4·5—5·5 *mm*.

T. amitinus EICHH. (*duplicatus* HLAWA). *Käfer* dem **T. typographus** L. sehr ähnlich, deshalb früher stets, auch von RATZEBURG, mit diesem verwechselt. Er ist jedoch fast immer etwas kleiner und schlanker, nach vorn etwas mehr verschmälert. An der Fühlerkeule ist nicht blos die erste, sondern auch die zweite Naht nur in schwachem Bogen nach vorn gekrümmt. Die Schienen, Schenkel und Hüften sind meist dunkler. Auf der Stirn fehlt das erhabene Körnchen. Am leichtesten unterscheidet sich diese Art jedoch von **T. typographus** dadurch, dass bei ihr der Absturz der Flügeldecken niemals reifartig getrübt, sondern glänzend und weitläufig, etwas runzlig punktirt ist. Länge 4—4·5 *mm*.

T. Cembrae HEER. *Käfer* dem **T. typographus** L. und **T. amitinus** EICHH. sehr ähnlich. Ersterem gleicht er fast ganz in Gestalt und Grösse, sowie bezüglich der Bildung der Fühlerkeule, deren zweite Naht winkelig gegen die Spitze vorgezogen ist; er unterscheidet sich von ihm jedoch durch den glänzenden, runzlig punktirten, nie reifartig getrübten Absturz der Flügeldecken, sowie durch den Mangel des erhabenen Körnchens auf der Stirn. Von **T. amitinus** EICHH. unterscheiden sich typische Exemplare des **T. Cembrae** HEER durch grössere, nach vorn weniger verschmälerte Gestalt, durch stärkere Behaarung und durch die der Form des **T. typographus** ähnlichen Nähte der Keule. Mit beiden Arten hat er gemein, dass bei regelmässiger Bildung stets der dritte Zahn am Rande des Absturzes der grösste und an der Spitze verdickt ist. Länge 4·5 bis 5·5 *mm*.

33*

Es ist nicht zu verkennen, dass sowohl bezüglich der Gestalt, als auch der Behaarung und der Fühlerkeule Uebergangsformen zwischen T. Cembrae und T. amitinus vorkommen, welche nicht sicher zu bestimmen sind. Ein T. amitinus des Tharander Waldes ist allerdings von einem echten T. Cembrae des Hochgebirges sehr verschieden, nicht so scharf unterschieden sind aber wohl meist die in den mittleren Höhen der Alpen vorkommenden Formen beider Arten.

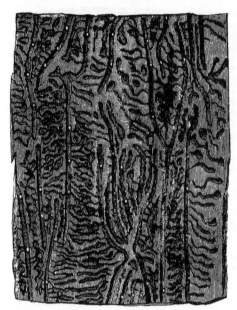

Fig. 169. Frassfigur von Tomicus amitinus Eichh. ¹/₂ natürl. Grösse. Original.

Lebensweise. Die Frassfigur (Fig. 168) von T. typographus L. besteht aus deutlichen, ein- oder mehrarmigen, 3 bis 4 mm breiten, 10 bis 15 cm langen, den Splint meist kaum berührenden Lothgängen mit Rammelkammer. Diese liegt gewöhnlich vollständig in der Rinde, sodass man sie an unverletzt abgeschälten Stücken häufig gar nicht sieht. Die ein- und zweiarmigen Lothgänge, welche nur sehr sparsam mit Luftlöchern versehen sind, bilden die Regel, und wenn mehrere Gänge von einer Rammelkammer ausgehen, so verlaufen dieselben grösstentheils parallel der Längsachse des Baumes, sodass bei Betrachtung eines stark besetzten Rindenstückes in der Quere jene zeilenartige Anordnung der Muttergänge auffällt, welche Linné veranlasst hat, den Käfer „Buchdrucker" zu taufen. Die von deutlichen, weitgestellten Eiergrübchen quer abgehenden Larvengänge bleiben ebenfalls in der Rinde, sind mässig, meist 5 bis 10 cm lang und enden in Rinden-Puppenwiegen.

Die Frassfigur des T. amitinus Eichh. (Fig. 169) besteht gewöhnlich aus mehrarmigen Muttergängen, welche zwar im Grossen und Ganzen auch als Lothgänge bezeichnet werden können, bei denen die einzelnen Brutarme aber eine grössere Neigung zur Bogenbildung und zu schrägem Verlaufe zeigen, sodass Annäherung an Sterngangform vorkommt. Zugleich sind, wie uns zuerst Forstmeister Schaal belehrte, und unsere sehr guten, von Oberförster Klopfer gesammelten Frassstücke deutlich zeigen, die Luftlöcher viel zahlreicher als bei T. typographus L. Abnorme Frassfiguren kommen bei beiden Arten gelegentlich überall vor, namentlich z. B. in Aesten, welche auch angegangen werden. Einen scharfen Unterschied der Frassfigur von

T. Cembrae HEER. gegenüber der von T. amitinus EICHH. können
wir nach den uns durch die Freundlichkeit von Professor HENSCHEL
vorliegenden Frassstücken nicht finden. Nur ist das Kaliber der
Löcher und Gänge der etwas grösseren Statur des Käfers entsprechend,
gewöhnlich etwas stärker. Auch die von KELLER [41 b] gegebene
Beschreibung der Frassfigur des T. Cembrae sowie die von BISCHOFF-
EHINGER gelieferte Abbildung [81] stimmt fast ganz mit der des
T. amitinus überein; auffallend ist, dass der erstere Forscher in der
Arve vorwiegend vierarmige, in der Lärche vorwiegend dreiarmige
Sterngänge der Käfer fand.

Da bis jetzt die Frassfigur von T. amitinus EICHH. im Durchschnitt nur
ziemlich schlecht abgebildet wurde, sei auf die mustergiltigen, schon 1870 von
HLAWA [34] gegebenen und im Gegensatz zu denen von T. typographus L.
gestellten, photolithographischen Abbildungen hingewiesen. Allerdings werden
sie dort irrthümlich dem T. duplicatus SAHLB. zugeschrieben (vgl. S. 498).

Der gewöhnliche Brutbaum des T. typographus L. ist die
Fichte oder gemeine Rothtanne, Picea excelsa LINK. In der
Literatur finden sich zwar schon von Anfang des Jahrhunderts her
Angaben, dass der Käfer auch in Kiefern, Lärchen, Tannen und
Arven gebrütet haben soll, die Richtigkeit dieser Angaben ist aber,
ganz abgesehen davon, dass in manchen älteren Fällen, namentlich
wenn es sich um Kiefer und Tanne handelt, einfach sprachliche Verwechselungen vorgelegen haben mögen, stark zu bezweifeln, seitdem
EICHHOFF den T. amitinus als eine gut unterschiedene Art nachwies,
die aber dem T. typographus trotzdem so nahe steht, dass eine frühere
Verwechselung beider sehr erklärlich ist. In höchstem Grade
wahrscheinlich wird eine solche z. B. für die früher als besonders
beweisend angesehene Mittheilung über das Vorkommen des T. typographus in Kiefern von STEIN auf Tharander Revier. Hier spricht
die sehr deutlich [69 b, S. 274] abgebildete Sternform der Gänge für
T. amitinus. Alle neueren Untersuchungen von achtzähnigen, aus
anderen Holzarten als der Fichte stammenden Borkenkäfern haben
denn auch fast stets ergeben, dass es sich hier um T. amitinus EICHH.
oder T. Cembrae HEER handelte. T. amitinus EICHH. bevorzugt nämlich zwar auch die Fichte, geht aber sicher gleichfalls an Kiefern,
Knieholz-Kiefern [JUDEICH 1888], Lärchen und Tannen. Nur
ganz ausnahmsweise scheint T. typographus andere Holzarten als
Fichte zu bewohnen; so liegen uns z. B. einige Exemplare dieses
Käfers vor, welche HENSCHEL in Steiermark in Lärche fand und auch
ALTUM hat ihn neulich in dieser Holzart beobachtet [2 g, S. 243].
In manchen Fällen kommt T. typographus L. allein vor, so z. B. war
unter 3100 an JUDEICH im Jahre 1884 aus dem Gouvernement
Nischni-Nowgorod in Russland durch Oberforstmeister TIEDEMANN
(vgl. S. 157) gesendeten Käfern kein einziger T. amitinus EICHH.
Andererseits können beide Arten in einem und demselben Bestande
und in demselben Baume vorkommen. KELLNER [42 a] fand im
Thüringer Walde im Sommer 1874 in demselben Stamm $\frac{1}{3}$ T. typo-

graphus und $^2/_3$ T. amitinus. T. Cembrae HEER ist ursprünglich nur
aus der Arve bekannt, dagegen liegen uns durch Prof. HENSCHEL
auch Frassstücke desselben in Lärche vor. Auch JUDEICH hat ihn in
Lärche in der Schweiz und in Steiermark ziemlich zahlreich gefunden.
Die geographische Verbreitung des T. typographus L. entspricht derjenigen seines bevorzugten Brutbaumes, der Fichte, reicht also von
Lappland bis zu den Alpen und vom Ural bis nach Frankreich. Er
ist demgemäss vorwiegend ein Mittelgebirgsthier, welches jedoch
auch in der Ebene vorkommt, wie z. B. die grossartigen Ostpreussischen und Russischen Wurmtrocknisse beweisen. Er kann andererseits
in den Hochgebirgen bis zu 2000 m Höhe steigen, wie EICHHOFF
angiebt [15 a, S. 221]. Ueber die geographische Verbreitung von
T. amitinus EICHH. ist noch wenig Genaues bekannt. Man kennt ihn
hauptsächlich aus Mitteldeutschland, Oesterreich und den Alpenländern. T. Cembrae HEER ist nicht nur aus dem alpinen, sondern
auch aus dem Sibirischen Verbreitungsgebiete der Zirbelkiefer bekannt [45, S. 254].

Die angeblich weitere, über die Fichtenregion hinausgehende Verbreitung
des T. typographus L. im Russischen Reiche bis nach dem Stillen Ocean und
in die Kaukasusländer, wie sie uns KÖPPEN schildert [45, S. 252], muss aus
denselben Gründen, aus denen sein normales Vorkommen in anderen Holzarten
wie der Fichte vorläufig als nicht bewiesen anzusehen ist, als noch nicht festgestellt betrachtet werden.

Die Menge der Borkenkäfer ist eine bei starkem Angriffe derselben fast unglaublich grosse. Sie bilden bei ihrem Schwärmen, wie
schon v. SIERSTORPFF [67, S. 15] weiss, mitunter geradezu kleine
Wolken, und stark befallene Bäume sind so dicht von ihnen besetzt,
dass kein Quadratcentimeter vorhanden ist, auf dem nicht Mutter- oder
Larvengänge vorhanden wären. COGHO [11 a, S. 16] berechnet die
Zahl der Käfer in einem von ihm untersuchten Stamme von 28.8 cm
mittlerem Durchmesser und 20 m Länge auf rund 34 000 Stück.

Die achtzähnigen Borkenkäfer, namentlich T. typographus L.,
sind Spätschwärmer, deren Flug meist frühestens im April eintritt. Ueber die Generation derselben lassen sich, da dieselbe ganz
besonders stark von den Witterungsverhältnissen beeinflusst wird,
keine bestimmten Angaben machen. Es kann je nach der geographischen und der Höhen-Lage der einzelnen Oertlichkeit und nach
ihrem Klima, sowie nach den speciellen Witterungsverhältnissen des
Jahres eine einfache, $1^1/_2$fache, doppelte oder dreifache Generation
vorkommen. Bei mittlerer Lage und nicht allzu rauhem Klima dürfte
die doppelte Generation die normale sein. Die Ueberwinterung kann
sowohl als Käfer in der Bodendecke oder in Rindenritzen, als auch
als Larve oder Puppe in der Rinde erfolgen.

Gegenüber der von EICHHOFF immer wiederholten Behauptung, dass vor
ihm das Vorkommen mehrfacher Generation beim Borkenkäfer leichtsinniger-
weise nicht genug gewürdigt worden sei, reproduciren wir hier wörtlich einige
Angaben der letzten Ausgabe dieses Buches: „Entwickelungszeit gewöhnlich
8 bis 10 Wochen, zuweilen auch wohl über 3 Monate, je nach der Lage des
Ortes und der Witterung. Oft ist also die ganze Brut schon im Juli, zuweilen

in Süddeutschland schon im Juni fertig, und kann bei günstiger Witterung eine neue folgen. Eine doppelte Generation entsteht schon, wenn — wie in Mitteldeutschland gewöhnlich — die Monate Mai bis September eine Mitteltemperatur von 13^0, 17^0, 19^0, 17^0, 14^0 C. haben. Wenn die jungen Käfer in demselben Jahre nicht mehr brüten, fliegen sie oft gar nicht aus, sondern fressen unregelmässige, verworrene Gänge um ihre Wiege herum .... 1874 fanden im Böhmerwald drei Hauptflüge statt, der erste vom 21. bis 24. April, der zweite vom 4. bis 10. Juni, der dritte vom 2. bis 5. August."

Beispiele davon, dass wirklich in rauhen Lagen T. typographus L. nur einfache Generation habe, sind von den zuverlässigsten Beobachtern mitgetheilt worden, z. B. durch v. BERG aus Schweden [5c] und von HENSCHEL aus Wildalpen in Steiermark an ALTUM [2e].

In milden Lagen findet der erste Flug zur Zeit des Ausschlagens der Buchen oder, wie EICHHOFF [15a, S. 223] bemerkt, zu Ende der Auerhahnbalz statt. Die graphische Darstellung einer doppelten Generation kann also folgendermassen gegeben werden:

	Jan.	Febr.	März	April	Mai	Juni	Juli	Aug.	Sept.	Oct.	Nov.	Dec.
1880			++ •	—–o●++ +		•—–●●+	+++	+++	+++	+++	+++	
1881	+++	+++	+++	+++ •								

Es wurden hierbei, soweit dies bei der Art der graphischen Darstellung angeht, die Untersuchungen über die Dauer der einzelnen Entwickelungsstadien von PAPE [V, I, S. 171] und QUENSEL [5a, S. 122] berücksichtigt, welche die Zeitdauer von der ersten bis zur neuen, zweiten Eiablage auf 86, beziehungsweise 77 Tage angeben, von denen allerdings in beiden Fällen ungefähr 30 auf die Ausfärbung und Erstarkung der Käfer gerechnet werden. Dass dies so warmer Witterung schneller gehen kann, wie EICHHOFF hervorhebt, sei aber gern zugegeben. Hierbei ist ferner angenommen, dass die Ueberwinterung als Imago erfolgt. Es können aber auch die im August fertig gewordenen Käfer nochmals legen, sodass dann eine dritte Generation entsteht. Wenn diese im Larvenzustand überwintert, was häufig vorkommt (vgl. auch COGHO IId), so ist die graphische Darstellung folgende:

	Jan.	Febr.	März	April	Mai	Juni	Juli	Aug.	Sept.	Oct.	Nov.	Dec.
1880			++ •	—–●●++ +		•—–●● +	+					
1881	—–—–—–—–●●+ + •											

Hierbei ist zu bemerken, dass, wie COGNO [IId] genau nachweist, die Winterkälte den Larven nichts anhat, wie überhaupt die Lebenszähigkeit des Käfers in seinen verschiedenen Stadien eine solche ist, dass die Larven sogar durch ein kürzeres Verflössen der Stämme nicht getödtet werden, und Käfer, welche drei Wochen in geflösstem Holze eingefroren waren, späterhin ungestört zu ihrer Zeit ausgeflogen sind [v. SIERSTORPF 67, S. 21]. Sogar ein Anrösten der Rinde tödtet nicht immer alle in dem Stück befindlichen Käfer.

wie eine Beobachtung von Judeich [38 a, S. 256] beweist. So ist denn der
namentlich von Cogho [II a] lebhaft geführte Kampf gegen die Lehre, dass bereits
das Entrinden der Stämme mit nachfolgendem Liegenlassen der Brut in der
Sonne zur Tödtung wenigstens der Larven genüge — siehe auch weiter unten in
dem Abschnitte über Abwehr — ein vollberechtigter. Ob sein Widerspruch gegen
die Möglichkeit eines weiteren Ueberschwärmens des Borkenkäfers [II c] es gleichfalls sei, scheint uns jedoch sehr fraglich, umsomehr als immer wieder neue Mittheilungen hierüber kommen.

Schaden. Die achtzähnigen Fichten-Borkenkäfer sind Bestandsverderber, welche Althölzer von 80 bis 100 Jahren bevorzugen und am liebsten in ziemlicher Höhe anfliegen, um zuerst unter
der Krone ihr Brutgeschäft zu beginnen. Erst später werden allmählich auch die unteren Stammtheile befallen. Sie kommen aber
auch in Stöcken vor [Judeich 38 a, S. 76] und sind mitunter
auch in Fichtenästen gefunden worden, z. B. nach Judeich's Mittheilung durch v. Oppen auf Nassauer Revier im Erzgebirge [38 d].
Im allgemeinen gehen sie zunächst in kränkelndes Holz, welches
z. B. durch Schneebruch oder Feuer beschädigt, durch Windstösse
in den Wurzeln gelockert, durch Pilze befallen, oder schon primär
von anderen Insekten, namentlich von der Nonnenraupe befressen
worden ist. Da frisch geschlagene Stämme in ihrer Beschaffenheit
dem kränkelnden, stehenden Holze sehr ähnlich sind, nehmen sie
solche mit besonderer Vorliebe an und gehen auch gern in nicht zu
alte, aufbereitete Meterstösse. Entrindetes Holz nehmen sie nicht an.
Bei starker Vermehrung gehen sie aber auch an ganz gesundes
Holz, welches sie alsdann tödten, wie nach den übereinstimmenden
Beobachtungen der verschiedensten Forscher nicht nachdrücklich
genug immer wieder hervorgehoben zu werden verdient. Die Lieblingsplätze des Käfers sind warme und trockene Lagen, kleine Blössen
und Bestandsränder, natürlich gilt dies aber nur so lange, als keine
allzu starke Vermehrung stattfindet. In letzterem Falle überschwemmt
er alle erreichbaren Reviertheile. Er wurde auch schon, entgegen den
früheren Angaben von Ratzeburg, in sumpfigem Terrain gefunden,
so in Schlesien von Dommes [14]. Die Wirkung des Angriffes der
Borkenkäfer auf noch grüne Bäume ist nach der Jahreszeit verschieden. Dem Frühjahrsangriff, welcher den Nadeln den gipfelwärts
aufsteigenden Saft entzieht, folgt die Röthung der Nadeln schneller als
dem Sommerangriff. In dieser Zeit ist ja der Assimilationsprocess in
den Nadeln in vollem Gange. Dagegen werden die in den Nadeln
erzeugten, stammabwärts gehenden Nahrungssäfte bei Sommerfrass
von dem Baste abgehalten und es folgt daher der Rindenabfall
schneller, sodass Rindenabfall bei noch grüner Benadelung vorkommen
kann [Hess, XXI, 2. Aufl., S. 278 und 279].

Der erbitterte Streit über die Frage: Geht der Borkenkäfer nur kranke
oder auch gesunde Bäume an? ist so alt, als die Wahrnehmung, dass es „Wurmtrockniss" giebt. Wer sich für die ältere Literatur hierüber interessirt, möge die
betreffenden Abschnitte in Gmelin's 1787 erschienenem, ausführlichem Buche
nachlesen, in welchem der besonnene Mann schliesslich [25, S. 136] zu dem
Urtheile kommt, „dass die letztere Meinung mehr für sich hat als die erstere",

und dann fortfährt: „Wenn sie es aber auch nicht hat, so scheint es mir, solange wenigstens bis die entgegengesetzte Meinung noch nicht bis zur vollkommenen Gewissheit erwiesen ist, rathsamer, ein Verfahren ferner zu befolgen, durch welches man der Geschichte zufolge in ältern Zeiten den Wurm so oft bis zur Unschädlichkeit vermindert hat, als ein neues einzuführen, das sich auf eine so sehr widersprochene Meinung gründet. Und gesetzt auch, der Wurm falle nur kranke Bäume an, so stimmen doch alle Beobachter darin überein, dass diese Bäume, wenn sie der Wurm nicht angegriffen hätte, noch Jahre lang grün geblieben wären, und die meisten unter ihnen gutes brauchbares Holz behalten hätten, vielleicht sich wieder ganz erholt hätten, da sie hingegen, wenn sie der Borkenkäfer anbohrt, in wenigen Monaten unaufhaltbar so daraufgehen, dass, wenn sie nun nicht bald gefällt werden, auch ihr Holz ungemein an Güte verliert. Ist also jenes Verfahren in ältern Zeiten nicht auch aus dem Grunde rathsam, um jene kranken Bäume vor ihrem schnellen Verderben und Absterben in Sicherheit zu setzen, umsomehr, da es nach den Vertheidigern der ersten Meinung so äusserst schwer ist, kranke Bäume, ehe sie der Wurm anfällt, immer zuverlässig zu erkennen?"

Diese so richtigen Worte gelten unserer Ansicht nach noch heute völlig uneingeschränkt, und nur des historischen Interesses wegen führen wir an, dass sich auch bis auf den heutigen Tag lebhafte Vertheidiger der entgegengesetzten Meinung gefunden haben. Als Beispiele vernünftiger, sachlicher Besprechung der Frage seien die Arbeiten von BLONDEIN [7] rühmend hervorgehoben, während solche tolle Elaborate, wie die von BAROCH [3] und REVIEZKY [62] wohl nur als Curiositäten angeführt werden können. Auch der auf scheinbar wissenschaftlicher Grundlage unternommene Versuch von LINDEMANN [vgl. 28], nachzuweisen, dass der primäre Schaden den Bäumen durch Agaricus melleus zugefügt worden sei und die Borkenkäfer erst secundär zutreten, dürfte, trotzdem er in der forstlichen Tagesliteratur Beachtung gefunden hat, namentlich in Folge der liehtvollen Erwiderung durch SOBITSCHEWSKI als völlig abgethan anzusehen sein.

Geschichtliches. Die Berichte über das Vorkommen der Wurmtrockniss, auch Wurmfrass, Fichtenkrebs, Sohrung, Darre, Dürrwerden genannt, in Deutschland reichen ziemlich weit hinauf. In KREBEL's tabellarischer Uebersicht der Waldverheerungsgeschichte von 1449—1799 [47] ist die erste Wurmtrockniss im Harze 1649 angeführt und es folgen dann gleich die Jahre 1665 und 1677. 1681 bis 1691 wird im Harze das Uebel durch schleuniges Niederhauen und Verkohlen gedämpft, die Verheerungen wiederholen sich aber schnell und nehmen von 1703 an bedenklich zu, um eigentlich das ganze Jahrhundert hindurch in den mitteldeutschen Gebirgswäldern nicht mehr aufzuhören, trotzdem man 1707 mit rationeller Abwehr beginnt, nicht nur früher die bereits ganz dürren Stämme, sondern die „frische Trockniss", d. h. die noch mit Larven besetzten Bäume, zuerst haut und die Borke verbrennt.

Die Anschauungen über die Natur des Uebels waren damals noch sehr primitiver Natur; allerdings darf man es dem Pastor CHRISTIAN LEHMANN zu Scheibenberg im Erzgebirge, einem übrigens recht gescheiten Manne, der 1699 seinen bekannten „Historischen Schauplatz derer natürlichen Merkwürdigkeiten in dem Meissnischen Ober-Ertzgebirge" herausgab, nicht allzuhoch anrechnen, wenn er sagt: „Ich vermeine, man müsse diesem sonderlichen Siechthum unterschiedliche Ursachen beimessen, theils der *Sideration* (!) und giftigem Than, der auf die Wälder fällt und eine grosse Fäulniss verursacht, dass allerhand schädliches Ungeziefer und Gewürme zwischen der Rinde und Holtz wächset, sieh tieff in den Kern einfrisset und den balsamischen Saft vergiftet und verzehret. Wie dann viel Gewürme innerhalb der Rinde und des Holtzes gefunden wird und man *observiret*, dass die schwartzen Rosskäfer sich an das Gehöltze fest anhangen, mit dem Schwantz durch die Rinde bohren, und ihren Unrath hineinschmeissen. Daher grosse Maden mit schwartzen Köpffen wachsen, die sich tieff ins Holtz hineinfressen." Hat doch noch der Verfasser der „Grundsätze der Forstökonomie", W. S. MOSER 1757 nicht viel klarere Vorstellungen, trotzdem bereits R. F. VON FLEMMING in seines „Vollkommenen Teutschen Jägers anderem Haupttheil" 1724, S. 76 und 77, eine ganz verständige Schilderung der wirk-

lichen Entwickelung der Borkenkäferlarven giebt, die er allerdings durchaus als
secundär ansieht.

Aber erst gegen das Ende des 18. Jahrhunderts beginnt eine einigermassen mit unseren heutigen Anschauungen vergleichbare Auffassung der Natur
des „fliegenden schwarzen Wurmes", wie man damals den Borkenkäfer nannte,
platzzugreifen, im Zusammenhang mit der allgemeinen Hebung der entomologischen Kenntnisse, welche sich damals unter Linné'schem Einflusse vollzog.
Es erscheint nun eine Unmasse kleiner, nach unseren Begriffen mehr oder
weniger wunderbarer Schriftchen über den Borkenkäfer mit rohen Abbildungen
welche aber doch zur Klärung der Anschauungen beitrugen, und unter denen
einige besonders rühmlich hervorgehoben zu werden verdienen, z. B. die kleine
Broschüre des herzogl. Braunschweig-Lüneburgischen Oberforstmeisters von
Sierstorpff [67], während Gmelin's Abhandlung über die Wurmtrockniss ein
zusammenhängendes, gutes Bild des damaligen Zustandes der mitteldeutschen
Gebirgswälder, namentlich im „Communionharz" giebt. War doch hier allerdings
die Erscheinung so Besorgniss erregend, dass sie sich dem einsichtigen Beobachter geradezu gewaltsam aufdrängte. Seit 1772 nahm die Wurmtrockniss stark
überhand, erreichte 1781 bis 1783 den höchsten Grad und erlosch erst gegen
1787. Um einen Begriff von dem Umfang der Verheerung zu geben, genügt es
zu sagen, dass Gmelin [25, S. 67 bis 69] die Anzahl aller im Communionharz trocken gewordenen Stämme 1781: 182 451 Stück, 1782: 259 106 Stück betrug.
In letzterem Jahre allein waren daselbst 3359 Waldmorgen neu abgestorben,
und Ende 1786 betrug im Zellerfelder Forstdistrikte, der aus 5 Forsten bestand,
die Anzahl der in Trockniss auf dem Stamme stehenden und abgeborkt liegen
gebliebenen Stämme nicht weniger als 446 284 Stück, sodass man ganz gut
annehmen kann, dass im Ganzen durch diesen Frass gegen 3 Millionen Fichtenstämme vernichtet wurden. Eine solche Höhe erreichen dann die Frasse, welche
1795 bis 1798 im Voigtlande, 1818 und 1828 in der Provinz Preussen und 1835
bis 1836 in Württemberg wütheten [26 a, S. 124], nicht.

Von den neueren Frassen sind zwei besonders lehrreich, der Ost-
preussische in den Jahren 1857 bis 1858, beziehungsweise 1862, und der
im Böhmerwald in den Jahren 1871 bis 1875. Ersterer war ein secundärer
Frass, welcher dem dort seit 1854 auftretenden Nonnenfrasse, über den wir
noch später zu berichten haben werden, folgte. Wer die genaueren Daten
kennen lernen will, ist zu verweisen auf die gründlichsten Berichte, welche
Grunert [26 a] und Willkomm [75 a] gegeben haben. Hier genüge es zu sagen,
dass nach Grunert [26 a, S. 106 und 107] die Verwüstungen in dem Regierungsbezirk Gumbinnen von 1854 bis Ende 1862 sich folgendermassen stellten:

	Flächeninhalt in Morgen		Menge des abgestorbenen Holzes in Massen-klaftern à 70 Kubikfuss		
	der ganzen Reviere	der verwüs-teten Flächen	durch Raupenfass	durch Käferfrass	Summe
Staatsforsten	897 823	224 244	1 609 095	966 607	2 575 702
Privatforsten	237 350	59 000	225 000	452 500	677 500
	1 135 173	283 244	1 834 095	1 419 107	3 253 202

Hierbei ist zu berücksichtigen, dass nach Forstmeister Schulz der Raupenfrass dem Käferfrass gegenüber meist zu hoch angesprochen wurde. Von dem
abgestorbenen Holze waren bis October 1862 verwerthet 2 353 566 Klaftern Derb-
holz und ausserdem noch 154 470 Klaftern Stockholz und Reisig, die nebst jenem
Derbholze gewonnen worden waren; unverwerthet blieben zu jener Zeit noch

40 672 Klaftern aufbereitetes Holz. 858 964 Klaftern Holz auf dem Stamme, ausserdem an Stockholz 432 642 Klaftern und 1 396 997 Klaftern Reisig. Es wurde daher durch den nachfolgenden Borkenkäferfrass ziemlich ebensoviel Holz vernichtet wie durch den Raupenfrass.

Anders verhielt es sich mit dem grossen Borkenkäferfrass im Böhmerwald und im Bayerischen Wald. Hier waren grosse Wind- und Schneebrüche die erste Ursache. Der furchtbare Sturm, welcher am 7. December 1868 in ganz Mitteldeutschland, in Böhmen, Schlesien und Mähren hauste, hatte auch den Böhmerwald getroffen, so z. B. auf dem Kubany allein 100 Joch Urwald vernichtet und überall Borkenkäfergefahren heraufbeschworen, namentlich in Centralböhmen, wo ihm am 9. November desselben Jahres ein verheerender Schneesturm vorausgegangen war, welcher wohl 1 Million Klafter Holz, auf der 38 000 Joch grossen Domäne Zbirow allein 95 000 Klafter, geworfen und gebrochen hatte. Wäre es möglich gewesen, die mächtigen Bruchmassen rechtzeitig aufzuarbeiten, wie es anderwärts vielfach geschehen konnte, so wäre kaum die grosse Borkenkäferverheerung eingetreten. In der Hauptsache wurde man wohl erst 1870 damit fertig und die 1869 liegenden Bruchmassen bildeten die ersten Brutstätten für eine ungewöhnlich grosse Menge von Borkenkäfern. Zum Unglück traf nun die grossartig verwüstende, von Südwest nach Nordost laufende Sturm in der Nacht vom 26. zum 27. October 1870 den Böhmerwald, welcher viele Millionen Klaftern warf, die für den ohnehin massenhaft vorhandenen Borkenkäfer neue willkommene Brutwiegen boten. Die zur Verfügung stehenden Arbeitskräfte langten zu der schwierigen Aufarbeitung der haushoch aufgethürmten Bruchmassen nicht hin, und trotz wiederholter, rechtzeitiger Gesuche, welche namentlich, insoweit sie die Bitte um Gewährung von Militäraushilfe betrafen, anfänglich abschlägig beschieden wurden, entschloss sich die k. k. Staatsregierung erst 1873, also viel zu spät, mit Geldvorschüssen u. s. w. helfend einzuschreiten. Bei der in Folge von Arbeitermangel namentlich in den kleineren Privat- und Gemeindewaldungen, z. B. in Aussergefield, ungenügenden Bekämpfung in den Jahren 1871 und 1872 hatten sich von den älteren Herden aus die Käfer in geradezu entsetzlicher Weise vermehrt und fielen massenhaft auch gesunde Bäume und Bestände an. Hier war ihre Bekämpfung überdies noch durch das Vorhandensein ausgedehnter, im Zusammenhang liegender Komplexe von Althölzern wesentlich erschwert. Bei der durch Forstrath Swoboda 1873 unternommenen Bereisung des Böhmerwaldes [69] zeigte es sich, dass in den Bezirkshauptmannschaften Krumau, Prachatitz, Schüttenhofen und Klattau zusammen 104 100 ha Waldfläche befallen waren. Mit 1400 fremden aus Krain, Tirol u. s. w. zugezogenen und 7000 einheimischen Arbeitern wurden nun Gegenmassregeln energisch in Angriff genommen. Zur Herstellung der für die Abbringung der Hölzer nöthigen Strassen wurden vom böhmischen Landtage 100 000 fl. bewilligt und die gleiche Summe vom k. k. Ackerbauministerium vorschussweise gewährt. Auf den fürstlich Schwarzenberg'schen Herrschaften waren überdies durch Krainer und Tiroler Arbeiter mehrere ausgedehnte Holzriesen gebaut worden. Die Opfer, welche die Waldbesitzer selbst bringen mussten, lassen sich nicht beziffern; es sei hier nur erwähnt, dass allein auf den Domänen Krumau, Winterberg, Stubenbach, Gross-Zdikau und Bergreichenstein im Jahre 1873 auf einer Waldfläche von 51 800 ha 141 000 fl. an Vertilgungskosten aufgewendet werden mussten. Im Jahre 1875 konnte die Gefahr als überwunden angesehen werden. In den oben genannten vier Bezirkshauptmannschaften waren 104 100 ha Waldfläche befallen worden, 6 300 ha mussten davon kahl abgetrieben werden. Im Ganzen waren mehr als 300 000 Fangbäume gefällt worden, und die Aufbereitung der befallenen Hölzer, welche durch viele Tausend Arbeiter mit einem Lohnaufwande von 1 30 0 000 fl bewirkt wurde, ergab ungefähr 2 700 000 fm.

Werden die Verheerungen durch den Borkenkäfer von ihrem Beginn an bis Ende 1874 zusammengefasst, so ergeben sich nachstehende Ziffern [**80,** S. XCVII]: ·

Bis 1873	3 590	*ha*	Bestandsfläche mit	1 496 000 *fm*	Holzmasse,
im J. 1873	2 769·2 *ha*		„	„	1 069 200 *fm*	„
im J. 1874	2 652·8 *ha*		„	„	1 066 850 *fm*	„

Zusammen . . . . .   9 012·0 *ha* Bestandsfläche mit 3 632 050 *fm* Holzmasse, wozu im Böhmerwaldgebiete für 1875 noch weitere 2 176 *ha* mit 358 590 *fm* hinzukommen [**80**, S. XCIII].

Leider sind die Daten über diesen Borkenkäferfrass nicht so aktenmässig zusammengestellt wie die aus Ostpreussen, immerhin geben aber der Reisebericht von WILLKOMM [**75** *c*], der Bericht von SWOBODA [**69**] und einige andere Zeitungsberichte ein allgemeines Bild über die Verheerungen. Die neueste und genaueste Zusammenstellung des Bekanntgewordenen giebt J. BERNAT [**80**, S. XCIII—C]. Ueber den Verlauf des Frasses im Bayerischen Walde berichtet SCHWAPPACH [**66**] und über die gleichzeitig in Oesterreich-Schlesien stattgefundenen Borkenkäferschäden KARBASCH [**40**]. Eine Borkenkäferverwüstung im Gouvernement Moskau 1882/83 schildert neuerdings THÜRMER [**72**].

Einer der häufigsten Begleiter des Buchdruckers ist

der sechszähnige Fichten-Borkenkäfer,

Tomicus chalcographus L.,

welcher sich von jenem sofort durch seine geringere, nur bis 2 *mm* betragende Grösse und die langgestreckte Form des Flügeldeckeneindruckes auszeichnet, der jederseits am Rande mit drei, beim ♂ starken, beim ♀ schwachen Zähnen besetzt ist (Fig. 170). Die Frassfigur ist ein typischer Sterngang mit geschwungenen, schmalen Armen, dessen Rammelkammer fast immer in der Rinde verborgen bleibt (Fig. 171).

Fig. 170. Flügeldeckenabsturz von ♂ und ♀ von T. chalcographus L.

Beschreibung: Tomicus chalcographus L. *Käfer* walzenförmig, pechschwarz oder pechbraun, fettglänzend, fast unbehaart, hintere Hälfte der Flügeldecken heller gefärbt. Vorderbrust ohne Fortsatz zwischen den Hüften. Fühlerkenie rund mit fast geraden, etwas welligen Nähten. Halsschild etwas länger als breit, nach vorn verschmälert, in der Mitte auf der Scheibe beiderseits quer eingedrückt, vorn gekörnt, hinten fein und weitläufig punktirt, die Mittellinie und ein nicht ganz deutlicher Fleck beiderseits glatt. Flügeldecken länger als das Halsschild, vorn bis gegen die Mitte sehr fein punktirt-gestreift, mit glatten Zwischenräumen, hinter der Mitte glatt. Der Nahtstreifen vorn nicht vertieft, etwa von der Mitte an eine schräge, nach hinten breiter werdende, tiefe, glatte Furche bildend, in welcher die Nath erhaben hervortritt; die Ränder des Absturzes jederseits mit drei an der Spitze dunkler gefärbten Zähnchen, die beim ♂ scharf und etwas nach oben und innen gerichtet sind und von denen der oberste fast in der Mitte der Flügeldecken liegt; Stirn des ♂ gewölbt. ♀ mit drei viel schwächeren Zähnchen, welche etwas weiter nach hinten gerückt sind, der Absturz ist weniger tief und breit gefurcht; Stirn ausgehöhlt. Vorderschienen nach vorn nicht erweitert. Länge 1·5—2 *mm*.

Lebensweise. Die Frassfigur von T. chalcographus L. ist ein typischer Sterngang, bei welchem eine grössere Anzahl nur 1 mm breiter, geschwungener, deutlich radiär auseinander tretender Muttergänge, welche sowohl Rinde als Splint furchen, von einer grösseren, aber meist in der Rinde liegenden Rammelkammer ausgehen. Schält man daher ein Stück Rinde sauber ab, so sieht man weder auf der Rinden- noch auf der Holzfläche die Rammelkammer, sodass also die Muttergänge getrennt voneinander zu entspringen scheinen. Die verhältnissmässig kurzen Larvengänge stehen sehr dicht nebeneinander. Die Puppenwiegen liegen in der Rinde.

Der gewöhnliche Brutbaum ist auch für den „Kupferstecher" die gemeine Fichte, Picea excelsa Link, welcher er in ihrer geographischen Verbreitung bis nach Skandinavien und zum Ural folgt [V, 1, S. 191]. Er soll aber auch in Tannen vorkommen, wie schon Ratzeburg erwähnt und Nördlinger [XXIV, S. 31] bestätigt, der ihn auch aus der gemeinen Kiefer, der Weymouthskiefer, der Arve und der Lärche kennt.

A   B

Fig. 171. Frass von Tomicus chalcographus L. in Fichte. A. Stammabschnitt in 1/2 nat. Grösse. B. Rindenstück in 2/3 nat. Grösse. Originale.

Wie es sich mit dem schon von Ratzeburg [XV, I, S. 98] erwähnten Vorkommen im Knieholz des Riesengebirges und mit dem von Altum nach Henschel berichteten Vorkommen in der Steierischen Legföhre verhält, und ob hier nicht eine Verwechselung mit T. bistridentatus Eichh. vorliegt, ist augenblicklich nicht zu entscheiden. Nach Meier [51] ist er im Solling auch an Schwarzkiefer vorgekommen und nach Regel [vgl. 45, S. 259] hat er in den Anlagen bei St. Petersburg auch Abies Pichta Forb. (Sibirica Ledeb.) befallen.

Ueber die Generation dieses Spätschwärmers, dessen Flugzeit gewöhnlich mit der von T. typographus L. zusammenfällt, oh-

gleich er nach PAULY]82] weniger wärmebedürftig ist, ist dasselbe zu
bemerken, wie bei diesem seinen Verwandten. Während dieselbe
früher durchgängig als einjährig angegeben wurde, bricht sich allmählich die Ueberzeugung Bahn, dass sie in Lagen mit gemäs-
sigtem Klima wohl doppelt sein dürfte. Dies gieht nach exacten
Versuchen in der allerneuesten Zeit sogar PAULY zu, der sonst ein
energischer Verfechter der Anschauung ist, dass im Durchschnitt
unsere Borkenkäfer nur eine einfache Generation haben. Zugleich
zeigt dieser Forscher aber auch, wie stark die Temperaturverhältnisse die Entwickelungsdauer unseres Käfers beeinflussen.

Schaden. Der Käfer bevorzugt im Gegensatz zu T. typographus
L. die dünnere Rinde und nimmt daher in älteren Beständen mit
Vorliebe die oberen Stammtheile und die Aeste an, obgleich er
mitunter auch starke Fichten von oben bis unten besetzt [V, 1,
S. 192]. Wenn er sich noch nicht allzu sehr vermehrt hat, befällt
er aber hauptsächlich kränkelnde oder durch Schneedruck beschädigte
Stangenorte. Späterhin geht er an die Aeste älterer Bäume und wird
im Allgemeinen für sich allein nur selten in ausgedehntem Masse
schädlich, betheiligt sich aber an dem Frasse des T. typographus L.
in den von diesem mehr gemiedenen, dünnborkigen Theilen so stark
und ergänzt dessen verderbliche Thätigkeit so erfolgreich, oder
arbeitet ihr sogar häufig vor, dass er zu den sehr schädlichen
Borkenkäfern zu rechnen ist. Von grösseren Schäden in jüngeren
Dickungen kennen wir nur den von HENSCHEL [32 b] aus Steiermark
berichteten Fall, im Salzathal in Steiermark, in einer 8- bis 12jährigen,
durch Aecidium abietinum geschädigten Fichtendickung. Die erste
sichere Erwähnung eines Schadens geschieht in der forstlichen Literatur durch v. SIERSTORPFF 1794 aus dem Harze, wo man diesen
Käfer damals „Astkäfer" nannte [67, S. 56 bis 58]. Er wird seitdem
bei jeder grösseren Wurmtrockniss als Mitarbeiter erwähnt, so z. B.
in Ostpreussen durch AHLEMANN [1 b, S. 96], wo auffallenderweise
der Käfer nur bei dem ersten Anfluge des T. typographus L. betheiligt war, und in Böhmen von FLEISCHER [17, S. 29].

Nicht minder häufiger erscheint namentlich in schwächeren
Fichten

der doppeläugige Fichten-Bastkäfer,

Hylesinus poligraphus L.,

welcher etwas grösser wie T. chalcographus und als Käfer sehr leicht
an den deutlich getheilten Augen, der soliden, zugespitzten Fühlerkeule, der reifartigen Beschuppung und der schon bei Lupenvergrösserung sichtbaren cylindrischen, nicht herzförmigen, Bildung des
dritten Fussgliedes zu erkennen ist. Seine meist in der Rinde
verlaufenden Frassgänge, welche, wenn gut ausgebildet, doppelarmige Wagegänge darstellen (Fig. 172 B), sind dagegen nur selten
klar und auf der Innenseite der Rinde wie auf dem Holze kann

man meist nur die alsdann zusammenhanglos erscheinenden Enden der Larvengänge (Fig. 172 A) erkennen.

Beschreibung: Hyl. (Polygraphus) poligraphus L. (*pubescens* BACH). *Käfer* länglich, schwarzbraun, mit Schuppenhaaren ziemlich dicht bedeckt. Halsschild nach vorn stark verengt, an der Spitze leicht eingeschnürt, kürzer als an der Basis breit, oben fein und dicht punktirt, mit feiner, erhabener Mittellinie. Flügeldecken mit aufstehendem, fein gezähneltem Wurzelrande, sehr fein undeutlich punktirt-gestreift; die breiten Zwischenräume feinkörnig, durch die Beschuppung reifartig rauh erscheinend. Kopf und der sehr kurze, etwas eingedrückte Rüssel sehr feinkörnig punktirt. ♂ mit gelblich behaarter Stirn und beiderseits schwach gefurchtem Absturz der Flügeldecken. ♀ mit dünn behaarter, auf der Mitte mit zwei Höckerchen besetzter Stirn und einfach gewölbtem Absturz. Länge 2—2·5 *mm*.

Wir behalten hier vorläufig noch diese eine Art bei, können aber nicht umhin zu erwähnen, dass dieselbe nach Schwedischen Exemplaren neuerdings von THOMSON in drei Arten getrennt wurde, den eigentlichen *P. pubescens* BACH, den *P. punctifrons* THOMS. und den *P. subopacus* THOMS. [70, S. XI]. Inwiefern sich diese Arten halten lassen und ob sie biologische Unterschiede zeigen, konnten wir noch nicht feststellen; dagegen können wir bestätigen, dass die vierte, neuerdings von THOMSON aufgestellte Art [70, S. LXI], P. grandiclava, eine gute Art ist, welche sich von dem *P. pubescens* BACH durch bedeutendere Grösse, im Allgemeinen viel dunklere Färbung, schwarzbraune Beine mit helleren Tarsen und ausgesprochen hellgelbe Fühler mit sehr grosser, eiförmig zugespitzter Keule deutlich unterscheidet.

Lebensweise. RATZEBURG beschreibt [V, 1, S. 223] die Frassfigur dieses Käfers ausgezeichnet: „Seine Gänge sind zweiarmige Wagegänge. Wenn sie auch nicht immer vollkommen wagerecht laufen, so sind sie doch nie ganz lothrecht. Meist sind sie stark geschlängelt, beide von einer grossen Rammelkammer abgehende Arme messen 2·5—4 *cm* und sind fast 1·8 *mm* breit. Die mehr oder weniger lothrechten Larvengänge zerstören den Bast in hohem Grade. Sehr oberflächliche Splintwiegen." Diese Schilderung können wir im allgemeinen nach ganz vorzüglichen Präparaten, die wir vom königlich Sächsischen Staatsforstrevier Colditz erhielten, völlig bestätigen, müssen aber hinzufügen, dass mitunter nur ein einziger, in anderen Fällen aber auch mehr, 3—5, Arme vorhanden sein und auch etwas länger werden können. Die hervorragendste Eigenthümlichkeit des Frasses besteht darin, dass in beiweitem den meisten Fällen Rammelkammer und Muttergänge das Holz nicht furchen und der Anfang der Larvengänge völlig innerhalb der Rinde verborgen liegt. Auf der geschälten Holzfläche sieht man daher stets nur die Enden der Larvengänge und die Puppenwiegen, höchstens hie und da einmal die Andeutung eines Mutterganges (Fig. 172 *A* bei *a*), während auf der Innenseite der Rinde ausserdem noch die bis auf das Holz gehende Rammelkammer und die Muttergänge sichtbar sind. Vollständig, wie auf Fig. 172 *B* dargestellt, übersieht man die Frassfigur nur dann, wenn man sorgfältig die äussere Hälfte der Rinde mit dem Messer abträgt. In schwächerem Materiale wird die Frassfigur unregelmässiger und nähert sich mehr der Sterngangform [**XXIV**, S. 24, untere Abbildung]. In stark besetzten Stangen wird die ganze Bastschicht so durchfressen,

dass man gar kein deutliches Bild erhält, und in dieser Form kommt
der Frass in der forstlichen Praxis am häufigsten vor.

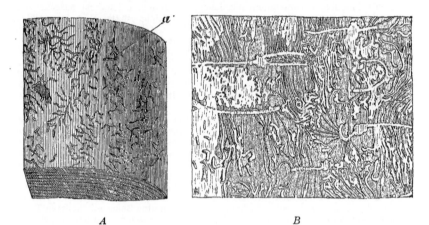

A   B

Fig. 172. A. Fichtenholz mit Larvengang-Enden, Puppenwiegen und Muttergang (a)
von Hylesinus poligraphus L.   B. Ausgebildete Frassgänge desselben Käfers
in Fichte durch Abtragung der oberen Rindenschicht blossgelegt.   Beide
$^1/_2$ nat. Grösse. Originalzeichnungen.

Der gewöhnliche Brutbaum des H. poligraphus L. ist die
gemeine Fichte. Ausserdem ist er von Nördlinger [XXIV, S. 24]
in Kiefernästen, in Weymouthskiefernästen und im „exotischen"
Garten zu Tübingen in Zirbelkiefer gefunden worden. Letzteres Vorkommen im Hochgebirge bestätigt Henschel [32 e, S. 536]. Heeger
fand ihn im Park von Laxenburg bei Wien auch in Weisstannen
[31, S. 538]. Einen neuen Fall von vereinzeltem Vorkommen in Kiefern,
die in einem befallenen Fichtenhorst eingesprengt waren, berichtet
Thum [71].

Die Angabe von Nördlinger, dass dieser Käfer auch in Kirschbaum vorkommt, eine Beobachtung, welche auch von Judeich nach einem Funde zu
Herzogswalde in der Nähe von Tharand bestätigt wurde, ist zwar insoweit
richtig, als es sich hier um einen Polygraphus handelt; indessen konnte neuerdings wenigstens für den zweiten Fall constatirt werden, dass dies nicht der
Polygraphus pubescens Bach sei, sondern vielmehr der neue P. grandiclava
Thoms. (vgl. S. 519).

Hyl. poligraphus L. ist ein Spätschwärmer, der zuerst Ende
April oder im Mai schwärmt. Seine Generation wird von Stein
[68 a, S. 254] als „anderthalbig" angegeben. Alle neueren Angaben
stimmen dagegen überein, dass dieselbe unter normalen Verhältnissen
in mittlerem Klima wenigstens eine doppelte ist [37, S. 443 und 71,
S. 25 und 15 a, S. 124], und dass häufig noch im Herbst zu einer
dritten Eiablage geschritten wird.

Mittheilungen über Schaden von H. poligraphus L. finden sich
in der Literatur zahlreich; eine der älteren ist die von STEIN [68 a,
S. 250 ff.], dass auf dem damaligen Herrndorfer, jetzigen Grillen-
burger Reviere bei Tharand die Bäume eines 20—40jährigen Fichtenbestandes in ihren unteren Theilen stark von ihm angegriffen worden
seien, während die oberen Theile von H. palliatus GYLL. bewohnt wurden.
Doch musste der Käferfrass hier nur als secundär angesehen werden.
DÖBNER [13] berichtet über einen verderblichen Frass an stärkeren und
schwächeren Fichten im Schönbusch bei Aschaffenburg aus den Jahren
1859 und 1860; sogar Fichten von „mehreren Fuss Durchmesser"
hatte der Käfer getödtet. Einen Fall, dass 82 Stämme von 14—42 cm
Brusthöhendurchmesser eines in einem Buchenbestand eingesprengten
Fichtenhorstes von ihm getödtet worden seien, berichtet 1877 A.
JOSEPH aus dem Oberhessischen Revier Nidda [37]. AHLEMANN theilt
ferner mit, dass in der Oberförsterei Guttstadt H. poligraphus im
Gefolge von T. typographus in grosser Menge zunächst in den
Aesten aufgetreten ist und sich dann so vermehrt hat, dass er selbstständig. ohne Mithilfe des T. typographus, starke Fichten in erkleck-
licher Menge getödtet habe [1 a, S. 53]. In der Gegend von Laubach
in Hessen verwüstete er 1884 in Verbindung mit T. Abietis RATZ.
die Hälfte eines 3·5 ha grossen, 30jährigen Fichtenbestandes, und war
in den höheren Fichtenlagen des Vogelsberges, wo er auch ältere
Fichten anging, häufig [71]. Auf Tharander Wald ist er wiederholt
sehr schädlich aufgetreten, und zwar theils allein, theils als Begleiter
anderer Borkenkäfer. An dem furchtbaren Borkenkäferfrass, welcher
im Böhmerwalde wüthete, ist er ebenfalls, wenn auch untergeordnet,
betheiligt gewesen, desgleichen an dem Ostpreussischen Frasse, bei dem
er aber, im Gegensatz zu Tomicus chalcographus L., meist nur den
zweiten Flug des T. typographus L. begleitete [1 b, S. 96]. In den
Siebzigerjahren hat er bei Tharand, namentlich im breiten Grunde
auch horstweise in 15—20jährigen Fichtendickungen stark geschadet.

Zu den häufigsten Erscheinungen in allen Fichtenrevieren gehört
ferner

der braune Fichten-Bastkäfer,

Hylesinus palliatus GYLL.,

welcher, 3 mm lang, den H. poligraphus L. etwas an Grösse übertrifft und sich von ihm durch die einfachen Augen, das herzförmige
dritte Fussglied und die feine Behaarung der Flügeldecken unterscheidet. Seine Frassfigur besteht aus einem kurzen Lothgange mit
langen, meist in der Rinde verlaufenden Larvengängen, welche aber
oft so dicht gedrängt sind, dass die ganze Innenseite der Rinde in
Mulm verwandelt erscheint.

Beschreibung: H. (Hylastes) palliatus GYLL. *Käfer* länglich,
etwas glänzend, Unterseite, Kopf, Rüssel und Seitenränder der Flügeldecken
schwarz oder schwarzbraun, Oberseite des Halsschildes und Flügeldecken braunroth, niemals schwarz. Halsschild etwas breiter als lang, nach vorn verengt, vor

der Spitze eingeschnürt, nach der Basis kaum verschmälert, oben sehr dicht
runzelig punktirt, mit erhabener, vorn abgekürzter, glatter Mittellinie. Flügeldecken an der Basis einzeln abgerundet, mit nach hinten etwas tiefer werdenden
Punktstreifen, Zwischenräume kaum breiter als letztere, körnig punktirt, mit
kleinen Höckerchen und sehr feinen, reihig gestellten Härchen, gegen die Spitze
mit feinen, gelblichen Schüppchen. Kopf fein und dicht punktirt. Rüssel von der
Stirn durch einen flachen, halbkreisförmigen Eindruck, der indessen manchmal
fehlt, geschieden, an der Spitze mit erhabener, feiner Längslinie, zu beiden Seiten
derselben leicht eingedrückt. Fühler und Beine braunroth, Keule und Schenkel
etwas dunkler. Erstes Glied der Fühlerkeule gross, die folgenden klein. Drittes
Fussglied wenig breiter als die beiden ersten, zweilappig. Länge 3 *mm*.

Lebensweise. Seine Frassfigur ist, da der Käfer meist dicht-
gedrängt in Massen brütet, gewöhnlich sehr wenig charakteristisch ausgebildet. Die Larven verwandeln dann die ganze Bastschicht in
Mulm. Wo er aber nur vereinzelt frisst, sieht man, dass, wie Henschel
[XII, 2. Aufl., S. 43] gut beschreibt, seine „lothrechten Muttergänge
sehr kurz sind, nur 1·5 *cm* bis höchstens 5 *cm* lang, oft sehr unregelmässige Einschnürungen und Erweiterungen haben und so ein darm-
ähnliches Aussehen erhalten. Stellenweise erscheinen sie nicht selten
gabelförmig getheilt. Die Larvengänge sind auffallend lang, nicht
überzahlreich, laufen unregelmässig, sich oft durchkreuzend, in der
Regel Widergänge oder Verästelungen bildend". Eichhoff [15 *a*, S. 94]
bemerkt ausserdem sehr richtig, dass der Anfang der einarmigen
Muttergänge meist stiefelförmig gekrümmt ist. Die Larvengänge verlaufen in der Regel deutlich in der Längsrichtung des Stammes oder
des Astes. Ausserdem wurden von Eichhoff auch abnorme, geweih-
artige Muttergangformen gefunden, von denen keine oder nur sehr
wenig Larvengänge entsprangen.

Sein normaler Brutbaum ist die Fichte, ausserdem kommt
er häufig auch in Kiefer und Weisstanne vor, desgleichen, wie
schon Ratzeburg wusste, in Lärche [V, 1, S. 221].

Nördlinger [XXIV, S. 22] kennt ihn aus Weymouthskiefer und Seekiefer; in letzterer Holzart hat ihn auch Perris [58, S. 226] wenngleich selten
gefunden, und Altum [XVI. III. 1, S. 267] erwähnt ihn ausserdem aus Pinie,
Henschel aus Zirbelkiefer [32 *e*, S. 536] und Eichhoff [15 *a*, S. 93] aus
Schwarzkiefer.

Der Käfer ist in ganz Europa häufig, von Sibirien bis an
den Atlantischen Ocean, vom Mittelmeer bis nach Lappland verbreitet
und kommt nach Eichhoff sogar in Nordamerika vor [15 *a*, S. 92].
Er ist ein Frühschwärmer, der schon fliegt, wenn noch Schnee
liegt [V, 1, S. 221]. Seine Generation wird von Perris ausdrücklich
als einjährig angegeben; dagegen meint Eichhoff, dass gewöhnlich
eine doppelte Generation vorkommt und die im Herbst ausgebildeten
Käfer der zweiten in der Bodendecke und in Rindenritzen überwintern. Ratzeburg fand ihn im Winter sogar unter Buchenrinde.
Ausnahmsweise überwintern aber auch Larven und Puppen.

Der Käfer befällt am liebsten starkrindiges Material, sowohl
stehendes als geschlagenes. In ersterem kommt er vielfach nur
secundär vor, in letzterem bevorzugt er im Schatten stehende, feuchte

Meterstösse, oder dort lagernde Stämme und Klötzer, sowie Stockholz. Bei jedem grossen Borkenkäferfrass ist er zahlreich mitbetheiligt, und er gehört in jedem Nadelholzwalde zu den gemeinsten Insekten. Im allgemeinen wird er aber jetzt kaum noch unter die sehr schädlichen Käfer gerechnet. Aeltere Autoren sind dagegen anderer Meinung. Wenn wirklich der *Bostrichus abietiperda* BECHSTEIN's [II, 187], wie RATZEBURG wohl mit Recht vermuthet, unser Käfer ist, so hat er Anfang des Jahrhunderts in den Rudolstädter Tannenwaldungen 60·—80jährige Bäume zum Eingehen gebracht. Auch KELLNER ist geneigt, ihn zu den sehr schädlichen Käfern zu rechnen.

STEIN [68 *a*, 1] berichtet, dass er selbst den Käfer nur im Klafterholz gefunden und, auch in der Nähe solcher befallener Klaftern, nicht in kranken Bäumen; dagegen meldete ihm Förster MÜLLER, dass in einem frischesten und gesundesten Theile des Bermsgrüner Revieres auf einer mit 150 Stämmen bestandenen Fläche der Käfer 85 Stämme derartig angegangen hatte, dass trotz noch grüner Benadelung deren Eingehen unvermeidlich schien. STEIN erwähnt ferner [68 *a*, 5] vom Herrndorfer Revier, dass daselbst H. palliatus und H. poligraphus in 20·—40jährigen, stehenden, vorher kranken Fichten vorgekommen sei, und zwar unten H. poligraphus, oben H. palliatus

Auf jeden Fall ist H. palliatus höchstens in Fichten- und Weisstannenbeständen beachtenswerth. Für Kieferreviere hält ihn ALTUM [XVI, III, 1, S. 267] kaum für merklich schädlich, dagegen berichtet er, dass er in den Harzforsten bei Wernigerode 1876 die Neubildung von Wipfeln durch Bajonettbildung an durch Schneebruch geschädigten Stämmen verhindert habe. Auch in dem kaiserlichen Park zu Bjelostok, Gouvernement Grodnow, soll er 2000 Bäume getödtet haben [45, S. 243].

Mehr als Gebirgsthier tritt auf:

Hylesinus glabratus ZETT.

Dieser im Allgemeinen seltenere Schädling ist vor allen anderen in Frage kommenden Formen durch die bis 5 *mm* steigende Länge unterschieden. Auch seine aus verhältnissmässig kurzen, geschwungenen Lothgängen und langen, in grossen Puppenwiegen endenden Larvengängen bestehende, unregelmässige Frassfigur ist an der Stärke ihrer Gänge leicht unterscheidbar.

Beschreibung: H. (Hylastes) glabratus ZETT. (*decumanus* L.). *Käfer* länglich, pechbraun. Halsschild nicht länger als in der Mitte breit, nach vorn stark verengt, vor der Spitze etwas eingeschnürt, nach der Basis verschmälert, oben tief und sehr dicht punktirt, mit einer gewöhnlich deutlichen, glatten, etwas erhabenen Mittellinie. Flügeldecken an der Basis einzeln abgerundet, vorn etwas schwächer, nach hinten stärker tief punktirt-gestreift, Zwischenräume breiter als die Punktstreifen, körnig punktirt, nach hinten mit kleinen Höckerchen und Schuppen. Rüssel von der Stirn durch eine halbkreisförmige, eingedrückte Linie geschieden, an der Spitze mit erhabener Längslinie, zu beiden Seiten derselben leicht eingedrückt. Kopf fein und dicht punktirt. Fühler mit Ausnahme der dunkeln Keule braunroth, ebenso die Füsse. Erstes Glied der Fühlerkeule gross, die folgenden klein. Drittes Fussglied wenig breiter als die beiden ersten, herzförmig, fast zweilappig. Länge 4·5—5 mm.

Lebensweise und Bedeutung. Die Frassfigur dieses Käfers ist, wie bereits die Kürze der wenigen, höchst unbestimmten Schilderungen errathen lässt, eine wenig scharf ausgeprägte. Die uns vorliegenden Exemplare von dem königlich Sächsischen Staatsforstreviere Brunndöbra, die wir Forstingenieur Lehmann verdanken, finden sich an 6—7 cm starken Fichtenstangen und sind mehrfach geschwungene Lothgänge von 5—8 cm Länge und 3 mm Breite, welche mit einer unregelmässigen Erweiterung beginnen. Die sehr wirr von ihnen abgehenden Larvengänge furchen den Splint nur stellenweise, und zwar besonders an ihren Enden, vor den zur Hälfte in den Splint eingreifenden, 7—9 mm langen Puppenwiegen.

Sein Brutbaum scheint fast ausschliesslich die Fichte zu sein. Nur Henschel [32 d, S. 10] berichtet, dass er in Steiermark auch iu Zirbelkiefern brüte, bis 2000 m Meereshöhe. Sein Vorkommen ist aus ganz Nord- und Mitteleuropa bekannt, ja auch in Sibirien und Nordamerika soll er gefunden worden sein [Eichhoff 15 a, S. 92]. Jedenfalls scheint er vorzugsweise Gebirgsthier zu sein. Ueber seine Generation wissen wir so gut wie gar nichts. Die ältesten Angaben, die sich auf seine Forstschädlichkeit beziehen, sind die von Ratzeburg in der ersten Auflage seiner Forstinsekten [V, I. Nachtrag, S. 50]: „Nach Herrn Burkhardt zerstörte er im Jahre 1838 theils mit H. palliatus Gyll. zusammen, theils allein eine erhebliche Anzahl guter Stämme." Kellner [42 c, S. 422] rechnet ihn im Thüringer Walde mit T. typographus L. und T. amitinus Eichh. zu den „schädlichsten Fichtenborkenkäfern", gibt aber an, dass der in den Zwanzigerjahren in den Hochlagen des Thüringer Waldes noch sehr häufige Käfer nunmehr in Folge rationeller Vorbeugungsmassregeln sehr selten geworden sei. Seine Flugzeit fällt dort in den Mai. Auch bei dem grossen Borkenkäferfrass in Böhmen fand er sich zahlreich ein [17, S. 35].

Gleichfalls häufig und bei stärkerem Frass als Begleiter der vorgenannten Arten in den oberen Stammtheilen auftretend, unter gewöhnlichen Verhältnissen aber mehr Verderber in älteren Kulturen und Stangenhölzern, ist

der furchenflüglige Fichten-Borkenkäfer,

Tomicus micrographus Gyll.,

der in unserer Fauna auch noch einige nähere, aber unwichtige Verwandte hat. Der sehr kleine, nur bis 1·5 mm lange Käfer, welcher hinten auf dem Flügeldeckenabsturze nur längs der Naht einen furchenartigen, nicht mit Zähnen besetzten Eindruck hat (Fig. 173A), und dessen ♀ durch eine goldgelbe Stirnbürste leicht kenntlich ist, zeichnet sich dadurch aus, dass seine Frassfiguren, weiche typische, mehrarmige Sterngänge darstellen, in allen Theilen, besonders aber was die Rammelkammer und die Muttergänge betrifft, sehr tief in das Holz geschnitten sind (Fig. 174).

Beschreibung: Tomicus (Pityophthorus) micrographus GYLL. (*pityographus* RATZ.) *Käfer* langgestreckt, walzenförmig, pechbraun, etwas glänzend, fein und sparsam greis behaart. Halsschild länger als breit, wenig nach vorn verschmälert, kaum eingeschnürt, vorn auf der Scheibe mit concentrisch geordneten Höckerchen besetzt. hinten zerstreut, sehr fein punktirt. Flügeldecken fein punktirt-gestreift, die Stärke der Punkte bei verschiedenen Exemplaren verschieden, hinter der Mitte neben der Naht beiderseits mit flacher, glatter Furche, deren Seitenkanten und Naht gleichmässig erhöht und mit einer Reihe feiner, mehr oder weniger deutlicher, borstentragender Höckerchen besetzt. Die Furche selbst ist bei manchen Exemplaren stärker vertieft als bei anderen. Die Spitze der Naht springt stumpf vor. ♀ mit einem goldgelben Haarbüschel auf der Stirn. Die frühere Annahme, dass das ♂ die Stirnbürste trüge, ist eine irrige. Fühler und Beine bräunlichgelb. Länge 1·2—1·5 *mm*.

A   *B*

Fig. 173. Flügeldeckenabsturz der ♂♂ *A* von Tomicus micrographus GYLL. und *B* von T. macrographus SCHREIN.

Lebensweise. Die Frassfigur dieses Käfers ist ein deutlicher Sterngang, bei welchem von einer tief in den Splint eingefressenen Rammelkammer 4—7, mehr oder weniger geschwungene, mit mässig dicht gestellten Eiergrübchen besetzte Muttergänge von 2—5 *cm* Länge und 0·5—0 7 *mm* Breite abgehen. Obgleich auch auf der Rinde deutlich sichtbar, sind sie doch stets besonders tief in das Holz eingeschnitten und mit ganz scharfen Rändern versehen. Die Muttergänge gehen, namentlich in mittelstarkem Materiale, nicht regelmässig, radspeichenartig auseinander, sondern haben mehr das Bestreben, sich querzurichten (Fig. 174 *A*), während die von den Eiergrübchen entspringenden Larvengänge, soweit die Larven nicht gezwungen sind, den Muttergängen oder früheren Larvengängen auszuweichen, der Längsrichtung des Baumes folgen, und wenn sie so nicht weiter können, wohl auch einmal direkt umkehren. Die Puppenlager sind längsgestellte Rindenwiegen.

Der gewöhnliche Brutbaum des Käfers ist die gemeine Fichte. Er kommt aber auch, wenngleich seltener, in Kiefer, sowie nach NÖRDLINGER in Weymouthskiefer [**XXIV**, S. 35] und Tanne vor, und ist sogar einmal im Tharander Forstgarten in einer Schierlingstanne, Tsuga Canadensis CARR., gefunden worden. Er bevorzugt schwaches Material, Stangen und jüngere Pflanzen von 6—8 Jahren an. Namentlich in Stangen stehen dann seine Gänge ungemein dicht gedrängt. Von RIEGEL ist er aber selbst in 15 *cm* starken Fichten gefunden worden [**XXIV**, S. 35]. Auch Fichtenreisig, Hexenbesen und ausgerissene, jüngere Fichtenpflanzen geht er an [15 a, S. 199 und 200]. Er kann horstweise in Fichtenkulturen Schaden anrichten.

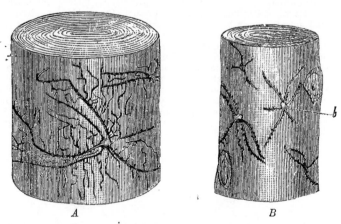

A						B

Fig. 174. Frass von Tomicus micrographus GYLL. *A* in Fichte mit ausgebildeten Larvengängen, *B* Schierlingstanne, Tsuga Canadensis CABR., mit blossen Eiergrübchen. ¹/₂ nat. Grösse.

Nur der Vollständigkeit wegen führen wir noch an: T. (Pityophthorus) macrographus SCHREIN., glabratus EICHH. und Lichtensteinii RATZ., welche dem micrographus GYLL. sehr ähnlich sind. Ersterer unterscheidet sich von ihm namentlich durch eine tiefere Furche am Flügeldeckenabsturz, auf welchem die Naht oben weniger über die scharf wulstigen Seitenränder hervorragt, nach hinten aber erhabener wird und deutlich über erstere hinaustritt (Fig. 173 *B*); der Nahtwinkel springt spitzig vor; Flügeldecken meist etwas stärker punktirt; Länge 1·5—2 mm. Oh RATZEBURG's *Bostr. exsculptus* mit dieser Art gleichbedeutend, ist fraglich. T. glabratus EICHH. und T. Lichtensteinii RATZ. unterscheiden sich von T. micrographus durch abgerundeten Nahtwinkel, unter sich dadurch, dass die Höckerchen auf Naht und Seitenrändern der Furche am Absturz bei T. Lichtensteinii deutlich sind, bei T. glabratus fehlen oder wenigstens undeutlich bleiben, namentlich aber dadurch, dass das Halsschild bei ersterem nach vorn nur mässig, bei T. glabratus dagegen stark verengt und ausserdem vor der Mitte deutlich eingeschnürt ist.

Forstliche Bedeutung hat wohl keine dieser Arten, weder die Kiefern bewohnenden T. Lichtensteinii und T. glabratus, noch der bei uns in Fichtenästen brütende, seltene T. macrographus, welcher sich besonders durch seine Frassfigur charakterisirt. Diese stellt ausgesprochene, oft sehr lange, tief eingeschnittene Längsgänge dar, von denen nur sparsamst lange Larvengänge abgehen. Der Frass wurde zuerst durch SCHREINER [15 a, S. 202] an einem dünnrindigen, schwachen Fichtenstamme gefunden. Zu Tharand kennen wir den Käfer nur aus schwachen Aesten; hier sind die Muttergänge ganz besonders lang und verlaufen mitunter von einer Rammelkammer zur anderen.

Zu den recht häufig in schwächerem Fichtenmateriale vorkommenden Käfern gehören noch: T. (Cryphalus) Abietis RATZ. und T. asperatus RATZ. Sie sind dem T. Piceae (vergl. S. 492) an Gestalt und Grösse ähnlich, unterscheiden sich von ihm aber durch den gänzlichen Mangel an aufgerichteten, langen Haaren auf den Flügeldecken. Letztere sind bei T. Abietis einfarbig dunkelbraun und wenigstens vor der Mitte deutlich fein punktirt-gestreift, während T. asperatus fast unpunktirte, an der Spitze stets heller gefärbte Flügeldecken hat. Dass sie zusammen vielleicht nur eine Art bilden, scheint immerhin möglich. Länge 1·7—2 *mm.*

Lebensweise. Die Frassfigur beider Arten besteht in einem platzweise ausgefressenen, bald mehr einem Längs-, bald mehr einem Quergange (Fig. 175) ähnelnden Muttergange, von dem die Larvengänge wohl meist in der Längs-richtung des Stämmchens oder Zweiges abgehen. Oft sind aber die Larven-gänge so verworren, dass man einen deutlichen Eindruck von irgend welcher Regelmässigkeit nicht erhält. Beide Arten bewohnen hauptsächlich die Fichte, erstere wurde jedoch auch häufig in Tanne und Kiefer, sowie Weymouths-kiefer, letztere einmal von Kellner [15a, S. 180] an einem Kiefernästchen gefunden. Es sind Früh-schwärmer der ausgesprochensten Art, welche bereits Saxesen [V, 1, S. 198] als solche bezeichnet. Sie können schon im März erscheinen und haben wohl gewöhnlich eine doppelte, mitunter auch dreifache Generation. Sie überwintern als ausgehärtete Käfer [15a, S. 178]. In der Wahl ihres Brutmateriales sind sie nicht sehr eigen. Ratzeburg kennt sie an 40 *cm* starken Fichten in allen Höhen des Stammes eben-sogut, wie in 6—12jährigen Weymouthskiefern und 2–6jährigen Fichten [V, 1, S. 198]. Eichhoff hat sie [15a, S. 177] in 20jährigen, unterdrückten Fichten-stangen gefunden. Sie greifen gern von den Astquirlen aus den Baum an. Ratzeburg rechnet sie zu den merklich schädlichen Arten. Meist sind sie mit den vorhergehend beschriebenen Arten vergesellschaftet und kommen allein fressend wohl mehr als Kultur-verderber in Betracht.

Als kleinster, häufigerer Fichtenbewohner ist noch zu erwähnen

Fig. 175 Frassfigur von Tomicus Abietis Ratz. in ungewöhnlich deutlicher Ausprägung. Original ¹/₁ nat. Grösse.

Tom. (Crypturgus) pusillus Gyll. *Käfer* schwarz, glänzend, fast gar nicht behaart. Halsschild lang eiförmig, fein und weitläufig punktirt, mit glatter Mittellinie. Flügeldecken punktirt gestreift, mit ein-fachen, runden Punkten; Zwischenräume mit sehr weitläufig gereihten, sehr undeutlichen Pünktchen. Länge 1 *mm.*

Lebensweise. Die Frassfigur dieses Zwerges ist deshalb sehr schwer festzustellen, weil der meist nur innerhalb der Rinde fressende Käfer wohl gewöhnlich secundär auftritt und durch die von anderen Käfern gemachten Bohrlöcher eindringt. Nur Perris [58 S. 204] ist im Stande gewesen, nachzu-weisen, dass der Käfer einen verhältnissmässig breiten Längsgang ohne Rammel-kammer anlegt, von dem aus den sehr dicht gestellten Eiergrübchen stark ge-wundene Larvengänge abgehen. Er soll eine doppelte Generation haben. Ur-sprünglich Fichteninsekt und wohl nur als solches von einiger Bedeutung, wurde er schon von Radzay [V, I, S. 196] in Tanne, von Nördlinger [XXIV, S. 34] auch in Kiefer, Weymouthskiefer, Lärche und Seekiefer, in letzterer auch von Judeich gefunden. Er kommt meist in schwachem Materiale vor, ist aber von Henschel [XII, 2. Aufl., S. 34] auch in 20—30jährigen Fichtenstangen beobachtet worden. Die meisten Autoren sehen ihn als unbedeutend an. Ratzeburg rechnet ihn dagegen zu den merklich schädlichen Arten, und Henschel, der ihn auch als Nachzügler anderer Arten betrachtet, bemerkt: „doch soll man sich dadurch nicht täuschen lassen. Im Gebirge kommt sehr häufig das Absterben von 12—15jährigen Fichten auf sein Sündenregister, und ist daher sein Schaden durchaus nicht so unbedeutend, wie man seither anzunehmen pflegte." Die Angabe aber, dass dieser Käfer im Jahre 1888 in den erzgebirgischen Forsten bei Görkau 10.000 Fichten vernichtet habe, sind vollständig aus der

Luft gegriffen. Wir erwähnen diese zuerst durch die „Weser-Zeitung" verbreitete, dann in viele andere politische Blätter übergegangene Nachricht nur
deshalb, weil auch die „Oesterreichische Forstzeitung" 1888, S. 239, sie ab-
druckte, sind aber in Folge von speciell eingezogenen Nachrichten berechtigt
zu erklären, dass in der ganzen dortigen Gegend im Jahre 1888 kein bemer-
kenswerther Borkenkäferfrass vorgekommen ist, am allerwenigsten ein solcher
von T. pusillus.

Sein nächster Verwandter, T. (Crypturgus) cinereus HBST., der vielfach
in der gemeinen Kiefer und auch in den südlichen Kiefernarten gefunden wird, bewohnt gleichfalls oft die Fichte, wo er nach HENSCHEL, dem
einzigen Forscher, dem es glückte, seine Frassfigur zu entziffern, geschwungene
Wagegänge machen soll [XII, 2. Aufl., S. 32 Anm.]. Er hat ihn in 15—30jährigen
Fichtenbeständen des steierischen Hochgebirges nicht selten als Kulturverderber
gefunden.

Mehr als entomologische Merkwürdigkeiten, nicht als wirklich beachtenswerthe Fichtenschädlinge seien noch folgende Nadelholzrinde bewohnende Bastkäfer erwähnt:

Hylesinus (Xylechinus) pilosus RATZ. *Käfer* länglich, ohne Glanz, schwarz,
mit braunen Flügeldecken, grau beschuppt und behaart, Halsschild kaum länger
als breit, nach vorn wenig verengt, an der Basis etwas verschmälert, sehr dicht
und fein runzlig punktirt, mit grauen Schuppenhärchen bedeckt und mit sehr
schmaler, erhabener Mittellinie. Flügeldecken mit erhabenem, gezähneltem Wurzelrande, deutlich punktirt gestreift, Punkte viereckig; Zwischenräume breit, fein
runzlig punktirt mit feinen, niederliegenden Haarschtippchen und mit reihenweis
gestellten, aufgerichteten, kurzen Börstchen; der erste Zwischenraum längs der
Naht etwas dichter behaart, daher weisslich. Kopf und Rüssel sehr fein runzlig
punktirt, letzterer an der Spitze etwas eingedrückt, mit einer feinen, oft nicht
ganz deutlichen Längslinie. Fühler und Beine braun. Länge 2·3 *mm*.

Lebensweise. Die Frassfigur dieses Käfers, welcher durchaus nicht,
wie EICHHOFF [15 a, S. 121] angiebt, „in Absicht seines biologischen Verhaltens
noch gar nicht genauer beobachtet zu sein scheint", ist schon von NÖRDLINGER
[IX, S. 36] als „zweiarmiger Wagegang, wovon die eine Hälfte allerdings häufig
kurz bleibt," gut beschrieben und abgebildet worden. Noch bessere Abbildungen
der Frassgänge giebt LINDEMANN [50, S. 110 und 111]. Hieraus, sowie aus den
uns vorliegenden Frassstücken ergibt sich die völlige Richtigkeit der Beschreibung NÖRDLINGER'S, zu der nur noch hinzuzusetzen, dass der Muttergang meist
mit einer kurzen, von unten nach oben laufenden Eingangsröhre beginnt. Der
Käfer, den schon RATZEBURG [V, I, S. 218] aus Fichte und Lärche kannte, ist
im Erzgebirge und bei uns in Tharand ein nicht allzuseltener, aber auch nicht
häufiger Bewohner von Fichtenstangen. Eine forstliche Bedeutung kommt ihm
nicht zu.

H. (Phloeophthorus) rhododactylus MARSH. *Käfer* länglich, stark
gewölbt, glanzlos, pechschwarz oder dunkelbraun. Halsschild fast so lang als
breit, nach vorn etwas verschmälert, an der Basis fast gerade, fein körnig-
punktirt, gelblich behaart, die feine Mittellinie etwas erhaben. Flügeldecken
meist etwas heller gefärbt, breit und tief punktirt-gestreift, die Punkte viereckig, Zwischenräume sehr schmal, erhaben, jeder mit einer Reihe aufgerichteter
Haarbörstchen und Höckerchen. Kopf und Rüssel äusserst fein körnig punktirt,
dünn gelb behaart, letzterer sehr kurz, durch einen halbkreisförmigen Eindruck
von der Stirne geschieden. Fühler und Fussglieder rothgelb. Schenkel und
Schienen pechbraun. Länge 1·7—2 *mm*.

Lebensweise. Die Frassfigur dieses Käfers, die zunächst nach Russischem
Materiale von LINDEMANN [50, S. 102—103] und nach Materiale aus Tharand
und dem Erzgebirge neuerlich von JAROSCHKA [36] abgebildet wurde, ähnelt
ungemein der seines Verwandten aus der Besenpfrieme, dem Hyl. (Phloeophthorus) Spartii NÖRDL. [vgl. XXIV, S. 23]. Auch er macht einen doppel-
armigen Gang mit kurzer Eingangsröhre, dessen beide quer gegen die Astachse
verlaufende Arme wie die Zinken einer Gabel zu einander gestellt sind. Die

Larvengänge sind längsgerichtet. Eine Bedeutung kommt diesem in Fichtenästen häufiger, als man gewöhnlich glaubt, vorkommenden Thiere nicht zu.

Abwehr der unter Nadelholzrinde brütenden Borkenkäfer im Allgemeinen. Nachdem wir auf S. 493 die Massregeln ausführlich besprochen haben, welche durch die Verpuppung des Tannen-
borkenkäfers, Tomicus curvidens GERM., im Holze selbst ausnahmsweise gegen diesen Käfer nöthig werden, wenden wir uns nun zu
der Darstellung der Vorkehrungen, welche gegen die übrigen in der
Rinde von Nadelholzstämmen und -Aesten brütenden Borkenkäfer
zu treffen sind. Diese lassen sich fast gleichmässig auf alle zu dieser
biologischen Gruppe gehörigen Borkenkäfer anwenden, ganz gleich,
welche Nadelholzart befallen ist. Nur insofern variiren sie, als die
einen sich mehr auf die Bewohner starken Materiales, also auf die
Feinde älterer Bestände beziehen, während die anderen mehr gegen
die Verderber der Stangenhölzer und Kulturen gerichtet sind. Eine
sehr klare und übersichtliche Darstellung aller, namentlich auf den
Buchdrucker bezüglichen Massregeln mit einsichtigster Kritik hat
VON KUJAWA [48] gegeben. Auch die Zusammenstellung namentlich
bei dem Böhmischen Frasse gemachter Beobachtungen hierüber [79],
welche 1875 in Wien erschien und unter Anderen werthvolle Beiträge von POMPE, SMETACZEK, KLOSE, ZENKER und J. MICKLITZ enthält,
namentlich die „Studien, Rückblicke und Folgerungen" des letzteren
sind sehr beachtenswerth.

Vorbeugungsmittel sind in diesen Fällen den Vertilgungsmitteln
voranzustellen, da letztere allein in ausgedehntem Massstabe nur da
in Frage kommen, wo bereits namhafter Schaden eintrat, und da
das wichtigste und erfolgreichste Vertilgungsmittel, das Werfen von
Fangbäumen zugleich auch Vorbeugungsmittel ist. Geeignete Vorbeugungsmittel sind namentlich folgende :

a) Die Erziehung gesunder Bestände ist das Wichtigste,
da kränkliche Bäume von den Käfern zunächst befallen werden,
und von ihnen aus ein Angriff auf die gesunden Bäume ausgehen
kann. Dies bezieht sich am allermeisten auf die Fichte, da man
dieser Holzart eine viel grössere Disposition für die Wurmtrockniss
beimessen muss als der Kiefer. Die Fichte darf also nicht auf ganz
unpassendem, etwa zu armem Boden angebaut und muss auch später
stets so bewirthschaftet werden, dass frühe und regelmässige Durchforstungen, Stehenlassen von Windmänteln u. dgl. die Stämme in
Wurzel und Krone gehörig befestigen. Bei den Durchforstungen ist
jede Stockrodung zu unterlassen, da namentlich in sehr dichtem
Stande erzogene Fichten vielfach mit ihren Wurzeln verwachsen und
in Folge dessen jede Rodung die bleibenden, dominirenden Stämme
verletzt, wodurch der Borkenkäfer herbeigelockt wird.

b) Begründung gemischter Bestände. Dies bezieht sich nicht
nur auf die Einsprengung von Laubhölzern in Nadelholzkomplexe,
eine Massregel, die allerdings sehr geeignet ist, grössere Schäden
abzuwenden, da nur in verschwindend seltenen Fällen Laubholz-

borkenkäfer auf Nadelhölzer übergehen oder umgekehrt, sondern
namentlich auch auf die Mischung verschiedener Nadelholzarten.
Schon die Mischung von Fichten mit Kiefern ist bei der einigermassen
geringeren Disposition der letzteren für Borkenkäferfrass angezeigt,
noch mehr aber die Einsprengung der verhältnissmässig am wenigsten
den Borkenkäfern ausgesetzten Tannen und Lärchen. Dagegen haben
sich die Hoffnungen, welche man früher häufig auf die Einführung
fremder Nadelhölzer gesetzt hatte, nicht erfüllt, indem man nicht
nur die Erfahrung machen musste, dass im Grossen und Ganzen die
fremden Nadelhölzer von den in ihren einheimischen näheren Verwandten brütenden Käfern gern gleichfalls angenommen werden,
sondern auch die erweiterte Kenntniss der geographischen Verbreitung
der Scolytiden gelehrt hat, dass einige unserer einheimischen Borkenkäferformen bis in die Heimat jener fremden Hölzer verbreitet sind.

c) Reinliche, saubere Wirthschaft im Walde, die sich,
soweit sie hier in Frage kommt, namentlich in rechtzeitiger Aufarbeitung und Entfernung alles desjenigen todten und kranken Materiales zu äussern hat, in welchem die Borkenkäfer passende Brutstätten finden können. Dies bezieht sich namentlich auf die Wind-
und Schneebruchhölzer in älteren Beständen, sowie hier und in den
Kulturen auf alle absterbenden, beschädigten, grösseren oder kleineren
Stämmchen. Auch die Fällungsmethoden kommen in Betracht; so
kann das Stehenlassen hoher Stöcke nachtheilig sein, indem letztere
ebenso leicht für die grösseren Arten zu Brutstätten werden können,
wie ungenutzt liegen bleibendes Reisig für die kleineren. Hohe,
stehengebliebene Stöcke sollten wenigstens geschält werden, eine
Massregel, welche gewiss manchmal Leseholzleute gern unentgeltlich
besorgen. Das nicht absetzbare Reisig ist zu verbrennen, wodurch
überdies noch Schutz gegen Waldbrände erzielt wird, unter Umständen auch noch für den Kulturbetrieb brauchbare Asche zu Kom-
posthaufen gewonnen werden kann. Das während der Schwärmzeit
der Käfer gefällte oder im Walde liegen bleibende Langnutzholz ist
zu schälen oder wenigstens zu benappen. Dadurch entzieht man nicht
blos den Borkenkäfern Brutstätten im Walde, sondern verhindert
auch, dass mit Brut besetzte Stämme aus dem Walde nach benachbarten Lagerplätzen, Holzhöfen, Sägemühlen u. s. f. abgefahren werden,
von wo aus erfahrungsgemäss die dort auskommenden Käfer leicht
ihren Weg nach dem Walde zurückfinden. Indessen hat man mit
diesen Massregeln nicht vorschnell vorzugehen, sondern darauf zu
achten, dass der zu verbrennende Abraum und die zu schälenden
Stämme vorher als Fangreisig und Fangbäume ausgenutzt werden
können (vgl. S. 532—534).

d) Regelmässige Revision der Bestände mit besonderer
Berücksichtigung der schädlichen Insekten, namentlich der Borkenkäfer, erleichtert ungemein die Durchführung der vorstehend ange-
rathenen Massregeln. In einem nicht schon eine ungewöhnliche Käfer-
menge bergenden Wirthschaftswalde wird diese Arbeit leicht von dem

Forstpersonal selbst vorgenommen werden können. Ist aber die Menge des verdächtigen Materiales sehr bedeutend, sind ferner aussergewöhnliche Naturereignisse, Windbrüche, Ueberschwemmungen u. s. f. eingetreten, kommen auf 200 bis 300 Hektar schon mehr als 100 kranke Stämme und können die Beamten des Revieres die Revision nicht mehr allein bestreiten, besonders in schwer zugänglichen Gebirgsgegenden, so müssen noch zuverlässige Arbeiter angestellt werden, je nachdem das Terrain den Begang mehr oder weniger leicht gestattet, auf 800 bis 1000 Hektar ein Mann. Diesem darf man nichts Anderes als nur die Revision der verdächtigen Hölzer, nicht auch die Entrindung und Wegschaffung derselben auftragen. Er muss jeden Stamm, jeden Stock und jede Klafter, worin er Käfer oder Brut antraf, mit dem Datum bezeichnen, womöglich auch noch ein Verzeichniss der Orte aufnehmen, welche entwickelte Brut haben und das Entrinden zuerst nothwendig machen [v. Berg].

   Was die Zeit der Visitationen betrifft, so müssen die ersten zur ersten Schwärmzeit der Käfer unternommen werden. Aber auch später noch ist, besonders wenn durch Witteiung und andere äussere Umstände eine schnellere Entwickelung begünstigt wurde, also eine mehrfache Generation zu erwarten steht, oder wenn Brut überwinterte, stete Aufmerksamkeit nöthig.

   Man hat ferner die Lieblingsplätze der Käfer besonders im Auge zu behalten. Es sind dies immer die trockensten und wärmsten, am Rande der Schläge gegen Mittag, in Gebirgen vorzüglich an geschützten Südhängen gelegenen Stellen, ferner die kleinen Blössen in Mitte geschlossener Bestände, da wo der Sturm Lücken gemacht oder der Blitzschlag einzelne Bäume getödtet hatte. Bei stehendem Holze fliegt der Käfer am liebsten die höheren Theile an, da wo die stärksten Aeste abgehen, an Klaftern wählt er die oberen Kloben, nur bei heissem Wetter und in Freilagen auch wohl die untersten.

   Für die wichtigsten Bestandsverderber sind ferner die Merkmale des erfolgten Anfluges der Käfer dem Personal besonders einzuprägen. Beim Einbohren schafft der Mutterkäfer das Bohrmehl zum Eingangsloch hinaus. Theils sieht man es vor diesem noch liegen, theils stäubt es hinunter und bleibt an allen Vorsprüngen des Schaftes, sowie an Moosen, Flechten, Spinnengeweben u. dgl. hängen. Beim Anprällen des Schaftes mit der Axt wird man das Bohrmehl noch deutlicher wahrnehmen und es sogar an einem eigenthümlichen Geruche erkennen können, aber nur bei trockenem Wetter, denn Regen verwischt oft alle Spur desselben. Hat man indessen die Zeit getroffen, zu welcher der Käfer mit seinem Gange noch nicht ganz fertig ist, so wird sich auch nach dem Regen Bohrmehl wieder zeigen. Mit den Bohr- und Luftlöchern sind aber nicht jene Löcher zu verwechseln, welche andeuten, dass eine Familie bereits den Baum verlassen hat, die Fluglöcher. Sie sind stets zahlreicher und unregelmässiger vertheilt. Ferner ist auch auf den Specht zu achten, da dieser die Aufmerksamkeit auf kränkelnde Bäume lenkt.

Zur Untersuchung giebt man den Arbeitern eine lange, oben
mit einem Eisen beschlagene Stange, damit sie mit dieser auch
die höheren Gegenden der Bäume untersuchen und nachsehen können,
ob die Rinde sich hier schon löst und dadurch Käferbrut verräth.
Unten wird mit einem Messer oder Meissel untersucht.

In vielen Fällen leitet auch das, oft schon wenige Wochen
nach dem Anfluge eintretende, kränkliche Aussehen der Bäume auf
den Frass, indem die Nadeln vom Gipfel an sich röthen. Auch
kommt es vor, dass die Nadeln plötzlich hängen, ohne vorher gelb
zu werden. Oft sieht man aber der Benadelung nichts an, zumal
wenn nach einer zweiten Brut im Herbste Knospen und Nadeln ganz
ausgebildet sind und besonders durch feuchtes Wetter frisch erhalten
werden. Die Rinde bekommt meist bald nachdem die Gänge fertig
sind, ein eigenes missfarbiges, graues Ansehen [v. BERG] und blättert
ah, von unten nach oben am Stamm [AHLEMANN].

Solche Revisionen sind um so nöthiger, als ja alle diese Käferarten
dauernde Bewohner unserer Wälder sind, welche nur darauf warten, dass die
ihre Vermehrung normalerweise beschränkenden Ursachen (vergl. den Allgemeinen Theil, S. 158) theilweise wegfallen, um sich zu ungeheuren Schaaren zu
vermehren. Sie allein werden es auch in Zukunft möglich machen, mit Sicherheit die Frage nach dem wirklichen Vorkommen des Ueberfliegens der Borkenkäfer aus stark befallenen Beständen in verhältnissmässig unbeschädigte zu
entscheiden. Wir halten, wie schon oben bemerkt, die Wirklichkeit dieser Erscheinung für feststehend, wenngleich durchaus nicht geleugnet werden soll,
dass in vielen Einzelfällen die Angabe, auf diese Weise habe eine grössere
Verheerung ihren Anfang genommen, gewiss unrichtig war und nur eine Ver-
tuschung der Nachlässigkeit des Personales bezweckte. Die Revisionen geben
ferner den besten Aufschluss darüber, ob und wann mit dem Werfen von Fangbäumen begonnen, beziehentlich fortgefahren werden muss.

e) Das Werfen von Fangbäumen ist ohne Zweifel das
sicherste Mittel, der Borkenkäfergefahr vorzubeugen, da man durch
diese Massregel auch gleichzeitig eine Unmasse Käfer vernichtet.
Man benutzt dazu zurückgebliebenes Lang- und Klafterholz, oder
vom Winde gebrochene oder geschobene, oder auch unterdrückte
Stämme, sie mögen stark oder schwach sein; denn an den schwachen
fangen sich auch Käfer, und die geringen Mehrkosten des Entrindens
der schwachen, für den Schluss des Bestandes entbehrlichen Stämme
kommen nicht in Betracht. Sie werden 3—4 Wochen vor der Schwärmzeit an Orten gefällt, wo man die Käfer am meisten erwartet, und
sofort entastet, da das Belassen der benadelten Aeste die Austrocknung der gefällten Bäume so beschleunigt, dass sie sehr bald fast kein
Käfer mehr annimmt. Man wirft sie auf untergelegte Stöcke oder
Steine, damit die Käfer auch an der Unterseite anbohren können.
Nur Windwürfe, welche mit einem Theile der Wurzeln in der Erde
blieben, kann man als Fangbäume benutzen, ohne sie zu entasten.
Die Anzahl der zu fällenden Fangbäume richtet sich nach der Grösse
der Gefahr. Im ersten Frühjahr genügen wohl etwa 10 Stück für
das Hektar, später bei geringer Gefahr weniger. Eine Hauptsache
ist, von Zeit zu Zeit neue Fangbäume zu fällen und damit

fortzufahren, so lange während des Sommers Käfer schwärmen. Bestimmte Vorschriften hierüber lassen sich nicht geben, da nach Lage, örtlichem Klima und Jahreswitterung die Generation der Käfer sehr verschieden ist. Man vergleiche hierüber auch die werthvollen Auseinandersetzungen von Nüsslin [57 a und 57 b]. Unter Umständen kann man laufende Schläge als „Fangschläge" benutzen, wie sie Henschel sehr richtig nennt und nach seinen Erfahrungen in Oesterreich empfiehlt.

Auch ist eigentlich jedes im Walde lagernde, noch nicht abgefahrene Holz gewissermassen als Fangbaum zu betrachten. Wo indessen keine besonders dringende Gefahr droht, darf man wohl, unter Beobachtung aller sonstigen Vorsichtsmassregeln, das in Raummetern aufbereitete Holz unentrindet lassen. Gefällte Stämme werden dagegen bei nur irgendwie näher gerückter, grosser Gefahr stets zu schälen sein, aber wie z. B. Kellner [42 c] sehr richtig angiebt, nicht etwa gleich bei der Winterfällung, sondern erst im Frühjahr, wenn sich die Borkenkäfer bereits eingebohrt haben. Da indessen die Käfer, trotz der Fangbäume, auch andere stehende, ganz gesunde Stämme befallen, so muss man stets vorsichtig sein und nicht die Aufmerksamkeit verlieren, die Käfer also auch gleichzeitig im stehenden Holze aufsuchen und vertilgen. Man hat dabei hauptsächlich die in der Nähe der Fangbäume befindlichen Orte, weil die Käfer sich hier concentriren, im Auge zu behalten.

Sobald man merkt, dass die Muttergänge in den Fangbäumen fertig, und dass die ersten Larven schon der Verpuppung nahe sind, schreitet man zum Entrinden derselben und zum Verbrennen der mit Brut besetzten Borke, gleichzeitig aber auch der inficirten Aeste. Zum Entrinden kann man sich mit Vortheil des in der nebenstehenden Figur abgebildeten, aus dem Schwarzwald stammenden Stosseisens bedienen, das an einem ungefähr 1 m langen Holzstiele gehandhabt wird. Es wurde zuerst von Roth [64] beschrieben. Untergelegte Tücher werden beim Entrinden verhindern, dass Larven, Puppen und einzelne, bereits frühzeitig entwickelte

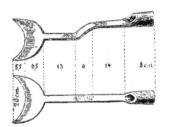

Fig. 176. Im Schwarzwald gebräuchliches Schäleisen nach Roth.

Käfer in das Gras und Moos fallen. Auch ist es gut, beim Verbrennen um das Feuer einen Kreis von heisser Asche zu bilden, der die etwa noch aus den aufgehäuften Rindenstücken hervorkriechenden Käfer vernichtet. Vortheilhaft ist es, wenn man bei der ganzen Arbeit durch kühles Wetter unterstützt wird, weil bei solchem die Thiere träge sind. Aeste und Zweige müssen, wenn solche an einzelnen Fangbäumen zurückgeblieben sind, mit der Rinde verbrannt werden, denn sie enthalten gewöhnlich die kleineren Borkenkäferarten, die, wenn sie häufig sind, fast ebenso schädlich werden können wie die grossen. Dass beim Verbrennen grösste Vorsicht obwalten muss, um

nicht Feuersgefahr für den Wald hervorzurufen, versteht sich von
selbst. AHLEMANN räth, die Verbrennung in Gruben vorzunehmen, aus
deren Umkreis man Streu und Moos entfernt hat [I a, S. 52].

RATZEBURG hat bis zuletzt [X, S. 84] festgehalten, dass es sich empfehle,
den Fangbäumen die Aeste zu lassen. Dieses Verfahren wird aber schon 1875
von FISCHBACH [16, S. 28] gänzlich verworfen, da er beobachtet hat, dass gerade
die entasteten Stämme am besten wirken, und JUDEICH schloss sich bereits seit
langer Zeit der richtigen Ansicht FISCHBACH's ausdrücklich an [38 a, S. 75].
Wenn neuerdings HESS [XXI, 2. Aufl., S. 282] gegen diese gewiss sehr nothwendige Massregel einwendet, dass dieselbe am Kostenpunkte scheitern dürfte,
so ist einfach darauf hinzuweisen, dass es doch wohl völlig gleich viel kostet,
ob die Fangbäume gleich beim Fällen, oder erst bei der Schälung, wo es absolut
nicht vermieden werden kann, entastet werden. Das Bedenken, dass man
mit entasteten Fangbäumen die astbrütenden Borkenkäfer nicht trifft, fällt
gleichfalls nicht in das Gewicht, wenn man, wie wir im Folgenden empfehlen,
Fangreisig gegen diese kleineren Feinde legt, wozu sich die von den Fangbäumen abgehauenen Aeste recht gut eignen.

Das Verbrennen der Rinde ist unumgänglich nöthig. Hier und da
unterliess man es, in der Meinung, dass das blosse Auslegen der Rinde an der
Sonne schon hinreiche, die Brut zu tödten. Indessen ist diese, allerdings ursprünglich von RATZEBURG selbst getheilte, späterhin von ihm aber völlig auf-
gegebene Ansicht durch die genauen Versuche von COGNO [II a] gründlich
widerlegt. Wir theilen die Ansicht dieses genauen Beobachters vollständig, umsomehr, als es bei der unregelmässigen Entwickelung einer und derselben Brut
ganz unmöglich ist, das Schälgeschäft zu vollenden, ehe sich nicht die ersten
Larven in Puppen und Käfer verwandelten. Dazu kommt noch, dass in der
dickeren Rinde sehr alter Fichten die Larven ihre Puppenwiegen nicht blos in
der Bastschicht, sondern unmittelbar unter der äusseren Borkenschicht anlegen,
so dass man sie an den losgeschälten Rindenstücken auf deren Innenseite gar
nicht bemerkt, und erst findet, wenn man die Rinde zerbricht. JUDEICH hat diese
Thatsache 1874 im Böhmerwalde wiederholt an den im Boden zurückgebliebenen
Fichtenstöcken beobachtet. Das Gleiche gilt von dem Vergraben der besetzten
Rinde; auch dieses genügt keineswegs, da die Käfer im Stande sind, sich auf
die Oberfläche durchzugraben, und die Decke der Grube dann mitunter wie ein
Sieb aussieht. Dies wird durch die Versuche von AHLEMANN (I a, S. 52) und COGNO
deutlich bewiesen. Selbst durch Beigabe von Kalk in die Gruben werden nicht
alle Käfer getödtet. O. GRUNERT hat sogar nachgewiesen, dass 7½ Monate langes
Vergraben in eine Tiefe von 63 und 40 cm dem T. typographus L. nicht schadet.

f) Das Auslegen von Fangreisigbündeln ist eine Massregel, welche sich in gleicher Weise gegen die schwaches Material
bewohnenden Borkenkäfer richtet, wie das Werfen von Fangbäumen
gegen die Stammbewohner. Es ist dieselbe bis jetzt wohl kaum in
grösserem Massstabe angewendet worden. Da aber EICHHOFF mit
Bestimmtheit angiebt, dass er T. bidentatus HBST. jedesmal, wenn es
ihm darum zu thun war, angelockt und veranlasst habe, seine Brut
an Kiefernfangreisig abzusetzen, so ist sie als Vorbeugungsmittel
wenigstens für diesen Kulturverderber sicher zu empfehlen und dürfte
sich wohl in sehr vielen Fällen auch gegen die anderen kleineren,
namentlich Aeste bewohnenden Borkenkäfer nützlich erweisen. Natürlich ist dann dieses Vorgehen, wie das Werfen der Fangbäume, so
lange fortzusetzen, als man ein nochmaliges Schwärmen der Käfer
erwarten darf. Auch muss es, wenn es nicht in sein Gegentheil
umschlagen soll, mit dem rechtzeitigen Verbrennen der Fangbündel
verbunden werden.

g) **Forsteinrichtungsmassregeln** können insofern vorbeugend gegen Borkenkäfergefahren wirken, als durch eine den örtlichen Verhältnissen entsprechende Ordnung der Hiebsfolge die Bestände gegen die Beschädigungen durch den Wind wenigstens einigermassen geschützt werden, namentlich aber auch dadurch, dass durch die Bildung kleiner Hiebszüge für die Zukunft das Entstehen grosser, gleichalteriger Bestandskomplexe verhindert wird, deren Vorhandensein allein derartig fürchterliche Sturmverheerungen und deren Folgen ermöglicht, wie sie z. B. 1868 und 1870 viele Deutsche und Oesterreichische Waldungen heimsuchten. Besonderes Gewicht ist aber ferner darauf zu legen, dass eine gute, durch die Bildung kleiner Hiebszüge bedingte Ordnung des Hiebes es sehr leicht macht, künftig einen oder den anderen Bestand ohne Störung des ganzen Wirthschaftsbetriebes früher abzutreiben, als man in der Gegenwart, beim Entwurf des Wirthschaftsplanes, voraussehen konnte. Nur so hat man es in der Hand, durch Elementarereignisse oder durch Insektenfrass gelichtete und beschädigte Bestände rasch zum Hieb zu bringen und auf diese Weise sogenannte Insektenherde rechtzeitig zu beseitigen.

Schonung aller Feinde der Borkenkäfer ist natürlich auch hier eine sehr zu empfehlende Massregel, wenngleich eine Ermahnung dazu für die Praxis kaum besonders werthvoll sein dürfte. Wo man rationelle Forstwirthschaft treibt, mordet man meistens die insektenfressenden Vögel, um welche es sich hier in erster Linie handelt, überhaupt nicht; wo man dies thut (vergl. S. 240), wird man es sicher nicht mit Rücksicht auf Borkenkäferfrass unterlassen. Schonung der Borkenkäferfeinde aus der Klasse der Insekten (vergl. z. B. S. 291) in einem praktisch wirksamen Umfange ist einfach unmöglich. Es bleibt daher hier nur zu erwähnen, dass sich, wie namentlich AHLEMANN [I *a*, S. 53] und FLEISCHER [17, S. 23] berichten, die Schlupfwespen öfters an der Vernichtung der Borkenkäfer betheiligen. Pteromalus multicolor und Roptocerus xylophagorum RATZ. sind aus T. typographus erzogen worden.

Die **Vertilgungsmittel**, deren Anwendung, seitdem wir die Vorbeugungsmassregeln besser als ehemals zu handhaben gelernt haben, und seitdem wir von dem Glauben zurückgekommen sind, dass der Borkenkäfer nur krankes Holz angreife, Gottlob! immer seltener nöthig wird, sind zum Theil dieselben. Wir brauchen die **Fangbäume** auch dann noch, wenn die Wurmtrockniss schon anfängt um sich zu greifen. Es ist das einzige Mittel, derselben noch Einhalt zu thun und den Käfer von den stehenden Bäumen etwas abzuleiten. Sie müssen daher auch zahlreich und an möglichst vielen Orten geworfen werden. Die Vertilgung des Borkenkäfers wurde in Ostpreussen bei dem grossen Insektenfrasse der Fünfziger- und Sechzigerjahre, so wenig Aussicht auf Erfolg auch die rapid wachsende Wurmtrockniss bot, doch mit aller Energie betrieben, und man kämpfte da, wo das Uebel noch nicht durch Naturhilfe beseitigt war, unausgesetzt gegen das Insekt durch **Fangbäume** und **Aushiebe** der beflogenen, noch grünen Stämme, besonders in mehreren einzelnen, in weiten Feldern liegenden Forstschutzbezirken, welche durch Raupenfrass wenig gelitten hatten. In ähnlicher Weise wurde in neuerer Zeit in den fürstlich SCHWARZENBERG'schen und gräflich THUN'schen Waldungen des

Böhmerwaldes verfahren, wo dem Borkenkäfer bis 1874 allerdings Millionen von Bäumen zum Opfer gefallen sind.

Ist es schon so weit gekommen, dass der Hieb im wurm-trockenen Holze geführt werden muss, so steht die Sache sehr schlimm. Es ist schon vorgekommen, z. B. am Ende des vorigen Jahrhunderts im Harze und Voigtlande, dass die Bäume überall, so weit das Auge reichte, trocken geworden waren, und dass man gar nicht Holzschläger genug bekommen konnte, um alle schnell genug fällen zu lassen. In diesem Falle ist es höchst wichtig, die alte von der frischen Trockniss sorgfältig zu unterscheiden und vor allen Dingen in der frischen, d. h. da, wo der Käfer mit seiner Brut noch darin steckt, zuerst zu hauen. Der Käfer geht natürlich immer weiter und greift nur die frischen Bäume, gleichsam stehende Fangbäume, an. Liesse man ihn hier also hausen und räumte man nur das abgestorbene Holz weg, so würde immer mehr absterben. Es versteht sich, dass hier das Abschälen und Verbrennen der mit Brut gefüllten Rinde, oder die schleunige Abfuhr, Verflössung oder Verkohlung des ganzen Holzes ebenso wichtig ist, wie bei den Fangbäumen. Auch räth AHLEMANN, nirgends mit dem Hiebe zu zögern, da auch Wurmholz, wenn es nur sofort nach dem Anfluge gefällt und geschält wird, sich recht gut hält.

Hier ist auch besonders darauf zu sehen, dass nicht nur die geschälte Rinde, sondern auch das Reisig verbrannt wird. Geht ja doch sogar der Buchdrucker gelegentlich in Aeste (vgl. S. 512), und sind doch sie und die Gipfelstücke bei grösserem Frasse stets die Wohnstätten der vielen kleineren Käferarten.

Viel wichtiger als bei den eigentlichen Bestandsverderbern sind Vertilgungsmittel gegen die Feinde der Stangenhölzer und Kulturen. Besonders in letzteren wird öfters auch in gut bewirth-schafteten Revieren, namentlich in grösseren Dickungen, an schwer zugänglichen Hängen u. s. f. ein horstweiser Frass dieser kleineren Formen vorkommen und erst dann bemerkt werden, wenn er bereits wirklich Schaden gethan hat. Hier ist in älteren Kulturen rücksichts-losester Aushieb aller befallenen Stämmchen, in jüngeren das Aus-reissen der befallenen Pflanzen zu empfehlen. Gewinnt man hierdurch noch brauchbare Knüppel, so kann man sich mit gründlichem An-rösten derselben begnügen, namentlich dort, wo günstige Absatzver-hältnisse eine Verwerthung des so geretteten Materiales gestatten. Wo das nicht der Fall ist, muss auch hier vollständige Verbrennung eintreten, und sicher müssen alle Abraumhölzer aus solchen be-fallenen Horsten, sowie die aus jüngeren Kulturen ausgerissenen Pflanzen verbrannt werden.

Durch Borkenkäferfrass bedingte Veränderungen im ganzen Wirthschaftsbetriebe werden natürlich nur dort vor-kommen können, wo wirklich ausgedehnte Flächen verwüstet wurden. Namentlich werden dieselben bedingt erstens durch die Unmöglichkeit der Verwerthung grosser, plötzlich auf den Markt gelangender Holzmassen zu normalen Preisen, zweitens durch die Schwierigkeit, die ausgedehnten Abtriebsflächen wieder schnell in Bestand zu bringen. Hier eröffnet sich dem denkenden, höheren Forstbeamten ein weites Feld der Thätigkeit. Durch passende, auf die örtlichen Verhältnisse und die Gewohnheiten der holzverbrauchenden Bevölkerung gestützte Erleichterungen der Absatzbedingungen, durch Abschlüsse mit Grosshändlern, durch Unterstützung der Anlage holzverbrauchender, gewerblicher Betriebe in der Nähe der verwüsteten Wälder, wird es einem solchen möglich werden, den Ertragsrückgang seiner Reviere wenigstens einzuschränken. Durch die ausnahmsweise Verwendung erheblicher Mittel auf die Erziehung einer hinreichenden Menge von Pflanzen, durch ausgedehntere Anwendung der Saat auf irgend dazu geeigneten Orten wird man meist in der Lage sein, der Verangerung und Verhaidung der grossen Schlagflächen mit Hilfe rechtzeitigen Anbaues vorzubeugen. Die rasche und gelungene Aufforstung der grossen, durch Sturm und Borkenkäfer kahlgelegten Flächen im Böhmerwald, welche man z. B. in den fürstlich SCHWARZENBERG'schen und fürstlich HOHENZOLLERN'schen Waldgebieten findet, beweist die Möglichkeit sicherer Erfolge der sofort energisch in Angriff genommenen Kulturmassregeln auch im grössten Massstabe.

Unter besonderen örtlichen Verhältnissen kann es wohl auch möglich und rathsam sein, einige Jahre hindurch auf den kahlgelegten Flächen durch Verpachtung an eine dazu bereite, ländliche Bevölkerung Waldfeldbau zu treiben. Dadurch wird nicht blos eine beachtenswerthe Nebennutzung gewonnen, sondern es wird bekanntlich auch durch die mit solcher Massregel verbundene Bodenlockerung der darauf folgende forstliche Anbau wesentlich erleichtert und gefördert. In grossartigstem Masse mussten derartige Hilfsmittel nach den furchtbaren Verheerungen der Ostpreussischen Waldungen durch Nonne und Borkenkäfer in den Jahren 1854 bis 1862 ergriffen werden, weil es dort thatsächlich unmöglich war, die ausgedehnten, verwüsteten Flächen in kurzer Zeit wieder forstlich anzubauen. Man hat dort grosse Strecken des Waldbodens auf 2—12 Jahre, einzelne grössere Partien sogar auf 50 Jahre zu Feldbau verpachtet; man hat für vorübergehende Zeit Wiesen durch die Pächter anlegen lassen, hier und da anderen Grasnutzung und Weide gestattet. Die ernstlich erwogene Frage, oh es rathsam sei, einen grösseren Theil der fraglichen Flächen bleibend der Waldwirthschaft zu entziehen und der Landwirthschaft zu übergeben, glaubte man verneinen zu müssen und zog deshalb Verpachtungen auf längere oder kürzere Zeit vor. Die Aufforstung der sofort anzubauenden und der zuerst wieder pachtfrei werdenden Flächen erfolgte ganz planmässig, indem man dabei auf die künftige Hiebsordnung Bedacht nahm, also die einst wahrscheinlich zuerst zum Abtrieb gelangenden Flächen auch zuerst anbaute. Unterstützt wurde diese Massregel durch das Ueberhalten vieler, wenn auch schwer geschädigter Bestände, deren

Beschaffenheit dies, namentlich wegen fast sicher zu erhoffender, natürlicher Besamung der darin befindlichen grossen und kleinen Bestandslücken, ermöglichte. Dass man beim künstlichen Anbau der Kahlflächen die Frage erwog, oh und inwieweit den Fichten, die einst wieder den Hauptbestand bilden sollten, Kiefern, Lärchen und Laubhölzer, wie Eichen, Eschen u. s. w., beizumischen seien, an welchen Stellen vielleicht die Kiefer überhaupt Vorzug verdiene, versteht sich von selbst. Wir empfehlen vorkommenden Falls die vortreffliche Darstellung nachzulesen, welche GRUNERT [26 a] von den bei dem Ostpreussischen Nonnen- und Borkenkäferfrasse getroffenen Anordnungen giebt. Auch WILLKOMM [75 a] bringt in seinem Ostpreussischen Reiseberichte viele beachtenswerthe Angaben.

Im Holze selbst brütende Borkenkäfer. Diese gewöhnlich technisch schädlichen, nur selten auch das Leben jüngerer Stämme bedrohenden Käfer entziehen sich zwar der Beobachtung ihrer Gewohnheiten in Folge der grösseren Verborgenheit ihrer Brutstätten mehr als die Rindenbrüter, ihre Angriffe sind aber als solche leicht kenntlich, weil, abgesehen von der Zeit des allerersten Angriffes, das von den bohrenden Weibchen aus den Röhren geschaffte Bohrmehl ausschliesslich von der Holzfaser herrührt und daher durchaus weiss ist, nicht braun oder gemischt braun und weiss, wie bei den Rindenbrütern. Ausserdem lassen sich auf Spaltstücken ihre Gänge von denen anderer Holzbohrer leicht durch die schwarze Färbung der Wände unterscheiden. Sehen sie doch aus, als wären sie mit glühendem Draht in das Holz gebrannt. Es stimmt ferner die Lebensweise aller dieser Formen darin überein, dass die Nahrung ihrer Larven, wie bereits oben (vgl. S. 439) kurz auseinandergesetzt ist, nicht wie die der Rindenbrüter ausschliesslich aus den bei Erzeugung der Larvengänge gewonnenen Nagespänen besteht, sondern in einigen Fällen wenigstens theilweise, in anderen wohl vollständig aus den in die Brutröhren austretenden Baumsäften oder aus hier wuchernden Pilzrasen.

Die Anschauungen über Leben und Nahrung der Larven holzbrütender Borkenkäfer sind noch nicht völlig geklärt. Definitiv abgethan ist die ältere Ansicht, dass bei den Leitergänge machenden Formen die kurzen Leitersprossen nicht durch das Nagen der Larven, sondern durch eine im Umkreise der Larven entstehende Zersetzung des Holzes verursacht würden. Diese Aufklärung verdanken wir BELING [30 b, S. 182 und 4, S. 38 und 39]. Hier sowohl wie bei Tomicus Saxesenii RATZ. dienen also nachweisbar die von ihnen abgenagten Holztheilchen als Nahrung für die Larven. Anders liegt aber die Frage bei denjenigen Arten, bei welchen die Larven kein selbstständiges Nagegeschäft betreiben. Hier muss nothwendigerweise die Ernährung eine andere sein. Auch für die erstgenannten, namentlich für die Leitergänge machenden Formen ist es zweifelhaft, ob die abgenagten Späne ihre einzige Nahrung bilden und nicht wenigstens zu der Zeit, wo die Leitersprossen bereits fertig sind, eine andere Nahrungsquelle vorhanden ist. Die ersten Angaben hierüber rühren aus den Dreissigerjahren von SCHMIDBERGER her und beziehen sich auf Tomicus dispar FABR. [IV, S. 264]. Er berichtet, dass er die von den Weibchen gemachten Gänge mit einer weisslichen, einer Salzkruste ähnlichen Substanz überzogen fand, welche nach seiner Ansicht von dem Weibchen „aus dem ausgetretenen und ins Stocken gerathenen Baumsafte mit Hinzuthun eines eigenen Saftes bereitet" wird. Diese Substanz, welche er „Ambrosia" nennt, hielt er für die Nahrung der Larven und fand sie stets in den Brutgängen, in denen ausgewachsene Larven vorhanden waren, völlig aufgezehrt. In der ersten Auflage seiner Forstinsektenkunde bezweifelt Ratzeburg diese Angaben, bestätigt sie aber in der zweiten [V, I, S. 207] und vermuthet, dass der in die Muttergänge austretende, in eine weinige Gährung übergehende Pflanzensaft durch Vermischung mit Nagespänen und Speichelsaft des Mutterthieres seine Consistenz erlange. 1844 berichtet Th. Hartig [30 a], dass diese „Ambrosia" aus einem von Nagespänen völlig freien Pilzrasen bestehe, welcher direkt der durchnagten Holzfaser, die an ihrem äusseren Ende eine dunkelbraune Färbung erhalten hat, entspringt. Er nennt den Pilz Monilia candida und nimmt diesen Rasen, der „sich von den Borkenkäferlarven abgeweidet, in kurzer Zeit regenerirt", als die einzige Nahrung der Larven an. Eichhoff ist geneigt, diese „Ambrosia", welche er wesentlich als ausgetretenes Baumsaftgerinnsel ansieht, als die alleinige Nahrung aller holzbewohnenden Borkenkäferlarven zu betrachten, die Pilze aber als etwas Unwesentliches beiseite zu lassen, und er bezweifelt sogar, dass die von den Trypodendron-Larven abgenagten Späne wirklich gefressen werden [15 a, S. 304]. Letztere Anschauung lässt sich aber nach den Beobachtungen Beling's [4, S. 39] nicht halten. Dass aber andererseits der Baumsaft hier eine wesentliche Rolle spielt, ist schon daraus ersichtlich, dass völlig ausgetrocknetes Holz von den Käfern gemieden, beziehentlich verlassen wird. Auch die schwarze Färbung der Gangwände ist noch nicht völlig erklärt. Allerdings steht fest, dass diese Färbung durch Pilzmycelien erzeugt wird, welche sich einige Zeit nach der Anlage der Gänge durch den Mutterkäfer, wenn bereits eine Zersetzung der Säfte eingetreten, hier ansiedeln, aber durch die fortwährende Bewegung der Mutterkäfer und der Larven gestört, zu keiner richtigen Fructification gelangen können, sondern nur eine dünne Kruste bilden. Die Thatsache, dass sich sowohl bei Fichten wie Buchen eine ähnliche Schwarzfärbung auch auf feucht gehaltenen Spaltflächen bildet, beweist nämlich, dass diese Erscheinung nicht etwa, wie man früher meinte [30 a], von einem durch den Mutterkäfer abgesonderten Giftstoffe herrührt. Welcher Art diese Pilze aber sind, steht, obgleich Th. Hartig [30 b und 30 c] hierüber mancherlei Angaben gemacht hat und namentlich nachzuweisen sucht, dass es sich bei Fichte und Buche um verschiedene Pilze handele, noch nicht fest. Dass in Fichte der von Willkomm aufgestellte Xenodochus ligniperda die Ursache sei, kann insofern nicht angenommen werden, als dieses Mycel gar keine selbstständige Pilzform darstellt, sondern nur eine Entwickelungsform eines Hymenomyceten ist.

Hierher zählen sämmtliche Mitglieder der Untergattungen Xyleborus Eichh. und Trypodendron Stph., welche wieder zur Gattung Tomious im weiteren Sinne gehören, und die Gattung Platypus Hbst. Wir sehen von den selteneren ab und behandeln nur neun, nach biologischen Unterabtheilungen zusammengefasste Arten.

Die erste zusammengehörige Unterabtheilung bilden

die Nutzholz-Borkenkäfer,

Tomious lineatus Oliv., T. signatus Fabr. und T. domesticus L.,

Diese ungefähr 3 mm langen Käfer sind leicht kenntlich an dem stark gewölbten, vorn gekörnten Halsschilde, die fast glänzenden, gewöhnlich heller gefärbten und dunkle Längszeichnungen zeigenden Flügeldecken ohne Eindruck an dem Absturze. Biologisch sind sie

35*

charakterisirt durch die von ihnen gemachten Holz-Leitergänge, durch
deren Anlage die technische Verwendbarkeit des Holzes für feinere
Zwecke beeinträchtigt wird. Vertilgungsmittel sind weniger gegen
sie anzuwenden, als Vorbeugungsmittel.

Beschreibung: T. (Trypodendron STPH., *Xyloterus* ER.) lineatus
OLIV. Liniirter Nadelholz-Bohrer. *Käfer* walzenförmig, schwarz, Beine,
Fühler, Basis des Halsschildes und Flügeldecken gelblichbraun, der Seitenrand
der letzteren und die Naht, sowie ein mehr oder weniger deutlicher Längsstreifen
auf der Mitte jeder Flügeldecke schwarz; die Flügeldecken fein, nicht tief
punktirt-gestreift, mit glatten Zwischenräumen. Die Fühlerkeule ist an der
Spitze stumpf abgerundet. Beim ♂ ist die Stirn tief ausgehöhlt und hat vorn
ein schwaches, manchmal undeutliches Längskielchen. Das Halsschild ist breiter
als lang, fast viereckig mit gerundeten Seiten, vorn nur ganz flach gerundet,
überdies mit feinerer Skulptur als beim ♀. Beim ♀ ist die Stirn gewölbt,
das Halsschild nach vorn in starkem Bogen gerundet. Länge 2·8—3 *mm.*

Die schwarze Zeichnung auf der Oberseite des Käfers ist ziemlich veränderlich und tritt oft fast ganz zurück. Die wohl unreifen Exemplare, bei
welchen nur der Kopf schwarz ist, betrachtete man früher als besondere Art,
Bostr. melanocephalus FABR.

T. (Trypodendron STPH., *Xyloterus* ER.) signatus FABR. (*Quercus* EICHH.).
Liniirter Laubholz-Bohrer. *Käfer* an Gestalt und Färbung dem T.
lineatus äusserst ähnlich, auch bezüglich der Unterschiede beider Geschlechter. Die Fühlerkeule ist jedoch viel grösser und an der inneren Ecke
stumpf, etwas nach innen vorgezogen. Die Punktstreifen der Flügeldecken sind
etwas gröber, die einzelnen Punkte zum Theil nicht ganz rund, sondern etwas
eckig ausgezogen, so dass die Zwischenräume stellenweise gerunzelt erscheinen.
Länge 3—3·5 *mm.*

T. (Trypodendron STPH., *Xyloterus* ER.) domesticus L. Buchen-Laub-
holz-Bohrer. *Käfer* seinen Gattungsverwandten sehr ähnlich, auch bezüglich der Unterschiede beider Geschlechter. Die Fühlerkeule ähnelt der des
T. signatus, ist jedoch an der Spitze nach innen in ein weniger abgerundetes,
deutliches Zähnchen erweitert. Die fein punktirten Flügeldecken sind an der
Spitze deutlich gefurcht, mit etwas vorspringendem Nahtwinkel. Letzterer ist
bei den andern beiden Arten einfach abgerundet. Typische Exemplare sind schon
durch die Färbung leicht zu erkennen; die Flügeldecken sind mehr strohgelb,
der schwarze Streifen auf der Mitte fehlt stets; das Halsschild ist in der Regel
ganz schwarz. Farbenvarietäten, z. B. solche mit mehr oder weniger gelblich
gefärbtem Halsschild, unterscheiden sich von den verwandten Arten am leichtesten
durch die Gestalt der Fühlerkeule und durch den vorspringenden Nahtwinkel
der Flügeldecken. Die gewöhnlich gelben Fühler und Beine zeigen ausnahmsweise eine dunkle Färbung. Länge 3 *mm.*

Lebensweise. Diese drei Käferarten schliessen sich insofern
den bisher behandelten, rindenbrütenden Borkenkäfern noch an, als
auch bei ihnen die Larven, jede für sich, einen gesonderten Gang
anlegen, unterscheiden sich aber andererseits scharf von jenen dadurch,
dass der zugleich in seiner gesammten Ausdehnung als Puppenwiege
dienende Larvengang gerade nur so gross ist, dass die Larve ihn in
jedem Stadium ihrer Entwickelung ganz ausfüllt. Die Larven können
also sicher wenigstens einen Theil ihrer Nahrung den abgenagten
Holztheilchen entnehmen (vgl. S. 538). Das bereits an seiner Geburtsstätte von dem der gleichen Brut entstammenden Männchen begattete Weibchen bohrt eine senkrecht durch die Rinde in das Holz
gehende Eingangsröhre und verlängert diese gewöhnlich in mehrere,
in demselben Stammquerschnitt wie die Eingangsröhre verlaufende

Brutröhren, in welchen, dem Fortschritte des Stollens entsprechend,

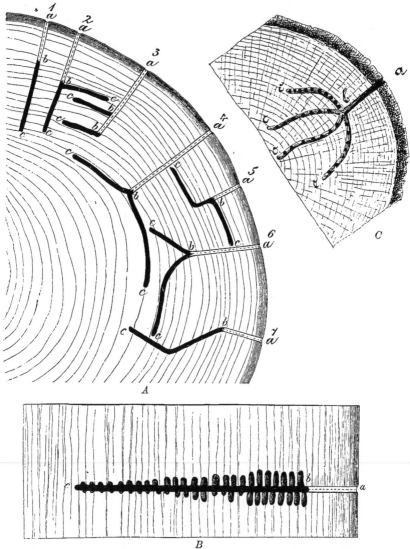

Fig. 177. Leitergänge holzbrütender Borkenkäfer: *A* Frassfigur von **Tomicus lineatus** Oliv. auf einem Stammquerschnitte, *B* dieselbe im Längsschnitte des Stammes, beide nach Beling [4]. *C* Frassfigur von T. domesticus L. auf dem Stammquerschnitt gesehen. *ab* Eingangsröhren, *bc* Brutröhren. Original.

auf der Unter- und Oberseite, nicht rechts und links, in mässiger Entfernung Einischen genagt, je mit einem Ei belegt und wieder

mit Bohrmehl verschlossen werden. Die ausschlüpfenden Larven
nagen nun je nach der Lage ihrer Geburtsnische nach oben oder
unten in der Richtung der Holzfaser Larvengänge von dem gleichen
Kaliber wie die Muttergänge, welche aber, wie bereits bemerkt, sehr
kurz, höchstens 5 mm lang, bleiben und wie die Sprossen einer ein-
baumigen Leiter zu einander stehen, weshalb die gesammte Frassfigur als „Leitergang" bezeichnet wird. Die Exkremente werden von
der Larve zur Verstärkung der den Larvengang gegen den Muttergang abschliessenden, dünnen Scheidewand benutzt. Die Puppe liegt
in diesem Larvengang stets mit dem Kopfe der Brutröhre zugewendet.

Die Frassfiguren der drei Arten unterscheiden sich insoweit,
als der Regel nach die Eingangsröhre von T. lineatus OLIV. verhältnissmässig kurz bleibt und von ihrem Ende nur zwei Brutgänge,
dem Laufe der Jahresringe folgend, nach rechts und links sich ab-
zweigen (Fig. 141, 7, S. 440), obgleich auch andere Anordnungen, welche
BELING sehr gut in einer schematischen Figur vereinigt hat (Fig. 177 A),
vorkommen. Gewöhnlich bleiben diese Gänge blos im Splinte. Die
Gänge der beiden anderen Arten dringen dagegen öfters tiefer ein,
und die oft in der Mehrzahl vorhandenen Brutröhren gehen nicht
in der Richtung der Jahresringe, sondern schräg durch dieselben
(Fig. 177 C).

Was die Brutbäume dieser drei Arten betrifft, so ist T. lineatus
OLIV. wohl ausschliesslich Nadelholzkäfer, und zwar schon nach
RATZEBURG'S später öfters bestätigter Angabe mit Bevorzugung der
Tanne, Abies pectinata DEC., [V, I, S. 200]. Die beiden anderen
Arten sind dagegen den verschiedensten Laubhölzern gemeinsam.
T. lineatus OLIV. geht sicher mitunter stehende Stämme an, dagegen
scheint er ganz gesunde zu meiden. Viel häufiger findet er sich aber
in Windbruchhölzern, alten Stöcken und gefälltem Nutzholze. Die
beiden anderen Arten gehen meist auch nur in unterdrückte Stangen
und Stöcke, jedoch auch in gefällte Stämme.

Die Angabe von RATZEBURG, dass T. lineatus OLIV. auch in Birke vor-
komme, dürfte wohl, wie EICHHOFF vermuthet, auf Verwechselung mit dem sehr
ähnlichen, damals noch nicht unterschiedenen T. signatus FABR. beruhen. Auch
Weymouthskiefern und Lärchen geht er an, desgleichen nach HENSCHEL
[32e, S. 536] die Arve. Die Laubholzkäfer sind sehr polyphag. T. signatus
FABR. wird angegeben [15a, S. 297] aus Eiche, Buche, Ahorn, Birke und
Linde; T. domesticus L. ist vorwiegend ein Buchenkäfer, kommt aber auch
[XXIV, S. 37] in Ahorn, Birke, Hainbuche, Akazie, Erle, Kirschbaum
und Mehlbaum, (Sorbus aria EHRH.), vor.

Sämmtliche drei Arten sind Frühschwärmer, welche meist
eine doppelte Generation haben. Wir stellen die Entwickelung
von T. lineatus OLIV. nach den Untersuchungen von BELING,
dem wir die erste Klarlegung dieser Frage [4] verdanken, dar.
Dieser nimmt als normale Flugzeit im Harze den Monat April an,
und verlegt den zweiten Flug in den Juli, weiss aber sehr wohl,
dass bei günstiger Witterung und in wärmeren Gegenden — z. B.
nach EICHHOFF stets im Elsass — der Käfer auch viel früher, schon

im März, fliegen kann. Es stellt sich daher die normale Entwickelung ungefähr folgendermassen:

	Jan.	Febr.	März	April	Mai	Juni	Juli	Aug.	Sept.	Oct.	Nov.	Dec.
1880				+——	——	——	⊙++	⊙+	+++	+++	+++	+++
1881	+++	+++	+++	+·								

In höheren, kälteren Gebirgslagen hat er vielleicht auch nur
eine einfache Generation; die betreffenden Beobachtungen JUDEICH's
im Riesengebirge bedürfen indessen noch der Bestätigung.

Der Schaden unserer Käfer ist zunächst wesentlich ein technischer. Holz, welches von ihren Bohrlöchern reichlich durchsetzt
wurde, ist vielfach nicht mehr brauchbar, namentlich kann das von
T. lineatus OLIV. angegangene Nadelholz nicht mehr zur Fabrikation
von Schachteln, Schindeln und feineren Brettern dienen. Doch macht
EICHHOFF mit Recht darauf aufmerksam, dass letzterer Käfer mit
seinen Gängen fast immer im Splinte bleibt und das Innenholz nicht
angeht, sodass für Zwecke, bei denen der Splint keine Verwendung findet,
die technische Entwerthung nicht so bedeutend ist, als die Händler
zum Zwecke der Herabdrückung des Preises oft behaupten. Immerhin
ist allseitig seit neuerer Zeit eine Reihe sehr bedeutender Klagen
gegen ihn laut geworden. Auch die beiden anderen, wesentlich in
Harthölzern lebenden Arten schaden stark, besonders weil sie tiefer
in das Holz gehen und häufig starke Eichen-, Buchen-, Birken- und
Ahornklötze entwerthen.

Beachtenswerthe Beispiele stärkerer Schäden sind in den Verhandlungen
des Harzer Forstvereines 1869, S. 14—29 und 1871, S. 17—22 und in den
Berichten des Sächsischen Forstvereines 1870, S. 15—25 niedergelegt, ferner in
denjenigen des Elsass-Lothringischen Forstvereines 1879, S. 47, wo Oberförster
NEY sagt: „Ein Theil meines Wintereinschlages konnte in Folge starken Schnee-
falles namentlich im März 1877 nicht abgezählt werden, das Holz war deshalb
zur ersten Flugzeit — Mitte April — theilweise noch im Walde und wurde,
obwohl entrindet, so stark von den Käfern befallen, dass man das Wurmmehl
von weitem sah und ich für das Anfang Mai verkaufte Holz statt 20 nur 9 Mark
pro Festmeter erhielt. In Windfalljahren sind Dielen, welche vom Käfer befallen sind, kaum verkäuflich. Ich schätze meinen Schaden vom Jahre
1887 im Staatswalde allein auf 30 000 Mark."

Abwehr. Als Vorbeugungsmassregel gegen die Verheerungen
der Käfer im Nutzholze ist namentlich die Entfernung aller kranken,
unterdrückten und beschädigten Stämme, sowie vorzüglich die der
Stöcke zu empfehlen, also alles Materiales, in welchem sie gern
brüten, womöglich mit Verbrennung oder Ankohlung. Gegen die
beiden Laubholzborkenkäfer dürfte wohl überhaupt weiter nichts zu

thun sein. Etwas Anderes ist es mit T. lineatus Oliv. Gegen ihn ist
von jeher das Schälen der gefällten Hölzer empfohlen worden. Aber
den wenigen Berichten, in denen diese Massregel schon an und für
sich als wirksam geschildert wird, stehen andere gegenüber, welche
ihre völlige Nutzlosigkeit in vielen Fällen erweisen. Dagegen steht
fest, dass Sommerfällung in der Saftzeit mit sofortiger Entrindung
die Bäume so austrocknet, dass sie auch dann, wenn sie im Walde
bis zum nächsten Frühjahre liegen bleiben, von den im ersten Frühjahr schwärmenden Käfern nicht mehr befallen werden. Diese Beobachtung ist namentlich sicher durch Judeich an Tausenden von
Klötzen auf der Herrschaft Hohenelbe im Riesengebirge gemacht
worden, und wurde ihm neuerdings durch Forstmeister Bakesch daselbst mündlich bestätigt. Auch Nördlinger theilt mit, dass gegen
den Käfer die mit völliger Entrindung des Schlagmateriales verbundene Sommerfällung ziemlich sicher schütze. Bei geschälten Bäumen
käme es „nur unter besonderen Umständen, wie schattiger Lage, nasser
Witterung oder dem Boden nahe vor, dass sich der Käfer einstelle".
Seit mehr als 100 Jahren sei deshalb in den Vogesen, seit den
Zwanzigerjahren dieses Jahrhunderts im Schwarzwalde die genannte
Massregel mit bestem Erfolge eingeführt [**XXVI**, S. 189]. Eichhoff
empfiehlt das Auslegen von „Fangkloben und Stangen, welche zweck-
mässigerweise mit dem unteren Ende in die Erde einzugraben sind,
um sie länger frisch zu erhalten, und zwar vom Februar und März
an allmonatlich bis in den Herbst hinein. Die mit Brut besetzten
Fanghölzer müssen spätestens 4—6 Wochen nach ihrer jedesmaligen
Fällung verbrannt oder wenigstens ganz dünn gespalten werden,
so dass sie rasch austrocknen und die darin enthaltene Brut ver-
hungert." Er empfiehlt ferner bei den nach den Holzablagen und
Sägemühlen abgefahrenen Hölzern das Absägen und Vernichten der
äusseren Schwartenbretter. „Besonders werthvolle Hölzer könnten
allenfalls mit einem schützenden Theeranstriche versehen werden"
[**15 a**, S. 303 u. 304].

   Th. Hartig hat bei dem Harzer Forstverein 1871 die Frage angeregt, ob
es nicht zweckmässig wäre, zum Schutze gegen T. lineatus Oliv. die stehenden
Fichten durch Schälung im unteren Theile, welche nach dem Frühjahrsfluge zu
geschehen hätte, auf dem Stocke abzuwelken, um sie so im nächsten Frühjahr
gegen den Käfer zu schützen. Berichte über die beabsichtigten Versuche liegen
unseres Wissens aber nicht vor. Dagegen sollen so abgeschälte Eichen von
Lyctus- und Anobium-Larven verschont werden unter Umständen, unter welchen
gleiche, nicht abgewelkte, zu gleicher Zeit gehauene, andere Eichen von ihnen
angegangen wurden. Th. Hartig schiebt dies auf den Mangel an abgelagerten
Reservestoffen im Splinte der abgewelkten Bäume.

Saxesen's Holzbohrer,
Tomicus Saxesenii Ratz.,

der kleinste und im weiblichen Geschlecht auch schlankste aller
Holz-Bohrkäfer bildet die zweite biologische Unterabtheilung für sich
allein, ist aber forstlich wenig bedeutend.

Beschreibung: **T.** (Xyleborus, Eichh.) **Saxesenii** Ratz. Pech-schwarz oder braun, dünn greis behaart, Halsschild länger als breit, vorn ab-gerundet, hinten glatt, auf der Scheibe vor der Mitte mit einem oft undeut-lichen Querwülstchen, Fühler und Beine rostgelb. ♀ lang gestreckt, walzen-förmig. Flügeldecken fein gestreift-punktirt, mit sehr fein gereiht-punktirten Zwischenräumen, letztere nach der Spitze zu fein gekörnt. Am schwach gewölbten Absturz die Naht und beiderseits der Zwischenraum 3 und 4 reihenweis gekörnt, 2 glatt, eine schwach vertiefte Furche bildend. ♂ etwas lichter gefärbt und kleiner als das ♀, von der Spitze der verwachsenen Flügel-decken bis zum Vorderrand des Halsschildes flach gewölbt, vorn und hinten niedergebeugt; Flugflügel verkümmert. Die Skulptur der Flügeldecken sehr undeutlich, am Absturz jedoch die Vertiefung des Zwischenraumes 2, sowie die Körnchen auf der Naht und dem Zwischenraume 3 meist deutlich zu erkennen. Auf 25 ♀ kommt erst ein ♂. Länge des ♀ 1·5—2 mm.

Lebensweise. Die Haupteigenthümlichkeit dieses Thieres liegt darin, dass an der Herstellung der Gesammtfrassfigur zwar auch noch die Larven theilnehmen, aber nicht in der Weise, dass jede für sich einen von der Brutröhre ausgehenden Larvengang frisst, sondern so, dass von allen zusammen eine die ganze Familie bergende Ausweitung hergestellt wird. Hier besteht also wahrscheinlich wenigstens ein Theil der Larvennahrung aus abgenagten Holztheilen (vgl. S. 538). Die Eingangsröhre geht radial in den Baum, von ihr frisst der Mutterkäfer nach rechts und links in demselben Stammquerschnitt Brutröhren, welche gewöhnlich den Jahresringen folgen und in dem weichsten Theile derselben angelegt werden (Fig. 142, 8). Mitunter gehen von derselben Eingangsröhre auch in verschiedener Entfernung von der Rinde Brutröhren ab. In den in der Richtung der Holzfaser oft fingerbreiten, in radialer stets engen Familiengängen sind häufig Eier, Larven in verschiedenen Entwickelungszuständen, Puppen und junge Käfer vereinigt. Auch dieser Käfer scheint zeitig im Jahre zu fliegen und doppelte Generation haben zu können.

T. Saxesenii Ratz. gehört zu den sehr polyphagen Thieren, da er nicht nur in Eiche, Buche, Ahorn, Linde, Birke, Pappel, Rosskastanie, Obstbäumen, z. B. Aprikosen-, Aepfel- und Kirsch-bäumen vorkommt, sondern auch Nadelhölzer, Kiefer, Fichte, Tanne, Lärche angeht, und sogar in der Koelreuteria paniculata Laxm., einem chinesischen Zierstrauche, von Nördlinger gefunden wurde.

Obgleich er gern älteres Holz annimmt, vielfach Verletzungen und sogar von Rinde entblösste Stellen zum Einbohren benutzt, ja selbst durch die Bohrlöcher anderer Borkenkäfer eindringt, so ist er doch auch schon sicher in Heistern gefunden worden.

Sein Schaden ist, wo überhaupt von einem solchen gesprochen werden kann, wohl vorwiegend technisch. Grössere Verheerungen an Heistern hat er noch nicht angerichtet, dagegen scheint er in Obst-baumschulen nicht ganz ungefährlich zu sein.

Nördlinger hat bis jetzt die genauesten Beobachtungen über ihn gemacht [**XXIV**, S. 38—40].

Die dritte biologische Unterabtheilung umfasst die beiden

Eichen-Bohrkäfer,

Tomicus monographus Ratz. und T. dryographus Ratz.,

den Eichen-Kernkäfer,

Platypus cylindrus Fabr. und

den Kiefern-Bohrkäfer,

Tomious eurygraphus Ratz.

Von diesen Käfern ist der, mehr südliche, Eichen-Kernkäfer
sofort kenntlich durch seine 5 mm erreichende Grösse, die schlanke
Gestalt, den breiten Kopf mit vorspringenden Augen und die längsgerieften Flügeldecken (Fig. 143). Die drei anderen Arten zeigen
den gewöhnlichen Habitus der holzbohrenden Borkenkäfer aus der
Untergattung Xyleborus, zu deren grössten Vertretern der bis 4mm
lange, gleichfalls nur im Süden beachtenswerthe Kiefern-Bohrkäfer
gehört. Dagegen sind die kleinen, ungefähr 2·5 mm langen, schlanken
Eichen-Bohrkäfer auch bei uns wirklich technisch schädliche Baum-
feinde. In der Praxis bezeichnet man sie im Gegensatz zum „grossen
Wurm", der Larve des Eichen-Bockkäfers, Cerambyx cerdo L., als
„kleinen schwarzen Wurm". Alle machen tief in das Holz eindringende Gabelgänge und sind schwer zu bekämpfen.

Beschreibung. Tomicns (Xyleborus Eichh.) monographus Fabr.
Käfer walzenförmig, rothbraun, glänzend, sehr fein behaart. Halsschild länger als
breit, vorn abgerundet, hinten sehr fein punktirt. Flügeldecken fein punktirt-gestreift,
mit sehr feinen Punktreihen in den Zwischenräumen. Absturz steil abschüssig,
glatt, mit vier im Viereck gestellten Höckerchen, nämlich zwei zu jeder Seite
der Naht, ausserdem am Rande noch mit einigen kleineren Höckerchen. Das
seltenere ♂ kürzer als das ♀, sein Halsschild vorn ausgehöhlt mit etwas born-
artig aufgebogener Spitze des Vorderrandes, Flugflügel verkümmert. Länge des
♂ 2—2·3 mm, die des ♀ 2·3—3·2 mm.

T. (Xyleborus Eichh.) eurygraphus Ratz. *Käfer* gestreckt, walzenförmig, glänzend, pechschwarz, lang behaart. Halsschild fast viereckig, länglich,
am Seiten- und Vorderrande fast gerade, vorn gekörnt, hinten punktirt. Flügeldecken punktirt-gestreift, die Punkte in den Streifen dicht und gross, Zwischenräume einreihig fein punktirt. Absturz steil abschüssig, runzelig punktirt, auf
Zwischenraum 1 und 3 undeutlich gehöckert, nahe der Naht oben beiderseits
gewöhnlich mit zwei deutlichen Höckerchen, der Zwischenraum 2 ohne
solche. Das seltenere ♂ mit vorn ausgehöltem, dicht punktirtem Halsschild, in
der Mitte des Vorderrandes desselben mit einem zurückgebogenen Höckerchen,
Flugflügel verkümmert. Länge 3·5—4 mm.

T. (Xyleborus Eichh.) dryographus Ratz. *Käfer* walzenförmig, röthlichbraun, dünn grau behaart, Fühler und Beine rothgelb. Halsschild länger als
breit, vorn abgerundet, hinten sehr fein punktirt. Flügeldecken fein gestreift-
punktirt mit sehr fein gereiht-punktirten Zwischenräumen, die nach der Spitze
zu mit Reihen feiner Körnchen besetzt sind. Absturz abschüssig gewölbt, auf
ihm die Streifen etwas tiefer eingedrückt und sämmtliche Zwischenräume mit
einer Reihe feiner Höckerchen; hierdurch und durch die Punktirung des Halsschildes ist das ♀ hauptsächlich von lichter gefärbten Exemplaren des T. Saxe-

senii unterschieden. ♂ etwas kürzer als das ♀, sein Halsschild vorn breit ausgehöhlt, mit einem zurückgebogenen Höckerchen an der Spitze. Länge des ♂ 2 *mm*, die des ♀ 2·3—2 5 *mm*.

Platypus cylindrus Fabr. *Käfer* sehr lang, walzenförmig gestreckt, pechbraun, wenig glänzend, gelblich behaart. Fühler und Beine rothbraun. Halsschild sehr fein und nicht dicht punktirt, hinter der Mitte mit kurzer, vertiefter Längslinie. Flügeldecken mit namentlich auf dem Rücken und nach hinten stark vertieften, fein und unregelmässig punktirten Längsstreifen und kielartig erhabenen Zwischenräumen. Absturz dichter gelb behaart. ♀ auf dem Halsschild hinter der Mitte mit einem rundlichen, ziemlich scharf abgegrenzten, äusserst dicht und fein punktirten, daher mattglänzenden Fleck, weichen die vertiefte Linie durchschneidet; Absturz der Flügeldecken gekörnt. Beim ♂ ist das Halsschild ohne solchen Fleck, zu beiden Seiten der vertieften Linie in unbestimmter Ausdehnung fast gar nicht punktirt, daher glänzend glatt; auf dem Absturz befindet sich beiderseits in der Mitte am Ende des dritten Zwischenraumes ein kleines Zähnchen, seitlich etwas tiefer, am Ende des letzten Zwischenraumes ein grosser, nach rückwärts vorstehender Zahn. Länge 5 *mm*.

Larve von der der übrigen Borkenkäfer dadurch unterschieden, dass sie hinten senkrecht abschüssig und eben ist. Kopf stark gewölbt, desgleichen die Vorderbrust, die mit feinen braunen Hornleistchen versehen ist. Luftlöcher und Unterwülste mit einem Härchen und mit deutlichen dunkler gefärbten Knöpfchen, welche wiederholten Luftlochreihen ähneln. Kopf und letzter Ring behaart, sonst nackt.

Lebensweise. Die gemeinsame Eigenthümlichkeit des Frasses aller dieser Käfer beruht darin, dass sie primäre Gabelgänge machen. Die Mutterkäfer bohren eine radial in den Baum eindringende Eingangsröhre, von welcher sie seitlich einfache oder verästelte Brutröhren in demselben Stammquerschnitt anlegen. In diesen Röhren werden die Eier in kleinen Häufchen abgelegt. Die ausschlüpfenden Larven ordnen sich in ihnen reihenweise und vollenden hier ihre Metamorphose, ohne irgend etwas selbstständig zu der Erweiterung oder Verlängerung der Gänge beizutragen. Ihre Nahrung kann also nur aus Baumsaft oder Pilzrasen (vgl. S. 538) bestehen. Bei T. monographus Ratz. ist die Eingangsröhre meist etwas geschwungen, 1—8 *cm* lang, also mitunter nur im Splinte verlaufend, oder aber bis in den Kern eindringend; die geschwungenen Brutarme gehen demgemäss auch mehr oder weniger tief in das Innere des Baumes (Fig. 142, *9*). Bei T. dryographus Ratz. sind die Eingangsröhren dagegen meist vollständig gerade, dringen in der Richtung der Markstrahlen bis 15 *cm* tief in das Holz ein, und die von ihnen schräg nach dem Innern des Baumes zu abgehenden Brutröhren sind gleichfalls meist vollständig gerade [Eichhoff 15a, S. 284 u. 287]. Nach den nur wenig ausführlichen, von Perris [58] gegebenen Beschreibungen der Frassgänge des T. eurygraphus Ratz. scheinen dieselben denen des T. dryographus Ratz. zu gleichen, mit dem einzigen Unterschiede, dass öfters zwei Brutröhren von einem und demselben Punkte der Eingangsröhre nach rechts und links abgeben. Noch weniger Sicheres weiss man von der Frassfigur des Platypus cylindrus Fabr., die aber im Allgemeinen der des T. monographus Ratz. ähnlich zu sein scheint, obgleich Georg [61a, S. 139) aus einer Beobachtung im Solling schliessen will, dass sich bei diesem Käfer die Larven an der Herstellung der Gänge betheiligen.

T. monographus RATZ, T. dryographus RATZ. und der erst im Süden häufiger werdende Pl. cylindrus FABR. sind Eichenbewohner, und zwar bevorzugen sie ältere Stämme, namentlich beschädigte, sowie auch Stöcke. Diese dürfen aber noch nicht ausgetrocknet sein, wie denn alle Holzborkenkäfer bis zu einem gewissen Grade frisches, noch saftiges Holz lieben. T. eurygraphus RATZ. ist ein mehr im Süden und Osten vorkommendes Kieferninsekt, welches namentlich in den Südfranzösischen Landes von PERRIS als häufiger Bewohner alter Stämme beobachtet wurde.

Sicheres über die Generation dieser Käfer weiss man kaum. Die meisten älteren Autoren geben sie als einjährig an, während EICH-HOFF durchgehend eine doppelte annimmt.

Die früher von ALTUM gemachte und auch in andere Bücher überge-gangene Angabe, dass T. dryographus RATZ. in Heistern vorgekommen wäre, beruht, wie er selbst berichtigend bemerkt [**XVI**, 2. Aufl. III, 1, S. 319], auf einer Verwechselung mit T. Saxesenii RATZ. In seltenen Fällen kommt er nach DÖBNER [**XIV**, S. 81] in Buche und nach HENSCHEL [**32** *d*, S. 9] auch in Ulme vor. Pl. cylindrus FABR. ist auch in Edelkastanie gefunden worden [**XXIV**, S. 40]. Auch in Ulme hat er sich schon eingebohrt, diese Holzart aber alsbald wieder verlassen [**77**, S. 42], und die Angabe von GEHIN, dass er auch im Birn-baum lebe, hält NÖRDLINGER [**VIII**, S. 237] wohl mit Recht für eine irrthümliche. Dieser Eichenkernkäfer ist nicht nur in Europa in der Eichenregion verbreitet, sondern kommt auch in anderen Welttheilen vor [**15** *a*, S. 306].

T. eurygraphus RATZ., den EICHHOFF aus Südfrankreich, Corsica, Dalmatien, Griechenland, dem Kaukasus und Steiermark kennt, und der wahrscheinlich auch noch in anderen Gegenden Oesterreichs und im südlichen Deutschland vorkommt, ist nicht auf die gemeine Kiefer beschränkt, sondern geht namentlich gern die verschiedenen anderen, die Mittelmeerküstenstriche bewohnenden Kiefernarten an, wie Seekiefer, Schwarzkiefer u. s. f. [**15** *a*, S. 277].

Der Schaden aller dieser Arten ist wohl sicher ein rein technischer. Namentlich werden die starken Eichenstämme durch ihren Frass bedeutend entwerthet. Da der Schaden ein um so grösserer ist, je tiefer die Gänge in den Kern gehen, so ist T. dryographus RATZ. wohl schädlicher als T. monographus RATZ. Ein physiologischer Schaden wird bis jetzt nur einmal dem Pl. cylindrus FABR. zugeschrieben, welcher in Istrien im Reichsforste Montana auf Ueber-schwemmungsterrain stehende Eichen vielfach tödten soll. Es könnte hieran aber hauptsächlich Verschlämmung Schuld sein, da der ur-sprüngliche Wurzelknoten bei allen dortigen Eichen unter dem augenblicklichen Bodenniveau, oft über einen Meter tief, liegt, und die Eichenkern-Käfer sich erst secundär an den bereits kranken Stämmen einfinden, denen sie allerdings alsdann den Rest geben.

Da die Beobachtungen über den Kernkäfer bisher nur sehr lückenhaft sind, sei aus den schönen Beobachtungen von S. H. [**77**] noch Folgendes mit-getheilt: Platypus greift in Montana stets die Bäume im untersten Theile an, erst später verbreitet er sich höher, geht aber nicht in die Aeste und in das Zopf-holz Vollkommen ausgebildete Käfer sind das ganze Jahr vorhanden. Sie über-wintern im Splinte klumpenweise zu 30—40 Stück zusammen, und zwar öfters etwa 30—50 *cm* unter dem aufgeschwemmten Bodenniveau. Von der Rinde ent-

blösste Stellen an noch lebendem Holze greifen sie gern an, verlassen sie jedoch
bald wieder. Solche Stellen überwallen dann nicht. Gefälltes Holz nehmen sie
nicht an, und befallenes Holz wird, sobald es nach der Fällung trocken wird,
verlassen. Aus einem befallenen, geschlagenen Stamme wanderten einmal die
Käfer, sobald er trocken wurde, aus, um den unter dem Schwemmlande verborgenen Theil eines benachbarten, noch stehenden Baumes auf der dem gefällten zugewendeten Seite bis auf ein Drittel des Durchmessers siebartig zu
durchlöchern. Seit 1840 sind in Montana nicht nur einzelne Stämme, sondern
ganze Distrikte in einem Sommer abgestanden. Die höher gelegenen, nicht über-
schwemmten Eichenwaldungen blieben verschont. Die im Frühjahr angegriffenen
Stämme zeigen nach dem Johannistrieb ein Lichterwerden der Krone, einzelne
Aeste verlieren die Blätter, und im nächsten Frühjahre schlagen sie nicht mehr
aus. Erst im Laufe des Sommers befallene Stämme schlagen zwar im nächsten
Frühjahr kümmerlich aus, welken aber nach dem Johannistriebe ab. Das Holz
der getödteten Stämme ist, besonders horizontal und vertical wie ein Sieb
durchlöchert und ausser zur Feuerung zu keinem Gebrauche mehr geeignet,
obgleich dortige Böttcher sich zu helfen suchen, indem sie an den Fassdauben
die Bohrlöcher mit Stiften verschlagen.

In die letzte biologische Unterabtheilung gehört nur der

Ungleiche Holzbohrer,

Tomicus dispar FABR.,

welcher mehr physiologisch als technisch beachtenswerth ist. Dieser
ganz schwarze Käfer ist zoologisch hauptsächlich durch den auffallenden Unterschied seiner beiden Geschlechter gekennzeichnet, der
ihm auch den Namen verschaffte. Während nämlich das ungefähr
3 *mm* lange, durch ein sehr starkes, fast kugeliges Halsschild ausgezeichnete ♀ die gewöhnliche Borkenkäfergestalt bewahrt, erscheint
das ♂ als fast halbkugelförmiger Zwerg. Seine ausschliesslich von
dem Weibchen hergestellte Frassfigur ist charakterisirt durch die
senkrechten Brutröhren zweiter Ordnung (Fig. 142, *10*). Dem Forstmanne ist er als Feind namentlich der jungen Laubhölzer von Heisterstärke, die er durch seinen Angriff tödtet, beachtenswerth. Rechtzeitige Verbrennung des angegangenen Materiales ist die einzige
gegen ihn angezeigte Abwehr.

Beschreibung: T. (Xyleborus EICHH.) dispar FABR. *Käfer* pechschwarz, greis behaart, mit bräunlichgelben Fühlern, Schienen und Füssen.
♀ gedrungen, walzenförmig. Halsschild kugelig, hinten glatt. Flügeldecken
bis zum Hinterrand ziemlich fein punktirt-gestreift, mit breiten, sehr fein gereiht-punktirten Zwischenräumen. Absturz flach gewölbt, die Zwischenräume auf
demselben mit etwas undeutlichen Körnchen besetzt, der siebente Zwischenraum
an der Spitze etwas erhaben. ♂ kugelig eiförmig, viel kleiner als das ♀, mit
einem nur flach gewölbten, nach vorn herabgezogenen Halsschild und längeren
Beinen. Flugflügel fehlen dem ♂. Länge des ♀ 3—3·5 *mm*, Länge des ♂ 2 *mm*.

Lebensweise und Schaden. Das Merkmal, welches die
Frassfigur dieses Käfers vor allen anderen auszeichnet, ist das Auftreten der secundären Brutröhren. Das Weibchen treibt, wie bei allen
anderen Holzbohrern, eine kürzere oder längere Eingangsröhre radial
in den Baum, legt dann in demselben Stammquerschnitt ungefähr in
der Richtung der Jahresringe primäre Brutröhren an und bohrt von
diesen weiter fressend secundäre, rechtwinklig von diesen abgehende,

der Richtung der Holzfaser folgende, längere oder kürzere Brutröhren zweiter Ordnung nach oben und unten (Fig. 142, *10* und Fig. 178). Die Länge der Eingangsröhre und die Zahl und Länge der Brutröhren erster und zweiter Ordnung ist sehr verschieden, besonders nach der Stärke des befallenen Materiales. In stärkeren Stämmen und Stöcken kann die Länge der Eingangsröhre 3—6 *cm* betragen [15 *a*, S. 272]. Die Brutröhren erster Ordnung gehen dann entweder vom Ende der Eingangsröhre regelmässig nach rechts und links den Jahresringen folgend, oder es zweigt sich bereits früher eine oder die andere primäre Brutröhre von der Eingangsröhre ab, oder die Brutröhren gehen schräger nach innen, mehrere Jahresringe schneidend. In schwächerem Materiale bleiben die Eingangsröhren oft sehr kurz.

Fig 178. Frass von Tomicns dispar FABR. in einem Heister.

Die Brutröhren erster Ordnung folgen meist streng dem Verlaufe der Jahresringe, und wenn von einem Punkte zwei derselben nach rechts und links abgehen, so können beide zusammen fast einen Kreis um den innersten Stammkern beschreiben, wie dies schon RATZEBURG und ALTUM richtig schildern, und wie wir selbst beobachtet haben. Die secundären, 1—2 *cm* langen Brutröhren weichen nur selten bedeutend von der Richtung der Holzfaser ab. In ihrer Bedeutung für das Thier sind die Brutröhren beider Ordnungen einander gleich. In beiden leben die aus den haufenweise am Eingange der Brutröhren ausgekrochenen Larven von dem in jene ausschwitzenden Safte oder dem sich dort entwickelnden Pilzrasen (vgl. S. 538), reihenweise hintereinander angeordnet und verpuppen sich auch dort. Die entwickelten Thiere verlassen ihre Geburtsstätte, nachdem sich wahrscheinlich bereits hier die Begattung abgespielt hat, durch die Eingangsröhre. Da die Zahl der ♀♀ im Allgemeinen die der ♂♂ weit übertrifft, nach EICHHOFF und SCHREINER verhalten sie sich wie 4 : 1 [15 *a*, S. 275], so begattet wahrscheinlich ein ♂ mehrere Weibchen. Alle Beobachtungen deuten auf eine doppelte Generation. Die erste Flugzeit scheint in den April oder Mai zu fallen, die zweite, in den Juli und August. Die Käfer der zweiten Brut sind schon im Herbste fertig und überwintern reihenweise hintereinander geordnet, ♂♂ und ♀♀ gemischt, in den Brutröhren.

T. dispar FABR. ist bezüglich der Holzart sehr wenig wählerisch und geht wohl alle Laubhölzer an, obgleich er am häufigsten in Eichen und Buchen, sowie in Obstbäumen vorzukommen scheint.

Er wird angeführt aus Birke, Hainbuche, Ahorn, Erle, Eiche, Platane, Rosskastanie, Edelkastanie, Apfelbaum, Birnbaum, Pflaumenbaum, Kirschbaum [NITSCHE], Weissdorn, ja sogar aus Granatbaum [DÖBNER XIV, 2, S. 183], Koelreuteria paniculata [NÖRDLINGER XXIV, S. 40], Rebe [ALTUM], Pernambukholz [EICHHOFF] und Kiefernbauholz [SCHREINER].

Auch Alter und Gesundheitszustand der befallenen Bäume scheint dem Käfer ziemlich gleichgiltig zu sein. EICHHOFF [15 a, S. 270] hat ihn oft in Eichen- und Buchenstöcken gefunden, sowie SCHREINER in Eichenklafterpfählen, und EICHHOFF ist geneigt, derartiges Material als seine eigentliche normale Brutstätte anzusehen. Dagegen greift er auch ganz gesunde Stämmchen von Heisterstärke an, und in diesen ist sein Frass, der in dem vorgenannten Materiale völlig gleichgiltig bleibt, auch wirklich schädlich geworden. Der erste uns bekannte und wohl bis auf den heutigen Tag noch ausführlichste Bericht über die Art seines Angriffes stammt von SCHMIDBERGER her [IV, S. 261—270], welchem der Käfer 22 in Töpfen gezogene Zwergapfelbäume und einen Pflaumenbaum tödtete. Die Folge des Einbohrens war Saftfluss, der sich, wenn der Käfer einmal bis in das Holz gekommen war, nicht stillen liess und den Tod des Baumes zur Folge hatte. Der Käfer ist daher in den Obstbaumschulen sehr gefürchtet. Bei Tharand wurden vor einigen Jahren an der Chaussee mehrere Kirschbäume von 10—12 cm Durchmesser nur von diesem Käfer getödtet. Grössere forstliche Schäden sind unseres Wissens bis jetzt fast nur von ALTUM registrirt worden [XVI, III, 1, S. 321]: In Münster tödtete er 100 Eichenheister, zu Cloppenburg im Oldenburgischen auf 4—5 ha im Juli und August 1872 über 3000 und zu Golchen in Vorpommern 475 Eichenheister. Auch betheiligt er sich gern an dem Frasse anderer Käfer; so war er auch bei der in Grammentin durch Agrilus elongatus HBST. bewirkten Verheerung von Eichenheistern, die wir nach ALTUM auf S. 322 anführten, stark betheiligt. Der Tod angegriffener Stämme ist sicher, namentlich wenn, wie dies häufig geschieht, mehrere Käfer denselben Heister angreifen.

Der forstlichen Section der Versammlung deutscher Land- und Forstwirthe zu Prag im Jahre 1856 wurde ferner, unter Vorlegung betreffender Frassstücke und Käfer, von einem erheblichen Schaden berichtet, welchen der Käfer durch Tödtung vieler junger Ahornheister auf der Herrschaft Pürglitz in Böhmen verursacht habe. Die über diese Versammlung veröffentlichten Berichte theilen dies allerdings nicht mit.

Abwehr. Entfernung alles nutzlosen Materiales, in dem der Käfer brüten kann, als alte Stöcke von Eichen, Buchen u. s. f., ist als Vorbeugungsmittel zu nennen. Rechtzeitige Entfernung und Verbrennung der angegangenen Heister ist als Vertilgungsmittel anzusehen. Das Verschmieren der Bohrlöcher mit Theer oder Baumwachs oder das Verkeilen derselben mit Holzstiften wird auch empfohlen, ist aber höchstens in Pflanzgärten und Obstbaumschulen anwendbar. Das nach HERNDL von HENSCHEL [XII, 2. Aufl., S. 202] empfohlene Zerquetschen des Mutterkäfers in der Eingangsröhre mit Hilfe eines eingeführten Drahtes kann nur bei sehr zeitiger Erkennung des Angriffes nützen.

Literaturnachweis zu dem Abschnitte „Die Borkenkäfer".

I. AHLEMANN. *a)* Auftreten des Borkenkäfers in der Oberförsterei
Guttstadt, Regierungsbezirk Königsberg. Grunert's Forstliche Blätter,
Heft 4, 1862, S. 49—62. *b)* Der Insektenfrass in der Oberförsterei
Guttstadt, Regierungsbezirk Königsberg. Daselbst, Heft 6, 1863,
S. 89—111. — **2.** ALTUM, B. *a)* Zoologische Miscellen. Zeitschrift
für Forst- und Jagdwesen VIII, 1876 S. 496—497. *b)* Der grosse
schwarze Eschenbastkäfer. Daselbst X, 1879, S. 397—402. *c)* Ein
neuer Sommeraufenthalt von Hylesinus piniperda. Daselbst 1879,
XI, S. 264. *d)* Fangbäume gegen Eccoptogaster scolytus. Daselbst
XIII, 1881, S. 61 und 62. *e)* Ueber die Generation des Bostrichus
typographus. Daselbst XV, 1883, S. 160 und 161. *f)* Zur Vertilgung der wurzelbrütenden Hylesinen u. s. f. Daselbst XIX, 1887,
S. 392—396. *g)* Kleinere forstzoologische Mittheilungen. Daselbst
XX, 1888, S. 242—245. — **3.** BAROCH, J. Der Borkenkäfer und seine
Nützlichkeit im Walde. 8. Pinka Mindszent 1878. — **4.** BELING. Beitrag zur Naturgeschichte des Bostrychus lineatus und des Bostrychus
domesticus. Tharander Jahrbuch XXXIII, 1873, S. 17—44. —
5. v. BERG. *a)* Notizen über den Borkenkäfer. Pfeil's kritische
Blätter X, 1, 1836, S. 119—130. *b)* Resultate der Forstverwaltung
des hannoverschen Harzes von 1836 bis einschliesslich 1840. 5) Insekten. Allgemeine Forst- und Jagdzeitung 1843, S. 151. *c)* Entwickelung der Borkenkäfer in Schweden. Monatschrift für das Forst-
und Jagdwesen 1870, S. 109 und 110. — **6.** v. BINZER. Die
beiden Kiefernmarkkäfer. Forstwissenschaftliches Centralblatt XXIII,
1879, S. 170—177. — **7.** BLONDEIN, K. M. Zur Borkenkäferfrage.
Böhmische Forstvereinszeitschrift, Heft 87, 1874, S. 16—31, Heft 90,
1875, S. 69—82 und Heft 93, 1876, S. 77—88. — **8.** BLUME. Ueber
Hylesinus ater. Verhandlungen des Hils-Solling-Forstvereins. Jahrg.
1858, S. 35—36. — **9.** BRAUN, A. Hylesinus piniperda und Hyl.
minor in der Fichte. Monatschrift für das Forst- und Jagdwesen
1867, S. 267. — **10.** BUDDEBERG. Beobachtungen über die Lebensweise
und Entwickelungsgeschichte des Thamnurgus Kaltenbachi. Jahrbuch
des Nassauischen Vereines für Naturkunde XXXIII und XXXIV,
S. 394—402. — **II.** COGHO. *a)* Ueber die Lebenszähigkeit des Fichtenborkenkäfers. 8. Frankenstein in Schl. 1874. *b)* Ueber die Ursachen
der längeren Dauer von Borkenkäferverheerungen älterer und neuester
Zeit. Jahrbuch des Schlesischen Forstvereins für 1874, S. 226 bis
234. *c)* Ueber das Ueberfliegen des Fichtenborkenkäfers. Daselbst
S. 235—239. *d)* Ueber die Ueberwinterung der Brut des Bostrychus
typographus. Jahrbuch des Schlesischen Forstvereins für 1875.
S. 238—250. — **12.** CZECH, J. Beiträge zur Kenntniss der Lebensweise des Kiefernmarkkäfers etc. Vereinsschrift des Böhmischen Forstvereins, Heft 121, 1883, S. 139—143. — **13.** DÖBNER. Einige Bemerkungen über schädliche Forstinsekten. Allgemeine Forst- und
Jagdzeitung XXXVIII, 1862, S. 275. — **14.** DOMMES. Ueber das
Vorkommen des Borkenkäfers im Bernstadter Revier. Verhandlungen

·des Schlesischen Forstvereins 1857, S. 115—117. — **15.** Eichhoff, W.
a) Die europäischen Borkenkäfer. 8. Berlin 1881. *b)* Tomicus (Bostrichus) bistridentatus Eichh. nicht Varietät von quadridens u. s. f.
Zeitschrift für das Forst- und Jagdwesen XV, 1883, S. 219—222. —
16. Fischbach, C. Zur Lebensweise des Fichtenborkenkäfers u. s. f.
Centralblatt für das gesammte Forstwesen I, 1875, S. 27—29. —
17. Fleischer, A. B. Der Fichtenborkenkäfer „Bostrychus typographus” im Böhmerwalde, seine Mithelfer u. s. w. Vereinsschrift des
Böhmischen Forstvereins, Heft 69, 1877, S. 1—42. — **18.** Funke, W.
Ueber die Massregeln zur Verhütung von Borkenkäferfrass in Folge
der Elementarschäden im Jahre 1868. Daselbst Heft 70, 1870,
S. 1—11. — **19.** Fürst. Auftreten des Hylesinus cuniculaiius (Fichten-
bastkäfer). Allgemeine Forst- und Jagdzeitung LIII, 1877, S. 184. —
20. Gebbers. Ueber Hylesinus micans. Verhandlungen des Harzer
Forstvereins, Jahrgang 1872, S. 58—62. — **21.** Geitel und Genossen. Ueber Hylesinus micans. Daselbst, Jahrgang 1867, S. 13—15.
— **22.** Georg, W. Beitrag zur Lebensweise einiger Borken- und
Rüsselkäfer. Pfeil's kritische Blätter XL, 1, S. 160—166. —
23. Gigglberger, J. *a)* Ueber das Vorkommen des Kiefernzweig-
bastkäfers. Monatschrift für das Forst- und Jagdwesen, Jahrgang
1867, S. 106 und 107. *b)* Jahrgang 1868, S. 376—378. *c)* Jahrgang
1873, S. 467—469. — **24.** Glück. Das Auftreten von Hylesinus
micans im königlichen Forstreviere Neupfalz, Regierungsbezirk Coblenz. Zeitschrift für Forst- und Jagdwesen VIII, 1876, S. 385—391.
— **25.** Gmelin, J. F. Abhandlung über die Wurmtrockniss. 8. Leipzig
1787. — **26.** Grunert, J. Th. *a)* Die neueren Insektenverheerungen
in der Provinz Preussen. Grunert's forstliche Blätter, Heft 7, 1864,
S. 66—134. *b)* Die französischen Forste. Daselbst, Heft 8, S. 1—75.
— **27.** Grunert, O. Ein Beitrag zur Forstinsektenkunde. Forstliche
Blätter XX, 1883, S. 78 und 79. — **28.** Guse, C. Russische Urtheile über die Schädlichkeit des Borkenkäfers. Centralblatt für das
gesammte Forstwesen IV, 1878, S. 226—258 und 309—311. —
29. Hartig, R. Bostrichus bidens in Fichten. Zeitschrift für das
Forst- und Jagdwesen II, 1870, S. 403. — **30.** Hartig, Th. *a)*
Ambrosia des Bostrichus dispar. Allgemeine Forst- und Jagdzeitung
XIII, 1844, S. 73 und 74. *b)* Der Fichten-Splintkäfer Bostrichus
(Xyloterus) lineatus. Daselbst XLVIII, 1872, S. 181—183. *c)* Der
Buchensplintkäfer Bostrichus (Xyloterus) domesticus. Daselbst XLVIII,
1872, S. 183—184. — **31.** Heeger, E. Beiträge zur Naturgeschichte
der Insekten. Fortsetzung 19. Sitzungsberichte der mathematisch-
naturwissenschaftlichen Classe der Wiener Akademie LIII. 1. Abtheilung, S. 533—542, mit 4 Tafeln. — **32.** Henschel, G. *a)* Entomologische Notizen. Centralblatt für das gesammte Forstwesen III,
1877, S. 526—528. *b)* Entomologische Beiträge. Daselbst VI, 1878,
S. 11—15. *c)* Die Rindenrosen der Esche und Hylesinus Fraxini.
Daselbst VI, 1880, S. 514—516. *d)* Vagabundagen im Bereiche
des Insektenlebens. Daselbst VIII, 1882, S. 9 und 10. *e)* Forst-

entomologische Notizen. Daselbst XI, 1885, S. 534—536. *f)* Entomologische Notizen. Daselbst XII, 1886, S. 344—345. *g)* Tomicus Lipperti n. sp. Oesterreichische Forstzeitung 1885, S. 242. — **33.** Hess. Beiträge zur Generation des Hylesinus piniperda L. Forstwissenschaftliches Centralblatt XXVIII, 1884, S. 508—514. — **34.** Hlawa, L. Ein neuer Borkenkäfer. Oesterreichische Monatsschrift für das Forstwesen XX, 1870, S. 344—348. — **35.** (v. Holleben?) Einiges über das forstliche Verhalten des Fichtenbastkäfers, Hylesinus cunicularius, Kn. (?) Tharander Jahrbuch 1845, S. 41—50. — **36.** Jaroschka, H. Beitrag zur Kenntniss unserer Borkenkäfer. Biologische Beobachtungen über Phloeophthorus rhododactylus. Vereinsschrift des Böhmischen Forstvereins, Heft 138, 1885, S. 29—33. — **37.** Joseph, A. Käferfrass in Oberhessen. Allgemeine Forst- und Jagdzeitung LIV, 1878, S. 442 und 443. — **38.** Judeich, F. *a)* Notiz über den Fichtenborkenkäfer. Tharander Jahrbuch XXV, 1875, S. 74—84. *b)* Entomologische Notizen. Daselbst XXV, 1875, S. 260—264. *c)* Entomologische Notizen. Polygraphus pubescens Er. Daselbst XXVI, 1876, S. 96. *d)* Entwickelung des Fichtenborkenkäfers in Aesten. Daselbst XXVI, 1876, S. 254—257. — **39.** Kahlich, V. Der Tannenborkenkäfer im Schemnitzer Revier. Oesterreichische Monatsschrift für das Forstwesen XV, 1865, S. 58—62. — **40.** Karbasch, M. R. Der Borkenkäferfrass in Oesterreich-Schlesien. Allgemeine Forst- und Jagdzeitung LI, 1875, S. 65 und 66. — **41.** Keller, C. *a)* Ein abnormer Frass von Hylesinus fraxini Fabr. Schweizerische Zeitschrift für das Forstwesen 1885, S. 25 und 26. *b)* Insektenschäden im Gebirgswalde. Oesterreichische Forstzeitung III, 1885, S. 289 und 280. — **42.** Kellner, A. *a)* Bostrichus amitinus Eichh. Centralblatt für das gesammte Forstwesen I, 1875, S. 641—642. *b)* Ueber Bostrichus amitinus Eichh. Deutsche entomologische Zeitschrift XX, 1876, S. 191 und 192. *c)* Ueber die im Thüringer Walde vorkommenden Fichtenborkenkäfer, ihre Vertilgung und die dahin einschlagende Wirthschaft. Centralblatt für das gesammte Forstwesen VI, 1880, S. 421—424. — **43.** Klopfer. Ueber Kieferneulenfrass in den Primkenauer Forsten. Jahrbuch des Schlesischen Forstvereins 1887, S. 43—46. — **44.** Kollar. *a)* Beitrag zur Naturgeschichte des Bostrichus curvidens Ratz. Verhandlungen der zoologisch-botanischen Gesellschaft in Wien VII, 1857, S. 187 und 188. *b)* Beiträge zur Naturgeschichte des grossen Fichtenbastkäfers Hylesinus micans Ratz. Daselbst 1858, S. 23—28. — **45.** Köppen, Fr. Th. Die schädlichen Insekten Russlands. 8. St. Petersburg 1880. — **46.** Körber. Hylesinus crenatus. Zeitschrift für Forst- und Jagdwesen VII, 1875, S. 234—242. — **47.** Krebel, J. F. Tabellarische Uebersicht der Waldverheerungsgeschichte von 1449—1799. Forst- und Jagdkalender für das Jahr 1802, IX. Leipzig, 12, S. 171 bis 219. — **48.** v. Kujawa. Zur Borkenkäferfrage. Forstliche Blätter 1875, S. 65—78. — **49.** Letzner, K. Ueber Eccoptogaster pruni und pyri. Arbeiten der Schlesischen Gesellschaft für vaterländische

Kultur 1845, S. 37—40. — **50.** Lindemann. Monographie der Borkenkäfer Russlands. Nachrichten der kaiserlichen Gesellschaft der Freunde der Naturwissenschaften, Anthropologie und Ethnographie an der Universität Moskau XVIII, 1875, 4⁰, 111 S. mit 3 Tafeln (russisch). — **51.** Méier, A. Ungewöhnliches Vorkommen von Bostrichus chalcographus und Hylesinus minimus. Monatschrift für Forst- und Jagdwesen 1866, S. 219—220. — **52.** Mick, J. Nochmals Tomicus duplicatus Sahlb. Centralblatt für das gesammte Forstwesen III, 1877, S. 637—639. — **53.** Neumann II. Ueber den Eschenbastkäfer, Hylesinus Fraxini und crenatus. Pfeil's kritische Blätter, Band XXXVI, 2, S. 263. — **54.** Neumeister H. A. Mittheilungen über eine Borkenkäfercalamität in Sachsen und dabei gemachte Beobachtungen. Tharander Jahrbuch XXI, 1871, S. 292—301. — **55.** Nitsche. Ueber den Frass von Hylesinus crenatus Fabr. Daselbst XXXI, 1881, S. 172—190. — **56.** Nördlinger. a) Bostrichus curvidens Germ. in einer durch Streuablagerung getödteten Föhre. Pfeil's kritische Blätter XLVII, 1, S. 260 und 261. b) Hylesinus minor Hrtg. und H. piniperda L. u. s. f. in Fichten. Daselbst LI, S. 262—265. c) Massenhaftes, zum Theil widersinniges Auftreten von Borkenkäfern im Jahre 1869. Daselbst LII, 1, 260—262. — **57.** Nüsslin, O. a) Ueber normale Schwärmzeiten und über Generationsdauer der Borkenkäfer. Allgemeine Forst- und Jagdzeitung LVIII, 1882, S. 73—76. b) Zur Vertilgung der Borken- und Rüsselkäfer durch Fangbäume. Daselbst LIX, 1883, S. 150—154. — **58.** Perris, Ed. Histoire des Insectes du Pin maritime. Annales de la soc. entomologique de France 3ième sér. IV, 1856, S. 173—257. — **59.** Pfeifer, J. Beitrag zur Naturgeschichte des Bostrichus duplicatus. Weber's Forst- und Jagdtaschenbuch für das Jahr 1872, S. 35—46. — **60.** Rassmann. Hylesinus fraxini Fabr. Pfeil's kritische Blätter XII, 2, 1838, S. 187 bis 190. — **61.** Ratzeburg. a) Insektensachen. Daselbst XXXII, 1, 1852, S. 132 bis 147. b) Eine Pflanzschule für Forstinsekten. Zeitschrift für Forst- und Jagdwesen III, 1871, S. 396—402. c) Ein Fall von ungewöhnlicher Verbreitung des Rüsternborkenkäfers, des Scolytus destructor Oliv. u. s. f. Daselbst III, 1871, S. 403—407. — **62.** Reviezky v. Renisnye, J. Geschichte der hundertjährigen Irrlehre über Schädlichkeit des Borkenkäfers. Bericht über die XV. Versammlung deutscher Forstmänner zu Darmstadt 1886, S. 234—253. — **63.** Riegel. a) Beitrag zur Kenntniss der Lebensweise des Bostrichus acuminatus. Monatschrift für das württembergische Forstwesen III, 1852, S. 29—30. b) Beitrag zur Kenntniss der Lebensweise und Vertilgung des Bostrichus curvidens und piceae (Ratz). Daselbst VII, 1856, S. 140—142. c) Bostrichus curvidens Gr. Monatschrift für das Forst- und Jagdwesen 1860, S. 205 und 206. — **64.** Roth. Ein Rindenschäler für Nadelholz. Daselbst XIX, 1875, S. 133 und 134, mit Abbildungen. — **65.** Schindler. Krankheiten und Feinde der Ulme. Vereinsschrift Böhmischer Forstwirthe (Smoler's), Heft 39, 1861, S. 12—22. — **66.** Schwappach, A. Der Borkenkäfer im bayerischen

Walde. Monatschrift für Forst- und Jagdwesen 1875, S. 156 bis
168. — **67.** v. SIERSTORPFF. Ueber einige Insektenarten, welche den
Fichten vorzüglich schädlich sind u. s. f. 8. Helmstedt 1794. —
68. STEIN, F. *a)* Beiträge zur Forstinsektenkunde. Tharander Jahrbuch VIII, 1852. 1.) Ueber mehrere in Fichten hausende Borkenkäfer, namentlich über Bostrichus typographus und Hylesinus palliatus,
S. 228—239 und 5.) Ueber Beschädigung von 20- bis 40jährigen
Fichten durch Hylesinus polygraphus und palliatus, S. 250—256.
b) Ueber einige Borkenkäferarten. Daselbst X, 1854, S. 270—280.
— **69.** SWOBODA, A. Auszug aus dem Jahresberichte des k. k. Forst-
rathes Sw. über seine Thätigkeit während des Jahres 1873. Mittheilung
des k. k. Ackerbauministeriums IV, 1874, Wien, 4. Heft X. —
70. THOMSON, M. C. G. Ueber Polygraphus. Annales de la société
entomologique de France. 6ième série, VI, 1886; Bulletin entomologique
S. XI und S. LXI und LXII. — **71.** THUM. Käferfrass in der
Gegend von Laubach. Allgemeine Forst- und Jagdzeitung LXI, 1885,
S. 24 und 25. — **72.** THÜRMER. Die Borkenkäfercalamität in Russland in den beiden Sommern 1882/83. Daselbst LXI, 1885, S. 389
bis 392. — **73.** ULRICI. Beobachtungen über das Auftreten des Hylesinus micans in der Oberförsterei Thale. Zeitschrift für Forst- und
Jagdwesen VI, 1873, S. 150—161. — **74.** WACHTL, F. A. Die doppelzähnigen europäischen Borkenkäfer. Mittheilungen aus dem forstlichen
Versuchswesen Oesterreichs, XI. Heft, Wien 1884. — **75.** WILLKOMM, M.
a) Die Insektenverheerungen in Ostpreussen und die durch dieselben
herbeigeführte Umgestaltung der ostpreussischen Forsten und ihrer
Bewirthschaftung. Tharander Jahrbuch XVI, 1864, S. 160—215.
b) Ueber Insektenschäden in den Wäldern Liv- und Kurlands. Vortrag, gehalten vor der Dorpater Naturforschergesellschaft, 14. September 1871. *c)* Eine Ferienreise durch das böhmisch-bayerische
Waldgebirge. Forstliche Blätter 1876, S. 10—16, 70—77, 97—114.
— **76.** F. B. Bostrychus curvidens Germ. als Schädling der Balsamtanne (Abies balsamea). Centralblatt für das gesammte Forstwesen XI,
1885, S. 187. — **77.** S. H. Einiges über den Eichenkernkäfer, Platypus
cylindrus Hhst. Oesterreichische Vierteljahresschrift für das Forstwesen I, 1851, S. 36—43. — **78.** . . . . Käferfrass in Weisstannenbeständen. Schweizerisches Forstjournal II, 1851, S. 16—22. —
79. . . . . Der Kampf gegen den Fichtenborkenkäfer. Gesammelte
Erfahrungen aus der forstlichen Praxis. Centralblatt für das gesammte
Forstwesen 1875, Supplement I, Wien 1875. Faesy und Frick. 8.
48 S. — **80.** Beiträge zur Forststatistik von Böhmen. Herausgegeben
vom Comité für die Land- und Forstwirthschaftsstatistik u. s. f. gr. 8.
Prag 1885. — **81.** BISCHOFF-EHINGER. Beobachtungen über die Lebensweise und Minirarbeiten des Tomicus (Bostrichus) Cembrae in den
Alpen Graubündens. Mittheilungen der Schweizerischen entomologischen
Gesellschaft IV, 1877, S. 160—162 mit Tafel. — **82.** PAULY, A.
Ueber die Generation der Bostrychiden. Allg. Forst- und Jagdzeitung
1888, Novemberheft.

Die Bockkäfer.

Die Bockkäfer, Cerambycidae, sind langgestreckte, mittelgrosse bis sehr grosse, tetramere Käfer, welche ihren schlanken, den Körper oft an Länge übertreffenden und vielfach an der Spitze der einzelnen Glieder etwas verdickten, geknoteten Steinbockhörnern ähnlichen Fühlern ihren Namen verdanken. Die Käfer leben meist auf Stämmen und Laub, einige auch auf Blüthen. Ihre weisslichen Larven fressen stets Pflanzentheile, leben meist im Innern von Holzgewächsen und nähern sich in ihrer Gestalt insofern denjenigen der Prachtkäfer, als auch sie einen grossen, stark chitinisirten Kopf mit sehr kurzen Fühlern besitzen, der gewöhnlich zum grössten Theil in dem ersten Brustring derartig zurückgezogen ist, dass kaum sein vorderes Dritttheil hervorragt. Dagegen sind sie im Durchschnitt weniger abgeflacht und die Brustringe tragen wenigstens bei der grösseren Anzahl wirkliche, aber kleine, wenig entwickelte Beinpaare. Die forstliche Bedeutung der Bockkäfer, welche nicht allzuhoch anzuschlagen ist, beruht, wenigstens in Europa, stets auf dem Larvenfrass.

Die genaueren Kennzeichen der Käfer (vgl. Taf. II, Fig. 12 und Fig. 179) sind folgende: Kopf geneigt oder mit senkrechter Stirn, nie rüsselartig verlängert. Fühler 11-, selten 12gliederig, borsten- oder fadenförmig, mitunter gesägt oder geschuppt, gegen die Spitze verdünnt, aber stets mit sehr grossem ersten und sehr kleinem zweiten Gliede. Sie sind auf der Stirn, oder in oder bei einer fast immer vorhandenen Ausrandung der Augen eingefügt, gewöhnlich länger als der halbe, oft viel länger als der ganze Körper. Oberlippe deutlich. Mundwerkzeuge scharf. Flügeldecken flach, mitunter abgekürzt. Flugflügel meist ausgebildet. Beine gewöhnlich lang und schlank, an den Seiten des Körpers vorragend, Schenkel häufig keulenförmig verdickt. Füsse tetramer oder richtiger gesagt cryptopentamer, d. h. mit gering entwickeltem vierten Gliede (vgl. S. 284). An der Unterseite der Füsse eine deutliche behaarte Sohle, namentlich an dem dritten, zweilappigen Gliede. Färbung sehr verschieden, theils matt und dann entweder ganz dunkel oder mit helleren, oft sogar schreienden Zeichnungen, oder glänzend bis zu den schönsten Metallfarben.

Man darf aber nicht übersehen, dass im Gegensatz zu den anderen Familien tetramerer Käfer die Grösse der Böcke oft eine so bedeutende ist, dass auch das vierte, rudimentäre Glied der Füsse leicht ohne stärkere optische Hilfsmittel erkannt werden kann, z. B. bei Spondylis.

Puppen namentlich an den langen, der Bauchseite angeschmiegten Fühlern leicht kenntlich (vgl. Taf. II, Fig. 12 P).

Larven (vgl. Taf. II, Fig. 12 L und Fig. 180), wie alle dem
Lichte entzogen lebenden, weisslich, mit stark chitinisirtem Kopfe,
der kleine, dreigliederige Fühler und derbe Mundwerkzeuge trägt;
im Gegensatze zu den ähnlichen Buprestidenlarven finden sich aber
auch stets am dritten Kieferpaare Taster, also Lippentaster. Punktaugen fehlend oder jederseits neben den Fühlern bis zur Fünfzahl
vorkommend. Die drei Brustsegmente, von denen die kragenartig
meist den grössten Theil des Kopfes einschliessende, häufig oben
und unten mit Chitinplatten bekleidete Vorderbrust am grössten ist,
sowie die neun Hinterleibsringe unter sich sehr ähnlich und durch
scharfe, tiefe Einschnitte voneinander getrennt. After am letzten
Hinterleibsringe kegelförmig vortretend, ein eigenes Scheinsegment
(Fig. 180 A, 9[1]) bildend, meist Y-förmig, seltener quer gespalten. Die
beiden hinteren Brust- und die sieben vorderen Hinterleibsringe oben
und unten mit je einer Haftscheibe, d. h. einem queren, scheiben-
oder warzenartig vortretenden Höcker, welcher den Larven die Bewegungen in den Gängen erleichtert. Stigmata oval, im Gegensatz zu
den halbmondförmigen der Buprestidenlarven. Beine entweder sehr
klein und seitlich an den Brustringen angebracht, oder sogar ganz
fehlend.

Nur einige wenige, z. B. die Larven der Gattung Dorcadion,
leben nach Engerlingsart im Boden und können dann, beiläufig
gesagt, landwirthschaftlich schädlich werden, namentlich die von
Dorcadion carinatum PALL. in Russland durch Befressen der Getreide-
wurzeln [KÖPPEN II, S. 266—270]. Eine andere, ebenfalls kleinere
Anzahl lebt in den Stengeln nicht holziger Pflanzen, z. B. „l'Aiguil-
lonnier", die Larve von Calamobius gracilis CREUTZ., im südlichen
Frankreich als wirklicher Schädling in den Getreidehalmen [vgl.
VIII, 2. Aufl., S. 246]. Beiweitem die meisten Larven leben aber
im Innern von Holzgewächsen, und zwar von diesen wiederum die
grössere Anzahl in kränkelnden oder abgestorbenen Tneilen, die
geringere, aber dafür desto schädlichere und hier am genauesten zu
besprechende, in lebenden und gesunden Stämmen. Fast alle Holz-
bewohner fressen als junge Larven an der Grenze zwischen Rinde
und Holz unregelmässige, mäandrische, mit Nagemehl dicht voll-
gepfropfte Gänge und verpuppen sich in einer hakenförmigen, mit
ovaler Eingangsöffnung in das Holz dringenden Puppenwiege, aus
der die Käfer wieder nach der Rinde zu steigen und diese in ovalen
Fluglöchern durchbohren. Wir geben als Typus dieser gemeinsten
Frassform die Abbildung derjenigen von Callidium variabile L.
(Fig. 183). Abweichend ist die Form der Puppenwiegen bei
einigen Lepturini, z. B. bei dem sehr häufigen Rhagium inquisitor L.,
welches, ohne in das Holz einzudringen, eine mit langen, kranzartig
geordneten Nagespänen eingefasste, ovale Puppenwiege unter der
Rinde von Nadelhölzern macht. Acmaeops collaris L. geht sogar zur
Verpuppung in die Erde [14 b, S. 533—539]. Anders verhalten
sich dagegen manche Formen der Lamiini, welche, wie z. B. Saperda

oculata L., die Markröhren von Aesten mit langgestreckten Gängen durchsetzen. Diese Käfer scheinen stets ein rundes Flugloch zu machen.

Ueber die Generation der Bockkäfer lasseu sich keine allgemeinen Angaben machen. Allerdings wird sie gewöhnlich als zweijährig angegeben, andererseits haben aber manche Formen sicher einjährige Generation, andere dürften, wie Cerambyx cerdo L., viel länger brauchen, und es variiren•sogar mitunter bei ein und derselben Art die Angaben der verschiedenen Forscher ganz erheblich. So soll Callidium (Gracilia) pymaeum FABR. naeh von HEYDEN [**XXIV**, S. 41] eine doppelte Generation haben, während HARTIG einen Fall von vierjähriger Dauer berichtet. Sehr wahrscheinlich ist die Generation je nach der Temperatur und nach der Beschaffenheit, namentlich Feuchtigkeit der bewohnten Hölzer eine sehr wechselnde. Genaue Untersuchungen hierüber wären in hohem Grade wünschenswerth.

Systematik. Die Bockkäfer können in zwei grosse Unterfamilien getrennt werden, die folgende Kennzeichen haben:

Cerambycitae: Lamiitae:

Kopf:
nach vorn geneigt | vorn senkrecht abfallend

Endglied der Taster:
abgestutzt | zugespitzt

Innenseite der Vorderschienen:
ohne Furche | mit Furche

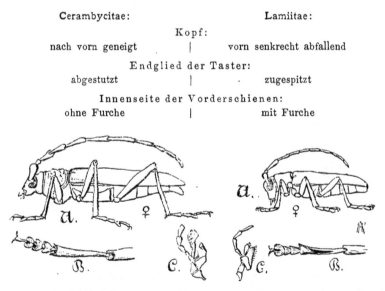

Figur 179 links Cerambyx cerdo L., rechts Saperda carcharias L. *A* Käfer in natürlicher Grösse im Profil. *B* Innenseite des linken Vorderbeines, um die Sohlenbildung und bei Saperda die Furche der Schiene zu zeigen. *C* rechter Kiefer des zweiten Paares mit Taster, von unten. $^1/_1$ nat. Gr. Originale.

Diese schon am Habitus kenntlichen Hauptgruppen sind um so natürlicher, als aůch ihre Larven sich leicht unterscheiden. Bei den Cerambycitae erscheint nämlich die feste Chitinkapsel des Kopfes,

wenn man sie aus dem Vorderbrustringe befreit, quergeformt, also
breiter als lang (Fig. 180 *C, D, E*), und es sind stets deutliche Füsse
vorhanden, während bei den Lamiitae (Fig. 180 *F)* der Kopf länglich,
viel länger als breit erscheint, und die Beine entweder völlig fehlen
oder kaum mit dem Mikroskope als verschwindende Stummel zu erkennen sind.

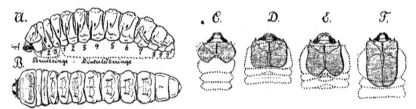

Fig. 180 *A.* und *B.* Larve von **Cerambyx cerdo** L in ²/₃ natürlicher
Grösse von der Seite und von oben. Bei *A* Füsse und Stigmata erkennbar.
Original. *C—F*, schematische Darstellungen der Kopfkapsel und deren Verhältniss
zu den punktirt angedeuteten Brustringen, *C* von **Rhagium inquisitor** L., *D*
von **Cerambyx cerdo** L., *E* von **Prionus coriarius** L., *F* von **Saperda carcharias** L. Diese Schemata sind, ohne Rücksicht auf das natürliche Grössen-
verhältniss der einzelnen Larven, so gezeichnet, dass alle Kopfkapseln die
gleiche Breite haben. Nach der Natur mit Berücksichtigung der Abbildungen
von SCHIÖDTE [16].

Die Lamiitae zerfallen nicht in kleinere Gruppen, die viel
zahlreicheren Cerambycitae dagegen in drei Hauptgruppen mit folgenden Kennzeichen:

Lepturini:	Cerambycini:	Prionini:
	Kopf:	
hinten halsartig verengt		hinten nicht halsartig verengt	
	Halsschild:	
ohne scharfen Seitenrand		| mit scharfem Seitenrand
	Vorderbrust:	
nicht bis hinter die Vorderhüften als breiter Fortsatz verlängert	| bis hinter die Vorderhüften als breiter Fortsatz ver- längert	
	Vorderhüften:	
zapfenförmig vorragend |	meist kugelig und nicht | vorragend	quer

Auch diese Gruppen sind nach SCHIÖDTE und GANGLBAUER [16 und 7]
fast noch besser, als durch die Kennzeichen der Käfer, durch diejenigen der
Larven charakterisirt. Wenn wir nämlich an der chitinisirten Kopfkapsel
das durch die Gabellinie vorn über der Oberlippe abgetheilte Dreieck als
Mittelstück, die beiden nach hinten von der Gabellinie gelegenen als
Seitenstücke bezeichnen, so stossen diese Seitenstücke bei den
Lepturini (Fig. 180 *C*) blos in einem Punkte zusammen, bei den
Cerambycini (Fig. 180 *D*) in einer Linie und bei den Prionini (Fig. 180
E) gleichfalls in einer Linie; bei letzteren sind sie aber über diese Linie
hinaus jedes für sich verlängert, so dass die hintere Begrenzung des

Kopfes einen einspringenden Winkel bildet. Es ist ferner bei den **Lepturini** der Kopf nur sehr wenig von dem grossen Vorderbrustringe eingeschlossen, ragt also fast ganz frei vor (Fig. 180 *C*), während dies bei den **Cerambycini** und den **Prionini** nur sein Vorderrand thut. Wir unterscheiden also die gesammten Cerambycidenlarven in vier Typen.

Die Unterschiede der wichtigeren Gattungen, welche wir aus Gründen der praktischen Bequemlichkeit und der Namensvereinfachung etwas weit fassen, und denen wir die kleineren Gattungen als Untergattungen unterordnen, sind aus der folgenden Tafel zu ersehen:

I. Unterfamilie: Cerambycitae.

1. Gruppe: Lepturini.

Gattung: Untergattung:

A. Flügeldecken nicht verkürzt.

    I. Fühler kurz, wenig über das Halsschild zurückreichend, Glied 1 der Hintertarsen, wie die beiden folgenden, breitsöhlig entwickelt . . . Rhagium

    II. Fühler länger, weit über das Halsschild zurückreichend, Glied 1 der Hintertarsen mehr zusammengedrückt, nicht breitsöhlig entwickelt   Leptura
i. weit. Sinne

        a) Die halsartige Verengung des Kopfes nicht stark abgeschnürt.

            1. Halsschild mit spitzem Seitendorn . . . . . .   T o x o t u s

            2. Halsschild mit stumpfem Seitendorn oder ohne solchen . . . .   P a c h y t a

        b) Die halsartige Verengung des Kopfes scharf abgeschnürt, Halsschild ohne Seitendorn . . . .   Leptura
i. eng. Sinne

B. Flügeldecken verkürzt . . . .   Necydalis

2. Gruppe: Cerambycini.

A. Flügeldecken verkürzt, nicht bis zur Mitte des Hinterleibes reichend . . . .   Molorchus

B. Flügeldecken nicht verkürzt, den Hinterleib höchstens an der Spitze freilassend.

    I. Halsschild ohne Seitendorn.

        a) Aussenrand der Schienen gezähnelt, Ende der Vorderschienen löffelförmig ausgezogen, Fühler sehr kurz, Körper fast walzenförmig . . . .   Spondylis

        b) Aussenrand der Schienen nicht gezähnelt, Körper mehr abgeflacht.

            1. Flügeldecken bei allen forstlich wichtigen Arten ohne helle, scharf abgesetzte Zeichnungen . . .   Callidium
i. weit. Sinne

            α) Augen deutlich zweigetheilt.

                a') Halsschild doppelt so lang als breit, sehr kleine Käfer . . . . . .   G r a c i l i a

                b') Halsschild eben so lang als breit, mittelgrosse Formen . . . . . .   T e t r o p i u m

Gattung: Untergattung:

β) Augen nur nierenförmig ausgeschnitten.

    a') Vorderbrust zwischen den
Vorderhüften zugespitzt, sie
gar nicht od. nur als schmalste
Lamelle trennend . . . . Callidium

                    i. eng. Sinne

    b') Vorderbrust zwischen den
Vorderhüften schmal, nach
hinten abgerundet, sie wenig
trennend . . . . Rhopalopus

    c') Vorderbrust zwischen den
Vorderhüften breit, sie stark
auseinandertreibend . . . . Hylotrupes

  2. Flügeldecken stets mit hellen,
scharf abgesetzten, gewöhnlich
Querbinden darstellenden Zeichnungen . . . . Clytus

II. Halsschild mit Seitendorn . . . . Cerambyx

                    i. weit. Sinne

  a) Seitendorn auf die Oberseite des
Halsschildes heraufgerückt . . . . Rosalia

  b) Seitendorn an der Grenze von Ober-
und Unterseite frei hervorragend.

    ·1. Halsschild gekörnt, Färbung matt
roth und schwarz . . . . Purpuricenus

    2. Halsschild stark quer gerunzelt,
Färbung dunkel, etwas glänzend . . . . . . Cerambyx

                    i. eng. Sinne

    3. Halsschild höchstens schwach ge-
runzelt und grob punktirt, Färbung
glänzend metallisch . . . . Aromia

      3. Gruppe: Prionini.

Einzige hier zu erwähnende Gattung . . . . Prionus

                    i. weit. Sinne

A. Halsschild mit drei spitzen, starken Seitendornen . . . . . . Prionus

                    i. eng. Sinne

B. Halsschild am Seitenrande gezähnelt, mit einem
stärkeren Seitendorn hinter der Mitte . . . . Ergates

      II. Unterfamilie: Lamiitae.

A. Halsschild mit Seitendorn.

  I. Käfer ohne Flugflügel, Larven in der Erde
nach Engerlingsart lebend; forstlich unwichtig. Dorcadion

  II. Käfer mit Flugflügeln, Larve im Innern
von Pflanzen lebend . . . . Lamia

                    i. weit. Sinne

    a) Schenkel an der Spitze plötzlich keulen-
artig verdickt.

      1. Fühler sehr viel länger als der
Körper, ♀ mit dauernd vorragen-
der Legscheide . . . . Acanthocinus

                    (*Astynomus*)

      2 Fühler nur wenig länger als der
Körper. Flügeldecken mit er-
habenen Längsrippen . . . . Pogonochaerus

Gattung: Untergattung:

    b) Schenkel an der Spitze nicht keulen-
      förmig verdickt.
       1. Fühler dünn, länger als der Körper,
         Färbung dunkel metallisch . . . . Monochammus
       2. Fühler dick, kürzer als der Körper,
         Färbung dunkel, aber matt . . . . Lamia
                                         i. eng. Sinne

B. Halsschild ohne Seitendorn . . . . Saperda
                                       i. weit. Sinne
    I. Fussklauen nicht gezähnt, Fühler eilf-
    gliedrig, Flügeldecken über zweimal so lang
    als breit . . . . Saperda
                                     i. eng. Sinne
    II. Fussklauen stark gezähnt, Augen nur
    nierenförmig ausgerandet, nicht doppelt, Hinter-
    schenkel kurz, nur bis zum Ende des zweiten
    Hinterleibsringes reichend . . . . Oberea

Die forstliche Bedeutung der Bockkäfer ist eine viel geringere,
als die der Rüssel- und Borkenkäfer; immerhin dürfen aber einige
ihrer Arten als Schädlinge nicht unterschätzt werden. Die Käfer als
solche sind stets gleichgiltig, dagegen können ihre Larven manche
Holzarten theils physiologisch, theils technisch schädigen, und zwar
sind diesen Angriffen sowohl Nadelhölzer wie Laubhölzer ausgesetzt.
Unter den letzteren haben von den physiologischen Schädigungen
wieder am meisten die weichen Holzarten zu leiden, während der
technische Schaden in den harten Holzarten am bedeutendsten ist.
Auch giebt es einige Arten, welche nicht die Hölzer im Walde angreifen, sondern erst auf den Lagerplätzen oder am Ort ihrer Verwendung. Wir unterscheiden daher:

    1. Physiologisch schädliche Nadelholz-Bockkäfer.
    2. Physiologisch schädliche Laubholz-Bockkäfer.
    3. Das stehende Holz technisch schädigende Bockkäfer.
    4. Das geschlagene und verarbeitete Holz technisch schädigende
       Bockkäfer.

Ausserdem werden wir im Anschlusse an die einzelnen biologischen Abtheilungen kurz einige Arten erwähnen, die man eigentlich
nicht als schädlich bezeichnen kann, welche aber doch als im Walde
sehr auffallende und gewöhnliche Käferformen eine kurze Betrachtung
verdienen.

Physiologisch schädliche Nadelholz-Bockkäfer. Es sind hier
ausführlicher zu erwähnen:

Der zerstörende Fichtenbock,

Callidium luridum L.,

der Schneider- und der Schusterbock,

Lamia sartor Fabr. und L. sutor L. und

der Kiefernzweigbock,

Lamia fasciculata De Geer.

Die ersten drei Formen sind Verderber von alten Fichtenbeständen, in welchen sie nicht nur kränkelnde, sondern auch gesunde
Stämme angehen und vielfach allein oder in Vereinigung mit den
gewöhnlichen Fichtenborkenkäfern, z. B. Tomicus typographus L.,
zum Eingehen bringen.

Der zerstörende ·Fichtenbock, ein 1—1·5 cm langer Käfer mit
abgerundetem Halsschild, verhältnissmässig kurzen Fühlern und zwei-
getheilten Augen, welcher in der Färbung sehr variirt und entweder
ganz schwarz ist oder anders gefärbte Gliedmassen und in einer Spiel-
art auch gelbbraune Flügeldecken hat, ist wohl der wichtigste unter
ihnen. Man kann seinem Schaden durch Einschlag und rechtzeitige
Entfernung der befallenen Hölzer aus dem Walde, sowie durch Werfen
von Fangbäumen im Juni, die man vor Herbst, solange die Larve
noch unter der Rinde lebt, zu schälen hat, mit Erfolg bekämpfen.

Genauere Angaben über die Ausdehnung der Schäden und die
mögliche Bekämpfung des Schneider- und Schusterbockes,
zweier 1·5—3 cm langer, dunkler Gebirgskäfer mit senkrecht stehendem
Kopfe, grossen, langgliedrigen Fühlern, seitlich mit einem Dorn ver-
sehenem Halsschilde und undeutlich braun metallglänzenden, flecken-
weise hell behaarten Flügeldecken, fehlen noch.

Der Frass des kleinen, ungefähr nur 6·5 mm langen Kiefern-
zweigbockes, ist eine der vielen Ursachen, weshalb bei älteren
Kiefern die Kronen licht werden und Wipfeldürre eintritt. Gelegentlich
brütet er auch in Kiefernkulturen. Eine Bekämpfung desselben ist
schwierig und wohl meist auch nicht einmal nöthig.

Wir behandeln zunächst den zerstörenden Fichtenbock.

Beschreibung. Callidium (Tetropium KIRB., Criomorphus MULS.)
luridum L. (castaneum L) Käfer: Augen vollständig in zwei Hälften getheilt.
Fühler länger als das Halsschild, nahe der Basis der Mandibeln eingelenkt.
Halsschild an den Seiten ohne Dorn oder Zähne, etwas breiter als lang, an den
Seiten stark gerundet, auf der Scheibe nur sparsam punktirt, daher glänzend,
an den Seiten fein und dicht gekörnt, seine Mittellinie, sowie die des Schildchens leicht vertieft. Flügeldecken äusserst fein und dicht punktirt, mit einigen
mehr oder weniger deutlichen, erhabenen Längslinien. Schienen glatt, Schenkel
keulenförmig verdickt. Färbung sehr veränderlich, Kopf und Halsschild schwarz,
Fühler und Beine wenigstens theilweise röthlich, Flügeldecken braun, bei var.
fulcratum FABR. schwarz. Der ganze Käfer ist schwarz bei var. aulicum FABR.
Länge 10—16 mm.

Larve nach dem Cerambycinen-Typus gebaut, nur unbedeutend nieder-
gedrückt. Kopf fast herzförmig, Mitteltheil mit tiefer Mittelfurche und zwei rundlichen Eindrücken neben derselben. Clypeus viermal so lang als breit. Oberlippe
halbkreisförmig, so breit als der Clypeusrand. Punktaugen verschwindend. Fühler
äusserst klein, kaum über den Stirnrand vorragend. Vorderkiefer am Innenrande
mit 2 Zähnen. Vorderbrust nicht sehr breit, etwas halbmondförmig, oben etwas
stärker chitinisirt, mit ausgesprochener Mittellinie. Füsse klein, 1¹/₃mal so lang
als die Kiefertaster. Klauenglied mit feinen Dornen. Haftscheiben der Hinterleibsringe mit einer Querfurche. Körper sehr fein und kurz behaart, am Hinterende
oben mit 2 sehr kleinen Chitinspitzen. Länge 15—25 mm [V, I, S. 237 und 16,
S. 398 und 399].

Zugleich mit diesem Käfer und unter ganz ähnlichen biologischen Verhältnissen kommt eine andere Art vor, welche lange nur als Abart angesehen wurde,
nämlich

Cal. (Tetr.) fuscum GYLL. *Käfer:* Halsschild an den Seiten weniger erweitert, auf der Scheibe dicht runzelig punktirt, daher matt. Kopf und Halsschild schwarz, letzteres am Vorder- und Hinterrand röthlich. Flügeldecken gelbbraun. Länge 10—14 mm. *Larve* von der der vorigen Art kaum zu unterscheiden [16, S. 400).

Lebensweise. Diese beiden hier gemeinsam zu besprechen den Arten sind gewöhnlich Bewohner der gemeinen **Fichte**, doch kommt Cal. luridum L. auch in **Lärche** und **Kiefer** vor. Sie lieben stärkere Rinde und gehen daher vorzugsweise Fichtenstämme von 60 bis 100 Jahren an, während sie in Lärchenbeständen [DÖBNER **XIV**, 2, S. 189 Anm.] bereits 30—40jährige Stämme befallen. Sie beginnen den Stamm von unten her mit Eiern zu belegen, gehen dann auf der zuerst angegriffenen Seite in die Höhe, und erst wenn diese vollständig mit Eiern belegt ist, wird auch die andere Seite angenommen. An gefällten Bäumen, die nur auf einer Seite angenommen werden, findet man im Winter unten am Stamme die Larven ausgewachsen und tief im Holze, während dieselben nach dem Wipfel zu immer kleiner werden und noch unter der Rinde sitzen [AHLEMANN **I**, S. 100]. Die beiden Arten kommen theils gemischt miteinander vor, theils überwiegt die eine oder die andere Art, und in manchen Fällen ist wesentlich nur eine einzige der oben geschilderten Abarten des Cal. luridum L. an dem Frasse betheiligt gewesen.

NÖRDLINGER [**XXIV**, S. 41] fand den Käfer zuerst in Lärche und DÖBNER [**XIV**, S. 189] bestätigte dies dann durch ausführliche Mittheilung. Desgleichen ALTUM nach den Mittheilungen von BELING [**XVI**., III., 1., S. 339]. Auch auf den königl. Sächsischen Staatsforstrevieren Tharand und Höckendorf bei Tharand kam der Käfer in Lärche vor. In Kiefern ist er, so viel uns bekannt ist, in Deutschland nur von AHLEMANN gefunden worden, wie RATZEBURG [**XV**, S. 165] mittheilt, dagegen kommt er, wie KÖPPEN [**II**, S. 264] auf die Autorität von LINDEMANN hin berichtet, in Russland, wo er von Lappland bis zur Krim und bis zur Mündung des Amur gemein ist, in Kiefer häufiger als in Fichte vor.

Die aus den unter Rindenschuppen oder in Rindenritzen abgelegten Eiern schlüpfenden Larven fressen zunächst an der Grenze von Rinde und Holz unregelmässige, allmählich sehr breit werdende, gebuchtete, flache Gänge, die mit wurstförmigen Bast- und Splintnagespänen dicht gefüllt sind und meist auch in den Splint eingreifen. Ist die Larve ausgewachsen, so geht sie gewöhnlich in das Holz, wo sie einen gekrümmten, anfänglich schwach aufwärts, später aber abwärts gerichteten Hakengang nagt, der im Bogen gemessen oft 5 bis 6 cm und mehr lang ist. Den absteigenden Schenkel verstopft sie hinter sich mit Nagemehl und verpuppt sich schliesslich daselbst. Der Eingang zu dieser Splint-Puppenwiege ist oval und seine Längsachse läuft in der Richtung der Baumachse. Da uns ein geeignetes Object fehlte, konnten wir den Frass nicht abbilden, aber der in Fig. 183 gegebene von Cal. variabile L. kann zur Erläuterung dienen. Die Puppe ruht in derselben mit dem Kopfe nach oben; der Käfer nagt sich zuerst durch den Wurmmehlpfropf und dann durch die Rinde in das Freie. Die Flugzeit des Insektes fällt ungefähr in die

Zeit der Sommersonnenwende, die einzelnen speciellen Angaben über
sie variiren von Juni bis August.

In selteneren Fällen, die zum Beispiel AHLEMANN [I] nie beobachtet hat,
welche aber bereits RATZEBURG [V. 1. S. 237] erwähnt und PAULY [13] bestätigt,
findet die Verpuppung in einer nicht in das Holz dringenden Rinden-Puppenwiege
statt. Die Angabe von DÖBNER [XIV, II, S. 189] und HLAWSA [9], dass die
Rindenwiegen dem Cal. fuscum FABR., die Splintwiegen dem Cal. luridum L.
zukämen, bedürfen der Bestätigung.

Die Generation des Insektes ist höchst wahrscheinlich einjährig, und zwar verläuft sie in der Art, dass die im Laufe des
Sommers schnell heranwachsenden Larven im Herbste als ausgewachsene Thiere den Hakengang in das Holz nagen, hier als Larven
überwintern, sich im Frühjahr verpuppen und im nächsten Sommer
wieder zu Käfern werden.

Wir stützen uns bei dieser Darstellung zunächst auf die Angaben von
AHLEMANN [I, S. 101] als desjenigen Forschers, der unsere Thiere am gründlichsten beobachtet zu haben scheint und dem auch RATZEBURG [X, S. 80] zustimmt. Ferner spricht LINDEMANN nach KÖPPEN [II, S. 265] ganz bestimmt von
einjähriger Generation. Hierzu passen auch die allgemeinen Anschauungen von
PERRIS [vgl. namentlich 14 b, S. 563—569], und der direkte Beweis durch
Zucht ist neuerdings von PAULY [13] beigebracht worden, nach dessen Versuchen
es sogar vorkommen kann, dass die Käfer bereits in demselben Kalenderjahre ausschlüpfen, in welchem die Eier abgelegt wurden. Die Exemplare, die
sich so entwickelt hatten, waren aber schmächtige, die erst im nächsten Jahre
zum Vorschein kommenden normale Exemplare. Beiläufig sei bemerkt, dass
diese Zucht mit allen wünschenswerthen Vorsichtsmassregeln ausgeführt und so
eingerichtet wurde, dass ein Pärchen des Käfers einen frisch geschlagenen
Fichtenkloben, dessen Schnittflächen man zur Verhinderung der Verdunstung mit
Paraffin getränkt hatte, als Brutmaterial erhielt und letzteres alsdann in einem
Leinwandsäckchen eingeschlossen in einem der Witterungseinflüssen ausgesetzten
Lattenzwinger überwintert wurde. Aehnliche Versuche, an im Freien auf natür-
liche Weise von Cal. luridum L. besetzten Fichtenklötzern die ausschlüpfenden
Käfer in einer Zeugumhüllung abzufangen, hat schon HLAWSA gemacht [9]. Die
Angabe, dass die Generation zweijährig wäre, ist bei TASCHENBERG [XVIII, S. 192]
ausgesprochenermassen nur eine Vermuthung, und die genauere Darstellung von
ALTUM [XVI, III, 1, S. 339 und 340], dem offenbar auch HESS [XXI, 2. Aufl.,
S. 330] folgt, beruht wohl theils darauf, dass jener Forscher überhaupt verschiedene Arten der Arbeit einer und derselben Insektenlarve, also hier das
Plätzen unter der Rinde und die Herstellung des Hakenganges, gewöhnlich als
in verschiedenen Jahren erfolgend ansieht, während er anderntheils Mittheilungen
von SCHAAL folgt. Eine völlige Sicherheit ist also hier noch nicht erreicht, und
ist es sehr wohl möglich, dass auch hier Temperatureinflüsse die Dauer der
Generation wesentlich verändern können.

Schaden. Die Käfer gehen mit Vorliebe, wie wir schon oben
bemerkten, an ältere, starkborkige Bäume, und wenngleich auch hier
kränkelnde Stämme von ihnen bevorzugt werden mögen, wie dies
namentlich HLAWSA [9, S. 19] daraus schliessen will, dass in dem Splint
der befallenen häufig grössere, mit flüssigem Harze gefüllte Hohlräume
vorkommen, und auch dadurch wahrscheinlich wird, dass die Käfer
sehr oft als Begleiter des Tomicus typographus L. erscheinen, so
sind es doch stets noch mit frischer Benadelung versehene Stämme,
welche sie annehmen; in wirklich abgestorbenes Holz gehen sie

niemals. Dagegen befallen sie sehr häufig ganz gesund erscheinende Bäume, die dann sicher getödtet werden, sodass die Käfer zu den recht schädlichen gerechnet werden müssen. Zeichen des Anfluges sind anfänglich kaum wahrzunehmen, erst im Früjahr, wenn der Saft stammaufwärts zu steigen beginnt und nun durch die Larvengänge die Circulation unterbrochen wird, also erst dann, wenn die Larven, — vorausgesetzt, dass unsere Annahme einer einjährigen Generation richtig ist — ihr Zerstörungswerk bereits vollendet haben, tritt ein Herunterhängen der Nadeln und zugleich bereits meist auch Loslösung der Rinde an der zuerst befallenen Seite des Stammes von unten nach oben fortschreitend auf. Erst später röthen sich die Nadeln. Unangenehm ist, dass auch die technische Brauchbarkeit mancher Sortimente beeinträchtigt wird.

Wir folgen in der voranstehenden Darstellung wiederum Ahlemann [I, S. 98—100], wollen dagegen nicht unterlassen zu erwähnen, dass Schaal [XVI, III, 1, S. 340] anderer, nämlich der Ansicht ist, dass bald nach dem Angehen starker Harzausfluss eintrete und bereits nach 10—14 Tagen die Nadeln welk werden. Auch über diese Frage müssen noch genauere Untersuchungen entscheiden. Berichte über stärkere Frässe sind folgende: Ahlemann [I] meldet zunächst das Auftreten dieser Käfer in der Oberförsterei Guttstadt, Regierungsbezirk Königsberg in Ostpreussen, im Gefolge von Nonne und Borkenkäfer in den Sechzigerjahren. Allein im Frühjahre 1862 mussten auf diesem Reviere 1200 Klaftern nur von diesem Käfer getödtete Stämme zum Einschlag kommen. Auf dem königlich Sächsischen Staatsforstrevier Hirschberg im Erzgebirge war namentlich 1870 der Schaden nach Schaal in einigen etwa 100jährigen Beständen sehr bedeutend, indem diese Orte in empfindlicher Weise gelichtet wurden. Gleichfalls von 1870 an trat der Käfer in den städtisch Bergreichensteiner Forsten im „Schlosswalde" nach Hlawsa [9] stärker auf. Einen grösseren Frass an Lärche berichtet Döbner [XIV, 2, S. 189] aus den Jahren 1854/55 im Reviere Frammersbach im Spessart, wo 30—40jährige Stämme getödtet wurden. Es war hier Cal. luridum L., var. fulcratum Fabr., während auf dem Bergreichensteiner Revier mehr Cal. fuscum Fabr., vertreten war. Aus Russland berichtet nur Lindemann über einen grösseren, in den Sechzigerjahren bei Moskau stattgehabten Frass [15, S. 264].

Abwehr. Die Bekämpfung dieser Käfer besteht zunächst in dem Einschlagen und Wegschaffen der vom Monat Februar an als besetzt erkannten Stämme. Letzteres ist unerlässlich, denn sonst kommt, bei einjähriger Generation, der Käfer doch noch zum Ausschlüpfen. Schälung solcher Bäume ist im Frühjahre überflüssig, da die Larven dann schon meist im Holze sitzen. Ausserdem hat Ahlemann [I, S. 102] mit grossem Erfolge Fangbäume angewendet. Dieselben müssen zur Flugzeit des Käfers, also spätestens im Juni geworfen sein. Entastete und dicht auf die Erde gelegte Fangbäume werden namentlich gern an der Unterseite angenommen. Diese müssen natürlich geschält werden, und zwar vor dem Herbst, solange noch die junge Larve unter der Rinde lebt; eine genaue Revision der Stämme an der Unterseite ist nöthig, damit der richtige Zeitpunkt nicht versäumt wird. Der einmal in das Holz gegangenen Larve kommt man nicht mehr bei. Auch Nördlinger fand Cal. luridum L. in einem Lärchenfangbaume [XXIV, S. 41].

Wir wenden uns nun zu dem Schneidei- und Schusterbock.
Beschreibung. Lamia (Monochammus Latr.) sartor Fabr. *Käfer*:
Halsschild breiter als lang, fein querrunzelig, an den Seiten mit einem Dorn.
Fühler lang und dünn, deren erstes Glied verdickt, viel kürzer als das dritte,
beim ♂ einfärbig, viel länger als der Körper, beim ♀ kaum länger als letzterer
und vom dritten Glied an die Wurzel der einzelnen Glieder grau behaart. Schildchen dicht weiss oder gelblich behaart. Flügeldecken viel breiter als das Halsschild, mehr als doppelt so lang wie zusammen breit, vorn grob, nach hinten
feiner runzelig oder körnig punktirt, schwarz mit braunem Metallglanz, beim
♂ weniger, beim ♀ mehr fleckig behaart, hinter dem ersten Drittel mit einem
deutlichen, seichten Quereindruck. Gelenkhöhlen der Vorderfüsse nach hinten
offen. Schenkel nicht keulenförmig verdickt, Fussklauen einfach. Länge 26—32 *mm.*
      Larve nach dem Lamiiten-Typus gebaut, sehr gross, glänzend, sparsam
behaart. Kopfkapsel nach hinten verengt, Clypeus den ganzen Stirnrand ein-
nehmend, dreimal so breit als lang. Lippe am Vorderrande beborstet, doppelt
so breit als lang. Zwei kleine Punktaugen. Füsse nicht wahrnehmbar, weil [16,
S. 435] sechsmal kleiner als das Endglied der Kiefertaster. Haftscheiben der
Brustringe und der sieben ersten Hinterleibsringe oben mit drei Längs- und zwei
Querfurchen und in viele kleinere, reihenweis stehende und wieder gekörnelte
Höcker zerfallend, unten nur mit einer Querfurche. After quer gestellt mit kurzer
Mittelfurche in der unteren Klappe.
      L. (Mon.) sutor L. (*pellio* Germ.), *Käfer* dem vorigen sehr ähnlich, Flügel-
decken jedoch ohne Quereindruck und etwas gleichmässiger punktirt, Schildchen
mit nackter Mittellinie. Länge 16—25 *mm.*
      Larve derjenigen der vorigen Art sehr ähnlich. Sie wird abgebildet
durch v. Gernet, Horae societatis entomologicae Rossicae V, 3. 1867.
      Lebensweise. Der Schneider- und der Schusterbock sind
wesentlich Bewohner starker Fichtenstämme in Gebirgsrevieren. Ueber
ihren Frass und ihre Generation finden sich fast gar keine positiven
Angaben in der Literatur, nur Fleischer [6, S. 39] bemerkt, dass
ihre Larven „ähnliche, jedoch viel breitere Gänge" wie Cal. luridum L.
machen. Ihr Frass wird daher ähnlich sein dem von Perris [14 a,
S. 467 u. 468] beschriebenen, ihrer südlichen und westlichen, in der
Seekiefer lebenden Verwandten, der L. (Mon.) Galloprovincialis
Oliv., deren Larve zuerst starke, plätzende, in Rinde und Holz
eingreifende Gänge nagt und sich später in einem Hakengange
verpuppt, aus dem schliesslich der Käfer durch ein kreisrundes,
nur mit den Fluglöchern von Sirex zu verwechselndes Rinden-
flugloch hervorkommt. Seine Generation ist einjährig. Während
aber diese südliche Art nach Perris wesentlich nur in bereits abgestorbenen Kiefernstämmen lebt, gehen seine östlicheren Verwandten auch an stehende, gesunde Fichtenstämme und sollen
hier nicht unbeträchtlichen Schaden thun. Die einzige uns bekannte
positive Angabe über Schaden von L. sutor L. ist die von Wachtl
herrührende in dem Kataloge der Ausstellung des Erzherzogs Albrecht
in der Wiener Weltausstellung, welche wir nach Altum [XVI, III,
1, S. 345] wiedergeben: „Für die Fichtenbestände des Gutes Saybusch
in Galizien einer der grössten Schädlinge. Das Insekt geht die Bäume
bis in die Gipfelspitzen an. Ich liess einst eine Fichte fällen, die
von dem Thiere vollständig zugrunde gerichtet und mit Fluglöchern
besetzt war". Der Stamm war 20 *m* lang, mit 20 *cm* Brusthöhendurchmesser bei einem Alter von 110 Jahren.

Einschlag und rechtzeitige Entfernung der befallenen Stämme dürfte vorläufig die einzige zu empfehlende Abwehrmassregel sein.

ALTUM hat ferner diese Käfer in der Bayerischen und Tiroler Alpen bis 1500 m Seehöhe zahlreich gefangen, und FLEISCHER [6, S. 39] berichtet, dass dieselben bei dem grossen Böhmischen und Bayerischen Käferfrasse der Siebzigerjahre gleichfalls in beachtenswerther Menge aufgetreten und von ihm namentlich im Bayerischen Walde zu Finsterau zahlreich gefangen worden seien. NÖRDLINGER [XXIV, S. 42] fand dieselben in copula und beim Eierlegen im Juni und Juli in auffallender Menge auf Fichtenstämmen in Tirol. HESS [XXI, 2. Aufl., S. 331] erwähnt ihn aus dem Thüringerwalde.

Diesen Fichtenverderbern ist als wirklich beachtenswerth nur ein Kiefernfeind, der Kiefernzweigbock, anzureihen.

Beschreibung. Lamia [Pogonochaerus LATR.) fasciculata DE GEER (fascicularis PANZ.). Käfer: Halsschild an den Seiten in der Mitte mit einem Dorn, auf der Scheibe jederseits mit einem schwachen, kahlen Höckerchen. Scheitel mit zwei dunklen Borstenhöckerchen. Fühler nicht oder wenig länger als der Körper, auf der Unterseite gewimpert, ihre Glieder an der Wurzel weiss behaart, das dritte Glied etwas kürzer als das vierte. Flügeldecken an der Spitze einfach abgestutzt, jede mit drei erhabenen Längsrippen und 2—4 schwarzen Borstenbüscheln, übrigens scheckig grau und braun behaart, hinter der Basis mit einer weisslichen, schrägen, nach rückwärts dunkel begrenzten Querbinde. Die ganze Oberseite des Käfers lang abstehend behaart. Vorderhüften voneinander getrennt, ihre Gelenkhöhlen seitlich geschlossen. Schenkel keulenförmig verdickt. Erstes Glied der Hinterfüsse kaum länger als das zweite. Fussklauen einfach. Länge 5—6·5 mm.

Larve noch nicht näher bekannt, aber natürlich nach dem Lamiiten-Typus gebaut.

Lebensweise. Dieses kleine Böckchen, mit wahrscheinlich einjähriger Generation und überwinternden Larven, ist im Wesentlichen ein Kieferninsekt, welches in geringem Materiale brütet und namentlich schwache Aeste von 1—5 cm Durchmesser in den Kronen alter Kiefern bewohnt. Hier verübt die Larve ihren Frass, bestehend „in einem sehr flachen, scharfrandigen Splintgange, welcher, kaum sichtbar beginnend und sich allmählich gegen sein Ende zu 3 mm Breite erweiternd, in den mannigfachsten Windungen den Zweig verfolgt, ja ihn gar oft bald mehr, bald weniger vollständig umwickelt, bis er mit einem kurzen Hakengange im Holze endigt" [ALTUM, 2f, S. 26]. Der Käfer nimmt dürres Material nicht an, da sich an noch frisch mit Larven besetzten Zweigen häufig letzte Triebe, Knospen und Nadeln normal entwickelt finden. Es ist bei dieser Lebensweise nicht auffallend, dass er auch in jungen Kiefernpflanzen brütet. JUDEICH erzog ihn aus 5—6jährigen Kiefern, aber auch aus Fichtenstangen [XI, S. 66]. ALTUM fand ihn in 12—15jährigen Kiefern, die in Folge des Frasses abgestorben waren [XVI, III, I, S. 347]. NÖRDLINGER [XXIV, S. 42] hat ihn ferner aus Weymouthskiefer und sogar aus Edelkastanie erzogen. Er ist in seiner Thätigkeit häufig vergesellschaftet mit Magdalis violacea L., Tomicus bidentatus HBST., Hylesinus minimus FABR. und, wie der genannte Tomicus, sowohl Kultur-, als auch Bestandsverderber, da er in unerwünschter Weise sich an der Lichtung der Kronen älterer Kiefern betheiligt und öfters die Wipfeldürre der Kiefernüberhälter mit verschuldet. Hier-

auf hat zuerst ALTUM [2 *a* und 2 *f*] aufmerksam gemacht. Eine wirkliche
A b w e h r dieses letzteren Schadens giebt es nicht, höchstens kann man
durch Verbrennen des von den Herbststürmen in alten Kiefernbeständen
herabgeworfenen Reisigs, von dem ein Theil stets mit Larven des
Käfers besetzt ist, eine Verminderung desselben anstreben. In Kulturen
von ihm angefallene Pflanzen werden ausgerissen und verbrannt.

Unter den blos abgestorbene Nadelhölzer bewohnenden Bockkäfern ist
seines typischen Larvenfrasses, sowie seiner Puppenwiegen wegen am auffallendsten
   Rhagium (S t e n o c o r u s GEOFF.) inquisitor L. (*indigator* FABR.). *Käfer:*
Halsschild an den Seiten mit scharfem Dorn, an der Spitze lang abgeschnürt,
Hinterecken stumpf. Augen nur schwach ausgerandet. Fühler kurz, die Basis
des Halsschildes wenig überragend. Schildchen mit kahler Mittellinie. Flügeldecken bräunlich, mit drei schwarzen Querbinden, jede mit drei Längsrippen,
von denen zwei scharf erhaben, eine schwächer ist. Die ganze Oberseite des
Käfers dicht scheckig grau behaart. Vorderhüften durch einen hohen, ziemlich
breiten Fortsatz der Vorderbrust getrennt. Das erste Glied der Hinterfüsse kurz
und breit. Fussklauen einfach. Länge 12—14 *mm*.
   Larve zu den Formen des Lepturinen-Typus (vgl. S. 560 und Fig. 180 *C*)
gehörig, also mit kleinen Füssen versehen und mit breitem, querem Kopfe; sie
ist vor allen andern gemeineren Nadelholzbocklarven durch den stark abgeflachten, an den Rändern fast schneidenden Kopf zu unterscheiden.
   Sie lebt in allen Nadelhölzern unter der Rinde, wo sie, ohne den Splint
zu furchen, 1—2 *cm* breite, gewundene Gänge nagt, welche dicht mit braunem,
festem, bei Entfernung der Rinde oft auf dem Splint haftenbleibendem Bohrmehl
erfüllt sind. Die Verpuppung erfolgt in einer grossen, flachen, ovalen Puppenwiege, welche 3—4 *cm* Länge hat und von einem zierlichen, ungefähr 5 *mm*
breiten Kranze langer Holznagespäne umgeben ist, eine Eigenthümlichkeit, welche
allen Rhagien zukommt. Eine forstliche Bedeutung besitzt der Käfer trotzdem
wohl nicht, doch wollen wir es nicht unterlassen, anzuführen, dass AHLEMANN
annimmt, der Käfer brüte vorzüglich in noch lebendem, allerdings kränklichem
Holze und frischen Stöcken, welche erst im Laufe der Entwickelung des Käfers
trocken würden [I, S. 104 und 105]; aber auch er nimmt an, dass dieser Bock
nicht im Stande sei, für sich allein einen Baum zu tödten.
   Auch eine andere gemeine Art derselben Gattung, Rh. bifasciatum FABR.,
lebt ähnlich im Nadelholz, während Rh. mordax DE GEER (*inquisitor* FABR.) und
Rh. sycophanta SCHRK. (*mordax* FABR., *scrutator* OLIV., *grandiceps* THOMS.) mehr
in Laubhölzern, namentlich auch in Eichen vorkommen.

Weniger wegen ihres Larvenfrasses, wie als häufige, grosse Käfer in Nadelholzrevieren sind noch einige Formen zu nennen. Zuerst der grosse, flache,
gedrungene, in Mitteldeutschland erst Ende Juli und im August fliegende
   Prionus coriarius L. *Käfer* pechbraun. Das scharf gerandete, jederseits
mit drei Zähnen versehene Halsschild doppelt so breit als lang, runzelig punktirt.
Flügeldecken grob gerunzelt mit zwei bis drei angedeuteten, erhabenen Längslinien. Die dicken Fühler beim ♂ stark gesägt, länger als der halbe Körper,
beim ♀ schwach gesägt, etwas kürzer. Die neun letzten Glieder derselben kaum
doppelt so lang als breit. Länge 25—40 *mm*.
   Larve sehr gross, bis 50 *mm* lang, nach dem dritten Typus (vgl. S. 561
und Fig. 180 *E*) gebaut, also mit Füssen versehen, hinten mit tief ausgeschnittener
Kopfkapsel, durch die breiten, in der Mittellinie ungetheilten, dagegen auf dem
Rücken mit je zwei, auf dem Bauche mit je einer tiefen Querfurche versehenen
Haftscheiben der vorderen Hinterleibsringe gekennzeichnet. Vorderbrust mit stark
chitinisirter Rückenplatte. Sie lebt namentlich in alten, mulmigen Nadelholzstöcken.

   Gleichfalls in Stöcken, und zwar meist in Kiefern brütet
   Spondylis buprestoides L. *Käfer* ganz mattschwarz. Die kurzen, fast
schnurförmigen Fühler nahe an der Basis der Mandibeln eingelenkt. Halsschild

fast kugelförmig, an den Seiten unbewaffnet, so breit wie die Flügeldecken und wie diese dicht runzelig punktirt. Flügeldecken in der Mitte mit zwei erhabenen Längslinien. Schienen am Aussenrande gezähnelt. Länge 12—22 mm.

Larve nach dem Cerambycinen-Typus gebaut, mit etwas vorstehendem Kopfe, zugespitzten, schneidenden Vorderkiefern, verhältnissmässig langen Beinen. Vorderbrustschild stark punktirt, Hinterbrustschild fein und dicht gekörnt, desgleichen die Haftscheiben. Afterspitze mit zwei kegelförmigen Dornen [14 *b*, S. 416]. Länge ungefähr 34 *mm*.

In abgestorbenen Kiefern, geschlagenem Holze und Stöcken brütet ferner diejenige sehr gemeine und im Frühjahre zeitig fliegende Bockkäferform, welche das gerade Gegentheil des ebenerwähnten Sp. buprestoides, der unter allen Böcken die kürzesten Fühler hat, insofern sie die längsten Fühler unter allen einheimischen Formen besitzt. Es ist dies

Lamia (Acanthocinus und *Astynomus* STPH.) aedilis. L. *Käfer:* Fühler beim ♀ 1¹/₂-bis 2-, beim ♂ 5mal so lang als der Körper, das erste Glied an der Spitze und an der Aussenseite, die übrigen Glieder an der Spitze dunkel. Halsschild an den Seiten mit einem Dorn, auf der Scheibe vor der Mitte mit vier kleinen, dicht gelb behaarten Höckerfleckchen. Flügeldecken nur mit undeutlich erhabenen Längsrippen, vorn etwas gröber, hinten feinkörnig punktirt, grau behaart, hinter der Mitte mit einer dunklen, schrägen Querbinde. Gelenkhöhlen der kugeligen Vorderhüften seitlich theils ganz geschlossen, Schenkel keulenförmig. Erstes Glied der Hinterfüsse so lang als die übrigen Glieder zusammen. Fussklauen einfach. Legröhre des ♀ weit vorgestreckt. Länge 13—19 *mm*.

Larve nach dem vierten Typus gebaut, also lang-, beziehungsweise kleinköpfig und fusslos, glatt und glänzend, mit Ausnahme der mit feinsten Dörnchen besetzten Haftscheiben, dünn röthlich behaart. Augenpunkte sehr deutlich. After dreispaltig. Länge bis 30 *mm*.

Gleichfalls unschädlich, aber doch wegen der Abnormität seiner Erscheinung, die in Folge der verkürzten, die Flugflügel nicht bedeckenden Flügeldecken etwas an eine grosse Schlupfwespe erinnert, erwähnenswerth, ist Molorchus minor L. (*ceramboides* DE GEER, *dimidiatus* FABR.). *Käfer* braun. Halsschild ohne Dornen an den Seiten, kaum breiter als der Kopf, dieser hinter den Augen nicht eingeschnürt. Die langen Fühler auf der Stirn eingelenkt, ihr erstes Glied kürzer als das dritte, beim ♂ zwölfgliedrig. Die fein facettirten Augen stark ausgerandet. Flügeldecken stark verkürzt, wie bei den Staphylinen, die Flügel können jedoch nicht darunter zusammengefaltet werden; jede Decke mit einem schrägen, weissen Längsfleck. Vorderhüften stark vorragend, ihre Gelenkhöhlen nach hinten geschlossen. Schenkel keulenförmig verdickt.

Larve nach dem Cerambycinen-Typus gebaut, mit verhältnissmässig langen Fühlern, ohne Punktaugen und fein genetzten, in der Mitte längsgetheilten Haftscheiben [16, S. 414—415].

Die Larve dieses namentlich in Fichten, und zwar in schwächeren Stämmen, Knüppeln und Aesten brütenden, aber nach ALTUM [XVI, III, 1, S. 341] auch Tannen angehenden Käfers macht unter der Rinde und im Holze scharf ausgenagte, mit braun und weiss gemischtem Bohrmehle gefüllte, flache und breite, äusserst geschlängelte Gänge, geht dann durch eine ovale Oeffnung in das Holz, um sich im Splinte in einem Hakengange zu verpuppen. Gewöhnlich lebt dieser Bock in abgestorbenen Hölzern, nach den Mittheilungen von SAXESEN [V, 1, S. 240] und einer schriftlichen Notiz von Forstmeister GÖTZ geht er aber auch an frisches Holz. Wir finden Larven und Käfer nicht selten in dem Brennholze unserer Akademie. Auch an Einfriedigungsstangen sind seine charakteristischen Gänge häufig.

Beiläufig sei erwähnt, dass die zu den Lepturinen gerechnete Gattung Necydalis L. der Gattung Molorchus FABR. durch die stark verkürzten Flügeldecken sehr ähnlich ist. Die Gelenkhöhlen der Vorderhüften sind jedoch nach hinten offen, und der Kopf ist hinten etwas eingeschnürt. Die beiden bräunlich gefärbten Arten, mit goldgelber Behaarung auf dem Halsschild und an den Seiten, N. major L. und N. abbreviatus PANZ. (*Panzeri* HAROLD), gehören zu den grössten Europäi-

schen Bockkäfern, ihre Länge beträgt 25—33 *mm*. Sie bewohnen in unschädlicher Weise verschiedene Laubhölzer. Hier in Tharand wurden beide aus anbrüchigem Buchenholze erzogen.

Physiologisch schädliche Laubholzböcke sind vornehmlich

der grosse Pappelbock, Saperda carcharias L. [Taf. II, Fig. 12),

der kleine Aspenbock, S. populnea L,

der kleine Haselbock, S. linearis L.,

der rothhalsige Weidenbock, S. oculata L., und

der Weberbock, Lamia textor L.

Der grosse Pappelbock, ein bis 3 *cm* langer Käfer, welcher
seinen lateinischen Namen dem Umstande verdankt, dass die Skulptur
der gelbgrauen, mit schwarzen Punkten besäten Oberseite lebhaft an
Haifischhaut erinnert, sowie der kaum halb so grosse, grünlich-graue,
oben gelb gezeichnete Aspenbock sind Bewohner der Pappelarten,
namentlich der Aspe, und zwar brütet der erstere in den Stämmen,
letzterer in den jungen Zweigen, die an dem Sitze der Larve zu
kleinen Gallen anschwellen. Beide sind Hindernisse für die Erziehung
gesunder Pappeln und werden ersterer namentlich an Alleebäumen,
letzterer in Niederwaldschlägen öfters lästig und sogar schädlich.

Der kleine schwarze, durch hellgelbe Beine gekennzeichnete
Haselbock bringt Haselzweige zum Absterben, dürfte aber im
Ganzen weniger Bedeutung haben, als sein grösserer Verwandter, der
rothhalsige Weidenbock mit grauen Flügeldecken und schwarzem
Kopfe, der seinen lateinischen Namen zwei schwarzen Punkten verdankt, die sich wie Augen auf dem gelbrothen Halsschilde scharf
abheben. Er brütet in Weidenzweigen und kann daher in Weidenhegern recht unangenehm werden.

Ebenfalls in Weidenanlagen kann der Weberbock schaden,
dessen Larve die älteren, stärker über den Boden vorragenden Stöcke
durchfrisst und zum Eingehen bringt. Sie ist unter dem Namen der
„Holzwurm" von den Weidenzüchtern gefürchtet.

Wir behandeln zunächst den grossen Pappelbock.

Beschreibung. Saperda carcharias L. (*punctata* DE GERR). *Käfer*: Stirn
zwischen den Fühlern tief gefurcht. Halsschild walzenförmig, an den Seiten ohne
Dorn oder Höcker. Fühler mit Wimperhaaren, so lang als der Körper, ihr
drittes Glied länger als das vierte, gelblich grau behaart, die einzelnen Glieder
mit Ausnahme der letzten mit schwarzer Spitze. Flügeldecken breiter als das
Halsschild, mit vorragenden Schultern, grob und tief, an der Basis etwas körnig
punktirt, mit dichter, gelblicher Behaarung, welche die Punkte frei lässt, so dass
diese schwarz hervortreten, nach hinten beim ♂ stark, beim ♀ wenig verschmälert, hinten mit etwas ausgezogener Spitze, Episternen der Hinterbrust nach
hinten verschmälert. Schenkel in der Mitte am dicksten, nicht keulenförmig.
Fussklauen einfach. Länge 22—28 *mm*.

· *Larve* nach dem Lamiiten-Typus gebaut, Kopf nur sehr wenig aus der fast doppelt so breiten Vorderbrust hervorsehend, sein versteckter Theil nach hinten nur wenig verschmälert (Fig. 180 *F*.). Oberlippe halbkreisförmig, hinten vertieft und nackt, vorn etwas gewölbt und beborstet. Fühler sehr klein. Jederseits ein deutliches Punktauge. Vorderbrust oben mit einem stark chitinisirten, braunen Schilde, dessen äusserste Seitentheile jederseits durch eine klammerartig von hinten bis zur Mitte eintretende Furche abgetrennt werden und nach aussen einen flachen Eindruck zeigen. Der mittlere Theil hinten deutlich gekörnt, Unterseite der Vorderbrust jederseits mit einem kleinen, chitinisirten, braunen Schilde, Mittelbrust in der Mitte der Seitentheile stärker chitinisirt. Füsse nicht wahrnehmbar, Leib glatt und glänzend, nur sparsam behaart. Haftscheiben oben von dem Hinterbrustringe an bis zum siebenten Hinterleibsringe fein chagrinirt, durch eine mittlere und zwei seitliche Längsfurchen, sowie je zwei Querfurchen in acht Abschnitte getheilt, von denen die beiden mittleren einen Rhombus bilden. After dreigespalten, Y-förmig. Länge bis 38 *mm*.

Lebensweise. Der grosse Pappelbock, ein durch ganz Mitteleuropa bis nach Skandinavien, Sibirien und dem Kaukasus verbreitetes Insekt, ist ein Pappelbewohner, der zwar wohl am häufigsten in Aspe vorkommt, aber auch alle anderen einheimischen und fremden Pappelarten angeht. Er fliegt im Juni und Juli und belegt lebende Stämme mit glatter Rinde einzeln mit Eiern, gewöhnlich erst vom fünften Jahre an. Aeltere als zwanzigjährige Stämme mit stärkerer borkiger Rinde meidet er dagegen. Auch in Aesten kommt er vor, desgleichen nach ALTUM in Baumweiden [XVI, III, 1, S. 349 und 350]. Der erste Frass der auskommenden Larve geschieht unregelmässig plätzend in den letzten Jahresringen, später dringt sie jedoch in die tiefergelegenen Holzschichten und macht hier, aufwäits fressend, im Querschnitt ovale, oft recht langgestreckte Gänge, in welchen lange, grobfaserige Nagespäne liegen und von hier aus oft auch durch eine untere Auswurfsöffnung nach aussen gebracht werden. Hierdurch, sowie an jungen Stämmchen durch eine stärkere Anschwellung des unteren Endes ist der Frass leicht zu erkennen. Vergesellschaftet ist dieser Käferlarvenfrass häufig mit dem der Raupen des Weidenbohrers, Cossus ligniperda L., und des Hornissenschwärmers, Sesia apiformis L., deren Anwesenheit aber an dem eigenthümlichen Raupenkothe unterschieden werden kann. Ist diese Gesellschaft vereinigt, so wird oft das Pappelholz arg durchwühlt. Ganz junge, etwa bis 3 *cm* starke Stämmchen sterben häufig in Folge der Angriffe des Pappelbockes völlig ab, namentlich wenn mehrere Larven in einem Stamme fressen. Aeltere halten den Frass dagegen lange aus. Während der Käfer in letzteren also wesentlich technisch nachtheilig ist, wird er in jenen physiologisch schädlich und kann namentlich da, wo Pappelalleen angelegt werden sollen, recht unangenehm werden, um so mehr, als auch von ihm nicht direkt getödtete Stämme leichter vom Winde gebrochen werden. Er ist ferner ein Haupthinderniss der ja ohnedies in unseren Forsten selten gut gelingenden Erziehung gesunder, älterer Aspen.

Die Generation wird bestimmt als zweijährig angegeben, so dass also die gestürzt in dem Frassgange liegende Puppe im dritten Frühjahre den Käfer liefert.

Eine **Abwehr** ist nur durch Einschlag und Verbrennen
der befallenen Stämme, sowie durch Sammeln des grossen, im Frühjahre leicht von den Stämmen herabzuklopfenden Käfers zu erreichen.
Werthvolle Stämmchen, namentlich in Baumschulen und Alleen, kann
man durch einen dünnen, zur Flugzeit des Käfers an den Stämmen
bis zu 1·5 m Höhe anzubringenden Lehmanstrich schützen [V, I, S. 235].
Noch sicherer dürfte aber ein Anstrich mit der bei Hylesinus micans
Kug. erwähnten Leinweber'schen Schutzmasse wirken (vgl. S. 461).

Sein nächster Verwandter ist der **Aspenbock**.

Beschreibung. **Saperda populnea L.** *Käfer* in den plastischen Kennzeichen der S. carcharias ähnlich, aber kleiner. Stirn zwischen den Fühlern
nicht vertieft, vor den Fühlern etwas gewölbt. Flügeldecken dicht mit groben
Punkten besetzt, welche durch die fleckige Behaarung nicht verdeckt werden,
walzenförmig mit stumpfer Spitze. Die ganze Oberseite schwarz, fein und sparsam grau behaart, Kopf und Halsschild mit längeren Borsten; 3 Längslinien auf
dem Halsschild, von denen die mittlere oft undeutlich, und 4—5 in unregelmässiger Längslinie stehende Fleckchen auf jeder Flügeldecke dicht gelb behaart.
Fühler schwarz, die einzelnen Glieder an der Wurzel behaart. Länge 8—13 mm.
Larve nur durch ihre geringere Grösse von der des grossen Pappelbockes
verschieden.

Lebensweise. Der **Aspenbock** ist, wie sein Name besagt,
meist ein Bewohner von **Populus tremula L.**, kommt aber auch in
Silberpappel, P. alba L. [Nördlinger **XXIV**, S. 42] und in anderen
Pappeln mitunter vor. Neuerdings ist er von Czech auch in **Weiden**,
und zwar in Salix alba L. und S. fragilis L., brütend gefunden worden.

Sein angeblich von Bechstein berichtetes Brüten in Birken wird von
Ratzeburg geleugnet [V, I, S. 235], von Döbner [XIV, 2, S. 195] als wahrscheinlich angesehen. Wir haben die eben angeführte Behauptung bei Bechstein
übrigens nicht finden können, vielmehr berichtet derselbe [I 1, S. 201] nur, dass
der Käfer im Juni auf Aspen und Birken gefunden werde. Ganz vereinzelt
steht die von Döbner [XIV, 2, S. 195] berichtete Thatsache, dass Bach ihn aus
der Anschwellung einer Brombeerstaude erzogen habe.

Der Käfer bevorzugt schwaches Material und befällt am liebsten
junge, zwei- bis sechsjährige Stämmchen und Stockausschläge, an
älteren Bäumen schwache Aeste von 0·5—2 cm Stärke, am
häufigsten solche von ungefähr 1 cm. Mitunter ist ein Zweig oder
Ast dicht hintereinander mit mehreren Larven besetzt, und an manchen
Stellen ist der Käfer so gemein, dass kaum ein gesundes Stämmchen
zu finden ist. Seine **Flugzeit** fällt nach dem Laubausbruche der
Aspen, auf deren Blättern man ihn im Mai und Juni häufig in
Begattung findet. Das Weibchen legt dann die Eier einzeln in Rindenritze oder eigens hierzu genagte, später wulstig überwallende, kleine
Rindenlöcher; die ausgeschlüpfte Larve frisst sich bis in den Splint
durch und nagt zunächst in diesem, und zwar so, dass sowohl die
äussersten Splintschichten als die Markröhre unversehrt bleiben, einen
mit feinem Bohrmehl gefüllten Hohlraum, der ungefähr in der Form
eines Cylindermantels die Hälfte der Markröhre umgreift. Auf diesen
Frass reagiren die Pappelarten durch Bildung einer gallenartigen
Anschwellung, welche die Stämmchen und Zweige knotenartig auf-

treibt, während dies nach CZECH [4] bei den Weiden nicht stattfindet. Diese oft dicht aneinandergereihten Knoten lassen den Angriff leicht erkennen, und unter ihrem Einflusse nimmt die Höhlung des ersten Frasses häufig die Gestalt einer Halbkugel an (Fig. 181). Späterhin wendet sich die Larve tiefer in das Innere und frisst nun nach oben in der Markröhre einen 2—5 *cm* langen Gang aus, in welchem sie schliesslich umkehrt und sich, nachdem sie denselben unten noch bis dicht an die Rinde fortgesetzt hat, gestürzt, den Kopf nach unten, verpuppt. Der Käfer nagt schliesslich ein kreisrundes Flugloch, welches immer auf der Anschwellung liegt. Schneidet man die Galle der Länge nach durch, so dass man das Flugloch halbirt, so erscheint der Markröhrenfrass als eine Art Hakengang, und nach aussen von diesem wird der Splintfrass ein- oder zweimal durch den Schnitt getroffen. Die genaueste und zutreffendste Schilderung des Frasses giebt ALTUM [XVI, III, 1, S. 351].

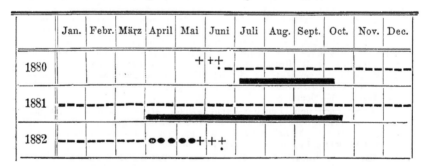

Fig. 181. Frass von Saperda populnea L. an Aspe. *A* eine quergeschnittene, *B* eine längsgespaltene Galle. *a* Stelle, von der der Larvenfrass ausging, *b* peripherer Larvenfrass, *c* centraler Larvenfrass, *d* Flugloch.

Allgemein nimmt man an, die Larve mache den peripherischen Frass im ersten, den centralen im zweiten Sommer ihres Lebens und verpuppe sich im dritten Frühjahre, um im Juni desselben den Käfer zu liefern. Die Generation wäre also zweijährig und könnte dann folgendermassen dargestellt werden:

	Jan.	Febr.	März	April	Mai	Juni	Juli	Aug.	Sept.	Oct.	Nov.	Dec.
1880					+ ++							
1881												
1882					⊕● ●● ●+ ++							

Wir haben aber in sicher einjährigen Aspen-Stockausschlägen, welche also erst in demselben Jahre mit Eiern besetzt sein konnten, im Herbste sowohl den peripherischen, wie den centralen Frass gefunden, so dass also hier sicher beide Frässe aus demselben Jahre stammten. Da die in diesen Gallen

enthaltenen Larven klein und auch ihre Frassgänge demgemäss von kleinem
Kaliber waren, so ist trotzdem wohl möglich, dass sie noch ein weiteres Jahr
zur vollen Entwickelung brauchen.

In diesen Gallen kommt, wahrscheinlich secundär, mitunter auch eine
Sesienraupe vor, und von dieser rührt dann der Koth her, der an ihnen
äusserlich anklebt. Einen Ausgang, durch den die Nagespäne der Aspenbocklarve
regelmässig herausgeschafft würden, haben wir dagegen nicht finden können.
Die Innenfläche der Frassgänge bräunt sich häufig tief.

Schaden und Abwehr. Dicht mit der Brut dieses Bockes
besetzte Aspen, Stämmchen oder Ausschläge gehen sicher ein, während
solche, welche nur ein oder einige Gallenknoten zeigen, höchstens
kümmern oder verkrüppeln und schliesslich das Flugloch, sowie
eventuell von dem grossen Buntspecht, der nach den Larven sehr
lüstern ist, gehackte andere Löcher doch wieder überwallen. Solche
Stämmchen oder solche Wurzelbrutschösslinge können aber keine
gesunden Bäume geben, und es ist daher der Frass des Aspenbockes
wie der seines grösseren Vetters, des Pappelbockes, eine der Ursachen, warum es uns so schwer fällt, in Mitteldeutschland ältere,
gesunde Aspen zu erziehen. Der Käfer kann also im Allgemeinen
zu den merklich schädlichen Insekten gerechnet werden. Wo das
Aspengebüsch dagegen mehr als Forstunkraut betrachtet wird, ist
der Käfer als gleichgiltig, ja sogar unter Umständen als nützlich anzusehen. Seine Bekämpfung kann an jungen Stämmen und Stockausschlägen
dort, wo sie überhaupt nöthig wird, dadurch erfolgen, dass man die
leicht sichtbaren Gallen vor dem Ausschlüpfen des Käfers ausschneiden
und verbrennen lässt. Auch könnte man den Käfer zur Flugzeit von
den Bäumen klopfen und sammeln lassen. Auf älteren Stämmen, wo
sein Astfrass gänzlich unschädlich bleibt, ist ihm im Larvenzustand
natürlich schwieriger beizukommen.

Noch geringer ist die Bedeutung der beiden zur Untergattung
Oberea MULS. gehörigen Saperda-Arten.

Beschreibung. Saperda (Oberea MULS.) oculata L. *Käfer*: Halsschild
seitlich ohne Dorn oder Höcker, rothgelb mit zwei schwarzen Punkten auf der
Scheibe. Augen tief ausgerandet, Kopf und Fühler schwarz, letztere mit einigen
abstehenden Wimperhaaren, nicht so lang als der lange, walzenförmige Körper.
Flügeldecken schwarz, vorn schmal gelb gesäumt, fein grau behaart, mit tiefen,
gereihten Punkten, an der Spitze abgestutzt. Hinterleib länger als Kopf und
Brust zusammen. Leib, Brust, Schildchen, Taster und Beine gelbroth. Schenkel
nicht keulenförmig verdickt, die hinteren reichen nicht über das zweite Leibes-
segment hinaus. Fussklauen mit einem wenigstens bis zur Mitte reichenden
Zahn. Länge 16—20 mm.

Larve nach dem Lamiiten-Typus gebaut, sehr schmalköpfig, gänzlich
augen- und fusslos. Jede Haftscheibe mit zwei schmalen, geschwungenen Querbinden von feinen röthlichen Chitinspitzen, von denen die vordere in der
Mitte unterbrochen. Länge 25—30 mm [14 b, S. 509 und 510].

Sap. (Ob.) linearis L. *Käfer* in seiner Gestalt der Sap. oculata L. ganz
ähnlich, aber mit Ausnahme der gelben Taster und Beine und des gewöhnlich
gelben vorderen Theiles des Seitenrandes der Flügeldecken, ganz schwarz,
ausserdem nur äusserst fein und sparsam grau behaart. Länge 11—15 mm.

Larve der des Weidenbockes ähnlich, aber kleiner, nur 20 mm lang [vgl.
auch TASCHENBERG XXII, II, S. 260].

Lebensweise. Die beiden soeben beschriebenen Käfer stimmen biologisch insoweit überein, als ihre Larven die Markröhre, beziehungsweise die inneren Holzlagen junger Laubholztriebe durch lange Gänge aushöhlen, an deren Ende sie sich verpuppen. Hierdurch gehen die Triebe ein und kennzeichnen sich durch ihre vertrockneten Blätter. Die auskommenden Käfer nagen dann ein kreisrundes Flugloch. Dagegen sind beide auf verschiedene Holzarten angewiesen.

Der rothhalsige Weidenbock, Sap. oculata L., nimmt namentlich Weiden an, und zwar werden besonders Salix Caprea L., S. babylonica L., S. alba L. [14 *b*, S. 510], S. viminalis L. und S. daphnoides VILL. (*caspica*) [XVI, III, 1, S. 353] angeführt. Er fliegt zur Sommerszeit, im Juni oder Juli, und belegt gesunde Weidentriebe an von ihm ausgenagten Rindenstellen mit einzelnen Eiern; die Larven dringen, ohne sich lange im Splint aufzuhalten, direkt in das Innere des Holzes und machen hier aufwärts oder abwärts fressend [14 *b*, S. 510] bis 30 *cm* lange und 3 bis 4 *mm* breite, fast drehrunde Gänge. Zuerst werden an der Einbohrungsstelle frische, später vertrocknete Nagespäne ausgestossen, während die zuletzt abgenagten einfach in der Röhre selbst verbleiben und sie verstopfen. Die Generation wird von PERRIS als einjährig angegeben. Der Frass, den z. B. RATZEBURG und TASCHENBERG gar nicht erwähnen, ist erst von ALTUM [XVI, III, 1, S. 353] als unter Umständen ernstlich schädlich nachgewiesen worden. Er fand nämlich, dass in den Weidenanlagen des Eberswalder Stadtbruches die freien Spitzen der Stecklinge mit je einem Ei belegt wurden, von wo aus die ausgekommene Larve in die zweijährigen Weidenruthen hinaufstieg, dieselben auf 20—25 *cm* aushöhlte, um sich in diesem Falle an dem obersten Ende des Frasskanales zu verpuppen. Oberhalb dieser Puppenwiege sterben die Ruthen ab.

Eine Abwehr des Käfers ist nur durch Abschneiden und Verbrennen der befallenen Ruthen möglich. Als Vorbeugungsmassregel gegen seine Angriffe empfiehlt ALTUM [XVI, III, 1, S. 353] bei Neuanlage von Weidenhegern tiefes Einsetzen der Stecklinge, deren Spitzen mit Erde bedeckt werden müssen. Diese Mahnung, der man allerdings nur bei leichtem Boden Folge leisten kann, ist um so beherzigenswerther, als sich dieselbe auch aus anderen waldbaulichen Gründen empfiehlt [vgl. KRAHE, 12, S. 154].

Der schwarze Haselbock, Sap. linearis L., ist dagegen schon durch RATZEBURG [V, 1, S. 336 und XV, II, S. 346] in die Forstinsektenkunde eingeführt. Er ist, wie sein Name besagt, zunächst ein Feind der Haselnuss-Sträucher, und zwar sowohl der Corylus avellana L., als der C. colurna L.

Er geht aber nach ALTUM [2*e*] auch ausnahmsweise an Hainbuche, Erle und Korkrüster, sowie nach TASCHENBERG [XXII, II, S. 261] an die gemeine Hopfenbuche, Ostrya carpinifolia SCOP. (*vulgaris* WILLD).

Der Käfer fliegt im Mai und Juni und belegt die vorjährigen Ruthen etwas unterhalb der Spitze an einer angenagten Stelle mit

je einem Ei. Die Larve frisst nun nach allen Angaben ausschliesslich
abwärts, im ersten Sommer in der vorjährigen Ruthe, im zweiten
Sommer dringt sie aber in die vorvorjährige vor, wo sie sich schliesslich
gestürzt verpuppt, um im dritten Jahre den Käfer zu geben. Die
Generation soll also zweijährig sein. Die angefressenen, jungen
Triebe verrathen durch zeitiges Welken der Blätter den Angriff, ihre
Knospen verkümmern und sie bleiben daher im nächsten Frühjahre
blattlos. Die Larve findet man alsdann aber schon tiefer. Dass eine
reichliche Triebzerstörung den Ertrag beeinträchtigen kann, ist un-
zweifelhaft, doch sind bis jetzt grössere Verheerungen durch diesen
Käfer in der Praxis unbekannt.

Ein sehr beachtenswerther Feind der Weidenheger ist dagegen
der Weberbock.

Beschreibung. Lamia textor L. (*nigrorugosa* De Geer). *Käfer* schwarz,
glanzlos, von sehr gedrungener Gestalt. Das runzelige Halsschild beiderseits
mit einem Dorn. Fühler nicht länger als der Körper, ihr verdicktes erstes Glied
so lang wie das dritte. Hinterbrust kurz. Schildchen fein behaart, mit kahler
Mittellinie. Flügeldecken fein und dicht körnig punktirt, sparsam fein behaart,
häufig mit gelb behaarten Flecken. Schenkel dick, aber nicht keulenförmig.
Fussklauen einfach. Länge 14—20 *mm*.

Larve gedrungen, nicht abgeflacht, mit abgerundet sechseckigem Querschnitt
in dem mittleren Theile. Derjenigen von Saperda carcharias L. sehr ähnlich,
aber leicht von ihr zu unterscheiden durch den äusserst schmalen Clypeus, die
Skulptur des grossen Chitinschildes der Vorderbrust, welches vorn glatt und
hinten gerunzelt, aber nicht gekörnt ist, den Mangel der Körnelung auf den
Haftscheiben, welche ebenso glatt sind wie der übrige Leib, und den querge-
spaltenen, nicht Y-förmigen After. Länge bis 40 *mm*, Breite 8—10 *mm*.

Die Lebensweise dieses Käfers ist noch wenig aufgeklärt.
Seine Larve bewohnt sicher die weichen Laubhölzer, und zwar nicht
nur Aspen [Ratzeburg, V, I, S. 240], sondern auch Weiden, und
wurde hier sowohl in S. vitellina L. [3, S. 586], als in S. daphnoides Vill. (*caspica* Pall.) [Altum, 2 *d*, S. 19] gefunden. Sie dürfte
wohl in allen stärkeren Weiden vorkommen. Die Angaben, dass sie
namentlich in Weidenmulm lebe, scheint auf Irrthum zu beruhen, da
die genaueren Angaben stets ihr Vorkommen in lebendem Holze
berichten, wo auch wir sie in den Serkowitzer Korbweidenhegern
bei Dresden gefunden haben. In den starken Stecklingsstöcken kann
sie nun recht schädlich werden, weil in Folge ihres Frasses die treibenden
Ruthen absterben, wie zunächst Altum [2 *e*, S. 19] in einem Weidenheger des Schlesischen Revieres Cosel 1874 fand, und wir aus Serkowitz bestätigen können. Zweifellos dürften auch die „Holzwürmer",
welche der so gewiegte Weidenzüchter Krahe irrthümlicherweise
als Larven verschiedener *Bostrychus*-Arten ansieht, hierher gehören,
und es ist daher sehr bemerkenswerth, wenn er sagt, dass es ausschliesslich die über der Erde stehenden Stöcke sind, welche vom
Holzwurm heimgesucht werden, der, wenn er einmal in einer Anlage
ist, sie bald zugrunde richtet [12, S. 154], und wenn er später erwähnt,
dass man diesem Schaden „hauptsächlich durch Anhöhen der Stöcke,
sodass diese in der Erde bleiben", vorbeugen könne [12, S. 193].

Dass in **Weidenhegern**, die bereits von dem Holzwurm befallen sind, Rodung und Verbrennen der angegangenen Stöcke, sowie Sammeln der grossen, leicht kenntlichen Käfer zweckmässige Massregeln sind, braucht nicht besonders hervorgehoben zu werden.

Beiläufig sei erwähnt, dass ein seines auffallenden Geruches wegen Moschusbock genannter, grosser, blaugrüner Bockkäfer, welcher gewöhnlich nur in anbrüchigen, starken Weidenstämmen lebt, auch in den alten Stöcken der Weidenheger vorkommt und seine Larve hier den Frass derjenigen von Lamia textor L. verstärken kann, wie wir selbst in Serkowitz gefunden haben. Wir geben deshalb kurze Diagnosen von Käfer und Larve.

Beschreibung. Cerambyx (Aromia Serv.) moschatus L. *Käfer* metallglänzend, dunkelgrün oder blaugrün. Halsschild beiderseits mit starkem Dorn, seine Scheibe schwach gerunzelt und punktirt. Die blauen Fühler des ♂ länger, die des ♀ kürzer als der Körper, ihr viertes Glied länger als das erste. Schildchen spitzig dreieckig. Flügeldecken dicht gerunzelt, an der Wurzel doppelt so breit als der Hinterrand des Halsschildes, dreimal so lang als zusammen breit, gegen die Spitze etwas verengt. Schenkel der langen, blauen Beine wenig verdickt. Fussklauen einfach. Skulptur und Farbe des Halsschildes variiren; so kommt z. B. in Südeuropa die var. ambrosiaca Stev. mit ganz oder zum Theil rothem Halsschild vor. Länge 15 – 34 *mm*.

Larve nach dem zweiten Typus gebaut, also mit Füssen versehen und derjenigen von **Cerambyx cerdo L.** (Fig. 180 *A* und *B*) sehr ähnlich, aber kleiner, 30—35 *mm* lang, mit nur einem undeutlichen Augenpunkte jederseits und durch die geringe Chitinisirung der grob längsgerieften Vorderbrustplatte, die äusserst scharfe Längstheilung der sehr erhabenen Haftscheiben, deren Hälften wieder durch secundäre Furchen gegliedert sind, und die fast vollständige Haarlosigkeit gut gekennzeichnet.

Wir erwähnen ferner eine Angabe von Eichhoff [5], dass ein anderer, im Ganzen seltener Bockkäfer, Clytus tropicus Panz., in der Oberförsterei Hart-Nord im Ober-Elsass krankhafte, auf ungünstigem Standort erwachsene Eichen-Oberständer und Lassreidel im Mittelwalde zuweilen in grosser Zahl besetzt und ihr Absterben sehr beschleunigt habe. Von seinen Gattungsverwandten unterscheidet sich

Cl. tropicus Panz. hauptsächlich durch folgende Kennzeichen: *Käfer* schwarz oder dunkelbraun, Fühler, Beine und Wurzel der Flügeldecken röthlichgelb, Schenkel in der Mitte dunkel. Zeichnungen auf Halsschild und Flügeldecken gelb, ersteres mit einer in der Mitte unterbrochenen Binde am Vorderrande, zwei Makeln an der Basis und zwei kleineren Makeln auf der Unterseite. Die besonders langen Flügeldecken mit einer schiefen Makel hinter der Schulter und drei Querbinden. Die erste beginnt am Schildchen, verläuft neben der Naht weit nach rückwärts und krümmt sich angelförmig kurz vor der Mitte nach aussen und nach vorn, die zweite Binde bildet über beide Flügeldecken einen nach vorn gekrümmten, gemeinschaftlichen Bogen, die dritte ist auf jeder Decke nach rückwärts gekrümmt, an der Naht nach vorn gezogen. Spitze der Flügeldecken dunkelbraun. Länge 10—16 *mm*.

Zahlreiche, andere, mittelgrosse, durch ihre bunte Färbung, gelbe oder weisse Binden auf dunklem Grunde, ausgezeichnete Arten der Gattung Clytus, schwärmen auf Holzlagerplätzen bei warmer, sonniger Witterung lebhaft umher. Meist sind es wohl Laubholzbewohner, die sich in forstlich unschädlicher Weise unter der Rinde entwickeln, so z. B. die gelbgezeichneten, häufigen Arten Cl. arietis L., arcuatus L. und der weissgezeichnete Cl. mysticus L., dessen Flügeldecken auf der vorderen Hälfte braun gefärbt sind. Aehnliche Zeichnungen kommen unter den einheimischen Böcken nur bei wenigen, forstlich ganz unwichtigen Callidium-Arten vor.

Das stehende Holz technisch schädigende Bockkäfer. Hierher ist vor allen Dingen zu rechnen

der grosse Eichenbock,

Cerambyx cerdo L.,

ein Bewohner starker, alter Eichen, dessen Larven diese Bäume, ohne sie zu tödten, mit daumenstarken, gewundenen, anfänglich unter der Rinde verlaufenden, bald aber in das ganz gesunde Holz eindringenden, geschwärzten* Gängen durchsetzen und für technische Zwecke völlig entwerthen (Fig. 182).

Ausserdem leben aber in den verschiedenen Laubhölzern noch die Larven einer grossen Anzahl mehr oder weniger häufiger Bockkäfer, welche fast sämmtlich wohl gelegentlich technisch schädlich werden können, weil sie einmal die Oberfläche des Holzes mit Larvengängen furchen, andererseits zur Verpuppung hakenförmige, tiefer in das Holz dringende Puppenwiegen machen. Wer sich über diese Formen orientiren will, muss die schönen biologischen Notizen von Nördlinger [XXIV, S. 40—43] und namentlich die genauesten Schilderungen von Perris [VI *b*, S. 416—570] vergleichen. Wir können ausser dem Eichenbock nur einige wenige, gelegentlich in der forstlichen Literatur berührte Arten erwähnen.

Beschreibung. Cerambyx (*Hamaticherus* Redtb.) cerdo L. (*heros* Scop.). *Käfer* schwarz, ohne Metallglanz. Halsschild mit groben Querrunzeln und beiderseits mit einem starken Dorn. Die ausgerandeten Augen ziemlich grob facettirt. Fühler an der Basis verdickt, ihr viertes Glied nicht länger als das erste, die des ♂ viel länger als der Körper. Flügeldecken am Nahtwinkel mit einem kleinen, spitzen Dorn, nach hinten verengt, vorn fast schwarz, hinten rothbraun, vorn grob, hinten feiner runzelig punktirt. Gelenkhöhlen der Vorderhüften nach aussen ganz, nach hinten bis auf einen Spalt geschlossen. Schenkel nicht keulenförmig verdickt. Fussklauen einfach. Länge 20—50 *mm*.

Larve nach dem zweiten Typus gebaut, sehr gross, bis 80 *mm* lang [Fig. 180 *A*, *B* und *D*] mit einer senkrecht stehenden Reihe von drei Punktaugen nach aussen von den sehr kleinen Fühlern. Vorderrand des Kopfes braunschwarz, eine Binde auf dem Vorderrande der Vorderbrust braun. Chitinschild derselben wenig fest, vorn quer-, hinten längsgerunzelt, mit durch Furchen abgegrenzten Seitentheilen. Füsse sehr klein. Haftscheiben mit mittlerer Furche, jede Hälfte wieder weiter quer- und längsgetheilt, ausserdem fein gehöckert. After Y-förmig.

Lebensweise, Schaden und Abwehr. Dieser grösste aller Europäischen Bockkäfer ist vornehmlich ein Bewohner starker alter Eichen, obgleich er nach den neuesten Angaben von Keller [10] im Süden auch in Esche und Nussbaum vorkommt. Wenngleich er in Russland fehlen, in Skandinavien selten sein soll, dagegen in Ungarn und Italien zu den sehr häufigen Käfern gehört, kommt er doch auch bei uns in Deutschland überall da in ziemlicher Menge vor, wo sich ältere Eichenbestände finden. Wir selbst kennen ihn am besten aus den Mulde-Auen bei Dessau, wo er in den 100—200jährigen, einzelnstehenden Eichen zahlreich lebt.

Seine Flugzeit fällt in die Monate Juni und Juli, zu welcher Zeit er an warmen Abenden zahlreich schwärmt, während er sich bei Tage meist in den Frassgängen seiner Larve versteckt hält, aus denen er sich mit Gewalt, namentlich an den herausgestreckten Fühlern, kaum herausziehen lässt, während eingeblasener Tabaksrauch ihn leichter heraustreibt. Er belegt wahrscheinlich hauptsächlich die anbrüchigen Stellen alter Eichen mit Eiern. Die erwachsenen, fast zeigefingergrossen Larven bleiben aber durchaus nicht etwa, wie die des Hirschkäfers, in den mulmigen Theilen, sondern durchwühlen zuerst in flachen, oberflächlichen Gängen den gesunden Splint, um später in das ganz feste Holz, mitunter bis auf den Kern einzudringen. Das Larvenleben scheint 3—4 Jahre zu dauern, und der Käfer bereits in dem seinem Flugjahre vorausgehenden Winter die Puppenhülle, in welcher er in glattgenagter Wiege in der Tiefe des Holzes schlummerte, abzustreifen. Wir haben z. B. bereits im Januar aus Dessau frische, noch weiche Käfer erhalten. Seinen Ausgang sucht er dann durch die grossen Larvengänge. Die Wände der im Querschnitt gewöhnlich ovalen, fingerstarken, mit festem, braunem Nagemehl gefüllten Gänge schwärzen sich bald unter dem Einflusse parasitischer Pilzwucherungen. (Fig. 182). Die Praktiker sagen alsdann, das Holz sei von dem „grossen schwarzen Wurm" befallen, wie sie unseren Käfer im Gegensatz zu dem „kleinen schwarzen Wurm", dem Tomicus monographus Ratz., nennen (vgl. S. 546). Ohgleich starke Eichen den Frass, welcher bei der Rauhigkeit der alten Eichenrinde häufig erst dann bemerkt wird, wenn letztere, völlig morsch geworden, sich ablöst, äusserst lange aushalten, so kann doch kaum ein Zweifel darüber bestehen, dass durch solchen Riesenfrass auch eine gewisse physiologische Schädigung der Stämme eintritt. Eine wirkliche forstliche Bedeutung hat der Käfer aber nur in technischer Beziehung, da

Fig. 182. Frass von Cerambyx cerdo L. in Eichenholz. $\frac{1}{3}$ nat. Grösse. Original.

die von seinen Larven durchfressenen Stämme als Nutzholz völlig entwerthet und namentlich zu Fassdauben unbrauchbar werden. In den

Oberitalienischen Sägemühlen wird dieser Frass noch dadurch lästig,
dass in den Gängen sich häufig die Riesenameise, Formica ligniperda
LATR., ansiedelt und nicht nur die Gänge erweitert, sondern auch die
Arbeiter so empfindlich belästigt, dass sie die Ameisen häufig durch
Eingiessen von heissem Wasser vertreiben müssen [10]. Eigentliche
Abwehrmassregeln sind gegen diesen Käfer wohl fast unmöglich,
höchstens könnte man den Käfer selbst zur Flugzeit an schönen
Abenden wegfangen lassen.

Die gewöhnliche Annahme, dass die von PLINIUS unter dem Namen „Cossus"
angeführte, von HIERONYMUS als „ξυλόφαγον" bezeichnete, in Eichen lebende
und von den Alten als Leckerbissen betrachtete Insektenlarve diejenige von
Cerambyx cerdo L. gewesen sei, wird neuerdings von KELLER [10] verworfen
und vielmehr angenommen, dass sich diese Angabe auf die häufigere Hirsch-
käferlarve beziehe.

Cerambyx Scopolii LAICHART. (cerdo SCOP.), sein nächster Verwandter, der
häufig wenigstens dem Namen nach mit dem Riesenbocke verwechselt wurde,
aber durch geringere Grösse, 18—29 mm Länge, sowie durch den Mangel des
Dornes am Nahtwinkel der nach hinten nicht verengten und ganz schwarzen
Flügeldecken leicht unterschieden werden kann, ist, obgleich er häufig in Buchen
und auch in anderen Laubhölzern, namentlich in Edelkastanie, Apfel- und
Birnbaum, sowie Ulme vorkommt [XXVI, S. 205], noch niemals forstlich
bedeutungsvoll geworden, wenn auch die ziemlich grossen Gänge seiner Larve
als technisch einigermassen schädlich angesehen werden könnten.

Dasselbe gilt nach unserer Ansicht von zwei weiteren nahen Verwandten,
welche, obgleich in den Sammlungen noch immer als selten sehr gesucht, doch
in die Forstinsektenkunde eingeführt wurden. Bereits durch RATZEBURG [XV, II,
S. 299—302] geschah dies mit dem Ahornbock.

Beschreibung. Callidium (Rhopalopus MULS.) Hungaricum HBST.
Käfer schwarz. Halsschild ohne Dornen, in der Mitte glatt, fein zerstreut-punktirt, an
den winklig erweiterten Seiten grob runzlig punktirt. Vorderhüften durch einen
schmalen, abgerundeten Fortsatz der Vorderbrust getrennt, Mittelbrust zwischen
den Mittelhüften ausgerandet. Flügeldecken hinter den Schultern nach der Mitte
zu etwas verengt, grün erzfarbig, an der Basis grob, nach hinten allmählich
feiner gerunzelt. Schenkel gegen die Spitze stark keulenförmig verdickt. Fussklauen einfach. Länge 18—24 mm.
Larve bis jetzt nicht näher beschrieben.

Von RATZEBURG ist der Ahornbock allerdings Cerambyx dilatatus genannt
worden, hier liegt aber offenbar eine Verwechselung vor. Einerseits ist nämlich
das früher Callidum dilatatum PAYK. genannte, jetzt in den Katalogen als Cal.
aeneum DE GEER aufgeführte Thier, welches allerdings in Form und Farbe dem
Cal. Hungaricum ähnlich ist, aber zu einer ganz anderen Untergattung, zu
Callidium im engeren Sinne gehört, nach den übrigen Mittheilungen, z. B.
den sehr genauen von HEEGER [8], ein Buchenthier. Andererseits versichert
ALTUM [2b], dessen Exemplare aus derselben Waldherrschaft stammen, aus denen
RATZEBURG die seinigen bezog, bestimmt, dass es sich um Callidium insubricum
GERM. handle, einer Varietät des Cal. (Rhopalopus) Hungaricum HBST., 'die
neuerdings aber wieder durch GANGLBAUER [7] als gute eigene Art betrachtet
wird. Wir wählen den Namen Cal. Hungaricum, weil nach letzterem Autor dies
die weiter nördlich vordringende Form ist, während sein Cal. (Rh.) insubricum
GERM. mehr südlich von den Alpen angetroffen wird. Im Allgemeinen scheint
uns aber die Speciesfrage noch etwas unklar zu sein.

Der Grund, warum sowohl RATZEBURG wie ALTUM den Ahornbock behandeln, ist ein und dasselbe lokale Vorkommen. Er ist nämlich von Anfang der
Sechzigerjahre an in den im südöstlichen Westfalen, zwischen Lahn und Eder
gelegenen fürstlich WITTGENSTEIN-BERLEBURG'schen Revieren im Bergahorn,
Acer Pseudoplatanus L., aufgetreten, und zwar namentlich in zopftrockenen,

älteren Stämmen, die theilweise von oben bis unten mit seinen Gängen besetzt sind. Der Käfer fliegt dort Ende Mai, Anfang Juni, legt seine Eier an die Rinde der Ahornstämme, die auskommende Larve plätzt im ersten Jahre unter der Rinde, macht nach der Ueberwinterung einen charakteristischen, abwärtsgehenden Hakengang, in dem sie den zweiten Winter verbringt, um im dritten Frühjahre sich hier zu verpuppen und den Käfer zu liefern. Die Generation ist also hiernach zweijährig. Die Stämme sollen den Frass sehr lange aushalten, sodass sich vielfach überwallte Frassgänge vorfinden. Dagegen entwerthet der Käfer angegriffenes Holz völlig für Dreh- und Schnitzwaaren, sodass z. B. im Frühjahre 1869 50—60 Stämme, die besonders stark angegriffen waren, verkohlt werden mussten. Das Vorkommen im Berleburg'schen scheint aber lokal zu sein, da bereits im Bergischen und im Westerwalde der Käfer sich nicht mehr finden soll [ALTUM 2 b]. Im Allgemeinen ist er so selten, dass er in den Verkaufskatalogen noch mit 80 Pfennig das Stück angeboten wird und oft gar nicht im Handel zu haben ist.

Der zweite Käfer wurde erst in der neueren Zeit von ALTUM etwas genauer forstlich behandelt. Es ist dies der Alpenbock.

Beschreibung. Cerambyx (Rosalia SERV.) alpinus L. *Käfer* dicht fein bläulichgrau behaart. Halsschild mit flacher, runzlig punktirter Scheibe, beiderseits mit hoch hinaufgerücktem Seitendorn und am Vorderrande mit einem sammtschwarzen Flecke. Fühler nicht dick, ihr viertes Glied länger als das erste, einige Glieder an ihrer Spitze mit schwarzen Borstenbüscheln. Auf den Flügeldecken eine an der Naht unterbrochene, breite Querbinde hinter der Schulter, eine nicht unterbrochene solche Binde etwas hinter der Mitte und gewöhnlich ein Fleck vor der Spitze schön sammtschwarz. Gelenkhöhlen der Vorderhüften nach aussen mit einem ziemlich langen, offenen Schlitz. Schenkel nur mässig verdickt, Fussklauen einfach. Länge 20—36 *mm*.

Larve vorläufig nicht näher beschrieben.

Dieser in den Alpen am häufigsten vorkommende, aber auch in Ungarn, Skandinavien, in der rauhen Alp, am Rhein [XXIV, S. 41] u. s. w. in anbrüchigen Buchen brütend gefundene, zierlichst gekleidete Käfer erregte durch sein eine Zeitlang häufiges Auftreten in dem königlich Preussischen Staatsforstrevier Mühlenbeck, Regierungsbezirk Stettin, wo ein früherer Förster ihn zu Handelszwecken in grosser Anzahl gesammelt hat, die Aufmerksamkeit ALTUM's [2 c]. Jetzt ist er dort bereits äusserst selten geworden, woraus ALTUM mit Recht schliesst, dass bei einem so grossen, auffallenden Käfer, wenn er einmal wirklich schädlich werden sollte, consequent durchgeführtes Sammeln als Abwehr anwendbar und erfolgreich sei. Einen direkten Schaden konnte ihm übrigens auch ALTUM nicht nachweisen.

Geschlagenes und verarbeitetes Holz technisch schädigende Bockkäfer. Als Typen dieser biologischen Gruppe wählen wir

den Hausbock, Callidium bajulus L., und

Cal. variabile L.,

denen sich noch einige Verwandte anschliessen. Es sind dies Thiere, welche zwar ebensowenig wie manche Anobien den Forstmann bei der Ausübung seines eigentlichen Berufes stören, wohl aber die Producte der Forstwirthschaft schwer zu schädigen im Stande sind.

Cal. variabile L., ein im Durchschnitte ungefähr 12 *mm* langer, wie schon sein Name besagt, in der Färbung äusserst veränderlicher, meist einen schwarzen Kopf, rothgelbes Halsschild und blaue Flügeldecken zeigender Bock, schliesst sich der vorhergehenden biologischen Gruppe nebst einigen Verwandten noch insofern an, als er berindetes

Laubholz nach der Fällung angeht, mit Eiern belegt und seine
Larve die Rinde durch flache Gänge unterhöhlt und sich schliesslich
in einem in das Holz eindringenden Hakengange verpuppt. Der
Hausbock, ein ungefähr 15—20 mm langer, dunkelbrauner, fein
weisslich behaarter Käfer mit zwei glatten, glänzenden Höckerchen
auf dem Halsschilde, ist dagegen im Wesentlichen auf bereits entrindetes und bearbeitetes Nadelholz angewiesen, dessen Splint seine
Larven in tief eindringenden Gängen, bei Schonung der Oberfläche,
im Inneren so vollständig durchwühlen, dass es alle Festigkeit verliert. Die Verheerungen der Larven sind öfters Ursache des Zu-
sammenbrechens von Balken. In ähnlicher Weise zerstören Cal. lividum
Rossi und Cal. pygmaeum Fabr. die Reifen von Weinfässern.
Abwehrmassregeln von wirklich durchgreifender Wirkung giebt es
gegen diese Thiere kaum.

    Wir wenden uns zunächst zu den berindete Hölzer angreifenden
Formen.

Fig. 183. Frass von Callidium
variabile L. in Buchenholz, rechts
ist eine Puppenwiege sichtbar. $^1/_2$ nat.
Grösse. Original.

    Beschreibung. Cal. (*Phymatodes*
Muls.) variabile L. *Käfer:* Vorderhüften
aneinanderstehend. Halsschild mit einigen
glatten, glänzenden Erhabenheiten. Flügeldecken fein, weitläufig, etwas rauh punktirt.
Fühler des ♂ länger als der Körper.
Färbung äusserst veränderlich, Körper
rothgelb, Flügeldecken blau, mitunter theilweise oder ganz rothgelb, Halsschild bisweilen dunkel, ebenso Stirn und Brust. Diese
Farbenvarietäten haben viele Synonyme
hervorgerufen, so *fennicum* L., *testaceum*
Fabr., *praeustum* Fabr., *similare* Küst., *anale*
Redtb., *Sellae* Kraatz. Länge 8—14 mm.
    Larve nach dem Cerambycinen-Typus
gebaut, also beintragend, mit zwei grösseren
Augenpunkten, Haftscheiben in der Mitte
wenig gefurcht, leicht genetzt, der ganze
Leib kurz behaart. Aftersegment ohne Auszeichnung. Länge 10—13 mm.
    Cal. sanguineum L. *Käfer* schwarz oder
schwarzbraun, die Flügeldecken, sowie häufig
auch die Spitzen und die Seiten des
Hintertheiles roth. Die ganze Oberseite
mit feurigrothen, sammetartigen Härchen
dicht bedeckt. Länge 9—11 mm.
    Larve den vorigen sehr ähnlich, aber mit
fein chagrinirten Haftscheiben [14 b., S. 429].
    Lebensweise. Beide Arten leben
in abgestorbenem Laubholze, am liebsten
wohl in Buchen, Hainbuchen, Eichen,
Edelkastanien, aber auch in Obstbäumen und den verschiedensten anderen
Holzarten. Der Frass ihrer Larven besteht
in flachen, geschlängelten, Rinde und Holz
furchenden, mit Nagemehl vollgestopften
Gängen, von denen sie späterhin durch
längsgestellte, ovale Oeffnungen in die Tiefe des Holzes eindringen, um sich hier in

3—6 *cm* langen, hakenartig herabgebogenen Puppenwiegen zu verpuppen (Fig. 183). Da diese Thiere häufig an gefälltes Holz gehen und auch sehr ausgetrocknetes nicht scheuen, so findet man sie leider nur zu oft in Holzsammlungen, wo sie unvergifteten (vgl. S. 260), berindeten Laubholz-Abschnitten ebenso schädlich werden, wie Anobium molle L. (vgl. S. 346) den berindeten Nadelholz-Abschnitten.

Weit beachtenswerther für die Praxis sind dagegen die auch entrindete Hölzer und namentlich verarbeitetes Nadelholz angehenden Formen, besonders der Hausbock.

Beschreibung. Callidium (Hylotrupes SERV.) bajulus L. *Käfer:* Fühler auf der Stirn entfernt von den Kiefern eingelenkt. Augen tief ausgerandet. Halsschild an den Seiten stark gerundet und erweitert, breiter als der Kopf und als seine eigene Länge, unbewaffnet, mit zwei glänzenden flachen Höckerchen auf der Scheibe. Gelenkhöhlen der Vorderhüften nach hinten offen, letztere durch einen breiten Fortsatz der Vorderbrust getrennt. Hinterschenkel kürzer als der Leib, pechschwarz oder braun, Flügeldecken mit einigen weissbehaarten, nicht scharf begrenzten Flecken. Länge 8—20 *mm*.

Larve nach dem Cerambycinen-Typus gebaut und namentlich den Larven der Untergattung Callidium im engeren Sinne nahe verwandt, aber durch eine jederseits ausserhalb von den Fühlern stehende, senkrechte Reihe von drei Augenpunkten, wenig festes, glänzendes, schwach längsgeritztes Vorderbrustschild mit deutlicher Mittellinie und zwei kurzen Seitenfurchen sowie in feine Wärzchen zertheilte, in der Mitte etwas längsgefurchte Haftscheiben unterschieden. Körper sparsam behaart, After Y-förmig, keine hinteren Chitinspitzen. Länge 20—22 *mm*.

Cal. violaceum L. *Käfer:* Halsschild flach, dicht und grob gleichmässig punktirt. Flügeldecken grob gerunzelt und gekörnt. Oberseite dunkelblau. Vorderhüften aneinanderstossend. Fühler bei ♂ und ♀ kürzer als der Körper. Länge 10—15 *mm*.

Larve nicht näher bekannt.

Lebensweise. Diese ist eigentlich nur bei dem Hausbocke etwas genauer beobachtet. Derselbe ist ein Nadelholzinsekt, welches im Freien in Stöcken, Planken, Brettzäunen u. s. f. lebt, aber namentlich auch bearbeitete und in Gebäuden verbaute Nadelholzbalken, sowie Möbel aus Kiefern-, Fichten- und Tannenholz aufsucht. Das Weibchen belegt die Ritzen mit Eiern, und die Larven durchfressen, wenn sie ungestört bleiben, wenigstens so weit der Splint reicht, das Holz mit der Faser folgenden, im Querschnitt elliptischen Gängen dermassen, dass häufig nur ganz dünne Scheidewände zwischen den mit Nagespänen dicht erfüllten Hohlräumen übrig bleiben. Dieser Schaden ist deshalb schwer zu entdecken, weil die Larven, wie die der ähnlich lebenden Anobien (vgl. S. 346), die äussere Oberfläche völlig verschonen, und sogar die Käfer sich häufig nicht einzeln durchfressen, sondern nacheinander durch ein und dasselbe Flugloch das Holz verlassen, so dass also ein anscheinend ganz gesunder Balken völlig morsch sein kann. Ja es scheint nach den Schilderungen von PERRIS [10 *a*, S. 456—459], dem wir hier vorzugsweise folgen, dem aber NÖRDLINGER [XXIV, S. 41] widerspricht, nicht unmöglich, dass sich die Käfer, ohne das Holz zu verlassen, im Inneren wieder weiter fortpflanzen. Wenigstens kamen in dem Hause dieses französischen Forschers neun Jahre lang aus einem eingegipsten Kiefernbalken immer wieder Käfer hervor. Auch ALTUM [XVI, III, 1, S. 339] kennt einen Fall, in welchem aus einem Hausgeräth, das vor acht Jahren angefertigt war, sich ein Käfer herausnagte. Es ist aus diesem Grunde auch sehr schwer, die Generation festzustellen. Die Larve soll nach einer von Stephens herrührenden, von Westwood mitgetheilten Beobachtung so feste Kiefer haben, dass sie sogar durch Bleiplatten, mit denen ein Balken beschlagen war, zahlreiche Löcher frass. Am gefährlichsten wird dieser Käfer wohl dort, wo er Gebälk angeht; einen Fall, in welchem im Laufe von 25 Jahren der Dachstuhl eines Hauses in Marburg völlig zerstört wurde, berichtet Altum [XVI, III, 1, S. 339], und uns selbst ist im Jahre 1886 ein ähnlicher Fall aus Frankenberg in Sachsen bekannt geworden.

Aehnlich, wenn auch minder grossartig ist der Schaden, den Cal. violaceum L. anrichtet, welches ausser in Nadelhölzern auch in Laubhölzern lebt, z. B. von Nördlinger [XXIV, S. 41] aus Erle erzogen wurde.

Abwehr. Ist einmal Holz von den Larven angegangen, so sind Vertilgungsmittel gegen sie wohl nicht anwendbar. Als wesentlichstes Vorbeugungsmittel ist die Vermeidung der Verwendung von Splintholz anzurathen, welches viel mehr wie Kernholz den Angriffen unterliegt. Wie Altum ferner sehr richtig bemerkt, dürfte „Theer- oder Kreosotölanstrich" einen neuen Holzbau gleichfalls schützen. Im Uebrigen verweisen wir auf die von uns bei Besprechung der Anobien (S. 347) berichteten Versuche von Nördlinger, Holz durch verschiedene Imprägnationsflüssigkeiten zu schützen.

Als Feinde aller Gewerbe, welche hölzerne Fassreifen brauchen, sind noch folgende zwei Formen anzuführen:

Beschreibung. Callidium (Gracilia Serv.) pygmaeum Fabr. (*Saperda minuta* Fabr., *Cal. pusillum* Fabr., *Cal. vini* Panz.). Käfer: Augen grob facettirt, deutlich getheilt. Fühler auf der Stirn eingelenkt. Letztes Glied der Kiefertaster klein, nicht länger als das vorletzte. Halsschild unbewaffnet, länger als breit, kaum breiter als der Kopf, nach hinten verengt, sehr fein und dicht punktirt. Gelenkhöhlen der Vorderhüften nach aussen geschlossen, nach hinten weit offen. Flügeldecken schmal, ziemlich flach, weitläufig seicht punktirt. Oberseite braun, fein behaart. Länge 4·5—6 mm.

Larve nach dem Cerambycinen-Typus gebaut, schlank und weiss, sparsam behaart, mit nicht ganz kurzen Fühlern, jederseits mit einem, nach Schiödte aus fünf Einzelaugen bestehenden Punktaugenflecke, sehr kurzen Beinen und in der Mitte getheilten, fein genetzten Haftscheiben. Länge 6—7 mm [14 c, S. 464 und 16, S. 413].

Cal. (*Phymatodes* Muls.) lividum Rossi (*melancholicum* Fabr., *brevicolle* Schönh., *thoracicum* Com.). *Käfer:* Flügeldecken dicht und tief runzelig punktirt, braun mit blauem Schimmer oder violett, Halsschild weitläufig tief punktirt, mit drei Längsschwielen, rothgelb oder braun, mit violettem Schimmer und nur die Mittellinie gelb. Unterseite braun, Fühler hellbraun, ihr drittes Glied länger als das vierte. Vorderhüften aneinander stossend. Beine gelb, theilweise bräunlich. Länge 7—10 mm.

Larve nach dem Cerambycinen-Typus gebaut, 9—11 mm lang.

Lebensweise. Beide Arten stimmen darin überein, dass sie in den abgestorbenen oder abgeschnittenen Aesten verschiedener Laubhölzer brüten. Cal. pygmaeum Fabr. ist polyphag, doch scheint es bei uns hauptsächlich die Birke [Schmitt 17], in Frankreich die Edelkastanie [14 b, S. 463] zu bewohnen.

kommt aber auch in W e i d e, E i c h e, W e i s s d o r n, Pfaffenhütchen, R o s e und B r o m b e e r e vor, und ist von uns selbst aus B u c h e und H a i n b u c h e gezogen worden. Cal. lividum Rossi ist dagegen mehr auf E i c h e und im Süden namentlich auf E d e l k a s t a n i e angewiesen. Der Frass beider — wir kennen den der zweiten Art nur aus der Beschreibung von Perris [14 b, S. 432] — scheint sehr ähnlich zu sein. Cal. pygmaeum Fabr. belegt die Basis der Astansätze mit einer Reihe von Eiern, und die auskommenden Larven fressen nun bald nach unten, bald nach oben in Rinde und Holz, bei ihrem späteren Wachsthum hauptsächlich in letzterem, tiefe, scharfe, allmählich sich verbreiternde, anfangs parallel verlaufende, später unregelmässig gekrümmte Längsgänge. Nach Vollendung des Wachsthums wenden sie sich von der Richtung ihres Ganges nur so weit ab, dass sie schräg in das Innere des Holzes dringen und hier eine Puppenwiege mit ovalem Eingange nagen, aus welcher dann das Insekt durch ein gleichfalls ovales Flugloch sich befreit. Die Generation scheint zweijährig, vielleicht sogar mehrjährig zu sein (vgl. aber S. 559). Da immer nur bereits abgestorbene oder eingeschlagene Stangen mit Eiern belegt werden, so kann von einem physiologischen Schaden nicht die Rede sein, und der technische Schaden ist auch nur in dem einen, aber, wie es scheint, recht häufigen Falle wirklich namhaft, wenn nämlich zu Fassreifen verwendetes Material angegriffen wird. Die Fassreifen werden dann häufig so geschwächt, dass sie platzen oder wenigstens ersetzt werden müssen. Diese Thiere sind daher namentlich in Frankreich, wo besonders Edelkastanienreifen zu Weinfässern verwendet werden, von den Weinbauern und -Händlern sehr gefürchtet, und es ist oft vorgekommen, dass in Folge durch sie verdorbener Reifen Fässer während der Gährung gesprungen sind. Als Vorbeugungsmittel wird von Perris die Lagerung der Fässer in völlig dunklen Kellern empfohlen.

Uebrigens können nach Perris [14 b, S. 465 und 466] und Nördlinger [XXIV, S. 41] auch berindete Weidenruthen, namentlich aus solchen hergestellte Körbe geschädigt werden. In dem Falle von Perris war allerdings der Hauptschädling **Leptidea brevipennis** Muls. Sollte wirklich einmal ein Schaden an Weidenruthenvorräthen bei uns eintreten, so könnte dies nur an ungeschälten Ruthen der Fall sein, und es wäre dem Insekt durch Dörren oder Schälen der Ruthen beizukommen.

Literaturnachweise zu dem Abschnitte „die Bockkäfer".
1. Ahlemann. Der Insektenfrass in der Oberförsterei Guttstadt u. s. f. Grunert's forstliche Blätter, Heft 6, 1863, S. 89—111. — 2. Altum, B. a) Cerambyx fascicularis, Bostrichus bidens und Hylesinus minimus nach einem Herbststurm im Kiefernwalde. Zeitschrift für Forst- und Jagdwesen VII, 1875, S. 126—128. b) Der Ahornbockkäfer, Callidium insubricum Germ. Daselbst VII, 1875, S. 129—134. c) Der Alpenbockkäfer. Daselbst X, 1879, S. 402—404. d) Die den Weidenhegern schädlichen Insekten. Daselbst XI, 1879, S. 17—22. e) Der Haselbockkäfer. Daselbst XI, 1879, S. 328. f) Wipfeldürre der Kiefernüberständer. Daselbst XVI, 1884, S. 21—29. — 3. Chapuis, M. T. et Candèze, M. E. Catalogue des Larves des Coléoptères etc. Mémoires de la Soc. Roy. de Liège, VIII, S. 341—653. — 4. Czech, J. Saperda populnea in Weiden. Centralblatt für das gesammte Forstwesen IV, 1878, S. 433 und 434. — 5. Eichhoff, W. Technisch schädliche Forstinsekten. Zeitschrift für Forst- und Jagdwesen XV, 1883, S. 221. — 6. Fleischer, A. B. Der Fichtenborkenkäfer im Böhmerwalde, seine Mithelfer an dem Zerstörungswerke u. s. f. Vereinsschrift des Böhm. Forstvereins, Heft 99, S. 1—42. — 7. Gangl-

Bauer, L. Bestimmungstabellen der europäischen Coleopteren VII und VIII. Cerambycidae. Verhandl. der Zoolog.-botan. Gesellschaft in Wien 1881 und 1883. — **8.** Heeger, E. Beiträge zur Naturgeschichte der Insekten. Sitzungsber. der math.-naturw. Classe der kais. Akad. d. Wiss. z. Wien IX, S. 927, 1853, Decemberheft. — **9.** Hlawsa, A. Tetropium luridum et fuscum. Vereinsschrift des Böhm. Forstvereins, Heft 105, 1879, S. 78—85. — **10.** Keller, C. Zur Lebensweise von Cerambyx heros Fabr. Schweizerische Zeitschrift für das Forstwesen 1885, S. 10—13. — **11.** Köppen, Th. Die schädlichen Insekten Russlands. 8. Petersburg 1880. — **12.** Krahe, J. A. Lehrbuch der rationellen Korbweidenkultur. Aachen 1886. 4. Aufl. — **13.** Pauly, A. Ueber die Generation des Fichtenbockkäfers, Callidium luridum. Allgem. Forst- und Jagdzeitung LXIV, 1888, S. 309—312. — **14.** Perris, Ed. *a*) Histoire des Insectes du Pin maritime. Annales de la société entomolog. de France, 3ième sér., IV, Paris 1856, S. 440—486. *b*) Larves de Coléoptères. 8. Paris 1877. — **15.** Ratzeburg. Forstinsekten-sachen Nr. 5. Fichtenbockkäfer etc. Grunert forstliche Blätter, Heft 5, 1863, S. 164 und 165. — **16.** Schiödte, J. C. De metamorphosi eleutheratorum observationes. Pars IX. Cerambyces. Naturhist. Tidsskr. X, S. 369—458. Kopenhagen 1876. — **17.** Schmitt. Entwickelungs-geschichte von Gracilia pygmaea. Stettiner entomologische Zeitung IV, 1843, S. 105—107.

Die Blattkäfer.

Die Blattkäfer, Chrysomelidae, umfassen eine grössere Reihe kleiner, bis mittelgrosser, blattfressender, häufig lebhaft und besonders metallisch gefärbter, tetramerer Käfer, von einer im ganzen cylindrischen oder halb-kugeligen, gedrungenen Leibesform, mit rüssellosem Kopfe und kurzen, ungebrochenen Fühlern, deren meist ausgesprochen gefärbte, mit kurzen, aber gut entwickelten Beinen versehene Larven gewöhnlich äusserlich an denselben Nährpflanzen wie die Käfer selbst leben, und zwar manchmal in einem aus ihrem Kothe erbauten, sackförmigen Gehäuse. Die Eier werden gewöhnlich direkt an die Blätter der in den meisten Fällen krautartigen Nährpflanzen abgelegt, und die Larve hängt sich zum Zweck der Verpuppung entweder mit der Hinterleibspitze an ein Blatt, oder geht in die Erde oder in die Bodendecke.

Ihr im ganzen nicht allzu hervorragender forstlicher Schaden setzt sich in den meisten Fällen aus dem Larven- und Käferfrass zusammen und wird eigentlich nur in den Weidenhegern wirklich empfindlich.

Systematik. Die Chrysomeliden werden in den entomologischen Specialwerken in vier grosse Unterfamilien getrennt und diese wieder in kleinere Gruppen und zahlreiche Gattungen getheilt. Wir behalten hier die Unterfamilien bei und sehen die sie zusammensetzenden Gruppen als Gattungen an, während wir die gewöhnlichen Gattungen als Untergattungen betrachten.

Diese Unterfamilien reihen sich so aneinander, dass sich ein allmählicher Uebergang von länger gestreckten, sich im allgemeinen Habitus den Bockkäfern nahe anschliessenden Formen, den Eupoda, durch die gedrungeneren, aber noch walzigen Gestalten der Camptosomata, zu den fast halbkugelförmigen, typischen Chrysomeliden, den Cyclica, und schliesslich zu den meist ganz abgeplatteten, mit abwärts gewendeter Stirn und rückwärts verborgenen Mundtheilen versehenen Cryptostomata, ergiebt. Wirthschaftlich sind Vertreter aller vier Unterfamilien beachtenswerth, forstlich kommen aber, sogar wenn man sehr streng rechnet, nur die beiden mittleren Unterfamilien in Betracht, und wirklich bedeutenden Schaden haben nur Vertreter der Cyclica gemacht.

Die drei ersten Unterfamilien, die Eupoda, Camptosomata und Cyclica, stimmen darin überein, dass die Käfer den Kopf mit der Stirn nach vorn geneigt oder senkrecht tragen, die Mundwerkzeuge daher ihre normale Lage haben, während bei der vierten Unterfamilie, den Cryptostomata, die Stirn plötzlich nach unten und hinten gebogen ist, sodass auch die Mundwerkzeuge nach hinten gedrängt erscheinen.

Die 1. Unterfamilie, Eupoda, ist ausgezeichnet durch den länglichen Umriss des Leibes, den hinter den Augen eingeschnürten Kopf und das schmale, der scharfen Seitenränder entbehrende, gegen die breiteren Flügeldecken scharf abgesetzte Halsschild.

Sie zerfällt in drei grosse Gattungen, Sagra Fabr., Donacia Fabr. und Crioceris Geoff. Erstere, durch die weit auseinanderstehenden Vorderhüften gekennzeichnet, in der Deutschen Fauna nur durch die Untergattung Orsodacna vertreten und sonst im Wesentlichen aus tropischen Formen bestehend, ist wirthschaftlich ebenso unwichtig als die zweite, deren Mitglieder, wie schon der Name Donacia, „Rohrkäfer", andeutet, auf den verschiedensten Wasserpflanzen, theilweise sogar unter Wasser leben. Diese letzteren erinnern in ihrem Habitus so sehr an die Bockkäfer, dass sie früher geradezu als solche angesehen und den Gattungen Leptura oder Rhagium beigezählt wurden, von denen sie sich aber scharf durch die Lebensweise ihrer stets unter Wasser bleibenden und dort an Pflanzen fressenden Larven unterscheiden. Die nahe bei einander eingelenkten Fühler und die bedeutende Länge des ersten Hinterleibsringes unterscheiden die Gattung Donacia wieder von der Gattung Crioceris, bei welch letzterer die Fühler durch die ganze Breite der Stirn getrennt und der Hinterleibsring 1 höchstens so lang, wie 2 und 3 zusammengenommen, wird. Auch diese Gattung ist forstlich unwichtig, dagegen gärtnerisch beachtenswerth, da Cr. Lilii Scop., d. h. die schwarzbeinige Verwandte von Cr. merdigera L, als Larve und Käfer die Gartenlilien an Blättern und Stengeln arg befrisst und Cr. 12-punctata L., sowie Cr. Asparagi L. in beiden Lebenszuständen unsere Spargelanpflanzungen schädigen.

Die 2. Unterfamilie, Camptosomata, ist charakterisirt durch den der vorigen gegenüber abgekürzten Umriss des walzenförmigen, also fast einen kreisrunden Querschnitt besitzenden Körpers, den Mangel einer Halseinschnürung am Kopfe, der sich unmittelbar an das mit scharfen Seitenrändern versehene Halsschild anschliesst und durch die Verwachsung der beiden Hinterleibsringe 4 und 5. Ihren Namen verdankt die Unterfamilie aber den Larven, weil diese mit ihrem bauchwärts „eingekrümmten Hinterleibe" in einem mehr oder weniger festen, aus ihrem Kothe gebauten Gehäuse sitzen, welches sie, Kopf und Brust hervorstreckend, mit sich herumschleppen. Sie zeigen also eine etwas höhere Kunst-

fertigkeit als die Lilien-Crioceriden, deren Larven sich einfach mit ihren schmie-
rigen Excrementen überdecken. Wir unterscheiden zwei Gattungen.

Die erste, Clytra LAICHART., ist als Käfer durch gesägte Fühler, genäherte
Vorderhüften und ein von den Flügeldecken bedecktes Pygidium, als Larve
durch die gewölbte Stirn und den dünnen, zerbrechlichen Larvensack, sowie durch
ihre halbparasitische Lebensweise in Ameisenhaufen ausgezeichnet und forstlich nur
insoweit erwähnenswerth, als sie eine Reihe ziemlich gleichgiltiger Laubfresser
an verschiedenen Holzarten umfasst. Die Gattung Cryptocephalus GEOFF. ist
dagegen als Käfer durch fadenförmige Fühler, getrennte Vorderhüften und freies
Pygidium, als Larve durch flach gedrückte Stirn und dicken, festen Larvensack
kenntlich. Sie ist zwar sehr artenreich, es kommt aber nur eine einzige Form, und
zwar als ziemlich unbedeutender Nadelholz-Kulturverderber in Betracht.

Die 3. Unterfamilie, Cyclica, ist der neueren, etwas engeren Anfassung
nach charakterisirt durch die allgemeine Leibesform, welche bei den typischen
Gattungen eine etwas in die Länge gezogene Halbkugel darstellt, deren flache
Seite die Bauchseite des Käfers bildet. Die Oberseite von Kopf, Halsschild und
Flügeldecken ist also in die gemeinsame Wölbung einbegriffen, der Kopf zeigt
keine Halsverdünnung, und das sich meist unmittelbar an die Flügeldecken
anschliessende Halsschild ist an seiner Basis ebenso breit, wie letztere. Die
Hinterleibsringe sind sämmtlich frei, und das letzte Fussglied ragt weit aus dem
dritten, verbreiterten Gliede hervor. Die gewöhnlich freilebenden, seltener Blätter
minirenden Larven sind meist lebhaft gefärbt.

Wir trennen diese Unterfamilie in vier Hauptgattungen, Eumolpus FABR.,
Chrysomela L., Galeruca GEOFF. und Haltica GEOFF., von denen die beiden
ersten und die beiden letzteren wieder enger miteinander verwandt sind.

Die Gattungen Eumolpus und Chrysomela stimmen darin überein, dass
ihre Fühler an der Basis weit getrennt, über den Wurzeln der Vorderkiefer eingefügt sind. Dagegen sind bei Eumolpus die Gelenkhöhlen der kugeligen Vorderhüften rund und das vorletzte Fussglied immer tief zweilappig, während bei
Chrysomela die Gelenkhöhlen der queren Vorderhüften quergezogen sind und
das dritte Fussglied entweder ganz oder an der Spitze blos ausgerandet, nur
bei wenigen Arten zweilappig ist.

Bei Galeruca und Haltica sind dagegen die Fühler an der Basis genähert,
meist auf der Stirn zwischen den Augen eingelenkt, und Galeruca hat gewöhnliche Hinterbeine, während die von Haltica in Springbeine verwandelt erscheinen.
Alle vier Gattungen enthalten wirthschaftlich beachtenswerthe Mitglieder, forstlich
sind aber nur solche der drei letzteren erwähnenswerth. Ausser diesen werden
wir aber auch noch kurz den in unserem Sinne zu der Gattung Chrysomela zu
rechnenden Kartoffel- oder Coloradokäfer erwähnen.

Die 4. Unterfamilie, Cryptostomata, ist ausser durch die oben
bereits erwähnte Umbiegung des Kopfes nach hinten und unten, welche die
Rückwärtsdrängung der wenig entwickelten Mundtheile bedingt, noch dadurch
charakterisirt, dass die Fühler einander an der Basis noch viel mehr angenähert
sind als bei Galeruca und Haltica. Sie zerfällt in zwei grosse Gattungen.
Von diesen ist Hispa L. wesentlich aussereuropäisch und bei uns nur durch
drei kleine, aber sehr sonderbar aussehende Arten vertreten, während die Gattung Cassida L. charakterisirt wird durch die starke Verbreiterung der Hals-
schildränder, welche sich unmittelbar an die ebenfalls nach aussen sehr erweiterten Flügeldecken anschliessen, sodass eine schildkrötenähnliche, Kopf,
Brust und Hinterleib überdeckende Schale entsteht. Sie enthält eine grössere
Reihe von Europäern.

Auch in ihrer Larvenform sind beide Gattungen insoweit unterschieden,
als die Hispa-Larven farblose, schlanke, blattminirende Formen darstellen,
während die breiten und häufig langbedornten Cassida-Larven äusserlich an
ihren Nährpflanzen leben und sich mit Hilfe einer Aftergabel mit einer aus
ihrem Kothe gebildeten Hülle decken. Alle Cryptostomata sind forstlich unbedeutend, dagegen enthält die Gattung Cassida einige landwirthschaftlich schädliche Arten, von denen Cassida nebulosa L. als Runkelrübenfeind am meisten
gefürchtet ist.

Wir geben nunmehr eine Tafel zur Bestimmung der von uns angenommenen Gattungen.

Familie: Chrysomelidae.

Unterfamilie: Gattung:

A. Stirn nach vorn geneigt oder senkrecht, Mundöffnung nach vorn oder unten gerichtet.

I. Kopf hinter den Augen halsartig eingeschnürt, Halsschild ohne scharfen Seitenrand, Flügeldecken viel breiter als der Grund des Halsschildes, allgemeine Körpergestalt gestreckt   Eupoda

    a) Vorderhüften breit voneinander getrennt . . . . Sagra

    b) Vorderhüften kaum auseinanderstehend.   (Untergattung Orsodacna)

      1. Grund der Fühler einander genähert, Hinterleibsring 1 sehr lang. Wasserpflanzenbewohner . . . . . . Donacia

      2. Grund der Fühler von einander entfernt, Hinterleibsring 1 nur so lang wie Hinterleibsring 2 und 3 zusammen. Landpflanzenbewohner . . . . Crioceris

II. Kopf hinter den Augen nicht halsartig eingeschnürt, Halsschild mit scharfem Seitenrande, Flügeldecken nicht oder nur wenig breiter als der Grund des Halsschildes.

    a) Körpergestalt walzenförmig. Hinterleibsring 4 und 5 verwachsen. Larven bauchwärts eingekrümmte Sackträger . . . . Camptosomata

      1. Flügeldecken das Pygidium bedeckend . . . . Clytra

      2. Flügeldecken das Pygidium freilassend . . . . Cryptocephalus

    b) Körpergestalt einer etwas langgezogenen, planconvexen Linse ähnlich. Larven freilebend . . . . Cyclica

      1. Fühler am Grunde von einander entfernt.

         α) Vorderhüften kugelig, Fussglied 3 tief gespalten, zweilappig . . . . Eumolpus

         β) Vorderhüften quer, Fussglied 3 ganz oder vorn nur ausgerandet, meist nicht zweilappig . . . . Chrysomela

      2. Fühler am Grunde genähert.

        · *α)* Beinpaar 3 einfach . . . . Galeruca

        β) Beinpaar 3 Springbeine . . . . Haltica

B. Stirn nach unten gerichtet, Mundöffnung nach hinten zurückgedrängt . . . . Cryptostomata

I. Rand des Halsschildes und der Flügeldecken nicht seitlich erweitert. Larven minirend . . . . . . Hispa

II. Rand des Halsschildes und der Flügeldecken erweitert, zusammenstossend und in ein Kopf, Brust und Hinterleib weit überragendes Schild verwandelt. Larven freilebend, bedornt und eine Kothhülle tragend . . . . Cassida

Die Diagnosen der forstlich beachtenswerthen und daher im Folgenden aufgeführten Gattungen und Untergattungen — die zahlreichen anderen für uns nicht in Frage kommenden müssen wir übergehen — sind folgende:

Gattung: Cryptocephalus. *Käfer:* Fühler fadenförmig, weit auseinander-, stehend, am inneren Theile des Vorderrandes der Augen eingelenkt, Kopf nach hinten nie halsförmig verengt, in das Halsschild eingezogen, mit senkrechter Stirn. Vorderhüften durch einen mehr oder weniger breiten Fortsatz der Vorderbrust getrennt, Hinterschenkel weit auseinanderstehend. Pygidum frei. Fussglied 3 tief gespalten, zweilappig. Die ♀♀ besitzen auf dem letzten Bauchring eine grosse, tiefe, verschiedenartig begrenzte Grube, in welcher sie jedes Ei, ehe sie es an der Nährpflanze befestigen, lange herumtragen, um es mit Koth zu überziehen. Diese fehlt den ♂♂ der meisten Arten.

Larve: Allgemeine Färbung weisslich, Kopf ziemlich gross, fest chitinisirt, braun, flach und plattgedrückt, jederseits mit 6 Punktaugen und mit dreigliederigen, kegelförmigen Fühlern. Der erste Brustring oben mit einer halbmondförmigen braunen Chitinplatte, die beiden anderen den Hinterleibsringen gleich, ohne feste Platte. Die drei Beinpaare ziemlich lang, letztes Glied eine sehr lange, scharf gebogene, braune Klaue darstellend. Die neun Hinterleibsringe oben stark gewölbt und mit Querfurchen durchzogen. After quergespalten, 9 Stigmenpaare. Die Larven stecken, den Hinterleib gegen die Brust gekrümmt, in einem festen, aus ihrem Kothe gebauten, cylindrischen, nach vorn verengten Sacke, den sie an der schmalen Oeffnung nur bis zum Hinterleibsring 1 verlassen können und bei ihrem ruckweisen Fortkriechen aufgerichtet mit sich schleppen [20, S. 84, 139].

Diese Hauptgattung zerfällt nach WEISE in 3 Gattungen oder Untergattungen in unserem Sinne, von denen wir nur eine anführen.

Untergattung: Cryptocephalus GEOFF. im engeren Sinne. *Käfer* länglich, stark gewölbt, von fast cylindrischer Gestalt. Kopf in das Halsschild eingezogen, mit senkrechter Stirn. Augen gross, nierenförmig ausgerandet, Fühler fadenförmig. Halsschild nach vorn verengt, vorn und an den Seiten stark abwärts gewölbt, Hinterrand gegen das Schildchen etwas erweitert, der Vorderrand von vorn betrachtet einen den Kopf umfassenden Halbkreis bildend, Seitenränder scharf gerandet. Das deutliche Schildchen gewöhnlich nicht in einer Ebene mit den Flügeldecken, sondern nach rückwärts schräg aufsteigend. Drittes Fussglied zweilappig. Ueber 150 europäische Arten.

Gattung: Chrysomela. *Käfer* gewölbt, länglich oder eiförmig, bis halbkugelförmig, oft metallisch gefärbt. Flugflügel meist entwickelt, Kopf gerundet, niemals halsförmig verengt, bis zu den Augen in das Halsschild eingezogen, mit senkrechter oder schräg vorgestreckter Stirn. Fühler weit auseinandergerückt, etwas unter der Mitte des Innenrandes der Augen eingelenkt, nicht so lang wie der Körper, die letzten Glieder etwas erweitert. Halsschild meist quer, an den Seiten oft wulstig, fast so breit wie die Flügeldecken. Letztere mit wenig entwickelten Schultern. Schildchen dreieckig. Vorderhüften quer, durch einen Fortsatz der Vorderbrust getrennt. Hinterhüften auseinanderstehend. Fussglied 3 an der Spitze ganzrandig oder nur ausgerandet, meist nicht zweilappig.

Larven nach vorn und hinten verschmälert, in der Mitte gewölbt und am breitesten, mit deutlich abgesetztem, chitinisirtem Kopfe, kleinen drei- oder viergliedrigen Fühlern, zweigliedrigen Lippentastern und deutlichen Augenpunkten, drei gut gesonderten Brustringen, von denen der erste gewöhnlich ein stärkeres Chitinschild hat, drei gedrungenen, ein hakenartiges Endglied tragenden Beinpaaren und einem neunringeligen Hinterleibe mit wulstigem, quergespaltenem, im Leben nach unten gerichtetem After, der als Nachschieber dient. Gewöhnlich mit zahlreichen, deutlichen, behaarten, dunkleren Warzen besetzt und im Allgemeinen der freien Lebensweise auf der Oberfläche der Nährpflanzen entsprechend entschieden gefärbt, nicht weisslich. Die hier gegebene Schilderung bezieht sich aber nicht allein auf die Larven der Gattung **Chrysomela**, sondern ebensogut auf alle freilebenden Formen der gesammten Unterfamilie der **Cyclica**, also auch auf die Gattung **Galeruca** und soweit sie hier in Betracht kommt, auch auf die Gattung **Haltica**, da wir die in Blättern minirenden Larven, welche vielen Untergattungen der letzteren zukommen, hier nicht zu erwähnen haben werden. Wir beziehen uns daher weiter unten immer auf diese Larvenform, welche wir als typische warzentragende Chrysomelidenform bezeichnen.

Nach Weise [20] zerfällt unsere Hauptgattung in 17 Gattungen, welche wir als Untergattungen betrachten, von denen aber nur die folgenden 4 forstliche Bedeutung haben.

Untergattung: Phytodecta Kirb. (*Gonioctena* Redtb.). *Käfer* länglich-eiförmig, geflügelt. Färbung veränderlich, meist roth oder gelbroth. Kopf geneigt. Augen oval, weit voneinander entfernt. Letztes Glied der Kiefertaster verbreitert und abgestutzt. Die kurzen, das Halsschild nur mit zwei bis drei Gliedern überragenden Fühler vom sechsten Gliede an gegen die Spitze allmählich verdickt. Halsschild viel breiter als lang, an der Basis fast so breit wie die Flügeldecken, nach vorn etwas verengt, ohne gewulstete Seitenränder, gleichmässig gewölbt, an den Seiten meist grob punktirt. Flügeldecken punktirt-gestreift, mit scharfem Nahtwinkel. Gelenkhöhlen der Vorderhüften nach hinten offen. Schenkel in der Mitte verdickt, Schienen nach der Spitze verbreitert, die der vier Hinterbeine am Aussenrande vor der Spitze mit einem starken Zahn. Fussklauen am Grunde gezähnt. 13 Europäische Arten.

Untergattung. Phyllodecta Kirb. (*Phratora* Redtb.). *Käfer* sehr lang, eiförmig, geflügelt, metallisch grün oder blau, violett oder messinggelb variirend. Kopf geneigt. Fühler ungefähr so lang wie der halbe Körper, nur schwach verdickt, schwarz, die beiden ersten Glieder unterseits röthlich. Halsschild quer viereckig, nach vorn etwas verengt, schmäler als die Flügeldecken, an den Seiten fein gerandet. Flügeldecken ziemlich parallel, am Ende gemeinschaftlich abgerundet, gereiht-punktirt, die Punktreihen nach der Spitze zu verworren. Vorderbrust zwischen den Hüften verengt, ihre Gelenkhöhlen nach hinten offen. Letzter Bauchring am Hinterende röthlich. Schenkel wenig verdickt, Schienen nach der Spitze nur schwach erweitert. Fussglied 2 klein, 3 dagegen gross, breit, fast bis zum Grunde in zwei Lappen gespalten. Klauen am Grunde gezähnt. 8 Europäische Arten.

Untergattung: Plagiodera Redtb. *Käfer* rundlich, eiförmig, oben mässig gewölbt, unten abgeflacht, geflügelt. Kopf klein, fast bis zur Mitte der gewölbten Augen in das Halsschild eingezogen. Fühler kurz, den Hinterrand des Halsschildes kaum überragend, vom sechsten Gliede an nur mässig erweitert. Halsschild viel breiter als lang, ringsum fein gerandet, nach vorn stark verengt, am Grunde fast so breit wie die Flügeldecken. Diese verworren punktirt, in der Mitte am breitesten, mit ziemlich vorragender Schulterbeule. Vorderhüften durch einen nur schmalen Fortsatz der Vorderbrust getrennt, ihre Gelenkhöhlen nach hinten offen. Schenkel mässig dick, mit einer Rinne zum Anlegen der Schienen, letztere aussen mit einer schwachen Rinne, welche die Basis nicht erreicht. Fussglied 3 zweilappig, Klauen einfach. Nur 1 Europäische Art.

Untergattung: Melasoma Stph. (*Lina* Redtb.). *Käfer* lang eiförmig, mässig gewölbt, Kopf bis zur Mitte der lang-ovalen Augen in das Halsschild eingezogen. Fühler kurz, den Hinterrand des Halsschildes kaum überragend, vom siebenten Gliede an etwas erweitert. Halsschild viel breiter als lang, mit scharfen Hinterwinkeln, nach vorn verengt, wenig gewölbt, ringsum fein gerandet, schmäler als die Flügeldecken. Diese mit stark vortretenden Schultern, hinter ihnen leicht eingeschnürt, dann verschieden verbreitert, hinten breit abgerundet, verworren punktirt. Vorderhüften durch einen ziemlich breiten Fortsatz der Vorderbrust getrennt, ihre Gelenkhöhlen nach hinten offen. Schienen am Hinterrande mit einer fast bis zur Basis reichenden Rinne. Fussglied 2 schmäler als 1 und 3, letzteres bei einigen Arten zweilappig, bei anderen nur ausgerandet. Klauen einfach. 8 Europäische Arten.

Gattung: **Galeruca**. *Käfer* mehr oder weniger eiförmig, ziemlich weich. Kopf klein, schmäler als das Halsschild, mit ovalen, mitunter stark gewölbten Augen. Nur bei den ♂♂ einiger **Luperus**-Arten ist der Kopf mit den Augen so breit oder breiter wie das Halsschild. Die fadenförmigen Fühler halb so lang als der Körper oder länger, in runden Gruben einander genähert eingefügt, entweder in einer Linie zwischen dem Unterrand der Augen, oder etwas höher auf der Stirn; zwischen den Fühlergruben befindet sich ein Längskiel, über dem fast immer zwei kleine Beulen stehen. Das viereckige Halsschild meist breiter als lang, schmäler als die Flügeldecken, häufig mit grubenförmigen Eindrücken. Flügeldecken nach hinten erweitert, selten fast gleichbreit, mit deutlichen Schultern, hinten einzeln oder gemeinschaftlich abgerundet. Schildchen deutlich, Vorderhüften zapfenförmig vorragend, sich einander berührend, Beine einfach, Hinterschenkel nicht verdickt. Fussglieder mässig breit, ihre Sohle filzig oder bedornt, meist ist Glied 1 das längste, 2 das kürzeste. Klauen einfach oder gezähnt oder gespalten. Diese Hauptgattung zerfällt in 12 Untergattungen in unserem Sinne, von denen aber nur die vier folgenden forstlich wichtige Arten enthalten.

Untergattung: **Agelastica** REDTB. Käfer breit, geflügelt, oben kahl, glänzend blau, Fühler länger als der halbe Leib. Der durch die hohen Ränder der Fühlergruben gebildete Längskiel zwischen den Fühlern mit tiefer Rinne. Halsschild viel breiter als lang, an den Seiten ziemlich breit, am Vorder- und Hinterrand fein gerandet. Flügeldecken am Grunde etwas breiter als das Halsschild, nach hinten bauchig erweitert, den Hinterleib bedeckend, ihr umgeschlagener Seitenrand vorn mässig breit, nach rückwärts ganz fein, auf dem vorderen Drittel rinnenförmig vertieft. Gelenkhöhlen der Vorderhüften hinten offen. Schienen mit deutlichem Enddorn, ihre Aussenkante glatt, nur an den Seiten mit Borstenhärchen. Fussglied 1 so lang wie 2 und 3 zusammen, fast so breit wie das zweilappige Glied 3. Klauen am Grunde zahnartig erweitert. Nur 1 Europäische Art.

Untergattung: **Luperus** GEOFF. *Käfer* weich, mehr oder weniger gestreckt, schwach gewölbt, geflügelt. Kopf klein, mit den grossen gewölbten Augen zuweilen so breit oder breiter als das Halsschild. Fühler dünn, fadenförmig, beim ♀ fast so lang, beim ♂ länger als der Körper. Zwischen den Fühlern ein erhabener Längskiel. Halsschild breiter als lang, ringsum fein gerandet, an den Seiten und am Grunde etwas gerundet. Flügeldecken am Grunde breiter als das Halsschild, nach hinten kaum erweitert, unregelmässig punktirt, den Hinterleib ganz bedeckend, ihr Seitenrand nur vorn deutlich umgeschlagen. Beine schlank. Schienen cylindrisch, mit kaum sichtbarem Enddorn. Glied 1 und 2 der Fussglieder schlank, etwas schmäler als das zweilappige Glied 3, Glied 1 etwas länger als 2 und 3 zusammen. Klauen kurz, am Grunde mit einem spitzen Zahn. Diese Gattung enthält einige 30, aber noch nicht ganz sichergestellte, Europäische Arten.

Untergattung: **Lochmaea** WEISE. (*Adimonia* LAICHART.) *Käfer* etwas gewölbt, geflügelt. Oberseite fast kahl, ohne Metallschimmer. Fühler des ♂ länger, die des ♀ kürzer als der halbe Körper. Zwischen den Fühlern ein durch die wulstigen Ränder der Fühlergruben gebildeter Längskiel. Halsschild breiter als lang, ohne Querfurche am Grunde, nahe den Hinterecken ausgerandet und mit grosser Grube jederseits auf der Scheibe. Flügeldecken unregelmässig punktirt, nach hinten etwas erweitert; ihr Seitenrand, etwas verdickt und abgesetzt, verläuft bis zum abgerundeten Nahtwinkel als feiner, glatter Längswulst, der umgeschlagene Theil dieses Randes ist wenigstens unter den Schultern breit und deutlich. Schienen ohne Enddorn. Gelenkhöhlen der Vorderhüften hinten offen. Drittes Fussglied zweilappig. Klauen gespalten. 8 Europäische Arten.

Untergattung: **Galerucella** CROTCH. *Käfer* länglich, geflügelt, die Oberseite dicht mit kurzen, feinen, anliegenden Härchen bedeckt, daher etwas seidenglänzend. Fühler ungefähr halb so lang wie der Körper, in der Höhe des Unterrandes der Augen eingefügt, voneinander so weit, wie von den Augen abstehend, Glied 2 am kürzesten. Zwischen den Fühlern bilden die wulstigen Ränder der Fühlergruben eine Rinne, deren Fortsetzung nach oben zwei meist deutliche Querbeulen der Stirne trennt. Halsschild breiter als lang, nahe den Hinterecken leicht ausgerandet. Flügeldecken unregelmässig punktirt, breiter als das Halsschild, nach hinten kaum erweitert, den Hinterleib ganz bedeckend, ihr umgeschlagener Seitenrand wenigstens unter den Schultern deutlich und breit, letztere vorragend. Schienen ohne Enddorn. Gelenkhöhlen der Vorderhüften hinten offen. Drittes Fussglied breit zweilappig. Klauen gespalten oder mit einem kleinen, scharfen Zahn. 10 Europäische Arten.

Gattung: Haltica. *Käfer* meist ziemlich klein, sehr verschieden gestaltet und gefärbt, meist geflügelt. Kopf bis zu den Augen oder ganz in das Halsschild eingezogen. Hinter und zwischen den Augen sehr verschieden gebogene Rinnen. Stirn gewöhnlich mit 2 Beulen, zwischen den Fühlern mit oder ohne Längskiel. Fühler 10-, 11-, selten auch 9 gliedrig, schlank und fadenförmig oder nach der Spitze etwas verdickt, am Grunde einander genähert. Halsschild breiter als lang, nach vorn verengt, mit oder ohne Eindrücke, verworren punktirt, an den Seiten mit abgesetztem Rand. Schildchen dreieckig. Flügeldecken hinter den Schultern etwas erweitert. Hüften quer. Die vier vorderen Beine einfach, an den hinteren sind die Schenkel etwas verlängert und stark verdickt, Springbeine. Die Hinterschienen ebenfalls etwas verlängert, mit verschieden gestaltetem Enddorn. Fussglied 1 am längsten, Glied 2 klein, 3 breit zweilappig oder herzförmig. Klauen dünn und kurz, meist mit zahnförmiger Erweiterung am Grunde.

Die über 350 Europäische Arten umfassende Gattung wird von WEISE [20] in 25 Untergattungen getheilt, von denen aber nur eine bisher forstlich beachtenswerth wurde.

Untergattung: Haltica GEOFF. im engeren Sinne. *Käfer* länglich, gestreckt, grün, blau oder bronzefarbig, glänzend, geflügelt. Taster, Fussglieder und Fühler schwarz, die ersten Glieder der letzteren mit grünlichem Anfluge. Stirnhöcker gross, ein starker Längskiel endet nach oben zwischen ihnen in einer Spitze. Fühler 11-gliedrig, unter sich weiter entfernt als von den Augen, beim ♀ merklich länger als beim ♂. Halsschild hinten fein, an den Seiten breiter gerandet, beiderseits neben dem Schildchen leicht ausgebuchtet, seine Oberfläche gewölbt, vor dem Hinterrande mit einer Querfurche, welche an den Seiten durch keine Längsfalte abgegrenzt ist. Flügeldecken verworren punktirt, bis hinter die Mitte etwas erweitert und dann gemeinschaftlich abgerundet, dicht vor der Spitze an der Naht etwas eingedrückt, Hinterschenkel spindelförmig verdickt. Gelenkhöhlen der Vorderhüften hinten offen. Schienen seitlich behaart, die hinteren an der Spitze mit einem kurzen, einfachen Dorn. Füsse an der Spitze der Schienen eingelenkt, Glied 1 kürzer als die halbe Schiene, Glied 3 breit, zweilappig. Klauen an der Basis zahnartig erweitert. 12 Europäische Arten.

Forstliche Bedeutung der Chrysomeliden.

Ein Theil derselben ist auf Holzgewächse angewiesen, deren Blattorgane sowohl Käfer als Larven äusserlich befressen. Es ist daher erklärlich, dass in den verschiedenen Forstinsektenkunden, namentlich in den älteren, z. B. bei BECHSTEIN [I], eine grosse Anzahl von Arten aufgeführt wurden. Wir müssen uns hier auf diejenigen beschränken, denen bereits eine wirkliche Schädigung in grösserem Masse, namentlich durch den stets schädlicher als der Käferfrass wirkenden Larvenfrass, nachgewiesen wurde, und können ausserdem nur noch solche Formen berücksichtigen, die mit jenen leicht verwechselt werden können oder irgend eine auffällige Besonderheit in ihrer Lebensweise zeigen.

Bei der grossen Gleichförmigkeit des Chrysomelidenfrasses können wir diese nur nach den Frasspflanzen gruppiren und behandeln nacheinander die Weiden- und Pappel-, Eichen-, Erlen-, Ulmen- und Kiefern-Schädlinge.

Die Weiden- und Pappelschädlinge sind unter allen Chrysomeliden die einzigen, welche man forstlich mit Recht als sehr gefährlich bezeichnen kann. Aus der grossen Menge der an Weiden fressenden
Arten kommen für uns aber nur einige grosse rothe, einige mittlere
gelbe und einige kleine dunkel-metallisch gefärbte Arten in
Betracht. Als Hauptvertreter der rothen Formen ist zu bezeichnen

der rothe Weiden-Blattkäfer,

Chrysomela Tremulae FABR.

Es ist dies ein fast 1 *cm* langer Käfer, dessen einfarbig rothe
Flügeldecken scharf gegen die schwärzlich-blauen übrigen Theile.
und Glieder, namentlich gegen Halsschild und Kopf abstechen. Vielleicht in Verbindung mit seinen, häufig mit ihm verwechselten beiden
nächsten Verwandten, Chr. Populi L. und Chr. longicollis SUFFR.,
welche allerdings mehr Pappelkäfer zu sein scheinen, befrisst er die
Blätter, namentlich der Purpurweiden in so ausgedehntem Masse, dass
öfters seine Bekämpfung durch Abklopfen und Einsammeln der Käfer
nothwendig erscheint.

Beschreibung. Wir gehen hierbei von der als Typus der Untergattung
aufgestellten gemeinsten, aber, wie es scheint, für den Weidenzüchter weniger
bedeutsamen Form aus.

Chr. (Melasoma) Populi L. *Käfer* schwärzlich- oder grünlich-blau. Die
rothen Flügeldecken nach hinten etwas verbreitert, ihre äusserste Spitze schwarz.
Halsschild kurz, nach vorn etwas verengt, auf der schwach gewölbten Scheibe
fast glatt, äusserst fein punktirt, beiderseits mit einem nach vorn breiter werdenden, nicht sehr hohen Längswulst, welcher wie der ihn nach innen begrenzende,
ziemlich flache, nach vorn ebenfalls etwas verbreiterte und gekrümmte Längseindruck stark punktirt ist; die Seiten selbst sind entweder gleichmässig gerundet
oder vom Grunde aus fast parallel, und erst im vorderen Drittel gerundet verengt. Drittes Fussglied zweilappig. Das Klauenglied an der Spitze des inneren
Randes in eine sehr kleine Kante vorgezogen. Länge 9—12 *mm* (Taf. II, Fig. 3 F.).
Puppe bräunlich-gelb und schön bunt gefärbt durch sehr regelmässig
symmetrisch gestellte, schwarze, eckige Flecke und Punkte. Mit der Hinterleibsspitze an ein Blatt angeheftet, gestürzt hängend.
Larve an beiden Enden verschmälert, auf dem Rücken wenig gewölbt,
weisslich, mit schwarzem Kopf und Gliedmassen, sowie regelmässig gestellten,
glänzend schwarzen Schildern und Wärzchen, Kopf mit dreigliedrigen, kurzen
Fühlern, zweigliedrigen Lippentastern und jederseits 6 Augenpunkten, von denen
die 4 inneren, im Viereck gestellten, grösser sind als die beiden äusseren. Brustring 1 mit grossem, querem, schwarz gerändertem Chitinschilde und zwei schwarzen
Warzen. Brustring 2 und 3 mit je vier schwarzen Warzen und je einem seitlichen, schneeweissen Seitenhöcker. Die 8 ersten Hinterleibsringe oberwärts mit
8 Reihen schwarzer Zeichnungen, sodass jederseits der der Mittellinie zunächst
stehenden, aus kleinen, queren Schildern zusammengesetzten Reihe sich nach
aussen je eine Reihe kegelförmiger Warzen, Stigmenplatten und rundlicher Borsten-
warzen anschliessen. Die Mittelplatten verschmelzen auf den vier letzten Ringen.
Unterseite der Hinterleibsringe mit 5 Reihen schwarzer Punkte. Aus den kegelförmigen Warzen auf der Oberseite der Hinterleibsringe sind Drüsenschläuche
vorstreckbar, die einen scharf riechenden Saft absondern. Länge ungefähr 14
mm [2, S. 610 und 611, und V, I, S. 245]. (Taf. II, Fig. 3 L.).
Eier gelblich, langoval, aufgerichtet, haufenweise und gedrängt der Unterseite der Blätter angeklebt.

Chr. (Melasoma) Tremulae Fabr., Suffr. (*saliceti* Weise). *Käfer* der
Chr. Populi L. in Gestalt und Färbung sehr ähnlich, aber kleiner. Halsschild
mit etwas stärkeren, nach innen ebenfalls verflachten, stark punktirten Längs-
eindrücken und etwas stärker hervortretenden Seitenwülsten; seine Seiten sind
bis zum ersten Drittel entweder gleichbreit oder bis dahin unmerklich verengt,
nach vorn gerundet-verengt, mit ziemlich spitzigen Vorderecken, manchmal vor
den Hinterecken etwas eingezogen. Flügeldecken ohne schwarze Spitze. Drittes
Fussglied nur ausgerandet. Klauenglied an der Spitze der Unterseite jederseits
nur mit einem ganz schwachen, nicht leicht sichtbaren Zähnchen. Länge 7·5—9 mm.

Larve derjenigen von Chr. Populi äusserst ähnlich, aber etwas kleiner,
mit ganz schwarzem Chitinschilde auf Brustring 1 und schwärzlichem Anflug über
den ganzen Körper [Klingelhöffer 17].

Chr. (Melasoma) longicollis Suffr. (*Tremulae* Weise). *Käfer* der **Chr.
Populi** L. und **Chr. Tremulae** Fabr. nach Gestalt und Färbung sehr ähnlich,
so gross wie letztere. Halsschild etwas kürzer als bei dieser, vor den nach
aussen etwas vorspringenden Hinterecken zuerst etwas eingezogen, dann allmählich schwach erweitert, sodass seine grösste Breite in oder dicht vor dem
ersten Drittel liegt, hierauf nach vorn in starker Rundung verengt, mit dicken,
stumpfen Vorderecken; der grob punktirte Seitenwulst von einem tiefen, grob
punktirten Eindrucke begrenzt, welcher gleich tief und gleichmässig in flachem
Bogen gerundet von der Basis bis zum Vorderrande verläuft. Flügeldecken ohne
schwarze Spitze. Drittes Fussglied nur stark ausgerandet. Klauenglied an der
Spitze der Unterseite jederseits in einen ziemlich grossen Zahn ausgezogen.
Länge 7·5—10 mm.

Larve nicht näher beschrieben.

Lebensweise und Schaden. In dieser Beziehung stimmen wohl
alle hier genannten rothen Arten überein. Die überwinternden Käfer erscheinen bei dem Laubausbruche und belegen die Blätter auf der Unterseite
mit kleinen, gelblichen, langgestreckten Häufchen aufrechtstehender Eier.
Die Käfer und die bald ausschlüpfenden Larven vereinigen sich nun
zur Skeletirung und Durchlöcherung der Blätter; namentlich die
Skeletirung geht häufig so weit, dass das Blattfleisch ganz ver-
schwindet und nur die Rippen übrig bleiben. Die Verpuppung, zu
welcher sich die Larven mit dem Kopfe nach abwärts aufhängen,
geschieht an den Blättern, an welchen die Puppen, gestürzt, fest
anhängen. Die jungen Käfer erscheinen im Hochsommer und können
nun unter günstigen Verhältnissen noch eine zweite Generation erzeugen, welche dann entweder, wie auch Taschenberg [**XVIII,** S. 200]
beobachtet hat, bereits im September zum Abschluss kommt, oder sich
auch bis kurz vor Eintritt der Herbstfröste hinziehen kann. Auf jeden
Fall überwintern schliesslich die Käfer in den verschiedensten Boden-
verstecken. Als Frasspflanzen werden im Allgemeinen meist die verschiedenen Pappelarten, namentlich die Aspen, angegeben, und man
kann sich sehr häufig davon überzeugen, wie stark namentlich die
Blätter der Aspenstockausschläge befallen werden. Die unter Umständen zweimal im Laufe eines Sommers sich wiederholende Blatt-
vernichtung kann da, wo man auf Erziehung von Aspen Werth
legt, einen merklichen Zuwachsverlust mit sich bringen. Wirklich
als sehr schädlich betrachtet man die rothen Blattkäfer aber erst,
seitdem man gefunden hat, dass sie auch Weiden, namentlich die
Purpurweiden, angehen und hierbei die Entwickelung der Ruthen so

wesentlich beeinträchtigen, dass oft nur ganz werthloses Material
geerntet wird. Es ist aber hervorzuheben, dass man bei der nicht
ganz unbeträchtlichen Schwierigkeit, die drei Arten auseinander zu
halten, noch nicht sicher weiss, ob alle drei Arten gleichmässig an
den Weiden fressen oder ob nicht vielleicht hauptsächlich die, neuerdings
von WEISE ja auch in *Chr. saliceti* umgetaufte, von ihm auf Salix triandra
L. gefundene Chr. Tremulae FABR. den Hauptschaden verursacht.

Letztere Art fand auch ALTUM [XVI, III, 1, S. 362] schon vor längerer
Zeit auf Weidengebüsch am Emsufer, und derselbe Autor berichtet ferner, dass
sie 1882 in den Weidenhegern des Freiherrn VON MILKAU zu Trieb-Nassanger
in Franken an Salix purpurea in verheerender Weise auftrat [I g, S. 608].

Ferner berichtet KRAHE [13, S. 195 und 244], dass in seinen Weidenhegern
zu Prummern bei Aachen von diesem Käfer ausschliesslich die Purpurweiden
und ihre Bastarde angegangen würden. Nach diesem genauen Beobachter verschont das Thier die eigentliche Spitze der jungen Ruthe und hält sich nur an
die zarteren Blätter, welche der Käfer nur am Rande zackig ausfrisst, während die
Larve sie skeletirt.

Einen Fall, dass auch Chr. Populi sich auf Weiden schädlich gezeigt habe,
berichtet ALTUM [I b, S. 21] nach Oberförster MOEBES aus dem Revier Züllsdorf,
wo von Mitte Mai an die ersten, die besten Ruthen gehenden Ausschläge von
Salix purpurea nach und nach so verstümmelt wurden, dass sie entweder eingingen oder nur geringwerthiges Material lieferten. Das Gleiche trat nach ALTUM
[I c, S. 219] in der Weidenschule zu Bruck bei Erlangen ein, wo ausser der
Purpurweide auch Salix pentandra, pentandra alba und pentandra fragilis,
sowie die Varietäten von S. rubra und S. viminalis geschädigt wurden. Dasselbe kam vor in den berühmten Weidenhegern zu Messdunk [I d, S. 482].

Als wichtigste Vertreter der mittleren, gelben, unsere Weidenheger schädigenden Blattkäfer sind zu betrachten

der Sahlweiden-Blattkäfer,

Galeruca Capreae L. (Taf. II, Fig. 1) und

Gal. lineola FABR.

Diese 4—6 *mm* langen, oberwärts matt ledergelben Käfer mit
schwarzem Kopfe und kleinen, ebensolchen Zeichnungen auf dem
Halsschilde und wohl auch auf den Schultern sind für den Nicht-
entomologen unter den Weideninsekten höchstens noch mit der
ebenfalls zur Noth als gelb zu bezeichnenden, gelbrothen Chrysomela
viminalis L. zu verwechseln, welche sich aber bei genauerer Betrachtung sofort durch die gewölbtere Form, röthlichere Färbung,
stärkeren Glanz und häufig weit grössere schwarze Fleckung, namentlich auf den Flügeldecken, unterscheidet. Auch ist diese letztere
Form, wenngleich sie auf Weiden oft massenhaft angetroffen wird,
in der Praxis noch beiweitem nicht so schädlich geworden, wie ihre
beiden Vorgänger, und wird deshalb hier nur beiläufig erwähnt.
Gal. Capreae und Verwandte sind zwar nicht monophage Insekten,
sondern gehen an verschiedene Laubhölzer, wurden aber erst in
neuerer Zeit wirklich beachtenswerth, seitdem man nämlich weiss,
dass sie in Weidenhegern die Ruthenernte wesentlich beeinträchtigen
können.

Beschreibung. Gal. (Lochmaea, *Adimonia)* !Capreae L. *Käfer* auf der Unterseite mit schimmernden Härchen besetzt. Die einfarbig ledergelben Flügeldecken ohne Rippen, dicht punktirt. Halsschild ledergelb, an den Seiten winkelig erweitert, sein Hinterrand an den Hinterwinkeln schräg nach vorn abgeschnitten, auf der Scheibe einige dunkel gefärbte Grübchen. Kopf, ·Brust, Bauch, Schenkel und Schildchen schwarz. Stirn dicht runzelig punktirt. Schienen, Füsse und die ersten Fühlerglieder gelb. Länge 4—6 mm.

   Larve. Derjenigen von **Chr.** Populi sehr ähnlich und nur verschieden durch geringere Grösse, etwas kürzere Beine, weiter voneinander entfernte Warzen und Rückenschilder, welche auch kleiner sind. Auf dem sechsten Hinterleibsringe bleiben die Mittelplatten noch unverschmolzen [V, I, S. 248 und **17**, S. 90—92].

   Gal. (Galerucella) lineola FABR. *Käfer* auf der Oberseite leder- oder röthlichgelb, fein seidenglänzend behaart. Kopf kurz mit schmalen, vertieften Wangen. Flügeldecken ziemlich grob, nicht dicht punktirt, mit abgerundetem, rechteckigem Nahtwinkel; die den ·umgeschlagenen Seitenrand begrenzende innere Randlinie ist scharf und verbindet sich vor der Spitze etwas undeutlich mit der äusseren Linie. Halsschild schmäler als die Flügeldecken, an den Seiten in der Mitte winkelig erweitert, undeutlich grob punktirt, mit abgekürzter Mittellinie und jederseits mit einer grossen, flachen Grube. Die Spitze der einzelnen Fühlerglieder, die Stirn über den Beulen, ein Fleck auf dem Halsschild, Schildchen, Mittel- und Hinterbrust, Schulterbeulen und Bauch, mit Ausnahme der Spitze, schwärzlich. Beine rothgelb. Länge 5—6 mm.

   Larve nicht genauer bekannt.

   Chr. (Phytodecta, *Gonioctena)* viminalis L. *Käfer* auf der Oberseite rothgelb, mehr oder weniger schwarz gefleckt, selten ganz schwarz. Alle Schienen am Aussenrande mit einem grossen Zahn. Flügeldecken regelmässig fein punktirt-gestreift, mit fein punktirten Zwischenräumen. Halsschild in der Mitte fein, an den Seiten grob punktirt, bei schwarzen Stücken ganz schwarz, sonst nur mit schwarzer Quermakel an der Basis, seine Seiten stark gerundet. Unterseite schwarz, Schienen oft braun. Fühlerglied 3 kaum länger als 5. Länge 5—7 mm.

   Larve im Allgemeinen nach dem gewöhnlichen Typus der warzigen Chrysomelidenlarven gebaut, gelblich mit schwarzem Kopfe, Warzen, Schildern und Beinen. Genauere Beschreibungen geben LETZNER [**14**, S. 109] und CORNELIUS [**3**, S. 165].

   Lebensweise und Schaden. Die einzigen genaueren Angaben macht KRAHE [**13**, S. 193 und 243]. Wir geben sie hier fast wörtlich wieder. Beide Arten der Galeruca verheeren in manchen Jahren Hunderte von Morgen der Weidenheger von Prummern bei Aachen, und zwar erscheint G. lineola früher als ihr Verwandter. Anfangs April sind beide schon da, befressen die erst fingerlangen Triebe, legen an die Unterseite der Blätter ihre Eier in Häufchen von ungefähr 20 Stück und sterben dann. In 8—14 Tagen kriechen aus den Eiern kleine, braunschwarze Larven aus und fallen über die neu entstandenen Seitensprossen her, diese in derselben Weise verzehrend, wie ihre Eltern es mit den Hauptspitzen gethan haben. Sie skeletiren die Blätter von der Unterseite her und sollen, im Gegensatz zu den gleich zu erwähnenden, metallfarbenen Blattkäfern, zuerst die Triebspitzen und dann erst die tiefer sitzenden Blätter angehen. Die reife Larve begiebt sich in den Boden zur Verwandlung, und bald ist eine zweite Generation der Käfer vorhanden. In einzelnen Jahren wurde eine viermalige Verwandlung wahrgenommen. Die so oft beschädigten Ruthen sind fast werthlos, sie haben nicht die gehörige Länge und sind zu ästig. Die Käfer überwintern sehr wahr-

scheinlich in der Bodendecke. Erscheinen sie bei ungünstiger Witterung
später, etwa im Juni, so ist der Schaden minder gross. Ihre Lieb-
lingsfrassbäume sind der Reihenfolge nach: Mandelweide, Salix
trianda L. (*amygdalina* L.), Hanfweide, S. viminalis L., und Sahlweide, S. Caprea L., sowie deren Bastarde. Auf Purpurweide,
S. purpurea L., und deren Bastarden mit S. viminalis hat KRAHE
sie gleichfalls gefunden, ohne dass sie dort viel Schaden gethan hätten.

Gal. Capreae ist aber auch auf anderen Laubhölzern vielfach beobachtet worden. 1832 wurde sie von RATZEBURG an jungen Birken bei Braun-
schwende im Harz in solcher Menge gefunden, dass infolge ihres Frasses
„das Eingehen der jungen Bestände auf weite Strecken mit Sicherheit zu erwarten war" [17]. 1838 soll sich dieser Frass nach PFEIL [V, I, S. 244] wiederholt und viele junge Birken „gänzlich zerstört" haben. Auch NÖRDLINGER [XXIV,
S. 44] berichtet Aehnliches. Die ihm gemachte Mittheilung, dass Ziegen in Folge
des Genusses von Aspenblättern mit Larven der Gal. Capreae eingegangen
wären, dürfte wohl auf Missdeutung beruhen.

Die kleinen, dunkelmetallischen Weidenblattkäfer,

Chrysomela Vitellinae L., Chr. vulgatissima L.,

Chr. Viennensis SCHRK. und Chr. versicolora LAICHART.,

sind trotz ihrer geringen Dimensionen in neuerer Zeit am wichtigsten
geworden, namentlich die beiden ersteren Arten. Sie verhindern
durch den Blattfrass ihrer Käfer und Larven die richtige Entwickelung der Korbweidenruthen ebenso wie die rothen und gelben Weiden-
Blattkäfer. Während die Klagen über letztere aber bis jetzt nur
vereinzelt sind, haben diejenigen über ihre kleineren, erzgrünen oder
blauen Verwandten bereits einen ziemlichen Umfang erreicht und
die Praktiker angespornt, auf ihre Abwehr zu sinnen, die man durch
Abklopfen der Käfer von den Ruthen und Vernichten, sowie durch
Sammeln derselben in künstlich angelegten Winterverstecken erreichen
kann. Am verbreitetsten und auch am meisten gefürchtet ist die
gewöhnlich nur 4 *mm* lange, erzgrüne Chrysomela Vitellinae L., welche
sich von ihren beiden anderen, etwas grösseren und in der Regel
mehr blauen Verwandten dadurch unterscheidet, dass sie einen weniger
gestreckten Umriss hat, also im Verhältniss zur Länge breiter ist.
Chr. Viennensis SCHRK. unterscheidet sich von der ihr äusserst ähnlichen Chr. vulgatissima L. durch die tieferen Eindrücke auf dem
Halsschilde und, wenigstens bei den typisch gefärbten Exemplaren,
durch gelbe Schienen. Die bis jetzt von Seiten der praktischen Forstleute
noch nicht direkt grösserer Verwüstungen beschuldigte, aber sicher
auch vielfach in Masse auf Weiden fressende Chr. versicolora LAICHART.
ist durch ihren fast kreisförmigen Umriss leicht zu unterscheiden.

Beschreibung. Chr. (Phyllodecta, *Phratora*) Vitellinae L. *Käfer*
länglicheiförmig, nicht ganz doppelt so lang als breit, glänzend messinggelb, bald
mehr, bald weniger mit grünlichem Schimmer, oder ganz erzgrün, seltener blau.
Flügeldecken mit starken, hier und da geschlängelten Punktreihen und äusserst
fein und sparsam punktirten Zwischenräumen, von denen nur der achte so starke
Punkte hat, wie die Reihen. An den ziemlich kurzen Fühlern Glied 2 kürzer

als 3. Schienen stets von der Farbe des Körpers. Länge 4—5 mm. Diese Art zeigt bezüglich des Körperbaues und der Punktirung an verschiedenen Fundorten wesentliche Abweichungen.

Larve nach dem Typus der warzigen Chrysomelidenlarven gebaut. Grundfarbe trübweiss, auf der Mitte der Oberseite aber schwärzlich. Fester chitinisirte Theile, Kopf, Schilder, Warzen u. s. w. dunkelschwarz. Letztere bilden auf der Oberseite des Leibes von der Mittelbrust an 8 Reihen. Auch auf der Unterseite, in der Mitte jedes Ringes, findet sich eine schwarze Zeichnung [3, S. 394 und 14, S. 106). Länge 5—7 mm.

Chr. (**Phyllodecta**, *Phratora*) **Viennensis** Schrk. *(tibialis* Suffr). *Käfer* länglichoval, doppelt so lang als breit, glänzend metallischgrün oder blau, auch messinggelb. Halsschild stark punktirt, mit deutlichen Eindrücken, ein rundlicher, flacher, beiderseits nahe der Mitte des Seitenrandes, und ein länglicher, querliegender, schmaler, am Hinterrande zu jeder Seite des Schildchens. Punktreihen der Flügeldecken ziemlich stark, Zwischenräume äusserst fein punktirt, nur der achte mit so grossen Punkten, wie die Reihen. Fühlerglied 2 kürzer als 3 Schienen und Fussglieder bei der typischen Form röthlich-gelbbraun, Schienen mitunter theilweise oder ganz bläulich- oder metallgrün mit kupferigen Knieen, Fussglieder dann mitunter schwarz. Länge 5—6 mm.

Larve der der **Chr.** Vitellinae sehr ähnlich, aber etwas schmäler und mit fast durchaus russfarbiger, glanzloser Oberseite, die von einer helleren, gelblichen Mittellinie durchschnitten wird, und trübgelber Grundfarbe der Bauchseite. Die Spitzen der Seitenwarzen am Hinterleibe, sowie die Haare sind heller, als bei der vorigen Larve, mit welcher sie aber die Fleckung der Unterseite gemein hat [3].

Chr. (**Phyllodecta**, *Phratora*) **vulgatissima** L. (*Vitellinae* Gyll., *coerulescens* Küst.). *Käfer* langgestreckt, doppelt so lang als breit, glänzend metallisch grünlich-blau, die Färbung ändert ab in reines Grün, Blau. Violett, Schwarz mit oder ohne Kupferschimmer. Auf den Flügeldecken die fünf inneren Punktreihen ziemlich regelmässig, fein, etwas geschlängelt, mit äusserst fein punktirten Zwischenräumen, die vier äusseren Punktreihen stärker, verworren. An den Fühlern Glied 2 so lang oder etwas länger als 3. Schienen und Füsse stets dunkel gefärbt. Länge 4—5 mm.

Larve von denen der vorhergehenden Arten wenig verschieden. Abgesehen von den stärker chitinisirten Theilen, anfänglich heller, später aber sehr dunkel, mit olivengrüner Mittellinie. Bauchränder und Behaarung weiss. Die Unterseite ist im Gegensatz zu den beiden vorigen ganz ungefleckt [3].

Chr. (**Plagiodera**) **versicolora** Laichart. (*Armoraciae* Fabr., *Salici* Thoms.) *Käfer* ausgezeichnet durch seine rundliche Gestalt. Halsschild sehr fein, zerstreut punktirt, fast dreimal breiter als lang. Flügeldecken viel stärker als das Halsschild, verworren, stellenweise etwas gereiht-punktirt, mit einem schwachen Längswulst neben dem Seitenrande und deutlicher Schulterbeule. Die ersten fünf oder sechs Fühlerglieder und die Fussglieder dunkelbraun oder röthlich. Oberseite blau, bald nach Grün oder Violett hinneigend; Kopf und Halsschild meist etwas dunkler, a's die Flügeldecken. Unterseite schwarzgrün oder schwarz. Länge 2·5—4·5 mm.

Larve nach dem gewöhnlichen warzigen Chrysomelidentypus gebaut, aber mit grünlicher Grundfarbe.

Die Lebensweise ist, wenigstens was den forstlichen Schaden betrifft, bis jetzt genauer nur von **Chr.** Vitellinae L. beschrieben worden, indessen dürfte kaum ein Zweifel darüber bestehen können, dass vielfach in den Berichten die ersten drei zur Untergattung **Phyllodecta** gehörigen Arten untereinander geworfen wurden, und dass die meisten Angaben, soweit sie überhaupt richtig, für alle drei gelten.

Diese Thiere überwintern als Käfer, und zwar in der Regel
nicht am Boden oder in der Bodendecke, sondern in der Höhe an
möglichst geschützten Stellen, zwischen zusammengeknäulten Blättern,
den Spitzenknospen junger 2—3 m hoher Kiefern, in hohlen Pflanzen-
stängeln, unter lockeren Baumrinden und sogar in Borkenkäfergängen.
Dass andererseits auch viele schliesslich in das am Boden liegende Laub
und zwischen die Ruthenstümpfe gelangen, versteht sich von selbst.

Diese wichtigen Thatsachen sind namentlich durch ALTUM bekannt ge-
geworden, welchem hierüber zuerst Berichte aus der Weidenschule zu Bruck bei
Erlangen [I c, S. 201], und Oberförsterei Züllsdorf, Regierungsbezirk Merseburg
[I d, S. 483], zugingen. Er selbst beobachtete dann 1880 auf dem Revier Grün-
walde, Regierungsbezirk Magdeburg, dass der Käfer in grosser Menge die Bohr-
gänge von Hylesinus crenatus an zwei alten Eschen bereits im August zu
Verstecken gewählt hatte, und fand im Nachbarrevier Lödderitz ein ähnliches
Verkriechen unter Kopfweiden- und Eichenrinde [I f, S. 275].

Die Flugzeit der Käfer, in welcher sie mitunter sogar in
grösseren Schwärmen die Luft durchziehen, fällt gewöhnlich in den
April. Sie begeben sich dann in die Weidenanlagen, wo sie sowohl
die jungen Ausschläge, wie die Blätter der zwei- oder mehrjährigen
Wüchse angehen, und zwar nach KRAHE [13], im Gegensatze zu den
gelben Weidenblattkäfern, die tiefer stehenden Blätter vor den
höherstehenden. Sie legen nun ihre kornförmigen Eier in mit den
Spitzen zusammenstossenden Doppelreihen von circa 20 Stück flach
auf die Unterseite der Blätter, und die auskriechenden Larven fressen
in dichtgedrängten Colonnen, Leib neben Leib reihenweise fortschreitend
das Blattfleisch der Unterseite auf. Zur Verpuppung begeben sie sich
in den Boden. Es können einander drei Generationen in einem
Sommer folgen.

Dass die Generation dieser Weidenfeinde wirklich eine mehrfache ist,
dafür sprechen alle Beobachtungen, namentlich die von LETZNER [14] und COR-
NELIUS [3]. Ja sogar bei Petersburg ist durch KÖPPEN [12, S. 276] eine doppelte
Generation direkt constatirt worden. Es fiel hierbei die erste Puppenruhe von
6 Tagen in den Juli, die zweite von 12 Tagen in den Anfang des September.
Schwer lässt sich mit diesen positiven Angaben die oben erwähnte Beobachtung
von ALTUM vereinigen, dass die Käfer bereits im warmen August ihre Winterverstecke beziehen.

Sämmtliche Arten sind in Europa weit verbreitet und gehen
auch in den Gebirgen und im Norden hoch hinauf. Namentlich ist
Chrysomela Vitellinae [12, S. 276] von Lappland bis Transkaukasien
und von Frankreich durch Sibirien bis zur Amurmündung verbreitet.

Frasspflanzen sind für sie ausser den gleichfalls von ihnen angegriffenen Pappelarten, namentlich die Weiden. Jedoch nicht alle
Korbweidenarten werden gleichmässig befallen. In der Weidenschule
zu Bruck waren es nach ALTUM [I c, S. 217] die zarteren Arten,
namentlich Salix viminalis L. mit ihren Abarten, S. purpurea L. und
ihre Bastarde, unter ihnen wieder S. rubra HUDS., die angegangen
wurden. Bei Knappwerden des Futters nahmen wohl die Käfer, aber
nicht die Larven, auch die Bastarde von S. triandra L. an. Letztere
selbst blieb in Züllsdorf völlig verschont. Diese Beobachtung bestätigt

KRAHE [13, S. 243] bezüglich der Vorliebe für S. viminalis, erwähnt dann aber als nächstbeliebte Futterpflanze die Sahlweide, S. Caprea L. In neuerer Zeit, 1884, glaubt nun aber ALTUM [1 h, S. 188] in den Weidenhegern des Eberswalder Stadtforstes gefunden zu haben, dass ein Unterschied in dem Geschmacke der einzelnen Arten insofern bestehe, als Chr. Vitellinae die S. purpurea, Chr. vulgatissima hingegen die S. viminalis fast ausschliesslich annimmt.

Wie riesig die von Chrysomela Vitellinae angerichteten Schäden sein können, geht daraus hervor, dass KRAHE [13, S. 204] einmal seine Weidenheger so stark besetzt fand, dass er die Zahl der Larven für jede einzelne Ruthe auf mindestens 100 Stück ansetzen konnte, was also bei 200 000 Sträuchern zu je 4 Ruthen $4 \times 100 \times 200\,000 =$ 80 Millionen auf das Hektar ergiebt. Oberförster MOEBES [1 d S. 483] berichtet an ALTUM 1880 aus Züllsdorf, dass eine Fortdauer der Calamität die Existenz der dortigen Weidenanlagen ernstlich in Frage stellen würde, der Ertrag habe sich bereits auf ein Drittel des früheren verringert. Aehnliche Angaben sind aus verschiedenen Gegenden bekannt geworden.

Chr. versicolora trat 1888 in einer kleinen Weidenanlage an dem Schlossteiche zu Tharand als arger Fresser auf, während Chr. Vitellinae hier weniger häufig war.

Abwehr der Weiden-Blattkäfer im Allgemeinen. Das seit längster Zeit empfohlene und wohl auch wirksamste Abwehrmittel ist gegen die Käfer selbst gerichtet und besteht in der Anpassung der bekannten Sammelmethode der Entomologen, des „Abklopfens", an die Bedürfnisse der Praxis, also darin, dass die Käfer durch leise Schläge von den Ruthen auf untergehaltene Gegenstände herabgeworfen, dort gesammelt und vernichtet werden. Bei der grossen Ausdehnung, die häufig die gefährdeten Weidenanlagen haben, handelt es sich aber vornehmlich um die Anwendung geeigneter Werkzeuge, die ein schnelles und sicheres Arbeiten gestatten. Die Art und Weise, wie die Weidenstöcke in den Hegern vereinigt sind, also der Pflanzenverband und die strauchartige Form verbieten von selbst das Unterlegen von Tüchern oder das Unterhalten von Schirmen. Dagegen hat sich in der Weidenschule zu Bruck hierzu ein niedriger, viereckiger Kasten aus verzinntem Blech mit umgebogenem Rande bewährt, dessen Boden mit einer dünnen, die Käfer am Entweichen hindernden Aschenschicht bedeckt wird [1 d, S. 484]. KRAHE [13, S. 203] versieht dagegen mit Vortheil die Arbeiter mit einer Art einräderiger Schiebkarre, die einen niedrigen, 1 m langen und 30 cm breiten Kasten hat. Diese wird mit ihren Bäumen in den Gürtel des Arbeiters eingeschoben, der sie so vor sich her zwischen den Pflanzenreihen hinschieben kann und doch die beiden Hände, in denen er Stöcke führt, zum Abklopfen frei behält. Diese Methode bewährt sich aber nur da, wo die Weiden noch nicht hoch und nicht durcheinander gewachsen sind. Wo dies der Fall ist, versieht KRAHE Frauen mit um den Hals zu hängenden Körben, in welche Tücher gelegt und beim Durchgehen durch die

Weidenreihen die Käfer hineingeklopft werden. Sowohl aus der Schiebkarre wie aus den Tüchern lässt KRAHE die Käfer von Zeit zu Zeit
in einen Eimer voll Wasser, auf welches vorher eine Petroleumschicht
gegossen wurde, ausschütten. Mit Hilfe dieser Mittel konnte KRAHE
z. B. in acht Tagen durch 15 Personen täglich 21 l Käfer fangen lassen,
was also, 1 l zu 52 000 Stück gerechnet, im Ganzen 8 736 000 Käfer
beträgt. Auch gegen die Larven kann man ähnlich vorgehen. Es ist
dies aber schwieriger, weil die Larven fester sitzen als die Käfer.
Einen „Bürstenapparat", den KRAHE zu diesem Zwecke an der erwähnten Schiebkarre anbrachte und der gut gewirkt haben soll,
beschreibt er leider nicht näher. Bei den rothen Weidenkäfern, die
etwas grössere Larven haben, kann man in kleineren Verhältnissen
vielleicht auch durch direktes Larvensammeln etwas ausrichten.

Als Abwehrmittel gegen die Larven hat sich ferner in der
Weidenschule zu Bruck [l c, S. 218] eine „ziemlich scharfe Lauge
aus guter Holzasche" bewährt. Die Arbeiterinnen mussten aber, da
ein Uebersprühen der Pflanzen mittelst einer Art Giesskanne nichts
half, die Ruthen durch die rechte, in die Lauge getauchte Hand
ziehen. Weil sie diese Arbeit aber höchstens zwei Tage lang aushalten, wäre in Zukunft zu überlegen, ob man nicht zu diesem
Zwecke mit Vortheil zwei weiche, langhaarige Bürsten verwenden
könnte, zwischen denen die Ruthen ebensogut durchgezogen werden
können, wie durch die Hand.

Die wiederholt gemachten Versuche, die Käfer durch dauernde
Beunruhigung aus den Weidenhegern zu vertreiben, oder ihre Larven
durch Bestreuen der Pflanzen mit für sie giftigen Pulvern zu tödten,
haben in der Praxis wohl keine Zukunft.

Vertreiben kann man den Käfer aus Weidenhegern, indem man alle
Viertelstunden über die Anlage eine mit Strohwischen behangene Leine durch
zwei Knaben hinüberziehen lässt. Sind die Ruthen schon höher geschossen, so
beschwert man die Leine noch mit einigen Steinen. Die dauernd gestörten
Käfer wandern aus und legen ihre Eier ausserhalb des Hegers ab Als rationell
kann dieses von SCHULZE-MESSDUNK angewendete Verfahren [l g, S. 607] aber
kaum angesehen werden, da durch dasselbe nur ein zeitweiliger Schutz einer
bestimmten Oertlichkeit, keine Verminderung der Schädlinge erreicht wird.

Versuche, die Larven durch Bestreuen der Blätter mit arseniksaurem
Kupferoxyd [ALTUM l b, S. 20] oder Bestäuben mit Schwefelpulver [DOCHNAL 5]
zu tödten, sind wohl dem Gedanken entsprungen, diese zur Zerstörung von
Gartenschädlingen empfohlenen, und zur Bekämpfung der Weinstockpilze verwendeten Mittel auf die Forstwirthschaft zu übertragen.

In neuester Zeit hat ALTUM empfohlen [l f], in oder in der
Nähe der Weidenheger künstliche Winterverstecke anzubringen,
aus denen man nach Eintritt der kälteren Jahreszeit die erstarrten
Käfer herauszunehmen und zu vernichten hätte. Dieses theoretisch
gewiss ganz richtig ausgesonnene Mittel hat aber, soviel uns bekannt,
die Probe der praktischen Anwendung noch nicht bestanden.

Er sagt: „In den Hegern selbst oder in der nächsten Umgebung derselben
würden eingegrabene, entborkte Stammabschnitte splitterig eingehauen und gespalten und dann wieder mit Rinde umbunden oder benagelt, ohne Zweifel
wesentliche Dienste leisten und jahrelang Verwendung finden können". Bereits

in der Nähe vorhandene Kopfweiden möchte er gleichfalls diesem Zwecke anpassen, und er empfiehlt auch mit Rücksicht auf das von ihm beobachtete Eindringen der Chr. Vitellinae L. in die Frassgänge von Hylesinus crenatus das Durchlöchern der umzubindenden oder lose anzunagelnden Rinden mit einem Drillbohrer.

Eichenfeinde.
Von den übrigen sehr zahlreichen, auf Laubholz-blätter angewiesenen Blattkäfern sind nur wenige bis jetzt wirklich forstschädlich geworden. Verhältnissmässig noch am häufigsten findet man Klagen über

den Eichen-Erdfloh,

Haltica erucae OLIV.,

einen kleinen, metallisch-grünen oder blauen, springenden Käfer, der sammt seiner Larve in unseren jüngeren Eichenbeständen die Blätter zerfrisst und skeletirt.

Beschreibung. Haltica erneae OLIV. (*quercetorum* FOUDR.). *Käfer* metallisch grün, manchmal mit blauem Schimmer. Stirnhöcker gross, quer drei-eckig oder rund, und wie der von ihnen durch eine Querrinne geschiedene Scheitel fast ganz glatt und glänzend. Halsschild beim ♂ etwa um die Hälfte, beim ♀ doppelt so breit als lang, seine Oberfläche stark gewölbt, so dass man von oben den schmal abgesetzten Seitenrand nicht sieht, vor der Mitte am breitesten, nach vorn und hinten nur in leichter Rundung verengt. Vor den Hinterecken oft etwas ausgeschweift, die abgerundeten Vorderecken verdickt, etwas nach aussen vortretend, oben fein punktirt, mit einigen grösseren Punkten jederseits auf der vorderen Hälfte, Querfurche vor dem Hinterrande manchmal nicht tief. Flügeldecken dicht und deutlich verworren punktirt, an der Wurzel breiter als das Halsschild, nach hinten bis über die Mitte etwas erweitert, von der Basis aus etwas ansteigend, daher mit dem Halsschild nicht in einer Ebene gewölbt. Schultern stark vortretend; von ihnen zieht sich bis zur Spitze eine erhabene Längsfalte, die in der Mitte manchmal undeutlich wird, vor der Spitze aber oft rippenartig hervortritt. Länge 4—5 *mm*.

Larve von dem gewöhnlichen Habitus der warzigen Chrysomelidenlarven, schwärzlich, mit glänzendem, grob punktirtem und dünn behaartem Kopfe und kurzen Fühlern. Vorderbrust mit stärker chitinisirtem Schilde auf dem Rücken Mittel- und Hinterbrust mit einer doppelten Querreihe grosser, hellere Haare tragender Warzen besetzt, jederseits über der Einlenkung der starken Beine eine besonders grosse. Die Hinterleibsringe gleichfalls mit Warzenquerreihen, welche auf den letzten schwächer werden. Länge ungefähr 5—7 *mm*.

Puppe gedrungen, schmutzig gelb, mit schwarzen Augen und zwei schwarzen Enddornen [TASCHENBERG XVIII, S. 206].

Die in Gemüsegärten sehr häufige, gefürchtete, etwas kleinere Art, der Kohl-Erdfloh, H. oleracea L., unterscheidet sich von H. erucae OLIV. als Käfer vorzüglich durch den Mangel der Längsfalte an den Seiten der Flügel-decken, während die Larve entschieden mehr braun und an dem Rücken kantiger ist [XVIII, S. 206].

Lebensweise und Schaden. Halt. erucae ist im Wesentlichen auf unsere einheimischen Eichen angewiesen, soll aber nach ALTUM die Stieleiche vor der Traubeneiche bevorzugen und geht gelegentlich auch wohl andere Laub-hölzer, namentlich Hasel und Schwarzerle, an [V, 1, S. 242 und Ia, S. 26]. Der Käfer überwintert in der Bodendecke oder in Rindenritzen, erwacht im Frühjahre beim Laubausbruche aus dem Winterschlaf, und die Weibchen legen nun ihre Eierhaufen an die Unterseite der jungen Blätter, welche alsbald von den jungen Larven befressen werden. Anfangs lassen diese die Epidermis der Ober-fläche noch stehen, in vorgerückterem Alter wird aber auch sie zerstört, und es bleiben dann nur noch die Blattrippen übrig. Die so mitunter vollständig skeletirten

Blätter bräunen und kräuseln sich, und bei staikem Frasse erhält der Bestand alsdann das Ansehen „eines durch die Flammen eines Lauffeuers versengten Eichenortes" [I a, S. 27]. Dieser Frass dauert ungefähr bis zum Juli, zu welcher Zeit die erwachsenen Larven sich in der Bodendecke oder in Rindenritzen verpuppen und nach etwa 14 Tagen die Käfer liefern, welche nun vom August bis zum Eintritt der Fröste das Frassgeschält der Larven fortsetzen und sich endlich in die Winterverstecke zurückziehen.

Die einjährige Generation kann man also folgendermassen graphisch darstellen.:

	Jan.	Febr.	März	April	Mai	Juni	Juli	Aug.	Sept.	Oct.	Nov.	Dec.
1880					+++ ·—— — —			●·++	+++	+++	+++	+++
1881	+++	+++	+++	+++	+++ ·							

Eingeführt wurde dieser Käfer in die Forstinsektenkunde durch KELLNER [10] und etwas später durch RATZEBURG, der seinen Schaden [V, 1, S. 243] sehr gut beschreibt, jedoch in dem Irrthum befangen bleibt, der von ihm beschriebene Eichenfeind sei mit dem gemeinen Kohl-Erdfloh, Haltica oleracea L., identisch.

Die ersten neueren Nachrichten über durch diesen Käfer verursachten, ausgedehnten Schaden stammen von TASCHENBERG, welcher ihn Anfangs der Siebzigerjahre in den Revieren um Halle a/S. in grosser Menge in den Eichenstangenhölzern und auf Eichenunterholz antraf; da gegen den Frass nicht eingeschritten wurde, ging er auch auf die alten Eichen über, und an anderen Stellen schadete er den jungen Pflanzen bedeutend [XVIII, S. 206]. 1876 berichtet ALTUM [I, a] ausgedehnte, 4—10 ha umfassende Massenfrässe im Wildpark zu Potsdam, im königlich Preuss'schen Staatsforstrevier Diebzig bei Aken an der Elbe und aus Zütfen bei Arnheim in Holland. 1877 fand ein grösserer Frass auf dem königlich Sächsischen Staatsforstrevier Dit'ersdorf statt, über welchen wir durch den damaligen königlichen Förster FRANCKE unterrichtet wurden. Zwei Jahre später wurden die etwa 50jährigen Eichen an „Cotta's Grabe" bei Tharand stark befressen.

Abwehr dieses Schadens dürfte für die wirkliche Praxis ziemlich schwer sein, da das Abklopfen der Käfer, welches von verschiedenen Seiten empfohlen wird, bei ihrer grossen Beweglichkeit und dem nicht unbedeutenden Springvermögen nur an trüben und rauhen Herbsttagen, an denen sie träger sind, einigen Erfolg versprechen dürfte. TASCHENBERG [XVIII, S. 209] empfiehlt, den Arbeitern in die linke Hand ein zwischen Stäben ausgespanntes Tuch zu geben, welches unter die Sträucher gehalten wird, während die rechte Hand den klopfenden Stock führt. Von Zeit zu Zeit werden die so erbeuteten Käfer dann in eine Flasche, in welche man einige Tropfen Terpentinöl gefüllt hat, in Sicherheit gebracht. Vielleicht würde es passend sein, statt des Tuches den oben bei Abwehr der Weidenkäfer beschriebenen, mit einer Aschenschicht versehenen Blechkasten zu verwenden. Die gegen die im Garten so häufig schädlichen, verwandten Arten immer angepriesenen Mittel, namentlich das Begiessen der Pflanzen mit Wermuthaufguss oder das Bestreuen derselben nach einem stärkeren Thaufalle oder Regen mit Kalkstaub oder Asche [vgl. XXII, II, S. 295] dürften wohl nur auf Saatbeeten oder in Pflanzgärten in Frage kommen, im Forste selbst aber nicht durchführbar sein.

Als Erlenfeind ist zu erwähnen

der blaue Erlen-Blattkäfer,

Galeruca Alni L. (Taf. II, Fig. 2).

Dieser 5—6 mm lange Käfer unterscheidet sich durch seine stets tief stahlblaue Färbung und die, wie bei allen Galeruca-Arten, nahe beisammen, zwischen den Augen eingelenkten Fühler leicht von der ebenfalls Erlen bewohnenden Chrysomela aenea L., die einen ausgesprocheneren metallischen Glanz, eine von Grün durch Blau bis zu Schwarz wechselnde Färbung und an der Wurzel weiter auseinanderstehende Fühler hat. Er durchlöchert und befrisst als Larve und Käfer die Erlenblätter. Doch scheint er einen ernsteren Schaden bis jetzt überhaupt nur in Pflanzgärten an jungen Samenpflanzen gemacht zu haben. Ueber die nur wegen der möglichen Verwechslung hier angeführte und weiter unten auch näher beschriebene, ähnlich lebende Chrysomela aenea sind bis jetzt wirkliche Klagen von Seiten der Forstmänner noch nicht eingelaufen.

Beschreibung. Gal. (Agelastica) Alni L. *Käfer* auf der Oberseite glänzend blau, selten grünlich, Unterseite schwarz oder schwarzblau, Halsschild viel breiter als lang, nach vorn stark verschmälert, wie die Flügeldecken ziemlich grob, verworren punktirt. Länge 5—6 mm.

Puppe sehr weich, zart und hellgelb. *Larve* von dem allgemeinen warzigen Typus der Chrysomelidenlarven, dunkelschwarz, ins Grünliche stechend, mit ziemlich starker Behaarung. Kopf ziemlich flach, mit etwas vertiefter Stirn. Dicht hinter den kurzen Fühlern jederseits ein kleines Punktauge. Die drei, die starken Beine tragenden Brustringe sowohl, wie die Hinterleibsringe jeder mit einer sehr deutlichen Querfurche, vor und hinter welcher zwei glänzende, aus zwei länglichen Wärzchen bestehende, behaarte Querleisten erscheinen. Luftlöcher am Grunde von aus- und einziehbaren Kegelwarzen, unter denen sich noch eine behaarte Warze befindet, so dass der Rand des Leibes von oben gesehen wie gezähnt erscheint. Letzter Ring mit einer grünen, den After umschliessenden Haftscheibe. Länge bis 12 mm [V, 1, S. 244].

Chr. (Melasoma) aenea L. *Käfer* oben blau, goldgrün, kupferfarbig oder schwarz, mit metallischem Schimmer, unten dunkler, schwärzlich grün, in der Färbung sehr veränderlich. Von allen verwandten Arten dadurch leicht zu unterscheiden, dass die Hinterbrust zwischen den Mittelhüften hoch gerandet ist, und dass das an den Seiten stark, in der Mitte feiner punktirte Halsschild an den Seiten keine Längseindrücke hat. Flügeldecken etwas gröber punktirt als das Halsschild. Mundtheile schwarz. An den Fühlern ist Glied 1, mit Ausnahme der röthlichen Spitze, an seiner Oberseite von der Farbe des Körpers, Glied 2—4 oder 6 sind röthlich, die Endglieder schwarz. Fussglied 3 nur stark ausgerandet, 4 an der Spitze der Unterseite jederseits mit einem spitzigen Zähnchen. Länge 6·5—8·5 mm.

Lebensweise, Schaden und Abwehr. Galeruca Alni überwintert als Käfer und erscheint nach Entwickelung des Erlenlaubes, um sich zu begatten. Das befruchtete ♀ schwillt sehr stark an, so dass die Flügeldecken den Hinterleib nur unvollständig bedecken. Die gelben Eier werden partienweise abgelegt. Die Larven brauchen zu ihrer Entwickelung etwa 4 Wochen und begeben sich dann zur Verpuppung flach in die Erde. Larven und Käfer skeletiren die Blätter. Die ganz jungen Lärvchen benagen nur die Oberhaut. Im August und September erscheint der junge Käfer, frisst nochmals an den Blättern und begiebt sich dann unter das abgefallene Laub zur Ueberwinterung. Die Generation ist also einfach, doch findet man nicht selten Eier, Larven und Käfer gleichzeitig, weil das ♀ ziemlich lange Zeit zum Ablegen der Eier braucht.

Dieses äusserst gemeine Thier ist durch ganz Europa verbreitet und dringt in Russland bis nach Transkaukasien und Turkestan [KÖPPEN 12, S. 279]. Es frisst sowohl auf Alnus glutinosa GÄRTN., wie auf A. incana WILLD. und verschont auch die fremden Erlenarten nicht. Die Larven scheinen ausschliesslich auf die Erle angewiesen zu sein, während RATZEBURG [V, I, S. 244] den Käfer im ersten Frühjahre auch auf Weiden und Pappeln fressend fand.

Wo Erlen häufig sind, kann man alljährlich die Verheerungen des Käfers sehen, auch ziemlich weit im Norden. So fand ihn z. B. KÖPPEN [12, S. 279] 1851 und 1855 in derartig kolossaler Menge bei St. Petersburg, und zwar hier besonders auf Alnus incana WILLD., dass kaum ein Blättchen ausgedehnter Erlengebüsche verschont wurde.

Wenngleich natürlich eine so ausgedehnte Zerstörung der Blätter auch an älteren Erlenstämmen und Gebüschen des Zuwachsverlustes wegen unangenehm ist, so tritt ein wirklich beachtenswerther Schaden doch nur dort ein, wo in Saatbeeten und Saatkämpen junge Pflanzen angegriffen und dann häufig so beschädigt werden, dass sie eingehen [RATZEBURG V, I, S. 245]. Das jüngste Beispiel einer solchen Verheerung berichtet Revierförster DOHSE aus dem Mecklenburg-Schwerin'schen Forstrevier Kneese; daselbst gingen von stark befressenen, stehengebliebenen, zweijährigen Schwarzerlenpflänzchen die Larven im Juli auf die Erlensämlinge desselben Jahres über und tödteten sie schnell. Der noch nicht befallene Theil der Sämlinge wurde daher durch Stichgräben isolirt und so gerettet, dagegen kehrten nun die Larven zu den zweijährigen Pflänzchen zurück, welche sie aus Mangel an Laub mit Ausschluss des direkt bis 4—5 cm hoch über der Erde liegenden Theiles so vollständig von der Rinde entblössten, dass nunmehr sämmtliche eingingen.

Bei sehr starkem Frasse suchen sich die Bäume durch Bildung von Ersatztrieben zu helfen, bringen es aber häufig nur zu Halbtrieben oder einzelnen Blättern [RATZEBURG XV, II, S. 250, mit Abbildung des letzteren Falles].

Als Abwehr hat man bis jetzt immer nur das Abklopfen und Tödten der Käfer empfohlen. Vielleicht könnte man aber noch mehr erreichen, wenn man unter den Sträuchern und Bäumen die Erde zu der Zeit lockerte, wo die Puppe im Boden ruht. Hierbei würden gewiss sehr viele der zarten Thierchen zerquetscht werden.

Als **Feind der Rüstern** ist hier wohl nur zu nennen

der Rüstern-Blattkäfer,

Galeruca xanthomelaena SCHRK.,

ein ungefähr 7 mm langer, gestreckter, gelbbrauner Käfer, der sich leicht durch die schwarze Doppelschwiele auf der Stirn, durch eine breite, schwarze Längsbinde nahe am Seitenrande der Flügeldecken und besonders durch schwarze Unterseite der letzteren unterscheidet. Im Süden mehr verbreitet als im Norden, hat er weniger den Forstleuten als den Parkbesitzern durch Ulmenentblätterung Anlass zur Klage gegeben.

Beschreibung. Gal. (Galerucella) xanthomelaena SCHRK. (Calmariensis FABR., Crataegi BACH). *Käfer* auf der Oberseite gelb oder gelbbraun, nur dünn behaart. Kopf kurz, mit schmalen vertieften Wangen. Augen gross. Flügeldecken etwas querrunzlig punktirt, mit fast rechtwinkliger Nahtecke; ihr umgeschlagener Seitenrand reicht bis zur Spitze. Halsschild an den Seiten wenig, fast gleichmässig gerundet, ziemlich glänzend, etwas stärker als der Kopf punktirt, mit breiter, oft nur aus zwei kleinen Eindrücken bestehender Mittellinie und beiderseits mit einer flachen, hinten mehr als vorn vertieften Grube. Die Fühlerglieder sind an der Oberseite pechbraun oder schwarz, die glänzenden Stirnhöcker, eine Längsmakel auf der Stirn, 3 oder 4 kleine Makeln auf dem Halsschild, eine kurze Längslinie neben dem Schildchen, eine breite Längsbinde nahe dem Seitenrande der Flügeldecken, Unterseite der letzteren, Hinterbrust und theilweise der Bauch schwarz. Beine gelbbraun. Länge 6—8 mm.

Larve nach dem gewöhnlichen Chrysomeliden-Typus gebaut. Sie ist bis zur zweiten Häutung schwarzbraun und bekommt nach dieser zwei gelbe Längsstriche auf dem Rücken und einen breiteren an jeder Seite. Vorderbrust mit einem doppelten Chitinschilde. Die beiden anderen Brustringe, sowie die Hinterleibsringe mit drei Längsreihen querer Chitinschildchen, welche auf jedem Ringe wieder zwei Querreihen bilden, zu denen seitlich noch Haarwärzchen hinzutreten [HEEGER 9].

Lebensweise, Schaden und Abwehr. Dieser, sowohl auf Ulmus campestris L., wie auf U. effusa WILLD. lebende Käfer ist in Nord- und Mitteldeutschland selten, kommt dagegen weiter südlich bis Transkaukasien und Turkestan [KÖPFEN 12, S. 278] sehr häufig vor und wird hier durch Entblätterung namhaft schädlich. Das Weibchen belegt die Unterseite der Blätter, welche es zugleich durchlöchert, im Frühjahr mit Eiern, und bald betheiligen sich auch die ausschlüpfenden Larven, welche nur die Epidermis der Blattoberseite stehen lassen, an dem Frass, der so stark werden kann, dass kein Blatt unversehrt bleibt. Die Verpuppung geschieht in der Erde. Die Anzahl der Generationen soll nach HEEGER in einem Jahre bis auf 4 steigen können. Ob Puppe oder Käfer überwintert, ist noch nicht feststehend. Grössere Frässe, aber wohl immer nur in Parkanlagen, nicht in Beständen, werden erwähnt bei Wien durch LEINWEBER [XVII, S. 535], HEEGER [9] und NÖRDLINGER [XXIV, S. 44], von DAVALL [4] bei Genf, von NÖRDLINGER [XXIV, S. 44] im Rhonedelta und von JAKOWLEW bei Astrachan [12, S. 278]. Da namentlich grössere Parkbäume befallen werden, dürfte als Abwehr irgend welches Abklopfen oder Sammeln der Käfer unausführbar sein. Dagegen ist der bei Genf nach DAVALL gemachte und gelungene Versuch, den zur Verpuppung in den Boden gehenden Larven einen 20 cm breiten, auf dem Boden um den Baum herum gelegten Ring von frischem Moose als bequemen ersten Schlupfwinkel darzubieten, und sie dann mit diesem zusammen zu verbrennen, beachtenswerth. Indessen ist zu bemerken, dass einmal diese Vorkehrung bei mehrfacher Generation auch mehrmals im Jahre — DAVALL selbst nimmt nur eine einjährige Generation an und verlegt den Abstieg in den August — wiederholt werden müsste, und dass die richtigen Zeitpunkte dann schwer zu treffen wären, andererseits doch wohl auch nur die wenigsten Larven, wie DAVALL annimmt, wirklich am Stamm herunterkriechen, die meisten sich einfach herabfallen lassen dürften. Diese letztere Vermuthung spricht auch gegen das von demselben Autor vorgeschlagene Abfangen der herabsteigenden Larven an einer Art complicirten Theerringes, dessen Herstellung er genau beschreibt, der aber in der Praxis noch kaum versucht sein dürfte.

Beiläufig sei hier noch wegen seiner, von derjenigen der übrigen Blattkäfer abweichenden Art der Eierablage erwähnt

der Schneeball-Blattkäfer,

Galeruca (Galerucella) Viburni PAYK.,

ein der eben genauer beschriebenen Gal. xanthomelaena SCHRK. ähnlicher, brauner Käfer, der sich von dieser Art durch den grossen Kopf, den Mangel der schwarzen Doppelschwiele auf der Stirn, die Abwesenheit der dunklen Längsbinde auf den Flügeldecken und deren dichte gelbe Behaarung leicht unterscheiden lässt. Er lebt häufig auf Viburnum Opulus L., V. Lantana L. und im Süden wohl auch dem immergrünen V. Tinus L., wird in den Gärten mitunter durch seinen Kahlfrass, in Folge dessen nach KÖPFEN [12, S. 279] sogar die jungen Triebe vertrocknen können, auffällig, ist aber forstlich nicht beachtenswerth. Er legt seine Eier im Herbst zu 4—12 Stück in eigens dazu an den jungen Trieben bis auf das Mark genagte und mit Nagespänen verklebte Löcher, wo sie überwintern. Es sind bis vierundzwanzig solche Löcher in einer Reihe beobachtet worden. Diese zuerst von HARTIG in seinem Conversationslexikon, S. 333 beschriebene Eigenthümlichkeit wurde erst neuerdings wieder durch

KAWALL [vgl. KÖPPEN 12, S. 279] bestätigt und verdient deshalb Beachtung, weil sie doch vielleicht auch noch bei anderen Verwandten vorkommen könnte.

Kiefern beschädigende Blattkäfer giebt es nur sehr wenige, und ihre Bedeutung ist eine untergeordnete. Es sind dies

der schwarzbraune und der gelbe Kiefern-Blattkäfer,

Galeruca pinicola DUFT. und Cryptocephalus Pini L.

Ersterer ist ein ungefähr 3 mm langer, etwas abgeplatteter, pechbrauner Käfer mit meist gelbem Halsschilde; letzterer dagegen mehr walzenförmig, lehmgelb und bis 4 mm lang. Beide befressen als Käfer Rinde und Nadeln der jungen Kieferntriebe und können bei stärkerer Vermehrung dadurch merklich schädlich werden. Abwehrmassregeln sind gegen sie umsoweniger anwendbar, als man bis jetzt ihr Larvenleben noch kaum kennt.

Beschreibung. Gal. (Luperus GEOFF.) pinicola DUFT. *Käfer* gestreckt, wenig gewölbt. Kopf mit Ausnahme der gelben Kiefer und Wangen, Flügeldecken, Brust und Bauch schwarz oder pechschwarz. Halsschild etwa doppelt so breit als lang, mit gerundeten Seiten und Ecken, glänzend, äusserst fein, nur bei starker Vergrösserung sichtbar punktirt, rothgelb, bisweilen braun gefleckt oder ganz pechschwarz. Flügeldecken etwas deutlicher punktirt als das Halsschild. Fühler braun, die ersten vier Glieder gelb, Glied 3 und 2 gleichlang. Schenkel mit Ausnahme der röthlichgelben Spitze braun, Schienen und Füsse röthlichgelb. Erstes Glied der Hinterfüsse so lang wie die folgenden zusammen. Länge 3 mm.

Larve bis jetzt noch unbekannt.

Cryptocephalus Pini L. *(Abietis* SUFFR.). *Käfer* glänzend lehmgelb, die Schulterbeule und ein verwaschener Längsstreifen auf den Flügeldecken bisweilen dunkler. Halsschild dicht punktirt, rothbraun. Flügeldecken verworren, weniger dicht, aber gröber punktirt als das Halsschild. Schildchen liegt mit den Flügeldecken in einer Ebene. Beine kurz und kräftig, Schenkel dick, Schienen zusammengedrückt, gegen die Spitze stark erweitert, namentlich die vorderen des ♂. Fussglieder kurz und breit. Unterseite mit Ausnahme der stets rothgelben Beine meist etwas dunkler, gelbbraun, bisweilen sogar schwärzlich. Letzter Bauchring des ♀ mit einer tiefen, runden Grube. Länge 3·5—4 mm.

Larve in einem aus ihren Exkrementen verfertigten Sacke lebend und von denen der übrigen Cryptocephalen (vgl. S. 592) nicht wesentlich unterschieden.

Lebensweise. Der schwarzbraune Kiefernblattkäfer wurde 1832 durch THIERSCH [19 a und 19 b, S. 27] in die Forstinsektenkunde eingeführt und auf die Angaben dieses Forschers hin auch von RATZEBURG [V, 1, S. 245] erwähnt. Er hatte nämlich auf dem königlich Sächsischen Staatsforstrevier Auersberg im Erzgebirge an einer beiläufig 650 m über dem Meere gelegenen, 10jährigen Kiefernsaat im Frühjahre die Rinde der Maitriebe und späterhin die Nadeln benagt. Indessen scheint das angeblich durch ihn veranlasste Absterben von vielen hundert Zweigen, theils Gipfeln, theils Seitenästen, sowie die massenhafte Bildung von Scheidentrieben nicht allein auf seine Rechnung zu kommen. Es ist dieser Schaden nach THIERSCH nämlich nicht blos in Folge äusserlichen Frasses, sondern auch des Brutgeschäftes eingetreten, bei welchem angeblich das Weibchen an den Knospen mit Eiern belegen, die Larve unter dem Schutze des austretenden Harzes die Knospen ausfressen und sich hier auch verpuppen soll. Es liegt nun hier — obgleich eine ähnliche Unterbringung der Eier im Inneren von Holzpflanzen sicher bei Galeruca Viburni PAYK. (vgl. S. 609) nachgewiesen ist — wahrscheinlich eine Verwechslung mit dem Schaden von Kleinschmetterlingslarven, vielleicht von Wicklerraupen, wie schon RATZEBURG

hervorhebt, oder mit dem von Anthonomus varians PAYK. (vgl. S. 400) vor.
Wenigstens ist eine Bestätigung dieser Angaben bis jetzt ausgeblieben, wie denn
überhaupt neuere Beobachtungen über sein Larvenleben völlig fehlen.

Alle späteren Mittheilungen beziehen sich auf den Käferfrass. Die stärkste
Beschädigung berichtet Oberförster von PANNEWITZ [15] 1850 aus dem königlich
Preussischen Staatsforstrevier Hoyerswerda, Regierungsbezirk Liegnitz, wo der
Käfer in Masse auf einer allerdings nicht zusammenhängenden Fläche von etwa
150 ha in 10—20jährigen Kiefernschonungen Bast und Nadeln der Maitriebe
so stark befrass, dass diese roth wurden und die am meisten befallenen Pflanzen
eingingen. Im August waren die Käfer plötzlich verschwunden. An dem Frasse
betheiligte sich später auch Brachyderes incanus L. (vgl. S. 406). Ende der
Sechzigerjahre beobachtete dann JUDEICH [XI, S. 51] einen grösseren Frass auf
dem königlich Sächsischen Staatsforstrevier Höckendorf bei Tharand, ferner
ELIAS [7] 1880 auf der gräflich Dohna-Schlodien'schen Herrschaft Kotzenau,
Regierungsbezirk Liegnitz. Letztere Beschädigung, über welche auch ALTUM [1 e]
berichtet, fand in 12—17jährigen Kiefernsaaten auf Boden vierter Classe statt,
und es wurden hierbei auf zusammenhängenden Flächen von $1/2$—1 ha Grösse
die noch nicht verholzten Maitriebe an Rinde und Nadeln geschädigt. Die Nadeln
waren meist nur in der oberen Hälfte abgestorben. Die besserwüchsigen Kiefern
auf ehemaligen Meilerstellen blieben verschont. Der Käfer fiel bei der geringsten
Berührung der Triebe zu Boden. Auch aus der neueren Zeit ist uns mehrfaches
Auftreten des Käfers in Sachsen bekannt, so z. B. 1886 in einem Privatforste zu
Bischheim.

Dass der Käfer sich nicht auf die gemeine Kiefer beschränkt, geht aus
einer Mittheilung von NÖRDLINGER [XXIV, S. 44] hervor, der ihn im Juni 1859
den handlangen Schossen der Weymouthskiefer durch Benagen des Schosses wie
der Nadeln stark zusetzend fand. Die Schosse hatten durch Harzaustritt gelitten,
die Nadeln sich geröthet, als ob Feuer darüber gegangen wäre.

Der gelbe Kiefernblattkäfer ist als Forstschädling genauer vornehmlich an der Seekiefer in den südfranzösischen Landes durch PERRIS [16]
beobachtet worden. Hier treten die Käfer im October und November in 6—15jäh-
rigen Kiefernbeständen auf, und zwar am liebsten in sonnigen, lückigen, schlechtwüchsigen Schonungen und an Randbäumen. Bei der geringsten Berührung
lassen sich die Käfer sofort herabfallen. Sie begatten sich zu der genannten Zeit, und in der Gefangenschaft legen die Weibchen dann auch ihre
Eier ab. Diese Zeitangabe stimmt gut mit derjenigen von ROSENHAUER [18, S. 31],
dass in Bayern die Eiablage im September erfolge.

Der Frass betrifft fast ausschliesslich die Unterseite der Nadeln, an welcher
durch den Käfer eine oder zwei lange Rinnen ausgefressen werden Sind alle
Nadeln eines Stämmchens in dieser Weise angegriffen, so sehen die Pflanzen mitunter bös aus. PERRIS kennt jedoch kein Beispiel, dass sie eingegangen wären.
Auch in Tirol hat NÖRDLINGER [XXIV, S. 43] den Käfer auf Kiefern gefunden.
Obgleich ihn schon BECHSTEIN [I, 1, S. 146] erwähnt, wird aus Deutschland doch
nur einmal über einen durch den Käfer verursachten Schaden berichtet, und
zwar von Oberförster v. PANNEWITZ [15]. Als nämlich der dem obenerwähnten
Frasse von Galeruca pinicola DUFT. zu Hoyerswerda dieser Käfer im August
verschwunden war, trat im September Cryptocephalus Pini L. auf und setzte
die Beschädigung fort. Er nagte „an den äussersten Spitzen im und am Quirl
der Kiefern, veranlasste das Rothwerden der Spitzen und das Abfallen der
Nadeln an diesen Stellen, sowie endlich eine bedeutende Harzausschwitzung
an den Knospen der Maitriebe". 5—20jährige Kiefern auf allen Bodenarten
wurden angegangen. Auch hier fand die Begattung Anfangs September statt.

Ueber den Ort der Eierablage weiss v. PANNEWITZ ebensowenig etwas zu
berichten, wie PERRIS und ROSENHAUER, und von den Larven ist nur durch
letzteren bekannt, dass deren Kopf und das Chitinschild auf der Vorderbrust dunkelbraun und glatt sind und dass die Säcke, in denen sie leben (vgl. S. 592),
ziemlich regelmässige Längsrippen zeigen. Ueber ihre Lebensweise im Freien

fehlen aber alle Angaben, und nur nach Analogie kann man schliessen, dass auch bei ihnen die Generation wahrscheinlich zweijährig ist [17, S. 12 und 13].

In Betreff der etwa wünschenswerthen Abwehr sind keine positiven Angaben möglich, dagegen ist darauf hinzuweisen, dass bei der grossen Furchtsamkeit beider Kiefern-Blattkäfer ein Abklopfen und Sammeln derselben unthunlich erscheint.

Anmerkung über den Coloradokäfer. Wenn wir hier diesem neuerdings so gefürchteten Kartoffelfeinde einige Seiten widmen, trotzdem er in keiner Weise zu den forstschädlichen Insekten gezählt werden kann, so geschieht dies schon deshalb, weil dort, wo es sich in Deutschland um seine Bekämpfung handelte, Forstleute als Leiter der Vernichtungsarbeiten mit grossem Erfolge zugezogen wurden. Wichtiger ist uns aber der Umstand, dass es uns hierbei möglich wird, in kurzen Zügen ein Beispiel zu geben, wie der Staat zu verfahren hat, wenn es sich darum handelt, dem ersten Eindringen eines ausländischen Schädlings ohne Rücksicht auf die Kosten so kräftig zu begegnen, dass seine Einbürgerung vermieden und einer ernstlichen Schädigung wirklich vorgebeugt wird. Trotzdem nämlich die nachweisslich in neuerer Zeit bei uns eingeschleppten, schädlichen Insekten im Wesentlichen nur Feinde der Landwirthschaft waren, so liegt doch kein Grund vor, warum Europa nicht auch einmal von der Einschleppung eines fremden Forstschädlings bedroht werden könnte. In diesem Falle müsste nach denselben Grundsätzen verfahren werden, welche die Deutschen Regierungen bei der Bekämpfung des Coloradokäfers mit Erfolg zur Geltung gebracht haben.

Der Coloradokäfer, Chrysomela (Doryphora, *Leptinotarsa*) decemlineata Say., ist in seiner Körpergestalt der bekannten Chr. Populi L. ungemein ähnlicher Käfer von elfenbeingelber, strohgelber oder orangeröthlicher Grundfarbe mit schwarzen Zeichnungen. Die schwarze Färbung tritt besonders stark hervor in der Endhälfte der Fühler, einer zweitheiligen, häufig V-förmigen Längszeichnung in der Mitte des Halsschildes, je 5—6 kleineren Zeichnungen zu beiden Seiten der letzteren und zehn deutlichen, ungefähr durch ebenso breite, gelbe Zwischenräume getrennten, nach hinten spitz zulaufenden Längsstreifen auf den Flügeldecken. Die Kniee der Beine, sowie einige grössere Flecke auf der Unterseite der Brust, und zahlreiche kleinere auf den Bauchringen sind gleichfalls schwarz. Länge 9—11 *mm*.

Die *Puppe* ist einfach gelbröthlich mit schwärzlichem Dorn am letzten Leibesringe. Länge 9—10 *mm*.

Die *Larve* ist nach dem Chrysomeliden-Typus gebaut, mit deutlich abgesetztem Kopfe, allmählich an Breite zunehmenden Brustringen mit kräftigen Beinen und einem hochgewölbten, nach hinten wieder zugespitzten, neungliedrigen Hinterleibe. Ihre Grundfarbe ist in der Jugend ein dunkleres, im Alter ein helleres, mennigartiges Roth, von dem sich die stärker chitinisirten Theile als schwarze Zeichnungen scharf absetzen. Schwarz sind der Kopf, die einzelnen Beinglieder, auf der hinteren Hälfte der Vorderbrust ein queres, in der Mitte getheiltes Schild, jederseits an der Mittel- und Hinterbrust über der Einlenkung der Beine, sowie auf den sieben ersten Hinterleibsringen je zwei, an jeder Seite zwei übereinanderstehende Längsreihen bildende, flache Warzen, von denen die obere die grössere ist, auf der Oberseite des achten und neunten Hinterleibsringes ein kleines queres Schild. Neben dem After jederseits ein Nachschieber. Länge bis 12 *mm*.

Eine Verwechselung dieser Larve mit irgend einer einheimischen, auf dem Kartoffelkraute lebenden Larve ist völlig unmöglich, dagegen sind erfahrungsgemäss die ungemein zahlreichen falschen Gerüchte über ein Auftreten des Coloradokäfers in Deutschland dadurch hervorgebracht worden, dass man die auf dem Kartoffelkraute um die Mitte des Sommers sehr häufig vorkommenden, ebenfalls rothgelb und schwarz gezeichneten Puppen des siebenpunktigen Marienkäferchens oder Herrgottsschäfchens, Coccinella septempunctata L., für die Larve des Coloradokäfers gehalten hat. Indessen ist eine Verwechselung für den nur einigermassen in der Entomologie Bewanderten leicht zu vermeiden, da es sich hierbei um eine mit dem Hinterende an dem Kartoffelblatte sitzende wirkliche Puppe handelt. Die allerdings in der Form eine gewisse Aehnlichkeit mit einer Chrysomelidenlarve zeigende, auf dem Kartoffelkraute von Blattläusen lebende, also nicht schädliche, sondern nützliche Marienkäferchenlarve kann für einen aufmerksamen Beobachter gar nicht in Betracht kommen, da sie schiefergrau ist mit drei Paaren vereinzelt stehender korallenrother Rückenflecke.

Die *Eier* des Coloradokäfers haben die Gestalt eines Langbleies und sind dottergelb.

Lebensweise. Die Käfer überwintern entweder in der Erde in ihrem Puppenlager oder in der Bodendecke. Das begattete Weibchen belegt im Frühjahr die Unterseite der jungen Kartoffelblätter mit Packeten von 15—80 Stück aufrecht -und dicht gedrängt nebeneinander stehender Eier und vertheilt diese Packete, von dem ersten Orte der Eierablage geradlinig fortschreitend, auf eine ganze Anzahl verschiedener Kartoffelpflanzen. Im Ganzen soll ein Weibchen 500 - 1000 Eier ablegen können. Käfer sowohl wie ausschlüpfende Larven zerfressen das Kartoffelkraut. Die erwachsene Larve begiebt sich in die Ackerkrume, wo sie in einer Tiefe von 4—15 *cm* sich in einer kleinen Erdhöhle verpuppt und in den Käfer verwandelt. Der Eizustand dauert ungefähr 8, der Larvenzustand 20, die Puppenruhe 16 und das Käferleben bis zur neuen Eiablage 14 Tage; es nimmt also rund gerechnet die einfache Generation 8—9 Wochen in Anspruch. In Amerika tritt erfahrungsgemäss regelmässig alljährlich eine dreifache Generation ein, wobei die Käfer der letzten den Boden gewöhnlich nicht mehr verlassen. Bei der etwas kürzeren Vegetationsperiode der Kartoffeln in unseren Gegenden dürfte trotzdem mit Sicherheit immer auf eine doppelte Generation zu rechnen sein.

Der Schaden des Coloradokäfers besteht in einer, und zwar bei wiederholtem Frasse oft vollständigen Zerstörung des Kartoffelkrautes. Die häufig in Folge des Frasses auftretende völlige Missernte wird also nicht etwa, wie man im Publikum fälschlich oft annimmt, durch ein Zerfressen der Kartoffelknollen, sondern dadurch hervorgebracht, dass die ihrer Assimilationsorgane beraubte Kartoffelstaude ihre Knollen nicht ausbilden kann. Der Schaden ist ein so sehr beträchtlicher, weil die Vermehrung des Käfers bei den mehrfachen Generationen innerhalb eines Sommers unter der Einwirkung günstiger Verhältnisse eine geradezu kolossale ist, denn ein Weibchen, das im Frühjahre z. B. 700 Eier ablegte, kann in der zweiten Generation schon über 200000, in der dritten schon über 80 Millionen Nachkommen haben.

Heimat und Verbreitung. Der Coloradokäfer, der seinen Namen von dem amerikanischen Staate Colorado trägt, ist daselbst und überhaupt in dem Gebiete des Felsengebirges einheimisch, wo er auf einer unserer Kartoffel verwandten Nachtschatten-Art lebt. Als sein Wohngebiet besiedelt und daselbst der Kartoffelbau eingeführt wurde, ging er plötzlich auf die Kartoffelstaude über und rückte nun allmählich den Kartoffelfeldern ostwärts nachgehend seit 1859 bis an die Küsten des Atlantischen Oceans vor, die er 1874 erreichte, legte also in 15 Jahren einen Weg von etwa 3000 *km* zurück und beherrscht zur Zeit seines ersten Auftretens in Europa im Jahre 1877 in Amerika bereits einen Flächenraum von ungefähr 3 850 000 *qkm*, ja wohl noch mehr, da wie erst neuerdings bekannt geworden, bereits in den Siebzigerjahren auch Mexiko von ihm inficirt war. Er hatte sich in den östlichen Staaten der Union, die in regem Schifffahrtsverkehr mit Europa stehen, 1876 in solcher Menge an den Küsten eingefunden, dass in den Hafenstädten und den Häfen selbst die Käfer massenhaft vorkamen und bei günstigem Winde auf die Schiffe übergingen.

Einschleppung in Deutschland. Bei so bewandten Umständen und bei der Lebenszähigkeit des Käfers war es kein Wunder, dass, trotz der rechtzeitig bereits im Jahre 1875 seitens der Europäischen Staaten erlassenen Einfuhrverbote Amerikanischer Kartoffeln 1876 ein lebender Coloradokäfer in Bremen gefunden wurde und alsbald auch die ersten Fälle einer wirklichen Einbürgerung in Deutschland vorkamen. Diese wurde zuerst im Juni 1877 auf einem Kartoffelfelde zu Mühlheim am Rhein, also in der unmittelbaren Nähe von Köln entdeckt, wo die Käfer und Larven sich auf einem Kartoffelfelde von circa 30—40 a verbreitet hatten. Die sofort und vielleicht etwas übereilt eingeleiteten Vertilgungsmassregeln hatten keinen vollen Erfolg, denn bereits Ende Juli desselben Jahres wurden in der Nähe der ersten Frassstelle neue junge Larven gefunden. Die nunmehr völlig sachgemäss vorgenommene Bekämpfung hat so vollständig durchschlagend gewirkt, dass bis heute an dieser Stelle kein neuer Frass vorgekommen ist.

Der zweite, von diesem ganz unabhängige Frassherd wurde im August desselben Jahres 1877 auf der Flur der südlich von Torgau, in der Nähe der Grenze des Königreichs Sachsen gelegenen Stadt Schildau gefunden. Hier war die Infection eine bedeutend stärkere, da nach und nach in den Feldmarken Probsthain, Langenreichenbach und Schildau nicht weniger als 17 inficirte Felder aufgefunden wurden. Die unter Leitung von Professor Dr. Gerstäcker — dessen lichtvoller Darstellung wir bisher im Wesentlichen gefolgt sind [8] — und Oberförster Passow vorgenommene Vertilgung hatte trotzdem vollständigen Erfolg, da der Feind verschwand.

Erst zehn Jahre später, also im Juli 1887, trat in der Nähe von Torgau auf der Feldmark Mahlitzsch bei Dommitzsch der Käfer wieder auf, eine Erscheinung, die unbedingt auf eine neue Infection zurückzuführen ist. Es waren hier — wir folgen nunmehr, so wie bei der folgenden Darstellung der Vernichtungsmassregeln den amtlichen, von dem königl. Sächs. Ministerium des Innern uns gütigst zur Benutzung überlassenen Schriftstücken — im ganzen 4 ha inficirt.

Die letzte bekannt gewordene Infection wurde im August desselben Jahres 1887 auf der Feldmark Lohe bei Meppen in Ostfriesland gefunden, wo circa 49 a sich als inficirt erwiesen. Aber auch in diesen neuesten Fällen ist die gegründete Hoffnung vorhanden, dass die Gefahr als beseitigt anzusehen ist.

Im übrigen Europa ist eine Einschleppung des Coloradokäfers nicht bekannt geworden.

Abwehr. Die klare Erkenntniss, dass die dauernde Einbürgerung eines so gefährlichen Kartoffelfeindes für die weit mehr als die Bewohner der Vereinigten Staaten von Nord-Amerika an Kartoffelnahrung gewöhnte und vielfach lediglich auf dieselbe angewiesene Bevölkerung Deutschlands einer der schwersten überhaupt denkbaren Unglücksfälle sein würde, veranlasste die königlich Preussische Regierung, sofort mit aller Energie gegen den Feind aufzutreten und die Vertilgung von amtswegen zu veranlassen, ohne Rücksicht auf die Kosten, welche bei dem eingeschlagenen, radicalen Verfahren so hoch sind, dass der einzelne Feldbesitzer dieselben zu tragen gar nicht im Stande wäre. Die Regierung entschädigte vielmehr die Feldbesitzer für den durch die Vernichtungsarbeiten auf ihrem Felde entstandenen Ernteausfall. Die Schwierigkeit der Vertilgung beruht wesentlich auf dem Umstande, dass die Larve zur Verpuppung tief in den Boden geht und auch der ausschlüpfende Käfer länger in demselben verweilen kann.

Das Vertilgungsverfahren, welches bei der Mühlheimer Infection angewendet wurde, bestand bei der zweiten, völlig gelungenen Bekämpfung darin, dass man nach sorgfältiger Constatirung der Ausdehnung der Infection durch genaues und wiederholtes Absuchen der ersten Fundstelle und ihrer weiteren Umgebung die der Vernichtung preisgegebene Fläche Kartoffellandes zur Verhinderung des Entweichens von Käfer und Larven mit einem 50 cm tiefen und 40 cm breiten Graben umgab, Sohle und Wände des Grabens mit Rohbenzol besprengte, das grüne Kraut abschnitt und durch Feuer vernichtete, wobei als Brennstoff mit Benzol getränkte Sägespäne dienten, demnächst die abgebrannten Flächen sehr sorgfältig umgrub, um etwa vorhandene Puppen aufzufinden und zu vernichten, sodann die Ackerkrume des ganzen Feldes mit Benzol tränkte, zweimal tief grubberte und schliesslich scharf eineggte. Bei der ersten nicht ganz gelungenen Vernichtung war man insofern verschieden verfahren, als man als flüssigen Brennstoff das schlechter brennende und dazu noch theurere Petroleum und zur Desinfection des Bodens eine Lauge, aus Pottasche und Kalkmilch bereitet, anwendete. Für die Anwendung des Benzols auch zur Desinfection des Bodens im zweiten Falle war die Rücksicht massgebend, dass die Lange die Puppen nur bei direkter Berührung tödten kann, während das flüchtige Benzol in dampfförmigem Zustande die gesammte Bodendecke durchdringt und so leichter allen Puppen verderblich wird. Bei Schildau verfuhr man anfänglich in gleicher Weise, sah aber später von dem Verbrennen des Kartoffelkrautes ab, stampfte dasselbe vielmehr in tiefen Gruben mit Benzol ein und deckte die Gruben 70 *cm* hoch mit Erde. Das Abbrennen der Fläche wurde deshalb, und wie uns scheint mit vollem Rechte aufgegeben, weil sich bald herausstellte, dass die durch dasselbe erzeugte, einmalige Hitze durchaus nicht tief genug in den Boden eindringt, um die in ihm ruhenden Puppen zu vernichten. Auch ist das Verfahren ein ungemein gefährliches und in der Nähe bewohnter Gebäude schlechterdings nicht anwendbares. Schlägt doch die Flamme von einem mit Benzol getränkten Sägespänen bedeckten Feldstücke im Momente des Anzündens kirchthurmhoch auf, wie Nitsche bei Schildau beobachtete.

Bei den Infectionen des Jahres 1887 in Mahlitzsch und Lohe hat man denn auch fast vollständig von dem Verbrennen abgesehen, dagegen ein weit grösseres Gewicht als früher auf das sorgfältigste, am besten durch geschickte Kinder ausgeführte Absuchen des Feldes nach den Schädlingen gelegt. Zur Verwahrung der gefundenen Käfer, Larven und Eier dienten Fläschchen mit Spiritus. Erst als man nach mehrtägigem Absuchen gar keine Schädlinge mehr fand, schnitt man die Pflanzen so tief als irgend möglich ab, transportirte sie in mit Sackleinwand gefütterten Körben in die Gruben zur Einstampfung mit Benzol und übererdete sie schliesslich. Dann schritt man zum Umpflügen des Feldes mit gleichzeitiger Absuchung der hierbei zu Tage geförderten Larven und Puppen, und erst wenn nach wiederholtem Durchsuchen des mehrfach neu übereggten Feldes keine Schädlinge mehr gefunden wurden, begann die Begiessung der Ackerkrume mit Benzol, und zwar wurden auf je 40 *qm* 700 *kg* verwendet. Es hat sich übrigens ergeben, dass die verwendeten Benzolsorten einander nicht gleichwerthig waren und die dunkelbraunen, Naphthalinkrystalle enthaltenden, mit höherem Siedepunkte sich als brauchbarer erwiesen als andere. Die inficirt gewesenen Flächen unterstehen auch nach Zerstörung der Kartoffelstauden längere Zeit einer sachverständigen Aufsicht

Von den Verwaltungsbehörden sind ferner strenge Verordnungen erlassen, welche Jedermann bei Strafe verpflichten, die Auffindung von Coloradokäfern sofort an Amtsstelle anzuzeigen, und die sofortige Einleitung einer sachverständigen Untersuchung der Meldung und eventueller Bekämpfung regeln.

Diese Massregeln stechen gewaltig von den in Amerika gegen den Käfer gebräuchlichen ab, welche sich auf ein Behandeln der inficirten Kartoffelpflanzen mit arsenikhaltigen Verbindungen, nämlich mit „Paris green" oder „London purple" beschränken. Sicher zu ergründen, welche Verbindungen mit diesen Namen gemeint werden, war uns nicht möglich, dagegen ist es in hohem Grade wahrscheinlich, dass unter dem Namen „Paris green" das bekannte „Schweinfurter Grün", d. h. arsenig-essigsaures Kupferoxyd gemeint ist.

Diese Stoffe werden entweder im Verhältniss von 1 : 30 mit Gyps gemischt auf die bethauten Pflanzen gestreut oder in Wasser vertheilt mit Pinsel oder Giesskanne auf dieselben gebracht. Eine durchschlagende Wirkung haben sie nicht.

Literaturnachweise zu dem Abschnitte „Die Blattkäfer".

I. Altum. *a)* Der Eichenerdfloh Haltica erucae Ol. Zeitschrift f. Forst- u. Jagdwesen IX, 1878, S. 24—27. *b)* Die den Weiden-

hegern schädlichen Insekten. Daselbst XI, 1879, S. 17—22.
c) Lebensweise der Chrysomela (Phratora) vitellinae und Gegenmittel
gegen dieselbe. Daselbst XII, 1880, S. 217—219. d) Ueber Weideninsekten, besonders Chrysomela vitellinae L. Daselbst XII, 1880,.
S. 482—85. e) Chrysomela (Luperus) pinicola Duftschm. Daselbst
XII, 1880, S. 639. f) Neue Winterverstecke der Chrysomela
vitellinae. Daselbst XIII, 1881, S. 274—76. g) Neue Erfahrungen
über schädliche Weideninsekten. Daselbst XIV, 1882, S. 605—610.
h) Chrysomela vitellinae L. und vulgatissima L. Daselbst XVII,
1885, S. 187 u. 188. — 2. CHAPUIS ET CANDÈZE. Catalogue des
larves des Coléoptères. — 3. CORNELIUS. Ernährung und Entwickelung einiger Blattkäfer. Stettiner Entomolog. Zeitung XVIII, 1857,
S. 162—171 u. 392—405. — 4. DAVALL, A. Schädliches Insekt
auf der Ulme. Schweizer. Zeitschrift f. d. Forstwesen 1878,
S. 181—183. — 5. DOCHNAL SEN., F. J. Die Band- und Fiecht-
weiden und ihre Kultur. 8, Frankfurt a. M. 1881. — 6. DOHSE.
Schaden durch Chrysomela alni. Allg. Forst- u. Jagdzeitung LXI,
1885, S. 179. — 7. ELIAS über Luperus pinicola. Jahrbuch des
Schlesischen Forstvereins 1880, S. 41 u. 42. — 8. GERSTÄCKER, A.
Der Coloradokäfer (Doryphora decemlineata) und sein Auftreten
in Deutschland. 8. mit 1 Tafel u. einer Karte. Kassel 1877. —
9. HEEGER. Beiträge zur Naturgeschichte der Insekten. Fortsetz. 17.
Sitzungsberichte der Wiener Akademie; mathemat.-naturw. Classe
CLXXIX. 1858, S. 100—120, mit 6 Tfln. — 10. K. (KELLNER).
Ein den Waldungen schädlicher Käfer. Allgemeine Forst- und
Jagdzeitung V, 1829, S. 247. — 11. KLINGELHÖFFER. Ueber die
ersten Zustände der Lina populi und tremulae Fahr. Stettiner ento-
molog. Zeitung IV, 1843, S. 85 u. 86. — 12. KÖPPEN, FR. TH.
Die schädlichen Insekten Russlands. 8. Petersburg 1880. —
13. KRAHE, J. A. Lehrbuch der rationellen Korbweidencultur. 8.
4. Aufl., Aachen 1886. — 14. LETZNER, K. Stände der Chrysomela
(Phratora) vitellinae L. und der Chrysomela (Gonioctena) viminalis
Gyl. Jahresbericht d. Schles. Gesellschaft f. Vaterl. Cultur 1855,
S. 106—111 u. 1856. S. 106. — 15. v. PANNEWITZ. Ueber Chryso-
mela pini (pinicola u. Trichius octopunctatus). Verhandl. d. Schles.
Forstvereins. 1852, S. 165—167. — 16. PERRIS, E. Histoire des
Insektes du Pin maritime. Annales de la société entomolog. de
France 3ième sér., V, 1857, S. 341—343. — 17. RATZEBURG. Forst-
lich-naturhistorische Bemerkungen u. s. f. im Herbste 1832. Pfeil's
kritische Blätter VII, Heft 1, 1833, S. 68—93. — 18. ROSENHAUER.
Ueber die Entwickelung und Fortpflanzung der Clythren und
Cryptocephalen. 8. mit 1 Tfl., Erlangen 1852. — 19. THIERSCH, E.
a) Wieder ein schädliches Forstinsekt mehr in unseren deutschen Gebirgsforsten. Allgemeine Forst- und Jagdzeitung, V, 1829, S. 246. b) Die
Forstkäfer etc. 4. mit 2 Kupfertafeln, Stuttgart u. Tübingen, 1830. —
20. WEISE, J. Chrysomelidae. Naturgeschichte der Insekten Deutschlands
von W. F. Erichson u. Genossen VI, Heft 1—5, 1882—1888.

Nachtrag.

Auf S. 347 haben wir bemerkt, dass aus der gesammten Gruppe der Heteromera nur die Familie der Meloïdae eine forstliche Bedeutung habe. Seit der Abfassung dieses Abschnittes stellte es sich aber heraus, dass auch einige Verwandte unseres gemeinen Mehlkäfers, des Tenebrio molitor L., in sandigen Kieferngegenden unter Umständen forstschädlich werden können, sowie dass in der Literatur eine im Allgemeinen sehr seltene Art aus einer anderen Heteromeren-Familie, aus derjenigen der Melandryidae, von mehreren Seiten als forstlich beachtenswerth in Anspruch genommen wird. Wir hatten dies leider anfänglich übersehen und tragen es nun im Verein mit den neuen Erfahrungen an dieser Stelle nach.

Die Familie der Tenebrionidae ist äusserst gattungs- und artenreich und umfasst sehr verschieden gestaltete, meist düster gefärbte Käfer von plumpem Ansehen, welche von den verschiedensten Substanzen leben und ein verborgenes Dasein führen. Ihre Larven ähneln meist den gewöhnlichen Mehlwürmern. Wenngleich die Mehrzahl der Arten den Mittelmeergegenden angehört, sind sie doch auch in unserer Deutschen Fauna noch gut vertreten. Die Gruppe wird in viele Unterfamilien getheilt, unter denen wir hier nur diejenige der Pedinini und der Opatrini zu erwähnen haben.

Beschreibung. Die Tenebrionidae im Allgemeinen haben folgende Kennzeichen. *Käfer* von sehr verschiedener Grösse, mit 11-, seltener 10gliedrigen Fühlern, welche unter dem mehr oder weniger aufgeworfenen Seitenrande des Kopfes eingefügt sind. Halsschild meist mit deutlichem, scharfem Seitenrande. Augen sehr häufig gross, ausgerandet oder durch die Kopfleiste ganz in zwei Theile getheilt. Die Hüften stossen nicht aneinander; die vorderen sind kugelig oder etwas quer, niemals kegelförmig vorragend, ihre Gelenkhöhlen nach hinten geschlossen; Hinterhüften quer. Bauch mit fünf Ringen, von denen der vorletzte kürzer als die übrigen. Fussklauen einfach.

Die *Larven*, welche bei oberflächlicher Betrachtung denjenigen der Elateriden, also den „Drahtwürmern" gleichen, sind ziemlich gleichförmig gebaut, und zwar wesentlich nach dem Typus der Jedermann bekannten Mehlwürmer, der Larven des gemeinsten Vertreters der Tenebrioniden, des Tenebrio molitor L. Es sind also langcylindrische, gelbbräunliche Thiere, mit festem Chitinskelet, deutlich abgesetztem Kopfe und drei gesonderten Brustringen, welche drei gut entwickelte Beinpaare von mittlerer Länge tragen und sich kaum gegen die neun ziemlich gleich gebildeten Hinterleibsringe absetzen. Der letzte Ring, welcher meist kegelförmig abgestumpft und vielfach mit Haken oder Dornen versehen ist, trägt die nach unten vorspringende Afteröffnung und neben ihr jederseits einen kleinen Nachschieber. Der Kopf, welcher sich durch seine Wölbung vor dem abgeplatteten der Elateridenlarven auszeichnet, hat einen geraden Vorderrand mit Epistom und gut entwickelter Oberlippe, sowie mässig lange, viergliedrige Fühler, die unmittelbar über den Vorderkiefern eingelenkt sind. Mittel- und Hinterkiefer sind an ihren Stammtheilen nicht verwachsen, und erstere haben nur eine einfache Kaulade. Die Stigmen sind kreisrund.

Zu beachten haben wir zwei Unterfamilien. Die erste,

die Unterfamilie der **Pedinini** ist ausgezeichnet durch auf der Unterseite nur behaarte, nicht stachelige Fussglieder, welche an den Vorderbeinen bei den ♂♂ erweitert sind. Hinterbrust länger als Mittelbrust.

In Frage kommt hier nur ein einziges Genus, nämlich die

Gattung Heliopathes Muls. *Käfer:* Kopf bis zu den Augen in das Halsschild zurückgezogen, diese durch den erweiterten Kopfrand fast ganz getheilt. Fühler äusserst wenig gegen die Spitze verdickt. Vorderschienen nach vorn stark erweitert, schief abgestutzt, nicht gezähnelt. Fortsatz des ersten Bauchringes zwischen den Hinterhüften breit, sehr stumpf abgerundet, fast gerade abgestutzt. Halsschild nach hinten etwas verengt, mit fast geradem Hinterrand. Der umgeschlagene Seitenrand der Flügeldecken reicht bis zur Spitze. Die Schulterecken ragen nicht oder nur wenig vor. Zahlreiche Arten in Südeuropa.

Die Unterfamilie der **Opatrini** umfasst ziemlich abgeplattete, dunkle Käferformen von gedrungenem, ovalem Umriss, mit typischen Grabbeinen, bei denen die Fussglieder der Vorderbeine bei ♂♂ und ♀♀ gleichgebildet sind. Der Fortsatz des ersten Bauchringes ist zwischen den Hinterhüften rechtwinklig oder an der Spitze stumpf abgerundet. Wir fassen die wenigen zu ihr gehörigen Formen in die

Gattung **Opatrum** zusammen und betrachten die kleineren Gattungen als Untergattungen.

Untergattung Opatrum FABR. im engeren Sinne. *Käfer:* Kopf bis zu den Augen in das Halsschild zurückgezogen, Augen durch den erweiterten Kopfrand fast ganz getheilt. Fühler nur allmählich und wenig gegen die Spitze verdickt. Endglied der Kiefertaster sehr kurz, stark beilförmig. Vorderschienen bis zur Spitze allmählich erweitert, hier schief abgestutzt oder nach aussen in einen Zahn erweitert, am Aussenrande mehr oder weniger fein gekerbt. Fortsatz des ersten Bauchringes zwischen den Hinterhüften breit, an der Spitze abgerundet. Halsschild am Hinterrande beiderseits stark ausgebuchtet. Flügeldecken rauh, ihr umgeschlagener Seitenrand nicht bis zur Spitze reichend. Zahlreiche Arten, namentlich im südlichen Europa.

Untergattung Microzoum REDTB. *Käfer* der Untergattung Opatrum sehr ähnlich, hauptsächlich durch folgende Kennzeichen unterschieden: Endglied der Kiefertaster nicht beilförmig, sondern langeiförmig. Vorderschienen nach vorn stark erweitert, am Aussenrande vor der Erweiterung deutlich gezähnelt, Fortsatz des ersten Bauchringes zwischen den Hinterhüften viel schmäler, als bei Opatrum, stumpf zugespitzt. Halsschild am Hinterrande nur schwach gebuchtet. Flügeldecken uneben, ihr umgeschlagener Seitenrand bis zur Spitze reichend. Nur eine Europäische Art.

Die forstlich beachtenswerthen Arten sind folgende:

Heliopathes gibbus FABR. *Käfer* schwarz, etwas glänzend, mässig gewölbt. Kopf und Halsschild dicht und tief punktirt, letzteres kurz vor den rechtwinkeligen, scharfen Hinterecken etwas ausgebuchtet. Flügeldecken undeutlich punktirt-gestreift, Zwischenräume etwas erhaben und runzelig punktirt. Hinterschenkel, Hinter- und Mittelschienen des ♂ innen gelb behaart. Flugflügel fehlen. Länge 7·5 bis 8·5 mm.

Larve im Allgemeinen mehlwurmartig gestaltet und gefärbt, mit etwas stärker gewölbter Rückenseite. Kopf vorgestreckt, jederseits mit drei deutlichen Augenpunkten. Oberlippe mit zwei Borsten. Fusspaar 1 fast dreimal stärker als 2 und 3, mit starken, sichelförmigen, an der Aussenseite erweiterten Klauen. Letzter Hinterleibsring abgerundet und kurz vor seinem Ende an der Oberseite mit einer nach hinten convexen Reihe von 8—9 Dornen besetzt. Länge 12 bis 17 mm [SCHIÖDTE **7**, S. 538; PERRIS **5**, S. 261].

Opatrum (Opatrum FABR. im engeren Sinne) **sabulosum** L. *Käfer* schwarz, matt, Oberseite dicht körnig punktirt. Halsschild viel breiter als lang, mit vorspringenden Hinterwinkeln. Flügeldecken mit erhabenen Streifen und kleinen glänzenden Höckerchen. Vorderschienen an der Spitze in einen dreieckigen Zahn erweitert und längs des ganzen Aussenrandes deutlich gezähnelt. Flugflügel vorhanden. Länge 7—8 mm.

Larve derjenigen von Heliopathes sehr ähnlich, aber der letzte Hinterleibsring ist deutlich dreieckig mit gerundetem Hinterende, das eine nach oben gerichtete knopfförmige Erhabenheit trägt und an der Hinterhälfte des Oberrandes mit einer Reihe von ungefähr 18 kleinen Dornen besetzt ist. Länge 12 bis 16 mm [LUCAS **4** und SCHIÖDTE **7**, S. 541—543].

Op. (Microzoum) **tibiale** FABR. *Käfer* schwarz, matt. Kopf und Halsschild dicht punktirt, dieses viel breiter als lang, nach rückwärts etwas verengt, mit drei nicht punktirten, glatten Flecken und einem Eindrucke beiderseits am Hinterrande. Flügeldecken dicht punktirt mit groben, flachen Runzeln. Flugflügel vorhanden. Länge 2·5—3 mm.

Larve derjenigen von Op. sabulosum sehr ähnlich, jederseits am Kopfe mit einer Andeutung von vier Augenpunkten. Letzter Hinterleibsring langeiförmig, etwas zugespitzt, mit langen, hellen Haaren und am letzten Drittel des Hinterrandes mit 10, im Verhältniss zu denen der verwandten Arten etwas längeren Dornen besetzt. Länge 5—6 mm [PERRIS **5**, S. 264 und 265].

Lebensweise und Schaden. Opatrum sabulosum L. ist in allen sandigen Ebenen wohl ganz Mittel- und Südeuropas ein häufiger Käfer. Op. tibiale FABR. scheint seltener vorzukommen, gehört aber ebenfalls der sandigen Ebene an; von JUDEICH wurde dieser Käfer besonders häufig bei Weisswasser im mittleren Böhmen gefunden. Heliopathes gibbus FABR. bewohnt ebenfalls Sandgegenden, scheint aber vorzugsweise in den Dünen der Küstenländer zuhause zu sein. ALTUM meint, dass diese Art im Nordwesten Deutschlands zu fehlen scheine, während sie namentlich in den sandigen Küstengegenden der Ostsee zeit- und stellenweise zahlreich angetroffen werde. Die Vermuthung dürfte wohl nicht ganz richtig sein, da der Käfer von JUDEICH in grosser Anzahl 1881 in dem Dünensand bei Blankenberghe in Belgien an der Nordseeküste gefunden wurde. Nach ULLRICH [REDTENBACHER, Fauna Austriaca. 3. Aufl., II, S. 95] soll er auch bei Wien vorkommen.

Am genauesten ist der Frass von Op. tibiale L. durch ALTUM beschrieben, welcher auf denselben zuerst durch den Bericht des Düneninspectors ERNA aufmerksam wurde. Im Dünenbezirk Rositten, Regierungsbezirk Königsberg, ging Mitte Juni 1887 eine grosse Anzahl im Mai gepflanzter, einjähriger, gutwüchsiger Kiefern ein. Den Pflanzen war durch den im trockenen Sande, 5—10 cm unter der Oberfläche lebenden Käfer der untere Theil der zarten Wurzeln weggeschnitten, und an dem oberen Theil war die Rinde bis zu den Nadeln hinauf mehr oder weniger stark befressen; auch die Pfahlwurzeln hatten ihre Spitze verloren. ALTUM fand, dass das Holz der Pfahlwurzeln von 4·5 cm Tiefe an oft bis auf die halbe Dicke faserig angenagt, an manchen Pflanzen, sowie näher der Boden-

40*

oberfläche meist nur mehr oder weniger der Rinde beraubt war. Es fanden sich bis 15 Stück Käfer auf einem Platz. Ob und wie weit die unterirdisch lebende Larve an diesem Frass betheiligt ist oder nicht, ist noch ganz unbekannt.

Anders wird der Frass von Op. sabulosum L. und von Hel. gibbus Fabr. durch Altum [1 b] geschildert. Diese beiden Käfer, welche Oberförster Krüger zu Kobbelbude, Regierungsbezirk Königsberg, zu den sehr schädlichen Forstinsekten rechnet, sollen die Köpfe einjähriger Kiefern ganz in ähnlicher Weise abbeissen wie die Ackereulenraupen, Agrotis vestigialis Rott. und Ag. Tritici L. Etwas Näheres ist darüber nicht bekannt. Jedenfalls kann aber Hel. gibbus nicht auf diese Nahrung allein angewiesen sein, denn an den Stellen der Dünen von Blankenberghe, wo er sehr häufig von Judeich gefunden wurde, giebt es kein Nadelholz.

Abwehr. Vorbeugungs- oder Vertilgungsmassregeln gegen die drei neuen Forstschädlinge sind nicht bekannt. Allenfalls würde man sie in Rüsselkäfergräben fangen können, da Op. sabulosum und Op. tibiale zwar geflügelt sind, aber, wie es scheint, als schwerfällige Thiere nur äusserst selten von ihrem Flugvermögen Gebrauch machen. Nach den Mittheilungen Altum's verdienen sie aber jedenfalls die Aufmerksamkeit der Forstleute, damit weitere Beobachtungen ihre Lebensweise genauer kennen lehren.

Beiläufig sei erwähnt, dass nach Lindemann [1 b, S. 495] die Larve von Opatrum intermedium Frisch 1877 in Bessarabien den Tabakspflanzungen vernichtend schädlich geworden ist.

Die Familie der Melandryidae umfasst ebenfalls zahlreiche Gattungen und Arten, meist kleinere Käfer von düsterer Färbung, unter denen sich viele durch sehr rasche, manche durch purzelnde Bewegung auszeichnen. Die meisten leben in faulem Holze und in Baumschwämmen. Auch das Gebiet unserer Fauna ist reich an Arten dieser Gruppe, wenn auch viele zu den Seltenheiten in entomologischen Sammlungen gehören. Forstlich wichtig ist eigentlich keine der hierher zu zählenden Arten, nur eine verhältnissmässig sehr grosse, zu der Unterfamilie der Dircaeini gehörige Art, Serropalpus barbatus Schall., kann allenfalls forstliche Beachtung verdienen. Ihre Larven haben im allgemeinen noch viele Züge mit denen der Tenebrioniden gemein, sind aber viel weniger chitinisirt als diese und daher meist weisslich und weicher, differiren aber doch soweit von einander, dass wir auf ein Gesammtbild derselben verzichten.

Beschreibung. Die Melandryidae haben im Allgemeinen folgende Kennzeichen: Käfer meist klein, mit elf-, seltener zehngliedrigen, fadenförmigen oder etwas gegen die Spitze oder in der Mitte verdickten Fühlern. Kopf vorgestreckt oder geneigt, mehr oder weniger in das Halsschild eingezogen, oft von letzterem kapuzenartig bedeckt. Halsschild mit scharfem Seitenrande, am Grunde meist so breit wie die Flügeldecken und nach vorn verengt. Kiefertaster gewöhnlich gross mit breitem Eudgliede. Die Hüften zapfenförmig aus den Gelenkhöhlen vorragend, die vorderen meist aneinanderstossend, mit nach hinten offenen Gelenkhöhlen, die hinteren durch keinen Fortsatz des ersten Bauchringes getrennt. Klauen meist einfach.

Die Unterfamilie der Dircaeini umfasst jene Melandryiden, welche folgende Kennzeichen haben: Vorderhüften durch die Vorderbrust nicht getrennt, sondern aneinanderstossend. Fühler elfgliedrig. Halsschild hinten so breit wie die Flügeldecken, sein Hinterrand nicht aufgebogen, dessen Winkel sich an die Schulterwinkel eng anschliessen. Körper cylindrisch oder nach hinten zugespitzt. Fussklauen einfach.

Gattung **Serropalpus** HELL. Die borstenförmigen, elfgliedrigen Fühler bei dem ♂ so lang als der halbe Leib, bei dem ♀ kürzer, alle Glieder mit Ausnahme des zweiten mehr als doppelt so lang wie breit. An den grossen, viergliedrigen Kiefertastern Glied 2 gross, dreieckig, 3 sehr kurz, nach innen hakenförmig erweitert, 4 sehr gross, beilförmig. Lippentaster kurz. Alle Hüften zapfenförmig aus den Gelenkgruben vorragend. Beine lang und dünn, Schienen mit zwei langen Dornen an der Spitze. Fussglieder allmählich an Länge abnehmend, vorletztes Fussglied einfach. Körper fast walzenförmig, Flügeldecken mehr als dreimal so lang als zusammen breit. Halsschild vorn gerade abgestutzt, daher Kopf von oben sichtbar.

Die als unbedeutender Weisstannenschädling hier anzuführende Art ist **Serr. barbatus** SCHALL. (*striatus* HELL.). *Käfer* einfarbig braun mit seidenglänzendem Haarüberzug. Halsschild mit einem nicht ganz bis zur Spitze reichenden, scharfen Seitenrande, rechtwinkeligen Hinterecken und wie der Kopf fein punktirt. Flügeldecken schwach gestreift, fein runzelig punktirt. Länge 6—15 *mm*.

Puppe gelblichweiss, sehr leicht kenntlich durch die bereits sehr deutlich ausgeprägten Kiefertaster, sowie durch eine quere, kammartige, mit vier starken Stacheln besetzte und in der Mitte noch einmal in der Längsrichtung eingeschnittene, fleischige Erhöhung auf der Oberseite des vorletzten und eine Reihe von vier schwächeren Dornen auf der Oberseite des letzten Hinterleibsringes [WACHTL 8].

Larve gelblich-weiss mit stärker chitinisirten, dunkleren Mundtheilen, ein wenig abgeplattet, in der Mitte am breitesten, gegen das Kopfende schwächer, gegen das Hinterende stärker verjüngt, mit fast vollständig unbehaarter und fein nadelrissiger Oberfläche. Kopf mit deutlicher Oberlippe, ohne Augen und mit viergliedrigen Fühlern. Vorderbrust am stärksten entwickelt. Mittel- und Hinterbrust den neun Hinterleibsringen ähnlich gebildet, von denen der letzte auf der Oberseite zwei nach aufwärts gekrümmte, braune Hornhaken trägt. Beine gut entwickelt, aber nicht lang [WACHTL 8].

Lebensweise. Der Käfer ist nach ERNÉ's [2] genauen Beobachtungen ein nächtliches Thier, das sich am Tage wahrscheinlich in dem Moos an den Bäumen und in der Bodendecke verbirgt, in der Nacht dagegen ungemein flüchtig ist. Auch die Begattung findet in der Nacht statt.

Sein bevorzugter Brutbaum ist die Weisstanne, in welcher Holzart ERNÉ und WACHTL [8] die Larven ausschliesslich fanden. Doch kommen sie sicher auch in Fichten vor. Die Eier werden ohne Zweifel in irgend eine Ritze abgelegt, und die Larven fressen sich in den Holzkörper ein. Die Larvengänge, welche nach den übereinstimmenden Angaben von ERNÉ und WACHTL sich in keiner Weise von denen der Holzwespenlarven unterscheiden, sind drehrund und mit feinem Wurmmehl gefüllt, verlaufen, allmählich an Stärke zunehmend, in verschiedenen Krümmungen von der Peripherie des Stammes in das Innere, wenden sich dann wieder gegen die Oberfläche und endigen, bald näher, bald entfernter unter derselben, in nicht besonders ausgezeichneten Puppenwiegen, aus denen sich der Käfer durch ein kreisrundes Flugloch herausfrisst.

Nach ERNÉ braucht das Thier „3 Jahre zu seiner Entwickelung", nach WACHTL „dürfte die Generation eine zweijährige sein", zwei Angaben, die insofern einander völlig decken, als ja eine zweijährige Generation sich stets in drei Kalenderjahren abspielt. Auch darin stimmen beide Beobachter überein, dass der Käfer stets nur Stämme angeht, und zwar nach ERNÉ nur in ihrer unteren Hälfte. Letzterer hat ihn gelegentlich, aber selten, auch in Weisstannenstöcken gefunden, WACHTL auch in Klafterholz, welches er erst nach der Fällung befallen haben konnte. Nach ERNÉ sind es stets frische oder erst kürzlich abgestorbene Stämme, die angegangen werden, und zwar solche, welche noch gut vom Tischler verarbeitet werden können. Fault der Stamm dann an, oder bleibt er an einer Seite lange feucht, so sterben die Larven ab. Nach WACHTL soll dagegen bei stehendem Holze ein gewisser Krankheitsgrad nothwendig sein, um den Käfer anzulocken.

Der Schaden des Käfers beruht auf dem Larvenfrasse und ist im Wesentlichen demjenigen von Sirex spectrum L., einem Thiere, welches häufig in denselben Bäumen haust, gleichwerthig, ja es dürfte vielfach sein Frass mit dem Holzwespenfrasse verwechselt worden sein. Im allgemeinen ist die Beschädigung mehr technisch als physiologisch beachtenswerth und hat gewöhnlich nur eine äusserst untergeordnete Bedeutung. Der einzige bekannt gewordene Fall einer grösseren Verbreitung wird von Erné berichtet, nach welchem an einer nicht näher bezeichneten, wahrscheinlich aber auf der Höhe der Vogesen gelegenen Oertlichkeit „auf einer Strecke von $^{3}/_{4}$ Stunden Länge und $^{1}/_{4}$ Stunde Breite etwa 250 Bäume von diesem Insekte durchlöchert waren". Manche Bäume enthielten bis zu 80 Stück.

Der Käfer wurde zuerst 1863 in die forstliche Literatur durch Ratzeburg [6, S. 149] eingeführt, der ihn bei Gelegenheit des grossen Nonnenfrasses aus Ostpreussen durch Förster Balzereit in allen drei Entwickelungsstufen zugesendet erhalten hatte. Er giebt aber keine genauere Schilderung, da „für forstliche Blätter das Speciellere einer Rarität zu fremdartig sein" dürfte. Dagegen macht Erné [2] im Juni 1872 äusserst vollständige Mittheilungen über seine Entwickelung und Lebensweise, bildet auch die Larve und ihre Frassgänge ganz leidlich ab und betont, dass der Käfer in den hohen Vogesen sehr häufig sei. In dem Katalog der auf der Wiener Weltausstellung 1873 ausgestellten entomologisch-biologischen Sammlung erwähnt Wachtl den Käfer kurz als in seinem Schaden den Sirexlarven ähnlich, desgleichen Altum 1874 [XVI, III, 1, S. 158]. Die besten Abbildungen der Entwickelungsstadien und des Frasses, sowie eine biologische Schilderung giebt dann Wachtl [8], ohne die früheren Mittheilungen von Ratzeburg und Erné zu kennen, im Jahre 1878.

Der von Erné sowohl wie von Wachtl darüber ausgesprochene Zweifel, dass das Insekt auch in Fichten lebe, ist ein unberechtigter, da verschiedene Entomologen, wie Schaller, Hellenius, Paykull und Thomson, es zu der Fauna Schwedens zählen, und Ratzeburg berichtet, dass es nach dem bekannten Nonnenfrass in Ostpreussen gefunden sei; in diesen Gegenden giebt es aber keine Weisstannen, sondern von Nadelhölzern nur Fichten und Kiefern. Dass indessen dort, wo die Tanne heimisch ist, diese Holzart von dem Käfer bevorzugt wird, ist nach den übereinstimmenden und von einander unabhängigen Beobachtungen Erné's und Wachtl's ganz unzweifelhaft.

Vorbeugungs- und Vertilgungsmittel werden gegen dieses Insekt wohl nur selten nöthig werden. Erstere können bestehen in der gegen Holzinsekten überhaupt zu empfehlenden reinlichen Wirthschaft, nämlich gründlicher und rechtzeitiger Durchforstung, Entfernung aller kranken Bäume, Entrinden des gefällten Rund- und Schichtholzes, Aufbereitung und Aufbewahrung desselben nur an freien, luftigen Orten, sodass es bald und gründlich austrocknet. Ob letztere namentlich von Wachtl betonte Massregel wirklich erfolgreich ist, bleibt aber bei der positiven Angabe von Erné, dass die Larven in feuchtem Holze sicher zugrunde gehen, noch zweifelhaft. Ferner wäre Rodung der Stöcke oder Tiefabhieb zu empfehlen.

Eine Notiz von Lorey [3], dass er im Mai 1888 an fünfjährigen Pflanzen von Quercus rubra einen Käfer, den zu den Lucaniden gehörigen, von uns auf S. 295 kurz angeführten Lucanus (Platycerus) caraboïdes L., die kräftigen fleischigen Triebe ausfressend gefunden habe, wird hier noch der Vollständigkeit wegen erwähnt.

Literaturnachweise zu dem „Nachtrag". **1.** Altum, B. *a*) Opatrum tibiale Fahr., ein neuer Kiefernfeind. Zeitschrift f. d. Forst- und Jagdwesen XIX, 1887, S. 466—469. *b*) Opatrum sabulosum L. und gibbum Fahr., zwei neue Kiefernfeinde. Daselbst XX, 1888, S. 495 u. 496. — **2.** Erné, T. Ueber Entwickelung und Lebensweise von Serropalpus striatus Hell. Mittheilungen der

Schweizerischen entomologischen Gesellschaft III, 1872, S. 525—530 mit Tafel. — **3.** LOREY. Lucanus caraboïdes an Rotheiche. Allg. Forst- und Jagdzeitung LXIV, 1888, S. 336. (Der daselbst befindliche Druckfehler „curculioïdes" wurde S. 407 derselben Zeitung berichtigt). — **4.** LUCAS, H. Note sur la vie evolutive de l' Opatrum sabulosum. Annales de la Soc. entomolog. de France, 5ième sér., T. I, 1871, S. 452—460. — **5.** PERRIS, E. Larves de Coléoptères. 8. Paris 1877. — **6.** RATZEBURG. Forstinsektensachen. Grunert's forstliche Blätter, Heft 5, 1862, S. 149—201. — **7.** SCHIÖDTE, J. C. De metamorphosi eleutheratorum observationes. Pars X, Tenebriones. 8. Kopenhagen 1877—1878. — **8.** WACHTL, A. Serropalpus barbatus Schall. und Retinia margarotana H. S. Mittheilungen aus dem forstl. Versuchswesen Oesterreichs I, 1878, S. 92—106, Taf. XV u. XVI.

K. k. Hofbuchdruckerei Carl Fromme in Wien.

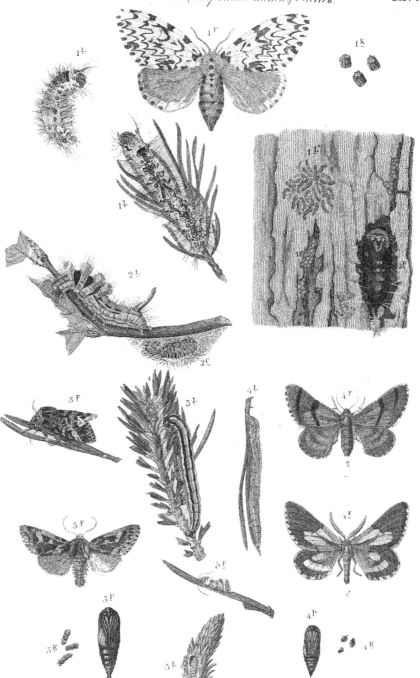

Die schädlichsten (Laubholz) Schmetterlinge. Taf

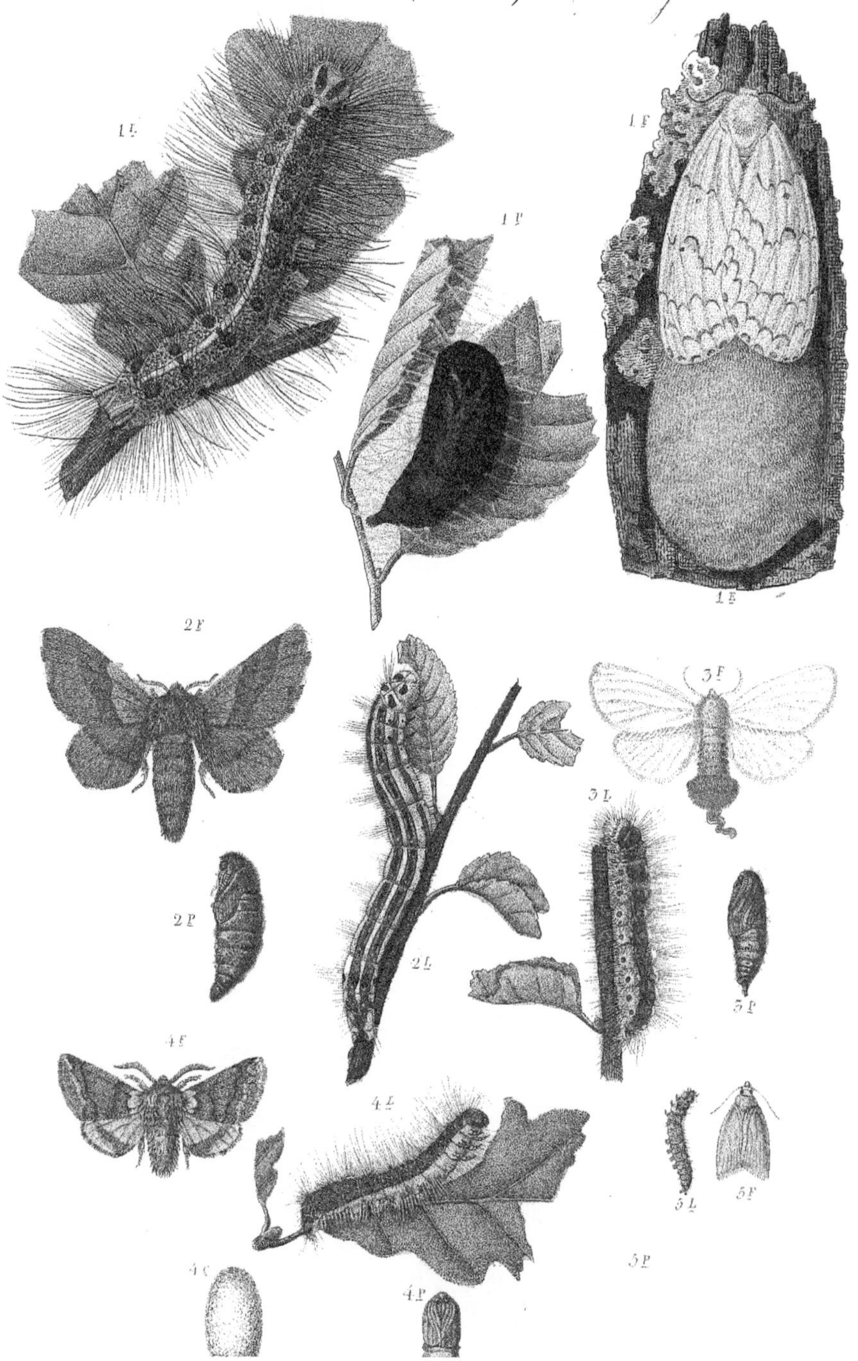

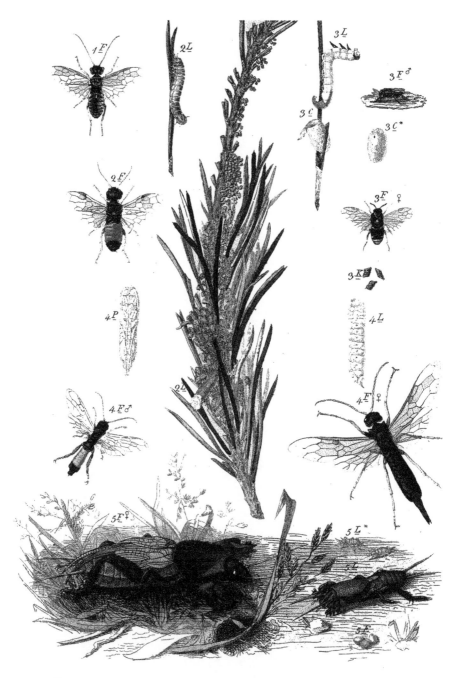

1. *Lyda pratensis. Fabr.* 2. *Lyda campestris. L.* 3. *Lophyrus pini. L.* (*Kiefernblattwespen*)
4. *Sirex juvencus. L.* (*Holzwespe*) 5. *Gryllotalpa vulgaris. Latr.* (*Werre*)

Prospectus.

LEHRBUCH

der

Mitteleuropäischen Forstinsektenkunde

mit einem Anhange:

Die forstschädlichen Wirbelthiere.

Als achte Auflage von

DR. J. T. C. RATZEBURG

Die Waldverderber und ihre Feinde

in vollständiger Umarbeitung herausgegeben von

Dr. H. Nitsche   und   **Dr. J. F. Judeich**

königl. sächs. Geh Oberforstrath und
Director der Forst-Akademie zu Tharand.

Professor der Zoologie an der Forst-
Akademie zu Tharand.

I. ABTHEILUNG:

Einleitung und allgemeiner Theil mit 1 Porträt Ratzeburg's, 3 colorirten Kupfertafeln und 106 Holzschnitten.

II. ABTHEILUNG:

Specieller Theil der Forstinsektenkunde, Bestimmungstabellen und Anhang: Die
forstschädlichen Wirbeltbiere.

Inhalt der I. Abtheilung:

Ratzeburg's Leben . . . . : . . . . Seite 1

Einleitung:

Kap. I. Die Gliederfüssler im Allgemeinen . . . . „ 4

Allgemeiner Theil:

Kap. II. Die äussere Erscheinung der erwachsenen Insekten . . . . „ 26
Kap. III. Der innere Bau der erwachsenen Insekten und die Lebensver-
richtungen der Einzelthiere . . . . „ 47
Kap. IV. Die Fortpflanzung und die Jugendzustände der Insekten . . „ 81
Kap. V. Die Insekten als natürliche und wirthschaftliche Macht . . . „ 130
Kap. VI. Entstehung, Abwehr und wirthschaftliche Ausgleichung grösserer
Insektenschäden . . . . „ 156
Kap. VII. Allgemeine Einführung in die systematische und praktische
Entomologie . . . . „ 245

Musste schon die nunmehr vergriffene, von Oberforstrath Dr. JUDEICH besorgte
7. Auflage des vorstehend angezeigten Buches als eine „vollständig neue Bearbeitung"

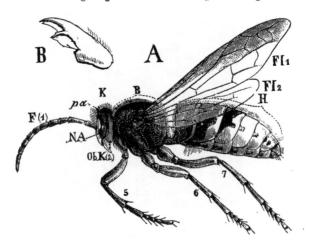

Fig. 17. **A.** Männliche Hornisse. **Vespa Crabro L.** *K* Kopf, *B* Brust, *H* Hinterleib mit sieben Segmenten, *F* Fühler (erstes Gliedmassenpaar), *NA* Netzauge, *p a* Punktauge, *Ob K* Vorderkiefer
(zweites Gliedmassenpaar); die zwei folgenden Kieferpaare sind in dieser Ansicht nicht wahrzunehmen, 5, 6, 7 Beine (fünftes bis siebentes Gliedmassenpaar), *Fl 1* Vorderflügel, *Fl 2* Hinterflügel, **B.** Vorderkiefer isolirt.

bezeichnet werden, so ist dies mit der 8. Auflage in noch höherem Grade der
Fall. JUDEICH glaubte die von RATZEBURG gewählte Eintheilung des Ganzen noch
beibehalten zu müssen, weil die Vorbereitungen zu einer 7. Auflage von diesem
selbst kurz vor seinem Tode begonnen worden waren. Diesmal war eine solche

Rücksichtnahme nicht mehr nothwendig, und es konnte daher durch den neu hinzugetretenen Bearbeiter, Professor Dr. NITSCHE, dem Werke eine völlig neue Disposition zu Grunde gelegt werden. Zunächst erscheint jetzt der von RATZEBURG als zweiter oder theoretischer Cursus bezeichnete Theil an der ihm naturgemäss zukommenden Stelle, also als erster. In ihm sind besonders die allgemein entomologischen, die anatomischen und entwicklungsgeschichtlichen Abschnitte, welche in der 7. Auflage noch so ziemlich in der ihnen 1869 von RATZEBURG gegebenen Fassung verblieben waren, in eine erweiterte, den neueren zoologischen Forschungen entsprechendere gebracht worden. Der Herausgeber wurde bei der Ausarbeitung dieser Kapitel von der Ueberzeugung geleitet, dass in einem für praktische Zwecke berechneten Buche jede anatomische und entwicklungsgeschichtliche allgemeine Darstellung, soll sie nicht eine gänzlich unwirksame Zugabe sein, derartig ausführlich sein muss, dass der Leser sich von den beschriebenen Organen und Vorgängen ein wirkliches Bild zu machen im Stande ist. Hierzu sind ausserdem noch erläuternde Abbildungen nothwendig. Diese, von Herrn Zeichner THEOCHAR in Leipzig sowohl gezeichnet als geschnitten, konnten, dank dem freundlichen Entgegenkommen der Verlagsbuchhandlung, in reichlichster Anzahl beigegeben werden.

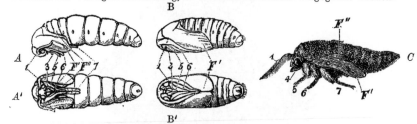

Fig. 81. Der Kiefernspinner. *A* Eben der Raupenhaut entschlüpfte Puppe, von der Seite, *A'* dieselbe von unten. *B* fertige Puppe, von der Seite, *B'* dieselbe von unten. *C* eben ausgeschlüpfter Schmetterling. *1* Fühler, *3* Mittelkiefer (Saugrüssel), *5* bis *7* die Brustfüsse, *F'* Vorderflügel, *F''* Hinterflügel.

Die beiden folgenden Kapitel enthalten eine Darstellung der allgemein wirthschaftlichen und speciell forstwirthschaftlichen Bedeutung der Insekten. Auch dieser, in gemeinsamer Arbeit von beiden Herausgebern hergestellte Abschnitt hat eine völlig neue Disposition erhalten und dürfte als die erste grössere zusammenhängende Darstellung der einschlägigen Fragen zu bezeichnen sein. Einzelne Abschnitte dieser Kapitel, z. B. der die insektentödtenden Pilze betreffende — bei dessen Abfassung die gütige Hilfe des Herrn Professor Dr. DE BARY in Strassburg den Herausgebern zu Theil wurde — die allgemeine Besprechung der Vertilgungsmassregeln, die Zusammenfassung der einschlägigen gesetzlichen Bestimmungen u. s. f., sind in solcher Ausdehnung noch keiner anderen Forstinsektenkunde beigegeben worden.

Erst im zweiten speciellen Theile werden die einzelnen Insektenordnungen, sowie die praktisch wichtigen Forstinsekten eine eingehende Besprechung finden. Auch dieser Theil wird in mannigfach veränderter Gestalt erscheinen und besonders durch viele neue Abbildungen von Frassstücken erläutert werden. Als dritter Abschnitt folgen dann Bestimmungstabellen für die Forstschädlinge in solcher Form, dass auch dem praktischen Forstmanne die Benutzung derselben leicht werden wird. Die forstschädlichen Wirbelthiere sind in einen Anhang verwiesen worden, welchem gleichfalls viele neue Abbildungen beigegeben sind.

Alle diese tiefgreifenden Veränderungen lassen es berechtigt erscheinen, dass auch der Titel eine Umänderung erfahren hat. Dieselbe erschien umso nöthiger, als der von Ratzeburg gewählte Titel sich bereits für die 6. und 7. Auflage mit dem Inhalte nicht mehr vollkommen deckte. Schon zu der Zeit, in welcher diese Auflagen erschienen, war ja die Kenntniss der forstschädlichen Pilze so weit fortgeschritten, dass der Ausdruck „Waldverderber" im Allgemeinen nothwendiger-weise auch auf diese hochbedeutsamen Schädlinge bezogen werden musste. Die neueren Forschungen haben nun die verderbliche Bedeutung der auf Holzpflanzen parasitirenden Pilzformen noch weit schärfer hervortreten lassen.

Die Herausgeber standen daher vor der Alternative, entweder den alten Titel zu lassen und die forstschädlichen Pilze mit einzubeziehen, oder den Titel

Vom Tannenheher, **Nucifraga caryocatactes L.**, angehackte Zirbelkieferzapfen.

zu ändern und dem Buche wesentlich den Charakter einer mitteleuropäischen Forstinsektenkunde zu geben. Dass sie letzteren Weg gewählt haben, geschah mit Rücksicht darauf, dass eine Einbeziehung der schädlichen Pilze eine sehr bedeutende Erweiterung des Buches nothwendig gemacht hätte, sowie aus der Ueberzeugung, dass es hierdurch an Abrundung verloren haben würde. Allgemeine Zusammen-fassungen verschiedenartiger, den Wald schädigender Einflüsse und deren Abwehr gehören nur in ein Lehrbuch des Forstschutzes; neben einem solchen sind aber nur Einzeldarstellungen abgerundeter Specialkapitel zeitgemäss.

Der alle diese Aenderungen bemerkende Leser wird nun vielleicht fragen, ob denn das jetzige Buch überhaupt noch berechtigt sei, Ratzeburg's Namen zu führen. Die Herausgeber glauben dies zuversichtlich bejahen zu dürfen; nicht

nur weil jede heutzutage geschriebene Forstinsektenkunde im Grunde als eine neue
Auflage eines RATZEBURG'schen Werkes erscheint, sondern auch darum, weil sie sich
redlich bemüht haben, die Eigenthümlichkeiten, welche die „Waldverderber"
vor ähnlichen Büchern auszeichnen, zu bewahren. Sie glaubten die wesentlichste
dieser Eigenthümlichkeiten darin zu finden, dass RATZEBURG ein bedeutendes
Gewicht auf den theoretischen Cursus gelegt hat. Bis zur dritten Auflage waren
die Waldverderber eine kurze Zusammenstellung der wichtigsten Forstschädlinge.
Mit der vierten Auflage traten sie durch Hinzufügung des theoretischen Cursus ein
in die Reihe der eigentlichen Lehrbücher. RATZEBURG hatte eben eingesehen,
dass viele dem praktischen Forstmanne wichtige Erscheinungen nur
im Zusammenhange mit der allgemeinen Entomologie und Biologie
richtig begriffen werden können. Diesen Gedanken hoch zu halten, ist
das eifrigste Bestreben der Herausgeber gewesen, und insofern befinden sie sich
völlig auf dem RATZEBURG'schen Wege, trotzdem von dem ursprünglichen
RATZEBURG'schen Texte kaum einzelne Zeilen unverändert in diese neue Auflage
übernommen sein dürften.

   In seiner Vollständigkeit stellt sich also das vorliegende Lehrbuch als für
den Forstmann der höheren Carrière berechnet dar. Dieser muss aber nicht
allein selbst Forstinsektenkunde treiben, sondern häufig auch seine Unterbeamten
und Lehrlinge in dieselbe einführen. Damit ihm auch hierzu das „Lehrbuch der
mitteleuropäischen Forstinsektenkunde" ein sicherer Wegweiser sei, ist der Druck
derartig eingerichtet worden, dass alle diejenigen Sätze, welche auch für den einfachen praktischen Forstmann oder Lehrling von Wichtigkeit erscheinen, besonders
ausgezeichnet, die genaueren Ausführungen dagegen ein- und zusammengerückt,
aber mit denselben Lettern gegeben wurden. Die feineren Details sind in Petit-
schrift hinzugefügt.

Die **erste** Abtheilung des Werkes ist soeben zum Preise von
fl. 4.80 = M. 8.— erschienen, die **zweite** Abtheilung soll Ende des
Jahres zu ähnlichem Preise zur Ausgabe gelangen. Die geehrten
Besteller der ersten Abtheilung sind zum Bezuge der zweiten Abtheilung verpflichtet.

   Nach Vollendung des Werkes wird dasselbe nur gebunden in
elegantem Leinwandband ausgegeben.

Wien, im Februar 1885.   *Ed. Hölzel's Verlag.*

Inhaltsverzeichniss.

                                                                   Seite
Ratzeburg's Leben   I

Einleitung.
Kapitel I. Die Gliederfüssler im Allgemeinen   7
   Der Typus der Arthropoden S. 7. — Die Klassen der Arthropoden S. 12. — Die spinnen-
   artigen Thiere S. 17. — Die Gallmilben S. 19. — Die Tausendfüsse S. 25.

Allgemeiner Theil.
Kapitel II. Die äussere Erscheinung der erwachsenen Insekten   26
   Der Kopf S. 27. — Die Fühler S. 29. — Die Mundwerkzeuge S. 30. — Die Brust S. 32. —
   Die Beine S. 33. — Die Flügel S. 35. — Der Hinterleib S. 38. — Die Chitincuticula
   S. 40. — Färbungen des Insektenkörpers S. 41. — Secundäre Geschlechtscharakter S. 42.

Kapitel {III. Der innere Bau der erwachsenen Insekten und die Lebensverrichtungen der Einzelthiere 47
Allgemeine Orientirung S. 47. — Die Leibeswand S. 49. — Der Darmcanal und seine Anhänge. — Der Darm S. 50. — Die Harngefässe S. 54. — Die Athmungs- und Kreislauforgane. Das Tracheensystem S. 55. — Der Fettkörper S. 58. — Das Blut S. 58. — Das Herz S. 58. — Die Leuchtorgane S. 60. — Das Muskelsystem und seine Thätigkeit. Die Musculatur S. 61. — Die Ortsbewegungen S. 61. — Die Lautäusserungen S. 64. — Das Nervensystem. Das Centralorgan desselben S. 66. — Das peripherische Nervensystem S. 69. — Das Eingeweidenervensystem S. 69. — Die Sinnesorgane. Tastorgane S. 70. — Geruchsorgane S. 70. — Geschmacksorgane S. 71. — Gehörorgane S. 71. — Gesichtsorgane S. 72. — Die Fortpflanzungsorgane. Die weiblichen Fortpflanzungsorgane S. 76. — Die männlichen Fortpflanzungsorgane S. 79.

Kapitel IV. Die Fortpflanzung und die Jugendzustände der Insekten 81
Ei und Samen. Entwicklung im Ei S. 81. — Das Ei S. 82. — Der Samen S. 84. — Die Begattung S. 86. — Die Befruchtung S. 86. — Die Ablage der Eier S. 87. — Die Verwandlung der Eizelle in den Embryo S. 90. — Die Larve und ihre Verwandlung in die Imago; Metamorphose und Puppenruhe. Die Larve S. 91. — Einige Einzelheiten über den Bau und das Leben der Larven S. 94. — Metamorphose der Larven im Allgemeinen S. 98. — Die unvollkommene Metamorphose S. 99. — Die vollkommene Metamorphose S. 100. — Die Puppe S. 102. — Hypermetamorphose und Verwandte Erscheinungen S. 105. — Die Verwandlung der Puppe zur Imago S. 108. — Zeitlicher Ablauf der Entwicklung. Flugzeit S. 109. — Generation S. 112. — Ueberwinterungsstadium S. 119. — Lebensdauer S. 121. — Literaturnachweise S. 121. — Parthenogenesis und mit ihr zusammenhängende Erscheinungen S. 122. — Parthenogenesis im engeren Sinne. S. 123. — Pädogenesis S. 124. — Einfacher und zusammengesetzter Entwicklungscyklus S. 125. — Heterogonie S. 127.

Kapitel V. Die Insekten als natürliche und wirthschaftliche Macht 130
Die Bedeutung der Insekten für den allgemeinen Naturhaushalt S. 130. — Die Insekten als Zerstörer S. 132. — Die Insekten als Nahrungsquelle für andere Thiere S. 132. — Die Insekten als Befruchter S. 133. — Die Insekten als wirthschaftliche Macht überhaupt S. 134. — Die nützlichen Insekten. S. 134. — Die schädlichen Insekten. S. 135. — Die forstwirthschaftliche Bedeutung der Insekten. Die nützlichen und schädlichen Forstinsekten im Allgemeinen S. 136. — Die Verschiedenen Arten der durch Insekten verübten Beschädigungen an Holzpflanzen S. 137. — Gallen S. 138. — Wurzelbeschädigungen S. 139. — Blattbeschädigungen S. 140. — Rindenbeschädigungen S. 140. — Verletzungen des Holzkörpers S. 141. — Störungen in der normalen Ausbildung der Pflanzenform S. 142. — Heilungsvorgänge S. 143. — Die Grade der Schädlichkeit und die sie bedingenden Ursachen S. 146. — Unmerklich, merklich und sehr schädliche Insekten S. 147. — Physiologisch und technisch schädliche Insekten S. 151. — Die durch Insekten hervorgerufenen Störungen des forstlichen Wirthschaftsbetriebes S. 152. — Kultur- und Bestandsverderber S. 153. — Verschiebungen des Wirthschaftsplanes S. 154.

Kapitel VI. Entstehung, Abwehr, und wirthschaftliche Ausgleichung grösserer Insektenschäden 156
Die Entstehung grösserer Insektenverheerungen. Einwanderung von aussen S. 157. — Massenvermehrung bereits angesiedelter Schädlinge S. 158. — Die Beschränkung der Insektenschäden durch natürliche Einflüsse S. 162. — Insektentödtende Witterungseinflüsse S. 163. — Insektentödtende Pilze S. 164. — Literaturnachweise S. 181. — Insektentödtende thierische Parasiten S. 182. — Die insektenfressenden Thiere S. 187. — Die wirthschaftlichen Vorbeugungsmassregeln gegen Insektenschäden S. 195. — Massregeln der Bestandsgründung S. 196. — Massregeln der Bestandspflege S. 197. — Massregeln der Ernte S. 199. — Massregeln der Forsteinrichtung S. 200. — Standortspflege S. 202. — Beobachtung des Insektenlebens im Walde S. 202. — Schonung, Hegung und Aussetzung nützlicher Thiere S. 203. — Die Bekämpfung von forstschädlichen Insekten durch Vertilgungsmittel S. 206. — Allgemeine Gesichtspunkte S. 207. — Die Aufsuchung und Vertilgung der Schädlinge an ihren Aufenthaltsorten S. 209. — Vertilgung der Schädlinge mit Hilfe von künstlich auf ihren Wegen angebrachten Hindernissen S. 213. — Vertilgung der Schädlinge nach vorhergegangener künstlicher Anlockung S. 216. — Die Ausführung der Vertilgungsmassregeln S. 218. — Verwerthung der gesammelten Schädlinge S. 219. — Die Beurtheilung der Nothwendigkeit und Möglichkeit der Durchführung von Bekämpfungsmassregeln S. 221. — Untersuchungen über die Menge der Schädlinge S. 221. — Die Untersuchung des Gesundheitszustandes der Forstschädlinge S. 223. — Die Beobachtung der Witterungsverhältnisse S. 226. — Untersuchung des befallenen Bestandes S. 226. — Die Möglichkeit der Durchführung der Bekämpfungsmassregeln S. 231. — Werth und Behandlung der von Insekten befallenen oder getödteten Bäume und Bestände. Werth des von Insekten befallenen oder getödteten Holzes S. 231. — Behandlung der befallenen oder getödteten Bäume und Bestände S. 233. — Rücksichten beim Einschlag S. 235. — Die gesetzliche Regelung der Bekämpfung der Forstschädlinge S. 236. — Gesetzliche Vorschriften über die Schonung nützlicher Vögel S. 237. — Gesetzliche Vorschriften bezüglich der Bekämpfung der Insektenschäden S. 240.

Kapitel VII. Allgemeine Einführung in die systematische und praktische Entomologie . . . 245
Die wissenschaftliche Eintheilung und Benennung der Insekten. Allgemeine Systematik S. 245. — Nomenclatur S. 249. — Das Bestimmen der Forstschädlinge und die Anlegung von forstentomologischen Sammlungen. Die Bestimmung des Urhebers eines forstlichen Insektenschadens S. 253. — Die Anlage von forstlichen Insektensammlungen S. 254. — Allgemeine Literatur S. 261.

Ich empfehle gleichzeitig die nachstehenden in meinem Verlage erschienenen, für Forst- und Landwirthe gleich wichtigen Werke von **Ratzeburg** etc., und bitte sich zu Bestellungen des angehängten Formulares bedienen zu wollen.

Forst- und landwirthschaftliche Werke aus dem Verlage von Eduard Hölzel in Wien.

RATZEBURG, Die Forstinsekten

oder Abbildung und Beschreibung der in den Wäldern Preussens und der Nachbarstaaten als schädlich oder nützlich bekannt gewordenen Insekten; in systematischer Folge und mit besonderer Rücksicht auf die schädlichen. Im Auftrage des Preussischen Ministeriums herausgegeben. Drei Theile. Mit 55 color. Kupfer- u. Steintafeln. Gross-Quart. Herabgesetzter Preis fl. 30.— = M. 54.—. (I. Theil: Käfer. II. Theil: Falter. III. Theil: Ader-, Zwei-, Halb-, Netz- und Geradflügler.) — Um die Anschaffung dieses hochbedeutenden Werkes auch dem weniger Bemittelten zu erleichtern, wurde eine neue billigere Lieferungs-Ausgabe veranstaltet, und zwar in 30 Liefgn. à fl. 1.— = M. 1.80. Die Subscription kann jederzeit begonnen werden.

Ratzeburg, Die Ichneumonen der Forstinsekten in forstlicher und entomologischer Beziehung. Ein Anh. zu den Forstinsekten. 3 Bde. mit 7 Kupfert. fl. 16.80 = M. 29.—.

Ratzeburg, Die Waldverderbniss oder dauernder Schaden, welcher durch Insektenfrass, Schälen, Schlagen und Verbeissen an lebenden Waldbäumen entsteht. Zugleich ein Ergänzungswerk zu der Abbildung und Beschreibung der Forstinsekten. 2 Bde. fl. 20.80 = M. 36.—.

Ratzeburg, Die Standortsgewächse und Unkräuter Deutschlands und der Schweiz, in ihren Beziehungen zur Forst-, Garten- und Landwirthschaft und anderen Fächern. Mit 12 lith. Taf. u. 6 Tabellen. fl. 3.50 = M. 6.—.

Ratzeburg, Forstwissenschaftliches Schriftsteller-Lexikon. Ein Ergänzungswerk zu den „Forstinsekten", „Waldverderber" und Waldverderbniss". fl. 7.— = M. 12.—.

Ratzeburg, Forstnaturwissenschaftliche Reisen durch verschiedene Gegenden Deutschlands. Ein Rathgeber und Begleiter auf Reisen und beim natur- und forstwissenschaftlichen Unterricht. Mit 4 lithogr. Tafeln und mehreren Holzschnitten. fl. 2.40 = M. 4.—.

Ratzeburg, Die Nachkrankheiten und die Reproduction der Kiefer nach dem Frass der Forleule. fl. —.36 = M. —.75.

Ratzeburg, Die Naturwissenschaften als Gegenstand des Unterrichts, des Studiums und der Prüfung. Zur Verständigung zwischen Lehrern, Lernenden und Behörden. fl. 1.75 = M. 3.—.

Kotschy, Die Eichen Europas und des Orients. Gesammelt, zum Theil neu entdeckt und mit Hinweisung auf ihre Culturfähigkeit für Mittel-Europa etc. beschrieben. Folio. geb. fl. 48.— = M. 96.— . Pracht-Ausg. geb. fl. 60.— = M. 120.—.

Lorinser, Die wichtigsten essbaren, verdächtigen und giftigen Schwämme. Zusammengestellt im Auftrage des k. k. niederösterr. Landessanitätsrathes Mit naturgetreuen Abbildungen in Farbendruck. 3. Aufl. fl. 3.— = M. 6.—.

Pössl, Tafeln zur sicheren Schätzung des Holzgehaltes stehender Waldbäume nach Metermass, nebst Tafeln der 1—9fachen Kreisflächenzahlen für Decimal-Durchmesser 1 : 120, geb. in Lwd. fl. 1.80 = M. 3.60.

Pössl, Holzkubirungstafeln nach Metermass. Zweite Auflage. geb. fl 1.50 = M. 3.—.

Schmidt-Göbel, Die schädlichen und nützlichen Insekten in Forst, Feld und Garten. Mit 14 Foliotaf in Farbendruck u. 23 Abbild. im Text. fl. 12.60 = M. 25.20.

Hieraus einzeln:

I. Abth.: **Die schädlichen Forstinsekten.** 6 Foliotafeln mit Text. fl. 5.— = M. 10.—.

II. Abth.: **Die schädlichen Insekten des Land- und Gartenbaues.** 6 Foliotafeln mit Text. fl. 5.80 = M. 11.60.

Suppl. zur I. und II. Abth.: **Die nützlichen Insekten, die Feinde der schädlichen.** 2 Foliotafeln mit Text. fl. 1.80 = M. 3.60.

Derbholzgehalte geschichteter Hölzer, nebst Schlüssel zur Reducirung der Raum- auf Festmeter. Nach in den hochfürstl. Johann Liechtenstein'schen Forsten ermittelten Reductionszahlen. fl. —.50 = M. 1.—.

Der Unterzeichnete bestellt hiermit bei der Buchhandlung

....

aus dem Verlage von **Eduard Hölzel** in **Wien:**

Expl.

.... **Judeich und Nitsche.** Lehrbuch der mitteleuropäischen
Forstinsektenkunde. Als achte Auflage von Ratzeburg: Die Waldverderber und ihre Feinde. Erste Abtheilung. Preis fl. 4.80 = M. 8.—
und ersucht um Zusendung der zweiten Abtheilung nach Erscheinen.

.... **Dasselbe** vollständig nach Erscheinen in Leinwand geb.

Ferner:

Ort und Datum: Name:

1601 85. K. k. Hofbuchdruckerei Carl Fromme in Wien.